Springer-Lehrbuch

Steffen Paul · Reinhold Paul

Grundlagen der Elektrotechnik und Elektronik 2

Elektromagnetische Felder
und ihre Anwendungen

Springer Vieweg

Herausgeber
Steffen Paul
Universität Bremen,
Deutschland

Reinhold Paul
TU Hamburg-Harburg,
Deutschland

ISBN 978-3-642-24156-7   e-ISBN 978-3-642-24157-4
DOI 10.1007/978-3-642-24157-4

Die Deutsche Nationalbibliothek verzeichnet diese Publikation in der Deutschen Nationalbibliografie; detaillierte bibliografische Daten sind im Internet über http://dnb.d-nb.de abrufbar.

Springer Vieweg
© Springer-Verlag Berlin Heidelberg 2012
Das Werk einschließlich aller seiner Teile ist urheberrechtlich geschützt. Jede Verwertung, die nicht ausdrücklich vom Urheberrechtsgesetz zugelassen ist, bedarf der vorherigen Zustimmung des Verlags. Das gilt insbesondere für Vervielfältigungen, Bearbeitungen, Übersetzungen, Mikroverfilmungen und die Einspeicherung und Verarbeitung in elektronischen Systemen.

Die Wiedergabe von Gebrauchsnamen, Handelsnamen, Warenbezeichnungen usw. in diesem Werk berechtigt auch ohne besondere Kennzeichnung nicht zu der Annahme, dass solche Namen im Sinne der Warenzeichen- und Markenschutz-Gesetzgebung als frei zu betrachten wären und daher von jedermann benutzt werden dürften.

Lektorat: Eva Hestermann-Beyerle

Einbandentwurf: WMXDesign GmbH, Heidelberg

Gedruckt auf säurefreiem und chlorfrei gebleichtem Papier

Springer Vieweg ist eine Marke von Springer DE.
Springer DE ist Teil der Fachverlagsgruppe Springer Science+Business Media
www.springer.de

Vorwort

Die grundlegenden Ziele, inhaltlichen Konzepte und didaktischen Ansprüche des gesamten Lehrbuchs wurden bereits im Vorwort des ersten Bandes skizziert. Aus guten Gründen umfasst er neben den elektrotechnischen Grundbegriffen die Grundlagen resistiver Schaltungen oder Gleichstromnetzwerke mit den typischen Bauelementen Strom-, Spannungsquellen und Widerstand. Nicht zuletzt deshalb bleiben die mathematischen Anforderungen an die Studienanfänger niedrig, gleichzeitig ist der praktische Nutzen des erlernten Fachwissens erheblich. Konsequenterweise, im Vorwort dort schon angedeutet, müssen dann elektromagnetische Felder den Inhalt dieses Bandes bilden: Felderscheinungen, ihre Grundgesetze und die Fülle der Anwendungen, eingeschlossen die auftretenden Kraftwirkungen und ihre Nutzung, also die mechanisch-elektromagnetische Energiewandlung.

Gerade der Feldbegriff erweckt aber bei vielen Studienanfängern das Unbehagen von „etwas Unvollstellbarem". Die Überwindung dieser Schwelle verlangt deshalb eine betont physikalisch anschauliche und phänomenologisch orientierte Einführung der Feldgrundlagen: soviel Verständnis wie möglich, so wenig mathematischer Hintergrund wie erforderlich. Dann liegt nahe, zunächst grundlegende Feldbegriffe wie Skalar- und Vektorfeld, Feldlinien, Flussröhre, Quellenfeld (mit Ergiebigkeit und veranschaulichtem Gaußschem Satz) und Wirbelfeld (mit Zirkulation und erläutertem Stokeschem Satz) an bekannten Felderscheinungen des täglichen Lebens zu erläutern. Deutlich wird so der Unterschied zwischen einer lokalen Feldbeschreibung, also im Raumpunkt zur Definition typischer Feldgrößen und dem Übergang zur dreidimensionalen Feldverteilung mit der Einführung integraler Größen. So kann beispielsweise von den elektrischen und magnetischen Feldgrößen zu Ladung, Strom, Spannung und Fluss als gleichwertiger Beschreibungsform für ein Raumgebiet übergegangen werden. Im Ergebnis treten dann zum bekannten Widerstand als Synonym für Strömungsvorgänge in einem Raumgebiet die energiespeichernden Elemente Kondensator und Spule als neue Netzwerkelemente hinzu, verankert im elektromagnetischen Feld. Auf diese Weise lassen sich elektrische und magnetische Feldbereiche bequem in das Netzwerkkonzept einbeziehen.

Für diese zweistufige Behandlung genügen einfache mathematische Vorkenntnisse wie die elementare Vektoralgebra, Differenzial- und Integralrechnung. Die typischen Feldintegrale wurden im Anhang von Band 1 bereits zusammengestellt, gelegentlich öffnet ein Ausblick auf die Vektoranalysis mit den Operationen Gradient (grad) Divergenz (div) und Rotation (rot) an passenden Stellen einen Zugang zur anspruchsvolleren, aber leistungsfähigeren Differenzialform der Feldbeschreibung.

Aus didaktischen Gründen werden die mit gleichmäßig bewegten, ruhenden und beschleunigten Ladungen verbunden Strömungs-, elektrostatischen und magnetischen Felder zunächst getrennt betrachtet und dann in den Maxwellschen Gleichungen miteinander verkoppelt. Deren Grundgesetze sind Durchflutungssatz und Induktionsgesetz sowie verschiedene Nebenbedingungen.

Der Übergang vom Gleichstromkreis zur zugehörigen Felddarstellung führt direkt zum Strömungsfeld. Ausgehend vom Strom-Spannungsverhalten eines leitenden Volumens wird zunächst der Ursache-Wirkungs-Zusammenhang durch Feldgrößen begründet, also der Widerstandsbegriff feldmäßig hinterlegt. Im Strömungsfeld lassen sich Leitungsvorgänge in Festkörpern, Flüssigkeiten und Gasen und ihre Anwendungen leicht einbeziehen.

Das an ruhende Ladungen gebundene elektrostatische Feld mit den relevanten Feldgrößen und Phänomenen führt in der Globalbetrachtung zu Spannung und Ladung und dem Kondensator als charakteristischem Netzwerkelement. Dazu gehören aber nach Meinung der Autoren heute auch Begriffe wie nichtlineare Kapazität (Beispiel Halbleiterkapazitäten) und auch zeitabhängige Kapazitäten. Gerade sie bilden mit ihrer energiewandelnden Eigenschaft einen bequemen Zutritt zum Wandlerelement. Selbst das Konzept des MOS-Feldeffekttransistors ist aus dieser Sicht nur ein feldgesteuertes, nichtlineares Strömungsfeld.

Die gleichen Gedankengänge liegen der Einführung des magnetischen Feldes und seiner Feldgrößen zugrunde, unterstützt durch Analogiebetrachtungen zwischen elektrischen, magnetischen und Strömungsgrößen. Wichtige Ergebnisse sind das Netzwerkelement Induktivität/Spule, der magnetische Kreis als Verfahren zur Analyse geführter magnetischer Felder und die magnetische Kopplung zwischen stromdurchflossenen Leiterkreisen mit dem Transformator als verbreitetem Bauelement. Für das Zusammenwirken der Felder sind drei Tatsachen maßgebend: jede Ladung ist von einem elektrischen Feld und Verschiebungsfluss umgeben, jede elektrische Feldänderung erzeugt ein magnetisches Feld und jedes veränderliche magnetische Feld wird von einem elektrischen Feld umwirbelt mit Durchflutungssatz und Induktionsgesetz als gesetzmäßiger Grundlage und verankert im System der Maxwellschen Gleichungen. Sie werden ausführlich in Integralform interpretiert (und in der Differenzialform angedeutet). Dann bestätigt der unterschiedliche Zeiteinfluss rückblickend die getroffene Feldeinteilung.

Ein weiterer Schwerpunkt dieses Bandes widmet sich den Haupteigenschaften des elektromagnetischen Feldes: der Energiespeicher- und -transportfähigkeit sowie Wandlung in andere Energieformen. Das elektromagnetische Feld ist Träger elektromagnetischer Energie mit folgenden Vorteilen: leichter Transport, rasche Ausbreitung, Regelbarkeit, Wandel- und Speicherbarkeit. Weil nur ihre Wirkungen auf die Umgebung mess- und nutzbar sind, basieren diese Anwendungen auf einer Energiewandlung, denn der Energiebegriff ist allen physikalischen Teilgebieten gemein. Welche Arten (Wärme, chemische, mechanische, Kernenergie, Wind- und Solarenergie) auch auftreten: alle werden in elektrische umgesetzt und unterliegen ebenso dem Umkehrvorgang. So wandelt das Strömungsfeld elektrische Energie in Wärme und die in Feldern auftretenden Kräfte (Coulomb- und Lorentz-Kraft) sind Ausdruck gewandelter mechanischer Energie. Weil die Kraft aber das Volumen eines Feldraumes ändern kann (z. B. Zusammendrücken beweglicher Kondensatorplatten, Änderung des magnetischen Kreises einer Spule), ändern sich solche Energiespeicher zeitlich und spielen als zeitabhängige Netzwerkelemente eine Schlüsselrolle bei der elektrisch-mechanischen Energiewandlung.

Fundamental nutzen diese Energiewandlung Motoren in Rotations- und Linearausführung, Generatoren und Elektromagnete. Sie bestimmen heute den Alltag mit einem Massenmarkt für Kleinmotoren, aber auch die zu erwartende Elektromobilität unterstreicht ihre weiter steigende Bedeutung. Jeder PC enthält etliche Linear- und Rotationsmotoren, und im modernen Kraftfahrzeug verrichten viele Elektromotoren zuverlässig ihre Aufgaben. Angesichts dieses Wandels sucht der Lernende schon in der Grundausbildung nach einem Ansatz, der ihm rasch einen Überblick über typische Motorprinzipien vermittelt. Auch die immer weiter verbreitete Mechatronik als Zusammenführung von Komponenten der Mechanik, Elektrotechnik/Elektronik und Informationstechnik – und überhaupt die Mikrosystemtechnik – empfiehlt jedem aufgeschlossenen Elektrotechniker einen Blick zur Mechanik. Eine Brücke dazu bilden elektrische Netzwerke mit ihren ausgereiften Methoden. Es liegt nahe, deren Grundgedanken durch Analogiebetrachtungen auf andere physikalische Teilgebiete auszudehnen und zum Begriff physikalischer Netzwerke auszuformen. Gerade in der Elektrotechnik hat die Methode Tradition (ihr Ursprung reicht ins Jahr 1944 zurück) und man findet sie heute in der Mechanik, der Wärmelehre, Akustik und Fluidik. Solche Analogien fördern nicht nur das Verständnis, sondern schränken auch den Stoffumfang ein. Die Klammer zwischen elektrischen und nichtelektrischen Teilgebieten bilden Wandler. Deshalb lässt sich die Kraftwirkung elektromagnetischer Felder auf Netzwerkelemente und deren zeitabhängiges Verhalten durch Wandler als verbindende Klammer überzeugend modellieren. Da eine Energieform stets von zwei Größen bestimmt wird, z.B. die mechanische von Kraft und Weg, die elektrische von Spannung und Ladung, muss bei der Energiewandlung eine Größenzuordnung mittels der Analogie erfolgen; beispielsweise können sich Kraft und Strom entsprechen. Analogien werden in Teilbereichen der Elektrotechnik schon lange erfolgreich eingesetzt. Es bot sich für die Aufnahme dieser

Aspekte in ein Grundlagenlehrbuch an, den Rat ausgewiesener Fachkollegen zu suchen. Zu besonderem Dank sind wir deshalb den Herren Prof. Dr.-Ing. habil. A. Lenk (TU Dresden), Prof. Dr.-Ing. habil. G. Pfeiffer (TU Dresden), Prof. Dr.-Ing. habil. G. Gerlach (TU Dresden), Dr.-Ing. habil. P. Schwarz (Fraunhofer-Gesellschaft IIS Dresden) und Prof. Dr.-Ing. habil J. Mehner (TU Chemnitz) verpflichtet, nicht nur für die bereitwillige Diskussion dieses Themas, sondern auch für manche Anregung.

Die für das gesamte Lehrbuch bereits im Band 1 formulierten didaktischen Zielsetzungen gelten auch uneingeschränkt für diesen Band, ebenso wie die Studienmethodik und der angesprochene Leserkreis.

Dank Wie schon bei Band 1 entsprang die Motivation zu diesem Band der Erkenntnis, dass die Grundlagen eines Fachgebietes nie abgeschlossen sind, sondern weiterentwickelt werden müssen. Dies belegen viele Diskussionen mit Fachkollegen sowie Rückmeldungen von Studierenden und Lesern.

Bei der Bearbeitung des Manuskripts hat Herr Dr.-Ing. sc.techn. H.-G. Schulz mit einer Reihe von Vorschlägen aus seiner langjährigen Tätigkeit als Lehrender des Fachgebietes Theoretische Elektrotechnik (TU Dresden) beigetragen. Ihm gilt unser ganz persönlicher und herzlicher Dank.

Dem Springer-Verlag, insbesondere Frau E. Hestermann-Beyerle, danken wir für die gute Zusammenarbeit, die sorgfältige Drucklegung des Buches sowie dafür, dass unseren Wünschen weitgehend entsprochen worden ist.

Über die Jahre gingen von vielen Kollegen und Lesern viele Hinweise und Anregungen ein, die in die Neubearbeitung eingeflossen sind. Unzulänglichkeiten bleiben natürlich nicht aus und wir sind stets für Anregungen, Hinweise auf Fehler und Verbesserungen dankbar (`steffen.paul@me.uni-bremen.de`, `paul@tu-harburg.de`).

Ein Grundlagenbuch Elektrotechnik für einen breiten Nutzerkreis zu schreiben ist immer eine Herausforderung: es soll einerseits den Leser in seiner Studienwahl bekräftigen, ein breites Fundament für das weitere Studium legen, die Kenntnisse aus Mathematik und Physik aufgreifen und ihn schließlich auf die Vielfalt der Elektrotechnik neugierig machen. Die Autoren hoffen, dass das Buch diesem Anspruch gerecht wird.

Bremen, *Steffen Paul*
Herbst 2011

Buchholz, *Reinhold Paul*
Herbst 2011

Inhaltsverzeichnis

1	**Das elektrische Feld**	**1**
1.1	Felder	3
1.1.1	Feldbegriffe	4
1.1.2	Merkmale elektrischer und magnetischer Felder	12
1.2	Elektrische Feldstärke, Potenzial und Spannung	15
1.2.1	Potenzial und Feldstärke	16
1.2.2	Potenzialüberlagerung	27
1.2.3	Potenzial und Spannung	30
1.3	Das stationäre elektrische Strömungsfeld	33
1.3.1	Stromdichte, Strom, Kontinuitätsgleichung	35
1.3.2	Stromdichte und Feldstärke	44
1.3.3	Das Strömungsfeld im Raum und an Grenzflächen	46
1.3.3.1	Strömungsfelder wichtiger Leiteranordnungen	47
1.3.3.2	Bestimmung des Feldbildes	55
1.3.3.3	Verhalten an Grenzflächen	58
1.3.4	Die Integralgrößen des Strömungsfeldes	61
1.3.4.1	Widerstand	61
1.3.4.2	Widerstandsberechnung über die Verlustleistung	66
1.3.4.3	Strömungsfeld und Gleichstromkreis	66
1.3.5	Leitungsmechanismen im Strömungsfeld	70
1.3.5.1	Leitungsvorgänge in Leitern und Halbleitern	71
1.3.5.2	Stromleitung in Flüssigkeiten, elektrochemische Spannungsquellen	77
1.3.5.3	Stromleitung im Vakuum und Gasen	89
2	**Das elektrostatische Feld, elektrische Erscheinungen in Nichtleitern**	**99**
2.1	Feldstärke- und Potenzialfeld	101
2.2	Verschiebungsflussdichte	105
2.3	Verschiebungsflussdichte und Feldstärke	115
2.4	Eigenschaften an Grenzflächen	120
2.5	Berechnung und Eigenschaften elektrostatischer Felder	128
2.5.1	Feldberechnung	128
2.5.2	Quellencharakter des elektrostatischen Feldes	131
2.5.3	MOS-Feldeffekttransistor	137
2.6	Die Integralgrößen des elektrostatischen Feldes	140
2.6.1	Verschiebungsfluss	140
2.6.2	Kapazität C	142
2.6.3	Analogie zwischen Strömungs- und elektrostatischem Feld	149
2.6.4	Kapazität von Mehrleitersystemen, Teilkapazität*	150

2.7	Elektrisches Feld bei zeitveränderlicher Spannung	153
2.7.1	Strom-Spannungs-Relation des Kondensators	153
2.7.2	Verschiebungsstrom, Verschiebungsstromdichte, Kontinuitätsgleichung	157
2.7.3	Kondensator im Stromkreis	163
2.7.4	Allgemeine kapazitive Zweipole	170
2.7.5	Der Kondensator als Bauelement	175
3	**Das magnetische Feld**	**185**
3.1	Die vektoriellen Größen des magnetischen Feldes	188
3.1.1	Die magnetische Flussdichte	188
3.1.2	Die magnetische Feldstärke	200
3.1.3	Berechnung der magnetischen Feldstärke	213
3.1.4	Haupteigenschaften des magnetischen Feldes	224
3.1.5	Magnetische Flussdichte und Feldstärke in Materialien	225
3.1.6	Eigenschaften an Grenzflächen	232
3.2	Die Integralgrößen des magnetischen Feldes	236
3.2.1	Magnetischer Fluss	236
3.2.2	Magnetische Spannung, magnetisches Potenzial	241
3.2.3	Magnetischer Kreis, Analogie zum elektrischen Kreis	253
3.2.4	Dauermagnetkreis	265
3.2.5	Verkopplung zwischen magnetischem Fluss und Strom	270
3.2.5.1	Selbstinduktivität	271
3.2.5.2	Gegeninduktivität	278
3.2.6	Magnetische Energie in Spulen	291
3.3	Induktionsgesetz: Verkopplung magnetischer und elektrischer Felder	292
3.3.1	Induktion als Gesamterscheinung	292
3.3.2	Ruheinduktion	307
3.3.2.1	Induktionsgesetz für Ruheinduktion	307
3.3.2.2	Anwendungen der Ruheinduktion	314
3.3.3	Bewegungsinduktion	322
3.3.3.1	Induktionsgesetz für Bewegungsinduktion	322
3.3.3.2	Anwendungen der Bewegungsinduktion	331
3.3.4	Vollständiges Induktionsgesetz, Zusammenfassung	348
3.4	Verkopplung elektrischer und magnetischer Größen	352
3.4.1	Selbstinduktion	353
3.4.1.1	Lineare Induktivität und ihre Eigenschaften	353
3.4.1.2	Induktivität im Stromkreis	357
3.4.1.3	Allgemeine induktive Zweipole, Spule als Netzwerkelement	364

3.4.2	Gegeninduktion	368
3.4.3	Transformator	376
3.5	Rück- und Ausblick zum elektromagnetischen Feld	390
4	**Energie und Leistung elektromagnetischer Erscheinungen**	**401**
4.1	Energie und Leistung	404
4.1.1	Elektrische Energie, elektrische Leistung	408
4.1.2	Strömungsfeld	411
4.1.3	Elektrostatisches Feld	413
4.1.3.1	Energieverhältnisse am zeitunabhängigen Kondensator	415
4.1.3.2	Energieverhältnisse am zeitabhängigen Kondensator	421
4.1.3.3	Merkmale der dielektrischen Energie	427
4.1.4	Magnetisches Feld	431
4.1.4.1	Energie und Ko-Energie des magnetischen Feldes	432
4.1.4.2	Energieverhältnisse der zeitabhängigen Induktivität	436
4.1.4.3	Merkmale der magnetischen Energie	438
4.2	Energieübertragung, Energiewandlung	445
4.2.1	Energieströmung	445
4.2.2	Energietransport Quelle-Verbraucher	453
4.2.3	Energiewandlung	455
4.3	Umformung elektrischer in mechanische Energie	459
4.3.1	Kräfte im elektrischen Feld	460
4.3.1.1	Kraftwirkung auf Ladungsträger	460
4.3.1.2	Kraft auf Grenzflächen	463
4.3.1.3	Wandlung elektrische-mechanische Energie	473
4.3.1.4	Beispiele und Anwendungen	483
4.3.2	Kräfte im magnetischen Feld	485
4.3.2.1	Kraft auf bewegte Ladungen	486
4.3.2.2	Kraft auf stromdurchflossene Leiter im Magnetfeld	493
4.3.2.3	Kraft auf Grenzflächen	505
4.3.2.4	Kraft auf magnetische Dipole	522
5	**Elektromechanische Aktoren**	**531**
5.1	Elektromagnet	534
5.2	Elektromotor	535
5.2.1	Gleichstrommotor	538
5.2.2	Elektronikmotor	544
5.2.3	Drehfeldmotor	546
5.2.4	Wechselstrom-, Universalmotor	554
5.2.5	Schrittmotor	557
5.2.6	Linearmotor	559

6	**Analogien zwischen elektrischen und nichtelektrischen Systemen**	**567**
6.1	Physikalische Netzwerke	569
6.1.1	Verallgemeinerte Netzwerke	570
6.1.2	Wandlerelemente	578
6.1.3	Analyseverfahren	589
6.2	Mechanisch-elektrische Systeme	590
6.2.1	Modelle mechanischer Systeme	590
6.2.2	Elektrostatisch-mechanische Wandler	593
6.2.3	Magnetisch-mechanische Wandler	602
6.2.3.1	Elektromagnetische Wandler	602
6.2.3.2	Elektrodynamischer Wandler	612
6.3	Thermisch-elektrische Systeme	618
6.3.1	Elektrische Energie, Wärme	618
6.3.2	Elektrisch-thermische Analogie	626
6.3.3	Anwendungen des Wärmeumsatzes	631
A	**Anhang**	**641**
A.1	Verzeichnis der wichtigsten Symbole	643
	Literaturverzeichnis	**647**
	Index	**649**

Kapitel 1
Das elektrische Feld

1	**Das elektrische Feld**	**3**
1.1	Felder	3
1.1.1	Feldbegriffe	4
1.1.2	Merkmale elektrischer und magnetischer Felder	12
1.2	Elektrische Feldstärke, Potenzial und Spannung	15
1.2.1	Potenzial und Feldstärke	16
1.2.2	Potenzialüberlagerung	27
1.2.3	Potenzial und Spannung	30
1.3	Das stationäre elektrische Strömungsfeld	33
1.3.1	Stromdichte, Strom, Kontinuitätsgleichung	35
1.3.2	Stromdichte und Feldstärke	44
1.3.3	Das Strömungsfeld im Raum und an Grenzflächen	46
1.3.3.1	Strömungsfelder wichtiger Leiteranordnungen	47
1.3.3.2	Bestimmung des Feldbildes	55
1.3.3.3	Verhalten an Grenzflächen	58
1.3.4	Die Integralgrößen des Strömungsfeldes	61
1.3.4.1	Widerstand	61
1.3.4.2	Widerstandsberechnung über die Verlustleistung	66
1.3.4.3	Strömungsfeld und Gleichstromkreis	66
1.3.5	Leitungsmechanismen im Strömungsfeld	70
1.3.5.1	Leitungsvorgänge in Leitern und Halbleitern	71
1.3.5.2	Stromleitung in Flüssigkeiten, elektrochemische Spannungsquellen	77
1.3.5.3	Stromleitung im Vakuum und Gasen	89

1 Das elektrische Feld

Lernziel Nach der Durcharbeitung dieses Kapitels sollen beherrscht werden:

- grundlegende Feldbegriffe der Skalar- und Vektorfelder,
- die Merkmale des elektrischen Feldes: Feldstärke, Potenzial und Spannung, Feldursachen und Feldüberlagerung,
- das Strömungsfeld, Unterschied zwischen Strom und Stromdichte,
- Leitungsvorgänge in Strömungsfeldern (Leiter, Halbleiter, Elektrolyt),
- Aufbau und Wirkungsweise elektrochemischer Spannungsquellen,
- die Stromleitung im Vakuum und in Gasen mit typischen Anwendungen,
- die Begriffe Verschiebungsflussdichte und Verschiebungsfluss,
- dielektrische Feldgrößen und dielektrische Eigenschaften der Materie,
- das Influenzprinzip,
- das Feldverhalten an der Grenze verschiedener Dielektrika,
- der Kapazitätsbegriff und die Strom-Spannungsbeziehung des Kondensators,
- der Verschiebungsstrom,
- die Vorgänge an einer Metall-Isolatorgrenzschicht und ihre Anwendungen,
- der Feldeffekt und der MOS-Feldeffekttransistor als Modell eines nichtlinearen, feldgesteuerten Strömungsfeldes.

Im ersten Band des Lehrwerkes diente das elektrische Feld zur Begründung der Begriffe Spannung, Strom und Widerstand als Grundlage der Netzwerkanalyse. Wir kehren jetzt zum Feld zurück: der Stromkreis ist zwar ein Modell des elektrischen Strömungsvorganges, er erfasst aber nicht die Breite elektrischer Felderscheinungen und ihre Anwendungen. Deshalb vertiefen wir Feldvorgänge in Leitern und in Nichtleitern und führen das Netzwerkelement Kondensator ein. Weil eine Strömung stets von einem magnetischen Feld als wichtigstem Merkmal umgeben ist, betrachten wir anschließend magnetische Felder. Zu ihrer netzwerktechnischen Modellierung dient das Netzwerkelement Spule (Induktivität). Kondensatoren und Spulen wirken in Netzwerken nur bei zeitveränderlichen Strömen und Spannungen. Deshalb erfordern sie erweiterte Netzwerkanalyseverfahren, wie sie in der Wechselstrom- und Impulstechnik oder bei Schaltvorgängen auftreten und im dritten Band behandelt werden.

1.1 Felder

Der Mensch nimmt elektromagnetische Felder durch seine Sinne nicht direkt wahr, sondern nur indirekt über *physikalische Feldwirkungen*: Kräfte auf ruhende bzw. bewegte Ladungen (bzw. geladene Probekörper). Sie dienen umgekehrt zur Begründung des elektrischen und magnetischen Feldes.

1.1.1 Feldbegriffe

Der Feldbegriff ist sehr verbreitet: es gibt beispielsweise das Schwerefeld der Erde, das Strömungsfeld eines Flusses, ein Temperaturfeld im Raum und elektrische und magnetische Felder[1].

So hat das Strömungsfeld eines Flusses, etwa durch schwimmende Papierschnitzel sichtbar gemacht, unendlich viele Bewegungsabläufe. Diese Teilchenbewegung ist ein *räumlicher Vorgang* und die Bahnkurven der Teilchen lassen sich als *Feldlinien* nachzeichnen. Beschrieben wird dieses Strömungsfeld durch die Feldgröße *Geschwindigkeit* $\boldsymbol{v}(x, y, z, t)$ als Funktion von Ort und Zeit.

> Ein Feld ist ein energieerfüllter Zustand eines Raumes, beschrieben durch Feldgrößen. Die *Feldenergie* wird einmalig (Feldaufbau) oder ständig (Aufrechterhaltung) zugeführt. Das Feld selbst lässt sich durch seine Wirkungen nachweisen und mit *Feldlinien* veranschaulichen.
>
> Eine *Feldgröße* ist eine dem Raumpunkt gesetzmäßig zugeordnete physikalische Größe zur Beschreibung eines physikalischen Raumzustandes. Die Gesamtheit ihrer Werte im Raum heißt „Feld".

Ein Feld hat weitere Merkmale:

- Die Feldgröße eines Punktes steht mit der *Nachbarschaft in Wechselwirkung*: ein Hindernis (z. B. ein eingesteckter Stab) verursacht im Strömungsfeld eine Änderung der Strömungslinien.
- Im Feld „sitzt Energie": sie tritt im Strömungsfeld als kinetische Energie der bewegten Teilchen auf, im Temperaturfeld als Wärmeenergie und in elektrischen und magnetischen Feldern als elektrische und magnetische Feldenergie. Typisch ist ihre *stetige Verteilung* (Beispiel Schwerefeld). Abhängig von der Feldart hat Energie verschiedene *Zustandsformen*.
- Ein Feld wird stets durch zwei, über einen *Ursache-Wirkungs-Zusammenhang* verknüpfte *Feldgrößen* beschrieben: im Strömungsfeld ist die Geschwindigkeit v (Wirkung) die Folge der Schwerkraft (Ursache). Im Temperaturfeld verursacht ein Temperaturgefälle einen „Wärmestrom". Davon überzeugt man sich unmittelbar am offenen Fenster eines geheizten Raumes.

Eine *Feldgröße ist stets für den Raumpunkt* definiert. Zur Gesamtbeschreibung des Feldes eignen sich *integrale oder globale* Feldgrößen besser. So sind im Strömungsfeld Geschwindigkeit und Druck lokale Größen, dagegen ist die pro Zeiteinheit talwärts fließende Wassermenge eine *Integralgröße*.

Feldeinteilung Felder können unterschiedlich betrachtet werden (Tab. 1.1), typische Kriterien sind der *Richtungseinfluss*, die Orts- und Zeitabhängigkeit und die *Feldursachen*. Vor allem *Quellen-* und *Wirbelfeld* treten als typische Formen elektromagnetischer Felder auf. Nach ihrer Ortsabhängigkeit

---

[1] Begriff und Konzept des Feldes gehen auf M. Faraday zurück.

1.1 Felder

Tab. 1.1. Merkmale von Skalar- und Vektorfeldern

- **Feldmerkmale**
  - Feldarten: (koordinatenfrei, angepasste Koordinaten)
    - *Skalarfeld* — skalare Feldgröße
    - *Vektorfeld* — vektorielle Feldgröße
  - Feldbild:
    - *Skalarfeld* — Flächen, Linien gleichen Wertes
    - *Vektorfeld* — Feldlinien
      - Betrag, Dichte
      - Richtung
      - homogen, inhomogen
  - Feldursachen:
    - *Quellenfeld*
    - *Wirbelfeld*

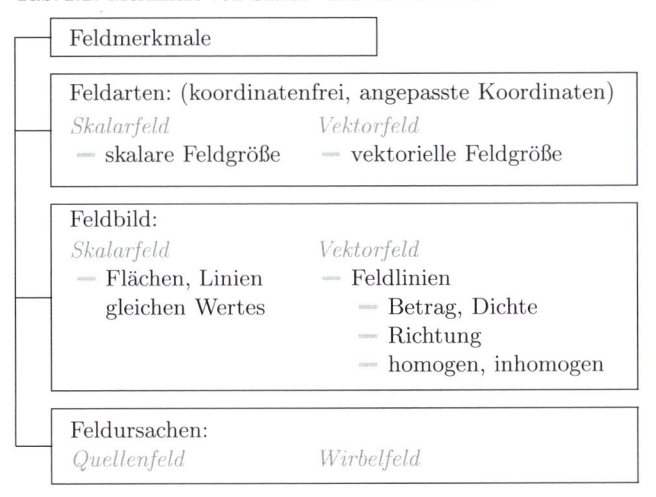

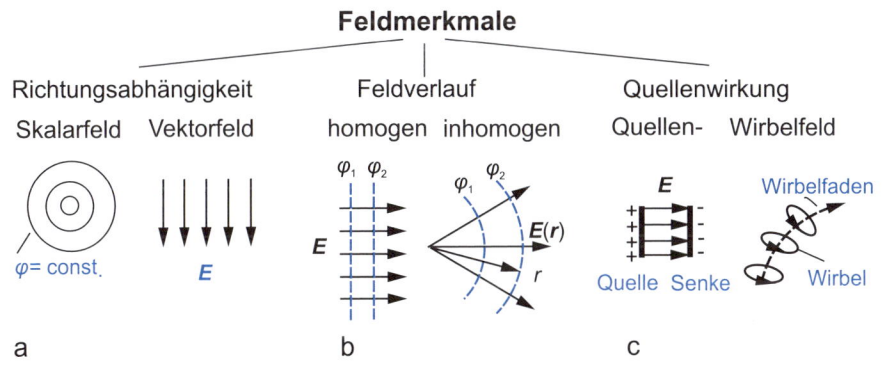

Feldmerkmale

Richtungsabhängigkeit	Feldverlauf	Quellenwirkung
Skalarfeld Vektorfeld	homogen inhomogen	Quellen- Wirbelfeld

a b c

Abb. 1.1.1. Merkmale elektromagnetischer Felder. Einteilung nach (a) Richtungsabhängigkeit. (b) Feldverlauf. (c) Feldursache (Feldtyp)

gibt es *homogene* Felder mit *ortsunabhängigen* und *inhomogene* mit *ortsabhängigen* Feldgrößen. Mathematisch handelt es sich um skalare oder vektorielle Größen, dargestellt durch Flächen/Linien gleichen Wertes, beispielsweise als *Äquipotenzialflächen* oder *Feldlinienbilder*. Beispiele zur Richtungsabhängigkeit, dem Feldverlauf und der Feldursache zeigt Abb. 1.1.1.

1. *Skalare Feldgrößen.* Jedem Raumpunkt ist eine skalare physikalische Größe zugeordnet. So hat im Temperaturfeld (Abb. 1.1.1a) jeder Raumpunkt eine bestimmte Temperatur. Durch Messung lassen sich Flächen mit konstanter Temperatur (bzw. Linien), die „Temperaturflächen", bestimmen. Dann entstehen im Schnittbild im zweidimensionalen Fall „Niveau"-Linien (Abb. 1.1.1b) gleicher Temperatur. Zweckmäßig unterscheiden sich benach-

barte Niveauflächen um die gleiche Differenz der Feldgröße, hier ΔT und es entsteht das „ausgewählte Feldbild". Wichtigstes Skalarfeld der Elektrotechnik ist das *Potenzialfeld* mit der potenziellen Energie als Grundlage (Kap. 1.5, Bd. 1). Wir vertiefen es in den folgenden Kapiteln. Weil die potenzielle Energie auch im Gravitationsfeld auftritt (s. Abb. 1.5.1, Bd. 1), hat dieses Feld „Höhenlinien" gleicher potenzieller Energie. Sie entsprechen den Potenziallinien im elektrischen Fall. Eine Masse m hat deshalb am höheren Ort eine größere potenzielle Energie als an einem tieferen Ort. Solche Höhenlinien prägen das Bild topographischer Karten (Abb. 1.1.2c).

2. *Vektorielle Feldgrößen.* Ein Vektorfeld liegt vor, wenn die physikalische Feldgröße als Funktion des Ortes ein Vektor ist, also Betrag und Richtung hat. Beispiele: Schwere- und Geschwindigkeitsfelder, das *Feldstärkefeld der elektrischen und magnetischen Feldstärke*. Das von einer Punktladung ausgehende elektrische Feld ist ein Vektorfeld (Abb. 1.1.3a).

Ein Vektorfeld wird durch *Feldlinien*[2] veranschaulicht, auch als *Kraft-* oder *Wirkungslinien* bezeichnet.

> Feldlinien sind (ausgesuchte) Raumkurven, die den räumlichen Verlauf einer Feldgröße veranschaulichen und ihren Vektor an jeder Stelle tangieren. Ihre Dichte (Abstand) ist ein Maß für den Betrag der Feldgröße am gleichen Ort.

Zur Konstruktion einer Feldlinie wird die Kraft $\boldsymbol{F}$ in einem Punkt $\boldsymbol{r} = \boldsymbol{r}(x, y, z)$ bestimmt, anschließend in einem Nachbarpunkt $\boldsymbol{r} + \mathrm{d}\boldsymbol{r}$ erneut ermittelt; und dieser Schritt wird fortlaufend wiederholt (Abb. 1.1.3b). Die zurückgelegte Kurve ist die Feldlinie. Die Feldgröße $\boldsymbol{F}$ liegt tangential zu ihr. Aus dieser Konstruktion folgt eine wichtige Regel:

> Feldlinien können sich nie überkreuzen.

Sonst gäbe es in einem Punkt zwei Tangentenrichtungen, was dem Feld physikalisch widerspricht.

Mathematisch liegt das Wegelement $\mathrm{d}\boldsymbol{r}$ der Feldlinie im Punkt P parallel zur Kraft $\boldsymbol{F}$, deswegen verschwindet das Vektorprodukt

$$\boldsymbol{F} \times \mathrm{d}\boldsymbol{r} = 0, \text{ d.h. } \boldsymbol{F} \| \mathrm{d}\boldsymbol{r}. \tag{1.1.1}$$

Für Vektoren in kartesischen Koordinaten

$$\mathrm{d}\boldsymbol{r} = \mathrm{d}x\boldsymbol{e}_\mathrm{x} + \mathrm{d}y\boldsymbol{e}_\mathrm{y} + \mathrm{d}z\boldsymbol{e}_\mathrm{z}, \quad \boldsymbol{F} = F_\mathrm{x}\boldsymbol{e}_\mathrm{x} + F_\mathrm{y}\boldsymbol{e}_\mathrm{y} + F_\mathrm{z}\boldsymbol{e}_\mathrm{z},$$

lautet das Vektorprodukt

$$(F_\mathrm{y}\,\mathrm{d}z - F_\mathrm{z}\,\mathrm{d}y)\,\boldsymbol{e}_\mathrm{x} + (F_\mathrm{z}\,\mathrm{d}x - F_\mathrm{x}\,\mathrm{d}z)\,\boldsymbol{e}_\mathrm{y} + (F_\mathrm{x}\,\mathrm{d}y - F_\mathrm{y}\,\mathrm{d}x)\,\boldsymbol{e}_\mathrm{z} = 0.$$

---

[2] Das Konzept der Feldlinien zur Darstellung von Vektorfeldern geht auf M. Faraday zurück.

1.1 Felder

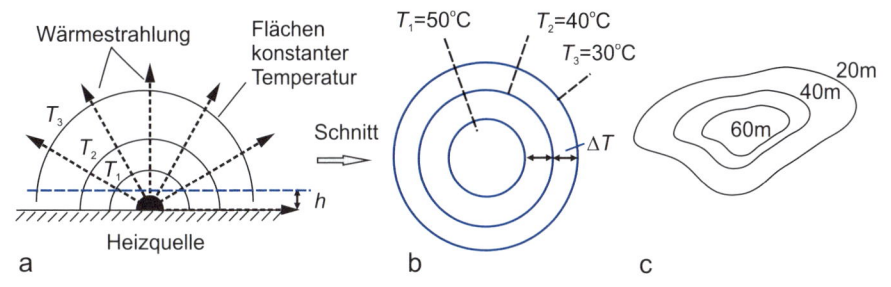

Abb. 1.1.2. Skalarfeld. (a) Schnitt durch ein Temperaturfeld um eine kugelsymmetrische Wärmequelle. Flächen konstanter Temperatur werden von der Wärmestrahlung senkrecht durchsetzt. (b) Schnitt durch das Temperaturfeld in einer bestimmten Höhe. Es gibt Linien (= Niveaulinien) konstanter Temperatur. (c) Höhenlinien einer topographischen Karte

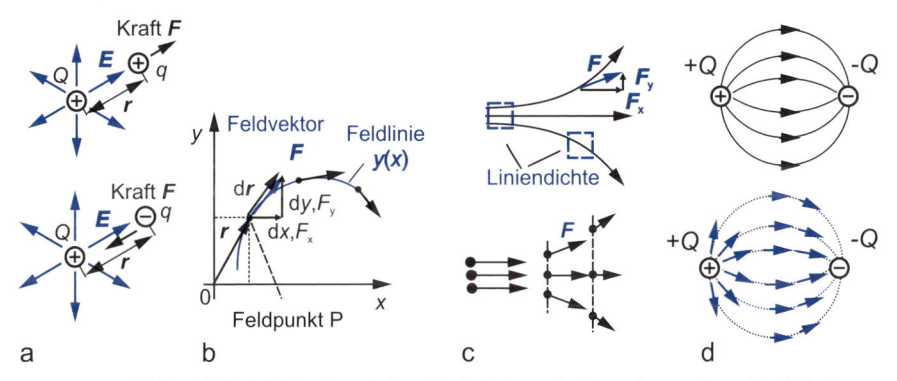

Abb. 1.1.3. Vektorfeld. (a) Kraft auf eine Probeladung in Umgebung einer Punktladung. (b) Feldlinie und ihre Konstruktion. (c) Darstellung des Betrages eines Vektors F durch die Liniendichte (Dichte ausgewählter Feldlinien) oder Vektoren in Rasterpunkten. (d) Felddarstellung zwischen Punktladungen durch Feldlinien und als Vektorfeld

Daraus folgen die Gleichungen der Feldlinien durch Nullsetzen jeder Komponente. Man gibt dazu z. B. dx vor und berechnet dy, dz. Mit dem so bestimmten Längenelement $d\mathbf{r}$ folgt der Punkt $\mathbf{r} + d\mathbf{r}$ auf der Feldlinie, für den das Verfahren wiederholt wird.

> Feldlinien sind als gedachte Linien ein Darstellungshilfsmittel eines Vektorfeldes. Sie haben keine physikalische Realität. Eine Feldlinie entsteht durch linienhafte Verbindung der Anfangspunkte der Feldvektoren, deshalb unterscheidet sich das Feldlinienbild vom zugehörigen Vektorfeld (Abb. 1.1.3c). Typische Vektorfelder sind die elektrische Feldstärke, ausgehend von einer Punktladung, oder das Magnetfeld um einen stromdurchflossenen Draht.

Im Feldlinienbild müssen Richtung und Betrag des Vektors erkennbar sein. Die Richtung wird durch einen Pfeil ausgedrückt, der Betrag durch seine

Länge (Abb. 1.1.3c). Die Stärke des Feldes äußert sich durch die „Dichte der Feldlinien". Weil diese Darstellung bei dreidimensionalen Feldern versagt, werden dann besser Vektoren im Raum dargestellt.

Weniger üblich ist die Felddarstellung durch Vektorpfeile. Dabei wird jedem Punkt r eines vorgegebenen Rasters der zugehörige Feldvektor „angeheftet". Der Pfeil weist in Richtung der Feldgröße, der Betrag bestimmt seine Länge. Abbildung 1.1.3d zeigt eine Felddarstellung zweier entgegengesetzter Punktladungen mit Feldlinien- und Vektorbild.

Feldarten Es gibt zwei grundsätzliche Feldarten:

1. **Quellenfelder:** *Feldlinien mit Anfang und Ende*. Der Anfangspunkt heißt *Quelle*, der Endpunkt *Senke* (Name!). Solche Feldlinien treten z. B. zwischen positiven und negativen Ladungen auf.

> In Quellenfeldern beginnen Feldlinien stets auf positiven Ladungen und enden auf negativen.

Das verdeutlicht ein Ladungspaar (Abb. 1.1.3d). Die elektrische Feldstärke E in Abb. 1.1.3a war nach Kap. 1.3.3 (Bd. 1) für die Kraft des Feldes auf eine Probeladung q eingeführt worden. Gesucht ist jetzt aber eine der Feldbeschreibung angepasste Größe für die *Feldursache*, die Ladung Q. Sie heißt (nach Maxwell) *Verschiebungsflussdichte* (auch *elektrische Erregung*) D und es gilt $D \sim E$. Man denkt sich zum Verständnis von D die Ladung Q im Zentrum einer Hülle mit der Oberfläche $A = 4\pi r^2$ (Abb. 1.1.4a). Dann entsteht auf der Oberfläche die gleiche Ladung Q durch Influenz (Ladungsverschiebung) und die Verschiebungsdichte (Betrag) lautet $D = Q/A = Q/(4\pi r^2)$, begrifflich eine *Flächenladungsdichte*. Das ist die in jedem Punkt der Hüllfläche influenzierte Ladung pro Fläche.

> Die Verschiebungsflussdichte beschreibt die dem Raumpunkt zugeordnete Ursache des elektrischen Feldes und ist eine der Felddarstellung angepasste Form der elektrischen Ladung als Feldursache.

Ein Maß für die „Quellenstärke" bildet die

> Quellendichte = Divergenz des Feldvektors.

Gleichwertig gilt für eine gedachte Hüllfläche um den Quellenbereich (Abb. 1.1.4a): Zahl der austretenden − Zahl der eintretenden Feldlinien $\neq 0$ oder beschrieben durch die „Quellenstärke"

$$\oint D \cdot dA = \int \varrho \, dV = Q \neq 0. \quad \text{Quellenstärke, Kennzeichen des Quellenfeldes} \quad (1.1.2)$$

1.1 Felder

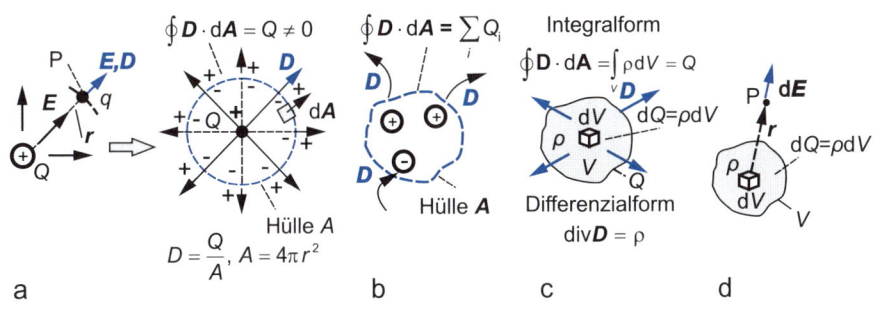

Abb. 1.1.4. Quellenfeld. (a) Feld einer Punktladung und gleichwertige Beschreibung durch die Verschiebungsflussdichte $\boldsymbol{D}$. (b) Verschiebungsflussdichte ausgehend von mehreren Punktladungen. (c) Quellenfeld in integraler und differenzieller Angabe: Quellenstärke und Quellendichte. (d) Feldbetrag der Teilladung dQ

> Ein Quellenfeld wird durch zwei gleichwertige Darstellungen beschrieben: Quellenstärke (integrale Form) oder Quellendichte (differenzielle Form).

Abbildung 1.1.4b erläutert diese Begriffe: Ausgang ist eine Ladungsmenge innerhalb einer (gedachten oder vorhandenen) Hülle mit angedeuteten Feldlinien. Diese Ladung kann verstanden werden als Quellenstärke (auch gebildet durch eine Raumladungsdichte ϱ, die das Hüllvolumen ausfüllt (Abb. 1.1.4c) oder das Hüllintegral der „Verschiebungsflussdichte" $\boldsymbol{D}$ (hier zunächst als Synonym für die Wirkung der Ladung außerhalb der Hüllfläche). Für den Raumpunkt ist die Quellendichte ϱ maßgebend für die Divergenz des Feldvektors $\boldsymbol{D}$. Wir kommen darauf im Kap. 2.2 zurück.

Die Ausgangsladung kann auch von einer Raumladungsverteilung ausgehen (Abb. 1.1.4d), die Teilladung dQ erzeugt dann im Punkt P den Feldbeitrag d$\boldsymbol{E}$ und das Gesamtfeld entsteht durch Integration.

Die einfachste Feldquelle ist die Punktladung Q (Abb. 1.1.5a) mit der Gegenladung auf einer unendlich fernen Hülle. Deshalb entsteht ein *radialsymmetrisches Feld*. Das Feldmodell folgt unmittelbar aus dem Coulombschen Gesetz (Gl. (1.3.5), Bd. 1), weil die Gegenladung keinen Beitrag zur Feldstärke im Aufpunkt liefert. Dann erzeugt eine (positive) Punktladung im Punkt P mit dem Ortsvektor $\boldsymbol{r}$ die elektrische Feldstärke

$$\boxed{\boldsymbol{E} = \frac{\boldsymbol{F}}{Q} = \frac{Q}{4\pi\varepsilon_0 r^2}\left(\frac{\boldsymbol{r}}{r}\right) = \frac{Q}{4\pi\varepsilon_0 r^2}\boldsymbol{e}_\mathrm{r}.} \quad \text{Feldstärkefeld einer Punktladung} \quad (1.1.3)$$

Sie zeigt in Richtung von $\boldsymbol{r}$ und ihr Betrag fällt mit $1/r^2$ (Abb. 1.1.5b, c). Auf einer Kugeloberfläche mit der Ladung im Zentrum ist die Feldstärke konstant.

Das Feldlinienbild entsteht durch Tangenten an die Feldstärkelinien. Eine Vorzeichenumkehr der Ladung wechselt die Feldstärkerichtung.

> Eine Punktladung hat ein kugelsymmetrisches Feld. Die Feldlinien bilden in beliebigen Ebenen durch die Ladung einen Strahlenstern bei gleichem Verlauf für die Verschiebungsflussdichte ($D \sim E$).

Betrachtet man das Ladungspaar (entgegengesetzte Ladungen, Abb. 1.1.3d), so haben Feldbilder von Quellenfeldern einige *typische Merkmale*:

> - Bei verschwindender Gesamtladung münden alle von positiven Ladungen ausgehenden Feldlinien auf negativen Ladungen. Es gibt keine Feldlinien zur unendlich entfernten Hülle (Ausnahme: Feldlinien auf Symmetrieachsen durch die Ladungen).
> - Eine Punktladung dominiert das Feld in ihrer unmittelbaren Umgebung (Einfluss entfernter Ladungen vernachlässigbar).
> - Bei mehreren nahe benachbarten Ladungen verhält sich das Feld in großer Entfernung wie das einer Punktladung, die im Ladungsschwerpunkt (mit dem gleichen Wert der Gesamtladung) angebracht ist.
> - Lassen sich in der Ladungsverteilung Symmetrieebenen finden, so kann dort oft auf die Feldrichtung geschlossen werden.

Quellenfelder entstehen auch durch *Ladungsverteilungen* wie *Raumladung* (Gl. (1.3.3), Bd. 1), *Flächenladung* (auf Leiteroberflächen) und *Linienladung* (auf einem Draht mit vernachlässigbarem Durchmesser). In Kap. 2 vertiefen wir diesen Aspekt und in Anhang A.2 (Bd. 1) den Divergenzbegriff.

2. **Wirbelfelder**: *mit Feldlinien ohne Anfang und Ende*, also *ohne* Quellen und Senken. Felder mit in sich geschlossenen Feldlinien heißen *quellenfrei*. Solche Vektorfelder haben *Wirbel* (Abb. 1.1.6a). Das sind Raumbereiche (linien- oder rohrförmig), um die sich die Feldlinien zusammenziehen. Sie bilden eine geschlossene Raumkurve, den *Wirbelfaden*. Ein Maß für die Wirbelstärke des Vektorfeldes ist die

> Wirbeldichte = Rotation eines Vektors in einem Punkt.

Deshalb gilt für eine gedachte Linie um den Wirbelbereich gleichwertig das nicht verschwindende *Umlaufintegral*, die *Wirbelstärke* W_s

$$W_s = \oint \boldsymbol{H} \cdot d\boldsymbol{s} \neq 0 \qquad \text{Wirbelstärke} \quad (1.1.4)$$

längs der Kurve s. Ein Feld $\boldsymbol{H}$, das der Bedingung Gl. (1.1.4) genügt, ist *nicht wirbelfrei*. (Die Mathematik bezeichnet das Integral $\oint \boldsymbol{v} \cdot d\boldsymbol{s}$ als Zirkulation.)

1.1 Felder

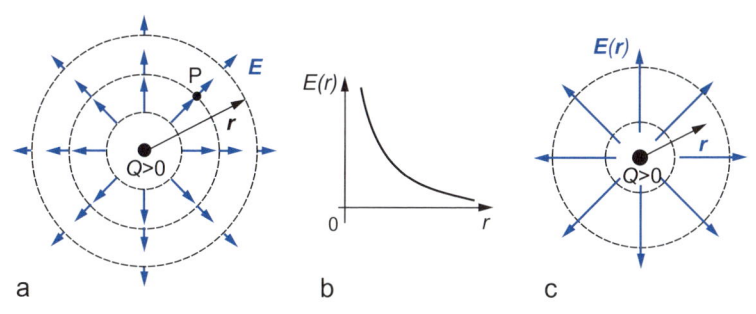

Abb. 1.1.5. Feldbilder der elektrischen Feldstärke und Verschiebungsflussdichte einer Punktladung. (a) Quellenfeld in Vektordarstellung. (b) Betrag der elektrischen Feldstärke $E(r)$. (c) Feldlinienbild in einer Schnittebene durch die Punktladung

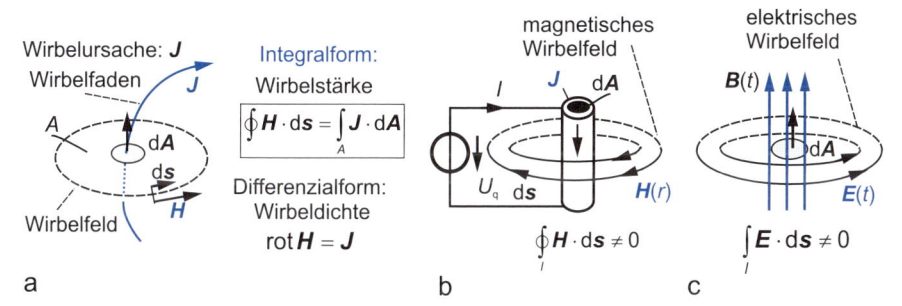

Abb. 1.1.6. Wirbelfeld. (a) Wirbellinien eines Wirbelfeldes, integrale Darstellung. Zuordnung der $\boldsymbol{H}$-Feldlinie zur Wirbelursache $\boldsymbol{J}$ (Stromdichte). Wirbelfaden und Zirkulation, integrale Darstellung. (b) Magnetisches Wirbelfeld um einen stromdurchflossenen Leiter. (c) Elektrisches Wirbelfeld im Induktionsgesetz

Beispiele sind das magnetische Wirbelfeld um einen stromdurchflossenen Leiter oder das elektrische Wirbelfeld in der Umgebung eines zeitveränderlichen magnetischen Feldes, im Induktionsgesetz. Abbildung 1.1.6b zeigt einen stromdurchflossenen Leiter mit dem umwirbelnden Magnetfeld. Ein *Umlauf* oder *Ringintegral* längs eines geschlossenen Weges um den Strom kennzeichnet die Wirbelstärke. Die Feldlinien von $\boldsymbol{H}$ sind in sich geschlossen. Wird der stromführende Querschnitt immer weiter aufgelöst, was mit Einführung der *Stromdichte* $\boldsymbol{J}$ (s. Kap. 1.3) gelingt, so lässt sich die Wirbeldichte als Rotation der magnetischen Feldstärke angeben (Abb. 1.1.6a).

Ein weiteres Beispiel eines Wirbelfeldes ist das zeitveränderliche Magnetfeld, das von einem elektrischen Feld „umwirbelt" wird (Abb. 1.1.6c): dann sind die magnetischen Feldlinien die Wirbelursache der in sich geschlossenen elektrischen Feldlinien (die jetzt nicht auf Ladungen enden oder von ihnen ausgehen!). Ein derartiges elektrisches Feld hat besondere Eigenschaften: sein *Umlaufintegral verschwindet nicht*. Es ist deshalb *nicht konservativ* (s. Kap. 3.3).

Beim Quellenfeld bestimmt das Hüllintegral die Quellenstärke und sie drückt aus, ob in einem Volumen ein Flussüberschuss oder -defizit auftritt.

Die gleiche Bedeutung hat das Umlaufintegral oder die *Zirkulation* für das Wirbelfeld: es gilt festzustellen, ob sie verschieden von Null ist oder nicht. Verschwindet das Umlaufintegral nicht, so gibt es geschlossene Feldlinien, (was für die elektrische und magnetische Feldstärke $\boldsymbol{E}$ und $\boldsymbol{H}$ zutreffen kann). Deshalb heißt dieses Umlaufintegral auch elektrische bzw. magnetische *Umlaufspannung*. Sie kennzeichnet wohl die Wirbelstärke der felderregenden Ursache, besagt aber nichts über lokale Wirbelursachen (ebensowenig wie beim Quellenfeld der Hüllenfluss nichts über Ort und Charakter der Quellen ausdrückt).

Die lokale Wirbelursache wird durch die *Wirbeldichte* oder *Rotation* ausgedrückt: man wählt einen Umlauf um eine immer kleiner werdende Fläche, bezieht den Umlauf auf sie und nennt das Ergebnis Rotation (abgesehen vom Normalenvektor der Fläche). Darauf basiert die entsprechende Rechenvorschrift (Anh. A.2, Bd. 1).

Die Rotation ist ein Operator, der einen Vektor differenziert und wieder einen Vektor ergibt.

Feldgrößen, Koordinatensysteme Elektrische und magnetische Felder sind Vektorfelder mit *koordinatenunabhängigen* Beziehungen zwischen den Feldgrößen. Beispielsweise ist das Newtonsche Gesetz: $\boldsymbol{F} = m\boldsymbol{a}$ unabhängig von einer Koordinatenzuordnung. Die Komponenten vektorieller Feldgrößen, also z. B. $\boldsymbol{F}_x$, $\boldsymbol{F}_y$ und $\boldsymbol{F}_z$ ($\boldsymbol{F} = \boldsymbol{F}_x + \boldsymbol{F}_y + \boldsymbol{F}_z$) hängen dagegen vom Koordinatensystem ab (s. Tab. 1.1). Zur Feldberechnung in geometrischen Anordnungen wird deshalb ein *angepasstes, orthogonales* Koordinatensystem gewählt. In *homogenen* Feldern verlaufen alle Feldlinien gerade und parallel. Dann reicht in kartesischen Koordinaten eine Komponente aus.

In inhomogenen Feldern, wie bei Punkt- und Linienladungen, treten kugel- und rotationssymmetrische Größen mit nur einer Komponente in r-Richtung auf. Hier sind Kugel- oder Zylinderkoordinaten zweckmäßig.

❱ 1.1.2 Merkmale elektrischer und magnetischer Felder

Elektrische Ladungen erzeugen im umgebenden Raum *elektrische und/oder magnetische Felder abhängig von ihrem Zustand*:

1. das *elektrische Feld* entsteht durch die Kraftwirkung ruhender Ladungen. Sie setzt in leitenden Medien andere Ladungen in Bewegung (*Ladungstransport*) und bewirkt in nichtleitenden Stoffen (Isolatoren) eine *Ladungsverschiebung*. Je nach Bewegungszustand (Tab. 1.2) gilt:

   – *Ruhende Ladungen* verursachen das *elektrostatische* Feld. Es ist als Quellenfeld typisch für Nichtleiter, wird während einer bestimmten Zeit durch Energiezufuhr aufgebaut und bleibt dann erhalten: *Energiespeicherfähigkeit*.

1.1 Felder

Tab. 1.2. Ladungszustand und elektromagnetische Felder

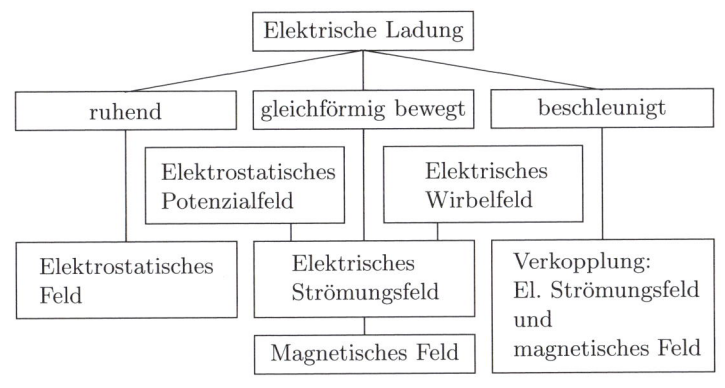

```
                    ┌─────────────────────┐
                    │  Elektrische Ladung │
                    └──────────┬──────────┘
         ┌─────────────────────┼─────────────────────┐
    ┌────┴────┐      ┌─────────┴─────────┐      ┌────┴──────┐
    │ ruhend  │      │ gleichförmig bewegt│     │beschleunigt│
    └────┬────┘      └─────────┬─────────┘      └────┬──────┘
         │          ┌──────────┴──────────┐          │
         │          │   Elektrostatisches │   Elektrisches
         │          │    Potenzialfeld    │    Wirbelfeld
         │          └─────────────────────┘
  ┌──────┴───────┐   ┌─────────────────┐   ┌─────────────────────┐
  │Elektrostat.  │   │   Elektrisches  │   │ Verkopplung:        │
  │    Feld      │   │  Strömungsfeld  │   │ El. Strömungsfeld   │
  └──────────────┘   └────────┬────────┘   │ und                 │
                     ┌────────┴────────┐   │ magnetisches Feld   │
                     │Magnetisches Feld│   └─────────────────────┘
                     └─────────────────┘
```

Besonders ausgeprägt ist das elektrostatische Feld, wenn sich Ladung auf voneinander isolierten Leitern, einer *Kondensatoranordnung*, sammelt.

Das elektrostatische Feld ist mit dem *Kondensator* verknüpft. Er verbindet dieses Feld in einem Raumbereich als Netzwerkelement mit dem Stromkreis.

– *Bewegte* Ladungen im Leiter bilden das *elektrische Strömungsfeld*. Es erfordert beständig Energiezufuhr, weil die Ladungsträger durch Zusammenstöße mit den Gitterbausteinen Bewegungsenergie abgeben.

Das Strömungsfeld ist mit dem Netzwerkelement *Widerstand* verknüpft.

Bildet das elektrische Feld im Nichtleiter ein Quellenfeld, so bleibt das elektrische Strömungsfeld quellenfrei (s. u.). Beide sind zudem *wirbelfrei. Deswegen kann die Feldstärke als Feldursache auch durch das elektrische Potenzial ausgedrückt werden.*

2. *Das magnetische Feld* ist an den Strom, also *bewegte* Ladungen gebunden. Es äußert sich durch eine Kraftwirkung auf *andere bewegte* Ladungsträger, etwa in einem anderen *stromführenden Leiter* oder auf „magnetisierte" Körper, wie eine Magnetnadel. Die Kraftwirkung unterbleibt, wenn der Raum nur ruhende Ladungsträger enthält. Zur Beschreibung dieser neuen Kraftwirkung wird das *magnetische Feld* eingeführt. Es bildet sich *um* die Ladungsströmung und ist daher ein *Wirbelfeld* (s. Abb. 1.1.6b). Wie beim elektrischen Feld erfordert der Feldaufbau Energie, die Aufrechterhaltung aber beständigen Stromfluss *als fundamentalen Unterschied zum elektrischen Feld*.

Das vom Strom erzeugte magnetische Feld in einem Raumbereich ist mit dem Netzwerkelement *Spule* verknüpft.

Tab. 1.3. Felder und ihre beschreibenden Größen

Feldart	Elektrisches Strömungsfeld	Elektrisches Feld im Nichtleiter	Magnetisches Feld
Feldbeschreibung			
Ursache	Stromdichte J	Verschiebungsflussdichte D	magnetische Feldstärke H
Wirkung	elektrische Feldstärke E	elektrische Feldstärke E	magnetische Flussdichte B
Zusammenhang	$J = \kappa E$	$D = \varepsilon E$	$B = \mu H$
Globalgrößen			
Strom, Fluss	$I = \int_A J \cdot \mathrm{d}A$	$\Psi = \int_A D \cdot \mathrm{d}A$	$\Phi = \int_A B \cdot \mathrm{d}A$
Spannung	$U = \int_s E \cdot \mathrm{d}s$	$U = \int_s E \cdot \mathrm{d}s$	$V = \int_s H \cdot \mathrm{d}s$
Netzwerkelement	$U = RI$	$U = \Psi/C$	$V = \Phi R_\mathrm{m}$

Wird das magnetische Feld durch einen *zeitveränderlichen* Strom, also *beschleunigte* Ladungsträger verursacht, entsteht ein *elektrisches Wirbelfeld* um den Leiter, das im Leiter selbst oder in benachbarten Leitern ein elektrisches Feld, das sog. *induzierte elektrische Feld* erzeugt. *Das ist der Inhalt des Induktionsgesetzes* (s. Abb. 1.1.6c). Die Felder treten dann nicht mehr einzeln, sondern *verkoppelt* auf: Elektrische Ladungen erzeugen ein elektrisches Feld, das Ladungen bewegt (elektrischer Stromfluss). Der Strom wird *stets* von einem Magnetfeld umwirbelt, das wiederum eine Kraftwirkung auf bewegte Ladungsträger zur Folge hat. Sie ist der Kern des Induktionsgesetzes und wird selbst wieder durch ein elektrisches (Wirbel-) Feld beschrieben. *Damit stehen elektrisches und magnetisches Feld in Wechselwirkung.* Sie bildet den Inhalt der Maxwellschen Gleichungen (s. Kap. 3.5).

Methodisch ist zunächst eine getrennte Feldbetrachtung vorteilhafter. Dabei hat das Strömungsfeld Priorität, einerseits als Grundlage des schon definierten Netzwerkelementes „elektrischer Widerstand", aber auch wegen der vielfältigen Strömungsvorgänge in Leitern, Flüssigkeiten und Gasen sowie ihren Anwendungen. Der Übergang zum elektrostatischen Feld ist anschließend leicht möglich, ebenso zum magnetischen Feld.

Lokale, integrale Feldgrößen Felderscheinungen werden mit zwei Ansätzen beschrieben (s. auch Tab. 1.3):

1. durch Feldgrößen im Raumpunkt, also *lokal*. Allerdings gibt z. B. die Kenntnis der Kraft F noch keine Auskunft darüber, ob und wie sie sich am betreffenden Ort räumlich ändert. Die *räumlichen Änderungen von*

Feldgrößen werden durch spezielle Rechenvorschriften, die sog. *Differenzialoperatoren* wie Gradient, Divergenz und Rotation beschrieben und der räumliche Verlauf durch Feldbilder veranschaulicht (die Abb. 1.1.3 und 1.1.4 deuteten das schon an).

2. durch *Integration* der Feldgröße längs eines Weges oder über eine Fläche zur Kennzeichnung der *Feldeigenschaften in der Gesamtheit*. Dazu dienen die im Anhang A.2 (Bd. 1) erläuterten *Linien-* und *Flussintegrale*. Beispielsweise ist die Arbeit $W = \int \boldsymbol{F} \cdot d\boldsymbol{s}$ das Linienintegral der Kraft. Durch Beschränkung auf parallele, zylinder- und rotationssymmetrische Felder (in diesem Buch) lassen sich die Flächen- und Volumenintegrale einfach lösen. Die so erhaltenen Integrale von Feldgrößen sind Skalare, deshalb spricht man von *integralen* oder *globalen Feldgrößen*. Zwei Merkmale treten auf:
   - die *Feldmenge längs eines Weges* s durch das Feld. Beispiele dafür sind das Potenzial, die Spannung U und die Umlaufspannung,
   - die *Menge der Feldlinien durch eine Fläche* A quer zu den Feldlinien. Beispiele sind der elektrische Strom I und der dielektrische Fluss Ψ.

Obwohl in beiden Fällen skalare Größen vorliegen, haben sie durch ihre Verknüpfung mit einer vektoriellen Feldgröße über den Weg bzw. die Fläche einen *physikalischen Richtungssinn* (s. Anhang A.2, Bd. 1), also ein Vorzeichen. Tab. 1.3 stellt die Feld- und Globalgrößen der folgenden Abschnitte gegenüber. Hängt der Ursache-Wirkungszusammenhang der Feldgrößen von den Stoffeigenschaften des Raumpunktes (z. B. Leiter, Nichtleiter) ab, so gilt ein entsprechender Zusammenhang auch für die Integralgrößen mit den *Netzwerkelementen als Verknüpfungsgrößen*. So führte der Zusammenhang Strom-Spannung zum Begriff „Widerstand" abhängig von den Stoffeigenschaften (Leitfähigkeit) des Gebietes und seiner Geometrie. Die folgenden Feldbetrachtungen erlauben, den Widerstandsbegriff über das Strömungsfeld auf kompliziertere Leitergebilde zu erweitern sowie den Kondensator aus dem elektrostatischen Feld und die Spule über das magnetische Feld als neue Netzwerkelemente einzuführen.

1.2 Elektrische Feldstärke, Potenzial und Spannung

Im Bd. 1 wurde die elektrische Feldstärke aus der Kraftwirkung einer Ladung auf eine andere Ladung erklärt. Die Spannung U als zugeordnete integrale Größe erwies ihren praktischen Wert bei der Netzwerkanalyse. Jetzt vertiefen

16   1. Das elektrische Feld

wir die Zusammenhänge zwischen Feldstärke, Potenzial und Spannung im elektrischen Feld.

❯ 1.2.1 Potenzial und Feldstärke

Bei der Bewegung einer Ladung im elektrischen Feld vom Punkt A nach B *gegen* die Kraftwirkung muss Energie von außen zugeführt, also *Arbeit* W aufgewendet werden. Dabei gilt $\Delta W = \boldsymbol{F} \cdot \Delta \boldsymbol{s}$ bei Verschiebung längs des Wegstückes $\Delta \boldsymbol{s}$. Weil Bewegungs- und Kraftrichtung verschieden sein können, wirkt in Richtung des Weges von P_A nach P_B (Abb. 1.2.1a) nur noch die Kraft $\|\boldsymbol{F}\| \cos \alpha$, was durch den Übergang zum vektoriellen Wegstück $\Delta \boldsymbol{s}$ mit der Richtung von P_A nach P_B erfasst wird. Die Arbeit ist definiert als Produkt aus der längs eines Weges wirkenden Kraft $\boldsymbol{F}$ und dem zurückgelegten Weg $\Delta W = \boldsymbol{F} \cdot \Delta \boldsymbol{s} = Q \boldsymbol{F} \cdot \Delta \boldsymbol{s}$, also zwischen den Punkten A und B:

$$\Delta W_\mathrm{AB} = Q \sum_{i=1}^{n} \boldsymbol{E}_i \cdot \Delta \boldsymbol{s}_i.$$

Dabei wird der Gesamtweg (Abb. 1.2.1b) in n kleine gerade Abschnitte zerlegt, in denen jeweils die Feldstärke $\boldsymbol{E}_i$ herrscht. Bei immer feinerer Unterteilung des Weges geht die Summation schließlich in ein Integral über eine Wegstrecke, das *Linienintegral der Feldstärke*, über (Bd. 1, Gl. (1.5.1)):

$$\begin{aligned} W_\mathrm{AB} &= \int_\mathrm{A}^\mathrm{B} \boldsymbol{F} \cdot \mathrm{d}\boldsymbol{s} = Q \int_\mathrm{A}^\mathrm{B} \boldsymbol{E} \cdot \mathrm{d}\boldsymbol{s} \\ &= Q \int_\mathrm{A}^\mathrm{B} \cos \angle (\boldsymbol{E}, \mathrm{d}\boldsymbol{s}) E \, \mathrm{d}s. \end{aligned}$$

Arbeit, Linienintegral der elektrischen Feldstärke   (1.2.1)

Damit reduziert sich die Berechnung der Verschiebearbeit auf die Bestimmung des Wegintegrals der elektrischen Feldstärke zwischen einem Ausgangspunkt, dem Bezugspunkt P_A, und dem Feldpunkt P_B (Abb. 1.2.1b). Bewegt sich die Ladung in Richtung der Feldkraft, so ist die Arbeit W_AB positiv und wird dem Feld entzogen. Stehen Feldstärke und Verschiebungsrichtung senkrecht zueinander, verschwindet der Energieaustausch, weil die Feldkomponente in Richtung von $\Delta \boldsymbol{s}$ nicht vorhanden ist. Das Ergebnis Gl. (1.2.1) war Grundlage der Spannungsdefinition Gl. (1.5.2), Bd. 1.

Die symbolische Schreibweise Gl. (1.2.1) darf nicht darüber hinwegtäuschen, dass zur praktischen Berechnung die Komponenten von $\boldsymbol{E}$ (z. B. in kartesischen Koordinaten) bekannt sein müssen. Sie können von den Koordinaten x, y, z abhängen. Dann zerfällt das Linienintegral in drei einfache Integrale. Die Integrationen mit

1.2 Elektrische Feldstärke, Potenzial und Spannung

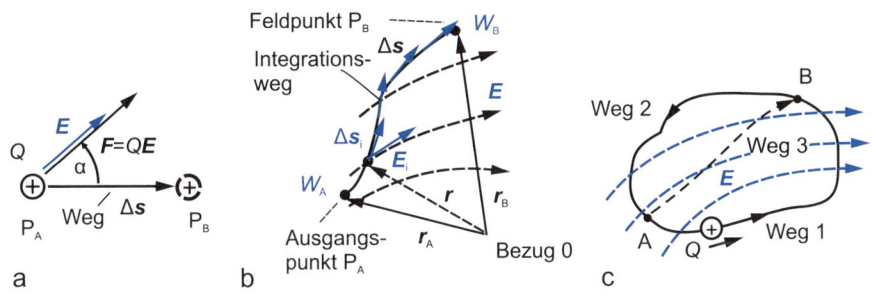

Abb. 1.2.1. Arbeit im Kraftfeld. (a) Verschiebung einer Probeladung im elektrischen Feld zwischen den Feldpunkten P_A, P_B. (b) Verschiebung im inhomogenen elektrischen Feld auf beliebigem Weg, Zuordnung der potenziellen Energie. (c) Arbeit im Potenzialfeld längs verschiedener Wege

$\mathrm{d}\boldsymbol{x} = \boldsymbol{e}_\mathrm{x}\,\mathrm{d}x$ usw., sind über einen gegebenen Weg zwischen dem Anfangs- (x_A, y_A, z_A) und Endpunkt (x_B, y_B, z_B) auszuführen. Bei der Berechnung versucht man stets, das Wegelement $\mathrm{d}\boldsymbol{s}$ als Summe seiner Komponenten in Richtung von $\boldsymbol{E}$ und senkrecht dazu aufzuspalten. Letztere liefert keinen Beitrag, da $\boldsymbol{E}\perp\mathrm{d}\boldsymbol{s}$.

Im allgemeinen gibt es beliebige Integrationswege zwischen A und B in Gl. (1.2.1) und man sollte eine Wegabhängigkeit der bei der Verschiebung aufzubringenden Energie erwarten. Es lässt sich aber zeigen, dass die auf dem Weg 1 aufgenommene Energie (Abb. 1.2.1c) gleich der auf Weg 2 abgegebenen ist und damit unabhängig vom Weg bleibt. Dann gilt

$$W_1 = Q\int_{A,\text{Weg 1}}^{B} \boldsymbol{E}\cdot\mathrm{d}\boldsymbol{s} = -Q\int_{B,\text{Weg 2}}^{A} \boldsymbol{E}\cdot\mathrm{d}\boldsymbol{s} = -W_2.$$

In einem solchen Feld ergibt die Integration längs eines geschlossenen Weges (von A nach B und nach A zurück, angedeutet durch das *Umlaufintegral* $\oint$, s. Anh. A.2, Bd. 1)

$$\int_{A,\text{Weg 1}}^{B} \boldsymbol{E}\cdot\mathrm{d}\boldsymbol{s} - \int_{A,\text{Weg 2}}^{B} \boldsymbol{E}\cdot\mathrm{d}\boldsymbol{s} = \oint_{\text{beliebiger Weg}} \boldsymbol{E}\cdot\mathrm{d}\boldsymbol{s} = 0. \quad \begin{array}{l}\text{Umlaufintegral}\\ \text{der Feldstärke}\end{array} \quad (1.2.2)$$

Im Feldstärkefeld der ruhenden Ladung verschwindet das Umlaufintegral längs eines beliebigen Weges stets. Ein Feld mit dieser Eigenschaft heißt *Potenzial-* oder *elektrostatisches Feld* und wird durch eine Skalarfunktion, das skalare Potenzial beschrieben. Es ist konservativ ganz analog zum Gravitationsfeld.

Ein konservatives Kraftfeld hat gleichwertig eines der folgenden Merkmale: Arbeit unabhängig vom Weg, oder Arbeit verschwindet auf geschlossenem Weg, oder es

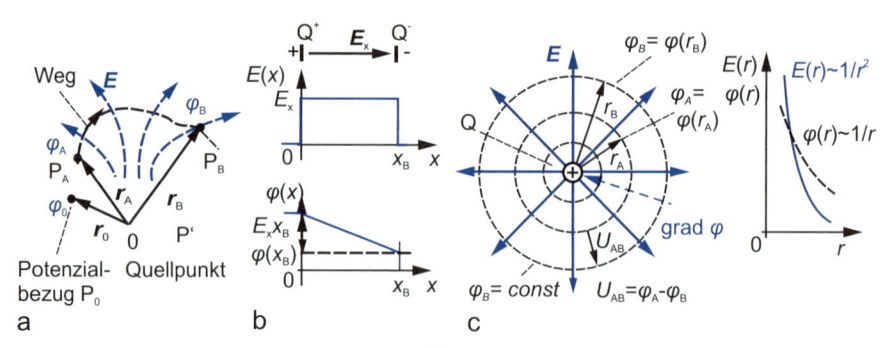

Abb. 1.2.2. Feldstärke- und Potenzialfeld. (a) Potenzialbegriff. (b) Homogenes Feldstärkefeld (eindimensional). (c) Feld einer Punktladung mit ortsabhängigem Feldstärke- und Potenzialverlauf

existiert im Kraftfeld eine potenzielle Energie (und damit ein Potenzial) oder das Feld ist wirbelfrei.[3]

Die *Voraussetzung* für die Einführung des Potenzials ist das verschwindende Umlaufintegral, bzw. gleichberechtigt eine verschwindende Zirkulation des Feldes $\boldsymbol{E}$, rot $\boldsymbol{E} = 0$ (s. Gl. (1.1.4)). Für die Globalgröße Spannung drückt sich diese Bedingung im Maschensatz aus.

Ganz analog verlaufen die Vorgänge im Gravitationsfeld: Wird eine Masse m (z. B. ein Stein) „gehoben", so muss Arbeit gegen das Schwerefeld geleistet werden und die potenzielle Energie der Masse erhöht sich. Fällt der Stein von A nach B, so nimmt seine potenzielle Energie ab, gleichzeitig wächst seine kinetische Energie. So wie die potenzielle Energie des Ladungsträgers der Ladung proportional ist, ist die des Steines der Masse m proportional. Weil die Ladung aber ein Vorzeichen hat, die Masse jedoch nicht, kann ein elektrisches Feld abgeschirmt werden, das Gravitationsfeld nicht! Auf die Analogie zum Gravitationsfeld war bereits im Bd. 1 Abb. 1.5.1 verwiesen worden.

Potenzialbegriff Im Potenzialfeld hängt die zur Ladungsverschiebung notwendige Arbeit W_{AB} *nur vom Anfangs- und Endpunkt* (Ortsvektoren $\boldsymbol{r}_A$, $\boldsymbol{r}_B$) im Feld ab, nicht vom Weg (Gl. (1.2.2))

$$W_{AB} = Q \int_A^B \boldsymbol{E} \cdot \mathrm{d}\boldsymbol{s} = Q\left(f(\boldsymbol{r}_B) - f(\boldsymbol{r}_A)\right). \tag{1.2.3}$$

---

[3]Damit gilt Gl. (1.2.2) nur für zeitunabhängige Felder; bei zeitveränderlichen Feldern entsteht über das zeitveränderliche Magnetfeld durch das *Induktionsgesetz* ein elektrisches Wirbelfeld, dessen Umlaufintegral der Feldstärke *nicht* verschwindet. Das führt zu einer von Null verschiedenen Umlaufspannung im Gegensatz zu Gl. (1.2.2)!

Deshalb kann sie durch eine skalare Funktion $f(\boldsymbol{r})$ ausgedrückt werden, *ohne das Integral berechnen zu müssen*. Üblicherweise benutzt man den *negativen* Wert von $f(\boldsymbol{r})$ und nennt ihn

$$\varphi(\boldsymbol{r}) = -f(\boldsymbol{r}). \qquad \text{Potenzial } \varphi(\boldsymbol{r}) \text{ des elektrischen Feldes} \quad (1.2.4)$$

Der Potenzialbegriff ist an die Bedingung des konservativen Feldes gebunden[4]. Die Arbeit Gl. (1.2.3) bleibt unverändert, wenn der Weg von A nach B noch über einen dritten (beliebigen) Punkt 0 (mit dem Ortsvektor $\boldsymbol{r}_0$) führt (A → 0 → B)

$$\begin{aligned} W_{\mathrm{AB}} &= Q\int_{\mathrm{A}}^{0} \boldsymbol{E}\cdot\mathrm{d}\boldsymbol{s} + Q\int_{0}^{\mathrm{B}} \boldsymbol{E}\cdot\mathrm{d}\boldsymbol{s} = Q\int_{\mathrm{A}}^{\mathrm{B}} \boldsymbol{E}\cdot\mathrm{d}\boldsymbol{s} \\ &= Q\left(f(\boldsymbol{r}_0) - f(\boldsymbol{r}_\mathrm{A}) + f(\boldsymbol{r}_\mathrm{B}) - f(\boldsymbol{r}_0)\right). \end{aligned} \qquad (1.2.5)$$

Damit besteht ein Zusammenhang zwischen Potenzial $\varphi(\boldsymbol{r})$ und Feldstärke $\boldsymbol{E}(\boldsymbol{r})$ durch das Integral z. B. im Punkt A (B analog)[5]

$$\varphi(\boldsymbol{r}_\mathrm{A}) - \underbrace{\varphi(\boldsymbol{r}_0)}_{\text{Bezug}} = \int_{\mathrm{A}}^{\boldsymbol{r}_0} \boldsymbol{E}\cdot\mathrm{d}\boldsymbol{s} = -\int_{\boldsymbol{r}_0}^{\mathrm{A}} \boldsymbol{E}\cdot\mathrm{d}\boldsymbol{s} = \frac{W_{\mathrm{A}\boldsymbol{r}_0}}{Q}. \qquad \begin{array}{l}\text{Potenzial im}\\\text{Punkt A}\\\text{gegenüber}\\\text{Bezugspunkt } \boldsymbol{r}_0\end{array} \quad (1.2.6)$$

Das Potenzial $\varphi(\boldsymbol{r})$ eines Raumpunktes $P(\boldsymbol{r})$ im elektrischen Feld ist das Wegintegral der elektrischen Feldstärke $\boldsymbol{E}(\boldsymbol{r})$ zwischen diesem Punkt und einem beliebigen (aber festgelegten) Bezugspunkt bei beliebigem Integrationsweg. Damit wird das Feld der ruhenden Ladung gleichwertig durch das Feldstärke- oder das Potenzialfeld beschrieben.

Es gibt die Arbeit an, die aufgewendet werden muss, um eine Probeladung vom Bezugspunkt zum Punkt $P(\boldsymbol{r})$ zu verschieben. Im Bezugspunkt wird das Potenzial definitionsgemäß meist zu null gesetzt ($\varphi(\boldsymbol{r}_0) = 0$). Dann wird das Potenzial eines Feldpunktes positiv [negativ], wenn dort die potenzielle Energie einer positiven Ladung höher (positiver) [kleiner (negativer)] als im Bezugspunkt ist (Abb. 1.2.2b).

Das Potenzial nimmt in Richtung der Feldstärke ab oder: Der Feldstärkevektor weist von Orten höheren Potenzials zu solchen niedrigeren Potenzials.

---

[4]Korrekt müsste von elektrostatischem Potenzial gesprochen werden, der Begriff elektrisches Potenzial oder Potenzial ist aber üblich.

[5]Der erste Term berücksichtigt das negative Vorzeichen, der zweite ordnet die Integrationsgrenzen richtig zu.

Es erklärt sich auch das Minuszeichen in Gl. (1.2.4): diese Konvention stammt aus den Anfängen der Elektrotechnik, damit Feldlinien vom höheren zum niedrigeren Potenzialwert zeigen.

Als Bezug dient meist ein Punkt im Unendlichen mit dem Potenzial null: $\varphi(\infty) = 0$. Dann geht Gl. (1.2.6) über in (s. Bd. 1, Gl. (1.5.3))

$$\varphi_A = \frac{W_A}{Q} = -\int_{\infty}^{A} \boldsymbol{E} \cdot \mathrm{d}\boldsymbol{s} \rightarrow \quad \varphi(\boldsymbol{r}) = \frac{W(\boldsymbol{r})}{Q}. \tag{1.2.7}$$

In einem Potenzialfeld besitzt eine Ladung Q im Punkt A eine bestimmte potenzielle Energie W_A gegenüber einem Bezugspunkt. Sie ist proportional der Ladung, die Proportionalitätskonstante heißt elektrostatisches Potenzial oder kurz Potenzial φ_A.

Das Potenzial hat, wie die elektrische Spannung, die SI-Einheit Volt.

Hinweis Weil das elektrische Potenzial nur bis auf eine Konstante bestimmt ist, kommt ihm für sich gesehen *keine direkte physikalische Bedeutung* zu. Deshalb ist es nicht mit der potenziellen Energie gleichzusetzen, was man aus Gl. (1.2.7) schließen könnte. Physikalische Bedeutung erhalten erst Potenzial*differenzen* und damit das Vermögen, an einer Ladung Verschiebearbeit zu leisten. Gleichung (1.2.6) setzt ein Quellenfeld voraus. Wären die Feldlinien nämlich geschlossen, so würde jeder Umlauf im Integral Gl. (1.2.2) einen vom Weg abhängigen Beitrag liefern und es wäre nicht null. Ein Feld mit diesen Eigenschaften ist später das Wirbelfeld.

Zusammengefasst kennzeichnet das Potenzial $\varphi(\boldsymbol{r})$ ebenso wie die elektrische Feldstärke $\boldsymbol{E}$ das elektrische Feld. Als skalare Feldgröße bringt es bei Feldberechnungen erhebliche Rechenvereinfachungen. Seine physikalische Bedeutung erhält es aus der Bewegung einer Ladung Q vom Ort A (mit W_A) nach Ort B (mit W_B), dabei muss die Arbeit (Gl. (1.2.5))

$$W_{AB} = \int_A^B \boldsymbol{F} \cdot \mathrm{d}\boldsymbol{s} = Q \int_A^B \boldsymbol{E} \cdot \mathrm{d}\boldsymbol{s} = -Q \int_A^B \mathrm{d}\varphi = Q(\varphi_A - \varphi_B) = QU_{AB}$$

geleistet werden. Das Potenzial ist damit eine *auf den Ort* bezogene skalare Größe des elektrischen Feldes. Aus Gl. (1.2.7) folgt gleichwertig

$$-\mathrm{d}\varphi = \boldsymbol{E} \cdot \mathrm{d}\boldsymbol{s} \quad \text{und} \quad \varphi_B = \varphi_A - \int_A^B \boldsymbol{E} \cdot \mathrm{d}\boldsymbol{s}. \tag{1.2.8}$$

Weisen Feldstärke und Weg in die gleiche Richtung, so sinkt das Potenzial in Feldrichtung ab.

Beispiel 1.2.1 Homogenes Feld Für ein *homogenes* Feld mit $\boldsymbol{E} = \text{const}$ folgt aus Gl. (1.2.6)

$$\varphi(\boldsymbol{r}) = \varphi(\boldsymbol{r}_0) - \int_{\boldsymbol{r}_0}^{\boldsymbol{r}} \boldsymbol{E} \cdot \mathrm{d}\boldsymbol{s} = \varphi(\boldsymbol{r}_0) - \boldsymbol{E} \cdot \int_{\boldsymbol{r}_0}^{\boldsymbol{r}} \mathrm{d}\boldsymbol{s} = \varphi(\boldsymbol{r}_0) - \boldsymbol{E} \cdot (\boldsymbol{r} - \boldsymbol{r}_0). \quad (1.2.9\mathrm{a})$$

In Abb. 1.2.2b herrsche die homogene Feldstärke $\boldsymbol{E} = E_\mathrm{x}\boldsymbol{e}_\mathrm{x}$ (z. B. dadurch, dass zwei parallele, voneinander isolierte Leiterplatten mit den Ladungen Q^+ und Q^- belegt werden). Dann gilt für den Potenzialverlauf über x, wenn als Bezugspotenzial x_B gewählt wird:

$$\varphi(x) = \varphi(x_\mathrm{B}) + \int_{x}^{x_\mathrm{B}} E_\mathrm{x}\boldsymbol{e}_\mathrm{x} \cdot \boldsymbol{e}_\mathrm{x}\, \mathrm{d}x' = \varphi(x_\mathrm{B}) + \int_{x}^{x_\mathrm{B}} E_\mathrm{x}\, \mathrm{d}x' = \varphi(x_\mathrm{B}) + E_\mathrm{x}(x_\mathrm{B} - x). \quad (1.2.9\mathrm{b})$$

Erwartungsgemäß sinkt das Potenzial in Feldrichtung. Auch bei anderem Bezugspunkt, z. B. Punkt x_A, bleibt der Abfall erhalten, die Kurve verschiebt sich nur zum neuen Bezugspunkt.

Zur *Punktladung* Q (im Ursprung) mit dem Feldverlauf Gl. (1.1.3) (Abb. 1.1.5) gehört der Potenzialverlauf

$$\varphi(r) = \frac{Q}{4\pi\varepsilon_0} \int_{r}^{r_0} \frac{\boldsymbol{e}_\mathrm{r} \cdot \boldsymbol{e}_\mathrm{r}\, \mathrm{d}r}{r^2} + \varphi(r_0) = \frac{Q}{4\pi\varepsilon_0}\left(\frac{1}{r} - \frac{1}{r_0}\right) + \varphi(r_0). \quad (1.2.10)$$

Der Integrationsweg ist die r-Achse. Das Potenzial im Aufpunkt sinkt umgekehrt proportional zum Abstand vom Nullpunkt. Es bleibt auf einer Kugel vom Radius r konstant, sie ist eine Äquipotenzialfläche, ebenso die des Bezugspotenzials (Radius r_0). Das Ergebnis vereinfacht sich bei verschwindendem Bezugspotenzial im Unendlichen ($r_0 \to \infty$). Abbildung 1.2.2c zeigt das Feldbild (Radialfeld) sowie den radialen Verlauf von Potenzial und Feldstärke.

Feldbild des Potenzials Im elektrischen Feld gibt es viele Punkte mit gleichem Potenzial. Sie alle bilden eine *Äquipotenzialfläche*. Ihre Spuren (= Projektion) in ebene Schnittflächen sind die *Äquipotenziallinien* (Abb. 1.2.3a). Mit der Feldstärkeverteilung liegt durch Gl. (1.2.6) auch das Potenzialfeld (bis auf eine von der Wahl des Bezugspunktes abhängige Konstante) fest. Ändert sich der Bezugspunkt, so ändern sich alle Potenziale um diese Konstante. Das Feldbild selbst bleibt erhalten.

Die Potenzialflächen sind Flächen konstanter potenzieller Energie W, und eine Energieänderung $\mathrm{d}W \sim \mathrm{d}\varphi$ auf der Fläche muss zwangsläufig verschwinden. Das führt mit Gl. (1.2.6) auf die Bedingung

$$\mathrm{d}W = -Q \cdot \mathrm{d}\varphi = Q\left(\boldsymbol{E} \cdot \mathrm{d}\boldsymbol{s}\right) = 0. \quad (1.2.11)$$

Weil sich die potenzielle Energie bei Verschiebung einer Ladung auf einer Potenzialfläche nicht ändert ($W = \text{const}$), müssen Feldstärke $\boldsymbol{E}$ und Wegelement $\mathrm{d}\boldsymbol{s}$ senkrecht zueinander stehen:

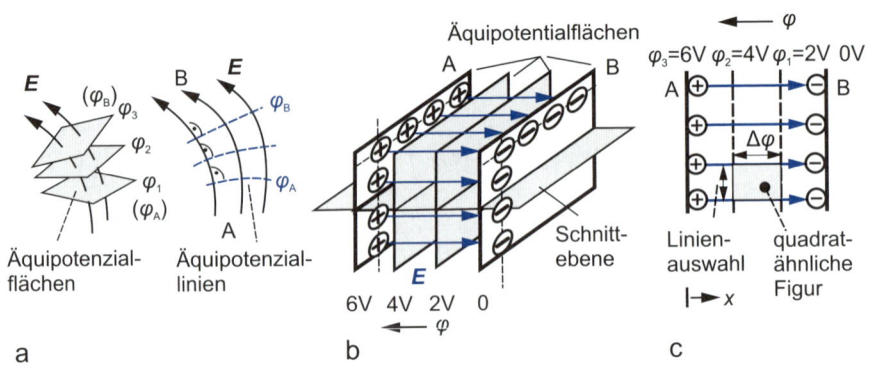

Abb. 1.2.3. Potenzial- und Feldstärkeverlauf. (a) Räumliches Feldstärke- und Potenzialfeld. Die Feldlinien stehen senkrecht (orthogonal) auf Potenzialflächen. (b) Räumliche Darstellung eines homogenen Feldstärke- und Potenzialfeldes und flächenhafte Darstellung in einer Schnittebene. (c) Quadratähnliche Figuren

> Die Äquipotenzialflächen bzw. -linien des Potenzialfeldes und die Feldlinien des **E**-Feldes durchdringen einander stets senkrecht. Der Transport einer Ladung längs einer Potenziallinie erfordert deshalb keine Energie.

Abbildung 1.2.3b zeigt ein homogenes Feld mit ausgewählten Äquipotenzialflächen (dreidimensional) und Äquipotenziallinien (zweidimensional). Die elektrische Feldstärke zeigt in Richtung *maximaler Potenzialabnahme (s. u.)*. Deshalb wird der Feldraum bei der Darstellung durch ausgewählte Feldlinien und Äquipotenzialflächen (benachbarte Potenzialflächen mit gleichem Potenzialunterschied $\Delta\varphi$) in *quaderähnliche Volumina* aufgeteilt, bei zweidimensionaler Darstellung also in ein *Netz quadratähnlicher Figuren* (Abb. 1.2.3c).

Grundsätzlich bleibt der quadratähnliche Charakter zwischen ausgewählten benachbarten Feldstärke- und Potenziallinien auch im inhomogenen Feld, etwa der Punktladung (Abb. 1.2.2c), erhalten, wenn das Feldbild nur genügend fein unterteilt wird. Deshalb hat das elektrostatische Feld folgende *Merkmale*:

– Eine Äquipotenzialfläche (Potenzial φ_0) bleibt erhalten, wenn man sie durch eine auf gleichem Potenzial befindliche Elektrode (Folie) ersetzt.
– Die Oberfläche eines leitenden Körpers ist stets eine Äquipotenzialfläche.

Würde sich im letzten Fall ein nichtkonstantes Potenzial einstellen, so müsste das zu einer entsprechenden Feldstärke- und Ladungsverteilung im Leiter führen, also eine Raumladungsverteilung entstehen. Sie baut sich aber in Leitern stets innerhalb einer sehr kurzen *Relaxationszeit* $\tau = \varepsilon/\kappa$ im ps-Bereich ab, anschließend ist der Leiter feldfrei und das Potenzial seiner Oberfläche nimmt einen konstanten Wert an. Die senkrechte Zuordnung zwischen Potenzialfläche und auftreffender Feldstärke ist

1.2 Elektrische Feldstärke, Potenzial und Spannung

eine spezielle *Randbedingung* zwischen Leiter und Isolator, wir verallgemeinern sie später für das Strömungs- und elektrostatische Feld.

Feldstärke und Potenzial Wir kennen die Bestimmung des Potenzials aus einem gegebenen Feldstärkeverlauf und wenden uns jetzt der „Umkehroperation" zu: der Feldstärkebestimmung aus dem Potenzial. Für eine Koordinatenrichtung würde aus Gl. (1.2.8) folgen

$$\varphi(x) = -\int \boldsymbol{E}_x \cdot \boldsymbol{e}_x \, dx + \text{const} = -\int E_x \, dx + \text{const}$$

oder umgeschrieben

$$\frac{d\varphi(x)}{dx} = -E_x \quad \text{bzw.} \quad -\frac{d\varphi(x)}{dx}\boldsymbol{e}_x = E_x \boldsymbol{e}_x = \boldsymbol{E}_x. \tag{1.2.12}$$

Die Ableitung des Potenzials ist dem *Betrag* der Feldstärke proportional, die *Richtung*, in der die (negative) Ableitung zu bilden ist, stimmt mit der Feldrichtung $\boldsymbol{E}_x$ überein. Das negative Vorzeichen deutet an, dass die Feldstärke in Richtung der Potenzial*abnahme* (= Potenzialgefälle) wirkt.

Allgemein ist die Ableitung in drei Richtungen zu bilden, für kartesische Koordinaten also mit $\varphi = \varphi(x, y, z)$[6][7][8]

$$\boxed{\begin{aligned} \boldsymbol{E} &= \boldsymbol{E}_x + \boldsymbol{E}_y + \boldsymbol{E}_z = E_x \boldsymbol{e}_x + E_y \boldsymbol{e}_y + E_z \boldsymbol{e}_z = -\text{grad } \varphi \quad \text{mit} \\ \text{grad } \varphi &= \boldsymbol{e}_x \frac{\partial \varphi}{\partial x} + \boldsymbol{e}_y \frac{\partial \varphi}{\partial y} + \boldsymbol{e}_z \frac{\partial \varphi}{\partial z}, \\ E_x &= -\frac{\partial \varphi}{\partial x}, \quad E_y = -\frac{\partial \varphi}{\partial y}, \quad E_z = -\frac{\partial \varphi}{\partial z}. \end{aligned}} \tag{1.2.13}$$

Die Rechenvorschrift Gl. (1.2.13) gibt die Potenzialänderung in der Umgebung eines Punktes in Richtung des größten Gefälles an. Sie heißt deswegen die *Richtungsableitung*. Im homogenen Feld Abb. 1.2.2b gilt $\varphi(x) = -\text{const}\, x$. Dann beträgt die Feldstärke nach Gl. (1.2.13)

$$\boldsymbol{E}_x = -\frac{\partial \varphi}{\partial x}\boldsymbol{e}_x = \text{const}\, \boldsymbol{e}_x.$$

Sie zeigt in x-Richtung und steht senkrecht auf den Linien $\varphi = \text{const}$. $\boldsymbol{E}_y$- und $\boldsymbol{E}_z$-Komponenten fehlen. Der Potenzialanstieg $\partial \varphi / \partial x$ ist negativ, das Gefälle $-\partial \varphi / \partial x$ also positiv.

Zum Verständnis des Begriffs Gradient betrachten wir ein Potenzialfeld mit den beiden Äquipotenzialflächen $\varphi = \varphi_1$ und $\varphi + d\varphi$, auf denen die Punkte $P(x, y, z)$

---

[6] Darstellungen in anderen Koordinaten sind gleichwertig.

[7] Hängt eine skalare Funktion von mehreren Variablen ab, so wird unterschieden zwischen der partiellen Differenziation (wenn sich nur eine Variable ändert) $\frac{\partial \varphi(x,y,z)}{\partial r}$ und dem totalen Differenzial, wenn sich alle ändern $d\varphi = \frac{\partial \varphi}{\partial x} dx + \frac{\partial \varphi}{\partial y} dy + \frac{\partial \varphi}{\partial z} dz$.

[8] Diese Operation wird in der Feldtheorie behandelt.

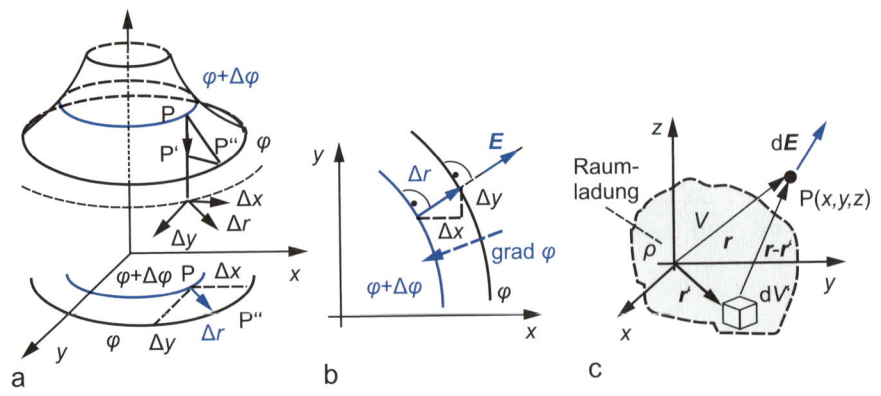

Abb. 1.2.4. Feldstärke und Gradient des Potenzials. (a) Potenzialfeld und zugehöriger Gradient. (b) Äquipotenziallinien und Gradientenvektor. Feldstärke wirkt in Richtung des größten Potenzialgefälles. (c) Beitrag einer Teilladung dQ herrührend von einer Raumladungsverteilung zur Berechnung von Feldstärke und Potenzial in einem Feldpunkt

und $P'(x+\mathrm{d}x, y+\mathrm{d}y, z+\mathrm{d}z)$ liegen (Abb. 1.2.4a). Die Potenzialänderung dφ beträgt

$$\mathrm{d}\varphi = \frac{\partial \varphi}{\partial x}\mathrm{d}x + \frac{\partial \varphi}{\partial y}\mathrm{d}y + \frac{\partial \varphi}{\partial z}\mathrm{d}z = -\boldsymbol{E} \cdot \mathrm{d}\boldsymbol{s}$$

$$= \underbrace{\left(\frac{\partial \varphi}{\partial x}\boldsymbol{e}_\mathrm{x} + \frac{\partial \varphi}{\partial y}\boldsymbol{e}_\mathrm{y} + \frac{\partial \varphi}{\partial z}\boldsymbol{e}_\mathrm{z}\right)}_{\mathrm{grad}\,\varphi} \cdot \underbrace{(\mathrm{d}x\boldsymbol{e}_\mathrm{x} + \mathrm{d}y\boldsymbol{e}_\mathrm{y} + \mathrm{d}z\boldsymbol{e}_\mathrm{z})}_{\mathrm{d}\boldsymbol{s}}$$

ausgedrückt als Produkt von Feldstärke und Wegelement nach Gl. (1.2.8) mit dem Vektor d$\boldsymbol{s}$ des Wegelementes. Damit ist die Potenzialänderung formal ein Skalarprodukt des Vektors d$\boldsymbol{s}$ mit dem Vektor aus den partiellen Ableitungen des Potenzials in Richtung der drei Ortskoordinaten. Dieser Vektor heißt *Gradient* des Potenzials. Der Vergleich liefert $\boldsymbol{E} = -\mathrm{grad}\,\varphi$ (s. Gl. (1.2.13)).

Zwei Merkmale dieses Vektors sind wichtig:

– Aus der Bewegung des Punktes P_1 auf der Äquipotenzialfläche $\varphi_1 = \mathrm{const}$ (d$\varphi = 0$) folgt $(\mathrm{grad}\,\varphi)\cdot\mathrm{d}\boldsymbol{s} = 0$, dann muss der Gradientenvektor senkrecht auf der Potenzialfläche stehen.
– Zwischen beiden Punkten P_2 und P_1 beträgt die Potenzialänderung

$$\mathrm{d}\varphi = (\mathrm{grad}\,\varphi) \cdot \mathrm{d}\boldsymbol{s} = |\mathrm{grad}\,\varphi|\,\mathrm{d}s\,\cos\alpha$$

mit dem Winkel α zwischen dem Vektor $\mathrm{grad}\,\varphi$ und Wegelement d$\boldsymbol{s}$. Damit beträgt die Potenzialänderung (Betrag der Feldstärke)

$$\frac{\mathrm{d}\varphi}{\mathrm{d}s} = |\mathrm{grad}\,\varphi|\cos\alpha \quad \rightarrow \quad \left.\frac{\mathrm{d}\varphi}{\mathrm{d}s}\right|_{\mathrm{max}} = |\mathrm{grad}\,\varphi|\,.$$

Sie, und damit die Feldstärke, wird maximal, wenn der Weg d$\boldsymbol{s}$ so gewählt wird, dass der Winkel α null ist, also in die Richtung des Gradienten fällt und

1.2 Elektrische Feldstärke, Potenzial und Spannung

so senkrecht auf der Potenzialfläche steht (ds parallel zum Normalenvektor der Äquipotenzialfläche n).

Der Vektor grad φ drückt sowohl die Richtung als auch den Betrag der maximalen Änderungsrate des skalaren Potenzialfeldes aus

$$\boldsymbol{E} = \frac{\mathrm{d}\varphi}{\mathrm{d}n}(-\boldsymbol{e}_\mathrm{n}) = -\frac{\mathrm{d}\varphi}{\mathrm{d}n}\boldsymbol{e}_\mathrm{n} = -\mathrm{grad}(\varphi). \quad \text{Zusammenhang Feldstärke-Potenzial} \quad (1.2.14)$$

Der (negative) Gradient des Potenzials ist ein Vektor – die Feldstärke – der die Richtung des steilsten Gefälles hat und dessen Betrag die in diese Richtung (nicht in beliebiger!) gemessene Neigung angibt. Deshalb steht die Feldstärke senkrecht auf einer Äquipotenzialfläche (Abb. 1.2.4a). Anschaulich: Feldstärke = Potenzialgefälle in Richtung größter Potenzialabnahme, d. h. bei gleichem $\Delta\varphi$ längs der kürzesten Wegstrecke Δs (Abb. 1.2.4b).

Die Operationsvorschrift „Gradient (grad) des Potenzials φ" ist die „Umkehroperation" zu Gl. (1.2.6).

Im Feldbild besteht deshalb ein fester Zusammenhang zwischen Feldlinien (der Feldstärke) und den Äquipotenzialflächen bzw. -linien: beide durchdringen einander senkrecht. Deshalb kann aus einem Feldbild das andere konstruiert werden. So folgt aus dem Potenzialfeld besonders einfach die Feldstärke: $E_x \approx \Delta\varphi/\Delta x$. Dabei muss der Abstand Δx zwischen zwei Potenzialflächen klein genug sein, damit ein annähernd homogenes Feld herrscht. Bei gleicher Potenzialdifferenz ist dann die Feldstärke umgekehrt proportional zum Abstand Δx.

Mit der Operationsvorschrift „grad φ" liegt die Umkehroperation zu Gl. (1.2.6) zur Berechnung des Potenzials aus der Feldstärke vor. Dieser Vorteil wird bei der Bestimmung der Feldstärke, verursacht von mehreren Quellen, ausgenutzt, weil dann nur Potenziale der einzelnen Quellen skalar überlagert werden müssen (s. Kap. 1.2.2). Ferner besteht ein einfacher Zusammenhang zwischen Potenzial und Spannungsänderung: $\mathrm{d}U_\mathrm{AB} = -\mathrm{d}(\varphi_\mathrm{A} - \varphi_\mathrm{B})$ oder kurz $\mathrm{d}U = -\mathrm{d}\varphi$ (s. Kap. 1.2.3).

Hinweis In der Elektrotechnik erhält der Gradient nach Festlegung der Feldrichtung vom höheren zum niederen Potenzial ein negatives Vorzeichen, das ist in anderen Bereichen (z. B. der Kontinuumstheorie) nicht der Fall.

Der Operator grad hat für sich gesehen keine physikalische Bedeutung, er erhält sie erst durch die Anwendung auf eine physikalische Größe. Die Operation beschreibt stets „einen Vektor, der sowohl den Betrag und die Richtung der maximalen räumlichen Änderungsrate einer skalaren Funktion" ausdrückt. So zeigt der Gradient in einem Potenzialgebirge (Abb. 1.2.4a) in Richtung des größten Anstiegs, die Feldstärke also in Richtung des größten Gefälles. Eine positive Ladung würde dann durch die Feldstärke „das Potenzialgefälle hinabrollen".

Beispiel 1.2.2 Punktladung Im Feldbild einer positiven Punktladung Q (mit weit entfernter Gegenladung) gehen die Feldlinien radial von der Ladung aus (Abb. 1.2.2c). Sie durchsetzen eine Kugelfläche $4\pi r^2$. Wird sie in n gleiche Teilflächen unterteilt und jeder eine Feldlinie zugeordnet ($\to$ ausgewählte Feldlinien), so durchsetzt die gleiche Feldlinie mit wachsendem Radius eine immer größere Fläche. Folglich sinkt die Feldliniendichte (= Anzahl/Fläche) mit $1/r^2$ und ebenso der Betrag der Feldstärke, der der Liniendichte proportional ist:

$$\boldsymbol{E} = \frac{\boldsymbol{F}}{q} = \frac{Q}{4\pi\varepsilon_0 r^2}\boldsymbol{e}_r = \frac{\text{const}}{r^2}\boldsymbol{e}_r. \tag{1.2.15a}$$

In zweidimensionaler Darstellung (Abb. 1.2.4b) hat $\boldsymbol{E}$ die Komponenten $\boldsymbol{E}_x$ und $\boldsymbol{E}_y$. Es ergibt aber weder die Ableitung $\partial\varphi/\partial x$ noch $\partial\varphi/\partial y$ das größte Gefälle, sondern erst die Ableitung senkrecht zu den φ-Linien, also in r-Richtung. Deshalb ist mit $\mathrm{d}\boldsymbol{s} \to \mathrm{d}\boldsymbol{r}$ zu schreiben

$$\boldsymbol{E}_r = -\frac{\mathrm{d}\varphi}{\mathrm{d}r}\boldsymbol{e}_r = \frac{\text{const.}}{r^2}\boldsymbol{e}_r, \quad \text{da } \varphi = -\frac{\text{const}}{r}.$$

Man erkennt in Abb. 1.2.4b, dass die Potenzialänderung entlang der Wegstrecken Δx und Δy zwischen den beiden auf die Ebene projizierten Potenziallinien φ und $\varphi + \Delta\varphi$ kleiner ist als die Potenzialänderung entlang Δr, also nicht die größte Potenzialänderung $\Delta\varphi$ längs des Weges Δs ergeben. Deshalb erfordert das Gefälle noch eine Richtungsangabe. Die kürzeste Wegstrecke $\Delta s|_{\min} = \Delta r$ liegt in der Richtung senkrecht zur Potenziallinie bzw. Potenzialfläche, also in *Normalenrichtung*.

Das von der Punktladung erzeugte Potenzialfeld folgt aus dem Feldstärkeverlauf

$$\varphi(\boldsymbol{r}) = \varphi(\boldsymbol{r}_0) - \int_{\boldsymbol{r}_0}^{r} \boldsymbol{E}(\boldsymbol{r}') \cdot \mathrm{d}\boldsymbol{r}' = \frac{Q}{4\pi\varepsilon_0}\frac{1}{r}\bigg|_{\substack{\varphi(\infty)=0 \\ r_0 \to \infty}}. \tag{1.2.15b}$$

Das Potenzial fällt umgekehrt proportional zum Radius ab, die Feldstärke mit dem Radiusquadrat (Abb. 1.2.2c). Diese Lösung stellt, zusammen mit der zugehörigen Feldstärke, eine *Aufbaufunktion* zur Berechnung von Feldverteilungen dar, die von mehreren räumlich verteilten Ladungen herrührt, zumal statt der Punktladung auch eine *Ladungsverteilung* zugrunde gelegt werden kann. In Abb. 1.2.4c wurde eine Raumladungsverteilung mit dem Ladungselement $\varrho\mathrm{d}V$ angesetzt. Dabei bedeuten die Koordinaten mit Strich die Lage des Ladungselementes und die laufende Koordinate $\boldsymbol{r}$ den Feldpunkt, an dem die Feldgröße bestimmt werden soll. Mit dem Feldstärkeelement $\mathrm{d}\boldsymbol{E}$

$$\mathrm{d}\boldsymbol{E} = \boldsymbol{e}_r \frac{\varrho\mathrm{d}V}{4\pi\varepsilon_0|\boldsymbol{r}-\boldsymbol{r}'|}$$

können dann Feldstärke und Potenzial bestimmt werden

$$\boldsymbol{E}(\boldsymbol{r}) = \frac{1}{4\pi\varepsilon_0}\int_V \frac{\varrho(\boldsymbol{r}')(\boldsymbol{r}-\boldsymbol{r}')\mathrm{d}V'}{|\boldsymbol{r}-\boldsymbol{r}'|^3}, \quad \varphi(\boldsymbol{r}) = \frac{1}{4\pi\varepsilon_0}\int_V \frac{\varrho(\boldsymbol{r}')\mathrm{d}V'}{|\boldsymbol{r}-\boldsymbol{r}'|}. \tag{1.2.15c}$$

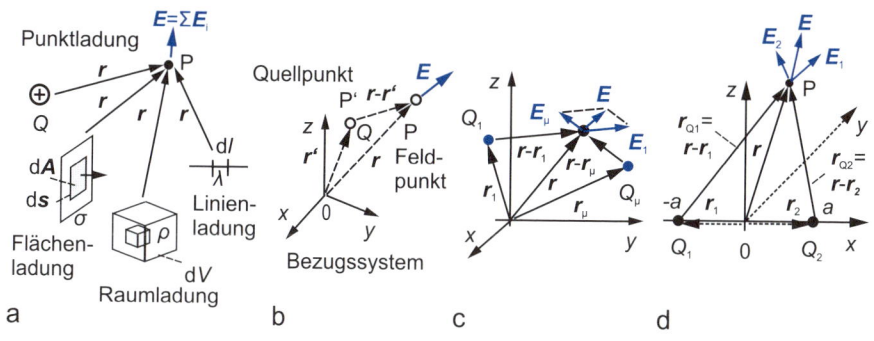

Abb. 1.2.5. Feldüberlagerung. (a) Zu Feldstärke und Potenzial im Feldpunkt P tragen Punktladungen und/oder Ladungsverteilungen bei. (b) Feldstärke im Feldpunkt P verursacht von einer (positiven) Punktladung im Punkt P' am Ort r'. (c) Überlagerung der Feldstärken mehrerer Punktladungen. (d) Feldüberlagerung zweier positiver Punktladungen auf der x-Achse symmetrisch zum Ursprung

1.2.2 Potenzialüberlagerung

Das von mehreren Ladungen in einem Aufpunkt verursachte elektrische Feld (bei konstanter Permittivität ε_0) kann auf zwei Wegen ermittelt werden: direkt mit dem Coulombschen Gesetz oder indirekt mit dem Potenzial als Zwischengröße: man bestimmt zunächst das Potenzial und daraus über Gl. (1.2.13) die Feldstärke. Beide Fälle bilden eine *Feldüberlagerung*

$$\boldsymbol{E} = \sum_{\nu=1}^{n} \boldsymbol{E}_\nu, \qquad \varphi = \sum_{\nu=1}^{n} \varphi_\nu. \tag{1.2.16a}$$

Dabei sind $\boldsymbol{E}_\nu$ und φ_ν die elektrische Feldstärke bzw. das Potenzial der ν-ten Ladung am Aufpunkt. Diese Einzelbeiträge können nicht nur von Punktladungen, sondern auch von Ladungsverteilungen stammen (Abb. 1.2.5a).

Die Feldstärkeüberlagerung ist dabei wegen der vektoriellen Addition aufwendiger als die skalare Überlagerung der Potenziale. Den Ausgang bildet die Einzelladung Q am Quellenpunkt P' (Abb. 1.2.5b), die im Feldpunkt P die Feldstärke $\boldsymbol{E}$ erzeugt. Sie ergibt sich durch Koordinatenverschiebung um r'. Mehrere Ladungen (Abb. 1.2.5c) erzeugen am Aufpunkt P ein Gesamtfeld additiv aus den Einzelfeldstärken. Die Richtungen entsprechen den Verbindungsstrahlen von der betreffenden Ladung zum Feldpunkt (unter Vorzeichenbeachtung). Zur Berechnung führt man z. B. kartesische Koordinaten ein und ermittelt die Einzelanteile von $\boldsymbol{E}$ (aufwendig!). Beispiel 1.2.3 erläutert das Verfahren.

Einfacher wird die Feldberechnung über die Potenziale: man bestimmt das Gesamtpotenzial φ_ges im Raumpunkt P (Bezugspunkt 0) durch (skalare)

Addition der Einzelpotenziale

$$\varphi_{\text{ges}} = \int_P^0 \boldsymbol{E}_{\text{ges}} \cdot \mathrm{d}\boldsymbol{s} = \int_P^0 \sum_{\nu=1}^n \boldsymbol{E}_\nu \cdot \mathrm{d}\boldsymbol{s} = \sum_{\nu=1}^n \varphi_{\text{P}\nu} \qquad (1.2.16\text{b})$$

und bildet daraus die Gesamtfeldstärke

$$\boldsymbol{E}_{\text{ges}} = -\frac{\mathrm{d}\varphi_{\text{ges}}}{\mathrm{d}s}\boldsymbol{e}_s$$

durch Differenziation des Gesamtpotenzials nach den Ortskoordinaten.

Das Gesamtpotenzial in einem Punkt ist die vorzeichenbehaftete Summe der von den einzelnen Quellen verursachen Einzelpotenziale.

Beispiel 1.2.3 Feldüberlagerung Mehrere Punktladungen *überlagern* ihre Einzelfelder zum Gesamtfeld. Wir betrachten Einzelladungen an verschiedenen Orten (Abb. 1.2.5c). Eine Ladung Q_1 am Ort $\boldsymbol{r}_1$ verursacht im Aufpunkt P (am Ort $\boldsymbol{r}$) die Feldstärke

$$\boldsymbol{E}_1(\boldsymbol{r}) = \frac{Q_1}{4\pi\varepsilon_0 |\boldsymbol{r}-\boldsymbol{r}_1|^2} \frac{(\boldsymbol{r}-\boldsymbol{r}_1)}{|\boldsymbol{r}-\boldsymbol{r}_1|} = \frac{Q_1}{4\pi\varepsilon_0 |\boldsymbol{r}-\boldsymbol{r}_1|^2}\boldsymbol{e}_{r1}. \qquad (1.2.17\text{a})$$

Dabei wurde der Einheitsvektor durch $(\boldsymbol{r}-\boldsymbol{r}_1)/|\boldsymbol{r}-\boldsymbol{r}_1|$ ersetzt. Sind n Punktladungen Q_i im Raum verteilt je mit dem Ortsvektor $\boldsymbol{r}_i$, dem Ortsvektor $\boldsymbol{r}$ im Aufpunkt und dem Abstand $r_{Qi} = |\boldsymbol{r}-\boldsymbol{r}_i|$ zwischen Punktladung und Aufpunkt, so ergibt sich die Gesamtfeldstärke

$$\begin{aligned}\boldsymbol{E} &= \sum_{i=1}^n \boldsymbol{E}_i, \quad \boldsymbol{E}_i = \frac{Q_i}{4\pi\varepsilon_0 |\boldsymbol{r}-\boldsymbol{r}_i|^2}\frac{(\boldsymbol{r}-\boldsymbol{r}_i)}{|\boldsymbol{r}-\boldsymbol{r}_i|}, \\ r_{Qi} &= |\boldsymbol{r}-\boldsymbol{r}_i| = \sqrt{(x-x_i)^2 + (y-y_i)^2 + (z-z_i)^2}\end{aligned} \qquad (1.2.17\text{b})$$

durch Überlagerung der Einzelfeldstärken, hier in kartesischen Koordinaten. Beispielsweise erzeugen zwei Punktladungen Q_1 und Q_2 (Abb. 1.2.5d) auf der x-Achse im Abstand $\pm a$ eine Feldstärke im Punkt $P(x,y)$ in der Ebene $z = 0$. Ihre Berechnung erfordert zunächst die Abstände der Ladungen vom Aufpunkt P mit $\boldsymbol{r}_1 = -a\boldsymbol{e}_x$, $\boldsymbol{r}_2 = a\boldsymbol{e}_x$. Es ergeben sich die Abstandsvektoren $\boldsymbol{r}_{Q1} = \boldsymbol{r}-\boldsymbol{r}_1 = (x+a)\boldsymbol{e}_x + y\boldsymbol{e}_y$, $\boldsymbol{r}_{Q2} = \boldsymbol{r}-\boldsymbol{r}_2 = (x-a)\boldsymbol{e}_x + y\boldsymbol{e}_y$ mit $r_{Q1/2} = \sqrt{(x\pm a)^2 + y^2}$. Damit beträgt die Feldstärke

$$\begin{aligned}\boldsymbol{E}(\boldsymbol{r}) &= \frac{1}{4\pi\varepsilon_0}\left(Q_1\frac{\boldsymbol{r}_{Q1}}{r_{Q1}^3} + Q_2\frac{\boldsymbol{r}_{Q2}}{r_{Q2}^3}\right), \\ E_x &= \frac{1}{4\pi\varepsilon_0}\left(\frac{Q_1(x+a)}{((x+a)^2+y^2+z^2)^{3/2}} + \frac{Q_2(x-a)}{((x-a)^2+y^2+z^2)^{3/2}}\right).\end{aligned} \qquad (1.2.18)$$

Abbildung 1.2.6a, b zeigt die Feldstärkeverläufe für gleiche und entgegengesetzt gleiche Ladungen: die Feldlinien gehen von der positiven Ladung aus und enden auf der negativen. Lediglich Feldlinien auf der Verbindungsachse laufen zur unendlich fernen Hülle oder kommen von dort. Der Feldverlauf ist (abgesehen von der Richtung) symmetrisch zur vertikalen und horizontalen Verbindungslinie.

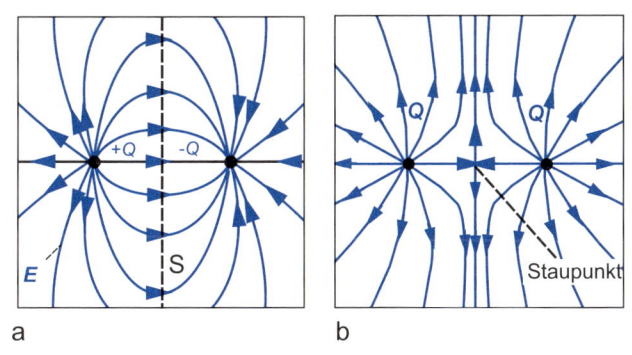

1.2 Elektrische Feldstärke, Potenzial und Spannung

Abb. 1.2.6. Feldüberlagerung. (a) Feldstärkelinien herrührend von zwei gleichen, anziehenden Punktladungen. (b) dto. von sich abstoßenden Ladungen. Es entsteht ein Staupunkt

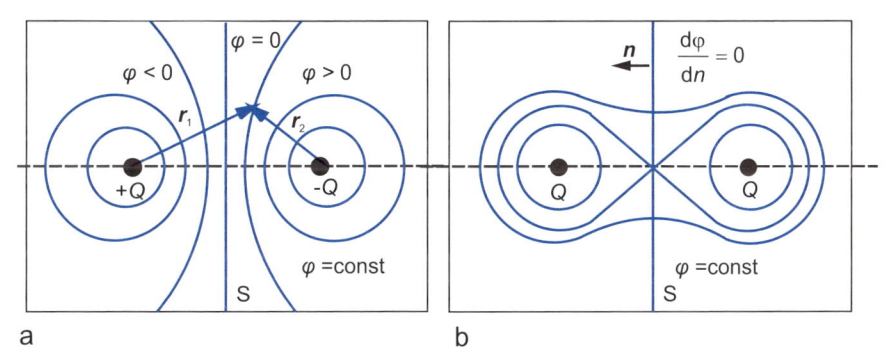

Abb. 1.2.7. Feldüberlagerung. (a) Äquipotenziallinien herrührend von zwei gleichen, anziehenden Punktladungen nach Abb. 1.2.6a. (b) dto. von sich abstoßenden Ladungen

Bei gleichen Ladungen (Abb. 1.2.6b) treffen die Feldlinien in der Mitte anscheinend aufeinander und biegen dann nach beiden Seiten senkrecht ab, es liegt ein sog. *Staupunkt* vor. Befände sich dort eine Ladung, dann müsste die Feldkraft auf sie gleichzeitig in verschiedene Richtungen weisen. Das ist nur möglich bei verschwindender Feldstärke in diesem Punkt (man überzeugt sich durch Einsetzen der Koordinaten $x = y = 0$, dass dort $E = 0$ gilt). Auch hier trifft zu: *Feldlinien können sich nicht schneiden*.

Abbildung 1.2.7 zeigt die Potenzialfelder zu Abb. 1.2.6 in der Ebene $z = 0$. Bei verschiedenen Ladungsvorzeichen (Abb. 1.2.7a) bilden die Äquipotenziallinien Kreise, die jeweils die Ladungen umschließen. In der Symmetrieebene S entsteht eine Äquipotenziallinie mit dem Potenzial $\varphi = 0$.

Bei gleichen Ladungsvorzeichen (Abb. 1.2.7b) bilden die Äquipotenzialflächen in unmittelbarer Nähe der Ladungen Kugelflächen, zweidimensional also Kreise. Für sehr große Abstände von den Ladungen entsteht wieder eine Kugelfläche wie die einer Punktladung mit der Ladung $2Q$ im Koordinatenursprung. Bei einem bestimmten Potenzial berühren sich beide Flächen (im Ursprung) als sog. *Doppelpunkt*. Dort verschwindet die Feldstärke (übereinstimmend mit Abb. 1.2.6b) auf der gesamten Symmetrieebene S.

Das Beispiel löst man einfacher durch Potenzialüberlagerung. Das Potenzial eines Aufpunktes herrührend von einer Punktladung Q_1 am Ort $\boldsymbol{r}_1$ (mit den Bezugswert 0 im Unendlichen) übernehmen wir von Gl. (1.2.15b)

$$\varphi(\boldsymbol{r}) = \frac{Q_1}{4\pi\varepsilon_0 |\boldsymbol{r} - \boldsymbol{r}_1|}, \tag{1.2.19}$$

es beträgt bei n Ladungen durch Überlagerung

$$\varphi(\boldsymbol{r}) = \frac{1}{4\pi\varepsilon_0} \sum_{i=1}^{n} \frac{Q_i}{|\boldsymbol{r} - \boldsymbol{r}_i|}. \tag{1.2.20}$$

Für zwei Punktladungen nach Abb. 1.2.5d folgt

$$\varphi(\boldsymbol{r}) = \frac{1}{4\pi\varepsilon_0} \left(\frac{Q_1}{\sqrt{(x+a)^2 + y^2 + z^2}} + \frac{Q_2}{\sqrt{(x-a)^2 + y^2 + z^2}} \right). \tag{1.2.21}$$

Durch Gradientenbildung entsprechend Gl. (1.2.13) lassen sich die Feldstärkekomponenten Gl. (1.2.18) bestätigen, speziell für die Ebene $z = 0$

$$\begin{aligned}
\boldsymbol{E}(x,y) &= -\operatorname{grad}\varphi(x,y) = -\boldsymbol{e}_x \frac{\partial \varphi(x,y)}{\partial x} - \boldsymbol{e}_y \frac{\partial \varphi(x,y)}{\partial y} \\
&= \frac{1}{4\pi\varepsilon_0} \left(\left[Q_1 \frac{x+a}{r_{Q1}^3} + Q_2 \frac{x-a}{r_{Q2}^3} \right] \boldsymbol{e}_x + \left[Q_1 \frac{y}{r_{Q1}^3} + Q_2 \frac{y}{r_{Q2}^3} \right] \boldsymbol{e}_y \right).
\end{aligned}$$

Gäbe es in Abb. 1.2.5d eine weitere Ladung Q_3 auf der y-Achse im Abstand b vom Ursprung, so müsste in Gl. (1.2.21) noch das Potenzial

$$\varphi_{Q3} = \frac{1}{4\pi\varepsilon_0} \frac{Q_3}{r_{Q3}} = \frac{1}{4\pi\varepsilon_0} \frac{Q_3}{\sqrt{x^2 + (y-b)^2}}, \quad \boldsymbol{E}_{Q3} = -\left(\frac{\partial \varphi_{Q3}}{\partial x} \boldsymbol{e}_x + \frac{\partial \varphi_{Q3}}{\partial y} \boldsymbol{e}_y \right)$$

addiert werden. Die zugehörige Feldstärke ist durch Gradientenbildung leicht zu bestimmen. Das Beispiel zeigt die Vorteile der Feldstärkeberechnung über das Potenzial gegenüber der Direktbestimmung nach Gl. (1.2.17b).

⊗ 1.2.3 Potenzial und Spannung

Wesen Die elektrische Spannung wurde im Bd. 1 als bezogene Energiegröße eingeführt: $U_{AB} = W_{AB}/Q$. Sie beschreibt den Energiebetrag W_{AB}, der bei Durchlauf der Ladung Q durch die Spannung U_{AB} in der einen oder anderen Umwandlungsrichtung umgesetzt wird. Das Potenzialfeld drückt diese Energie W_{AB} gleichwertig durch die Differenz der Potenziale φ_A und φ_B zwischen den Punkten A und B aus. Deshalb ist die Spannung mit dem Linienintegral der Feldstärke $\boldsymbol{E}$ längs des Weges von A nach B verknüpft (Bd. 1, Gl. (1.5.2))

$$U_{AB} = \frac{W_{AB}}{Q} = \int\limits_{\substack{\text{Weg A} \\ \text{nach B}}} \boldsymbol{E} \cdot \mathrm{d}\boldsymbol{s} = \int\limits_{A}^{B} \boldsymbol{E} \cdot \mathrm{d}\boldsymbol{s}.$$

1.2 Elektrische Feldstärke, Potenzial und Spannung

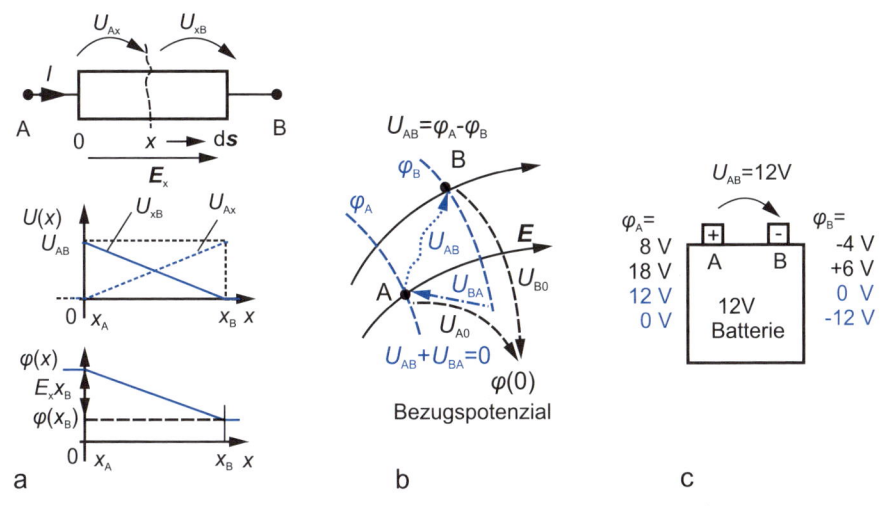

Abb. 1.2.8. Feldstärke, Potenzial und Spannung. (a) Homogenes Feld (stromdurchflossener, homogener Leiter). (b) Potenzialfeld und Spannung. (c) Potenzial und Spannung an einer 12 V Batterie mit verschiedenem Bezugspotenzial φ_B

> Die elektrische Spannung zwischen zwei Punkten ist gleich dem Wegintegral der elektrischen Feldstärke zwischen diesen Punkten und kennzeichnet die auf die Ladung bezogene Arbeit, die das elektrische Feld an ihr längs dieses Weges bewirkt. Sie ist, wie das Potenzial, eine skalare Größe und heißt Integral- oder Globalgröße des elektrischen Feldes.

Für das homogene elektrische Feld folgt

$$U_\mathrm{AB} = \frac{W_\mathrm{AB}}{Q} = \int_A^B \boldsymbol{E} \cdot \mathrm{d}\boldsymbol{s} = \boldsymbol{E} \cdot \int_A^B \mathrm{d}\boldsymbol{s} = \boldsymbol{E} \cdot \boldsymbol{s} = Es\cos\angle(\boldsymbol{E},\boldsymbol{s})\,. \quad (1.2.22)$$

In Abb. 1.2.8 liegt $\boldsymbol{s}$ parallel zu $\boldsymbol{E}$ ($\boldsymbol{s} = \boldsymbol{e}_\mathrm{x}(x_\mathrm{B}-x_\mathrm{A})$). Wenn auch das Potenzial einem Feldpunkt zugeordnet ist, beschreibt die Spannung als Globalgröße die Potenzial*differenz zwischen* zwei Feldpunkten! Das verdeutlicht Abb. 1.2.8a. Die Feldstärke ist nach rechts gerichtet, das Potenzial fällt – unabhängig von einem Bezugspunkt – ab und die Spannung als Potenzialdifferenz zwischen Punkt A und dem laufenden Punkt x steigt. So gewinnt zur Feldbeschreibung neben der Feldstärke $\boldsymbol{E}(\boldsymbol{r})$ auch die Potenzialfunktion $\varphi(\boldsymbol{r})$ und die mit ihr assoziierte Spannung praktische Bedeutung.

Während die rechte Seite von Gl. (1.2.22) die Spannung U_AB als spezifische, d. h. auf die Ladung bezogene Arbeit ausdrückt, die von A nach B geleistet wird, hat die linke Seite messtechnische Bedeutung: *eine Spannung kann zwischen zwei Punkten mit dem Spannungsmesser direkt gemessen werden.*

Obwohl im Potenzialfeld das Umlaufintegral der Feldstärke nach Gl. (1.2.2) verschwindet (Grundlage des Maschensatzes), herrscht zwischen zwei Punkten A, B mit den Potenzialen φ_A und φ_B auf diesem Umlauf die Spannung U_{AB}. Weil das Potenzial einen Bezugspunkt (beispielsweise die Masse mit einem Potenzial Null φ_0) verlangt, gilt für das skalare Potenzial des Punktes A (gegenüber Bezugspunkt 0) verallgemeinert

$$\varphi(A) = U_{A0} + \varphi(0) = \int\limits_{\substack{\text{Weg von}\\ \text{A nach 0}}} \boldsymbol{E} \cdot \mathrm{d}\boldsymbol{s} + \varphi(0) = \int\limits_A^0 \boldsymbol{E} \cdot \mathrm{d}\boldsymbol{s} + \varphi(0). \quad (1.2.23)$$

> Das Potenzial eines Punktes A ist gleich der Spannung U_{A0} zwischen diesem Punkt und einem gewählten, aber willkürlichen Bezugspunkt 0. Wegen der Eindeutigkeit der Spannung U_{A0} zwischen Auf- und Bezugspunkt ist ein beliebiger Integrationsweg zwischen beiden Punkten möglich.

Die Spannung U_{AB} bleibt damit unabhängig vom gewählten Potenzialbezugspunkt (Abb. 1.2.8b)

$$U_{AB} = \int_A^B \boldsymbol{E} \cdot \mathrm{d}\boldsymbol{s} = \int_A^0 \boldsymbol{E} \cdot \mathrm{d}\boldsymbol{s} + \int_0^B \boldsymbol{E} \cdot \mathrm{d}\boldsymbol{s} = \int_A^0 \boldsymbol{E} \cdot \mathrm{d}\boldsymbol{s} - \int_B^0 \boldsymbol{E} \cdot \mathrm{d}\boldsymbol{s} = \varphi_A - \varphi_B.$$

Insgesamt ist die Spannung:

— eine *Integralgröße des elektrischen Feldes*, die eine globale Feldangabe längs einer Wegstrecke erlaubt;
— die *Potenzialdifferenz zwischen zwei Feldpunkten* unabhängig vom Weg dazwischen;
— ein Maß für die *Energieänderung* einer Ladung bei ihrer Verlagerung von einem zu einem anderen Feldpunkt;
— eine skalare, messbare Größe ohne Raumrichtung, aber mit Vorzeichen (und einer Vereinbarung/Richtungspfeil, wie sie zu interpretieren ist).

Physikalischer Richtungssinn der Spannung An sich ist die Spannung eine skalare Größe, die – abhängig vom Integrationsweg in oder gegen die Feldrichtung – positive oder negative Werte annehmen kann. Sie hat deshalb einen *physikalischen Richtungssinn*, auf den bereits im Bd. 1 Anhang A2 verwiesen wurde. Er ergibt sich aus der Richtung des Weges von A nach B (wenn $\boldsymbol{E}$ und $\mathrm{d}\boldsymbol{s}$ einen spitzen Winkel bilden), der Bewegungsrichtung positiver Ladungsträger oder als Richtung vom höheren zum niederen Potenzial.

> Die elektrische Spannung U_{AB} ist positiv, wenn die Integration nach Gl. (1.2.22) in Richtung der elektrischen Feldstärke erfolgt.

Der Richtungssinn erfordert die Angabe einer Bezugsrichtung als Richtungspfeil oder der Punkte A, B als Index U_{AB}. Bei positiver Richtung ist U_{AB} positiv, wenn $\varphi_A > \varphi_B$. Dann weist die Spannung U_{AB} vom höheren zum niederen Potenzial. Im Doppelindex A, B gibt A den Betrachtungs-, B den Bezugspunkt. Beispiele:

φ_A/V	φ_B/V	U_{AB}/V	φ_A/V	φ_B/V	U_{AB}/V
10	2	$(10-2) = 8$	-10	-20	$-10-(-20) = 10$
10	-2	$(10-(-2)) = 12$	2	10	$2-10 = -8$
-10	-2	$(-10-(-2)) = -8$			

Das Beispiel bedeutet in Worten: Bei Bezugspunkt B hat Punkt A das Potenzial $\varphi_A = -8\,\mathrm{V}$ gegen Punkt B oder A gegen B die Spannung von $-8\,\mathrm{V}$. Gegenüber einem beliebigen Bezugspunkt haben A und B die Potenziale $\varphi_A = 2\,\mathrm{V}$, $\varphi_B = 10\,\mathrm{V}$). Abbildung 1.2.8c zeigt unterschiedliche Potenzialfestlegungen am Beispiel einer 12 V-Autobatterie. Oft ist es zweckmäßig, den Potenzialbezug $\varphi = 0$ zu wählen (z. B. Minuspol an Masse).

Diskussion

1. Die Feldstärke zeigt stets in Richtung maximaler Potenzialabnahme. Demgegenüber steigt die Spannung in Feldrichtung an (s. Abb. 1.2.8a).
2. Die Spannung lässt sich nur zwischen zwei Punkten angeben. Ein Feldpunkt hat wohl ein Potenzial, aber keine Spannung.
3. Oft wird statt $E = -\mathrm{d}\varphi/\mathrm{d}s$ die Schreibweise $E = \mathrm{d}U/\mathrm{d}s$ bzw. $\mathrm{d}U/\mathrm{d}x$ benutzt. Sie ist streng genommen *falsch:* die Feldstärke kann nur für einen Punkt angegeben werden, die Spannung tritt dagegen zwischen zwei Punkten auf. Eine Ausnahme bildet lediglich das homogene Feld, wo E längs einer Feldlinie konstant ist und damit überall der gleiche Potenzialgradient herrscht, mithin $U \sim x$ gilt.

1.3 Das stationäre elektrische Strömungsfeld

Räumliche elektrische Strömung Fließt ein Strom I als Folge eines zeitlich konstanten elektrischen Feldes nicht durch einen linienhaften Leiter, sondern einen ausgedehnten Raum mit der Leitfähigkeit κ, so liegt eine stationäre räumliche elektrische Strömung, kurz ein *elektrisches Strömungsfeld* vor. Sein charakteristisches Merkmal ist die *Stromdichte* **J** (im Raumpunkt) neben der elektrischen Feldstärke **E**, die den Bewegungsvorgang der Ladungsträger unterhält. Strömungsfeld und elektrisches Feld sind über die Ladungsträgerströmung direkt verknüpft (Tab. 1.4).

Tab. 1.4. Felder und ihre beschreibenden Größen

```
┌─────────────────────────────────────────────┐
│           Elektrisches Feld                 │
│   — Feldgrößen: Feldstärke, Potenzial       │
│   — Merkmal: Kraftwirkung auf Ladung        │
└─────────────────────────────────────────────┘
```

| Feld im Leiter: stationäres Strömungsfeld | Feld im Nichtleiter: zeitlich konstant elektrostatisches Feld — zeitveränderlich Verschiebungsstromfeld |

Feldwirkung: Konvektionsstromdichte
allgemein: $\boldsymbol{J} = \varrho \boldsymbol{v}$
Leiter: $\boldsymbol{J} = \kappa \boldsymbol{E}$

Feldwirkung: Verschiebungsflussdichte
$\boldsymbol{D} = \varepsilon \boldsymbol{E}$

Verschiebungsstromdichte
$\boldsymbol{J}_V = \frac{\mathrm{d}\boldsymbol{D}}{\mathrm{d}t}$

Feldberechnung: $\boldsymbol{J} = f(\varphi)$

Feldberechnung: $\boldsymbol{D} = f(\varphi)$

Feld im Volumenbereich Größen u, i, R

Feld im Volumenbereich Größen u, Q, Ψ

i,u-Beziehung Kondensator
$i = \frac{\mathrm{d}(Cu)}{\mathrm{d}t}$

Berechnung R, Leistungsumsatz

Berechnung C, Energie und Kraftwirkung

Das Strömungsfeld schließt Stromtransportmechanismen in Festkörpern, Flüssigkeiten und Gasen ein, die meist zu einem nichtlinearen Zusammenhang $J(E)$ bzw. $I(U)$ im Raumbereich führen, bekannter als *Kennlinie eines nichtlinearen Bauelementes* mit dem differenziellen Widerstand im Arbeitspunkt (Kap. 2.5, Bd. 1).

Sinkt die Leitfähigkeit κ des Raumgebildes, so entsteht im Grenzfall $\kappa \to 0$ schließlich ein *Nichtleiter*, in dem (bei anliegender zeitlich konstanter Feldstärke) ein *elektrostatisches Feld* herrscht. Sein Merkmal sind *ruhende, gespeicherte Ladungen* auf den Feldelektroden und bei zeitveränderlicher Feldstärke ein *Verschiebungsstrom* durch das Dielektrikum (s. Kap. 2.7). Ladungsträger fehlen im Nichtleiter, deshalb bildet er kein Strömungsfeld. Wegen der großen Bedeutung betrachten wir zunächst das Strömungsfeld:

1.3 Das stationäre elektrische Strömungsfeld

Strömungsfeld: Zustand eines Raumes, in dem sich Ladungsträger (in Leitern, Halbleitern, Flüssigkeiten oder im Vakuum) unter Einfluss eines elektrischen Feldes (oder anderer Antriebskräfte) gleichförmig bewegen.

Praktische Problemstellungen mit Strömungsfeldern treten weitgefächert auf:

– So verursachen eingegrabene Elektroden als Erde von Blitzableitern ausgedehnte Strömungsfelder, und es kann zu unerwünscht hohen Spannungen an der Erdoberfläche kommen.
– Freibäder werden bei Gewitter gesperrt, weil sich bei Blitzeinschlag ein für Menschen lebensgefährliches Strömungsfeld ausbilden kann.
– Linienhafte Verbindungsleiter auf Leiterplatten zeigen Abweichungen von der Standardwiderstandsbemessung, wenn die Leiterbahn abgewinkelt ist.
– Werden leitende Gebiete mit stark verschiedenen Querschnitten unmittelbar aneinandergefügt, so stimmt der gemessene Ersatzwiderstand nicht mit dem Wert überein, den das Modell des linienhaften Leiters für jeden Teilbereich liefert.
– Der Widerstand ausgedehnter homogener Leiterschichten kann durch aufgesetzte Messspitzen bestimmt werden, was nach den Vorstellungen eines homogenen Strömungsfeldes nicht nachvollziehbar ist.
– Das elektrische Schweißen nutzt die lokale Wärme in Strömungsfeldern.
– Die Elektrokardiografie misst räumliche Strömungsfelder im menschlichen Körper u.a.m.

1.3.1 Stromdichte, Strom, Kontinuitätsgleichung

Im linienhaften Leiter verteilt sich die Trägerströmung gleichmäßig über den Querschnitt. Ändert er sich aber zum *räumlich ausgedehnten* Leiter, so treten zwei Fragen auf (Abb. 1.3.1):

– Wie verteilt sich der Strom über den Leiterquerschnitt, welche Größe kennzeichnet diese Verteilung?
– Welcher Zusammenhang besteht zwischen Feldstärkefeld und Strömungsvorgang?

Stromröhre, Stromdichte Wir denken uns den Gesamtstrom I durch ein Strömungsfeld Abb. 1.3.1b in m gleiche Teilströme ΔI unterteilt. Jeder fließt durch ein Teilvolumen (Querschnitt ΔA) oder eine *Strom-* oder *Flussröhre*. Ihre Spuren in der Zeichenebene sind die *Strömungslinien*, deren Gesamtheit bildet das *Strömungsfeld*.

Der Strom I ist an den verschiedenen Stellen unabhängig vom jeweiligen Querschnitt gleich groß.

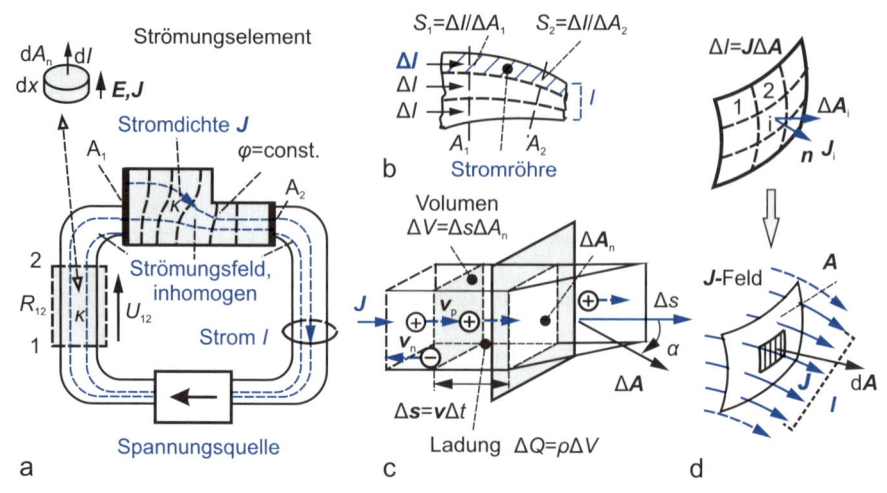

Abb. 1.3.1. Stationäres Strömungsfeld. (a) Gleichstromkreis mit stationärem, inhomogenem Strömungsfeld. (b) Herausgegriffener Leiterteil mit verschiedenem Querschnitt und Stromröhre (*schraffiert*) durchflossen vom Teilstrom $\Delta I =$ const und Stromdichte $J = \Delta I / \Delta A$. (c) Stromdichte im Volumen ΔV und bewegte positive Ladung $\Delta Q = \varrho \Delta V$. Sie ist nach der Zeit Δt um das Stück Δs nach rechts durch die Fläche ΔA_n hindurchgetreten. Negative Ladungsträger bewegen sich nach links. (d) Zerlegung der Durchtrittsfläche in Teilflächen, Strom als Integral über die durchströmte Fläche

Die *Dichte der Strömungslinien* (d. h. ihre Zahl je Querschnittsfläche) ändert sich hingegen von Ort zu Ort: Großer Querschnitt → kleine Stromliniendichte, kleiner Querschnitt → große Stromliniendichte. Während hier noch die Querschnittsfläche auftritt, führen wir jetzt die Stromdichte $\boldsymbol{J}$ ein, die unabhängig von ihr ist. Wir legen dazu eine Fläche $\Delta A_\perp$ mit fester Orientierung in eine Stromröhre (Abb. 1.3.1b). Im Zeitintervall Δt treten jene Träger durch sie, die sich im Prisma der Seitenlänge $\Delta s = v \Delta t$ befinden[9]. Das Prisma hat das Volumen „Grundfläche mal Höhe": $\Delta A_n v \Delta t = \Delta A v \Delta t \cos \alpha = \Delta \boldsymbol{A} \cdot \boldsymbol{v} \Delta t$. Es enthält im Mittel Ladungsträger mit einer Dichte n. So strömt je Zeitspanne Δt die Ladung $\Delta Q = qn \Delta \boldsymbol{A} \cdot \boldsymbol{v} \Delta t$ durch $\Delta A_\perp$ oder durch die Stromröhre der Teilstrom

$$\Delta I = \frac{\Delta Q}{\Delta t} = \frac{qn \Delta \boldsymbol{A} \cdot \boldsymbol{v} \Delta t}{\Delta t} = qn \Delta \boldsymbol{A} \cdot \boldsymbol{v} = \varrho \boldsymbol{v} \cdot \Delta \boldsymbol{A} = \boldsymbol{J} \cdot \Delta \boldsymbol{A}.$$

mit der Stromdichte

$$\boxed{\boldsymbol{J} = \boldsymbol{v} \varrho. \qquad\qquad \text{Konvektionsstromdichte} \quad (1.3.1)}$$

---

[9] An dieser Stelle wird beim Rückblick auf den Flussbegriff (Bd. 1, Anhang A.2) deutlich, dass auch der Strom I eine Flussgröße sein muss.

> Die Stromdichte $\boldsymbol{J}$ ist die charakteristische Vektorgröße des Strömungsfeldes als Produkt aus Ladungsdichte ϱ und (mittlerer) Geschwindigkeit $\boldsymbol{v}$ im Raumpunkt. Sie kennzeichnet die Ladungsträgerströmung unabhängig von der Bewegungsursache.

Ihre Richtung stimmt mit der Bewegungsrichtung positiver Ladungsträger (mit positiver Raumladungsdichte ϱ Gl. (1.3.3), Bd. 1) überein (bei negativer Raumladungsdichte haben $\boldsymbol{J}$ und $\boldsymbol{v}$ entgegengesetzte Richtungen). Den *physikalischen Inhalt* der Stromdichte bestimmen die Leitungsvorgänge in Leitern, Halbleitern, Flüssigkeiten und Gasen (s. Kap. 1.3.5).

Die Stromdichte variiert in den einzelnen Feldpunkten. Die Gesamtheit aller Stromdichtevektoren bildet das Strömungsfeld. Es wird durch Strömungslinien als Feldlinien des $\boldsymbol{J}$-Feldes veranschaulicht (gewonnen wie die $\boldsymbol{E}$-Linien (s. Abb. 1.1.3)). Deshalb stimmt die Richtung der Stromdichte mit der Richtung der Tangente an die Strömungslinien überein.

Strom und Stromdichte Fließt der Strom I durch einen Leiter mit verschiedenen Querschnitten (senkrecht zum Stromfluss, Abb. 1.3.1b), so ändert sich der Strom pro Fläche oder die „Stromdichte" I/A: sie ist im Querschnitt A_1 geringer als im kleineren Querschnitt A_2. Zur Darstellung des Zusammenhangs Stromdichte $\boldsymbol{J}$ und Strom unterteilt man den Strom in Teilströme ΔI und den Gesamtquerschnitt in Flächenelemente ΔA und ermittelt die Teilströme durch die Flächenelemente senkrecht zu den Stromdichtelinien (Abb. 1.3.1c) $\Delta I = \boldsymbol{J} \cdot \Delta \boldsymbol{A} = J\Delta A \cos \angle(\boldsymbol{J}, \Delta \boldsymbol{A}) = J\Delta A_\mathrm{n}$. So folgt für den Betrag[10]

$$J = \lim_{\Delta A_\mathrm{n} \to 0} \frac{\Delta I}{\Delta A_\mathrm{n}} = \frac{\mathrm{d}I}{\mathrm{d}A_\mathrm{n}}.$$

Das Flächenelement $\mathrm{d}A_\mathrm{n}$ ist dabei senkrecht vom Strom $\mathrm{d}I$ durchströmt. Da der Gesamtstrom I aus der Summe k aller Teilströme ΔI_i durch die Teilflächen ΔA_i besteht

$$I = \sum_{i=1}^{k} \Delta I_i = \sum_{i=1}^{k} \boldsymbol{J} \cdot \Delta \boldsymbol{A}_i,$$

geht die Summation bei beliebig feiner Unterteilung der Gesamtfläche A in eine Integration über (Abb. 1.3.1d).

$$\boxed{I = \int \mathrm{d}I = \int_A J \mathrm{d}A \cos \alpha = \int_A \boldsymbol{J} \cdot \mathrm{d}\boldsymbol{A}. \qquad \text{Zusammenhang Strom-Stromdichte}} \quad (1.3.2)$$

---

[10]Bisweilen definiert man die Stromdichte durch den Quotienten $J = \mathrm{d}I/\mathrm{d}A_\mathrm{n}$. Da sich ein Differenzial nach der Fläche (zweidimensional!) nicht bilden lässt, benutzen wir diese Darstellung nicht zur Definition, sondern als Differenzquotient nur zur Veranschaulichung.

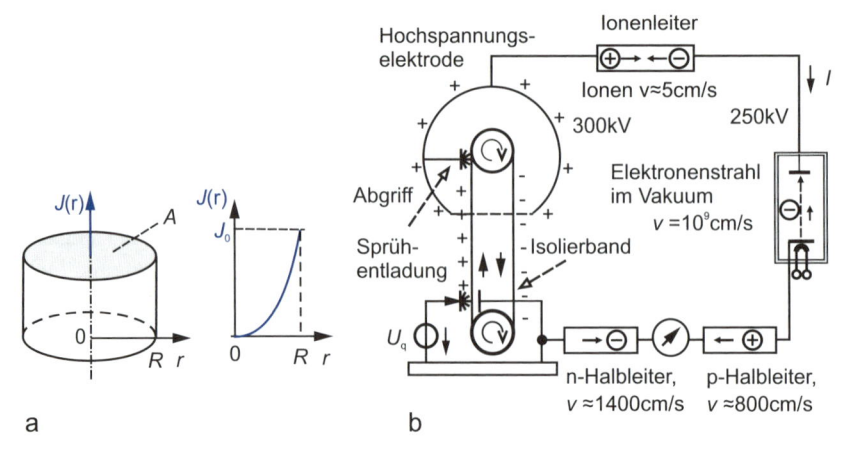

Abb. 1.3.2. Strömungsvorgang und Stromkontinuität. (a) Inhomogenes Strömungsfeld im kreisförmigen Leiter. (b) Stromkontinuität. Überall fließt der gleiche Strom, obwohl sich die Ladungsträgergeschwindigkeiten unterscheiden

Im allgemeinen Fall ist die durchströmte Fläche im Winkel α (bzgl. Flächennormale) gegen die Stromrichtung geneigt: $dA_n = dA \cos \alpha$.

> Während der Strom I der Fluss (Flussintegral, Anhang A.2, Bd. 1) des Stromdichtevektors J durch eine gegebene (oder gedachte) Fläche A ist und damit ein Maß für die durch diesen Querschnitt transportierte Ladungsmenge, kennzeichnet die Stromdichte die Richtung des Ladungstransportes und die Größe der transportierten Ladung in jedem Raumpunkt.
> Der Strom hat (als Folge des Flussintegrals) einen physikalischen Richtungssinn: I ist positiv, wenn
> — J und der Normalvektor von dA einen spitzen Winkel bilden;
> — positive Ladungsträger aus einer Fläche heraustreten (Abb. 1.3.1d).

Dabei wird die räumliche Lage der Fläche A durch den Vektor A beschrieben, der senkrecht auf ihr steht und in eine der beiden möglichen Richtungen weist. Der Zählpfeil für den Strom I zeigt in die Richtung des Flächenvektors A.

So ist beispielsweise der Strom durch den *linienhaften Leiter* (Draht) (Abb. 1.3.2a) das Integral der Stromdichte J über den Leiterquerschnitt. Bleibt sie konstant ($J = $ const), dann liegt ein *homogenes Strömungsfeld* vor

$$I = \boldsymbol{J} \cdot \boldsymbol{A} = JA \cos \angle(\boldsymbol{J}, \boldsymbol{A}) = JA_\perp = J_\perp A. \quad \text{Strom und Stromdichte, homogenes Strömungsfeld}$$

> Im homogenen Strömungsfeld (z. B. langer, gerader Leiter mit konstantem Querschnitt) ist die Stromdichte gleich dem Strom I dividiert durch die Fläche A_n, die von der Strömung senkrecht durchsetzt wird.

1.3 Das stationäre elektrische Strömungsfeld

Einheit und Größenordnung Die Einheit der Stromdichte ergibt sich zu

$$[J] = \frac{[I]}{[A]} = 1 \frac{\text{A}}{\text{m}^2}.$$

Untereinheiten sind A/mm^2, auch $\mu\text{A}/\mu\text{m}^2$ für die Mikroelektronik.

Größenordnungsmäßig gelten:

- Elektrogeräte, Motoren $J \approx (3\ldots 8)\,\text{A}/\text{mm}^2$,
- Halbleiterbauelemente $J \approx (100\ldots 1000)\,\text{A}/\text{cm}^2 = (1\ldots 10)\,\text{A}/\text{mm}^2$,
- Elektronenröhre (an Kathoden) $J \approx 10\,\text{A}/\text{cm}^2 = 0{,}1\,\text{A}/\text{mm}^2$,
- elektrische Freileitung $J \approx 1\,\text{A}/\text{mm}^2$ (aus wirtschaftlichen Gründen),
- isolierte Leiter (Cu mit guter Wärmeableitung, Werte für Al in Klammern)

Nennquerschnitt mm^2	Stromdichte A/mm^2		Belastbarkeit A	
1	12,0	(-)	12	(-)
1,5	10,7	(-)	16	(-)
2,5	8,4	(6,4)	21	(16)
4	6,8	(5,3)	27	(21)

Die Stromdichte J kennzeichnet die Strombelastung eines Leiters.

Physikalischer Inhalt der Stromdichte Ist die Stromdichte die Feldgröße zum Stromfluss, so beschreibt ihr physikalischer Inhalt den Transportvorgang von Ladungsträgern über Trägerdichte und Geschwindigkeit nach Gl. (1.3.1). Dabei bewegen sich die Träger z. B. durch Feldkraft mit einer mittleren Geschwindigkeit $\boldsymbol{v}$, der Driftgeschwindigkeit: $J = qpv = \varrho v$. Besteht der Strom aus positiven und negativen Ladungen (Raumladungsdichten $\varrho_+ = qp(>0)$, $\varrho_- = (-qn)\,(<0)$, Geschwindigkeiten $\boldsymbol{v}_+$, $\boldsymbol{v}_-$) wie etwa bei Löchern und Elektronen in Halbleitern oder Ionen in Elektrolyten (Abb. 1.3.2b), so trägt jede Ladungsträgerart zur Stromdichte bei

$$\begin{aligned}\boldsymbol{J} &= \boldsymbol{J}_+ + \boldsymbol{J}_- = \varrho_+\boldsymbol{v}_+ + \varrho_-\boldsymbol{v}_- = q\,(p\boldsymbol{v}_+ - n\boldsymbol{v}_-) \\ &= \varrho_+(\boldsymbol{v}_+ - \boldsymbol{v}_-)|_{\varrho_+=-\varrho_-}.\end{aligned} \quad (1.3.3)$$

Stromdichte bei positiver und negativer Raumladungsdichte

Herrscht im Leiter die Feldstärke $\boldsymbol{E}$, so wirkt auf positive Ladungen die Feldkraft $\boldsymbol{F}_+ \sim \boldsymbol{E} \sim \boldsymbol{v}$ in Richtung von $\boldsymbol{E}$ (Abb. 1.3.2b). Deshalb stimmen Feld-, Kraft-, Geschwindigkeits- und Stromdichterichtung überein. Bei negativen Ladungen $Q_- < 0$ wirkt die Feldkraft $\boldsymbol{F}_- = Q_-\boldsymbol{E}_- = -|Q_-|\boldsymbol{E}$ und damit die Geschwindigkeit $\boldsymbol{v}_- \sim \boldsymbol{F}_-$ der Feldstärke entgegen. Die Stromdichte $\boldsymbol{J}_-$ ist aber wegen Gl. (1.3.1) der Geschwindigkeit $\boldsymbol{v}_-$ entgegengesetzt gerichtet, wirkt also in Feldrichtung! Wir finden diesen Sachverhalt später bei der Leitfähigkeit bestätigt.

Den Zusammenhang zwischen Ladungsträgerantrieb und Stromdichte behandeln wir wegen seiner Vielschichtigkeit im Kap. 1.3.5. Vorerst betrachten wir einfache Strömungsfelder, weitere folgen im Kap. 1.3.3.

Strömungsgeschwindigkeit Beträgt die Stromdichte in einem Cu-Draht (Durchmesser $d = 1{,}5\,\text{mm}$) $J = 3\,\text{A}/\text{mm}^2$, so fließt der Strom $I = JA = Jr^2\pi = 5{,}3\,\text{A}$. Die Driftgeschwindigkeit v, mit der sich Elektronen im Mittel im Draht bewegen, ergibt sich bei einer Trägerkonzentration von $n = 8{,}6 \cdot 10^{19}\,\text{mm}^{-3}$ nach Gl. (1.3.1) zu $v = J/(qn) \approx 0{,}22\,\text{mm/s} \approx 0{,}8\,\text{m/h}$. Die Bewegungsgeschwindigkeit in Metallen ist außerordentlich klein! Trotzdem setzen sich Ladungsträger bei plötzlichem Anlegen einer Feldstärke praktisch sofort (genauer innerhalb der sog. Relaxationszeit $\tau_R = \varepsilon_0/\kappa \ll 1\,\text{ps}$) im ganzen Leiter in Bewegung.

Strömungsfeld In einem linienhaften, kreisförmigen Leiter (Strom I, Radius R) sei die Stromdichte J konstant. Dann gilt nach Gl. (1.3.2) $I = J_0 A = J_0 \pi R^2$ (Abb. 1.3.2a). Ändert sich dagegen die Stromdichte über dem Leiterquerschnitt, z. B. gemäß $J(r) = J_0(r^2/R^2)$, so beträgt der Strom $I = \int_0^R J_0\,(r/R)^2 2\pi r\,\mathrm{d}r = J_0 2\pi R^2/4$. Er hat sich gegenüber dem homogenen Verlauf halbiert!

Stromdichte Das Zusammenwirken von Strom, Stromdichte, Ladungsdichte, Geschwindigkeit und Stromkontinuität zeigt Abb. 1.3.2b. Im Stromkreis herrscht Stromkontinuität, überall fließt gleicher Strom. Stromdichte $\boldsymbol{J}$, Raumladungsdichte ϱ und Trägergeschwindigkeit $\boldsymbol{v}$ sind hingegen unterschiedlich:

— metallischer Leiter mit homogenem Querschnitt: konstantes J, kleines v, großes ϱ, Elektronenbewegung entgegen der Feldrichtung,
— p-Halbleiter (Stromfluss positiver Ladungsträger),
— Elektronenstrahl durch hohes elektrisches Feld. J hoch (kleiner Querschnitt), homogen, v an der Anode hoch,
— Ionenleiter (homogener Querschnitt), Strom durch positive und negative Ionen getragen, kleine Geschwindigkeit,
— Van de Graff-Generator, Anordnung zur Ladungstrennung durch Stromantrieb im Kreis, Stromdichte homogen, groß.

Offen bleibt in diesem Beispiel der Übergang des Elektronenstromes an der Leiterzuführung (Draht) zum Halbleiter (positive Ladungsträger), analog beim Ionenleiter. Wir wollen hier einfach davon ausgehen, dass dies physikalisch möglich ist und die Stromkontinuität nicht beeinträchtigt.

Strömungslinien Das Strömungsfeld wird durch *Strömungslinien* veranschaulicht:

1.3 Das stationäre elektrische Strömungsfeld

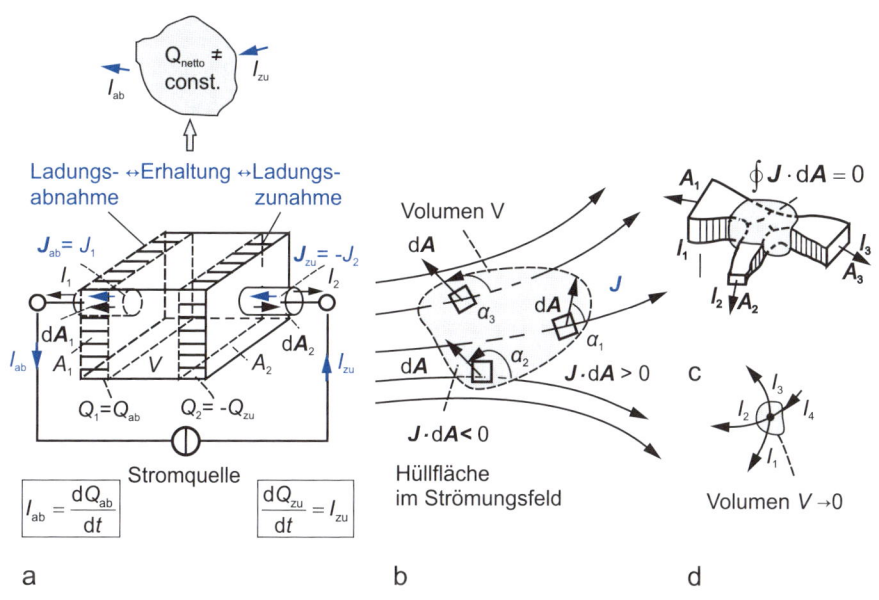

Abb. 1.3.3. Stromkontinuität. (a) Volumen V mit Stromzu- und -abfluss, ausgedrückt durch das Kontinuitätsgesetz. (b) Hüllfläche im stationären Strömungsfeld: Gleichströme fließen stetig durch die Umhüllung. (c) Hülle im Strömungsfeld, die an bestimmten Stellen von Strömen durchstoßen wird. (d) Knotensatz in Netzwerken als Grenzfall von Abb. c

> Strömungslinien sind die Spuren der Bewegung positiver Ladungsträger im Strömungsfeld.

Die Tangente an eine Strömungslinie in einem Punkt stimmt mit der Richtung des Stromdichtevektors überein, das galt analog für Feldstärkelinien. Strömungslinien haben typische Merkmale:

- Die Liniendichte ist ein Maß für die Stromstärke (wenn sie so gezeichnet werden, dass zwischen benachbarten Strömungslinien immer gleiche Teilströme fließen).
- Weil die Trägerbewegung in einem Punkt stets durch die Geschwindigkeit gegeben ist, haben sie keine Schnittpunkte.

Kontinuitätsbedingung Eine fundamentale Eigenschaft des Strömungsfeldes ist die *Stromkontinuität*. Im Kap. 1.4.1, Bd. 1 ergab sich die Kontinuitätsgleichung (1.4.5) als Folge der Stromkontinuität. Für ein abgeschlossenes Volumen galt dabei (abfließender Strom positiv angesetzt)

$$I_{ab} - I_{zu} = I_{netto} = -\frac{dQ_{netto}}{dt} \tag{1.3.4a}$$

mit $Q_{\text{netto}} = Q_{\text{ab}} - Q_{\text{zu}}$. Der Strom tritt nur durch die Flächen A_{ab} und A_{zu} (Abb. 1.3.3a)[11]. Wird das Volumen V mit einer Hüllfläche umgeben und führen die Ströme I_1, I_2 durch die Flächen $A_1 = A_{\text{ab}}$, $A_2 = A_{\text{zu}}$ Ladungen nach außen ab, so gilt

$$-\frac{\mathrm{d}}{\mathrm{d}t}(Q_1 + Q_2) = I_1 + I_2 = \int_{A_1} \boldsymbol{J}_1 \cdot \mathrm{d}\boldsymbol{A}_1 + \int_{A_2} \boldsymbol{J}_2 \cdot \mathrm{d}\boldsymbol{A}_2.$$

Der äußere Stromkreis erzwingt $I_1 = I_{\text{ab}}$ und $I_2 = -I_{\text{zu}}$ und bedingt so

$$\frac{\mathrm{d}Q_1}{\mathrm{d}t} = -\frac{\mathrm{d}Q_2}{\mathrm{d}t}, \;\rightarrow Q_1 = -Q_2 \;\rightarrow Q_{\text{ab}} = Q_{\text{zu}}.$$

Die Ladung wird in beide Volumina (Abb. 1.3.3a) mit gleicher Änderungsgeschwindigkeit $\mathrm{d}Q/\mathrm{d}t$ zu- bzw. abgeführt. Verallgemeinert lautet dann die Kontinuitätsbedingung (Naturgesetz, Folgerung aus dem Erhaltungssatz):

$$\begin{aligned}-\frac{\mathrm{d}Q_{\text{netto}}}{\mathrm{d}t} &= -\frac{\mathrm{d}}{\mathrm{d}t}\int_{\text{Volumen}} \varrho \mathrm{d}V = \int_{A_{\text{ab}}} \boldsymbol{J}_{\text{ab}} \cdot \mathrm{d}\boldsymbol{A} + \int_{A_{\text{zu}}} \boldsymbol{J}_{\text{zu}} \cdot \mathrm{d}\boldsymbol{A} \\ &= \oint_{\text{Hülle } A} \boldsymbol{J} \cdot \mathrm{d}\boldsymbol{A}. \qquad \text{Kontinuitätsbedingung}\end{aligned}$$ (1.3.4b)

Da der zufließende Strom durch die Fläche A_{zu} eintritt, der abfließende durch A_{ab} austritt, ergibt sich der Nettozu- oder -abfluss, also die Ladungsänderung als Differenz aller ab- und zufließenden Stromanteile über die vorhandene oder gedachte Oberfläche des Volumens. Für diese Rechenoperation dient der Begriff *Oberflächen-* oder *Hüllenintegral* $\oint_A \boldsymbol{J} \cdot \mathrm{d}\boldsymbol{A}$ der Stromdichte $\boldsymbol{J}$. Dabei sind $\boldsymbol{J}_{\text{ab}}$ und $\mathrm{d}\boldsymbol{A}$ auf der Abflussseite gleich gerichtet, deshalb fließt I_{ab} positiv aus dem Volumen heraus. Auf der Zuflussseite hingegen haben $\boldsymbol{J}$ und $\mathrm{d}\boldsymbol{A}$ entgegengesetzte Richtungen, was zu $-I_{\text{zu}}$ führt.

Die zeitliche Ladungsabnahme ($-\mathrm{d}Q_{\text{netto}}/\mathrm{d}t$) in einem Volumen mit der Oberfläche A ist gleich dem Nettostromabfluss, also dem Hüllintegral über alle Strömungslinien durch die Hüllfläche.

Deshalb können Ladungen in einem abgeschlossenen Bereich weder entstehen noch verschwinden, ohne einen entsprechenden Leitungsstrom durch die

---

[11] Gegenüber der Stromdefinition Gl. (1.4.5) (Bd. 1) unterscheidet sich die Bilanzgleichung (1.3.4a) durch das Vorzeichen: bei der Stromdefinition handelt es sich um eine durch eine Fläche hindurchtretende Ladung, die in das Gebiet in Richtung des Flächennormalenvektors $\boldsymbol{n}$ hineinfließt, in Gl. (1.3.4a) tritt dagegen der Strom aus einem Volumen heraus. Bei der Stromdefinition wird üblicherweise nicht angegeben, von welcher Seite der Betrachter den Ladungsdurchtritt beobachtet: Fließt der Strom auf ihn zu, so bemerkt er in der Umgebung eine Ladungszunahme, fließt er weg, so stellt er Ladungsabnahme fest.

Hüllfläche. Im *stationären Strömungsfeld* gilt $\mathrm{d}Q_\text{netto}/\mathrm{d}t = 0$ und damit statt Gl. (1.3.4b)

$$\oint_{\text{Hülle } A} \boldsymbol{J} \cdot \mathrm{d}\boldsymbol{A} = I_\text{ges} = 0. \quad \begin{array}{l}\text{Kontinuitätsbedingung,}\\ \text{stationäres Strömungsfeld,}\\ \text{Naturgesetz}\end{array} \quad (1.3.5)$$

Die Kontinuitätsbedingung des stationären Strömungsfeldes (in Integralform für ein Volumen V mit der Oberfläche A) heißt auch *Knotensatz des stationären Strömungsfeldes* (Abb. 1.3.3b). Über einen Raumteil kann nie mehr Strom ein- als austreten. Deshalb gibt es keine Quellen und Gl. (1.3.5) beschreibt gleichwertig die *Quellenfreiheit des Strömungsfeldes*. Es ist, wie das elektrische Feld, ein Potenzialfeld.

Im stationären Strömungsfeld bleibt die Nettoladung in einem beliebigen, von der materiellen oder gedachten Hüllfläche A umschlossenen Volumen zeitlich konstant. Je Zeitspanne fließen gleich viele Ladungen ab wie zu, der Strom wirkt wie eine inkompressible Flüssigkeit.

Grundlage der Kontinuitätsbedingung ist die Ladungserhaltung.

Vertiefungen:

1. **Kontinuitätsbedingung und erster Kirchhoffscher Satz** Wird die umhüllende Fläche in n Teilflächen mit Teilströmen entsprechend Abb. 1.3.3b zerlegt, so ergibt sich der Knotensatz (auch für räumliche Leiter, Abb. 1.3.3c).

$$\oint_{\text{Hülle } A} \boldsymbol{J} \cdot \mathrm{d}\boldsymbol{A} = \sum_{\nu=1}^{n} \int_{\text{Fläche } A_\nu} \boldsymbol{J} \cdot \mathrm{d}\boldsymbol{A} = \sum_{\nu=1}^{n} I_\nu = 0. \quad \begin{array}{l}\text{Kirchhoffscher}\\ \text{Knotensatz}\end{array} \quad (1.3.6)$$

Die Knoten der Netzwerktheorie sind deshalb *ladungsneutral* (Abb. 1.3.3d). Grundsätzlich gilt diese Knotenbedingung für eine beliebig geformte Hüllfläche. Beiträge zum Hüllenintegral liefern nur Teilflächen, durch die Ströme die Hülle durchstoßen. Deshalb kann ein Knoten (Hülle) in der Netzwerktheorie ganze Schaltungsteile einschließen.

2. **Differenzielle Form des Ladungserhaltungssatzes** Durch Anwendung der Kontinuitätsgleichung auf ein immer kleineres Gebiet (bzw. mit dem Integralsatz von Gauß) mit $Q = \int \varrho \, \mathrm{d}V$

$$\oint_{\text{Hüllfläche}} \boldsymbol{v} \cdot \mathrm{d}\boldsymbol{A} = \int_{\text{Volumen}} \operatorname{div} \boldsymbol{v} \, \mathrm{d}V \to \oint_{\text{Hüllfläche}} \boldsymbol{J} \cdot \mathrm{d}\boldsymbol{A} = -\frac{\mathrm{d}}{\mathrm{d}t} \int_{\text{Volumen}} \varrho \, \mathrm{d}V$$

folgt die *differenzielle* Form der Ladungserhaltung oder die *Kontinuitätsgleichung*

$$\operatorname{div} \boldsymbol{J} = -\frac{\partial \varrho}{\partial t}. \quad \text{Ladungserhaltungssatz, Differenzialform} \quad (1.3.7a)$$

Die Quellen der Stromdichte sind Gebiete mit zeitlich abnehmender Raumladungsdichte.

Tab. 1.5. Das elektrische Feld in Leitern und Nichtleitern

Elektrisches Strömungsfeld (Feldmerkmale)

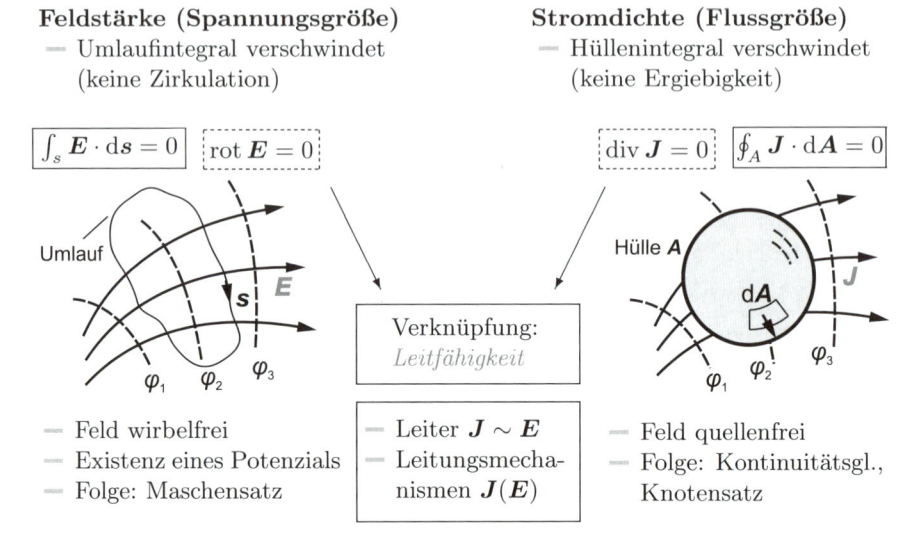

Feldstärke (Spannungsgröße)
— Umlaufintegral verschwindet (keine Zirkulation)

$\int_s \boldsymbol{E} \cdot \mathrm{d}\boldsymbol{s} = 0$ rot $\boldsymbol{E} = 0$

Umlauf

— Feld wirbelfrei
— Existenz eines Potenzials
— Folge: Maschensatz

Verknüpfung: *Leitfähigkeit*

— Leiter $\boldsymbol{J} \sim \boldsymbol{E}$
— Leitungsmechanismen $\boldsymbol{J}(\boldsymbol{E})$

Stromdichte (Flussgröße)
— Hüllenintegral verschwindet (keine Ergiebigkeit)

div $\boldsymbol{J} = 0$ $\oint_A \boldsymbol{J} \cdot \mathrm{d}\boldsymbol{A} = 0$

Hülle A

— Feld quellenfrei
— Folge: Kontinuitätsgl., Knotensatz

Lösungsansatz

Integralform
Vorgabe Strom
— Berechnung Potenzial (Feldsymmetrie, Überlagerungs- und Spiegelungsprinzip)

Differenzialform
Vorgabe Feldstärke (Potenzial)
— raumladungsfrei: Potenzialgl.
— Raumladung: Poisson-Gl.
— verschiedene Lösungsverfahren

Für *ladungsneutrale* Strömungsfelder ($\varrho = 0 \rightarrow \partial \varrho / \partial t = 0$) wird aus Gl. (1.3.7)

$$\oint_{\text{Hüllfläche}} \boldsymbol{J} \cdot \mathrm{d}\boldsymbol{A} = 0 \quad \text{bzw.} \quad \text{div } \boldsymbol{J} = 0. \tag{1.3.7b}$$

Nur dann ist die (Leitungs-) Stromdichte quellenfrei. Den Einfluss zeitveränderlicher Ladung in Gl. (1.3.4b) betrachten wir in Kap. 2.7.2.

1.3.2 Stromdichte und Feldstärke

Einführung Bisher wurden Feldstärke und Stromdichte des Strömungsfeldes (Tab. 1.5) weitgehend unabhängig voneinander betrachtet, beide hängen aber über den Leitungsvorgang zusammen. Die Stromdichte $\boldsymbol{J}$ umfasst alle physikalischen Phänomene, durch die sich Ladungsträger in Flüssigkeiten, Festkörpern, ionisierten Gasen und das Vakuum bewegen. Die Folge ist oft ein nichtlinearer Zusammenhang zwischen Stromdichte $\boldsymbol{J}$ und Feldstärke $\boldsymbol{E}$.

1.3 Das stationäre elektrische Strömungsfeld

(Spezifische) Leitfähigkeit κ In Leitern beschleunigt das elektrische Feld die Ladungsträger fortwährend. Dabei stoßen sie mit schwingenden Gitteratomen zusammen und übertragen die aus dem Feld aufgenommene Bewegungsenergie ganz oder teilweise auf die Gitteratome, regen diese zu verstärkten Wärmeschwingungen an, werden abgebremst, anschließend erneut beschleunigt usw. Insgesamt bewegen sich die Ladungsträger daher nur mit einer *mittleren Geschwindigkeit*, der *Driftgeschwindigkeit* $v \sim E$

$$v_+ = \mu_+ E \quad \text{bzw.} \quad v_- = -\mu_- E \tag{1.3.8}$$

nach Maßgabe der *Beweglichkeit* μ_+ bzw. μ_- (positive, negative Ladungen). Sie beträgt für Elektronen in Metallen 10 bis $50\frac{\text{cm}^2}{\text{Vs}}$ und Elektronen und Löcher in Halbleitern 100 bis einige $1000\frac{\text{cm}^2}{\text{Vs}}$. Dieser Driftvorgang führt zum Stromdichte-Feldstärkezusammenhang im Leiter

$$\boxed{J = \kappa E \quad \text{bzw.} \quad E = \frac{J}{\kappa} = \varrho J.} \quad \begin{array}{l}\text{Ohmsches Gesetz}\\\text{des Strömungsfeldes}\end{array} \tag{1.3.9}$$

Die *Leitfähigkeit* κ (oder reziproke spezifische Widerstand ϱ, Gl. (2.3.4), Bd. 1) wird durch die Beweglichkeiten und Trägerdichten bestimmt (s. Gl. (1.3.3))

$$J = J_+ + J_- = (qp)\,v_+ + (-qn)\,v_- = [(qp)\mu_+ + (-qn)(-\mu_-)]E = \kappa E$$

mit[12]

$$\boxed{\kappa = \varrho_+\mu_+ + \varrho_-(-\mu_-) = q\,(p\mu_+ + n\mu_-)\,.} \quad \begin{array}{l}\text{Leitfähigkeit,}\\\text{Materialgröße}\end{array} \tag{1.3.10}$$

> Im Strömungsfeld eines Leiters sind Stromdichte J und Feldstärke E einander proportional mit der Leitfähigkeit κ. Ihr Reziprokwert $\varrho = 1/\kappa$ ist der spezifische Widerstand. Die Leitfähigkeit steigt mit der Ladungsträgerkonzentration und ihrer Beweglichkeit.

Der Wirkungs-Ursache-Zusammenhang $J \sim E$ heißt gleichwertig *Material-, Driftgleichung* oder *Ohmsches Gesetz des Strömungsfeldes*. Es ist die Grundlage des Ohmschen Gesetzes Gl. (2.3.2), Bd. 1.

Zur Anwendung ist Gl. (1.3.10) aber an einschränkende Nebenbedingungen wie Raumladungsfreiheit, linearer v,E-Zusammenhang und konstante Temperatur geknüpft. Sie sind häufig nicht erfüllt und führen zu nichtlinearen J,E-Beziehungen.

Gleichung (1.3.10) erklärt die hohe Leitfähigkeit der Metalle (hohe Trägerdichte) und die kleinere Leitfähigkeit der Halbleiter. Stoffe ohne freie Ladungsträger (Isolatoren) haben keine Leitfähigkeit. Tabelle 1.6 enthält eine grobe Einteilung nach der Leitfähigkeit und typische Zahlenwerte. Bei-

---

[12] Man beachte: ϱ spez. Widerstand, aber ϱ_+, ϱ_- Raumladungsdichten!

Tab. 1.6. Leitfähigkeit wichtiger Materialien (S/m)

Isolatoren	κ	schlechte Leiter	κ	Leiter	κ
Quarzglas	10^{-17}	Erdreich	10^{-3}	Ferrit	10^2
Hartgummi	10^{-15}	Wasser	10^{-2}	Silikon	10^3
Glas	10^{-12}	menschl. Körper	$0{,}01\ldots 0{,}5$	Graphit	10^5
Bakelit	10^{-9}	Halbleiter	$0{,}1\ldots 10$	Eisen	10^6
dest. Wasser	10^{-4}	Meerwasser	$1\ldots 10$	Kupfer	$5{,}7\cdot 10^7$

spielsweise hat Leitungskupfer mit der Elektronenbeweglichkeit $\mu = 4{,}1 \cdot 10^{-3}\,\mathrm{m}^2/(\mathrm{Vs})$ und der Trägerdichte $n = 8{,}6 \cdot 10^{28}\,\mathrm{m}^{-3}$ nach Gl. (1.3.10) einen spezifischen Widerstand $\varrho = 17{,}7 \cdot 10^{-3}\,\Omega\,\mathrm{m}$.

Die Leitfähigkeit hängt mehr oder weniger von der Temperatur ab, darauf wurde bereits im Kap. 2.3.4, Bd. 1 hingewiesen. Zusätzlich können weitere Parameter eingehen, z. B.

— auffallendes Licht (z. B. bei Selen, Halbleiter). Man nutzt den Effekt in Fotoleitern.
— mechanischer Druck und Zug zur Messung mechanischer Größen durch Dehnmessstreifen,
— als Magnetfeld (z. B. in Wismut, einige Halbleitermaterialien). Der Effekt, die *magnetische Widerstandsänderung*, dient zur Magnetfeldmessung.

Bisher wurde die Leitfähigkeit als Materialgröße angesehen, die nicht von der Leitergeometrie abhängt. Dies gilt nicht mehr bei Abmessungen des Leiters *vergleichbar mit der freien Weglänge der Elektronen*. Dann steigt der spezifische Widerstand durch Stoßvorgänge der Ladungsträger an der Leiteroberfläche und er wird von der Schichtdicke abhängig. Man bezeichnet diese Erscheinung als *Size-(Abmessungs)-Effekt*. Er tritt bei tiefen Temperaturen an dünnen Drähten oder Leiterfilmen auf.

❯ 1.3.3 Das Strömungsfeld im Raum und an Grenzflächen

Eine Standardaufgabe ist die Berechnung des Strömungsfeldes einer gegebenen Zweipolanordnung. Man prägt dazu einen „Probestrom" ein, der Stromdichte, Feldstärke und Potenzial hervorruft

$$I_{\text{Probe}} \to \boldsymbol{J}(\boldsymbol{r}) \to \boldsymbol{E}(\boldsymbol{r}) \to \varphi(\boldsymbol{r}) \to U(\boldsymbol{r}) \to \begin{cases} \text{Ersatzwiderstand} \\ \text{Feldverteilung} \\ \text{Leistungsverteilung} \end{cases} . \quad (1.3.11)$$

1.3.3.1 Strömungsfelder wichtiger Leiteranordnungen

Solange Stromdichte $\boldsymbol{J}$ und Feldstärke $\boldsymbol{E}$ einander proportional sind, stimmen beide Felder bis auf einen Maßstabsfaktor überein. Dann stehen die $\boldsymbol{J}$- bzw. $\boldsymbol{E}$-Linien senkrecht auf den Äquipotenzialflächen.

Homogenes Strömungsfeld Ein homogenes Strömungsfeld (Leiter mit κ_1) zwischen zwei parallelen Metallelektroden hat parallel zueinander verlaufende ausgewählte Feldlinien der Feldgrößen mit gleichem Abstand und gleicher Richtung. Der eingeprägte Strom I erzeugt die Stromdichte $J = I/A$ und damit die Feldstärke $\boldsymbol{E} = \boldsymbol{J}/\kappa$. Dann gilt für Potenzial und Spannung (Abb. 1.3.4)

$$\varphi(x) - \varphi(x_0) = \int_x^{x_0} E \, \mathrm{d}x = E(x_0 - x)$$

$$U_{01} = \varphi(0) - \varphi(l) = \int_0^l E \, \mathrm{d}x = El.$$

Würde diesem Strömungsfeld noch ein zweites gleicher Geometrie, aber größerer Leitfähigkeit κ_2 „parallel" geschaltet, so steigt bei gleicher Spannung (und damit gleicher Feldstärke) im besser leitenden Gebiet die Stromdichte (Abb. 1.3.4a). Umgekehrt bedeutet „Reihenschaltung" beider Strömungsfelder (Abb. 1.3.4b), dass bei eingeprägtem Strom (vorgegebene Größe) im besser leitenden Bereich die Feldstärke absinkt, also weniger Feldlinien vorhanden sind und ein geringeres Potenzialgefälle herrscht.

Für einen Leiter gleicher Abmessungen, aber drei „reihongeschalteten" Gebieten verschiedener Leitfähigkeiten $\kappa_1 > \kappa_2 > \kappa_3$ würde dann gelten

$$E_1 = \frac{J}{\kappa_1} < E_2 = \frac{J}{\kappa_2} < E_3 = \frac{J}{\kappa_3}.$$

Die Potenziale an den Zwischengrenzen lassen sich über die Stromdichte oder eine „angepasste Spannungsteilerregel" ermitteln.

Obwohl das Strömungsfeld eines jeden Teilbereiches homogen ist, neigt man dazu, die Gesamtanordnung als inhomogenes Strömungsfeld wegen der unterschiedlichen Feldstärken zu betrachten.

Den grundsätzlichen Einfluss von Grenzflächen auf das Strömungsfeld untersuchen wir in Kap. 1.3.3.2 genauer.

Inhomogene Strömungsfelder In inhomogenen Feldern verlaufen die Feldlinien entweder nicht mehr parallel oder es ändern sich lokal ihre Abstände

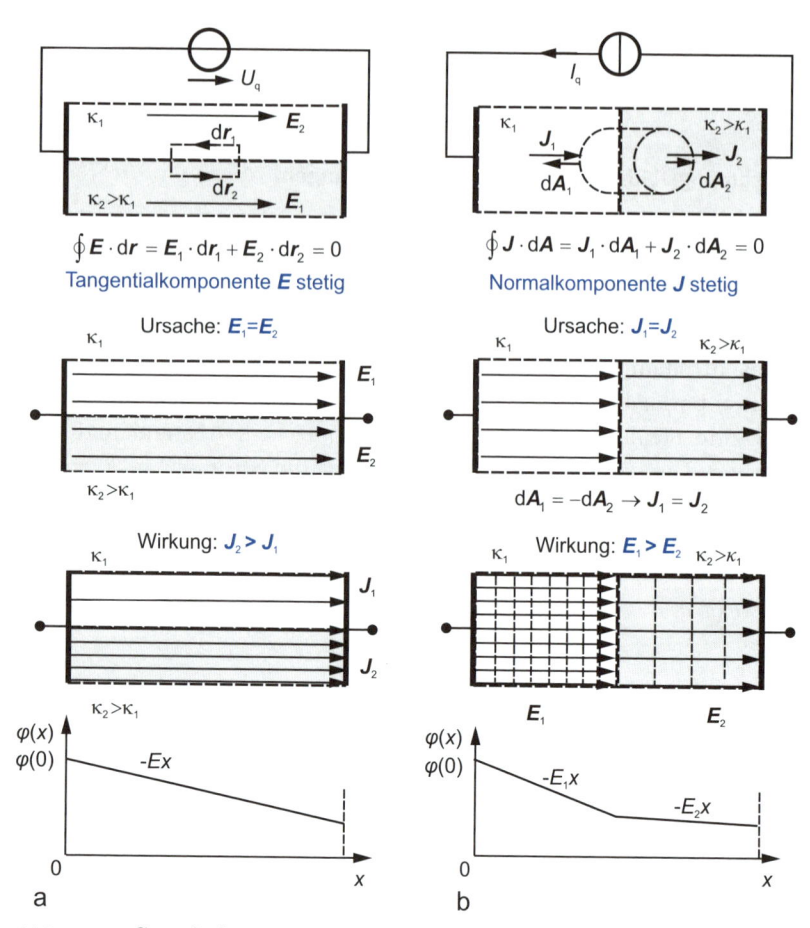

$\oint \boldsymbol{E} \cdot d\boldsymbol{r} = \boldsymbol{E}_1 \cdot d\boldsymbol{r}_1 + \boldsymbol{E}_2 \cdot d\boldsymbol{r}_2 = 0$
Tangentialkomponente **E** stetig

$\oint \boldsymbol{J} \cdot d\boldsymbol{A} = \boldsymbol{J}_1 \cdot d\boldsymbol{A}_1 + \boldsymbol{J}_2 \cdot d\boldsymbol{A}_2 = 0$
Normalkomponente **J** stetig

Ursache: $E_1 = E_2$

Ursache: $J_1 = J_2$

$d\boldsymbol{A}_1 = -d\boldsymbol{A}_2 \rightarrow J_1 = J_2$

Wirkung: $J_2 > J_1$

Wirkung: $E_1 > E_2$

Abb. 1.3.4. Grenzflächen zwischen parallel- und reihengeschalteten Strömungsfeldern unterschiedlicher Leitfähigkeit. (a) Parallelschaltung; im besser leitenden Medium herrscht größere Stromdichte. (b) Reihenschaltung; im besser leitenden Medium herrscht geringere Feldstärke. Die Grenzfläche ändert die Feldstärke (veränderte Liniendichte)

und/oder Richtungen. Dann ist die Berechnung schwieriger. Vereinfachungen gibt es jedoch für *rotationssymmetrische* Felder, wie die kugel- oder zylindersymmetrischen Feldanordnungen.

Kugelsymmetrisches Strömungsfeld, Punktquelle

Befindet sich eine sehr kleine leitende Kugel (mit isoliert zugeführtem Strom) in homogenem, leitendem Medium und ist die Gegenelektrode weit entfernt (im Unendlichen), so liegt eine Punktquelle vor.

Sie verteilt den Strom gleichmäßig in alle Richtungen (Abb. 1.3.5a). Deshalb ist die Stromdichte J auf einer Kugelfläche mit dem Radius r überall gleich

1.3 Das stationäre elektrische Strömungsfeld

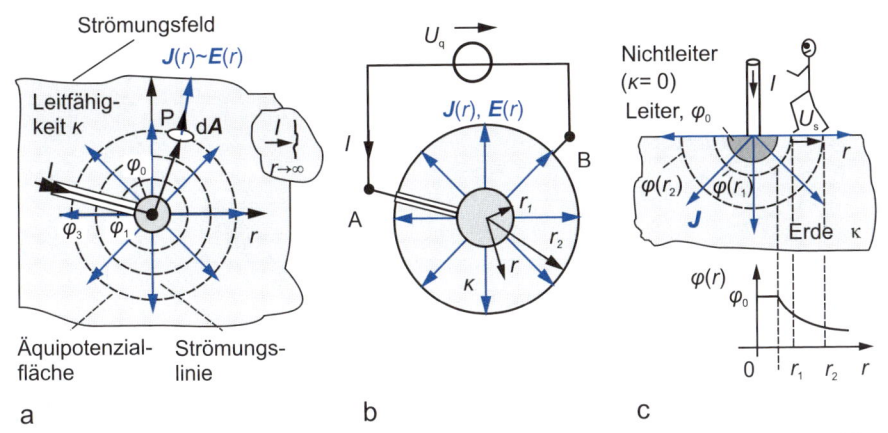

Abb. 1.3.5. Inhomogenes Strömungsfeld. (a) Punktquelle im unendlich ausgedehnten Medium, der isoliert der Strom I zu- und im Unendlichen abgeführt wird. (b) Kugelsymmetrisches Strömungsfeld. (c) Halbkugelerder, Strömungsfeld und Potenzialverlauf längs der Erdoberfläche

$$\boxed{\boldsymbol{J}(\boldsymbol{r}) = \frac{I}{A_{\text{Kugel}}}\boldsymbol{e}_r = \frac{I}{4\pi r^2}\boldsymbol{e}_r = \frac{I}{4\pi r^3}\boldsymbol{r}. \qquad \text{Stromdichte, kugelsymm. Feld}} \qquad (1.3.12a)$$

Dazu gehört die Lösung in kartesischen Koordinaten mit $\boldsymbol{r} = x\boldsymbol{e}_x + y\boldsymbol{e}_y + z\boldsymbol{e}_z$

$$\boldsymbol{J}(x,y,z) = \frac{I \cdot (x\boldsymbol{e}_x + y\boldsymbol{e}_y + z\boldsymbol{e}_z)}{4\pi \left(x^2 + y^2 + z^2\right)^{3/2}}. \qquad (1.3.12b)$$

Aus der Stromdichte folgt die elektrische Feldstärke

$$\boldsymbol{E}(\boldsymbol{r}) = \frac{\boldsymbol{J}(\boldsymbol{r})}{\kappa} = \frac{I}{4\pi\kappa r^3}\boldsymbol{r}.$$

Für die Kugelfläche mit dem Radius r und einem Integrationsweg längs der $\boldsymbol{J}$-Linie ergibt sich das Potenzial

$$\begin{aligned}\varphi(\boldsymbol{r}) &= \varphi(\boldsymbol{r}_0) - \int_{r_0}^{r} \boldsymbol{E}(\boldsymbol{r}') \cdot \mathrm{d}\boldsymbol{r}' = \varphi(\boldsymbol{r}_0) - \frac{I}{4\pi\kappa}\int_{r_0}^{r}\frac{1}{r'^2}\,\mathrm{d}r' \\ &= \varphi(\boldsymbol{r}_0) + \frac{I}{4\pi\kappa}\left(\frac{1}{r} - \frac{1}{r_0}\right).\end{aligned} \qquad (1.3.13a)$$

Es vereinfacht sich für den Bezugswert $r_0 \to \infty$ und $\varphi(r_0) = 0$

$$\boxed{\begin{aligned}\varphi(\boldsymbol{r}) &= \frac{I}{4\pi\kappa r} \qquad \text{oder} \\ \varphi(x,y,z) &= \frac{I}{4\pi\kappa\sqrt{x^2+y^2+z^2}}.\end{aligned} \qquad \text{Potenzial, kugelsymmetrisches Feld}} \qquad (1.3.13b)$$

Die Äquipotenzialflächen sind für $r = $ const. Kugelflächen. Bei dreidimensionaler Darstellung des Potenzials und der Feldstärke über r entstehen „trichterförmige" Gebilde. Verschiebt sich die Einströmung I vom Ursprung weg an die Stelle $\boldsymbol{r}_\mathrm{Q}$, so gilt für den neuen Potenzialverlauf ($\boldsymbol{r} \to \boldsymbol{r} - \boldsymbol{r}_\mathrm{Q}$)

$$\varphi(\boldsymbol{r}) = \frac{I}{4\pi\kappa \left|\boldsymbol{r} - \boldsymbol{r}_\mathrm{Q}\right|}$$
$$\varphi(x,y,z) = \frac{I}{4\pi\kappa\sqrt{(x-x_\mathrm{Q})^2 + (y-y_\mathrm{Q})^2 + (z-z_\mathrm{Q})^2}}. \tag{1.3.14}$$

Die Spannung zwischen zwei Punkten beträgt

$$U_{r_1,r_2} = \int_{r_1}^{r_2} \boldsymbol{E}(\boldsymbol{r}') \cdot \mathrm{d}\boldsymbol{r}' = \varphi(\boldsymbol{r}_1) - \varphi(\boldsymbol{r}_2) = \frac{I}{4\pi\kappa}\left(\frac{1}{r_1} - \frac{1}{r_2}\right). \tag{1.3.15}$$

Wird der Strom einer Elektrode (Radius r_1) zugeführt und denkt man sich eine umhüllende Kugel mit dem Radius r_2 als Kugelelektrode, die den Strom abführt, so herrscht zwischen beiden Kugeln die Spannung nach Gl. (1.3.15) (Abb. 1.3.5b). Der zugehörige Widerstand (Kugelwiderstand) ergibt sich aus der Spannung $U_{r_1 r_2}$ dividiert durch I:

$$R = \frac{U_{r_1,r_2}}{I} = \frac{1}{4\pi\kappa}\left(\frac{1}{r_1} - \frac{1}{r_2}\right) \to \left.\frac{1}{4\pi\kappa}\frac{1}{r_1}\right|_{r_2\to\infty} \quad \begin{array}{l}\text{Widerstand}\\ \text{konzentr.}\\ \text{Kugeln}\end{array} \tag{1.3.16}$$

mit dem Übergangswiderstand *einer* Kugel in den unendlichen Raum.

Feldstärke- und Potenzialverlauf einer Punktquelle im Strömungsfeld (der der Strom I zugeführt wird) stimmen mit den entsprechenden Verläufen einer Ladung im Nichtleiter überein (s. Gl. (1.2.9b)), wenn der Term I/κ durch Q/ε_0 ersetzt wird (und umgekehrt).
Die Punktquelle mit dem Strom I und dem Potenzial nach Gl. (1.3.13b) hat kugelsymmetrische Äquipotenzialflächen. Sie stellt eine Aufbaufunktion für kugelsymmetrische Strömungsfelder dar (mit gleicher Bedeutung wie die Punktladung im elektrostatischen Feld), bleibt aber ein mathematisches Modell, da mit $r \to 0$ alle Feldgrößen ($\boldsymbol{E}$, $\boldsymbol{J}$, und φ) gegen unendlich gehen.

Potenzialüberlagerung Durch Überlagerung bekannter Strömungsfelder entstehen neuartige Felder. So ergibt sich das Gesamtpotenzial eines Punktes P durch Überlagerung der Einzelpotenziale, die von n Punktelektroden mit zugeführten Strömen entstehen (Abb. 1.3.6a)

$$\begin{aligned}\varphi_\mathrm{ges}(\boldsymbol{r}) &= \sum_{\nu=1}^{n} \varphi_\nu(\boldsymbol{r}) = \frac{1}{4\pi\kappa}\sum_{\nu=1}^{n}\frac{I_\nu}{|\boldsymbol{r}-\boldsymbol{r}_\nu|},\\ \boldsymbol{E}(\boldsymbol{r}) &= \sum_{\nu=1}^{n} \boldsymbol{E}_\nu(\boldsymbol{r}) = \frac{1}{4\pi\kappa}\sum_{\nu=1}^{n}\frac{I_\nu(\boldsymbol{r}-\boldsymbol{r}_\nu)}{|\boldsymbol{r}-\boldsymbol{r}_\nu|^3}.\end{aligned} \tag{1.3.17}$$

1.3 Das stationäre elektrische Strömungsfeld

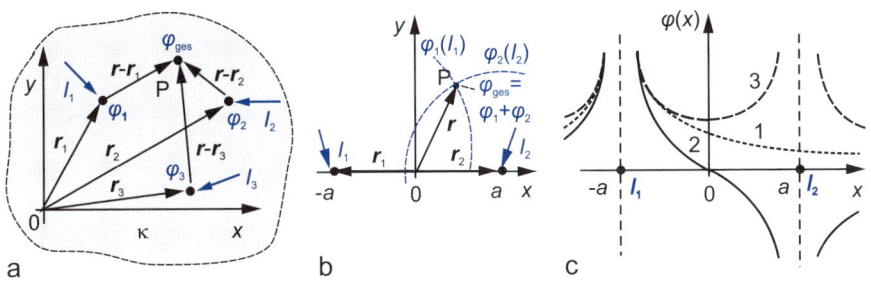

Abb. 1.3.6. Feldüberlagerung. (a) Einzelpotenziale in Raumpunkten durch zugeführte Ströme zu Punktelektroden. (b) Verlauf bei zwei zufließenden Strömen I_1 und I_2. (c) Potenzialüberlagerung und Verlauf längs der Verbindungslinie der beiden Quellen zu Abb. (b): 1) nur Einzelquelle I_1 zufließend, 2) Strom I_2 abfließend, 3) Strom I_2 zufließend

Diese Ergebnisse wurden sinngemäß schon für das Ladungsfeld (Abb. 1.2.5d) ermittelt (s. Gln. (1.2.17b) und (1.2.20)).

Wir wenden das Ergebnis auf zwei Kugelquellen an (Abb. 1.3.6b), zunächst beide mit zufließenden Strömen ($I_1 = I_2 = I$). Es ergeben sich sinngemäß die Lösungen Gl. (1.2.18) und (1.2.21) mit dem dort diskutierten Feldverlauf (Abb. 1.2.6). Fließt dagegen in einer Elektrode der Strom ($I_1 = +I$) zu und von der anderen weg ($I_2 = -I$), so zeigt das Potenzial

$$\varphi_{ges} = \frac{I}{4\pi\kappa}\left(\frac{1}{r_1} - \frac{1}{r_2}\right)$$

des Punktes P mit den Entfernungen r_1, r_2 von beiden Quellen für $r_1 = r_2$ eine Potenzialfläche $\varphi = 0$ als Symmetrielinie zwischen beiden Quellen. Abbildung 1.3.6c zeigt die zu beiden Fällen gehörenden Potenzialverläufe in einer Ebene $y = 0$ längs der x-Achse als Sonderfall des Verlaufes Abb. 1.2.7. Anwenden lassen sich diese Feldverteilungen etwa auf zwei Halbkugelerder in endlichem Abstand oder für einen, in begrenzter Tiefe vergrabenen Kugelerder.

Konzentrische Kugeln Überlagern lassen sich auch die Potenziale zweier konzentrisch angeordneter Kugeln (Radien r_i bzw. r_a) mit den Potenzialen φ_1 und φ_2 (Abb. 1.3.5b). Der Innenkugel wird der Strom isoliert zu- und von der Außenkugel abgeführt. Dann wirkt zwischen beiden Kugeln nur das Potenzial von Kugel 1 (Gl. (1.3.13)) (Kugel 2 erzeugt dort kein Potenzialfeld). Im Außenraum gilt ebenfalls

$$\varphi_{ges} = \varphi_1 + \varphi_2 = \frac{I}{4\pi\kappa}\left(\frac{1}{r} - \frac{1}{r}\right) = 0,$$

weil sich beide Potenziale kompensieren. Zwischen beiden Elektroden herrscht die Potenzialdifferenz (s. Gl. (1.3.15))

$$\varphi(r_1) - \varphi(r_2) = \varphi_A - \varphi_B = \frac{I}{4\pi\kappa}\left(\frac{1}{r_1} - \frac{1}{r_2}\right).$$

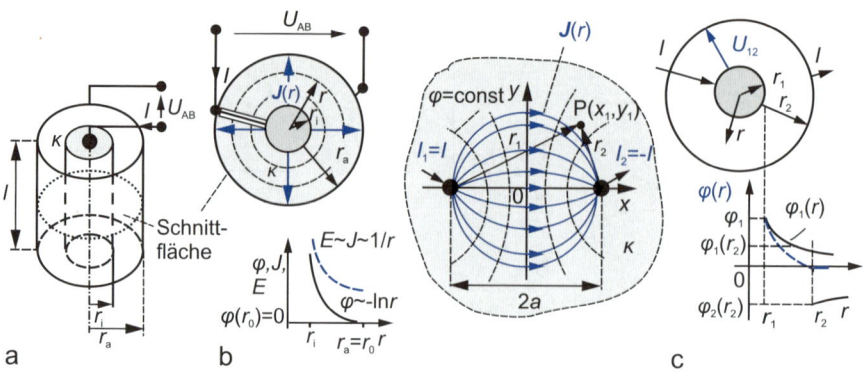

Abb. 1.3.7. Linienquelle. (a) Zylindersymmetrische Anordnung mit Stromzufuhr am Innen- und -abfuhr am Außenleiter. (b) Potenzialfeld zweier Linienquellen entgegengesetzter Stromrichtungen, Doppelleitung. (c) Überlagerung der Potenzialfelder im Koaxialleiter mit schwach leitendem Zwischenbereich

Beispiel 1.3.1 Halbkugelerder

Eine Halbkugel mit dem Radius r_0 wird in das Erdreich eingesetzt, um einen Strom zu verteilen (Abb. 1.3.5c). Es bilden sich halbkugelförmige Potenzialflächen, wenn der Radius der Gegenelektrode unendlich weit entfernt liegt. Die Potenzialflächen stoßen an die Oberfläche. Ein Mensch kann dann zwei Punkte mit einem Schritt überbrücken. Die dabei auftretende *Schrittspannung* bildet sich zwischen dem Elektrodenrand und dem Erdreich längs einer Feldlinie, sie beträgt für $I = 100$ A, $1/\kappa = 50\,\Omega\,\mathrm{m}$, $r_0 = 1$ m und $s = 1$ m

$$U_{s\,\max} = \frac{I}{2\pi\kappa}\left(\frac{1}{r_0} - \frac{1}{r_0+s}\right) = \frac{100\,\mathrm{A}\cdot 50\,\Omega\,\mathrm{m}}{2\pi}\left(\frac{1}{1\,\mathrm{m}} - \frac{1}{2\,\mathrm{m}}\right) = 398\,\mathrm{V}! \quad (1.3.18)$$

und wird hier lebensgefährlich.

Zylindersymmetrische Strömung, Linienquelle Befindet sich ein dünner, langer, gerader Leiter (mit isoliert zugeführtem Strom) in einem homogen leitenden Medium und ist die Gegenelektrode weit entfernt (im Unendlichen), so liegt eine Linienquelle vor. Der Strom fließt radial vom Innen- zum (weit entfernten) Außenleiter (Abb. 1.3.7a) (zylindersymmetrisches Problem). Für die Berechnung muss in der Stromdichte statt der Kugel- die Mantelober- fläche angesetzt werden. Das Feld ist eben, d. h. in Leiterrichtung konstant. Wird dem Innenzylinder der Strom I eingeprägt, so verlaufen die Strömungslinien radial von innen nach außen (Abb. 1.3.7b). Die Stromdichte auf dem Innenzylinder beträgt

$$\boxed{\boldsymbol{J}(r) = \frac{I}{A_{\mathrm{Zyl}}}\boldsymbol{e}_r = \frac{I}{2\pi l r}\boldsymbol{e}_r = \frac{I}{2\pi l r^2}\boldsymbol{r} = \frac{I(x\boldsymbol{e}_x + y\boldsymbol{e}_y)}{2\pi l(x^2+y^2)}.} \quad (1.3.19)$$

1.3 Das stationäre elektrische Strömungsfeld

Die Feldstärke folgt aus der Stromdichte und damit ergibt sich das Potenzial

$$\varphi(\mathbf{r}) = \varphi(\mathbf{r}_0) - \int_{r_0}^{r} \mathbf{E}(\mathbf{r}') \cdot \mathrm{d}\mathbf{r}' = \varphi(\mathbf{r}_0) - \frac{I}{2\pi l \kappa} \int_{r_0}^{r} \frac{\mathrm{d}r'}{r'}$$
$$= \varphi(\mathbf{r}_0) + \frac{I}{2\pi l \kappa} \ln \frac{r_0}{r}. \tag{1.3.20a}$$

Das Potenzial im Abstand r der (unendlich) langen Linienquelle mit dem Strom I je Längeneinheit l hängt logarithmisch vom Ort ab, der Bezugspunkt r_0 muss dabei in endlichem Abstand von der Leiterachse liegen (weil das Integral sonst unendlich wird). Die Lösung eignet sich generell für Anordnungen, deren Elektroden mit Äquipotenzialflächen des Feldes übereinstimmen. Zwischen zwei leitenden konzentrischen Zylindern mit den Radien r_1 und r_2 beträgt dann die Spannung

$$U_{r_1 r_2} = \varphi(\mathbf{r}_1) - \varphi(\mathbf{r}_2) = \frac{I}{2\pi l \kappa}\left(\ln \frac{r_0}{r_1} - \ln \frac{r_0}{r_2}\right) = \frac{I}{2\pi l \kappa} \ln \frac{r_2}{r_1}. \tag{1.3.20b}$$

Dazu gehört der Widerstand R zwischen Innen- und Außenzylinder

$$R = \frac{U_{r_1 r_2}}{I} = \frac{1}{2\pi l \kappa} \ln \frac{r_2}{r_1}. \qquad \text{Widerstand Zylinderfeld} \tag{1.3.20c}$$

In der Abb. 1.3.7a weisen die Feldlinien strahlenförmig nach außen, die Potenziallinien bilden konzentrische Kreise um den Innenleiter.

Die Linienquelle mit dem Strom I und dem Potenzial nach Gl. (1.3.20a) hat zylindersymmetrische Äquipotenzialflächen, die logarithmisch vom Radius abhängen. Sie ist die Aufbaufunktion für zylindersymmetrische Strömungsfelder (mit gleicher Bedeutung wie die Linienladung im elektrostatischen Feld), bleibt aber ein mathematisches Modell, da mit $r \to 0$ alle Feldgrößen ($\mathbf{E}$, $\mathbf{J}$, und φ) gegen unendlich gehen.

Potenzialüberlagerung Aus der Linienquelle ergeben sich weitere Feldbilder durch Potenzialüberlagerung, z. B. für die Doppelleitung aus (Abb. 1.3.7b)

$$\varphi = -\frac{1}{2\pi \kappa l} \sum_{\nu=1}^{n} I_\nu \ln \frac{r_\nu}{r_{\nu 0}}. \tag{1.3.20d}$$

Dazu wird einer Quelle der Strom I zu- und von der anderen der gleiche Strom abgeführt. Dann folgt mit $I_1 = +I$, $I_2 = -I$

$$\varphi_\text{ges} = \varphi_1 + \varphi_2 = \frac{-1}{2\pi l \kappa}\left(I_1 \ln \frac{r_1}{r_0} + I_2 \ln \frac{r_2}{r_0}\right)$$
$$= \frac{-I}{2\pi l \kappa}\left(\ln \frac{r_1}{r_0} - \ln \frac{r_2}{r_0}\right) = \frac{I}{2\pi l \kappa} \ln \frac{r_2}{r_1}. \tag{1.3.20e}$$

Auch hier liegen Punkte im gleichen Abstand $r_1 = r_2$ von den Quellen auf einer Symmetrielinie $\varphi = 0$.

Das Feld zwischen zwei konzentrisch ineinander liegenden Zylinderleitern lässt sich ebenso durch Überlagerung gewinnen (Abb. 1.3.7c). Fließt dem inneren Zylinder der Strom I_1 zu, so stellt sich das Strömungsfeld $J_1(r)$ ein. Der vom äußeren Zylinder abfließende Strom I_2 bewirkt das Strömungsfeld J_2 (zum Zylinder hin gerichtet!). Bei Überlagerung bleibt nur noch das Feld von $J_1(r)$ zwischen beiden Zylindern mit der Potenzialdifferenz

$$\varphi(r_1) - \varphi(r_2) = \varphi_A - \varphi_B = \frac{-I}{2\pi l \kappa} \left(\ln \frac{r_1}{r_0} - \ln \frac{r_2}{r_0} \right) = \frac{I}{2\pi l \kappa} \ln \frac{r_2}{r_1}. \quad (1.3.21)$$

Das ist die zwischen Innen- und Außenleiter abfallende Spannung U_{12}, unabhängig von Potenzialwerten: der zufließende Strom I erzeugt am Innenleiter das Potenzial φ_1 und am Außenleiter φ_2. Es würde weiter abfallen, gäbe es nicht vom Radius r_2 an ein überlagertes (negatives) Potenzialfeld durch den abfließenden Strom (J ist zum Zylinder hin gerichtet!). Auf dem Außenleiter kann sich aber nur ein Potenzial einstellen: beide Potenziale kompensieren sich dort und im gesamten Außenraum wegen $I_1 - I_2 = 0$ in jedem Punkt. Dort gibt es kein Strömungsfeld. Das Potenzialfeld der Doppelleitung Abb. 1.3.7b hat noch eine interessante Eigenschaft: es hängt im Punkt $P(x,y)$ nach Gl. (1.3.20e) von den Radien $r_{2,1} = \sqrt{(x \pm d)^2 + y^2}$ ab. Die Gleichung der Äquipotenzialflächen ergibt sich für $r_2/r_1 = $ const. Das sind Zylinderflächen, die in ebener Darstellung auf die sog. *Apollonischen Kreise* führen.

Spiegelungsprinzip Bei manchen Elektrodenanordnungen verhilft das *Spiegelungsprinzip* rasch zum Feldbild. So kann eine Anordnung Kugel- oder Zylinderelektrode – leitendes Medium – ideale leitende Ebene (Kontaktebene) (Abb. 1.3.8a) beschrieben werden, indem der Feldverlauf an der Kontaktfläche gespiegelt und die Polarität der Elektrode vertauscht wird. Fließt der Strom der oberen Elektrode zu, so muss er von der unteren abfließen. Die Anordnung Strom-Spiegelstrom hat dann vor der Spiegelebene die gleiche Feldverteilung wie die Anordnung Strom-Leiterebene. So wirken zwei symmetrische Elektroden, denen der gleiche Strom zugeführt wird, in der Spiegelhälfte wie eine stromführende Elektrode über einer ideal isolierenden Fläche und bei Vertauschung einer Elektrodenstromrichtung (Abb. 1.3.8b) wirkt die Spiegelhälfte wie eine Elektrode über einer ideal leitenden Ebene.

Das Verfahren lässt sich mit mehreren Linienquellen auf kompliziertere Ersatzelektrodenanordnungen erweitern.

Hinweis Die bisherigen Potenzialberechnungen basierten auf Vorgabe einer Strömung und daraus abgeleiteter Berechnung von φ über E. Durch Substitution der Stromdichte $J = \kappa E$ in der Kontinuitätsgleichung ((1.3.7), div $J = 0$) und der Feldstärke $E = -$ grad φ lässt sich aber die sog. *Laplacesche Gleichung* div grad $\varphi = 0$ (eindimensional in kartesischen Koordinaten $d^2\varphi/dx^2 = 0$) finden, die das Potenzial

1.3 Das stationäre elektrische Strömungsfeld

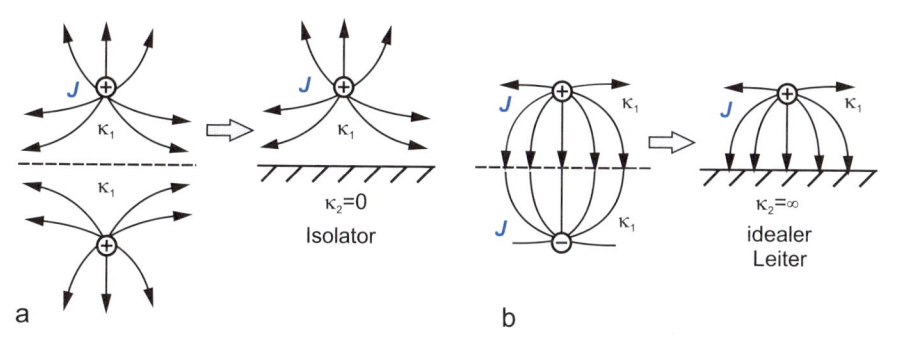

Abb. 1.3.8. Spiegelungsprinzip. (a) Zwei symmetrische Linienquellen mit gleich zugeführten Strömen und ihr Ersatz durch eine Linienquelle über einer nichtleitenden Fläche. (b) Zwei symmetrische Linienquellen mit entgegengesetzt zugeführten Strömen und ihr Ersatz durch eine Linienquelle über einer gut leitenden Fläche

aus gegebenen Potenzialwerten der Randelektroden des Feldes zu berechnen erlauben. (Wir streifen diese Problematik beim elektrostatischen Feld (s. Gl. (2.5.7)).

1.3.3.2 Bestimmung des Feldbildes

Feldbilder können verschiedenartig ermittelt werden. Neben der Berechnung gibt es noch zwei praktische Methoden: die experimentelle Bestimmung mit dem *elektrolytischen Trog* und die *grafische* Feldermittlung.

Ein parallelebenes Stromdichtefeld entsteht in einem Flächenleiter konstanter Dicke d (z. B. wassergefüllte Schale mit bestimmter Leitfähigkeit) durch aufgesetzte metallische Elektroden. Das Modell muss maßstäblich sein. Statt des Elektrolyten eignet sich auch „Widerstandspapier", auf das die Elektroden mit Leitsilber gezeichnet werden (Abb. 1.3.9a).

Die Elektroden liegen an einer Spannung U_{AB}. Das Potenzial $\varphi(x,y)$ (bzw. die Spannung) eines Punktes lässt sich entweder direkt mit einem hochohmigen Spannungsmesser messen oder durch Nullabgleich in einer Brückenanordnung bestimmen, wenn der elektrolytische Trog Teil einer Wheatstone-Brücke ist (Abb. 2.4.7, Bd. 1, Anordnung zweckmäßig mit Tonfrequenz betreiben). So misst man das Feld ausgewählter Potenziallinien. Es hat zwei Merkmale:

- Elektroden sind Äquipotenzialflächen.
- Die isolierende Berandung (z. B. Rand des Troges) ist eine Strömungslinie, auf sie stoßen die Äquipotenzialflächen stets senkrecht.

Die Feldstärke- bzw. Stromdichtevektoren stehen senkrecht auf den Äquipotenziallinien. Für eine bestimmte Feldlinie muss man sich dann senkrecht zu

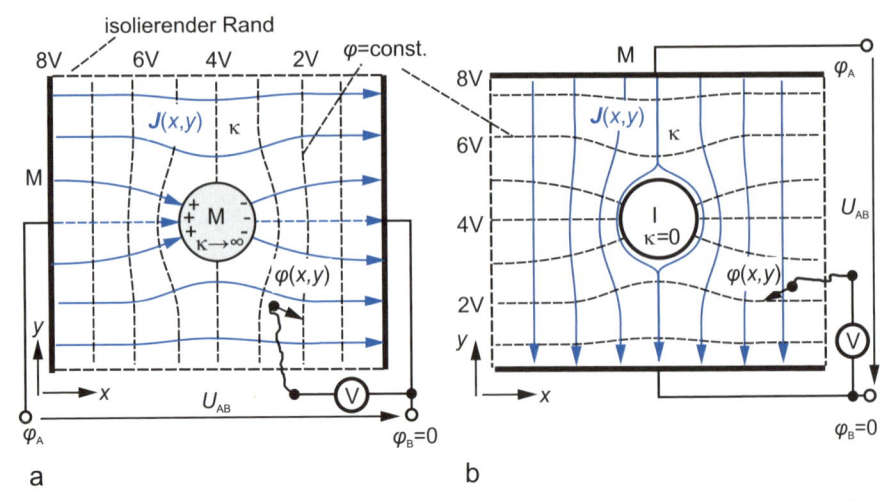

Abb. 1.3.9. Elektrolytischer Trog. (a) Anordnung zur Aufnahme eines parallelebenen Potenzialfeldes. (b) Komplementäres Potenzialfeld durch Austausch der Randbedingungen (Elektroden)

den Potenziallinien bewegen (nicht immer einfach). Besser ist die Aufnahme des *komplementären Feldbildes*:

Im komplementären Feldbild entspricht der Verlauf der Strömungslinien dem Verlauf der Äquipotenziallinien im Ausgangsfeld und umgekehrt.

Man erhält dieses Feldbild durch:

- Austausch gut leitender Bereiche (Elektroden, neutrale Körper mit hoher Leitfähigkeit) gegen nichtleitende Gebiete gleicher Geometrie;
- Ersatz nichtleitender Gebiete durch Medien hoher Leitfähigkeit;
- generellen Austausch schwach leitender Bereiche durch gut leitende im Komplementärfeld (und umgekehrt).

Im Potenzialfeld Abb. 1.3.9a nimmt eine Metallscheibe das Potenzial 4 V an, sie bestimmt das Feldbild in ihrer Umgebung. In Abb. 1.3.9b entsteht das Komplementärfeld durch Anbringen neuer Elektroden: dort, wo Metallelektroden waren, wird ein isolierender Rand realisiert und der vorher isolierende Rand wird als neue Elektrode gestaltet. Durch Ausmessen (wie oben) ergibt sich das komplementäre Potenzialfeld. Bei radialsymmetrischen Feldanordnungen muss das Ausgangsfeld zur Überführung in ein Komplementärmodell u. U. in Teilgebiete längs einer Symmetrielinie unterteilt werden. Diese Feldbestimmung eignet sich für komplizierte Feldgeometrien, Anordnungen mit mehreren Elektroden oder isolierte Leiterbereiche im Feld. Weil sie gut durchführbar ist, dient sie auch ersatzweise für andere Feldtypen:

1.3 Das stationäre elektrische Strömungsfeld

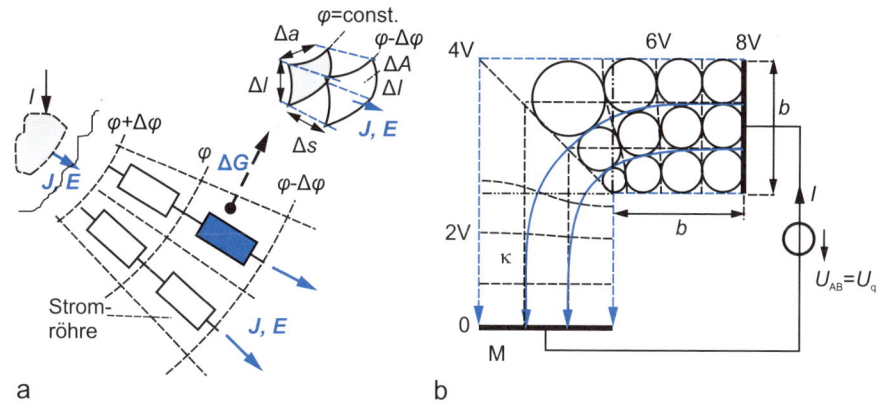

Abb. 1.3.10. Grafische Ermittlung der Feldlinien. (a) Stromröhre mit Volumenelement ΔG im inhomogenen Feld. (b) Grafische Bestimmung der Feld- und Potenziallinien im ebenen Feld

elektrostatische Felder, thermische Felder (mit den Elektroden als isothermen Flächen) und wirbelfreie Magnetfelder. Alle haben als mathematischen Hintergrund der sog. *Laplace-Gleichung*.

Grafische Ermittlung Dieses Verfahren eignet sich für ebene bzw. rotationssymmetrische Felder und nutzt das Prinzip *quadratähnlicher Figuren*. Dazu wird das Strömungsfeld in n Stromröhren $\Delta I = J\Delta A = \kappa E \Delta A = \kappa \Delta\varphi \Delta A/\Delta s$ mit dem Querschnitt ΔA und das Potenzialfeld in Potenzialunterschiede $\Delta\varphi = E\Delta s$ unterteilt (Abb. 1.3.10a). Mit $\Delta A = \Delta a d$ (Schichtdicke d) beträgt der Leitwert ΔG eines Kästchens

$$\Delta G = \frac{\Delta I}{\Delta \varphi} = \kappa \frac{\Delta A}{\Delta s} = \kappa \cdot d \frac{\Delta a}{\Delta s} = \text{const} \frac{\Delta a}{\Delta s}. \tag{1.3.22}$$

Für gleiche ΔI- und $\Delta\varphi$-Werte entstehen wegen $\Delta a \sim \Delta s$ quadratähnliche Figuren.

Zum Abstand Δs zweier Potenziallinien gehört immer die gleiche Potenzialdifferenz, zum Abstand Δa zweier Feldlinien der gleiche Teilstrom. Deshalb ist der Teilleitwert $\Delta G = \Delta I/\Delta\varphi$ eines jeden „Kästchens" mit einer Länge gleich der Schichtdicke für alle Kästchen gleich. Die Größe κd entspricht dem reziproken *Schichtwiderstand* (s. Gl. (2.3.6), Bd. 1). Praktisch wird wie folgt verfahren:

1. Beginn in homogenen Feld- und Potenzialbereichen (Elektroden), die das Feld ursächlich bestimmen. Metallflächen sind stets Potenziallinien, Feldlinien stehen darauf senkrecht.
2. Die Äquipotenziallinien werden in inhomogenen Bereichen intuitiv fortgesetzt und mit den Feldlinien nach dem Prinzip quadratähnlicher Figuren fortlaufend korrigiert. Dabei erleichtern Hilfslinien die Bildung von Quadranten.

Abbildung 1.3.10b zeigt ein so ermitteltes Feldbild einer abgewinkelten Leiterbahn. Innen herrscht hohe Feldstärke ~ Zusammendrängen der Potenziallinien. Bestechend ist die Schnelligkeit, mit der ein qualitatives Gesamtbild entsteht.

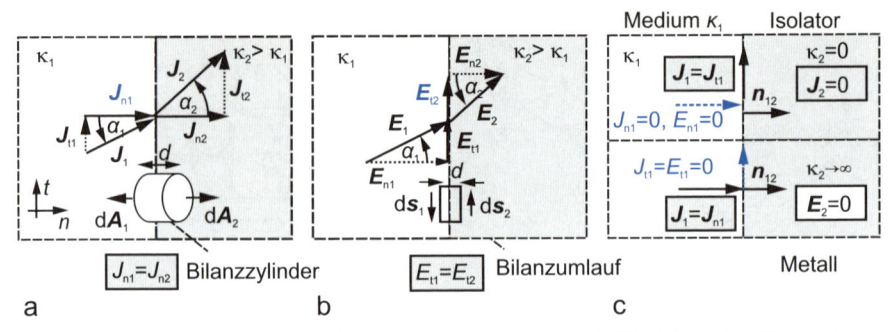

Abb. 1.3.11. Grenzfläche im stationären Strömungsfeld. (a) Stetigkeit der Normalkomponenten der Stromdichte, Oberfläche A für das Oberflächenintegral. (b) Stetigkeit der Tangentialkomponenten der Feldstärke, Umlaufweg für das Umlaufintegral. (c) Grenze eines leitenden Gebietes zum Nichtleiter und idealen Leiter

1.3.3.3 Verhalten an Grenzflächen

Eine Grenzfläche zwischen Gebieten unterschiedlicher Leitfähigkeit ändert i. a. die Feldgrößen des Strömungsfeldes. So lautet die *formal mathematische* Schlussfolgerung, die *physikalischen Vorgänge an der Grenzfläche auf Atomebene* sind dagegen komplizierter. Beispielsweise ist eine Grenzfläche zwischen zwei unterschiedlich leitfähigen p- und n-Halbleitergebieten in erster Linie kein „mathematisches" Grenzflächensystem, sondern ein *pn-Übergang mit stark nichtlinearer Kennlinie*. Wir vertiefen diese Problematik später.

Das grundsätzliche Verhalten von Feldstärke und Flussdichtevektoren an einer Grenzfläche zeigt Abb. A.2.5, Bd. 1. Den Ausgang bildet die Stromdichte J. Wir legen in die Grenzfläche einen Flachzylinder geringer Dicke d, der in beide Bereiche mit verschiedenen Leitfähigkeiten eintaucht (Abb. 1.3.11a). Nach Gl. (1.3.6) muss der Strom durch die Zylinderoberfläche verschwinden. Da der Zylindermantel bei geringer Dicke keinen Beitrag liefert und der Strom durch das Flächenelement dA beiderseits der Trennfläche übereinstimmt, gilt mit $J_{n1} \cdot \mathrm{d}A_1 + J_{n2} \cdot \mathrm{d}A_2 = 0$ (und $\mathrm{d}A_1 = -\mathrm{d}A_2$)

$J_{n1} = J_{n2}$. Stetigkeit der Normalkomponente der Stromdichte (1.3.23a)

Die Normalkomponenten der Stromdichten verlaufen an Grenzflächen unterschiedlicher Leitfähigkeiten stetig.

Deshalb ändern sich nach Gl. (1.3.9) die Normalkomponenten E_{n1}, E_{n2} der Feldstärken

$$\frac{E_{n1}}{E_{n2}} = \frac{\kappa_2}{\kappa_1}. \tag{1.3.23b}$$

Analog verschwindet das Umlaufintegral der Feldstärke (Gl. (1.2.2)) mit gleicher Zerlegung ($E = E_n + E_t$) in Komponenten normal und tangenti-

1.3 Das stationäre elektrische Strömungsfeld

al zum Wegelement ds bei einem geschlossenen Umlauf um den Aufpunkt (Abb. 1.3.11b). Mit $\int \boldsymbol{E}_1 \cdot d\boldsymbol{s}_1 + \int \boldsymbol{E}_2 \cdot d\boldsymbol{s}_2 = 0$ und $d\boldsymbol{s}_1 = -d\boldsymbol{s}_2$ folgt $-E_{t1}ds_1 + E_{t2}ds_2 = 0$ und wegen Betragsgleichheit der Längenelemente ds lautet die *zweite Grenzbedingung*

$$E_{t1} = E_{t2}. \qquad \text{Stetigkeit der Tangentialkomponenten der Feldstärke} \qquad (1.3.24a)$$

Die Tangentialkomponenten der Feldstärke verlaufen an Grenzflächen verschiedener Leitfähigkeiten stetig.

Zwangsläufig unterscheiden sich nach dem Ohmschen Gesetz des Strömungsfeldes Gl. (1.3.9) die Tangentialkomponenten der Stromdichten

$$\frac{J_{t1}}{J_{t2}} = \frac{\kappa_1}{\kappa_2}. \qquad (1.3.24b)$$

Schlussfolgerungen:

1. An den Grenzflächen zwischen Gebieten verschiedener Leitfähigkeit sind die Normalkomponenten der Stromdichte und Tangentialkomponenten der Feldstärke immer stetig. Der Strom tritt mit gleicher Stärke durch eine Grenzfläche.
2. Die Normalkomponenten der Feldstärken verhalten sich beiderseits der Grenzfläche umgekehrt wie die Leitfähigkeiten (Gl. (1.3.23b)). Deshalb herrscht im schlechter leitenden Medium eine höhere Feldstärke und die Grenzfläche bildet eine *Quelle (Senke) von* $\boldsymbol{E}$*-Linien*.
3. Die Tangentialkomponenten der Stromdichte verhalten sich wie die Leitfähigkeiten (Gl. (1.3.24b)). Der Strom fließt im besser leitenden Medium mit größerer Tangentialkomponente.

Die bisherigen Beziehungen ergeben zusammengefasst:

$$\frac{\tan \alpha_1}{\tan \alpha_2} = \frac{E_{n2}}{E_{n1}} \underbrace{\frac{E_{t1}}{E_{t2}}}_{1} = \frac{J_{t1}}{J_{t2}} \underbrace{\frac{J_{n2}}{J_{n1}}}_{1} = \frac{\kappa_1}{\kappa_2}. \qquad \text{Brechungsgesetz im Strömungsfeld} \qquad (1.3.25)$$

Beim Stromübergang in ein besser leitendes Medium werden die Feldlinien vom Einfallslot weggebrochen bzw. beim Übergang ins schlechter leitende Medium zum Einfallslot hin gebrochen.

Diese Aussage schließt zwei wichtige Sonderfälle ein:

– An der Grenzfläche zum Nichtleiter verlaufen die Stromdichte und elektrische Feldstärke (wegen der im nichtleitenden Bereich verschwindenden Stromdichte $\boldsymbol{J}_2$ (Abb. 1.3.11c)) im Leiter tangential:

$$J_{n1}|_A = E_{n1}|_A = 0. \qquad \text{Bedingung im Leiter (1) an Fläche zum Nichtleiter}$$

– An der Grenzfläche zum schwächer leitenden Gebiet treten Stromdichte und elektrische Feldstärke aus einem idealen Leiter (wegen der dort verschwindenden Feldstärke E_2) senkrecht aus:

$$J_{t1}|_A = E_{t1}|_A = 0. \qquad \text{Bedingung im Leiter (1) an Fläche zum idealen Leiter}$$

Dann bildet die Grenzfläche stets eine Äquipotenzialfläche.

Beispiel 1.3.2 Strom durch Grenzfläche

Durch einen linienhaften Leiter mit einer um $45°$ geneigten Grenzfläche (s. Abb. 1.3.11a) wirkt vom Gebiet 1 (κ_1) die Stromdichte $J = J_1 = J_x$. Gesucht ist die Feldstärke im Gebiet 2 (κ_2).

An der Grenzfläche treten Normal- und Tangentialkomponenten von J_1 auf: $J_{n1} = J/\sqrt{2}$, $J_{t1} = J/\sqrt{2}$. Die Stetigkeitsbedingung erfordert $J_{n2} = J_{n1}$ und $J_{t2} = J_{t1}\,(\kappa_2/\kappa_1)$. Die Feldstärkekomponenten in Gebiet 2 betragen $E_{n2} = J_{n2}/\kappa_2 = J/(\kappa_2\sqrt{2})$, $E_{t2} = J_{t2}/\kappa_2 = J/(\kappa_1\sqrt{2})$. Damit ergeben sich als x- und y-Komponenten der Feldstärke

$$E_{2x} = E_{n2}\cos\pi/4 + E_{t2}\sin\pi/4 = \left(\frac{1}{\kappa_2} + \frac{1}{\kappa_1}\right)\frac{J}{2},$$
$$E_{2y} = -E_{n2}\sin\pi/4 + E_{t2}\cos\pi/4 = \left(\frac{1}{\kappa_2} - \frac{1}{\kappa_1}\right)\frac{J}{2}.$$

Für $\kappa_1 = \kappa_2$ verschwindet die y-Komponente wegen fehlender Grenzfläche und das Leiterfeld wird homogen.

Die Grenzfläche als physikalisches System* An jeder Grenzfläche laufen physikalisch folgende Vorgänge ab:

– Ladungsträger können ein Material unter Überwindung der Austrittsarbeit verlassen (sie beträgt bei Metallen größenordnungsmäßig 4 eV, bei Isolatoren deutlich mehr). Eine Materialpaarung verursacht so eine *Kontaktspannung*.
– Beiderseits der Grenzfläche entsteht eine schmale *Raumladungsschicht*[13] als Folge des Trägerdichteunterschiedes.

Im Zusammenwirken zwischen Raumladungszone, Kontaktspannung und evtl. Stromfluss durch die Raumladungszone kommt es dann zu einer linearen oder nichtlinearen $J(E)$-Beziehung und/oder einer nichtlinearen Kapazität.

Wichtige Grenzflächensysteme sind:

– Metall/Halbleiter als Ohmsche Kontakte, Schottky-, Hetero-Dioden oder *pn*-Übergänge,
– Halbleiter/Metall und Isolator als Kontaktsystem des MIS-Transistors,

---

[13] Im Zusammenhang mit Elektrolyten wird sie auch als Doppelschicht oder Sperrschicht bezeichnet.

1.3 Das stationäre elektrische Strömungsfeld

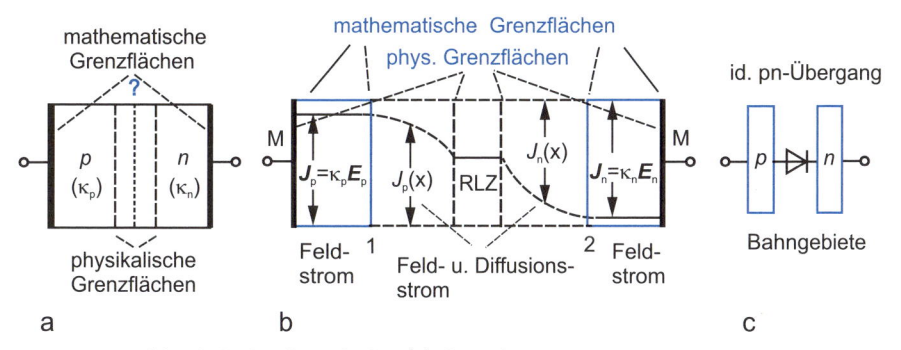

Abb. 1.3.12. Physikalische Grenzfläche. (a) Grenzflächensystem mit zwei verschieden leitfähigen Bereichen. (b) Ersatz durch einen pn-Übergang. (c) Modellierung durch einen idealen pn-Übergang und unterschiedlich leitfähige und kontaktierte Bereiche

- Metall/Elektrode und Elektrolyt als Kontaktsystem in Batterien oder Ultra-Caps,
- Metall und Vakuum als Kathodenanordnung in Elektronenröhren.

Die Beispiele zeigen Eigenschaften, die mathematische Grenzflächensysteme *nicht* ausdrücken. So gilt im p^+n-Übergang (Trägerdichten $p^+ \approx 10^{19}\,\text{cm}^{-3}$ und $n \approx 10^{16}\,\text{cm}^{-3}$) die Stetigkeit der Stromdichtekomponenten $J_{np} = J_{nn}$ (Abb. 1.3.12), aber die daraus hergeleitete Beziehung für die Normalkomponenten der Feldstärke Gl. (1.3.23b) gilt nur dort, wo Trägertransport durch die Feldstärke (als Driftstrom) erfolgt. In der Raumladungszone (und ihrem Einzugsbereich von einigen „Diffusionslängen") werden die Träger durch Diffusion (und nicht das elektrische Feld!) transportiert. Dieses Gebiet ist Teil des pn-Überganges. Im Modell wäre die Grenzfläche durch ein Diodenmodell und die beiden anschließenden Driftgebiete durch normale Feldgebiete anzusetzen, in denen dann Gl. (1.3.23b) gilt. Auch die Metall-Halbleiter-Kontakte zum Stromkreis sind nichtlineare Anordnungen, die aber in guter Näherung durch ein Grenzflächensystem nach Abb. 1.3.11c ersetzt werden können. Das mathematische Modell würde nur zwei verschieden leitende Gebiete enthalten! Man modelliert die physikalischen Vorgänge in Grenzflächenbereichen deshalb, je nach System, als idealen Kontakt (bei Ohmschen Verhalten), als ideale Diode, als stark nichtlinearen Kondensator, eine Flächenladung oder eine Kontaktspannung (als ideale Spannungsquelle), um das mathematische Modell anzupassen. Wir kommen darauf beim Metall-Isolatorübergang zurück.

1.3.4 Die Integralgrößen des Strömungsfeldes

1.3.4.1 Widerstand

Ein Strömungsfeld hat zwischen zwei Elektroden einen Widerstand. Seine Grundlage ist das Ohmsche Gesetz $J \sim E$. Als Widerstand R_{AB} zwischen zwei Potenzialflächen A und B im Strömungsfeld (homogene Leitfähigkeit

$\kappa = 1/\varrho$) definiert man den Quotient von Spannung U_{AB} und Strom I durch die Querschnitte A_1, A_2 mit $I = I|_{A_1} = \int_{A_1} \boldsymbol{J} \cdot \mathrm{d}\boldsymbol{A} = I|_{A_2} = \int_{A_2} \boldsymbol{J} \cdot \mathrm{d}\boldsymbol{A}$ (Abb. 1.3.13a):

$$R_{AB} = \frac{U_{AB}}{I} = \frac{\int_A^B \boldsymbol{E} \cdot \mathrm{d}\boldsymbol{s}}{\int_A \boldsymbol{J} \cdot \mathrm{d}\boldsymbol{A}} = \frac{1}{\kappa} \frac{\int_A^B \boldsymbol{J} \cdot \mathrm{d}\boldsymbol{s}}{\int_A \boldsymbol{J} \cdot \mathrm{d}\boldsymbol{A}} = \frac{R_F}{\kappa}. \quad \text{Ohmscher Widerstand} \quad (1.3.26a)$$

Der Widerstand R_{AB} ersetzt das Strömungsfeld zwischen zwei ideal leitenden Elektroden durch eine Strom-Spannungs-Beziehung zwischen den zugehörigen Elektrodenpotenzialen und dem von der Strömung erfassten Querschnitt. Er verzichtet auf Einzelheiten des Feldes.

Der Faktor R_F hängt nur von der Feldgeometrie ab. Für den linienhaften Leiter folgt dann die Bemessungsgleichung (Gl. (2.3.4), Bd. 1) (Abb. 1.3.13b)

$$R_{AB} = \frac{1}{\kappa} \frac{\int_A^B \boldsymbol{J} \cdot \mathrm{d}\boldsymbol{s}}{\int_A \boldsymbol{J} \cdot \mathrm{d}\boldsymbol{A}} = \frac{1}{\kappa} \frac{J \cdot \int_0^l \mathrm{d}s}{J \cdot \int_A \mathrm{d}\boldsymbol{A}} = \frac{l}{\kappa A} = \frac{\varrho l}{A}. \quad \text{Widerstandsbemessungsgleichung} \quad (1.3.26b)$$

Widerstandsberechnung über die Feldgrößen, Lösungsmethodik Kann aus der Geometrie des Strömungsfeldes qualitativ auf die Stromverteilung geschlossen werden, z. B. für rotations- und zylindersymmetrische Anordnungen, so ergibt sich der Widerstand durch folgende Schritte (s. auch Gl. (1.3.11)):

1. Einspeisung eines Probestromes I bzw. $-I$ in die Elektroden
   Es entsteht das Strömungsfeld. Seine Abgrenzung zum umgebenden Nichtleiter definiert die von den Strömungslinien durchsetzte Querschnittsfläche.
2. Berechnung der Stromdichte als Funktion des Ortes über Gl. (1.3.2)
   Für rotationssymmetrische Felder ist dabei $J(r)A(r)$ an jeder Stelle konstant.
3. Bestimmung der Feldstärke E (Gl. (1.3.9)), des Potenzials und der Spannung U_{AB} (Gl. (1.2.22)) zwischen den Elektroden.
4. Berechnung von $R_{AB} = U_{AB}/I$ nach Gl. (1.3.26a).

Für einen Koaxialwiderstand (Abb. 1.3.7a) lautet diese Ablauffolge: $I \to \boldsymbol{J}(\boldsymbol{r}, I) : J(r) = \frac{I}{2\pi l r} \to \boldsymbol{E} = \frac{\boldsymbol{J}(\boldsymbol{r}, I)}{\kappa} : E(r) = \frac{I}{2\pi \kappa l r} \to U_{AB} = \int_A^B \boldsymbol{E} \cdot \mathrm{d}\boldsymbol{s} :$
$U_{AB} = \frac{I}{2\pi \kappa l} \ln \frac{r_a}{r_i} \to R_{AB} = \frac{U_{AB}}{I} = \frac{1}{2\pi \kappa l} \ln \frac{r_a}{r_i}$.

Beispiele Aus den im Kap. 1.3.3.1 berechneten Strömungsfeldern folgen als Widerstände:

Widerstand zweier konzentrischer Kugeln (s. Gl. (1.3.16)):

$$R_{AB} = \frac{U_{AB}}{I} = \frac{1}{4\pi\kappa}\left(\frac{1}{r_i} - \frac{1}{r_a}\right) = \frac{1}{4\pi\kappa r_i}\bigg|_{r_a \to \infty}. \quad (1.3.26c)$$

1.3 Das stationäre elektrische Strömungsfeld

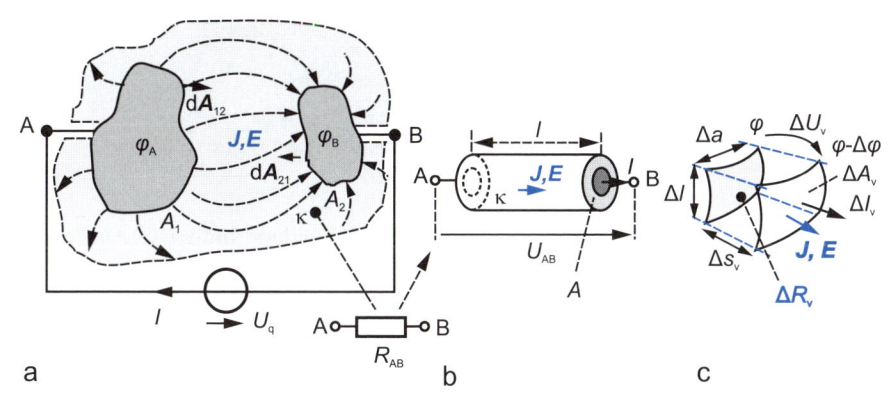

Abb. 1.3.13. Widerstandsbegriff und Strömungsfeld. (a) Ersatz eines Strömungsfeldes zwischen zwei idealen Elektroden durch einen Widerstand. (b) Strömungsfeld im linienhaften Leiter und Ersatzwiderstand. (c) Teilwiderstand eines Stromröhrenabschnittes mit annähernd homogenem Feld. Größere Feldgebiete entstehen durch Reihen-/ Parallelschaltung solcher Elemente

Bei weit entfernter Gegenelektrode ($r_a \to \infty$) vereinfacht er sich zum *Übergangswiderstand einer Kugelelektrode*. Eine Kugel vom Radius $r_i = 20$ cm tief im feuchten Erdreich ($\varrho \approx 100\,\Omega\,\text{m}$) hat einen Übergangswiderstand $R_{AB} \approx 40\,\Omega$.

Erdverbindungen (zur Erdung elektrischer Geräte oder eines Blitzableiters) erfordern großflächige Elektroden.

Widerstand ineinandergeschachtelter koaxialer Zylinder Wir übernehmen aus obigem Beispiel (s. auch Gl. (1.3.20c))

$$R_{AB} = \frac{U_{AB}}{I} = \frac{1}{2\pi\kappa l}\ln\frac{r_a}{r_i}. \tag{1.3.26d}$$

Diskussion

1. Das Ergebnis erhält man angelehnt an die Interpretation von Gl. (1.3.26a) auch wie folgt: Wir gehen von einem Zylindermantel (Dicke $\Delta\varrho \ll \varrho$, Radius ϱ, Länge l) mit der Fläche $A(\varrho) = 2\pi\varrho l$ aus. Wegen $\Delta\varrho \ll \varrho$ ist das Strömungsfeld annähernd homogen und es gilt: $\Delta R = \Delta\varrho/(\kappa A\varrho)$. Über diesem Teilwiderstand entsteht die Potenzialdifferenz $\Delta\varphi$ (s. Abb. 1.3.13c). Der Gesamtwiderstand ergibt sich durch „Ineinanderstecken" von Zylindern mit verschiedenen Radien, also Summation aller ΔR von r_i bis r_a: $R_{AB} = \sum_{r_i}^{r_a}\Delta R$. Im Grenzfall $\Delta\varrho \to d\varrho$ entsteht daraus durch Integration die Lösung Gl. (1.3.26a).
2. Wir zeigen jetzt, dass das Strömungsfeld für $\Delta\varrho = r_a - r_i \ll \varrho$, also einen dünnen Zylinder mit großem Radius *etwa homogen* ist und deshalb die Bemessungsgleichung des linienhaften Leiters gilt. Aus $\ln(r_a/r_i)$ folgt durch Umformung ($r_i \to \varrho$)

$$\ln\frac{r_a}{r_i} = \ln\frac{r_a - r_i + r_i}{r_i} = \ln\left(1 + \frac{\Delta\varrho}{\varrho}\right) \approx \frac{\Delta\varrho}{\varrho} \quad \text{wegen } \ln(1+x) \approx x|_{x\ll 1}.$$

Deshalb gilt für die dünne Schale das Ergebnis

$$R_{AB} = \frac{1}{2\pi\kappa l}\frac{\Delta\varrho}{\varrho} = \frac{\Delta\varrho}{\kappa A(\varrho)} \qquad (1.3.27)$$

für den homogenen Leiter der Länge $\Delta\varrho$ mit dem Querschnitt $A(\varrho)$.

Widerstandsberechnung durch Zerlegung in Teilwiderstände Die Aufteilung des Strömungsgebietes in Teilbereiche mit etwa homogenen Strömungsverhältnissen wird jetzt verallgemeinert. Wir zerlegen dazu das Strömungsfeld in Gebiete:

— aus Stromröhren (mit den Teilströmen ΔI_ν);
— Bereiche dazu senkrecht und durch Äquipotenzialflächen abgegrenzt, zwischen denen die Spannung ΔU_ν herrscht (Abb. 1.3.13c). Ein solches Gebiet hat den Teilwiderstand $R_\nu = \Delta U_\nu / \Delta I_\nu$. Das Strömungsfeld besteht aus Teilwiderständen, die in einer Stromröhre in Reihe liegen und zwischen zwei Potenzialflächen parallel geschaltet sind.

Der Gesamtwiderstand wird nach den Regeln der Reihen- und Parallelschaltung berechnet. Im Teilwiderstand ΔR_ν herrscht ein etwa homogenes Strömungsfeld mit $\Delta R_\nu = \Delta s_\nu / \kappa \Delta A_\nu$. Der Widerstand einer Stromröhre ist die Reihenschaltung der Teilwiderstände, bei immer kürzerer Länge Δs_ν wird daraus

$$\boxed{\mathrm{d}R_\mathrm{r} = \lim_{\Delta s \to 0} \frac{\Delta s}{\kappa \Delta A} = \frac{\mathrm{d}s}{\kappa \Delta A} \to R_\mathrm{r} = \int \frac{\mathrm{d}s}{\kappa \Delta A}} \qquad (1.3.28)$$

und die Addition geht in eine Integration über. Im letzten Schritt wird noch über alle Flächenelemente summiert. Diese Beziehung kann verwendet werden, wenn sich die Leitfähigkeit oder der Querschnitt in Integrationsrichtung (Stromflussrichtung) ändert, sie versagt allerdings bei abrupten Änderungen.

Beispiel 1.3.3 Bogenförmiger Leiter Die Methode der Teilwiderstände eignet sich auch für bogenförmige Leiter.

Tangentiale Stromeinprägung Hier (Abb. 1.3.14a) verlaufen die Strömungslinien tangential zum Mittelpunkt eines Kreisbogens (mit dem Winkel α): der Strom ist über den Querschnitt gleich verteilt und der Teilleitwert beträgt

$$\mathrm{d}G = \frac{\kappa \mathrm{d}A}{\alpha r} = \frac{\kappa d\,\mathrm{d}r}{\alpha r} \to G = \int_{r_\mathrm{i}}^{r_\mathrm{a}} \frac{\kappa d\,\mathrm{d}r}{\alpha r} = \frac{\kappa d}{\alpha} \ln \frac{r_\mathrm{a}}{r_\mathrm{i}}. \qquad (1.3.29)$$

Das Gesamtergebnis entsteht durch Parallelschalten von Teilleitwerten $\mathrm{d}G$ (Querschnitt $d\,\mathrm{d}r$, Länge αr). Der Winkel beträgt entweder $\alpha = \pi/2$ für den Viertelbogen oder $\alpha = \pi$ für den Halbkreiswiderstand.

Der Widerstand R_{AB} kann auch aus der Potenzialverteilung ermittelt werden. Die Stromdichte im Bogen erzeugt Äquipotenzialflächen senkrecht dazu (Abb. 1.3.14a), sie hängen vom Winkel α ab. Wählt man die Potenzialflächen $\varphi(0) = 0$ und $\varphi(\pi/2) = U_{AB}$, so gilt $\varphi(\alpha) = 2 U_{AB} \cdot \alpha/\pi$. (Diese Lösung folgt aus der Laplaceglei-

1.3 Das stationäre elektrische Strömungsfeld

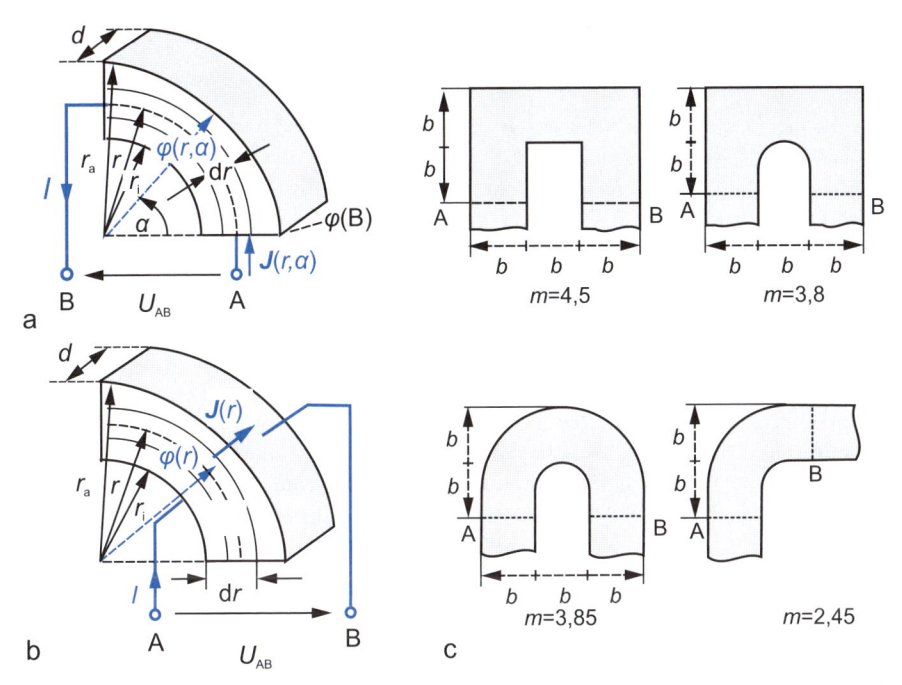

Abb. 1.3.14. Inhomogene Widerstandsbahnen. (a) Widerstandsbogen mit tangentialer und (b) radialer Stromeinprägung. (c) Weitere inhomogene Widerstandsbahnen. Angegeben ist das Verhältnis $m = R_{AB}/R_S$ zum Schichtwiderstand R_S

chung (s. Gl. (2.5.7)) in Zylinderkoordinaten, die sich auf $d^2\varphi/d\alpha^2 = 0$ vereinfacht.) Die Stromdichte beträgt

$$\boldsymbol{J} = \kappa \boldsymbol{E} = -\boldsymbol{e}_\alpha \kappa \frac{1}{r} \frac{\partial \varphi}{\partial \alpha} = -\boldsymbol{e}_\alpha \frac{2\kappa U_{AB}}{\pi r}$$

und daraus folgt der Strom I über $\boldsymbol{J}(r)$ mit $d\boldsymbol{A} = -\boldsymbol{e}_\alpha d dr$

$$I = \int_A \boldsymbol{J} \cdot d\boldsymbol{A} = \frac{2\kappa d U_{AB}}{\pi} \int_{r_i}^{r_a} \frac{dr}{r} = \frac{2\kappa d U_{AB}}{\pi} \ln \frac{r_a}{r_i}.$$

Das ergibt den obigen Widerstand. Die Aufgabe kann nicht mit Vorgabe des Stromes gelöst werden, da die Stromverteilung $J(r)$ nicht bekannt ist. Das Ergebnis erlaubt einen wichtigen Schluss:

Der Widerstand eines gekrümmten Leiters (Querschnitt db, Länge $l = \alpha r$ mit $r_a = b + r_i = r$) ist nach Gl. (1.3.29) stets kleiner als der eines geraden Leiters mit gleichem Querschnitt und gleicher Länge.

Das Verhältnis beträgt $x/\ln(1+x)$ mit $x = b/r$, es sinkt von 1 für $x = 0$ ($r \to \infty$) auf Werte unter 1 mit abnehmendem Radius.

Radiale Stromeinprägung Jetzt sinkt die Stromdichte $J(r)$ nach außen ab: der Strom durchsetzt Widerstandsscheiben dR mit dem Querschnitt $\alpha r d$ und der Länge dr

(Abb. 1.3.14b). Dann beträgt der Gesamtwiderstand

$$R = \int dR = \int_{r_i}^{r_a} \frac{dr}{\kappa \alpha dr} = \frac{1}{\kappa \alpha d} \ln \frac{r_a}{r_i}. \qquad (1.3.30)$$

Widerstandsbögen nach Abb. 1.3.14a treten oft in Leiterbahnen auf Platinen auf, auch der Leiterwinkel in Abb. 1.3.10b gehört dazu. Dann gibt man den Widerstand R_{AB} als Teil des Schichtwiderstands R_S (Gl. (2.3.6), Bd. 1) an. Die abgewinkelte Leiterbahn (Dicke d) der mittleren Leiterlänge $l \approx 3b$ lässt den Gesamtwiderstand $R_{AB} = 3R_S$ erwarten, die genaue Analyse (Experiment oder Berechnung über die konforme Abbildung) liefert $R_{AB} = 2{,}56 R_S$: die Feldinhomogenität an der inneren Ecke senkt den Gesamtwiderstand. Er ist stets kleiner als der Addition von „Widerstandsquadraten" (homogenes Feld) entspricht. In Abb. 1.3.14c wurden weitere Formen zusammengestellt. Für den Viertelbogen ergibt sich mit Gl. (1.3.29) und $r_i = b/2$, $r_a = 3b/2 \rightarrow R'_{AB} = \pi R_S/2 \ln 3 = 1{,}43 R_S$, dazu kommt noch ein homogenes Leitersegment R_S zur Bahnverlängerung mit insgesamt $R_{AB} = 2{,}43 R_S$ (genau $2{,}45 R_S$). Auch der Halbbogenwiderstand ist mit Rechteckaußenbegrenzung wegen seines größeren Querschnitts geringfügig kleiner.

Die Ergebnisse des Bildes eignen sich zur Bemessung von Leiterbahnen gedruckter oder integrierter Schaltungen (s. Abb. 2.3.3b, Bd. 1).

1.3.4.2 Widerstandsberechnung über die Verlustleistung

Der Widerstand lässt sich auch über die im Strömungsfeld umgesetzte Verlustleistung ermitteln. Man speist dazu z. B. einen Strom ein und ermittelt der Reihe nach: Stromdichte, Feldstärke, Verlustleistungsdichte und schließlich die Verlustleistung, die vom Widerstand abhängt:

$$\begin{aligned} I \quad &\rightarrow \boldsymbol{J} \rightarrow \boldsymbol{E} \rightarrow p' = \boldsymbol{J} \cdot \boldsymbol{E} = \frac{J^2}{\kappa} \rightarrow \\ P_V &= \int_V p'\, dV = I^2 R; \quad R = \frac{P_V}{I^2}. \end{aligned} \qquad (1.3.31)$$

Das Verfahren umgeht die Bestimmung der Spannung (und damit die Kenntnis der Potenzialflächen), verlagert das Problem aber auf das Volumen.

1.3.4.3 Strömungsfeld und Gleichstromkreis

Vom Strömungsfeld aus werden jetzt die Vereinfachungen deutlich, die die Integralgrößen Strom, Spannung und Widerstand bringen (Abb. 1.3.15a): statt eine Trägerströmung durch eine Antriebsquelle für einzelne Feldbereiche zu untersuchen, erlauben die Integralgrößen zwischen ausgezeichneten Stellen, z. B. den Schnittstellen A, B, C, D, die Angabe der Ströme *in* diesen Punkten und der Spannungen *zwischen* ihnen. Die „Verzweigungsbereiche" schrumpfen auf einfache Knoten. Der Widerstandsbegriff für einzelne „Strömungsstrecken" macht das dahinter stehende Strömungsfeld uninte-

1.3 Das stationäre elektrische Strömungsfeld

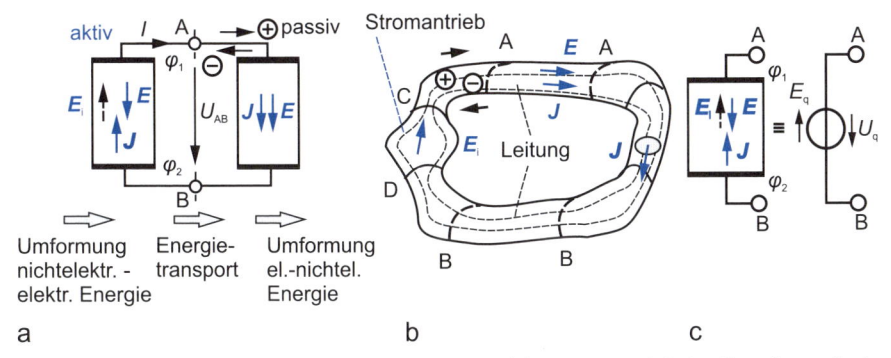

Abb. 1.3.15. Strömungsfeld und Grundstromkreis. (a) Energiemodell des Grundstromkreises. (b) Zuordnung von Strömungsfeldern. (c) Ersatzschaltung der Spannungsquelle

ressant. Die Widerstände sind durch linienhafte (widerstandslos gedachte) Leiter verbunden. So werden die Bereiche des Strömungsfeldes durch ein Netzwerk aus Bauelementen und Verbindungsleitungen ersetzt.

Die Anwendung der Begriffe Spannung, Strom und Widerstand überführt das stationäre Strömungsfeld in einen Gleichstromkreis. Dort haben sie die gleiche Bedeutung, wie Feldstärke, Potenzial, Stromdichte und Leitfähigkeit im Feld.

Energieumsatz im Strömungsfeld Wir verbinden jetzt das Energieverhalten des Grundstromkreises (Abb. 1.3.15a) mit dem Strömungsfeld. Er umfasst den Verbraucherwiderstand und die Spannungsquelle (innenwiderstandsfrei), letztere modelliert durch ein „aktives Strömungsfeld" (Abb. 1.3.15c). Der Verbindung beider Elemente durch ideale Verbindungsleiter entspricht eine jeweils gemeinsame Potenzialfläche. Auf ihr können Ladungen ohne Energieaufwand verschoben werden. Im „passiven Strömungsfeld" wird die zugeführte elektrische Energie in Wärmeenergie umgesetzt und die (positiven) Ladungsträger bewegen sich in Feldrichtung (Spannungsabfall U_{AB}, Widerstand R_{AB}). Das zugehörige Feld $\boldsymbol{E}$ nehmen wir zunächst als gegeben an.

Bewegt sich die Ladung *entgegen* der Feldrichtung, und das *muss* im aktiven Strömungsfeld erfolgen, so erhöht sich ihre potenzielle Energie um W_{AB}. Dazu ist Arbeit gegen das Feld zu leisten. Das erfordert *Energiezufuhr von außen*, d. h. durch Umformung von nichtelektrischer in elektrische Energie. Für diese Energieerhöhung wurde die „elektromotorische Kraft (EMK) oder Urspannung" (Gl. (1.5.6), Bd. 1) eingeführt.

Ein Strömungsfeld, das die potenzielle Energie einer (positiven) durchlaufenden Ladung erhöht, hat als Umformort nichtelektrischer in elektrische Energie einige Besonderheiten:

1. Ladungsbewegung ($\sim$ Stromdichte J) *entgegen* der wirkenden Kraft $F \sim E$ (E: Feldstärke im rechten Strömungsfeld, Abb. 1.3.15a).
2. Keine Proportionalität zwischen J und E.
3. Jede Energieumformung nichtelektrisch $\rightarrow$ elektrisch bewirkt eine Antriebskraft F_i auf Ladungen Q. Ihr kann gleichwertig eine *eingeprägte*, innere oder *fiktive Feldstärke* E_i zugeordnet werden: $E_i = F_i/Q$. Sie treibt Ladungsträger (einer Sorte) an, *trennt* also Ladungsträgerpaare durch:
   – Grenzschichteffekte (direkte Energieumwandlung),
   – elektrochemische Effekte (galvanische Elemente, Brennstoffzelle),
   – elektromagnetische Induktion (Energiewandlung magnetisch $\rightarrow$ elektrisch, Kap. 2.3).
4. Durch Ladungsträgertrennung ($\rightarrow E_i$) entsteht *auch im stromlosen Zustand* ein elektrisches Feld E und damit eine rücktreibende Kraft $F_a = QE$ auf die Ladungsträger, auch außerhalb der Anordnung. In der Quelle versucht es, die Trägertrennung durch die zugeordnete Kraft F_a rückgängig zu machen. Ohne Stromfluss stellt sich ein Gleichgewicht $F_i + F_a = 0$ beider Kräfte oder $E_i = -E$ ein.
5. Die eingeprägte Feldstärke E_i kann nicht, wie E, durch ein Potenzial beschrieben werden. Wir ordnen diesen Feldstärken über das Linienintegral Spannungen zu:

$$\underbrace{E_{BA}}_{\text{EMK}} = \int_B^A E_i \cdot ds, \quad \int_A^B E \cdot ds = \underbrace{U_{AB}}_{\text{Spannungsabfall}}. \qquad (1.3.32)$$

Die Größe E_{BA} heißt *elektromotorische Kraft* (abgek. EMK) oder *Urspannung* (s. Gl. (1.5.6), Bd. 1). Sie kennzeichnet den *Bewegungsantrieb auf Ladungsträger* (bei geschlossenem Kreis) durch Erhöhung der potenziellen Energie einer Ladung Q beim Durchlauf durch eine Spannungsquelle (Abb. 1.3.15c). Für Richtungsfestlegung und Schaltsymbol gilt

$$\text{Elektromotorische Kraft} \quad E_{BA} = E_q = -E_{AB} = U_{AB} \quad \text{Spannungsabfall}. \qquad (1.3.33a)$$

So wird die Spannungsquelle dargestellt durch (Gl. (1.6.2), Bd. 1):

1. die elektromotorische Kraft $E = E_q$ (Urspannung) mit der Bezugspfeilrichtung von $-$ nach $+$.
2. ihre *Leerlauf-* oder äußere Spannung U_{AB} als *Spannungsabfall zwischen den Klemmen*. Das ist die *Quellenspannung* U_q (Bezugssinn nach Abb. 1.3.15c), messbar als Leerlaufspannung.

Die beiden Darstellungen der Spannungsquelle führen auf zwei Formen des Maschensatzes (s. Gl. (1.6.3), (1.6.4), Bd. 1). Wir verwenden, der Norm entsprechend, die Quellenspannung.

Nach den Vorgängen in der stromlosen Spannungsquelle betrachten wir abschließend den stromdurchflossenen Grundstromkreis mit der Klemmenspannung $U_{AB} = U_q - IR_i$, weil jetzt in der stromdurchflossenen Spannungsquelle elektrisches ($\boldsymbol{E}$) und eingeprägtes Feld $\boldsymbol{E}_i$ auf die Ladungsträger wirken:

$$\boxed{\boldsymbol{E} + \boldsymbol{E}_i = \boldsymbol{J}/\kappa \quad \text{Aktives, stromdurchflossenes Strömungsfeld}} \quad (1.3.33b)$$

mit $\boldsymbol{E} = -\boldsymbol{E}_i$ im stromlosen Fall. Durch Integration längs des Weges B → A (in Stromflussrichtung, Abb. 1.3.15a) über die Quelle folgt

$$\int_B^A \boldsymbol{E} \cdot d\boldsymbol{s} + \int_B^A \boldsymbol{E}_i \cdot d\boldsymbol{s} = U_{BA} + E_{BA} = \int_B^A \frac{\boldsymbol{J}}{\kappa} \cdot d\boldsymbol{s} = IR_i \quad (1.3.33c)$$

oder mit $U_{AB} = -U_{BA}$ schließlich $U_{AB} = E_{BA} - IR_i = E_q - IR_i = U_q - IR_i$.

Leistungsumsatz im homogenen Strömungsfeld Eine vom Strom I während der Zeitspanne Δt geführte (positive) Ladung ΔQ erfährt einen Zuwachs ΔW_{el} an kinetischer Energie aus dem Feld nach Maßgabe der durchlaufenen Potenzialdifferenz $\varphi_A - \varphi_B$: $\Delta W_{el} = (\varphi_A - \varphi_B)\Delta Q = U_{AB}I\Delta t$. Sie ist positiv, wenn sich die positive Ladung ΔQ vom höheren (φ_A) zum niedrigeren Potenzial (φ_B) bewegt. Die geleistete Arbeit ΔW_{el} pro Zeitspanne Δt heißt Leistung (s. Gl. (1.6.5), Bd. 1)

$$p(t) = \lim_{\Delta t \to 0} \frac{\Delta W_{el}}{\Delta t} = \frac{dW_{el}}{dt} = UI. \quad (1.3.34)$$

Sie verteilt sich beim linienhaften Leiter gleichmäßig über das Volumen und erwärmt ihn. Die *spezifische* Leistung oder die *(Verlust)leistungsdichte* p', verstanden als Teilleistung ΔP, die im Volumenelement ΔV umgesetzt wird, beträgt dann im homogenen Feld mit dem Leitervolumen $V = lA$

$$p' = \frac{P}{V} = \frac{UI}{Al} = \frac{U}{l} \cdot \frac{I}{A} = \boldsymbol{E} \cdot \boldsymbol{J}. \quad (1.3.35)$$

> Die Leistungsdichte ist als Produkt von Feldstärke und Stromdichte dem Raumpunkt des Strömungsfeldes zugeordnet.

Wir vertiefen diesen Aspekt später für das inhomogene Strömungsfeld.

Zusammenfassung Tabelle 1.7 fasst die Grundeigenschaften des stationären Strömungsfeldes zusammen. Seine Feldgrößen $\boldsymbol{E}$, $\boldsymbol{J}$ (Materialparameter κ) sind direkt mit den Globalgrößen U, I und R verkoppelt. Es ist ein Potenzialfeld mit den Merkmalen Wirbelfreiheit (Netzwerkausdruck Maschen-

Tab. 1.7. Grundbeziehungen des elektrischen Strömungsfeldes

Feldgröße	Stromdichte J (Eigenschaft)	Feldstärke E (Eigenschaft)	Beziehung
	$(\oint_A \boldsymbol{J} \cdot \mathrm{d}\boldsymbol{A} = 0)$	$(\int_s \boldsymbol{E} \cdot \mathrm{d}\boldsymbol{s} = 0)$	$\boldsymbol{J} = \kappa \boldsymbol{E}$
Verlustleistungsdichte	\multicolumn{3}{l}{$p_\mathrm{V} = \boldsymbol{J} \cdot \boldsymbol{E} = \kappa|\boldsymbol{E}|^2 = |\boldsymbol{J}|^2/\kappa$}
Globalgrößen	$I = \int_A \boldsymbol{J} \cdot \mathrm{d}\boldsymbol{A}$	$U_\mathrm{AB} = \int_\mathrm{A}^\mathrm{B} \boldsymbol{E} \cdot \mathrm{d}\boldsymbol{s}$	$I = G_\mathrm{AB} U_\mathrm{AB}$
Widerstand	\multicolumn{3}{l}{$R_\mathrm{AB} = \dfrac{1}{G_\mathrm{AB}} = \dfrac{\int_\mathrm{A}^\mathrm{B} \boldsymbol{E} \cdot \mathrm{d}\boldsymbol{s}}{\int_\mathrm{A} \boldsymbol{J} \cdot \mathrm{d}\boldsymbol{A}}$}
Verlustleistung	\multicolumn{3}{l}{$P_\mathrm{V} = \int p_\mathrm{V} \mathrm{d}V = \int_V \boldsymbol{J} \cdot \boldsymbol{E} \mathrm{d}V$}

satz) und Quellenfreiheit (Netzwerkausdruck Knotensatz). Die dem Feld zugeführte elektrische Leistung wird voll in Wärme umgesetzt und in der Netzwerkdarstellung durch den Widerstand ausgedrückt. Die Grenzflächeneigenschaften [Stetigkeit der Normalkomponenten der Stromdichte (Flussgröße) und der Tangentialkomponente der Feldstärke (Spannungsgröße)] finden ihre Entsprechung im Verhalten des elektrostatischen und magnetischen Feldes. Eine praktische Folge ist die Feldfreiheit idealer Leiter mit der Oberfläche als Potenzialfläche.

▶ 1.3.5 Leitungsmechanismen im Strömungsfeld

Einführung Zur Stromdichte $\boldsymbol{J}$ tragen im Strömungsfeld alle beweglichen Ladungsträger bei: *Ionen* und *Elektronen* in *Flüssigkeiten*, *Gasen* und dem *Vakuum* sowie Elektronen in *Festkörpern*.

Der Leitungsmechanismus wird bestimmt:

1. vom *Einfluss der bewegten Ladung* auf die im Raum eventuell vorhandene unbewegliche Ladung. Kompensieren sich beide, wie in Leitern, dann erfolgt der Stromfluss *raumladungsfrei* und es gilt das Ohmsche Gesetz. Sonst überwiegt eine *Raumladung* und es fließt ein *raumladungsbegrenzter Strom*, typisch für die Elektronenröhre.
2. vom Materialeinfluss auf die „*mechanische*" Trägerbewegung, etwa als Behinderung durch *Zusammenstöße mit dem Gitter*. Zwei Fälle sind charakteristisch:
   (a) keine Behinderung (Vakuum, Gase). Dann beschleunigt das elektrische Feld die Ladung q beständig.

(b) *starke Behinderung* in Festkörpern und Flüssigkeiten (Ionentransport, Reibungsvorgänge), weil die Ladungsträger mit Gitteratomen zusammenstoßen oder Reibungsvorgänge erfahren.

1.3.5.1 Leitungsvorgänge in Leitern und Halbleitern

Festkörper unterteilt man nach der Leitfähigkeit in *Leiter* (Metalle), *Halbleiter* und *Isolatoren*. Das Verhalten der Elektronen wird entweder mit dem *Bindungs-* oder *Korpuskularmodell* oder *wellenmechanisch mit dem Bändermodell* beschrieben. Wir beschränken uns auf das erste, weil es zum ersten Verständnis der Leitungsvorgänge ausreicht[14]. Danach haben die Atome im Festkörper eine durch ihre Bindungskräfte verursachte feste Lage. Ist sie geordnet, so spricht man vom *Gitter*. Durch Zufuhr ausreichender Energie, dazu reicht die Zimmertemperatur bei Metallen, brechen Gitterbindungen auf und es entstehen freie Elektronen. Ihre Bewegung folgt den Gesetzen der klassischen Mechanik.

Ladungsträger in Halbleitern *Einkristalline* Halbleiter sind:

— *Silizium* für Halbleiterbauelemente, das Germanium verdrängte und
— *Mischhalbleiter* (GaAs, GaP, ...) aus der 3. und 5. Gruppe des periodischen Systems für optoelektronische Bauelemente.

Halbleiter unterscheiden sich von Metallen u.a. durch:
— eine geringere Leitfähigkeit,
— ihre starke Abhängigkeit von Verunreinigungen (Störstellen) und energetischen Einwirkungen (Licht, Wärme),
— *Löcher* neben Elektronen als zweiter Trägerart,
— Generations- und Rekombinationsvorgänge.

Silizium besitzt eine Diamantgitterstruktur, wobei jedes Atom vier gleich weit entfernte Nachbarn hat. In diesem 4-wertigen Material gehören zu jeder kovalenten Bindung zwischen zwei Atomen ein Valenzelektron eines jeden Atoms. Bei tiefer Temperatur sind keine Bindungen aufgebrochen, es gibt keine freien Elektronen und der Halbleiter verhält sich wie ein Isolator. Mit zunehmender Temperatur geraten die Gitteratome in Wärmeschwingungen, und einzelne

---

[14]Die leistungsfähigere Beschreibung mit dem Bändermodell hat ihre Berechtigung z. B. bei Halbleiterbauelementen (und setzt zunächst den stromlosen Halbleiter voraus). Für stromdurchflossene Halbleiter wird es rasch komplizierter, was Lehrbücher oft übergehen.

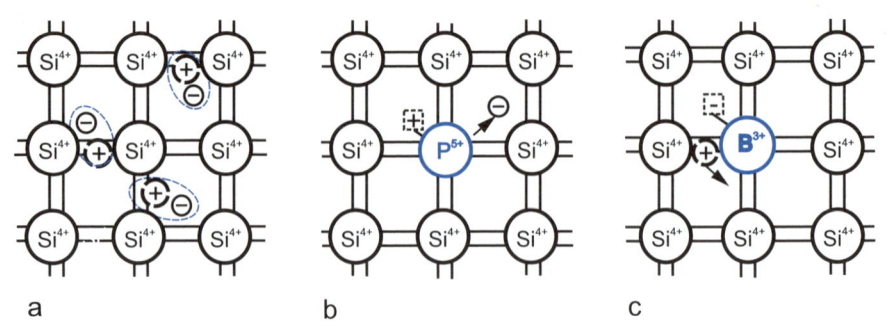

Abb. 1.3.16. Leitungsvorgang in Halbleitern. (a) Eigenleitung in Silizium, Darstellung der Atombindungen. (b) Störleitung (*n*-Leitung): Elektronenabgabe durch Donatorstörstellen. Meist werden die Si-Bindungen nicht dargestellt. (c) *p*-Leitung: Elektronenaufnahme durch Akzeptorstörstellen

Bindungen brechen auf. Jedes dabei entstehende (frei bewegliche) Elektron hinterlässt am alten Platz eine ungesättigte Bindung, ein *Loch* oder *Defektelektron*, das unter Einbezug der Atomrumpfladung einfach positiv geladen ist (Abb. 1.3.16a). *So kann das Verhalten des lückenbehafteten Bindungssystems phänomenologisch durch ein komplettes Bindungssystem ersetzt werden, das neben freien Elektronen auch Löcher hat.* Diese Elektronen-Loch-Paarbildung steht im Gleichgewicht mit dem Umkehrprozess: freie Elektronen können eine Fehlstelle bei Annäherung wieder auffüllen, also mit dem Loch *rekombinieren*. Dadurch bildet sich im thermodynamischen Gleichgewicht als mittlere Trägerdichte die *Eigenleitungsdichte* heraus

$$n_0 = p_0 = n_\mathrm{i}. \qquad \text{Eigenleitungsdichte} \quad (1.3.36)$$

Eigenleitung mit gleicher Elektronen- (n_0) und Löcherdichte (p_0) ist eine spezifische Halbleitereigenschaft des ungestörten Kristallgitters.

Bei Zimmertemperatur gelten als Richtwerte:
Si: $n_\mathrm{i} = 1{,}6 \cdot 10^{10}\,\mathrm{cm^{-3}}$, GeQ: $n_\mathrm{i} = 2{,}4 \cdot 10^{13}\,\mathrm{cm^{-3}}$, GaAs: $n_\mathrm{i} = 1{,}3 \cdot 10^{6}\,\mathrm{cm^{-3}}$.

Sie hängt über den *Bandabstand* W_G oder die *Generationsenergie zum Aufbrechen einer Gitterbindung* von der Temperatur ab

$$n_\mathrm{i}^2 = n_\mathrm{i0}^2 \left(\frac{T}{T_0}\right) \exp\left(\frac{W_\mathrm{G}(T - T_0)}{kTT_0}\right). \qquad (1.3.37)$$

Der exponentielle Term dominiert und ist Ursache der starken Temperaturabhängigkeit vieler Kennwerte von Halbleiterbauelementen, z. B. des Diodensättigungsstromes I_S (Gl. (2.3.14), Bd. 1). Typische Bandabstände betragen Si: $W_\mathrm{G} = 1{,}12$ eV, Ge: $W_\mathrm{G} = 0{,}67$ eV, GaAs: $W_\mathrm{G} = 1{,}43$ eV.

Dotierte Halbleiter

Durch Einbau von Störstellen (Fremdatome) in das Kristallgitter lassen sich Leitfähigkeit und Leitungstyp eines Halbleiters einseitig stark ändern.

Es bewirkt der Zusatz:

— *fünfwertiger* Dotierungsstoffe (P, As, Sb) eine Abgabe des fünften Valenzelektrons. So entsteht ein *freies Elektron* und der Halbleiter wird *n-leitend* (Abb. 1.3.16b). Entsprechende Störstellen heißen *Donatoren* (Dichte N_D^+).
— *dreiwertiger* Dotierungsstoffe (B, Al, Ga) eine *Bindungslücke* im Halbleiter, die von freien Elektronen aufgefüllt werden kann. Solche Störstellen heißen *Akzeptoren* (Dichte N_A^-) und bewirken einen Überschuss an *Löchern* und der Halbleiter wird *p-leitend* (Abb. 1.3.16c).

Majoritäts-, Minoritätsträger Im thermodynamischen Gleichgewicht werden die Trägerdichten im neutralen, homogen dotierten Halbleiter bestimmt durch die *Ladungsträgerneutralität*

$$n_0 + N_A^- = p_0 + N_D^+ \qquad \text{Neutralitätsbedingung} \qquad (1.3.38)$$

und das *Massenwirkungsgesetz*

$$n_0 p_0 = n_{p0} p_{p0} = n_{n0} p_{n0} = n_i^2. \qquad \text{Massenwirkungsgesetz} \qquad (1.3.39)$$

Unabhängig von der Störstellendichte ist das Produkt von Elektronen- und Löcherdichte im thermodynamischen Gleichgewicht eine Materialkenngröße.

Für einen *n-Typ Halbleiter* ($N_A^- = 0$) gilt dann

$$\begin{aligned} n_{n0} &= \frac{1}{2}\left(\sqrt{(N_D^+)^2 + 4n_i^2} + N_D^+\right) \approx N_D^+\big|_{N_D \gg n_i} \\ p_{n0} &= \frac{n_i^2}{n_{n0}} = \frac{1}{2}\left(\sqrt{(N_D^+)^2 + 4n_i^2} - N_D^+\right) \approx \frac{n_i^2}{N_D^+}\bigg|_{N_D \gg n_i} \end{aligned} \qquad (1.3.40)$$

Im *n*-dotierten Halbleiter bestimmen die Donatoren $N_D^+ \gg n_i$ die in der Mehrzahl vorhandenen Träger, die *Majoritätsträgerdichte* n_{n0} (hier Elektronen). Die in der Minderheit vorkommende Trägerdichte, die *Minoritätsträger* p_{n0}, liegen über das Massenwirkungsgesetz fest.

Das Verhältnis beider Dichten beträgt bei gängigen Dotierungen bis 10^{10}(!). Im *p*-dotierten Halbleitern bilden sinngemäß Akzeptoren $N_A^- \gg n_i$ die Majoritätsträger. Die Funktion wichtiger Halbleiterbauelemente wie *pn*-Übergang und Bipolartransistor basiert auf Minoritätsträgern, Feldeffekttransistoren dagegen auf Majoritätsträgern.

Trägertransport, Feld- und Diffusionsstrom Stromtransport entsteht im Halbleiter durch das elektrische Feld, durch räumliche Trägerdichteunterschiede (Diffusionsstrom) oder lokal verschiedene Temperatur (Thermostrom, nicht betrachtet). Für den Feldstrom übernehmen wir das Modell Gl. (1.3.3)ff.

$$\boldsymbol{J} = \boldsymbol{J}_\text{p} + \boldsymbol{J}_\text{n} = q(p\boldsymbol{v}_\text{p} - n\boldsymbol{v}_\text{n}) = q\left(p\mu_\text{p} + n\mu_\text{n}\right)\boldsymbol{E} = \kappa\boldsymbol{E}.$$
Feldstromdichte (1.3.41)

> Der Feldstrom (Driftstrom) hängt von der Trägerdichte und ihrer Beweglichkeit ab, im Störhalbleiter hauptsächlich von Majoritätsträgern.

Die Beweglichkeiten sind in Halbleitern deutlich größer als in Metallen. Für Elektronen in Silizium gilt $\mu_\text{n} = 1350\,\text{cm}^2\,(\text{Vs})^{-1}$ und für Löcher $\mu_\text{p} = 480\,\text{cm}^2\,(\text{Vs})^{-1}$. Die Beweglichkeit sinkt nach hohen Feldstärken durch zunehmende Streuung der Ladungsträger (Abb. 1.3.17a). Bei hohem Feld erreicht die Trägergeschwindigkeit deshalb die *thermische Grenzgeschwindigkeit* $v_\text{th} \approx 10^7\,\text{cm/s}$.

Diffusionsstrom Eine gerichtete Bewegung erfolgt bei Teilchen, die einer thermischen Wimmelbewegung (Ursache der Diffusion) unterliegen, auch durch lokale *Trägerdichteunterschiede*. Sie versucht stets einen Ausgleich des Dichteunterschiedes. Dieser Vorgang wird als *Diffusion* bezeichnet. Er ist *nicht* an geladene Teilchen gebunden und wirkt auch ohne elektrisches Feld. Orte mit starken Trägerdichteunterschieden sind Grenzflächen (Vorgänge wie Osmose, Lösungstension, Thermospannung) und die Halbleitergrenzflächensysteme Metall-Halbleiter- und *pn*-Übergang.

In Abb. 1.3.17b weist das Konzentrationsgefälle $\frac{\partial N}{\partial x}$ in x-Richtung und die Teilchen (Löcher wie Elektronen) fließen entsprechend. Die Teilchendiffusionsstromdichte ist positiv und versucht den Ausgleich der Konzentrationsunterschiede. Die Diffusionsstromdichte *geladener* Teilchen entsteht durch Multiplikation mit der jeweiligen Ladung

$$\begin{aligned}J_\text{pxDiff} &= (+q)\left(-D_\text{N}\frac{\partial N}{\partial x}\right) = -qD_\text{p}\frac{\partial p}{\partial x},\\ J_\text{nxDiff} &= (-q)\left(-D_\text{N}\frac{\partial N}{\partial x}\right) = qD_\text{n}\frac{\partial n}{\partial x}.\end{aligned}$$
Diffusionsstromdichte (1.3.42)

> Ursache des Diffusionsstromes sind lokale Trägerdichteunterschiede. Der Strom ist dem Dichtegefälle (Gradient) und der Diffusionskonstanten proportional.

Die Diffusionsstromdichte zeigt für Löcher in die Richtung der Teilchenstromdichte, während sie für Elektronen durch die negative Ladung vom Ort geringerer Konzentration zum Ort höherer Konzentration gerichtet ist. Die Diffusionskonstanten

1.3 Das stationäre elektrische Strömungsfeld

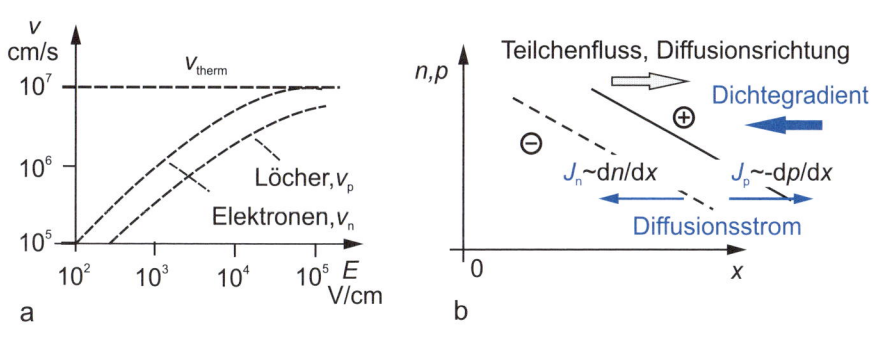

Abb. 1.3.17. Feld- und Diffusionsstrom im Halbleiter. (a) Driftgeschwindigkeit der Löcher und Elektronen in Silizium. (b) Diffusionsstrom für Elektronen und Löcher; man beachte den Unterschied zwischen Trägerfluss und Stromdichte

D_p, D_n hängen über die *Einstein-Nernst-Townsend*-Beziehung mit Temperaturspannung U_T und Beweglichkeit zusammen

$$\frac{D_\mathrm{p}}{\mu_\mathrm{p}} = \frac{D_\mathrm{n}}{\mu_\mathrm{n}} = \frac{kT}{q} = U_\mathrm{T} = 26\,\mathrm{mV}|_{T=300\,\mathrm{K}}\,. \tag{1.3.43}$$

Gesamtstromdichte In Halbleitern erfolgen Drift- und Diffusionsbewegungen meist gleichzeitig. Beide Vorgänge überlagern sich zur Gesamtstromdichte je für Löcher und Elektronen

$$\begin{aligned}\boldsymbol{J}_\mathrm{p} &= q\mu_\mathrm{p}p\boldsymbol{E} - qD_\mathrm{p}\,\mathrm{grad}\,p,\\ \boldsymbol{J}_\mathrm{n} &= q\mu_\mathrm{n}n\boldsymbol{E} + qD_\mathrm{n}\,\mathrm{grad}\,n, \qquad \text{Transportgleichung}\\ \boldsymbol{J} &= \boldsymbol{J}_\mathrm{p} + \boldsymbol{J}_\mathrm{n}.\end{aligned} \tag{1.3.44}$$

Gleichgewicht zwischen Feld- und Diffusionsstrom Der Gesamtstrom (einer Trägersorte) kann verschwinden (stromloser Zustand), wenn entweder beide Stromkomponenten null sind oder sich *lokal kompensieren*.

Dabei verursacht die Diffusion ein lokales Abfließen von Ladungsträgern und der vorher ladungsneutrale Zustand geht in eine Raumladungsverteilung über. Sie ist Ursache einer Feldzone, die einen Feldstrom antreibt mit der Tendenz, den Diffusionsstrom zu kompensieren. Das elektrische Feld bewirkt eine lokale Spannung (mit der Tendenz, eine weitere Diffusion zu verhindern).

Für einen p-Halbleiter gilt bei verschwindender Löcherstromdichte $J_\mathrm{px} = 0$ mit $E = -\mathrm{d}\varphi/\mathrm{d}x$: $0 = -qp\mu_\mathrm{p}\mathrm{d}\varphi/\mathrm{d}x - qD_\mathrm{p}\,\mathrm{d}p/\mathrm{d}x$ oder

$$\begin{aligned}\frac{\mathrm{d}\varphi}{\mathrm{d}x} &= -\frac{U_\mathrm{T}}{p}\frac{\mathrm{d}p}{\mathrm{d}x}\\ U_\mathrm{D} &= \varphi_1 - \varphi_2 = U_\mathrm{T}\int_{p(x_1)}^{p(x_2)} \frac{\mathrm{d}p}{p} = U_\mathrm{T}\ln\frac{p_2}{p_1}.\end{aligned} \quad \text{Diffusionsspannung} \tag{1.3.45}$$

Ein Trägergefälle verursacht im stromlosen Zustand zwischen zwei Bereichen durch die Wechselwirkung von Diffusionsstrom, Raumladungsaufbau und Feldstrom ein lokales Gleichgewicht (je für Elektronen und Löcher). Dabei baut sich ein Potenzialunterschied auf, die *Diffusionsspannung*.

Typische Diffusionsspannungen betragen für Si $\approx 0{,}7$ V. Die zugehörige Feldstärke im Raumladungsbereich liegt bei einigen kV/cm. Beispielhaft entsteht eine solche Diffusionsspannung später im *pn*-Übergang.

Kontinuität der Ladungsträgerströmung, Kontinuitätsgleichung* Die Kontinuitätsgleichung Gl. (1.3.7) erlaubt keinen Rückschluss auf das Verhalten einzelner Ladungsträgergruppen. Wir formulieren sie deshalb für Elektronen und Löcher in Halbleitern[15]

$$0 = \frac{\partial \varrho}{\partial t} + \mathrm{div}\, \boldsymbol{J} = q\frac{\partial}{\partial t}\left(p - n + N_\mathrm{D}^+ - N_\mathrm{A}^-\right) + \mathrm{div}\,(\boldsymbol{J}_\mathrm{n} + \boldsymbol{J}_\mathrm{p})\,. \qquad (1.3.46)$$

Zur Raumladungsdichte tragen Löcher, Elektronen und die Ladungen der (ortsfesten) Störstellen bei. Trennt man Gl. (1.3.46) je in Löcher- und Elektronenanteile, so folgt für die jeweilige Bilanz

$$-\frac{\partial}{\partial t}\left(p - N_\mathrm{A}^-\right) - \frac{1}{q}\mathrm{div}\,\boldsymbol{J}_\mathrm{p} = -\frac{\partial}{\partial t}\left(n - N_\mathrm{D}^+\right) + \frac{1}{q}\mathrm{div}\,\boldsymbol{J}_\mathrm{n}\,. \qquad (1.3.47)$$

Diese Bilanzen gelten für jede Trägersorte nur dann, wenn beide einer gemeinsamen Funktion, der *Überschussrekombinationsrate* $R(\boldsymbol{r},t)$ entsprechen:

$$\boxed{\begin{aligned}-\frac{\partial}{\partial t}\left(p - N_\mathrm{A}^-\right) - \frac{1}{q}\mathrm{div}\,\boldsymbol{J}_\mathrm{p} &= -\frac{\partial p}{\partial t} - \frac{1}{q}\mathrm{div}\,\boldsymbol{J}_\mathrm{p} = R(\boldsymbol{r},t) = R_\mathrm{p} - G_\mathrm{p} \\ -\frac{\partial}{\partial t}\left(n - N_\mathrm{D}^+\right) + \frac{1}{q}\mathrm{div}\,\boldsymbol{J}_\mathrm{n} &= -\frac{\partial n}{\partial t} + \frac{1}{q}\mathrm{div}\,\boldsymbol{J}_\mathrm{n} = R(\boldsymbol{r},t) = R_\mathrm{n} - G_\mathrm{n}\,. \end{aligned}}$$

Dabei wurde $\frac{\partial N_\mathrm{D}^+}{\partial t} = \frac{\partial N_\mathrm{A}^-}{\partial t} = 0$ angesetzt, weil sich die Störstellenzahl zeitlich nicht ändert. Für eindimensionale Vorgänge werden daraus die *Kontinuitätsgleichungen für Löcher und Elektronen*

$$\boxed{\begin{aligned}\frac{\partial p}{\partial t} &= -\frac{1}{q}\frac{\partial J_\mathrm{p}}{\partial x} + G_\mathrm{p} - R_\mathrm{p}, \\ \frac{\partial n}{\partial t} &= \frac{1}{q}\frac{\partial J_\mathrm{n}}{\partial x} + G_\mathrm{n} - R_\mathrm{n}.\end{aligned}} \qquad \text{Kontinuitätsgleichungen} \qquad (1.3.48)$$

Die Kontinuitätsgleichung beschreibt die zeitliche Änderung *einer* Ladungsträgersorte im Volumen durch Rekombination, Generation sowie Zu- oder Abfluss eines Stromes.

Häufig dient als Modell der Überschussrekombination die *direkte Rekombination* (Anregung: *thermische Generation*)

---

[15] Wir wählen hier bewusst diese Form, weil die integrale Darstellung in Halbleitern nur in Sonderfällen angewendet wird.

$$R_\mathrm{p} - G_\mathrm{p} = \frac{p_\mathrm{n}(x) - p_\mathrm{n0}}{\tau_\mathrm{p}}. \quad \text{Einfaches Rekombinationsmodell} \quad (1.3.49)$$

Weicht die Minoritätsdichte $p_\mathrm{n}(x)$ (Löcherdichte im n-Halbleiter) durch eine äußere Störung vom Gleichgewichtswert p_n0 ab, so baut sich die Dichteabweichung (am Ende ihrer Ursache) durch überwiegende Rekombination nach Maßgabe der *Minoritätslebensdauer* τ_p ab. Ein analoger Vorgang gilt für Elektronen in einem p-Gebiet.

Wir greifen darauf bei der zusammenfassenden Diskussion der Kontinuitätsgleichung zurück.

Vergleich: Stromfluss in Halbleitern und Leitern

Der Stromfluss in Halbleitern (und Halbleiterbauelementen) erfolgt durch gleichzeitiges Zusammenwirken von Transport-, Kontinuitäts- und Poissonscher Gleichung.

Sie bestimmen den räumlichen und zeitlichen Verlauf der Elektronen- und Löcherdichten und somit das Verhalten von Strom und Spannung an den Klemmen. Unter bestimmen Bedingungen kann das Minoritäts- und Majoritätsverhalten getrennt analysiert werden.

Weil in Metallen kein Trägerdichtegefälle und (praktisch) auch keine Raumladungszone möglich ist, entfällt die Poissonsche Gleichung, die Kontinuitätsgleichung wird zur Knotengleichung und die Transportgleichung vereinfacht sich zum Ohmschen Gesetz im Strömungsfeld.

1.3.5.2 Stromleitung in Flüssigkeiten, elektrochemische Spannungsquellen

Einführung In Flüssigkeiten tragen Elektronen und *Ionen* zum Strom bei. Neben der Ladung wird auch *Materie* bewegt. Dabei kann sich die Flüssigkeit zersetzen. Leitende Flüssigkeiten (und Schmelzen) bezeichnet man als *Elektrolyt*, den zugehörigen Leitungsmechanismus als *elektrolytische Leitung* und den Gesamtvorgang (einschließlich stofflicher Veränderungen) als *Elektrolyse*.

Elektrolytische Zelle, elektrolytische Leitung Die Grundanordnung für die Elektrolyse ist die *elektrolytische Zelle* aus zwei Elektroden, dem Elektrolyt und einem Gefäß (Abb. 1.3.18). Sie dient zur Wandlung:

— *elektrischer Energie in chemische* (elektrolytische Stoffumwandlung, Galvanotechnik, Aufladevorgang in Sekundärelementen);
— *chemischer Energie in elektrische* (galvanisches Primärelement, Entladung von Sekundärelementen).

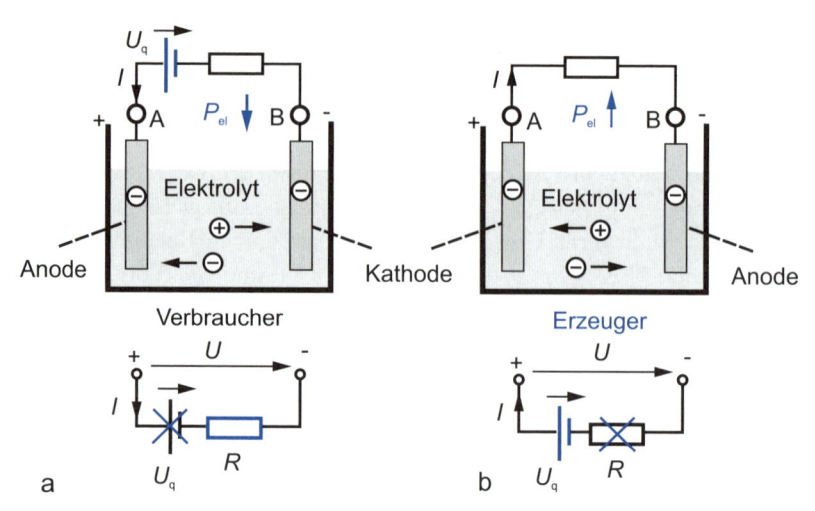

Abb. 1.3.18. Elektrolytische Zelle. (a) Als Verbraucher elektrischer Energie, Beispiel Ionenbewegung in verdünnter Salzsäure. (b) Zur Erzeugung elektrischer Energie

Der Stromfluss hängt vom Elektrolyt und den Vorgängen an den Elektroden ab. Das sind die *elektronenabgebende Kathode* und die *elektronensammelnde Anode*. Beide können als Quellen oder Senken von Ionen wirken. Die (vereinfachte) Ersatzschaltung einer Zelle ist die Reihenschaltung einer Spannungsquelle mit einem Widerstand. Quellenspannungen entstehen an den Elektrodengrenzflächen, der Widerstand modelliert hauptsächlich den Elektrolyt.

Leitungsvorgang Elektrolyte umfassen Salze, Säuren und Basen. Reines Wasser ist ein schlechter, nur schwach dissoziierter Leiter, erst eine Salzzugabe erhöht die Leitfähigkeit. Bei Stromfluss durch eine wässrige Lösung (mit Salzsäure) entstehen Gasblasen an den Elektroden: Chlorgas (Cl) an der Anode und Wasserstoff (H) an der Kathode. Durch die Wasserdipole wird die Salzsäure in ihre Bestandteile (ein H^+- und ein Cl^--Ion) aufgespalten, sie dissoziert. Dieser Vorgang erfolgt nicht primär durch das Feld, es bewegt nur die Ionen: H^+-Ionen wandern als Kationen zur Kathode und negative Cl^--Ionen als Anionen zur Anode. Dort geben sie ihre Überschussladung ab bzw. ergänzen ihre Mangelladung, werden damit zu Atomen oder Molekülen und steigen als Gas auf.

Der Stromtransport im Elektrolyten geschieht überwiegend durch bewegliche Ionen: Atome oder Moleküle, die als Ganzes elektrisch nicht neutral sind und eine oder mehrere Ladungen tragen:

– positive Ladung (Kationen): Wasserstoff, ionisierte Metalle (Kennzeichen $^+$ (H^+, Cu^{++})),

- negative Ladung (Anionen): nichtmetallische Molekülgruppen (Kennzeichen $^-$ (Cl^-, SO_4^{--})).
- Ionen entstehen durch Elektronentransfer bei der Spaltung polarer Moleküle (Dissoziation, z. B. $H_2O \rightarrow OH^- + H^+$).
- Anionen wandern im Feld zur Anode, Kationen zur Kathode.

Bei Lösung von Salzen, Säuren oder Basen (z. B. in Wasser) dissoziieren die Verbindungen in je ein Kation und ein Anion (z. B. $H^+ + Cl^-$, $Cu^{++} + SO_4^{--}$) mit einer, zwei oder mehr positiven oder negativen Elementarladung. Dann gibt es in der Lösung zerfallene und nichtzerfallene Moleküle, das Verhältnis ist der *Dissoziationsgrad*. Er steigt mit der Temperatur und Konzentration.

Stromdichte Die Stromdichte J im Elektrolyt hängt von der Ionendichte n, ihrer Geschwindigkeit v und der Wertigkeit z der Ionen ab, es gilt gemäß Gl. (1.3.3)

$$J = J_+ + J_- = z_+ q n_+ v_+ - z_- q n_- v_-. \qquad (1.3.50)$$

Die Geschwindigkeiten werden, wie bei Halbleitern, vom elektrischen Feld und den lokalen Dichtegradienten (Diffusionsstrom) bestimmt. Bei Vernachlässigung der Diffusion erfolgt der Ionentransport als Driftstrom mit der Leitfähigkeit

$$\kappa = zqn(\mu_+ + \mu_-) = z\underbrace{qN_A}_{F} \cdot \frac{n}{N_A}(\mu_+ + \mu_-). \qquad (1.3.51)$$

Rechts wurde die Ionendichte n auf die *Avogadro*-Konstante $N_A = 6{,}02 \cdot 10^{23}\,\text{mol}^{-1}$ bezogen und die Faradaykonstante F benutzt (s. u.).

Beispielsweise hat eine 0,2 molare Salzsäure bei Zimmertemperatur mit einer mittleren Beweglichkeit $\mu_+ + \mu_- = 50 \cdot 10^{-4}\,\text{cm}^2/(\text{Vs})$ mit $n = 0{,}2 N_A$ mol/Liter $= 2 \cdot 10^{-4} N_A \text{mol/cm}^{-3}$ die Leitfähigkeit (Wertigkeiten $z_+ = z_- = 1$)

$$\kappa = 2 \cdot 10^{-4}\,\text{mol} \cdot \text{cm}^{-3} \, 96{,}5 \cdot 10^3 \frac{\text{As}}{\text{mol}} \cdot 50 \cdot 10^{-4} \frac{\text{cm}^2}{\text{Vs}} = 9{,}6 10^{-2} (\Omega\,\text{cm})^{-1}.$$

Die Leitfähigkeit liegt deutlich unter der von Metallen und der TK ist negativ, weil mit steigender Temperatur die Dissoziation zunimmt.

Stofftransport, Faradaysches Gesetze Die Ionenleitung im Elektrolyt verursacht einen *Stofftransport*, da die transportierte Ladung an die gegenüber Elektronen größere Ionenmasse gebunden ist. Kommen N Ionen (mit der Wertigkeit z) an der Elektrode an, so führen sie die Ladung $Q = Nzq$, diese N Ionen haben die Masse $m = NA_r u$. (A_r relative Atommasse, u atomare Masseneinheit, $1u = 1{,}6606 \cdot 10^{-27}$ kg (1/12 der Masse des Kohlenstoffatoms)). Zusammenfassen beider Beziehungen ergibt

$$m = cQ = cIt = \frac{A_\mathrm{r} u}{z \cdot 96470} It \frac{\mathrm{g}}{\mathrm{As}},$$
$$c = \frac{A_\mathrm{r} u}{zq} \frac{\mathrm{g}}{\mathrm{As}}.$$
1. Faradaysches Gesetz (1.3.52)

Die im Elektrolyt transportierte und an den Elektroden abgeschiedene Masse eines Stoffes ist der Ladung Q proportional und damit bei konstantem Strom der Dauer des Stromflusses. Das Abscheiden der Masse $m = A_\mathrm{r}/zg$ eines Stoffes aus einem Elektrolyten erfordert die Ladungsmenge $Q = 96{,}47 \cdot 10^3$ As.

Das *elektrochemische Äquivalent* c, eine Materialkonstante, gibt die Masse des Stoffes an, die pro Coulomb transportierter Ladung an den Elektroden niedergeschlagen wird. Es enthält die relative Atommasse A_r, die atomare Masseneinheit $1u$ und die Wertigkeit z. Die Größe $F = q/u = 1{,}602 \cdot 10^{-19}$ As$/1{,}66057 \cdot 10^{-27}$ kg $= 96487$ As ist die *Faradaykonstante* (aus zwei Naturkonstanten).

Eine bestimmte Menge gleicher Teilchen (Atome, Moleküle) wird als ein Mol bezeichnet. Das SI enthält für die Stoffmenge die Einheit 1 mol. Die Zahl der Teilchen eines Mols ist gleich der Zahl der Atome des Kohlenstoffisotops ^{12}C mit der gesamten Masse 12 g (ursprünglich Zahl der Wasserstoffatome mit der Gesamtmasse 1 g). Zur Abscheidung von 1 mol einer einwertigen Substanz ist die Ladungsmenge $F \cdot 1$ mol erforderlich. Deshalb wird die Faradaykonstante auch durch $F = 96{,}47 10^3$ As/mol angegeben.

Das erste Faradaysche Gesetz war früher die Grundlage der Definition der Einheit der Stromstärke: 1 A ist die Stromstärke, die aus einer wässrigen Silbernitratlösung (AgNO$_3$ in H$_2$O) in 1 s insgesamt 1,1180 g Silber niederschlägt.

Das elektrochemische Äquivalent c Gl. (1.3.52) enthält die dimensionslose Zahl A_r/z_i, das *Äquivalentgewicht* (oder äquivalente molare Masse). Damit folgt das *zweite Faradaysche* Gesetz

$$\frac{m_1}{A_{\mathrm{r}1}/z_1} = \frac{m_2}{A_{\mathrm{r}2}/z_2}.$$
2. Faradaysches Gesetz (1.3.53)

Bei gleichem Ladungsfluss verhalten sich die abgeschiedenen Massen unterschiedlicher Stoffe wie ihre elektrochemischen Äquivalente, also ihre Atommassen dividiert durch die Wertigkeit der transportierten Ionen.
Die Faradayschen Gesetze beschreiben den Zusammenhang zwischen elektrischer Energie und umgesetzten Stoffmengen an den Elektroden, sie bilden die Grundlage der Metallabscheidung in galvanischen Zellen.

Soll aus einem Nickelbad in $t = 1$ h die Masse $m = 1$ kg Nickel gewonnen werden (Wertigkeit $z = 2$, Atomgewicht $A_\mathrm{r} = 58{,}6$), so gehört dazu der Strom

1.3 Das stationäre elektrische Strömungsfeld

$$I = \frac{m \cdot z \cdot F}{t \cdot A} = \frac{1\,\text{kg} \cdot 2 \cdot 96{,}5 \cdot 10^3\,\text{As}}{3600\,\text{s} \cdot 58{,}6\,\text{g}} = 913{,}6\,\text{A}.$$

Die vom Strom transportierten Stoffe geben an den Elektroden ihre Ladung ab und können abhängig von Elektrolyt und Elektrode

— an den Elektroden abgeschieden werden (Metalle an Kathode, Anionen z. B. Sauerstoff an Anode);
— gasförmig an der Elektrode hochsteigen oder in Lösung gehen;
— mit der Elektrode oder dem Elektrolyt chemisch reagieren.

Spannung an der Grenzschicht Beim Eintauchen einer Metallelektrode in eine Flüssigkeit (Elektrolyt, ionenfreies Wasser) entsteht an der Oberfläche:

— ein *Lösungsdruck* mit der Tendenz, Ionen aus dem Metall in den Elektrolyt zu drücken: „Auflösen der Elektrode", es lädt sich negativ auf,
— ein *Abscheidungsdruck* mit der Tendenz, Ionen aus dem Elektrolyt ins Metall zu pressen oder an der Oberfläche abzusetzen. Durch die positive Ladung der Metallionen lädt sich die Elektrode positiv auf.

Die Vorgänge wirken, bis sich an der Oberfläche im Wechselspiel zwischen Lösungs- und Abscheidungsdruck ein elektrisches Feld aufgebaut hat, das den Vorgang zum Stillstand bringt.

Insgesamt entsteht an der Grenzfläche Metall-Elektrode-Elektrolyt eine Raumladungszone (in der Elektrochemie als *Helmholtz-Doppelschicht* bezeichnet) mit einer Potenzialdifferenz. Ihre Richtung und Höhe hängen vom Elektrodenmaterial, dem Elektrolyt und seiner Konzentration ab.

Bei überwiegendem Abscheidungsdruck (Abb. 1.3.19a) lädt sich die Metallelektrode (z. B. Cu) positiv, vor ihr fällt die Cu-Ionenkonzentration ab und es entsteht eine *negative Raumladung*. Überwiegt der Lösungsdruck, so verlassen mehr positive Ionen das Metall: es lädt sich negativ auf und die Ionendichte (z. B. Zn^{++} in verdünnter H_2SO_4-Lösung) fällt zum Elektrolyten hin ab und bildet eine positive Raumladung. Stets verursacht der Ionendichteunterschied eine *Potenzialschwelle* an der Grenzfläche, wie auch im (stromlosen) pn-Übergang und gegenüber dem Elektrolyt erhöht oder erniedrigt sich das Elektrodenpotenzial. Die Potenzialdifferenz Elektrode-Elektrolyt heißt *elektrochemische Spannung* U_{SK} bzw. U_{SA}. Beim Ordnen der Metalle nach dieser Spannung gegenüber der 1-molaren Metallionenlösung (Lösung des jeweils zugehörigen Salzes) entsteht gegen eine Bezugselektrode im Elektrolyt (Normal-Wasserstoffelektrode: Platinelektrode, von H_2 umspült) die *elektrochemische Spannungsreihe der Metalle*.

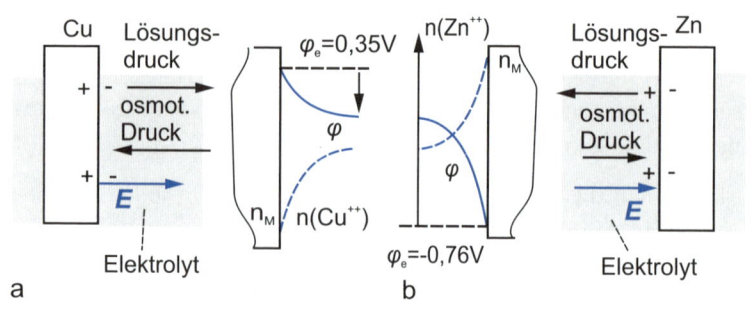

Abb. 1.3.19. Spannungsbildung zwischen Metallelektrode und Elektrolyt. (a) Überwiegender osmotischer Druck lädt das Metall positiv gegen den Elektrolyt, Absinken der Cu^{++}-Ionenkonzentration zur Elektrode hin. (b) Dominierender Lösungsdruck lädt das Metall negativ gegenüber dem Elektrolyt, Absinken der Zn^{++} Ionen-Dichte zum Elektrolyt hin

Tab. 1.8. Elektrolytische Spannungsreihe

Elektrode	Li/Li^+	Na/Na^+	Al/Al^{3+}	Zn/Zn^{2+}	Fe/Fe^{2+}	Cd/Cd^{2+}
φ/V	$-3{,}04$	$-2{,}71$	$-1{,}66$	$0{,}76$	$-0{,}45$	$-0{,}25$
Elektrode	Pb/Pb^{2+}	$H_2/2H^+$	$CuCu^{2+}$	Ag/Ag^+	Pt/Pt^{2+}	Au/Au^+
φ/V	$-0{,}13$	$0{,}00$	$+0{,}35$	$+0{,}80$	$+1{,}18$	$+1{,}69$

Tabelle 1.8 gibt Auszugswerte typischer Standardspannungen. Metalle mit negativem Potenzial werden als *unedel*, solche mit höherem Potenzial als *edel* bezeichnet. Darum hat Li einen hohen Lösungsdruck, ist also sehr unedel und leicht oxidierbar.

Unedle Metalle (links von H_2) lösen sich in verdünnter Säure unter Wasserstoffbildung auf. Hat eine elektrolytische Zelle zwei Elektroden mit verschiedenen Standardpotenzialen, so entsteht als Differenz der elektrochemischen Spannungen eine Quellenspannung.

Beim Eintauchen einer Kupfer- und einer Zinkelektrode in eine saure Lösung entsteht die Spannung $U = 0{,}34 - (-0{,}76) = 1{,}10\,V$[16].

Beim Verbinden beider Elektroden über einen Widerstand fließt Strom, im Elektrolyt als Ionenfluss, im Verbindungsdraht als Elektronenfluss:

– An der negativeren Elektrode gehen positive Ionen in den Elektrolyt, zurück bleiben Elektronen, die über den äußeren Draht zur Anode gelangen.
– Der positiven Elektrode werden positive Ionen zugeführt, die durch zufließende Elektronen über den Draht kompensiert werden.

---

[16]Steckt man beispielsweise je einen Kupfer- und Aluminiumdraht in einen Apfel, so reicht die Spannung zum Betrieb eines (optimierten) Transistoroszillators zur Erzeugung einer kleinen Wechselspannung aus.

Stromfluss im Elektrolyt verursacht Konzentrationsänderungen und/oder eine Wasserstoffbildung auf den Elektroden, die eine *Polarisationsspannung* in der elektrolytischen Zelle erzeugen.

Polarisation: Abnahme der Spannung eines galvanischen Elementes durch Aufbau sekundärer galvanischer Elemente an den Elektroden. Sie wirkt energetisch wie eine *Gegenspannung* und muss verhindert werden (durch sog. *Depolarisatoren*).

Zersetzungsspannung Nach den Faradayschen Gesetzen erfordert die elektrolytische Zersetzung bestimmte Mindestladungsmengen. Dabei muss an der elektrolytischen Zelle wenigstens eine Spannung größer als die *Zersetzungsspannung* $U_Z = U_{SK} - U_{SA}$ anliegen. Dann beträgt die erforderliche Energie W zur Zersetzung des Elektrolyten an den Elektroden

$$W = U_Z Q = U_Z It = \frac{U_Z m}{c} = \frac{z_i U_Z m q}{A_r u} = \frac{z_i U_Z F}{A_r}. \tag{1.3.54}$$

Praktisch reichen einige Volt oberhalb der Zersetzungsspannung aus.

Die Gewinnung von 1 Tonne Aluminium ($m = 1000\,\text{kg}$) im Schmelzfluss bei einer Zersetzungsspannung $U_Z = 5\,\text{V}$ erfordert nach Gl. (1.3.54) die Energie

$$W = \frac{5\,\text{V} \cdot 1000\,\text{kg} \cdot 3 \cdot 1{,}602 \cdot 10^{-19}\,\text{As}}{27 \cdot 1{,}66 \cdot 10^{-27}\,\text{kg}} = 0{,}535 \cdot 10^{11}\,\text{Ws} = 14{,}87 \cdot \text{MWh}.$$

Zusammen mit der Energie zur Aufheizung des Elektrolyten (s. u.) sind dann etwa 18...20 MWh pro Tonne bereitzustellen.

Nutzung elektrochemischer Vorgänge Elektrochemische Vorgänge dienen:

— zum *Stofftransport* (Transport und Abscheidung von Stoffen, z. T. mit chemischen Reaktionen im Elektrolyten oder an den Elektroden, als Elektrolyse zur Erzeugung von Metallen und Gasen aus Rohmaterialien);
— zur *Oberflächenveredelung* (Galvanik, Korrosionsschutz);
— zur *Erzeugung und Speicherung elektrischer Energie* (Batterie, Akkumulator, Brennstoffzelle).

1. Die *Elektrolyse* erlaubt Metallgewinnung durch *Schmelzflussanalyse* und das Reinigen für Aluminium, Magnesium, u.a., aber auch Kupfer, Nickel. So entsteht Aluminium aus einer Schmelze von Aluminiumoxid (Al_2O_3) und Kryolith ($AlF_3 \cdot 3NaF$) bei $90°$ (Heizung durch Widerstand des Elektrolyten bei Stromfluss) in einer Wanne mit Innenwänden aus Graphit als Kathode und Kohleelektroden als Anode. Das Aluminium scheidet sich am Wannenboden ab.
    — Aus einer Rohkupferanode in einer wässrigen Lösung $CuSO_4 + H_2SO_4 + H_2O$ entsteht an der Kathode „Elektrolytkupfer" hoher Reinheit ($> 99{,}9\%$). Es dient als Leitermaterial. Der Energieaufwand von etwa $200\ldots250\,\text{kWh/t}$ Kupfer ist sehr hoch.
    — Nichtmetalle wie Chlor, Fluor, Alkalilaugen u.a. Wasserstoff und Sauerstoff werden durch *Elektrolyse* (z. B. Wasserelektrolyse) gewonnen. Beispielsweise liefert eine NaCl-Lösung im Elektrolyseverfahren zwischen einer Titan- und Edelstahl-Elektrode Chlorgas.

2. Die *Galvanik* erzeugt metallische und nichtmetallische Schichten: Metallabscheidung an der Kathode als Verkupfern, Versilbern, Vernickeln, Verchromen und Vergolden durch Abscheidung unedlerer Metalle. Dünnere Schichten (Dicke < 50 μm) dienen zur Oberflächenverbesserung (Korrosionsverbesserung, Lötfähigkeit), dickere als *Galvanoplastik* (Elektroformung) zur Herstellung genauer Abdrucke komplizierter Teile: Herstellung von Gieß- und Spritzformen durch metallischen Überzug von Kunststoffen, Abscheidung von Kupferfolien auf Leiterplatten.
Beim *Eloxieren* werden Oxidschichten elektrolytisch an der Anode (Oxidschicht auf Aluminium, Eloxalverfahren) erzeugt, auch *Passivschichten* (Phosphatschichten) als Korrosionsschutz. Die *Elektrophorese* (gerichtete Bewegung von suspendierten geladenen Teilchen in nichtleitender Flüssigkeit unter Feldeinfluss) bringt nichtmetallische Schichten auf. Sie dient auch zur Trocknung von Gebäudewänden oder zur stromlosen Metallabscheidung bei der Leiterplattenherstellung.

3. *Korrosion* ist die unerwünschte Zerstörung metallischer Oberflächen durch elektrochemische Vorgänge[17]. Feuchtigkeit (Erdreich) oder der Kontakt zu Laugen und Säuren wirkt dabei als Elektrolyt. Stromquelle sind meist Erdströme elektrischer Anlagen (Stromleitung, Eisenbahnnetz). So bildet feuchte Luft (die auch CO_2 und SO_2 enthält) in einer Verbindungsstelle zweier Metalle eine kurzgeschlossene galvanische Zelle mit dem Metall des kleineren Standardpotenzials als Anode. Es geht mit seinen Ionen in Lösung und wird zerstört. Auch die Verbindung unterschiedlicher Metalle über feuchtes Erdreich wirkt als unerwünschtes Primärelement (Minuspol am unedleren Metall). Dadurch können sich Leitungen (Gas, Wasser, Kabel) zersetzen. *Schutzmaßnahmen* gegen Korrosion sind:
   - Verwendung von Metallen mit möglichst gleichen Standardpotenzialen;
   - Überzug mit isolierenden Oberflächenschichten (Farbe, Oxidschicht),
   - Aufbringen einer Schutzschicht aus unedlerem Metall (z. B. Zn auf Fe) oder aus korrosionsbeständigem Material (Verchromen). Wird beispielsweise die Zinkschicht an einer Stelle im Erdreich beschädigt, so entsteht ein über die Erde kurzgeschlossenes galvanisches Element (aus Eisen und Zink). Dadurch wandert Zink zum Eisen und schützt es durch Überzugsbildung.
   - *Opferanoden:* Man verwendet ein Anodenmaterial mit geringerem Standardpotenzial (mit dem zu schützenden Gegenstand verbunden), um die zur Korrosion führende Stromrichtung umzukehren. Mit der Zeit zersetzt sich die Opferanode „als letztes Glied der galvanischen Kette". Das Verfahren wird bei Leitungen, Stahlbehältern, Brückenpfeilern und Schiffen als Korrosionsschutz eingesetzt.

Elektrochemische Spannungsquellen

Elektrochemische Spannungsquellen sind galvanische Zellen mit verschiedenen Elektroden in einem Elektrolyt (Flüssigkeit, auch eingedickt).

Nach der elektrochemischen Reaktion gibt es:

---

[17]lat. corrodere (lat.) zernagen, zerfressen

- *Primärzellen* mit begrenzter Menge der Reaktionskomponenten, nach deren Umsetzung das Element unbrauchbar wird (irreversibler Vorgang, nicht aufladbar);
- *Sekundärzellen* (Akkumulatoren), die nach Entladung durch Zufuhr elektrischer Energie regeneriert werden (reversibler Vorgang).

Primärzellen Diese Zellen haben als *Trockenzellen* typische Ausführungsformen:

- *Kohle-Zink-Zelle* (auch Leclanche-[18] oder Trockenelement) mit einem Zinkbecher als Kathode und einem Gemisch aus Braunstein (MnO_2) und Kohlenstoff C als Anode (Elektrolyt geleeartige Salmiak-Lösung (NH_4Cl)). Die Leerlaufspannung beträgt $1,5\ldots 1,6$ V, die Energiedichte $120\ldots 150\,\text{mW}/\text{cm}^3$. Die Ladung liegt zwischen $30\,\text{mAh}\ldots 10\,\text{Ah}$. Die Spannung sinkt durch Entladung bis auf $U \approx 0{,}75\ldots 0{,}9$ V. Günstig sind Entladungsphasen (kein Dauerbetrieb!), weil eine gewisse Regeneration erfolgt. Da die Spannung bei Aufbrauchen des Zinks schnell fällt, sollten verbrauchte Zellen entfernt werden.
- *Alkali-Mangan-Zelle* (Alkaline Zelle) mit (sehr aggressivem) Kaliumhydroxid (KOH) als Elektrolyt. Spannung etwa $1{,}5$ V, Energiedichte bis $300\,\text{mWh}/\text{cm}^3$, bis 3-fach höhere Speicherladung.
- *Silberoxid-Zink-Zelle* (auch Quecksilberoxid-Zink-Zelle) mit Kalilauge als Elektrolyt, Zinkanode und einer Kathode aus gepresstem Silberoxidpulver. Spannung zwischen $1{,}35\ldots 1{,}55$ V, Energiedichte $600\,\text{mWh}/\text{cm}^3$. Aus Kostengründen werden nur Knopfzellen hergestellt.
- *Lithium-Mangandioxid-Zellen* mit Lithiumanode (Kathodenmaterial unterschiedlich) mit Spannungen zwischen $1{,}5\ldots 3{,}8$ V und Energiedichten bis $1\,\text{Wh}/\text{cm}^3$. Durch hohe Lagerfähigkeit (10 Jahre) kommen sie in Herzschrittmachern und Rechnern zum Einsatz.

Sekundärzellen Das sind zunächst *Bleiakkumulatoren* mit Dominanz in energieintensiven Anwendungen. Die Elektroden bilden gitterförmige Bleigerüste, eine mit schwammförmigem Blei (− Elektrode), die andere mit Bleidioxid gefüllt, in $20\ldots 30\%$-iger Schwefelsäure.

Beim *Laden* werden an der positiven (negativen) Elektrode zwei negative Ladungen abgegeben (aufgenommen) und das Bleisulfat zu Bleidioxid (metallischem Blei) reduziert. Es entsteht eine Zellenspannung von rd. 2 V.

$$Pb + PbSO_4 + 2H_2SO_4 \underset{\text{Laden}}{\overset{\text{Entladen}}{\rightleftarrows}} 2PbSO_4 + 2H_2O + \text{Energie}.$$

Beim *Entladen* bildet sich an beiden Elektroden Bleisulfat mit Verbrauch von Schwefelsäure und Entstehung von H_2O: Absinken der Dichte (Ladezustand

---

[18] Georges Leclanché, 1839–1882

kontrollierbar). Ab einer Zellenspannung von 2,4 V setzt beim Laden Knallgasentwicklung ein (Explosionsgefahr), der Ladevorgang ist bei 2,6 V beendet. Die Entladespannung sollte nicht unter 1,7 V liegen (sonst Sulfatisierung der Platten; dabei geht das beim Entladen fein verteilte $PbSO_4$ nach Lagern in kristallisiertes $PbSO_4$ über, das nicht mehr reagiert, Akku wird unbrauchbar). Die auf das Gewicht bezogene Energie liegt bei rd. 50...100 Wh/kg[19], der Energiewirkungsgrad (Entladen/Aufladen) beträgt etwa 70...80%. Kleinere Batterien arbeiten wartungsfrei: verschlossene Zellen, Säure gelatineartig verdickt. Haupteinsatzgebiete: Starterbatterie im KFZ (bis 250 Ah), Verkehrsantriebe, kleine Boote/U-Boote, Notstromanlagen bis 10000 Ah, Akkus für Handlampen u. a. m. Weitere Sekundärzellen sind:

— *Nickel-Cadmium-Akkumulatoren*[20] aus einer Nickel-Hydroxid $Ni(OH)_2$-Elektrode (positiv) und Cadmiumhydroxid $Cd(OH)_2$ als negative Elektrode mit Kalilauge (KOH) als Elektrolyt (dient nur als Leiter, an der Umwandlung nicht beteiligt). Beim *Laden* geht die positive Elektrode in Nickelhydroxid NiOOH und die negative in reines Cd über

$$Cd + 2\,Ni(OH)_3 \underset{\text{Laden}}{\overset{\text{Entladen}}{\rightleftarrows}} 2Ni(OH)_2 + Cd(OH)_2.$$

Die Klemmenspannung liegt zwischen 1,35 V bis 1,2 V.

NiCd Akkus haben gegenüber Blei-Akkus Vorteile: geringeres Gewicht, weitgehend konstante Spannung, große Lagerfähigkeit im ungeladenen Zustand. Die Energiedichte liegt bei etwa 40...60 Wh/kg bzw. 100...180 mWh/cm^3. Sie werden als offene und geschlossene Zellen ausgeführt, im letzten Fall rekombinieren die beim Laden entstehenden Gase und der wachsende Innendruck senkt die Rekombination.

Nachteilig ist die Kapazitätsabnahme durch den „Memory-Effekt": bei nicht vollständiger Entladung sinkt die Speicherfähigkeit.

Einsatzfelder wie Blei-Akkus, aber sie vertragen robusteren Betrieb (Kurzschluss, Schnellladung).

— der *Nickel-Metallhybrid-Akkumulator* (Nickel-Hybrid-, NiMh-Zelle) verwendet als positive Elektrode Ni, als negative eine Wasserstoff-Speicherelektrode (Mischung aus Seltenerdemetallen wie Lanthan-Nickel- oder Titan-Nickel-Legierungen). Er nutzt die Wasserstoffspeicherung in Festkörpern aus. Die Zelle ist zur NiCd-Zelle kompatibel, verzichtet aber auf das umweltbelastende Cadmium. Ihre Energiedichte übertrifft mit 180...

---

[19] Zum Vergleich: die bei Verbrennung von Benzin freigesetzte Energie beträgt etwa $10\ldots12\cdot 10^3$ Wh/kg!

[20] Diese Form geht auf Edison zurück, ursprünglich als Ni/Fe (Nickel-Stahl-Sammler) bezeichnet.

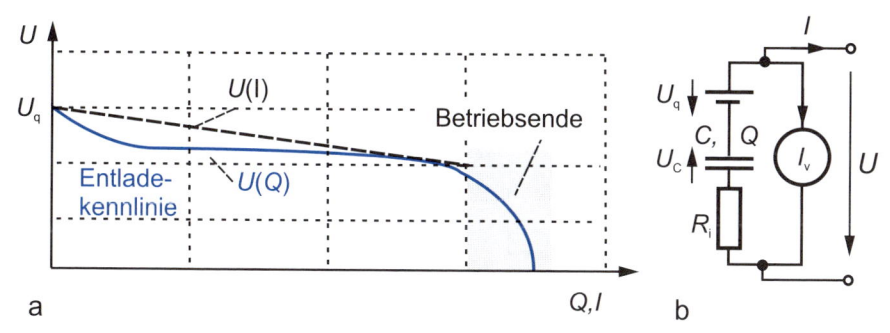

Abb. 1.3.20. Entladevorgang. (a) Entladekennlinie einer NiMh-Zelle. (b) Vereinfachte Ersatzschaltung zur Modellierung des Entladevorgangs

280 mWh/cm^3 NiCd-Systeme deutlich. Der Einsatz erfolgt vorwiegend in Geräten der Kommunikationstechnik.

— *Lithium-Ionen-Akkumulatoren* bestehen aus gitterstoffartig aufgebauten Elektroden (z. B. Anode Graphit) mit eingelagerten Lithium-Ionen beim Laden, der Elektrolyt enthält gelöste Lithium-Salze. Die Spannung liegt zwischen 3,5...4,1 V. Energiedichte mit 200...400 mWh/cm^3 höher als bei NiMh-Zellen.

Ersatzschaltung Kenngrößen einer Batterie sind Leerlaufspannung, die U,I Kennlinie und die gespeicherte Energie. Abbildung 1.3.20 zeigt einen typischen Entladeverlauf: ab der Leerlaufspannung setzt ein anfangs starker, später geringerer Abfall bis zur Entladespannung ein mit raschem Übergang nach Null. Die Kenngröße einer Batterie ist ihre „Kapazität", aufgefasst:

— als *Ladung* $Q = It$, die im Verlauf der Zeit über den Strom „entnommen" werden kann. Für eine Bauform Monozelle (IEC Typ R20, USA Typ D) werden angegeben. Zink-Kohle 7,3 Ah, Alkali-Mangan 18 Ah, Ni/Cd 4 Ah, NiMh 5 Ah. In der Kennlinie $U(Q)$ ist das die Ladung, die das Element bei Entladung mit konstantem Strom vor Erreichen der Entladespannung abgibt[21].
— als *Kapazität* C definiert über $Q = It = CU \rightarrow C = Q/U$. Das entspricht formal der beim Kondensator verwendeten Festlegung, jedoch ohne gleiche Vorgänge: Kapazität als Synonym für die gespeicherte Ladung. Beispielsweise hätte eine Alkali-Mangan-R20-Zelle ($U = 1{,}5$ V) die Kapazität $C = 18$ Ah$/1{,}5$ V $= 43{,}2$ kF (1 Kilo Farad!), eine wiederaufladbare AAA-Mikrozelle ($Q = 0{,}2$ Ah, $U = 1{,}2$ V) die Kapazität $C = 600$ F.

Mit dem Kapazitätsbegriff für die Energiespeicherung in der Batterie kann die Ersatzschaltung des geladenen Kondensators als Batterieersatzschaltung mit Speicher-

---

[21] Der Begriff „Kapazität" ist üblich, obwohl es sich um eine gespeicherte Ladung handelt!

Abb. 1.3.21. Brennstoffzelle

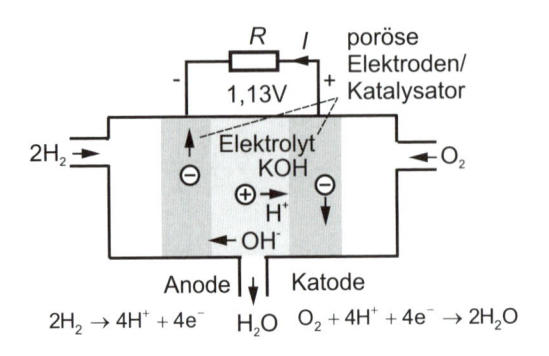

```
                R    I      poröse
            ┌──▭──←──┐      Elektroden/
          - │ 1,13V  │ +    Katalysator
2H₂ →    ┌──┴────────┴──┐ ← O₂
         │  ↑ Elektrolyt │
         │ ⊖    KOH    ⊖ │
         │    ⊕ →        │
         │      H⁺    ↓   │
         │    ← OH⁻      │
         └───────────────┘
          Anode │ │ Katode
2H₂ → 4H⁺ + 4e⁻   H₂O   O₂ + 4H⁺ + 4e⁻ → 2H₂O
```

vermögen dienen (Abb. 1.3.20b), bestehend aus idealer Spannungsquelle U_q, dem Kondensator mit der Speicherenergie, einem Innenwiderstand und einer Stromquelle I_v, die die Selbstentladung modelliert (man setzt etwa 5 ... 20% Ladungsverlust pro Monat an). Dann gilt für die Klemmenspannung U

$$U = U_q - U_C - \frac{1}{C}\int_0^t (I(t) + I_v)\, dt - R_i I.$$

Sie sinkt über der Zeit durch Verbraucher- und Entladestrom ab.

Brennstoffzelle Dieses Element nutzt die direkte Umwandlung von chemischer Energie in elektrische und verkürzt den bei konventioneller Umformung über die Verbrennung beschrittenen Weg: chemische Energie → Wärme → mechanische Energie → elektrische Energie, der beim Übergang von Wärme in mechanische Energie durch den 2. Hauptsatz der Thermodynamik begrenzt ist (und unter 40% Wirkungsgrad liegt). Ausgang ist die *Umkehrung der Elektrolyse von Wasser* in einer *Brennstoffzelle* (Abb. 1.3.21).

Energiewandlung erfolgt durch kontinuierliche, getrennte Zufuhr der Reaktionskomponenten Wasserstoff H_2 und Sauerstoff O_2 an die Elektroden, die dort elektrochemisch umgesetzt werden und dabei Spannung erzeugen. Eine elektrische Regeneration entfällt.

Die Reaktionspartner (*Brennstoff* sowie *Oxidationsmittel*, meist gasförmig) vollziehen die Energiewandlung ohne Elektrodenänderung. Weil der Brennstoff nachführbar ist, gibt es (theoretisch) keine Lebensdauerbegrenzung. Das Prinzip der Brennstoffzelle ist alt.[22]

Bei der Elektrolyse von Wasser entsteht Knallgas und die Verbindungsenergie von H_2 und $1/2 O_2$ wird bei der Explosion (Temperatur etwa 3000 °C) als Wärme freigesetzt. In der Brennstoffzelle erfolgt eine „kalte" Verbrennung

---

[22] Chr. Friedrich Schönbein, deutsch-schweizer Chemiker, Sir William Grove 1811–1896, er gab die Brennstoffzelle 1839 an, Schönbein 1838.

dosiert als elektrische Energieabgabe. Kernstück der Zelle sind zwei poröse Elektroden (in saurem Elektrolyt, der nur H^{++}-Ionen leitet), denen die Reaktionspartner H_2 und O_2 zugeführt werden. An den Elektroden laufen folgende Reaktionen ab

Anode: $2H_2 \rightarrow 4H^+ + 4e^-$ Kathode: $O_2 + 4H^+ + 4e^- \rightarrow 2H_2O$.

Die Wasserstoffelektrode ionisiert Wasserstoff katalytisch zu Wasserstoffionen. Die Elektronen wandern über den Stromkreis zur Kathode, dort erfolgt mit den transportierten Wasserstoffionen und dem vorhandenen Sauerstoff die kalte Verbrennung. Dabei wird die Energie 286 kJ/mol frei und elektrisch bereitgestellt. Neben der Ladungstrennung entsteht Wasser, das aus der Zelle entfernt wird. Die elektrische Energie 1 kWh erfordert unter Normalbedingungen 660 l Wasserstoff und 330 l Sauerstoff, dabei entstehen die Spannung von 1,23 V und 0,5 l Wasser.

Brennstoffzellen unterscheiden sich nach dem zugeführten Brennstoff (Wasserstoff, Methanol) und dem Elektrolyt. Wichtig sind:

— *PEM-Brennstoffzelle* (Polymer-Elektrolyt-Membran) aus einer ionendurchlässigen Polymermembran (gasdicht, damit Wasserstoff und Sauerstoff nicht direkt miteinander reagieren). Der an der Anode zugeführte Wasserstoff wird in zwei Wasserstoffprotonen und zwei Elektronen aufgespalten. Die Protonen diffundieren durch die Membran, die Elektronen fließen über den Stromkreis zur Kathode. Die Sauerstoffionen an der Kathode (Sauerstoff, aus der Luft) rekombinieren mit Wasserstoff zu Wasser unter Wärmeentwicklung und Abgabe elektrischer Energie. Der erforderliche Wasserstoff ist oft in einem Metallhybridspeicher gebunden.
— die *Direkt-Methanol-Brennstoffzelle* (DMFC, fuel cell). Sie verwendet statt Wasserstoff das leichter herstell- und handhabbare Methanol (aus Erdöl, Biomasse; flüssiger Energieträger). Es reagiert an der Anode mit Wasser, dabei entsteht CO_2 als Abgas. Als Elektrolyt dient eine Polymer-Elektrolyt-Membran.

Brennstoffzellen werden intensiv entwickelt (auch als Hochtemperaturzellen) mit Wirkungsgraden bis zu 70%. Für den Kleinleistungsbereich (Notebooks) sind sie im Angebot. Einsatzfelder: Hausenergieversorgung, Verkehrstechnik (KFZ-Antrieb, Bootsantriebe, U-Boote schon seit langem), Kraftwerke, Versorgung von Raumfahrzeugen u.a.

1.3.5.3 Stromleitung im Vakuum und Gasen

Nichtleiter haben keine freien Ladungsträger. Andererseits zeigen Elektronenröhren, Bild- und Röntgenröhre, Elektronenmikroskop, Teilchenbeschleuniger, Glimmlampe, Leuchtstoffröhre oder Erscheinungen wie Funken und Blitz, dass Stromfluss auftritt (beim Blitz höchst unerwünscht). Die Erklärung ist einfach:

- Es müssen Träger bereitgestellt werden.
- Das stromleitende Gebiet sollte wenig Gasmoleküle enthalten, damit bewegte Ladungsträger keine Zusammenstöße erfahren. Diese Bedingung erfüllt ein Hochvakuum ($10^{-10}\ldots 10^{-6}$ bar).

Grundlage eines *Elektronenstroms im Vakuum* ist die Emission von Elektronen aus Metallen an der sog. *Kathode* durch Energiezufuhr. Dazu wird einem Leitungselektron im Metall eine Energie von wenigstens der *Austrittsarbeit* W_A (etwa 4 eV) zugeführt. *Elektronenemission* erfolgt durch:

- *Glühemission:* Erhitzen der *Glühkathode* auf 1200–2500 K. Dann reicht die thermische Energie einiger Elektronen zum Verlassen des Metalls aus.
- *Fotoemission:* auftreffende Lichtquanten (kurzwellige elektromagnetische Strahlung) setzen Elektronen frei, wenn

$$hf > W_A \qquad \text{Einstein-Gleichung} \qquad (1.3.55)$$

gilt. Der Effekt ist als *Fotoeffekt* bekannt.

Je nachdem, ob der Fotoeffekt zum Elektronenaustritt aus der bestrahlten Oberfläche führt oder nur Elektronen innerhalb eines Materials (wie bei Halbleitern) freisetzt, spricht man vom *äußeren* oder *inneren* Fotoeffekt.

Weitere Möglichkeiten sind die *Sekundärelektronemission* (Elektronen treffen mit hoher Energie auf Metalloberflächen und setzen weitere Elektronen frei) und die *Feldemission* durch ein hohes elektrisches Feld ($> 10^9$ V/m), wie es an Drahtspitzen auftritt. Der Effekt, er ist nur wellenmechanisch zu interpretieren, wird in elektronenoptischen Geräten (Feldelektronen-, Rastertunnelelektronenmikroskop) zur Vergrößerung atomarer Strukturen ausgenutzt oder in der Elektronenstrahllithografie der Halbleitertechnik.

Die verbreitetste Form des Elektronenaustritts ist die Glühkatode als Teil der Elektronenröhre. Eine Spannung zwischen Anode und Kathode in einer Hochvakuumröhre (Abb. 1.3.22) verursacht den Elektronenstrom $\boldsymbol{J}_K = \varrho\boldsymbol{v} = -qn\boldsymbol{v}$ zur Anode. Dabei steigt ihre kinetische Energie, gleichzeitig sinkt die potenzielle Energie. Bei Erhalt der Gesamtenergie gilt zwischen zwei Stellen x_1 und x_2 mit den potenziellen Energien W_1, W_2:

$$m\frac{v_1^2}{2} + W_1 = m\frac{v_2^2}{2} + W_2 \quad \text{oder}$$

$$v_2 = \sqrt{v_1^2 + \frac{2q}{m}U_{12}} \approx 600\sqrt{U_{12}/\text{V}} \text{ km/s bei } v_1 = 0,$$

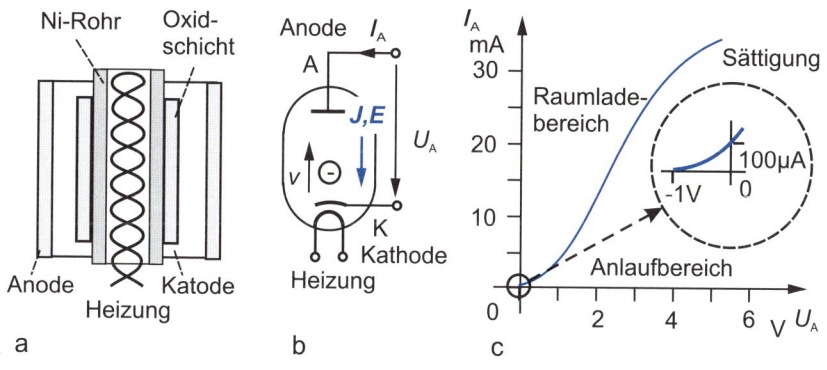

Abb. 1.3.22. Vakuumdiode. (a) Prinzipaufbau. (b) Transportvorgang und Schaltzeichen. (c) Strom-Spannungskennlinie mit typischen Bereichen

da $(W_1 - W_2) = -qU_{12} = qU_{21}$. Schon kleine Spannungen führen zu beträchtlicher Endgeschwindigkeit (z. B. $U_{21} = 100\,\text{V} \to v = 6000\,\text{km/s}$, $U = 10\,\text{kV/cm} \to v = 6 \cdot 10^4\,\text{km/s}$ (!)). Im Unterschied zum Leiter, bei dem der Trägertransport durch Streuvorgänge am Gitter mit *konstanter* (mittlerer) *Geschwindigkeit* erfolgt ($v \sim E$), wirkt im Hochvakuum *konstante Beschleunigung* ($F = mb = qE$) wegen fehlender Stoßpartner!

Zur Berechnung der Kennlinie beachten wir:

— den nichtlinearen Zusammenhang zwischen Stromdichte und Potenzial $\varphi(x)$

$$J = -\varrho(x)v(x) \text{ mit } v(x) = \sqrt{\frac{2q}{m}\varphi(x)};$$

— die transportierte (Raum)-Ladung und ihren Einfluss auf das Feld über die Poissonsche Gleichung

$$\frac{d^2\varphi(x)}{dx^2} = -\frac{dE(x)}{dx} = -\frac{\varrho(x)}{\varepsilon_0} = \frac{J}{\varepsilon_0}\sqrt{\frac{m}{2q\varphi(x)}} = \frac{k}{\sqrt{\varphi(x)}}.$$

Die vom Strom geführte Ladung macht die Feldstärke ortsabhängig und der sonst erwartete lineare Potenzialverlauf $\varphi(x) \sim x$ zwischen Kathode ($\varphi(0) = 0$) und Anode ($\varphi(d) = U$) gilt *nicht*: wir setzen daher einen nichtlinearen Verlauf an

$$\varphi(x) = U\left(\frac{x}{d}\right)^\alpha \quad \to \alpha(\alpha-1)\frac{U}{d^2}\left(\frac{x}{d}\right)^{\alpha-2} = \frac{J}{\varepsilon_0}\sqrt{\frac{m}{2qU}}\left(\frac{x}{d}\right)^{-\alpha/2}.$$

Soll der Ansatz die Poissonsche Gleichung erfüllen, muss die Ortsabhängigkeit beiderseits herausfallen, was für $\alpha = 4/3$ zutrifft. Dann folgt (Abb. 1.3.22c)

$$\boxed{J = \frac{4\varepsilon_0}{9d^2}\sqrt{\frac{2q}{m}}U^{3/2} \quad \to J = K(U_{\text{GK}} + DU_{\text{AK}})^{3/2}.} \tag{1.3.56}$$

Diese nichtlineare Kennlinie hat allerdings schon bei sehr kleiner Spannung einen Anlaufstrom, weil die thermische Energie einiger Elektronen zum Anlauf gegen eine negative Anodenspannung ausreicht. Dann gilt eine exponentielle Kennlinie wie bei der Diode. Andererseits begrenzt die Elektronenergiebigkeit der Kathode den Strom nach hohen Werten.

Die *Steuerung* des Stromes erfolgt durch ein *Gitter* G (feinmaschiges Drahtnetz) zwischen Kathode und Anode: die Diode wird zur *Triode*. Eine negative Gitterspannung U_{GK} beeinflusst die Feldverteilung vor der Kathode, ohne dass ein Gitterstrom erforderlich wäre: *leistungslose Steuerung*. Damit erweitert sich die Kennlinie auf die rechte Form der Gl. (1.3.56). Über den *Durchgriff* D (einige %) hat die Anodenspannung noch Einfluss. Für die Triode mit der nichtlinearen Abhängigkeit $I(U_{GK}, U_{AK})$ ist eine Kleinsignalaussteuerung möglich, die relevanten Kennwerte sind *Steilheit* S und *Innenwiderstand* R_i. Der Durchgriff D hängt über die Barkhausen-Beziehung[23] von beiden ab. Dann lässt sich eine Kleinsignalersatzschaltung nach Tab. 2.13, Bd. 1 wählen.

Die Feldwirkung auf Elektronen im Vakuum nutzen auch andere Einrichtungen: Laufzeitröhren, Elektronenoptik, Teilchenbeschleuniger oder die Bildröhre mit elektrostatischer Ablenkung.

Stromfluss in Gasen Gase leiten im Normalfall nicht. Stromfluss (Elektronen und/oder Ionen) kann deshalb nur durch Trägergeneration, Elektronenemission oder Ionenerzeugung erfolgen. Damit in einem gasgefüllten Glasgefäss mit Elektroden Strom fließt, müssen Ladungsträger durch Ionisierung erzeugt werden. Das erfordert energiereiche Strahlung (z. B. durch UV-Licht, Röntgen-, Höhenstrahlung). Unter natürlichen Bedingungen hat Luft etwa $10^2 \ldots 10^3$ Teilchen/cm^3 und sie wirkt als Isolator. Ein elektrisches Feld trennt Elektronen und positive Ionen und es fließt Strom (Abb. 1.3.23a), die sog. *unselbstständige* Entladung: Ladungsträger müssen von außen erzeugt werden. Auch thermische Ionisation (Flamme!) eignet sich. Angewendet wird diese Entladung in der Ionisationskammer zur Strahlungsmessung.

Der Übergang zur *selbstständigen* Entladung erfolgt bei der *Durchschlagspannung* (Durchbruchfeldstärke in Luft 30 kV/cm). Dann entstehen Ladungsträger durch Elektronenstoß und Lawinenvervielfachung, also das *Feld selbst*: Träger hoher kinetischer Energie stoßen mit anderen Teilchen zusammen, ionisieren diese und schaffen so ein neues Trägerpaar. Diese lawinenartige Trägervermehrung heißt *Townsend-Entladung*. Bei hinreichender Energie der auf die Kathode prallenden Ladungsträger erfolgt dort die Sekundärelektronenemission und es entstehen noch mehr Ladungsträger. Deshalb sinkt die zum Erhalt des Stromes erforderliche Spannung weiter ab und in der I,U-Kennlinie (Abb. 1.3.23b) entsteht ein fallender Bereich mit Glimmentladung (Glimmspannung 50 ... 100 V, geringer Strom). Bei noch größerem Strom setzt die *Bogenentladung* ein. Hohe Trägerkonzentration und Stromdichte heizen das Trägergas stark auf (Temperaturen zwischen 3000 ... 10000 K) und es bildet sich ein *Plasma*. Die Bogenentladung (Lichtbogen) zeigt starke Leuchterscheinungen und eine fallende Kennlinie. Sie erfordert Strombegrenzung: von drei

---

[23] Die Beziehung $SR_iD = 1$ gab H. Barkhausen bereits 1919 an, sie ist für lineare Zweitore leicht zu bestätigen.

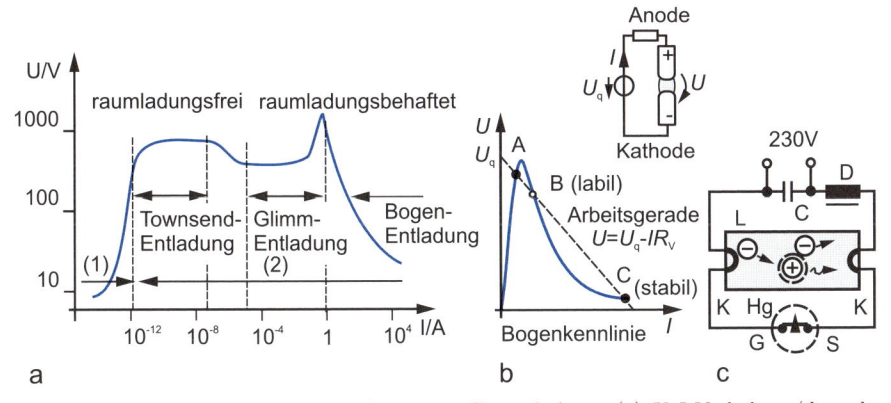

Abb. 1.3.23. Strom-Spannungsverhalten einer Gasentladung. (a) U,I-Verhalten (doppelt logarithmische Darstellung) einer Entladungsstrecke. (b) Kennlinie einer selbstständigen Entladung mit Grundstromkreis. (c) Schaltung einer Leuchtstoffröhre

Arbeitspunkten (Abb. 1.3.23b) sind nur zwei stabil. Ohne Vorwiderstand führt der große Strom zum Kurzschluss (bereits mit einer Glimmlampe ohne Vorwiderstand möglich!).

Anwendung findet der Stromfluss in Gasen:

- in Glimmlampen, auch die Sprühentladung basiert darauf;
- als Lichtbogen vor Erfindung der Glühlampe zur Beleuchtung;
- als Bogenentladung zu Beleuchtungszwecken (Hg-Hochdrucklampe, Wolframpunktlampe, Leuchtröhre, UV-Strahlung (Solarium));
- zum elektrischen Schweißen und Schneiden metallischer Werkstoffe.

Bei der Leuchtstoffröhre (Abb. 1.3.23c) wird die UV-Strahlung, die in einer „langgestreckten Glimmlampe" durch Ionisierung von Hg entsteht, über Leuchtstoffe an der Glaswand in sichtbares Licht gewandelt. Ihre Wahl beeinflusst die Farbe (kaltes, warmes Licht). Beim Einschalten entsteht im Glimmstarter G eine Glimmentladung. Der Strom ($\approx 10\,\text{mA}$) reicht noch nicht zum Aufheizen der Kathode K (Glühelektrode) aus. Deshalb erwärmt die Glimmentladung im Glimmzünder zunächst einen Bimetallschalter S. Er schließt G kurz, erlaubt einen hohen Strom ($\approx 0{,}5\ldots 1\,\text{A}$) im Glühkreis, und es kommt zur Elektronenemission. Mit geschlossenem Schalter S unterbleibt die Glimmentladung in G (Abkühlen und Öffnen des Schalters). Dabei entsteht an der Induktivität L ein Spannungsstoß und die Leuchtröhre L „zündet": Einsetzen der Glimmentladung. Anschließend sinkt die Lampenspannung so ab, dass eine erneute Zündung von G unterbleibt. Im Entladungsraum sorgen später die erzeugten Quecksilber-Ionen durch Aufprall auf die Elektroden für Verstärkung der Elektronenemission.

Die Induktivität L begrenzt auch den Strom, der Kondensator C verbessert den Leistungsfaktor (s. Bd. 3). Beispielsweise verbraucht eine 1,2 m lange Leuchtstoffröhre bei $U = 230\,\text{V}$ etwa 48 W Leistung. Leuchtröhren haben gegenüber Glühlampen etwa die 3–5 fache Lichtausbeute bei gleicher Leistung.

Zusammenfassung Kapitel 1

1. Die Grundgleichungen des stationären elektrischen Feldes lauten in Integralform

$$\oint_s \boldsymbol{E} \cdot \mathrm{d}\boldsymbol{s} = 0, \quad \begin{cases} \oint_A \boldsymbol{J} \cdot \mathrm{d}\boldsymbol{A} = 0 & \boldsymbol{J} = \kappa \boldsymbol{E} \\ \oint_A \boldsymbol{D} \cdot \mathrm{d}\boldsymbol{A} = Q = \int_V \varrho \mathrm{d}V & \boldsymbol{D} = \varepsilon \boldsymbol{E} \quad (\kappa = 0), \end{cases}$$

ihnen ist gleichwertig die Differenzialform für den Raumpunkt

$$\mathrm{rot}\,\boldsymbol{E} = \boldsymbol{0}, \quad \begin{cases} \mathrm{div}\,\boldsymbol{D} = \rho, \; \boldsymbol{D} = \varepsilon \boldsymbol{E} \; (\kappa = 0) \\ \mathrm{div}\,\boldsymbol{J} = 0, \; \boldsymbol{J} = \kappa \boldsymbol{E} \; (\kappa \neq 0). \end{cases}$$

Stationär heißt dabei, dass alle Feldgrößen zeitunabhängig sind. Das elektrische Feld lässt sich nach den bestimmenden Materialeigenschaften (Leiter: $\kappa \gg 1$, $\varepsilon_\mathrm{r} = 1$; Dielektrika: (polarisierbare Materie) $\kappa \ll 1$, $\varepsilon_\mathrm{r} > 1$) in Strömungs- und elektrostatisches Feld unterteilen, die räumlich homogen oder inhomogen sein können. Homogen bedeutet, dass überall gleiche Feldgröße nach Betrag und Richtung herrscht.

2. Das stationäre Strömungsfeld beschreibt die gerichtete Ladungsträgerbewegung in Leitern oder leitfähigen Medien unter Feldeinfluss (auch anderer Antriebsquellen, z. B. Diffusion). Seine Feldgrößen sind Feldstärke $\boldsymbol{E}$ und Stromdichte $\boldsymbol{J} = \varrho \boldsymbol{v}$. Als Transportart gibt es Leitungsstromdichte (in Leitern) und Konvektionsstromdichte. Letztere unterliegt nicht dem Ohmschen Gesetz und kennzeichnet den Stromfluss durch schlecht leitende Medien (Flüssigkeiten, Gase, Vakuum).

3. In Leitern ist die Stromdichte proportional zur elektrischen Feldstärke nach Maßgabe der Leitfähigkeit: $\boldsymbol{J} = \kappa \boldsymbol{E}$. Es gilt ein Ursache-Wirkungszusammenhang: eingeprägte Feldstärke (durch Spannung am Feldraum) bestimmt die Stromdichte und umgekehrt. Der Stromdichtebetrag ist die pro Querschnitt und Zeit durch eine Äquipotenzialfläche transportierte Ladung.

4. Merkmale des stationären Strömungsfeldes sind:
   - die *Quellenfreiheit* (Strömungslinien stets in sich geschlossen bzw. Stromfluss in geschlossenem Umlauf): Hüllintegral über eine geschlossene Fläche verschwindet (1. Kirchhoffscher Satz, Knotensatz)

   $$\oint_A \boldsymbol{J} \cdot \mathrm{d}\boldsymbol{A} = 0 \;\; \text{bzw.} \;\; \mathrm{div}\,\boldsymbol{J} = 0,$$

   $\boldsymbol{J}$ ist quellenfrei (Folge der Ladungserhaltung);
   - die *Wirbelfreiheit*: verschwindendes Wegintegral der elektrischen Feldstärke über einen geschlossenen Weg (2. Kirchhoffsches Gesetz, Ma-

schensatz)
$$\oint_s \boldsymbol{E} \cdot \mathrm{d}\boldsymbol{s} = 0 \quad \text{bzw.} \quad \operatorname{rot} \boldsymbol{E} = \boldsymbol{0}.$$
$\boldsymbol{E}$ ist wirbelfrei.

5. Die Wirbelfreiheit bedingt im stationären Strömungsfeld ein Potenzialfeld: Wegintegral über die elektrische Feldstärke gleich der Spannung (Potenzialdifferenz) zwischen Anfang und Endes des Weges (wegunabhängig)
$$\int_A^B \boldsymbol{E} \cdot \mathrm{d}\boldsymbol{s} = U_{\mathrm{AB}} = \varphi_\mathrm{A} - \varphi_\mathrm{B} \quad \text{bzw.} \quad \boldsymbol{E} = -\operatorname{grad}\varphi.$$

6. Das Potenzial ist eine absolute skalare Größe.
7. Das Potenzialfeld wird beschrieben für:
   - *raumladungsfreie* Bereiche ($\kappa = \text{const}$) durch die sog. Laplacesche Gleichung (eindimensional, kartesische Koordinaten $\frac{\partial^2 \varphi}{\partial x^2} = 0$, $\boldsymbol{E} = -\frac{\partial \varphi}{\partial x}\boldsymbol{e}_\mathrm{x}$),
   - *Raumladungsbereiche* ($\kappa \neq \text{const}$) durch die Poissonsche Gleichung. Die Lösung erfordert die Potenziale (Spannungen) an den Rändern.

8. Die elektrische Feldstärke steht stets senkrecht auf Linien oder Flächen konstanten Potenzials.
9. Zur Darstellung des Strömungsfeldes dienen Feldlinien (für $\boldsymbol{E}$, $\boldsymbol{J}$, die den Vektor an jeder Stelle tangieren) und Äquipotenzialflächen und -linien senkrecht dazu.
10. Elementare „Stromquellen" des Strömungsfeldes sind:
    - die *Punktquelle* (isoliert zugeführter Strom), Potenzial und Stromdichte lauten
    $$\varphi = \frac{I}{4\pi\kappa r}, \qquad \boldsymbol{J} = \frac{I}{4\pi r^2}\boldsymbol{e}_\mathrm{r}$$
    (Abstand r zwischen Quelle und Aufpunkt) und
    - die *Linienquelle* (zweidimensionales Strömungsfeld mit dem Strom I' pro Längeneinheit)
    $$\varphi = -\frac{I'}{2\pi\kappa}\ln\frac{r}{r_0}, \quad \boldsymbol{J} = \frac{I'}{2\pi r}\boldsymbol{e}_\mathrm{r}.$$

11. An der Grenzfläche unterschiedlich leitfähiger Gebiete verlaufen die Normalkomponenten der Stromdichte und Tangentialkomponenten der Feldstärke stetig (GF: Grenzfläche)
$$\boldsymbol{e}_\mathrm{n} \cdot (\boldsymbol{J}_2 - \boldsymbol{J}_1)|_\mathrm{GF} = 0, \quad \boldsymbol{e}_\mathrm{n} \times (\boldsymbol{E}_2 - \boldsymbol{E}_1)|_\mathrm{GF} = 0.$$

Deshalb steht die Stromdichte senkrecht auf einer leitenden Oberfläche (idealer Leiter), sie ist zugleich Äquipotenzialfläche, und die Normalkomponente der elektrischen Feldstärke verschwindet

$$e_\mathrm{n} \cdot \boldsymbol{E}|_\mathrm{GF} = 0.$$

12. Im (passiven) Strömungsfeld wird die Leistungsdichte $\boldsymbol{E} \cdot \boldsymbol{J}$ in Wärme umgesetzt, einem aktiven Strömungsfeld wird nichtelektrische Energie zugeführt (Feldstärke $\boldsymbol{E}_\mathrm{i}$) und in elektrische Energie (Feldstärke $\boldsymbol{E}$) umgewandelt: $\boldsymbol{E} + \boldsymbol{E}_\mathrm{i} = \boldsymbol{J}/\kappa$.
13. Zum Strömungsfeld gehören die Integralgrößen Strom I, die Spannung U und der Widerstand R ($U = RI$) für ein Raumgebiet.
14. Der Strom ist der Fluss der Stromdichte durch eine Fläche $\boldsymbol{A}$ $I = \int_A \boldsymbol{J} \cdot \mathrm{d}\boldsymbol{A}$, also bei geschlossener Oberfläche $I = \oint_A \boldsymbol{J} \cdot \mathrm{d}\boldsymbol{A}$ gleich dem Nettofluss von $\boldsymbol{J}$ durch die Hülle nach außen (positiv gerichtet).
15. Der Erhaltungssatz (Kontinuitätsgleichung, Satz der Ladungserhaltung)

$$i + \frac{\mathrm{d}Q}{\mathrm{d}t} = 0 \text{ bzw. } \mathrm{div}\,\boldsymbol{J} + \frac{\partial \varrho}{\partial t} = 0$$

vereinfacht sich für das stationäre Strömungsfeld ($\mathrm{d}Q/\mathrm{d}t = 0$, $Q = \mathrm{const}$ bzw. $\partial \varrho/\partial t = 0$) auf $\oint_A \boldsymbol{J} \cdot \mathrm{d}\boldsymbol{A} = 0$ die Bedingungen der Quellenfreiheit (Stromkontinuität, Strom: in sich geschlossenes Band ohne Anfang und Ende). Die positive Stromrichtung ist die Bewegungsrichtung positiver Ladungsträger.
16. Der Widerstand wird (doppeldeutig) verstanden aus dem Quotient von Spannung und Strom zwischen zwei Potenzialflächen und dem Strom durch die Anschlussfläche oder als Bauelement zwischen Anschlusspunkten mit der Eigenschaft Widerstand. Es gibt eine Bemessungsgleichung. Je nach Leitungsvorgang und geometrischer Gestaltung kann der Widerstand linear, nichtlinear, zeitkonstant oder zeitabhängig sein.

Selbstkontrolle Kapitel 1

1. Was versteht man unter einem Feld, welche Feldarten gibt es und wie wird ein Feld veranschaulicht? Was bedeuten die Begriffe Vektor- und Skalarfeld?
2. Was bezeichnet man als Fluss eines Vektorfeldes?
3. Wie lauten die Definitionen der Feldstärke, des Potenzials und der Spannung? Ist die Einheit der Feldstärke eine Basiseinheit?
4. Welche Arbeit ist erforderlich, um eine Ladung $+Q$ im elektrostatischen Feld von Punkt A nach B zu bringen?
5. Welche Kraft übt eine Feldstärke $\boldsymbol{E}$ auf eine positive (negative) Ladung Q aus?

1.3 Das stationäre elektrische Strömungsfeld

6. Was ist ein homogenes Feld? Beschreiben Sie es!
7. Man erläutere und skizziere für eine positive Punktladung das Feldstärke- und Potenzialfeld (drei- und zweidimensional)!
8. Warum ist das Potenzial eine zunächst unbestimmte Größe?
9. Ein homogener Leiter sei stromdurchflossen, dadurch entsteht ein homogenes elektrisches Feld. Erläutern Sie Verlauf und Richtung der Feldstärke, des Potenzials und der Spannung!
10. Warum ist das Linienintegral $\int_A^B \boldsymbol{E} \cdot \mathrm{d}\boldsymbol{s}$ zwischen zwei Punkten im stationären elektrischen Feld unabhängig vom Weg?
11. Welchen Wert hat das Umlaufintegral über die elektrische Feldstärke im stationären elektrischen Feld?
12. Was besagt der Begriff „Richtungsableitung" anschaulich?
13. Was besagt der Begriff „Maschensatz" im Potenzialfeld?
14. Jemand gibt die Spannung einer Batterie mit 6 Nm/As an. Hat er recht?
15. Was versteht man unter der „Überlagerung des Potenzials"?
16. Wie kann die Potenzialverteilung in einem parallelebenen Feld bestimmt werden, wie verlaufen Stromlinien und Äquipotenziallinien?
17. Was ist ein Strömungsfeld, wo tritt es auf und wie wird es beschrieben?
18. Erläutern Sie die Begriffe Strom, Stromkreis, Quellenspannung, Spannungsabfall! Wie hängen sie mit dem Strömungsfeld zusammen?
19. Was versteht man unter dem Begriff „Stromdichte"? (Erläuterung, typische Größenordnung in Leitern!)
20. Wie lautet die Kontinuitätsbedingung des stationären Strömungsfeldes?
21. Wie lautet die Konvektionsstromdichte, wie hängen transportierte Ladung und Stromdichte zusammen?
22. Wie bewegen sich Ladungsträger (positive, negative), wenn an einem homogen dotierten Halbleitergebiet eine Feldstärke $\boldsymbol{E}$ liegt? In welcher Beziehung steht dazu die Stromrichtung?
23. Erläutern Sie Stromflussrichtung, Trägerbewegungsrichtung und Stromdichte für unterschiedlich geladene Teilchen!
24. Wie lautet das Ohmsche Gesetz für einen Raumpunkt?
25. In einem Leiter herrschen in einem Punkt eine Feldstärke und Stromdichte. Was ist dabei Ursache, was Wirkung?
26. Erläutern Sie, warum das Ohmsche Gesetz nur für Materialien gilt, in denen sich Ladungsträger mit einer mittleren Driftgeschwindigkeit bewegen! Wie unterscheidet sich davon der Stromfluss in einer Vakuumdiode?
27. Wie verhalten sich Stromdichte und Feldstärke an der Grenzfläche zweier Medien mit verschiedenem Leiter? (Beispiel: stromdurchflossener Draht – umgebende Isolation.)

28. Was sind globale Größen des elektrischen Strömungsfeldes: a) Leitfähigkeit κ, Stromstärke I, b) Raumladungsdichte ϱ, Potenzial φ, c) Feldstärke E, Spannung U, d) Stromdichte J, Widerstand R?
29. Geben Sie eine Methodik an, nach der der Widerstand eines Feldraumes (z. B. Koaxialleiter) bestimmt werden kann!
30. Erläutern Sie den Leitungsvorgang in Metall, einem homogen dotierten Halbleiter und einer Flüssigkeit!
31. Was bedeutet in Halbleitern Eigen- und Störleitung?
32. Welcher Unterschied besteht zwischen Feld- und Diffusionsstrom? Warum gibt es im Metall keinen Diffusionsstrom?
33. Wie entsteht in einem stromlosen pn-Übergang eine Diffusionsspannung, die sich aber von außen mit einem Spannungsmesser nicht messen lässt?
34. Wie unterscheidet sich der Stromfluss durch Flüssigkeiten vom Stromfluss in Metallen?
35. Erläutern Sie das Funktionsprinzip einer Brennstoffzelle! Wie lange kann sie Energie liefern?
36. Unter welchen Bedingungen ist Stromfluss durch eine Elektrodenanordnung im Vakuum oder einem Gas möglich?
37. Was versteht man unter einer selbstständigen Entladung?
38. Warum darf eine Glimmlampe nur mit Vorwiderstand betrieben werden?

Kapitel 2
Das elektrostatische Feld, elektrische Erscheinungen in Nichtleitern

2	**Das elektrostatische Feld, elektrische Erscheinungen in Nichtleitern**	**101**
2.1	Feldstärke- und Potenzialfeld	101
2.2	Verschiebungsflussdichte	105
2.3	Verschiebungsflussdichte und Feldstärke	115
2.4	Eigenschaften an Grenzflächen	120
2.5	Berechnung und Eigenschaften elektrostatischer Felder..	128
2.5.1	Feldberechnung	128
2.5.2	Quellencharakter des elektrostatischen Feldes	131
2.5.3	MOS-Feldeffekttransistor	137
2.6	Die Integralgrößen des elektrostatischen Feldes	140
2.6.1	Verschiebungsfluss	140
2.6.2	Kapazität C	142
2.6.3	Analogie zwischen Strömungs- und elektrostatischem Feld	149
2.6.4	Kapazität von Mehrleitersystemen, Teilkapazität*	150
2.7	Elektrisches Feld bei zeitveränderlicher Spannung	153
2.7.1	Strom-Spannungs-Relation des Kondensators	153
2.7.2	Verschiebungsstrom, Verschiebungsstromdichte, Kontinuitätsgleichung	157
2.7.3	Kondensator im Stromkreis	163
2.7.4	Allgemeine kapazitive Zweipole	170
2.7.5	Der Kondensator als Bauelement	175

2 Das elektrostatische Feld, elektrische Erscheinungen in Nichtleitern

Lernziel Nach der Durcharbeitung des Kapitels sollte der Leser in der Lage sein,

- das Influenzprinzip zu erläutern,
- die Verschiebungsflussdichte und den Verschiebungsfluss zu erklären,
- die dielektrischen Eigenschaften der Materie zu beschreiben,
- die Feldgrößen des Dielektrikums anzugeben,
- das Feldverhalten zwischen verschiedenen Dielektrika zu beschreiben,
- die Vorgänge im Plattenkondensator und den Kapazitätsbegriff zu erklären,
- die Strom-Spannungs-Beziehung des Kondensators anzugeben,
- den Begriff Verschiebungsstrom zu erläutern.

Einführung Geht im Strömungsfeld, an dem über zwei Elektroden eine Spannung U liegt (und damit im Feld eine Feldstärke $\boldsymbol{E}$ herrscht) die Leitfähigkeit gegen Null, so verschwindet die Stromdichte: der Leiter wird zum *Nichtleiter* oder allgemeiner, zu einem *Dielektrikum*. Sein Merkmal sind *fehlende bewegliche Ladungen*; es gibt vielmehr nur ruhende Ladungen auf den Elektrodenplatten. Sie sorgen im Dielektrikum für ein *elektrostatisches* oder *ruhendes elektrisches* Feld. Die Vermutung, dass es uninteressant sein könnte, wird durch zwei Phänomene in Frage gestellt:

- Bei Spannungsänderung fließt Strom durch die Elektrodenzuleitungen.
- Es gibt Informationsübertragung mit elektromagnetischen Wellen „durch die Luft", die mit einem einfachen Isolatormodell nicht erklärbar ist.

Daher zeichnen sich folgende Problemkreise ab:

- Feldursachen und spezifische Feldgrößen in Dielektrika,
- der Übergang vom Leiter zum Nichtleiter,
- die Verbindung zwischen einem räumlich ausgedehnten Dielektrikum und dem Stromkreis erfasst durch das Netzwerkelement *Kondensator*.

2.1 Feldstärke- und Potenzialfeld

Technisch wird ein Leiterkreis mit einem räumlich begrenzten Nichtleitergebiet durch einen *Kondensator* „verkoppelt": eine Anordnung aus zwei gut leitenden flächenhaften Elektroden (A, B) umgeben vom Nichtleiter. Ein Bei-

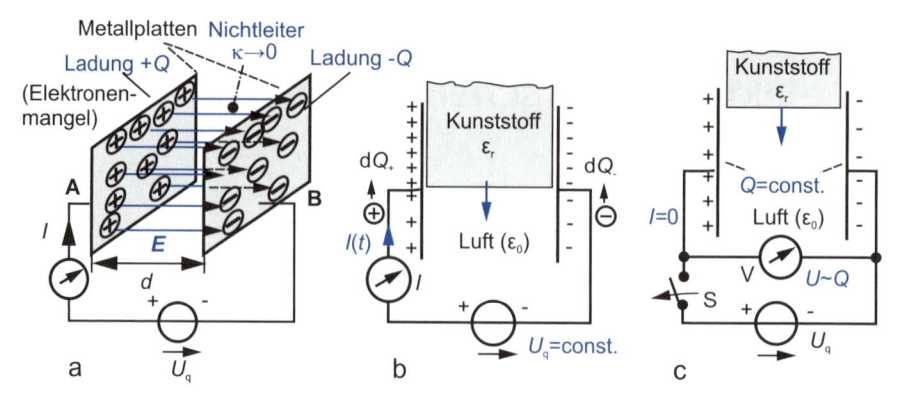

Abb. 2.1.1. Kondensatorprinzip. (a) Plattenkondensator mit anliegender Gleichspannung. (b) Bei Änderung des Dielektrikums fließt trotz konstanter Plattenspannung Strom durch die Zuleitung. (c) Bei geladenem Kondensator (Q = const) ändert sich die Plattenspannung bei Änderung des Dielektrikums

spiel ist der *Plattenkondensator* aus zwei ebenen, parallelen Platten (Abb. 2.1.1a). Ladungen auf ihnen verursachen im Nichtleiter ein *elektrostatisches Feld*. Der Nichtleiter ist entweder ein Vakuum (bzw. Luft), ein Isolatormaterial oder ein Dielektrikum (Glas, Keramik).

Wir betreiben den Plattenkondensator einmal bei anliegender Spannung $U =$ const und dann bei aufgebrachter Ladung $\pm Q =$ const (Ladungsvorgabe). *Im ersten Fall* entsteht ein homogenes Feld $E = U/d$ *unabhängig vom Medium zwischen den Platten*. Die Spannung verursacht eine Ladungsanhäufung auf den Platten und damit ein *noch unbekanntes Ladungsfeld im Dielektrikum*. Wir schlussfolgern dies aus einer *messbaren Ladungsänderung* bei Austausch des nichtleitenden Mediums (Luft, Dielektrikum) durch ein anderes (z. B. Glas, Glimmer, Isolieröl) gleicher Abmessung (Abb. 2.1.1b). Beim Einschieben einer Kunststoffplatte zeigt der Strommesser trotz konstanter (!) Spannung U einen Strom $i(t)$ an. Folglich gilt für die Zeitspanne $t_1 \ldots t$ des Einschiebens $Q(t) = \int_{t_1}^{t} i(t') dt' + Q(t_1)$. Dabei wächst die Plattenladung, wie in der Abbildung angedeutet. Der an konstanter Spannung U_q liegende Kondensator unterscheidet sich von einem spannungslosen durch die Ladungen auf den Platten und eine *Wechselwirkung zwischen den Plattenladungen über das Dielektrikum*.

Wegen der Stromkontinuität ändern sich die positive und negative Ladung um den gleichen Betrag. Deshalb *müssen* beide Ladungen über eine gemeinsame Größe verknüpft sein, für die der Begriff *Verschiebungs-* oder *Ladungsfluss* Ψ als *Gesamterscheinung* eingeführt wird. Im Raumpunkt gehört dazu später die *Verschiebungsflussdichte* $\mathbf{D}$.

2.1 Feldstärke- und Potenzialfeld

> Bei gegebenem *Feldstärkefeld* **E** (bzw. Spannungsquelle U_q) *als Ursache* folgt als *Wirkung*:
> - die *Plattenladung* Q bzw. der Verschiebungsfluss Ψ als Gesamterscheinung oder
> - eine zugeordnete *Verschiebungsflussdichte* **D** in Raumpunkten des Dielektrikums.

Stets ist die Plattenladung mit Dielektrikum größer als im Vakuum (Ergebnis des Experiments).

Im zweiten Fall wird die Bedingung $Q = $ const durch Entfernen der Spannungsquelle nach dem „Aufladen" erfüllt (Abb. 2.1.1c). Dann kann Ladung weder zu- noch abfließen. Ein Spannungsmesser (unendlich hoher Innenwiderstand zur Verhinderung des Ladungsabflusses)[1] zeigt die Spannung $U = $ const $\cdot Q$ an. Folglich wirkt im Nichtleiter ein *elektrisches Feld mit der Feldstärke* **E**. Die Ladung Q *ändert sich nicht*, wenn der Zwischenraum durch ein anderes Dielektrikum (z. B. Kunststoffplatte) ersetzt wird. Man bemerkt jedoch eine *Spannungsänderung* ΔU: die Spannung *sinkt* durch das Dielektrikum gegenüber dem Zustand „ohne". Betrachten wir die Ladung als *Ursache* und das elektrische Feld bzw. die Plattenspannung als *Wirkung* der Erscheinung, so liegt ein analoger Vorgang zum Strömungsfeld vor: dort erzeugte ein eingeprägter Strom eine von der Leitfähigkeit abhängige Spannung bzw. Feldstärke als Wirkung.

> Bei konstanter Ladung Q ändert sich die Spannung U (Feldstärke **E**) bei Veränderung des Dielektrikums, sie ist kleiner als im Vakuum.

Dieses Verhalten erlaubt folgenden Schluss: So, wie das *Strömungsfeld* gekennzeichnet wird durch die Feldgrößen Feldstärke **E**, Stromdichte **J** und die Materialeigenschaft Leitfähigkeit bzw. Spannung, Strom und Widerstand, muss sich das *Ladungs- oder elektrostatische Feld im Nichtleiter* beschreiben lassen:

- durch die Feldgrößen Feldstärke **E**, Verschiebungsflussdichte **D** und eine Materialgröße oder
- als Gesamterscheinung durch Spannung, Verschiebungs- oder Ladungsfluss $Q = \Psi$ und die Verknüpfungsgröße Kapazität C.

Die Feldstärke ist durch die (Kraft)-*Wirkung* auf eine Ladung definiert. Dann muss die Verschiebungsflussdichte **D** ein Maß für die *Ursache* (die Ladungen)

---

[1] Das sind sog. Elektrometer, die die Kraftwirkung der Ladung zwischen beweglichen Platten zur Spannungsmessung ausnutzen.

Tab. 2.1. Die Feldgrößen des elektrostatischen Feldes

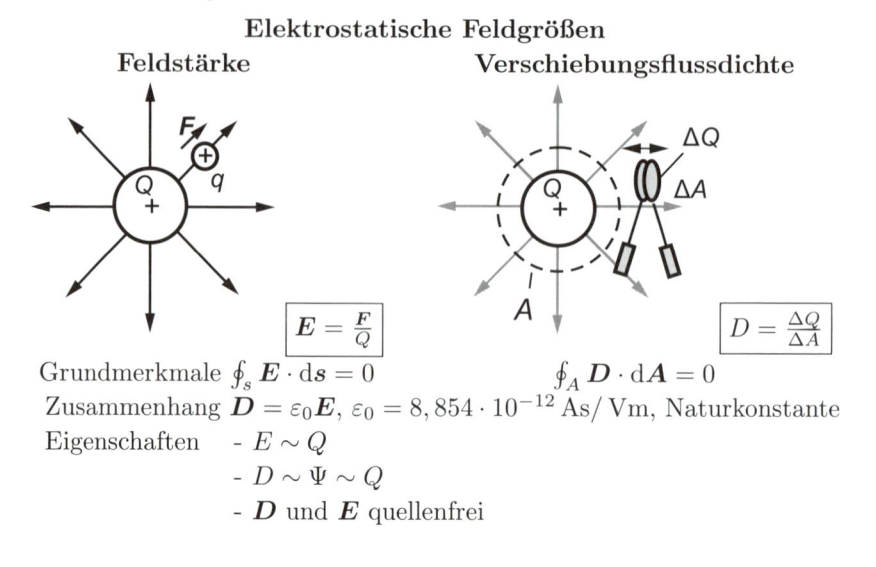

Elektrostatische Feldgrößen

Feldstärke   **Verschiebungsflussdichte**

$$E = \frac{F}{Q} \qquad D = \frac{\Delta Q}{\Delta A}$$

Grundmerkmale $\oint_s \boldsymbol{E} \cdot \mathrm{d}\boldsymbol{s} = 0$ $\oint_A \boldsymbol{D} \cdot \mathrm{d}\boldsymbol{A} = 0$

Zusammenhang $\boldsymbol{D} = \varepsilon_0 \boldsymbol{E}$, $\varepsilon_0 = 8{,}854 \cdot 10^{-12}$ As/Vm, Naturkonstante

Eigenschaften
- $E \sim Q$
- $D \sim \Psi \sim Q$
- $\boldsymbol{D}$ und $\boldsymbol{E}$ quellenfrei

des elektrischen Feldes sein. Dahinter steht die Idee, die elektrischen Eigenschaften eines (entfernten) geladenen Körpers der Ladung Q *an jedem Ort* darzustellen (was mit dem Influenzprinzip nachweisbar ist) (Tab. 2.1).

Wir untersuchen zunächst die Verschiebungsflussdichte $\boldsymbol{D}$ und den zugehörigen Verschiebungsfluss Ψ (als globale Größe); das Influenzprinzip vertiefen wir im Kap. 2.6.1.

Beziehung zum Strömungsfeld Das in Abb. 2.1.1 skizzierte Verhalten des elektrostatischen Feldes zeigt Analogien zum Strömungsfeld. Dort ist das Gebiet zwischen den Elektroden leitend und hat die Eigenschaft Widerstand. Ein kontinuierlicher Übergang zum Nichtleiter wäre z. B. durch Senkung der Leitfähigkeit κ auf Null möglich, etwa beim Übergang von Salzwasser als Leiter zu reinem Wasser mit praktisch verschwindender Leitfähigkeit, aber sehr guten dielektrischen Eigenschaften ($\varepsilon_r = 80$, s. folgendes Kapitel). Dem Verhalten in Abb. 2.1.1b entspräche der Fall, dass der Nichtleiter durch ein leitendes Volumen ausgetauscht wird. Dann ändert sich der Strom (und die Stromdichte im Strömungsfeld). Im Falle der Abb. 2.1.1c wird das Strömungsfeld zwischen den Platten mit einem Strom (Stromquelle I_q) gespeist; jetzt bleibt I konstant und bei Einschieben des leitenden Materials ändern sich Spannung und Feldstärke. *Strömungs- und elektrostatisches Feld haben bei Zuordnung analoger Größen analoges Verhalten (s. Kap. 2.6).* Eines zeigt der Vergleich von Potenzial und Feldstärke in beiden Fällen: *Das elektrische Feld wird im Strömungs- wie elektrostatischen Feld durch Feldstärke und Potenzial beschrieben. Unterschiedlich sind zu dieser Ursache nur die Wirkungen: dort Strom und Stromdichte $\boldsymbol{J}$, hier Verschiebungsfluss (Ladung) und Verschiebungsflussdichte $\boldsymbol{D}$.*

2.2 Verschiebungsflussdichte

Möglicherweise ist die Einführung der Verschiebungsflussdichte D noch nicht einzusehen. Wir zeigen jetzt, dass Feldstärke E und D *grundsätzlich verschiedene Feldgrößen* sind und erläutern die Doppelrolle, die Ladung in der Feldbetrachtung hat:

– Ladungen erzeugen in ihrer Umgebung ein *Ladungsfeld* (Eigenfeld!), es ist seine *Ursache* und heißt als Gesamtphänomen *Verschiebungsfluss* Ψ. *Er steht mit der Ladungsinfluenz in direktem Zusammenhang.* Dazu gehört eine der Feldbeschreibung angepasste Größe, die *Verschiebungsflussdichte* D. Der Zusammenhang zwischen E und D hängt vom Dielektrikum ab.
– Eine Ladung erfährt im elektrostatischen Feld eine *Kraft* (Feldkraft): *Wirkung* des elektrischen Feldes auf die Ladung. Sie dient als *Feldindikator*. Das ist der Inhalt des Feldstärkebegriffes Gl. (1.3.8), Bd. 1. Kraftwirkung und Feldstärke *hängen vom* Material ab.

> In dieser Doppelrolle *verursacht* eine Ladung ein elektrisches Feld und erfährt im elektrischen Feld eine *Kraftwirkung*.

Deshalb *müssen* Feldstärke E und Verschiebungsflussdichte D verschiedenen Charakter haben, was sich z. B. in unterschiedlichen Dimensionen ausdrückt: $[D]$ = Ladung/Fläche, $[E]$ = Kraft/Ladung.

Verschiebungsflussdichte D Wir nutzen zur Begründung der Verschiebungsflussdichte das *Coulombsche Gesetz* Gl. (1.3.5), Bd. 1 zurück (Abb. 2.2.1a). Danach üben zwei ruhende Punktladungen Q_1 und Q_2 im Vakuum Kraftwirkungen aufeinander aus. In der Begründung der Feldstärke E_2 (s. Gl. (1.3.7), Bd. 1) gingen wir davon aus, dass am Ort der Ladung Q_2 die Kraft $|F_2|$ als Folge von Q_1 wirkt:

$$\underbrace{E_2(Q_1)}_{\substack{\text{Feldstärke}\\\text{am Ort }Q_2}} = \underbrace{\frac{F_2}{Q_2}}_{\text{Definition}} = \underbrace{\frac{1}{\varepsilon_0}\frac{Q_1}{4\pi r^2}e_r}_{\text{Ursache von }E_2} = \frac{1}{\varepsilon_0}\underbrace{\frac{Q_1}{4\pi r^2}e_r}_{\text{Erregung}} \equiv \frac{D}{\varepsilon_0}. \quad (2.2.1)$$

Aus dem Experiment Q = const (Abb. 2.1.1c) wissen wir, dass die Feldstärke im Raum zwischen zwei Ladungen von den dielektrischen Eigenschaften des Raumes, hier ε_0, abhängt. Das Wesen der Felddarstellung besteht nun darin, das elektrische Feld E_2 als Wirkung einer „Ursachenfeldgröße" $D_2(Q_1)$, der *Verschiebungsflussdichte, am gleichen Ort* zu erklären.

Die Ladung Q_1 ist von ihrem „*Ladungsfeld*" umgeben. Denkt man sich um sie eine Hülle (Kugel von Radius r), so fließt durch sie der gesamte Verschiebungsfluss (Abb. 2.2.1b). Dann ist die elektrische Flussdichte der Hüllenfluss bezogen auf die Hüllfläche

$$\boxed{\boldsymbol{D} = \frac{Q}{4\pi r^2}\boldsymbol{e}_r \quad \text{mit} \quad |\boldsymbol{D}| = \frac{Q}{4\pi r^2} = \frac{\text{Ladung}}{\text{Hüllfläche mit Radius } r}.} \quad (2.2.2)$$

Die elektrische Flussdichte $\boldsymbol{D}$ kennzeichnet die Ursache (Ladungen) des Feldes im Raumpunkt: Vektor der Feldursache mit dem Betrag Flächenladung Q/Fläche. Ihre Richtung stimmt mit der der Feldstärke überein.

Die Verschiebungsflussdichte $\boldsymbol{D}$ ist eine der Feldbeschreibung angepasste Form für die Ladung, die am gleichen Ort ein elektrostatisches Feld $\boldsymbol{E}$ erzeugt, unabhängig von den dielektrischen Eigenschaften des Raumes.

Anschaulich ist der Betrag der Flussdichte gleich der influenzierten *Flächenladungsdichte* σ (Ladung pro Flächeneinheit) auf einer ideal leitenden Hüllfläche A (Abb. 2.2.1b)

$$\boxed{\begin{aligned} D &= \sigma = \lim_{\Delta A \to 0} \frac{\Delta Q}{\Delta A} = \frac{\mathrm{d}Q}{\mathrm{d}A}, \quad \text{mit} \quad [\sigma] = \frac{[Q]}{[A]} = \frac{1\mathrm{As}}{\mathrm{m}^2} \\ Q &= \int_A \sigma(\boldsymbol{r}) \mathrm{d}A. \end{aligned}} \quad (2.2.3)$$

Dimension und Einheit von $\boldsymbol{D}$ und Feldstärke $\boldsymbol{E}$ sind verschieden!

Damit gilt im Vakuum

$$\boxed{\boldsymbol{D} = \varepsilon_0 \boldsymbol{E}.} \qquad \boldsymbol{D}, \boldsymbol{E}\text{-Beziehung im Vakuum} \quad (2.2.4)$$

Die elektrische Feldkonstante ε_0, auch absolute Dielektrizitätszahl genannt,

$$\boxed{\varepsilon_0 = \frac{1}{\mu_0 c_0^2} = 8{,}85418 \cdot 10^{-12}\,\frac{\mathrm{As}}{\mathrm{Vm}} = 8{,}85418\,\frac{\mathrm{pF}}{\mathrm{m}} \approx \frac{10^{-9}}{4\pi \cdot 9}\,\frac{\mathrm{As}}{\mathrm{Vm}}}$$
$$\text{Elektrische Feldkonstante, Naturkonstante} \quad (2.2.5)$$

kann auf die Lichtgeschwindigkeit $c_0 = 299792458\,\mathrm{m/s} \approx 300000\,\mathrm{km/s}$ im freien Raum und die magnetische Feldkonstante $\mu_0 = 4\pi \cdot 10^{-7}\,\mathrm{H/m} = 1{,}256\,\mathrm{\mu H/m}$ zurückgeführt werden. Es gilt $\varepsilon_0 \mu_0 c^2 = 1$. Die Zahlenwerte von μ_0 und c_0 liegen im SI-System durch die Basiseinheiten Meter und Ampere implizit fest. Wenn auch die Einführung von $\boldsymbol{D}$ für das Vakuum möglicherweise noch nicht überzeugt, so wird dies in dielektrischen Stoffen (s. Kap. 2.3) um so verständlicher.

Für den *Plattenkondensator* mit der Plattenfläche A (Abb. 2.2.1c) beispielsweise ergibt sich im Vakuum $D = Q/A$. Der Betrag von D stimmt mit der Flächenladungsdichte σ auf den Kondensatorplatten überein: Die Ladungen

2.2 Verschiebungsflussdichte

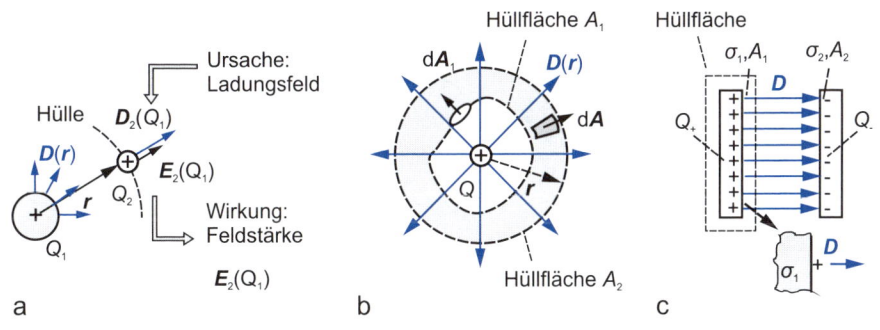

Abb. 2.2.1. Verschiebungsflussdichte D. (a) Kennzeichnung eines Ladungsfeldes durch Definition von D. (b) Verschiebungsflussdichte einer Punktladung. (c) Elektrische Flussdichte im Plattenkondensator, Einführung der Flächenladungsdichte σ an der Leiteroberfläche

auf der Oberfläche bilden die Quelle oder Senke der D-Linien, die senkrecht auf den ladungstragenden Metalloberflächen stehen. Der Raum zwischen den Kondensatorplatten ist vom Verschiebungsfluss Ψ ausgefüllt.

Gaußsches Gesetz der Elektrostatik[2] In Gl. (2.2.1) wurde die elektrische Erregung über die Punktladung eingeführt. Die Frage lautet aber: Wie hängen Verschiebungsflussdichte D und erzeugende Ladung Q generell zusammen? Ausgang ist das Punktladungsmodell. Die D-Linien treten senkrecht durch die Oberfläche mit dem Flächenelement $\mathrm{d}A = e_\mathrm{r}\mathrm{d}A$ (s. Abb. 2.2.1b). Dann beträgt das Oberflächenintegral über die Verschiebungsflussdichte

$$\oint_{A_\mathrm{Kugel}} D \cdot \mathrm{d}A = \oint_{A_\mathrm{Kugel}} \frac{Q}{4\pi r^2} e_\mathrm{r} \cdot e_\mathrm{r}\mathrm{d}A = \frac{Q}{4\pi r^2} \oint_{A_\mathrm{Kugel}} \mathrm{d}A = Q \qquad (2.2.6)$$

mit der Kugeloberfläche $\oint_{A_\mathrm{Kugel}} \mathrm{d}A = A_\mathrm{Kugel} = 4\pi r^2$. Gauß erkannte, dass die Beziehung Gl. (2.2.6) für eine beliebige Hüllfläche gilt und auch Ladungsverteilungen einschließen kann und formulierte

$$\Psi = Q|_\mathrm{Volumen} = \oint_{A_\mathrm{Hülle}} D \cdot \mathrm{d}A$$

$$= \underbrace{\sum_i Q_i}_{\text{Punkt-}} + \underbrace{\int_V \varrho\mathrm{d}V}_{\text{Raum-}} + \underbrace{\int_A \sigma\mathrm{d}A}_{\text{Flächen-}} + \underbrace{\int_L \lambda\mathrm{d}l}_{\text{Linienladung}} \quad . \qquad (2.2.7)$$

$$\text{Elektrische Feldquellen}$$

Gaußscher Satz (Naturgesetz)

---

[2] Nicht zu verwechseln mit dem Gaußschen Satz der Feldtheorie.

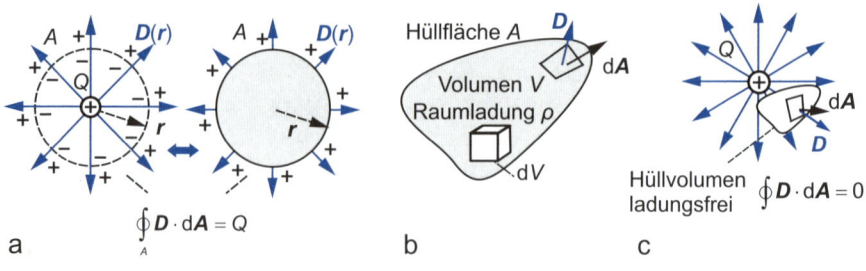

Abb. 2.2.2. Gaußscher Satz: Ladungen als Quellen des Verschiebungsdichtefeldes, es entsteht der Verschiebungsfluss Ψ von $\boldsymbol{D}$. (a) Ersatz der Ladung Q durch eine Hülle, die gleiche Ladung trägt. (b) Beitrag der Raumladungsdichte ϱ zum Gaußschen Satz. (c) Verschiebungsdichte verschwindet, wenn keine Nettoladung umfasst wird

Das Flächenintegral der elektrischen Verschiebungsflussdichte $\boldsymbol{D}$ über eine beliebige (gedachte oder materielle) Hüllfläche ist gleich der von der Hülle umschlossenen gesamten Ladung Q. Sie ist gleichwertig der elektrische Fluss Ψ als integrale Größe zu $\boldsymbol{D}$ und kann auch eine Ladungsverteilung einschließen. Der Vektor des Flächenelementes zeigt aus der Hüllfläche.

Der Gaußsche Satz enthält eine doppelte Aussage:

- *Mathematisch* drückt das Hüllintegral den Fluss $Q = \Psi$ des Vektors $\boldsymbol{D}$ aus (so wie der Strom I der Fluss des Vektors Stromdichte $\boldsymbol{J}$ im Strömungsfeld ist).
- *Physikalisch* setzt sich die umschlossene Ladung Q als Verschiebungsfluss Ψ außerhalb der Hülle fort, beschreibt also den *Zustand des umgebenden (nichtleitenden) Raumes* mit dem Merkmal Ladungsinfluenz. Deshalb erhält der Hüllenfluss einerseits das Symbol Q der Ladung, der wesensgleiche Verschiebungsfluss aber das Symbol Ψ (s. Kap. 2.6.1).

Beim Umschließen der Ladung Q von einer leitenden Hülle (Abb. 2.2.2a) entsteht auf ihrer Oberfläche durch *Influenz* eine Ladung $Q_i = Q$. Dieser Vorgang ist auch so zu interpretieren, dass von der Ladung Q innerhalb der Hülle ein Verschiebungsfluss durch den Nichtleiter zur Hülle (als Gegenelektrode) ausgeht, der auf der Oberfläche die gleiche Ladung influenziert. Deshalb stimmt der Gesamtfluss der elektrischen Flussdichte $\boldsymbol{D}$ durch eine Hüllfläche mit der umschlossenen Gesamtladung Q überein:

Das elektrostatische Feld ist nach dem Gaußschen Gesetz ein Quellenfeld (Naturgesetz). Positive (negative) Ladungen sind seine Quellen (Senken).

Es gibt neben dieser integralen Aussage noch eine Beschreibung für den Raumpunkt (s. Kap. 2.5.1) unter Bezug auf die Divergenz.

2.2 Verschiebungsflussdichte

Tab. 2.2. Verschiebungsflussdichte wichtiger Quellen mit der Ladung Q

	Feldbild	D
Punktquelle	räumlich radial	$\dfrac{Q}{A_{\text{Kugel}}(r)} = \dfrac{Q}{4\pi r^2}$
Linienquelle Zylinderfläche	eben radial	$\dfrac{Q}{A_{\text{Zylinder}}(r)} = \dfrac{Q}{2\pi r l}$
Ebene Fläche	homogen	$\dfrac{Q}{A_{\text{Fläche}}}$

Nach Gl. (2.2.7) ist $\boldsymbol{D}$ nicht die Wirkung einer Ladung, sondern ihre der Feldbeschreibung angepasste andersartige Beschreibung dieser Ladung in einem Punkt. Man sagt also: Im Punkt A befindet sich die Ladung Q oder gleichwertig: Im Raum existiert überall eine Verschiebungsflussdichte $\boldsymbol{D}$, die von A weggerichtet ist und im Punkt P (Abstand $\boldsymbol{r}$ von A) den Betrag $Q/(4\pi r^2)$ hat. Somit gibt $\boldsymbol{D}$ anschaulich durch Vergleich mit einer bekannten Ladung an, wieviel Ladung vorhanden ist (Quantitätsgröße). Demgegenüber kennzeichnet die elektrische Feldstärke die Stärke des elektrischen Feldes (gemessen durch seine Kraftwirkung auf eine Ladung), ist also eine Intensitätsgröße.

Der Gaußsche Satz erlaubt einige *fundamentale Aussagen*:

1. Die umfasste Ladung kann eine Raum-, Flächen-, Linien- bzw. Punktladung sein. Stets bildet das Hüllintegral die umschlossene Gesamtladung. Damit kehrt es die Aussage des Coulombschen Gesetzes Gl. (1.3.5), Bd. 1 um, denn dort wird aus gegebenen Ladungen das Feld hergeleitet.
2. Die Ladung im Innern einer Hüllfläche verteilt sich auf ihrer Oberfläche (das Innere der Hülle ist dann ladungsfrei): Ein Beobachter im Abstand erfährt nur den Ladungsfluss, er kann nicht unterscheiden, ob er von der Ladung oder der Hüllfläche/Oberflächenladung stammt (Abb. 2.2.2a).
3. Im Raum um die Hüllfläche setzt sich die Ladung als *Verschiebungsfluss* Ψ fort, er ist Ursache der Influenz.
4. Als Hüllfläche sollten leicht berechenbare Formen gewählt werden (z. B. eignet sich die Fläche A_1 in Abb. 2.2.1b nicht, dagegen aber die Kugelfläche A_2). Für symmetrische Felder (kugel- und zylinderförmige Anordnungen sowie unendlich ausgedehnte Platten) lässt sich die Verschiebungsflussdichte mit dem Gaußschen Satz einfach berechnen (s. Tab. 2.2).

In Gebieten *ohne* umschlossene (Netto-)Ladung (Abb. 2.2.2c) folgt aus Gl. (2.2.7) zwangsläufig

$$\oint_{A_{\text{Hülle}}} \boldsymbol{D} \cdot \mathrm{d}\boldsymbol{A} = 0. \quad \text{Quellenfreiheit des elektrostatischen Feldes} \quad (2.2.8)$$

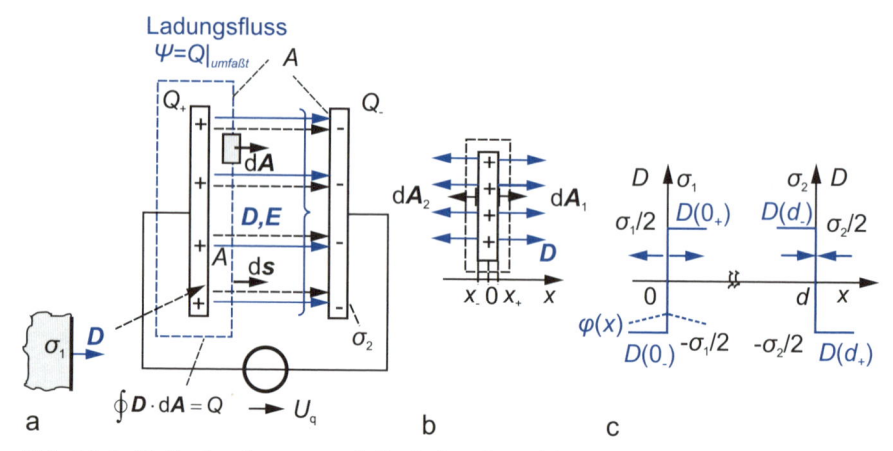

Abb. 2.2.3. Plattenkondensator und Gaußscher Satz. (a) Hüllfläche und umfasste Ladung mit dem Verschiebungsfluss zwischen den Platten. (b) Flächenladung und Verschiebungsflussdichte einer Einzelplatte, positive Ladung. (c) Überlagerung zweier Flächenladungen (herrührend von positiver und negativer Ladung) im Abstand d

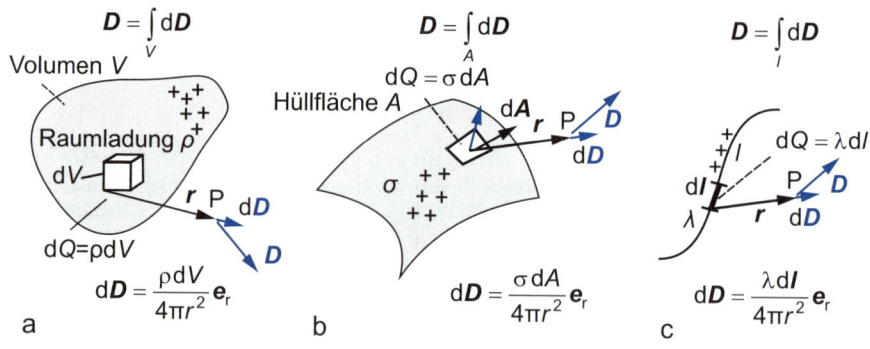

Abb. 2.2.4. Gaußscher Satz und Ladungsverteilungen. Das jeweilige differenzielle Element trägt zur Teilladung dQ bzw. zur Verschiebungsflussdichte $d\boldsymbol{D}$ bei (a) Raumladungsverteilung. (b) Flächenladungsverteilung. (c) Linienladung

Dazu gehören Hüllflächen ohne umschlossene Ladung oder solche, in denen sich positive und negative Ladungen aufheben. Dann treten ebenso viele $\boldsymbol{D}$-Linien ein wie aus: innerhalb der Hüllfläche entstehen oder verschwinden keine $\boldsymbol{D}$-Linien.

Abbildung 2.2.3a zeigt den Gaußschen Satz am Plattenkondensator mit den Plattenladungen $\pm Q$. Eine Hülle umfasst die Fläche zwischen den Platten und dem restlichen Randbereich (bei homogenem Feld vernachlässigbar). Wegen $\oint_A \boldsymbol{D} \cdot d\boldsymbol{A} = Q$ lässt sich $\boldsymbol{D}$ für eine Hüllfläche um eine Elektrode als Flächenladung $\sigma = dQ/dA$ interpretieren, die auf einer kleinen Hüllfläche direkt an der Elektrodenoberfläche herrscht: $\sigma = \boldsymbol{D} \cdot \boldsymbol{e}_n = Q/A$. Im Raum zwischen den Elektroden breitet sich der elektrische Fluss $\Psi = Q = \sigma A$ aus.

Beispiel 2.2.1 Homogenes Feld Der Plattenkondensator Abb. 2.2.3a habe unendlich ausgedehnte (dünne) Platten. Trägt eine einzelne Platte die Ladung Q, so hat sie die Flächenladungsdichte $\sigma = Q/A = D$ in der Ebene $x = 0$ und es entsteht auf beiden Seiten ein homogenes Feld (Abb. 2.2.3b). Die Verschiebungsflussdichte führt (wegen der unendlichen Plattenausdehnung in y,z-Richtung) nur eine x-Komponente. Zur Bestimmung wird das Oberflächenintegral $\oint \boldsymbol{D} \cdot \mathrm{d}\boldsymbol{A}$ (Gl. (2.2.6)) über eine quaderförmige Hüllfläche gebildet. Dann steht $\boldsymbol{D}$ senkrecht auf den Elektrodenfläche (d.h. parallel zu $\mathrm{d}\boldsymbol{A}$). Da die Seitenflächen wegen $\boldsymbol{D} \perp \mathrm{d}\boldsymbol{A}$ keinen Beitrag zum Integral geben, bleibt für die Flächen rechts ($x = x_+ > 0$) und links ($x = x_- < 0$) der Flächenladung mit $\boldsymbol{D} = \boldsymbol{e}_\mathrm{x} D_\mathrm{x}$

$$D_\mathrm{x}(x_+)\boldsymbol{e}_\mathrm{x} \cdot \boldsymbol{e}_\mathrm{x} A + D_\mathrm{x}(x_-)\boldsymbol{e}_\mathrm{x} \cdot (-\boldsymbol{e}_\mathrm{x})A = Q = \sigma A.$$

Aus Symmetriegründen gilt $D_\mathrm{x}(x_-) = -D_\mathrm{x}(x_+) = -\sigma/2$ und damit

$$D_\mathrm{x} = \sigma \boldsymbol{e}_\mathrm{x}/2, \quad \boldsymbol{E}_\mathrm{x} = \sigma \boldsymbol{e}_\mathrm{x}/2\varepsilon_0 \quad \text{und} \quad \varphi(x) = \varphi(0) - |x|\sigma/2\varepsilon_0.$$

> Die Flächenladung σ verursacht beiderseits der Elektrodenoberfläche die Flussdichte $\sigma/2$ und einen D-Sprung (und ebenso E), entsprechend einen Knick im Potenzialverlauf.

Wird der Elektrode bei $x = 0$ mit der Flussdichte $D_\mathrm{x} \equiv D_\mathrm{x1}$ im (kleinen) Abstand d eine zweite (gleich große) mit der Ladung $Q_2 = -\sigma$ (Flussdichte $\boldsymbol{D}_\mathrm{x2} = \mp \boldsymbol{e}_\mathrm{x}\sigma/2$) gegenübergestellt (Abb. 2.2.3c gültig für den Bereich $|x| > d$), so überlagern sich beide Felder: sie kompensieren außerhalb des Kondensatorbereiches $x < 0$ und $x > d$ wegen $\boldsymbol{D}_\mathrm{ges} = \boldsymbol{D}_\mathrm{x1} + \boldsymbol{D}_\mathrm{x2} = 0$, im Kondensator ($0 < x < d$) entsteht dagegen mit $\boldsymbol{D} = \boldsymbol{D}_\mathrm{x1} + \boldsymbol{D}_\mathrm{x2} = \boldsymbol{e}_\mathrm{x}\sigma$ ein homogenes Feld.

Ladungsverteilungen Die Wirkung von Ladungen im Raum hängt auch von ihrer Verteilung ab, gekennzeichnet durch die *Ladungsdichte*: Ladung bezogen auf ein Volumen, eine Fläche, eine Linie oder einen Punkt (Punktladung). Abbildung 2.2.4 stellt die Verteilungen gegenüber:

1. Die *Raumladung* als stetige Verteilung über ein Volumen V mit der Raumladungsdichte $\varrho(\boldsymbol{r})$ (s. Gl.(1.3.3), Bd. 1). Sie tritt in der Stromdichte auf und als Raumladung in Isolatoren und Halbleitern (Beispiel pn-Übergang).
2. Die *Flächenladung* σ ist eine stetige Verteilung auf einem flächenhaften Träger der Größe A (s. Gl. (2.2.3)). Dabei befindet sich die Ladung an der Oberfläche eines Leiters mit vernachlässigbarer Dicke der Ladungsdichte. Real hat die Ladung an der Oberfläche immer eine bestimmte Schichtdicke δ mit der Raumladungsdichte $\varrho(x,y,z)$. Ist bei einer ebenen Platte A die Schichtdicke in x-Richtung orientiert, so beträgt die Ladung der oberflächennahen Schicht

$$Q = \int\int_{A}\int_{\delta} \varrho(x,y,z)\,\mathrm{d}x\,\mathrm{d}A = \int_{A} \sigma(y,z)\,\mathrm{d}A \quad \text{mit} \quad \sigma(y,z) = \int_{\delta} \varrho(x,y,z)\,\mathrm{d}x.$$

Dann verlangt die Definition der Flächenladungsdichte, dass beim Übergang zur Dicke $\delta \to 0$ die Raumladungsdichte über alle Grenzen wächst. So entspricht dem mathematischen Begriff „Flächenladung" physikalisch die vernachlässigte Schichtdicke des ladungserfüllten Raumes. Flächenladungen treten an Metall- und Halbleiteroberflächen auf. Nimmt man eine Raumladungsdichte $\varrho = qn \approx 1{,}6 \cdot 10^{-19}\,\mathrm{As} \cdot 10^{22}\,\mathrm{cm}^{-3}$ an, so müsste diese Ladung bei einer

Verschiebungsflussdichte $D_\mathrm{n} = 26{,}5 \cdot 10^{-10}\,\mathrm{As/cm^2}$, wie sie zur Durchbruchfeldstärke in Luft ($E = 30\,\mathrm{kV/cm}$) gehört, in einer Schichtdicke

$$\Delta x = \frac{Q}{\varrho A} = \frac{D_\mathrm{n}}{\varrho} = \frac{26{,}5 \cdot 10^{-10}\,\mathrm{As} \cdot \mathrm{cm}^3}{1{,}6 \cdot 10^{-19} \cdot 10^{22}\,\mathrm{cm^2 As}} = 16{,}5 \cdot 10^{-7}\,\mathrm{cm}$$

vorliegen. Das ist für makroskopische Betrachtungen vernachlässigbar. Bei Metallen sitzen Ladungen als mathematisches Modell flächenhaft an der Oberfläche.

Wird die raumladungserfüllte Schicht immer dünner (gilt aber $\varrho \Delta x = \frac{\Delta Q}{\Delta V} \Delta x = \frac{\Delta Q}{\Delta A \Delta x} \Delta x = \sigma = \mathrm{const}$), so steigt die Verschiebungsflussdichte an, bis sie im Grenzfall der Flächenladung ($\Delta x \to 0$, $\varrho \to \infty$) springt.

3. Die *Linienladungsdichte* λ ist die stetige Verteilung der Ladung Q auf einen linienhaften Träger der Länge l und der Querabmessung Null (Abb. 2.2.4c)

$$\lambda = \lim_{\Delta l \to 0} \frac{\Delta Q}{\Delta l} = \frac{\mathrm{d}Q}{\mathrm{d}l}, \quad \text{mit} \quad Q = \int_A \lambda(\boldsymbol{r})\,\mathrm{d}l, \quad [\lambda] = \frac{[Q]}{[l]} = 1\frac{\mathrm{As}}{\mathrm{m}}. \tag{2.2.9}$$

Sie wird verwendet, wenn die Querabmessung eines geladenen Leiters klein gegen seine Längsabmessung ist, beispielsweise beim Draht.

4. Die *Punktladung* ist die Ladung eines Trägers mit der Linearabmessung „Null".

Beispiel 2.2.2 Ladungsverteilungen Wir betrachten Beispiele zur Raum-, Flächen- und Linienladungsverteilung nach Abb. 2.2.4.

1. Eine unendlich lange *Linienladung* (Abb. 2.2.5a) mit der Ladungsdichte λ längs der z-Achse ergibt im Punkt P auf einer zylinderförmigen Hüllfläche wegen der Symmetrie eine senkrecht auf der Fläche stehende Verschiebungsflussdichte $\boldsymbol{D} = D_\varrho \boldsymbol{e}_\varrho$. Der Gaußsche Satz liefert für die Ladungsdichte der Länge l als Gesamtladung

$$\lambda l = Q = \oint_A \boldsymbol{D} \cdot \mathrm{d}\boldsymbol{A} = D_\varrho \oint_A \mathrm{d}A = D_\varrho 2\pi r l \quad \to \boldsymbol{D} = \frac{\lambda}{2\pi r}\boldsymbol{e}_\varrho$$

mit der Zylinderoberfläche $\oint \mathrm{d}A = 2\pi r l$ als Gaußscher Hülle (Beiträge der Zylinderstirnseiten verschwinden, da D keine z-Komponente hat).

2. Eine unendlich in der Ebene $z = 0$ ausgebreitete *Flächenladungsdichte* σ (Abb. 2.2.5b) ergibt im Punkt P auf einer Gaußschen Hülle (quaderförmige Anordnung) symmetrisch auf den beiden Stirnflächen eine Verschiebungsflussdichte nur in z-Richtung: $\boldsymbol{D} = D_z \boldsymbol{e}_z$. Der Gaußsche Satz liefert

$$\sigma \int_A \mathrm{d}A = \sigma A = Q = \oint_A \boldsymbol{D} \cdot \mathrm{d}\boldsymbol{A} = D_z \left(\int_{\text{oben}} \mathrm{d}A + \int_{\text{unten}} \mathrm{d}A \right) = D_z(A + A)$$

$$\boldsymbol{D} = \begin{cases} \frac{\sigma}{2}\boldsymbol{e}_z \\ -\frac{\sigma}{2}\boldsymbol{e}_z \end{cases}.$$

Die Seitenteile des Quaders geben keine Beiträge (D hat dort keine Komponente). A ist die Würfelstirnfläche. Die Verschiebungsflussdichte hat nach oben und unten gleiche Anteile.

2.2 Verschiebungsflussdichte

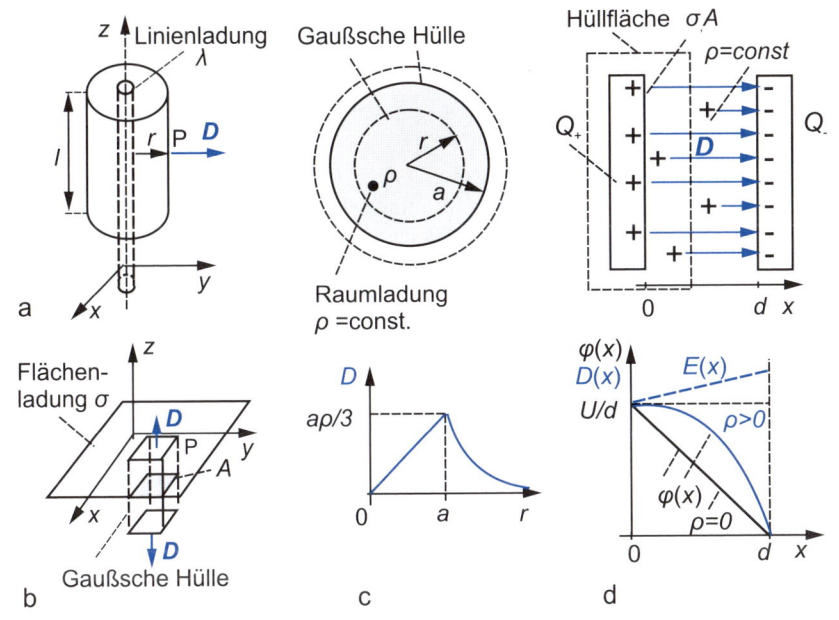

Abb. 2.2.5. Ladungsverteilungen. (a) Unendlich lange Linienladung (Ladungsdichte λ) mit Gaußscher Hüllfläche. (b) Unendlich ausgedehnte Flächenladung mit konstanter Flächenladungsdichte σ. (c) Kugel konstanter Raumladungsdichte mit Gaußscher Hüllfläche in und außerhalb der Kugel. (d) Plattenkondensator mit konstanter Raumladung im Dielektrikum

3. Eine mit *konstanter Raumladungsdichte* gefüllte Kugel (Radius a, Abb. 2.2.5c) hat in einer Kugel vom Radius r die Ladung

$$Q = \int_V \varrho \, dV = \varrho \int_V dV = \varrho 4\pi \int_0^r r^2 dr = \frac{\varrho 4\pi r^3}{3}.$$

Dazu gehört der Verschiebungsfluss

$$\Psi = \oint_A \boldsymbol{D} \cdot d\boldsymbol{A} = D_r \oint_A dA = D_r 4\pi r^2 \quad \to \quad \boldsymbol{D} = \frac{r\varrho}{3}\boldsymbol{e}_r \quad (0 < r \leq a)$$

gewonnen aus der Gleichsetzung von Ladung Q und Verschiebungsfluss Ψ. Außerhalb der Kugel ($r > a$) umschließt die Gaußsche Hülle die ganze Ladung; sie beträgt jetzt $Q = \varrho 4\pi a^3/3$, während für den Fluss noch $\Psi = D_r 4\pi r^2$ gilt. Das führt zur Verschiebungsflussdichte

$$\boldsymbol{D} = \frac{\varrho a^3}{3r^2}\boldsymbol{e}_r.$$

In der raumladungsgefüllten Kugel steigt sie proportional zum Radius r an, außerhalb fällt sie, wie bei der Punktladung, mit $1/r^2$ ab.

4. *Konstante (positive) Raumladung im Plattenkondensator.* Ist die Raumladungsdichte zwischen den Platten eines Plattenkondensators konstant (Abb. 2.2.5d), so umschließt die Gaußsche Hülle jetzt einen Teil der Raumladung mit. Ihr

Ladungsinhalt $Q(x)$ besteht aus der Ladung $+Q$ der linken Platte und einem Zusatzanteil:

$$Q(x) = Q + \int_V \varrho \mathrm{d}V = Q + \varrho A x = D \int_A \mathrm{d}A \equiv D(x) A.$$

Dadurch hängt die Verschiebungsflussdichte $D(x)$ vom Ort ab (ebenso die Feldstärke $E(x) \sim D(x)$). Die Gesamtladung der Gegenelektrode beträgt folglich $Q_{\text{gegen}} = Q + \varrho A d$. Die ortsabhängige Feldstärke ($E \sim x$) bedingt ein nichtlinear ortsabhängiges Potenzial: statt des linearen Verlaufs im Plattenkondensator entsteht jetzt ein quadratischer Verlauf über dem Ort (Abb. 2.2.5d).

Beispiel 2.2.3 Flächenladungsdichte* Eine kreisrunde Scheibe (Abb. 2.2.6a) hat die Flächenladungsdichte σ. Gesucht ist die Verschiebungsflussdichte $\boldsymbol{D}$ im Abstand h über dem Scheibenzentrum. Bei sehr großem Radius ist die Verschiebungsflussdichte einer unendlich großen ebenen Scheibe zu erwarten (sie betrug gemäß Beispiel 2.2.2 $D = \sigma/2$ nach einer Seite). Ein Kreisring vom Radius ϱ und der Breite $\mathrm{d}\varrho$ hat die Fläche $\mathrm{d}A = 2\pi\varrho \mathrm{d}\varrho$ und trägt die Ladung $\mathrm{d}Q = \sigma \mathrm{d}A$. Er erzeugt am Ort P einen Flussdichteanteil $\mathrm{d}\boldsymbol{D}$ in Richtung des Abstandsvektors $\boldsymbol{r}$ vom Ladungselement. Durch die Symmetrie der Anordnung kompensieren sich die Radialkomponenten $\mathrm{d}D_r$ der auf dem Ladungsring gegenüberliegenden Komponenten. Es verbleibt lediglich eine Normalkomponente von $\boldsymbol{D}$: $\boldsymbol{D} = D_n \boldsymbol{e}_n$. Jedes Ladungselement erzeugt damit den Verschiebungsflussanteil ($\mathrm{d}A = \varrho \mathrm{d}\varrho \mathrm{d}\varphi$)

$$\mathrm{d}\boldsymbol{D} = \mathrm{d}D \boldsymbol{e}_r = \frac{\sigma \mathrm{d}A}{4\pi r^2} \boldsymbol{e}_r = \frac{\sigma \varrho \mathrm{d}\varphi \mathrm{d}\varrho}{4\pi r^2} \boldsymbol{e}_r.$$

Seine Normalkomponente beträgt $\mathrm{d}D_n = \sin\beta \mathrm{d}D = h/r \mathrm{d}D$ mit dem Abstand $r = \sqrt{\varrho^2 + h^2}$. Die gesamte Flussdichte ergibt sich durch Integration über die Scheibe

$$\begin{aligned}D_n &= \int_A \mathrm{d}D_n = \frac{\sigma h}{4\pi} \int_0^{\pi}\int_0^R \frac{\varrho \mathrm{d}\varrho}{r^3} \mathrm{d}\varphi = \frac{\sigma h}{2} \int_0^R \frac{\varrho \mathrm{d}\varrho}{(\varrho^2 + h^2)^{3/2}} = \frac{\sigma h}{2}\left(\frac{-1}{\sqrt{\varrho^2 + h^2}}\right)\Big|_0^R \\ &= \frac{\sigma}{2}\left(1 - \frac{1}{\sqrt{1 + (R/h)^2}}\right).\end{aligned}$$

Das Integral wird mittels Tabelle (z. B. Bronstein-Semendjajew) gelöst. Für $R \gg h$, also bei unendlich großer ebener Scheibe folgt $D_n = \sigma/2$. Dann befindet sich der Aufpunkt P im Abstand h über der Scheibe und es liegt ein homogenes Feld vor (unabhängig vom Abstand h).

Für $R \ll h$ hingegen wird mit der Reihenentwicklung $1/\sqrt{1+x} \approx (1-x/2)$

$$D_n \approx \frac{\varrho}{2 \cdot 2}\left(\frac{R}{h}\right)^2 = \frac{\sigma\left(\pi R^2\right)}{(4\pi h^2)} = \frac{\sigma A_{\text{Fläche}}}{A_{\text{Kugel}}} = \frac{Q}{A_{\text{Kugel}}}.$$

Dann schrumpft die ladungsbelegte Scheibe auf die Fläche $A_{\text{Fläche}} = \pi R^2$. Sie hat die Ladung Q und der Beobachtungspunkt liegt im Abstand h auf der Hüllfläche A_{Kugel}. Das ist aber die Verschiebungsdichte einer Punktladung Q auf einer Kugel vom Radius h. Je nach Grenzfall lässt sich aus der ladungsbelegten Scheibe entweder die Verschiebungsdichte der Flächenladung oder der Punktladung herleiten.

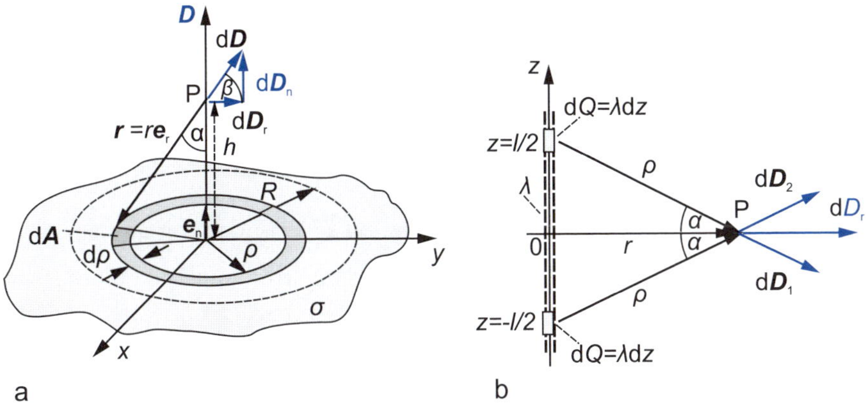

Abb. 2.2.6. Ladungsverteilungen. (a) Ebene Scheibe mit Flächenladungsdichte σ. (b) Linienladung begrenzter Länge

---

Beispiel 2.2.4 Linienladung begrenzter Länge* Für die Berechnung der Verschiebungsflussdichte, die von einer Linienladung der Länge l (in der z-Achse, Abb. 2.2.6b) ausgeht, betrachten wir ein Ladungselement dQ der Länge dz am Ort z. Es erzeugt im Feldpunkt P die Verschiebungsflussdichte $d\boldsymbol{D}_1$ (entsprechend Abb. 2.2.4c). Ebenso bewirkt das symmetrisch bei $-z$ gelagerte Element den Dichtebeitrag $d\boldsymbol{D}_2$. Dabei heben sich die Feldkomponenten in z-Richtung in der Ebene $z=0$ auf und $\boldsymbol{D}$ hat nur einen radialen Anteil:

$$d\boldsymbol{D}_\mathrm{r} = \frac{2}{4\pi}\frac{\lambda dz}{\varrho^2}(\cos\alpha)\boldsymbol{e}_\mathrm{r}, \quad \cos\alpha = \frac{r}{\varrho}, \quad \varrho = \sqrt{r^2+z^2}.$$

Die Integration längs der Linienladung führt auf

$$\boldsymbol{D}_\mathrm{r} = \frac{2}{4\pi}\int_0^{l/2}\frac{\lambda r\,dz}{(r^2+z^2)^{3/2}}\boldsymbol{e}_\mathrm{r} = \frac{\lambda}{2\pi r}\frac{l}{\sqrt{4r^2+l^2}}\boldsymbol{e}_\mathrm{r} \rightarrow \boldsymbol{D}_\mathrm{r} = \frac{\lambda}{2\pi r}\boldsymbol{e}_\mathrm{r}\bigg|_{l\rightarrow\infty}.$$

Für den unendlich langen Leiter ergibt sich die Lösung nach Beispiel 2.2.2. Umgekehrt folgt für $l \ll r$ die des Punktladungsmodells.

2.3 Verschiebungsflussdichte und Feldstärke

Das elektrostatische Feld nutzt *zwei Grundeigenschaften* des Nichtleiters: *Isolationswirkung* zwischen spannungsführenden Leitern und *dielektrische Polarisation*. Wenn auch in Isolierstoffen freie Elektronen fehlen, so sind diese doch an die Atome gebunden und ein elektrisches Feld verschiebt die Schwerpunkte der positiven und negativen Ladung der Atome und Molekülbestandteile *gegenseitig*. So entsteht ein Gegenfeld, es schwächt das ursprüngliche Feld. Je nach Einsatzzweck nutzt man die Isolator- oder dielektrischen Eigenschaften, letztere in Kondensatoren auch als ferroelektrische oder piezoelektrische Werkstoffe.

Nicht leitende, aber trotzdem polarisierbare Stoffe werden als „Dielektrikum" bezeichnet. Der Sprachgebrauch versteht darunter Gase, Flüssigkeiten oder Festkörper mit sehr geringer Leitfähigkeit.

Dielektrika sind Isolatoren mit ausgeprägtem Polarisationsverhalten.

Wie zwischen Stromdichte $\boldsymbol{J}$ und Feldstärke $\boldsymbol{E}$ im Strömungsfeld gibt es einen materialabhängigen Zusammenhang zwischen elektrischer Flussdichte $\boldsymbol{D}$ und Feldstärke $\boldsymbol{E}$. Das Experiment Abb. 2.1.1 liefert für den auf konstanter Ladung Q gehaltenen Kondensator die Bedingung $\boldsymbol{D}$ = const ohne und mit Dielektrikum (für die Beträge)

$$D = \underbrace{\varepsilon_0 E_0}_{\text{Vakuum}} = \underbrace{\varepsilon E_1}_{\text{Dielektrikum}} = \text{const}, \quad \text{also} \quad \frac{E_1|_{\text{Diel.}}}{E_0|_{\text{Vak.}}} = \frac{\varepsilon_0}{\varepsilon} = \frac{\varepsilon_0}{\varepsilon_r \varepsilon_0} = \frac{1}{\varepsilon_r} < 1.$$

Damit lautet der $\boldsymbol{D},\boldsymbol{E}$-Zusammenhang in isotropen (nicht richtungsabhängigen) Materialien

$$\boldsymbol{D} = \varepsilon \boldsymbol{E} = \varepsilon_r \varepsilon_0 \boldsymbol{E} \qquad \text{Zusammenhang } \boldsymbol{D}, \boldsymbol{E} \text{ im isotropen Dielektrikum} \qquad (2.3.1)$$

mit

$$\underset{\substack{\text{Permittivität,}\\\text{(absolute DK)}}}{\varepsilon} = \underset{\substack{\text{relative Permittivität}\\\text{(rel. DK)}}}{\varepsilon_r} \cdot \underset{\substack{\text{elektrische}\\\text{Feldkonstante}}}{\varepsilon_0}.$$

Die Größe $\varepsilon = \varepsilon_r \varepsilon_0$ heißt *Permittivität*, auch Dielektrizitätskonstante (abgekürzt DK) des Dielektrikums. ε_r ist die (dimensionslose) relative Permittivität oder die relative Dielektrizitätskonstante. Die elektrische Feldkonstante ε_0 liegt als Naturkonstante durch Gl. (2.2.5) fest.

Die relative Permittivität ε_r kennzeichnet das Verhältnis der elektrischen Feldstärke im Vakuum zur Feldstärke im Dielektrikum bei gleicher elektrischer Flussdichte.

Der Vergleich zum Strömungsfeld liegt nahe. Während dort die Leitfähigkeit κ des idealen Nichtleiters verschwindet (Tab. 2.3), gibt es keine Materialien mit verschwindender Permittivität $\varepsilon = 0$! Der kleinste Wert ist immer die Feldkonstante ε_0. Damit bedingt jede Feldstärke eine elektrische Flussdichte $\boldsymbol{D}$ oder

Feldstärke $\boldsymbol{E}$ und elektrische Flussdichte $\boldsymbol{D}$ sind untrennbar miteinander verkoppelt: $\boldsymbol{D} \geq \varepsilon_0 \boldsymbol{E}$.

2.3 Verschiebungsflussdichte und Feldstärke

Tab. 2.3. Anschaulicher Vergleich zwischen Strömungs- und elektrostatischem Feld

Strömungsfeld	Elektrostatisches Feld
gemeinsam: Feldstärke $\boldsymbol{E}$, wirbelfrei	
Stromdichte $\boldsymbol{J}$	Verschiebungsflussdichte $\boldsymbol{D}$
$\boldsymbol{J} = \kappa \boldsymbol{E}$	$\boldsymbol{D} = \varepsilon \boldsymbol{E}$
Strom I	Verschiebungsfluss Ψ
Leitwert G	Kapazität C
Unterschiede	
κ: $10^{-17} \ldots 10^{8}$ A/Vm	ε: $10^{-11} \ldots 10^{-6}$ As/Vm
(25 Dekaden)	(5 Dekaden)
Sonderfall: Nichtleiter ($\kappa = 0$)	*kein Stoff hat $\varepsilon = 0$*

Tab. 2.4. Permittivitätszahlen einiger Materialien bei Zimmertemperatur

	ε_r		ε_r		ε_r
Vakuum	1,0	Papier	1,5 ... 3	Quarz	1,5
Luft	1,005	Porzellan	5 ... 6	Halbleiter	10 ... 20
Glas	5 ... 12	Öl	2,3	Epsilan	> 4000
Holz	2 ... 7	Wasser (dest.)	80	Bariumtitanat	> 1000

Deshalb verursachen *zeitliche Feldänderungen zwangsläufig Ladungsänderungen* und so einen *Verschiebungsstrom* (s. Kap. 2.7.2), wie er bei Wechselspannungen in Form parasitärer Kapazitäten auftritt.

Anschaulich ist die Permittivität ε ein Maß für die „Durchlässigkeit" des Nichtleiters für D-Linien (bei $E = $ const), genau so wie die Leitfähigkeit κ ein Maß für die Durchlässigkeit des Leiters für Strömungslinien war.

Tabelle 2.4 enthält typische Werte. Isolatoren konzentrieren die Feldlinien wegen $\varepsilon_\mathrm{r} > 1$ im Material. Auffällig ist die hohe Dielektrizitätskonstante von Wasser, Halbleitern und Ferroelektrika. Manche Materialien (wie Halbleiter) haben damit nicht nur Leitungs-, sondern auch gute dielektrische Eigenschaften!

Polarisation Die Permittivität erfasst den Einfluss des Dielektrikums zwar formal, erklärt aber die Feldabsenkung im Experiment nicht. Dazu muss die Polarisation herangezogen werden. Dielektrika haben keine beweglichen Ladungsträger, wohl aber ortsfest gebundene positive und negative Ladungen, die sich unter Krafteinwirkung (externes elektrisches Feld) gegeneinander verschieben und damit zur Polarisation führen:

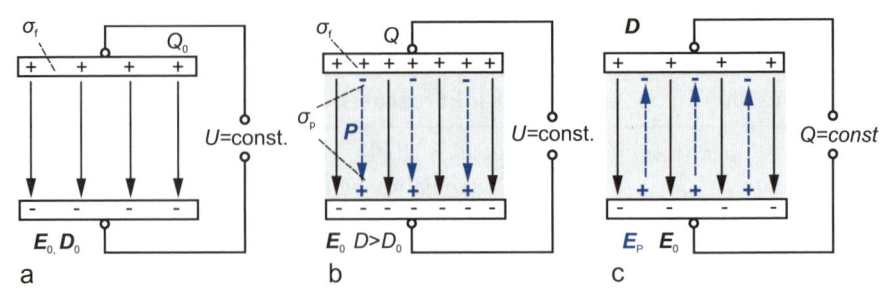

Abb. 2.3.1. Polarisation. (a) Im Kondensator im Vakuum gelten bei fester Spannung U die Feldgrößen E_0 und D_0 (Plattenladung Q_0). (b) Dielektrikum erzwingt durch Polarisation zusätzliche Ladung auf den Platten ($\to Q$), Anstieg der Verschiebungsdichte $D > D_0$. (c) Bei konstanter Plattenladung verursacht die Polarisation im Dielektrikum ein Zusatzfeld E_P, das dem Plattenfeld entgegenwirkt: die Nettofeldstärke $E = E_0 - E_P$ sinkt

Unter Polarisation versteht man eine gegenseitige Verschiebung elastisch gebundener positiver und negativer Ladungsschwerpunkte im (sonst neutralen) Dielektrikum unter Feldeinfluss, verbunden mit einem Eigenfeld. Als Folge treten an gegenüberliegenden Oberflächen des Dielektrikums Ladungen entgegengesetzten Vorzeichens in Richtung des externen Feldes auf.

Im Plattenkondensator ohne Dielektrikum an konstanter Spannung (Abb. 2.3.1a) stellen sich die Feldstärke $E = E_0$ und Verschiebungsflussdichte $D = \varepsilon_0 E$ ein. Letztere steigt beim Einbringen eines Dielektrikums durch die Polarisation P (Abb. 2.3.1b)

$$D = \underbrace{\varepsilon_0 E}_{\text{Vakuum}} + \underbrace{P}_{\text{Einfluss d. Dielektrikums}} \tag{2.3.2}$$

und es fließen weitere Ladungen aus der Quelle (als Strom) zu den Platten. Die Feldstärke $E = E_0$ bleibt durch die Spannung erhalten.

Die elektrische Polarisation P ist anschaulich eine elektrische Dipolmomentdichte. Gleichwertig wird die Zunahme der Verschiebungsflussdichte durch die Permittivitätszahl ε_r ausgedrückt.

Polarisation verursacht „gebundene Polarisationsladungen" (Dichte σ_p) an den Grenzflächen des Dielektrikums. Sie erzwingen eine größere Flächenladungsdichte freier Ladungen ($\sigma = \sigma_f$) an der Plattenoberfläche und deshalb steigt die Flussdichte D. Damit sind negative Polarisationsladungen die Quellen, positive die Senken der P-Linien.

Tragen die Kondensatorplatten hingegen eine konstante Ladung (Verschiebungsflussdichte $D = \text{const}$, Abb. 2.3.1c), so entsteht beim Einbringen des Dielektrikums ein Zusatzfeld E_P ($P = -\varepsilon_0 E_P$), das dem äußeren entgegenwirkt: $E = E_0 - E_P$. Dann gehört der Feldteil $\varepsilon_0 E$ zu den Ladungen

2.3 Verschiebungsflussdichte und Feldstärke

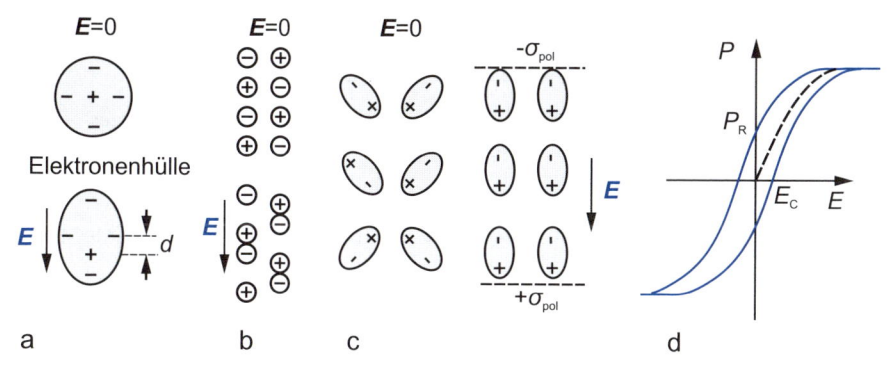

Abb. 2.3.2. Polarisationsarten. (a) Verschiebung des Ladungsschwerpunktes im unpolaren Dielektrikum: Deformationspolarisation. (b) Gitterpolarisation. (c) Orientierungspolarisation durch Ausrichtung polarer Moleküle. (d) Nichtlineare $D(E)$-Charakteristik mit Hysterese eines ferroelektrischen Stoffes

auf der Elektrode, die durch die polarisierten Ladungen im Isolator nicht kompensiert werden. Insgesamt sinkt die Feldstärke $E < E_0$ und dementsprechend die Spannung $U < U_0$ gegenüber dem Zustand ohne Dielektrikum (s. Abb. 2.1.1c).

Zwischen den Polarisationsladungen (Dichte σ_P) an der Oberfläche des Dielektrikums und Ladungen, die durch Influenz an Leiteroberflächen entstehen, besteht ein wesentlicher Unterschied: influenzierte Ladungen lassen sich durch Trennung der Leiterteile (im elektrischen Feld) trennen, die Ladungen im Dielektrikum aber nicht (es bleibt elektrisch stets neutral). Deshalb nennt man die Ladungen an der Oberfläche des Dielektrikums auch *scheinbare Ladungen*. Sie sind keine Oberflächenladungen, obwohl sie einen Teil der wahren Ladungen (Dichte σ_f) auf den Elektroden binden. Nur sie verursachen den Verschiebungsfluss.

Meist sind Polarisation und Feldstärke einander proportional $\boldsymbol{P} = \chi_e \varepsilon_0 \boldsymbol{E}$, $[\chi_e] = 1$ mit der (dimensionslosen) *elektrischen Suszeptibilität* χ_e:

$$\boldsymbol{D} = \varepsilon_0 \boldsymbol{E} + \boldsymbol{P} = \varepsilon_0 \boldsymbol{E} + \chi_e \varepsilon_0 \boldsymbol{E} = (1 + \chi_e)\varepsilon_0 \boldsymbol{E} = \varepsilon_r \varepsilon_0 \boldsymbol{E} \qquad (2.3.3)$$

mit $\varepsilon_r = (1 + \chi_e)$.

Weil die Polarisation $\boldsymbol{P}$ direkt nicht messbar ist, wird das Dielektrikum durchweg über die Permittivität ε_r beschrieben. Der Polarisationsbegriff qualifiziert die Kennzeichnung des Dielektrikums, etwa der Frequenzabhängigkeit, des Verlust- und Temperatureinflusses oder eines nichtlinearen $D(E)$-Zusammenhanges.

Ursache der Polarisation ist die Verschiebung ortsfest gebundener Ladungsträger unter Feldeinfluss. Dabei gibt es mehrere Mechanismen:

- *Deformationspolarisation* durch Verschiebung der Elektronenhülle gegenüber dem Atomkern oder Deformation von Molekülen (auch bekannt als Elektronen- oder Ionenpolarisation, wie für Glas, Porzellan und Keramik typisch, Abb. 2.3.2a);
- *Gitterpolarisation* durch Verschiebung verschieden geladener Bauteile des Kristallgitters (Abb. 2.3.2b),
- *Orientierungspolarisation* durch Ausrichtung elektrischer Dipole (gebildet aus polaren Molekülen Abb. 2.3.2c), wie sie bei Wasser, Kunststoffen und einigen Keramiken vorkommen,
- *Grenzflächenpolarisation* (oder Raumladungspolarisation durch Ladungsträger an Medien unterschiedlicher Leitfähigkeit) ist typisch für bestimmte Keramiken.

Eine besondere Gruppe bilden die Ferroelektrika mit einer Polarisation auch ohne äußeres Feld (analog zu Permanent-Magneten). Merkmale sind eine hohe Dielektrizitätszahl ε_r, ein nichtlinearer $D(E)$-Zusammenhang und Hystereseverhalten (Abb. 2.3.2d). Oberhalb einer kritischen Temperatur, der *ferroelektrischen Curie-Temperatur*, gehen sie in polare Dielektrika über. Typische Ferroelektrika wie Bariumtitanat und bestimmte Kohlenwasserstoff-Polymere finden Anwendung z. B. als Elektret-Mikrofon (arbeitet ohne äußere Spannung) und Filtermaterial zur Entstaubung, weil die an der Oberfläche auftretenden Ladungen Staubteilchen anziehen.

2.4 Eigenschaften an Grenzflächen

An Grenzflächen wie Glas/Luft, Metall/Isolator u. a. ändern sich die dielektrischen Eigenschaften *sprunghaft* und damit auch die Feldgrößen. Wegen der Analogie zwischen Strömungs- und elektrostatischem Feld (Tab. 2.3) können dabei die Ergebnisse eines Grenzflächensystems unterschiedlich leitender Gebiete (Abb. 1.3.11) sinngemäß übernommen werden. In beiden Fällen bestimmen die Quelleneigenschaften des Feldes (Gaußscher Satz) und seine Wirbelmerkmale (verschwindendes Umlaufintegral der elektrischen Feldstärke) das Brechungsverhalten der Feldlinien (s. auch Abb. A.2.5, Bd. 1).

Grenzfläche zweier Dielektrika, quer geschichtetes Dielektrikum In Abb. 2.4.1 treffen die Feldlinien von einem dielektrisch „besser leitenden" Medium (ε_1) unter dem Winkel α_1 zur Flächennormalen auf ein Medium mit $\varepsilon_2 < \varepsilon_1$ und treten dort unter dem Winkel α_2 aus. Die Grenzfläche selbst sei zunächst *ladungsfrei*. Dann folgt aus $\oint_A \boldsymbol{D} \cdot \mathrm{d}\boldsymbol{A} = 0$ für eine differenziell kleine Hüllfläche nach dem gleichen Prinzip wie im Strömungsfeld (Gl. (1.3.23a)) $\boldsymbol{D}_1 \cdot \mathrm{d}\boldsymbol{A}_1 + \boldsymbol{D}_2 \cdot \mathrm{d}\boldsymbol{A}_2 = 0$. Weil die Tangentialkomponenten keinen Betrag liefern, bleibt

2.4 Eigenschaften an Grenzflächen

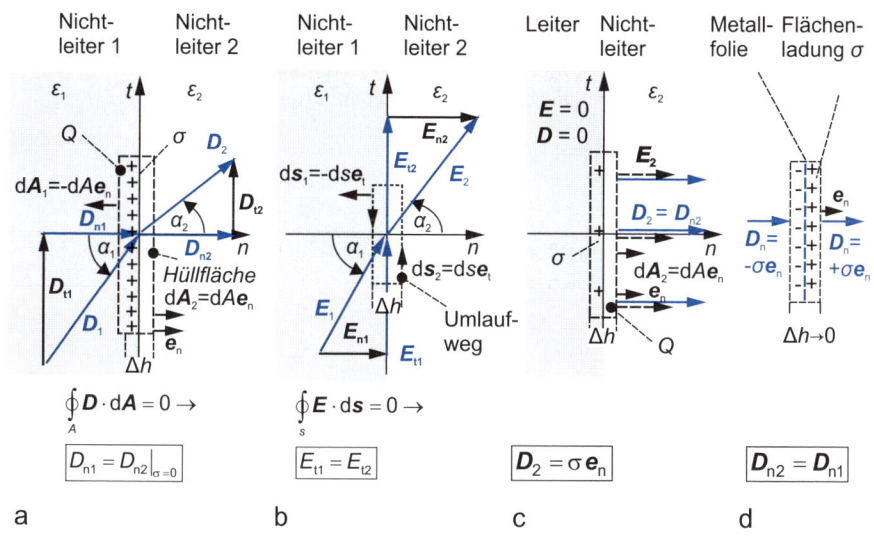

Abb. 2.4.1. Feldgrößen an Grenzflächen. (a) Gaußsche Hüllfläche und Stetigkeit der Normalkomponente D_n, es kann eine Flächenladungsdichte σ auftreten. (b) Umlaufintegral der Feldstärke und Stetigkeit ihrer Tangentialkomponente. (c) Grenzfläche Leiter-Nichtleiter. Feldlinien treten senkrecht aus, Leiteroberfläche ist Äquipotenzialfläche. Normalkomponente D_n und Flächenladungsdichte σ sind betragsgleich. (d) Dünne Leiterfolie im senkrecht auftreffenden Verschiebungsdichtefeld

für die Normalkomponenten mit $\mathrm{d}\boldsymbol{A}_1 = -\mathrm{d}\boldsymbol{A}_2$, $\mathrm{d}\boldsymbol{A}_2 = \boldsymbol{e}_\mathrm{n}\mathrm{d}A_2$ und $\mathrm{d}A_1 = \mathrm{d}A_2$ schließlich $D_\mathrm{n1}\mathrm{d}A - D_\mathrm{n2}\mathrm{d}A = 0$ und damit

$$D_\mathrm{n1} = D_\mathrm{n2}. \qquad \begin{array}{l}\text{Stetigkeit der Normalkomponenten}\\ \text{der Verschiebungsflussdichte}\end{array} \qquad (2.4.1\mathrm{a})$$

Ein analoges Ergebnis galt im Strömungsfeld für die Stromdichte.

> Die Normalkomponenten der Flussdichte sind bei ladungsfreier Grenzfläche stetig.

Als Folge entsteht ein *Sprung* in der Normalkomponente der Feldstärke

$$\varepsilon_\mathrm{r2} E_\mathrm{n2} = \varepsilon_\mathrm{r1} E_\mathrm{n1}, \quad E_\mathrm{n2} \neq E_\mathrm{n1}. \qquad (2.4.1\mathrm{b})$$

> Grenzflächen ohne Flächenladung sind Quellen (Sprungstellen) der Feldstärke $\boldsymbol{E}$.

Im Material mit kleinerem ε ist die Feldstärke größer (größere Liniendichte), und die Grenzfläche bildet den Ausgangspunkt neuer Feldlinien. Diese „Verdrängung der Feldlinien" ins Gebiet mit kleinerem ε kann kritisch sein, weil dort die Durchbruchsgefahr steigt.

Grenzfläche mit Flächenladungen Herrscht an der Grenzfläche eine *Flächenladungsdichte* σ (Abb. 2.4.1a), so muss die Grenzflächenbedingung wegen der jetzt in die Gaußsche Hüllfläche einzuschließenden Flächenladung

$$\int_A (D_{n2} - D_{n1})\,\mathrm{d}A = Q|_{\text{umfasst}} = \int \sigma\,\mathrm{d}A$$

korrigiert werden in

$$\boxed{D_{n1} - D_{n2} = \sigma \qquad \text{Normalkomponenten der Verschiebungsflussdichte bei Flächenladungen}} \qquad (2.4.2a)$$

oder vektoriell

$$\boxed{\boldsymbol{D}_{n2} - \boldsymbol{D}_{n1} = \sigma \boldsymbol{e}_{n2}.} \qquad (2.4.2b)$$

An einer dielektrischen Grenzfläche mit der Flächenladung σ ändert sich der Betrag der Normalkomponente der elektrischen Flussdichte sprungartig um den Betrag der Flächenladungsdichte.

Das gilt für beliebige Orientierung der Feldgrößen (von 1 nach 2 oder umgekehrt), wenn der Einheitsvektor $\boldsymbol{e}_{n2} = \boldsymbol{e}_n$ in den Raum 2 weist. Daraus folgen die Normalkomponenten der Feldstärke

$$\boldsymbol{E}_{n2} = \frac{\varepsilon_1}{\varepsilon_2}\boldsymbol{E}_{n1} + \frac{\sigma}{\varepsilon_2}\boldsymbol{e}_{n2}. \qquad (2.4.3)$$

Bei unterschiedlichen Permittivitäten und/oder einer Flächenladungsdichte springt die Normalkomponente der Feldstärke an der Grenzfläche.

Tangentialkomponenten, längsgeschichtetes Dielektrikum Die Bedingung für die Tangentialkomponenten der Feldstärke folgt wie beim Strömungsfeld (Gl. (1.3.24)) aus der Bedingung der Wirbelfreiheit mit dem Ergebnis

$$\boxed{E_{t1} = E_{t2}.} \qquad \text{Tangentialkomponenten der Feldstärke} \qquad (2.4.4)$$

Die Tangentialkomponenten der Feldstärke sind an der Grenzfläche stetig.

Sonst müsste eine Längsspannung entstehen, was physikalisch unmöglich ist.

Für die Tangentialkomponenten der Flussdichte und Normalkomponenten der Feldstärke gelten dann bei ladungsfreier Grenzfläche (Gl. (2.3.1))

$$\boxed{\frac{D_{t1}}{D_{t2}} = \frac{E_{n2}}{E_{n1}} = \frac{\tan\alpha_1}{\tan\alpha_2} = \frac{\varepsilon_1}{\varepsilon_2}.} \qquad \text{Brechungsgesetz im Dielektrikum} \qquad (2.4.5)$$

Beim Übergang von einem dielektrischen Material ε_1 ($\varepsilon_1 > \varepsilon_2$) in eines mit kleinerem ε werden die Feldvektoren $\boldsymbol{E}$ und $\boldsymbol{D}$ im dielektrisch dichteren Material von der Flächennormalen weggebrochen, im Gebiet der kleineren Permittivität zur Normalen hingebrochen. Deshalb treten die Feldlinien ($\boldsymbol{E}$, $\boldsymbol{D}$) aus Gebieten mit höherer Permittivität nahezu senkrecht aus.

2.4 Eigenschaften an Grenzflächen

Da der Fluss bei $\sigma = 0$ nicht verschwinden kann, ist die Zahl der Flussdichtelinien auf beiden Seiten gleich, verschieden sind nur die Winkel. Wegen der geänderten Richtung ändern sich die Dichten. Die Feldlinien der Feldstärke sind an der Grenzschicht unstetig, und so unterscheidet sich die Anzahl der ein- und austretenden Linien. Ein analoges Ergebnis galt im Strömungsfeld für Feldstärke und Stromdichte bezüglich der Leitfähigkeiten. Wir finden es auch im magnetischen Feld in analoger Form.

Grenzfläche Metall-Dielektrikum (Nichtleiter) Grenzt ein stromloser Leiter an ein Dielektrikum (Abb. 2.4.1c), so ist seine Oberfläche immer eine Äquipotenzialfläche und das Leiterinnere bleibt feldfrei ($\boldsymbol{E}, \boldsymbol{D} = 0$). Dann stehen die $\boldsymbol{E}$ und die $\boldsymbol{D}$-Linien senkrecht auf der Grenzfläche. Es gelten:

– *Im Leiter verschwindende Feldstärke $\boldsymbol{E} = 0$ ($\boldsymbol{D} = 0$) sowie $\sigma = 0$.*
– *An der Leiteroberfläche gilt*

$$\boldsymbol{D}_\mathrm{t} = \varepsilon \boldsymbol{E}_\mathrm{t} = 0, \quad \boldsymbol{D}_\mathrm{n} = \varepsilon \boldsymbol{E}_\mathrm{n} = \sigma \boldsymbol{e}_\mathrm{n}. \qquad \text{Grenzfläche Leiter-Dielektrikum} \qquad (2.4.6)$$

Die Normale $\boldsymbol{e}_\mathrm{n}$ weist zum Dielektrikum.

Weil die tangentiale Feldstärke $\boldsymbol{E}_\mathrm{t}$ stets verschwindet, ist die Leiteroberfläche immer Potenzialfläche. Flächenladungen σ an der Grenzfläche sind Quellen ($\sigma > 0$) (bzw. Senken, $\sigma < 0$) der Normalkomponenten $\boldsymbol{D}_\mathrm{n}, \boldsymbol{E}_\mathrm{n}$ der Feldgrößen. Die Verschiebungsdichte $\boldsymbol{D}_\mathrm{n}$ im Nichtleiter ist betragsgleich der Flächenladungsdichte an der Leiteroberfläche.

Einen Sonderfall bildet eine *dünne Metallfolie*, auf die Verschiebungsdichtelinien senkrecht auftreffen (Abb. 2.4.1d). Der Verschiebungsfluss links bedingt eine negative Flächenladungsdichte, wegen der Ladungsneutralität in der Folie wird die gleiche entgegengesetzte Ladung auf der rechten Folienseite influenziert, und sie verursacht die Verschiebungsdichte $\boldsymbol{D}$ nach rechts:

$$\text{links}: \quad \boldsymbol{D}|_\mathrm{l} = -\sigma \boldsymbol{e}_\mathrm{n}, \quad \text{rechts}: \quad \boldsymbol{D}|_\mathrm{r} = \sigma \boldsymbol{e}_\mathrm{n}. \qquad \text{Metallfolie im elektrischen Feld}$$

Deshalb ist $\boldsymbol{D}$ links zur Folie hin und rechts von ihr weg gerichtet: sie scheint für $\boldsymbol{D}$-Linien nicht zu existieren. Die Erzeugung von Flächenladungen auf Metalloberflächen ist Inhalt des *Influenzprinzips* (s. u.). In Tab. 2.5 sind die Grenzflächenbedingungen zusammengefasst.

Beispiel 2.4.1 Flächenladungsdichte Eine Feldstärke $E = 1\,\mathrm{kV/m}$ trifft auf eine Leiteroberfläche. Dort erzeugt sie die Flächenladungsdichte $\sigma = D_\mathrm{n} = \varepsilon_0 E_\mathrm{n} = 8{,}85 \cdot 10^{-12}\,\mathrm{F/m} \cdot 1\,\mathrm{kV/m} = 8{,}85 10^{-9}\,\mathrm{C/m^2}$ (negativ, Feldstärke trifft auf). Grenzt die

Tab. 2.5. Grenzflächenbedingungen des elektrostatischen Feldes

Komponente	Randwerte	System
tangential	$E_{t1} = E_{t2}$	Nichtleiter 1 / Nichtleiter 2
normal	$D_{n1} = D_{n2}$	keine Flächenladung
	$D_{n2} - D_{n1} = \sigma$	dto., mit Flächenladung
tangential	$E_{t1} = E_{t2} = 0$	Nichtleiter 2 / Leiter 1
	$D_{n2} = \sigma = \varepsilon E_{n2}$	mit Flächenladung

Leiteroberfläche an ein Dielektrikum ($\varepsilon_r = 3$), so entsteht bei gleicher auftreffender Feldstärke E_n eine Feldstärke ($\varepsilon_2 E_{n2} = \varepsilon_0 E_n$) $E_{n2} = \varepsilon_0 E_n / \varepsilon_2 = 333 \,\mathrm{V/m}$. An der Isolator-Metall Grenzfläche bleibt die Flächendichte erhalten.

Zusammengefasst

1. An einer ladungsfreien Grenzfläche verschiedener Dielektrika sind die Normalkomponenten der Verschiebungsflussdichte und Tangentialkomponenten der Feldstärke immer stetig. Der Ladungsfluss durch die Grenzfläche ist immer stetig.[3]
2. Eine Flächenladung an der Grenzfläche bedingt einen Sprung der Normalkomponenten der Verschiebungsflussdichte um den Flächenladungsbetrag.
3. Die Normalkomponenten der Feldstärke sind beiderseits der Grenzfläche umgekehrt proportional zu den Dielektrizitätskonstanten. Im Material mit kleinerem ε herrscht höhere Feldstärke. *Eine vom Ladungsfluss durchsetzte Grenzfläche ist stets Quelle (Senke) von E-Linien.*

Ladungsträger/Leiter im elektrostatischen Feld An der Grenzfläche Leiter-Isolator tritt *Ladungsträgerinfluenz* auf. Sie wird vielfältig genutzt.

1. Influenzprinzip Wirkt auf die Oberfläche eines Leiters oder Halbleiters ein elektrisches Feld, so entsteht durch Kraftwirkung eine Ladungsverschiebung und im Gefolge eine oberflächennahe *Raumladungszone* bzw. *Flächenladung* durch *Ladungstrennung*. Dieser Vorgang heißt *Influenz*[4]. Deshalb lassen sich bei Feldeinwirkung Ladungen auf Leitern trennen ohne Kon-

---

[3]Das ist eine direkte Eigenschaft des Flussintegrals Anhang A.2, Bd. 1.

[4]Mitunter wird auch von elektrostatischer Induktion gesprochen. Wegen der Wesensverschiedenheit mit dem Induktionsvorgang im Magnetfeld sollte diese Bezeichnung unbedingt vermieden werden.

2.4 Eigenschaften an Grenzflächen

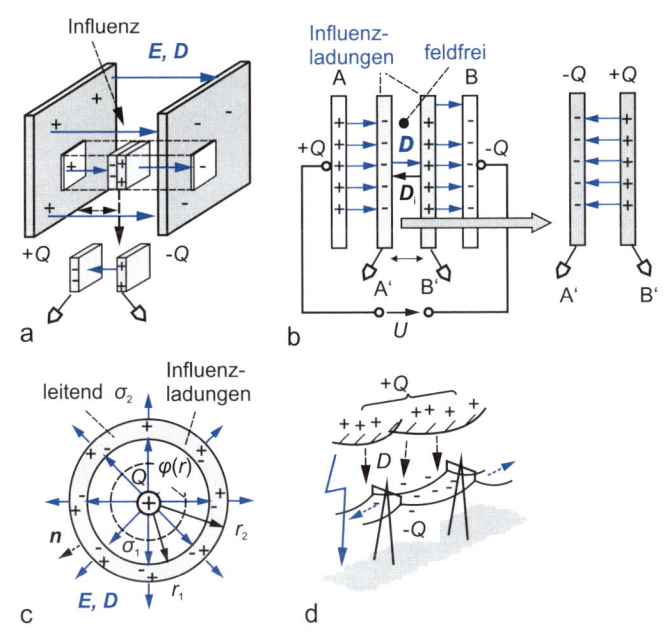

Abb. 2.4.2. Influenzprinzip. (a) Elektrisches Feld mit ungeladen eingeschobenen Metallplatten. (b) Bei Trennung der Metallplatten entsteht ein feldfreier Raum im Feld bzw. ein Feld zwischen den Platten bei Entfernung aus dem Feld. (c) Influenzprinzip und Gaußsches Gesetz: Ersatz der Äquipotenzialfläche durch eine Metalldoppelkugel mit der Ladung $+Q$, $-Q$ bzw. der Flächenladungsdichte σ. Die innere Kugel hat die Nettoladung Null. (d) Wanderwelle auf einer Leitung durch Änderung der influenzierten Ladung

takt des Leiters zu einer Spannungsquelle (die klassische Erklärung des Influenzphänomens).

So wird eine metallisierte Kugel an einem Seidenfaden von einem Glasstab angezogen, wenn man ihn vorher mit einem Wolllappen reibt. Durch Influenz entsteht auf der Kugeloberfläche die gleiche, aber entgegengesetzte Ladung des Glasstabes, und es kommt zur Kraftwirkung.

Wird ein leitender Gegenstand geringer Dicke (z. B. zwei dünne, sich berührende Metallscheiben) in das Feld eines Plattenkondensators gebracht (Abb. 2.4.2a), dann verschieben sich Ladungsträger an die Oberflächen, so dass die Feldlinien auf positiven Ladungen beginnen und auf negativen enden: *es entstehen Oberflächenladungen mit Flächendichte* σ. Beim Auseinanderbewegen der Platten bleibt ihre Ladung erhalten und der Zwischenraum feldfrei. Ursache der Ladungsverschiebung ist die Feldkraft. Diese Ladungstrennung verursacht im Leiterinnern ein Gegenfeld E_i solcher Größe, dass das Gesamtfeld $E + E_i$ verschwindet: Bei Entfernung beider Platten mit ihrer Ladung aus dem Feld bleibt zwischen beiden das Influenzfeld bestehen (Abb. 2.4.2b).

> Im elektrostatischen Feld sammeln sich Ladungsträger an den Leiteroberflächen als Flächenladung. Dieser Vorgang heißt *Influenz*. Das Leiterinnere bleibt dabei feldfrei.

Das Influenzprinzip folgt unmittelbar aus dem Gaußschen Satz Gl. (2.2.7). Wird im Feld zweier Ladungen eine Potenzialfläche um die Ladung Q durch eine geometrisch gleiche Metalldoppelfläche ersetzt, dann lädt sich ihre Innenseite durch Influenz negativ und die Oberfläche positiv (Abb. 2.4.2c). Alle von der positiven Ladung Q ausgehenden Verschiebungslinien enden innerhalb der Metallumhüllung, von ihrer Außenfläche geht die gleiche Anzahl wieder weg. Im Inneren der Metallkugel kompensieren sich beide Ladungen, es ist feldfrei. Deshalb kann die ursprüngliche Ladung ohne Störung des Feldes entfernt werden, und die Metallkugel trägt die Ladung Q.

2. Abschirmung Soll das Feld an einem Punkt P verschwinden, so wird er mit einer Metallhülle, einem *Faradayschen Käfig*, umgeben. An seiner Außenseite entsteht durch Influenz eine Flächenladung, und das Innere bleibt feldfrei: Abschirmung des elektrischen (nicht magnetischen!) Feldes. Deshalb wirkt ein Auto (Blechkarosserie) für die Insassen bei Gewitter als abschirmender Käfig.

3. Wanderwellen auf Freileitung Eine Gewitterwolke influenziert auf isolierten Leitungen (Abb. 2.4.2d) und der Erde die entsprechende Gegenladung. Entlädt sich die Wolke durch Blitzschlag, so sind die Ladungen der Leitungen nicht mehr gebunden und strömen nach beiden Richtungen als *Wanderwelle* auseinander. Dadurch können Spannungsstöße entstehen, die hier in der Nähe liegende Leitungen gefährden. Aus gleichem Grund meidet man bei Gewitter die Berührung ausgedehnter isolierter Metallgegenstände.

4. Strom durch Influenz bewegter Ladungen Gelangt in einen ungeladenen Plattenkondensator eine Ladung, so influenziert sie auf beiden Platten insgesamt ihre Gegenladung. Bei Bewegung (z. B. durch ein Feld) zu einer Plattenseite verschiebt sich das Verhältnis der influenzierten Ladungen. Ladungsänderungen bedeuten Stromfluss im äußeren Kreis. Er wird als *Influenzstrom* bezeichnet.

Bewegt sich im Plattenkondensator (mit der Spannung U) ein (negatives) Ladungspaket ΔQ mit der Geschwindigkeit v von links nach rechts (Abb. 2.4.3a), so influenziert es die Ladungen ΔQ_{iK} und ΔQ_{iA} auf den Platten (Abb. 2.4.3b) mit $\Delta Q_{iK} + \Delta Q_{iA} = \Delta Q$, weil alle zu ΔQ beitragenden Ladungen von der Anode oder Kathode ausgehen. Die Bewegung ändert das Verhältnis der Teilladungen fortwährend. Deshalb müssen zur rechten Platte laufend positive Ladungen fließen und von der linken abfließen: *die Ladungsbewegung im Nichtleiter verursacht durch Ladungsinfluenz auf den Platten im äußeren Kreis einen Leitungsstrom!* Die Ladung ΔQ ändert das Feld im Kondensator. Nach dem Gaußschen Satz gilt $E_1 = D_1/\varepsilon_0 = -(Q_{Kap} - \Delta Q_{iK})/\varepsilon_0 A$, und $E_2 = D_2/\varepsilon_0 = -(Q_{Kap} + \Delta Q_{iA})/\varepsilon_0 A$ sowie $-U = E_1 x + E_2(d-x)$. Damit beträgt die influenzierte Ladung

$$\Delta Q_{iA} = \Delta Q \frac{x(t)}{d}, \qquad \Delta Q_{iK} = \Delta Q \left(1 - \frac{x(t)}{d}\right).$$

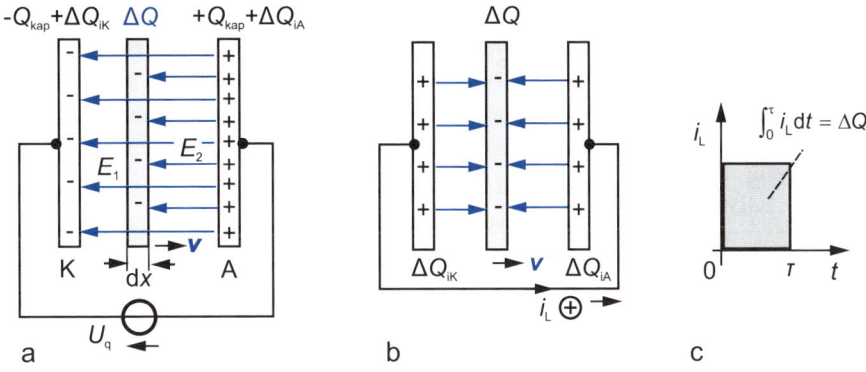

Abb. 2.4.3. Influenzwirkung durch bewegte Ladung. (a) Eine negative Ladungsfront ΔQ bewegt sich mit konstanter Geschwindigkeit v durch ein Kondensatorfeld und influenziert auf den Platten die Ladungen ΔQ_{iK}, ΔQ_{iA}, deren Aufteilung sich durch die Bewegung ändert (b). (c) Ladungsausgleich über den äußeren Stromkreis als Stromimpuls

Bei konstanter Spannung (!) fließt im Außenkreis der Strom

$$i_{\text{infl}} = \frac{\mathrm{d}\Delta Q_{iA}(t)}{\mathrm{d}t} = \frac{\Delta Q}{d}\frac{\mathrm{d}x(t)}{\mathrm{d}t} = \frac{\Delta Q v}{d}$$

zur Anode. Während der Flugzeit τ des Ladungspaketes von K nach A erreicht die rechte Platte insgesamt die Ladung

$$\int_0^\tau i\,\mathrm{d}t = \frac{\Delta Q}{d}\int_0^\tau \frac{\mathrm{d}x}{\mathrm{d}t}\mathrm{d}t = \frac{\Delta Q}{d}\int_0^d \mathrm{d}x = \Delta Q,$$

die über die Zuleitung A abfließt. So wirkt im Außenkreis während der Flugzeit ein kontinuierlicher Strom, nicht nur im Moment des Auftreffens (Abb. 2.4.3c).

> Jede durch ein Dielektrikum transportierte Ladung erzeugt durch Influenz im Verbindungsleiter einen Stromimpuls, dessen Zeitintegral gleich der transportierten Ladung ist. Solche Vorgänge treten in elektronischen Bauelementen auf.

5. Elektrostatische Generatoren Elektrostatische Generatoren beruhen auf der Trennung von Ladungsträgern durch Influenz, aber auch Reibung oder Sprühentladungen. Vor allem das Reibungsprinzip ist alt und trug viel zum Verständnis der Elektrizität bei. Reibungselektrizität basiert auf der Trennung zweier Grenzflächen, die vorher beim Reiben in innigem Kontakt standen. Beim Van de Graaff-Generator (s. Abb. 1.3.2b) sprüht eine Sprüheinrichtung (z. B. Hochspannungsquelle, 10 kV) geladene Teilchen auf ein umlaufendes Isolierband, das sich gegen die Feldkraft bewegt. Die Ladungsträger werden im feldfreien Innern einer Spannungselektrode (Hohlkugel) über eine Metalldrahtelektrode abgenommen und gelangen so auf die Kugeloberfläche. Der auf dem Band transportierte Strom hängt von der Geschwindigkeit v, der Bandbreite b und Flächenladungsdichte $\sigma \leq 2\varepsilon_0 E_{\text{BR}}$ ab: $I = \sigma v b \leq v b \cdot \varepsilon_0 E_{\text{BR}}$. Die Durchbruchfeldstärke der Luft begrenzt die erreichbare Spannung, Werte im MV-Bereich sind üblich. Der Bandgenerator stellt eine (echte) Konstantstromquelle mit dem Quellenstrom I dar (Größenordnung µA ... mA).

2.5 Berechnung und Eigenschaften elektrostatischer Felder

Einführung Das elektrostatische Feld wird durch ruhende Ladungen gekennzeichnet, also die Bedingungen

$$\oint \boldsymbol{E} \cdot \mathrm{d}\boldsymbol{s} = 0, \quad \oint \boldsymbol{D} \cdot \mathrm{d}\boldsymbol{A} = Q \quad \text{und} \quad \boldsymbol{D} = \varepsilon \boldsymbol{E}. \tag{2.5.1a}$$

Es assoziiert damit den *Vergleich zum Strömungsfeld* (s. Tab. 2.3)

$$\oint \boldsymbol{E} \cdot \mathrm{d}\boldsymbol{s} = 0, \quad \oint \boldsymbol{J} \cdot \mathrm{d}\boldsymbol{A} = 0 \quad \text{und} \quad \boldsymbol{J} = \kappa \boldsymbol{E}. \tag{2.5.1b}$$

Weil beides Potenzialfelder sind, gelten die Verfahren zur Berechnung der Strömungsfelder sinngemäß auch für elektrostatische Felder:

Ersetzt man im Strömungsfeld mit gut leitenden Elektroden den räumlichen Leiter durch einen Nichtleiter, so bleibt die Feldstärke- und Potenzialverteilung (bei gleicher Elektrodenspannung) erhalten.

Wurde im Strömungsfeld ein Probestrom I an einer Elektrode eingeprägt und von der anderen weggeführt, so übernimmt diese Rolle hier eine Probeladung $+Q$ auf einer Elektrode und die Gegenladung $-Q$ im Raum bzw. der Gegenelektrode.

2.5.1 Feldberechnung

Wir stellen einige typische Felder zusammen, bei denen die Verschiebungsflussdichte $\boldsymbol{D}$ aus einer gegebenen Ladungsverteilung leicht bestimmt werden kann. Ausgang ist der Ablauf

$$Q_{\text{Probe}} \rightarrow \boldsymbol{D}(\boldsymbol{r}) \rightarrow \boldsymbol{E}(\boldsymbol{r}) \rightarrow \varphi(\boldsymbol{r}) \rightarrow U(\boldsymbol{r}) \rightarrow \begin{cases} \text{Ersatzkapazität} \\ \text{Feldverteilung} \end{cases}$$

$$Q = \oint_A \boldsymbol{D} \cdot \mathrm{d}\boldsymbol{A}, \quad \boldsymbol{D} = \varepsilon \boldsymbol{E}, \quad U_{\text{AB}} = \varphi_\text{A} - \varphi_\text{B} = \int_A^B \boldsymbol{E} \cdot \mathrm{d}\boldsymbol{s}. \tag{2.5.2}$$

Die Felder der Verschiebungsflussdichte $\boldsymbol{D}$ entsprechen denen der Stromdichte $\boldsymbol{J}$, wenn der Probestrom I (Speisestrom der Elektroden) durch die Ladung $\pm Q$ auf den Elektroden ersetzt wird (s. Gl. (1.3.11)).

Eine Punktladung Q im Dielektrikum ε erzeugt ein radialsymmetrisches D-Feld (Abb. 2.5.1a). Im Gaußschen Satz Gl. (2.2.7) nutzen wir aus Symmetrie-

2.5 Berechnung und Eigenschaften elektrostatischer Felder

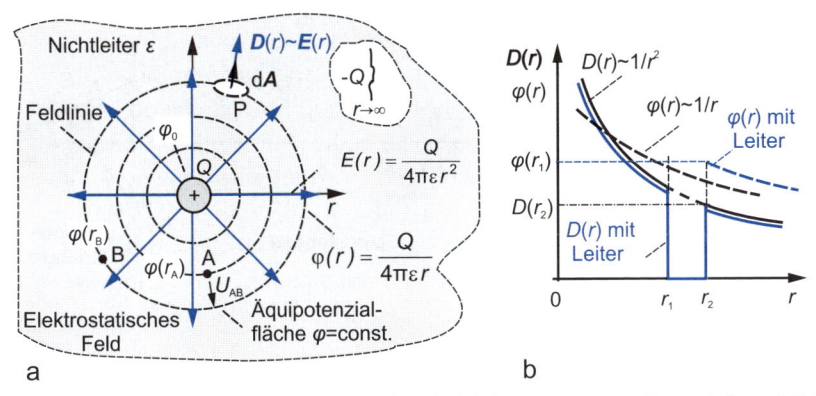

Abb. 2.5.1. Feld einer Punktladung Q (> 0). (a) Anordnung mit Potenzial- und Feldstärkelinien. (b) Verlauf der Verschiebungsflussdichte und des Potenzials über dem Radius

gründen eine Kugeloberfläche vom Radius r mit der Punktladung im Mittelpunkt. Da $|D|$ jetzt auf der Kugeloberfläche konstant ist, gilt $Q = D \cdot A$ und mit $A = 4\pi r^2$ schließlich (Einheitsvektor $\boldsymbol{e}_r$ in $\boldsymbol{r}$-Richtung (s. Gl. (2.2.2)))

$$D = \frac{Q}{A} = \frac{Q}{4\pi r^2} \quad \text{bzw.} \quad \boldsymbol{D} = \frac{Q}{4\pi r^2} \boldsymbol{e}_r \quad \text{und} \quad \boldsymbol{E} = \frac{Q}{4\pi \varepsilon r^2} \boldsymbol{e}_r.$$

Zur Potenzialberechnung zwischen den Punkten A, B wählen wir den an die Symmetrieeigenschaften angepassten Weg in radialer Richtung (mit $\boldsymbol{E} \| \mathrm{d}\boldsymbol{s}$). Es folgt mit $\mathrm{d}\boldsymbol{s} = \mathrm{d}\boldsymbol{r}$ und $E = Q/(4\pi\varepsilon r^2)$

$$\varphi(r) = \varphi(r_\mathrm{B}) + \frac{Q}{4\pi\varepsilon} \int_r^{r_\mathrm{B}} \frac{\mathrm{d}\varrho}{\varrho^2} = \varphi(r_\mathrm{B}) + \frac{Q}{4\pi\varepsilon}\left(\frac{1}{r} - \frac{1}{r_\mathrm{B}}\right). \tag{2.5.3a}$$

Das ist das *Potenzial* im Strömungsfeld (Gl. (1.3.13)), das dort aus der Feldstärke $\boldsymbol{E}(\boldsymbol{r}) = \boldsymbol{J}(\boldsymbol{r})/\kappa$ statt wie hier aus $\boldsymbol{E}(\boldsymbol{r}) = \boldsymbol{D}(\boldsymbol{r})/\varepsilon$ bestimmt wurde. Für die Bezugswerte $r_\mathrm{B} \to \infty$ und $\varphi(r_\mathrm{B}) = 0$ wird schließlich

$$\varphi(r) = \int_r^\infty \boldsymbol{E}_\varrho \cdot \boldsymbol{e}_\varrho \, \mathrm{d}\varrho = \int_r^\infty \frac{\boldsymbol{D}(\varrho)}{\varepsilon} \cdot \boldsymbol{e}_\varrho \mathrm{d}\varrho = \frac{Q}{4\pi\varepsilon} \int_r^\infty \frac{\mathrm{d}\varrho}{\varrho^2} = \frac{Q}{4\pi\varepsilon}\frac{1}{r} \tag{2.5.3b}$$

bezogen auf den unendlich fernen Punkt.

Das Potenzial des elektrostatischen Feldes ergibt sich aus dem des Strömungsfeldes (für die gleiche Elektrodenanordnung), wenn I/κ durch Q/ε ersetzt wird.

Damit können die Ergebnisse für rotations- und zylindersymmetrische Felder auf das elektrostatische Feld übertragen werden.

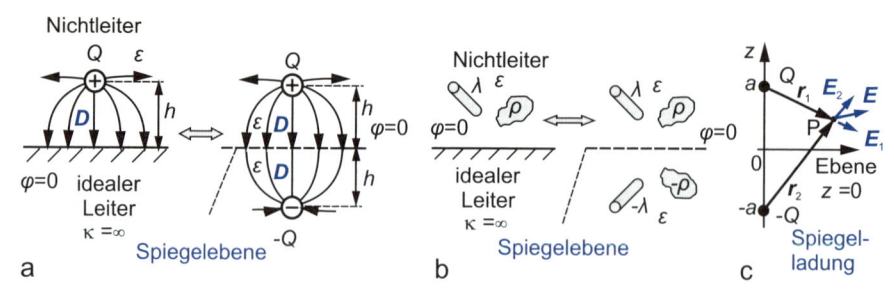

Abb. 2.5.2. Spiegelprinzip. (a) Eine positive Punktladung über einer leitenden Ebene influenziert dort negative Flächenladung. Ihr Feldbild entspricht dem eines Ladungspaares, mit der unteren Ladung als Spiegelbild der oberen (Vorzeichenwechsel der Ladung). (b) Anwendung des Spiegelprinzips auf Ladungsverteilungen. (c) Feldstärkeberechnung im Punkt P mit dem Spiegelprinzip

Feldberechnungen treten auf bei:

— Bestimmung der Feldstärke von Leiteranordnungen mit gegebener Spannung,
— Kapazitätsbestimmung von Leiteranordnungen.

Sie werden einfach, wenn aus der Leitergeometrie qualitativ auf die Ladungsverteilung geschlossen werden kann. Ist beispielsweise im Potenzialfeld Abb. 2.5.1 die Ladung Q konzentrisch mit einer leitenden Hohlkugel (Radien r_1, r_2) nach Abb. 2.4.2c umhüllt, so nimmt letztere das Potenzial $\varphi(r_1)$ an (Abb. 2.5.1b). In der Metallkugel selbst verschwindet die Verschiebungsflussdichte.

Spiegelverfahren Für kompliziertere Felder gibt es weitere Berechnungsverfahren, eines ist das schon beim Strömungsfeld erläuterte Spiegelverfahren (Abb. 2.5.2a):

Zwei Ladungen $Q_1 = Q$ und $Q_2 = -Q$ (unterschiedliche Vorzeichen, gleiche Beträge) erzeugen eine ebene Niveaufläche ($\varphi = 0$) symmetrisch zu ihrer räumlichen Lage oder: wird eine Ladung Q an einer Ebene gespiegelt, so nimmt die Ebene das Potenzial 0 an.

Das Prinzip gilt sinngemäß auch für Ladungsverteilungen (Abb. 2.5.2b).

Wir betrachten als Beispiel zwei Punktladungen je im Abstand a über einer Symmetrieebene (Abb. 2.5.2c). In der Ebene $z = 0$ ($r_1 = r_2 = r = \sqrt{x^2 + y^2 + a^2}$) lautet die Feldstärke $\boldsymbol{E} = -\frac{2Qa}{4\pi\varepsilon r^3}\boldsymbol{e}_z$. Die Normalkomponente von $\boldsymbol{D}$ muss gleich der Flächenladungsdichte σ an der Leiteroberfläche $z = 0$ sein: $\sigma = -2Qa/(4\pi\varepsilon r^3)$. Die gesamte, an der unendlich ausgedehnten Leiteroberfläche influenzierte Ladung wird dann

$$Q|_{\text{OF}} = \int_{A \to \infty} \sigma \mathrm{d}A = -\frac{2Qa}{4\pi} \int_0^\infty \frac{2\pi\rho \mathrm{d}\varrho}{(\varrho^2 + a^2)^{3/2}} = -Q \qquad (2.5.3c)$$

und ist gleich der negativen Ausgangsladung. Das begründet die Anwendbarkeit des Spiegelprinzips. Zur Lösung des Integrals sei auf Beispiel 2.2.3 verwiesen.

2.5.2 Quellencharakter des elektrostatischen Feldes

Integrale Aussage Nach dem Gaußschen Gesetz Gl. (2.2.7) hängen Ladung Q und Flussdichte $\boldsymbol{D}$ durch eine Hüllfläche direkt zusammen, auch dann noch, wenn die Hülle schrumpft und schließlich nur noch eine Punktladung umschließt: Felderzeugende Ladungen Q sind Quelle und Senke des Flussdichtefeldes. Das elektrostatische Feld ist ein Quellenfeld (vgl. Abb. 2.2.1). Das Gesetz bezieht sich auf die umschlossene Gesamtladung, es gibt keine Auskunft über die *Ladungsverteilung*.

Aussage im Raumpunkt Vom Feldgesichtspunkt her interessiert eine gleichwertige Aussage für den Raumpunkt. Dazu denken wir die Ladung Q in Teilladungen ΔQ zerlegt, die jeweils das Volumen ΔV einnehmen. Im Volumenelement herrsche die konstante Raumladungsdichte ϱ. Dann enthält das Volumen V die Ladung (Gl. (1.3.3), Bd. 1)

$$Q = \int_{\text{Volumen}} \varrho\, dV = \int_{\text{Volumen}} \varrho A\, dx.$$

Das Volumenelement $dV = A\,dx$ sei ein Quader (Fläche A, Dicke dx), von dem alle Flussdichtelinien nach rechts (Annahme homogenes Feld) austreten sollen (Abb. 2.5.3a). Die entsprechende negative Ladung befinde sich weit rechts. Nach dem Gaußschen Gesetz wird die rechte Oberfläche vom Ladungsfluss $\Psi = Q = \boldsymbol{D} \cdot \boldsymbol{A} = DA$ durchsetzt. Bei *konstanter* Raumladungsdichte ϱ entstehen längs der Strecke dx insgesamt dD neue „Ladungslinien" (je Fläche), insgesamt ist also die Ladung im Volumen

$$\underbrace{\int \underbrace{\frac{dD}{dx}}_{\text{räumlicher Ladungszuwachs}} \cdot A\, dx}_{} = \underbrace{\int \varrho A\, dx}_{\text{Gesamtladung im Volumen}} = \underbrace{DA}_{\text{Ladungsfluss durch rechte Oberfläche}}. \quad (2.5.4)$$

Der Vergleich ergibt

$$\frac{dD_x}{dx} = \varrho. \quad (2.5.5a)$$

Aus jeder „Ladungsscheibe" (Inhalt: $\Delta Q = A\Delta D$) entspringt nach rechts die gleiche Anzahl von Feldlinien neu und es wächst die „Liniendichte", eben die elektrische Flussdichte D, nach rechts. Wegen der linear ansteigenden Verschiebungsdichte ($\sim E(x)$) muss das Potenzial quadratisch über dem Ort verlaufen.

> Raumladung bedingt im elektrischen Feld nichtlinearen Potenzialverlauf.

Steigt dagegen die Raumladungsdichte ϱ nach rechts (Abb. 2.5.3b) muss dD/dx ebenfalls nach rechts anwachsen, sich also D *stärker* ändern. Die Folge ist eine noch stärkere Potenzialkrümmung.

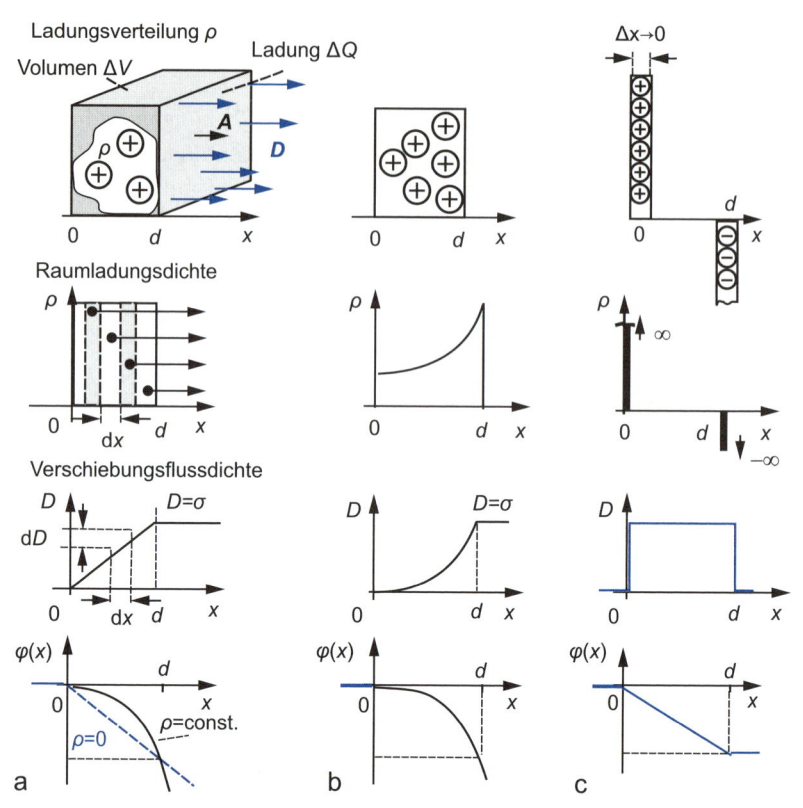

Abb. 2.5.3. Verschiebungs- und Raumladungsdichte (eindimensional). (a) Verschiebungsflussdichte und Potenzial bei konstanter Raumladung. (b) wie (a), aber bei inhomogener, nach rechts wachsender Raumladungsdichte. (c) bei zwei, verschwindend schmalen und unendlich großen Raumladungsschichten (gleichwertig einer Flächenladung). Im Zwischengebiet entsteht konstante Verschiebungsdichte

Bei einem Sprung von D an der Oberfläche (Abb. 2.5.3c) wächst ϱ über alle Grenzen, und die Dicke der Raumladungsschicht schrumpft gegen Null. Das ist aber Inhalt der „Flächenladungsdichte" σ (s. Gl. (2.2.3)). Wir erkennen: in x-Richtung beschreibt Gl. (2.5.5a) (oder umgestellt)

$$\int_{x_0}^{x} \mathrm{d}D_\mathrm{x} = \int_{x_0}^{x} \varrho \, \mathrm{d}x \quad \text{bzw.} \quad D_\mathrm{x}(x) = D_\mathrm{x}(x_0) + \int_{x_0}^{x} \varrho \, \mathrm{d}x \tag{2.5.5b}$$

den Zusammenhang zwischen der Änderung der Verschiebungsflussdichte und Raumladung an jeder Stelle x. *Nur außerhalb des Raumladungsgebietes ($\varrho = 0$) ist D konstant.*

Wird im Abstand d eine zweite Flächenladung (mit entgegengesetztem Vorzeichen) hinzugefügt (Abb. 2.5.3c), so entsteht ein rechteckförmiger D-Verlauf

2.5 Berechnung und Eigenschaften elektrostatischer Felder

und eine Potenzialrampe mit dem Spannungsabfall $U = Ed = Dd/\varepsilon = \sigma d/\varepsilon$.
Die bisherigen Überlegungen, insbesondere Gl. (2.5.5a) lassen sich für alle
drei Koordinaten verallgemeinern zum *Gaußschen Gesetz* Gl. (2.2.7) für den
Raumpunkt oder in *Differenzialform*[5]:

$$\frac{\partial D_x}{\partial x} + \frac{\partial D_y}{\partial y} + \frac{\partial D_z}{\partial z} = \operatorname{div} \boldsymbol{D} = \varrho(x,y,z). \quad \text{Gaußsches Gesetz im Raumpunkt} \quad (2.5.6)$$

Links steht die räumliche Änderung der elektrischen Flussdichte (und so
auch die Feldstärke), rechts die Raumladungsdichte als Ursache der Flussdichteänderung.

Der Einfluss der Raumladungsdichte auf die Potenzialverteilung $\varphi(x)$ ergibt
sich (für eindimensionale Verhältnisse) mit $D_x = \varepsilon E_x$ und $E_x = -\mathrm{d}\varphi/\mathrm{d}x$
zu

$$-\frac{\mathrm{d}(\varepsilon E_x)}{\mathrm{d}x} = \varepsilon \frac{\mathrm{d}^2\varphi(x)}{\mathrm{d}x^2} = -\varrho(x). \quad \text{(eindim.) Poisson-Gleichung} \quad (2.5.7)$$

> Jede Raumladung ϱ verursacht ein räumlich veränderliches, also inhomoge-
> nes elektrisches Feld mit nichtlinearem Potenzialverlauf.

Die Poisson-Gleichung ändert für Zylinder- und Kugelkoordinaten ihr Aussehen.
Mit den Vektoroperationen Gradient und Divergenz gilt sie koordinatenunabhängig:
$\operatorname{div} \operatorname{grad} \varphi = -\varrho/\varepsilon$.

Aus einem Potenzialverlauf lässt sich die Raumladungsverteilung über die Poissonsche Gleichung durch Differenziation ermitteln. Meist liegt aber die Raumladungsverteilung vor, und der Potenzialverlauf ist gesucht. Dann herrscht eine
Rückkopplung zwischen Feldverlauf und frei beweglicher Ladung: das Feld bestimmt
die Ladungsverteilung, und diese korrigiert rückwirkend den Feldverlauf. Raumla-
dungsbehaftete Vorgänge treten vielfältig auf:

— beim Stromfluss durch hochohmige Gebiete,
— in physikalischen Grenzflächensystemen (s. Kap. 1.3.3.3, Abb. 1.3.12),
— an der Oberfläche von hochohmigen Leiterbereichen beim Auftreffen eines Feldes
  als „Raumladungszone" auch in Bauelementen, z. B. pn-Übergang, u. a. m. Als
  typisches Merkmal der Raumladung wird die I,U- oder die Q,U-Beziehung der
  betreffenden Anordnung *nichtlinear*, Beispiel Vakuumdiode, Abb. 1.3.21.

Wir betrachten einige Beispiele:

a) Gegeben sei ein Gebiet konstanter Raumladungsdichte $\varrho = \text{const.}$
(Abb. 2.5.3a), das bei $x = 0$ das Potenzial $\varphi(0) = 0$ hat und an der Stelle d $\varphi(d) = -U$ (dann liegt über der Raumladungszone die Spannung vom

---

[5]Die Schreibweise $\operatorname{div} \boldsymbol{D} = 0$ (gesprochen: Divergenz von $\boldsymbol{D}$, Ergiebigkeit) benutzt
die Differenzialvektoroperation div.

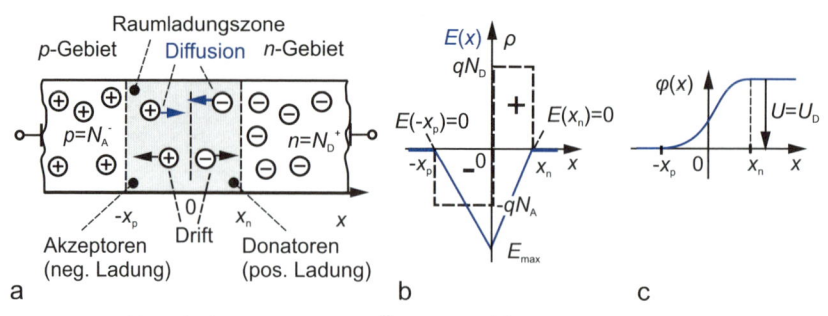

Abb. 2.5.4. Raumladungszone im *pn*-Übergang. (a) Entstehung einer Raumladungsdoppelschicht zwischen *p*- und *n*-leitendem Bereich. (b) Raumladungs- und Feldstärkeverlauf. (c) Zugehöriger Potenzialverlauf. Die Potenzialschwelle wird aus dem stromlosen Zustand ermittelt, sie bestimmt die Breite der Raumladungszone

Betrag U). Die Poissonsche Gleichung (2.5.7) ergibt nach doppelter Integration die Lösung

$$\varphi(x) = -\frac{\rho x^2}{2\varepsilon} + c_1 x + c_2. \tag{2.5.8}$$

Die Integrationskonstanten c_1, c_2 werden durch *Randbedingungen* bestimmt: es soll gelten $\varphi(0) = 0 \rightarrow c_2 = 0$ und $\varphi(d) = -U \rightarrow c_1 = -\frac{x}{d}\left(-U + \frac{\rho d^2}{2\varepsilon}\right)$. Damit lautet die angepasste Lösung (Abb. 2.5.3a)

$$\varphi(x) = -\frac{x}{d}U + \frac{\varrho}{2\varepsilon}\left(xd - x^2\right). \tag{2.5.9}$$

Die Feldstärke folgt aus $E = -\mathrm{d}\varphi/\mathrm{d}x$.

> In einem Gebiet mit konstanter Raumladung steigt das Feld linear, und das Potenzial verläuft quadratisch über dem Ort.

b) Wird an die positive Raumladungsschicht noch eine negative angefügt, so entsteht eine *Raumladungsdoppelschicht* (Abb. 2.5.3c) und damit verbunden eine *Potenzialschwelle*. Sie ist Grundlage des *pn*-Überganges in der Halbleiterdiode.

pn-Übergang Kommen zwei *p*- und *n*-dotierte Halbleitergebiete in innigen Kontakt (Abb. 2.5.4a), so baut sich an der Übergangsfläche im Wechselspiel zwischen Diffusions- und Feldbewegung eine Raumladungsdoppelschicht auf: (s. Entstehung der Diffusionsspannung Gl. (1.3.45)). Durch Überschuss negativer Störstellen (Akzeptoren) im *p*-Gebiet entsteht eine negative Raumladung (Raumladungsdichte $\varrho \approx -qN_A$, analog im *n*-Gebiet eine positive Raumladungsdichte). Die Folge sind ein *inneres Feldstärkefeld* und eine Potenzialschwelle. *Jeder pn-Übergang bildet eine Raumladungszone*. Im Raumladungsbereich lautet die Poissonsche Gleichung

$$\frac{\mathrm{d}^2\varphi(x)}{\mathrm{d}x^2} = \frac{q}{\varepsilon}\begin{cases} N_A & \text{für } -x_p \leq x \leq 0 \\ -N_D & \text{für } 0 \leq x \leq x_n \end{cases}. \tag{2.5.10a}$$

Einmalige Integration liefert die Feldstärke (Bedingung verschwindender Feldstärke an den Grenzen $E(-x_\mathrm{p}) = E(x_\mathrm{n}) = 0$), *gleiche Flächenladung* $qN_\mathrm{A}x_\mathrm{p} = qN_\mathrm{D}x_\mathrm{n}$ beiderseits der Grenzfläche und eine erneute Integration den Potenzialverlauf (mit dem Bezugswert $\varphi(-x_\mathrm{p}) = 0$)

$$\varphi(x) = \frac{q}{2\varepsilon} N_\mathrm{D} x_\mathrm{n} \begin{cases} x_\mathrm{p} + 2x + x^2/x_\mathrm{p} & \text{für } -x_\mathrm{p} \leq x \leq 0 \\ x_\mathrm{p} + 2x - x^2/x_\mathrm{n} & \text{für } 0 \leq x \leq x_\mathrm{n} \end{cases}. \qquad (2.5.10\mathrm{b})$$

Es verläuft an der Stelle $x = 0$ stetig. Der Wert $\varphi(x_\mathrm{n}) = U_\mathrm{D}$ wird der Diffusionsspannung Gl. (1.3.45) gleichgesetzt. Weiter lassen sich angeben:

— die *Sperrschichtbreite* W_S (Breite der Raumladungszone)

$$W_\mathrm{S} = x_\mathrm{n} + x_\mathrm{p} = \sqrt{\frac{2\varepsilon(N_\mathrm{A} + N_\mathrm{D})}{q(N_\mathrm{A} N_\mathrm{D})}} \sqrt{U_\mathrm{D}}, \qquad (2.5.11\mathrm{a})$$

— die *Verarmungsladung* Q_SC (eines Raumladungsgebietes)

$$Q_\mathrm{SC} = A\sqrt{2\varepsilon q \frac{N_\mathrm{A} N_\mathrm{D}}{(N_\mathrm{A} + N_\mathrm{D})}} \sqrt{U_\mathrm{D}}. \qquad (2.5.11\mathrm{b})$$

Sperrschichtbreite und Verarmungsladung hängen von der Spannung U über der Raumladungszone ab. Das ist im stromlosen Zustand die Diffusionsspannung U_D.

Eine äußere Spannung vergrößert oder reduziert diese Potenzialschwelle je nach Spannungsrichtung. Dadurch entstehen der richtungsabhängige Stromfluss und die spannungsabhängige *Sperrschichtkapazität* (s. Kap. 2.7.4).

Metall-Isolator-Grenzfläche Wird im Kondensator (Abb. 2.5.5a) die linke Metallelektrode gegen eine dicke, homogen dotierte p-leitende Halbleiterschicht ausgetauscht, so entsteht ein *Metall-Isolator-Halbleiter* oder *MIS-Kondensator*. Eine anliegende Spannung U_q erzeugt im Isolator ein elektrisches Feld (Größe $E \approx U/d$). Die zugehörigen Flussdichtelinien D beginnen auf der rechten Metallelektrode mit der positiven Gesamtladung Q_+. Das Ladungsgleichgewicht erfordert eine betragsmäßig gleiche negative Ladung Q_- im Oberflächenbereich des p-Halbleiters mit Löchern als *Majoritätsträger* und einigen Elektronen als *Minoritätsträger*.

Zum Aufbau einer negativen oberflächennahen Ladung Q_-:

— müssen Löcher von der Oberfläche zurückgedrängt werden, so dass die negativen, ortsfesten Störstellen (Akzeptoren, Raumladungsdichte $\varrho = -qN_\mathrm{A}$) überwiegen (Abb. 2.5.5a) und
— bei starkem Feld ggf. noch Elektronen, also Minoritätsträger, aus dem Halbleiterinnern zur Oberfläche rücken. Sie bilden dort eine (bewegliche) *Inversionsladung* Q_i (Abb. 2.5.5b) (s. u.).

Die ortsfeste Störstellenladung dehnt sich bis zu einer Tiefe $W = x_\mathrm{p}$ aus. Erst dann beginnt der *neutrale Halbleiterbereich*. Die Tiefe W stellt sich so ein, dass die Gesamtladung Q_- ausreicht, der positiven Ladung Q_+ auf dem Metall das

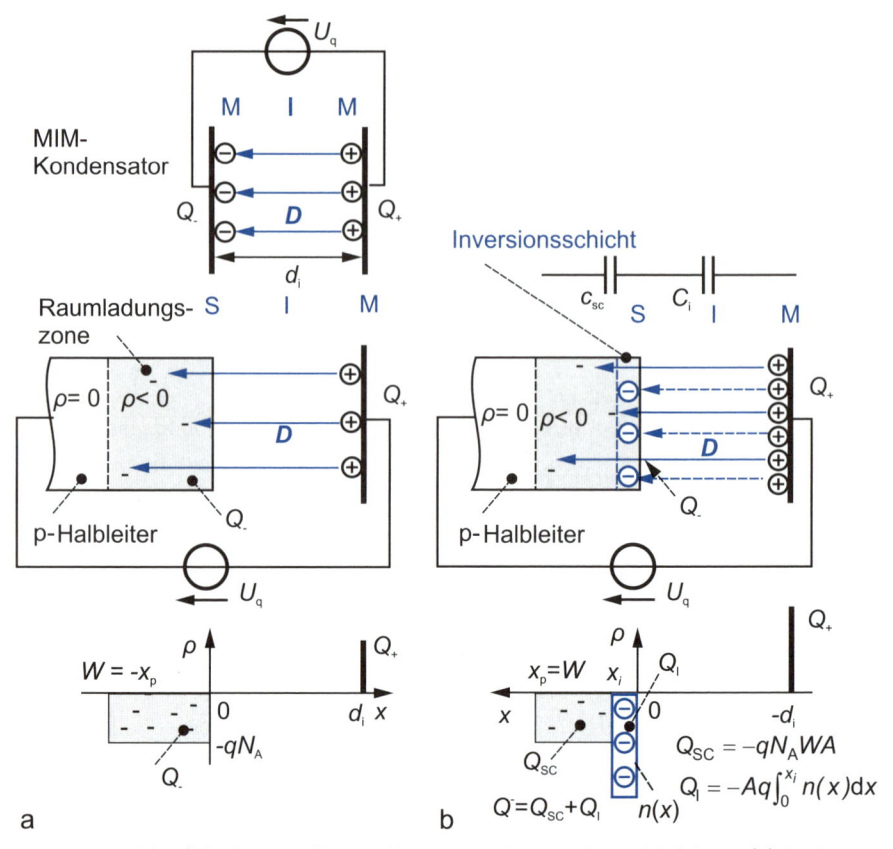

Abb. 2.5.5. Metall-Isolator-Halbleiter-Kapazität, Prinzip des Feldeffektes. (a) Ladungsträgerinfluenz an der Halbleiteroberfläche. Je nach Größe und Richtung der anliegenden Spannung entsteht im Halbleiter eine von Ladungsträgern verarmte Oberflächenzone oder (b) eine zusätzliche Inversionsschicht Q_i aus beweglichen Elektronen (Minoritätsträger). Bei Umkehr der Spannung reichert sich die Halbleiteroberfläche mit Löchern an

Gleichgewicht zu halten:

$$|Q_-| = \int_V \varrho \, dV = \varrho V = (qN_A)AW = |Q_+| = DA.$$

Das ergibt für eine Isolatordicke $d_i = 1\,\mu\text{m}$, eine Spannung $U = 1\,\text{V}$ (Isolatorfeldstärke also $E = U/d = 1\,\text{V}/\mu\text{m} = 10^6\,\text{V}/\text{m}$!) sowie eine Störstellendichte $N_A = 10^{16}\,\text{cm}^{-3}$ und $\varepsilon_r = 10$ die Tiefe

$$W = \frac{D}{qN_A} = \frac{\varepsilon E}{qN_A} = \frac{\varepsilon U}{qN_A d_i}$$

$$= \frac{10 \cdot 8{,}85 \cdot 10^{-12}\,\text{A}\cdot\text{s}\cdot 1\,\text{V}}{1{,}6 \cdot 10^{-19}\,\text{As}\cdot\text{V m}\cdot 1\,\mu\text{m}\cdot 10^{16}\,\text{cm}^{-3}} \approx 5{,}5 \cdot 10^{-6}\,\text{cm}.$$

Die geringe Störstellenkonzentration N_A (gegen Metall 7 Größenordnungen kleiner) bestimmt die Ausdehnung der Raumladungszone.

Das Beispiel fasst mehrere, bisher einzeln erörterte Phänomene zusammen:

- Im oberflächennahen Halbleiterbereich wird die Raumladungszone mit abnehmender Störstellendichte (abnehmende Leitfähigkeit) ausgeprägter. Sie ist Quelle/Senke der Feldlinien, doch enden sie nicht an der Oberfläche, sondern „versickern" in der Raumladungszone, wie im Abb. 2.5.5b skizziert.
- Der oberflächennahe ortsabhängige Feldverlauf verursacht einen nichtlinearen Spannungsabfall über der Raumladungszone (s. Gl. (2.5.10b)).
- Ihre Ausdehnung W wächst mit steigender Spannung U, weil mehr Ladung Q aufgebracht werden muss, was nur durch Verbreiterung möglich ist. Damit hängt die Breite von der Spannung ab (sogar nichtlinear, Gl. (2.5.11b)).
- Bei hoher Spannung U tritt zur Verarmungsladung qN_A noch eine *Inversionsladung* Q_i (Abb. 2.5.5b).
- Die oberflächennahe Raumladungszone verursacht eine (nichtlineare) Raumladekapazität, die der Plattenkapazität C_i des Isolators „in Reihe" liegt.

Das Beispiel zeigt, dass sich hinter dem mathematischen Modell der Flächenladung komplizierte physikalische Vorgänge verbergen können.

❷ 2.5.3 MOS-Feldeffekttransistor

Wir betrachten als Beispiel für das Zusammenwirken von Strömungs- und elektrostatischem Feld den *MOS-Feldeffekttransistor*. Er ist das wichtigste Bauelement integrierter Schaltungen. Sein Funktionsprinzip unterscheidet sich grundlegend vom Bipolartransistor (Kap. 2.7.3, Bd. 1).

Feldeffekt Ausgang ist ein *Metall-Isolator-Halbleiter-Kondensator* nach Abb. 2.5.5b. Liegt an der Metallelektrode eine hohe positive Spannung, so bildet sich (durch Influenz) an der p-leitenden Halbleiteroberfläche eine *Inversionsschicht* (n-leitend) als dünner „Film" beweglicher Elektronen. Ihre Ladungsträgerdichte ($\sim$ Leitfähigkeit) wächst mit der auftreffenden Feldstärke und so der anliegenden Spannung: *die Steuerbarkeit der oberflächennahen Leitfähigkeit durch ein elektrisches Feld heißt Feldeffekt*. Er ist die Grundlage des MOS-Feldeffekttransistors.

MOS-Feldeffekttransistor Dieser Transistor nutzt den *Feldeffekt als Steuerprinzip eines Strömungsfeldes* (flächenhaftes Feld sehr geringer Dicke) in Form eines *stromführenden Inversionskanals* in einer MOS-Anordnung (Abb. 2.5.6). Das kanalförmige Strömungsfeld liegt zwischen zwei *Kontaktbereichen* (*Drain* und *Source* D, S) an der Halbleiteroberfläche (Abb. 2.5.6b). Inversionskanal und Kontaktbereiche sind durch *Verarmungszonen* (Raumladungszonen nach dem Prinzip des gesperrten pn-Überganges) vom restlichen „p-Substrat" getrennt.

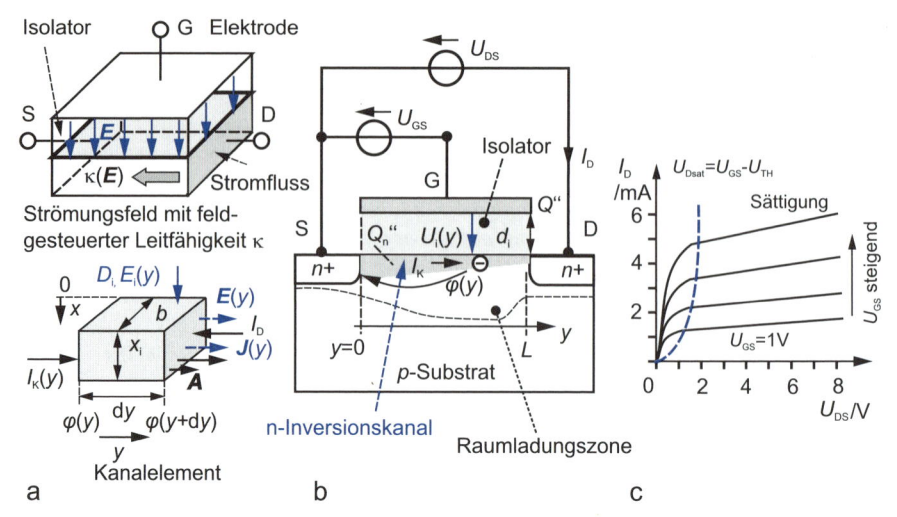

Abb. 2.5.6. MOS-Feldeffekttransistor. (a) Funktionsprinzip als gesteuertes nichtlineares stationäres Strömungsfeld mit herausgegriffenem Kanalelement. (b) Querschnitt durch einen n-Kanal-MOSFET. (c) Ausgangskennlinienfeld mit der effektiven Steuerspannung $U_{\text{GS}} - U_{\text{TH}}$ als Parameter

> Der Inversionskanal bildet mit seinen beiden Kontaktbereichen ein (nichtlineares) Strömungsfeld, dessen Leitfähigkeit durch den Feldeffekt (über die Gateelektrode) gesteuert wird. So hängt der Strom zwischen den Elektroden S, D auch von der Spannung zwischen Gateelektrode G und Strömungsfeld ab. Die Anordnung heißt MOS-Feldeffekttransistor (Anschlüsse S, D, G) mit dem MOS-Kondensator als Grundelement.

Weil als Isolator standardmäßig SiO_2 (Siliziumdioxid, Isolator I → Oxide O) und als Halbleiter Silizium verwendet werden, spricht man verbreiteter vom MOS-Kondensator (statt MIS-) und dem MOS-Feldeffekttransistor.

Im Betrieb liegen am Transistor die Drain-Source-Spannung U_{DS}, die den Drainstrom I_{D} durch den Inversionskanal verursacht und die Gate-Source-Steuerspannung U_{GS}. Im n-leitenden Inversionskanal (Dicke x_i) dieses n-Kanal-MOSFET herrscht eine Driftstromdichte $J_{\text{D}} = \kappa_n E_y$, dazu gehört der Drainstrom (b Kanalbreite)

$$-I_{\text{D}} = I_{\text{K}} = \int_A \boldsymbol{J}_y \cdot d\boldsymbol{A} = \int_A \kappa(y) \boldsymbol{E}_y \cdot d\boldsymbol{A}$$

$$= \int_0^{x_i} \underbrace{(q\mu_n n(x,y))}_{\kappa(y)} E_y \cdot \underbrace{b\, dx}_{dA} \boldsymbol{e}_y \cdot \boldsymbol{e}_y = b\mu_n q \underbrace{\int_0^{x_i} n(x,y) dx}_{-Q_n'' = \sigma(y)} \cdot E_y. \quad (2.5.12a)$$

Im Kanal wurde statt der Leitfähigkeit κ_n die Elektronendichte $n(x,y)$ eingeführt. Sie hängt vom Transversalfeld E_x ab, das die Inversion verursacht. Weil die Schichtdicke x_i des Inversionskanals schwierig zu ermitteln ist, wird besser die Oberflächen- oder *Inversionsladungsdichte* (mittlere Inversionsladung pro Fläche) verwendet (entspricht Q_i'' in Abb. 2.5.5b)

$$\begin{aligned}Q_n''(y) &= q \int_0^{x_i} n(x,y)\mathrm{d}x = \sigma(y) = D_i(y) = \varepsilon_i E_i(y) \\ &= \frac{\varepsilon_i}{d_i}\left(U_{GS} - U_{TH} - \varphi(y)\right).\end{aligned} \qquad (2.5.12b)$$

Steuerbeziehung MOSFET

Das ist die Verschiebungsflussdichte des Steuerfeldes mit $E_i = U_i(y)/d_i$. Die Isolatorspannung $U_i(y) = U_{GS} - \varphi(y)$ an der Stelle y bestimmt die Isolatorfeldstärke E_i: sie hängt vom Spannungsabfall $\varphi(y)$ längs des Kanals ab. Die *Schwellspannung* U_{TH} (Richtwert 1 V und deutlich darunter) berücksichtigt eine Mindestfeldstärke E_i, ab der erst Inversion (aus verschiedenen Gründen) einsetzt. Damit verbleibt als Drainstromgleichung nach beiderseitiger Multiplikation mit $\mathrm{d}y$ und Integration über die Kanallänge L mit den Potenzialwerten $\varphi(0) = 0$ und $\varphi(L) = U_{DS}$

$$\int_0^L I_D \mathrm{d}y = -\mu_n b \int_0^{U_{DS}} \sigma(y)\mathrm{d}\varphi = \mu_n b \frac{\varepsilon_i}{d_i} \int_0^{U_{DS}} (U_{GS} - U_{TH} - \varphi)\,\mathrm{d}\varphi.$$

Das ergibt schließlich die *Kennliniengleichung*

$$I_D = K\left((U_{GS} - U_{TH})U_{DS} - U_{DS}^2/2\right). \qquad \begin{array}{c}\text{Kennliniengleichung}\\ n\text{-Kanal-MOSFET}\end{array} \qquad (2.5.12c)$$

Abbildung 2.5.6c zeigt den Kennlinienverlauf. Für $U_{DS} < U_{GS} - U_{TH}$ arbeitet der Transistor im linearen oder *Triodenbereich*, bei sehr kleinen Spannungen U_{DS} als *spannungsgesteuerter Leitwert* (Vernachlässigung des quadratischen Terms in Gl. (2.5.12ac)). Ab $U_{DS} \geq U_{GS} - U_{TH}$ ist der maximale Stromwert erreicht (Sättigung, Abschnürpunkt) und von da an bleibt der Strom (im realen Modell) konstant, obwohl er nach der Kennliniengleichung wieder abfällt. In diesem Punkt setzt *Kanalabschnürung* am Drainbereich ein: das Isolatorfeld reicht nicht mehr zur Inversion der Halbleiteroberfläche aus.

Merkmale des Transistors sind neben den Ausgangskennlinien $I_D(U_{GS}, U_{DS})$ die daraus herleitbare *Transferkennlinie* $I_D(U_{GS})$ (bei konstanter Spannung U_{DS}). Aus allen lassen sich wie beim Bipolartransistor, die Kleinsignalparameter gewinnen.

Der MOSFET hat gegenüber dem Bipolartransistor einige Vorteile:

— Die Transistorkonstante K hängt von Verhältnis Kanalbreite b zu Kanallänge L ab und kann als Konstruktionsgröße zum *Schaltungsentwurf* (Geometrieeinstellung) dienen. Die kleinste Kanallänge beträgt gegenwärtig 22 nm (!).
— Der MOSFET ist wegen der Leitfähigkeitssteuerung ein *Majoritätsträgerbauelement* (mit günstigen dynamischen Eigenschaften).
— Die Verarmungszone unter dem Transistor „isoliert" ihn vom Halbleitersubstrat, ein Vorteil bei der Schaltungsintegration.
— Er eignet sich für Widerstands-, Kapazitäts- und Diodenfunktionen.
— Es gibt neben dem n-Kanal-Transistor (mit p-Halbleitersubstrat) auch p-Kanal-Transistoren (mit n-Halbleitersubstrat), ein Vorteil für die sog. *komplementäre Schaltungstechnik* (CMOS-Technik).

2.6 Die Integralgrößen des elektrostatischen Feldes

Kennzeichnen Feldstärke E und Verschiebungsflussdichte D das elektrostatische Feld im *Raumpunkt*, so gehören dazu für das Raumvolumen die integralen Größen *Verschiebungsfluss* Ψ (verknüpft mit D), die *Spannung* U (verknüpft mit E) und die *Kapazität* C als Beziehung zwischen Ladung und Spannung.

❯ 2.6.1 Verschiebungsfluss

Wesen Wir kennen den Zusammenhang Verschiebungsflussdichte D und erzeugender Ladung (Gaußsches Gesetz Gl. (2.2.7)) sowie das Influenzprinzip. Welchen Hintergrund hat dieses Phänomen?

Im Plattenkondensator (Abb. 2.6.1a) mit der Ladung Q_+ auf der linken Platte denken wir uns in ausgewählte Äquipotenzialflächen mehrere dünne Metallfolien so gelegt, dass keine Feldstörung auftritt. Auf jeder Folie wird nach dem Influenzprinzip die Ladung Q_+ und Q_- influenziert. Von links beginnend entsteht auf der ersten links die Ladung Q_- und rechts Q_+. Sie wiederum influenziert auf der folgenden Folie links Q_-, rechts Q_+ usw. Dann gilt:

$$\underset{\substack{\text{linke}\\\text{Elektrode}}}{|Q_+|} = \Psi_1 = \underbrace{|Q_-| = |Q_+|}_{\text{Folie 1}} = \Psi_2 = \underbrace{|Q_-| = |Q_+|}_{\text{Folie 2}} = \underset{\substack{\text{rechte}\\\text{Elektrode}}}{|Q_-|}. \quad (2.6.1)$$

Das Merkmal der Influenz, *Ladungen auf Probefolien zu verschieben*, ist eine Eigenschaft des elektrostatischen Feldes. Deshalb wird ihr eine arteigene physikalischen Größe, der *Verschiebungsfluss* Ψ zugeschrieben.

2.6 Die Integralgrößen des elektrostatischen Feldes

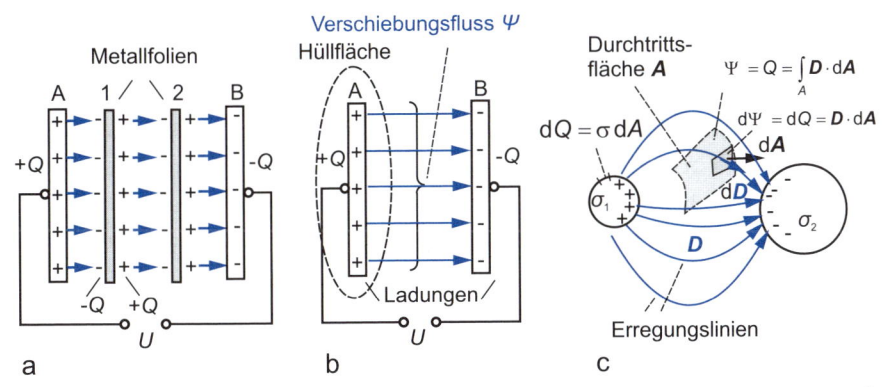

Abb. 2.6.1. Influenzprinzip und Verschiebungsfluss. (a) Influenzprinzip. Die Ladungen Q erzeugen auf jeder Folie eine Flächenladung. (b) Der Verschiebungsfluss Ψ kennzeichnet die Gesamtheit der Flusslinien des elektrostatischen Feldes. (c) Definition des Verschiebungsflusses

> Jede Ladung steht über den Verschiebungsfluss mit ihrer Gegenladung in Wechselwirkung. Er erfüllt den Raum um die Ladung und ist Merkmal des Ladungsfeldes.

Deshalb besteht sein Feld nach Abb. 2.6.1a aus durchgehenden, ausgewählten Verschiebungsflusslinien oder

$$\Psi|_{\text{Hülle}} = Q_+. \qquad \text{Definitionsgleichung Verschiebungsfluss} \qquad (2.6.2)$$

Sie beginnen bei positiven und enden auf negativen Ladungen (zugleich positiver Bezugssinn): das Verschiebungsfeld ist ein Quellenfeld. *Deshalb hängt der Verschiebungsfluss nicht vom Dielektrikum, sondern nur den erzeugenden Ladungen ab.*

Beispiele für den Verschiebungsfluss wurden bereits beim Gaußschen Satz (Abb. 2.2.2), als Grenzflächenverhalten einer Metallfolie (Abb. 2.4.1d) oder beim Influenzprinzip (Abb. 2.4.2) betrachtet.

Verschiebungsflussdichte D Der Verschiebungsfluss Ψ hängt mit der bereits eingeführten Verschiebungsflussdichte D unmittelbar zusammen:

— über das *Hüllintegral* von D, das den Gesamtfluss der Verschiebungsflussdichte über eine geschlossene Fläche um eine Ladung Q erfasst und gleich dieser Ladung ist (s. Gl. (2.2.7)),
— und der beliebigen Verschiebung der Hüllfläche im Raum (wenn sie nur immer die gleiche Ladung Q umschließt (Abb. 2.6.1c)). Stets tritt durch die (gedachte) Hülle der gleiche Verschiebungsfluss Ψ. Dann gilt

$$\Psi = \oint_{\text{Hülle}} \boldsymbol{D} \cdot \mathrm{d}\boldsymbol{A} = \int \boldsymbol{D} \cdot \mathrm{d}\boldsymbol{A}. \qquad \begin{array}{l}\text{Verschiebungsflussdichte } \boldsymbol{D},\\ \text{Verschiebungsfluss } \Psi\end{array} \quad (2.6.3)$$

Nach dem Gaußschen Gesetz ist der Verschiebungsfluss stets ein Hüllenfluss (der eine Ladung umfasst, daher die präzisere Bezeichnung $\Psi|_{\text{Hülle}}$). Seine Grundlage muss dann immer ein über die Hüllfläche A geführtes Integral sein (gekennzeichnet durch einen Zählpfeil in Richtung $\mathrm{d}\boldsymbol{A}$). Wegen der Ladung als Ursache wird er immer als Hüllenfluss verstanden (Abb. 2.6.1b, c).

Die Definitionsgleichung des Verschiebungsflusses entspricht formal der des Stromes I (Gl. (1.3.3)), nur ist dort die Fläche *nicht geschlossen* (sonst wäre der Gesamtstrom Null, Knotensatz!).

Wesentlich für den Umgang mit Gl. (2.6.3) sind drei Aspekte:

1. Der Verschiebungsfluss Ψ ist unabhängig vom Dielektrikum stets gleich der umschlossenen Ladung. Das ist der Kern des Influenzprinzips.
2. Die Hüllengeometrie kann beliebig gewählt werden.
3. Die Relativlage der Ladung zur umschließenden Hülle ist beliebig. Das mag überraschen, lässt sich aber nachweisen.

❯ 2.6.2 Kapazität C

Ein Kondensator besteht aus zwei gut leitenden Elektroden getrennt durch ein Dielektrikum. Liegt die Spannung U_{AB} an, so gelangen die Ladungen Q_A resp. Q_B auf die Elektroden und der Feldraum wird vom Verschiebungsfluss ausgefüllt. Bei raumladungsfrei angenommenem Isolator sind Verschiebungsfluss Ψ und Spannung U_{AB} einander proportional. Die Proportionalitätskonstante heißt *Kapazität* C_{AB}

$$Q_{AB} = C_{AB} U_{AB}. \qquad \text{Kapazität (Definitionsgleichung)} \quad (2.6.4\text{a})$$

Anschaulich:

$$C_{AB} = \frac{\text{Verschiebungsfluss zwischen den Ladungen } Q_A, Q_B}{\text{Spannung zwischen den Äquipotenzialflächen A, B}}.$$

Weil die Äquipotenzialflächen A_A, A_B stets Elektrodenoberflächen sind, gilt allgemein bei inhomogenem Feld (Gl. (2.2.7)):

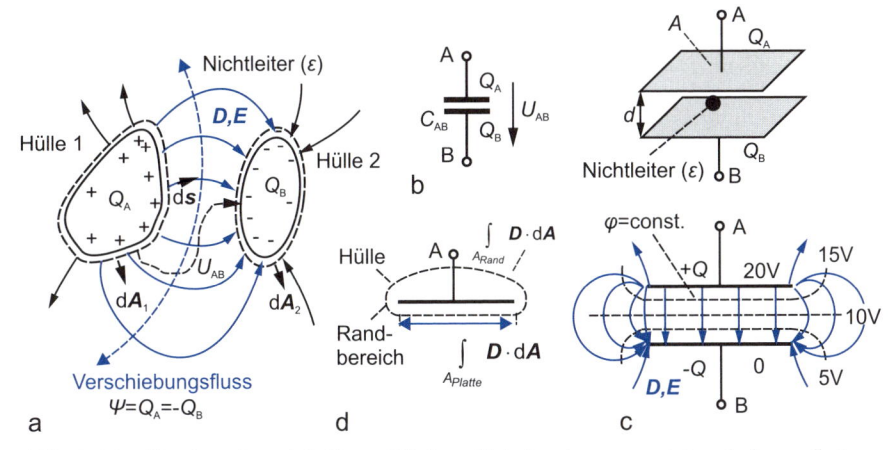

2.6 Die Integralgrößen des elektrostatischen Feldes

Abb. 2.6.2. Kondensator. (a) Kapazitätsbegriff bei entgegengesetzt geladenen Leitern im Nichtleiter. (b) Schaltzeichen. (c) Plattenkondensator und zugehöriges Potenzialfeld. (d) Zuordnung des homogenen Feldbereiches zum Kondensator

$$C_{\mathrm{AB}} = \frac{Q_{\mathrm{AB}}}{U_{\mathrm{AB}}} = \frac{\oint_B \boldsymbol{D} \cdot \mathrm{d}\boldsymbol{A}}{\int_A^B \boldsymbol{E} \cdot \mathrm{d}\boldsymbol{s}} = \left.\frac{\varepsilon \oint_B \boldsymbol{E} \cdot \mathrm{d}\boldsymbol{A}}{\int_A^B \boldsymbol{E} \cdot \mathrm{d}\boldsymbol{s}}\right|_{\varepsilon = \mathrm{const}} . \qquad (2.6.4\mathrm{b})$$

Dabei umschließt das Hüllintegral die Elektrode A.

> Das Verhältnis der Ladung (auf einer Elektrode!) und der Spannung zwischen den Elektroden heißt *Kapazität*. Sie kennzeichnet das Ladungsspeichervermögen der „Zweileiteranordnung" und die Haupteigenschaft des *Bauelementes Kondensator* bzw. des Netzwerkelementes kapazitiver Zweipol (Schaltzeichen Abb. 2.6.2b).

Die Eigenschaft Kapazität[6] lässt sich unterteilen in linear, nichtlinear, differenziell, zeitabhängig usw. (s. Kap. 2.7.4). Bei nichtlinearem $D(E)$- bzw. $Q(U)$-Zusammenhang hängt die Kapazität von der Spannung ab: *nichtlineare Kapazität*.

---

[6] Leider wird die Eigenschaft „Kapazität" oft für das Bauelement „Kondensator" verwendet. Es muss also richtig heißen: zwei Kondensatoren mit den Kapazitäten C_1, C_2 werden parallel geschaltet. Verbreitet spricht man aber von der Parallelschaltung zweier Kapazitäten.

Kondensatoren unterscheiden sich, wie Widerstände, nach der Bau- und Konstruktionsform: Drehkondensator, Elektrolytkondensator u. a. m.

Bei linearem Q,U-Zusammenhang (wie für den idealen Nichtleiter gültig) hängt die Kapazität nur von den Materialeigenschaften des Dielektrikums und der Elektrodengeometrie ab. Dann gibt es eine *Bemessungsgleichung*.

Hinweis Mitunter wird eine Kapazität auch für einen Leiter bezogen auf den unendlich fernen Raum angegeben, beispielsweise für eine frei im Raum hängende Kugel. Dann benutzt man die Definition $C_A = Q_A/\varphi_A$ mit $\varphi(\infty) = 0$.

Einheit und Größenordnungen Aus Gl. (2.6.4) folgt die Einheit

$$[C] = \frac{[Q]}{[U]} = \frac{1\,\text{A} \cdot \text{s}}{\text{V}} = 1\,\text{F} \quad \text{(Farad)}.$$

Sie ist sehr groß, deshalb werden Untereinheiten verwendet: $1\,\mu\text{F} = 10^{-6}\,\text{F} = 1$ Mikrofarad, $1\,\text{nF} = 10^{-9}\,\text{F} = 1$ Nanofarad, $1\,\text{pF} = 10^{-12}\,\text{F} = 1$ Pikofarad.

Größenvorstellung

Kapazität zweier konzentrischer Metallkugeln in Luft (Radius 30 km!, Abstand 10 cm)	1 F
Kapazität der Erde gegen das Weltall	$\approx 700\,\mu\text{F}$
Metallkugel ($r = 1\,\text{cm}$) in Luft gegen ebene Elektrode (Abstand > 1 m)	$\approx 1{,}1\,\text{pF}$
Plattenkondensator (Luft) $A = 1\,\text{m}^2$, Abstand $d = 1\,\text{mm}$	8,85 nF
Doppelleitung (Drahtradius 1 mm, Abstand 3 mm)	$\approx 50\,\text{pF}$ je Meter Länge
Elektrolytkondensatoren	einige µF bis einige 1 mF
Kondensatoren der Rundfunktechnik	pF bis einige 1000 µF
Fotoblitzkondensator	0,1 ... 1 mF
Transistorkapazitäten	0,1 pF ... 100 pF und mehr
Speicherzelle eines Gigabit Speichers	20 fF
Folienkondensatoren	100 pF ... 100 nF
Gold Caps, Superkapazitäten	10 mF ... 10^3 F(!)

Bemessungsgleichung Jede Kapazität hat eine Bemessungsgleichung. Wir betrachten zunächst den (engen) Plattenkondensator (Plattenabstand d, Fläche A) mit homogenem Feld (Abb. 2.6.2c). Da der Verschiebungsfluss nur zwischen den Platten homogen verläuft (Randfluss vernachlässigt), gilt

$$Q_A = \underbrace{\oint \boldsymbol{D} \cdot \text{d}\boldsymbol{A}}_{\text{Hülle}} = \underbrace{\int \boldsymbol{D} \cdot \text{d}\boldsymbol{A}}_{\text{Plattenfläche}} + \underbrace{\int \boldsymbol{D} \cdot \text{d}\boldsymbol{A}}_{\substack{\text{Randfläche} \\ \approx 0}} = \varepsilon E A$$

2.6 Die Integralgrößen des elektrostatischen Feldes

und mit $U_{AB} = \int_A^B \mathbf{E} \cdot \mathrm{d}\mathbf{s} = \int_0^d E_y \mathrm{d}y = E_y d$ schließlich

$$C_{AB} = \frac{Q_{AB}}{U_{AB}} = \frac{\varepsilon_r \varepsilon_o A}{d} \quad \text{Plattenkondensator, Bemessungsgleichung} \quad (2.6.5)$$

(für große Linearabmessung der Fläche A gegen den Plattenabstand d).

Bezüglich der Einflussgrößen in der Bemessungsgleichung verhält sich der Plattenkondensator analog zum Leitwert $G = I/U = \kappa A/d$ des linienhaften Leiters.

Die Kapazität steigt mit:

— wachsender Elektrodenfläche (große Fläche durch Metallfolienwickel),
— wachsendem ε (Verwendung guter Dielektrika),
— sinkendem Plattenabstand d. Eine untere Grenze setzt die Durchbruchfeldstärke $E_{BR} \approx U/d$ des Isolators (Luft: $E_{BR} \approx 30\,\mathrm{kV/cm}$, Feststoffisolatoren $E_{BR} \approx 500\,\mathrm{kV/cm}$).

Beispiel 2.6.1 Plattenkondensator Ein Plattenkondensator (Luft als Dielektrikum, Plattenfläche $A = 100\,\mathrm{cm}^2$, Plattenabstand $d = 1\,\mathrm{mm}$) hat die Kapazität $C = \varepsilon_0 A/d = 885{,}4\,\mathrm{pF}$. Eine Spannung $U = 10\,\mathrm{V}$ ergibt die Speicherladung $Q = CU = 885{,}4\,\mathrm{pF} \cdot 10\,\mathrm{V} = 8{,}85\,\mathrm{nC}$. Sie ist gering, umfasst aber immerhin $n = Q/q = 5{,}53 \cdot 10^{10}$ Elementarladungen. Auch dies bestätigt: die Bedeutung der Einzelladung tritt angesichts der großen Anzahl beteiligter Ladungen zurück.

Lösungsmethodik „Kapazitätsberechnung" Kann aus der Geometrie qualitativ auf die Feld- und Verschiebungsflussdichteverteilung geschlossen werden (für rotations- und zylindersymmetrische Anordnungen zutreffend), so ergibt sich eine Lösungsmethodik für die Kapazität analog zur Leitwertberechnung Gl. (1.3.11):

1. Annahme eines Probeladungspaares $\pm Q$ auf den Elektroden. Dadurch entsteht das Feld der Verschiebungsflussdichte.
2. Berechnung der Verschiebungsflussdichte als Ortsfunktion mit Gl. (2.2.7). Für symmetrische Felder gilt dabei $D(\varrho)A(\varrho) = Q$ an jeder Stelle.
3. Bestimmung der Feldstärke $\mathbf{E}$ Gl. (2.3.1) und Spannung U_{AB} Gl. (1.2.22) zwischen den Elektroden in Abhängigkeit von der Ladung.
4. Berechnung von $C_{AB} = Q_{AB}/U_{AB}$ über Gl. (2.6.4).

Beispielsweise folgt für einen Koaxialkondensator (Elektrodenradien r_i, r_a, Länge l).

Tab. 2.6. Feld- und Globalgrößen des Strömungs- und elektrischen Feldes

Strömungsfeld	Elektrostatisches Feld	Bemerkungen
$\boldsymbol{J}, \boldsymbol{E}$	$\boldsymbol{D}, \boldsymbol{E}, \varphi$	Grundbeziehungen
$\boldsymbol{J} = \kappa \boldsymbol{E}$	$\boldsymbol{D} = \varepsilon \boldsymbol{E}$	
$\oint_A \boldsymbol{J} \cdot \mathrm{d}\boldsymbol{A} = 0,$	$\oint_A \boldsymbol{D} \cdot \mathrm{d}\boldsymbol{A} = Q$	Nebenbedingung
$\boldsymbol{J}$ quellenfrei	(Quellenfeld außerhalb = 0)	
$\mathrm{div}\,\boldsymbol{J} = 0,$	$\mathrm{div}\,\boldsymbol{D} = \varrho$ (Quellengebiet)	Differenzialform
$\Delta\varphi = \mathrm{div}\,\mathrm{grad}\,\varphi = 0$	$\varepsilon\,\mathrm{div}\,\mathrm{grad}\,\varphi = -\varrho$	
	$U = \int_s \boldsymbol{E} \cdot \mathrm{d}\boldsymbol{s}$	Globalform
$I = \int_A \boldsymbol{J} \cdot \mathrm{d}\boldsymbol{A}$	$Q = \Psi = \oint_A \boldsymbol{D} \cdot \mathrm{d}\boldsymbol{A}$	
(Fluss von $\boldsymbol{J}$)	(Quellenfeld, Fluss von $\boldsymbol{D}$)	
$R = \dfrac{U}{I} = \dfrac{\int_s \boldsymbol{E} \cdot \mathrm{d}\boldsymbol{s}}{\int_A \boldsymbol{J} \cdot \mathrm{d}\boldsymbol{A}}$	$C = \dfrac{Q}{U} = \dfrac{\int_A \boldsymbol{J} \cdot \mathrm{d}\boldsymbol{A}}{\int_s \boldsymbol{E} \cdot \mathrm{d}\boldsymbol{s}}$	
	$RC = \varepsilon/\kappa$	

$$\begin{aligned}
Q &\to \Psi \to D(r, Q) : \boldsymbol{D}(r) = \frac{Q}{2\pi l r}\boldsymbol{e}_\mathrm{r} \to \\
\boldsymbol{E} &= \frac{\boldsymbol{D}(r, Q)}{\varepsilon} : \boldsymbol{E}(r) = \frac{Q}{2\pi\varepsilon l r}\boldsymbol{e}_\mathrm{r} \to \varphi \to U_{\mathrm{AB}} \\
U_{\mathrm{AB}} &= \int_A^B \boldsymbol{E} \cdot \mathrm{d}\boldsymbol{s} = \frac{Q}{2\pi\varepsilon l}\ln\frac{r_\mathrm{a}}{r_\mathrm{i}} \to \frac{1}{C_{\mathrm{AB}}} = \frac{U_{\mathrm{AB}}}{Q} = \frac{1}{2\pi\varepsilon l}\ln\frac{r_\mathrm{a}}{r_\mathrm{i}}.
\end{aligned}$$

Tabelle 2.6 zeigt die Gegenüberstellung des Strömungs- und elektrostatischen Feldes. Dabei ist die Feldberechnung mit den Feldgrößen leistungsfähiger, da sie außer der Ladungsverteilung auch Potenzialrandwerte berücksichtigt.

Zusammenschaltung von Kondensatoren Mehrere parallel oder in Reihe geschaltete (lineare!) Einzelkondensatoren können wirkungsmäßig durch eine (Ersatz)kapazität C ersetzt werden mit gleichem Ladungs-Spannungsverhalten (Abb. 2.6.3).

Parallelschaltung Hier liegen alle oberen bzw. unteren Kondensatorplatten auf gleichem Potenzial (Abb. 2.6.3a), damit addieren sich die Einzelladungen $Q_\nu = C_\nu U_\nu$ der Kondensatoren zur Gesamtladung Q_ers und es gilt

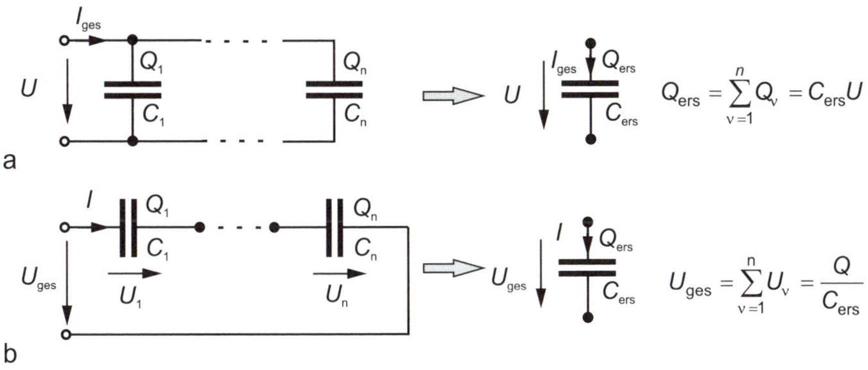

2.6 Die Integralgrößen des elektrostatischen Feldes

Abb. 2.6.3. Kondensatorzusammenschaltungen. (a) Ersatzschaltung parallelgeschalteter Kondensatoren. (b) Ersatzschaltung reihengeschalteter Kondensatoren

$$C_{\text{ers}} = \frac{Q_{\text{ers}}}{U} = \frac{\sum\limits_{\nu=1}^{n} Q_\nu}{U} = \frac{\sum\limits_{\nu=1}^{n} C_\nu U}{U} = \sum\limits_{\nu=1}^{n} C_\nu. \quad \text{Parallelschaltung} \quad (2.6.6)$$

Die Gesamtkapazität C_{ers} parallel geschalteter Kondensatoren ist gleich der Summe der Einzelkapazitäten. Grundlage: Addition der Teilladungen, gleiche Spannung an jeder Kapazität.

Die Ersatzkapazität ist stets größer als die größte Teilkapazität. Umgekehrt verhalten sich die Teilladungen wie die Teilkapazitäten (vgl. analoges Ergebnis bei der Stromteilung).

Reihenschaltung Bei der Reihenschaltung durchsetzt der Verschiebungsfluss Ψ (herrührend von der oberen Ladung Q) mehrere Potenzialflächen (die sich um die Teilspannungen U_ν unterscheiden). So wird auf jeder von ihnen die gleiche positive und negative Ladung influenziert (Abb. 2.6.3b) und der Fluss bleibt zwischen allen Potenzialflächen erhalten ($Q_1 = Q_2 = Q_\nu$). Dann summieren sich die Teilspannungen U_ν und es gilt

$$\frac{1}{C_{\text{ers}}} = \frac{U_{\text{ers}}}{Q} = \frac{\sum\limits_{\nu=1}^{n} U_\nu}{Q} = \frac{\sum\limits_{\nu=1}^{n} \frac{Q}{C_\nu}}{Q} = \sum\limits_{\nu=1}^{n} \frac{1}{C_\nu}. \quad \text{Reihenschaltung} \quad (2.6.7)$$

Die reziproke Gesamtkapazität C_{ers} reihengeschalteter Kondensatoren ergibt sich als Summe der Kehrwerte der Einzelkapazitäten. Grundlage: Addition der Teilspannungen bei Gleichheit der Ladung auf jeder Kapazität. Die Gesamtkapazität stets kleiner als die kleinste Teilkapazität.

Die Teilspannungen verhalten sich umgekehrt wie die zugehörigen Kapazitäten (vgl. analoges Ergebnis bei der Spannungsteilung (s. Kap. 2.3.2, Bd. 1), wenn dort anstelle des Widerstandsbegriffes mit Leitwerten operiert wird). Deshalb liegt bei gegebener Gesamtspannung U an der kleineren Kapazität die größere Spannung.

Das Ergebnis Gl. (2.6.7) setzt voraus, dass zusammengeschlossene Elektrodenflächen der „inneren Kapazitäten" insgesamt eine verschwindende Ladung $Q_+ - Q_- = 0$ haben, also keine Restladungen auf den Kondensatoren vorhanden sind.

Die Reihenschaltung zweier Kondensatoren ergibt

$$C_{\text{ers}} = \frac{C_1 C_2}{C_1 + C_2} \approx C_2 \left(1 - \frac{C_2}{C_1}\right)\bigg|_{C_1 \gg C_2}. \tag{2.6.8}$$

Ist der größere Kondensator um einen Faktor p größer als der kleinere ($C_1 = pC_2$), so verkleinert sich die Gesamtkapazität um $(1/p)$ %, z. B. $p = 20$, Senkung um 5%.

Spannungsteilerregel Eine Reihenschaltung linearer Kondensatoren teilt Spannungen. So gilt für zwei Kondensatoren C_1 und C_2 mit $U_1 = Q/C_1$, $U_2 = Q/C_2$ und $U = U_1 + U_2$ die Spannungsteilerregel

$$\frac{U_2}{U_1} = \frac{C_1}{C_2} \quad \text{und} \quad \frac{U_2}{U} = \frac{C_1}{C_1 + C_2}. \tag{2.6.9}$$

Ganz entsprechend folgt aus der Parallelschaltung eine Ladungsteilerregel. Sie geht für zeitveränderliche Ladungen in die Stromteilerregel über.

Die Spannungsteilung gilt für Gleichspannungen. Ihre Anwendung setzt ideale Kondensatoren voraus, bei technischen spielt der oft parallel liegende Verlustleitwert eine Rolle und modifiziert die Ergebnisse.

Beispiel 2.6.2 Kondensatorreihenschaltung Zwei Kondensatoren (0,1 µF, 4,7 µF) mit einer zulässigen Nennspannung 160 V sind reihengeschaltet. Wie hoch darf die Gesamtspannung sein?

Nach Gl. (2.6.9) liegt am kleineren Kondensator die größere Spannung, da $Q = Q_1 = Q_2 = C_1 U_1 = C_2 U_2$ gilt. Daraus folgt $U_2 = U_1(C_1/C_2) = 160\,\text{V}(0{,}1/4{,}7) \approx 3{,}4\,\text{V}$; die Gesamtspannung darf $U = U_1 + U_2 = (160 + 3{,}4)\,\text{V} = 163\,\text{V}$ nicht überschreiten.

Spannungsvervielfachung Zusammenschaltungen von Kondensatoren dienen oft zur Spannungsvervielfachung: man schaltet zwei oder mehrere (gleiche) Kondensatoren zunächst parallel und lädt sie auf die Spannung U. Jeder trägt die Ladung Q, die Gesamtladung wird nQ. Anschließend werden die geladenen Kondensatoren in Reihe geschaltet. Dann führt die Anordnung nur die Ladung Q, die Gesamtspannung wächst aber auf nU. Es gibt zahlreiche Varianten dieses Prinzips.

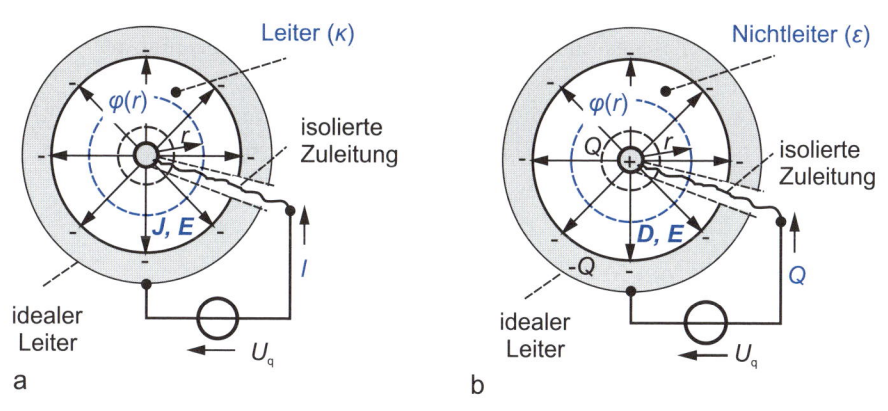

Abb. 2.6.4. Widerstands- und Kapazitätsberechnung einer Leiteranordnung gleicher Geometrie im Strömungs- und elektrostatischen Feld

2.6.3 Analogie zwischen Strömungs- und elektrostatischem Feld

Die Kapazität C_{AB} einer Leiteranordnung im Nichtleiter und der Widerstand R_{AB} der gleichen Anordnung im Strömungsfeld[7] gehorchen formal den gleichen Beziehungen (Gln. (2.6.4), (1.3.26a)). Beide enthalten die Flussgröße (I, Ψ) zwischen und die Spannungsgröße U_{AB} über den Elektroden (Abb. 2.6.4). Da die Elemente nur von Geometrie und Materialeigenschaften abhängen[8], gilt für ihr Produkt (s. auch Tab. 2.6).

$$RC = \frac{\int_{A_1} \boldsymbol{D} \cdot \mathrm{d}\boldsymbol{A}}{\int_{A_1} \boldsymbol{J} \cdot \mathrm{d}\boldsymbol{A}} \frac{\int_1^2 \boldsymbol{E} \cdot \mathrm{d}\boldsymbol{s}}{\int_1^2 \boldsymbol{E} \cdot \mathrm{d}\boldsymbol{s}} = \frac{\varepsilon}{\kappa} \frac{\int_{A_1} \boldsymbol{E} \cdot \mathrm{d}\boldsymbol{A}}{\int_{A_1} \boldsymbol{E} \cdot \mathrm{d}\boldsymbol{A}} = \frac{\varepsilon}{\kappa} = \tau_R. \quad \text{Relaxations-zeitkonstante} \qquad (2.6.10)$$

Widerstand und Kapazität der gleichen geometrischen Anordnung hängen im Strömungs- und elektrostatischen Feld direkt miteinander zusammen.

Beispielsweise ergibt sich dann die Kapazität des Zylinderkondensators (Länge l, Radien r_i, r_a) aus dem Zylinderwiderstand R_{AB} (s. Gl. (1.3.26a))

$$C_{AB} = \frac{\varepsilon}{\kappa R_{AB}} = \frac{2\pi\varepsilon l}{\ln(r_a/r_i)}. \qquad (2.6.11)$$

Der Quotient ε/κ hat aber tiefere Bedeutung für Materialien (z. B. Halbleiter), die Leitfähigkeit und Dielektrizitätskonstante besitzen (Realfall), denn praktisch gibt es weder Leiter mit $\varepsilon_r = 0$ noch Nichtleiter mit $\kappa = 0$. Dann

---

[7] Wenn also die Zuführungselektroden des Strömungs- und elektrostatischen Feldes Potenzialflächen sind.

[8] Gilt nur bei Raumladungsfreiheit.

wirken elektrostatisches und Strömungsfeld stets gemeinsam und der Quotient $\varepsilon/\kappa = \tau_R$ heißt *Relaxationszeit*. Sie kennzeichnet das Verhältnis von Verschiebungsflussdichte zu Stromdichte in einem Feldpunkt und bestimmt die „Schnelligkeit", mit der ein solches Feld auf eine Änderung (z. B. Einschalten einer Spannung) reagiert. Weitere Folgerungen ziehen wir im Kap. 2.7.2.

▶ 2.6.4 Kapazität von Mehrleitersystemen, Teilkapazität*

Ein Mehrleitersystem enthält n gegenseitig isolierte Leiter, etwa als Freileitung mit mehreren Leiterseilen. Dann erreicht der von einer Leitung (unter Spannung) ausgehende elektrische Fluss nach dem Influenzprinzip auch die anderen Leiter und die Masse (Erde). Dadurch werden dort die Ladungen $Q_1 \ldots Q_n$ influenziert und das Kapazitätskonzept der Zweileiteranordnung versagt. Die Influenz erzeugt auf den einzelnen Leitern die Potenziale $\varphi_1 \ldots \varphi_n$.

Abbildung 2.6.5a zeigt ein Dreileitersystem über einer leitenden Ebene mit zugeordneten Potenzialen ($\varphi_4 = 0$). Die Verschiebungslinien verknüpfen die Teilleiter, deshalb zerfällt der Hüllenfluss der Ladung Q_1 nach dem Gaußschen Satz in die Teilflüsse $Q_1 = \Psi_{12} + \Psi_{13} + \Psi_{14}$, letztere sind jeweils der Spannung zwischen den Elektroden proportional, z. B. $\Psi_{12} = C_{12}U_{12} = C_{12}(\varphi_1 - \varphi_2)$ usw. Das System ist elektrisch neutral ($\sum_{\mu=1}^{n} Q_\mu = 0$), wenn die Elektroden durch Spannungsquellen aufgeladen wurden, also *ladungsneutrale* Aufladung erfolgte. Dann ergibt sich die Ladung eines Knotens (s. u.) durch Überlagerung der Potenziale aller Knoten nach Maßgabe der *Kapazitätskoeffizienten* c_{ik}.

$$\begin{aligned}
Q_1 &= c_{11}\varphi_1 + c_{12}\varphi_2 + c_{13}\varphi_3 + \ldots \\
&= (c_{11} + c_{12} + c_{13} + \ldots)\varphi_1 + c_{12}(\varphi_2 - \varphi_1) + c_{13}(\varphi_3 - \varphi_1) + \ldots \\
Q_2 &= c_{21}\varphi_1 + c_{22}\varphi_2 + c_{23}\varphi_3 + \ldots \\
&= c_{21}(\varphi_1 - \varphi_2) + (c_{22} + c_{21} + c_{23} + \ldots)\varphi_2 + c_{23}(\varphi_3 - \varphi_2) + \ldots \\
Q_3 &= c_{31}\varphi_1 + c_{32}\varphi_2 + c_{33}\varphi_3 + \ldots \\
&= c_{31}(\varphi_1 - \varphi_3) + c_{32}(\varphi_2 - \varphi_3) + (c_{33} + c_{31} + c_{32} + \ldots)\varphi_3 + \ldots \\
&\vdots
\end{aligned} \quad (2.6.12)$$

Die Gleichungen beschreiben den Zusammenhang zwischen Elektrodenladungen und Elektrodenpotenzialen (dieses Gleichungssystem kann auch als Matrixgleichung geschrieben werden) bis zum Knoten n mit der Ladung Q_n mit $\sum_{\mu=1}^{n} Q_\mu = 0$. Von den n^2 Koeffizienten c_{ik} sind allerdings nur $n(n+1)/2$ unabhängig, denn es gilt $c_{ik} = |c_{ki}|$ (s. u.). Diese (negativen!) Koeffizienten hängen nur von der Geometrie ab. Sie dürfen nicht mit den Kapazitäten in der Ersatzschaltung mit mehreren Leitern verwechselt werden!

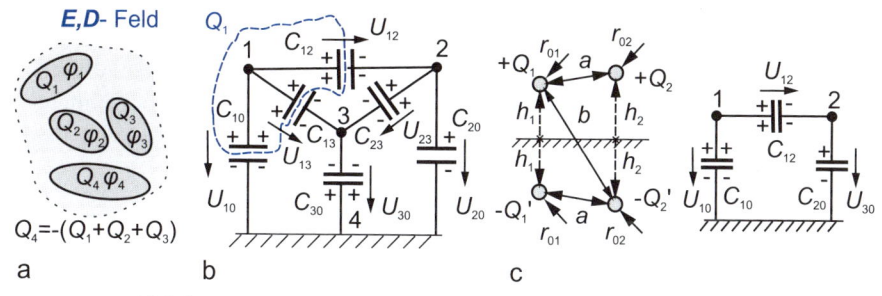

2.6 Die Integralgrößen des elektrostatischen Feldes

Abb. 2.6.5. Mehrleitersystem. (a) Mehrere geladene Leiter im elektrostatischen Feld. (b) Ersatznetzwerk mit Kapazitäten. (c) Doppelleitung über einer leitenden Ebene und Ersatzschaltung

Wählt man als Potenzialbezug $\varphi = 0$ die Erde, so lassen sich die Einzelpotenziale auch als Knotenspannungen U_i verstehen und die Potenzialdifferenz $\varphi_1 - \varphi_2 = U_{12}$ ist dann die „Zweigspannung" zwischen den Ladungsknoten 1 und 2. Durch Erweitern und Umschreiben folgt so zusammengefasst

$$\begin{aligned}
Q_1 &= C_{11}\varphi_1 &&+ C_{12}(\varphi_1 - \varphi_2) &&+ C_{13}(\varphi_1 - \varphi_3) &&+ \ldots \\
Q_2 &= C_{21}(\varphi_2 - \varphi_1) &&+ C_{22}\varphi_2 &&+ C_{23}(\varphi_2 - \varphi_3) &&+ \ldots \\
Q_3 &= C_{31}(\varphi_3 - \varphi_1) &&+ C_{32}(\varphi_3 - \varphi_2) &&+ C_{33}\varphi_3 &&+ \ldots \\
&\vdots
\end{aligned} \quad (2.6.13)$$

mit $C_{ii} = C_{i0} = \sum_{k=1}^{n} c_{ik} \geq 0$, $C_{ik} = -c_{ik} \geq 0$ $(i \neq k)$.

Jetzt treten als Koeffizienten die *Teil-* oder *Koppelkapazitäten* C_{ik} (mit $C_{ik} = C_{ki}$) zwischen Ladungsknoten i und k sowie die *Eigenkapazität* $C_{ii} = C_{i0}$ als Gesamtkapazität eines Knotens gegen Erde auf (bei Kurzschluss aller übrigen Ladungsknoten mit Erde).

> Bei n isoliert zueinander angeordneten Leitern hängt die Ladung eines jeden Leiters linear von allen Leiterpotenzialen ab.

Bei n Leitern gibt es $n(n-1)/2$ Teilkapazitäten und entsprechend viele Teilspannungen. Damit hat eine Dreileiteranordnung Abb. 2.6.5b mit $(n = 4)$ insgesamt 6 Teilkapazitäten: drei zwischen den Leitern und drei von jedem Leiter nach Erde. Zur Bestimmung von $C_{11} = C_{10}$ werden Leiter 2 und 3 geerdet und die Ladung $Q_{11} = Q_{10}$ bei vorgegebener Spannung $U_{11} = U_{10}$ ermittelt. Für die Kapazität C_{12} sind Leiter 1 und 3 zu erden. Umgekehrt lassen sich aus Gl. (2.6.13) auch die Elektrodenpotenziale bestimmen: man ordnet einer Elektrode einen Potenzialwert zu, streicht eine der n Gleichungen und löst die restlichen $n-1$ Gleichungen nach den entsprechenden Potenzialen.

Teilkapazitäten Die Schwierigkeit beim Übergang von geladenen Leitern zum Netzwerk mit Knoten und Teilkapazitäten besteht darin, dass es in der Netzwerkbetrachtung die „Ladung eines Knotens" nicht gibt, denn Ladungen sitzen auf Kondensatorplatten. Deshalb verteilt sich die Elektrodenladung Q_i (Abb. 2.6.5b) auf die Platten der unmittelbar angeschlossenen Kondensatoren. Dann ergibt der Vergleich mit (2.6.12) die Zuordnung (2.6.13) mit folgenden Unterschieden:

- Vorzeichenumkehr bei den Nebendiagonalelementen (deshalb ist das Netzwerk mit $C_{12} = C_{21}$ stets reziprok),
- die Kapazität C_{ii} (als Diagonalelement) ist stets gleich der Summe aller mit der i-ten Elektrode verbundenen Teilkapazitäten.

Ergebnisse dieser Art traten bereits beim Knotenspannungsverfahren auf.

Berechnung der Teilkapazitäten Die Teilkapazitäten hängen vom Dielektrikum sowie Lage und Form der Leiter ab. Praktisch interessiert die *Betriebskapazität* als Kapazität zwischen zwei Leitern, die bei Anschluss einer Spannungsquelle auftritt. Sie hängt auch von den anderen Teilkapazitäten ab. So beträgt beispielsweise die Betriebskapazität einer Doppelleitung (über Erde, Abb. 2.6.5c) $C_{B12} = C_{12} + C_{10}C_{20}/(C_{10} + C_{20})$, und eine Spannungsänderung ΔU_1 am Leiter 1 verursacht die Spannungsänderung $\Delta U_2 = \Delta U_1 C_{12}/(C_{12} + C_{20})$ am Leiter 2, beide sind „kapazitiv miteinander verkoppelt". Die Berechnung der Teilkapazitäten erfordert die Kenntnis des elektrostatischen Feldes der Mehrleiteranordnung, also letztlich der Potenziale auf den Leitern als Funktion der Leiterladungen am besten mit Hilfe der *Spiegelungsmethode*.

Beispiel 2.6.3 Doppelleitung Wir bestimmen die Teilkapazitäten einer Zweileiteranordnung über Erde (Abb. 2.6.5c) und ersetzen die Leitungsdrähte durch Linienquellen in den Leiterachsen. Durch entgegengesetzt geladene Spiegelladungen Q'_1, Q'_2 wird die Erdoberfläche berücksichtigt. Dann gilt für das Potenzial auf den Leitern nach Gl. (2.5.3c) ($d_1 = 2r_{01}$, $d_2 = 2r_{02}$)

$$\varphi_1 = \frac{1}{2\pi\varepsilon l}\left(Q_1 \ln\frac{4h_1}{d_1} + Q_2 \ln\frac{b}{a}\right), \quad \varphi_2 = \frac{1}{2\pi\varepsilon l}\left(Q_2 \ln\frac{4h_2}{d_2} + Q_1 \ln\frac{b}{a}\right).$$

Die Auflösung nach den Ladungen Q_1, Q_2 führt auf

$$\frac{AQ_1}{2\pi\varepsilon l} = \varphi_1 \ln\frac{4h_2 a}{d_2 b} + (\varphi_1 - \varphi_2)\ln\frac{b}{a},$$

$$\frac{AQ_2}{2\pi\varepsilon l} = \varphi_2 \ln\frac{4h_1 a}{d_1 b} + (\varphi_2 - \varphi_1)\ln\frac{b}{a}$$

mit $A = \ln\frac{4h_1}{d_1} \ln\frac{4h_2}{d_2} - \ln^2\frac{b}{a}$. Durch Vergleich mit Gl. (2.6.13) folgen die Teilkapazitäten

$$\boxed{C_{10} = \frac{2\pi\varepsilon l}{A}\ln\frac{4h_2 a}{d_2 b}, \quad C_{20} = \frac{2\pi\varepsilon l}{A}\ln\frac{4h_1 a}{d_1 b}, \quad C_{12} = \frac{2\pi\varepsilon l}{A}\ln\frac{b}{a}.}$$

Während die „Fußpunktkapazitäten" etwa gleich groß sind und mit wachsenden Leiterabstand ansteigen, sinkt die Koppelkapazität mit dem Abstand a ab.

2.7 Elektrisches Feld bei zeitveränderlicher Spannung

2.7.1 Strom-Spannungs-Relation des Kondensators

Wird ein auf die Spannung $U_{AB} = U$ geladener Kondensator von der Spannungsquelle getrennt, so kann die Ladung seiner Elektroden nicht abfließen: *Er speichert die Ladung $Q = CU$*. Diese Speicherwirkung wirft Fragen auf:

– Wie gelangt Ladung auf die Elektroden (Aufladen), welcher Strom fließt? Die Antwort ist die *Strom-Spannungs-Relation des Kondensators*.
– Was passiert im Dielektrikum bei Stromfluss?

Weil im Dielektrikum freie Ladungsträger fehlen, kann sich die Kondensatorladung nach Abb. 2.7.1 nur durch *Zu- oder Abfluss von Ladungsträgern über die Zuleitungen* ändern und damit als Konvektionsstrom $i_k = i_C$ zusammen mit der Kapazitätsfestlegung Gl. (2.6.4):[9]

$$i_k = \left.\frac{dQ}{dt}\right|_L = \left.\frac{dQ}{dt}\right|_P = \frac{d(Cu_C)}{dt} = \left.C\right|_{\text{const}}\frac{du_C}{dt}. \quad \text{Strom-Spannungs-beziehung Kondensator} \quad (2.7.1)$$

$\left.\frac{dQ}{dt}\right|_P$ ist die Änderung der Plattenladung pro Zeiteinheit.[10]

Strom fließt in den Zuleitungen des zeitunabhängigen Kondensators nur bei Spannungsänderung. Deshalb wirkt der Kondensator nur in zeitveränderlich erregten Netzwerken (sog. Wechselstromschaltungen, Schalt- und Impulsverhalten u. a.).

Für einen gegebenen Spannungsverlauf $u_C(t)$ (Abb. 2.7.1b) gilt: Der Kondensatorstrom $i_C(t)$ wächst mit zunehmender Spannungsänderung; er bleibt bei zeitlinearem Verlauf (du_C/dt = const) konstant und verschwindet bei Gleich-

---

[9] Für zeitabhängige Größen werden üblicherweise kleine Buchstaben benutzt, also statt $I(t)$ jetzt $i(t)$ bzw. kurz i usw. Gleichgrößen erhalten weiterhin große Buchstaben.

[10] Im Gegensatz zum Kondensator mit linear zeitabhängigem Q,U-Zusammenhang, s. Kap. 2.7.4.

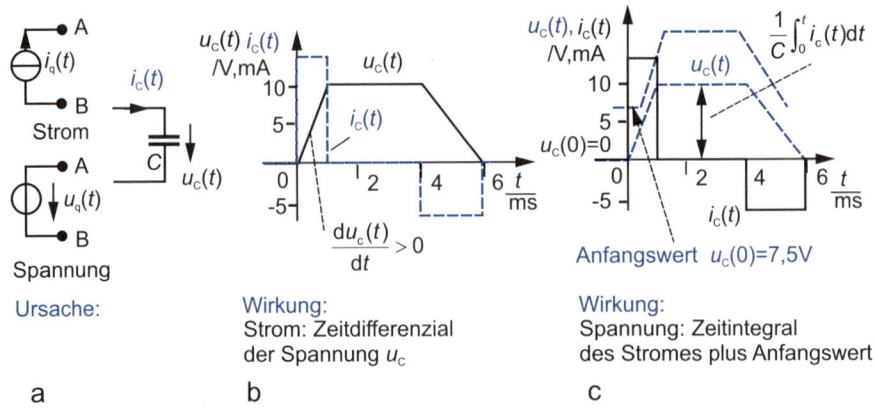

Abb. 2.7.1. Strom-Spannungs-Relation des (zeitunabhängigen) Kondensators. (a) Kondensator an Spannungs- oder Stromquelle. (b) Strom bei gegebenem Spannungsverlauf $u_C(t)$. (c) Spannung bei gegebenem Stromverlauf $i_C(t)$, Parameter: Anfangsspannung $u_C(0)$

spannung. Dieses Verhalten bestimmt den Einsatz des Kondensators in der Schaltungstechnik: *er „trennt" Gleich- und Wechselstromkreise voneinander.*

Richtungsvereinbarung Der Zufluss positiver Ladung auf eine Platte (positive Stromrichtung i_C) erhöht ihre Ladung und damit ihr (positives) Potenzial gegen die zweite Platte. Deshalb ist die Spannung u_C von der positiven zur negativen Platte positiv gerichtet (Abb. 2.7.1a) und es gilt für Strom und Spannung die Verbraucherzuordnung.

Ladungs-Strom-Relation, Gedächtniswirkung des Kondensators Bei gegebenem Stromverlauf $i(t) = i_C(t)$ beträgt die Kondensatorspannung $u_C(t)$ nach Gl. (2.7.1)

$$u_C(t) = \frac{1}{C} \int i(t')\,dt' + \text{const} \quad \text{bzw.} \quad Q(t) = \int i(t')\,dt' + \text{const}.$$

Sie bzw. die Ladung Q hängt über die Integrationskonstante von der gesamten Vergangenheit (beginnend bei $t \to -\infty$) ab, gespeichert als Ergebnis zur Zeit $t = -0$ in der *Kondensatoranfangsspannung* $u_C(-0)$ (oder *Anfangsladung* $Q(-0)$). Die aktuelle Kondensatorspannung besteht dann aus dem Anfangswert (als Ergebnis der Vergangenheit, Zeitraum $(-\infty, -0)$) und dem Ladungszuwachs durch den Strom im Zeitbereich $(+0, t)$:

$$u_C(t) = \frac{1}{C}\int_{-\infty}^{t} i(t')\,dt' = \underbrace{u_C(-0)}_{\substack{\text{Ergebnis}\\\text{Vergangenheit zur}\\\text{Zeit } t=-0}} + \underbrace{\frac{1}{C}\int_{+0}^{t} i(t')\,dt'}_{\text{Gegenwart}}$$

Spannungs-Strom-Beziehung, Kondensator (2.7.2)

2.7 Elektrisches Feld bei zeitveränderlicher Spannung

$$u_C(-0) = \frac{1}{C} \int_{-\infty}^{-0} i(t')\,dt' = \lim_{t \to -0} u_C|_{t<0}\,.$$

Anfangswert Kondensatorspannung (2.7.3)

Dabei wird ein ursprünglich ($t \to -\infty$) ladungsfreier Kondensator vorausgesetzt: $Q(-\infty) = 0 \to u_C(-\infty) = 0$, was sicher zutrifft. Entsprechend Gl. (2.7.2) gilt für die *Kondensatorladung*

$$Q_C(t) = \int_{-\infty}^{-0} i(t')\,dt' + \int_{+0}^{t} i(t')\,dt' = \underbrace{Q_C(-0)}_{\text{Anfangsladung}} + \int_{+0}^{t} i(t')\,dt'.$$

Ladungs-Strom-Beziehung (2.7.4)

> Die Anfangsspannung (-ladung) drückt die Speicherung elektrostatischer Feldenergie im Kondensator aus, die anschließende Ladungsänderung ist gleich dem Zeitintegral des Stromes.

Ohne bekannte Anfangsladung ist die Ladungs-(Spannungs-)-Strom-Relation des Kondensators nicht eindeutig. Damit unterscheidet er sich im Strom-Spannungsverhalten grundlegend vom Widerstand.

Abbildung 2.7.1b, c zeigt Spannungsverläufe für gegebenen Stromverlauf bei unterschiedlichen Anfangsspannungen $u_C(-0)$. Das Integral $\int_0^t i(t')dt'$ hat stets den gleichen Wert, nur die Ausgangspunkte unterscheiden sich. Je rascher sich die Ladung ändert, umso höher ist die momentane Stromstärke.

Stetigkeit der Anfangsladung

> Energie kann sich nie sprunghaft ändern, sie ist zeitlich immer *stetig*.

Wir begründen diese Feststellung später. Deshalb gilt für den Kondensator als Energiespeicher (wobei die Energie W mit der Kondensatorspannung u_C verknüpft ist):

Die *Kondensatorladung* Q_C ist immer stetig. Sie besitzt nie Sprünge (darf aber Knickstellen aufweisen). Der Kondensatorstrom $i_C = C\,du_C/dt$ kann hingegen springen, nämlich an Knickstellen der Kondensatorladung bzw. -spannung (Abb. 2.7.2). Stetigkeit in einem Punkt bedeutet, dass rechts- und linksseitiger Grenzwert der Ladung in diesem Punkt übereinstimmen:

$$Q_C(-0) = Q_C(+0).$$

Stetigkeit der Kondensatorladung im Zeitpunkt $t = 0$ (2.7.5)

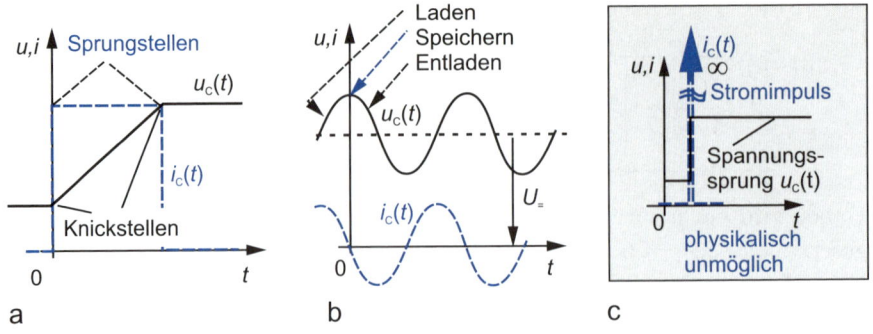

Abb. 2.7.2. Stetigkeit der Kondensatorspannung bei zeitunabhängiger Kapazität. (a) Knickstellen der Kondensatorspannung bedingen Stromsprünge. (b) Bei Vorgabe einer Mischspannung aus Gleich- und Wechselanteil fließt nur Wechselstrom. (c) Zur Stetigkeit der Kondensatorspannung. Ein angenommener Spannungssprung hätte einen unendlich hohen Stromimpuls der Dauer $\Delta t \to 0$ zur Folge, dabei fließt eine endliche Ladung $Q = \int i \, dt$ auf den Kondensator

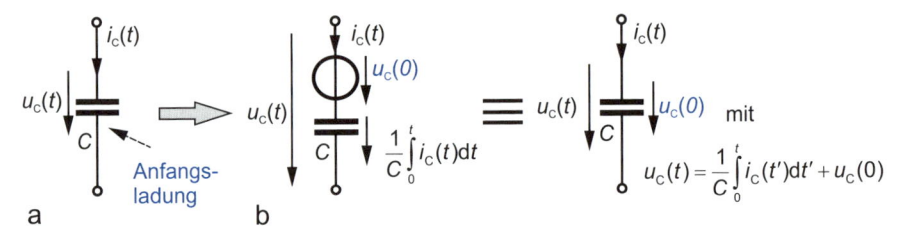

Abb. 2.7.3. Kondensatorersatzschaltung und Anfangsenergie. (a) Kondensator mit Anfangsenergie. (b) mit Anfangsenergie ersetzt durch einen ladungsfreien Kondensator und eine Spannungsquelle $u_C(0)$ sowie gleichwertige Darstellung

> Die Stetigkeit der Kondensatorladung gilt allgemein, bei *zeitunabhängiger* Kapazität auch für die Kondensatorspannung u_C.

Könnte die Kondensatorspannung „springen" (Abb. 2.7.2c), so müsste die damit verbundene sprunghafte Ladungsänderung durch einen Stromstoß von unendlicher Stärke während der Zeitspanne $\Delta t \to 0$ transportiert werden[11].

Anfangsbedingung. Ersatzschaltung* Die Kondensatorspannung Gl. (2.7.2) kann nach dem Maschensatz als Reihenschaltung eines spannungs- bzw. energiefreien Kondensators und einer idealen Spannungsquelle $u_C(-0)$ aufgefasst werden mit der Ersatzschaltung (Abb. 2.7.3). Dabei gilt das *Verbraucherpfeilsystem*. Eine solche Ersatzschaltung bzw. die Anfangsbedingung ist für *Schaltvorgänge* von Bedeutung (s. Bd. 3).

---

[11]Solche Fälle betrachten wir im Bd. 3 von der mathematischen Seite her genauer.

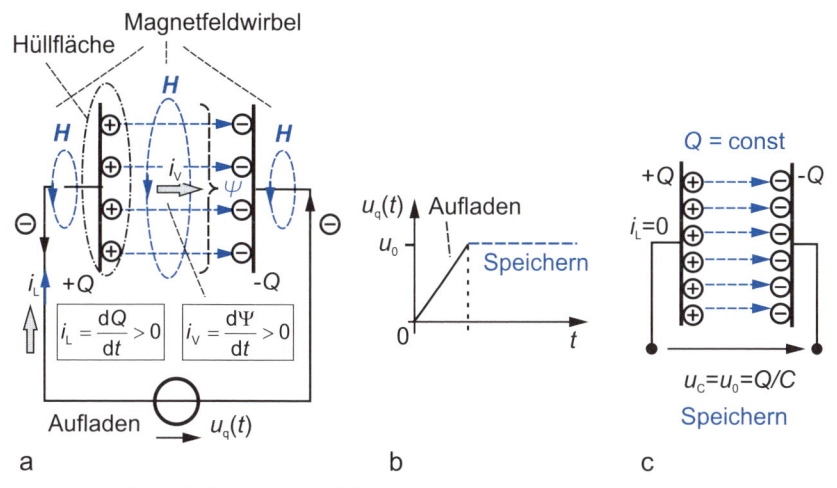

2.7 Elektrisches Feld bei zeitveränderlicher Spannung

Abb. 2.7.4. Verschiebungsstrom. (a) Fortsetzung des Leitungsstromes als Verschiebungsstrom i_V im Dielektrikum, beide sind von einem Magnetfeld umwirbelt. (b) Auflade- und Speichervorgang. (c) Verschwindender Leitungs- und Verschiebungsstrom bei konstanter Spannung: Speicherphase

> Ein kapazitiver Zweipol zeigt ein Ladungs-Spannungs-Verhalten durch den Nullpunkt oder nicht (Anfangsladung). Seine Ursache ist die Speicherung elektrischer Feldenergie im Dielektrikum. Er ist das Netzwerkmodell für die Verbindung von Stromkreis und elektrischem Feld im Nichtleiter.

2.7.2 Verschiebungsstrom, Verschiebungsstromdichte, Kontinuitätsgleichung

Offen blieb bisher, warum die Spannungsänderung einen Strom in den Kondensatorzuleitungen verursacht, obwohl Ladungsträgerbewegung im Nichtleiter unmöglich ist. Wir betrachten dazu die Kondensatorumladung aus Sicht der Plattenladungen:

— Beim *Aufladen* (Abb. 2.7.4a) wandern positive Ladungen[12], angetrieben durch die Spannung, *über den Stromkreis* zu einer Elektrode, auf der anderen sinkt ihre Zahl (gleichbedeutend mit einer Anhäufung negativer Ladungen). So wächst die Ladung Q auf der linken Kondensatorplatte und damit der Verschiebungsfluss Ψ gemäß seiner Definition Gl. (2.6.1). Es gilt $dQ/dt > 0$ und so auch $d\Psi/dt > 0$ im gesamten Nichtleiter.
— Bei konstanter Spannung ($U = $ const) bewegen sich keine Ladungen (Abb. 2.7.4b) und mit $Q = $ const bleibt auch der Verschiebungsfluss im Nichtleiter zeitlich konstant: Speicherphase (Abb. 2.7.4c).

---

[12]Wir nehmen hier an, dass in den Zuleitungen positive Ladungen fließen können.

– Beim *Entladen* ($\mathrm{d}u/\mathrm{d}t$ negativ) fließen Ladungen von der positiven Platte durch den Leiter ab: $\mathrm{d}Q/\mathrm{d}t < 0$, deshalb gilt ebenso $\mathrm{d}\Psi/\mathrm{d}t < 0$.

Nach dem bisherigen Verständnis vom Strom als Fluss bewegter Ladungen und seiner *Geschlossenheit im Kreis* scheint die unterbrochene Ladungsträgerbewegung durch den Nichtleiter widersprüchlich. Weil jedoch einerseits der Strom im Leiterkreis mit der Ladungsänderung auf den Platten direkt zusammenhängt und andererseits Plattenladung und Verschiebungsfluss Ψ im Nichtleiter übereinstimmen, führen wir im Nichtleiter den *Verschiebungsstrom* i_V ein[13]:

$$\underbrace{i_\mathrm{V}}_{\text{Nichtleiter}} = \left.\frac{\mathrm{d}\Psi}{\mathrm{d}t}\right|_{\text{Nichtleiter}} = \left.\frac{\mathrm{d}Q}{\mathrm{d}t}\right|_{\text{Platte}} = \underbrace{i_\mathrm{K}}_{\text{Zuleitung}} \quad \begin{array}{l}\text{Verschiebungs-}\\ \text{strom}\\ \text{(Definition)}\end{array} \quad (2.7.6)$$

Der Verschiebungsstrom i_V im Nichtleiter ist die Fortsetzung des (Konvektions-)Stromes i_K im Leiter: $i_\mathrm{V} = i_\mathrm{K}$. Er entsteht durch zeitliche Änderung des Verschiebungsflusses Ψ, also Änderung der Plattenladung. Damit ist die Stromkontinuität im Kreis erfüllt.

Hauptkennzeichen eines Stromes ist das begleitende *Magnetfeld* (s. Kap. 1.4.2, Bd. 1). Tatsächlich besitzen der Konvektionsstrom i_K im Leiter und sein Fortsatz als Verschiebungsstrom i_V im Nichtleiter das gleiche Magnetfeld (in Abb. 2.7.4a angedeutet). Mehr noch: *Da der Strom immer Ursache eines Magnetfeldes und das Magnetfeld im Dielektrikum experimentell nachweisbar ist, muss folgerichtig der Verschiebungsstrom als Fortsetzung des Leitungsstromes im Dielektrikum gefordert werden.* Sein Richtungssinn liegt bei $\frac{\mathrm{d}\Psi}{\mathrm{d}t} > 0$ durch die Richtung von $\Psi(\boldsymbol{D})$ fest.

Mit Nachdruck ist aber auf die *zeitlich verschiedenen Stufen* von Leitungs- und Verschiebungsstrom zu verweisen:

– Leitungsstrom $i_\mathrm{K} \sim u$ tritt schon bei zeitlich konstanter Spannung auf. Im Strömungsfeld ist deshalb die Zeitfunktion des Leitungsstromes stets ein Abbild der Zeitfunktion der Spannung $i_\mathrm{K}(t) \sim u(t)$.
– Verschiebungsstrom $i_\mathrm{V}(t)$ gibt es im Nichtleiter *nur bei zeitveränderlicher* Spannung $u(t)$, er ist ein Abbild ihres Zeitdifferenzials.

Verschiebungsstromdichte $\boldsymbol{J}_\mathrm{V}$ So, wie der Verschiebungs*strom* an den Verschiebungs*fluss* als Integralgröße des elektrostatischen Feldes gebunden war,

---

[13] Die Bezeichnungen Verschiebungsstrom erweckt den Eindruck, als ob Ladungen im Nichtleiter verschoben werden. Dies ist nicht der Fall.

2.7 Elektrisches Feld bei zeitveränderlicher Spannung

kann für den Raumpunkt eine zugeordnete Feldgröße, die *Verschiebungsstromdichte* $\boldsymbol{J}_\mathrm{V}$, definiert werden[14]:

$$i_\mathrm{V} = \int_A \boldsymbol{J}_\mathrm{V} \cdot \mathrm{d}\boldsymbol{A}. \qquad \text{Verschiebungsstromdichte } \boldsymbol{J}_\mathrm{V} \quad (2.7.7)$$

Wie beim Zusammenhang zwischen Verschiebungsstrom i_V, Verschiebungsfluss- und Ladungsänderung lässt sich auch die Verschiebungsstromdichte $\boldsymbol{J}_\mathrm{V}$ auf die zeitliche Änderung der Verschiebungsdichte $\boldsymbol{D}$ zurückführen: Dazu dienen der Verschiebungsstrom Gl. (2.7.6), Verschiebungsfluss Ψ und die Verschiebungsflussdichte $\boldsymbol{D}$ (Gl. (2.6.3))

$$i_\mathrm{V} = \frac{\mathrm{d}\Psi}{\mathrm{d}t} = \frac{\mathrm{d}}{\mathrm{d}t}\int_A \boldsymbol{D} \cdot \mathrm{d}\boldsymbol{A} = \int_A \frac{\mathrm{d}\boldsymbol{D}}{\mathrm{d}t} \cdot \mathrm{d}\boldsymbol{A} = \int_A \boldsymbol{J}_\mathrm{V} \cdot \mathrm{d}\boldsymbol{A}.$$

Der Vergleich ergibt

$$\boldsymbol{J}_\mathrm{V} = \frac{\mathrm{d}\boldsymbol{D}}{\mathrm{d}t}. \qquad \text{Verschiebungsfluss- und Verschiebungsstromdichte} \quad (2.7.8)$$

Jede zeitliche Änderung der Verschiebungsflussdichte wird im Nichtleiter von einer Verschiebungsstromdichte $\boldsymbol{J}_\mathrm{V}$ am gleichen Ort begleitet. Die Richtung von $\boldsymbol{J}_\mathrm{V}$ stimmt mit der von $\boldsymbol{D}$ (bei zeitlicher Zunahme) überein.

Mit dem Verschiebungsstrom (zeitveränderliche Größe) verliert der Begriff elektrostatisches Feld streng genommen seine Bedeutung und besser wäre die (nicht übliche) Bezeichnung *Verschiebungsstromfeld* (s. auch Tab. 1.4).

Abbildung 2.7.5a zeigt ein Schnittbild der Verschiebungsstromdichte $\boldsymbol{J}_\mathrm{V}$ am Plattenkondensator. Ein Verschiebungsstrom setzt zeitliche Ladungsänderung auf den Platten voraus und damit einen zeitveränderlichen Leitungsstrom in den Zuleitungen. Im unteren Teil der Anordnung ist ein Strömungsfeld (Leitfähigkeit κ) parallelgeschaltet, dort fließt Leitungsstrom (ein Verschiebungsstrom durch die elektrische Feldkonstante ε_0 auch eines Leiters ist vernachlässigt). Denken wir uns in einer Plattenanordnung parallelliegende leitende und dielektrische Streifen abwechselnd „vermischt" (mit immer kleiner werdendem Querschnitt), so beträgt die *Gesamtstromdichte* $\boldsymbol{J}$ im Raumpunkt bei der Feldstärke $\boldsymbol{E}$

$$\begin{aligned}\boldsymbol{J} &= \boldsymbol{J}_\mathrm{K} + \boldsymbol{J}_\mathrm{V} = \kappa\boldsymbol{E} + \frac{\mathrm{d}\boldsymbol{D}}{\mathrm{d}t} \\ &= \kappa\left(\boldsymbol{E} + \frac{\varepsilon}{\kappa}\frac{\mathrm{d}\boldsymbol{E}}{\mathrm{d}t}\right) = \kappa\left(\boldsymbol{E} + \tau_\mathrm{R}\frac{\mathrm{d}\boldsymbol{E}}{\mathrm{d}t}\right).\end{aligned} \qquad \text{Gesamtstromdichte} \quad (2.7.9)$$

---

[14]Vgl. Zusammenhang zwischen Leitungsstrom I_K und Stromdichte J, (Kap. 1.3.1).

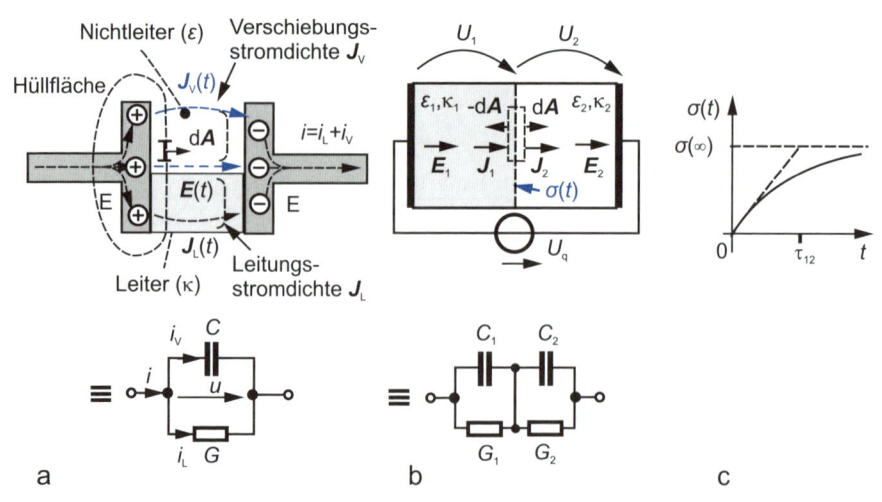

Abb. 2.7.5. Verschiebungsstrom. (a) Parallelschaltung eines Nichtleiters und Strömungsfeldes mit Ersatzschaltung aus parallelem Leitwert G und Kondensator C. (b) Elektrisches Feld im geschichteten, leitenden Dielektrikum bei Einschalten einer Spannung mit Ersatzschaltung der Anordnung. (c) Zeitverlauf der Flächenladungsdichte in der Grenzfläche

In einem Gebiet mit gleichzeitig Leiter- und Nichtleitereigenschaften (z. B. einem Halbleiter) setzt sich die Gesamtstromdichte aus Leitungs- und Verschiebungsanteil zusammen, letzterer nur bei zeitveränderlichem Feld.

Maxwell erkannte die magnetische Wirkung des Verschiebungsstromes aus logischen Gründen, der experimentelle Nachweis erfolgte viel später. Legt man z. B. eine sinusförmige schwankende Feldstärke $E = E_0 \sin \omega t$ zugrunde, so beträgt $J_{V\max}$ in Luft bei $\omega = 2\pi \cdot 50\,\text{s}^{-1}$ und $E = 10^6\,\text{V/m}$: $J_{V\max} = 2{,}7 10^{-9}\,\text{A/mm}^2$. Die Leitungsstromdichte in Metallen liegt bei einigen A/mm^2. Dann ist das Verhältnis Verschiebungs- zu Leitungsstromdichte mit 10^{-9} (!) extrem klein. Für eine 10^6 mal größere Feldänderung, also $f = 50\,\text{MHz}$, wird das Verhältnis vergleichbarer. In der Frühzeit des experimentellen Nachweises der Maxwellschen Theorie fehlten Einrichtungen für solche Frequenzen. Merklich wird der Einfluss des Verschiebungsstromes in Halbleitermaterialien, die neben kleiner Leitfähigkeit κ auch eine relativ große Dielektrizitätszahl ε_r haben. Dann bestimmt die Relaxationszeitkonstante $\tau_R = \varepsilon/\kappa$ mit, in welchem Maße der Verschiebungsstrom zusätzlich zum Leitungsstrom auftritt.

Überlagerung von Strömungs- und elektrostatischem Feld, zeitliche Feldänderung* Die wechselseitige Beeinflussung von Strömungs- und Ladungsfeld wird besonders augenscheinlich beim Zusammentreffen zweier Gebiete je mit den Leitfähigkeiten κ_1, κ_2 und Permittivitäten ε_1, ε_2 an einer Grenzfläche parallel zu den Elektrodenoberflächen (mit der Ladungsdichte σ) (Abb. 2.7.5b) in einem Feldraum zwischen zwei unendlich gut leitenden Elektroden. Denkt man sich in die Grenzfläche eine dünne, gut leitende Elektrode eingefügt, so lässt sich die Anordnung durch die dargestellte RC-Ersatzschaltung modellieren.

2.7 Elektrisches Feld bei zeitveränderlicher Spannung

Beim Anschalten einer Gleichspannung wirken im ersten Moment nur die Kapazitäten und bestimmen eine Spannungsteilung. Lange nach dem Einschalten legen hingegen die Leitfähigkeiten (Widerstände) die Spannungsteilung fest.

Gesucht sind die Feldbedingungen an der Grenzfläche. Ansatz ist die Kontinuitätsgleichung (1.3.4b ff.)

$$\int_A J_{n2}\mathrm{d}A - \int_A J_{n1}\mathrm{d}A + \frac{\partial \sigma}{\partial t}\mathrm{d}A = 0 \quad \rightarrow J_{n2} - J_{n1} + \frac{\partial \sigma}{\partial t} = 0,$$

dabei wurde statt der Raumladungsdichte die Flächenladungsdichte angesetzt. Daraus folgen stationär ($\partial \sigma/\partial t = 0$) die Grenzflächenbedingungen

$$J_{n2} = J_{n1}, \quad \kappa_2 E_{n2} = \kappa_1 E_{n1}, \quad E_{t2} = E_{t1} \text{ und } \tan\alpha_1/\tan\alpha_2 = \kappa_1/\kappa_2$$

des Strömungsfeldes (Gl. (1.3.23 ff.)), also unabhängig von der Flächenladung σ!

Für das elektrostatische Feld folgt nach Gl. (2.4.2 ff.)

$$D_{n2} - D_{n1} = \sigma, \quad E_{t2} = E_{t2} \text{ und } \tan\alpha_1/\tan\alpha_2 = (\varepsilon_1/\varepsilon_2) + \sigma/\varepsilon_2 E_{n1}.$$

Dabei wurde die Flächenladungsdichte im Brechungsgesetz berücksichtigt. Die Beziehungen für die Brechungswinkel stimmen nur dann überein, wenn sich an der Grenzfläche eine Flächenladung σ befindet, also

$$\frac{\kappa_1}{\kappa_2} = \frac{\varepsilon_1}{\varepsilon_2} + \frac{\sigma}{\varepsilon_2 E_{n1}} \quad \rightarrow$$

$$\sigma = \varepsilon_2 E_{n1}\left(\frac{\kappa_1}{\kappa_2} - \frac{\varepsilon_1}{\varepsilon_2}\right) = J_{n1}\left(\frac{\varepsilon_2}{\kappa_2} - \frac{\varepsilon_1}{\kappa_1}\right) = J_{n1}(\tau_{R2} - \tau_{R1})$$

(2.7.10)

gilt. Die Flächenladung verschwindet im stationären Zustand nur bei übereinstimmenden Relaxationszeitkonstanten, umgekehrt *erzwingen* verschiedene Zeitkonstanten eine Flächenladungsdichte nach Gl. (2.7.10)!

Für verschwindende Anfangsflächenladung $\sigma(0) = 0$ bestimmen die Beziehungen

$$d_1 E_1(t) + d_2 E_2(t) = U, \quad -\varepsilon_1 E_1(t) + \varepsilon_2 E_2(t) = \sigma(t) \text{ und}$$
$$-\kappa_1 E_1(t) + \kappa_2 E_2(t) + \frac{\mathrm{d}\sigma(t)}{\mathrm{d}t} = 0$$

den Zeitverlauf der Flächenladungsdichte. Nach Elimination der beiden Feldstärken $E_1(t) = (\varepsilon_2 U - d_2\sigma(t))/(d_1\varepsilon_2 + d_2\varepsilon_1)$ und $E_2(t) = (\varepsilon_1 U - d_1\sigma(t))/(d_1\varepsilon_2 + d_2\varepsilon_1)$ ergibt sich die Differenzialgleichung

$$\frac{\mathrm{d}\sigma(t)}{\mathrm{d}t} + \frac{\sigma(t)}{\tau_{12}} = U\frac{\varepsilon_2\kappa_1 - \varepsilon_1\kappa_2}{d_1\varepsilon_2 + d_2\varepsilon_1} \quad \text{mit} \quad \tau_{12} = \frac{d_1\varepsilon_2 + d_2\varepsilon_1}{d_1\kappa_2 + d_2\kappa_1}.$$

Ihre Lösung lautet

$$\begin{aligned}\sigma(t) &= U\frac{\varepsilon_2\kappa_1 - \varepsilon_1\kappa_2}{d_1\varepsilon_2 + d_2\varepsilon_1}\left[1 - \exp\left(-\frac{t}{\tau_{12}}\right)\right]\\ &= J_\infty(\tau_{R2} - \tau_{R1})\left[1 - \exp\left(-\frac{t}{\tau_{12}}\right)\right]\end{aligned}$$

(2.7.11)

mit den stationären Stromdichten $J_\infty = J_{1\infty} = J_{2\infty} = U\kappa_1\kappa_2/(d_1\kappa_1 + d_2\kappa_2)$. Die zugehörigen stationären elektrischen Feldstärken betragen: $E_{1\infty} = U\kappa_2/(d_1\kappa_1 + d_2\kappa_2)$ und $E_{2\infty} = U_1/(d_2\kappa_1 + d_2\kappa_2)$ und die stationäre Flächendichte

$$\sigma(\infty) = U\frac{\varepsilon_2\kappa_1 - \varepsilon_1\kappa_2}{d_1\kappa_2 + d_2\kappa_1}.$$

Der Zeitverlauf ist in Abb. 2.7.5c skizziert. Beginnend bei null baut sich die Flächenladungsdichte stationär so auf, dass schließlich die Bedingung des Strömungsfeldes gilt. Im Schaltzeitpunkt gilt das elektrostatische Feld mit $D_{n1} = D_{n2}$, bei gleichen Relaxationszeitkonstanten unabhängig von der Zeit!

Im stationären Betrieb erzwingt die Quellenfreiheit der Stromdichte $J_{n1} = J_{n2}$ an der Grenzfläche eine Flächenladungsdichte, die die Normalkomponenten der Verschiebungsflussdichte festlegen.

Bei *langsam zeitveränderlichem Feld* stimmt die Potenzialverteilung mit der des elektrostatischen Feldes überein und die Stromlinien des zeitveränderlichen E-Feldes sind praktisch identisch mit den D-Linien des elektrostatischen Feldes. Deshalb hat auch das elektrostatische Feld große Bedeutung:

Die Gesetze des elektrostatischen Feld bleiben erhalten, wenn sich die Felder nur zeitlich langsam ändern.

Rückblick. Kirchhoffscher Satz, Stromkontinuität, Ladungsbilanz Wir greifen auf die Kontinuitätsgleichung in Integraldarstellung (Gl. (1.3.4b)) zurück und formulieren sie mit Berücksichtigung des Verschiebungsstromes in Feldform. Ausgangspunkt ist die Gesamtstromdichte Gl. (2.7.9), deren Hüllintegral stets verschwinden muss

$$\oint \boldsymbol{J} \cdot \mathrm{d}\boldsymbol{A} = \oint_A \left(\boldsymbol{J}_\mathrm{K} + \frac{\partial \boldsymbol{D}}{\partial t} \right) \cdot \mathrm{d}\boldsymbol{A} = \oint_A \boldsymbol{J}_\mathrm{K} \cdot \mathrm{d}\boldsymbol{A} + \frac{\mathrm{d}}{\mathrm{d}t} \oint_A \boldsymbol{D} \cdot \mathrm{d}\boldsymbol{A} = 0.$$

Dann folgt mit der Ladung $\oint \boldsymbol{D} \cdot \mathrm{d}\boldsymbol{A} = \int \varrho \, \mathrm{d}V = Q$[15]

$$\frac{\mathrm{d}Q}{\mathrm{d}t} = \int \frac{\partial \varrho}{\partial t} \mathrm{d}V = -\oint \boldsymbol{J}_\mathrm{K} \cdot \mathrm{d}A. \qquad \text{Kontinuitätsgleichung, Integralform} \qquad (2.7.12)$$

Die zeitliche Ladungszunahme in einer Hüllfläche ist gleich dem netto zufließenden Konvektionsstrom.

Dazu gehört mit dem Gaußschen Satz gleichwertig die *Differenzialform*

$$0 = \frac{\partial \varrho}{\partial t} + \mathrm{div}\, \boldsymbol{J}_\mathrm{K} \qquad \text{Kontinuitätsgleichung,}$$
$$0 = \mathrm{div}\, \boldsymbol{J}. \qquad \text{erster Kirchhoffscher Satz} \qquad (2.7.13)$$

Die Gesamtstromdichte ist quellenfrei oder gleichwertig: die zeitliche Änderung der Raumladungsdichte ist gleich der negativen Divergenz der Konvektionsstromdichte.

Das erlaubt einige Ergänzungen zur Kontinuitätsgleichung

1. Im Kap. 1.3.1 wurde aus der Kontinuitätsgleichung des stationären Strömungsfeldes (1.3.4b ff.) (bei konstanter Ladung in einer Hülle) u. a. der erste Kirchhoffsche Satz begründet. Die Ladungsänderung eines Hüllvolumens als Bilanz

---

[15] Gilt sinngemäß auch für andere Ladungsverteilungen.

2.7 Elektrisches Feld bei zeitveränderlicher Spannung

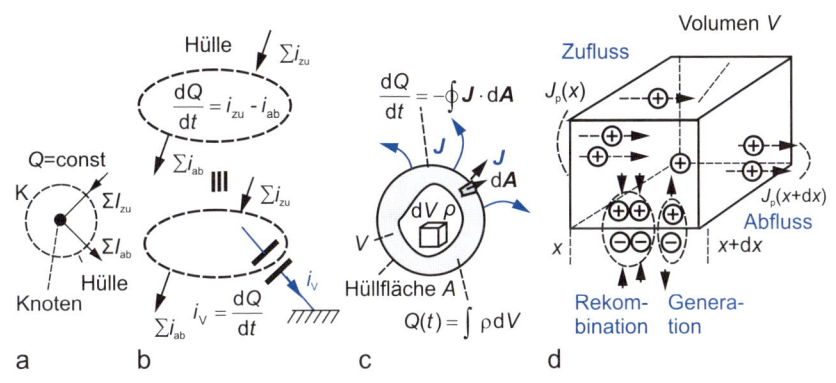

Abb. 2.7.6. Bilanzgleichung. (a) Knotensatz (Bilanzgleichung für zeitkonstante Ströme, Ladungserhaltung im abgeschlossenen Volumen). (b) Ladungsänderung durch Differenz von Zu- und Abfluss, gleichwertige Einführung des Verschiebungsstromes für die Ladungsänderung. (c) Bilanzhülle ausgedrückt durch die Stromdichte. (d) Kontinuitätsgleichung für eine Trägersorte mit Einbezug von Rekombination und Generation

von Stromzu- und -abfluss durch die Hülle ist die *integrale Form des Satzes von der Erhaltung der Ladung* (Gl. (2.7.12), Abb. 2.7.6a). Strom: Konvektionsstrom. Der aus dem Volumen ausfließende Strom verursacht die zeitliche Ladungsabnahme im Volumen. Gleichwertig: Ladungen können weder erzeugt noch vernichtet werden.

In diesem Satz tritt kein Verschiebungsstrom auf. Allerdings kann die Ladungsänderung durch eine Verschiebungsflussänderung Gl. (2.7.6) ersetzt und als *Verschiebungsstrom* durch die Hülle interpretiert werden (Abb. 2.7.6b). *Dann muss der Knotensatz für den Gesamtstrom gebildet werden* (in Differenzialform durch div $\boldsymbol{J} = 0$, Gl. (2.7.13)). Der Verschiebungsstrom durch die Hülle lässt sich als Kapazität gegen die Umgebung modellieren.

Der Netzwerkknoten kennt den Verschiebungsstrom *nicht*, deshalb wird der Knotensatz in seiner Standardform *auch für zeitveränderliche Ströme angewendet* (und die Ladungsänderung vernachlässigt). Korrektur durch parasitäre Knotenkapazität möglich. Abbildung 2.7.6c zeigt die Bilanzgleichung der Hülle ausgedrückt durch Feldgrößen.

2. Der Satz von der Erhaltung der Ladung in Differenzialform Gl. (2.7.13) gilt auch bei zeitveränderlicher Raumladungsdichte oder Verschiebungsflussdichte $\boldsymbol{D}$: *Die Abnahme der Ladung in einem Punkt entspricht einem aus diesem Punkt herausfließendem Stromfaden.*
3. Die Bilanzgleichungen können für einzelne Ladungsträgergruppen (z. B. Elektronen und Löcher) getrennt formuliert werden, dann ist ihre Wechselwirkung (z. B. Rekombination) einzubeziehen (Abb. 2.7.6d).

2.7.3 Kondensator im Stromkreis

Das Speichervermögen des Kondensators zeigt sich besonders bei einer *Strukturänderung* des Stromkreises, etwa durch Aus- oder Einschalten einer Netzwerkkomponente. Dann läuft ein *Übergangs-* oder *Ausgleichsvorgang* solange ab, bis sich die Ströme und Spannungen dem neuen *eingeschwungenen Zustand* angepasst haben.

Übergangsvorgänge haben fundamentale Bedeutung für die Elektrotechnik, wir behandeln sie ausführlich mit angepassten mathematischen Methoden in Bd. 3. Hier interessiert das physikalische Verständnis zusammen mit den Begriffen *Anfangswert* und *Stetigkeit* der Kondensatorspannung. Ausgang ist ein Grundstromkreis mit Schalter: beim Schließen zum Zeitpunkt $t \to 0$ sinkt sein Widerstand abrupt von $R \to \infty$ auf $R \to 0$. Wird er geöffnet, so gilt das Umgekehrte.

Aufladen Ein ladungsfreier Kondensator wird mit einer Gleichspannungsquelle (Innenwiderstand R) aufgeladen (Abb. 2.7.7a). Nach Schließen des Schalters zur Zeit $t = 0$ fließt ein durch den Widerstand R begrenzter Strom, weil der ladungslose Kondensator ($u_C(-0) = 0$) *zunächst wie ein Kurzschluss* wirkt: $i(+0) = U_q/R$. Der Ladestrom erhöht die Kondensatorspannung, der Spannungsabfall $u_R(t) = U_q - u_C(t)$ sinkt und damit der Strom $i(t)$. Dieser Ladevorgang währt, bis die Kondensatorspannung den Wert U_q erreicht hat. Der Vorgang umschließt drei Zeitbereiche: den *Ausgangszustand* (vor dem Schaltvorgang), den Ausgleichs- oder *Übergangsvorgang* und den *Endzustand*.

Im ersten Schritt formulieren wir die Kirchhoffschen Gleichungen *nach* Schließen des Schalters: die Maschengleichung kombiniert mit den u, i-Relationen von Widerstand und Kondensator lautet

$$U_q = u_R(t) + u_C(t) = Ri(t) + u_C(t) = RC\frac{du_C(t)}{dt} + u_C(t). \qquad (2.7.14)$$

Diese Bestimmungsgleichung für die Kondensatorspannung $u_C(t)$ ist eine lineare inhomogene Differenzialgleichung erster Ordnung mit konstanten Koeffizienten. Inhomogen, weil links die von u_C unabhängige Größe U_q steht, und erster Ordnung bezieht sich auf *einen* Energiespeicher im Kreis[16].

Die Kondensatorspannung u_C kennzeichnet den „Inhalt" (Zustand) des Energiespeichers C, deshalb ist sie seine *Zustandsgröße*, die sich nie sprunghaft ändert.

Der nächste Schritt ist die *Festlegung des Anfangswertes* der gesuchten Größe, hier u_C. Es gilt für $t = 0 \to u_C(-0) = 0$, weil der Kondensator ladungslos angesetzt wird.

Der dritte und letzte Schritt umfasst die Lösung der Differenzialgleichung.

---

[16] Auch wenn andere Größen des Netzwerkes gesucht sind, muss zuerst die Differenzialgleichung (DGL) für die Zustandsgröße gelöst werden.

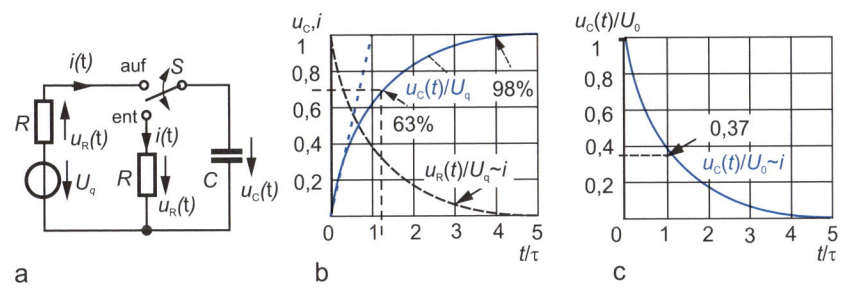

Abb. 2.7.7. Kondensator im Grundstromkreis. (a) Aufladevorgang, Einschalten einer Gleichspannung (bzw. eines Gleichstromes, Ersatz der Anordnung links der Klemmen A, B durch eine geschaltete Stromquelle). (b) Zeitverlauf von Kondensatorspannung und -strom. (c) Ausschaltvorgang eines auf die Spannung U_0 geladenen Kondensators

Eine inhomogene DGL erster Ordnung mit konstanten Koeffizienten und konstanter Erregung F

$$\tau \frac{dy}{dt} + y(t) = F \qquad \rightarrow y(t) = (y(0) - F)\exp\frac{-t}{\tau} + F$$

hat immer die rechts stehende Lösung (Nachweis durch Einsetzen). Die sog. *homogene* DGL mit $F = 0$ lässt sich nach Umstellung durch Trennung der Variablen integrieren

$$\frac{du_C}{u_C - U_q} = -\frac{dt}{RC} \quad \rightarrow \quad \int \frac{du_C}{u_C - U_q} = -\int \frac{dt}{RC}.$$

Wird eine Integrationskonstante der Form $\ln K$ verwendet, so ergibt sich

$$\boxed{\ln(K(u_C - U_q)) = -\frac{t}{RC} \quad \rightarrow u_C(t) = U_q + \frac{1}{K}\exp-\frac{t}{RC}.}$$

Die rechte allgemeine Lösung muss noch durch die *Stetigkeitsbedingung* $u_C(-0) = u_C(+0)$ und den *Anfangswert* für $t = 0$: $u_C(-0) = u_C(+0) = 0$ angepasst werden; Einsetzen des Anfangswertes in die allgemeine Lösung ergibt $1/K = U_q$ und damit

$$\boxed{u_C(t) = U_q\left(1 - \exp-\frac{t}{RC}\right), \quad \rightarrow i(t) = C\frac{du_C(t)}{dt} = \frac{U_q}{R}\exp-\frac{t}{RC}.} \quad (2.7.15)$$

Der Strom klingt beim Einschalten eines ungeladenen Kondensators nach einer Exponentialfunktion mit der Zeitkonstanten $\tau = RC$ auf Null ab.

Abbildung 2.7.7b zeigt die Verläufe von Kondensatorspannung und Strom. Nach Ablauf der Zeit $t = \tau = RC$ hat der Verlauf wegen $1 - \exp-1 = 0{,}63$ bereits 63% des Endwertes erreicht, nach $t = 2\tau$ insgesamt 86% und nach 5τ immerhin 99%. Die Kondensatorspannung steigt exponentiell nach der *Halbwertzeit* $t_H \approx 0{,}7\tau$ (Zeitkonstante $\tau = RC$) den halben Wert der Differenz zwischen End- und Anfangswert.

166 2. Das elektrostatische Feld, elektrische Erscheinungen in Nichtleitern

Der Endwert der Kondensatorspannung ist (unabhängig vom Anfangswert) nur durch die Quellenspannung gegeben! Ihre Anfangssteigung ergibt sich zu

$$\left.\frac{du_C(t)}{dt}\right|_{t=0} = \frac{U_q}{RC} \exp{-\frac{t}{RC}}\bigg|_{t=0} = \frac{U_q}{\tau}. \tag{2.7.16}$$

Mit diesem Anstieg würde sie den Endwert U_q nach der Zeit τ erreichen.

Beim Aufladen des Kondensators durch eine Stromquelle (Laden mit Konstantstrom) muss die Stromquelle im Zeitpunkt $t = 0$ auf den Kondensator umgeschaltet werden. Dann hat der Vorwiderstand R keine Wirkung und aus der Kondensatorgleichung folgt

$$\int_0^t du_C(t') = \frac{1}{C}\int_0^t i(t')\,dt' \;\rightarrow\; u_C(t) = \underbrace{u_C(0)}_{0} + \frac{I_q}{C}(t-0). \tag{2.7.17}$$

Beginnend vom Anfangswert steigt die Spannung bei Stromeinprägung linear mit der Zeit an.

Leistungs-, Energieverhältnisse Beim Aufladen wird dem Kondensator die Leistung $p_C(t)$

$$p_C(t) = u_C(t)i(t) = \frac{U_q^2}{R}\left(e^{-\frac{t}{\tau}} - e^{-\frac{2t}{\tau}}\right), \quad p_R(t) = Ri^2 = \frac{U_q^2}{R}e^{-\frac{2t}{\tau}} \tag{2.7.18}$$

zum Aufbau des elektrischen Feldes zugeführt und dabei im Widerstand die Leistung $p_R(t)$ in Wärme umgesetzt. Die Gesamtleistung $p_q = p_C + p_R$ liefert die Quelle. Während des Aufladevorganges erhält der Kondensator die Energie W_C

$$W_C = \int_0^\infty p_C(t)\,dt = \frac{U_q^2}{R}\int_0^\infty \left(e^{-\frac{t}{\tau}} - e^{-\frac{2t}{\tau}}\right)dt = \frac{CU_q^2}{2}, \; W_R = \frac{CU_q^2}{2} \tag{2.7.19}$$

und speichert sie im Feld, die gleiche Energie $W_C = W_R$ setzt der Widerstand in Wärme um.

Die von der Quelle beim Aufladen gelieferte Energie wird zur Hälfte als Feldenergie im Kondensator gespeichert und die andere Hälfte im Widerstand in Wärme umgesetzt, unabhängig von der Größe der Zeitkonstanten.

Entladung Ist der Kondensator auf eine Spannung U_q aufgeladen und setzt durch Schließen des Schalters (Abb. 2.7.7a) plötzlich der Entladevorgang ein, so folgt bei Umkehr der Stromrichtung aus

$$u_C(t) = u_R(t) = i(t)R \;\text{ und }\; i(t) = -C\frac{du_C(t)}{dt}$$

mit der durch den Widerstand erzwungenen Stromrichtung als Differenzialgleichung für die Kondensatorspannung

$$RC\frac{du_C(t)}{dt} + u_C(t) = 0. \tag{2.7.20}$$

Nach Trennung der Variablen ergibt die separate Integration

$$\int \frac{\mathrm{d}u_\mathrm{C}}{u_\mathrm{C}} = -\int \frac{\mathrm{d}t}{\tau} \quad \rightarrow \quad \ln\left(K u_\mathrm{C}(t)\right) = -\frac{t}{\tau}$$

die Lösung

$$u_\mathrm{C}(t) = \frac{1}{K}\exp-\frac{t}{\tau} \quad \rightarrow u_\mathrm{C}(t) = u_\mathrm{R}(t) = i(t)R = U_\mathrm{q}\exp-\frac{t}{\tau}. \quad (2.7.21)$$

Jetzt bestimmt der Anfangswert unmittelbar den Spannungs- und Stromverlauf (Abb. 2.7.7c). Während der Entladung wird die im Kondensator gespeicherte Feldenergie

$$W_\mathrm{R} = \int_0^\infty p_\mathrm{R}(t)\,\mathrm{d}t = \frac{U_\mathrm{q}^2}{R}\int_0^\infty e^{-\frac{2t}{\tau}}\,\mathrm{d}t = \frac{CU_\mathrm{q}^2}{2} \quad (2.7.22)$$

vollständig im Widerstand in Wärme umgesetzt.

Bei Kurzschluss eines geladenen Kondensators fließt nach Gl. (2.7.21) ein Strom mit dem Anfangswert U_q/R (mit $R \to 0$), der beträchtlich sein und zerstörend (Kraftwirkung auf die Kondensatorplatten, Explosionsgefahr!) wirken kann. Deswegen dürfen geladene Kondensatoren nie kurzgeschlossen werden.

Die hier diskutierten Speicherverhältnisse beruhen auf der Energiespeicherfähigkeit des elektrostatischen Feldes. Sie lassen sich allgemeiner durch die Feldgrößen ausdrücken (Tab. 2.7, 2.8). Wir vertiefen sie später (Kap. 4.1.3) im Zusammenhang mit der Kraft, die geladene Kondensatorplatten aufeinander ausüben.

Spannungs- und Ladungsverteilung in RC-Schaltungen* In Stromkreisen mit Widerständen, Kondensatoren und Quellen stellt sich nach Ablauf eines Schaltvorganges eine stationäre Spannungs- und Stromverteilung ein, die z. B. die Anfangswerte der Kondensatoren für einen nachfolgenden Schaltvorgang bestimmt. Wie ergibt sich diese stationäre Spannungsverteilung?

Im *ersten Schritt* werden die Knotenspannungen derjenigen Knoten ermittelt, die resistiv mit Quellen oder Massepunkten (direkt, indirekt) verbunden sind, zweckmäßig mit dem Knotenspannungsverfahren. Kondensatoren haben keinen Einfluss und werden aus der Schaltung entfernt.

Im *nächsten Schritt* bestimmt man die Knotenspannungen der „rein kapazitiven" Knoten (ohne resistive Verbindung zu anderen Knoten). Dabei sind die Spannungen resistiver Knoten Vorgabewerte (Spannungsquellen, deren Knotengleichungen nicht aufzustellen sind). *Für kapazitive Knoten verbleibt dann nur jeweils die Ladungsbilanz $\sum Q = 0$, um ausreichend viele Gleichungen zu erhalten.*

Tab. 2.7. Größen und Zusammenhänge des elektrostatischen Feldes

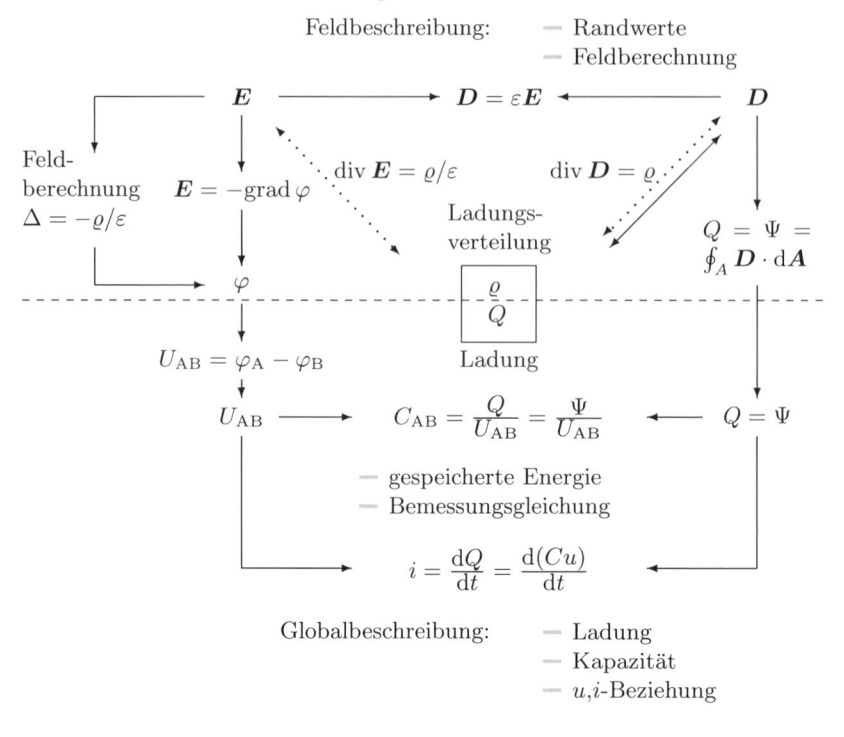

Feldbeschreibung:
— Randwerte
— Feldberechnung

$$E \longrightarrow D = \varepsilon E \longleftarrow D$$

Feldberechnung $\Delta = -\varrho/\varepsilon$

$E = -\operatorname{grad}\varphi$ $\operatorname{div} E = \varrho/\varepsilon$ $\operatorname{div} D = \varrho$

Ladungsverteilung

$$Q = \Psi = \oint_A D \cdot dA$$

$\boxed{\dfrac{\varrho}{Q}}$

φ

$U_{AB} = \varphi_A - \varphi_B$ Ladung

$U_{AB} \longrightarrow C_{AB} = \dfrac{Q}{U_{AB}} = \dfrac{\Psi}{U_{AB}} \longleftarrow Q = \Psi$

— gespeicherte Energie
— Bemessungsgleichung

$$i = \frac{dQ}{dt} = \frac{d(Cu)}{dt}$$

Globalbeschreibung:
— Ladung
— Kapazität
— u,i-Beziehung

Beispiel 2.7.1 Kondensatornetzwerk Das Kondensatornetzwerk (Abb. 2.7.8a) wird an die Spannungsquelle U_q geschaltet. Gesucht sind die Knotenspannungen nach dem Ladungsausgleich.

Mit Anlegen der Spannungsquelle an Knoten K1 liegt seine Knotenspannung fest, deshalb entfällt das Aufstellen der Knotengleichung (Knotenspannung vorgegeben). Zu Knoten K2 gehört die Knotengleichung

$$\text{K2}: i_2 - i_3 - i_4 = 0 \quad \rightarrow C_2 \frac{d}{dt}(u_1 - u_2) - C_3 \frac{du_2}{dt} - C_4 \frac{d}{dt}(u_2 - u_3) = 0.$$

Nach Integration zwischen $t = 0$ und ausreichend langer Zeit t_1 wird daraus

$$\begin{aligned} Q_{K2} &= C_2(U_1 - U_2) - C_3 U_2 - C_4(U_2 - U_3) \\ 0 &= -C_2 U_1 + (C_2 + C_3 + C_4)U_2 - C_4 U_3. \end{aligned}$$

Die untere Gleichung ist die Ladungsverteilung unter der Voraussetzung, dass Knoten K2 keine Anfangsladung hat ($Q_{K2}(0) = 0$). In gleicher Weise verfahren wir für Knoten K3, das Ergebnis lautet $-C_4 U_2 + (C_4 + C_5)U_3 = 0$. Damit liefert das Ladungsgleichungssystem (mit $U_1 = U_q$)

$$\begin{pmatrix} C_2 + C_3 + C_4 & -C_4 \\ -C_4 & C_4 + C_5 \end{pmatrix} \begin{pmatrix} U_2 \\ U_3 \end{pmatrix} = \begin{pmatrix} C_1 U_1 \\ 0 \end{pmatrix} \quad (2.7.23)$$

nach Lösung die Spannungen U_2, U_3 als Funktion der Spannung $U_1 = U_q$.

2.7 Elektrisches Feld bei zeitveränderlicher Spannung

Tab. 2.8. Energiebeziehungen des elektrostatischen Feldes

Feldgrößen	Flussdichte D	Feldstärke E	Beziehung
	(Eigenschaft)	(Eigenschaft)	$\boldsymbol{D} = \varepsilon \boldsymbol{E}$
	$\left(\oint_A \boldsymbol{D} \cdot \mathrm{d}\boldsymbol{A} = Q\right)$	$\left(\int_s \boldsymbol{E} \cdot \mathrm{d}\boldsymbol{s} = 0\right)$	
Energiedichte	$w_V = \dfrac{\boldsymbol{D} \cdot \boldsymbol{E}}{2} = \dfrac{\varepsilon\|\boldsymbol{E}\|^2}{2} = \dfrac{\|\boldsymbol{D}\|^2}{2\varepsilon}$		
Globalgrößen	$\Psi = \int_A \boldsymbol{D} \cdot \mathrm{d}\boldsymbol{A}$	$U_{\mathrm{AB}} = \int_A^B \boldsymbol{E} \cdot \mathrm{d}\boldsymbol{s}$	$Q = C_{\mathrm{AB}} U_{\mathrm{AB}}$
Kapazität	$C_{\mathrm{AB}} = \dfrac{Q}{U_{\mathrm{AB}}} = \dfrac{\int_A \boldsymbol{D} \cdot \mathrm{d}\boldsymbol{A}}{\int_A^B \boldsymbol{E} \cdot \mathrm{d}\boldsymbol{s}}$		
Feldenergie	$W = \int_V w \mathrm{d}V = \int_V \dfrac{\boldsymbol{D} \cdot \boldsymbol{E}}{2} \mathrm{d}V$		

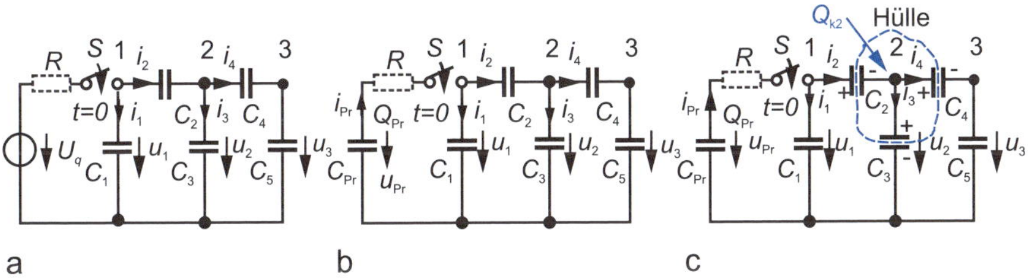

Abb. 2.7.8. Ladungsausgleich im Kondensatornetzwerk. (a) Ladungsausgleich bei angeschalteter Spannung. (b) Einprägung einer Probeladung in das Netzwerk. (c) Beispiele von Ladungsknoten K2: $Q_{3+} + Q_{4+} = Q_{2-}$, Knoten K3: $Q_{5+} = Q_{4-}$

Die Situation ändert sich, wenn dem Kondensatornetzwerk keine Spannung, sondern eine (Probe-)ladung Q_{Pr}, etwa aus einem geladenen Kondensator am Knoten K1 zugeführt wird (Abb. 2.7.8b). Jetzt muss die Knotengleichung K1 aufgestellt werden

$$K1: i_{\mathrm{Pr}} = -\frac{\mathrm{d}Q_{\mathrm{Pr}}}{\mathrm{d}t} = C_1 \frac{\mathrm{d}u_1}{\mathrm{d}t} + C_2 \frac{\mathrm{d}}{\mathrm{d}t}(u_1 - u_2) \rightarrow$$
$$-Q_{\mathrm{Pr}} = (C_1 + C_2) U_1 - C_2 U_2.$$

Die Gleichungen der Knoten K2 und K3 ändern sich nicht und alle drei Gleichungen zusammengefasst führen auf

$$\begin{pmatrix} (C_1+C_2) & -C_2 & 0 \\ -C_2 & (C_2+C_3+C_4) & -C_4 \\ 0 & -C_4 & (C_4+C_5) \end{pmatrix} \begin{pmatrix} U_1 \\ U_2 \\ U_3 \end{pmatrix} = \begin{pmatrix} -Q_{\mathrm{Pr}} \\ 0 \\ 0 \end{pmatrix}. \quad (2.7.24)$$

Die drei Spannungen $U_1 \ldots U_3$ sind so als Funktion der Probeladung darstellbar.

Ein Problem bleibt der „Ladungsknoten", den es in der Netzwerkvorstellung nicht gibt (Abb. 2.7.8c). Grundsätzlich ist er ladungsneutral und es gilt: Am Knotenpunkt stimmt die Summe der positiven Ladungen mit der der negativen überein. Denkt man sich um Knoten K2 durch die Dielektrika der angeschlossenen Kondensatoren eine Hülle, muss die beim Aufladen des Kondensators C_2 auf seiner Platte befindliche positive Ladung ihr negatives Äquivalent auf den zugängigen Platten der Kondensatoren C_3 und C_4 finden. Die Platten innerhalb der Hülle bleiben ladungsneutral.

❱ 2.7.4 Allgemeine kapazitive Zweipole

Neben der bisher betrachteten linearen Ladungs-Spannungs-Beziehung im elektrostatischen Feld gibt es zahlreiche Fälle, bei denen die Ladung $Q(u(t), t)$ nicht nur von der Spannung, sondern auch *direkt von der Zeit* abhängt und zusätzlich *nichtlinear* ist. Deshalb kennt man, wie beim resistiven Zweipol, auch zeitveränderliche lineare und nichtlineare Kapazitäten (Tab. 2.9).

Zeitabhängiger linearer kapazitiver Zweipol Die *zeitabhängige lineare Kapazität* $C(t)$ hat die Ladungsbeziehung $Q(t) = C(t)u(t)$ mit dem Strom-Spannungs-Zusammenhang

$$i(t) = \frac{dQ}{dt} = \frac{d(C(t)u(t))}{dt} = C(t)\frac{du}{dt} + u(t)\frac{dC(t)}{dt}. \qquad \begin{array}{l} u,\,i\text{-Relation,} \\ \text{linear zeit-} \\ \text{abhängige} \\ \text{Kapazität} \end{array} \qquad (2.7.25)$$

Umgekehrt folgt bei vorgegebenem Strom $i(t)$ die Spannung gemäß $u(t) = Q(t)/C(t)$ zu

$$u(t) = \frac{Q(t)}{C(t)} = \frac{1}{C(t)} \int i(t')\,dt' + \text{const}$$

($C(t)$ darf nicht unter das Integralzeichen gesetzt werden!).

> Durch eine zeitabhängige Kapazität fließt auch bei anliegender Gleichspannung ein Strom und bei konstanter Ladung $Q = Cu$ ändert sich die Spannung.

Dieses Verhalten unterscheidet sich grundlegend von der zeitunabhängigen Kapazität und führt zu besonderen energetischen Merkmalen: *so bewirkt eine zeitabhängige Kapazität den direkten Umsatz mechanischer Energie in elektrische (und umgekehrt).*

Zeitveränderliche Kapazitäten lassen sich verschiedenartig realisieren, etwa durch Drehung des Rotors eines Drehkondensators oder Veränderung des Plattenabstandes im Kondensator. Weitere Beispiele sind:

– *kapazitive Geber*, bei denen sich der Plattenabstand durch eine Messgröße zeitlich ändert. So erzeugt die Kapazität mit anliegender Gleichspannung ein der

2.7 Elektrisches Feld bei zeitveränderlicher Spannung

Tab. 2.9. Ursache-Wirkungs-Zusammenhang der Integralgrößen verschiedener Felder und abgeleitete Netzwerkelemente dargestellt am Kondensator

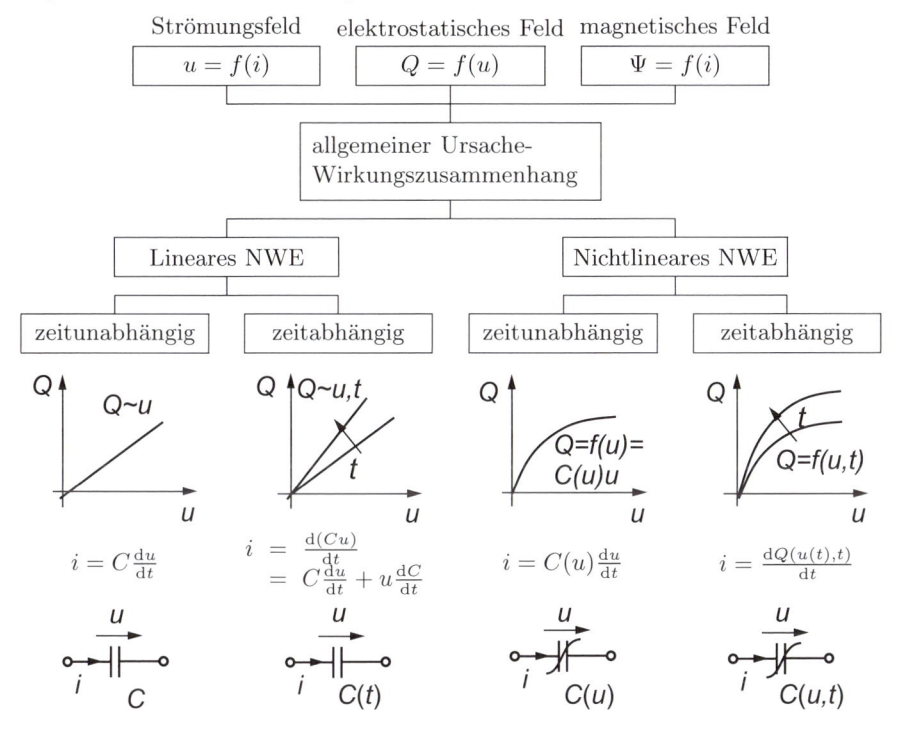

Strömungsfeld	elektrostatisches Feld	magnetisches Feld
$u = f(i)$	$Q = f(u)$	$\Psi = f(i)$

allgemeiner Ursache-Wirkungszusammenhang

Lineares NWE		Nichtlineares NWE	
zeitunabhängig	zeitabhängig	zeitunabhängig	zeitabhängig
$Q \sim u$	$Q \sim u, t$	$Q = f(u) = C(u)u$	$Q = f(u,t)$
$i = C\dfrac{\mathrm{d}u}{\mathrm{d}t}$	$i = \dfrac{\mathrm{d}(Cu)}{\mathrm{d}t} = C\dfrac{\mathrm{d}u}{\mathrm{d}t} + u\dfrac{\mathrm{d}C}{\mathrm{d}t}$	$i = C(u)\dfrac{\mathrm{d}u}{\mathrm{d}t}$	$i = \dfrac{\mathrm{d}Q(u(t),t)}{\mathrm{d}t}$
C	$C(t)$	$C(u)$	$C(u,t)$

Messgröße proportionales elektrisches Signal. Zu dieser Gruppe gehören der Schwingkondensator und andere Sensorprinzipien;
– das *Kondensatormikrofon*, bei dem auftreffende Schallwellen den Abstand der Kondensatorplatten ändern.

Beim Plattenkondensator kann wegen $C = \varepsilon A/d$ eine zeitveränderliche Kapazität durch Variation der Permittivität (Bewegung eines Materials mit ε zwischen den Platten), der Fläche A (Drehkondensator) oder des Plattenabstandes (z. B. durch einen Piezoschwinger mit aufgesetzter Elektrode oder einen Wechselstrommagneten) entstehen[17]. Weitere Realisierungsmöglichkeiten zeitvariabler Kapazitäten erhält man durch Zuschalten gesteuerter Quellen. So führt die Reihenschaltung einer spannungsgesteuerten Spannungsquelle mit der Kondensatorspannung als Steuerspannung (Abb. 2.7.9a) zur Strom-Spannungs-Relation Gl. (2.7.26a), wenn sie von der Gesamtspannung der Reihenschaltung gesteuert wird auf Gl. (2.7.26b) und bei Einsatz einer stromgesteuerten Stromquelle parallel zum Kondensator (Kondensa-

---

[17] Auch das Einschieben einer Kunststoffplatte in den Kondensator (Abb. 2.1.1) bei konstanter Ladung gehorcht diesem Prinzip. Bei anliegender Gleichspannung ändert sich der Kreisstrom bei Bewegung des Isolators.

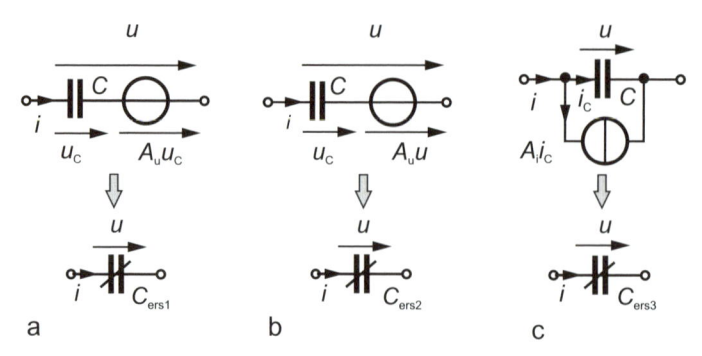

172   2. Das elektrostatische Feld, elektrische Erscheinungen in Nichtleitern

Abb. 2.7.9. Zusammenschaltungen eines Kondensators mit gesteuerter Quelle. (a) Reihengeschaltete Spannungsquelle gesteuert durch die Kondensatorspannung. (b) Dto. gesteuert durch die Gesamtspannung. (c) Parallelgeschaltete Stromquelle gesteuert vom Kondensatorstrom

torstrom als Steuerstrom) auf Gl. (2.7.26c)

$$i = \frac{d}{dt}\left(\frac{C(t)u(t)}{1+A_u}\right) = C\frac{d}{dt}\left(\frac{u(t)}{1+A_u}\right)\bigg|_{C=\text{const}} \tag{2.7.26a}$$

$$i = \frac{d}{dt}\left(C(t)u(t)(1-A_u)\right) = C\frac{d}{dt}\left(u(t)(1-A_u)\right)\big|_{C=\text{const}} \tag{2.7.26b}$$

$$i = (1+A_i)\frac{d}{dt}\left(C(t)u(t)\right) = C(1+A_i)\frac{du(t)}{dt}\bigg|_{C=\text{const}}. \tag{2.7.26c}$$

Jetzt wächst die Kapazität multiplikativ. Dann lässt sich auch bei festem C durch zeitabhängige Verstärkung (elektronisch realisierbar) eine zeitveränderliche Steuerwirkung erreichen. Das begründet die große Verbreitung kapazitiver Geberelemente.

Messprinzipien mit zeitgesteuerter Kapazität sind meist empfindlicher als reine Gleichstromverfahren, weil sie selektiv für die Änderungsfrequenz des Kondensators ausgelegt werden können.

Nichtlineare zeitunabhängige Kapazität Die *nichtlineare Kapazität* hat eine nichtlineare Ladungs-Spannungskennlinie $Q(u)$ durch den Ursprung. Eine Spannung $u(t) = U_A + \Delta U(t)$ (Gleichspannung U_A mit überlagerter Spannungsänderung $\Delta U(t)$, $|\Delta U| \ll |U_A|$) verändert die Ladung um $\Delta Q(t)$

$$Q(t) = Q_A + \Delta Q(t) = f(U_A + \Delta U(t)) = f(U_A) + \frac{df}{du}\bigg|_{U_A} \cdot \Delta U(t) + \ldots$$

im Arbeitspunkt Q_A. Die Ladungsänderung ergibt sich durch Taylor-Entwicklung (bei Vernachlässigung höherer Glieder, die Bedingung der Kleinsignalsteuerung). Die auftretende Ableitung

$$\boxed{c_d = \frac{dQ}{du}\bigg|_{U_A} \equiv \frac{\partial Q}{\partial u} \qquad \text{Differenzielle Kapazität} \atop \text{(Definitionsgleichung)}} \tag{2.7.27}$$

heißt *differenzielle, dynamische* oder *Kleinsignalkapazität*. Ihre Strom-Spannungsbeziehung folgt über die Kettenregel

$$i = \frac{\mathrm{d}Q(t)}{\mathrm{d}t} = \underbrace{\frac{\mathrm{d}Q_\mathrm{A}}{\mathrm{d}t}}_{0} + \frac{\mathrm{d}\Delta Q(t)}{\mathrm{d}t} = \left.\frac{\partial Q}{\partial u}\right|_{U_\mathrm{A}} \cdot \frac{\mathrm{d}\Delta U(t)}{\mathrm{d}t} = c_\mathrm{d}\frac{\mathrm{d}\Delta U(t)}{\mathrm{d}t}.$$

Der erste Term verschwindet wegen $Q_\mathrm{A} \sim U_\mathrm{A} = \mathrm{const}$. Mit $Q = Q(u(t))$ und gleichwertig $Q(u) = C(u)u$ gilt auch

$$i = \frac{\mathrm{d}Q}{\mathrm{d}t} = \frac{\mathrm{d}(C(u) \cdot u)}{\mathrm{d}t} = \left(C + u\frac{\partial C}{\partial u}\right) \cdot \frac{\mathrm{d}u}{\mathrm{d}t} \equiv c_\mathrm{d}\frac{\mathrm{d}u}{\mathrm{d}t}. \qquad (2.7.28)$$

Die *Kleinsignalkapazität* unterscheidet sich von der linearen Kapazität durch die Änderung $\Delta C = u\,\mathrm{d}C/\mathrm{d}u$. Das ist die Tangente an die Q,U-Kennlinie im Arbeitspunkt bezüglich der Spannungsänderung ΔU und eine lineare, zeitunabhängige Größe für Kleinsignalaussteuerung.

Gegenüber der zeitvariablen Kapazität Gl. (2.7.25) sei nochmals der prinzipielle Unterschied hervorgehoben: die im Kleinsignalbetrieb ausgesteuerte Kapazität ist linear zeitunabhängig, die zeitveränderliche Kapazität linear zeitabhängig. Dies drückt sich besonders in den Energie- und Leistungsbeziehungen aus (s. Kap. 4.3.1).

Die Analyse von Schaltungen mit nichtlinearen Kapazitäten ist schwierig, deswegen hat ihre Kleinsignalbeschreibung große Bedeutung.

Nichtlineare Kapazitäten sind wichtige Netzwerkelemente zur Modellierung des dynamischen Verhaltens elektronischer Bauelemente (Dioden, Transistoren, Varicaps u. a.), aber auch für bestimmte Dielektrika (Elektrete, dort hängt ε vom Feld ab). So lassen sich beispielsweise darstellen:

— die Sperrschichtkapazität c_s des *pn*-Überganges durch

$$c_\mathrm{s} \equiv c_\mathrm{d} = c_\mathrm{s0}\left(1 - \frac{u}{U_\mathrm{D}}\right)^{-m} \qquad m \approx 0{,}33\ldots 0{,}5.$$

Die Größen c_s0 und die Diffusionsspannung U_D (etwa 0,8 V) sind Festwerte (Abb. 2.7.10a, b). Ihre Ursache ist die spannungsabhängige Sperrschichtbreite W_s, die mit wachsender Sperrspannung wächst. Der Ladungszuwachs ΔQ_sc zufolge ΔU an den Grenzen kann als solcher auf fiktiven Kondensatorplatten im Abstand W_s verstanden werden (Abb. 2.7.10c). Über die Sperrschichtbreite hängt die Sperrschichtkapazität von der Spannung ab (Abb. 2.7.10d).

— die sog. Diffusionskapazität des *pn*-Überganges bei Flusspolung $U > 0$ mit $c_\mathrm{d} = c_0 \exp u/U_\mathrm{T} \sim i$. Sie hängt vom Strom I (linear!) bzw. der Spannung (stark nichtlinear) ab.

Zeitabhängiger nichtlinearer kapazitiver Zweipol Hier gilt nach Tab. 2.9

$$i = \frac{\mathrm{d}Q(u(t),t)}{\mathrm{d}t} = \frac{\partial Q(u(t),t)}{\partial u} \cdot \frac{\mathrm{d}u}{\mathrm{d}t} + \frac{\partial Q(u(t),t)}{\partial t}$$

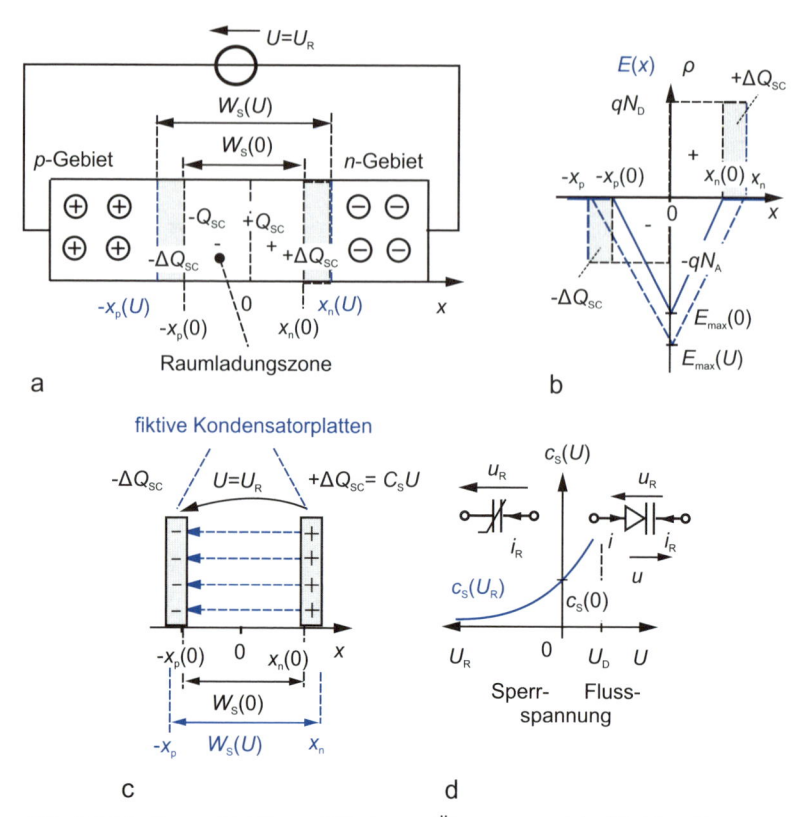

Abb. 2.7.10. Sperrschichtkapazität des pn-Überganges. (a), (b) Eine Sperrspannung verbreitert die Raumladungszone und erhöht die Ladung an den Randbereichen um ΔQ_SC. (c) Kondensatormodell zweier Ladungsfronten im Abstand $W_\mathrm{S}(U)$. (d) Spannungsabhängigkeit der Sperrschichtkapazität c_S (Kleinsignalkapazität) und Schaltzeichen

oder mit der differenziellen Kapazität Gl. (2.7.28)

$$i(t) = c_\mathrm{d}(u)\frac{\mathrm{d}u(t)}{\mathrm{d}t} + u(t)\frac{\partial C(t)}{\partial t}. \tag{2.7.29a}$$

Gleichwertig gilt auch mit $Q = Cu$ und $C(u(t), t)$:

$$i = C\frac{\mathrm{d}u}{\mathrm{d}t} + u\frac{\mathrm{d}C}{\mathrm{d}t} = \left(C + u\frac{\partial C}{\partial u}\right) \cdot \frac{\mathrm{d}u}{\mathrm{d}t} + u\frac{\partial C}{\partial t} \tag{2.7.29b}$$

mit $\frac{\mathrm{d}C}{\mathrm{d}t} = \frac{\partial C}{\partial u} \cdot \frac{\mathrm{d}u}{\mathrm{d}t} + \frac{\partial C}{\partial t}$. Zum Strom tragen Kleinsignalkapazität und der zeitvariable Teil bei. Der Operator $\partial/\partial t$ schreibt die partielle Ableitung nach der Zeit t vor, während die Spannung als die andere Variable konstant zu halten ist.

Dieser Betriebsfall tritt beim sog. *parametrischen Betrieb* einer nichtlinearen Kapazität auf. Dann liegen eine große Wechselspannung der Frequenz f_1 und eine kleine der Frequenz f_2 an. Für sie arbeitet die Kapazität im Kleinsignalbetrieb, für die hohe Spannung wie eine linear zeitgesteuerte Kapazität, die sich mit der Frequenz f_1 ändert.

Elektronische Kapazität *Physikalisches Merkmal* des Kondensators war der Verschiebungsstrom als Ursache der Klemmenrelation $i \sim \mathrm{d}u/\mathrm{d}t$. Hat umgekehrt ein Zweipol die gleiche Klemmenrelation, aber *ohne die physikalischen Merkmale der Kapazität*, so wird er als *elektronische Kapazität* bezeichnet. Sie ist in der Elektronik verbreitet:

— z. B. als *Diffusionskapazität* in Halbleiterdioden und Transistoren (dort fehlt in der Bemessungsgleichung die Permittivität!),
— zur *Erzeugung von Kapazitäten aus Induktivitäten* mit gesteuerten Quellen.
— Auch die Millerkapazität (s. Kap. 4.6, Bd. 1) gehört in diese Kategorie. Zugrunde liegt zwar eine natürliche Kapazität, doch eine gesteuerte Quelle vergrößert ihren Wert (was nach dem Grundmodell des Kondensators nicht möglich ist).

Anwendungen In der Elektrotechnik spielen zeitabhängige und nichtlineare Kapazitäten eine wichtige Rolle:

— in Halbleiterbauelementen,
— als *ferroelektrische Kondensatoren* mit nichtlinearem Dielektrikum,
— als Ultra-Caps für extrem hohe Kapazitäten,
— als Grundlage parametrischer Verstärker und in der Messtechnik,
— in der Mess- und Sensortechnik als Geber, als Torsionsspiegel, elektrostatischer Lautsprecher, Kondensatormikrofon u. a. m.

▶ 2.7.5 Der Kondensator als Bauelement

Kondensatoren gibt es in unterschiedlichen *Bau-* und *Ausführungsformen* mit entsprechenden Schaltzeichen (Abb. 2.7.11):

— Festkondensatoren (gepolt, ungepolt),
— veränderbare Kondensatoren (Trimmer, Drehkondensator),
— elektronische Kapazitäten (in elektronischen Bauelementen oder erzeugt durch Schaltungen mit gesteuerten Quellen, streng keine Bauformen).

Die Größe reicht von Bruchteilen eines pF (Elektronik) bis in den F-Bereich (!) mit jeweils typischen Anwendungsfeldern. Die Kapazitätswerte werden, wie bei den Widerständen, in En-Reihen gestuft (Kap. 2.3.6, Bd. 1). Die maximal zulässigen Spannungen liegen zwischen einigen Volt und kV für die Energietechnik. Die Kondensatorkonstruktion bestimmt der Plattenkondensator:

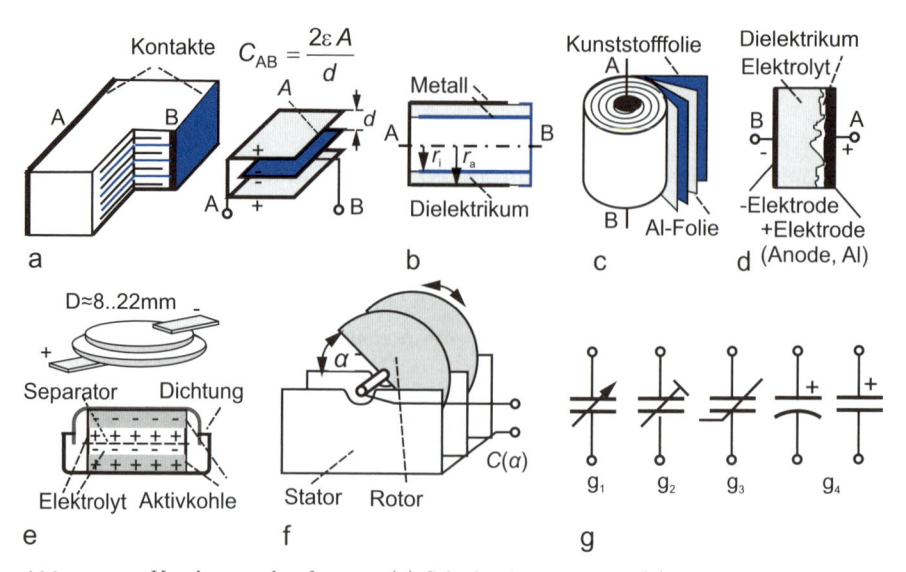

Abb. 2.7.11. Kondensatorbauformen. (a) Scheibenkondensator. (b) Keramikkondensator, Röhrchenbauform. (c) Wickelkondensator. (d) Elektrolytkondensator. (e) Elektrolytkondensator in Knopfform. (f) Drehkondensator. (g) Schaltzeichen von Kondensatoren: stetig veränderbar (g1), einstellbar (g2), nichtlinear (inhärent) (g3), gepolter Kondensator (g4)

– Dielektrika mit hohem ε-Wert ($\rightarrow$ Einsatz keramischer Dielektrika),
– große Fläche A durch mehrere Elektrodenschichten (Schichtkondensator), Aufwickeln oder Aufrauhen der Oberfläche (Elektrolytkondensatoren),
– geringe Isolatordicke durch dünne Folien (Schicht-, Wickelkondensator) oder Oxidschichten (Aluminium oder Tantal-Elektrolytkondensator).

Festkondensatoren Keramikfestkondensatoren in Scheibenform haben Kapazitätswerte bis etwa 100 nF (geringe Eigeninduktivität, Abb. 2.7.11a). Größere Kapazitätswerte erfordern Vielschichtkondensatoren aus mehreren metallbelegten Keramikplättchen, zu einem Block gesintert. Die Dielektrizitätswerte liegen zwischen 10 und 10^4(!). Keramikkondensatoren in Zylinder- oder Röhrenform mit aufgebrannten oder geschichteten Metallbelägen (Abb. 2.7.11b) dienen als Durchführungskondensatoren für Siebzwecke.

Die klassische Bauform ist der *Wickelkondensator* (Abb. 2.7.11c) aus einer oder mehreren aufgewickelten Lagen von Isolier- und Metallfolien (Gehäuse vergossen oder hermetisch abgeschlossen).

Die Papierkondensatoren (mit paraffingetränktem Papier und dünnen Aluminiumfolien als Beläge) wurden durch den Metallpapier-(MP) Kondensator (Metallbelag als etwa 0,1 μm starke Schicht auf Papier gedampft) ersetzt. Beim Durchschlag verdampft das Metall und ein Kurzschluss zwischen den Belägen unterbleibt. Bei metallbedampfter Kunststofffolie (Polypropylen, Styroflex, Polypropylen und Polyester) mit ε-Werten zwischen 2,2 (Polypropylen) und 3,3 (Polyester) spricht man von MK-Kondensatoren. Günstig sind die Spannungsfestigkeit und der geringe Verlustfaktor. Die Wickeltechnik (Volumen!) begrenzt die Kapazität auf $C \approx 0,5\,\mu\mathrm{F}$. Kondensatoren für kleine Betriebsspannung (einige 10 V) verwenden einen Lackfilm als Dielektrikum. Man erreicht Kapazitäten bis 10 μF.

Große Kapazitäten werden durch *Elektrolytkondensatoren* (Abb. 2.7.11d) realisiert. Hier wirkt das elektrische Feld zwischen einer Metallelektrode und einem Elektrolyten. Als Dielektrikum dient eine dünne Oxidschicht auf dem Metall mit hoher Kapazität/Volumen. Elektrolytkondensatoren arbeiten deshalb grundsätzlich gepolt.

Beim *Aluminium-Elektrolytkondensator* wird eine aufgeraute Al-Folie (Flächenvergrößerung) mit einem elektrolytgetränkten Papier versehen, gewickelt und durch einen Formiergang elektrochemisch die Al-Oberfläche zu Al_2O_3 oxidiert ($\varepsilon_r \approx 8$). Elektrolytkondensatoren haben einen „Leckstrom", bei falscher Polarität entsteht Kurzschluss! Kapazitätswerte bis 10000 μF bei Spannungen von einigen 10 V sind üblich.

Beim *Tantal-Elektrolytkondensator* wird die Anode als poröser Körper gesintert und durch Oxidation eine Tantal-Pentoxid-Schicht (Ta_2O_5, $\varepsilon_r \approx 27$) erzeugt. Die Kapazität/Volumen ist höher als beim Aluminium-Elektrolytkondensator. *Doppelschichtkondensatoren* (herstellerabhängig auch als Gold Caps, SuperCaps, UltraCaps, elektrochemische Kondensatoren genannt) nutzen die Grenzfläche zweier Materialien (Aktivkohle und Elektrolyt) zur Bildung zweier in Reihe liegender Doppelschichten, von denen jede etwa eine Spannung von 1 ... 2 V aufnehmen kann (Abb. 2.7.11e). So (und durch Stapelung solcher Kondensatoren) werden Kapazitätswerte bis zu 200 F (!) erreicht bei allerdings geringer Betriebsspannung. Weil diese Kondensatoren außer der enormen Kapazität noch geringen Innenwiderstand haben (viel geringer als der von Akkumulatoren!), erlauben sie große Entladeströme. Deshalb dienen sie zur kurzfristigen Überbrückung einer ausfallenden Spannungsversorgung, zum Ausgleich von Belastungsspitzen und erobern sich zunehmend weitere Einsatzfelder (bis zum Auto-Hybridantrieb).

Veränderbare Kondensatoren haben im *Drehkondensator* (Abb. 2.7.11f) mit Kunststofffolie oder Luft als Dielektrikum ihren historischen Vertreter: es werden die beweglichen, parallel geschalteten Platten einer Elektrode (Rotor) in die feststehende andere (Stator) „hineingedreht". Da sich die Fläche mit dem Drehwinkel ändert, lassen sich durch Formgebung der Platten (Halb-

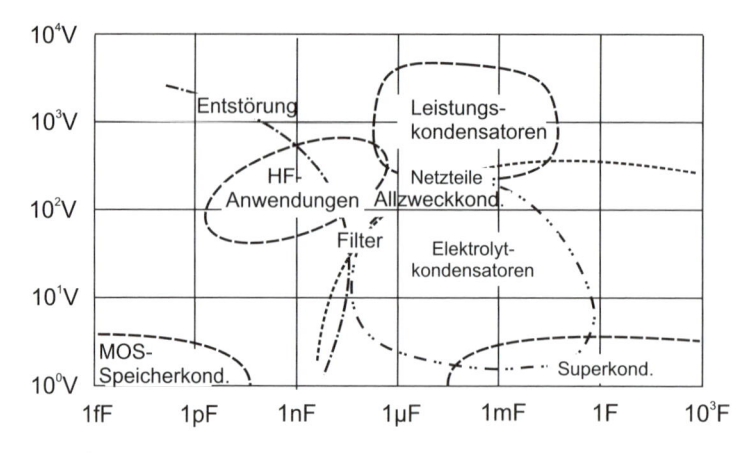

Abb. 2.7.12. Einsatzbereiche (Kapazität, Spannung) und typische Bauformen

kreis-, logarithmische, Form u. a.) bestimmte Kapazitätsverläufe erzielen. Die Kapazität schwankt zwischen einigen pF (UKW-Drehkondensator) bis etwa 1000 pF. Früher war der Drehkondensator *das* Abstimmelement des Schwingkreises in jedem Rundfunkempfänger. Heute übernimmt diese Aufgabe die *elektronisch abstimmbare* Sperrschichtkapazität eines pn-Überganges, die durch eine Gleichspannung verändert wird.

Beim *Trimmer* (mit silberbeschichteten keramischen Scheiben) sind Stator und Rotor ebenfalls einstellbar. Die Kapazität liegt im pF-Bereich.

Die unterschiedlichen Kondensatoren werden auch im Schaltzeichen unterschieden (Abb. 2.7.11g).

Einsatzfelder Der Kondensator ist eines der wichtigsten Bauelemente der Elektrotechnik mit breiten Einsatzfeldern durch seine Grundeigenschaften: Ladungsspeicherung bei Gleichstromanwendungen und frequenzabhängige Impedanz bei Wechselstromanwendungen. Das bestimmt die Hauptanwendungen (Abb. 2.7.12):

- Trennung von Gleich- und Wechselstromkreisen, Siebung und Glättung pulsierender Gleichspannungen in Netzteilen, Lautsprecherankopplungen, Entkopplung von Leiterkreisen,
- in Zeitkreisen (Integrier-, Differenzierschaltungen),
- in der Leistungselektronik (Blindstromkompensation, z. B. für Leuchtstofflampen, Entstörfilter),
- in der Informationstechnik z. B. bei Koppel- und Filterschaltungen, als Abstimmelement,
- als Grundkonzept geschalteter Kondensatoren (dynamische MOS-Technik), als Speicherelement der dynamischen Schaltungstechnik und dynamischer Informationsspeicher,
- zur Energiespeicherung (Batterieunterstützung),

- in Schaltungen der Leistungselektronik zum Ausfiltern unerwünschter Oberwellen oder zum „Stützen" von Gleichspannungen bei Belastungsstößen,
- Bereitstellung (oder Aufnahme) kurzzeitig hoher Ströme bei Kopierern und Lasern u. a. m.,
- zur Verhinderung von Spannungsspitzen an Halbleiterbauelementen.

Zusammenfassung: Kapitel 2

1. Tabelle 2.7 enthält die Größen und Zusammenhänge des elektrostatischen Feldes. Es beschreibt Phänomene ruhender Ladungen im Nichtleiter. Seine Grundlage sind die Kraftwirkung auf Ladungen (Coulombsches Gesetz, Grundlage der Definition von E) und das Gaußsche Gesetz (Grundlage der Definition von D): Ladungen als Quellen/Senken von Feldlinien, die von positiven Ladungen ausgehen und auf negativen enden.
2. Ladung kann verteilt sein: Raum-, Flächen-, Linienladung. Das von ihr ausgehende Feld E folgt durch Ersatz der Punktladung Q durch $\mathrm{d}Q = \varrho\mathrm{d}V$, $\mathrm{d}Q = \sigma\mathrm{d}A$, $\mathrm{d}Q = \lambda\mathrm{d}l$ und Integration über die betreffenden Gebiete:

$$\boldsymbol{E} = \frac{\sigma}{2\varepsilon}\boldsymbol{e}_\mathrm{n}\bigg|_\text{Fläche}, \quad \boldsymbol{E} = \frac{\lambda}{2\pi\varepsilon\cdot r}\boldsymbol{e}_\mathrm{r}\bigg|_\text{Linie}$$

jeweils für die unendlich ausgedehnte Fläche bzw. Linie.
3. Die Verschiebungsflussdichte D ist proportional zur elektrischen Feldstärke nach Maßgabe der Permittivität ε: $\boldsymbol{D} = \varepsilon\boldsymbol{E}$. Deswegen herrscht ein Ursache-Wirkungszusammenhang: eingeprägte Feldstärke (anliegende Spannung am Feldraum) bestimmt die Verschiebungsflussdichte und umgekehrt. D und E haben in isotropen Medien gleiche Richtung und stehen senkrecht auf den zugehörigen Äquipotenzialflächen.
4. Dielektrika sind polarisierbar (Ursache: atomare Dipolverteilung des Materials). Deshalb addiert sich zur Verschiebungsflussdichte die Polarisation, alternativ beschrieben durch die Permittivitätszahl ε_r. Polarisation äußert sich als gebundene Oberflächenladung am Dielektrikum.
5. Merkmale des elektrostatischen Feldes sind:
    - der *Quellencharakter*

    $$\oint_A \boldsymbol{D} \cdot \mathrm{d}\boldsymbol{A} = Q = \oint_V \varrho \mathrm{d}V \text{ bzw. } \mathrm{div}\,\boldsymbol{D} = \varrho,$$

    wenn zur Ladung eine Raumladungsverteilung ϱ gehört. Das Integral über eine geschlossene Hülle ist gleich der innerhalb der Hülle eingeschlossenen Ladung (bzw. $\mathrm{div}\,\boldsymbol{D} = \varrho$ im Feldpunkt: die Quellendichte von D ist gleich der Raumladungsdichte ϱ, gilt sinngemäß auch für andere Ladungsverteilungen).

— die *Wirbelfreiheit* (wie im Strömungsfeld). Deshalb gibt es ein Potenzialfeld.

6. Grundbausteine der feldverursachenden Ladungen sind Punkt- und Linienquelle (sowie Dipol, nicht betrachtet) als drei- und zweidimensionale Elementarquellen mit den Potenzialen

$$\varphi = \frac{Q}{4\pi\varepsilon_0 r}, \quad \varphi = -\frac{\lambda}{2\pi\varepsilon_0} \ln \frac{r}{r_0}.$$

7. Das Potenzial eines Gebietes (ε = const) wird entweder aus der Ladungsverteilung bzw. Poisson- oder Laplacegleichung (bei Raumladungsfreiheit) in Verbindung mit Randwerten bestimmt.

8. Bei symmetrischer Ladungsverteilung kann eine Gaußsche Hülle mit konstanter Flussdichte ($\boldsymbol{D} = D_n \boldsymbol{e}_n$ = const.) gefunden werden (einfache Bestimmung von $\boldsymbol{D}$)

$$D_n \oint_A \mathrm{d}A = Q|_{\text{umfasst}} \quad \text{bzw.} \quad D_n = \frac{Q|_{\text{umfasst}}}{A}.$$

9. An der Grenze unterschiedlicher dielektrischer Materialien stimmen bei ladungsfreier Grenzfläche die Normalkomponenten der Verschiebungsflussdichte bzw. die Tangentialkomponenten der Feldstärke überein; bei einer Flächenladungsdichte σ entspricht die Differenz der Flussdichten beider Seiten der Flächenladungsdichte

$$\boldsymbol{e}_n \cdot (\boldsymbol{D}_2 - \boldsymbol{D}_1)|_{\text{GF}} = \sigma, \; \boldsymbol{e}_n \times (\boldsymbol{E}_2 - \boldsymbol{E}_1)|_{\text{GF}} = 0 \text{ oder } D_{n2} = D_{n1} + \sigma.$$

Dabei weist die Flächennormale $\boldsymbol{e}_n$ in Richtung des Stoffes mit Index 2.

10. Eine ideale Leiteroberfläche hat die Randbedingungen

$$E_t = 0, \; D_n = \varepsilon E_n = \sigma \quad \text{mit} \quad \boldsymbol{E} = 0 \quad \text{im Leiterinnern.}$$

Das Leiterinnere ist feldfrei. Durch Influenz stellt sich eine Oberflächenladungsdichte σ gleich der Normalkomponente der Verschiebungsflussdichte ein. Influenz: vorübergehende Ladungsverschiebung an einer Leiteroberfläche bei äußerer Feldeinwirkung.

11. Den Feldgrößen $\boldsymbol{E}$ und $\boldsymbol{D}$ und der Materialeigenschaft ε des elektrostatischen Feldes entsprechen im Raumbereich (Volumen V, begrenzt durch Oberfläche A) die Globalgrößen Spannung U, Verschiebungsfluss Ψ (Ladung) und Kapazität C.

12. Der Verschiebungsfluss Ψ (Ladungsfluss) $\Psi = \int_A \boldsymbol{D} \cdot \mathrm{d}\boldsymbol{A}$ durch eine Fläche umfasst nach dem Gaußschen Gesetz den von einer Ladungsverteilung ausgehenden Gesamtfluss (identisch mit der umschlossenen Ladung).

13. Der Quotient von positiver Plattenladung und Spannung zwischen zwei Elektroden heißt Kapazität der Anordnung (Kenngröße des elektrostatischen Feldes wie der Widerstand des Strömungsfeldes).
14. Der Kapazitätsbegriff lässt sich auf mehrere geladene (gegenseitig isolierte) Körper erweitern. Zwischen den Leitern wirken Teilkapazitäten. Die Ladung eines Leiters ist eine lineare Funktion aller Leiterpotenziale.
15. Ein Zweipol mit der Eigenschaft Kapazität heißt Kondensator. Strom fliesst nur bei zeitveränderlicher Klemmenspannung (oder verändlichem Kapazitätswert). Er hat eine Funktionsrelation ($Q = Cu$), eine Strom-Spannungs-Beziehung ($i = \mathrm{d}(Cu)/\mathrm{d}t$) und die Haupteigenschaft der Ladungsspeicherung. Es gibt lineare, nichtlineare zeitkonstante und zeitabhängige Kapazitäten.
16. Die Haupteigenschaft des elektrostatischen Feldes ist die Speicherung elektrischer Feldenergie W_e (allgemein)

$$W_\mathrm{e} = \frac{1}{2}\int_V \boldsymbol{E}\cdot\boldsymbol{D}\,\mathrm{d}V = \frac{1}{2}\int_V \varrho\varphi\,\mathrm{d}V = \frac{Q\varphi}{2} = Q\varphi = \frac{Cu^2}{2}.$$

Die gespeicherte Energie hängt von der Ladungs- und Potenzialverteilung ab.
17. Strömungs- und elektrostatisches Feld können in einem Material (z. B. Halbleiter, Dielektrikum mit Verlusten) gemeinsam auftreten.
18. Zwischen stationärem Strömungsfeld und elektrostatischem Feld bestehen Analogiebeziehungen (s. Tab. 2.6): Strömungsfeld φ, E, J, U, ϱ, κ, Elektrostatik: φ, E, D, Q, ϱ, ε. Die Analogie basiert auf der Poissonschen bzw. Laplaceschen Gleichung. Deshalb sind Strömungs- und elektrostatisches Feld über die Feldstärke miteinander verknüpft (aber unabhängig voneinander betrachtbar!).

Selbstkontrolle: Kapitel 2

1. Welche Merkmale und Größen kennzeichnen das elektrostatische Feld, wie unterscheidet es sich vom Strömungsfeld?
2. Warum hat das elektrische Feld keine geschlossenen Feldlinien?
3. Was versteht man unter Verschiebungsflussdichte (Dimension, Unterschied zur Feldstärke)? Beschreibt sie Ladungsverschiebung?
4. Skizzieren Sie das Feldstärke-, Verschiebungsflussdichte- und Potenzialfeld einer Punktladung!
5. Welcher Zusammenhang besteht zwischen Ladung und Flussdichte? Bestimmen Sie den Ladungsfluss, der von einer Punktladung im Abstand r ausgeht!
6. Was versteht man unter einem Dielektrikum?

7. Wie unterscheidet sich die Verschiebungsflussdichte im Vakuum von der im Nichtleiter?
8. Was versteht man unter Polarisation?
9. Was versteht man unter dem Influenzprinzip?
10. Was bewirkt ein Faraday-Käfig?
11. Geben Sie den Satz zur Erhaltung der Ladung an! Welche Interpretation erlaubt er bei Ladungsänderung?
12. Was versteht man unter dem Gaußschen Satz (Worte, mathematisch)?
13. Erläutern Sie die Kontinuitätsgleichung in einer Hülle, die im Innern verschiedene Ladungen (Verteilungen) enthält! Geben Sie die Erklärung auch für den Raumpunkt. Wann geht sie in die Kirchhoffsche Knotengleichung über?
14. Wie lauten die Kontinuitätsgleichungen für eine Hülle, die im Innern einen Halbleiter mit Elektronen und Löchern enthält?
15. Was versteht man unter der Poissonschen Gleichung?
16. Welche elektrischen Feldkomponenten sind an Grenzflächen stetig (kurze Erklärung)?
17. Erläutern Sie die Ladungsverhältnisse an der Halbleiteroberfläche des Metall-Isolator-Halbleiterkondensators mit anliegender Gleichspannung unterschiedlicher Richtung und Größe! Was ist der Feldeffekt?
18. Erläutern Sie das Funktionsprinzip eines MOS-Feldeffekttransistors! Erläutern Sie die Ursache seiner nichtlinearen Strom-Spannungs-Beziehung!
19. Nennen Sie die integralen Größen des elektrostatischen Feldes (kurze Erklärung)!
20. Erläutern Sie den Kapazitätsbegriff (Berechnungsgleichung, Strom-Spannungs-Relation)!
21. Skizzieren Sie den Ladungstransport, der beim Verbinden eines Kondensators mit einer Spannungsquelle stattfindet! Wieso fließt in den Zuleitungen zeitweilig Strom?
22. Was ändert sich, wenn in einen geladenen Plattenkondensator (mit Ladung Q) ein Isolierstoff eingebracht wird?
23. Wie groß sind die Ersatzkapazitäten zweier gleicher Kondensatoren bei Reihen- bzw. Parallelschaltung? Wie verhalten sich die Spannungen und Ladungen in beiden Fällen?
24. Wie lautet die Strom-Spannungs-Beziehung des Kondensators? Skizzieren Sie den Stromverlauf für folgende Kondensatorspannungen: Sinus-, Dreieckspannung!
25. Welche Folge hätte eine erzwungene sprunghafte Änderung der Kondensatorspannung? Ist dieser Fall möglich?

2.7 Elektrisches Feld bei zeitveränderlicher Spannung

26. Erläutern Sie den Aufladevorgang eines Kondensators beim Anlegen einer Spannungsquelle mit Innenwiderstand! Wodurch wird der zeitliche Ablauf bestimmt?
27. Welche Größe muss am Kondensator immer stetig sein (Begründung)?
28. Nennen Sie Beispiele für nichtlineare Kapazitäten!
29. Wie groß ist die im linearen Kondensator gespeicherte Energie?

Kapitel 3

Das magnetische Feld

3	**Das magnetische Feld**	187
3.1	Die vektoriellen Größen des magnetischen Feldes	188
3.1.1	Die magnetische Flussdichte	188
3.1.2	Die magnetische Feldstärke	200
3.1.3	Berechnung der magnetischen Feldstärke	213
3.1.4	Haupteigenschaften des magnetischen Feldes	224
3.1.5	Magnetische Flussdichte und Feldstärke in Materialien	225
3.1.6	Eigenschaften an Grenzflächen	232
3.2	Die Integralgrößen des magnetischen Feldes	236
3.2.1	Magnetischer Fluss	236
3.2.2	Magnetische Spannung, magnetisches Potenzial	241
3.2.3	Magnetischer Kreis, Analogie zum elektrischen Kreis	253
3.2.4	Dauermagnetkreis	265
3.2.5	Verkopplung zwischen magnetischem Fluss und Strom	270
3.2.5.1	Selbstinduktivität	271
3.2.5.2	Gegeninduktivität	278
3.2.6	Magnetische Energie in Spulen	291
3.3	Induktionsgesetz: Verkopplung magnetischer und elektrischer Felder	292
3.3.1	Induktion als Gesamterscheinung	292
3.3.2	Ruheinduktion	307
3.3.2.1	Induktionsgesetz für Ruheinduktion	307
3.3.2.2	Anwendungen der Ruheinduktion	314
3.3.3	Bewegungsinduktion	322
3.3.3.1	Induktionsgesetz für Bewegungsinduktion	322
3.3.3.2	Anwendungen der Bewegungsinduktion	331
3.3.4	Vollständiges Induktionsgesetz, Zusammenfassung	348
3.4	Verkopplung elektrischer und magnetischer Größen	352
3.4.1	Selbstinduktion	353
3.4.1.1	Lineare Induktivität und ihre Eigenschaften	353
3.4.1.2	Induktivität im Stromkreis	357
3.4.1.3	Allgemeine induktive Zweipole, Spule als Netzwerkelement	364
3.4.2	Gegeninduktion	368
3.4.3	Transformator	376
3.5	Rück- und Ausblick zum elektromagnetischen Feld	390

3 Das magnetische Feld

Lernziel Nach der Durcharbeitung dieses Kapitels soll der Leser in der Lage sein

— die grundsätzlichen Erscheinungen des Magnetfeldes zu erläutern,
— Grundbegriffe und Größen des magnetischen Feldes anzugeben,
— typische Feldbilder und den Unterschied zum elektrischen Feld zu erklären,
— die magnetische Flussdichte B zu erläutern,
— den Durchflutungssatz an Beispielen zu erläutern,
— das Gesetz von Biot-Savart auf einfache Leiteranordnungen anzuwenden,
— die Magnetisierungskurve zu erklären,
— das Verhalten der magnetischen Feldgrößen an Grenzflächen zu kennen,
— den magnetischen Kreis und sein Ersatzschaltbild anzugeben,
— den Dauermagneten und seinen Einsatz zu beschreiben,
— die Verkopplung zwischen magnetischem Fluss und Strom als Induktivität zu verstehen und Selbst- und Gegeninduktion zu erklären,
— das Induktionsgesetz und seine Wirkungen zu erläutern,
— die Lenzsche Regel an Beispielen zu erklären,
— die induzierte Spannung in einfachen Anordnungen zu berechnen,
— die Strom-Spannungs-Beziehungen der Selbstinduktion und gekoppelter Spulen anzugeben,
— das Grundprinzip des Transformators zu veranschaulichen.

Übersicht Das elektrische Feld umfasste Erscheinungen bewegter und ruhender Ladungen. Stromfluss verursacht eine weitere Erscheinung: Kraftwirkungen auf eine Magnetnadel (Kompassprinzip), auf Eisenfeilspäne oder auf einen zweiten Strom. Das sind völlig andere Phänomene, als sie das elektrische Feld zeigt. Deshalb erfassen wir diesen neuartigen Raumzustand wieder durch ein Feld, das *magnetische Feld*.

Dieses Vorgehen entspricht nicht nur ingenieurmäßigem Verständnis, sondern auch dem klassischen physikalischen Bild. Erst später (s. Kap. 3.5) hinterfragen wir die genauere Interpretation des magnetischen Feldes und werden erkennen, dass es kein vom elektrischen Feld getrennter physikalischer Raumzustand ist, sondern durch *relativistische Betrachtung* aus dem Coulombschen Gesetz hervorgeht.

Das Magnetfeld bereitet aus mehreren Gründen größere Schwierigkeiten:

1. Das elektrostatische Feld ist an ruhende Ladungen gebunden, das Strömungsfeld an bewegte. Im magnetischen Feld treten Wirbel auf. Ihnen haftet (z. B. Luftwirbeln) das Attribut einer *unerwünschten Erscheinung* an. *Wirbelvorgänge sind aber das gesetzmäßig Bestimmende des magnetischen Feldes.*
2. Es gibt Materialien mit eigenem Magnetfeld und Kraftwirkungen aufeinander (oder auf andere Materialien wie Eisen u. a.), die Dauermagnete. Sie besitzen *nicht trennbare Nord-* und *Südpole*. Jede Teilung eines Magneten ergibt zwei neue mit Nord- und Südpolen. Solche Dipole sind nicht auftrennbar: m. a. W. *fehlen magnetische Einzelladungen*. Das ist der grundlegende Unterschied zur Elektrostatik: elektrische Ladungen lassen sich trennen (und transportieren),

magnetische Dipole nicht. *Es gibt im Gegensatz zum Transport elektrischer Ladungsträger keinen entsprechenden magnetischen Leitungsvorgang.*
3. Das Magnetfeld tritt nur (Dauermagnet zunächst ausgenommen) in Verbindung mit *bewegten Ladungsträgern* auf, es „begleitet" sie. Dadurch ändert sich der umgebende Raumzustand und es entstehen *Kräfte* auf eine Magnetnadel oder einen anderen stromführenden Leiter. Zu ihrer Beschreibung wird das Magnetfeld eingeführt:

> Das magnetische Feld umwirbelt elektrischen Strom: Durchflutungsgesetz. Zeitliche Magnetfeldänderungen verursachen ein elektrisches Wirbelfeld: Induktionsgesetz. Am gleichen Ort sind elektrisches und magnetisches Feld untrennbar miteinander verkoppelt.

Wir behandeln diesen Vorgang ab Kap. 3.3. Deshalb liegt es nahe, zunächst das stationäre Magnetfeld einzuführen und anschließend zeitveränderliche Magnetfelder zu betrachten.

3.1 Die vektoriellen Größen des magnetischen Feldes

Ein zeitlich konstantes Magnetfeld wird durch konstante Ströme oder Dauermagnete erzeugt und durch zwei vektorielle Feldgrößen beschrieben:

— seine Kraft*wirkung* durch die *magnetische Flussdichte* B (bisweilen auch magnetische Induktion genannt). Sie entspricht der Definition nach der elektrischen Feldstärke E.
— seine *Ursache*, der elektrische Strom, durch die *magnetische Feldstärke* H. Sie entspricht der Definition nach der Verschiebungsflussdichte des elektrischen Feldes.

Die magnetische Flussdichte B wird üblicherweise aus der experimentell bestimmbaren Kraft auf bewegte Ladungen im Magnetfeld über die *Lorentz-Kraft* begründet. Dort tritt die Flussdichte B auf. Sie kann von einem Dauermagneten oder dem Magnetfeld eines Stromes stammen.

❯ 3.1.1 Die magnetische Flussdichte

Qualitatives. Kraftwirkung des magnetischen Feldes Magnetische Erscheinungen waren historisch eher bekannt als elektrische. Schon Thales von Milet[1]

---

[1] Thales von Milet, griech. Philosoph, Mathematiker und Astronom (625–547 v. Chr.).

3.1 Die vektoriellen Größen des magnetischen Feldes

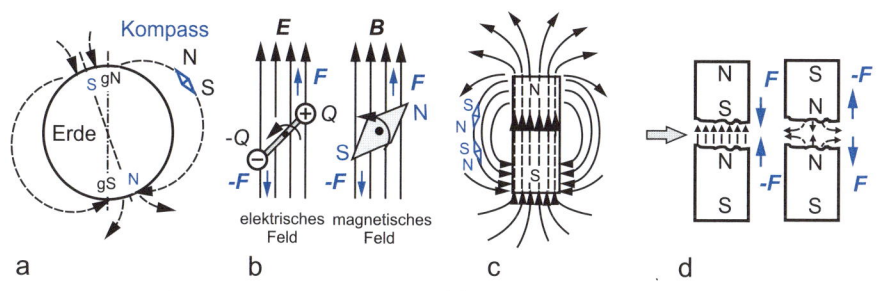

Abb. 3.1.1. Kraftwirkung des Magnetfeldes. (a) Erdmagnetfeld mit Definition von Nord- und Südpol einer Magnetnadel. (b) Kraftwirkung des elektrischen Feldes auf einen Ladungsdipol und des magnetischen Feldes auf eine Magnetnadel. (c) Ausgewählte Feldlinien eines stabförmigen Dauermagneten. Liniendichte (Feldintensität) proportional der Einstellkraft auf die Nadel. (d) Stabmagneten mit anziehender oder abstoßender Kraftwirkung

wusste, dass bestimmte Eisenerze (Magneteisenstein, Magnetit), die nahe der Stadt Magnesia (heute Ortaklar, Türkei) gefunden wurden, andere Eisenteile anziehen oder abstoßen. Sie wurden Magnete genannt.

Der (Dauer)-Magnet ist ein Körper, der Kräfte auf andere Magnete oder magnetische Materialien (Eisenfeilspäne) ausübt.

Die Kraftwirkung ist an den Enden des Magneten, den *Polen*, am stärksten. Sie tritt auch in seiner Umgebung auf und dieser Raumzustand heißt *magnetisches Feld*. Ein in dieses Feld gebrachtes unmagnetisches Eisenstück wird selbst „magnetisch".

Man wusste schon frühzeitig (China 1. Jahrhundert nach Chr., Europa 12. Jahrhundert), dass ein frei aufgehängter Magneteisenstein mit einem seiner Pole als „Südweiser" (China) bzw. „Nordweiser" (Europa) Orientierungshilfe in der Seefahrt gibt. Seine moderne Form ist die Magnetnadel im Kompass (Abb. 3.1.1a) mit gekennzeichnetem Nordpol. Die Bezeichnungen Nord und Südpol der Magnetnadel werden auch bei anderen Magneten verwendet: der zum geografischen Nordpol weisende Pol ist der Nordpol.

Die Kraftwirkung wurde zunächst in Analogie zu den später erkannten elektrischen Ladungen *magnetischen Ladungen* zugeschrieben. Ein Magnet galt als *Dipol* (Doppelpol) magnetischer Ladungen (Abb. 3.1.1b). Konnten jedoch positive und negative Ladungen eines elektrischen Dipols stets so getrennt werden, dass am Ende je ein positiv oder negativ geladener Körper existierte, so brachte jede Teilung eines Stabmagneten zwei neue hervor (Abb. 3.1.1c). Dies führte zu der Vorstellung, dass ein Magnet aus dipolähnlichen Elementarmagneten besteht, die nicht weiter trennbar sind und deren Wirkungen sich überlagern. Danach werden bei einer Magnetisierung die einzelnen Elementardipole/-magnete so geordnet, dass sie in gleiche Richtung zeigen.

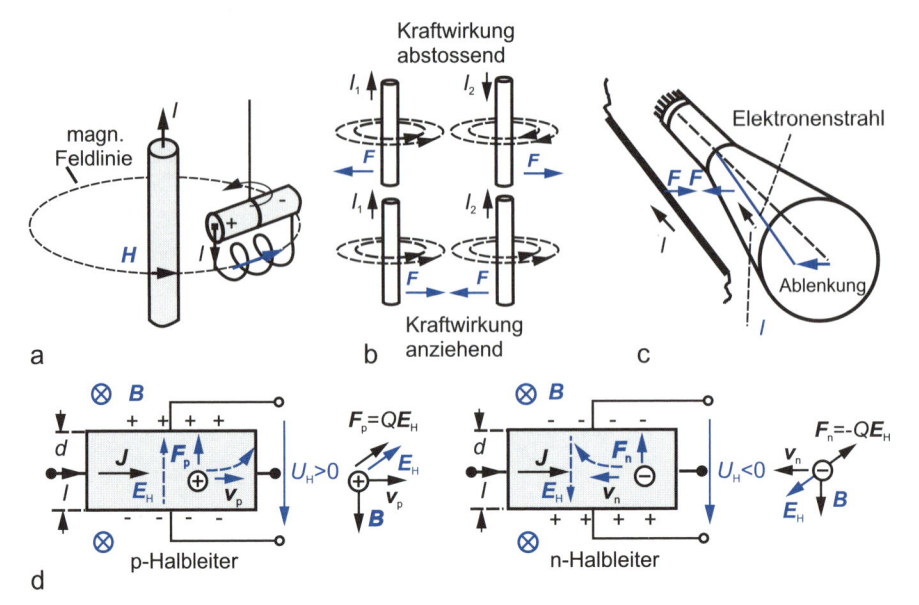

Abb. 3.1.2. Kraftwirkung des magnetischen Feldes. (a) Beeinflussung einer stromdurchflossenen Spule in Umgebung eines stromdurchflossenen Leiters. (b) Kraftwirkung zwischen stromdurchflossenen Leitern: Anziehung (Abstoßung) bei Strömen gleicher (entgegengesetzter) Richtung. (c) Ablenkung eines Elektronenstrahles in einer Braunschen Röhre durch ein magnetisches Feld. (d) Hall-Effekt im p- und n-Halbleiter

Ferner stellte man fest, dass sich geteilte Magneten entweder anziehen oder abstoßen je nachdem, welche Enden gegenüberstehen (Abb. 3.1.1d):

Gleichnamige Pole stoßen einander ab, ungleichnamige ziehen sich an.

Dieses Ergebnis zwang zum Schluss:

Es gibt keine magnetischen Einzelladungen. Das magnetische Feld ist quellenfrei (Erfahrungssatz) und ein zum Ladungstransport im elektrischen Feld gleichwertiger „Transportvorgang magnetischer Ladungen" existiert nicht.

Magnetfelder werden erzeugt durch:

— *Dauermagnete*. Ihre magnetischen Eigenschaften basieren auf der Bewegung der Elektronen um die Atomkerne des Magnetmaterials.
— *stromdurchflossene* und spulenförmig aufgewickelte *Leiter*, sog. *Elektromagnete*. Stets sind bewegte Ladungsträger die Ursache eines Magnetfeldes; selbst der Verschiebungsstrom hat ein Magnetfeld (es diente umgekehrt zu seinem Nachweis).

3.1 Die vektoriellen Größen des magnetischen Feldes

Magnetische Kraftwirkungen werden beispielsweise auch beobachtet (Abb. 3.1.2)

— bei einer länglichen stromdurchflossenen und frei aufgehängten Spule in Nähe eines stromdurchflossenen Leiters (Abb. 3.1.2a);
— zwischen zwei stromführenden Leitern (Abb. 3.1.2b, c) die sich anziehen (gleiche) oder abstoßen (entgegengesetzte Stromrichtung). Ursache ist im ersten Fall eine Feld*schwächung*, im zweiten eine Feld*verstärkung* zwischen den Leitern. Durch Feldüberlagerung zweier stromdurchflossener Leiter lassen sich anziehende bzw. abstoßende Kraftwirkungen erklären, die analytische Betrachtung erfolgt später. Stets gilt aber: *In gleicher Richtung fließende Ströme ziehen sich an, entgegengesetzt fließende stoßen einander ab.*
— zwischen einem Leiterstrom und einem Strom freier Ladungsträger, etwa dem Elektronenstrom in einer Braunschen Röhre (Abb. 3.1.2c);
— durch einseitige Ablenkung von Ladungsträgern im stromdurchflossenen Leiter bei senkrecht auftreffendem Magnetfeld (Abb. 3.1.2d). Der Vorgang ist als *Hall-Effekt*[2] bekannt. Durch Ablenkung der Ladungsträger quer zur Stromflussrichtung entsteht eine *Hall-Spannung* zwischen der äußeren Leiterberandung. Ihr Vorzeichen hängt von der Ladungsart der abgelenkten Träger ab. Ursache der Hall-Spannung ist eine *Hall-Feldstärke* $\boldsymbol{E}_H$ als Äquivalent der Kraftwirkung (s. Kap. 4.3.2).
— Weitere typische magnetische Kraftwirkungen drücken sich in der Ausrichtung von Eisenfeilspänen um eine Stromschleife, in der Anziehung bzw. Abstoßung zweier Dauermagnete und der anziehenden Wirkung einer stromdurchflossenen Spule auf einen Eisenstab aus.

Veranschaulichen lässt sich der Kraftlinienverlauf, wenn Eisenfeilspäne auf einem Papierblatt in die Umgebung eines stromführenden Leiters oder Dauermagneten gebracht werden. Das Magnetfeld magnetisiert die Teilchen. Sie reihen sich dann in Richtung der Feldlinien aneinander. (Man lege dazu über einen Dauermagneten ein Blatt Papier, streue Eisenfeilspäne darauf und bewege das Papier leicht: die Eisenspäne stellen sich nach den Feldlinien ein).

Magnetische Feldlinien Das Magnetfeld um einen stromdurchflossenen (geradlinigen) Draht[3] mit weit entferntem Rückleiter (Abb. 3.1.3a) kann über die Kraft auf eine Magnetnadel nachgewiesen werden. Sie zeigt an jedem Ort in Richtung des Feldvektors. Bei Bewegung beschreibt ihr Lagerungspunkt eine Richtungslinie des Feldvektors oder *magnetische Feldlinie*. Sie ist ein konzentrischer Kreis in einer Ebene senkrecht zum Leiter. Ausgewählte Kreise unterscheiden sich durch ihre „Einstellkraft" auf die Nadel. Die Dichte der Feldlinien ist ein Maß für die Stärke des Feldes, sie nimmt nach außen ab (Abb. 3.1.3b).

---

[2]Edwin Herbert Hall, amerikanischer Physiker 1855–1938.

[3]Die Magnetfeldwirkung des Stromes wurde von H. Chr. Oersted 1819/20 entdeckt.

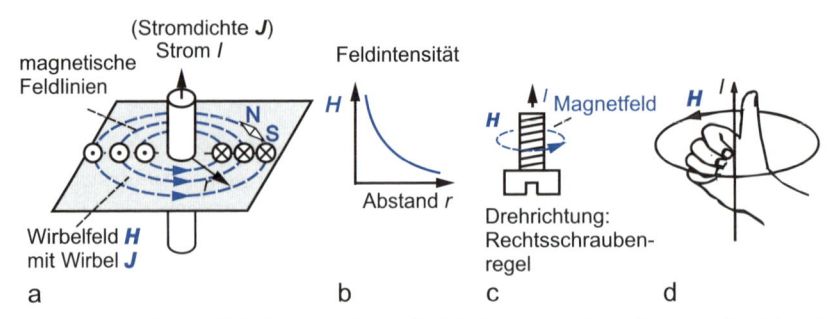

Abb. 3.1.3. Magnetfeld eines geraden zylindrischen stromdurchflossenen Drahtes. (a) Die Feldlinien sind konzentrische Kreise mit dem Draht im Mittelpunkt. (b) Feldintensität und Abstand vom Stromleiter. (c) Zur Rechtsschraubenregel. (d) Die Rechte-Hand-Regel verdeutlicht den Zusammenhang zwischen Strom- und Magnetfeldrichtung

Feldlinien sind, wie im elektrischen Feld, ein Hilfsmittel zur Feldbeschreibung (ohne physikalische Realität), denn das Feld erfüllt den Raum kontinuierlich.

Um die Achse eines langen geraden, stromdurchflossenen runden Leiters bilden sich geschlossene magnetische Feldlinien als konzentrische Kreise.

Rechtsschrauben-, Rechte-Hand-Regel Den Zusammenhang zwischen Stromrichtung und Orientierung der magnetischen Feldlinien merkt man sich am einfachsten mit der *Rechte-Hand-, Rechtsschrauben-* oder *Korkenzieher-Regel* (Abb. 3.1.3c, d): Zeigt der Daumen in Stromrichtung, so weisen die übrigen Finger der rechten Hand in Feldlinienrichtung.

Jeder elektrische Strom wird von seinem Magnetfeld in einer Rechtsschraube umwirbelt.

Zur Darstellung des Magnetfeldes in einer Ebene deutet man die Stromrichtung durch einen *Punkt* (ein Kreuz) an, wenn der Strom *zum Betrachter hin* (von ihm weg) fließt. Dies zeigt Abb. 3.1.3a an einer Schnittlinie.

Die Gesamterscheinung „Strom und umgebendes Magnetfeld" hat Ähnlichkeit zum Wirbelbegriff im täglichen Leben mit zwei Bestandteilen (Abb. 3.1.3a):

- dem *Wirbelfeld* (hier Gesamtheit aller magnetischen Feldlinien um den Strom), gekennzeichnet durch die *Wirbelstärke*;
- dem *Wirbelkern* (auch Wirbelfaden, Wirbelseele). Das ist die *Feldlinie des Wirbels*, also die Feldlinie des Stromes bzw. der Stromdichte.

Deshalb gilt:

Das magnetische Feld ist ein Wirbelfeld.

3.1 Die vektoriellen Größen des magnetischen Feldes

Auch das tägliche Leben kennt den Wirbelbegriff, etwa als Wasserstrudel im abfließenden Wasser einer Wanne am Abflussrohr. Dem „Trichter" dieser Erscheinung wird in der Feldlehre der Begriff „Wirbelfaden" zugeordnet. (Man denke sich in die Trichtermitte einen Stab zur Veranschaulichung des Wirbelfadens gesteckt). Ein schwimmender Körper auf der Wasseroberfläche rotiert im Zuge seiner Fortbewegung um diesen Wirbelfaden. Deshalb besitzt die Geschwindigkeit des abfließenden Wassers einen „Wirbel". In der Feldlehre heißt diese Erscheinung „Wirbelfeld".

Insgesamt lässt sich schlussfolgern:

> Magnetfeld = besonderer physikalischer Raumzustand kennzeichnet durch Kraftwirkung auf bewegte Ladungsträger. Sie werden dadurch nicht nur abgelenkt, sondern erzeugen auch ein eigenes Magnetfeld.

Quantitatives, Flussdichte B[4] Wir begründen die beiden Feldgrößen des magnetischen Feldes. Eine wird (wie die Feldstärke E im elektrischen Feld) durch die experimentell beobachtete Kraftwirkung ausgedrückt. Das ist die *magnetische Flussdichte* B. Die Beziehungen zwischen der (noch unbekannten) magnetischen Flussdichte B, der bewegten Ladung und der Kraft kann mit verschiedenen Ansätzen gewonnen werden: direkt über die bewegte Ladung (Abb. 3.1.4a, b), über den stromdurchflossenen Leiter im Magnetfeld oder zwei stromdurchflossene Leiterstücke (nicht im Magnetfeld), die sog. *Stromelemente* (kurze Teilstücke von dünnen stromdurchflossenen Leitern). Hier erzeugt ein Leiterstrom ein Magnetfeld, durch das der andere Leiter (mit seinem Magnetfeld) eine Kraftwirkung erfährt (Abb. 3.1.4c).

Wir betrachten die *Kraftwirkung auf eine mit der Geschwindigkeit v bewegte positive Ladung Q* im Magnetfeld. Das Experiment zeigt:

— Die ausgeübte Kraft F steht stets senkrecht auf der Ebene, die durch die Vektoren der Geschwindigkeit v und magnetischen Flussdichte B gebildet wird (Abb. 3.1.4a). Eine Magnetnadel zeigt die Richtung der magnetischen Feldlinien an: sie stimmt mit der Richtung der Magnetnadel (positiv vom Süd- zum Nordpol) überein.

---

[4]Der Begriff magnetische Flussdichte B (gem. DIN 1325) oder magnetische Induktion ist üblich, entspricht aber nicht ihrem physikalischen Inhalt: da sie als Ursache der Kraftwirkung angesehen wird, entspräche ihr besser der Begriff „magnetische Feldstärke" analog zum elektrischen Feld. Aus historischen Gründen wird die magnetische Feldgröße H als Feldstärke bezeichnet, ist also eine Quantitätsgröße (s. Kap. 3.1.4).

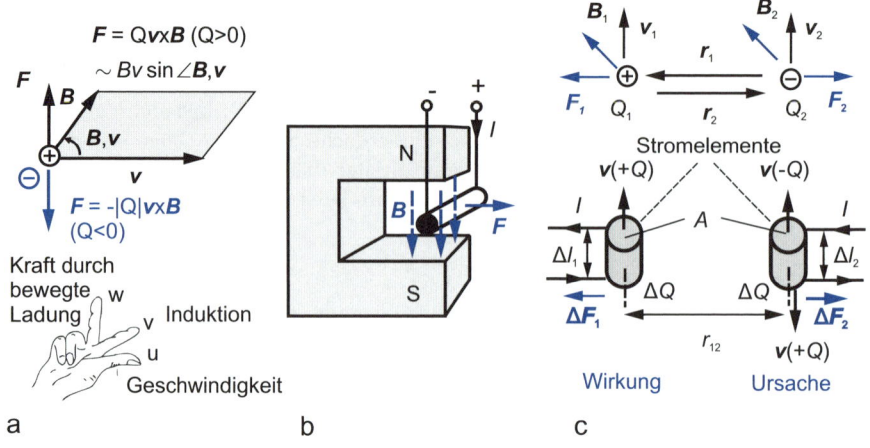

Abb. 3.1.4. Magnetische Flussdichte B. (a) Definition durch bewegte (positive) Ladung im Magnetfeld. Kraft F als Kreuzprodukt von Geschwindigkeit v und Flussdichte B für positive Ladung $+Q$ (Rechte-Hand-Regel) und negative Ladung $(-Q)$. (b) Kraftwirkung auf einen stromdurchflossenen Leiter. (c) Kraftwirkung zwischen zwei parallel bewegten entgegengesetzten Ladungen, abstoßende Kraftwirkung zwischen zwei Stromelementen (unterschiedliche Stromrichtungen)

– Die Intensität der Kraftwirkung hängt vom Betrag der Ladung Q, der Flussdichte B und der Geschwindigkeitskomponente senkrecht zu B ab: $F = QBv\sin\angle(\boldsymbol{B}, \boldsymbol{v})$. Zusammen mit der Rechtszuordnung beträgt die Kraft F bei Übergang zur Vektorprodukt-Schreibweise[5]

$$F = Q\,(v \times B)\,. \qquad \text{Lorentz-Kraft, Definitionsgleichung für } B \qquad (3.1.1)$$

Die magnetische Induktion B ist definiert als Kraft F, die eine mit der Geschwindigkeit v bewegte (positive) Ladung Q gemäß Gl. (3.1.1) im Magnetfeld erfährt. Sie heißt *Lorentz-* oder auch *elektrodynamische* Kraft.

v, B und F bilden ein Rechtssystem. Die magnetische Flussdichte B beschreibt so den Raumzustand, der sich durch Kraftwirkung auf bewegte Ladungsträger äußert. Diese überträgt sich über die bewegte Ladung auch auf Leiter.

Im Gegensatz zur Definitionsgleichung der elektrischen Feldstärke ($E = F/Q$), die sich nach E auflösen lässt, ist die explizite Auflösung nach der Flussdichte B nicht möglich (was ihre Rolle als Definitionsgleichung aber nicht einschränkt).

---

[5] H.A. Lorentz, niederländischer Physiker, 1853–1928.

Die Kraftrichtung merkt sich leicht durch Interpretation der Rechte-Hand-Regel als *uvw*-Regel (Abb. 3.1.4a) (bei $Q > 0$):

Ursache (u)	Vermittlung (v)	Wirkung (w)
Geschwindigkeit v (bewegte Ladung, Daumen)	magnetische Flussdichte B (Magnetfeld, Zeigefinger)	Kraft F (auf bewegte Ladung, Mittelfinger)

Weil das Magnetfeld stets senkrecht zur Bewegungsrichtung v der Ladung Q wirkt, kann es keine Arbeit am Teilchen leisten (der Betrag der Geschwindigkeit ändert sich nicht!). Es gilt $W = \boldsymbol{F} \cdot \mathrm{d}\boldsymbol{s} = \boldsymbol{F} \cdot \boldsymbol{v}\mathrm{d}t = Q(\boldsymbol{v} \times \boldsymbol{B}) \cdot \boldsymbol{v}\mathrm{d}t = 0$ ($\boldsymbol{F} \perp \boldsymbol{v}$) nach Gl. (3.1.1).

> Ein (statisches) Magnetfeld ändert die kinetische Energie geladener Teilchen nicht. Sie werden nicht beschleunigt oder gebremst (wie im elektrischen Feld), sondern ändern nur die Bewegungsrichtung.

Eine negative Ladung ergibt bei sonst gleicher Geschwindigkeitsrichtung eine Kraft in entgegengesetzter Richtung (Abb. 3.1.4a).

Elektrische und magnetische Kräfte unterscheiden sich in wichtigen Punkten:

– Die elektrische Kraft wirkt stets *in* Feldrichtung, die magnetische Kraft *senkrecht* zum Feld.
– Die elektrostatische Kraft (Coulomb-Kraft) wirkt auf geladene Teilchen (unabhängig, ob ruhend oder bewegt), die magnetische nur auf bewegte.
– Die elektrische Kraft wendet Energie zur Teilchenbewegung auf, die magnetische Kraft verrichtet keine Arbeit bei Ablenkung eines Teilchens.

Die Definition Gl. (3.1.1) besagt nichts über die Erzeugung der magnetischen Flussdichte. Deshalb hat sie (wie die elektrische Feldstärke, Kap. 1.3.3. Bd. 1) eine *Doppelrolle*:

– *Man definiert die magnetische Flussdichte durch die Kraftwirkung auf bewegte Ladungen (bzw. Strom).*
– *Bewegte Ladungen (Strom) erzeugen in ihrer Umgebung ein Kraftfeld und damit eine magnetische Flussdichte, die z. B. Kraftwirkungen auf andere bewegte Ladungen ausübt.*

Dimension und Einheit Die Dimension der magnetischen Flussdichte B liegt durch die bereits definierten Größen F, Geschwindigkeit v und elektrische Ladung Q fest:

$$\dim(B) = \dim\left(\frac{\text{Kraft}}{\text{Ladung} \cdot \text{Geschwindigkeit}}\right).$$

Die Einheit von B ist das Tesla[6]

$$[B] = \frac{1\,\text{N}}{\text{As}\cdot\text{m}\cdot\text{s}^{-1}} = 1\frac{\text{Ws}}{\text{m}}\frac{1}{\text{A}\cdot\text{s}}\frac{\text{s}}{\text{m}} = 1\frac{\text{Vs}}{\text{m}^2} = 1\,\text{Tesla} = 1\,\text{T}.$$

Vormals wurde die (seit 1958 nicht mehr zugelassene) Einheit Gauß (G) benutzt:

$$1\,\text{Gauß} = 1\,\text{G} = 10^{-8}\frac{\text{Vs}}{\text{cm}^2} = 10^{-4}\frac{\text{Vs}}{\text{m}^2} = 10^{-4}\,\text{T}.$$

Die magnetische Flussdichte erfordert keine weitere Grundgröße, da das Internationale Einheitensystem auf den Einheiten der Länge, Masse, Zeit und des Stromes beruht (s. Anhang A.1, Bd. 1). Alle magnetischen Größen haben dadurch abgeleitete elektrische Einheiten.

Größenvorstellung

Erdmagnetfeld	$B_E \approx 5\cdot 10^{-5}$ T (etwa 1 Gauß)
Umgebung einer Fernleitung	$B \approx 10^{-4}$ T
Luftspalt von Motoren, Transformatoren	$B \approx (0{,}5\ldots 1{,}5)$ T
Luftspalt eines Lautsprechermagneten	$B \approx (0{,}1\ldots 1{,}0)$ T
physikalischer Labormagnet	$B \approx (10\ldots 100)$ T
stromdurchflossener Leiter ($I = 1$ A) im Abstand $r = 1$ m	$B \approx 0{,}2\,\mu$T
gepulster Elektromagnet	$B \approx 100$ T
menschl. Gehirnströme	$B \approx 10^{-15}$ T
menschl. Herzströme	$B \approx 10^{-8}$ T

Ein Strom $I = 1$ A erzeugt im Abstand $r = 1$ m eine Flussdichte $B = 0{,}2\,\mu$T: bereits in nächster Nähe stromführender Leitungen liegt sie damit deutlich unter der des Erdmagnetfeldes (rd. 50 µT).

Kraftwirkung auf stromdurchflossenen Leiter Zur Darstellung der Kraftwirkung auf stromdurchflossene Leiter empfiehlt sich eine andere Schreibweise der Lorentz-Kraft Gl. (3.1.1) (Abb. 3.1.5a). Im Leiter bewegen sich Ladungsträger mit der Driftgeschwindigkeit $\boldsymbol{v}$ und der Stromdichte $\boldsymbol{J} = \varrho\boldsymbol{v}$ (Raumladungsdichte ϱ). Dann befindet sich im Volumen $\mathrm{d}V = \boldsymbol{A}\cdot\mathrm{d}\boldsymbol{l}$ die Ladung $\mathrm{d}Q$. Der Vektor $\mathrm{d}\boldsymbol{l}$ liegt in der Leiterachse in Richtung des Stromzählpfeils ($\mathrm{d}\boldsymbol{l}\|\boldsymbol{v}$). Deshalb gilt

$$\boldsymbol{J}\mathrm{d}V = \varrho\mathrm{d}V\boldsymbol{v} = \mathrm{d}Q\boldsymbol{v} = I\mathrm{d}\boldsymbol{l}, \tag{3.1.2}$$

dabei wird das bewegte Ladungselement $\mathrm{d}Q\boldsymbol{v}$ durch das *Stromelement* $I\mathrm{d}\boldsymbol{l}$ ersetzt. Darauf wirkt die Lorentz-Kraft (Abb. 3.1.5a).

$$\boxed{\mathrm{d}\boldsymbol{F} = \mathrm{d}Q\,(\boldsymbol{v}\times\boldsymbol{B}) = I\,(\mathrm{d}\boldsymbol{l}\times\boldsymbol{B}). \qquad \text{Ampèresches Kraftgesetz}} \tag{3.1.3}$$

---

[6]Nikola Tesla, kroatischer Physiker und Ingenieur, 1856–1943.

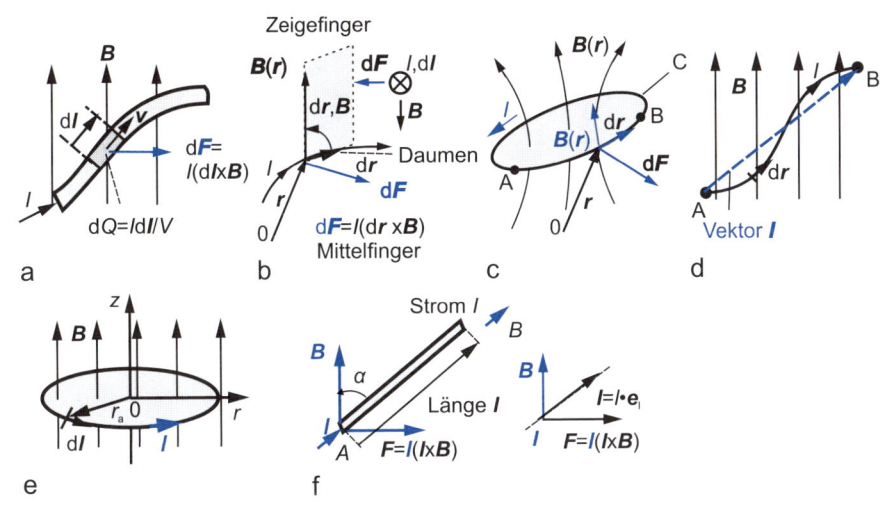

3.1 Die vektoriellen Größen des magnetischen Feldes

Abb. 3.1.5. Leiter im Magnetfeld. (a) Stromdurchflossenes Leiterelement im homogenen Magnetfeld. (b) dto. im inhomogenen Magnetfeld. (c) Leiterschleife im inhomogenen Magnetfeld. (d) Ersatz eines Leiterweges durch einen geraden orientierten Leiter. (e) Leiterschleife im homogenen Magnetfeld. (f) Kraftwirkung auf ein Leiterstück im homogenen Magnetfeld

Ein vom Strom I durchflossenes Leiterelement $\mathrm{d}\boldsymbol{l}$ (in Richtung des Stromes) erfährt im Magnetfeld $\boldsymbol{B}$ die Kraftwirkung $\mathrm{d}\boldsymbol{F}$ oder anschaulich:

$$\text{Magnetische Flussdichte} = \frac{\text{Kraft auf Stromelement}}{\text{Stromelement}}.$$

Auch hier gilt die Rechte-Hand-Regel nach Abb. 3.1.4a.

Vertiefung* Im Kap. 1.3, Bd. 1 wurde aus der Coulomb-Kraft zwischen zwei ruhenden Ladungen die elektrische Feldstärke $\boldsymbol{E}$ hergeleitet. Bewegen sich beide mit den Geschwindigkeiten $\boldsymbol{v}_1$, $\boldsymbol{v}_2$ parallel zueinander, so entsteht eine zusätzliche Komponente zur Coulomb-Kraft, die offenbar vom Magnetfeld stammt: die Lorentz-Kraft (Abb. 3.1.4c). Dann bilden sich zwischen den bewegten Ladungen Q_1, Q_2 rechtwinklig zu den Leitern die Lorentz-Kräfte F_1, F_2 in der Verbindungsgeraden und Gl. (3.1.3) geht in eine skalare Beziehung über. Wir greifen aus beiden Leitern Elemente der Länge $\Delta s \ll L$ im Abstand r_{12} heraus. Jedes wird von der Ladung $\Delta Q = I \Delta t = I \Delta s / v$ während der Zeit Δt durchflossen. Damit kann die mit v_1 bewegte Teilladung ΔQ_1 über $I_1 \Delta s = v_1 \Delta Q_1$ und analog $I_2 \Delta s = v_2 \Delta Q_2$ durch das Stromelement $I \Delta s$ ausgedrückt werden. Das Experiment zeigt, dass die zwischen den Stromelementen ausgeübte Kraft dem Betrag nach:

- proportional dem Produkt der Ladungen und ihrer Geschwindigkeiten;
- umgekehrt proportional zum Quadrat ihrer Entfernung ($\Delta Q \to Q$) ist: $F \sim (\Delta Q_1 v_1)(\Delta Q_2 v_2)/r_{12}^2$ sind bzw. nach Einführung einer Proportionalitätskon-

stanten k_1 (für Vakuum $k_1 = \mu_0/4\pi$)

$$F = k_1 \frac{(\Delta Q_1 v_1)(\Delta Q_2 v_2)}{r_{12}^2}. \tag{3.1.4}$$

Im elektrostatischen Feld wurde die Kraftwirkung zwischen zwei ruhenden Ladungen zur Einführung der Feldgröße Feldstärke $\boldsymbol{E}$ benutzt. Wir übertragen diesen Ansatz auf das *magnetische Feld* und formulieren den gleichen Sachverhalt durch Feldgrößen für Ursache und Wirkung im Raumpunkt. Die bewegte Ladung Q_2 versetzt den umgebenden Raum in den Zustand „Kraftwirkung auf andere bewegte Ladungen". Nach der Feldvorstellung verstehen wir die Wirkung

$$\begin{aligned} F(Q_1) &= (\Delta Q_1 v_1) \cdot \underbrace{\left(\frac{\mu_0}{4\pi} \frac{(\Delta Q_2 v_2)}{r^2} \right)}_{\text{magnetische Feldgröße}} = (\Delta Q_1 v_1) \cdot \underbrace{(B(Q_2, v_2))}_{\text{magnetische Feldgröße } B} \\ &= (\Delta Q_1 v_1) \cdot \mu_0 \cdot \underbrace{\left(\frac{1}{4\pi} \frac{(\Delta Q_2 v_2)}{r^2} \right)}_{\text{magnetische Feldgröße } H} \end{aligned} \tag{3.1.5}$$

auf die Ladung ΔQ_1 so, als stamme sie von einer am Ort von ΔQ_1 vorhandenen *Feldgröße Flussdichte* $\boldsymbol{B}$ [7], die von der bewegten Ladung ΔQ_2 verursacht wird. So drückt Gl. (3.1.5) den Inhalt der Lorentz-Kraft Gl. (3.1.1) aus!

Inhomogenes Magnetfeld Das Ampèresche Kraftgesetz gilt für den Raumpunkt. Hat er den Ortsvektor $\boldsymbol{r}$ (Abb. 3.1.5b), so ist genauer zu schreiben $\mathrm{d}\boldsymbol{F} = I(\mathrm{d}\boldsymbol{r} \times \boldsymbol{B}(\boldsymbol{r}))$ mit ortsabhängigem Magnetfeld $\boldsymbol{B}(\boldsymbol{r})$. Liegt in einem solchen Feld eine dünne, stromdurchflossene Leiterschleife der umfassten Linie C (Abb. 3.1.5c), so erfährt sie zwischen den Punkten A, B die Kraft

$$\boxed{\boldsymbol{F}_{\mathrm{AB}} = I \int_A^B (\mathrm{d}\boldsymbol{r} \times \boldsymbol{B}(\boldsymbol{r})) \quad \rightarrow \quad \boldsymbol{F} = I \oint_C (\mathrm{d}\boldsymbol{r} \times \boldsymbol{B}(\boldsymbol{r})).} \tag{3.1.6}$$

Sie geht in das Ergebnis einer *geschlossenen* Leiterschleife rechts über: *Ein inhomogenes Magnetfeld übt eine Nettokraft auf eine stromdurchflossene Leiter-*

---

[7] In diesem Verständnis von $\boldsymbol{B}$ liegt eine historisch bedingte Inkonsequenz. Im elektrostatischen Feld bedeutet der gleichwertige Ausdruck $Q_2/4\pi\varepsilon_0 r^2$ die elektrische Feldstärke $\boldsymbol{E}$ (materialabhängig, Wirkungsgröße), die Ursache ist die Verschiebungsflussdichte $\boldsymbol{D}$ (materialunabhängig). Konsequenterweise müsste $\boldsymbol{B}$ als magnetische Feldstärke (materialabhängig) bezeichnet werden, definiert durch $\boldsymbol{B} = F/(Qv)$. Historisch bedingt wird aber „Induktion" verwendet, weil mit $\boldsymbol{B}$ eine weitere Wirkung, die Spannungsinduktion, verknüpft ist.

schleife aus. Für *homogenes* Feld $\boldsymbol{B}=$ const folgt daraus (Abb. 3.1.5e)

$$\boldsymbol{F}=I\oint_C \mathrm{d}\boldsymbol{r}\times\boldsymbol{B}=0.$$

Die Gesamtkraft auf eine beliebige Stromschleife verschwindet im homogenen Magnetfeld stets, weil die Vektorsumme über alle vektoriellen Wegelemente einer geschlossenen Kurve immer Null ergibt.

An allen Stellen der Schleife greift die gleiche radial nach außen gerichtete Kraft an, aus Symmetriegründen heben sich die Teilkräfte auf.

Auf ein gerades Leiterstück zwischen den Punkten A, B wirkt dann nach Gl. (3.1.6) die Kraft

$$\begin{aligned}\boldsymbol{F}_{\mathrm{AB}}&=I\int_A^B(\mathrm{d}\boldsymbol{l}\times\boldsymbol{B})=I\,(\boldsymbol{l}\times\boldsymbol{B})\\&=ILB\sin\angle(\boldsymbol{l},\boldsymbol{B}).\end{aligned}\qquad\begin{array}{l}\text{Elektrodynamisches}\\\text{Kraftgesetz,}\\\text{gerades Leiterstück}\end{array}\qquad(3.1.7)$$

Dabei ist $\boldsymbol{l}$ ein von A nach B gerichteter Vektor. Das Integral hat den gleichen Weg wie eine Gerade von A nach B.

Jeder Strom (Konvektions-, Leiterstrom) erfährt im Magnetfeld (außer für $\boldsymbol{J}$, $\boldsymbol{v}$ bzw. $\boldsymbol{l}\parallel\boldsymbol{B}$) eine Kraftwirkung senkrecht zur Magnetfeld- und lokalen Stromrichtung.

Für den geraden Leiter im homogenen Magnetfeld ist die Kraft dem Strom I, der Leiterlänge l, dem Betrag B des Magnetfeldes und dem Sinus des zwischen $\boldsymbol{l}$ und $\boldsymbol{B}$ eingeschlossenen Winkels proportional. Die Kraft $\boldsymbol{F}$ steht senkrecht auf der von den Vektoren $\boldsymbol{l}$ und $\boldsymbol{B}$ aufgespannten Ebene (Rechtsdreibein aus den Vektoren $\boldsymbol{l}$, $\boldsymbol{B}$ und $\boldsymbol{F}$, Abb. 3.1.5f).

In den bisherigen Kraftbeziehungen berücksichtigt die (externe) Induktion $\boldsymbol{B}$ das eigene Magnetfeld des Stromes nicht. In Wirklichkeit überlagern sich aber die Induktion und das Eigenfeld des stromdurchflossenen Leiters und in jedem Punkt um den Leiter müssen beide Felder vektoriell addiert werden (Abb. 3.1.6). Dann ist die Gesamtinduktion links vom Leiter größer als rechts von ihm und er wird nach rechts ausgelenkt. Ursache dafür ist die (energetisch bedingte) Tendenz der Feldlinien, sich zu verkürzen (s. u.).

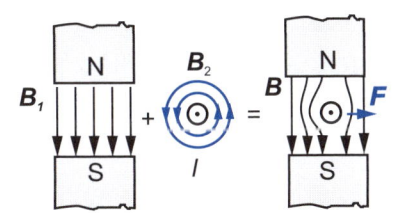

Abb. 3.1.6. Überlagerung eines homogenen Magnetfeldes $\boldsymbol{B}_1$ mit dem Eigenfeld $\boldsymbol{B}_2$ eines geraden, stromdurchflossenen Leiters. Es entsteht eine ablenkende Kraft nach rechts

Lorentz-Kraft und elektrodynamisches Kraftgesetz sind die Grundlage der *elektromechanischen Wechselwirkung* mit dem *Magnetfeld als Mittler*.

Haupteigenschaft des B-Feldes: Quellenfreiheit Das Feldlinienbild etwa eines Dauermagneten (Abb. 3.1.1c) zeigt die *Haupteigenschaft des magnetischen Feldes: geschlossene Feldlinien.* Damit ist auch die magnetische Flussdichte B quellenfrei (galt analog im stationären Strömungsfeld für die Stromdichte J). Wir übernehmen die dort (Gl. (1.3.4b)) bereits erklärte Formulierung

$$\oint_{\text{Hülle}} \boldsymbol{B} \cdot \mathrm{d}\boldsymbol{A} = 0. \qquad \text{Quellenfreiheit der magnetischen Flussdichte } \boldsymbol{B} \qquad (3.1.8)$$

Das Integral der Flussdichte B über eine gedachte oder materielle geschlossene Fläche verschwindet (unabhängig von den magnetischen Eigenschaften des Materials).

Die Quellenfreiheit der B-Linien zeigt sich überall (Abb. 3.1.2): am geraden stromführenden Draht, am Drahtring, an einer Drahtspule. Immer sind die B-Linien in sich geschlossen, ohne Anfang und Ende und es gibt keine magnetischen Einzelladungen.

3.1.2 Die magnetische Feldstärke

Definition Im Nichtleiter wurde das elektrische Feld durch die Feldstärke E als Intensitätsgröße für die Kraft*wirkung* auf Ladungen und die elektrische Flussdichte $D = \varepsilon E$ als Quantitätsgröße und damit als Maß für die Ladungsmenge als Ursache des besonderen Raumzustandes beschrieben (s. Kap. 2.3). Für das magnetische Feld verfahren wir ebenso: neben der Kraft*wirkung* ausgedrückt durch die magnetische Flussdichte B (Intensitätsgröße) fehlt noch eine Quantitätsgröße für die Ursache dieses Raumzustandes. Sie wird als *magnetische Feldstärke* (oder *magnetische Erregung*) H bezeichnet und verknüpft das Magnetfeld mit der *bewegten Ladung* als Ursache:

− Jeder Strom (Leitungs-, Verschiebungsstrom) erzeugt ein Magnetfeld.
− Magnetisierte Körper erzeugen ein Magnetfeld (erklärbar durch Ströme im atomaren Bereich).

Woher stammt die mit Gl. (3.1.1) eingeführte Flussdichte B eigentlich? Fest steht nur das Magnetfeld als *das Kennzeichen eines elektrischen Stromes*. Der Zusammenhang zwischen Strom I (bzw. Stromdichte J) und einer un-

3.1 Die vektoriellen Größen des magnetischen Feldes

bekannten Feldgröße, die an gleicher Stelle die Flussdichte $\boldsymbol{B}$ als Wirkung erzeugt, ist dagegen offen. Wir führen dazu die *magnetische Feldstärke* $\boldsymbol{H}$ ein. Ihre Definition muss zwei Merkmale einschließen:

— die Bindung an die bewegte Ladung bzw. den Strom in jedem Raumpunkt unabhängig von den Materialeigenschaften als *Ursache des magnetischen Feldes*;
— *Wirkungsgröße* $\boldsymbol{B}$ und *Ursachengröße* $\boldsymbol{H}$ sind über Materialeigenschaften verknüpft. Das ist im Vakuum die *magnetische Feldkonstante* μ_0.

Erfüllt die Flussdichte $\boldsymbol{B}$ die Bindung an die bewegte Ladung nach Gl. (3.1.5), so muss die magnetische Feldstärke dann den Anteil *unabhängig vom umgebenden Medium* umfassen, also den von μ_0 unabhängigen letzten Teil. Deswegen wird definiert

$$\boldsymbol{H} = \frac{\boldsymbol{B}}{\mu_0}. \qquad \text{Magnetische Feldstärke, Definitionsgleichung} \qquad (3.1.9)$$

Im Vakuum sind magnetische Flussdichte $\boldsymbol{B}$ und magnetische Feldstärke $\boldsymbol{H}$ einander proportional, da sie das gleiche Magnetfeld beschreiben.

Die magnetische Eigenschaft des Raumes wird durch die *Permeabilität* $\mu = \mu_r \mu_0$ bestimmt (μ_r relative Permeabilität, Permeabilitätszahl) mit der magnetischen Feldkonstanten μ_0 als *Permeabilität des Vakuums*

$$\mu_0 = 4\pi \cdot 10^{-7} \frac{\text{Vs}}{\text{Am}} = 4\pi \cdot 10^{-7} \frac{\text{H}}{\text{m}} = 1{,}26 \frac{\mu\text{H}}{\text{m}} = \frac{1}{\varepsilon_0 c_0^2}. \quad \text{Magnetische Feldkonstante} \qquad (3.1.10)$$

Die *Permeabilitätszahl* (oder relative Permeabilität) μ_r ($\mu_r = 1$ im Vakuum) drückt das Verhältnis der Permeabilität eines Materials (Eisen, Luft) gegenüber dem Vakuum aus. Für Luft gilt praktisch $\mu_r = 1$.

Die magnetische Feldstärke $\boldsymbol{H}$ ist die der *Ursache* des magnetischen Feldes zugeordnete Feldgröße, ihr physikalischer Inhalt die mit der Geschwindigkeit $\boldsymbol{v}$ bewegte Ladung Q bzw. der Stromfluss I unabhängig von den Materialeigenschaften des Raumes.

Nach Gl. (3.1.9) hängen Feldstärke $\boldsymbol{H}$ und Flussdichte $\boldsymbol{B}$ im Vakuum wohl direkt zusammen, doch haben sie *wesensverschiedene Eigenschaften und Einheiten* (s. u.): $[H] = \text{A/m}$, $[B] = \text{Kraft/Am} = \text{Vs/m}^2$!

An dieser Stelle mag die Notwendigkeit der zweiten magnetischen Feldgröße $\boldsymbol{H}$ für das Vakuum noch nicht einzusehen sein. Erst in *ferromagnetischen* Stoffen erhalten $\boldsymbol{B}$ und $\boldsymbol{H}$ *qualitativ verschiedene* Bedeutung. Für homogene isotrope Stoffe gilt dann[8]:

$$\boldsymbol{H} = \frac{\boldsymbol{B}}{\mu_r \mu_0}. \qquad \text{Magnetische Feldstärke im magnetischen Material} \qquad (3.1.11)$$

Dimension und Einheit Die Dimension der magnetischen Feldstärke folgt aus Gl. (3.1.9) zu

$$\dim(H) = \dim\left(\frac{\text{Spannung} \cdot \text{Zeit}}{\text{Länge}^2} \Big/ \frac{\text{Spannung} \cdot \text{Zeit}}{\text{Strom} \cdot \text{Länge}}\right) = \dim\left(\frac{\text{Strom}}{\text{Länge}}\right),$$

ihre Einheit

$$[H] = \frac{[I]}{[L]} = 1\frac{\text{A}}{\text{m}} = 1\,\text{Henry}.$$

Die Definition der magnetischen Feldstärke $\boldsymbol{H}$ ist zunächst mehr formaler Natur, denn man erwartet eine *funktionelle Abhängigkeit vom Strom*. Die Antworten darauf sind:

— der *Durchflutungssatz* mit *implizitem* Zusammenhang zwischen Strom und magnetischer Feldstärke und gleichwertig
— das *Biot-Savartsche Gesetz* mit *expliziter* Stromabhängigkeit Gl. (3.1.18).

Beide Gesetzmäßigkeiten gehen auseinander hervor, wir betrachten zunächst den Durchflutungssatz.

Durchflutungssatz Unterschiedliche Experimente zeigen, dass die magnetische Flussdichte $\boldsymbol{B}$ durch die im Raum fließenden Ströme und seine magnetischen Eigenschaften bestimmt wird $\oint_C \frac{\boldsymbol{B}}{\mu} \cdot \mathrm{d}\boldsymbol{s} = \oint_C \boldsymbol{H} \cdot \mathrm{d}\boldsymbol{s} = I$ oder allgemein

$$\oint_C \boldsymbol{H} \cdot \mathrm{d}\boldsymbol{s} = \overset{\circ}{V} = I_{\text{ges}} = \sum_{\nu=1}^n I_\nu = wI = \Theta. \quad \text{Durchflutungssatz} \qquad (3.1.12)$$

Dabei ist I der Strom durch die Fläche A mit der Umrandung C (Abb. 3.1.7a).

In einem von Strömen durchflossenen Feld ist das Umlaufintegral (= Wegintegral) der magnetischen Feldstärke $\boldsymbol{H}$ längs eines geschlossenen Weges C

---

[8] In dieser Bezeichnung verbirgt sich wieder eine Inkonsequenz. Da sie das Feld erzeugt (Ursache), handelt es sich um eine Erregergröße. Der Name Feldstärke ist so gesehen irreführend, entstand aber historisch. Wir halten deshalb an ihm fest.

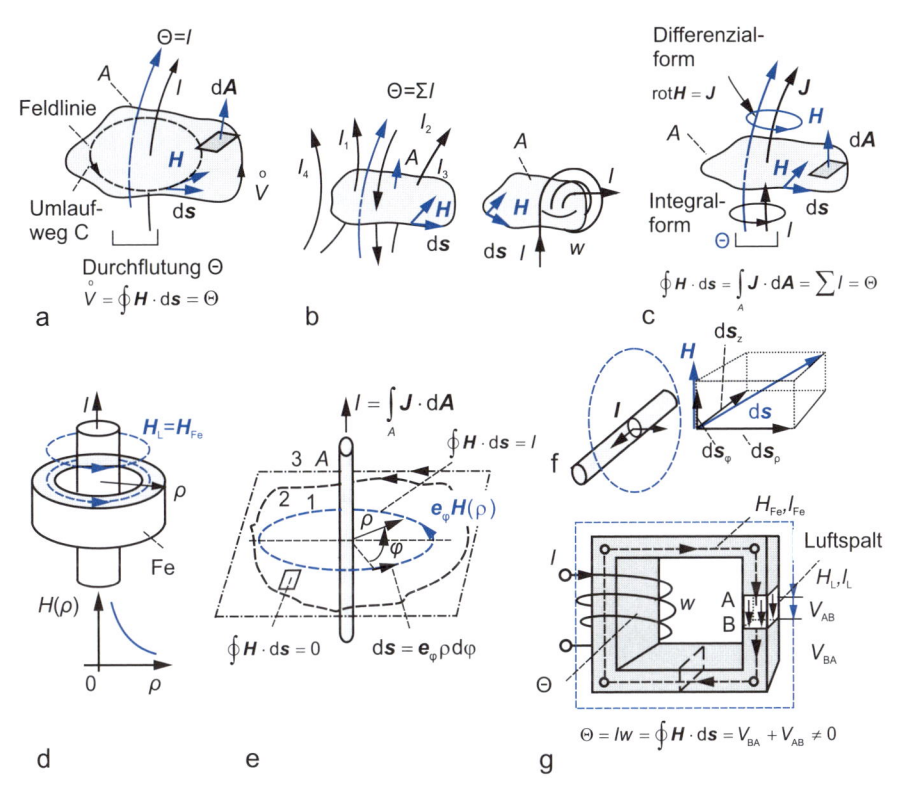

3.1 Die vektoriellen Größen des magnetischen Feldes

Abb. 3.1.7. Durchflutungssatz. (a) Durchflutung einer Fläche A, Zählpfeilrichtungen von dA und ds. (b) Durchflutung durch mehrere Ströme, ein Strom I kann die umfasste Fläche w-mal durchstoßen. (c) Durchflutungssatz in Integral- und Differenzialform. (d) Durchflutung für einen geraden Leiter konzentrisch umgeben von einem Eisenmantel. (e) Durchflutungssatz beim geraden zylindrischen Leiter, unterschiedliche Umlaufwege. (f) Bestimmung des Linienintegrals (s. Text). (g) Durchflutungssatz im magnetischen Kreis

gleich dem *umfassten* Strom: Summe aller vorzeichenbehafteten Ströme (= Durchflutung), die vom Umlauf umfasst werden.

Der Durchflutungssatz verkoppelt den Strom durch eine Berandung mit der magnetischen Feldstärke um den Strom.

Wird kein Strom umfasst, so verschwindet das Umlaufintegral.[9]

Links in Gl. (3.1.12) steht die (magnetische) *Umlaufspannung* $\overset{\circ}{V}$. Analog zum elektrischen Feld, wo das Linienintegral der elektrischen Feldstärke zwischen zwei Punkten als Spannung definiert wird, gibt es auch im magnetischen Feld die *magnetische Spannung* V (Formelzeichen V, nicht zu verwechseln mit der

---

[9] Bei zeitveränderlichem Feld tritt ein Verschiebungsstrom auf, s. Verallgemeinerung des Durchflutungssatzes Gl. (3.1.17a).

Einheit [V] der elektrischen Spannung!)

$$V = \int_{P_1}^{P_2} \boldsymbol{H} \cdot \mathrm{d}\boldsymbol{s}$$

als Linienintegral des magnetischen Feldstärke $\boldsymbol{H}$ (s. u.). Für einen geschlossenen Weg heißt das Linienintegral *Rand-* oder *Umlaufspannung*. Dabei ist der Weg der Rand der umschlossenen Fläche (Abb. 3.1.7a).

Die in Gl. (3.1.12) rechts auftretende, mit der Randkurve verkettete *Durchflutung* Θ gibt die *Gesamtstärke der Ströme an, die von der Randkurve umfasst werden*. Zählrichtung für Durchflutung und Umlaufrichtung bilden eine *Rechtsschraube* (Ströme in entgegengesetzter Richtung negativ ansetzen). Bei mehreren Strömen (Abb. 3.1.7b) ist die Durchflutung die Stromsumme $\Theta = \Sigma I$. Durchströmt der gleiche Strom die Fläche w-mal (wie bei einer Spule mit w-Windungen), so gilt $\Theta = wI$:

> Das Umlaufintegral der magnetischen Feldstärke $\boldsymbol{H}$, die Umlaufspannung, ist gleich der mit der Randkurve verketteten Durchflutung Θ unabhängig von den Eigenschaften des umgebendes Raumes.

Der Durchflutungssatz[10] verkettet einen Strom (Stromsumme, Stromverteilung, Konvektions- bzw. Verschiebungsstrom) mit dem umgebenden Magnetfeld: jeder Strom (im erweiterten Sinn) wird von einem Magnetfeld umwirbelt.

> Der Durchflutungssatz ist das erste Grundgesetz zur Berechnung der magnetischen Feldstärke $\boldsymbol{H}$ als Folge gegebener Ströme.

Die *Haupteigenschaften* der magnetischen Feldstärke, nämlich *Wirbelfreiheit* (wenn keine Ströme umfasst werden) und ihren *Wirbelcharakter* (bei umfassten Strömen) vertiefen wir im Kap. 3.1.4. Der Wirbelcharakter des Magnetfeldes zeigt sich im Durchflutungssatz in der sog. *Integralform* (wie Gl. (3.1.12)) als Umlaufintegral, deutlicher aber in der *Differenzialform* (Abb. 3.1.7c, s. u.).

Die Durchflutung Θ wurde früher als *magnetomotorische Kraft* (MMK) oder bei Spulen als *Ampèrewindungszahl* (hergeleitet aus wI) bezeichnet.

Einheit, Größenordnung Die *Einheit* der Durchflutung liegt durch die des Stromes fest: $[\Theta] = [I] = 1\,\mathrm{A}$. Praktisch treten folgende Werte für Θ auf:

---

[10] Der Durchflutungssatz stammt von Ampère, er wird deswegen als Ampèresches Gesetz bezeichnet, auch die Bezeichnung Oerstedsches Gesetz ist üblich. Andrè Marie Ampère, französischer Physiker und Mathematiker, 1775–1836, Hans Chr. Oersted, dänischer Physiker, 1777–1851, entdeckte 1819/20 das Magnetfeld des elektrischen Stromes.

Drehspulinstrument	$(0{,}01\ldots 1)$	A
Weicheiseninstrument	$(10\ldots 100)$	A
Relais	$(10^2\ldots 10^3)$	A
Motor	$(10^3\ldots 10^4)$	A
Leistungstransformator	$(10^4\ldots 10^5)$	A.

Diskussion Wir betrachten das Durchflutungsgesetz näher:

1. Der Durchflutungssatz gilt unabhängig vom Medium. Darin liegt seine grundsätzliche Bedeutung. Im konzentrischen Eisenring (Abb. 3.1.7d) herrscht die *gleiche magnetische Feldstärke wie am gleichen Ort ohne Ring*.
2. Es wirkt nur der umfasste Strom. Dies bedeutet aber nicht, dass Ströme außerhalb des Umlaufs das Feld nicht beeinflussen können. So bestimmt z. B. der Strom I_4 in Abb. 3.1.7b wohl den Feldverlauf der umfassten Ströme mit, nicht aber den Wert des Umlaufintegrals.
3. *Das Umlaufintegral längs eines beliebigen Weges um den Strom ist gleich dem Umlaufintegral längs einer Feldlinie um diesen Strom.* So hängt der Wert des Umlaufintegrals *nicht* davon ab, an welcher Stelle der Stromfaden hindurchtritt. Deshalb haben alle in Abb. 3.1.7e dargestellten Umlaufintegrale den gleichen Wert

$$\int_1 \boldsymbol{H}\cdot \mathrm{d}\boldsymbol{s} = \int_2 \boldsymbol{H}\cdot \mathrm{d}\boldsymbol{s} = \int_3 \boldsymbol{H}\cdot \mathrm{d}\boldsymbol{s} = I.$$

4. In einem beliebigen Umlauf um einen geraden Leiter (Abb. 3.1.7f) hat das Wegelement $\mathrm{d}\boldsymbol{s}$ drei Komponenten (parallel) zum Draht $\mathrm{d}\boldsymbol{s} = \mathrm{d}\boldsymbol{s}_\varrho + \mathrm{d}\boldsymbol{s}_\varphi + \mathrm{d}\boldsymbol{s}_z$. Im Produkt $\boldsymbol{H}\cdot \mathrm{d}\boldsymbol{s}$ verschwinden erster und letzter Summand (Komponenten $\boldsymbol{H}\cdot \mathrm{d}\boldsymbol{s}_\varrho$ bzw. $\boldsymbol{H}\cdot \mathrm{d}\boldsymbol{s}_z$ je zueinander senkrecht). Nur der Teil $|\mathrm{d}\boldsymbol{s}_\varphi| = \varrho\mathrm{d}\varphi$ führt auf

$$\boldsymbol{H}\cdot \mathrm{d}\boldsymbol{s}_\varphi = |\boldsymbol{H}||\mathrm{d}\boldsymbol{s}_\varphi| = H\varrho\mathrm{d}\varphi = \frac{I}{2\pi}\mathrm{d}\varphi \tag{3.1.13}$$

und bei Integration auf Gl. (3.1.12). Die Feldlinien um einen geraden stromführenden Leiter sind aus Symmetriegründen konzentrische Kreise um die Leiterachse (s. auch Abb. 3.1.7e).

5. Die Gültigkeit des Durchflutungssatzes unabhängig vom Medium darf nicht zu falschen Schlüssen führen. Ein *magnetischer Kreis* mit Luftspalt (Abb. 3.1.7g) und stromdurchflossener Windung hat die Durchflutung $\Theta = wI$ (Kap. 3.2.3). Bei Annahme homogener Feldverhältnisse könnte man für die Feldstärke im Eisenkreis und Luftspalt schlussfolgern $H_{\mathrm{Fe}}(l_{\mathrm{Fe}} + l_{\mathrm{L}}) = wI$, wenn l_{Fe} und l_{L} die zugehörigen Weglängen sind. Tatsächlich verursacht die Durchflutung aber einen magnetischen Fluss (im Eisenkreis und Luftspalt) mit überall *gleicher Induktion* $\boldsymbol{B}_{\mathrm{Fe}} = \boldsymbol{B}_{\mathrm{L}}$. Wegen unterschiedlicher Permeabilitäten $\mu_{\mathrm{Fe}} \gg \mu_{\mathrm{L}}$ unterscheiden sich dann H_{Fe} und H_{L} und der Durchflutungssatz lautet: $H_{\mathrm{Fe}}l_{\mathrm{Fe}} + H_{\mathrm{L}}l_{\mathrm{L}} = wI = \Theta$. Daraus folgen mit $H_{\mathrm{L}} \gg H_{\mathrm{Fe}}$ *unterschiedliche* magnetische Feldstärken in Luftspalt und Eisenkreis.
6. Für die magnetische Feldstärke ist es gleichgültig, ob sie von einem Stromfaden $I = 1$ A oder von $w = 1000$ Windungen erzeugt wird, die ein Strom $I = 10^{-3}$ A durchfließt, stets entsteht der gleiche Wert.

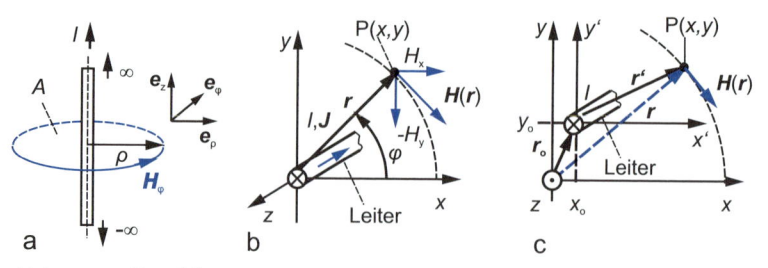

Abb. 3.1.8. Durchflutungssatz am geraden, zylinderförmigen unendlich langen Leiter. (a) Leiteranordnung. (b) Magnetfeld in einer Ebene senkrecht zum Leiter. (c) Leiterverschiebung aus dem Ursprung mit Hilfskoordinaten

Obwohl der Durchflutungssatz allgemein gilt, gelingt die Berechnung der Feldstärke $\boldsymbol{H}$ nur dann problemlos, *wenn es einen Integrationsweg gibt, auf dem $\boldsymbol{H}$ ganz oder stückweise konstant ist und damit Gl. (3.1.12) nach $\boldsymbol{H}$ aufgelöst werden kann.* Dafür gibt es nur drei Fälle: langer *gerader Leiter*, lange *Zylinderspule* und die *Ringspule*. Der Durchflutungssatz erlaubt allgemein *nicht* die Bestimmung des Feldverlaufs im Raum, wie das Gesetz von Biot-Savart (in Luft, s. Gl. (3.1.18)).

Magnetische Kreise aus ferromagnetischem Material hingegen *konzentrieren den magnetischen Fluss im Eisenkreis* (das ist ihre Aufgabe!). Dafür lässt sich der Verlauf der magnetischen Feldstärke gut voraussagen und der Durchflutungssatz anwenden (s. Pkt. 5 oben).

Beispiel 3.1.1 Unendlich langer linienhafter Leiter Um einen stromführenden Leiter unendlicher Länge (Abb. 3.1.8a) bildet sich ein parallelebenes magnetisches Feld und die $\boldsymbol{H}$- resp. $\boldsymbol{B}$-Linien sind *konzentrische Kreise um die Leiterachse*. Wegen der Symmetrie des Problems wählen wir Zylinderkoordinaten ($\varrho = r$, φ, z), der Strom I fließt in z-Richtung. Auf einer ausgewählten Feldlinie (Radius ϱ, Umfang $2\pi\varrho$) haben die Vektoren $\boldsymbol{H}$ und $\mathrm{d}\boldsymbol{s} = \varrho\mathrm{d}\varphi\boldsymbol{e}_\varphi$ immer gleiche Richtung und das Skalarprodukt $\boldsymbol{H} \cdot \mathrm{d}\boldsymbol{s}$ geht in das Produkt der Beträge über. Weil der Betrag von $\boldsymbol{H}$ längs einer Feldlinie konstant ist, kann er vor das Integral gezogen werden (Abb. 3.1.7b)

$$\Theta = \oint_C \boldsymbol{H} \cdot \mathrm{d}\boldsymbol{s} = \oint_{\text{Kreis}} H_\varphi \boldsymbol{e}_\varphi \cdot \boldsymbol{e}_\varphi \mathrm{d}s = H_\varphi \int_0^{2\pi} \varrho\mathrm{d}\varphi = H_\varphi \cdot 2\pi\varrho = I. \quad (3.1.14)$$

Das Umlaufintegral $\oint \mathrm{d}s$ ist der Kreisumfang $2\pi\varrho$. Deshalb beträgt die Feldstärke außerhalb eines *langen* (dünnen) Leiters im Abstand r von seiner Achse (3.1.7b)

$$\boxed{\boldsymbol{H}_\varphi(r) = H_\varphi(r)\boldsymbol{e}_\varphi = \frac{I}{2\pi r}\boldsymbol{e}_\varphi. \quad \text{Magnetische Feldstärke eines geraden Stromfadens } I \text{ im Abstand } r} \quad (3.1.15)$$

Um einen geraden stromdurchflossenen Leiter bilden die Linien konstanter magnetischer Feldstärke konzentrische Kreise, deren Dichte (Betrag) mit wachsendem Radius abnimmt. Ihre Richtung folgt aus der Rechte-Hand-Regel. Das ist eine grundlegende Beziehung zur Beurteilung magnetischer Felder. Bei mehreren parallelen Leitern entsteht das Gesamtfeld durch Überlagerung.

Vertiefung. Vektorcharakter der magnetischen Feldstärke Wegen der grundsätzlichen Bedeutung des Stromfadens vertiefen wir die Vektordarstellung. Gl. (3.1.15) stellt einen Vektor $\boldsymbol{H}$ in Richtung $\boldsymbol{e}_\varphi = \boldsymbol{e}_z \times \boldsymbol{e}_r$ dar, also senkrecht auf der von $\boldsymbol{e}_z$ und $\boldsymbol{e}_r$ aufgespannten Ebene. Wir kehren die Stromrichtung um. Das bedeutet Vorzeichenwechsel der z-Komponente (I weist in die z-Richtung), also $\boldsymbol{H} = H(-\boldsymbol{e}_z) \times \boldsymbol{e}_r = -H\boldsymbol{e}_\varphi$ (Abb. 3.1.8b). Zur Darstellung in kartesischen Koordinaten wird entweder der Einheitsvektor $\boldsymbol{e}_\varphi$ in seine Komponenten zerlegt oder durch die Einheitsvektoren $\boldsymbol{e}_r$ und $\boldsymbol{e}_z$ dargestellt und geschickt erweitert. Im ersten Fall folgt mit $-\boldsymbol{e}_\varphi = \sin\varphi\,\boldsymbol{e}_x - \cos\varphi\,\boldsymbol{e}_y$,

$$\boldsymbol{H}(r,\varphi) = \frac{I}{2\pi r}\left(\sin\varphi\,\boldsymbol{e}_x - \cos\varphi\,\boldsymbol{e}_y\right) \quad \to \quad \boldsymbol{H}(x,y) = \frac{I\left(y\boldsymbol{e}_x - x\boldsymbol{e}_y\right)}{2\pi\left(x^2 + y^2\right)}. \tag{3.1.16}$$

Die Größen φ und r wurden durch x und y ausgedrückt gemäß

$$\sin\varphi(x,y) = \frac{y}{r}, \quad \cos\varphi(x,y) = \frac{x}{r}, \quad r(x,y) = \sqrt{x^2 + y^2}.$$

Die Zerlegung des Einheitsvektors wird mit dem Kreuzprodukt $\boldsymbol{e}_\varphi = \boldsymbol{e}_z \times \boldsymbol{e}_r$ umgangen

$$\begin{aligned}
\boldsymbol{H} &= \frac{I}{2\pi r}\left(-\boldsymbol{e}_z \times \boldsymbol{e}_r\right) = -\boldsymbol{e}_z \times \frac{Ir}{2\pi r^2}\boldsymbol{e}_r = -\boldsymbol{e}_z \times \frac{I\boldsymbol{r}}{2\pi r^2} \\
&= -\boldsymbol{e}_z \times \frac{I\left(x\boldsymbol{e}_x + y\boldsymbol{e}_y\right)}{2\pi r^2} = \frac{I\left(y\boldsymbol{e}_x - x\boldsymbol{e}_y\right)}{2\pi\left(x^2 + y^2\right)}.
\end{aligned}$$

Durch Erweitern mit dem Betrag r entfällt die Vektorzerlegung von $\boldsymbol{e}_\varphi$ und mit dem Kreuzprodukt ($\boldsymbol{e}_z \times \boldsymbol{e}_x = \boldsymbol{e}_y$, $\boldsymbol{e}_y \times \boldsymbol{e}_z = \boldsymbol{e}_x$) kommt man zum gleichen Ergebnis.

Bei Verschiebung des Leiters (Abb. 3.1.8c) erlauben Hilfskoordinaten x', y' (parallel zu den alten Achsen) die sinngemäße Anwendung der Ergebnisse: es beträgt die Feldstärke im Punkt P (x,y)

$$\begin{aligned}
\boldsymbol{H}(x,y) &= -\boldsymbol{e}_z \times \frac{I\boldsymbol{r}'}{2\pi r'^2} = -\boldsymbol{e}_z \times \frac{I\left(\boldsymbol{r} - \boldsymbol{r}_0\right)}{2\pi\left|\boldsymbol{r} - \boldsymbol{r}_0\right|^2} \\
&= -\boldsymbol{e}_z \times \frac{I\left((x-x_0)\boldsymbol{e}_x + (y-y_0)\boldsymbol{e}_y\right)}{2\pi\left((x-x_0)^2 + (y-y_0)^2\right)} \\
&= \frac{I\left((y-y_0)\boldsymbol{e}_x - (x-x_0)\boldsymbol{e}_y\right)}{2\pi\left((x-x_0)^2 + (y-y_0)^2\right)}.
\end{aligned}$$

Dabei wurde der Hilfsradius $\boldsymbol{r}' = \boldsymbol{r} - \boldsymbol{r}_0$ verwendet.

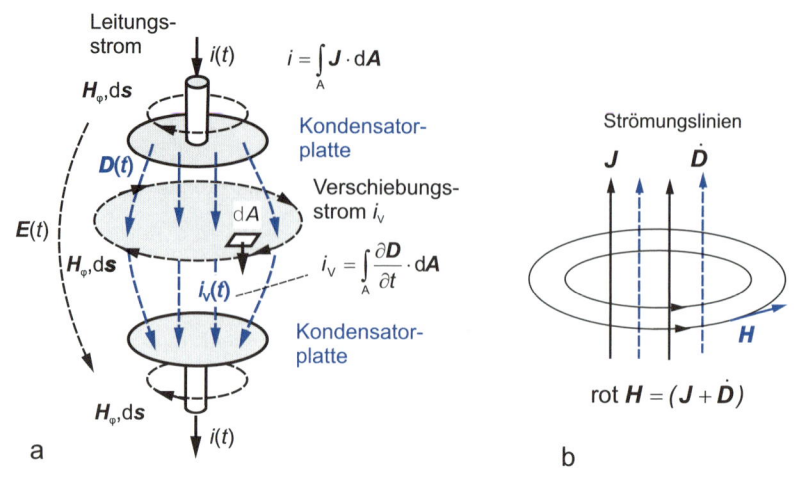

Abb. 3.1.9. Verallgemeinerter Durchflutungssatz. (a) Jeder Strom (Leitungs-, Verschiebungsstrom) wird von einem Magnetfeld umwirbelt. (b) Differenzialform

Einschränkungen Die Lösung Gl. (3.1.15) gilt unter Einschränkungen (s. Kap. 3.1.3):

- nur für kreisförmige, unendlich dünne Leiter, eben *Stromfäden*; ein anderer Querschnitt (z. B. Rechteckleiter) erzeugt keine kreisförmigen Feldlinien;
- bei endlichem Leiterquerschnitt nur *außerhalb* des Leiters. Das Feld im Innern muss für den jeweils umfassten Strom getrennt berechnet werden.
- bei unendlich langem Leiter. Begrenzte Leiterlänge (kurze Drahtstücke) erfordert Korrektur (s. Beispiel 3.1.7).
- bei *gekrümmtem* Leiter gilt wohl das Durchflutungsgesetz, es kann aber nicht zur Feldberechnung in einem Punkt ausgewertet werden.

Das Beispiel zeigt die Anwendungsbeschränkungen des Durchflutungssatzes: er erlaubt die Berechnung der magnetischen Feldstärke *nur bei bekanntem Feldverlauf* $\boldsymbol{H}(\boldsymbol{r})$, wie in symmetrischen Anordnungen oder magnetischen Kreisen, aber nicht bei allgemein gegebener Durchflutung.

Beispiel 3.1.2 Feldstärke und Flussdichte Fließt in einen Draht der Strom $I = 1\,\text{A}$, so beträgt die magnetische Feldstärke H im Abstand $r = 1\,\text{m}$, $H = 1\,\text{A}/(2\pi \cdot 1\,\text{m}) = 0{,}16\,\text{A}/\text{m}$. Dazu gehört die Flussdichte $B = \mu_0 H = 1{,}256(\mu\text{H/m}) \cdot 0{,}16\,\text{A/m} \approx 0{,}2\,\mu\text{T}$.

Verallgemeinerung des Durchflutungssatzes In räumlich ausgedehnten Strömungsfeldern (Stromdichte $\boldsymbol{J}_\text{K} = \varrho\boldsymbol{v}$) und in Nichtleitern (Verschiebungsstromdichte $\boldsymbol{J}_\text{V} = \partial \boldsymbol{D}/\partial t$) setzt sich die Gesamtstromdichte $\boldsymbol{J}$ unterschied-

3.1 Die vektoriellen Größen des magnetischen Feldes

lich zusammen. Wir zerlegen daher die vom Umlauf eingeschlossene Fläche in Flächenelemente dA und schreiben statt Gl. (3.1.12)

$$\oint_{\text{Randkurve } s} \boldsymbol{H} \cdot \mathrm{d}\boldsymbol{s} = \int_{\text{Fläche } A} \boldsymbol{J} \cdot \mathrm{d}\boldsymbol{A} \qquad \text{Durchflutungssatz,}$$
$$= \int_A \left(\varrho \boldsymbol{v} + \frac{\partial \boldsymbol{D}}{\partial t} \right) \cdot \mathrm{d}\boldsymbol{A}. \quad \text{erste Maxwellsche Gleichung} \qquad (3.1.17a)$$

Das Umlaufintegral der magnetischen Feldstärke längs des Weges s ist gleich dem Flächenintegral der Stromdichte über die Fläche A, die vom geschlossenen Weg s begrenzt wird.

Die Zuordnung der Richtungen von dA (bzw. I) und ds (bzw. H) folgt der Rechtsschraubenregel (Abb. 3.1.9a). Zur Durchflutung tragen *alle* Stromarten bei (Abb. 3.1.9a):

− die von *bewegten Ladungen* (Konvektionsstrom), z.B. Strom im Leiter, Diffusionsstrom, Ladungsströme im Vakuum u.a. Auch ein stationäres Strömungsfeld hat ein magnetisches Feld.
− der *Verschiebungsstrom* (bei zeitveränderlichem Feld). Sein Magnetfeld wirkt nur bei schnellen Feldänderungen, sonst kann er gegen den Konvektionsstrom vernachlässigt werden. Dann gilt der Durchflutungssatz Gl. (3.1.12).

Der verallgemeinerte Durchflutungssatz bildet zusammen mit dem Induktionsgesetz (s. Kap. 3.3) die Grundlage für die Berechnung elektromagnetischer Felder.

Der Durchflutungssatz bezog sich bisher auf die *Gesamtwirkung aller Ströme innerhalb einer umfassten Fläche*. Deshalb gibt es auch eine der Gl. (3.1.17a) entsprechende *Aussage für den Raumpunkt* über die Wirbeldichte oder *Rotation* der Feldstärke $\boldsymbol{H}$:

$$\operatorname{rot} \boldsymbol{H} = \boldsymbol{J}. \qquad \text{Durchflutungssatz in Differenzialform} \qquad (3.1.17b)$$

Die Wirbeldichte der magnetischen Feldstärke $\boldsymbol{H}$ ist gleich der Stromdichte $\boldsymbol{J}$.

In Abb. 3.1.7c wurde dieses Ergebnis eingetragen. Mathematisch folgt es aus dem sog. Stokesschen Satz (Umwandlung eines Oberflächenintegrals in ein Linienintegral und umgekehrt)

$$\Theta = \oint_{\text{Umlauf um } \Theta} \boldsymbol{H} \cdot \mathrm{d}\boldsymbol{s} = \int_{\text{Umlauffläche}} \operatorname{rot} \boldsymbol{H} \cdot \mathrm{d}\boldsymbol{A}.$$

Dieses Oberflächenintegral wird auch als *Wirbelfluss* bezeichnet. Man bildet dazu die Umlaufintegrale $\oint \boldsymbol{H} \cdot \mathrm{d}\boldsymbol{s}$ über Flächenelemente d$\boldsymbol{A}$. Im Grenzübergang d$A \to$

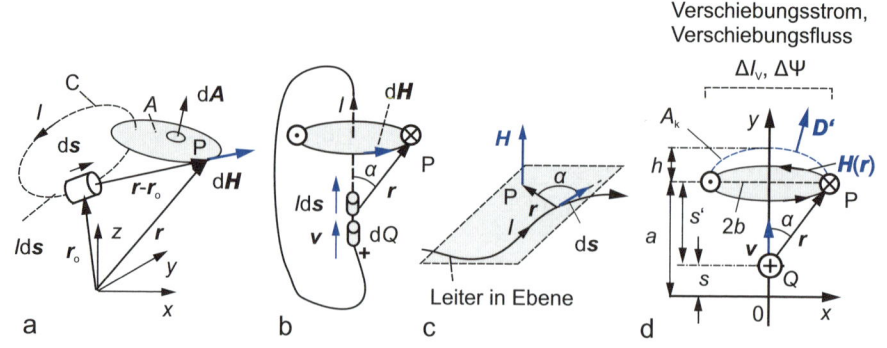

Abb. 3.1.10. Biot-Savartsches Gesetz. (a) Verkettung von Strom und magnetischem Feld, Beitrag eines Stromelementes $I\mathrm{d}s$ zum Feldanteil $\mathrm{d}H$ im Punkt P. (b) Vereinfachte Darstellung für eine ausgewählte Feldlinie. (c) Ebene Leiteranordnung mit Magnetfeld. (d) Verschiebungsstrom und magnetische Feldstärke im Punkt P, herrührend von einer mit der Geschwindigkeit v bewegten Ladung $\mathrm{d}Q$

0 lässt sich der Strom $\mathrm{d}I = \boldsymbol{J} \cdot \mathrm{d}\boldsymbol{A}$ durch die Stromdichte $\boldsymbol{J}$ ausdrücken und nach Division durch $\mathrm{d}A$ folgt (im Sonderfall $\boldsymbol{J}$ und $\mathrm{d}\boldsymbol{A}$ parallel) die *Definition der Rotation* (rot) der Vektoranalysis ($\boldsymbol{n}$ Normalenvektor von $\mathrm{d}\boldsymbol{A}$)

$$\lim_{\Delta A \to 0} \frac{\oint \boldsymbol{H} \cdot \mathrm{d}\boldsymbol{s}}{\Delta A} = \mathrm{rot}\, \boldsymbol{H} \cdot \boldsymbol{n} = \boldsymbol{J} \cdot \boldsymbol{n}.$$

Die auf die Fläche bezogene Durchflutung ist gleich der Stromdichte durch sie. Zum vollständigen Ergebnis gelangt man durch Betrachtung der Einzelkomponenten; die Rechenvorschrift zur Auswertung der Rotation stellt die Vektoranalysis bereit. Der Durchflutungssatz in Differentialform erlaubt eine weit leistungsfähigere Feldberechnung als die Integralform (Gegenstand der Feldtheorie).

Gesetz von Biot-Savart Das Durchflutungsgesetz erlaubt in der integralen Form nur in Sonderfällen die Berechnung von $\boldsymbol{H}$ bei gegebenem Strom. Das Gesetz von Biot-Savart hat diese Beschränkungen nicht, es enthält vielmehr die explizite Formulierung zwischen magnetischer Feldstärke und Strom bzw. Stromdichte. Obwohl aus dem Durchflutungssatz herleitbar, verzichten wir zugunsten der anschaulichen Begründung.

Wegen des stets geschlossenen Stromkreises lässt sich der Durchflutungssatz (Magnetfeld umwirbelt Strom) auch umgekehrt auffassen: der Strom windet sich um das $\boldsymbol{H}$-Feld (Abb. 3.1.10a). Interessiert dann die Feldstärke $\boldsymbol{H}$ in einem Raumpunkt P, die ein dünner stromführender Leiter der Form C erzeugt, so muss man den „Durchflutungssatz nach der Feldstärke $\boldsymbol{H}$ auflösen". Das Ergebnis heißt *Biot-Savartsches Gesetz* (Abb. 3.1.10b). Wir greifen dazu aus dem stromdurchflossenen Leiter ein Element der Länge $\mathrm{d}\boldsymbol{s}$ ($\mathrm{d}\boldsymbol{s} \| \boldsymbol{v}$) heraus

(Abb. 3.1.10a). Jedes Stromelement $I\mathrm{d}\boldsymbol{s}$ ergibt einen Feldbeitrag

$$\mathrm{d}\boldsymbol{H} = \frac{I}{4\pi}\frac{\mathrm{d}\boldsymbol{s}\times\boldsymbol{r}}{r^3} = \frac{I}{4\pi}\frac{\mathrm{d}\boldsymbol{s}\times\boldsymbol{e}_\mathrm{r}}{r^2} \qquad (3.1.18\mathrm{a})$$

bei beliebig gekrümmtem Stromfaden. Weil diese Anteile im Raum unterschiedliche Richtung haben, sind sie vektoriell zu addieren. Die Richtung von d$\boldsymbol{H}$ weist nach der Rechte-Hand-Regel in die Zeichenebene. Weil ein einzelnes Stromelement physikalisch nicht sinnvoll ist (Strom immer geschlossene Erscheinung!), führt erst das Integral über den Stromkreis zum magnetischen Feld $\boldsymbol{H}$ in P. Da der Abstand von P zum Stromelement $I\mathrm{d}\boldsymbol{s}$ die Feldstärke bestimmt, wählen wir eine einfachere Darstellung (Abb. 3.1.10b). Es gilt[11,12]

$$\boldsymbol{H} = \int_L \mathrm{d}\boldsymbol{H} = \frac{I}{4\pi}\oint_C \frac{\mathrm{d}\boldsymbol{s}\times\boldsymbol{r}}{r^3} \quad \text{bzw.}$$

$$H = \frac{I}{4\pi}\oint_C \frac{\sin\angle(\boldsymbol{r},\mathrm{d}\boldsymbol{s})}{r^2}\mathrm{d}s. \qquad \text{Gesetz von Biot-Savart} \quad (3.1.18\mathrm{b})$$

Dabei ist C die Kontur des Leiterkreises. Verläuft er mit dem Aufpunkt P in gleicher Ebene, so weisen alle Feldstärkeanteile in die Richtung senkrecht zu dieser Ebene und die Gesamtfeldstärke lässt sich durch Integration ermitteln (Abb. 3.1.10c).

> Die magnetische Feldstärke $\boldsymbol{H}$ in einem Punkt P außerhalb eines Stromkreises (dünner Leiter) ergibt sich durch Überlagerung (Linienintegral) der Teilbeiträge d$\boldsymbol{H}$ aller stromdurchflossenen Teillängen d$\boldsymbol{s}$ über den geschlossenen Stromkreis.

Das Biot-Savartsche Gesetz drückt die magnetische Feldstärke im Raumpunkt durch den Strom eines umgebenden Stromkreises aus, es kann auch auf das räumliche Strömungsfeld erweitert werden. Seine Anwendung unterliegt *Einschränkungen*:

— Es gilt in dieser Form nur außerhalb *dünner Stromleiter* (*Stromfäden*) und die Integration muss längs einer geschlossene Kurve erfolgen (die auch im Unendlichen schließen kann, wie etwa beim geraden Leiter).
— Gültig nur in Luft, ferromagnetische Bereiche in Leiternähe stören die Feldverteilung und das Gesetz gilt nicht.

---

[11] Jean Baptiste Biot, französischer Physiker 1774–1862, Felix Savart, franz. Arzt und Physiker, 1791–1841. Das Gesetz wurde 1820 von Biot angegeben und 1823 unabhängig davon durch Ampère formuliert.

[12] Gelegentlich auch als Ampèresche Formel bezeichnet.

– Bei massiven Leitern (Strömungsfeld) muss die Stromdichte $\boldsymbol{J}$ verwendet werden mit $I = \int_A \boldsymbol{J} \cdot \mathrm{d}\boldsymbol{A}$

$$\boldsymbol{H} = \frac{1}{4\pi} \iiint_V \frac{(\boldsymbol{J} \times \boldsymbol{r})}{r^3} \cdot \underbrace{\mathrm{d}\boldsymbol{A} \cdot \mathrm{d}\boldsymbol{s}}_{\mathrm{d}V} = \frac{1}{4\pi} \iiint_V \frac{(\boldsymbol{J} \times \boldsymbol{r})}{r^3} \cdot \mathrm{d}V. \qquad (3.1.18c)$$

Die Integration erfolgt über alle stromdurchflossenen Volumenelemente.

Die Anwendung des Biot-Savartschen Gesetzes ist i. a. aufwendig und sollte folgendermaßen ablaufen:

– Wahl der Geometrie und problemangepasster Koordinaten für Stromkreis, Längenelement d$\boldsymbol{s}$ und Punkt P;
– Wahl des Leiterelementes d$\boldsymbol{s}$ in Stromrichtung und des Ortsvektors $\boldsymbol{r}$, Ausdruck durch geometrische Größen;
– Bildung von d$\boldsymbol{s} \times \boldsymbol{r}$, der Richtung von d$\boldsymbol{H}$ und Berechnung des Linienintegrals.

Vertiefung: magnetische Feldstärke und Verschiebungsstromdichte* Weil sich im Leiter die Ladung Q mit der Geschwindigkeit $\boldsymbol{v}$ bewegt, kann das Stromelement $I\mathrm{d}\boldsymbol{s}$ auch gleichwertig durch $I\mathrm{d}\boldsymbol{s} = \boldsymbol{v}\mathrm{d}Q$ ausgedrückt werden. Eine differenzielle Ladung dQ verursacht dann den Anteil d$\boldsymbol{H}$ bzw. Q den Teil $\boldsymbol{H}$

$$\mathrm{d}\boldsymbol{H} = \frac{\mathrm{d}Q}{4\pi r^2}\left(\boldsymbol{v} \times \frac{\boldsymbol{r}}{r}\right) = \frac{\mathrm{d}Q}{4\pi r^3}(\boldsymbol{v} \times \boldsymbol{r}). \qquad (3.1.19a)$$

Das bestätigt die obige Aussage: die magnetische Feldstärke ist Ursache des magnetischen Feldes, ihr physikalischer Inhalt die mit der Geschwindigkeit $\boldsymbol{v}$ bewegte Ladung (oder gleichwertig das Stromelement) unabhängig von den Materialeigenschaften des Raumes. Grundsätzlich verursacht jede Ladungsbewegung im Raum einen Verschiebungsstrom mit seinem Magnetfeld. Bewegt sich eine positive Ladung Q geradlinig mit konstanter Geschwindigkeit $\boldsymbol{v}$ (mit $v \ll c$) (Abb. 3.1.10d), so entsteht im Punkt P (Ortsvektor $\boldsymbol{r}$) die magnetische Feldstärke

$$\boxed{\boldsymbol{H} = (\boldsymbol{v} \times \boldsymbol{D}) = \frac{Q}{4\pi r^2}\left(\boldsymbol{v} \times \frac{\boldsymbol{r}}{r}\right) = \frac{Q}{4\pi r^3}(\boldsymbol{v} \times \boldsymbol{r}), \quad H = \left|\frac{Qv\sin\alpha}{4\pi r^2}\right|} \qquad (3.1.19b)$$

durch die von ihr ausgehende Verschiebungsflussdichte $\boldsymbol{D}$ (Winkel α zwischen den Vektoren $\boldsymbol{v}$ und $\boldsymbol{r}$). Sie fußt auf der Berechnung des Verschiebungsstromes der bewegten Ladung über die Berandungsfläche (durch Punkt P). Er steht mit der Verschiebungsflussdichte $\boldsymbol{D}'$ auf der Kugelkappe und ihrer Fläche in Beziehung. Der zeitlich veränderliche Winkel $\alpha(t)$ zwischen $\boldsymbol{r}$ und $\boldsymbol{v}$ durch die Ladungsbewegung führt schließlich auf Gl. (3.1.19b): Die Verschiebungsflussdichte $\boldsymbol{D}'$ auf der Kugelkappe beträgt $\boldsymbol{D}' = \boldsymbol{e}_r Q/(4\pi r^2)$. Daraus wird der Verschiebungsfluss $\Delta\Psi = \int_{A_k} \boldsymbol{D}' \cdot \mathrm{d}\boldsymbol{A} = D'A_k = \frac{Q}{2}(1 - \cos\alpha)$ mit $A_k = 2\pi rh = 2\pi r^2(1 - \cos\alpha)$. Aus dem Verschiebungsstrom $\Delta I_V = \frac{\mathrm{d}(\Delta\Psi)}{\mathrm{d}t} = \frac{Q}{2}\sin\alpha\frac{\mathrm{d}\alpha}{\mathrm{d}t}$, der Geschwindigkeit $v = \frac{\mathrm{d}s}{\mathrm{d}\alpha}\frac{\mathrm{d}\alpha}{\mathrm{d}t} = \frac{b}{\sin^2\alpha}\frac{\mathrm{d}\alpha}{\mathrm{d}t}$ und der Flugstrecke $s = a - s' = a - b\tan\alpha$ folgt schließlich die Feldstärke im Punkt P: $H = \frac{\Delta I_V}{2\pi b} = \frac{Qv}{4\pi r^2}\sin\alpha$, (s. Gl. (3.1.19b)).

Zusammengefasst gibt es zur Berechnung der magnetischen Feldstärke um stromführende Leiter:
— das Durchflutungsgesetz für Sonderfälle,
— das Feld des geraden Leiters Gl. (3.1.15) als Grundmodell,
— das Biot-Savartsche Gesetz Gl. (3.1.18).

Biot-Savartsches Gesetz und Durchflutungssatz beschreiben den gleichen physikalischen Zusammenhang zwischen Strom und begleitendem Magnetfeld (wenn auch in verschiedener Abhängigkeit). Deshalb sind sie auseinander herleitbar. Der Durchflutungssatz beschränkt sich auf symmetrische Sonderfälle, das Biot-Savartsche Gesetz ist universeller einsetzbar, erfordert aber oft numerische Auswertung. Liegen Leiter und Feldpunkt P wie in vielen technischen Fällen in der gleichen Ebene, so vereinfacht sich die Anwendung von Gl. (3.1.18). Wir betrachten dazu einige Beispiele.

3.1.3 Berechnung der magnetischen Feldstärke

Anwendung des Durchflutungssatzes Der Durchflutungssatz erlaubt *die Berechnung der Durchflutung* ΣI_μ bei bekanntem Feldverlauf $\boldsymbol{H}(\boldsymbol{r})$ für Sonderfälle wie:

— konstante Feldstärke längs der Berandung s: $\oint \boldsymbol{H} \cdot \mathrm{d}\boldsymbol{s} = \boldsymbol{H} \cdot \oint \mathrm{d}\boldsymbol{s} = Hs$, $\boldsymbol{H} \| \boldsymbol{s}$ vorausgesetzt;
— stückweise konstante Feldstärke $\oint \boldsymbol{H} \cdot \mathrm{d}\boldsymbol{s} = H_1 s_1 + H_2 s_2 + \ldots$, ($\boldsymbol{H} \| \boldsymbol{s}$),
— bei gegebener Feldstärke H als Funktion von s $\oint \boldsymbol{H} \cdot \mathrm{d}\boldsymbol{s} = \oint \boldsymbol{H}(\boldsymbol{s}) \cdot \mathrm{d}\boldsymbol{s}$.

In allen übrigen Fällen wird das Biot-Savartsche Gesetz benutzt.

Magnetische Feldstärke im Inneren eines langen, geraden kreisförmigen Leiters In Gl. (3.1.15) musste das Magnetfeld im Leiterinnern nicht beachtet werden: ein Stromfaden hat keinen Querschnitt. Bei endlichem Leiterquerschnitt verteilt sich der Strom und ein Magnetfeld existiert auch im Leiterinnern (es ist wegen der Zylindersymmetrie paralleleben, Abb. 3.1.11a).

Für den Durchflutungssatz wirkt der jeweils von der Feldlinie umfasste Strom. Er beträgt bei konstanter Stromdichte $J = I(\varrho)/A(\varrho)$ über die Fläche

$$\boxed{\frac{I(\varrho)}{I} = \frac{A(\varrho)}{A} = \left(\frac{\varrho}{r_\mathrm{a}}\right)^2 \quad \to \quad I(\varrho) = I\left(\frac{\varrho}{r_\mathrm{a}}\right)^2.}$$

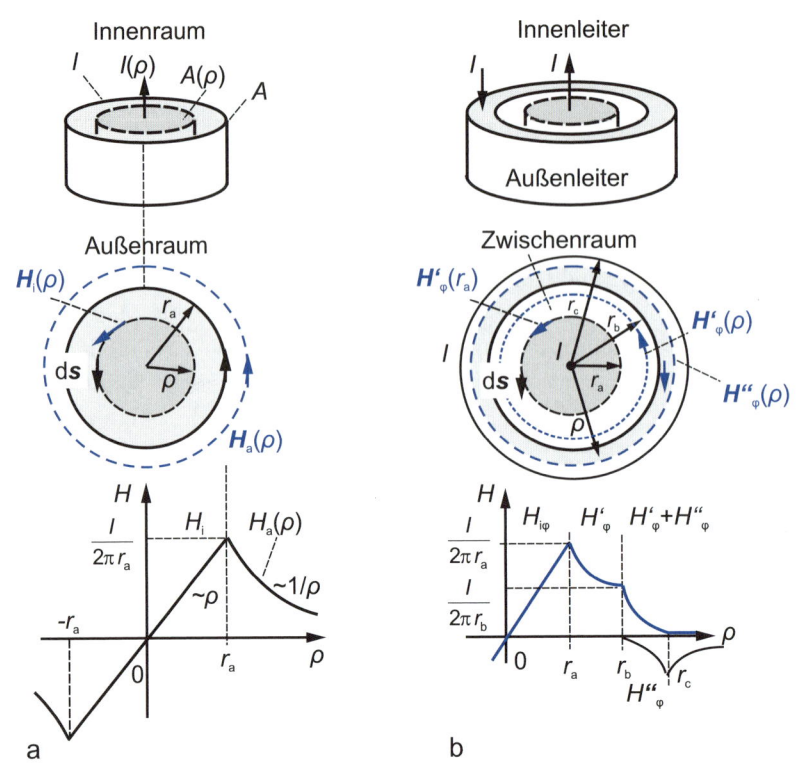

Abb. 3.1.11. Berechnung der magnetische Feldstärke. (a) Radiale Verteilung in und um einen kreisförmigen Leiter (konstante Stromdichte). (b) Feldverlauf in einer stromdurchflossenen Koaxialleitung

Damit kann Gl. (3.1.15) übernommen werden und es gilt

$$\boxed{\boldsymbol{H}(\varrho) = \frac{I}{2\pi r_\mathrm{a}} \boldsymbol{e}_\varphi \cdot \begin{cases} \varrho/r_\mathrm{a} & (\varrho \leq r_\mathrm{a}) \\ r_\mathrm{a}/\varrho & (\varrho \geq r_\mathrm{a}) \end{cases}.} \qquad (3.1.20)$$

Die Feldverläufe $\boldsymbol{H}_\mathrm{i}(\varrho)$ und $\boldsymbol{H}_\mathrm{a}(\varrho)$ im Leiter und Außenraum haben nur eine φ-Komponente (Abb. 3.1.11a). Die Feldstärke im Leiterinnern wächst proportional zum Radius, im Außenraum fällt sie mit $1/\varrho$ ab. An der Leiteroberfläche $\varrho = r_\mathrm{a}$ stimmen beide Lösungen überein: die *magnetische Feldstärke ist stetig* (das begründen wir im Kap. 3.1.6). Zur Darstellung wählen wir den Verlauf in einer Schnittebene (z. B. an der Stelle $\varphi = 0$), für den Verlauf bei $\alpha = 180°$ kehrt sich das Vorzeichen von $\boldsymbol{H}$.

Nach diesem Ansatz lässt sich das magnetische Feld auch im Koaxialkabel und Rohren ermitteln. Der Feldverlauf außerhalb eines geraden Leiters wurde bereits mit Gl. (3.1.15) diskutiert.

Beispiel 3.1.3 Magnetische Feldstärke im Koaxialkabel Wir berechnen das Magnetfeld in einem Koaxialkabel (Abb. 3.1.11b) aus Innenleiter und konzentrischem Außenleiter mit den Radien r_b, r_c. Im Innenleiter (Radius r_a) fließt der Strom hin, im Außenleiter zurück. Vorausgesetzt werden konstante Stromdichten. Das Magnetfeld ist zylindersymmetrisch und der Durchflutungssatz anwendbar.

Es gibt vier Feldbereiche: im Leiterinnern, zwischen den Leitern, im Außenleiter und außerhalb der Leitung.

— Im Innenleiter $0 \leq \varrho \leq r_a$ beträgt der jeweils *umfasste Strom* durch die Querschnittsfläche $\pi\varrho^2$

$$I(\varrho) = \frac{\varrho^2}{r_a^2} I$$

(Abb. 3.1.11b). Wir übernehmen das Ergebnis von Gl. (3.1.20) für die magnetische Feldstärke $\boldsymbol{H}_{i\varphi}$

$$\boldsymbol{H}_{i\varphi} = \frac{I\boldsymbol{e}_\varphi}{2\pi\varrho} \frac{\varrho^2}{r_a^2} = \frac{I\boldsymbol{e}_\varphi}{2\pi r_a^2}\varrho \quad (\varrho \leq r_a) \tag{1}$$

im Abstand ϱ von der Mittelachse. Die magnetischen Feldlinien sind konzentrische Kreise und die Feldstärke $\boldsymbol{H}_{i\varphi}$ steigt mit dem Radius bis zur Oberfläche $\varrho = r_a$ an.

— Im *Zwischenraum* ($r_a \leq \varrho \leq r_b$) wird nur der Strom des Innenleiters umfasst, also gilt nach Gl. (3.1.20)

$$\boldsymbol{H}_\varphi = \frac{I\boldsymbol{e}_\varphi}{2\pi\varrho} \quad (r_a \leq \varrho \leq r_b). \tag{2}$$

— Im *Außenleiter* ($r_b \leq \varrho < r_c$) überlagern sich die vom Innen- und Außenleiter herrührenden Felder (letzteres entgegenwirkend). Von ihm trägt nur der umfasste Strom $I(\varrho)$ an der Stelle ϱ bei

$$\frac{I(\varrho)}{I} = \frac{A(\varrho)}{A} = \frac{\varrho^2 - r_b^2}{r_c^2 - r_b^2} \quad \rightarrow \boldsymbol{H}''_\varphi = -\frac{I(\varrho)}{2\pi\varrho}\boldsymbol{e}_\varphi = -\frac{I}{2\pi\varrho}\frac{\varrho^2 - r_b^2}{r_c^2 - r_b^2}\boldsymbol{e}_\varphi \tag{3}$$

mit der zugehörigen magnetischen (Teil-)Feldstärke rechts (Vorzeichenumkehr wegen entgegengesetzter Stromrichtung!) Die Gesamtfeldstärke ergibt sich aus der Überlagerung mit dem Feld des Innenleiters

$$\boldsymbol{H}_\varphi = \boldsymbol{H}'_\varphi + \boldsymbol{H}''_\varphi = \frac{I}{2\pi\varrho}\frac{r_c^2 - \varrho^2}{r_c^2 - r_b^2}\boldsymbol{e}_\varphi. \tag{4}$$

Sie fällt im Außenleiter steiler als im Innenraum und verschwindet am Außenrand $\varrho = r_c$. Von dort an wird durch die entgegengesetzten Stromrichtungen im Innen- und Außenleiter kein Nettostrom mehr umfasst und das magnetische Feld verschwindet. Diese Tatsache nutzen technische Anwendungen: viele Koaxialleitungen können ohne gegenseitige Störungen parallel liegen.

Beispiel 3.1.4 Lange Zylinderspule Zur Bestimmung der magnetischen Feldstärke in einer langen, gleichmäßig mit dünnem Draht bewickelten Zylinderspule (Länge l, Durchmesser d, eine solche Spule heißt auch *Solenoid*) wählen wir als Integrati-

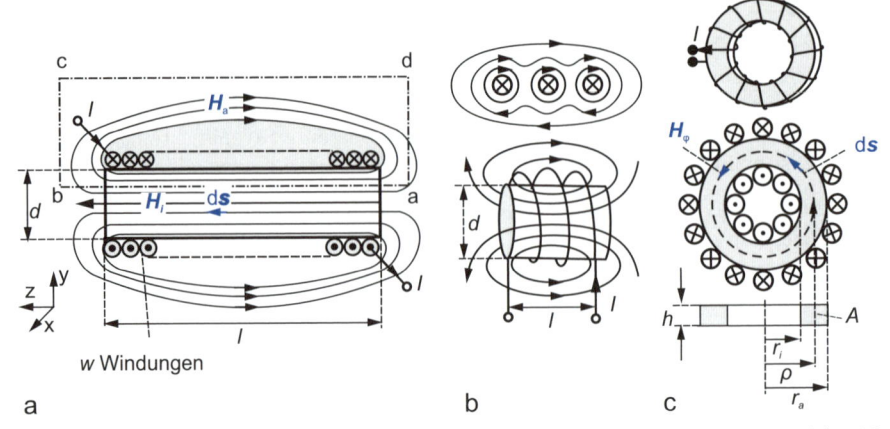

Abb. 3.1.12. Feldberechnung, Durchflutungssatz. (a) Feld in langer Zylinderspule. (b) Feld in kurzer Zylinderspule, Ausschnitt in Leiternähe. (c) Feld in einlagiger Ringspule

onsweg im Umlaufintegral Gl. (3.1.12) den in Abb. 3.1.12a angegebenen Weg $abcd$. Dann folgt aus dem Durchflutungssatz

$$\underbrace{\int_a^b \boldsymbol{H}_\mathrm{i} \cdot \mathrm{d}\boldsymbol{s}}_{(1)} + \underbrace{\int_b^c \boldsymbol{H}_\mathrm{a} \cdot \mathrm{d}\boldsymbol{s}}_{(2)} + \underbrace{\int_c^d \boldsymbol{H}_\mathrm{a} \cdot \mathrm{d}\boldsymbol{s}}_{(3)} + \underbrace{\int_d^a \boldsymbol{H}_\mathrm{a} \cdot \mathrm{d}\boldsymbol{s}}_{(4)} \approx \int_a^b \boldsymbol{H}_\mathrm{i} \cdot \mathrm{d}\boldsymbol{s} = H_\mathrm{i} l = \sum I_\nu = wI$$

mit der Durchflutung wI. Die Integrale (2)–(4) verschwinden wegen $H_\mathrm{a} \ll H_\mathrm{i}$, denn im Spuleninnern ($H_\mathrm{i}$) ist die Feldstärke deutlich größer als im Außenraum (H_a). So verbleibt nur Integral (1). Zusätzlich kann die Feldstärke H_i im Spuleninnern als praktisch konstant gelten (Voraussetzung lange, dünne Spule!). Dann gilt $H_\mathrm{i} l = wI$ oder in Vektorschreibweise

$$\boldsymbol{H} = \boldsymbol{H}_\mathrm{z} = \boldsymbol{e}_\mathrm{z} \frac{wI}{l}. \qquad \text{Magnetische Feldstärke in langer Zylinderspule} \qquad (3.1.21)$$

Eine lange, dünne Zylinderspule hat eine definierte magnetische Feldstärke umgekehrt proportional zur Spulenlänge. Ihr Außenfeld ist gegen das Innenfeld praktisch vernachlässigbar.

Umgekehrt fächern die Feldlinien mit kürzer werdender Spule an den Enden immer mehr auf und das Feldbild nähert sich dem eines Stabmagneten (Abb. 3.1.12b). Gilt obige Voraussetzung nicht, so muss die Feldstärke über das Gesetz von Biot-Savart bestimmt werden (s. Beispiel 3.1.8).

Beispiel 3.1.5 Ringspule (Toroid) Spulen erzeugen durch die Windungszahl hohe magnetische Feldstärken. Eine *Ring-* oder *Toroidspule* ist ein gleichmäßig mit dünnem Draht bewickelter Ringkern mit w Windungen. Stromfluss erzeugt im Spuleninnern ein ringförmiges magnetisches Feld (Abb. 3.1.12c). Deshalb wählen wir als Umlaufweg einen Kreis mit dem Radius ϱ. Umlaufsinn und Stromrichtung bilden ein Rechtssystem. Der Umlauf umfasst die Stromsumme Iw, das Wegelement lautet $d\boldsymbol{s} = \boldsymbol{e}_\varphi \varrho d\varphi$. Dann gilt nach dem Durchflutungssatz

$$\oint_{\text{Kreis}} \boldsymbol{H}_\varphi \cdot d\boldsymbol{s} = \int_0^{2\pi} \boldsymbol{e}_\varphi H_\varphi(\varrho) \cdot \boldsymbol{e}_\varphi \varrho d\varphi = 2\pi \varrho H_\varphi(\varrho) = wI = \Theta \tag{3.1.22a}$$

und daraus für die magnetische Feldstärke in der Ringspule

$$\boxed{\boldsymbol{H}_\varphi(\varrho) = \boldsymbol{e}_\varphi H_\varphi(\varrho) = \boldsymbol{e}_\varphi \frac{wI}{2\pi\varrho}.} \quad \text{Magnetische Feldstärke in Ringspule} \tag{3.1.22b}$$

Sie sinkt in der Spule nach außen ab. Unterscheiden sich Innen- und Außenradius (r_i, r_a) nicht wesentlich, so verschwindet die Abhängigkeit vom Kernradius (es gilt dann $r_a \approx \varrho$) und im Spuleninnern entsteht konstante Feldstärke. Das Ergebnis Gl. (3.1.22b) entspricht einer Zylinderspule der mittleren Länge $l = 2\pi\varrho$. Mit wachsendem Radius geht die Ringspule in eine lange Zylinderspule über.

Feldüberlagerung, Stromfaden Das magnetische Gesamtfeld mehrerer stromdurchflossener Leiter entsteht durch Überlagerung. Ein Beispiel sind parallele stromdurchflossene Leiter. Jeder erzeugt sein eigenes Magnetfeld und deswegen entsteht die magnetische Gesamtfeldstärke in einem Aufpunkt durch *vektorielle* Addition der Einzelwirkungen.

Wir wählen zwei unendlich lange parallele Drähte im Abstand d, die vom gleichen Strom I entweder gegen- oder gleichsinnig durchflossen sind. Abbildung 3.1.13a zeigt die Feldlinien. Bei *gegensinnigen* Stromrichtungen (Abb. 3.1.13a) addieren sich die Feldstärken zwischen beiden Leitern (außerhalb wirken sie einander entgegen). Die Feldstärke steht senkrecht auf der Ebene zwischen den Leitern und es gilt mit $H_1 = \frac{I}{2\pi r_1}$, $H_2 = \frac{I}{2\pi r_2}$ für einen Punkt P auf der x-Achse

$$H = H_1 + H_2 = \frac{I}{2\pi}\left(\frac{1}{r_1} + \frac{1}{r_2}\right) = \frac{I}{\pi}\frac{d}{d^2 - x^2}. \tag{3.1.23a}$$

Dabei sind $r_1 = d + x$, $r_2 = d - x$, der Koordinatenursprung $x = 0$ liegt in der Mitte der Verbindungslinie. Gegensinnige Stromrichtungen führen zu kreisförmigen Feldlinien um beide Leiter (es bilden sich sog. *Apollonische Kreise*). In der Symmetrieebene verlaufen die Feldlinien parallel zur Ebene. Das Feld hat ein Minimum bei $x = 0$. Es weist in der Verbindungsebene in positive y-Richtung.

Bei *gleichsinnigen* Stromrichtungen wirken die Felder zwischen den Leitern einander entgegen (außerhalb in gleicher Richtung), jetzt gilt mit Beachtung der Vorzeichen (Abb. 3.1.13b)

$$H = H_1 - H_2 = \frac{I}{2\pi}\left(\frac{1}{r_1} - \frac{1}{r_2}\right) = \frac{I}{\pi}\frac{x}{d^2 - x^2}. \tag{3.1.23b}$$

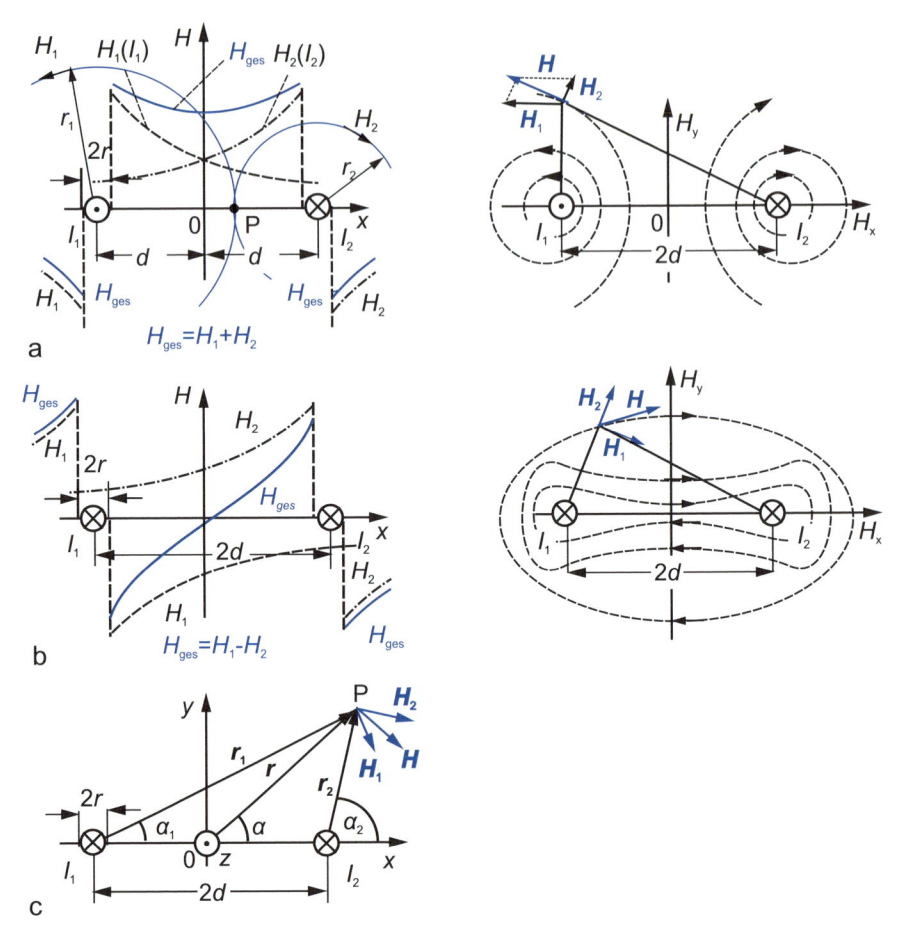

Abb. 3.1.13. Feldüberlagerung bei geraden, langen stromdurchflossenen Leitern. (a) Magnetische Feldstärke auf der Verbindungslinie zwischen zwei parallelen Leitern bei gleich großen, entgegengesetzt gerichteten Strömen (Doppelleitung). (b) Verlauf bei gleichgerichteten Strömen. (c) Feldstärke im Punkt P zwischen den Leitern

In der Mitte zwischen den Leitern verschwindet die Feldstärke und im Feldlinienbild umschließt ein Teil der Feldlinien beide Leiter, ein anderer nur die Einzelleiter (im Bild nicht dargestellt). Die Feldlinien treffen senkrecht auf die Symmetrieebene zwischen beiden Leitern.

Analyse in Vektordarstellung Genauere Feldstärkeverläufe ergeben sich aus den Feldkomponenten des Stromfadens in Vektordarstellung. Gesucht sind die Feldkomponenten H_x und H_y im Punkt $P(x, y)$ (Koordinatensystem Abb. 3.1.13c) in der Ebene $z = 0$. Wir nehmen beide Ströme in die Ebene hineinfließend an. Dann folgt

3.1 Die vektoriellen Größen des magnetischen Feldes

für die Komponenten in x- und y-Richtung (s. Gl. (3.1.16))
$$H_x = \frac{1}{2\pi}\left(\frac{I_1}{r_1}\sin\alpha_1 + \frac{I_2}{r_2}\sin\alpha_2\right), \quad H_y = \frac{-1}{2\pi}\left(\frac{I_1}{r_1}\cos\alpha_1 + \frac{I_2}{r_2}\cos\alpha_2\right).$$
Die Leiteranordnung drückt sich in den Winkelbeziehungen
$$\sin\alpha_1 = \frac{y}{r_1}, \quad \cos\alpha_1 = \frac{x+d}{r_1}, \quad \sin\alpha_2 = \frac{y}{r_2}, \quad \cos\alpha_2 = \frac{x-d}{r_2}$$
aus. Das Ergebnis lautet für *gleichgerichtete*, in die Ebene weisende Ströme I_1, I_2
$$H_x = \frac{1}{2\pi}\left(\frac{I_1 y}{r_1^2} + \frac{I_2 y}{r_2^2}\right), \quad H_y = \frac{-1}{2\pi}\left(\frac{I_1(x+d)}{r_1^2} + \frac{I_2(x-d)}{r_2^2}\right).$$
Mit den Radien zum Aufpunkt P: $\boldsymbol{r}_1 = \boldsymbol{r} + d\boldsymbol{e}_x$, $\boldsymbol{r}_2 = \boldsymbol{r} - d\boldsymbol{e}_x$ folgt

$$\boxed{\begin{aligned}\boldsymbol{H}(x,y) &= \frac{1}{2\pi}\left(y\left(\frac{I_1}{(x+d)^2+y^2} + \frac{I_2}{(x-d)^2+y^2}\right)\boldsymbol{e}_x \right.\\ &\quad \left. - \left(\frac{I_1(x+d)}{(x+d)^2+y^2} + \frac{I_2(x-d)}{(x-d)^2+y^2}\right)\boldsymbol{e}_y\right).\end{aligned}} \quad (3.1.23c)$$

Wir beschränken uns auf den Feldverlauf $H_y(x)$ in der Ebene $y = 0$ zwischen den Leitern. Er beträgt bei $I = I_1 = I_2$:
$$H_y(x,0) = \frac{I}{\pi}\frac{x}{(d^2-x^2)} \text{ (gleichsinnig)}, \quad H_y(x,0) = \frac{I}{\pi}\frac{d}{(d^2-x^2)} \text{ (gegensinnig)}.$$
Fließt Strom I_2 in die Ebene hinein und I_1 heraus ($I = I_2 = -I_1$), so gilt das rechte Ergebnis.

Die Analyse kann auch durch Feldüberlagerung unter Umgehung der Winkelberechnung vom Leiter zum Aufpunkt erfolgen. Wir setzen an (wieder für Ströme I_1, I_2 in die Ebene hineinfließend, also entgegen der z-Richtung)
$$\boldsymbol{H}(x,y) = \boldsymbol{H}_1 + \boldsymbol{H}_2 = \left(-\boldsymbol{e}_z \times \frac{I_1 \boldsymbol{r}_1}{2\pi r_1^2}\right) + \left(-\boldsymbol{e}_z \times \frac{I_2 \boldsymbol{r}_2}{2\pi r_2^2}\right).$$
Mit den obigen Radiusvektoren $\boldsymbol{r}_1$, $\boldsymbol{r}_2$ ist eine direkte Auswertung (mit Ausführung der Vektorprodukte) je nach Stromrichtung möglich.

Anwendungsbeispiele zum Gesetz von Biot-Savart Das Gesetz (Gl. (3.1.18)) erlaubt die direkte Berechnung der magnetischen Feldstärke als Funktion des Stromes bzw. der bewegten Ladung.

Beispiel 3.1.6 Magnetische Feldstärke. Dünner kreisförmiger Leiter Kreisrunde Leiterschleifen sind die Grundlage der Zylinderspule, denn ihr Gesamtfeld im Spuleninnern entsteht durch Feldüberlagerung der längs einer Achse versetzten Schleifen. Obwohl die allgemeine Feldberechnung über den Kreisquerschnitt kompliziert und nur numerisch möglich ist, gelingt eine geschlossene Auswertung für das Feld auf der Achse mit dem Biot-Savartschen Gesetz. Wir wählen für Gl. (3.1.18b) Zylinderkoordinaten $d\boldsymbol{s} = \boldsymbol{e}_\varphi \varrho d\varphi$ und $\boldsymbol{\varrho} = \boldsymbol{e}_\varrho \varrho$. Radius und Wegelement stehen senkrecht aufeinander ($\boldsymbol{\varrho} \perp d\boldsymbol{s}$). Es gilt $d\boldsymbol{s} \times \boldsymbol{\varrho} = \boldsymbol{e}_z \varrho^2 d\varphi$ und so ($\varrho \equiv R$)

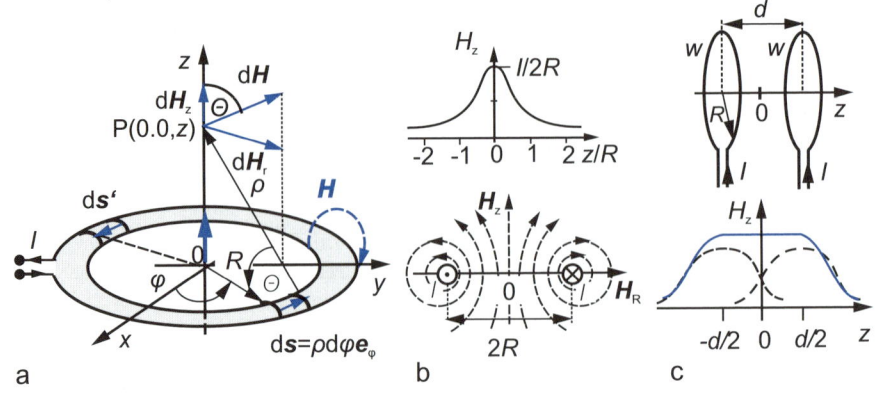

Abb. 3.1.14. Magnetisches Feld einer Kreisschleife. (a) Anordnung und magnetische Feldstärke im Zentrum (längs der z-Achse). (b) Verlauf der Feldstärke längs der Kreisringachse und Felddarstellung in einer Ebene senkrecht zur Schleife durch ihren Mittelpunkt. (c) Feld in einer Helmholtz-Spule

$$\boldsymbol{H} = \oint \frac{I}{4\pi} \frac{\mathrm{d}\boldsymbol{s} \times \boldsymbol{\varrho}}{\varrho^3} = \frac{I}{4\pi} \int_0^{2\pi} \frac{\boldsymbol{e}_z \varrho^2 \mathrm{d}\varphi}{\varrho^3} = \frac{I}{2\varrho}\boldsymbol{e}_z = \frac{I}{2R}\boldsymbol{e}_z. \quad \text{Leiterschleife} \quad (3.1.24)$$

Im Zentrum einer Leiterschleife (Radius R) herrscht eine magnetische Feldstärke nur abhängig vom Strom und Radius und um den Faktor π größer als das Feld eines geradlinigen Leiters (Gl. (3.1.15)) im gleichen Abstand. Wegen fehlender Zylindersymmetrie gelingt eine Lösung über den Durchflutungssatz hier nicht.

Kreisring in der x,y-Ebene Zur Berechnung des magnetischen Feldes im Kreisring auf der z-Achse (Abb. 3.1.14a) betrachten wir das Leiterelement d$\boldsymbol{s}$, das vom Aufpunkt P die Strecke ϱ entfernt ist mit $\varrho = (R^2 + z^2)^{1/2}$. Der Beitrag des Feldelementes d$\boldsymbol{H}$ durch d$\boldsymbol{s}$ beträgt ($\boldsymbol{\varrho} = \boldsymbol{e}_\varrho \varrho - R\boldsymbol{e}_\mathrm{r}$)

$$\mathrm{d}H = \frac{I}{4\pi\varrho^3}|\mathrm{d}\boldsymbol{s} \times \boldsymbol{\varrho}| = \frac{I\mathrm{d}s}{4\pi(R^2+z^2)}$$

und die Richtung von d$\boldsymbol{H}$ steht senkrecht auf der von $\boldsymbol{\varrho}$ und d$\boldsymbol{s}$ aufgespannten Ebene. d$\boldsymbol{H}$ hat die Komponenten d$\boldsymbol{H}_\mathrm{r}$ und d$\boldsymbol{H}_\mathrm{z}$. Das auf der gegenüberliegenden Seite des Leiterrings liegende Längenelement d$\boldsymbol{s}'$ sorgt für die Addition der z-Komponenten der Feldstärke, während sich ihre ϱ-Komponenten kompensieren (entgegengesetzte Richtungen). Deshalb wirkt das magnetische Feld nur in der z-Achse:

$$\mathrm{d}\boldsymbol{H} = \boldsymbol{e}_z \mathrm{d}H \cos\theta = \boldsymbol{e}_z \frac{I\cos\theta}{4\pi(R^2+z^2)}\mathrm{d}s. \tag{3.1.25a}$$

Für einen Punkt P$(0,0,z)$ auf der Achse sind in Gl. (3.1.25a) alle Größen konstant bis auf ds. Die Integration über einen Kreis vom Radius R ergibt

$$\boldsymbol{H}(z) = \frac{\boldsymbol{e}_z I \cos\theta}{4\pi(R^2+z^2)} \oint \mathrm{d}s = \boldsymbol{e}_z \frac{I\cos\theta\, 2\pi R}{4\pi(R^2+z^2)} = \boldsymbol{e}_z \frac{IR^2}{2(R^2+z^2)^{\frac{3}{2}}} \quad (3.1.25\text{b})$$

mit $\cos\theta = R/\sqrt{R^2+z^2}$. Im Schleifenzentrum ($z=0$) bzw. weit entfernt beträgt die magnetische Feldstärke übereinstimmend mit Gl. (3.1.24)

$$\boldsymbol{H}(0) = \boldsymbol{e}_z \frac{I}{2R}, \quad \boldsymbol{H}(z) = \boldsymbol{e}_z \frac{IR^2}{2|z|^3} \quad (|z| \gg R). \quad (3.1.25\text{c})$$

Für weit entfernte Punkte sinkt die Feldstärke stark ab. Abbildung 3.1.14b zeigt den Feldverlauf längs der z-Achse und in einer Ebene senkrecht zur Schleife. Das Feld verläuft ähnlich dem langer paralleler Leiter. Dort ist es allerdings für jede Ebene senkrecht zur Leiterachse gleich, hier zeigt es Rotationssymmetrie: für jeden Winkel gilt das gleiche Feldbild.

Anwendung findet die Leiterschleife als *Helmholtz-Spulenpaar* zur Herstellung eines bereichsweise konstanten Magnetfeldes. Zwei Spulen (Radius R, w Windungen) stehen im Abstand d parallel. Dann beträgt die Feldstärke längs der z-Achse (durch Überlagerung) bei gleichen Strömen

$$\begin{aligned} H(z) &= \frac{Iw}{2R}\left(\frac{1}{\left(1+\left(\frac{2z+d}{2R}\right)^2\right)^{3/2}} + \frac{1}{\left(1+\left(\frac{2z-d}{2R}\right)^2\right)^{3/2}} \right) \rightarrow \\ H(0) &= \frac{Iw}{R}\frac{8}{5^{3/2}}\bigg|_{z=0, R=d}. \end{aligned} \quad (3.1.26)$$

Für $R = d$ entsteht zwischen beiden Spulen ein homogenes Feld, erkenntlich daran, dass die erste bis dritte Ableitung von H nach z an der Stelle $z = 0$ verschwindet. Das Feld selbst ist die Überlagerung der Felder zweier Kreisspulen (Abb. 3.1.14c), aus praktischen Gründen meist durch zwei kurze Zylinderspulen (höhere Windungszahl) ersetzt. Helmholtz-Spulen dienen zur Realisierung definierter Magnetfelder für Eichzwecke, etwa bei Hall-Sensoren.

Beispiel 3.1.7 Magnetfeld eines geraden Leiters begrenzter Länge Der Durchflutungssatz erlaubt eine einfache Berechnung des Magnetfeldes eines langen geraden Leiters (Beispiel 3.1.1). Wir prüfen den Einfluss der Leiterlänge mit dem Biot-Savartschen Gesetz. Abbildung 3.1.15 lässt Feldsymmetrie erkennen, deswegen werden Zylinderkoordinaten verwendet. Es gibt keine Änderungen von $\boldsymbol{H}$ mit z oder α. Deshalb legen wir den Punkt P$_2$ in die Ebene $z = 0$. Der Integrationsweg verläuft auf der z-Achse, dabei ändert sich der Abstand zwischen P$_1$ und P$_2$. Der zugehörige

222   3. Das magnetische Feld

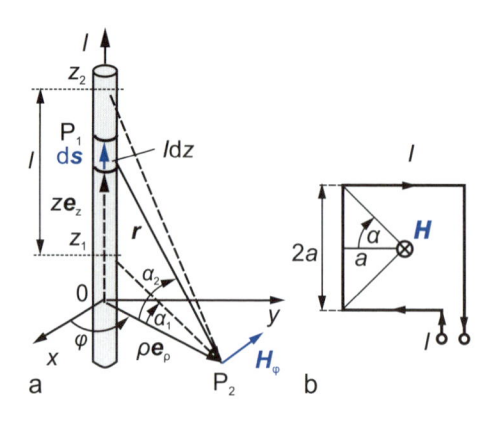

Abb. 3.1.15. Magnetfeld eines dünnen, geraden Leiters begrenzter Länge. (a) Anordnung, der Leiter erstreckt sich zwischen z_1 und z_2. (b) Stromdurchflossene quadratische Leiterschleife

Einheitsvektor e_r von r folgt mit $r = \varrho e_\varrho - z e_z$

$$e_r = \frac{e_\varrho \varrho - e_z z}{\sqrt{\varrho^2 + z^2}}.$$

Die Richtung des Wegelementes ds fällt mit der Stromrichtung I zusammen: ds = d$z e_z$. Damit lautet der Feldansatz

$$d\mathbf{H} = \frac{I}{4\pi} \frac{d\mathbf{s} \times \mathbf{e}_r}{r^2} = \frac{I}{4\pi} \frac{dz \mathbf{e}_z \times (\varrho \mathbf{e}_\varrho - z \mathbf{e}_z)}{(\varrho^2 + z^2)^{3/2}}.$$

Die Feldstärke folgt durch Integration über die Leiterlänge zwischen z_1 und z_2

$$\begin{aligned}\mathbf{H} &= \frac{I}{4\pi} \int_{z_1}^{z_2} \frac{d\mathbf{s} \times \mathbf{e}_r}{r^2} = \frac{I}{4\pi} \int_{z_1}^{z_2} \frac{dz \mathbf{e}_z \times (\varrho \mathbf{e}_\varrho - z \mathbf{e}_z)}{(\varrho^2 + z^2)^{3/2}} \\ &= \frac{I}{4\pi} \int_{z_1}^{z_2} \frac{\varrho \, dz \, \mathbf{e}_\varphi}{(\varrho^2 + z^2)^{3/2}} = \frac{I}{4\pi \varrho} \left. \frac{z}{\sqrt{\varrho^2 + z^2}} \right|_{z_1}^{z_2} \mathbf{e}_\varphi \\ &= \frac{I}{4\pi \varrho} \left(\frac{z_2}{\sqrt{\varrho^2 + z_2^2}} - \frac{z_1}{\sqrt{\varrho^2 + z_1^2}} \right) \mathbf{e}_\varphi = \frac{I}{4\pi \varrho} (\sin \alpha_2 - \sin \alpha_1) \mathbf{e}_\varphi.\end{aligned} \quad (3.1.27)$$

Das letzte Ergebnis gilt für jeden geraden Leiter, er muss nicht auf der z-Achse liegen. Für den Leiter symmetrisch zum Ursprung ($z_1 = -z_2$) vereinfacht sich die Lösung

$$\mathbf{H}_\varphi = \frac{I}{2\pi \varrho} \frac{z_2}{\sqrt{\varrho^2 + z_2^2}} \mathbf{e}_\varphi = \frac{I}{2\pi \varrho} (\sin \alpha_2) \mathbf{e}_\varphi.$$

Generell hängt die Feldstärke nicht von z oder φ ab, wohl aber vom Leiterabstand in Beziehung zur Leiterlänge. Für lange Leiter ($|z_1|, |z_2| \gg \varrho$) ergibt sich die mit dem Durchflutungssatz gewonnene Lösung Gl. (3.1.15).

Anwendung findet das Magnetfeld begrenzter gerader Leiterstücke zur Berechnung eckiger Leiterschleifen, auch von Leiterpolygonen. So beträgt etwa die Gesamtfeldstärke im Zentrum eines Leiterviereks (Seitenlänge $2a$, Abb. 3.1.15b) mit $\sin \alpha_2 = 1/\sqrt{2}$: $H = 4H_\varphi = (I\sqrt{2})/a\pi$. Sie ist bei gleichem

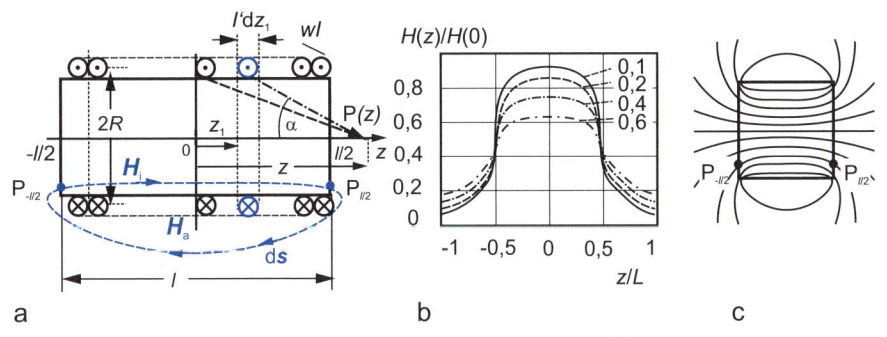

Abb. 3.1.16. Kurze Zylinderspule. (a) Spule aus Leiterkreisen. (b) Verlauf des axialen Magnetfeldes, Parameter R/l. (c) Feldbild einer kurzen Spule mit Feldstreuung im Außenraum

Strom geringfügig kleiner (Faktor $\sqrt{2}/\pi \approx 0{,}45$ gegen 0,5) als das Magnetfeld einer Kreisschleife im Zentrum.

Beispiel 3.1.8 Kurze Zylinderspule Die lange Zylinderspule Beispiel 3.1.4 ist ein Sonderfall der Feldberechnung. Häufig liegen „kurze Spulen" mit weniger Windungen und stärkerer Feldinhomogenität vor. Wir berechnen das magnetische Feld auf der Achse durch Überlagerung der Beiträge vieler kreisförmiger Leiterschleifen nach Abb. 3.1.14a.

Abbildung 3.1.16a zeigt den Spulenaufbau und die Zusammensetzung aus Leiterschleifen. Die Feldstärke auf der z-Achse im Punkte P beträgt nach Gl. (3.1.25b)

$$\boldsymbol{H}_\mathrm{P} = \frac{IR^2}{2(z^2+R^2)^{3/2}}\boldsymbol{e}_\mathrm{z},$$

herrührend von einer Windung bei $z=0$. Im nächsten Schritt wird diese Schleife an die Stelle z_1 verschoben (Punkt P liegt noch bei z) und dort der Feldbeitrag $\mathrm{d}\boldsymbol{H}_\mathrm{P}$ berechnet. Hat die (gleichmäßig bewickelte) Spule (Länge l) w Windungen, so entfällt auf einen Leiterring der Breite $\mathrm{d}z_1$ insgesamt der Teilstrom $I' = (w/l)I\mathrm{d}z_1$. Er bedingt den Teilbeitrag $\mathrm{d}\boldsymbol{H}_\mathrm{P}$ in P nach dem Biot-Savartschen Gesetz

$$\mathrm{d}\boldsymbol{H}_\mathrm{P} = \frac{R^2}{2((z-z_1)^2+R^2)^{3/2}}\frac{wI}{l}\mathrm{d}z_1\boldsymbol{e}_\mathrm{z}.$$

Die Integration über die Spulenlänge l ergibt

$$\begin{aligned}\boldsymbol{H}_\mathrm{P}(z) &= \int \mathrm{d}\boldsymbol{H}_\mathrm{P} = \int_{-l/2}^{l/2}\frac{R^2}{2((z-z_1)^2+R^2)^{3/2}}\left(\frac{wI}{l}\right)\mathrm{d}z_1\boldsymbol{e}_\mathrm{z}\\ &= \frac{wI}{2l}\left(\frac{z+l/2}{\sqrt{R^2+(z+l/2)^2}} - \frac{z-l/2}{\sqrt{R^2+(z-l/2)^2}}\right)\boldsymbol{e}_\mathrm{z}.\end{aligned}$$

Das Ergebnis lautet mit $\cos\alpha_{1,2} = (z\pm l/2)/\sqrt{(z\pm l/2)^2+R^2}$ (s. Abb. 3.1.16a) gleichwertig

$$\boldsymbol{H}_\mathrm{P}(z) = \frac{wI}{2l}(\cos\alpha_1 - \cos\alpha_2)\boldsymbol{e}_\mathrm{z} \quad \text{mit } \boldsymbol{H}_\mathrm{P}(z) = \boldsymbol{H}_\mathrm{P}(-z).$$

Abhängig von der Lage des Punktes P ergeben sich unterschiedliche Situationen:

— Im Spulenzentrum $z = 0$ gilt

$$\boldsymbol{H}_\mathrm{P}(z) = \frac{wI}{2l} \frac{l}{\sqrt{R^2 + (l/2)^2}} \boldsymbol{e}_z \approx \left.\frac{wI}{l} \boldsymbol{e}_z\right|_{l \gg 2R}.$$

Für $l \gg 2R$ gilt die Näherung der langen Spule (Gl. (3.1.21)). Das gleiche Resultat folgt für $R \ll (l/2) - |z|$ bei jedem Wert z (homogenes Feld in Achsennähe). Deshalb trifft das lange Spulenmodell schon innerhalb weniger Radien zu.
— An den Spulenenden $z = \pm(l/2)$ sinkt das Feld für die lange dünne Spule gegenüber dem Zentrum um die Hälfte (Abb. 3.1.16b)! Setzt man anschaulich zwei gleiche Spulen hintereinander, so stellt sich in der Mitte wieder das obige Zentrumsfeld ein.
— Außerhalb der Spule ($|z| \gg l/2$) sinkt das Feld sehr rasch (Abb. 3.1.16b, c). Deshalb verschwinden $\boldsymbol{H}$ und damit auch die Induktion $\boldsymbol{B}$ im Außenraum fast vollständig und in der Spule entsteht ein homogenes Feld. Das berechtigt, im Durchflutungssatz

$$\Theta = wI = \oint_L \boldsymbol{H} \cdot \mathrm{d}\boldsymbol{s} = \int_{-l/2}^{l/2} H_\mathrm{i}(z)\mathrm{d}z + \int_{l/2}^{-l/2} H_\mathrm{a}(z)\mathrm{d}s \approx \int_{-l/2}^{l/2} H_\mathrm{i}(z)\mathrm{d}z = H_\mathrm{i} l$$

nur den Feldanteil *in* der Spule zu berücksichtigen, worauf bereits verwiesen wurde.

❯ 3.1.4 Haupteigenschaften des magnetischen Feldes

Wir stellen typische Unterschiede zwischen elektrostatischem und magnetischem Feld zusammen (Tab. 3.1): Das *elektrostatische Feld* war:

— ein *Quellenfeld* (Gl. (2.2.7, 2.3.1)), denn die Linien der Verschiebungsflussdichte $\boldsymbol{D}$ beginnen und enden stets auf Ladungen: Ladungen als Quelle und Senke der Verschiebungsflusslinien;
— *wirbelfrei*, denn überall galt $\oint \boldsymbol{E} \cdot \mathrm{d}\boldsymbol{s} = 0$ (Gl. (1.2.2)) und es konnte ein skalares Potenzial φ definiert werden.

Das stationäre (nur vom Gleichstrom herrührende) *Magnetfeld* ist:

— *quellenfrei*, denn es gibt keine magnetischen Ladungen und die $\boldsymbol{B}$-Linien sind deshalb in sich geschlossen (Gl. (3.1.8));
— ein *Wirbelfeld*, weil $\oint \boldsymbol{H} \cdot \mathrm{d}\boldsymbol{s}$ *nicht* verschwindet, sobald Strom umfasst wird (Inhalt des Durchflutungssatzes). In stromfreien Gebieten ist das Magnetfeld *wirbelfrei* und für diese Gebiete kann ein *skalares magnetisches Potenzial* vereinbart werden (Kap. 3.2.2). Wirbelfrei ist z. B. das Feld eines Dauermagneten (s. Kap. 3.2.4).

3.1 Die vektoriellen Größen des magnetischen Feldes

Tab. 3.1. Elektrisches und magnetisches Feld. Feldgrößen und Feldeigenschaften

Feld	elektrostatisch	stationär magnetisch
Ursachengröße (Quantitätsgröße, Quellen)	D, $[D] = \frac{As}{m^2}$ Elektrische Flussdichte, Verschiebungsflussdichte	H, $[H] = \frac{A}{m}$ Magnetische Feldstärke, magnetische Erregung
Wirkungsgröße (Intensitätsgröße, Kraftwirkung)	E, $[E] = \frac{V}{m}$ Elektrische Feldstärke	B, $[B] = \frac{Vs}{m^2}$ Magnetische Flussdichte (Induktion)
Materialgleichung	$D = \varepsilon E$	$B = \mu H$
Feldkonstante	$\varepsilon_0 = 8.854 \cdot 10^{-12} \frac{As}{Vm}$ Vakuum $\varepsilon = \varepsilon_r \varepsilon_0$ Material	$\mu_0 = 4\pi \cdot 10^{-7} \frac{Vs}{Am}$ Vakuum $\mu = \mu_r \mu_0$, Material
Wirbelmerkmale	$\oint E \cdot ds = 0$ wirbelfreies Feld	$\oint H \cdot ds = \begin{cases} I & \text{Wirbelfeld} \\ 0 & \text{wirbelfrei,} \\ & \text{kein umfass-} \\ & \text{ter Strom} \end{cases}$
Quellenmerkmale	$\oint D \cdot dA = Q$ Quellenfeld	$\oint B \cdot dA = 0$ quellenfreies Feld

Aus der historischen Entwicklung haben sich Unschärfen bei den Begriffen gehalten. Im elektrostatischen Feld ist die elektrische *Feldstärke* E als *Intensitätsgröße* über die Kraft*wirkung* auf die ruhende Ladung definiert (Dimension Kraft/Ladung), im magnetischen Feld wird die Kraftwirkung auf die bewegte Ladung aber als magnetische Flussdichte B (Dimension Kraft/(Ladung · Geschwindigkeit)) bezeichnet. Konsequent wäre, in Analogie zum elektrischen Feld, die Beibehaltung des Begriffs magnetische Feldstärke.

Ursache ist im elektrischen Feld die Verschiebungs*flussdichte* D (Ladung/Fläche) als *Quantitätsgröße*, dagegen im magnetischen Feld die magnetische Feldstärke H (Strom/Länge). Dieser Name irritiert, denn er drückt die Feld*wirkung* (z. B. Kraftwirkung) aus, die durch die magnetische Flussdichte B belegt ist. Die Bezeichnung „magnetische Erregung" für H versucht die Analogie zur „elektrischen Erregung" D. Obwohl es vereinzelt Bemühungen gibt, diese historisch geprägten Bezeichnungen zu korrigieren, bleiben wir bei den bisherigen Begriffen; nicht zuletzt schlägt auch das DIN-Normblatt 1325 die Begriffe magnetische Flussdichte resp. magnetische Induktion für B vor und es hält am Begriff magnetische Feldstärke H fest.

3.1.5 Magnetische Flussdichte und Feldstärke in Materialien

In Materie hing das elektrische Feld von Materieeigenschaften ab. Ganz entsprechend beeinflussen Kreisströme und magnetische Momente die magnetischen Materialeigenschaften und damit das magnetische Feld in Materie.

Tab. 3.2. Magnetischen Eigenschaften von Stoffen

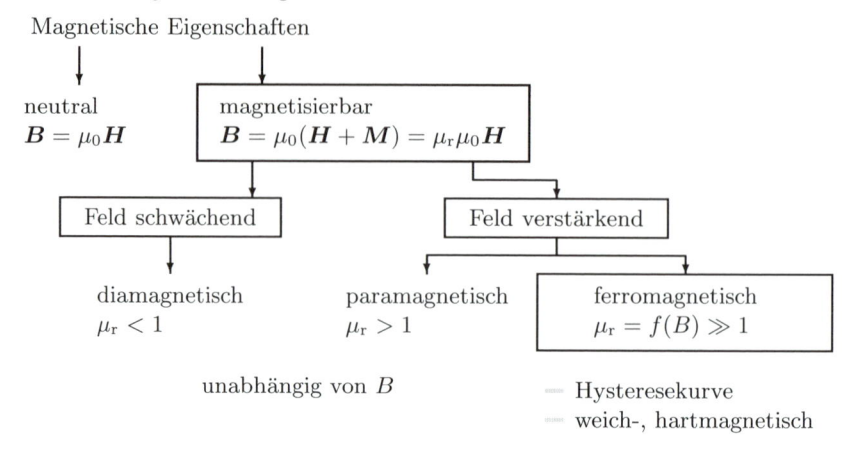

Magnetische Eigenschaften
- neutral: $\boldsymbol{B} = \mu_0 \boldsymbol{H}$
- magnetisierbar: $\boldsymbol{B} = \mu_0(\boldsymbol{H} + \boldsymbol{M}) = \mu_\mathrm{r}\mu_0\boldsymbol{H}$

Feld schwächend:
- diamagnetisch $\mu_\mathrm{r} < 1$
- unabhängig von B

Feld verstärkend:
- paramagnetisch $\mu_\mathrm{r} > 1$
- ferromagnetisch $\mu_\mathrm{r} = f(B) \gg 1$
  - Hysteresekurve
  - weich-, hartmagnetisch

Magnetische Polarisation Da bewegte Ladungen Ursache des Magnetfeldes sind, müssen auch die in der Materie vorhandenen Elektronen durch Kreisströme zum Magnetfeld beitragen. Das ändert die magnetische Flussdichte und es gilt der für Luft gültige Zusammenhang $\boldsymbol{B} \neq \boldsymbol{B}_0 = \mu_0 \boldsymbol{H}$ nicht mehr. Diese Tatsache erfasst die *Materialgleichung des magnetischen Feldes* in verschiedenen Formen

$$\boldsymbol{B} = \underbrace{\mu_0 \boldsymbol{H} + \boldsymbol{J}}_{(1)} = \underbrace{\mu_0(\boldsymbol{H} + \boldsymbol{M})}_{(2)} = \underbrace{\mu_0 \boldsymbol{H} + \chi_\mathrm{m}\mu_0 \boldsymbol{H}}_{(3)} = \underbrace{\mu_\mathrm{r}\mu_0 \boldsymbol{H}}_{(4)} = \mu \boldsymbol{H}. \quad (3.1.28)$$

Der Materialeinfluss wird durch Ergänzung der *magnetischen Polarisation* $\boldsymbol{J}$ oder der *Magnetisierung* $\boldsymbol{M}$ eingeschlossen[13].

Die magnetische Polarisation $\boldsymbol{J}$ erfasst den Materialeinfluss auf die magnetische Flussdichte gegenüber dem Vakuum und Gl. (3.1.28) ist die *Materialbeziehung des magnetischen Feldes* (so wie z. B. das räumliche Ohmsche Gesetz $\boldsymbol{J} = \kappa \boldsymbol{E}$ die Materialgleichung des Strömungsfeldes heißt).

Der Ansatz lehnt sich an die elektrische Polarisation (s. Kap. 2.3): magnetische Polarisation schwächt oder verstärkt die magnetische Feldstärke gegenüber dem Vakuum betragsmäßig. Weil im Vakuum der Strom die Ursache der magnetischen Flussdichte ist, lag es nahe (diese Vermutung sprach bereits Ampère aus), den Materieeinfluss auf $\boldsymbol{B}$ *mikroskopischen Ringströmen* zuzuschreiben, was heute quantenmechanisch als bestätigt gilt.

---

[13] Leider haben magnetische Polarisierung $\boldsymbol{J}$ (Dimension Vs/m^2) und Stromdichte $\boldsymbol{J}$ (Dimension A/m^2) das gleiche Formelzeichen.

Die magnetische Polarisation $\boldsymbol{J}$ lässt sich auf die (dimensionslose) *magnetische Suszeptibilität* χ_m zurückführen. Für magnetisch isotrope Materie gilt

$$\boldsymbol{J} = (\mu - \mu_0)\boldsymbol{H} = \mu_0(\mu_\mathrm{r} - 1)\boldsymbol{H} = \chi_\mathrm{m}\mu_0\boldsymbol{H}. \tag{3.1.29}$$

Die *Magnetisierung* $\boldsymbol{M}$

$$\boldsymbol{M} = \frac{\boldsymbol{B}}{\mu_0} - \boldsymbol{H} = \frac{\boldsymbol{J}}{\mu_0} \tag{3.1.30}$$

drückt die Absenkung der magnetischen Feldstärke im Material gegenüber Vakuum aus. Sie wirkt bei Dauermagneten (auch ohne äußeres Feld) ständig.

Polarisation und Magnetisierung beschreiben die Magnetisierungserscheinungen aus hauptsächlich physikalischer Sicht, zur technischen Darstellung eignet sich die Permeabilitätszahl besser. Sie gibt bei isotropen Stoffen an, um wieviel ihre Permeabilität (z. B. Kupfer, Eisen, Gas) größer oder kleiner als μ_0 ist.

Zur Polarisation tragen mehrere Vorgänge bei. Deshalb unterteilt man Materialien nach den magnetischen Eigenschaften in (Tab. 3.2):

1. magnetisch neutrale Stoffe mit $\mu_\mathrm{r} = 1$ und Luft als typischem Vertreter,
2. magnetisch nichtneutrale Stoffe mit inneren magnetischen Erregungen durch das äußere Feld. Unterschieden wird zwischen:
   - *diamagnetischen* Stoffen ($\mu_\mathrm{r} < 1$) mit negativer Suszeptibilität χ_m,
   - *paramagnetischen* Stoffen ($\mu_\mathrm{r} > 1$) mit positiver Suszeptibilität χ_m,
   - *ferromagnetischen* Materialien mit $\mu_\mathrm{r} \gg 1$ und $\chi_\mathrm{m} \gg 1$.

Diamagnetismus Diamagnetische Stoffe schwächen das Magnetfeld durch ein zusätzliches magnetisches Moment der Elektronenhülle mit der Folge $\mu_\mathrm{r} < 1$, $\chi_\mathrm{m} < 0$. Der Einfluss kann praktisch vernachlässigt werden selbst in Stoffen mit starkem Diamagnetismus (wie Wismut $\mu_\mathrm{r} = 1 - 0{,}16 \cdot 10^{-3}$; Kupfer $\mu_\mathrm{r} = 1 - 10 \cdot 10^{-6}$). Supraleitende Materialien haben $\chi_\mathrm{m} = -1$, deshalb existiert im Inneren eines Supraleiters kein magnetischer Fluss.

Paramagnetismus Paramagnetische Stoffe haben ein natürliches Dipolmoment. Die Dipole sind durch die thermische Bewegung statistisch ungeordnet und der Stoff wirkt nach außen unmagnetisch. Ein angelegtes Feld orientiert die Dipole in Feldrichtung und die diamagnetische Wirkung wird überkompensiert: sie *verstärken geringfügig das B-Feld*. Beispiele sind z. B. Aluminium $\mu_\mathrm{r} = 1 + 22 \cdot 10^{-6}$ und Platin $\mu_\mathrm{r} = 1 + 330 \cdot 10^{-6}$. Ohne Feld kehren die Dipole in den ungeordneten Zustand zurück. Wegen der Permeabilitätszahl von etwa 1 werden dia- und paramagnetische Stoffe praktisch als nichtmagnetisch angesehen mit nur wenigen Anwendungen (beispielsweise zur Messung des O_2-Gehaltes in Gasgemischen, weil Sauerstoff stark paramagnetisch ist, während die meisten Gase Diamagnetismus zeigen).

Ferromagnetismus Hier haben die Atome ein natürliches Dipolmoment und zusätzliche Kopplungen zwischen den Spins benachbarter Atome. Dadurch

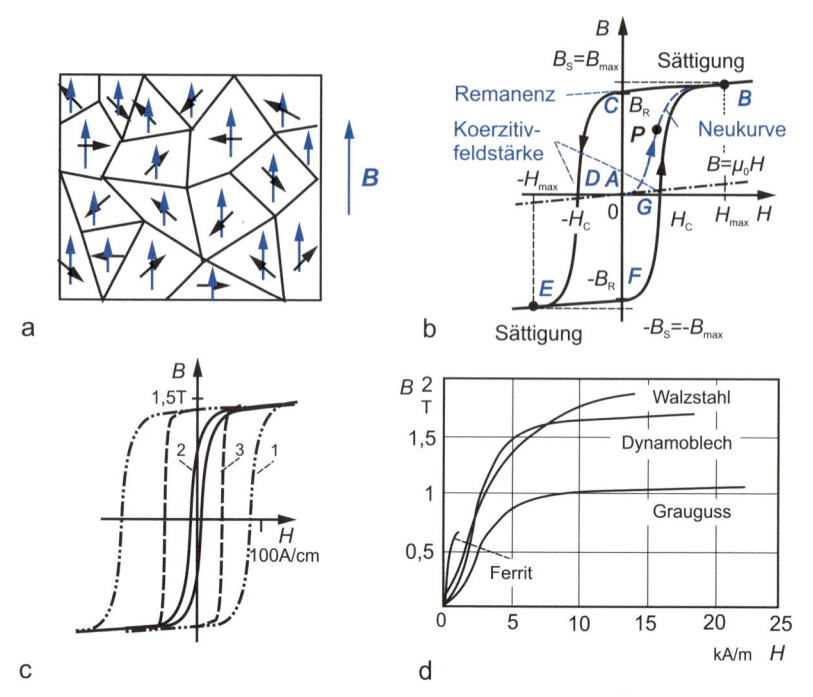

Abb. 3.1.17. Ferromagnetismus. (a) Weißsche Bezirke ohne und mit starkem Magnetfeld, Orientierungsausrichtung. (b) Hysterese- und Neukurve eines magnetischen Materials mit Remanenz- und Koerzitivpunkten. (c) Hystereskurven magnetisch harter (1) und weicher (2) Materialien. (d) Magnetisierungskennlinien typischer magnetischer Materialien

erfolgt eine spontane Ausrichtung in kleinen Bereichen, den *Weißschen Bezirken*[14].

Die Dipolmomente sind zunächst statistisch verteilt und der Stoff erscheint magnetisch neutral. Zwischen den Bezirken liegen die *Blochwände* als Grenzen (Abb. 3.1.17a). An ihnen erfolgt ein allmählicher Übergang der Dipolorientierung aus dem einen in den anderen Weißschen Bezirk. Mit steigender Temperatur sinkt die spontane Magnetisierung und der Stoff verliert bei einer kritischen Temperatur, der *Curie-Temperatur*, (Eisen 760 °C, Nickel 360°C) seine ferromagnetischen Eigenschaften.

Ein äußeres Magnetfeld verschiebt die Blochwände und es wachsen jene Weißschen Bezirke, deren Orientierung am besten zur äußeren Feldrichtung passt. Dadurch ist der Effekt um Größenordnung stärker als bei paramagnetischen Materialien. Die Wandverschiebung hängt vom Magnetfeld ab und schafft eine nichtlineare Abhängigkeit $B = f(H)$. Sie ist bei geringer Feldstärke reversibel. Oberhalb einer kritischen Feldstärke löst sich die Blochwand und

---

[14] Pierre-Ernest Weiß französischer Physiker, 1865–1940.

wandert solange, bis sie an einer Fehlstelle fixiert. Dann wird die Wandverschiebung irreversibel, bemerkbar als *Barkhausen-Sprünge*. Typische ferromagnetische Stoffe sind Eisen, Kobalt, Nickel und Legierungen.

> Ferromagnetische Stoffe haben *drei typische Merkmale*:
> — die verstärkende Wirkung des äußeren Feldes auf die innere Erregung, die zu hoher Permeabilität μ_r (bis 10^6) führt;
> — die nichtlineare Abhängigkeit der Permeabilitätszahl von der Flussdichte $\mu_r = f(B)$;
> — den nicht eindeutigen Verlauf $B = f(H)$, der sich u. a. als *Restmagnetismus* nach Abschalten des äußeren magnetischen Feldes zeigt. Darauf basieren Dauermagnete.

Aus praktischen Gründen unterteilt man magnetische Werkstoffe nur in *nichtferromagnetische* mit Merkmalen wie Luft ($\mu_r = 1$, $B \sim H$) und *ferromagnetische* ($\mu_r \gg 1$, nichtlineare B,H-Beziehung, Hysterese).

Magnetisierungskurve, Hysteresekurve Die Flussdichte B über der magnetischen Feldstärke H, die sog. *B,H-Kurve*, hat für alle Ferromagnetika einen typischen Verlauf (Abb. 3.1.17b):

1. *Neukurve* Ausgehend vom unmagnetischen Zustand entsteht mit wachsender magnetischer Erregung die Neukurve AB. Dabei richten sich die Elementarmagnete bereichsweise in B-Richtung aus. Wegen ihrer begrenzten Zahl sinkt die Menge noch ausrichtbarer Elementarmagnete mit steigendem magnetischem Feld. Sind alle ausgerichtet, so wächst B nur noch proportional zu H wie im Vakuum. Das ist der *Sättigungsbereich* (Flussdichte $B \approx (1{,}5 \ldots 2)\,\text{T}$).

> Gesättigtes Ferromagnetikum besitzt schlechtes magnetisches „Leitvermögen".

Im Wendepunkt P des B,H-Verlaufes (Abb. 3.1.17b) ist die *differenzielle relative Permeabilität* $\mu_r = dB/dH$ am größten. Sie beginnt mit einer *Anfangspermeabilität* (Steigung der Neukurve im Ursprung), die bei weichmagnetischen Materialien $\approx 10^5$ betragen kann.

2. *Hysteresekurve* Die Änderung der Lage der Elementarmagnete verursacht „Reibungsverluste" durch molekulare Kräfte. Sie führen zur *Hysterese* der B,H-Kurve.[15]

---

[15] Die Hysterese wurde von Ch. P. Steinmetz 1892 entdeckt. Ch. P. Steinmetz, deutschamerikanischer Ingenieur (1865–1923), er führte die komplexen Größen zur Lösung von Wechselstromproblemen ein (s. Bd. 3).

Wurde ein Ferromagnetikum längs der Neukurve von $H = 0$ auf $+H_{max}$, $+B_{max}$ magnetisiert, so durchfährt man beim *Entmagnetisieren* (Richtungsumkehr von H und B) und erneutem Aufmagnetisieren nicht mehr die Neukurve, sondern folgenden Verlauf:

(a) Bei Verringerung der Feldstärke von $+H_{max}$ auf $H = 0$ sinkt B auf den (positiven) *Remanenzwert* B_R. Das ist eine Restmagnetisierung, weil die Mehrheit der umgeklappten Bereiche noch in der aufmagnetisierten Richtung erhalten bleibt.

(b) Ein äußeres Gegenfeld $(-H)$ senkt B weiter bis auf Null bei der *Koerzitivfeldstärke* H_C. Der Kurventeil CD ist die *Entmagnetisierungskennlinie*. Das Gegenfeld baut die Remanzflussdichte durch immer neue Umklappvorgänge schließlich ab und bei der Koerzitivfeldstärke heben sich die Orientierungen auf.

(c) Mit Absinken auf $-H_{max}$ (Kurve DE) fällt B auf $-B_{max}$, dabei richten sich die Dipole in entgegengesetzter Feldrichtung aus.

(d) Bei erneuter Richtungsumkehr von H (Aufmagnetisieren) schließlich steigt B von $-B_{max}$ wieder auf $+B_{max}$ an (Kurve EF - GB). Damit ist die Hysteresekurve nach zweimaliger Feldumkehr geschlossen.

Die Hysteresekurve ferromagnetischer Stoffe ist der Zusammenhang zwischen Flussdichte B und Feldstärke H bei einem Magnetisierungszyklus. Markante Punkte sind:
— die *Anfangspermeabilität* (Steigung in Ursprungsnähe);
— die *Sättigungsflussdichte* mit Ausrichtung aller Weißsche Bezirke (in Eisen bei etwa $(1\ldots2)$T, bei Ferriten $(0{,}3\ldots0{,}5)$T);
— die *Remanenzflussdichte* B_R als zurückbleibende Flussdichte nach dem Aufmagnetisieren;
— die *Koerzitivfeldstärke* H_C, die nach dem Aufmagnetisieren zum Verschwinden der Flussdichte erforderlich ist.

Nach der Form der Hysteresekurve unterscheidet man (Abb. 3.1.17c):

— *magnetisch weiche Werkstoffe* mit schmaler Hysteresekurve und geringer Koerzitivfeldstärke: $H_C \approx (0{,}01\ldots30)$A/cm, $B_R \approx (0{,}15\ldots2)$T. Merkmal ist die hohe Anfangspermeabilität. Typische Materialien sind Elektrobleche aus Fe-Si-Legierung für Eisenkreise (= *magnetische Kreise*) von Transformatoren, elektrischen Maschinen, für Abschirmzwecke u. a. Vereinfachend wird die Hystereseschleife durch einen *mittleren Verlauf* ersetzt, die *Magnetisierungs-* oder *Kommutierungskurve* (Abb. 3.1.17d) als geometrischer Ort aller Umkehrpunkte H_{max}, B_{max} der Hysteresekurve im Feldstärkebereich $H = 0\ldots H_{max}$.

— *magnetisch harte Werkstoffe* mit breiter Hystereseschleife und großer Koerzitivfeldstärke: $H_C > 300$A/cm, $B_R \approx (0{,}6\ldots0{,}8)$T. Dazu gehören gehärtete Stähle und viele Legierungen wie die Al-Ni-Co-Vertreter, Verbindungen von seltenen Erden und Kobalt u. a. Sie sind Grundlage der Dauermagnete (s. Kap. 3.2.4). Angestrebt wird ein großer Energieinhalt $(H \cdot B)_{max}$ im zweiten Quadranten der B,H-Kurve.

3.1 Die vektoriellen Größen des magnetischen Feldes

Tab. 3.3. Weich- und hartmagnetische Werkstoffe

Werkstoff	Zusammensetzung	H_C A/m	B_R T	$\mu/10^3$	$H_C B_R$ AVs/m^2	Anwendungen
Eisen	<99,9% Fe	100...200	1,2	3...10	<250	Labor
Dynamoblech	0,7...2 % Si, Rest Fe	4...40	1,2 ...1,4	0,3 ...8	<65	Generatoren Transformatoren Motoren
Trafoblech	4,5 % Si, Rest Fe	4... ...40	1,2 ...1,4	0,3 ...8	<60	NF-Übertrager
Mu-Metall	77 % Ni, 5 % Cu, 3 % Cr	1...5	0,5	30 ...100		Abschrimung
Ferrit	Mn...Zn	0,01... ...10	0,5 ...2	0,3 ...5		HF-Übertrager
AlNiCo 160	12 % Al, 24 % Ni, 12 % Co, 48 % Fe,	$50 \cdot 10^3$	0,65		$33 \cdot 10^3$	Dauermagnet
Ferroxdur	BaO 6 Fe$_2$O$_3$	$250 \cdot 10^3$	0,33		$20 \cdot 10^3$	Speicher

— *magnetisch halbharte Werkstoffe* mit rechteckförmiger B,H-Kurve bei hoher Remanenz (Kurve 3 in Abb. 3.1.17c). Einsatzgebiete: Relais.
— *Ferritwerkstoffe* sind Verbindungen vom Typ n(MeO)m(Fe2O3), dabei ist Me das zweiwertige Ion eines Metalls. Sie können magnetisch weich bis hart ausgeführt werden.
  — weichmagnetische Ferrite haben eine hohe Anfangspermeabilität (100 ... 10.000), geringe Sättigungsinduktion (etwa 0,5 T im Vergleich zu Eisen). Einsatzbereiche sind Übertrager und Induktivitätskerne der HF-Technik, Impulsübertrager, Zeilentransformatoren, Magnetköpfe.
  — hartmagnetische Ferrite mit hoher Koerzitivfeldstärke. Anwendungsgebiete: Dauermagnete (kleine Gleichstrommaschinen, Lautsprecher, Zug- und Haltemagnete, magnetische Kupplungen).
  — Ferrite mit rechteckförmiger Hysteresekurve dienten lange als Speichermagnete. Sie finden sich heute noch in Schaltnetzteilen.
— *Sättigung.* Nach Erreichen einer bestimmten Flussdichte B_{max} ($\approx$ 1,5...2 T) sind alle Elementarmagnete ausgerichtet und sie wächst nur noch proportional zu H wie in Luft. Dieser Bereich spielt eine Rolle für die Bemessung magnetischer Kreise (s. Kap. 3.2.3), obwohl sie gerade deutlich unterhalb der Sättigung betrieben werden müssen, um die Vorteile des Ferromagnetikums auszunutzen.

Tabelle 3.3 enthält Richtwerte einiger ferromagnetischer Werkstoffe.

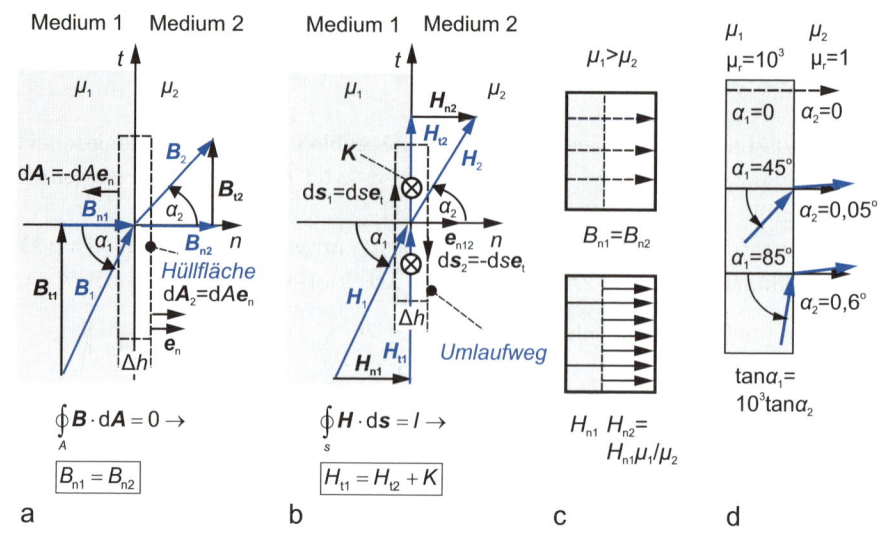

Abb. 3.1.18. Magnetische Feldgrößen an einer Grenzfläche. (a) Stetigkeit der Normalkomponente der Flussdichte B. (b) Stetigkeit der Tangentialkomponente der Feldstärke H (mit dem Sonderfall eines Flächenstromes K). (c) Die Stetigkeit der Normalkomponente der Flussdichte bedingt unterschiedliche Normalkomponenten der Feldstärke H. (d) Brechung der H-Linien an der Grenzfläche Eisen-Luft bei verschiedenem Einfallswinkel

Hystereseverluste Die Ummagnetisierung ferromagnetischer Materialien erfordert Arbeit. Sie drückt sich in der Fläche der Hysteresekurve aus, die die Dimension einer spezifischen Arbeit hat: $\mathrm{d}W/\mathrm{d}V$. Weil diese Arbeit mit der Häufigkeit der Ummagnetisierung (pro Zeiteinheit) steigt, ist sie vorrangig ein Problem der Wechselstromtechnik (s. Bd. 3)

3.1.6 Eigenschaften an Grenzflächen

Ein räumlich abgegrenztes ferromagnetisches Gebilde, wie der Eisenkreis, stößt immer gegen ein Nichtferromagnetikum (Luft): dann treffen an den Oberflächen Stoffe unterschiedlicher Permeabilität μ sprunghaft aufeinander (Abb. 3.1.18a) und es kommt zur *Brechung* magnetischer Feldlinien (s. auch Abb. A.2.5, Bd. 1). Das Verhalten der Flussdichte B und Feldstärke H an Grenzflächen beruht:

1. auf der *Quellenfreiheit der Flussdichte* B. Analog zum stationären Strömungsfeld folgt daraus die *Stetigkeit der Normalkomponenten* von B:

$$B_{n1} = B_{n2}. \quad \text{Stetigkeit der Normalkomponenten der magnetischen Flussdichte} \quad (3.1.31)$$

Das Ergebnis ergibt sich aus Gl. (3.1.5), wenn der magnetische Fluss durch ein differenzielles Volumenelement (Flachzylinder verschwindender Dicke) an der Grenzfläche untersucht wird. Die Flächennormalen der Seitenfläche geben keinen Beitrag und mit $-B_{n1}dA + B_{n2}dA = 0$ folgt obiges Ergebnis und daraus mit Gl. (3.1.11)

$$\frac{H_{n1}}{H_{n2}} = \frac{\mu_{r2}}{\mu_{r1}}. \qquad \text{Normalkomponenten der magnetischen Feldstärke} \qquad (3.1.32)$$

An der Grenzfläche zweier verschiedener magnetischer Materialien ist die Normalkomponente der magnetischen Flussdichte B immer stetig, sie bildet jedoch für die Normalkomponenten der magnetischen Feldstärke H Quelle und Senke: die magnetische Feldstärke springt an der Grenzfläche so, dass im Material mit kleinerer Permeabilität höhere Feldstärke herrscht.

Ein analoges Ergebnis galt für die Normalkomponenten der elektrischen Stromdichte J im Strömungsfeld (s. Kap. 1.3.3) und die Flussdichte D im elektrostatischen Feld. In Abb. 3.1.18c wurden die unterschiedlichen Normalkomponenten der magnetischen Feldstärke angedeutet.

2. auf der *Wirbelfreiheit der magnetischen Feldstärke* in Gebieten, die keine Ströme umfassen. Im elektrostatischen Feld war die Feldstärke wirbelfrei. Dies führte zu $\oint \boldsymbol{E} \cdot d\boldsymbol{s} = 0$ (Gl. (1.2.2)). Die analoge Beziehung $\oint \boldsymbol{H} \cdot d\boldsymbol{s} = 0$ gilt außerhalb umfasster Ströme. Für einen differenziellen geschlossenen Integrationsweg um die Grenzfläche (Abb. 3.1.18b) ergibt sich $H_{t1}ds - H_{t2}ds = 0$ und schließlich in Analogie zum Ergebnis $E_{t1} = E_{t2}$ des elektrostatischen Feldes

$$H_{t1} = H_{t2} \qquad \text{Stetigkeit der Tangentialkomponenten der magnetischen Feldstärke} \qquad (3.1.33)$$

$$\frac{B_{t1}}{B_{t2}} = \frac{\mu_{r1}}{\mu_{r2}}. \qquad \text{Tangentialkomponenten der magnetischen Flussdichte} \qquad (3.1.34)$$

Voraussetzung für Gl. (3.1.33) ist, dass in der Grenzfläche keine Ströme fließen. Fließt dagegen an der Oberfläche ein *Flächenstrom* (Flächenstromdichte $\boldsymbol{K}$), so muss er durch sein Magnetfeld in der Stetigkeitsbedingung Gl. (3.1.33) berücksichtigt werden (in Abb. 3.1.18b angedeutet). Die Verhältnisse ähneln der Verschiebungsflussdichte an einer Grenzfläche im elektrischen Feld, wenn diese eine Ladungsdichte σ trägt. Ein Flächenstrom wird realisiert durch w-nebeneinander liegende stromdurchflossene Windungen, seine Orientierung ergibt sich aus Stromfluss- und Windungsrichtung.

An einer Grenzfläche zwischen Gebieten mit sprunghaft verschiedenen Permeabilitäten sind die Tangentialkomponenten der magnetischen

Feldstärke H und Normalkomponenten der magnetischen Flussdichte B stetig.

Während das B-Feld durchgängig quellenfrei ist, stellt das H-Feld an Stellen mit veränderter Permeabilität ein Quellenfeld dar! Abbildung 3.1.18c zeigt die Stetigkeit der Normalkomponenten der Induktion B im Eisenkreis mit verschiedenen Materialien. An der Grenzfläche entstehen zusätzliche Feldstärkelinien im Material mit kleinerer Permeabilität.

Schließlich gibt es auch ein *Brechungsgesetz* des magnetischen Feldes als Folge der bisherigen Bedingungen wegen

$$\tan \alpha_1 = \frac{B_{t1}}{B_{n1}} = \frac{H_{t1}}{H_{n1}}, \quad \tan \alpha_2 = \frac{B_{t2}}{B_{n2}} = \frac{H_{t2}}{H_{n2}}$$

$$\frac{\tan \alpha_1}{\tan \alpha_2} = \frac{B_{t1}}{B_{t2}} = \frac{H_{n2}}{H_{n1}} = \frac{\mu_{r1}}{\mu_{r2}}. \quad \text{Brechungsgesetz des magnetischen Feldes} \quad (3.1.35)$$

Feldlinien werden beim Übergang in ein Medium der kleineren Permeabilität zur Normalen hin gebrochen.

Weil die Tangens der Winkel zwischen B bzw. H und der Flächennormalen proportional der Permeabilität sind, treten die Feldlinien aus hochpermeablen Stoffen praktisch rechtwinklig in Gebiete mit geringer Permeabilität: treffen H-Linien im Eisen ($\mu_1 \gg \mu_2$, Abb. 3.1.18d) schräg (im Winkel $0 < \alpha_1 < \pi/2$) auf die Grenzfläche, so treten sie wegen $\tan \alpha_2 = \tan \alpha_1 \cdot (\mu_2/\mu_1) = \tan \alpha_1 \cdot (1/\mu_{Fe}) \approx 0$ stets fast senkrecht in Luft aus, weil $1/\mu_{Fe} \approx 0$ ist. Infolge $H_{t2} = B_{t2}/\mu_2 = H_{t1} = B_{t1}/\mu_1$ wird die Flussdichte $B_{t1} = \mu_{Fe} B_{t2}$ *parallel* zur Grenzfläche verlaufender Feldlinien viel größer als in Luft: *Eisen „führt" die magnetische Flussdichte, es „zieht die B-Linien förmlich an"*. Dieses Verhalten ähnelt dem von Strömungslinien in Materialien großer Leitfähigkeit.

Die magnetische Flussdichte und Feldstärke stehen praktisch senkrecht auf der Oberfläche magnetisch gut leitender Körper, umgekehrt ist die magnetische Feldstärke H in ihrem Innern sehr klein.

Das ist der Grund für die Konzentration magnetischer Felder in magnetischen Kreisen. Sie sorgt auch durch magnetische Abschirmung für nahezu feldfreie Räume als Schutz empfindlicher Geräte gegen äußere Magnetfelder.

Die Grenzfläche hochpermeables Material-Luft hat grundlegende Bedeutung für die Funktion von Elektromagneten, Motoren und Generatoren.
Die beiden Grundmerkmale dieser Grenzfläche, nämlich praktisch senkrechter Austritt der B-Linien aus Eisen und die Führungseigenschaft parallel zur Grenzfläche für solche Linien (Feldlinienkonzentration) erlauben

3.2 Die Integralgrößen des magnetischen Feldes

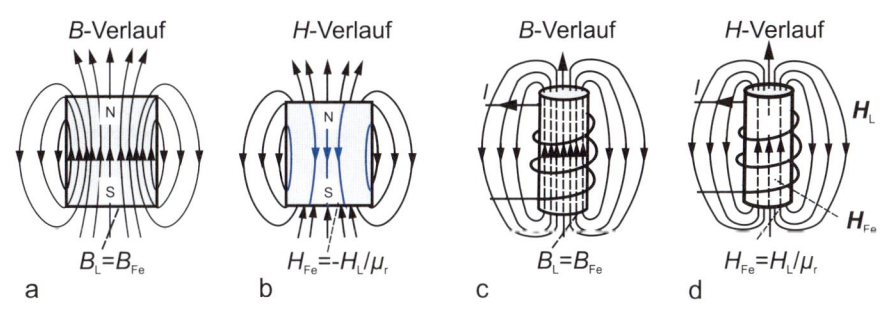

Abb. 3.1.19. Magnetfelder verschiedener Anordnungen. (a) Dauermagnet, Verlauf der Flussdichte und (b) magnetischen Feldstärke innerhalb und außerhalb des Magneten. (c) Flussdichte in einer Spule mit ferromagnetischem Kern. (d) Zugehörige Verteilung der magnetischen Feldstärke

Rückschlüsse auf den Feldverlauf in magnetischen Kreisen (etwa zur Anwendung des Durchflutungssatzes).

Die Merkmale schwächen sich allerdings ab, je mehr der magnetische Kreis in die Sättigung gelangt.

Beispiel 3.1.9 Stabmagnet Ein Stabmagnet (Abb. 3.1.19a) wird annähernd homogen von B-Linien durchsetzt. Sie bilden geschlossene Linien, treten am „Nordpol" aus und am „Südpol" wieder ein. Die Feldlinien der Feldstärke H dagegen quellen im Innen- wie Außenraum aus dem Nordpol, enden am Südpol und haben im Dauermagnet entgegengesetzte Orientierung. Das ergibt sich aus dem Durchflutungssatz: weil eine Erregung fehlt ($\Theta = wI = 0$), muss wegen $\oint \boldsymbol{H} \cdot \mathrm{d}\boldsymbol{s} = 0$ das Linienintegral des Außenraumes ein gleich großes im Innenraum kompensieren (Richtungsumkehr von H_{Fe}). Das folgt auch übereinstimmend mit der Hysteresekurve (Abb. 3.1.17b). Dort liegt der Arbeitspunkt der Anordnung im 2. Quadranten des B, H-Verlaufs, denn der Außenraum kann als Lastkennlinie des Dauermagneten aufgefasst werden (Gerade im 2. Quadranten der B, H-Kurve). Das wird beim Dauermagnetkreis näher erläutert.

Betrachtet man die Feldverläufe einer stromdurchflossenen Spule mit ferromagnetischem Kern (Abb. 3.1.19c), so fällt die Flusskonzentration durch den Kern auf. Bei gleicher magnetischer Erregung ($\Theta = wI$, materialunabhängig) herrscht die Flussdichte $B = \mu_{\mathrm{r}}\mu_0 H$. Dieser größere magnetische Fluss tritt unverändert durch die Endflächen in den Außenraum. Dann muss die magnetische Feldstärke in Luft (Normalkomponente) μ_{r} mal größer sein als H_{Fe} im ferromagnetischen Kern und die Grenzfläche wirkt als Quelle von H-Linien (Abb. 3.1.19d). *Ein Eisenkern erhöht die Flussdichte in und außerhalb der Spule erheblich.*

Bringt man hingegen einen ferromagnetischen Stab neben eine Luftspule, so herrscht in der Spule der gleiche Fluss, er wird aber im Ferromagnetikum gebündelt (Flusslinienverdichtung, höhere Induktion, Feldverzerrung).

3.2 Die Integralgrößen des magnetischen Feldes

Bei technischen Anwendungen interessiert meist nicht das magnetische Feld im Raumpunkt, sondern nur das Verhalten integraler Größen:

- der *magnetische Fluss* Φ als die mit der Flussdichte B verknüpfte Größe,
- die *magnetische Spannung* V (bzw. das magnetische Potenzial) gebunden an die Feldstärke H;
- der *magnetische Widerstand* R_m als Verknüpfungsgröße zwischen Fluss Φ und magnetischer Spannung V. Sie bilden die Grundlage des *magnetischen Kreises*. Er verhält sich in vielen Punkten analog zum Grundstromkreis.
- die *Induktivität* L als *Verknüpfungsgröße zwischen magnetischem Fluss Φ und Strom I*. Sie drückt die Wechselwirkung zwischen elektrischem und magnetischem Kreis am Schaltelement aus und ist Umsatzstelle elektrischer Energie in magnetische und umgekehrt.

Analog wurde beim elektrostatischen und Strömungsfeld mit der Einführung des Verschiebungsflusses Ψ (mit der zugeordneten Verschiebungsflussdichte D) und des Stromes I (mit der zugeordneten Stromdichte J) vorgegangen und die Schaltelemente Kondensator und Widerstand begründet.

3.2.1 Magnetischer Fluss

Wesen Der magnetische Fluss Φ ist nach dem Begriff des Vektorflusses eine integrale Größe über eine bestimmte Fläche im Raum, also die Wirkung aller durch diese Fläche tretenden Feldlinien der Flussdichte B. Erfasst das (vektorielle) Flächenelement $\mathrm{d}A$ (Abb. 3.2.1a) den Teilfluss $\mathrm{d}\Phi = B \cdot \mathrm{d}A$, so beträgt der Gesamtfluss Φ durch eine (materielle oder gedachte) Fläche A

$$\Phi = \int_A B \cdot \mathrm{d}A = \int_A B \cdot \mathrm{d}A \cos\angle(B, \mathrm{d}A) \qquad \text{Magnetischer Fluss, Definition} \qquad (3.2.1)$$

oder für das *homogene Feld*

$$\Phi = B \cdot A. \qquad (3.2.2)$$

Gleichung (3.2.1) erinnert an die Stromdefinition im Strömungsfeld aus der Stromdichte J. Der Fluss wird am größten, wenn die Feldlinien der Flussdichte B parallel zu $\mathrm{d}A$ verlaufen. Wie dort lässt sich auch eine magnetische Flussröhre mit dem Teilfluss $\Delta\Phi$ und der Querschnittsfläche ΔA definieren. Abbildung 3.2.1b zeigt Flussröhren einer stromdurchflossenen Spule. Die

3.2 Die Integralgrößen des magnetischen Feldes

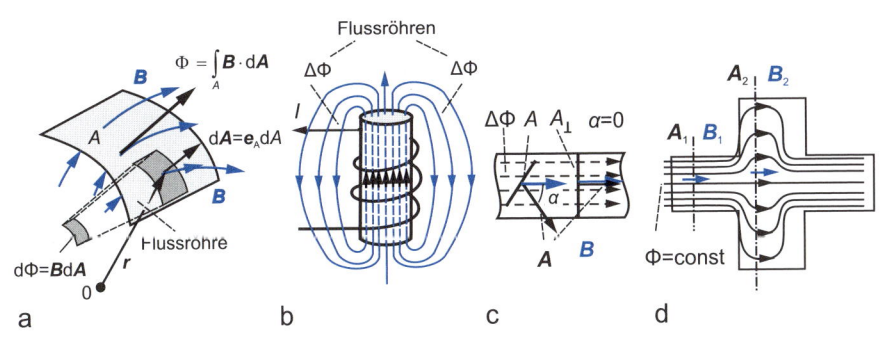

Abb. 3.2.1. Magnetischer Fluss. (a) Definition. (b) Flussröhren im Magnetfeld einer stromdurchflossenen Spule. (c) Fluss im homogenen Feld. (d) Magnetischer Leiter mit unterschiedlichen Querschnitten durchsetzt vom gleichen Fluss

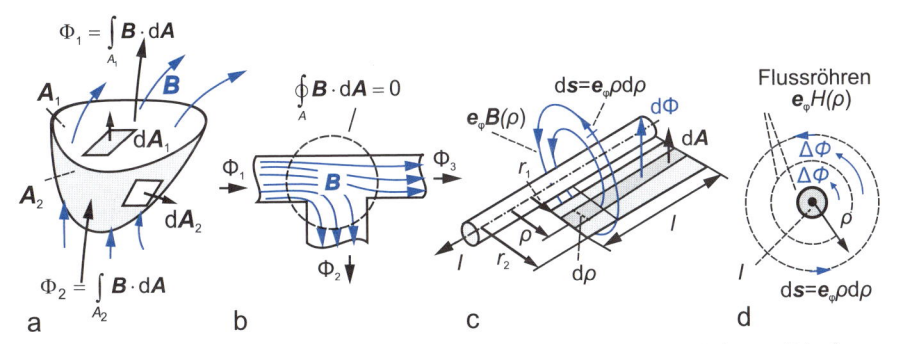

Abb. 3.2.2. Quellenfreiheit des magnetischen Flusses. (a) Veranschaulichung. Die Summe aller Beträge $d\Phi = \boldsymbol{B} \cdot d\boldsymbol{A}$ über eine beliebige Hülle verschwindet. (b) Magnetischer Knotensatz als Folge der Quellenfreiheit. (c) Flussbegriff am geraden stromdurchflossenen Leiter. (d) Stromführender Leiter und ausgewählte Flussröhren

Flussröhre entspricht in der ebenen Felddarstellung dem Abstand benachbarter Feldlinien, auch im homogenen Feld (Abb. 3.2.1c).

Zwangsläufig folgt für einen magnetischen Leiter mit Querschnittssprüngen (Abb. 3.2.1d) $\Phi = B_1 A_1 = B_2 A_2$, wenn die Flächen A_i senkrecht zu den Flussdichtelinien orientiert und die einzelnen Querschnitte hinreichend weit von den Übergangsbereichen entfernt sind (und sich damit die Störungen nicht auswirken).

> Der *magnetischer Fluss* Φ kennzeichnet die Gesamtwirkung der magnetischen Flussdichte $\boldsymbol{B}$ über eine Fläche $\boldsymbol{A}$, also die Gesamtheit aller Feldlinien durch diese Fläche.

Die Bezeichnung „magnetischer Fluss" hat unmittelbaren Bezug zum *Flächenintegral:* es handelt sich nach Anhang A2, Bd. 1 um den „Fluss des Vektors $\boldsymbol{B}$". Alle Induktionslinien $\boldsymbol{B}$, die in Abb. 3.2.1a durch die Fläche $\boldsymbol{A}$ treten, bilden den magnetischen Fluss des Vektors $\boldsymbol{B}$. Beim Stabmagnet (Abb. 3.1.19a) beispielsweise umfasst der Fluss das gesamte magnetische Feld und fließt außerhalb des Magneten vom Nord- zum Südpol.

Ursache des magnetischen Flusses ist entweder ein Dauermagnet oder (meist) ein Strom (Leitungs-, Verschiebungsstrom), den der Fluss als Gesamterscheinung umwirbelt. Deshalb heißt der vom Magnetfeld erfüllte Raum (in Analogie zum elektrischen Stromkreis) generell *magnetischer Kreis* (s. Kap. 3.2.3), besonders ausgeprägt bei Spulen mit ferromagnetischem Kern.

Einheit Die Einheit des magnetischen Flusses lautet

$$[\Phi] = [B][A] = 1\frac{\text{Vs}}{\text{m}^2}\text{m}^2 = 1\,\text{Vs} = 1\,\text{Wb}\ (\text{Weber}) = 1\,\text{T}\cdot\text{m}^2.$$

Größenordnungen der Flussdichte enthält Kap. 3.1.1.

Richtungszuordnung Der magnetische Fluss hat als Skalargröße, genau wie der Strom, wegen des Skalarproduktes Gl. (3.2.1) ein Vorzeichen und damit eine physikalische Richtung (Richtungszuordnung durch Zählpfeil). Sie stimmt mit der Flussdichte $\boldsymbol{B}$ positiv überein, wenn die Flächennormale von d$\boldsymbol{A}$ die gleiche Richtung hat oder mit $\boldsymbol{B}$ einen spitzen Winkel bildet oder (Abb. 3.2.1a)

Die Flussrichtung Φ ist positiv (negativ), wenn die Flussdichte aus der betrachteten Fläche austritt (in die Fläche eintritt).

Haupteigenschaft: Quellenfreiheit Aus der Quellenfreiheit der Flussdichte (Gl. (3.1.8)) folgt:

Magnetische Flusslinien sind stets in sich geschlossen, unabhängig vom Material. Deshalb ist der Fluss diejenige magnetische Erscheinung, die sich in dem vom Magnetfeld erfassten Raum in jedem Gesamtquerschnitt mit gleicher Stärke ausbildet. Damit hat er einen *Stromcharakter in übertragenem Sinn*, ist also ein „in sich geschlossenes Band" (s. Kap. 1.4.3, Bd. 1).

Wir greifen aus einem Flussdichtefeld $\boldsymbol{B}$ ein beliebiges, von einer gedachten oder materiellen Hülle umgrenztes Volumen heraus (Abb. 3.2.2a, b), in das ausgewählte Teilflüsse Φ_ν über Teilflächen ein- und ausströmen. Dann folgt aus dieser Grundeigenschaft

$$\oint_A \boldsymbol{B}\cdot\mathrm{d}\boldsymbol{A} = \int_{A_1}\boldsymbol{B}\cdot\mathrm{d}\boldsymbol{A} + \int_{A_2}\boldsymbol{B}\cdot\mathrm{d}\boldsymbol{A} + \ldots + \int_{A_\nu}\boldsymbol{B}\cdot\mathrm{d}\boldsymbol{A}$$
$$= \Phi_1 + \Phi_2 + \ldots + \Phi_\nu = 0.$$

Fluss, der in ein Volumen eintritt, muss wieder aus ihm austreten:

$$\sum_\nu \Phi_\nu = \oiint \boldsymbol{B}\cdot\mathrm{d}\boldsymbol{A} = 0. \qquad \text{Magnetischer Knotensatz} \quad (3.2.3)$$

3.2 Die Integralgrößen des magnetischen Feldes

> Die algebraische Summe aller magnetischen Flüsse durch eine materielle oder gedachte geschlossene Hüllfläche verschwindet.

Austretende Flüsse positiv, eintretende negativ gezählt oder umgekehrt.

Das Ergebnis Gl. (3.2.3) heißt auch Satz vom Hüllenfluss oder „Gaußsches Gesetz des Magnetfeldes" übereinstimmend mit dem Knotensatz im Strömungsfeld. Es ist ist ein *Naturgesetz.*

Als Folge dieses Satzes hängt der Teil durch eine Fläche nur vom Verlauf ihrer Randkurve, nicht der Flächengestalt ab (Abb. 3.2.2a), denn alle gleichsinnig orientierten Flächen mit gleichem Rand werden vom gleichen magnetischen Fluss durchsetzt. Das begründet, wie beim Strömungsfeld, die Einführung der magnetischen Flussröhre $\Delta\Phi$ (Abb. 3.2.1b, c).

> Zusammengefasst gilt:
> — Der magnetische Fluss Φ ist eine in sich geschlossene Erscheinung. Er umwirbelt den elektrischen Strom (Rechtsschraube), kann durch Feldlinien dargestellt werden und umfasst ihre Gesamtheit. Er kennzeichnet das Magnetfeld wie der (dielektrische) Fluss Ψ das Ladungsfeld im Nichtleiter.
> — Die Φ-Linien sind in sich geschlossen (auch über das Unendliche) und es gibt deshalb keine Quellen und Senken, also auch keine magnetischen Ladungen. Dagegen beginnen und enden die Ψ-Linien des elektrostatischen Feldes auf Ladungen.
> — Der magnetische Fluss wird durch stromdurchflossene Leiter (allgemeiner bewegte Ladungen) oder Permanentmagnete erzeugt.

Eine weitere Folge des Satzes vom Hüllenfluss ist die Stetigkeit der Normalkomponente der Flussdichte $\boldsymbol{B}$ an der Grenze unterschiedlicher Permeabilitäten (Gl. (3.1.31)), während die magnetische Feldstärke $\boldsymbol{H}$ Quellen für die Normalkomponente hat.

Es bleibt noch hervorzuheben, dass der Flussbegriff *nicht* etwa mit der Bewegung von Teilchen verbunden ist. Wie beim Verschiebungsfluss handelt es sich physikalisch um die Beschreibung eines *Raumzustandes*, mathematisch um den Fluss eines Vektors.

Beispiel 3.2.1 Fluss eines geraden Leiters Der Fluss durch eine Fläche $A = (r_2 - r_1)l$ in einer Ebene mit der Mittellinie eines geraden Leiters (Abb. 3.2.2c) ergibt sich folgendermaßen: Die B-Linien sind, wie die H-Linien, konzentrische Kreise um den stromdurchflossenen Leiter und durchsetzen die Fläche A senkrecht. Dann haben

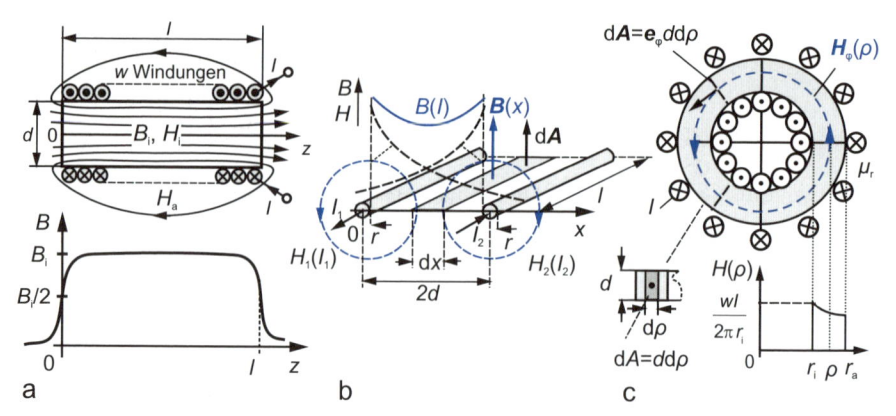

Abb. 3.2.3. Beispiele zur Flussberechnung. (a) Lange Zylinderspule, Flussdichte längs der Spulenachse. (b) Fluss im Zwischenraum einer Doppelleitung bei gegensinniger Stromrichtung. (c) Fluss in einer dicht bewickelten Ringspule

die Flächenvektoren $\mathrm{d}\boldsymbol{A}$ und $\boldsymbol{B}$ gleiche Richtung senkrecht zur Fläche $\boldsymbol{A}$. Mit der Feldstärke $H(\varrho)$ Gl. (3.1.15) des geraden Leiters und damit $B(\varrho) = \mu_0 H(\varrho)$ wird

$$\Phi = \int_A \boldsymbol{B} \cdot \mathrm{d}\boldsymbol{A} = \int_A B\boldsymbol{e}_\varphi \cdot \boldsymbol{e}_\varphi \mathrm{d}A = \int_{r_1}^{r_2} \mu_0 \frac{I}{2\pi\varrho} l \mathrm{d}\varrho = \mu_0 \frac{Il}{2\pi} \ln \frac{r_2}{r_1}.$$

Die Flussdichte ist inhomogen, der Fluss selbst von der Flächengeometrie bestimmt. In Abb. 3.2.2c,d wurden die Flussröhren für ausgewählte Feldlinien angedeutet.

Beispiel 3.2.2 Fluss in einer Zylinderspule Gesucht ist der Fluss in einer Zylinderspule (Länge l, Durchmesser d, Strom I) (Abb. 3.2.3a) unter der Annahme, dass er die Spule auf gesamter Länge mit gleicher Stärke durchsetzt (homogenes Feld). Die Feldstärke im Innern wurde bereits berechnet (Abb. 3.1.12a, Gl. (3.1.21)). Wir übernehmen das Ergebnis. Für die z-Achse (Spulenachse) beträgt dann die Induktion $B_z = \mu_0 H_z$ und mit den Zahlenwerten Windungszahl $w = 200$, $d = 1\,\mathrm{cm}$, $l = 10\,\mathrm{cm}$, $I = 1\,\mathrm{A}$

$$\Phi = \int_A \boldsymbol{B} \cdot \mathrm{d}\boldsymbol{A} = \int_A B_z \mathrm{d}A_z = B_z A_z = \frac{\mu_0 w I}{l} \frac{d^2 \pi}{4}$$
$$= 1{,}25 \cdot 10^{-6} \frac{\mathrm{Vs}}{\mathrm{Am}} \frac{200 \cdot 1\,\mathrm{A} \cdot 1\,\mathrm{cm}^2 \pi}{10\,\mathrm{cm} \cdot 4} = 19{,}6 \cdot 10^{-8}\,\mathrm{Vs}.$$

Das Außenfeld kann nach den Darlegungen zu Abb. 3.1.12 vernachlässigt werden. Auch die genauere Feldberechung für die kurze Zylinderspule (Beispiel 3.1.8) bestätigt den raschen Abfall des magnetischen Feldes außerhalb der Spule. Die Berechnung der Flussverteilung im Außenraum ist dagegen kompliziert: zwar muss der gesamte äußere Fluss nach Gl. (3.2.3) mit dem inneren Fluss übereinstimmen, aber eine lokale Ermittlung der Teilflüsse $\Delta\Phi$ setzt die Kenntnis der räumlichen Verteilung der Feldstärke H voraus.

Beispiel 3.2.3 Flussberechnung, inhomogenes Feld Gesucht ist der Fluss je Länge l in der Ebene zwischen einer Doppelleitung (Abb. 3.2.3b), die von entgegengesetzten Strömen gleicher Stärke durchflossen wird. An der Stelle x überlagern sich die Feldstärken beider Leiter (s. Gl. (3.1.23), $I_1 = I_2 = I$):

$$H_1(I_1) = \frac{I}{2\pi x}, \quad H_2(I_2) = \frac{I}{2\pi(2d-x)}$$

und damit auch die Flussdichten $B(I)$

$$B(I) = \mu_0\left(H_1(I_1) + H_2(I_2)\right) = \frac{\mu_0 I}{2\pi}\left(\frac{1}{x} + \frac{1}{2d-x}\right).$$

Die Flussdichte hängt vom Ort x zwischen den Leitern ab, ist aber längs der Leiter konstant. Ferner gilt $\boldsymbol{B}\|\mathrm{d}\boldsymbol{A}$ und damit für den Teilfluss $\mathrm{d}\Phi(I) = \boldsymbol{B}(I) \cdot \mathrm{d}\boldsymbol{A} = B(I)l\mathrm{d}x$. Der Gesamtfluss zwischen den Grenzen $x = r$ und $x = 2d - r$ ergibt sich durch Integration

$$\Phi(I) = \int_A \boldsymbol{B}(I) \cdot \mathrm{d}\boldsymbol{A} = \frac{\mu_0 I l}{2\pi}\int_r^{2d-r}\left(\frac{1}{x} + \frac{1}{2d-x}\right)\mathrm{d}x = \frac{\mu_0 l I}{\pi}\ln\frac{2d-r}{r}. \quad (3.2.4)$$

Gebiete in den Leitern selbst sind ausgeschlossen. Da $2d - r$ die Breite der durchsetzten Fläche ist, verdoppelt sich das Ergebnis gegenüber dem Einzelleiter des Beispiels 3.2.1.

Beispiel 3.2.4 Flussberechnung, Ringspule Im Beispiel 3.1.5 (mit Abb. 3.1.12c) wird die magnetische Feldstärke in der Ringspule bestimmt mit dem Ergebnis Gl. (3.1.22b) für die Komponente $\boldsymbol{H}_\varphi(\varrho)$. Weil sie in radialer Richtung sinkt (Abb. 3.2.3c), liegt ein inhomogenes Feld vor und der Fluss ergibt sich aus Gl. (3.2.1)

$$\Phi = \int_A \boldsymbol{B}(\varrho) \cdot \mathrm{d}\boldsymbol{A} = \int_{r_\mathrm{i}}^{r_\mathrm{a}}\frac{\mu_\mathrm{r}\mu_0 w I d}{2\pi\varrho}\mathrm{d}\varrho = \frac{\mu_\mathrm{r}\mu_0 w I d}{2\pi}\ln\frac{r_\mathrm{a}}{r_\mathrm{i}}.$$

Da sich $\boldsymbol{B}_\varphi(\varrho) = \mu_\mathrm{r}\mu_0\boldsymbol{H}_\varphi(\varrho)$ nur in ϱ-Richtung ändert und die Richtungen von $\boldsymbol{B}$ und $\mathrm{d}\boldsymbol{A}$ übereinstimmen, wird als Flächenelement $\mathrm{d}A = d\mathrm{d}\varrho$ ein Streifen der Breite $\mathrm{d}\varrho$ gewählt (Höhe d). Durch die Spulenform (Ring, geschlossen) und den Eisenkreis herrscht in der Ringspule hohe Induktion und damit großer Fluss. Er verschwindet praktisch im Außenraum. In der Spule wird das Feld bei geringer Spulenbreite $r_\mathrm{a} - r_\mathrm{i}$ annähernd homogen.

3.2.2 Magnetische Spannung, magnetisches Potenzial

Magnetische Spannung So, wie das Potenzial die Berechnung elektrischer Felder vereinfacht, liegt es nahe, die Berechnung der magnetischen Feldstärke über das Biot-Savartsche Gesetz durch Einführung eines „*magnetischen Po-*

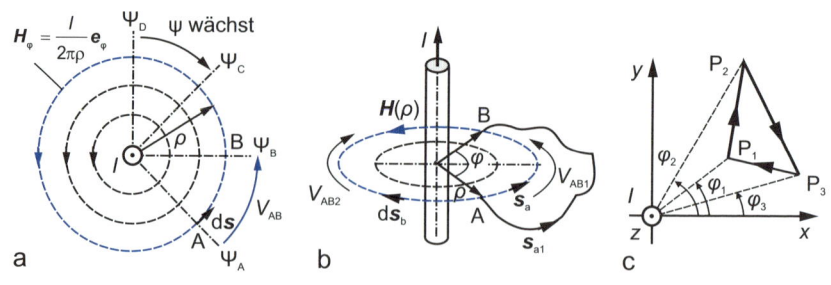

Abb. 3.2.4. Magnetisches (skalares) Potenzial. (a) Magnetfeld, magnetisches Potenzial und magnetische Spannung außerhalb eines stromführenden Leiters. (b) Magnetische Spannung bestimmt auf verschiedenen Integrationswegen. (c) Berechnung der magnetischen Spannung außerhalb eines Linienleiters

tenzials" zu vereinfachen. Eine Zwischenstufe dazu ist die *magnetische Spannung* V_{AB} als Linienintegral der magnetischen Feldstärke $\boldsymbol{H}$ [16]

$$V_{AB} = \int_A^B \boldsymbol{H} \cdot \mathrm{d}\boldsymbol{s} = \psi_A - \psi_B. \qquad \text{Magnetische Spannung, Definitionsgleichung} \qquad (3.2.5)$$

Das Linienintegral der magnetischen Feldstärke $\boldsymbol{H}$ zwischen zwei Punkten A und B heißt magnetische Spannung V zwischen diesen Punkten. Sie ist gleich der Differenz der diesen Punkten zugeordneten (skalaren) magnetischen Potenziale ψ.

Diese Definition entspricht zwar der Spannungsfestlegung im elektrischen Feld, doch hängt sie, im Gegensatz dazu, nicht nur von den Endpunkten des Integrationsweges, *sondern i. a. auch seinem Verlauf ab!*

Abbildung 3.2.4a zeigt die magnetische Feldstärke $\boldsymbol{H}$ eines geraden Leiters, die darauf senkrecht stehenden Flächen-/Linien gleichen *magnetischen Potenzials* ψ und die *magnetische Spannung V* (als Spannungsabfall) zwischen zwei Potenzialflächen. Man vergleiche dazu die formale Übereinstimmung mit der elektrischen Spannung U_{AB}, hergeleitet aus der Bedingung $\oint \boldsymbol{E} \cdot \mathrm{d}\boldsymbol{s} = 0$ eines Potenzialfeldes. Wir ordnen der magnetischen Spannung (wie der elektrischen) einen physikalischen *Richtungssinn* in Integrationsrichtung zu.

Einheit Die Einheit der magnetischen Spannung ergibt sich aus

$$[V] = [H]\,[s] = \frac{A}{m}\,m = A \text{ bzw. Aw.}$$

Sie stimmt zwangsläufig mit Einheit der Durchflutung (Gl. (3.1.12)) überein.

---

[16] Das Symbol V dient leider auch zur Kennzeichnung der Dimension Volt oder der im englischen Schrifttum üblichen Bezeichnung der (elektrischen) Spannung.

Beispiel 3.2.5 Magnetische Spannung Wir untersuchen den Einfluss des Integrationsweges am magnetischen Feld des unendlich langen, vom Strom I durchflossenen Drahtes (Abb. 3.2.4a). Die $\boldsymbol{H}$-Linien sind konzentrische Kreise um den Leiter mit $\boldsymbol{H} = \boldsymbol{e}_\varphi I / 2\pi\varrho$. Die Äquipotenziallinien $\psi = \text{const}$ des magnetischen Potenzials (s. u.) stehen senkrecht auf den $\boldsymbol{H}$-Linien, verlaufen also *radial* (wie andersartig sieht das elektrische Potenzial einer Punktladung aus (!), s. Abb. 1.2.2c). Die magnetische Spannung V_{AB} wird zwischen den Punkten A= 1 und B= 2 auf zwei Wegen ermittelt (Abb. 3.2.4b):

— im *Rechtssystem* um die Stromrichtung I, z. B. längs des Weges $\boldsymbol{s}_\text{a}$. Das sei eine Feldlinie vom Radius ϱ (Feldlinie a). Mit $\mathrm{d}\boldsymbol{s} = \boldsymbol{e}_\varphi \varrho \mathrm{d}\varphi$ und $\boldsymbol{H}(\varrho) = \boldsymbol{e}_\varphi I / 2\pi\varrho$ gilt mit dem Bezugswinkel $\varphi_A = 0$ in A und $\varphi_B = \varphi$

$$V_{AB1} = \psi_{A1} - \psi_{B1} = \int_A^B \boldsymbol{H} \cdot \mathrm{d}\boldsymbol{s} = \int_0^\varphi \frac{I\boldsymbol{e}_\varphi}{2\pi\varrho} \cdot \boldsymbol{e}_\varphi \varrho \mathrm{d}\varphi = \frac{I}{2\pi}\varphi. \quad (3.2.6)$$

Auch ein anderer Integrationsweg im Rechtssystem um I (z. B. $\boldsymbol{s}_{a1}$) führt zum gleichen Ergebnis. Speziell gilt für *einen Umlauf* $\varphi = 0 \ldots 2\pi$ $V_{AB1} = I\varphi/2\pi|_0^{2\pi}$ $= I$.

— Im *Linkssystem* um die Stromrichtung I längs des Weges $\mathrm{d}\boldsymbol{s}_\text{b} = -\boldsymbol{e}_\varphi \varrho \mathrm{d}\varphi$ ergibt die Integration (wieder längs einer Feldlinie mit dem Radius $\varrho = \text{const}$)

$$V_{AB2} = \psi_{A2} - \psi_{B2} = \int_A^B \boldsymbol{H} \cdot \mathrm{d}\boldsymbol{s} = \int_0^{2\pi-\varphi} \frac{(-I)\boldsymbol{e}_\varphi}{2\pi\varrho} \cdot \boldsymbol{e}_\varphi \varrho \mathrm{d}\varphi = -I + \frac{I}{2\pi}\varphi$$

oder

$$V_{AB2} = V_{AB1} - I = I - I = 0! \quad (3.2.8)$$

Auch andere Integrationswege (im Linkssystem!) führen zum gleichen Ergebnis.

Werden die auf beiden Integrationswegen ermittelten Spannungen V_{AB1} und V_{AB2} unter Beachtung ihrer Richtungen addiert, so gilt

$$\sum V = V_{AB1} - V_{AB2} = \oint \boldsymbol{H} \cdot \mathrm{d}\boldsymbol{s} = I. \quad (3.2.8\text{b})$$

Die Summe verschwindet *nicht*, wie vom elektrostatischen Feld her zu erwarten wäre. Sie ist vielmehr gleich dem Strom I innerhalb des Umlaufs. Das Ergebnis V_{AB} hängt vom Integrationsweg ab, weil die Voraussetzung eines Potenzials, nämlich $\oint \boldsymbol{H} \cdot \mathrm{d}\boldsymbol{s} = 0$ nicht in allen Fällen erfüllt ist.

Im elektrischen Feld sorgt die *Wirbelfreiheit* ($\oint \boldsymbol{E} \cdot \mathrm{d}\boldsymbol{s} = 0$) für die Eindeutigkeit der Spannung als Potenzialdifferenz zwischen zwei Punkten. Das Magnetfeld ist dagegen *nicht wirbelfrei*, vielmehr gilt der Durchflutungssatz Gl. (3.1.12). Deshalb ist die magnetische Spannung des geraden Leiters um ganze Vielfache des Leiterstromes mehrdeutig (und damit auch das magnetische Potenzial). Nur wenn keine Leiter umfasst werden, ergibt sich unabhängig vom Integrationsweg stets die gleiche magnetische Spannung.

Das Beispiel unterstreicht die *Besonderheiten* der magnetischen Spannung:

1. Sie ist nur in Gebieten *außerhalb* stromführender Leiter definiert und hängt dann nicht vom Weg ab:

$$V_{AB} = \underbrace{\int_A^B \boldsymbol{H} \cdot d\boldsymbol{s}}_{\text{Weg a}} = \underbrace{\int_A^B \boldsymbol{H} \cdot d\boldsymbol{s}}_{\text{Weg b}} = \underbrace{\int_A^B \boldsymbol{H} \cdot d\boldsymbol{s}}_{\text{Weg c}}$$

oder

$$\oint_{\text{Weg } s} \boldsymbol{H} \cdot d\boldsymbol{s} = \sum_\nu V_\nu = 0. \tag{3.2.9}$$

Lokalisiert man Teilspannungen zwischen jeweils zwei Punkten des magnetischen Feldes, so ergibt der geschlossene Umlauf Null. Daher kann Gl. (3.2.9) als *Maschensatz des magnetischen Spannungsabfalls* aufgefasst werden.

2. Schließt der Integrationsweg bewegte Ladungen bzw. Ströme ein, so ist das magnetische Potenzial (s. u.) *nicht eindeutig. Für einen geschlossenen Weg gilt der Durchflutungssatz* (Gl. (3.1.12)).

3. Der magnetischen Spannung fehlt im Gegensatz zur elektrischen Spannung (Energie je Ladung) die anschauliche physikalische Bedeutung. Deshalb dient sie nur als Rechengröße in Gebieten außerhalb umfasster Ströme.

Beispiel 3.2.6 Magnetische Spannung Außerhalb eines geraden stromdurchflossenen Leiters liegen drei Punkte $P_i(x_i, y_i)$, $i = 1\ldots3$ (Abb. 3.2.4c). Gesucht ist die magnetische Spannung V_{ik} zwischen den Punkten P_1, P_2 und P_3 und das Umlaufintegral $\oint \boldsymbol{H} \cdot d\boldsymbol{s}$ längs des angegebenen Weges. Wie groß ist V_{12} für $I = 10$ A und $x_1 = 10$ cm, $y_1 = 3$ cm, $x_2 = 20$ cm, $y_2 = 30$ cm?

Aus Gl. (3.2.5) folgt die magnetische Spannung zwischen zwei Punkten

$$V_{1k} = \int_{P_1}^{P_k} \boldsymbol{H} \cdot d\boldsymbol{s} = \frac{I}{2\pi} \int_0^\varphi \frac{\boldsymbol{e}_\varphi \varrho \cdot \boldsymbol{e}_\varphi}{\varrho} d\varphi,$$

also speziell mit $\varphi_i = \arctan(y_i/x_i)$

$$V_{12} = \frac{I}{2\pi} \int_{P_1}^{P_2} d\varphi = \frac{I}{2\pi}(\varphi_2 - \varphi_1) \qquad V_{23} = \frac{I}{2\pi} \int_{P_2}^{P_3} d\varphi = \frac{I}{2\pi}(\varphi_3 - \varphi_2)$$

$$V_{31} = \frac{I}{2\pi} \int_{P_3}^{P_1} d\varphi = \frac{I}{2\pi}(\varphi_1 - \varphi_3)$$

und damit für den Umlauf

$$\sum V = V_{12} + V_{23} + V_{31} = \oint \boldsymbol{H} \cdot \mathrm{d}\boldsymbol{s} = \frac{I}{2\pi}(\varphi_2 - \varphi_1 + \varphi_3 - \varphi_2 + \varphi_1 - \varphi_3) = 0.$$

Er verschwindet, da der Weg keinen Strom umfasst. Zahlenmäßig ergibt sich mit $\varphi_1 = \arctan 3/10 = 16{,}7°$, $\varphi_2 = \arctan 30/20 = 56°$

$$V_{12} = \frac{10A}{2\pi}(56° - 16{,}7°)\frac{\pi}{180°} = 1{,}09 \text{ A}.$$

Magnetische Spannung und Durchflutung Wir verbinden das eben erhaltene Ergebnis mit dem Durchflutungssatz Gl. (3.1.12). Wird das Linienintegral der magnetischen Spannung $V_{12} = \int_1^2 \boldsymbol{H} \cdot \mathrm{d}\boldsymbol{s}$ für einen geschlossenen Weg bestimmt, so heißt die zugehörige Spannung die *Ring-* oder besser *Randspannung* (Symbol $\overset{\circ}{V}$)

$$\boxed{\overset{\circ}{V}_\mathrm{m} = \oint \boldsymbol{H} \cdot \mathrm{d}\boldsymbol{s}, \qquad \text{Magnetische Randspannung, Definition} \quad (3.2.10a)}$$

weil der Integrationsweg Rand der umschlossenen Fläche ist. Ohne umschlossene Ströme verschwindet $\overset{\circ}{V}_\mathrm{m}$, sonst gilt der Durchflutungssatz

$$\boxed{\overset{\circ}{V}_\mathrm{m} = \oint \boldsymbol{H} \cdot \mathrm{d}\boldsymbol{s} = \sum_{\nu=1}^n I_\nu = \Theta.} \qquad (3.2.10b)$$

Die magnetische Randspannung $\overset{\circ}{V}_\mathrm{m}$ längs einer beliebigen Randkurve ist gleich der mit dieser Randkurve verketteten Durchflutung $\Theta = \sum_\nu I_\nu$ oder *magnetomotorischen Kraft* (MMK).

Wir erläutern das Ergebnis an einem ringförmigen Eisenkreis mit Luftspalt und mittleren Weglängen erregt von der Durchflutung Θ. Die Richtungen von $\boldsymbol{B}$ und $\boldsymbol{H}$ ergeben sich aus der Rechte-Hand-Regel. Der im Durchflutungssatz vorgeschriebene Umlauf wird in Einzelabschnitte AB, BC, CD usw. unterteilt. So entstehen einzelne Linienintegrale, also magnetische Spannungen V

$$\oint \boldsymbol{H} \cdot \mathrm{d}\boldsymbol{s} = \int_A^B \boldsymbol{H} \cdot \mathrm{d}\boldsymbol{s} + \int_B^C \boldsymbol{H} \cdot \mathrm{d}\boldsymbol{s} + \int_C^D \boldsymbol{H} \cdot \mathrm{d}\boldsymbol{s} + \ldots = \Theta$$

oder $V_\mathrm{AB} + V_\mathrm{BC} + V_\mathrm{CD} + V_\mathrm{DE} + V_\mathrm{EF} + V_\mathrm{FA} = \Theta$. Verallgemeinert ist das Ergebnis der *magnetische Maschensatz*

$$\boxed{\sum_{\nu=1}^n V_\nu = \sum_{\mu=1}^m \Theta_\mu \quad \text{bzw.} \quad \sum_{k=1}^{n+m} V_k = 0. \text{ Magnetischer Maschensatz} \quad (3.2.10c)}$$

Längs eines Umlaufs in einer Masche ist die (vorzeichenbehaftete) Summe aller *magnetischen Spannungsabfälle* V_ν gleich der Summe der Durchflutungen Θ_μ in dieser Masche (als Ursache des Flussantriebes).

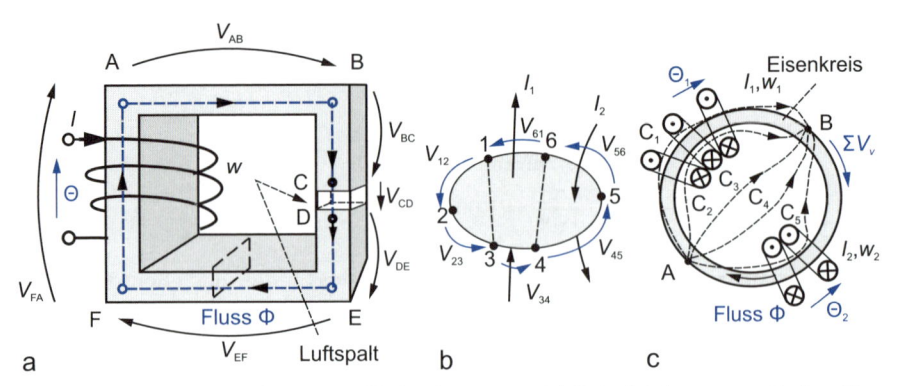

Abb. 3.2.5. Magnetische Spannung, Umlaufspannung. (a) Beispiel einer magnetischen Maschengleichung. (b) Spannungen zwischen zwei Punkten ausgedrückt über den Durchflutungssatz (Maschengleichung). (c) Magnetische Spannung und Durchflutung im magnetischen Kreis

Die magnetische Spannung V wirkt positiv in Richtung des positiven magnetischen Flusses, die Durchflutung Θ wie eine elektromotorische Kraft (stromantreibend im elektrischen Kreis).

Das Ergebnis Gl. (3.2.10c) entspricht formal dem Maschensatz im elektrischen Kreis, dargestellt durch Spannungsabfälle und elektromotorische Kraft. Sie wird in Flussrichtung positiv angesetzt. Darauf basiert die Analogie des folgenden Abschnittes. Schwierigkeiten bereitet die Tatsache, dass die MMK nicht an einer Stelle im magnetischen Kreis lokalisiert werden kann (etwa wie die Quellenspannung im elektrischen Kreis an einer Grenzfläche). Hier erzeugt die Spule den magnetischen Fluss, deshalb wirkt die Antriebsursache räumlich verteilt um den umfassten Strom. Allein aus Zweckmäßigkeit wird der Richtungspfeil von Θ (als äußeres Zeichen der MMK) am Spulenort angesetzt.

Neben der Auffassung der Durchflutung Θ als MMK in der Schreibweise Gl. (3.2.10c) links (Abb. 3.2.5a) kann sie auch als *magnetischer Spannungsabfall* (oder *Klemmenspannung* $V_q = \Theta$) einer „magnetischen Spannungsquelle" definiert werden (wie die Spannungsquelle im Grundstromkreis). Dann gilt der Maschensatz Gl. (3.2.10c) in der rechten Form und als Ersatzschaltung Abb. 3.2.5a). Wir verwenden *diese* Darstellung, obwohl die erste gleichfalls sehr verbreitet ist (öfter als die entsprechende elektrische Ersatzschaltung).

Abbildung 3.2.5c erläutert den magnetischen Maschensatz an einem Eisenring mit zwei stromdurchflossenen Spulen ($I_1, w_1 = 3, I_2, w_2 = 2$). Eingetragen sind die Richtungen von $\boldsymbol{B}, \boldsymbol{H}$ aufgrund der Stromrichtung und des Wicklungssinnes und somit des magnetischen Flusses Φ und der magnetischen Spannungen (Spannungsabfälle) V_ν. Der Maschensatz führt auf

$$\sum_\nu V_\nu = I_1 w_1 - I_2 w_2 = \Theta_1 - \Theta_2 \text{ bzw. } \sum_\nu V_\nu + \Theta_2 - \Theta_1 = 0.$$

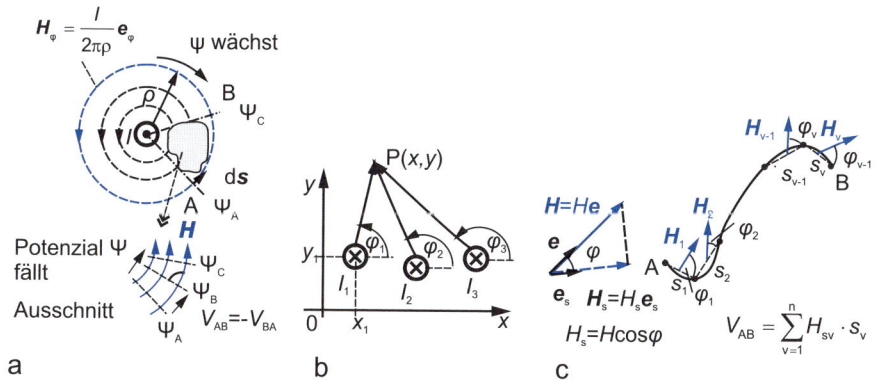

3.2 Die Integralgrößen des magnetischen Feldes

Abb. 3.2.6. Magnetisches Potenzial. (a) Potenzial- und Feldstärkefeld außerhalb eines stromführenden Gebietes. (b) Überlagerung des magnetischen Potenzials herrührend von mehreren parallelen Linienquellen. (c) Zusammensetzung des magnetischen Potenzials aus Wegstücken endlicher Länge

Diese Spannungen sind vorzeichenbehaftet und haben, wie die elektrische Spannung, einen Zählpfeil.

Das Beispiel verdeutlicht auch den Wegeinfluss. Dazu werden Wege C_1, C_2 und C_5 durch die Wicklungen gewählt, C_3 und C_4 liegen außerhalb. Die Spannung zwischen zwei Punkten A, B auf dem Eisenring hängt vom Weg ab: Der Weg C_1, C_2 durch Spule 1 ergibt $V(C_1) - V(C_2) = 0$, (kein Strom umfasst), die Wege C_1 und C_3 hingegen $V(C_1) - V(C_3) = w_1 I_1$, dagegen C_3 und C_4 wieder Null (kein Strom umfasst) und die Wege C_1, C_5: $V(C_1) - V(C_5) = w_1 I_1 - w_2 I_2$.

Skalares magnetisches Potenzial* Im (wirbelfreien) elektrischen Feld wurde der elektrischen Feldstärke $\boldsymbol{E}$ im Punkt P das (skalare) Potenzial φ_P

$$\varphi_\mathrm{P} = \int_\mathrm{P}^0 \boldsymbol{E} \cdot \mathrm{d}\boldsymbol{s} + \varphi_0 \tag{3.2.11}$$

zugeordnet. Es liegt nahe, auch der magnetischen Feldstärke $\boldsymbol{H}$ ein (skalares) *magnetisches Potenzial* ψ formal zuzuschreiben:

$$\boldsymbol{H} = -\frac{\mathrm{d}\psi}{\mathrm{d}n}\boldsymbol{n}_0 = -\frac{\mathrm{d}V}{\mathrm{d}n}\boldsymbol{n}_0 = -\operatorname{grad}\psi. \tag{3.2.12}$$

Es beträgt im Punkt P mit beliebig wählbaren Bezugspotenzial ψ_P

$$\psi_\mathrm{P} = \int_\mathrm{P}^0 \boldsymbol{H} \cdot \mathrm{d}\boldsymbol{s} + \psi_0. \qquad \text{(skalares) magnetisches Potenzial im Punkt P} \tag{3.2.13}$$

Die Einheit des magnetischen skalaren Potenzials lautet, wie die der magnetischen Spannung, $[\psi] = 1\,\mathrm{A}$.

Im Gegensatz zum elektrostatischen Potenzial φ_P ist das magnetische skalare Potenzial ψ_P physikalisch anschaulich nicht interpretierbar (wohl aber formal, s. Abb. 3.2.6a).

Seine Einführung setzt ein wirbelfreies Magnetfeld (also $\oint \boldsymbol{H} \cdot \mathrm{d}\boldsymbol{s} = 0$) voraus. Es unterscheidet sich in verschiedenen Punkten vom elektrischen Potenzial:

- kein Energiebezug und deshalb nur Rechengröße,
- geeignet nur zur Beschreibung stromfreier Bereiche,
- für stromführende Bereiche wird ein *magnetisches Vektorpotenzial* eingeführt,
- wegen des Wirbelcharakters des magnetischen Felds kann eine Äquipotenzialfläche nicht von einer anderen umhüllt werden (Beispiel Kugel).

Nach Gl. (3.2.12) steht die Feldstärke $\boldsymbol{H}$ immer senkrecht auf Flächen gleichen magnetischen Potenzials. Deshalb sind die Äquipotenzialflächen eines geraden langen Leiters (mit $\boldsymbol{H}$-Linien als konzentrischen Zylindern) senkrecht dazu stehende radiale Flächen (Abb. 3.2.4a) außerhalb des Leiters und dort hängt das Potenzial nicht vom Weg (zu einem Bezugspotenzial) ab.

Abbildung 3.2.4a zeigt einen Verlauf in einer Ebene senkrecht zum Leiter. Es gilt ($\varphi_B = \varphi$, $\varphi_A = 0$)

$$\psi_A - \psi_B = \int_A^B \boldsymbol{H} \cdot \mathrm{d}\boldsymbol{s} = \int_{\varphi_A}^{\varphi_B} \frac{I \boldsymbol{e}_\varphi}{2\pi r} \cdot \boldsymbol{e}_\varphi r \mathrm{d}\varphi = \frac{I}{2\pi} \varphi. \tag{3.2.14a}$$

Das Potenzial wächst bei der Integration in Feldrichtung (von A nach B) im Uhrzeigersinn. Integriert man aber entgegen der Feldrichtung, so gilt mit $\mathrm{d}\boldsymbol{s} = -\boldsymbol{e}_\varphi r \mathrm{d}\varphi$

$$\begin{aligned}\psi_A &= \psi_B + \int_A^B \boldsymbol{H} \cdot \mathrm{d}\boldsymbol{s} = \psi_B + \int_0^{2\pi-\varphi} \frac{(-I)\boldsymbol{e}_\varphi}{2\pi r} \cdot \boldsymbol{e}_\varphi r \mathrm{d}\varphi \\ &= -I + \frac{I}{2\pi}\varphi + \psi_B.\end{aligned} \tag{3.2.14b}$$

Der Bezugspunkt ψ_B wird beliebig gewählt, z. B. auch zu $\psi_B = -\frac{I}{2\pi}\varphi_B$. Dann hängt die Lösung

$$\psi_A = -\frac{I}{2\pi}\varphi_A \quad \text{bzw.} \quad \psi_A = -\frac{I}{2\pi}\varphi_A - I$$

vom Integrationsweg ab: im letzten Fall wurde der Strom eingeschlossen.

Vorteile bringt das skalare magnetische Potenzial, wenn das Feld mehrerer Ströme bestimmt werden soll.

Beispiel 3.2.7 Potenzialüberlagerung Wir berechnen die von parallelen Strömen herrührende Feldstärke $\boldsymbol{H}$ im Punkt $P(x,y)$ über das magnetische Potenzial (Abb. 3.2.6b) in Luft. Ausgang ist das zugehörige Potenzial $\psi(x,y)$. Das Bezugspotenzial liege bei $x \to \infty$ (vereinfacht die Winkeldarstellung der Ströme). Mit dem Potenzial $\psi_\nu = I_\nu / 2\pi \varphi_\nu$ des einzelnen Stromes I_ν lautet das Gesamtpotenzial

$$\psi = \sum_\nu \psi_\nu = \frac{1}{2\pi} \sum_\nu I_\nu \varphi_\nu \tag{3.2.15}$$

mit

$$H_x = -\frac{\partial \psi}{\partial x} = -\frac{1}{2\pi}\sum_\nu I_\nu \frac{\partial \varphi_\nu}{\partial x}, H_y = -\frac{\partial \psi}{\partial y} = -\frac{1}{2\pi}\sum_\nu I_\nu \frac{\partial \varphi_\nu}{\partial y}.$$

Die Komponenten der Gesamtfeldstärke $\boldsymbol{H} = \boldsymbol{e}_x H_x + \boldsymbol{e}_y H_y$ können direkt berechnet werden, eine z-Komponente tritt wegen der parallelen Ströme nicht auf. Sind x_ν, y_ν ($\nu = 1, 2, 3$) die Koordinaten des Stromes I_ν, so betragen die partiellen Winkelableitungen

$$\frac{\partial \varphi_\nu}{\partial x} = \frac{\sin \varphi_\nu}{r_\nu}, \quad \frac{\partial \varphi_\nu}{\partial y} = \frac{\cos \varphi_\nu}{r_\nu} \quad \text{mit} \quad \varphi_\nu = \arctan \frac{y - y_\nu}{x - x_\nu}.$$

Der Abstand r_ν des jeweiligen Stromes vom Beobachtungspunkt wird durch die Koordinaten ausgedrückt. Bei Stromrichtungsumkehr kehrt sich das Vorzeichen. Werden die Abstände $r_1 \ldots r_3$ sehr groß gegenüber den Leiterabständen gewählt, so gilt $r_1 \approx r_2 \approx r_3 \approx r$ und $\varphi_1 \approx \varphi_2 \approx \varphi_2 \approx \varphi$, also

$$\begin{aligned}
H_x &\approx \frac{(I_1 + I_2 + I_3)}{2\pi r} \sin \varphi, \\
H_y &\approx \frac{(I_1 + I_2 + I_3)}{2\pi r} \cos \varphi, \\
H &= \sqrt{H_x^2 + H_y^2} = \frac{(I_1 + I_2 + I_3)}{2\pi r}.
\end{aligned} \qquad (3.2.16)$$

> In großer Entfernung von den Leitern entsteht ein Magnetfeld, dass von einem Einzelleiter mit der Gesamtstromstärke aller Leiter stammt.

Gegenüber der Feldüberlagerung vereinfacht sich hier der Weg über das magnetische Potenzial als Zwischengröße.

Ausblick* Wir vertiefen das Potenzialproblem. Im elektrischen Feld knüpfte das elektrostatische Potenzial an die Wirbelfreiheit $\boldsymbol{E} = -\operatorname{grad} \varphi$ (damit ist die „differenzielle" Bedingung der Wirbelfreiheit, nämlich rot $\boldsymbol{E} = 0$ stets erfüllt). Das skalare magnetische Potenzial hat die gleiche Basis, setzt also Wirbelfreiheit des Magnetfeldes an, wie sie nur *außerhalb umfasster Ströme* gilt. Magnetfelder *um Ströme* sind aber *Wirbelfelder*. Deshalb muss der Potenzialbegriff erweitert werden.

Grundlage des gesuchten neuen Potentials ist die für das Magnetfeld (auch in stromerfüllten Bereichen) gültige *Quellenfreiheit der Flussdichte* $\boldsymbol{B}$ (Gl. (3.1.8)) oder gleichwertig in Differenzialform div $\boldsymbol{B} = 0$. *Mathematisch kann ein Vektorfeld $\boldsymbol{B}$, dessen Divergenz verschwindet, stets durch ein anderes Vektorfeld $\boldsymbol{A}_m$ ausgedrückt werden, dessen Rotation (rot) zu bilden ist:*

$$\boxed{\boldsymbol{B} = \operatorname{rot} \boldsymbol{A}_m.} \qquad \text{Magnetisches Vektorpotenzial, Definitionsgleichung} \qquad (3.2.17)$$

Der Vektor $\boldsymbol{A}_m$ heißt vereinfacht (magnetisches) *Vektorpotenzial* (Abb. 3.2.7a, b)[17]

– Das Vektorpotenzial ist ein vektorielles *Hilfsfeld* zur Lösung der Grundgleichungen Durchflutungssatz (rot $\boldsymbol{B} = \mu_0 \boldsymbol{J}$, Gl. (3.1.17b)) und Gaußscher Satz

---

[17] $\boldsymbol{A}$ hat neben der bisherigen Bedeutung als Flächenvektor jetzt auch die des magnetischen Vektorpotenzials, zur Verdeutlichung durch Index m.

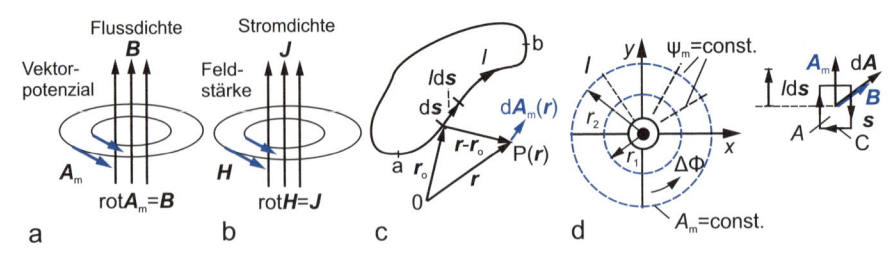

Abb. 3.2.7. Vektorpotenzial. (a) Das Vektorpotenzial A_m als Wirbelfeld mit einer Wirbeldichte rot $A_\mathrm{m} = B$ (A_m rechtswendig zu B zugeordnet). (b) Magnetische Feldlinien um einen Stromfaden. (c) Berechnung des magnetischen Vektorpotenzials eines Stromfadens. (d) Äquipotenziallinien des Vektor- und Skalarpotenzials

div $B = 0$ (Gl. (3.1.8)) des stationären Magnetfeldes *ohne direkte physikalische Bedeutung*.
– Die Definition (3.2.17) basiert auf *mathematischen Eigenschaften* des Vektors B, nicht physikalischen Merkmalen und legt nur die Wirbel (Rotation) von $A_\mathrm{m}(r)$ fest, aus Zweckmäßigkeitsgründen wählt man noch div $A_\mathrm{m} = 0$. (Das Vektorpotenzial verlangt als Vektorfunktion eine Festlegung von rot und div).
– A_m hat die gleiche Einheit wie die magnetische Spannung V (nämlich Wb/m), obwohl beides verschiedene Größen sind. Im Gegensatz zu H und B ist A_m nicht messbar.
– Das Symbol A_m geht auf DIN 1324/1 zurück (die verbreitete Verwendung von A statt A_m schafft Verwechselungen). Der Vorschlag des Vektorpotenzials selbst stammt von Maxwell.
– Grundsätzlich wählt man zur Definition von A_m die Flussdichte B (wegen der stets erfüllten Nebenbedingung div $B = 0$). Die Feldstärke H erfüllt diese Bedingung an Materialgrenzen (Grenzflächenbedingung, unterschiedliche Normalkomponenten H_n) nicht. Dann ist das Feldstärkefeld an der Grenzfläche nicht quellenfrei und die Nebenbedingung verletzt.
– Die Vorschrift Rotation (rot) differenziert als Operator einen Vektor und erzeugt dabei einen neuen Vektor. Der Begriff wurde bereits in Gl. (3.1.17b) ff. erläutert, die Rechenvorschrift im jeweiligen Koordinatensystem steht in der mathematischen Literatur.

In Abb. 3.2.7a, b sind Durchflutungssatz (in Differenzialform) und Vektorpotenzial gegenübergestellt. Im Durchflutungssatz ist die Stromdichte J die Wirbeldichte und Wirbelursache des Magnetfeldes H. Anschaulich erzeugt der Strömungsfaden J ein Magnetfeld, das ihn umwirbelt. *Umgekehrt wird ein Raum mit verschwindender Rotation nicht von einem Strom durchflossen.* Ganz analog (Gl. (3.2.18)) bilden die Wirbeldichten rot A_m des Vektorpotenzials die Flussdichtelinien B des magnetischen Feldes mit geschlossenen Feldlinien (Wirbeldichten von Wirbelfeldern sind immer geschlossene Linien). Somit ist auch das Vektorpotenzial A_m ein Wirbelfeld. *Dabei steht* rot A_m *an jedem Punkt stets senkrecht auf dem Vektor* A_m.

3.2 Die Integralgrößen des magnetischen Feldes

Eine weitere Beziehung besteht zwischen Vektorpotenzial $\boldsymbol{A}_\mathrm{m}$ und magnetischem Fluss Φ über den Satz von *Stokes*

$$\Phi = \iint_A \boldsymbol{B} \cdot \mathrm{d}\boldsymbol{A} = \iint_A (\mathrm{rot}\,\boldsymbol{A}_\mathrm{m}) \cdot \mathrm{d}\boldsymbol{A} = \oint_{C:\,s\,\mathrm{um}\,A} \boldsymbol{A}_\mathrm{m} \cdot \mathrm{d}\boldsymbol{s}. \qquad (3.2.18)$$

Danach ist die Wirbelstärke des Vektorpotenzials der magnetische Fluss Φ, die Wirbeldichte $\boldsymbol{B}$ berechnet über Gl. (3.2.17).

Das Umlaufintegral des Vektorpotenzials ergibt den magnetischen Fluss, (das Umlaufintegral der magnetischen Feldstärke ergab die Durchflutung resp. den Strom, Durchflutungssatz in Integralform)

$$\Theta = \underbrace{\oint_C \boldsymbol{H} \cdot \mathrm{d}\boldsymbol{s}}_{\text{Umlauf } C} = \underbrace{\iint \mathrm{rot}\,\boldsymbol{H} \cdot \mathrm{d}\boldsymbol{A}}_{\substack{\text{Fläche des} \\ \text{Umlaufs}}} = \underbrace{\iint \boldsymbol{J} \cdot \mathrm{d}\boldsymbol{A}}_{\substack{\text{Fläche des} \\ \text{Umlaufs}}}. \qquad (3.2.19)$$

Dabei ist rot $\boldsymbol{H} = \boldsymbol{J}$ der Durchflutungssatz in Differenzialform (Abb. 3.2.7b): *das magnetische Feld hat an Stellen nicht verschwindender Stromdichte Wirbel.*

Offen ist noch die Beziehung zwischen Vektorpotenzial und Strom bzw. Stromdichte. Im elektrischen Feld ergibt die Poissonsche Gleichung die Beziehung zwischen felderzeugenden Ladungen (als Ursache) und der räumlichen Potenzialverteilung $\varphi(\boldsymbol{r})$ bzw. für die Punktladung das Coulombsche Gesetz. Analog gibt es auch eine *vektorielle Differentialgleichung* des Vektorpotenzials (Analogie rein mathematischer Natur) für Wirbelfelder mit der Stromdichte als Feldquelle. Für einen Stromfaden I der Länge d$\boldsymbol{s}$ lautet das Vektorpotenzial (Abb. 3.2.7c) im Abstand $\boldsymbol{r} - \boldsymbol{r}_0$

$$\boldsymbol{A}_\mathrm{m} = \frac{\mu_0 I}{4\pi} \int_a^b \frac{\mathrm{d}\boldsymbol{s}}{|\boldsymbol{r} - \boldsymbol{r}_0|}. \qquad (3.2.20)$$

$\boldsymbol{A}_\mathrm{m}$ hat die Orientierung von d$\boldsymbol{s}$ und auf einem Kreis mit dem Radius r ist sein Betrag konstant (Abb. 3.2.7d). Die Linien des *skalaren* magnetischen Potenzials stehen darauf senkrecht.

Insgesamt verlangt das Vektorpotenzial folgende Anwendungsstrategie: Berechnung von $\boldsymbol{A}_\mathrm{m}$ aus der Stromverteilung, z. B. mit Gl. (3.2.20, einfacher Integrationsschritt) und daraus der Flussdichte $\boldsymbol{B}$ über Gl. (3.2.17, Differenzialoperation). Diese Folge ist i. a. einfacher als die direkte Berechnung von $\boldsymbol{B}$ bzw. $\boldsymbol{B}$ über das Biot-Savartsche Gesetz (Integration über ein Kreuzprodukt zweier Vektoren). Das Gesetz selbst lässt sich aus $\boldsymbol{B}$ und $\boldsymbol{A}_\mathrm{m}$ mit den Gln. (3.2.17, 3.2.20) herleiten, wir verzichten darauf.

Der magnetische Fluss Φ wird über Gl. (3.2.18) bestimmt. Zur Verdeutlichung enthält Abb. 3.2.7d die Zuordnungen von $\boldsymbol{A}_\mathrm{m}$, $\boldsymbol{B}$ und der Umlauffläche für einen Flussteil $\Delta\Phi$.

Wir haben diesen knappen Exkurs eingefügt, um eine Analyselösung auch für stromerfüllte Bereiche anzudeuten, für die das skalare magnetische Potenzial versagt. Das Vektorpotenzial ist ein leistungsfähiges Werkzeug, dessen volle Anwendungsbreite (bis hin zur Wellenausbreitung) erst die theoretische Elektrotechnik erschließt.

Beispiel 3.2.8 Vektorpotenzial eines geraden Leiters In Beispiel 3.1.7 wurde die magnetische Feldstärke $\boldsymbol{H}$ eines geraden Leiters begrenzter Länge über das Biot-Savartsche Gesetz berechnet (Abb. 3.1.15a). Wir wiederholen diesen Schritt jetzt über das Vektorpotenzial (gleiche Anordnung, Länge $l = 2L$ symmetrisch zwischen $z_1 = -L$ und $z_2 = L$).

Ausgang ist Gl. (3.2.20) mit dem Abstandsvektor $\boldsymbol{r}$ vom Stromelement $I\mathrm{d}z\boldsymbol{e}_z$: $\boldsymbol{r} = \varrho\boldsymbol{e}_\varrho - z\boldsymbol{e}_z$ nach Punkt P$_2$. Dafür beträgt das Vektorpotenzial

$$\boldsymbol{A}_\mathrm{m} = \frac{\mu_0 I \boldsymbol{e}_z}{4\pi} \int_{-L}^{L} \frac{\mathrm{d}z}{\sqrt{\varrho^2 + z^2}} = \frac{\mu_0 I}{4\pi} \ln\left(\frac{L + \sqrt{\varrho^2 + L^2}}{-L + \sqrt{\varrho^2 + L^2}}\right) \boldsymbol{e}_z \approx \frac{\mu_0 I}{2\pi} \ln\left(\frac{2L}{\varrho}\right) \boldsymbol{e}_z.$$

Es ist eine Lösung in der x,y-Ebene ($z = 0$). Die Näherung zum Schluss gilt für $L \gg \varrho$ im Zähler- und Nennerterm der ln-Funktion. Das Potenzial zeigt, wie das Stromelement, in z-Richtung.

Im nächsten Schritt ergibt sich die Flussdichte $\boldsymbol{B}$ nach Gl. (3.2.17) durch Rotationsbildung (in Zylinderkoordinaten)

$$\boldsymbol{B} = \mathrm{rot}\,\boldsymbol{A}_\mathrm{m} = \begin{vmatrix} \frac{1}{\varrho}\boldsymbol{e}_\varrho & \boldsymbol{e}_\varphi & \frac{1}{\varrho}\boldsymbol{e}_z \\ \frac{\partial}{\partial \varrho} & \frac{\partial}{\partial \varphi} & \frac{\partial}{\partial z} \\ 0 & 0 & A_\mathrm{mz} \end{vmatrix} = -\frac{\partial A_\mathrm{mz}}{\partial \varrho}\boldsymbol{e}_\varphi = \frac{\mu_0 I L}{2\pi\varrho}\frac{1}{\sqrt{L^2 + \varrho^2}}\boldsymbol{e}_\varphi \approx \frac{\mu_0 I}{2\pi\varrho}\boldsymbol{e}_\varphi.$$

Die Näherung gilt für $L \gg \varrho$. Das Ergebnis stimmt mit der Lösung nach Biot-Savart überein.

Im Beispiel liegt das $\boldsymbol{B}$-Feld in der x,y-Ebene unabhängig von der z-Koordinate, außerdem fließt der Strom in z-Richtung. Dann kann umgekehrt aus dem Ergebnis $\boldsymbol{B}(\varrho)$ (z. B. erhalten über den Durchflutungssatz für den geraden Leiter) auch das Vektorpotenzial durch Integration ermittelt werden:

$$\boldsymbol{B} = -\frac{\partial A_\mathrm{mz}}{\partial \varrho}\boldsymbol{e}_\varphi \approx \frac{\mu_0 I}{2\pi\varrho}\boldsymbol{e}_\varphi \rightarrow A_\mathrm{mz} = -\frac{\mu_0 I}{2\pi}\ln\frac{\varrho}{\varrho_0}.$$

Dabei ist ϱ_0 eine Integrationskonstante. Wegen der Rotationssymmetrie ist die Vektorkomponente A_mz für alle Punkte auf einem Kreis mit dem Radius ϱ gleich (s. Abb. 3.2.7d, eingetragene Linien konstanten Vektorpotenzials A_m). Der Gradient des Skalarpotenzials wird aus $\boldsymbol{B}$ bzw. $\boldsymbol{H}$ nach Gl. (3.2.12) gewonnen. Für zwei ausgewählte Vektorpotenziale (Radien r_1 und r_2) ergibt sich der Fluss nach Gl. (3.2.18) als Differenz der Beträge des Vektorpotenzials

$$\Delta\Phi = \oint_s \boldsymbol{A}_\mathrm{m} \cdot \mathrm{d}\boldsymbol{s} = (A_{z1}\boldsymbol{e}_z \cdot \boldsymbol{e}_z 2L - A_{z2}\boldsymbol{e}_z \cdot \boldsymbol{e}_z 2L) = (A_{z1} - A_{z2})\,2L$$

$$= -\frac{\mu_0 I 2L}{2\pi}\left(\ln\frac{r_1}{\varrho} - \ln\frac{r_2}{\varrho}\right) = \frac{\mu_0 I 2L}{2\pi}\ln\frac{r_2}{r_1}.$$

Dieses Ergebnis wurde bereits in Beispiel 3.2.1 ermittelt (mit $l = 2L$). Zum Fluss tragen nur die Vektorpotenziale in z-Richtung an den Stellen r_1, r_2 bei, nicht die dazu senkrecht (also in ϱ-Richtung) stehenden (Abb. 3.2.7d).

Damit sind die Linien gleichen Vektorpotenzials Feldlinien und begrenzen so Flussröhren!

3.2.3 Magnetischer Kreis, Analogie zum elektrischen Kreis

Die meisten Anwendungen des Magnetfeldes beruhen auf der Flussführung durch ferromagnetische Körper. Erst damit gewinnen magnetischer Fluss und magnetische Spannung ihre eigentliche Bedeutung. Die Flusskonzentration in ferromagnetischen Körpern ist eine Folge der Grenzflächeneigenschaften (s. Kap. 3.1.6). Eine *senkrecht* auf eine ferromagnetische Platte auftreffende magnetische Flussdichte bleibt erhalten ($\boldsymbol{B}_\text{Fe} = \boldsymbol{B}_\text{L}$, Abb. 3.2.8a) und die zugeordnete magnetische Feldstärke $\boldsymbol{H}_\text{Fe}$ ist μ_r mal kleiner als in Luft (Stetigkeit der Normalkomponenten der Flussdichte). Dagegen herrscht in einer *parallel* zum Feld liegenden ferromagnetischen Platte überall gleiche Feldstärke ($\boldsymbol{H}_\text{Fe} = \boldsymbol{H}_\text{L}$, Abb. 3.2.8b, Stetigkeit der Tangentialkomponenten der Feldstärke) und die Flussdichte erhöht sich auf den μ_r-fachen Wert.

Deshalb eignen sich hochpermeable Körper als Pfade für den magnetischen Fluss und umgekehrt erfordert ein bestimmter Fluss in diesem Körper eine viel geringere magnetische Spannung: Idee des magnetischen Kreises.

> Ein magnetischer Kreis ist eine Anordnung aus einer Magnetfeldursache (Erregerspule, Dauermagnet) und ferromagnetischen Gebieten, deren Geometrie den magnetischen Fluss auf vorgegebenen Wegen führt.

Seine Bestandteile sind außer der Erregung noch *Leiterbereiche* aus weichmagnetischem Material (Joch-, Schenkel oder Polbereiche zur Flussführung) und häufig ein *Luftspalt* (Abb. 3.2.9a). Varianten (z. B. Abb. 3.2.10) haben noch einen beweglichen *Anker*.

Magnetische Kreise sind als „magnetischer Leiter" die Grundlage vieler Anwendungen, die ihre Gestaltung bestimmen: innige Verkopplung von Spulen (Transformator), Vergrößerung der Spuleninduktivität, Erzeugung von Kräften und Drehmomenten durch Luftspalte zur elektromechanischen Energiewandlung (Elektromagnet, Motor, magnetische Lager), Erzeugung starker Magnetfelder (Tomograph, Ablenksysteme) u. a. m.

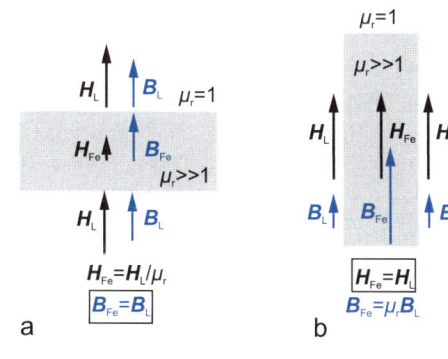

Abb. 3.2.8. Ferromagnetische Platte. (a) senkrecht und (b) parallel zum homogenen Magnetfeld

Der magnetische Fluss im Kreis entsteht durch eine oder mehrere stromdurchflossene *Erregerspulen*, die ihn an bestimmten Stellen umfassen oder eingefügte Dauermagnete. Weil dieses Verhalten an den Grundstromkreis erinnert, ist die Einführung eines *magnetischen Widerstandes* R_m sinnvoll und überhaupt die Suche nach *Analogien*. Sie erleichtern das Verständnis magnetischer Kreise erheblich. Erinnert sei aber an ihre *Modellvoraussetzung:* mit wachsender Tendenz zur magnetischen Sättigung *gehen die Feldunterschiede nach Abb. 3.2.8 und damit die Netzwerkeigenschaften verloren und der magnetische Kreis wird hinfällig* (an seine Stelle tritt die Beschreibung durch räumlich ausgedehnte Felder).

Magnetischer Widerstand Der magnetische Fluss Φ (analog zum Strom I) und der magnetische Spannungsabfall V (analog zum Spannungsabfall U) legen die Einführung eines *magnetischen Widerstandes* R_m (analog zum elektrischen Widerstand $R = U/I$) nahe:

$$R_\mathrm{m} = \frac{V}{\Phi}. \qquad \text{Magnetischer Widerstand (Definitionsgleichung)} \qquad (3.2.21)$$

Der magnetische Widerstand R_m zwischen zwei (magnetischen) Potenzialflächen hängt für $\mu = \text{const}$ nur vom Material und der Geometrie des magnetischen Kreises ab. Er wächst mit zunehmender Länge und sinkt, wenn Permeabilität und/oder Querschnitt zunehmen.

Als wichtige Voraussetzung beschränkt sich der Widerstandsbegriff auf konstante Permeabilität μ_r, also eine *lineare B(H)-Beziehung*. Das reicht zum Verständnis des Kreises zunächst aus, später wird die nichtlineare B,H-Kennlinie einbezogen.

Der magnetische Widerstand wird auch als *Reluktanz* bezeichnet und hat als Kehrwert den *magnetischen Leitwert* $G_\mathrm{m} = \Lambda$ oder die Permeanz. Heißt die erste Beziehung Gl. (3.2.21) auch „Ohmsches" oder Hopkinsches Gesetz des magnetischen Kreises, so ist die Reluktanz vor allem im Englischen verbreitet.

Abbildung 3.2.9a zeigt die begriffliche Analogie zum elektrischen Widerstand. In beiden Fällen tritt der Spannungsabfall (in Richtung der Strömungsgröße I bzw. Φ) zwischen zwei Potenzialflächen auf. Für einen geschlossenen magnetischen Kreis mit der Erregung Θ gilt gleichwertig nach Gl. (3.2.21)

$$\Phi = \Theta \cdot \Lambda = \Theta \cdot G_\mathrm{m} = \frac{\Theta}{R_\mathrm{m}}. \qquad \text{Hopkinsches Gesetz} \qquad (3.2.22)$$

Danach ist der magnetische Fluss gleich der im magnetischen Kreis wirkenden Durchflutung Θ multipliziert mit dem magnetischen Leitwert, gebildet

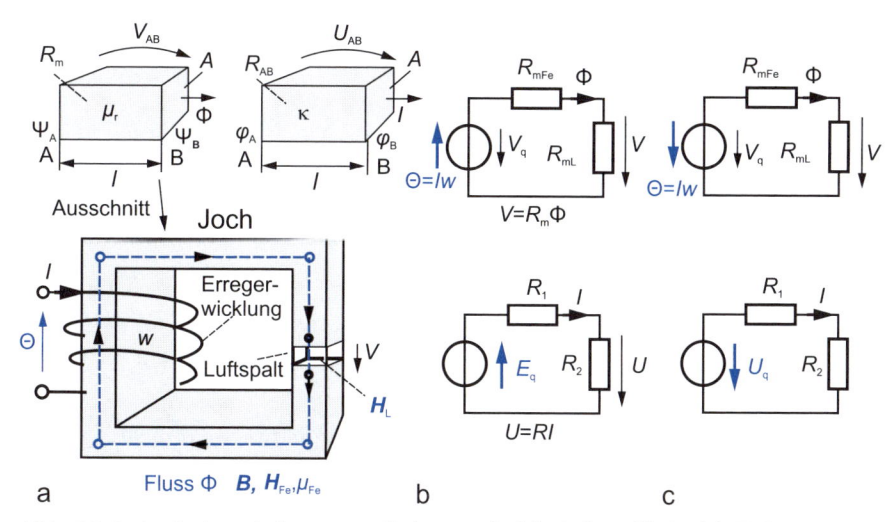

3.2 Die Integralgrößen des magnetischen Feldes

Abb. 3.2.9. Analogie zwischen magnetischem und elektrischem Kreis. (a) Teil eines magnetischen Kreises ersetzt durch den magnetischen Widerstand R_m. (b) Unverzweigter magnetischer Kreis und elektrische Analogien. (c) Ersatzschaltung eines magnetischen Kreises und analoge elektrische Ersatzschaltung mit Erregung als Spannungsabfall

aus dem reziproken magnetischen Gesamtwiderstand R_m des Kreises. Eine typische Vereinfachung ist der *unverzweigte Kreis* (Abb. 3.2.9a, b) mit einem Widerstand R_mFe für alle ferromagnetischen Gebiete und dem Luftspaltwiderstand R_mL. Damit assoziiert man im elektrischen Analogon den Innen- und Außenwiderstand, weil auch im magnetischen Fall durchweg die Verhältnisse im Luftspalt interessieren (großer magnetischer Spannungsabfall über dem Eisenweg ist meist unerwünscht).

Einheit Dimension und Einheit ergeben sich aus

$$\dim(R_\mathrm{m}) = \dim\left(\frac{V}{\Phi}\right) = \dim\left(\frac{\text{Strom}}{\text{Spannung} \cdot \text{Zeit}}\right)$$

und

$$[R_\mathrm{m}] = \frac{[V]}{[\Phi]} = \frac{1\,\mathrm{A}}{\mathrm{V}\cdot\mathrm{s}} = 1\frac{1}{\Omega\cdot\mathrm{s}} = \frac{\mathrm{A}}{\mathrm{Wb}} = 1\,\mathrm{H}^{-1} \quad (1\,\mathrm{Wb} = 1\,\mathrm{V}\cdot\mathrm{s}).$$

Der magnetische Leitwert verhält sich entsprechend

$$[G_\mathrm{m}] = [\Lambda] = \frac{[\Phi]}{[V]} = 1\frac{\mathrm{Wb}}{\mathrm{A}} = 1\,\mathrm{H}.$$

Für inhomogene Felder wird die Berechnungsmethodik vom elektrischen Fall übernommen: $B \to \Phi$, $H \to V$, $R_\mathrm{m} = V/\Phi$. Dann ergibt sich der magnetische Widerstand als Quotient von Spannungsabfall V_AB (zwischen zwei Ebenen des magnetischen Potenzials ψ im Abstand ds) und dem Fluss Φ, der durch die zugehörige Querschnittsfläche A tritt:

$$R_{\mathrm{mAB}} = \frac{V_{\mathrm{AB}}}{\Phi} = \left.\frac{\int_A^B \boldsymbol{H} \cdot \mathrm{d}\boldsymbol{s}}{\int_A \boldsymbol{B} \cdot \mathrm{d}\boldsymbol{A}}\right|_{\mu=\mathrm{const}} \rightarrow$$

$$\boxed{R_{\mathrm{m}} = \frac{l}{\mu A}, \quad G_{\mathrm{m}} = \Lambda = \frac{\mu A}{l}.} \quad (3.2.23)$$

Im *homogenen Magnetfeld* folgt daraus mit $V = \int \boldsymbol{H} \cdot \mathrm{d}\boldsymbol{s} = H \cdot l$ und $\Phi = BA = \mu H l$ die *Bemessungsgleichung* (im elektrischen Fall galt $R = l/(\kappa A)$). Homogene Feldverhältnisse liegen, zumindest für Abschätzungen, durchweg zugrunde.

Der elektrischen Leitfähigkeit κ entspricht die magnetische Permeabilität μ.

Das Ohmsche Gesetz des magnetischen Kreises vereinfacht die Analyse dann, wenn er sich in Teilabschnitte mit leicht berechenbaren Teilwiderständen und Teilflüssen unterteilen lässt, wie es auf elektrische Netzwerke mit Einzelwiderständen, ihren Zusammenschaltungen und überhaupt dem Maschen- und Knotenbegriff zutrifft.

Die Bildungsgesetze für Reihen- und Parallelschaltung magnetischer Widerstände beruhen auf dem Maschensatz für magnetische Spannungsabfälle und dem Knotensatz für verzweigte Flüsse.

Analogie zwischen elektrischem und magnetischem Kreis Elektrische und magnetische Größen verhalten sich, zumindest formal, analog zueinander. Deshalb kann aus der Netzwerkbeschreibung resistiver elektrischer Schaltungen eine Ersatzschaltung des magnetischen Kreises entwickelt werden. Grundlage sind die in Tab. 3.4 zusammengestellten Beziehungen mit den Entsprechungen

$$\boxed{\Phi \hat{=} I, \quad V \hat{=} U, \quad R_{\mathrm{m}} \hat{=} R.}$$

Dabei ist für die Durchflutung (MMK) $\Theta = wI$ die vereinbarte Zählrichtung zu beachten (Gl. (3.2.10c), Abb. 3.2.9c) (im Lehrbuch wird die Erregung als magnetischer Spannungsabfall angesetzt). Für das magnetische Netzwerk kommen Knoten- und Maschensatz sowie die (mag.) Spannungs-Fluss-Beziehung des magnetischen Widerstandes hinzu

$$\boxed{\begin{aligned} \sum_\nu \Phi_\nu &= 0, \quad \sum_{\mu,\alpha}(V_\mu - \Theta_\alpha) = 0 \text{ resp.} \\ \sum_\mu V_\mu &= \sum_\alpha \Theta_\alpha = \sum_\alpha wI_\alpha, \quad V_\nu = R_{\mathrm{m}\nu}\Phi_\nu. \end{aligned}} \quad (3.2.24)$$

Damit gelten die Analyseverfahren der linearen Gleichstromnetzwerke.

3.2 Die Integralgrößen des magnetischen Feldes

Tab. 3.4. Analogie zwischen elektrischen und magnetischen Netzwerken

Begriff	Elektrisches Feld	Magnetisches Feld
Quellenspannung	Elektromotorische Kraft EMK E_q	Magnetomotorische Kraft MMK Θ
Spannungsabfall	Quellenspannung U_q	Magnetische Quellenspannung Θ_q (als Spannungsabfall)
Strom	elektrischer Strom elektrischer Fluss $I = \int \boldsymbol{J} \cdot \mathrm{d}\boldsymbol{A}$	magnetischer Fluss $\Phi = \int \boldsymbol{B} \cdot \mathrm{d}\boldsymbol{A}$
Widerstand	elektrischer Widerstand $R = \frac{l}{\kappa A}$	magnetischer Widerstand $R_\mathrm{m} = \frac{l}{\mu A}$
Ohmsches Gesetz, Hopkinsches Gesetz	$R = \frac{U}{I}$	$R_\mathrm{m} = \frac{V}{\Phi}$
Maschensatz	$\sum_\text{Masche} RI = 0$	$\sum_\text{Masche} R\Phi = 0$
Knotensatz	$\sum_\text{Knoten} I = 0$	$\sum_\text{Knoten} \Phi = 0$

So anschaulich die Analogie zum Verständnis magnetischer Kreise ist, so *wenig Nutzen hat sie zur Lösung praktischer Aufgabenstellungen*:

— Die B,H-Beziehung ist stark nichtlinear.
— Die geometrische Modellierung der Widerstände ist oft ungenau (wenn die Geometrie des Eisenkreises nicht auf einfache Körper rückführbar ist).
— Das einfache Modell erfasst keine *Streuung des magnetischen Flusses*. Streuung außerhalb des magnetischen Kreises tritt auf, weil es keine magnetischen Nichtleiter gibt. Im Strömungsfeld fließen Ströme dagegen nur im Leiter.
— Die Erregerorte (Spulen) sind nicht konzentriert.

Deshalb sind magnetische Kreise deutlich gröbere Modelle als Stromkreise.

Analyse magnetischer Kreise Technische magnetische Kreise unterscheiden sich gegenüber der Grundform in Abb. 3.2.9 hauptsächlich durch:

— die unterschiedliche *Gestaltung des Luftspaltes*, der auch variabel sein kann wie bei Anordnungen mit beweglichem Anker (Abb. 3.2.10a) etwa für Elektromagnete;
— *Streuvorgänge* des magnetischen Feldes in der Spule oder im Luftspalt (wenn er sehr ausgeprägt ist);
— die *nichtlineare B, H-Beziehung* des Eisenkerns.

258   3. Das magnetische Feld

Diese Punkte müssen in zwei Problemstellungen berücksichtigt werden:

1. für eine gegebene Erregung $\Theta = Iw$ wird die Flussdichte $\boldsymbol{B}$ oder Feldstärke $\boldsymbol{H}$ an einer Stelle im magnetischen Kreis gesucht,
2. an einer Stelle, meist dem Luftspalt, soll eine bestimmte Flussdichte herrschen. Welche Erregung Iw ist erforderlich?

Die zugehörige *Berechnung* kann erfolgen:

– mit der *Analogie* (Tab. 3.4) durch Modellierung als magnetisches Netzwerk mit dem magnetischen Knoten- und Maschensatz und der Φ,V-Beziehung einzelner Widerstandselemente (die nichtlinear sein können). Bei gegebener Durchflutung $\Theta = wI$ folgen die Feldgrößen dann aus

$$wI = \Theta \rightarrow \Phi = \frac{wI}{R_{\mathrm{mges}}} \rightarrow B = \frac{\Phi}{A_\perp} \rightarrow H = \frac{B}{\mu}. \qquad (3.2.25a)$$

Man unterteilt dazu den magnetischen Kreis in Abschnitte (konstante Permeabilität, konstanter Querschnitt), in denen B und H konstant sind und berechnet die magnetischen Widerstände für mittlere Längen l_m. Über die Maschengleichung folgt bei gegebener Durchflutung der Fluss (und so B und H) oder bei gewünschtem Fluss die Durchflutung.

– über die Feldbeziehungen

$$\oint \boldsymbol{B} \cdot \mathrm{d}\boldsymbol{A} = 0, \quad \oint \boldsymbol{H} \cdot \mathrm{d}\boldsymbol{s} = I, \qquad \begin{array}{l} B,H\text{-Kennlinie der} \\ \text{Einzelelemente} \end{array} \qquad (3.2.25b)$$

– mit grafischen oder numerischen Verfahren bei nichtlinearem Eisenkreis.

Die Analyse wird übersichtlich bei Unterteilung des magnetischen Kreises in Bestandteile mit einfachen geometrischen Formen. Typische Fälle sind der *unverzweigte* Eisenkreis ohne oder mit Luftspalt, der *verzweigte* Eisenkreis ohne oder mit Luftspalt oder komplizierte Geometrien. Das gilt für Eisenkreise mit bestimmten Blechzuschnitten wie M-, U-, E-, Ring-, Topf- und Bandkerne. Solche Kerne bilden die Basis für Transformatoren. Dafür reicht eine einfache magnetische Ersatzschaltung.

Kompliziertere Formen haben Gleichstrommaschinen (mit Ständer und Läufer), Drehpulsmessgeräte mit Hufeisenmagnet und Polkern, Hebemagnete, Relais, Magnetköpfe von Audio- und Videorekordern, Magnetschwebebahnen u. a. m. Sie erfordern meist numerische oder iterative Lösungen über Feldbetrachtungen.

3.2 Die Integralgrößen des magnetischen Feldes

Beispiel 3.2.9 Unverzweigter Eisenkreis mit Luftspalt Im Eisenkreis (mit kleinem Luftspalt, Abb. 3.2.9a) erzeugt die stromdurchflossene Erregerwicklung die Durchflutung als Ursache des magnetischen Flusses Φ. Er durchsetzt den magnetischen Kreis überall in gleicher Stärke. Die zugeordnete Flussdichte $B_{\text{Fe}} = B_{\text{L}}$ erzeugt im Eisenweg und Luftspalt die magnetischen Feldstärken H_{Fe} und H_{L} (Gl. (3.1.11)). Der Fluss verursacht magnetische Spannungsabfälle V_i über Eisenkreis und Luftspalt. Nach dem Durchflutungssatz gilt

$$\Theta = wI = \oint \boldsymbol{H} \cdot \mathrm{d}\boldsymbol{s} = \underbrace{\int \boldsymbol{H} \cdot \mathrm{d}\boldsymbol{s}}_{\text{Eisenweg}} + \underbrace{\int \boldsymbol{H} \cdot \mathrm{d}\boldsymbol{s}}_{\text{Luftspalt}} \quad (3.2.26\text{a})$$
$$= H_{\text{Fe}} l_{\text{Fe}} + H_{\text{L}} l_{\text{L}} = V_{\text{Fe}} + V_{\text{L}}.$$

Dabei wurde die magnetische Feldstärke in jedem Teilbereich als konstant angenommen. Die Längen l_{Fe} und l_{L} sind mittlere Längen. Wegen der Beziehung $H = B/\mu$ mit $\mu_r \gg 1$ ist die magnetische *Feldstärke im Luftspalt μ_r-mal größer als im Eisen*. Gleichwertig gilt für die Durchflutung

$$\Theta = wI = H_{\text{Fe}} l_{\text{Fe}} + H_{\text{L}} l_{\text{L}} = \frac{B}{\mu_{\text{rFe}}} l_{\text{Fe}} + \frac{B}{\mu_{\text{rL}}} l_{\text{L}} = \frac{\Phi}{A} \left(\frac{l_{\text{Fe}}}{\mu_{\text{rFe}}} + \frac{l_{\text{L}}}{\mu_{\text{rL}}} \right) \quad (3.2.26\text{b})$$
$$= \Phi(R_{\text{mFe}} + R_{\text{mL}}) = \Phi R_{\text{mges}}.$$

Die Ergebnisse entsprechen denen des Stromkreises.

Äquivalenter Luftweg Der magnetische Widerstand eines Eisenkreises (Länge l_{Fe}) wächst mit der Länge und sinkt mit wachsender Permeabilität und größerem Querschnitt. Bei Reihenschaltung einer Luftstrecke (Länge l_{L}) (gleicher Querschnitt A) beträgt der Gesamtwiderstand (Abb. 3.2.10a)

$$R_{\text{mges}} = R_{\text{mFe}} + R_{\text{mL}} = \frac{l_{\text{Fe}}}{\mu A} + \frac{l_{\text{L}}}{\mu_0 A} = \frac{1}{\mu_0 A} \left(\frac{l_{\text{Fe}}}{\mu_r} + l_{\text{L}} \right). \quad (3.2.27)$$

Die Größe l_{Fe}/μ_r ist der *äquivalente Luftweg*. Ein magnetischer Widerstand mit l_{Fe} und μ_r hat (bei gleichem Querschnitt A) den gleichen magnetischen Widerstand wie ein Luftwiderstand der Länge l_{L}. So ergibt sich für $\mu_r = 10000$ und $l_{\text{Fe}} = 1\,\text{m}$, $l_{\text{Fe}}/\mu_r = 0{,}1\,\text{mm} = l_{\text{L}}$.

Ein Luftspalt vergrößert den Gesamtwiderstand eines magnetischen Kreises außerordentlich.

Übertrifft die Luftspaltlänge l_{L} die äquivalente Eisenweglänge l_{Fe}/μ_r deutlich, so kann der magnetische Spannungsabfall im Eisenteil *vernachlässigt* werden: $\Theta = wI \approx V_{\text{L}}$. Das entspricht dem Modell des *ideal magnetisierbaren Körpers* (s. u.). Luftspalte werden aus verschiedenen Gründen eingefügt:

- *konstruktiv* bedingt zum Aufbau des Blechpaketes eines Transformators;
- zur *Linearisierung* des nichtlinearen B, H-Verlaufs bei vormagnetisierten Spulen;

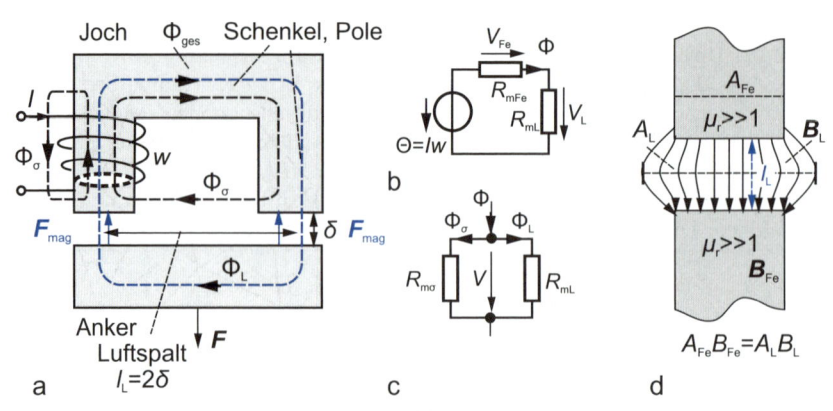

Abb. 3.2.10. Realer magnetischer Kreis. (a) mit beweglichem Anker und Streueinflüssen. (b) Magnetische Ersatzschaltung. (c) Modellierung des Streueinflusses durch die Erregerspule. (d) Modellierung der Randverzerrung am Luftspalt

– als *Nutzungsfreiraum*, in dem sich z. B. ein Leiter bewegt. Hier dient er als *Speicherort magnetischer Feldenergie* etwa beim Umsatz elektrisch-magnetisch-mechanischer Energie wie im Motor. Ein Luftspalt kann auch variabel sein wie im Elektromagnet (Abb. 3.2.10a).

Streufluss, Querschnittsänderung im Luftspalt Der magnetische Kreis konzentriert die Feldlinien praktisch vollständig im Eisen. Sinkt die Permeabilität, z. B. beim Eintreten in die Sättigung, so treten Feldlinien zunehmend aus dem Eisenkreis als *Streufluss* aus (Abb. 3.2.10a). Ein Luftspalt verschärft das Problem, weil er für den magnetischen Kreis einen hochohmigen Abschnitt darstellt. Dann setzt sich der Gesamtfluss Φ_{ges} durch die Spule aus dem *Nutzfluss* Φ_L durch den Luftspalt und einen *Streufluss* Φ_σ durch das sog. *Fenster des Eisenkreises* zusammen: $\Phi_{\text{ges}} = \Phi_L + \Phi_\sigma$. Der *Streufaktor* $\sigma = \Phi_\sigma/\Phi_L$ als Verhältnis von Streu- zu Nutzfluss im Luftspalt hängt von der Geometrie des magnetischen Kreises und dem Sättigungsgrad des Ferromagnetikums ab; Werte im unteren %-Bereich sind typisch. Um einen bestimmten Nutzfluss Φ_L im Luftspalt aufzubringen, muss der Gesamtfluss erhöht werden (Abb. 3.2.10b, c).

Der Luftspalt verursacht ferner eine *Randverzerrung* (Abb. 3.2.10d), weil die Flussführung fehlt: er baucht etwas aus, mit wachsendem Luftspalt zunehmend. Dann durchsetzt der Fluss in diesem Bereich eine größere Fläche, die Flussdichte sinkt.

Streuflüsse lassen sich durch parasitäre Parallelwiderstände modellieren, wenn auch ihr Flussverlauf nicht annähernd homogen ist. Für das obige Beispiel gilt $\Phi_L = \Phi_{\text{ges}} - \Phi_\sigma = \Phi_{\text{ges}}(1-\sigma)$ und die magnetische Umlaufspannung lautet jetzt statt Gl. (3.2.26):

$$\Theta = wI = V_{\text{Fe}} + V_L = \Phi\left(R_{\text{mFe}} + R_{\text{mL}}(1-\sigma)\right) = \Phi R_{\text{mges}}. \qquad (3.2.28)$$

Der letzte Anteil entspricht einer Parallelschaltung des Luftspaltwiderstandes R_{mL} mit dem magnetischen Widerstand $R_{\text{m}\sigma}$ des Nebenweges (Abb. 3.2.10c). Ähnlich

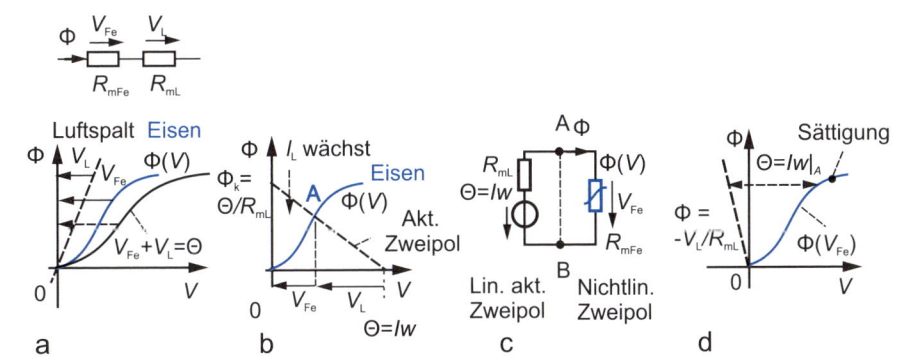

3.2 Die Integralgrößen des magnetischen Feldes

Abb. 3.2.11. Nichtlinearer magnetischer Kreis. (a) Reihenschaltung zweier nichtlinearer magnetischer Widerstände (Spannungsaddition). (b) Kennlinie des nichtlinearen magnetischen Kreises mit Luftspalt unterteilt in linearen magnetischen Zweipol (Erregung und Luftspalt) und nichtlinearen magnetischen Außenwiderstand (Magnetisierungskennlinie). (c) Magnetische Ersatzschaltung. (d) Arbeitspunktbestimmung mit separater Luftspaltkennlinie

lässt sich die *Randverzerrung* am Luftspalt (Abb. 3.2.10d) beschreiben. Baucht die vom magnetischen Fluss durchsetzte Fläche A_L im Luftspalt gegenüber der Fläche A_Fe des Eisenquerschnittes um einen *Randfaktor* σ_r aus: $A_\mathrm{L} = A_\mathrm{Fe}(1 + \sigma_\mathrm{r})$, so gilt bei Flusserhalt für die Flussdichten $B_\mathrm{Fe} = B_\mathrm{L}(1 + \sigma_\mathrm{r})$. Über den Durchflutungssatz $H_\mathrm{Fe} l_\mathrm{Fe} + B_\mathrm{L} l_\mathrm{L}/\mu_0 = Iw$ folgt die zugehörige Feldstärke H_Fe.

Der Streufluss unterscheidet den magnetischen Kreis vom Stromkreis, der diesen Effekt nicht kennt.

Nichtlinearer Eisenkreis Magnetische Kreise mit konstanter Permeabilität haben *hauptsächlich anschaulich-qualitative Bedeutung:* technische Eisenkreise nutzen stets die *nichtlineare* B,H- bzw. Φ,I-Kennlinie und damit gilt die *Analogie zum nichtlinearen Grundstromkreis* (s. Kap. 2.5, Bd. 1). Der magnetische Kreis besteht jetzt aus dem:

– *Eisenweg* $\Phi = f(\Theta) = f(V_\mathrm{Fe})$ auf der Grundlage der nichtlinearen B,H-Kennlinie (Abb. 3.2.11a)
– und dem *Luftweg* $\Phi = f(V_\mathrm{L})$ herrührend vom magnetischen Widerstand des Luftspaltes (Geradenkennlinie).

In der *Gesamtkennlinie* der reihengeschalteten Widerstände von Eisenweg und Luftspalt (Abb. 3.2.11a)

$$\Phi = f(\Theta), \quad \Theta = Iw = V_\mathrm{Fe}(\Phi) + V_\mathrm{L}(\Phi) \tag{3.2.29}$$

müssen die magnetischen Teilspannungen beim jeweiligen Flusswert addiert werden. Mit wachsender Luftspaltlänge (wachsendem V_L) verflacht sich die Φ,Θ-Kennlinie: der gleiche Fluss erfordert deshalb größere Durchflutung. Besteht der ferromagnetische Kreis aus Teilen mit verschiedenen B,H-Kennlinien (und verschiedenen Abmessungen), so müssen abschnittsweise zunächst die zugehörigen $V(\Phi)$-Beziehungen bestimmt und diese dann zur Reihenschaltung $\Sigma V(\Phi)$ zusammengesetzt werden. Die Summe aller Spannungsabfälle ergibt die erforderliche magnetische Durchflutung.

Analog zum nichtlinearen Grundstromkreis kann die Gesamtanordnung aufgefasst werden als *aktiver linearer magnetischer Zweipol* aus magnetischer Erregung Θ und (linearem) Luftspaltwiderstand (Kennlinie Abb. 3.2.11b), der auf den nichtlinearen Eisenkreis mit der Kennlinie $\Phi(V_{Fe})$ arbeitet, also als *nichtlinearer passiver magnetischer Zweipol*. Der Schnittpunkt A beider Kennlinien ergibt den Fluss im Luftspalt. Zur Übernahme des nichtlinearen Grundstromkreismodells (mit der Kennlinie U über I zur angegebenen Ersatzschaltung) sind anzusetzen ($\Theta = wI = V_{Fe}(\Phi) + V_L(\Phi)$, Gl. (3.2.26))

$$\begin{aligned} V_{Fe} &= \Theta - \Phi R_{mL} \quad &\text{aktiver linearer Zweipol} \\ V_{Fe} &= f^{-1}(\Phi) \quad &\text{nichtlineares Lastelement} \\ & &\text{(inverse) Magnetisierungskennlinie.} \end{aligned} \quad (3.2.30)$$

Dann ergibt sich die Kennlinie (Abb. 3.2.11b) mit dem Arbeitspunkt als Lösung. Die Vertauschung der Achsen führt zur üblichen Darstellung $U(I)$. Da zunehmender Luftspalt die Kennlinie $V_{ges}(\Phi)$ nach Abb. 3.2.11a, b schert (Linearisierung des Kreises), sinkt der Fluss und die erforderliche Durchflutung steigt.

Das Verfahren eignet sich für folgende *Aufgabenstellungen*:

— Eine *gegebene Durchflutung* Θ führt durch Variation von R_{mL} zum gewünschten Fluss Φ.
— Ein *gewünschter Fluss* im Luftspalt bestimmt den Arbeitspunkt A auf der nichtlinearen Eisenkennlinie. Dann muss die „Widerstandsgerade" des Luftspaltes durch diesen Punkt gehen und ihre über die Luftspaltlänge einstellbare Steigung bestimmt die gesuchte Durchflutung Θ auf der V-Achse: $\Theta = V_{Fe} + \Phi_L R_{mL}$.

Der Vorteil, den Luftspalt als Innenwiderstand des „magnetisch aktiven Zweipols" zu betrachten (Ersatzschaltung Abb. 3.2.11c) wird jetzt deutlich: sein Einfluss kann explizit untersucht werden und die nichtlineare Kennlinie $V_{Fe}(\Phi)$ bleibt davon unberührt. Sehr praktisch wird die Darstellung bei separater Angabe der Luftspaltkennlinie im 2. Quadranten (Abb. 3.2.11d). Dann ist der Arbeitspunkt $\Theta = V_{Fe} + R_{mL}\Phi$ der Abstand beider Kurven bei einem bestimmten Fluss.

Da die Magnetisierungskurve meist in der Form $B_{Fe} = f(H_{Fe})$ gegeben ist, empfiehlt sich die Umschreibung der aktiven Zweipolkennlinie (Erregung und Luftwiderstand) auf Feldgrößen. Mit $\Phi_L = \Phi_{Fe} = A_L B_L = A_{Fe} B_{Fe}$ und $V_{Fe} = H_{Fe} l_{Fe}$ folgt

$$\Phi_L = \frac{(\Theta - V_{Fe})}{R_{mL}} \rightarrow B_L = \frac{\mu_0}{l_L}(\Theta - H_{Fe} l_{Fe})$$

als Geradenkennlinie mit den Achsenschnittpunkten

$$B_L = 0: \quad H_{Fe} = \frac{\Theta}{l_{Fe}} \qquad \text{und} \qquad H_{Fe} = 0: \quad B_L = \frac{\mu_0 \Theta}{l_L}.$$

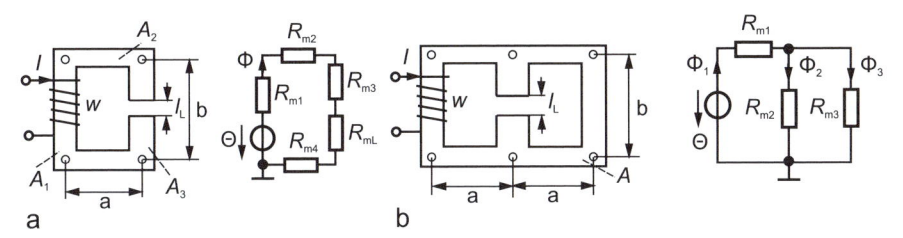

Abb. 3.2.12. Unverzweigter (a) und verzweigter (b) magnetischer Kreis

---

Beispiel 3.2.10 Magnetischer Kreis Für die Eisenkerne in Abb. 3.2.12a, b sind die magnetischen Ersatzschaltungen und die Flüsse in den einzelnen Abschnitten gesucht (Annahme $\mu_r = $ const, $\mu = \mu_r \mu_0$, kleiner Luftspalt).

Für Abb. 3.2.12a ergeben sich folgende magnetische Widerstände mit den mittleren Längen b, a und $b - l_L$: $R_{m1} = \frac{b}{\mu A_1}$, $R_{m2} = R_{m4} = \frac{a}{\mu A_2}$, $R_{m3} = \frac{b-l_L}{\mu A_3}$, $R_{mL} = \frac{l_L}{\mu_0 A_3}$.

Durch Zusammenfassen entsteht die angegebene Ersatzschaltung. Der Fluss beträgt

$$\Phi = \frac{\Theta}{R_{mges}} = \frac{Iw}{R_{m1} + 2R_{m2} + R_{m3} + R_{mL}} = \frac{\mu I w}{\frac{b}{A_1} + \frac{2a}{A_2} + \frac{b-l_L}{A_3} + \frac{\mu_r l_L}{A_3}}.$$

Zu Abb. 3.2.12b gehören die magnetischen Widerstände

$$R_{m1} = \frac{2a+b}{\mu A} = R_{m3}, \quad R_{m2} = \frac{b-l_L}{\mu A} + \frac{l_L}{\mu_0 A}$$

und die Flüsse:

$$\Phi_1 = \frac{\Theta}{R_{m1} + R_{m2} \parallel R_{m3}}, \quad \Phi_2 = \Phi_1 \frac{R_{m3}}{R_{m2} + R_{m3}} \quad \text{(Flussteilerregel)},$$
$$\Phi_3 = \Phi_1 - \Phi_2 \quad \text{(Knotenregel)}.$$

Verzweigter magnetischer Kreis Neben dem unverzweigten Eisenkreis (typisch für U-Kerne) gibt es noch die verbreiteten E-Kerne (Abb. 3.2.12b) mit Luftspalt und Erregerspule im Mittelschenkel. Der Fluss teilt sich im Eisenkreis in zwei Flussanteile (wie der Strom im Stromkreis nach dem Knotenpunktsatz). Dadurch entstehen Maschen und es müssen zur Analyse der Verzweigungssatz für den Fluss und der Maschensatz für die magnetischen Spannungen beachtet werden. Zur Berechnung werden Stromrichtungen angenommen und für die Orientierung der Quellen die Rechtsschraubenregel angesetzt. Die Flussrichtungen sollten über die Rechte-Hand-Regel mit den Strömen verknüpft sein.

Beispiel 3.2.11 Verzweigter magnetischer Kreis Das Netzwerk in Abb. 3.2.13a hat drei Zweige und zwei Knoten, es können zwei Maschen- und eine Knotengleichung aufgestellt werden. Wegen seines geringen Umfangs reicht das *Zweigstromverfahren*.

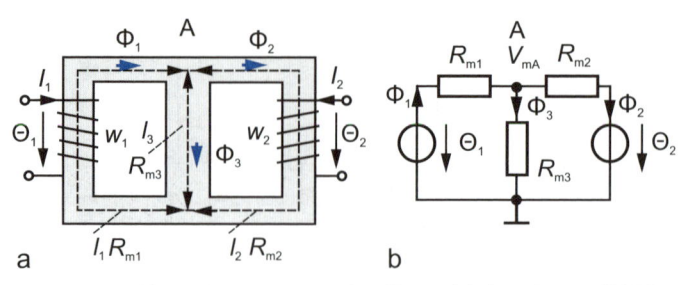

Abb. 3.2.13. Verzweigter magnetischer Kreis. (a) Anordnung. (b) Magnetische Ersatzschaltung

Die beiden magnetischen Maschensätze (es gibt drei Maschen, davon sind zwei unabhängig) lauten

$$H_1 l_1 - H_3 l_3 = w_1 I_1 = \Theta_1 \qquad H_2 l_2 + H_3 l_3 = w_2 I_2 = \Theta_2.$$

Die dritte Gleichung zur Bestimmung der Feldstärken $H_1 \ldots H_3$ liefert der magnetische Knotensatz: $\Phi_{m1} - \Phi_{m2} - \Phi_{m3} = 0$. Die Lösung des linearen Gleichungssystem nach den Flüssen (mit Einbezug der entsprechenden magnetischen Widerstände) bietet keine Besonderheiten.

Das *Knotenspannungsverfahren* ergibt die Lösung für einen gewählten Bezugspunkt der magnetischen Spannung unmittelbar: die Knotenspannung des Knotens A lautet

$$V_{mA} = \frac{\Theta_1 G_{m1} - \Theta_2 G_{m2}}{G_{m1} + G_{m2} + G_{m3}} \quad \rightarrow \quad \begin{aligned} \Phi_1 &= (\Theta_1 - V_{mA}) G_{m1}, \\ \Phi_2 &= (\Theta_2 + V_{mA}) G_{m2}, \\ \Phi_3 &= V_{mA} G_{m3}. \end{aligned} \qquad (3.2.31)$$

Je nach Wicklungssinn der Spulen kann der Fluss im Mittelschenkel entweder verschwinden ($R_{m1}\Theta_2 = R_{m2}\Theta_1$) oder bei Umkehr des Windungssinnes (Ersatz des Minus durch ein +) maximal werden.

Konstruktiv wählt man beim E-Kernschnitt zur gleichmäßigen Eisenausnutzung die Querschnittssumme beider Außenschenkel gleich der des Mittelschenkels. Dann lassen sich beide „aktiven Zweige" der magnetischen Ersatzschaltung zusammenfassen und der verzweigte Stromkreis geht in den Grundstromkreis über.

Die Ergebnisse des linearen magnetischen Kreises haben wegen der Nichtlinearität der *B,H*-Kurve nur orientierende Bedeutung: man überführt die Anordnung zunächst mit Netzwerkmethoden in eine Zweipolersatzschaltung nach Abb. 3.2.11, die anschließend nichtlinear bemessen wird. Ein anderer Weg wäre z. B. eine *nichtlineare* Knotenspannungsanalyse, die wegen der nichtlinearen Form $\Phi = f(\Theta)$ möglich ist.

Idealer magnetischer Kreis Wächst die Permeabilität des magnetischen Kreises bis zum Grenzfall $\mu_r \rightarrow \infty$, so verschwindet sein magnetischer Widerstand

R_m. Dabei wird die erforderliche magnetische Erregung $\Theta = wI$ immer kleiner (und verschwindet schließlich ebenfalls), um einen bestimmten Fluss Φ aufrecht zu erhalten. Im Grenzfall $R_\mathrm{m} = 0$ folgt dann $\Phi = 0/0$ (endlich). Dazu gehört im B, H-Verlauf (s. Abb. 3.1.17b) eine Induktion B (bis zu einem Sättigungswert B_S) auf der B-Achse (also bei $H = 0$) und jeder H-Feldlinie im magnetischen Kreis ist die magnetische Spannung $V = 0$ zugeordnet. Dieser *ideale magnetische Kreis* mit $R_\mathrm{m} = 0$ hat Bedeutung bei einer Anordnung mit zwei Erregerspulen wie dem Transformator. Dann ergibt das Umlaufgesetz $\Theta = w_1 I_1 + w_2 I_2 = 0$ eine Zwangsbeziehung für die Stromübersetzung beider Spulen: der einer Spule zugeführte Strom erfordert zwangsläufig einen Strom in der zweiten Spule: *Stromübersetzungsprinzip* beim (idealen) Transformator. Wir kommen darauf in Kap. 3.4.3 zurück.

Zusammengefasst ergibt sich die Lösungsstrategie: „Magnetischer Kreis"
1. Man unterteilt den Kreis in Abschnitte (Schenkel) mit konstantem Querschnitt und homogenem Materialgebiet. Dann sind die Feldgrößen im betreffenden Querschnitt konstant.
2. Für das Magnetfeld wird der Durchflutungssatz in der Form $\oint \boldsymbol{H} \cdot \mathrm{d}\boldsymbol{s} = Iw$ oder $\sum V_\nu = \Theta$ benutzt (Annahme mittlerer Schenkellängen l_m, Weg durch die Mitte der Schenkelquerschnitte).
3. Die Analyse erfolgt mit den magnetischen Knoten- und Maschengleichungen sowie der Verknüpfung $B = \mu H$ bzw. $R_\mathrm{m} = V/\Phi$.
4. Im letzten Schritt sollte eine zusammengefasste Ersatzschaltung auf den nichtlinearen Grundstromkreis (nichtlinearer magnetischer Kreis) übertragen und die lineare Lösung korrigiert werden.

3.2.4 Dauermagnetkreis

Aufgabe eines magnetischen Kreises mit Dauermagnet ist die Erzeugung eines gewünschten Magnetfeldes in einem Luftspalt ohne stromdurchflossene Spule. Während das magnetische Feld eines stabförmigen Dauermagneten zwischen Nord- und Südpol (Abb. 3.1.19a) weit ausgreift, herrscht in einem ringförmig geschlossenen Dauermagnet (Abb. 3.2.14a) die Remanenzflussdichte B_R (Abb. 3.1.17b). Ein eingefügter Luftspalt (Abb. 3.2.14b) senkt die Induktion etwas ab und es entstehen an den Übergängen zum Luftraum die Nord- und Südpole. Abgesehen vom (nicht dargestellten) Streufluss bleibt die Induktion bei schmalem Luftspalt erhalten ($\boldsymbol{B}_\mathrm{Fe} = \boldsymbol{B}_\mathrm{L}$). Die zugehörige magnetische Feldstärke $\boldsymbol{H}$ folgt aus dem Durchflutungssatz: verschwindendes Umlaufintegral $\oint \boldsymbol{H} \cdot \mathrm{d}\boldsymbol{s} = 0$ (keine äußere Durchflutung, $\Theta = wI = 0$, Annahme homogener Felder) zu $H_\mathrm{Fe} l_\mathrm{Fe} + H_\mathrm{L} l_\mathrm{L} = 0$. l_Fe, l_L sind die Eisen- bzw.

266   3. Das magnetische Feld

Dauermagnet   **B-Verlauf**   **H-Verlauf**

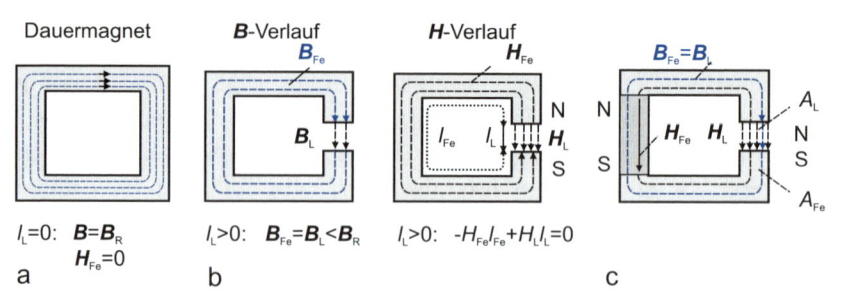

$l_L=0$: $B=B_R$
          $H_{Fe}=0$
a

$l_L>0$: $B_{Fe}=B_L<B_R$
b

$l_L>0$: $-H_{Fe}l_{Fe}+H_Ll_L=0$
c

Abb. 3.2.14. Dauermagnetkreis. (a) Feldbild eines geschlossenen Dauermagneten. (b) wie a, aber mit Luftspalt, getrennt dargestellte B- und H-Verläufe. (c) Dauermagnetkreis aus Dauermagnet, weichmagnetischen Polschuhen und Luftspalt

Luftspaltlängen. Der Integrationsweg verläuft außerhalb des Dauermagneten vom Nord- zum Südpol. Deswegen ist die magnetische Feldstärke im Dauermagnet entgegen der Wegrichtung orientiert. Zwangsläufig kehrt sich die Richtung der Feldstärke H_{Fe} im Eisenkreis (Vorzeichen!) und im Luftspalt wächst H_L an ($H_L \gg H_{Fe}$, Anzahl der Feldlinien steigt).

Technische Dauermagnetkreise (Abb. 3.2.14c) enthalten (aus Kostengründen) außer dem Dauermagneten noch die *Polschuhe* aus hochpermeablem weichmagnetischem Material mit geringer Hysterese zur *Flussführung* und den Luftspalt zur Nutzung des Flusses. Ihre breite Anwendung führt zu unterschiedlichsten geometrischen Formen, wir verwenden ein einfaches Modell nach Abb. 3.2.14c.

Ein Dauermagnetkreis wird zunächst im zusammengebauten Zustand mit magnetischer Überbrückung des Luftspaltes (Einschieben eines hochpermeablen Zwischenstücks) bis zur Sättigung aufmagnetisiert (Stromstoß über eine Hilfsspule, Durchflutungssatz). Nach Abschalten der Erregung verbleibt die Remanenzinduktion B_R (mit $H=0$, Abb. 3.2.14a). Beim Öffnen des Luftspaltes sinkt B etwas ab: deshalb liegt der Arbeitspunkt A stets im 2. Quadranten der nichtlinearen B,H-Kennlinie (sog. Entmagnetisierungskennlinie).

Im Dauermagnetkreis wird der Eisenweg wegen der unterschiedlichen Materialien unterteilt in den Weg im Dauermagnet (l_{Fe}) und im Polschuh (l_P, magnetischer Spannungsabfall V_P). Dann gilt (bei fehlender Durchflutung) für einen Umlauf (ausgedrückt durch die magnetischen Spannungen V):

$$\oint \boldsymbol{H} \cdot \mathrm{d}\boldsymbol{s} = V_{Fe} + 2V_P + V_L = 0 \quad \rightarrow \quad H_{Fe}l_{Fe} = -(2H_Pl_P + H_Ll_L). \quad (3.2.32)$$

Das Weicheisenjoch darf sich nicht in der Sättigung befinden, damit der zugehörige magnetische Spannungsabfall V_P klein gegen den am Luftspalt V_L bleibt ($V_P \ll V_L$). Werden die Spannungsabfälle von Polschuh und Luftspalt zu V'_L zusammengefasst

3.2 Die Integralgrößen des magnetischen Feldes

$$V'_L = V_L\left(1 + \frac{2V_P}{V_L}\right) = V_L\left(1 + \frac{2H_P l_P}{H_L l_L}\right) = V_L\left(1 + \frac{2\mu_0 B_P l_P}{\mu_P B_L l_L}\right) \rightarrow$$
$$l'_L = l_L\left(1 + \frac{2A_L l_P}{\mu_{rP} A_{Fe} l_L}\right), \qquad (3.2.33)$$

so lasst sich der im Polschuh durch eine scheinbar vergrößerte Luftspaltlänge l'_L einbeziehen.

An den Polflächen verursachen die Grenzflächenbedingungen ($B_{nFe} = B_{nL}$) unstetige Normalkomponenten der Feldstärken (H_{Fe}, H_L Gl. (3.1.32 ff.)): es ändert sich ihre Feldlinienzahl. Aus Gl. (3.2.32) folgt

$$\frac{H_{Fe}}{H_L} = -\frac{l'_L}{l_{Fe}} \approx -\frac{l_L}{l_{Fe}} \rightarrow H_{Fe} = -\frac{B_L}{\mu_0}\frac{l'_L}{l_{Fe}} = -\frac{B_{Fe}}{\mu_0}\frac{l'_L}{l_{Fe}}\frac{A_{Fe}}{A_L}. \qquad (3.2.34)$$

Zusammen mit der (gegebenen) Entmagnetisierungskennlinie $B_{Fe} = f(H_{Fe})$ und Gl. (3.2.32, 3.2.33) lassen sich so die drei Unbekannten H_{Fe}, B_{Fe} und B_L bestimmen (die Abmessungen A_L, l_L, A_{Fe}, l_{Fe} werden als bekannt angenommen und für l'_L/l_L Schätzwerte gewählt).

Hilfreich für Funktion und Bemessung eines Dauermagnetkreises ist das *nichtlineare Grundstromkreismodell* mit nichtlinearem aktivem magnetischem Zweipol (Magnetisierungskennlinie $B_{Fe} = f(H_{Fe})$ im zweiten Quadranten der Hysteresekurve) und dem Luftspalt als linearem „Lastelement" nach Gl. (3.2.34). Dieser lineare H_{Fe}-B_{Fe}-Zusammenhang wird als Arbeitsgerade in den zweiten Quadranten der Magnetisierungskennlinie $B_{Fe} = f(H_{Fe})$ eingetragen. So stellt sich der Arbeitspunkt AP (Abb. 3.2.15a) zwischen der *Remanenzflussdichte* (bei *magnetischem Kurzschluss*, kein Luftspalt) und in *Nähe der Koerzitivfeldstärke* bei großem Luftspalt (*Leerlauf*) ein. Statt der Feldgrößen können für die Kennliniendarstellung ebenso die Globalgrößen verwendet werden, in Abb. 3.2.15a sind beide eingetragen (Feldgrößen in eckigen Klammern):

Die Entmagnetisierungskennlinie $\Phi = f(V)$ ist die Kennlinie eines (nichtlinearen) aktiven magnetischen Zweipols mit den Kenngrößen Leerlauf-MMK: $V_C = -H_C l_{Fe}$, Kurzschlussfluss: $\Phi_k = B_R A$ (Querschnittsfläche A). Der Luftspalt entspricht dem passiven magnetischen Zweipol ($R_m = V_m/\Phi$) und der Arbeitspunkt ist der Schnittpunkt beider Kennlinien.

Bei Ersatz der nichtlinearen Kennlinie des aktiven magnetischen Zweipols durch eine Gerade gilt für seinen Innenwiderstand

$$R_{mi} = \frac{\text{magnetische Leerlaufspannung}}{\text{magnetischer Kurzschlussfluss}} = \frac{-H_C l_{Fe}}{B_R A_{Fe}}. \qquad (3.2.35)$$

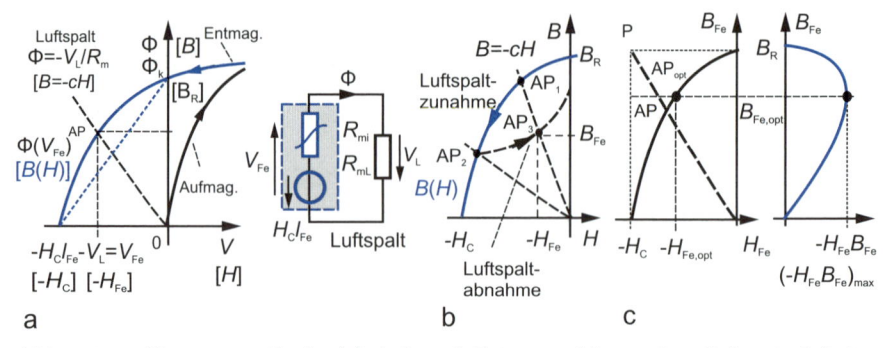

Abb. 3.2.15. Dauermagnetkreis. (a) Auf- und Entmagnetisierungskennlinie mit Arbeitspunkt; zugehörige Kennlinien der nichtlinearen und linearen magnetischen Zweipole (Polschuhe eingeschlossen), Ersatzschaltung. (b) Einfluss einer Luftspaltänderung. (c) Graphische Bestimmung des optimalen Arbeitspunktes

Damit stimmt der *linearisierte magnetische Grundkreis* mit dem linearen Modell des Grundstromkreises formal überein! Deutlich wird sofort der Luftspalteinfluss:

- Luftspaltvergrößerung senkt den Fluss;
- Querschnittsvergrößerung des Magnetkreises erhöht den Kurzschlussfluss $\Phi \sim A$ (bei l_{Fe} = const).

Der Fluss bzw. die Induktion im Luftspalt lässt sich mit der Ersatzschaltung (Abb. 3.2.15a) ermitteln; wir legen der Einfachheit halber einen linearisierten magnetischen Innenwiderstand nach Gl. (3.2.35) zugrunde. Dann gilt für den Fluss Φ im Kreis

$$\Phi = \frac{\Theta}{R_{mi} + R_{mL}} = \frac{\Phi_k}{1 + R_{mL}/R_{mi}} = \frac{\Phi_k}{1 + l_L B_R/(l_{Fe}\mu_0 H_C)}$$

mit $\Phi_k = \frac{\Theta}{R_{mi}} = \frac{-H_C l_{Fe}}{-H_C l_{Fe}/(B_R A_{Fe})} = B_R A_{Fe}$. Wegen $\Phi = B_L A_{Fe}$ wird er durch Remanenz, Koerzitivfeldstärke und die Kreisabmessung bestimmt. Beispielsweise hat ein Dauermagnetkreis mit $B_R = 1$ T, $H_C = -50$ kA/m, einer Eisenweglänge $l_{Fe} = 10$ cm und einem Luftspalt $l_L = 5$ mm eine Induktion $B_L = 0{,}76$ T. Der Luftspalt senkt das Feld deutlich.

Zum Aufmagnetisieren wird der Luftspalt durch ein eingefügtes Eisenstück „kurzgeschlossen". Nach Magnetisierung (bis in die Sättigung) verbleibt bei abgeschalteter Erregung die Remanenz B_R (Abb. 3.2.15b). Anschließend wird der magnetische Kurzschluss entfernt, dadurch sinkt der Fluss und es kommt zum Arbeitspunkt AP_1 (Schnittpunkt Lastgerade mit aktiver Kennlinie): *Entmagnetisierung* gegenüber B_R. Eine weitere Luftspaltvergrößerung (Extremfall: Zerlegen des magnetischen Kreises) führt zu AP$_2$, die Entmagnetisierung schreitet fort. Beim Verkleinern des Luftspaltes auf seinen ursprünglichen Wert gilt nicht mehr der Arbeitspunkt AP$_1$, sondern AP$_3$ (bedingt durch die Hysterese des Eisenkreises): *die Entmagnetisierung wird so irreversibel.* Arbeitspunkt AP$_3$ hat ungünstigere magnetische Werte: *kleinere Flussdichte, geringere magnetische Feldstärke.*

> Die Zerlegung eines Dauermagnetkreises (z. B. Ausbau des Läufers eines Kleinmotors und Wiedereinbau) hat einen Flussdichteabfall im Luftspalt zur Folge und sollte strickt vermieden werden (falls der Magnetkreis nicht neu magnetisiert werden kann).

Optimaler Arbeitspunkt Im Grundstromkreis sicherte die Anpassbedingung den optimalen Betriebspunkt. Im magnetischen Kreis entspricht diesem Fall die *Bedingung für die gespeicherte Energie* W_{mL} im Luftspalt, die maximal werden muss:

$$W_{mL} = \frac{H_L B_L V_L}{2} = \frac{H_L B_L A_L l_L}{2}. \tag{3.2.36}$$

Bei Vernachlässigung des Polschuheinflusses (große Permeabilität) beträgt W_{mL} (ausgedrückt durch Größen des magnetischen Kreises mit Beachtung des umgekehrten Vorzeichens von H_{Fe})

$$W_{mL} = -\frac{l_{Fe}}{2l_L} H_{Fe} \frac{A_{Fe} B_{Fe} A_L l_L}{A_L} = -\frac{1}{2} H_{Fe} B_{Fe} A_{Fe} l_{Fe} = -\frac{1}{2} H_{Fe} B_{Fe} V_{Fe} \tag{3.2.37}$$

mit dem Volumen $V_{Fe} = A_{Fe} l_{Fe}$ des Dauermagneten.

> Im optimalen Arbeitspunkt stimmt die magnetische Energie im Luftspalt mit der im Dauermagnet gespeicherten Feldenergie überein. Sie wird (bei gegebenem Volumen V_{Fe}) maximal für maximales $H_{Fe} B_{Fe}$-Produkt.

Dieses Produkt ist als Energie pro Volumen die sog. *Energiedichte*. Der Maximalwert lässt sich (grafisch) durch Auftragen des Produktes $H_{Fe} B_{Fe}$ über der Koordinate B_{Fe} im Diagramm leicht finden (Abb. 3.2.15c). Dann liegt der optimale Betriebspunkt H_{Feopt}, B_{Feopt} fest. Das Volumen des Dauermagneten soll aus Preisgründen klein sein. Es wird minimal bei größtmöglichem Produkt BH im Arbeitspunkt. Dieser Wert HB_{max} ergibt sich (angenähert) als Schnittpunkt auf der Entmagnetisierungskennlinie mit einer Geraden durch den Punkt P$(B_R, -H_C)$ und dem Ursprung. Er sollte als Arbeitspunkt AP gewählt werden. Hier hat der Dauermagnet zugleich sein kleinstes Volumen V_{Fe}. Daraus lassen sich seine Abmessungen A_{Fe} und l_{Fe} bestimmen.

Dauermagnete bestehen aus hartmagnetischem Material, also mit großer Remanenz B_R und Koerzitivkraft H_C und damit großem $B_R H_C$-Produkt. Typische Materialien zeigt Tab. 3.3 nach Herstellerangabe, es sind hauptsächlich Al-Ni- und Al-Ni-Co-Legierungen, oxidkeramische Dauermagnete und Seltenerdmetall-Werkstoffe. Dauermagnetkreise werden in der Elektrotechnik sehr umfangreich eingesetzt, wie Tab. 3.5 zeigt.

Tab. 3.5. Anwendungsbeispiele von Dauermagneten

Aufgabe	Beispiele
Elektrisch-mechanische Energiewandlung	Dynamo, Kleinmotoren, Lautsprecher, Mikrofon, Wirbelstrombremse, Haftmagnet
Kraft auf mag. weiche Materialien	Relais, mag. Kupplung u. Lager, mag. Klemmplatten, Trennen mag. Körper
Kraft auf Dauermagnet	Positioniersysteme, Kompass, Schrittmotor
Kraft auf Ladungsträger	Hall-Generator, Elektronenstrahlsysteme

Beispiel 3.2.12 Dauermagnetkreis Man zeige, dass die größte Flussdichte B_L im Luftspalt eines Dauermagnetkreises bei quaderförmigem Dauermagnet dann auftritt, wenn $(BH)_{Fe}$ den größten Wert erreicht (homogenes Feld, Widerstand des Eisenkreises vernachlässigt). Wie groß ist B_L für $V_{Fe} = 5\,\text{cm}^3$, $A_L = 1\,\text{cm}$, $l_L = 1\,\text{mm}$, $B_{Fe}H_{Fe} = 50 \cdot 10^3\,\text{Ws}/\text{m}^3$?

Mit $A_{Fe} = V_{Fe}/l_{Fe}$ (V_{Fe} Volumen) folgt

$$B_L = B_{Fe}\frac{A_{Fe}}{A_L} = -\frac{B_{Fe}V_{Fe}H_{Fe}}{A_L l_L (B_L/\mu_0)} = \sqrt{\frac{\mu_0 V_{Fe}}{A_L l_L}}\,|H_{Fe}B_{Fe}|. \quad (3.2.38)$$

Aufgelöst nach B_L ergibt sich das rechte Ergebnis. Da μ_0, V_{Fe}, A_L, l_L Konstanten sind, wird die Luftspaltinduktion am größten, wenn $H_{Fe}B_{Fe}$ am größten ist. Die Zahlenwerte führen auf

$$B_L = \sqrt{\frac{1{,}25 \cdot 10^{-6}\,\text{Vs} \cdot 5\,\text{cm}^3}{1\,\text{cm}^2\,\text{A} \cdot \text{m} \cdot 0{,}1\,\text{cm}} 50 \cdot 10^3\,\frac{\text{Ws}}{\text{m}^3}} = 1{,}76\,\frac{\text{Vs}}{\text{m}^2}.$$

▶ 3.2.5 Verkopplung zwischen magnetischem Fluss und Strom

Wir suchen jetzt den Zusammenhang zwischen magnetischem Fluss einer Leiteranordnung und erregendem Strom. Dafür werden als Kenngrößen die Begriffe *Induktivität* und später *Gegeninduktivität* eingeführt. Sie bilden, zusammen mit dem *Induktionsgesetz* (Kap. 3.3), die Grundlage des *Schaltelementes Induktivität* (auch als Spule oder Drossel bezeichnet) für die Verkopplung von Strom und Magnetfeld im Stromkreis: $\Phi(I)$. Die Haupteigenschaft der Induktivität ist die Fähigkeit zur *Speicherung magnetischer Feldenergie* (so wie der Kondensator die Speicherung elektrischer Feldenergie als Merkmal hatte mit der Ladungs-Spannungsbeziehung $Q(U)$).

Für den Zusammenhang zwischen magnetischem Fluss und Strom und damit der Definition des Kennwertes (Selbst-)induktivität L genügt Gleichstrom I im Stromkreis aus Leiterschleife, Spannungsquelle und begrenzendem Widerstand R (Abb. 3.2.16a). Die Strom-Spannungs-Beziehung der Induktivität

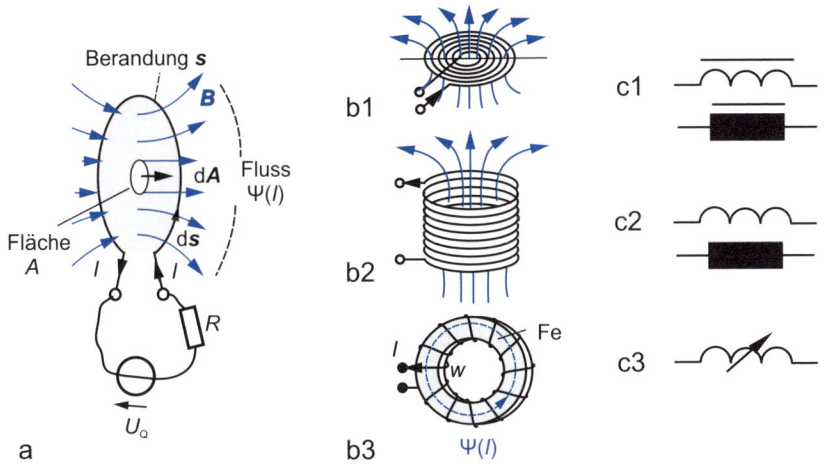

3.2 Die Integralgrößen des magnetischen Feldes

Abb. 3.2.16. Induktivität (Selbstinduktivität). (a) Anordnung, Strom I in der Schleife bewirkt Fluss $\Psi(I)$ durch die Fläche A mit der Berandung s. (b) Spulenformen: (b1) kurze Radialspule, (b2) Zylinderspule, (b3) Ringkernspule mit magnetischem Kreis. (c) Schaltzeichen: (c1) Spule mit Eisenkern, (c2) Luftspule, (c3) veränderbare Spule (voll ausgezogene Darstellungen veraltet)

entsteht allerdings erst durch Mitwirkung des Induktionsgesetzes und verlangt deshalb *zeitveränderliche Größen* u, i (kleine Symbole).

3.2.5.1 Selbstinduktivität

Definition Der magnetische Fluss um einen stromdurchflossenen Leiter wird besonders intensiv bei schleifen- oder spulenförmig aufgewickeltem Leiter (Fläche A, Abb. 3.2.16a, b):

> Die Verkopplung magnetischer Fluss – elektrischer Strom führt zur Flusskennlinie $\Phi = \Phi(I) = f(I)$ einer Leiteranordnung abhängig von der Leiterform und den magnetischen Eigenschaften des umgebenden Raumes.

Im Nichtferromagnetikum ist der Zusammenhang linear, im Ferromagnetikum durch die Magnetisierungskennlinie $\Phi = f(\Theta)$ mit $I \sim \Theta$ nicht. Meist liegen w-Leiterschleifen mit gleicher Fläche A radial oder zylinderförmig nahe beieinander vor, durchflossen vom gleichen Strom I (Abb. 3.2.16b). So trägt jede Schleife mit dem Fluss Φ_ν anteilig zum gesamten oder *verketteten Fluss* (auch Induktions- oder Spulenfluss genannt) bei

$$\Psi(I) = \sum_\nu \Phi_\nu(I) = w\Phi(I).$$

> Das Verhältnis aus dem verketteten Fluss Ψ durch eine vom Strom umschlossene Fläche (Wirkung) zum Strom I in ihrer Berandung (Ursache) heißt Induktivität L der Leiteranordnung

$$\frac{\Psi(I)}{I} = L(I) = \frac{1}{I} \cdot \int\limits_{\substack{\text{Verkettete Fläche} \\ \text{aller Windungen}}} \boldsymbol{B} \cdot \mathrm{d}\boldsymbol{A}. \quad \text{(Selbst-)Induktivität,} \atop \text{Definitionsgleichung} \qquad (3.2.39)$$

Sie ist Kennwert des *Bauelementes Spule*[18], nämlich als Maß für die Eigenschaft, im stromdurchflossenen Zustand einen magnetischen Fluss durch ihren Querschnitt zu erzeugen.

Das Bauelement Spule oder Induktivität ist ein passiver Zweipol mit der Eigenschaft Selbstinduktivität, der Energie in seinem Magnetfeld speichern und wieder abgeben kann.

Energieabgabe ist nur nach vorheriger Energieaufnahme möglich, im zeitlichen Mittel wird also keine Energie abgegeben. Daher trifft der Begriff passiver Zweipol zu. Er hat neben dem Merkmal Induktivität, eine (geometrische) Bauform und eine Strom-Spannungs-Beziehung[19,20]

$$u(t) = L\frac{\mathrm{d}i(t)}{\mathrm{d}t} \qquad (3.2.40)$$

bedingt durch das Zusammenwirken von zeitveränderlichem Strom, seinem begleitenden Magnetfeld und dem Induktionsgesetz (Kap. 3.4).

Spulen in Netzwerken werden durch das *Netzwerkelement Spule* modelliert (mit Strom-Spannungs-Beziehung und Schaltzeichen), das sich vom *Bauelement* Spule durch bestimmte Idealisierungen unterscheidet (s. Kap. 3.4.1). Bei linearem Ψ,I-Zusammenhang ($\mu_\mathrm{r} = \text{const}$) ist die Induktivität L wegen $\Psi \sim I$ nur abhängig von den Materialeigenschaften und der Schleifengeometrie. Deshalb gibt es eine Bemessungsgleichung.

Einheit Aus Gl. (3.2.39) folgen als Dimension und Einheit der Induktivität

$$\dim(L) = \frac{\dim(B) \cdot \dim(A)}{\dim(I)} = \dim\left(\frac{\text{Spannung} \cdot \text{Zeit}}{\text{Strom}}\right)$$

$$[L] = \frac{[\Psi]}{[I]} = \frac{1\,\mathrm{Vs}}{\mathrm{A}} = 1\,\mathrm{H} = 1\,\text{Henry}.$$

---

[18] Die Bezeichnung Induktivität entspricht dem Sprachgebrauch; tritt jedoch in einer Anordnung auch eine Gegeninduktivität auf, so sollte besser Selbstinduktivität gewählt werden.

[19] Die Induktivität kennzeichnet wie die Kapazität eine Eigenschaft. Inkonsequenterweise wird sie häufig auch für den Gegenstand (die Spule) verwendet, der diese Eigenschaft besitzt.

[20] Sie wird genauer *äußere* Induktivität genannt im Gegensatz zur inneren Induktivität eines Leiters.

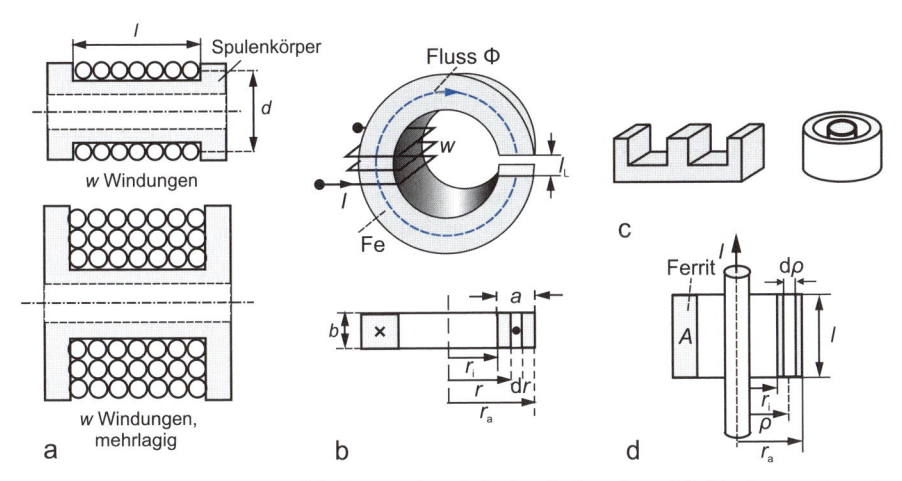

3.2 Die Integralgrößen des magnetischen Feldes

Abb. 3.2.17. Spulenformen. (a) Ein- und mehrlagige Luftspulen. (b) Ringkernspule mit magnetischem Kreis (der Luftspalt enthalten kann). (c) Verbreitete Ferritkerne: E- und P-Kernhälften. (d) Leiter mit umhüllendem Ferritring

Größenvorstellung Die Einheit Henry ist relativ groß, kommt aber vor. Verbreiteter sind Größen im Bereich nH bis mH:

Spulen mit Eisenkern	$(1 \ldots 100)$ H
Spulen der Rundfunktechnik	µH … mH
Spulen in Schwingkreisen	µH … H
Spulen für hohe Strombelastung	nH … µH
Doppelleitung (Länge 25 m, Drahtabstand 20 cm Drahtdurchmesser 2 mm)	50 µH/m

Schaltzeichen sind in Abb. 3.2.16c dargestellt. Es gibt vielfältige Formen für Spulen mit und ohne Eisenkern.

Konstruktiv entsteht eine Spule durch Umwinden eines Spulenkörpers (runder oder rechteckiger Querschnitt) mit einem Draht. Die Bauformen (Abb. 3.2.17) sind, im Gegensatz zu Kondensatoren, nicht genormt. Die Hauptformen bilden Spulen mit und ohne Kern. Die Kerne (Eisen, Ferrit) haben unterschiedliche Formen: für Bleche E-, U-, UI-, M- (Mantelkern), für Schnittbänder SU-, SM-Form und Ringe, für Ferritringe die P- (pot, Topf), PM- (pot module) und RM- (rectangular module) Form. Besonders wirtschaftlich ist die ETD-Form (economic transformator design) mit rundem Mittelschenkel, konstantem Kernquerschnitt längs des Eisenweges und großem Spulenfenster. Die Wicklungen werden als Zylinder (Solenoid), Ring (Toroid) oder in Scheibenform ausgeführt.

Eine sehr einfache, für sog. *Stördrosseln* verbreitete Lösung ist die Umhüllung eines Leiters mit einem eng anliegenden Ferritmantel (Abb. 3.2.17d, s. Beispiel 3.2.17). Ferritkerne sind wegen ihrer geringen Verluste bei höheren Frequenzen bevorzugte

Lösungen zur Induktivitätsrealisierung für solche Frequenzen. Die Kerne bestehen aus gleichen Kernhälften (Abb. 3.2.17c), die im Innern einen Kunststoffkörper mit der Wicklung umschließen.

Die Spulenformen erklären sich durch unterschiedliche Einsatzgebiete:

— Luft- und Ferritkernspulen in Filtern, Funkentstördrosseln und als Transformatorkerne für Hochfrequenzanwendungen und Schaltnetzteile;
— Spulen mit Eisenkern und Luftspalt für Speicherdrosseln und Transformatoren;
— Spulen mit Massiveisenkernen für Anwendungen mit geschalteten Gleichströmen: Relais, Hubmagneten, Elektromaschinen.

> Weil grundsätzlich jeder Strom von einem Magnetfeld umgeben ist, gibt es neben der Spule (als Ort eines konzentrierten Magnetfeldes) noch *die jedem Leiter eigene innere Induktivität*.

Sie ist zwar sehr klein (Größenordnung nH/cm), kann aber bei großen Stromänderungen durchaus nennenswerte Wirkungen in Schaltungen verursachen.

Bemessungsgleichung Für beliebige Leiteranordnungen sind Bemessungsgleichungen schwierig aufzustellen. Wir beschränken uns auf einfache Fälle: linienhafter magnetischer Kreis und Anordnungen, für die der Ψ, I-Zusammenhang leicht ermittelt werden kann. Drei Berechnungsmethoden sind üblich:

— über den magnetischen Kreis,
— über die sog. Neumannsche Gleichung für Leitergebilde,
— mit der magnetischen Feldenergie.

1. *Induktivitätsberechnung über den magnetischen Kreis als Standardverfahren* Abb. 3.2.17a zeigt eine Zylinderspule mit w Windungen. Nahezu alle werden von den Feldlinien umfasst, lediglich am Rand umschlingen sie nur einen Teil der Windungen. Man kann diesen Flussanteil dem Gesamtfluss zuordnen, dann spricht man von einer *Flussverkettung* $\Psi = w\Phi$ und versteht darunter die Summe der Windungsflüsse. Vorstellungsmäßig wird diesem Fluss eine Ersatzspule mit so engen Windungen zugeschrieben, dass alle Feldlinien alle Windungen durchsetzen.
   Daneben gibt es noch den *Spulen-* oder *Windungsfluss* Ψ (leider gleiches Symbol), der die Windungszahl w in den (von allen Feldlinien beitragenden) Fluss mit einbezieht: $\Psi = w\Phi$.
   Für eine Spule mit magnetischem Kreis, z.B. eine Ringkernspule (Abb. 3.2.17b) lässt sich der magnetische Widerstand R_m leicht angeben ($R_m = \Theta/\Phi = Iw/\Phi$). Umfassen alle w Windungen den gleichen Fluss Φ, so gilt (bei $\mu_r = $ const) für die Induktivität

$$L = \frac{\Psi}{I} = \frac{w\Phi}{I} = \frac{w^2\Phi}{\Theta} = \frac{w^2}{R_m} = w^2 A_L. \tag{3.2.41}$$

3.2 Die Integralgrößen des magnetischen Feldes

Die Selbstinduktivität einer Spule steigt mit dem Quadrat ihrer Windungszahl. Sie hängt nur vom geometrischen Spulenaufbau und den magnetischen Materialparametern ab. Die Induktivitätsberechnung mit dem magnetischen Widerstand bringt Vorteile beim magnetischen Kreis mit Luftspalt (dann ist Gl. (3.2.27) zu verwenden). Dieser Ansatz gilt bei geringer Streuung des Magnetfeldes im Luftspalt. Durch Luftspaltänderung lässt sich die Induktivität in gewissen Grenzen ändern.

Im praktischen Gebrauch ist statt des magnetischen Widerstandes der *Induktivitätsfaktor* A_L (Herstellerangabe, Gl. (3.2.41)). Er schließt Kernmaterial, ggf. Luftspalt sowie die Kernbauform ein (lässt sich auch experimentell ermitteln) und liegt im Bereich von nH … µH/Windung:

Ringspule mit Eisenkern $\quad R_\mathrm{m} \approx \frac{2\pi r}{\mu A},\quad\quad L \approx \frac{w^2 \mu A}{2\pi r}$

Zylinderspule, Luft $\quad R_\mathrm{m} \approx \frac{l}{\mu_0 A},\quad\quad L \approx \frac{w^2 \mu_0 A}{l}$

Eisenkreis mit Luftspalt $\quad R_\mathrm{m} = \frac{l}{\mu_0 A}\left(\frac{l_\mathrm{Fe}}{\mu_\mathrm{r}} + l_\mathrm{L}\right),\quad L \approx \frac{w^2 \mu_0 A}{(l_\mathrm{Fe}/\mu_\mathrm{r}) + l_\mathrm{L}}$

Bei nichtlinearem B,H-Zusammenhang wird die Induktivität stromabhängig, Schlussfolgerungen dazu ziehen wir im Kap. 3.4.1.3.

2. *Induktivitätsberechnung für linienhafte Leiter mit dem Biot-Savartschen Gesetz bzw. der Neumannschen Gleichung.* Für die Induktion *außerhalb* stromdurchflossener Gebiete folgt mit $\Psi = \int \boldsymbol{B} \cdot \mathrm{d}\boldsymbol{A}$ und $\boldsymbol{B} = \mu \boldsymbol{H}$ nach dem Biot-Savartschen Gesetz Gl. (3.1.18):

$$L = \frac{\Psi}{I} = \frac{\mu}{4\pi} \int_A \oint \frac{\mathrm{d}\boldsymbol{s} \times \boldsymbol{r}}{r^3} \mathrm{d}\boldsymbol{A}. \tag{3.2.42}$$

Die Auswertung ist kompliziert und nur für einfache Leiteranordnungen im Aufwand überschaubar[21].

Diese Beziehung wird feldtheoretisch verallgemeinert zur *Neumannschen Gleichung* für die Berechnung der Gegeninduktivität M_{ik} zwischen zwei linienförmigen Leiterschleifen für ein Material mit konstanter Permeabilität (Abb. 3.2.18a)

$$M_{\mu\nu} = \frac{\mu}{4\pi} \oint_\mu \oint_\nu \frac{\mathrm{d}\boldsymbol{s}_\mu \cdot \mathrm{d}\boldsymbol{s}_\nu}{|\boldsymbol{r}_\mu - \boldsymbol{r}_\nu|}. \tag{3.2.43a}$$

Für die Selbstinduktivität folgt daraus (Abb. 3.2.18b)

$$L = \frac{\Psi}{I} = \frac{\mu}{4\pi} \oint_{l_1} \oint_{l_2} \frac{\mathrm{d}\boldsymbol{s}_1 \cdot \mathrm{d}\boldsymbol{s}_2}{|\boldsymbol{r}_{12}|}. \tag{3.2.43b}$$

Die doppelte Integration wird zunächst von einem bestimmten Leiterelement $\mathrm{d}\boldsymbol{s}_1$ aus über alle Linienelemente $\mathrm{d}\boldsymbol{s}_2$ begonnen und anschließend für alle Elemente $\mathrm{d}\boldsymbol{s}_1$ durchgeführt. So lassen sich die Induktivitäten typischer Leiteranordnungen bestimmen, wie beispielsweise parallele Streifenleiter auf Leiterplatten, Ringdrähte, Kreisringe und Zuleitungsinduktivitäten von Bauelemen-

---

[21]Methoden dazu stellt die Feldtheorie bereit.

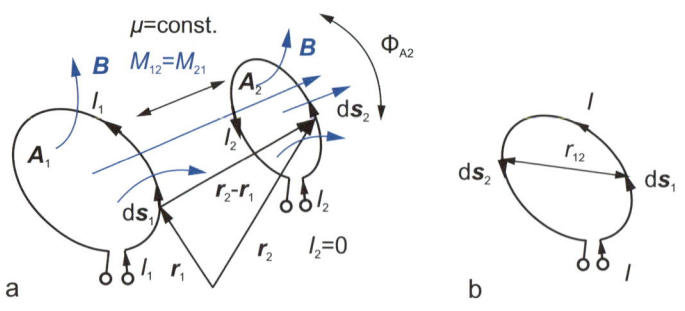

Abb. 3.2.18. Kopplung von Stromschleifen. (a) Veranschaulichung der Gegeninduktivität $M_{21} = \Phi_{A2}(I_1)/I_1$. (b) Berechnung der Induktivität durch Kopplung ineinander übergehender Stromschleifen

tegehäusen. Die Lösung von Gl. (3.2.43b) ist allerdings schon für einfache Leitergebilde kompliziert.

3. *Induktivitätsberechnung über die gespeicherte magnetische Energie* Das Magnetfeld der Spule speichert die magnetische Energie W_m (Kap. 3.2.6)

$$W_\mathrm{m} = \frac{1}{2}\int_V \boldsymbol{H} \cdot \boldsymbol{B} \mathrm{d}V = \frac{LI^2}{2} = \frac{\Psi I}{2} = \frac{(wI)^2}{2R_\mathrm{m}}. \quad (3.2.44)$$

Daraus kann die Induktivität berechnet werden, wenn sich das Magnetfeld entweder über seine Feldgrößen oder den magnetischen Kreis leicht bestimmen lässt. Der Vorteil dieses Verfahrens ist, dass die Leiter endliche Ausdehnung haben können. Dann unterteilt sich die Induktivität in die *äußere* (außerhalb des Leiterkreises, für die bisherige Verfahren gelten) und eine *innere im* Leiter. Sie wird durch die Energie mit erfasst.

Beispiel 3.2.13 Ringkernspule Eine Ringkernspule mit rechteckigem Querschnitt und w Windungen (Radien r_i, r_a, kein Luftspalt, Abb. 3.2.17b) hat nach dem Durchflutungssatz einen nur vom Radius abhängigen Verlauf der Flussdichte $B(r) = \mu I w/(2\pi r)$. Zur Bestimmung des Flusses wählen wir ein Flächenelement $\mathrm{d}A = b\mathrm{d}r$, dabei ist $\boldsymbol{B} \cdot \mathrm{d}\boldsymbol{A} = B\mathrm{d}A$, weil $\boldsymbol{B}$ senkrecht auf der Querschnittsfläche steht. Dann folgt

$$\Phi = \int_A B\mathrm{d}A = \frac{\mu bwI}{2\pi}\int_{r_\mathrm{i}}^{r_\mathrm{a}} \frac{\mathrm{d}r}{r} = \frac{\mu bwI}{2\pi}\ln\frac{r_\mathrm{a}}{r_\mathrm{i}}.$$

Mit dem magnetischen Widerstand R_m wird dann

$$R_\mathrm{m} = \frac{Iw}{\Phi} = \frac{2\pi}{\mu b \ln(r_\mathrm{a}/r_\mathrm{i})} \quad \rightarrow L = \frac{\mu b}{2\pi}w^2 \ln\frac{r_\mathrm{a}}{r_\mathrm{i}}.$$

Die Lösung ergibt sich einfacher direkt aus dem Quotienten $L = \Phi/I$, denn beim magnetischen Widerstand neigt man dazu, ihn über eine „mittlere Eisenweglänge" zu ermitteln: $R_\mathrm{m} = \pi(r_\mathrm{a} + r_\mathrm{i})/(\mu b(r_\mathrm{a} - r_\mathrm{i}))$ wegen $l_\mathrm{m} = 2\pi(r_\mathrm{a} + r_\mathrm{i})/2$.

Hat die Ringkernspule einen (schmalen) Luftspalt, so kann sein magnetischer Widerstand R_{mL} nach Gl. (3.2.27) berechnet und in R_m berücksichtigt werden.

Beispiel 3.2.14 Zylinderspule, runder Querschnitt Bei einer langen, dünnen Zylinderspule (Länge l, w Windungen) kann die magnetische Spannung im Außenraum gegen die im Innenraum vernachlässigt werden (Beispiel 3.1.4). Dort sind H und B etwa konstant und nach dem Durchflutungssatz gilt $\oint H dl = H_i l = wI$. Damit ergibt sich der Fluss $\Phi = B_i A = \mu_0 w I \cdot A/l$ und die Induktivität

$$L = \frac{w^2 \mu_0}{l} A \quad \to \quad L = w^2 \mu_0 r_i^2 \pi = 4\pi \frac{\text{nH}}{\text{cm}} \cdot \frac{1000^2 \, (1\,\text{cm})^2}{10\,\text{cm}} = 3{,}96\,\text{mH}.$$

Für $w = 1000$, $l = 10\,\text{cm}$ und $r_i = 1\,\text{cm}$ folgt das rechte Ergebnis. Die Induktivität wächst mit dem Quadrat der Windungszahl.

Beispiel 3.2.15 Induktivität eines Drahtringes Ein Drahtring (Durchmesser $d = 10\,\text{cm}$, Drahtradius $r_0 = 1\,\text{mm}$) hat die Induktivität

$$L = \frac{\mu_0 d}{2} \ln \frac{d}{2r_0} \quad \to \quad L = 4\pi \frac{\text{nH}}{\text{cm}} \cdot 10\,\text{cm} \ln \frac{10\,\text{cm}}{2 \cdot 1\,\text{mm}} = 245\,\text{nH}.$$

Die Berechnung ist schwierig, denn sie muss über das *Vektorpotenzial* erfolgen (s. Kap. 3.2.2).

Beispiel 3.2.16 Induktivität einer Doppelleitung Für die Doppelleitung wurde die magnetische Feldstärke in Gl. (3.1.23) berechnet, ebenso der Fluss (Beispiel 3.2.3). Dabei waren die Bereiche zwischen den Leitern (äußerer Bereich) und in den Leitern (innerer Bereich) zu unterscheiden. Beide liefern Anteile zum Induktionsfluss, deshalb besteht auch die Induktivität aus äußerem (L_a) und innerem (L_i) Anteil: $L = L_a + L_i$.

Die *äußere* Induktivität ist mit dem äußeren Fluss Φ_a verbunden, aus Beispiel 3.2.3 übernehmen wir (s. auch Abb 3.2.3b) für die Ebene zwischen den Leitern (Leiterradius r)

$$\begin{aligned} L_a &= \frac{\Phi_a}{I} = \frac{1}{I} \int B(I) dA = \frac{\mu_0 l}{2\pi} \int_r^{2d-r} \left(\frac{1}{\varrho} + \frac{1}{2d-\varrho} \right) d\varrho = \frac{\mu_0 l}{\pi} \ln \frac{2d-r}{r} \\ &\approx \frac{\mu_0 l}{\pi} \ln \frac{2d}{r}. \end{aligned}$$

Die *innere* Induktivität berechnen wir entweder über die im Magnetfeld gespeicherte Energie (s. später Beispiel 3.2.23) oder über den Teilfluss im Leiter. Dort fließt in einem Zylinder (Länge l, Dicke $d\varrho$) der Teilfluss

$$d\Phi_i = B_i l d\varrho = \frac{\mu_0 I l \varrho}{2\pi r^2} d\varrho.$$

I ist der (gesamte) Leiterstrom. Eine magnetische Feldlinie an der Stelle ϱ umfasst aber nicht den Gesamtstrom I, sondern nur der flächenproportionalen Teilstrom

$I' = I(\varrho/r)^2$. Deshalb reduziert sich der Teilfluss $\mathrm{d}\Phi_\mathrm{i}$ auf $\mathrm{d}\Phi_\mathrm{i}'$

$$\mathrm{d}\Phi_\mathrm{i}' = \mathrm{d}\Phi_\mathrm{i}(I'/I) = \mathrm{d}\Phi_\mathrm{i}(\varrho/r)^2 = \frac{\mu I l \varrho \mathrm{d}\varrho}{2\pi r^2}\left(\frac{\varrho}{r}\right)^2.$$

Der gesamte Fluss Φ_i' im Leiter lautet dann

$$\Phi_\mathrm{i}' = \int_0^r \frac{\mu_0 I l \varrho^3 \mathrm{d}\varrho}{2\pi r^4} = \frac{\mu_0 I l}{8\pi} = I \cdot L_\mathrm{i}.$$

Daraus ergibt sich die innere Induktivität (pro Länge) $L_\mathrm{i}' = \Phi_\mathrm{i}'/(I \cdot l) = \mu_0/8\pi$ unabhängig vom Leiterradius. Die längenbezogene Gesamtinduktivität beträgt

$$\frac{L}{l} = \frac{2L_\mathrm{i} + L_\mathrm{a}}{l} \approx \frac{\mu_0}{\pi}\left(\frac{1}{4} + \ln\frac{d}{r}\right),$$

da beide Leiter zur inneren Induktivität beitragen. Für die äußere wurde die angegebene Näherung benutzt. Mit wachsendem Leiterabstand steigt die Induktivität, sie sinkt mit zunehmendem Leiterradius. Die Induktivität ist an sich sehr klein, für einen Leiterabstand von beispielsweise $2d = 1\,\mathrm{cm}$ und einen Leiterradius $r = 1\,\mathrm{mm}$ gilt etwa $L/l \approx 1\,\mathrm{\mu H/m}$.

Beispiel 3.2.17 Ferritkern auf Leiterstab Ein Leiterstab wird zur Erhöhung der Induktivität mit einem Ferritröhrchen konzentrisch umgeben (Abb. 3.2.17d). Gesucht ist die Induktivität.

Um den Leiterstab entsteht die magnetische Feldstärke $H(\varrho) = I/(2\pi\varrho)$ (s. Gl. (3.1.15)) unabhängig vom umgebenden Medium. Im konzentrisch umgebenden Ferritzylinder ist die Flussdichte aber μ_r mal größer als in Luft. Deshalb bestimmt dieser Flussanteil hauptsächlich die Induktivität

$$\Phi = \int B(I)\mathrm{d}A = \frac{\mu_\mathrm{r}\mu_0 I}{2\pi}\int_{r_\mathrm{i}}^{r_\mathrm{a}}\frac{l\mathrm{d}\varrho}{\varrho} = \frac{\mu_\mathrm{r}\mu_0 I l}{2\pi}\ln\left(1 + \frac{r_\mathrm{a} - r_\mathrm{i}}{r_\mathrm{i}}\right) \approx \frac{\mu_\mathrm{r}\mu_0 I A}{2\pi r_\mathrm{i}}.$$

Sie beträgt $L = \frac{\Phi}{I} \approx \frac{\mu_\mathrm{r}\mu_0 A}{2\pi r_\mathrm{i}}$. Dabei wurde $r_\mathrm{a} - r_\mathrm{i} \ll r_\mathrm{i}$ verwendet und die Querschnittsfläche A des Ferritringes (mit angenommen etwa homogenem Feld). Zahlenmäßig folgt für $\mu_\mathrm{r} = 5000$, $A = 10\,\mathrm{mm}^2$ und $r_\mathrm{i} = 3\,\mathrm{mm}$ die Induktivität $L \approx 3{,}33\,\mathrm{\mu H}$. Sie steigt mit dem Querschnitt A und sinkendem Radius des Ferritringes.

⊙ 3.2.5.2 Gegeninduktivität

Befinden sich im elektrischen Feld mehrere leitende Flächen, so entstehen zwischen ihnen *Teilkapazitäten* und der Begriff Kondensator erweitert sich zum kapazitiven Netzwerk (s. Kap. 2.6.4). In analoger Weise überlagern mehrere stromdurchflossene Leiter ihre Magnetfelder und es entsteht ein Netzwerk aus *magnetisch miteinander verkoppelten Leitern*, die über das Induktionsgesetz Spannungen in den verschiedenen Leiterkreisen induzieren. Diese Verkopplungen werden durch die *Gegeninduktivität* beschrieben: ein Teil des magnetischen Flusses einer Leiterschleife durchsetzt eine andere Schleife

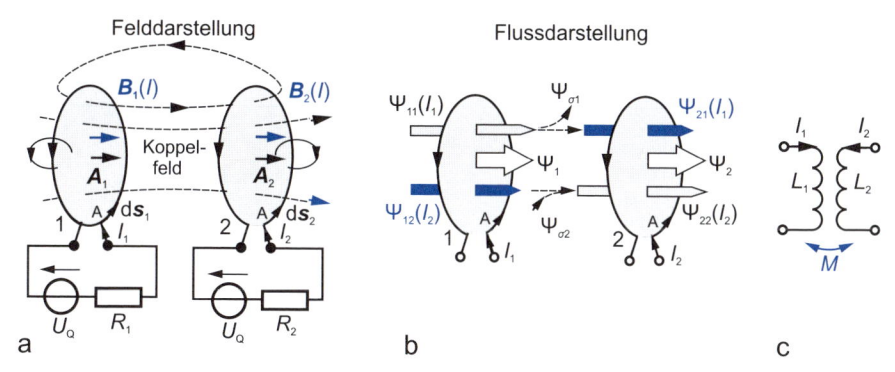

3.2 Die Integralgrößen des magnetischen Feldes

Abb. 3.2.19. Magnetische Kopplung zweier Leiterschleifen. (a) Felddarstellung: bei Stromfluss durch Schleife 1 durchsetzen magnetische Feldlinien die Schleife 2 und umgekehrt. (b) Flussanteile durch die Leiterschleifen; der Quotient von Teilfluss durch die Nachbarschleife zum Strom in der Erregerspule ist die Gegeninduktivität. (c) Schaltzeichen für zwei gekoppelte Spulen

und induziert dort eine Spannung. Wir definieren Verkopplungen zwischen magnetischen Flüssen und erregenden Strömen zunächst für Gleichströme. Das Strom-Spannungs-Verhalten der Selbst- und Gegeninduktion wird vom Induktionsgesetz mitbestimmt und verlangt dann den Übergang auf zeitveränderliche Größen (s. Kap. 3.4.2).

Definition Verursacht eine Leiterschleife 1 (Fläche A_1, Strom I_1) einen magnetischen Fluss und befindet sich in ihrer Umgebung eine zweite Schleife (Fläche A_2), so wird sie von einem Teil des magnetischen Flusses durch A_1 durchsetzt: *Beide Stromkreise sind über das magnetische Feld verkoppelt* (Abb. 3.2.19a). Es gilt deshalb $\Psi_{A2}(I_1) = \Psi_{21}(I_1) = f(I_1)$. Üblicherweise bilden die Leiterkreise Spulen (mit w Windungen) und man spricht auch von gekoppelten Spulen. Ihr Magnetfeld stammt von den Strömen durch beide Leiter. Allerdings ist ein Teil der Feldlinien jeweils nur mit einer Schleife verkoppelt und ein anderer mit beiden.

Zum Übergang von der Feld- zur Globaldarstellung führen wird die *Spulenflüsse* $\Psi_{A1}(I_1, I_2)$ und $\Psi_{A2}(I_1, I_2)$ durch die Leiterschleifen ein. Sie setzen sich jeweils zusammen aus einem Anteil, der nur mit dem Strom des betrachteten Leiters verbunden ist (und durch seine Selbstinduktivität beschrieben wird) und einem verkoppelnden Teil herrührend vom Strom der Nachbarschleife. Die *Gegeninduktivität* M_{21} [22] einer Leiterschleife 2 (Raum-

---

[22] Die Indizes kennzeichnen Wirkungs- und Ursachenort: Fluss durch Kreis 2 herrührend vom Strom im Kreis 1: Ψ_{21}.

kurve 2) zur Leiterschleife 1 (Raumkurve 1) kennzeichnet den von Schleife 2 (Fläche A_2) umfassten Fluss $\Psi_{A2}(I_1)$ als Folge des Stromes I_1:

$$M_{21} = \left.\frac{\Psi_{A2}(I_1)}{I_1}\right|_{I_2=0} = \left.\frac{\Psi_{21}(I_1)}{I_1}\right|_{I_2=0} \quad \text{Gegeninduktivität } M_{21}$$
$$= \int_{A_2} \frac{\boldsymbol{B}_2(I_1) \cdot \mathrm{d}\boldsymbol{A}}{I_1}. \quad \text{Definitionsgleichung} \quad (3.2.45\text{a})$$

Je nachdem, ob der in Schleife 2 frei wählbare Flächenvektor $\mathrm{d}\boldsymbol{A}_2$ bezüglich der Richtung von $\boldsymbol{B}_2(I_1)$ positiv oder negativ angesetzt wird, erhält M einen positiven oder negativen Wert. Wir vereinbaren: M_{21} ist positiv, wenn der Flächenvektor $\mathrm{d}\boldsymbol{A}_2$ in Richtung von $\boldsymbol{B}_2$ zeigt. Analog gibt es eine Gegeninduktivität M_{12} der Schleife 1 nach Schleife 2

$$M_{12} = \left.\frac{\Psi_{A1}(I_2)}{I_2}\right|_{I_1=0} = \left.\frac{\Psi_{12}(I_2)}{I_2}\right|_{I_1=0}. \quad (3.2.45\text{b})$$

Jetzt wird Schleife 2 vom Strom I_2 erregt und in Schleife 1 (Fläche A_1) der Fluss Ψ_{A1} bestimmt (Abb. 3.2.19b). Es gilt bei *linearer Induktivität*

$$M_{12} = \left.\frac{\Psi_{A1}(I_2)}{I_2}\right|_{I_1=0} = \left.\frac{\Psi_{A2}(I_1)}{I_1}\right|_{I_2=0} = M_{21}. \quad \text{Umkehrsatz} \quad (3.2.46)$$

Im nichtlinearen magnetischen Medium hängt der Spulenfluss $\Psi(I)$ nichtlinear vom Spulenstrom I ab. Dann ist der Quotient $\Psi(I)/I$ und damit die Selbst- und Gegeninduktivität von Leiterschleifen eine Funktion der Schleifenströme und es *unterscheiden* sich i. a. M_{12} und M_{21}!

Die Gegeninduktivität verkoppelt zwei (oder mehr) Stromkreise nur über das Magnetfeld. Zwei magnetisch gekoppelte Leitergebilde haben im linearen magnetischen Raum nur eine Gegeninduktivität M (Umkehrsatz):

$$\text{Gegeninduktivität } M = \frac{\text{Induktionsfluss durch Induktionsspule}}{\text{Strom durch Erregerspule}}$$

Sie bildet keine wesensverschiedene neue Größe, sondern eine Induktivität *zwischen zwei Stromkreisen*. Gegeninduktivität ist:

— *gewünscht* zur Flussverkopplung beider Kreise (Beispiel: Transformator, Motor);
— *unerwünscht* als nicht unterdrückbare Flussverkopplung (Beispiel: Verkopplung parallellaufender Leitungen, Spulen in Verstärkereinrichtungen, Leiterbahnen auf einer Leiterplatte u. a. m.). Zur Senkung der Gegeninduktion dient das Verdrillen von Leitungen oder die Überkreuzung bestimmter Leitungsabschnitte.

3.2 Die Integralgrößen des magnetischen Feldes

Allgemeine Grundlage zur Berechnung der Gegeninduktivität zweier gekoppelter Leiterschleifen ist die *Neumannschen Beziehung* Gl. (3.2.43a) im Medium konstanter Permeabilität. Wegen der Vertauschbarkeit der Integration folgt daraus $M_{21} = M_{12}$. Zur Auswertung wird dabei für jedes Wegelement ds_1 der Reihe nach über alle ds_2 integriert (oder umgekehrt). Diese Berechnung sind i. a. schwierig. Vereinfachung bringt erst die Spulenkopplung durch einen magnetischen Kreis (s. u.).

Gekoppeltes Spulenpaar Fließt der Strom I_1 durch die erregende Spule 1 (Abb. 3.2.19b, Spule 2 stromlos), so tritt nicht nur der Koppelfluss in Spule 2 auf, sondern auch ein Flussanteil in der erregenden Spule, erfasst durch die *Selbstinduktion* (s. Abb. 3.2.16a). Deshalb erzeugt der Strom I_1

> in Spule 1 den *Flussanteil* $\Psi_{11} = L_1 I_1$ und in Spule 2 den *Koppelfluss* $\Psi_{21} = M I_1$.

Wirkt umgekehrt nur der Strom I_2 durch Spule 2 (in gleicher Richtung), so verursacht er

> in Spule 1 den *Koppelfluss* $\Psi_{12} = M I_2$ und in Spule 2 den *Flussteil* $\Psi_{22} = L_2 I_2$.

Die Ströme durchfließen die Spulen jeweils in gleicher Richtung. Sie treten am Spulenanfang A ein. Die Gesamtflüsse $\Psi_{A1}(I_1, I_2) = \Psi_1(I_1, I_2)$ und $\Psi_{A2}(I_1, I_2) = \Psi_2(I_1, I_2)$ in jeder Schleife entstehen durch Überlagerung

$$\begin{aligned}
\text{Spule 1: } \Psi_1 &= \Psi_{11} + \Psi_{12} = L_1 I_1 + M I_2 \\
&= L_1 I_1 + L_{12} I_2 \quad \text{Flusskennlinien} \Psi(I) \\
\text{Spule 2: } \Psi_2 &= \Psi_{22} + \Psi_{21} = L_2 I_2 + M I_1 \quad \text{gekoppelter Spulen} \\
&= L_2 I_2 + L_{21} I_1.
\end{aligned} \quad (3.2.47)$$

Der magnetische Fluss durch eine Spule wird bestimmt vom erregenden Strom mit ihrer Selbstinduktion und einem Flussanteil herrührend von benachbarten stromdurchflossenen Spulen mit ihren Gegeninduktivitäten. Für zwei gekoppelte Spulen sind die Flussanteile den Spulenströmen I_1, I_2 proportional, die Proportionalitätskonstanten heißen Selbst- und Gegeninduktivität.

Die Gegeninduktivität erhält als Induktivität *zwischen zwei Stromkreisen kein eigenes Schaltzeichen*, sondern wird durch einen *Doppelpfeil zwischen den Spulenschaltzeichen* dargestellt (Abb. 3.2.19c).

Als Netzwerkelement bilden zwei magnetisch verkoppelte Spulen ein umkehrbares Zweitor. Damit ist eine Gegeninduktivität physikalisch nie allein realisierbar, sondern nur in Verbindung mit Induktivitäten.

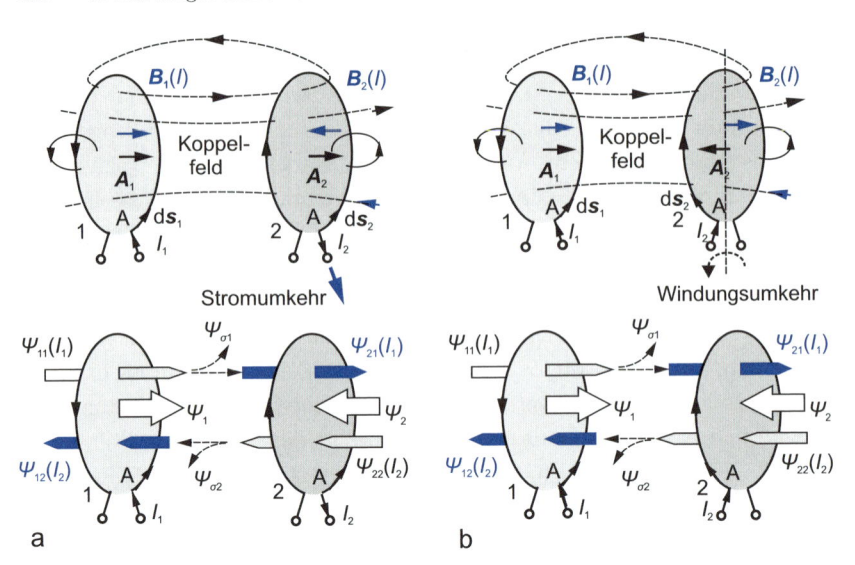

Abb. 3.2.20. Gegensinnige Kopplung zweier Leiterschleifen. (a) Flusssubtraktion durch Stromrichtungsumkehr. (b) dto. bei Windungsumkehr

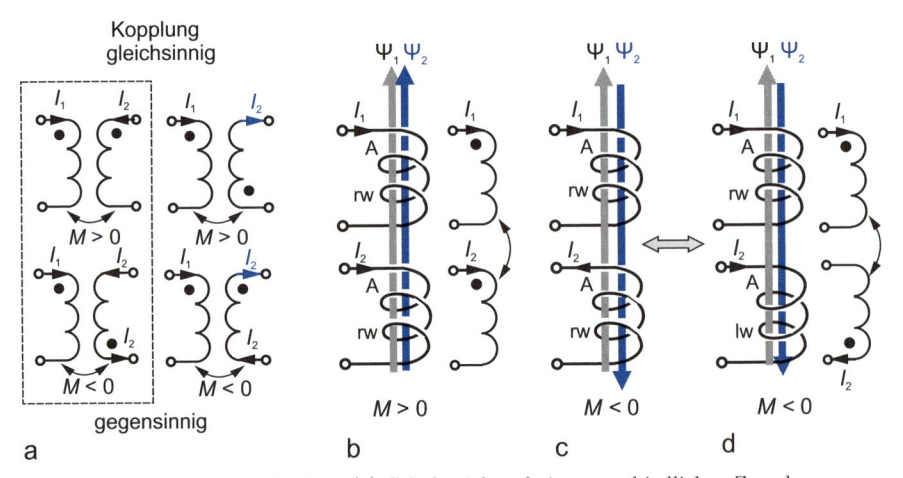

Abb. 3.2.21. Gekoppelte Spulen. (a) Schaltzeichen bei unterschiedlicher Zuordnung von Stromrichtung und Windungssinn. (b) Spulendarstellungen und Schaltzeichenzuordnung für positive Gegeninduktivität. (c), (d) dto. für negative Gegeninduktivität durch Strom- (c) oder Windungsumkehr (d)

Die Gegeninduktivität wird auch als *gegenseitige Induktivität* benannt und statt M das Symbol L_{21} bzw. L_{12} verwendet, die Selbstinduktivität erhält die Symbole $L_1 = L_{11}$, $L_2 = L_{22}$. In dieser Doppelindizierung bedeutet der erste Index den Wirkungsort, der zweite die Ursache des Flusses. Diese Bezeichnung empfiehlt DIN 1304. Weil sie optisch die Gegeninduktivität nicht deutlich genug von der Selbstinduktivität unterscheidet, setzte sich die Festlegung bei einfachen Spulenanordnungen nicht durch. Wir bleiben bei der verbreiteten Bezeichnung M für die Gegeninduktivität und L_1, L_2 für die Selbstinduktivitäten.

Vorzeichen der Gegeninduktivität, Punktkonvention Während die Selbstinduktivität stets positiv ist, kann die *Gegeninduktivität M je nach Festlegung der positiven Stromrichtungen bzw. des Windungssinns der Leiterschleifen positiv oder negativ sein.*

In der Ausgangslage Abb. 3.2.19b (gleicher Windungssinn, Stromzufuhr in die Schleifenanfänge) addieren sich jeweils erregender und eingekoppelter Fluss in einer Schleife, es herrscht *Flussaddition* mit *positiver Gegeninduktivität M* in Gl. (3.2.47). Dagegen *subtrahieren* sich beide Flussanteile (Abb. 3.2.20)

— bei Umkehr der *Stromrichtung* I_2 (Abb. 3.2.20a, Schleife 1 unverändert) oder
— Umkehr des *Windungssinns* (Schleifendrehung von 180° um ihre Längsachse, Abb. 3.2.20b). Im ersten Fall ändert sich die Richtung des $\boldsymbol{B}$-Vektors in Schleife 2, im zweiten die des Flächenvektors. Orientiert man den Spulenfluss Ψ_2 an der Richtung von Ψ_{22}, so gilt im ersten Fall $\Psi_2 = -\Psi_{21} + \Psi_{22}(I_2)$ (I_2 mit geänderter Stromrichtung), im zweiten dagegen $\Psi_2 = -\Psi_{21} - \Psi_{22}(-I_2) = -\Psi_{21} + \Psi_{22}(I_2)$ übereinstimmend mit dem ersten Ergebnis. Jetzt herrscht die ursprüngliche Stromrichtung und das Vorzeichen von Ψ_{22} resultiert vom umgekehrten Flächenvektor.

Stromrichtungsumkehr ($I_2 \to -I_2$) bedingt in Gl. (3.2.47) negatives Vorzeichen von M (in der zweiten Zeile wegen $-\Psi_2 = L_2(-I_2) + MI_1$ und damit *negative Gegeninduktivität*). Die gleichzeitige Umkehr von Stromrichtung und Windungssinn ergibt wieder positive Gegeninduktivität. Weil das Vorzeichen von M von Windungssinn und Stromrichtungen abhängt (sinngemäß auch bei vertauschten Rollen der Schleifen), dient zur Vereinfachung die *gleich-* und *gegensinnige Kopplung*:

— *positive Gegeninduktivität* M für *gleichsinnige Kopplung* (gleicher Windungssinn und gleiche Einströmungen zu den Spulenanfängen),
— *negative Gegeninduktivität* M für *gegensinnige Kopplung* (gegengerichteter Windungssinn bzw. unterschiedliche Einströmrichtungen zu den Spulenanfängen).

Zur einfachen Darstellung des Zusammenhangs zwischen dem Vorzeichen von M, der Stromrichtung und dem (im Schaltzeichen nicht darstellbaren) Windungssinn erhalten die Schleifenanfänge *Punkte* zugeordnet (Abb. 3.2.21a) mit Vereinbarung des Strom- und Flussverhaltens bezüglich dieser Punkte: *Gleichsinnige Kopplung* (Flussaddition) liegt vor, wenn

- die Flächenvektoren $\mathrm{d}\boldsymbol{A}_2$ in Richtung von $\boldsymbol{B}_2(I_1)$ und $\mathrm{d}\boldsymbol{A}_1$ in Richtung von $\boldsymbol{B}_1(I_2)$ (s. Abb. 3.2.19b) positiv angesetzt werden und daher
- die Ströme in beiden Spulen auf die Spulenanfänge zufließen (oder von ihnen wegfließen). Dann ist M *positiv*, weil Fluss und Strom nach der Rechtsschraubenregel orientiert sind.

Mit Punkten an den Spulenanfängen (bzw. -enden) ist die Gegeninduktivität

- *positiv, wenn die Ströme zu den Punkten fließen (Abb. 3.2.21b);*
- *negativ, wenn ein Strom zum Spulenanfang/ende mit Punkt hin und der andere vom Punkt wegfließt (Abb. 3.2.21c, d).*

In Abb. 3.2.21a wurden die Schaltzeichen mit zugehörigem Strombezugssinn für beide Kopplungen dargestellt.

Die Erkenntnisse für gekoppelte Stromschleifen gelten auch für Spulen mit mehreren Windungen. Dann treten die Unterschiede bei rechts- und linkswendiger (rw, lw) Wicklung deutlicher zutage. Während die gleichsinnige Kopplung durch Stromeintritt in die Spulenanfänge (bei gleichem Windungssinn) mit der Punktzuordnung leicht zu erkennen ist, umfasst die Zuordnung der gegensinnigen Kopplung einheitlich entweder die Stromumkehr I_2 am Spulenanfang A oder linkswendigen Windungssinn. Das ist ihr Vorteil. Deshalb genügen die umrahmten Schaltzeichen in Abb. 3.2.21a für gekoppelte Spulen. Sie bilden die Grundlage des Transformators (s. Kap. 3.4.2).

Koppelfaktoren Gegen- und Selbstinduktivität sind über die Spulenanordnung und magnetischen Eigenschaften des gemeinsamen Raumgebietes verknüpft. Ihr Zusammenhang ergibt sich aus der Flusskennlinie $\Psi = f(I)$, wenn jeweils der eine oder andere Strom gleich Null gesetzt wird. Für $I_2 = 0$ durchsetzt der vom Kreis 1 erzeugte Fluss $\Psi_1 \equiv \Psi_{11}$ auch den Kreis 2 mit dem Anteil Ψ_{21} und es gilt mit Gl. (3.2.47)

$$\left.\frac{\Psi_1}{\Psi_2}\right|_{I_2=0} = \frac{\Psi_{11}}{\Psi_{21}} = \frac{L_1}{M} = \frac{1}{k_1}, \quad \left.\frac{\Psi_2}{\Psi_1}\right|_{I_1=0} = \frac{\Psi_{22}}{\Psi_{12}} = \frac{L_2}{M} = \frac{1}{k_2}. \qquad (3.2.48)$$

Durchsetzt umgekehrt (bei $I_1 = 0$) der vom zweiten Kreis erzeugte Fluss $\Psi_2 \equiv \Psi_{22}$ anteilig mit Ψ_{12} auch den Kreis 1, so gilt das rechte Ergebnis. Die Gegeninduktivität hängt davon ab, welcher Teil des Gesamtflusses die andere Schleife erreicht. Das wird durch *Koppelfaktoren* ausgedrückt:

Der Kopplungsfaktor ist das Verhältnis des Koppelflusses zum Gesamtfluss durch die erregende Schleife.

Es gibt somit zwei *Kopplungsfaktoren* k_1 und k_2 mit

$$\boxed{k = \sqrt{k_1 k_2} = \frac{M}{\sqrt{L_1 L_2}} \quad (0 \leq k \leq 1).} \qquad (3.2.49)$$

3.2 Die Integralgrößen des magnetischen Feldes

Die Gegeninduktivität M eines Spulenpaares ist stets kleiner als das geometrische Mittel der Selbstinduktivitäten. Der Kopplungsfaktor k berechnet sich aus der Geometrie der Flüsse.

Grenzfälle sind:

– *völlige Entkopplung*: verschwindende Gegeninduktivität M (bzw. $k = 0$) entweder bei großem Abstand beider Spulen, magnetischer Abschirmung einer Spule mit ferromagnetischer Hülle oder zueinander senkrecht stehenden Spulen auf gleicher Symmetrieachse. Auch durch *bifilare Wicklung* oder einfacher die *Kreuzwicklung* (Überkreuzung paralleler Leiter in gleichen Abständen) kann die Gegeninduktivität praktisch auf Null sinken.
– *totale oder feste Kopplung* mit $|k| = 1$. Der Fluss durchsetzt beide Spulen vollständig wie bei Verkopplung in einem *magnetischen Kreis*. Werte $k \leq 0{,}8$ werden als *lose Kopplung* bezeichnet.

Größe und Vorzeichen der Gegeninduktivität hängen von der Relativlage beider Spulen und der Flusszuordnung (Windungssinn, Stromrichtungen) ab. Damit lassen sich u. a. variable Induktivitäten realisieren.

Streufluss, Streufaktor Diese Begriffe drücken ebenso die Unvollkommenheit der Kopplung aus: vom Gesamtfluss Ψ durch eine Spule erreicht nur der *Koppel-* oder *Hauptfluss* Ψ_k die zweite Spule, die Differenz $\Psi_\sigma = \Psi - \Psi_k$ zwischen Gesamt- und Koppelfluss ist der *Streufluss* Ψ_σ (Abb. 3.2.19b)

– Streufluss: nur mit der Ursprungsspule verkettet,
– Koppelfluss: auch mit der jeweils anderen Spule verkettet.

Der Streufaktor σ ist das Verhältnis von Streu- zu Gesamtfluss einer Spule eines gekoppelten Spulenpaares, beispielsweise für Spule 1

$$\sigma_1 = \frac{\Psi_{\sigma 1}}{\Psi_1} = \frac{\Psi_1 - \Psi_{21}}{\Psi_1} = 1 - k_1, \quad \text{analog} \quad \sigma_2 = \frac{\Psi_{\sigma 2}}{\Psi_2} = 1 - k_2. \quad (3.2.50)$$

Grenzfälle sind: $\sigma = 0 \rightarrow k = 1$ (kein Streufluss, ideale Kopplung) und $\sigma = 1 \rightarrow k = 0$: keine Verkopplung. Oft verzichtet man auf die Angabe von σ_1, σ_2 und verwendet nur einen Mittelwert, den *Gesamtstreufaktor*

$$\boxed{\sigma = 1 - k^2 \quad (= 1 - k_1 k_2 = 1 - (1 - \sigma_1)(1 - \sigma_2) \approx \sigma_1 + \sigma_2). \quad (3.2.51)}$$

Die Gesamtstreuung ist für kleine Streuwerte $\sigma_{1,2}$ gleich der Summe der Einzelstreuungen.

Die Aufteilung in *Koppel-* und *Streufluss* drückt sich in zugeordneten Induktivitäten aus: so besteht die *Selbstinduktivität* einer Spule aus *Streu-* und *Gegen-* oder *Hauptinduktivität* (s. Kap. 3.4.3). Streu- und Nutzfluss werden nur augenfällig, wenn eine Spule stromdurchflossen und die andere stromfrei ist, wie in der Abb. angenommen. Bei Stromfluss in beiden Spulen überlagern sich die Felder und die Unterteilung ist erschwert. Dann eignet sich die Strom-Spannungs-Beziehung gekoppelter Spulen besser zur Erklärung der Streuung (s. Kap. 3.4.3).

Berechnung der Gegeninduktivität Es werden im Prinzip die gleichen Verfahren wie zur Ermittlung der Induktivität verwendet: Berechnung über den Koppelfluss oder magnetischen Kreis

$$M = \frac{w_1 w_2}{R_{m12}}. \quad (3.2.52)$$

Hierbei ist R_{m12} der magnetische Kopplungswiderstand beider Stromkreise. Weitere Möglichkeiten sind die Neumannsche Formel Gl. (3.2.43) (schwierig) oder die Feldenergie des magnetischen Kreises.

Beispiel 3.2.18 Transformator In Abb. 3.2.22 ist ein Transformator mit zwei Wicklungen als Beispiel eines gekoppelten Spulenpaares dargestellt. Spulen arbeiten mit zeitveränderlichen Strömen. Die Eingangsspannungsquelle erzeugt einen Primärstrom i_1, den der Transformator an den Ausgangswiderstand R_L übersetzt. Er *bestimmt* die Stromrichtung i_2. Um die nach der Punktkonvention für gleichsinnige Spulenkopplung (Abb. 3.2.21a) erforderliche Stromrichtung i_2 (zum Punkt hin) anwenden zu können, wurde sie und die zur Spule 2 gehörige Flussrichtung Φ_2 in Klammern eingetragen.

Zur Analyse der magnetischen Ersatzschaltung genügt der Ersatz der Ströme durch Gleichströme ($\rightarrow I$). Bei linearem magnetischem Kreis lassen sich die einzelnen magnetischen Widerstände aus den Kernabmessungen nach Gl. (3.2.23) bestimmen. Die Erregungen wurden als Spannungsabfälle nach dem magnetischen Maschensatz Gl. (3.2.10c) angesetzt. Die Flüsse ermitteln wir mit dem Überlagerungssatz für die Erregungen Θ_1 und Θ_2:

$$\Phi_1|_{I_2=0} = \frac{\Theta_1}{R_{mI}} = \frac{w_1 I_1}{R_{mI}}, \quad \Phi_2|_{I_1=0} = \frac{\Theta_2}{R_{mII}} = \frac{w_2 I_2}{R_{mII}}$$

$$\Phi_1 = \Phi_1|_{I_2=0} - \Phi_2', \quad \Phi_2' = \frac{R_{m3}}{R_{m1} + R_{m3}} \Phi_2|_{I_1=0}.$$

Der letzte Flussanteil Φ_2' folgt aus der Flussteilerregel. Die ersten beiden Flüsse führen zur primären und sekundären Selbstinduktivität L_1, L_2

$$L_1 = \frac{\Psi_1}{I_1} = \frac{w_1 \Phi_1}{I_1} = \frac{w_1^2}{R_{mI}}, \quad L_2 = \frac{w_2^2}{R_{mII}},$$

$$R_{mI} = R_{m1} + R_{m2} \| R_{m3}, \quad R_{mII} = R_{m2} + R_{m1} \| R_{m3}.$$

Die Gegeninduktivität M_{21} ergibt sich als Verhältnis des durch R_{m2} fließenden Teilflusses $\Psi_1'(I_1)$ zum verursachenden Strom I_1 (s. Gl. (3.2.48))

$$\begin{aligned} M_{21} &= \frac{\Psi_1'(I_1)|_{I_2=0}}{I_1} = \frac{\Psi_1(I_1)|_{I_2=0}}{I_1} \left. \frac{\Psi_1'(I_1)}{\Psi_1(I_1)} \right|_{I_2=0} \\ &= \frac{\Psi_1(I_1)|_{I_2=0}}{I_1} \frac{\Psi_{21}}{\Psi_{11}} = \frac{w_1^2 I_1}{R_{mI} I_1} \frac{R_{m3}}{R_{m2} + R_{m3}} = L_1 k_1. \end{aligned}$$

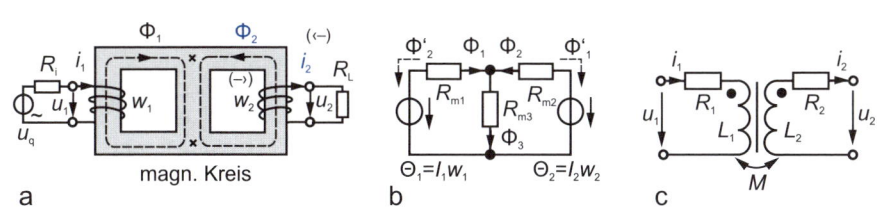

Abb. 3.2.22. Transformator. (a) Betriebsschaltung, Kernanordnung mit Mittelschenkel. (b) Magnetische Ersatzschaltung. (c) Elektrische Ersatzschaltung

Ganz entsprechend erhält man die Gegeninduktivität M_{12} zu

$$M_{12} = \frac{w_2'}{R_{\text{mII}}} \frac{R_{m3}}{R_{m1} + R_{m3}} = L_2 k_2.$$

Die Kopplungsfaktoren drücken so das Verhältnis des Flusses durch die Nachbarspule zum Fluss durch die erregende Spule gemäß der Definition Gl. (3.2.48) aus. Weil die lineare Anordnung nur eine Gegeninduktivität hat ($M = M_{21} = M_{12}$, Umkehrsatz) folgt aus $M^2 = M_{12} M_{21}$:

$$M = \sqrt{k_1 k_2} \sqrt{L_1 L_2} = \frac{w_1 w_2 R_{m3}}{R_{m1}(R_{m2} + R_{m3}) + R_{m2} R_{m3}},$$

$$k = k_1 = k_2 = \frac{R_{m3}}{\sqrt{(R_{m1} + R_{m3})(R_{m2} + R_{m3})}} \leq 1.$$

Der Kopplungsfaktor $k < 1$ entsteht durch den magnetischen Widerstand R_{m3} des Mittelschenkels, für $R_{m3} \to \infty$ folgt ideale Kopplung mit $k = 1$. So veranschaulicht R_{m3} den Flussanteil, der beide Spulen nicht verkoppelt und auch als Weg für den Streufluss der Spulen interpretiert werden kann.

Die Kenntnis von L_1, L_2 und M legt die magnetische Ersatzschaltung fest und die Elemente der elektrischen Ersatzschaltung Abb. 3.2.22c. Weil dort, wie Abb. a, der Strom i_2 vom Punkt weg fließt, liegt gegensinnige Kopplung mit *negativer Gegeninduktivität* vor. Sie wird ausgedrückt entweder im Zahlenwert von M oder (besser) im Vorzeichen, dann gilt für M stets der Betrag. Als Folge dieser Kopplung wirken die beiden von den Erregungen ausgehenden Flüsse im Eisenkreis einander *entgegen* (s. Kap. 3.4.3). Eingefügte Widerstände R_1, R_2 erfassen Ohmsche Wicklungswiderstände, sie können zunächst entfallen. Weil die zu Abb. c gehörende u,i-Beziehung des Transformators durch das Induktionsgesetz mitbestimmt wird, steht sie erst später als sog. *Transformatorgleichung* (3.4.17) bereit.

Der letzte Schritt berücksichtigt die Nichtlinearität des magnetischen Kreises (Magnetisierungskennlinie). Bei Handanalyse gestaltet sich die Bereitstellung eines darauf basierenden nichtlinearen u,i-Modells schwierig. Deshalb empfiehlt sich eine *Simulationslösung* mit nichtlinearem Transformatormodell, das für gegebene magnetische Verhältnisse in gängigen Schaltungssimulatoren, z. B. SPICE, bereitsteht.

Beispiel 3.2.19 Gegeninduktivität, Zylinderspule Eine lange Zylinderspule (Länge l_1 Windungszahl w_1, s. Abb. 3.2.23a) enthält eine zweite kurze Spule der Länge l_2, (Windungszahl w_2) vom praktisch gleichen Querschnitt. Gesucht ist die Gegen-

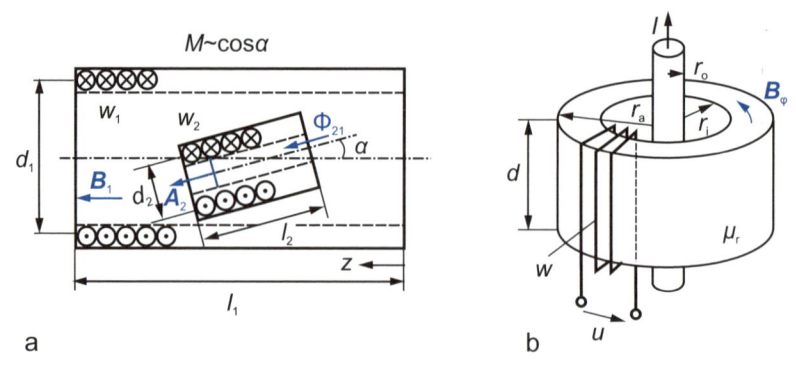

Abb. 3.2.23. Berechnung der Gegeninduktivität. (a) Lange Zylinderspule mit innenliegender drehbarer kleinerer Spule. (b) Gerader Leiter konzentrisch umgeben von einer Ringspule

induktivität. Spule 1 (Querschnittsfläche A) hat etwa den magnetischen Widerstand $R_m = l_1/(\mu_0 A)$ und damit die Selbstinduktivität $L_1 = w_1^2/R_m$. Die kurze Spule in ihr wird von der gleichen Flussdichte durchsetzt und hat den gleichen magnetischen Widerstand, es gilt $L_2 = w_2^2/R_m$. Damit beträgt die Gegeninduktivität $M = \sqrt{L_1 L_2} = w_1 w_2/R_m$. Sie folgt auch aus Feldbetrachtungen. Im Innern der größeren Spule herrscht die homogene Flussdichte $\boldsymbol{B}_1 = (\mu_0 w_1 I_1/l_1)\boldsymbol{e}_z$ in z-Richtung. Dadurch erfährt die drehbare Spule den Flussanteil

$$\Phi_{21} = \int_{A_2} \boldsymbol{B}_1 \cdot \mathrm{d}\boldsymbol{A}_2 = \frac{\mu_0 w_1 I_1}{l_1} \int_{A_2} \cos\alpha \,\mathrm{d}A = \frac{\mu_0 w_1 I_1}{l_1} \frac{\pi d_2^2}{4} \cos\alpha, \quad \Psi_{21} = w_2 \Phi_{21}.$$

Aus dem verketteten Fluss Ψ_{21} ergibt sich die Gegeninduktivität gemäß Definition

$$M = \frac{\Psi_{21}}{I_1} = \frac{\mu_0 w_1 w_2 \pi d_2^2}{4 l_1} \cos\alpha.$$

Sie lässt sich über den Winkel stufenlos zwischen positiven und negativen Werten einstellen mit einem Nulldurchgang bei $\alpha = \pi/2$: beide Spulenachsen stehen senkrecht zueinander (Entkopplung der Spulen). Gekoppelte Spulen dieser Art heißen *Variometer*. Die erzielbaren Induktivitäten sind aber relativ klein.

Führt man die innere Spule als Drehrähmchen aus, das mit der Kreisfrequenz ω rotiert ($\alpha(t) = \omega t$), so kann die Gegeninduktivität $M(t)$ als *zeitvariabel* verstanden werden. Abhängig vom Einstellwinkel ändert sich die an den Spulenklemmen induzierte Spannung nach Größe und Vorzeichen. Die Drehspule im Magnetfeld hat größte Bedeutung für Generatoren (s. Kap. 3.3.3.2).

Wäre umgekehrt Spule 2 stromdurchflossen und Spule 1 nicht, so würde die Berechnung der Gegeninduktivität wegen der kurzen Spule 2 schwieriger, ferner durchsetzt nur ein Teil ihres Flusses (stark inhomogen) die äußere Spule. Nach dem Umkehrsatz Gl. (3.2.46) *müssen* aber beide Gegeninduktivitäten übereinstimmen.

Beispiel 3.2.20 Kopplung von geradem Leiter und Ringspule Um einen geraden stromführenden Leiter (Abb. 3.2.23b) liegt eine konzentrische Ringspule (w Windungen). Gesucht ist die Gegeninduktivität zwischen Leiter und Ringspule.

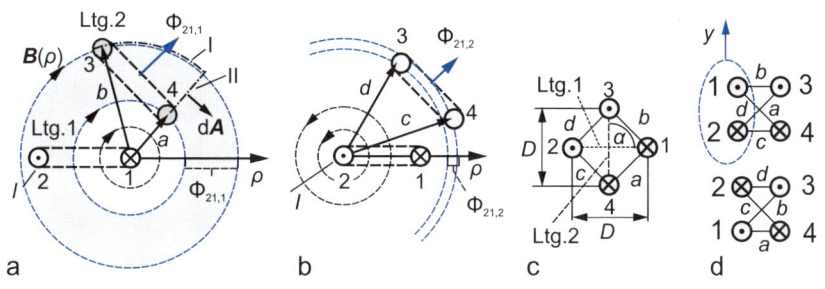

3.2 Die Integralgrößen des magnetischen Feldes

Abb. 3.2.24. Berechnung der Gegeninduktivität benachbarter Doppelleitungen. (a) Beitrag des rechten bzw. (b) linken Leiters zum Fluss durch die Nachbarleitung 3, 4. (c) Verdrehung der Leitungsebenen um einen Winkel. (d) Anordnung mit Leiterkreuzung

Wir betrachten den Leiter als Stromschleife, die im Unendlichen schließt. Der von ihm durch die Ringspule angetriebene Fluss Ψ_{21} ist leicht zu berechnen (und damit $M_{21} = \Psi_{21}/I_1$) dagegen $M_{12} = \Psi_{12}/I_2$ schwieriger, obwohl $M_{12} = M_{21}$ gelten muss! Die Flussdichte um den Leiter (s. Gl. (3.1.20)) verursacht in der Ringspule den Fluss

$$\Psi_{21} = w \int_A \boldsymbol{B} \cdot \mathrm{d}\boldsymbol{A} = w \int_{z=0}^{d} \int_{\varrho=r_\mathrm{i}}^{r_\mathrm{a}} \frac{\mu I}{2\pi \varrho} \boldsymbol{e}_\varphi \cdot \boldsymbol{e}_\varphi \mathrm{d}\varrho \mathrm{d}z = \frac{w\mu I d}{2\pi} \ln \frac{r_\mathrm{a}}{r_\mathrm{i}}.$$

Er bedingt die Gegeninduktivität $M_{21} = \Psi_{21}/I = \frac{w\mu d}{2\pi} \ln(r_\mathrm{a}/r_\mathrm{i})$. Für die Zahlenwerte $w = 100$, $d = 10\,\mathrm{cm}$ und $\ln(r_\mathrm{a}/r_\mathrm{i}) = 10$ ergibt sich $M_{21} \approx 20\,\mu\mathrm{H}$, ein recht geringer Wert. Zur Berechnung von M_{12} betrachtet man den geraden Leiter als Teil einer im Unendlichen geschlossenen Schleife (Strom fließt stets in einer Schleife!), durch deren Fläche am Ort der Ringspule der zugehörige Fluss $\Phi_{12} = \frac{\mu w I d}{2\pi} \ln(r_\mathrm{a}/r_\mathrm{i})$ strömt.

Misst man die in der Wicklung der Ringspule induzierte Spannung, so lässt sich direkt auf den Strom schließen. Solche Anordnungen dienen als *Stromzange* (mit aufklappbarer Ringspule), die eine Unterbrechung des Stromkreises zur Zwischenschaltung eines Messinstrumentes vermeidet.

Beispiel 3.2.21 Gegeninduktivität zweier paralleler Doppelleitungen Wir ermitteln die Gegeninduktivität zweier langer paralleler Doppelleitungen (Abb. 3.2.24a). Dazu werden zunächst die Teilflüsse bestimmt, die von den Leitungen 1 und 2 (hin- und rückfließender Strom I_1, Leitung I) ausgehen und die effektive Fläche der stromlosen Leitung II zwischen den Leitern 3, 4 durchsetzen. Der mit den Leitern 3, 4 verkettete Induktionsfluss ist gleich der Summe der Teilflüsse, die im Zwischenraum 3–4 durch den Strom I_1 im Leiter 2 und $-I$ im Leiter 1 verursacht werden. Leiter 1 (Ursprung des Koordinatensystems) wird vom Magnetfeld in konzentrischen Kreisen umschlungen, davon durchsetzt ein Teil die Leitung 2. Die magnetische Feldstärke $\boldsymbol{H}(\varrho)$ verläuft um die Leiterachse 1. Der Fluss durch die Fläche $\boldsymbol{A}$ zwischen Leitern 3 und 4 ergibt sich am einfachsten, wenn sie in einen Anteil I parallel zur $\boldsymbol{H}$-Linie zerlegt wird (dort ist $\boldsymbol{B} \cdot \mathrm{d}\boldsymbol{A} = 0$) und einen Anteil II senkrecht zu den $\boldsymbol{H}$-Linien (mit $\boldsymbol{B} \cdot \mathrm{d}\boldsymbol{A} = B\mathrm{d}A$). Haben alle Leiter die Länge L, so gilt $\mathrm{d}A = L\mathrm{d}\varrho$

(dA ist entgegen der Richtung e_φ orientiert). Insgesamt beträgt der Flussbeitrag des Leiters 1

$$\Phi_{21,1} = \int_A \boldsymbol{B} \cdot \mathrm{d}\boldsymbol{A} = \mu_0 \int_a^b \underbrace{\boldsymbol{e}_\varphi \frac{(-I_1)}{2\pi\varrho}}_{H} \cdot \underbrace{(-\boldsymbol{e}_\varphi)\,L\mathrm{d}\varrho}_{\mathrm{d}A} = \frac{\mu_0 I_1 L}{2\pi} \int_a^b \frac{\mathrm{d}\varrho}{\varrho} = \frac{\mu_0 I_1 L}{2\pi} \ln \frac{b}{a}.$$

Dabei wurde die Stromrichtung in negativer z-Richtung beachtet. Der Rückstrom I durch Leiter 2 bewirkt zwischen den Leitern 3, 4 einen Fluss mit veränderten Abständen c, d, seine umgekehrte Richtung kehrt das Vorzeichen. Dieser Anteil $\Phi_{21,2}$ lautet (Abb. 3.2.24b)

$$\Phi_{21,2} = -\frac{\mu_0 I_1 L}{2\pi} \ln \frac{d}{c}.$$

Der Gesamtfluss Φ_{21} durch Leitung II ist die Summe der Teilflüsse

$$\Phi_{21} = \Phi_{21,1} + \Phi_{21,2} = \frac{\mu_0 I L}{2\pi} \ln \frac{bc}{ad}.$$

Er bestimmt die Gegeninduktivität

$$M = \frac{\Phi_{21}}{I_1} = \frac{\mu_0 L}{2\pi} \ln \frac{bc}{ad}.$$

Sie kann abhängig von den Leiterabständen positiv oder negativ sein und speziell für $b/a = d/c$ sogar verschwinden. Die Leiteranordnung nach Abb. 3.2.24c ist eine besonders kompakte Ausführung: die Leitungsebenen stehen jeweils senkrecht zueinander. Diese Form fand als sog. „Sternvierer" große Verbreitung. Bilden beide Leiterebenen einen Winkel α, so gilt wegen $a = d = \frac{D}{\sqrt{2}}\sqrt{1+\cos\alpha}$, $b = c = \frac{D}{\sqrt{2}}\sqrt{1-\cos\alpha}$: $M = \frac{\mu_0 L}{2\pi} \ln\left[\tan^2(\alpha/2)\right]$. Winkelabhängig kann M positiv oder negativ sein, für $\alpha = 90°$ entkoppeln beide Leitungen.

Eine weitere Lösung vertauscht die Leitungen 1 und 2 oder 3 und 4 in regelmäßigen Abständen. Dann entsteht im ersten Fall ($b = c = D$, $a = d = D\sqrt{2}$) eine Gegeninduktivität $\sim \ln(1/2)$, im zweiten ($a = d = D$, $b = c = D\sqrt{2}$) die Induktivität $\sim \ln(2)$: beide unterscheiden sich im Vorzeichen. Dadurch heben sich die in der Leitung induzierten Spannungen auf. Diese Maßnahme heißt „Leitungskreuzung" (Abb. 3.2.24d), sie reduziert durch Senken der Gegeninduktivität das „Übersprechen" in Fernmeldeleitungen.

Denkbar ist auch in Abb. 3.2.24d eine Verschiebung der Leitung 1 (1, 2) parallel zur Leitung 2 um das Stück y. Dafür betragen die neuen Abstände $b^2 = c^2 = y^2 + D^2$, $a^2 = D^2 + (D+y)^2$, $d^2 = D^2 + (D-y)^2$. Abhängig von der Verschiebung y ändert sich das Vorzeichen mit verschwindender Kopplung bei $(bc)^2 = (ad)^2$ für $y = D\sqrt{3/2} \approx 1{,}23 D$.

Die Ergebnisse der gekoppelten Doppelleitung sind auf lange schmale Leiterrähmchen übertragbar, da die Felder der kurzen Stirnseiten kaum beitragen.

Mehrere gekoppelte Spulen Sind mehrere Spulen magnetisch verkoppelt, so gibt es mehrere Gegeninduktivitäten. Dann gilt

$$\Psi_1 = L_{11}I_1 + \sum_{\nu=2}^{n} M_{1\nu}I_\nu. \qquad \text{Induktionsfluss in Spule 1 bei } n \text{ magnetisch gekoppelten Spulen} \qquad (3.2.53)$$

Aus Symmetriegründen setzt man häufig $M_{1\nu} = L_{1\nu}$.

3.2 Die Integralgrößen des magnetischen Feldes 291

Beispiel 3.2.22 Gekoppelte Spulen Sind drei Spulen miteinander verkoppelt, so gilt bei Annahme linearer Induktivitäten

$$\begin{aligned}\Psi_1 &= L_{11}I_1 + L_{12}I_2 + L_{13}I_3, & M_{12} &= L_{12} = L_{21} = M_{21},\\ \Psi_2 &= L_{21}I_1 + L_{22}I_2 + L_{23}I_3, & M_{13} &= L_{13} = L_{31} = M_{31},\\ \Psi_3 &= L_{31}I_1 + L_{32}I_2 + L_{33}I_3, & M_{32} &= L_{32} = L_{23} = M_{23}.\end{aligned} \quad (3.2.54)$$

Es treten die Selbstinduktivitäten L_{11}, L_{22}, L_{33} sowie die Gegeninduktivitäten zwischen jeweils benachbarten Spulen auf. Darstellungen dieser Art lassen sich bequem als sog. *Induktivitätsmatrix* schreiben.

◐ 3.2.6 Magnetische Energie in Spulen

So, wie das elektrostatische Feld elektrische Energie speichert, sitzt im Magnetfeld magnetische Energie. Sie kann ausgedrückt werden durch die Feldgrößen $\boldsymbol{H}$ und $\boldsymbol{B}$, die Globalgrößen Θ und Φ oder Selbst- und Gegeninduktion. Wenn auch die Einzelheiten dazu erst im Kap. 4.1.4 vertieft werden, greifen wir hier etwas vor.

Energie und Induktivität Eine (lineare) Induktivität L speichert die Energie W_m (s. Gl. (3.2.44))

$$W_\mathrm{m} = \frac{L}{2}I^2 = \frac{I\Psi}{2} = \frac{(wI)^2}{2R_\mathrm{m}}. \quad (3.2.55)$$

Die in einer stromführenden Spule gespeicherte magnetische Energie wächst proportional zum Produkt aus Stromquadrat und Induktivität.

Gespeichert wird die Energie in Spulen mit Eisenkreis hauptsächlich im Luftspalt (der entsprechend groß sein sollte), denn es gilt

$$W_\mathrm{m} = \frac{1}{2}\underbrace{\oint_s \boldsymbol{H} \cdot \mathrm{d}\boldsymbol{s}}_{V_\mathrm{Fe}+V_\mathrm{L}} \cdot \underbrace{\int_A \boldsymbol{B} \cdot \mathrm{d}\boldsymbol{A}}_{\Phi} = \frac{1}{2}\left(\underbrace{V_\mathrm{Fe}}_{\Phi R_\mathrm{mFe}} + \underbrace{V_\mathrm{L}}_{\Phi R_\mathrm{mL}}\right) \cdot \Phi. \quad (3.2.56)$$

Die Energiebeziehung Gl. (3.2.55) eignet sich umgekehrt zur Berechnung der Selbstinduktivität räumlich ausgedehnter Leiteranordnungen, aber auch von Massivleitern, wenn die Auswertung der Beziehung $L = \Psi/I$ schwierig wird. Sie liefert auch die *innere Induktivität*.

Beispiel 3.2.23 Innere Induktivität Die magnetische Feldstärke im Innern eines langen geraden Drahtes beträgt nach Gl. (3.1.20) $H(\varrho) = \frac{\varrho}{2\pi r_0^2}I$. Ein Hohlzylinder vom

Radius ϱ, der Dicke $\mathrm{d}\varrho$ und Länge l innerhalb eines Leiters speichert die Energie

$$\mathrm{d}W_\mathrm{m} = \frac{\mu_0\,(H(\varrho))^2}{2}2\pi\varrho l\mathrm{d}\varrho = \frac{\mu_0 l}{4\pi r_0^2}I^2\varrho^3\mathrm{d}\varrho \quad \rightarrow$$

$$W_\mathrm{m} = \frac{L_\mathrm{i}}{2}I^2 = \frac{\mu_0 l}{4\pi r_0^2}I^2\int_0^{r_0}\varrho^3\mathrm{d}\varrho = \frac{\mu_0 l}{16\pi}I^2. \tag{3.2.57}$$

Daraus ergibt sich seine *innere Induktivität* L_i (übereinstimmend mit Bsp. 3.2.16)

$$\boxed{L_\mathrm{i} = \frac{\mu_0 l}{8\pi}.} \qquad \text{Innere Induktivität eines Leiters} \quad (3.2.58)$$

Die innere Induktivität L_i eines Leiters hängt nicht von seinen Eigenschaften (Drahtstärke) ab, sie beträgt etwa $0{,}05\,\mathrm{mH/km} = 0{,}5\,\mathrm{nH/cm}$!

Sie wirkt in der praktischen Schaltungstechnik bei großen Stromänderungen. So erzeugt eine Stromänderung $\mathrm{d}i/\mathrm{d}t = 10^6\,\mathrm{A/s} = 1\,\mathrm{A/\mu s}$ einen *induktiven Spannungsabfall* von $0{,}5\,\mathrm{mV}$ am Leiter der Länge $L = 1\,\mathrm{cm}$!

Beispiel 3.2.24 Induktivität eines Koaxialkabels Im Koaxialkabel ist die magnetische Energie in drei Bereichen gespeichert: dem Innenleiter, dem isolierenden Zwischenraum und im Außenleiter. Für die Energie des Innenleiters gilt das eben ermittelte Ergebnis; die Energie im Zwischenraum W_mz kann aus dem magnetischen Fluss berechnet werden, man erhält (Nachweis) $W_\mathrm{mz} = L_\mathrm{z}I^2/2$ mit der Induktivität $L_\mathrm{z} = \frac{\mu_0 l}{2\pi}\ln(r_\mathrm{i}/r_0)$ (r_i Innenradius des Außenleiters, r_0 Außenradius des Innenleiters). Die innere Induktivität des Außenleiters muss, wie beim Innenleiter, den erfassten Strom anteilig berücksichtigen. Abschätzungen ergeben, dass die Induktivität des Zwischengebietes den größten Beitrag liefert. Ein Kabel mit $r_\mathrm{i} = 2\,\mathrm{mm}$ und $r_0 = 0{,}3\,\mathrm{mm}$ hat eine Zwischeninduktivität pro Länge $L_\mathrm{z} = 379\,\mathrm{nH/m}$.

3.3 Induktionsgesetz: Verkopplung magnetischer und elektrischer Felder

3.3.1 Induktion als Gesamterscheinung

Rückblick Bisher wurden zeitlich konstante elektrische und magnetische Felder getrennt betrachtet. Bei Zeitabhängigkeiten *verkoppeln* sich beide Felder als *neue Qualität*:

- Nach dem Durchflutungssatz wird der Strom von einem zeitveränderlichen Magnetfeld umwirbelt (Abb. 3.3.1a).
- Um *zeitliche* Magnetfluss*änderungen* entsteht ein elektrisches *Wirbelfeld*. Die Erscheinung heißt *Induktion* und ist Inhalt des *Induktionsgesetzes* (Abb. 3.3.1b, c).

3.3 Induktionsgesetz: Verkopplung magnetischer und elektrischer Felder

a

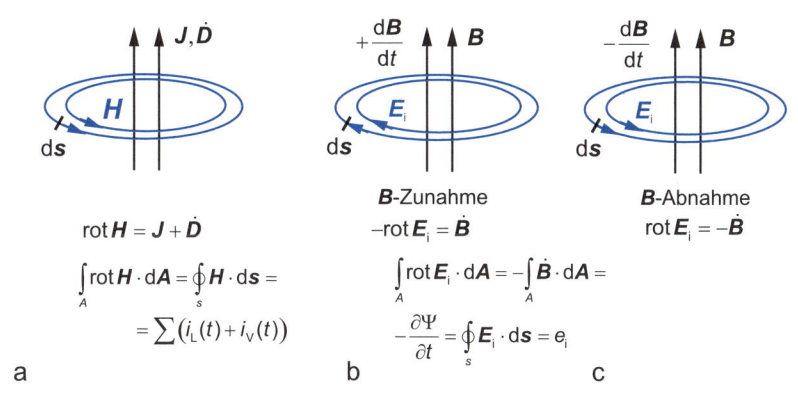

$\operatorname{rot} \boldsymbol{H} = \boldsymbol{J} + \dot{\boldsymbol{D}}$

$\int_A \operatorname{rot} \boldsymbol{H} \cdot \mathrm{d}\boldsymbol{A} = \oint_s \boldsymbol{H} \cdot \mathrm{d}\boldsymbol{s} =$
$= \sum (i_L(t) + i_V(t))$

b *B*-Zunahme

$-\operatorname{rot} \boldsymbol{E}_i = \dot{\boldsymbol{B}}$

$\int_A \operatorname{rot} \boldsymbol{E}_i \cdot \mathrm{d}\boldsymbol{A} = -\int_A \dot{\boldsymbol{B}} \cdot \mathrm{d}\boldsymbol{A} =$

$-\dfrac{\partial \Psi}{\partial t} = \oint_s \boldsymbol{E}_i \cdot \mathrm{d}\boldsymbol{s} = e_i$

c *B*-Abnahme

$\operatorname{rot} \boldsymbol{E}_i = -\dot{\boldsymbol{B}}$

Abb. 3.3.1. Erzeugung von Wirbelfeldern. (a) Jeder Strom wird von einem Magnetfeld umwirbelt (Durchflutungssatz), Angabe in Differenzial- und Integralform. (b), (c) Jede zeitveränderliche Flussdichte wird von einem elektrischen Wirbelfeld umgeben (Induktionsgesetz). Flusszu- oder -abnahme bestimmt die Feldrichtung

Faraday entdeckte 1831 [23], dass

— im geschlossenen Leiterkreis ein Strom fließt, wenn sich ein Magnet nähert;
— bei Bewegung der geschlossenen Leiterschleife im inhomogenen Magnetfeld ein Strom auftritt;
— das Ein- oder Ausschalten des Stromes in einer Leiterschleife in einer benachbarten Schleife einen kurzzeitigen Strom verursacht. Stromfluss setzt aber stets eine *Spannung als Antriebsursache* voraus.

Umfangreiche Experimente ergaben, dass jeder sich ändernde magnetische Fluss von einem elektrischen Feld $\boldsymbol{E}$ umwirbelt wird. Umfasst eine Leiterschleife den zeitveränderlichen Fluss, so entsteht in ihr eine *induzierte Spannung* oder *elektromagnetische Induktion*. Es gilt

$$e_i = \underbrace{\overbrace{\oint \boldsymbol{E}_i \cdot \mathrm{d}\boldsymbol{s} = -\dfrac{\mathrm{d}}{\mathrm{d}t}\left(\int_{A(t)} \boldsymbol{B}(t) \cdot \mathrm{d}\boldsymbol{A}\right)}^{\text{Netzwerkform}} = -\dfrac{\mathrm{d}\Psi(t)}{\mathrm{d}t}}_{\text{Integralform}}. \qquad (3.3.1\mathrm{a})$$

Induktionsgesetz

Induktionsgesetz (Naturgesetz in allgemeiner Form, zweites Maxwellsches Gesetz). Die elektrische Umlaufspannung ist gleich der Abnahme des rechtswendig umfassten magnetischen Flusses.

---

[23] nach rd. 10 jähriger Experimentierzeit!

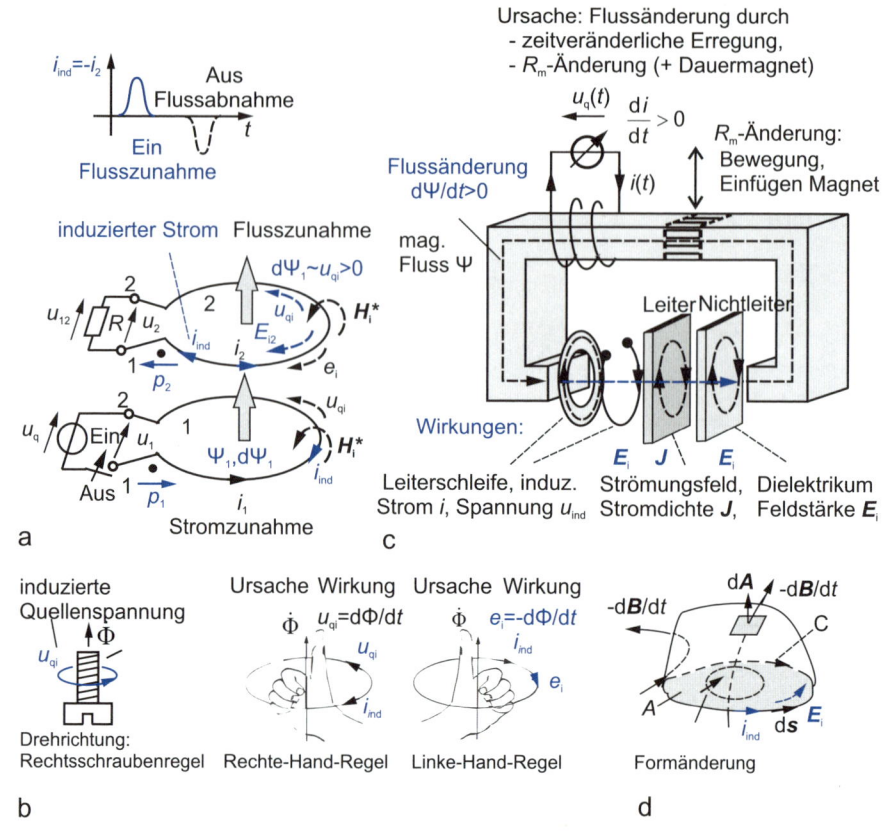

Abb. 3.3.2. Induktionsvorgang. (a) Ruhinduktion: Stromänderung in einer Primärspule induziert in der Koppelspule die Spannung u_2 an ihren Klemmen. (b) Rechte- und Linke-Hand-Regeln. (c) Ursache und Wirkungen der Ruheinduktion rückführbar auf eine induzierte Feldstärke $\boldsymbol{E}_i$. (d) Induktionsgesetz und Feldgrößen nach Gl. (3.3.1a), angedeutet ist eine Formänderung der Kontur C

Gleichwertige Bezeichnungen für die Spannung e_i sind *induzierte Urspannung*, induzierte *elektromotorische Kraft* oder *elektrische Umlaufspannung*.[24]

Bei linkswendiger Zuordnung (Bezugssinn des Flusses oder der Spannung) wechselt das Vorzeichen.

Abbildung 3.3.2a zeigt den Induktionseffekt in einer Leiterschleife 2, die mit einer Schleife 1 (gleicher Wicklungssinn) magnetisch gekoppelt ist (nach dem Modell Abb. 3.2.19). Bei Stromerhöhung (Einschalten) steigt der Fluss in beiden Schleifen ($d\Psi/dt > 0$, Zunahme des Betrages von Ψ bzw. $\boldsymbol{B}$) und in

---

[24] Die (historische) Form des Induktionsgesetzes ist die sog. EMK-Form: die induzierte Spannung tritt als EMK auf (Formelzeichen e_i, auch u_{ind}).

Schleife 2 treibt die induzierte Feldstärke $\boldsymbol{E}_{i2}$ einen induzierten Strom i_{ind} *entgegen* der (positiv definierten) Stromrichtung i_2 an. Deshalb wirkt der von i_{ind} verursachte magnetische Fluss Ψ_i^* (ausgedrückt durch die magnetische Feldstärke $\boldsymbol{H}_i^*$ nach dem Durchflutungssatz) dem ursprünglichen Fluss Ψ_1, also *seiner Ursache, entgegen*. *Stromrichtung und Richtung der Flusszunahme* sind (dem Experiment nach) *linkswendig* zugeordnet (Linke-Hand-Regel, Abb. 3.3.2b) und am eingefügten Widerstand R zwischen den Klemmen 1, 2 entsteht ein (positiver) Spannungsabfall $u_{12} = i_{\text{ind}}R$.

Wird die sekundäre Leiterschleife unterbrochen (offene Schleife, $R \to \infty$), dann lässt sich an den Klemmen 1, 2 ein *Spannungsabfall $u_{12} = u_{\text{qi}} = \mathrm{d}\Psi/\mathrm{d}t$* messen. Er ist der Flusszunahme proportional.

Sinkt dagegen der Fluss (*Flussabnahme*, $\mathrm{d}\Psi/\mathrm{d}t < 0$, Abnahme des Betrages von Ψ bzw. $\boldsymbol{B}$), etwa bei Abschalten des Primärstromes (Abb. 3.3.2a) so wechselt der induzierte Strom in der sekundären Leiterschleife seine Richtung und ebenso die induzierte Spannung bei offener Schleife: *Flussabnahme und Stromrichtung i_{ind}* sind *rechtswendig* (Rechte-Hand-Regel) zugeordnet. Soweit der experimentelle Befund.

Betrachtet man die Leiterschleife als *Grundstromkreis* für den induzierten Strom i_{ind}, so kann er verursacht werden:

— durch eine *induzierte Spannung e_i* (EMK mit dem modifizierten Maschensatz Form 2 (Σ EMK = Σ Spannungsabfälle, Induktionsgesetz nach Gl. (3.3.1a)) *in Richtung von i_{ind}* (Linke-Hand-Regel), die der *Flussabnahme* proportional ist (oder gleichwertig eine Quellenspannung $u_Q = -\mathrm{d}\Psi/\mathrm{d}t$, nicht verwendet);

— durch eine *induzierte Quellenspannung $u_{\text{qi}} = \mathrm{d}\Psi/\mathrm{d}t$* (Vorzeichenwechsel im Induktionsgesetz) nach dem Modell des Erzeugerzweipols im Grundstromkreis): u_{qi} und Flusszunahme sind *rechtswendig* zugeordnet (Abb. 3.3.2b). Dann wird das Induktionsgesetz (3.3.1a) gleichwertig mit

$$u_{\text{qi}} = \frac{\mathrm{d}\Psi}{\mathrm{d}t} = -\oint \boldsymbol{E}_i \cdot \mathrm{d}\boldsymbol{s} = -e_i \qquad (3.3.1b)$$

der induzierten Quellspannung u_{qi} benutzt (Abb. 3.3.2a).

Alle Formen sind in Lehrbüchern verbreitet, eine zusätzliche Schwierigkeit. Wir vertiefen diese Problematik in Kap. 3.3.2 und stellen dann die Richtungszuordnungen von Flussänderung und induzierten Größen übersichtlich zusammen (s. Abb. 3.3.5).

In Abb. 3.3.2a mag (fälschlicherweise) der Eindruck entstehen, als ob Induktion nur in Leiterschleife 2 auftritt. Tatsächlich findet aber auch in der Erregerschleife 1 eine Flussänderung mit induziertem Strom statt, erklärt durch eine antreibende Spannung u_qi bzw. e_i (im Bild angedeutet). Dann verlangt der Maschensatz $u_\text{q} = u_\text{qi} = \mathrm{d}\Psi_1/\mathrm{d}t = \mathrm{d}(Li_1)/\mathrm{d}t = L\mathrm{d}i_1/\mathrm{d}t$: die (Selbst-) Induktion in der Ausgangsschleife 1 bestimmt die Strom-Spannungs-Beziehung an ihren Klemmen nach Maßgabe ihrer Induktivität L! Dazu wirken Durchflutungssatz (Erzeugung des zeitveränderlichen Magnetfeldes) und Induktionsgesetz *in der gleichen Leiterschleife* zusammen. Deshalb wurde bei Einführung der Selbstinduktivität (Kap. 3.2.5) noch auf ihre Strom-Spannungs-Beziehung verzichtet. Folgerichtig wird die Strom-Spannungs-Beziehung gekoppelter Leiterschleifen Abb. 3.3.2a durch ihre Selbst- und Gegeninduktivitäten bestimmt, denn auch das Magnetfeld des induzierten Stromes in Schleife 2 koppelt z. T. nach Schleife 1 zurück verbunden mit der Gegeninduktivität M_{12}.

Praktisch erzeugt man einen zeitveränderlichen magnetischen Fluss z. B. im magnetischen Kreis (Abb. 3.3.2c) durch eine Erregerwicklung oder eine Änderung der magnetischen Eigenschaften (Änderung des magnetischen Widerstandes R_m, Luftspaltänderung). Spannungsinduktion erfolgt dann in einer Leiterschleife, einem Leitergebilde (Strömungsfeld) oder bei hinlänglich schneller Feldänderung auch als *Verschiebungsstrom im Nichtleiter*. Man stellt zusammenfassend fest:

> Bei zeitlicher Änderung des *Induktionsflusses* $\Psi(t)$ durch eine von einem Leiter oder gedachten Weg umschlossene Fläche tritt längs eines geschlossenen Weges eine induzierte Umlaufspannung e_i als Umlaufintegral einer *induzierten Feldstärke* $\boldsymbol{E}_\text{i}$ auf. Sie ist Ursache des Stromantriebes längs des geschlossenen Weges und gleich dem sog. *magnetischen Schwund* $-\mathrm{d}\Psi/\mathrm{d}t$.

Beim umfassten Fluss kommt es (als Folge des Satzes vom magnetischen Hüllenfluss) auf die Lage der von der Randkurve C umfassten Fläche an. Eine Flussänderung entsteht nicht nur bei fester Berandung und zeitveränderlicher Flussdichte $\boldsymbol{B}(t)$, der *Ruheinduktion*, sondern auch bei zeitlich konstanter Flussdichte $\boldsymbol{B}$, wenn sich die *Berandung* ändert (im Bild 3.3.2d angedeutet). Man spricht von *Bewegungsinduktion, der Standardform für bewegte Leiter*.

Verallgemeinerung der Induktionswirkung Beziehen sich induzierte Spannung e_i und zeitveränderlicher Fluss zunächst auf das Induktionsgesetz in der Form Gl. (3.3.1a)[25,26,27] typisch für Netzwerke, so umfasst das *verallgemeinerte Gesetz* mehr. So, wie der Durchflutungssatz sowohl für einen Raumbereich (Integralform) als auch im Raumpunkt (Differenzialform mit der Vektorope-

---

[25] Das Induktionsgesetz ist ein Naturgesetz, deshalb erwartet man $e_\text{i} = \text{const} \cdot \mathrm{d}\Psi/\mathrm{d}t$, weil zwei wesensverschiedene Größen, Spannung und magnetischer Fluss, verkoppelt werden. Unlogischerweise ist die Konstante zu 1 gesetzt. Erst dadurch erhält der Fluss die Dimension Spannung und Zeit. So mutet das Induktionsgesetz wie eine Definitionsgleichung an und sein gesetzmäßiger Charakter tritt äußerlich nicht in Erscheinung. Eine ähnliche Inkonsequenz steckt im Durchflutungsgesetz.

ration „Rotation", s. Abb. 3.3.1b, c) formuliert werden kann, gilt dies auch für das Induktionsgesetz: Der Wirbel (die Rotation) der elektrischen Feldstärke E ist in jedem Raumpunkt gleich der Abnahme der Induktion B im gleichen Punkt. Deshalb wird jeder zeitveränderliche Fluss von einem *elektrischen Wirbelfeld* (Merkmal geschlossene Feldlinien) umgeben:

Bei zeitveränderlichen Feldgrößen ist das elektrische Feld nicht wirbelfrei!

In dieser Form erfordert das Induktionsgesetz *keinen* Leiterkreis und gilt auch in Nichtleitern (mit einem *induzierten Verschiebungsstrom*, Abb. 3.3.2c). Maßgebend ist der magnetische Fluss, der eine Berandung durchsetzt (Abb. 3.3.2d). Magnetischer Fluss, Kontur C und Flussdichte bilden ein Rechtssystem: jeder zeitveränderliche magnetische Fluss, der eine Oberfläche A (berandet von einer Kontur C) durchdringt, erzeugt im Umlaufweg C eine induzierte Spannung. Ihre Richtung folgt am sichersten über den induzierten Strom aus der *Lenzschen Regel* (s. u.). Wir beschränken uns im Lehrbuch auf das Induktionsgesetz in Integralform Gl. (3.3.1a).

Im Rückblick verursachten *ruhende* Ladungen ein (wirbelfreies) Quellenfeld:

— *Gleichförmig bewegte* Ladungen (Gleichstrom) waren Ursache des umwirbelnden zeitkonstanten Magnetfeldes.
— *Beschleunigte* Ladungen (oder zeitliche Stromänderungen) induzieren in ihrer Umgebung ein elektrisches Wirbelfeld.

Deshalb gilt der Maschensatz streng nur in Netzwerken, mit zeitkonstanten Magnetfeldern, also wenn Gleichströme fließen. Wechselströme erzeugen in den Maschen zusätzliche induzierte Spannungen. Aus unterschiedlichen Gründen (langsame Magnetfeldänderung, kleiner Flächenumfang der Maschen) werden sie vernachlässigt.

Richtungszuordnung, Lenzsche Regel Die Richtungszuordnung zwischen magnetischem Fluss, zeitlicher Flussänderung und induziertem Strom (Leitungs- bzw. Verschiebungsstrom) bestimmt die *Lenzsche Regel* [28,29].

---

[26] Das Induktionsgesetzt wurde 1831 gleichzeitig von M. Faraday und J. Henry entdeckt. Da er seine Erkenntnis jedoch nach Faraday veröffentlichte, gilt Faraday als Entdecker.

[27] Faraday, ursprünglich Chemiker, baute aufgrund der Erkenntnisse Oersteds zunächst einen Motor zum Nachweis der Wechselwirkung zwischen Magnetfeld und Strom; 1831 bewegte er einen kurzgeschlossenen Leiter im Magnetfeld und bemerkte Stromfluss: die Geburt des Generatorprinzips und Induktionsgesetzes.

[28] Heinrich Emil Lenz, deutsch russischer Physiker, Universität Petersburg 1804–1868.

[29] Auch hier gilt das Newtonsche Prinzip actio = reactio.

> Der in einer vorhandenen (oder gedachten) Leiterschleife induzierte Strom fließt stets in solcher Richtung um die magnetische Flussänderung, dass sein Magnetfeld der Flussänderung entgegenwirkt oder kurz: Die induzierte Spannung verursacht im Leiterkreis einen Strom in solcher Richtung, dass sein Magnetfeld seine Entstehungsursache schwächt.

Steigt (sinkt) der Fluss, so hemmt der induzierte Strom diese Zunahme (Abnahme). Bewegt sich die Leiterschleife im Magnetfeld (*Bewegungsinduktion* (s. u.)), dann wirkt auf den induzierten Strom eine Kraft, die die Leiterbewegung bremst.

Abbildung 3.3.3a verdeutlicht die Lenzsche Regel an einer Leiterschleife. Stromerhöhung bedingt nach dem Durchflutungssatz eine Flusszunahme. Sie erzeugt eine induzierte Spannung (e_i bzw. Feldstärke $\boldsymbol{E}_i$) in der gleichen Schleife und so gerichtet, dass der von ihr angetriebene induzierte Strom i_{ind} der ursächlichen Stromerhöhung *entgegenwirkt* (*Tendenz zur Stromschwächung*) und ebenso sein begleitendes Magnetfeld das ursächliche abbaut (*Tendenz zur Feldschwächung*). Fasst man den Schleifenwiderstand konzentriert im Element R zusammen (Abb. 3.3.3b), so entsteht der Spannungsfall $u_{12} = e_i = i_{\text{ind}} R$. Bei Strom- bzw. Flussabnahme (Abb. 3.3.3c) ändern sich die Richtungen von e_i und i_{ind}.

Wird die Leiterschleife an einer Stelle unterbrochen (z. B. am Ersatzwiderstand R), so verschwindet der induzierte Strom und es baut sich an den offenen Klemmen (der messbare) *Spannungsabfall* $u_{12} = e_i$ ($\neq 0$) auf (Maschensatz $\Sigma u = \Sigma e$).

> Nach der Lenzschen Regel müssen deshalb Fluss*abnahme* ($d\Phi/dt < 0$) und Richtung des induzierten Stromes i_{ind} gemäß der Rechte-Hand-Regel zugeordnet sein (oder bei Flusszunahme nach der Linke-Hand-Regel) (Abb. 3.3.3b, c).

Anwendung Vorgabe Stromänderung → zugehörige Flussänderung (Durchflutungssatz) → Eintrag des induzierten Stromes i_{ind} in solcher Richtung, dass sein Magnetfeld der ursprünglichen Flussänderung entgegenwirkt → Zurückführung von i_{ind} auf eine induzierte Spannung e_i oder u_{qi} nach dem Modell Grundstromkreis.

Weil nach der Lenzschen Regel die Richtung des induzierten Stromes im Leiterkreis festliegt, ist zwangsläufig auch die *Richtung der stromantreibenden Ursache* in Gl. (3.3.1a), die *induzierte Spannung* e_i oder gleichwertig die *induzierte Feldstärke* $\boldsymbol{E}_i$, gegeben. Eine *offene Schleife* lässt sich gedanklich stets über einen Widerstand schließen. Dann bestimmt der induzierte Strom

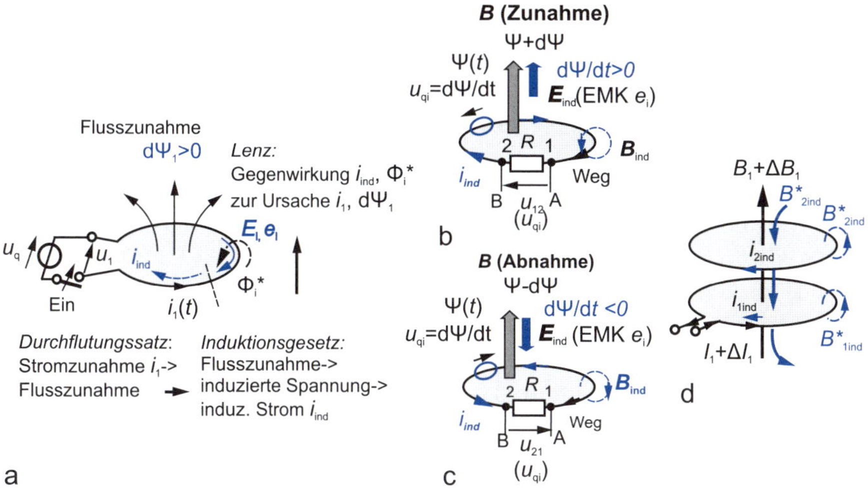

3.3 Induktionsgesetz: Verkopplung magnetischer und elektrischer Felder

Abb. 3.3.3. Lenzsche Regel. (a) Zuordnung der in einer Leiterschleife induzierten Größen. (b) Induktionsgesetz und Lenzsche Regel bei Flusszunahme. (c) dto. bei Flussabnahme. (d) Lenzsche Regel in gekoppelten Spulen

die Richtung des Spannungsabfalls und ihm kann eine Spannungsgröße als Ursache zugeordnet werden (s. u.).

> Die Lenzsche Regel ist ein sicherer Weg zur Richtungsangabe des induzierten Stromes und Interpretation des Induktionsvorganges durch die Netzwerkgrößen Strom, Spannung (bzw. zugeordnete Feldgrößen).

Hinweis Zwangsläufig erklärt die Lenzsche Regel auch das negative Vorzeichen im Induktionsgesetz Gl. (3.3.1a) rechts durch die entgegengesetzte Richtung des induzierten Stromes i_{ind} gegenüber der positiv festgelegten Ausgangsstromrichtung i_2 (Abb. 3.3.2a). Lenz stellte allerdings nur eine abstoßende Kraftwirkung (s. Abb. 3.1.2b) zwischen ursprünglichem und induziertem Strom fest, die Formulierung der entgegengesetzten Stromrichtungen setzte sich später durch. Schließlich zeigte Helmholtz (1847), dass die *Richtung des induzierten Stromes im Energiesatz begründet* ist: die der Spulenanordnung eingangs zugeführte elektrische Energie bzw. Leistung $p_1 = u_1 i_1$ (Abb. 3.3.2a) muss ausgangs wieder als elektrische (unter Zwischenwandlung in magnetische Energie) bzw. Leistung $p_2 = u_2 i_2$ an den Verbraucher abgegeben werden: $p_1 = p_2$ (Verluste vernachlässigt).

Würde bei Flusszunahme $d\Psi/dt > 0$ in Abb. 3.3.2a ein induzierter Strom in angenommener Richtung i_2 durch sein Magnetfeld die ursprüngliche Flussänderung noch unterstützen, so müsste die induzierte Spannung (bzw. der Strom) weiter wachsen. Dann erzeugt die Anordnung nach einmaliger Flusserhöhung ohne weitere Energiezufuhr eine unbegrenzt wachsende Energie, was physikalisch unmöglich ist. Deshalb kann der induzierte Strom nicht die Richtung i_2 haben, sondern *muss* entgegengesetzt fließen. Darauf beruhen die *Transformatorgleichungen* (3.4.17).

Die Lenzsche Regel ist *kein Bestandteil* des Induktionsgesetzes, denn sie folgt erst aus dem Zusammenwirken von Durchflutungssatz, Induktionsgesetz und Energieerhaltungsprinzip, also *nur bei induziertem Strom*. Das Induktionsgesetz gilt jedoch auch bei leerlaufender Induktionsspule.

Elektrische Umlaufspannung Grundlage der Induktionserscheinungen ist die Lorentz-Kraft auf bewegte Ladungsträger in Form der *induzierten Feldstärke* $\boldsymbol{E}_\mathrm{i}$ (s. Gl. (3.3.12)). Sie wurde formal im Induktionsgesetz Gl. (3.3.1a) eingeführt als Grundlage der Umlaufspannung e_i gleich dem Umlaufintegral von $\boldsymbol{E}_\mathrm{i}$. Sie umwirbelt stets die Flussänderung unabhängig von einem Leiterkreis (Abb. 3.3.1b, c). In ihm erzeugt sie allerdings den induzierten Strom i_ind in Richtung von $\boldsymbol{E}_\mathrm{i}$ (Abb. 3.3.2a). Damit wirkt die Schleife als *Grundstromkreis*, dessen Strom durch eine EMK bzw. die induzierte Quellenspannung u_qi angetrieben wird. Ihre Festlegung nach Größe und Richtung erfordert ein Zählpfeilsystem zwischen Φ und u_qi, wir wählen ein Rechtssystem (Abb. 3.3.3a). Die Flussrichtung resultiert aus den Richtungen von Flächenelement $\mathrm{d}\boldsymbol{A}$ und festgelegter Umlaufrichtung $\mathrm{d}\boldsymbol{s}$. Bei *Flusszunahme* ist $\mathrm{d}\Phi$ positiv (oder $-\mathrm{d}\Phi$ *negativ*). In Folge fließt der induzierte Strom linkswenig zum Fluss (Abb. 3.3.3b). Diese Stromrichtung verdeutlicht die *Leiterschleife als aktiven Zweipol*: magnetische Energie wird zugeführt und als elektrische abgegeben (Stromrichtung entgegen zu u_qi!), was sich in der Lenzschen Regel für den Fluss und den vom Strom erzeugten „Gegenfluss ($\to \boldsymbol{B}_\mathrm{ind}$)" ausdrückt. Durch Wahl von u_qi verschwindet längs der Leiterschleife (Widerstand R_S) die algebraische Summe aller Spannungen und es gilt (mit $i = i_\mathrm{ind}$)

$$\boxed{-u_\mathrm{qi} + \sum i_\mathrm{ind} R = 0 \to u_\mathrm{qi} = i_\mathrm{ind}(R_\mathrm{S} + R),\ u_{12}|_{i=0} = u_\mathrm{qi} = \frac{\mathrm{d}\Psi}{\mathrm{d}t}.} \quad (3.3.1\mathrm{c})$$

Am (eingefügten) Widerstand R entsteht der Spannungsabfall $u_{12} = i_\mathrm{ind} R$, also im Leerlauf $i_\mathrm{ind} = 0$ die Leerlaufspannung $u_{12}|_{i=0} = u_\mathrm{qi}$.

Der Vorgang ist ebenso durch die induzierte Spannung e_i erklärbar: $-e_\mathrm{i}$ hat die gleiche Richtung wie u_qi und folglich e_i die Richtung des Stromes i_ind gemäß EMK-Modell. Bei *Flussabnahme* (also $-\mathrm{d}\Psi/\mathrm{d}t$ *positiv* bzw. $\mathrm{d}\Psi/\mathrm{d}t$ *negativ*, Abb. 3.3.3c) vertauschen i_ind und alle relevanten Größen (u_qi, e_i, $\boldsymbol{E}_\mathrm{i}$) ihre Richtung. Wir verwenden deshalb besser die Ersatzschaltung in EMK-Form

$$\begin{aligned} e_\mathrm{i} &= \sum i_\mathrm{ind} R \to -\frac{\mathrm{d}\Psi}{\mathrm{d}t} = e_\mathrm{i} = i_\mathrm{ind}(R_\mathrm{S} + R), \\ u_{21}|_{i=0} &= e_\mathrm{i} = -\frac{\mathrm{d}\Psi}{\mathrm{d}t} = -u_{12}|_{i=0}. \end{aligned} \quad (3.3.1\mathrm{d})$$

Nach Übergang zum Strom $i = -i_\mathrm{ind}$, beiderseitigem Vorzeichenwechsel und $e_\mathrm{i} = -u_\mathrm{qi}$ wird die Identität mit Gl. (3.3.1c) deutlich: Das Induktionsgesetz liefert sowohl in der Schreibweise für u_qi als auch e_i gleiche Ergebnisse.

Wir nutzen sie später als *Netzwerkersatzschaltung des Induktionsvorganges* (s. Abb. 3.3.5).

Die bisherige Leiterschleife entspricht der magnetisch gekoppelten Schleife 2 in Abb. 3.3.2a. Sie wirkt als aktiver Zweipol mit der Ersatzschaltung Abb. 3.3.3b, c, der magnetische Energie in elektrische wandelt und an die Widerstände R, R_S abgibt. Dabei übernimmt R die Verbraucherrolle (passiver Zweipol) und R_S ist der Innenwiderstand des aktiven Zweipols.

Verständnisprobleme bereitet, dass die induzierte Spannung eine eingeprägte und über die Leiterschleife verteilte (nicht lokalisierbare!) Größe ist, die auch bei *Schleifenkurzschluss nicht verschwindet*. Dann fließt bei verschwindendem Schleifenwiderstand ein beliebig hoher Schleifenstrom (Voraussetzung dΨ/dt eingeprägt, sonst rückwirkende Änderung des erzeugenden Magnetfeldes durch die Lenzsche Regel)[30].

Schließlich kann man die induzierte Spannung (unabhängig von der Ausdrucksform) auch als *gesteuerte Größe* durch das externe Magnetfeld verstehen: eine Magnetfeldänderung (durch eine Ursache an anderem Ort, z. B. einer Erregerspule) verursacht eine Spannung im Leiterkreis. Dieser Ansatz modelliert später die Flusskopplung zweier Spulen (Abb. 3.4.10).

Formen des Induktionsgesetzes Das Induktionsgesetz hat drei gleichwertige Formen, die

– Integralform mit induzierter Feldstärke $\boldsymbol{E}_i$;
– Netzwerkform mit induzierter Spannung e_i (EMK) oder induzierter Quellenspannung u_{qi} (Spannungsquelle gekennzeichnet durch Spannungsabfall);
– Feldform (Differenzialform) für den Raumpunkt ($\to$ Feldtheorie)

$$\operatorname{rot} \boldsymbol{E}_i(\boldsymbol{r},t) = -\frac{\partial \boldsymbol{B}(\boldsymbol{r},t)}{\partial t}. \qquad (3.3.2)$$

> Die Wirbeldichte der elektrischen Feldstärke (rot $\boldsymbol{E}_i$) ist gleich der zeitlichen Flussdichteabnahme.

Jedes zeitveränderliche Magnetfeld erzeugt in sich geschlossene elektrische Feldstärkelinien, beide Feldgrößen sind einander rechtswendig zugeordnet (resp. $\boldsymbol{E}_i$ und $+\partial \boldsymbol{B}/\partial t$ linkswendig, Abb. 3.3.1b). Die Erregergröße $-\partial \boldsymbol{B}/\partial t$ ist die Wirbelursache, das elektrische Feld $\boldsymbol{E}_i$ die *Wirbeldichte* (Rotation). *Nur in Gebieten mit zeitkonstantem Magnetfeld ($-\partial \boldsymbol{B}/\partial t = 0$) ist das elektrische Feld wirbelfrei.*

---

[30] Deshalb darf ein Transformator auf der Sekundärseite (als Leiterschleife betrachtet) nie kurzgeschlossen werden!.

In der Integralform des Induktionsgesetzes sind die rechten Seiten über den Zusammenhang von magnetischem Fluss Φ und Flussdichte $\boldsymbol{B}$ identisch. Links tritt die induzierte Spannung e_i als *Umlaufspannung* $e_\mathrm{i} = \oint \boldsymbol{E}_\mathrm{i} \cdot \mathrm{d}\boldsymbol{s}$ auf. Weil sie der zeitlichen Änderung des magnetischen Flusses entspricht, stellt sie ein Maß für die Wirbelstärke des elektrischen Wirbelfeldes dar (so wie die Stromstärke ein Maß für die Wirbelstärke des magnetischen Feldes ist).

Zum prinzipiellen Verständnis des Induktionsgesetzes genügen die ersten beiden Darstellungsformen: die erste für die *Bewegungsinduktion*, die zweite zum Einfügen des Induktionsvorganges in *Netzwerke*. Ihr praktischer Nutzen zeigt sich beim Transformator, bei der Spulenbeschreibung oder dem Motor-Generatorprinzip.

Ruhe-, Bewegungsinduktion Das Induktionsgesetz erfordert *keine Anwesenheit einer Leiterschleife* (deshalb geht es über das Modell einer Leiterschleife hinaus) und enthält keine Voraussetzung zur *Ursache der Flussänderung*. Das erlaubt eine weitere Spezifizierung.

Im magnetischen Feld $\boldsymbol{B}$ wirkt auf ein mit der Geschwindigkeit $\boldsymbol{v}$ bewegtes Teilchen der Ladung Q die *Lorentz-Kraft* $\boldsymbol{F} = Q\boldsymbol{v} \times \boldsymbol{B}$ (Gl. (3.1.1)). Sie kann auch als Wirkung einer *induzierten Feldstärke* $\boldsymbol{E}_\mathrm{i}$ interpretiert werden, die das Teilchen in einem *bewegten Bezugsystem* erfährt: $\boldsymbol{E}_\mathrm{i} = \boldsymbol{v} \times \boldsymbol{B}$. Diese Feldstärke entsteht ebenso in einem quer zum Magnetfeld bewegten Leiterstück: *Bewegungsinduktion* (Abb. 3.3.4a). Die induzierte Feldstärke verschiebt bewegliche Ladungen zu den Leiterenden und dort entsteht ein Überschuss $(+Q)$ bzw. Defizit $(-Q)$. Die Ladungstrennung baut ein entgegengesetztes *elektrostatisches* Feld $\boldsymbol{E}_\mathrm{Q}$ (von + nach − gerichtet) auf mit entgegengesetzter Kraftwirkung auf die Träger. Der Vorgang währt, bis sich beide Feldstärken im Leiter kompensieren, also $\boldsymbol{E} = \boldsymbol{E}_\mathrm{i} + \boldsymbol{E}_\mathrm{Q} = 0$ gilt. Die Feldstärke $\boldsymbol{E}_\mathrm{i}$ erzeugt längs des bewegten Leiters die Spannung (EMK) $e_\mathrm{i} = \int_1^2 \boldsymbol{E}_\mathrm{i} \cdot \mathrm{d}\boldsymbol{s}$, also auch eine induzierte Quellenspannung (Abb. 3.3.4a):

Die im Magnetfeld bewegte Leiterschleife modelliert Bewegungsinduktion durch eine ruhende Ersatzspannungsquelle.

Wir betrachten eine Leiterschleife (Fläche $\boldsymbol{A}(t)$) aus zwei beweglichen Stirnleitern (1, 2) und festen Seitenleitern senkrecht durchsetzt von einem homogenen Magnetfeld (Abb. 3.3.4b). Jeder bewegte Leiterabschnitt erfährt eine induzierte Feldstärke $\boldsymbol{F}_\mathrm{i}$, die in der Schleife einen Strom verursacht (messbar als Spannungsabfall am Widerstand R im ruhenden Längsleiter). Bei Bewegung beider Leiterstäbe mit gleicher Geschwindigkeit heben sich die induzierten Feldstärken auf (kein Stromfluss), bei unterschiedlichen Geschwindigkeiten fließt ein Nettostrom in der einen oder anderen Richtung. Der von der variablen Leiterschleife umfasste Induktionsfluss $\Psi(t) = \boldsymbol{B}(t) \cdot \boldsymbol{A}(t)$ hängt von der

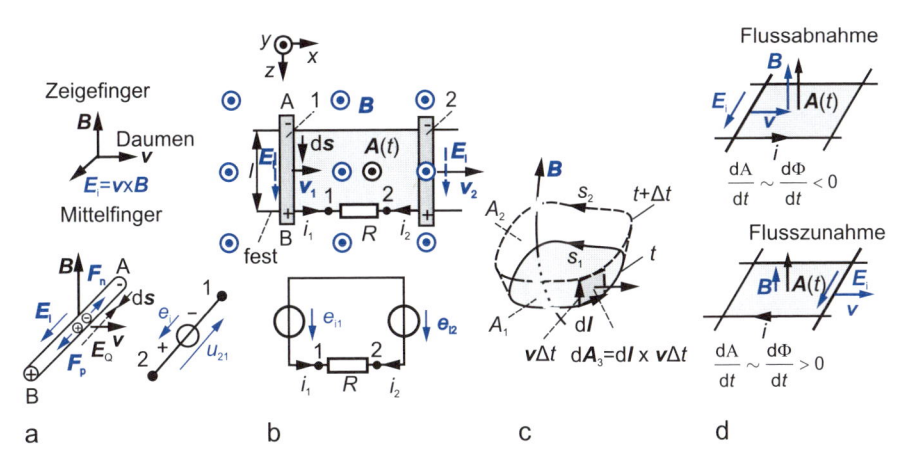

3.3 Induktionsgesetz: Verkopplung magnetischer und elektrischer Felder

Abb. 3.3.4. Bewegungsinduktion. (a) Induzierte Feldstärke im bewegten Leiter durch die Lorentz-Kraft. (b) Bewegte Leiterschleife im homogenen Magnetfeld und Ersatzschaltung. (c) Formänderung einer Leiterschleife durch bewegte Leiterteile. (d) Rückführung der Bewegungs- auf Ruheinduktion

Flussdichte $\boldsymbol{B}(t)$ und der von ihr durchsetzten Fläche $\boldsymbol{A}(t)$ ab (Abb. 3.3.4d), im vorgenannten Fall ist $\boldsymbol{B}$ konstant.

Eine Flussänderung kann erfolgen direkt durch Magnetfeldänderung (Stromänderung einer Erregerspule) bei *fester Leiterschleife* oder bei *zeitlich konstantem* Magnetfeld durch *Bewegung der Schleifenumrandung*, entweder mit Leiter 1 (Flächen-, Flussabnahme) oder Leiter 2 (Flusszunahme). Dazu wird das Induktionsgesetz in eine Form für die veränderbare Fläche $\boldsymbol{A}(t)$ gebracht (Abb. 3.3.4c).

Die zeitliche Differenziation in Gl. (3.3.1a) erfasst die totale Änderung des Integrals, d. h. die während der Zeit dt auftretende totale Flussänderung $d\Psi$

$$d\Psi = \frac{d}{dt}\{\boldsymbol{B}\cdot d\boldsymbol{A}\}\,dt = \frac{\partial}{\partial t}\{\boldsymbol{B}\cdot d\boldsymbol{A}\}\,dt + \frac{\partial}{\partial s}\{\boldsymbol{B}\cdot d\boldsymbol{A}\}\,ds$$
$$= \frac{\partial}{\partial t}\{\boldsymbol{B}\cdot d\boldsymbol{A}\}\,dt - (\boldsymbol{v}\times\boldsymbol{B})\cdot d\boldsymbol{s}\,dt. \tag{3.3.3a}$$

Sie wird bestimmt von der (lokalen) Flussänderung durch $\partial\boldsymbol{B}/\partial t$ bei fester Schleifenfläche (erster Teil) und der Flussänderung durch *Bewegung* (Geschwindigkeit $\boldsymbol{v}$) und *Deformation* der Schleife. Dieser Teil kann (ohne Beweis) auf die Verrückung $d\boldsymbol{s} = \boldsymbol{v}dt$ der Schleife während der Zeit dt zurückgeführt werden (zweiter Anteil). Dann lautet das Induktionsgesetz

$$e_i = \underset{\substack{\text{beliebiger}\\ \text{Umlauf } s(t)}}{\oint} \boldsymbol{F}_i \cdot d\boldsymbol{s} = -\frac{d}{dt}\underset{\substack{\text{Fläche } A(t) \text{ von}\\ s \text{ berandet}}}{\int} \boldsymbol{B}\cdot d\boldsymbol{A}$$

$$= -\int_{\substack{\text{Fläche}\\ A(t)}} \frac{\partial \boldsymbol{B}}{\partial t} \mathrm{d}\boldsymbol{A} + \oint_{\substack{s \text{ längs der}\\ \text{Windungen}}} (\boldsymbol{v} \times \boldsymbol{B}) \cdot \mathrm{d}\boldsymbol{s}$$

$$= -\frac{\partial}{\partial t} \left(\int_A \boldsymbol{B} \cdot \mathrm{d}\boldsymbol{A} \right) + \oint_s (\boldsymbol{v} \times \boldsymbol{B}) \cdot \mathrm{d}\boldsymbol{s}$$

$$= -\underbrace{\frac{\partial \Psi}{\partial t}}_{\text{Ruheind.}} + \underbrace{\oint_s (\boldsymbol{v} \times \boldsymbol{B}) \cdot \mathrm{d}\boldsymbol{s}}_{\text{Bewegungsinduktion}} = -\frac{\mathrm{d}\Psi(t)}{\mathrm{d}t}\bigg|_{\dot{B},v}$$

oder

$$\oint_{\substack{\text{Umlauf}\\ s(t)}} \boldsymbol{E}_\mathrm{i} \cdot \mathrm{d}\boldsymbol{s} = -\frac{\mathrm{d}\Psi}{\mathrm{d}t}\bigg|_{\dot{B},v} = \frac{\partial \Psi}{\partial t} + \underbrace{\oint (\boldsymbol{v} \times \boldsymbol{B}) \cdot \mathrm{d}\boldsymbol{s}}_{\text{Bewegungsind.}} = e_\mathrm{i} = -u_\mathrm{qi}. \quad (3.3.3\mathrm{b})$$

Ausgang ist das Induktionsgesetz Gl. (3.3.1a) im ruhenden Bezugssystem (Größen $\boldsymbol{E}_\mathrm{i}$, $\boldsymbol{B}$). Es gilt verallgemeinert auch für die Größen $\boldsymbol{E}'_\mathrm{i} = \boldsymbol{E}_\mathrm{i} + (\boldsymbol{v} \times \boldsymbol{B})$ und $\boldsymbol{B}' = \boldsymbol{B}$ eines *bewegten Bezugssystems* (im sog. nichtrelativistischen Fall, also langsamer Bewegung). Dabei unterscheiden sich aber $(\partial \boldsymbol{B}'/\partial t) \neq (\partial \boldsymbol{B}/\partial t)$[31], wie in der ersten Zeile von Gl. (3.3.3b) geschrieben. Die totale Flussableitung rechts enthält den Fluss zur Zeit $t + \Delta t$ durch die Fläche $\boldsymbol{A}(t + \Delta t)$ abzüglich des Teiles zur Zeit t durch die Fläche $\boldsymbol{A}(t)$ in ihrer ursprünglichen Form und Lage (Abb. 3.3.4c)

$$\frac{\mathrm{d}\Phi}{\mathrm{d}t} = \frac{\mathrm{d}}{\mathrm{d}t} \int_{A(t)} \boldsymbol{B} \cdot \mathrm{d}\boldsymbol{A} = \lim_{\Delta t \to 0} \frac{1}{\Delta t} \left(\int_{A_2} \boldsymbol{B}(t + \Delta t) \cdot \mathrm{d}\boldsymbol{A}_2 - \int_{A_1} \boldsymbol{B}(t) \cdot \mathrm{d}\boldsymbol{A}_1 \right).$$

Bei der Durchführung tritt der Fluss durch die Mantelfläche $\mathrm{d}\boldsymbol{A}_3$ (Abb. 3.3.4c) auf. Nach einigen Zwischenbetrachtungen folgt schließlich das Ergebnis Gl. (3.3.3b).[32]

---

[31] Im zeitkonstanten, inhomogenen Magnetfeld bemerkt ein ruhender Beobachter in jedem Punkt $\partial \boldsymbol{B}/\partial t = 0$, ein bewegter Beobachter durchläuft dagegen Punkte mit verschiedenem $\boldsymbol{B}$ und erklärt das als zeitveränderliche Flussdichte $\boldsymbol{B}'$.

[32] Nach Helmholtz beträgt die totale zeitliche Flussänderung durch eine geschlossene Kurve, die ihre Lage und Form ändert

$$\frac{\mathrm{d}\Phi}{\mathrm{d}t} = \frac{\mathrm{d}}{\mathrm{d}t} \int_{A(t)} \boldsymbol{B} \cdot \mathrm{d}\boldsymbol{A} = \int \left(\frac{\partial \boldsymbol{B}}{\partial t} + \boldsymbol{v} \cdot \mathrm{div}\,\boldsymbol{B} - \mathrm{rot}\,(\boldsymbol{v} \times \boldsymbol{B}) \right) \cdot \mathrm{d}\boldsymbol{A}$$
$$- \int \frac{\partial \boldsymbol{B}}{\partial t} \cdot \mathrm{d}\boldsymbol{A} - \oint (\boldsymbol{v} \times \boldsymbol{B}) \cdot \mathrm{d}\boldsymbol{s}.$$

Dabei wurde die Quellenfreiheit der Flussdichte (div $\boldsymbol{B} = 0$) beachtet und der Stokessche Satz einbezogen, der ein Flächenintegral des Vektorfeldes rot $\boldsymbol{U}$ über eine Fläche umrandet vom Weg s in ein Linienintegral des Vektorfeldes $\boldsymbol{U}$ längs einer geschlossenen Kurve s umwandelt. Dieser Ansatz wird in der Feldlehre vertieft und kann zum Grundverständnis des Induktionsgesetzes überlesen werden.

3.3 Induktionsgesetz: Verkopplung magnetischer und elektrischer Felder

Die Integralform des Induktionsgesetzes (linker Teil von Gl. (3.3.3b)) ist nicht an einen Leiter gebunden, ebenso enthält sie keine Aussage zur Ursache der zeitlichen Flussänderung und gilt deshalb auch für bewegte Systeme. Die Wandlung des Umlaufintegrals der Feldstärke mit dem *Stokesschen Satz* in ein Flächenintegral über eine beliebige, von der Kontur C berandeten Fläche und den gleichwertigen Ausdruck des diese Fläche durchsetzenden magnetischen Flusses als Flächenintegral der Induktion erlaubt die Unterteilung in *Ruheinduktion* (bei feststehender Schleife) und einen Anteil, der durch Schleifenbewegung und Formänderung als *Bewegungsinduktion* entsteht. Für die Leiterschleife kann das Umlaufintegral der elektrischen Feldstärke schließlich als *induzierte Spannung* interpretiert werden.

Das Induktionsgesetz (bei langsam bewegtem Körper) für die *induzierte EMK* e_i bzw. *induzierte Quellenspannung* $u_{qi} = -e_i$ (Gl. (3.3.1a)) wird damit gleichwertig ausgedrückt:

- durch die *totale Zeitableitung des Gesamtflusses* unabhängig davon, wodurch die Änderung entsteht (Magnetfeldänderung oder Leiterbewegung). Deshalb überrascht nicht, dass beide Effekte trotz unterschiedlicher Formulierung in einer Gleichung verankert sind.
- durch *zeitliche Magnetfeldänderung* (bei ruhender Schleife, *Ruheinduktion*) und *Bewegung* bzw. *Formänderung* einer geschlossenen Leiterschleife (*Bewegungsinduktion*). Dabei tritt die Lorentz-Kraft (Gl. (3.1.1)) als *Ursache der induzierten Feldstärke* $\boldsymbol{E}_i$ auf. Die Zuordnung beider Induktionsarten hängt vom Beobachterstandpunkt ab.
- durch ein *Umlaufintegral der induzierten Feldstärke* $\boldsymbol{E}_i$ bzw. $\boldsymbol{E}'_i$. Die Differentialform (Gl. (3.3.2)) betrachten wir nicht.

Physikalischer Hintergrund des Induktionsgesetzes ist die *direkte Umwandlung magnetischer in elektrische Energie*: Inhalt der Ruheinduktion. Ändert dabei die Leiterschleife ihre Form und/oder Lage (durch aufzuwendende mechanische Kräfte), dann wird *mechanische Energie über die magnetische in elektrische* als Folge des Prinzips der Energieerhaltung gewandelt. Bewegungsinduktion: direkte elektromechanische Energiewandlung z. B. in Motoren und Generatoren.

Ruhe- und Bewegungsinduktion haben größte praktische Bedeutung:

1. Die *Ruhe-* oder *transformatorische* Induktion bei fester Fläche und zeitlicher *Flussdichteänderung* $\partial B(t)/\partial t$, also *relativer Ruhe* zwischen Leiterkreis und Magnetfeld nutzt eine feststehende Spule (zur Flusserzeugung) durchflossen vom zeitveränderlichen Strom Abb. 3.3.4a. Dieser zeitveränderliche Fluss wirkt auf den festen Leiterkreis.
2. Die *Bewegungsinduktion* basiert auf zeitlicher *Flächenänderung* $\mathrm{d}\boldsymbol{A}(t)/\mathrm{d}t$ entweder durch *Lageänderung* oder *Deformation* der Leiterschleife relativ

zum Magnetfeld. Das typische Beispiel ist die *Bewegung eines Bezugssystems* (Drahtschleife oder Teile von ihr) im Magnetfeld. In Abb. 3.3.4b ist dieser Fall skizziert: je nachdem, ob sich der linke (1) oder rechte Leiter (2) nach rechts bewegt, nimmt die Leiterfläche ab oder zu. *Diese Flächenänderung ist bei festem B der Flussänderung proportional.*

In Abb. 3.3.4a wurden die induzierte Feldstärke E_i und zugeordnete Stromrichtung (bei Flussabnahme) eingetragen. Die Feldrichtung E_i folgt aus dem Rechtsdreibein $E_i = v \times B$: bei Bewegung des linken Leiters spannt sich E_i nur zwischen A und B auf, das Integral über die Leiterlänge (in Richtung ds) ergibt die Spannung e_i. Bei Bewegung des rechten Leiters kehrt sich der Umlaufsinn ($ds = -dl$) um.

Die induzierte Spannung kann stets auf Ruhe- und/oder Bewegungsinduktion zurückgeführt werden. Beides sind verschiedene Formen des gleichen Sachverhaltes: Entstehung einer induzierten Umlaufspannung bei zeitlicher Änderung des umfassten Flusses verankert in einem Naturgesetz. Deshalb muss immer von Gl. (3.3.1a) ausgegangen werden, denn Ruhe- und Bewegungsinduktion hängt u. a. davon ab, ob man sich im ruhenden oder bewegten Koordinatensystem befindet, also auch davon, *wie* z. B. das Produkt $B(t) \cdot A(t)$ definiert ist (etwa bei räumlich konstantem B längs eines bewegten Leiters). Die Gesamterscheinung ist aber *unabhängig vom Bezugssystem*, gilt also für ruhende und bewegte Leiter.

Im bewegten Teil der Leiterschleife Abb. 3.3.4b induziert das Induktionsgesetz eine Spannung e_i. Deshalb kann sie durch eine *ruhende Ersatzschaltung* ersetzt werden. Weil die induzierte Feldstärke nur im bewegten Leiterstab auftritt, also in der Schleife lokalisierbar ist (im Gegensatz zur induzierten Spannung in einer ruhenden Schleife), macht die Zuordnung von e_i als Integral der induzierten Feldstärke E_i Sinn. Wir werden diese Aspekte im Kap. 3.3.3 vertiefen.

Zusammengefasst entsteht in einer materiellen oder gedachten Leiterschleife eine induzierte Spannung, wenn
– Flächenelemente der Schleife von zeitveränderlicher Flussdichte durchsetzt werden und/oder,
– sich Leiterteile im Magnetfeld bewegen.

Induktionsgesetz und Durchflutungssatz bilden als grundlegende Gesetze der Elektrotechnik die Basis

– der Bauelemente Spule und Transformator;
– der großtechnischen elektro-mechanischen Energiewandlung (Generatoren, Motoren);
– elektromagnetischer Wellen und ihrer breiten Anwendung.

Auch das tägliche Leben nutzt das Induktionsgesetz vielfältig (nutzbringend und störend): elektrotechnische Geräte und Motoren, Einkopplung von Störspannungen in Leiterkreise (sog. Leiterschleifen), Störfelder von Netztransformatoren führen zu Brummspannungen in Verstärkern über Leiterschleifen, Leitungssucher, elektromagnetische Felder der drahtlosen Kommunikationstechnik u. a. m.

3.3.2 Ruheinduktion

Die Ruheinduktion ist deshalb von Bedeutung, weil sie auch *ohne* Leiterschleife durch den dielektrischen Strom wirkt, wie die Ausbreitung elektromagnetischer Wellen zeigt. Bewegungsinduktion erfordert hingegen sowohl das (fremde) *B*-Feld als auch eine Leiterschleife, damit der Begriff Relativbewegung überhaupt Sinn macht.

3.3.2.1 Induktionsgesetz für Ruheinduktion

Eine Flusszunahme erfolgt in einer ruhenden Leiterschleife (Abb. 3.3.2b) durch Bewegung eines Permanentmagneten, Verkleinerung des magnetischen Widerstandes (Schließen des Luftspaltes im magnetischen Kreis) oder Stromerhöhung in der Erregerspule. Immer entsteht

— ein *induzierter Strom i* im linienhaften geschlossenen Leiterkreis bzw. ein Strömungsfeld im räumlichen Leiter;
— zwischen den Enden einer offenen Leiterschleife eine *Leerlaufspannung*;
— bei genügend schneller Flussänderung $\mathrm{d}\Phi/\mathrm{d}t$ ein *Verschiebungsstrom* im Raum um das Magnetfeld.

Alle Erscheinungen sind nur erklärbar, wenn der zeitveränderliche Fluss eine elektrische Feldstärke $\boldsymbol{E}_\mathrm{i}$ „induziert", die ihn räumlich umschließt. Ihr Wegintegral längs eines geschlossenen Weges ist die *induzierte Spannung* e_i.

Bei der Ruheinduktion verursacht ein zeitveränderlicher Magnetfluss durch eine gegenüber dem Magnetfeld ruhende Fläche, umfasst von einem gedachten oder materiellen Weg (Leiterschleife), eine induzierte Umlaufspannung (bzw. induzierten Strom) längs des umfassenden Weges. Magnetfeldänderung und Umlaufspannung gehören untrennbar zusammen.

$$e_\mathrm{i} = \oint \boldsymbol{E}_\mathrm{i} \cdot \mathrm{d}\boldsymbol{s} = -\left.\frac{\mathrm{d}\Psi(t)}{\mathrm{d}t}\right|_{\dot{B},v=0} = -\int_A \frac{\partial \boldsymbol{B}(t)}{\partial t} \cdot \mathrm{d}\boldsymbol{A}. \qquad (3.3.4)$$

Bei feststehender Leiterschleife kann die Reihenfolge von zeitlicher Differenziation und räumlicher Integration in Gl. (3.3.4) vertauscht werden.

Schwierigkeiten bereitet, dass die induzierte Spannung *in einem geschlossenen Weg* auftritt (besonders sichtbar beim dielektrischen Strom!) und nicht lokalisiert werden

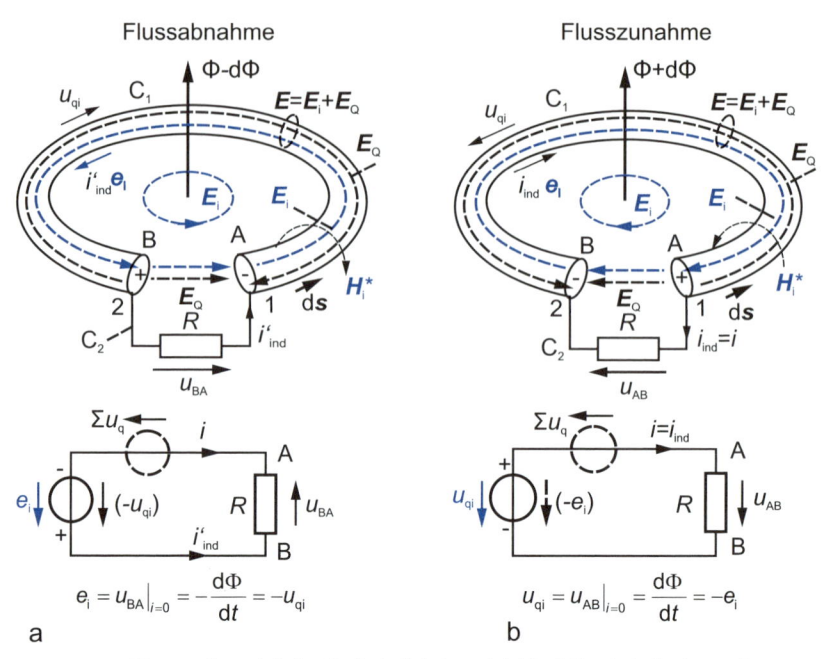

Abb. 3.3.5. Netzwerkmodell der Ruheinduktion. (a) Modell mit induzierter Spannung und Quellenspannung bei Flussabnahme. (b) Modell bei Flusszunahme

kann. Auch die Leiterschleife ändert daran nichts, sie schließt die induzierte Spannung nicht etwa kurz! Physikalisch bestehen so Bedenken, die induzierte Spannung e_i als konzentrierte Spannungsquelle im Leiterkreis anzusetzen. Wenn auch formal möglich und verbreitet, ist aber e_i vielmehr als Ersatzgröße für $-d\Psi/dt$ definiert! Das „Spannungsquellenmodell" erleichtert das Verständnis des Induktionsgesetzes jedoch erheblich.

Netzwerkmodell des Induktionsvorganges, Richtungszuordnung Weil Flussdichte und induzierte Feldstärke im Induktionsgesetz Gl. (3.3.4) nicht direkt mit Netzwerkgrößen assoziiert sind, empfiehlt sich ein *Netzwerkmodell* für die Ruheinduktion. Es erlaubt ihren ingenieurmässigen Einbezug in viele Problemstellungen, beispielsweise basieren darauf die Strom-Spannungs-Beziehungen der Selbst- und Gegeninduktion (s. Kap. 3.4).

Grundlage ist eine ruhende Leiterschleife mit schmalem Luftspalt im zeitveränderlichen Magnetfeld $\boldsymbol{B}(t)$ (Fläche $\boldsymbol{A}$, Abb. 3.3.5a) geschlossen über einen externen Widerstand R. Die Schleife umfasst den Fluss $\Phi(t) = \int_A \boldsymbol{B}(t) \cdot d\boldsymbol{A}$ mit den Orientierungen nach Abb. 3.3.3. Bei zeitlicher *Flussabnahme* ($d\Phi/dt$ negativ) entsteht

1. bei *geschlossener* Leiterschleife nach der Lenzschen Regel ein induzierter Strom (Richtung: Rechtsschraube mit $-d\Phi/dt$) durch Kraftwirkung auf

positive Ladungsträger *in Kraftrichtung*, also *in Richtung der induzierten Feldstärke* $\boldsymbol{E}_\mathrm{i}$ mit dem Spannungsabfall u_BA am Widerstand R.
2. bei *offener* Schleife zwar kein Strom, aber die Kraftwirkung sorgt für eine positive Ladungsanhäufung an der Kontaktfläche B, ein Ladungsdefizit (negative Ladung) bei A, also ebenfalls eine Spannung u_BA (gleiche Richtung). Dieser Sachverhalt wird (übereinstimmend mit der Richtungszuordnung von Spannungsquellen, Kap. 1.5.1, Bd. 1) beschrieben durch die *induzierte Spannung* e_i (elektromotorische Kraft) nach Gl. (3.3.4) als Ursache der Ladungstrennung (in Richtung der induzierten Feldstärke $\boldsymbol{E}_\mathrm{i}$, Wegelemente d$\boldsymbol{s}$ in gleicher Richtung).
3. Bei zeitlicher Flusszunahme vertauschen sich die Richtungen von induzierter Feldstärke $\boldsymbol{E}_\mathrm{i}$, Spannung e_i und induziertem Strom.

Die Netzwerkmodelle mit induzierter Spannung e_i und induzierter Quellenspannung u_qi übernehmen wir von Abb. 3.3.3 mit

$$\begin{aligned} e_\mathrm{i} &= \oint \boldsymbol{E}_\mathrm{i} \cdot \mathrm{d}\boldsymbol{s} = -\frac{\mathrm{d}\Psi(t)}{\mathrm{d}t}, \\ u_\mathrm{qi} &= \frac{\mathrm{d}\Psi(t)}{\mathrm{d}t} \; (=-e_\mathrm{i}). \end{aligned} \quad \text{Induzierte Quellenspannung} \quad (3.3.5\mathrm{a})$$

Induzierter Quellenspannung In der Netzwerkersatzschaltung stören die induzierte Spannung e_i (EMK) und das aus der historischen Entwicklung des Induktionsgesetzes stammende negative Vorzeichen. Die praktische Fragestellung lautet eher: welche Netzwerkersatzschaltung beschreibt den Zusammenhang zwischen induziertem Strom und Flussänderung nach dem *Grundstromkreis in Spannungsquelle-Verbraucherdarstellung*? Die Antwort ist die *induzierte Quellenspannung* u_qi in der Schreibweise $u_\mathrm{qi} = \mathrm{d}\Psi(t)/\mathrm{d}t$ (Gl. (3.3.5a) unten). Die zugehörige Ersatzschaltung Abb. 3.3.5b entspricht der *aktiven Zweipolform*.

Die in einer Leiterschleife induzierte Quellenspannung u_qi ist gleich der zeitlichen Zunahme des mit der Leiterschleife verketteten magnetischen Flusses unabhängig von seiner Ursache. Der Zählpfeil von u_qi ist längs der Leiterschleife rechtswendig zum Zählpfeil der Flusszunahme orientiert, die Stromrichtung linkswendig.

Der induzierte Strom fließt so, dass sein Magnetfeld der Flussänderung entgegenwirkt. Eingetragen sind die induzierte Feldstärke $\boldsymbol{E}_\mathrm{i}$, die induzierte Spannung e_i und die induzierte Quellenspannung $u_\mathrm{qi} = u_\mathrm{AB}$ nach dem Grundstromkreismodell, Abb. 3.3.3a. *Diese Spannung wird an den Klemmen A, B gemessen!*

Unabhängig von der Flussänderung wird die induzierte Spannung im Netzwerkmodell formal durch eine (ideale) Spannungsquelle nach Gl. (3.3.5a) als induzierte Spannung e_i (EMK) oder induzierte Quellenspannung u_{qi} ansetzt. *Der Einfügeort ist willkürlich, weil sie als Umlaufspannung im gesamten Kreis entsteht und nicht an einer bestimmten Stelle.* Die Netzwerkersatzschaltung mit der induzierten Quellenspannung u_{qi} für Flusszunahme ist vorzuziehen, denn sie nutzt den Grundstromkreis in Standardform. Je nach Flusszu- oder -abnahme gelten folgende Richtungszuordnungen:

Zugeordnete Größe	Flusszunahme $+\frac{d\Phi}{dt}$	Flussabnahme $-\frac{d\Phi}{dt}$
Quellenspannung u_{qi}, magnetischer Fluss Φ	**Rechtsschraube**	Linksschraube
induzierter Strom i, EMK e_i magnetischer Fluss Φ	Linksschraube	**Rechtsschraube**

Die Richtung der induzierten Spannung e_i stimmt immer mit der Stromrichtung überein.

Die Netzwerkersatzschaltungen müssen in zwei Punkten erweitert werden: dem Einbezug „nichtmagnetischer Quellenspannungen" u_q (z. B. Gleichspannungsquellen) und der Berücksichtigung des vom induzierten Strom selbst erzeugten Magnetfeldes, das ebenfalls eine Induktion bewirken kann.

Nichtmagnetische Quellenspannungen u_q werden als Spannungsabfälle in Gl. (3.3.1d) berücksichtigt (in Abb. 3.3.5b angedeutet). Es gilt

$$\frac{d\Psi}{dt} = u_{qi} = (-e_i) = \underbrace{i_{ind}R}_{u_{AB}} - \sum u_q. \tag{3.3.5b}$$

Der induzierte Strom entspricht dem Strom im Grundstromkreis ($i = i_{ind}$).

Die Flussabnahme kann in der Ersatzschaltung berücksichtigt werden entweder durch negative Zahlenwerte in der bisherigen Form oder Richtungsumkehr der betreffenden Größen (verwendet). Dann gilt die Ersatzschaltung Abb. 3.3.5a

$$-\frac{d\Psi}{dt} = e_i = \underbrace{i_{ind}R}_{u_{BA}} - \sum_n e_{in}. \tag{3.3.5c}$$

Auch ist statt e_i die Spannung $-u_{qi}$ zulässig.

> Die Netzwerkersatzschaltung Abb. 3.3.5b mit induzierter Quellenspannung u_{qi} (als aktive Zweipolersatzschaltung) ist für die Anwendung des Induktionsgesetzes auf Leitergebilde und Netzwerke sehr praxisnah und wird im Buch weitgehend verwendet.

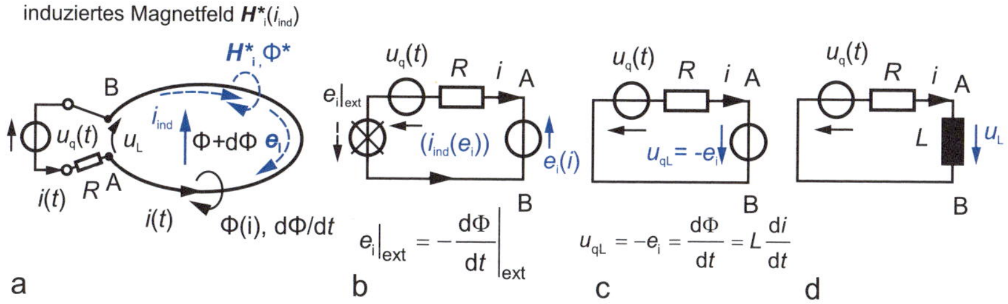

3.3 Induktionsgesetz: Verkopplung magnetischer und elektrischer Felder

Abb. 3.3.6. Selbstinduktionseffekt im Netzwerkmodell der Ruheinduktion. (a) Selbstinduktion und Lenzsche Regel in einer Leiterschleife. (b) Netzwerkersatzschaltung mit induzierter Spannung. (c) dto. mit induzierter Quellenspannung. (d) Selbstinduktion der Leiterschleife dargestellt als induktiver Spannungsabfall u_L am Schaltelement Induktivität L

Das Netzwerkmodell kann auch die Induktion in der Leiterschleife selbst erfassen (*Selbstinduktion*, s. Kap. 3.4.1), oder einen zusätzlichen Induktionsfluss von einer anderen Leiterschleife nach Abb. 3.3.2a. Wir schließen dies zunächst aus und betrachten nur die Leiterschleife an einer zeitveränderlichen Spannung $u_q(t)$ mit zeitlich ansteigendem Schleifenstrom (Abb. 3.3.6a). Er erzeugt neben dem Spannungsabfall an R einen anwachsenden magnetischen Fluss, der eine induzierte Spannung $e_i(t)$ und so einen gegengerichteten induzierten Strom i_{ind} (mit einer begleitenden Feldänderung $d\Phi^*$) zur Folge hat. Im Bild sind der von i_{ind} herrührende „Gegenfluss" Φ^* und der zugehörige induzierte Strom i_{ind} eingetragen, beide ihrer Ursache entgegenwirkend. In der Netzwerkersatzschaltung Abb. 3.3.6b wird dazu die Summe der Quellenspannungen auf eine Quelle reduziert und externe Flussänderungen gestrichen. Es gilt

$$u_q = R(i - i_{ind}) = iR - e_i(i) = iR + \underbrace{\frac{d\Phi}{dt}}_{u_{qL}=u_L} = iR + \frac{d(Li)}{dt} = iR + L\Big|_{i=\text{const}} \frac{di}{dt}.$$

Im nächsten Schritt ersetzt man den induzierten Strom i_{ind} durch die induzierte Spannung $e_i(t) = i_{ind}R$. So tritt er in der Ersatzschaltung direkt nicht mehr auf. Gleichwertig kann auch die induktive *Quellenspannung* u_{qL} (Abb. 3.3.6c) verwendet werden wegen $u_{qL} = d\Phi/dt = d(Li_{ind})/dt = u_L$, die als Spannungsabfall u_L wirkt.

Da die induzierte Spannung über den Fluss $\Phi(t)$ vom Schleifenstrom i abhängt, liegt eine *stromgesteuerte Spannungsquelle* vor. Sie arbeitet als *selbstgesteuerte Quelle* und ist deshalb durch das Zweipolelement (Selbst-)Induktivität L ersetzbar. So führt die Netzwerkersatzschaltung unmittelbar zur Ersatzschaltung einer (Selbst-)Induktivität im Grundstromkreis! Ein zusätzlicher externer Fluss in der Schleife wird nach Abb. 3.3.6b einbezogen. Ist beispielsweise die Leiterschleife identisch mit Schleife 1 in Abb. 3.3.2a, so kann ein externer Fluss von Spule 2 stammen, falls sie stromdurchflossen ist.

Aus Sicht eines aktiven Zweipols bestimmt der induktive Spannungsabfall seinen „induktiven Innenwiderstand". Auf diesen Kreis kommen wir in Kap. 3.4.1 zurück.

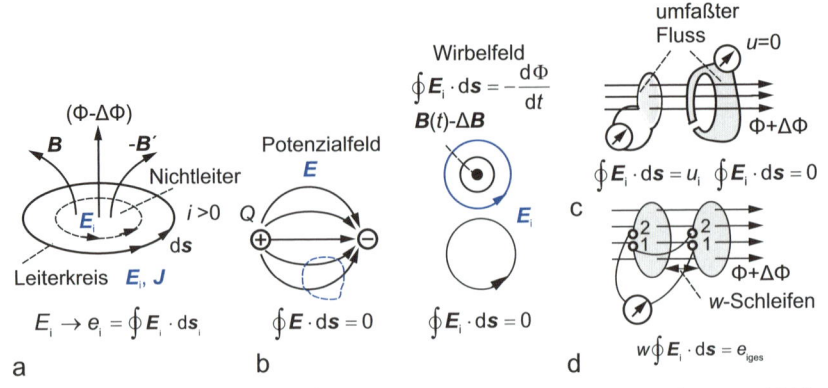

Abb. 3.3.7. Elektrisches Wirbelfeld. (a) Richtungszuordnung der induzierten Feldstärke. (b) Umlaufintegral $\oint \boldsymbol{E} \cdot \mathrm{d}\boldsymbol{s}$ im Potenzialfeld (links) und Wirbelfeld (rechts). Induzierte Spannung und umfasster zeitveränderlicher Fluss $\Phi(t)$. (c) Verschiedene Flussumfassungen bei unveränderter Spulenlage. (d) Spulenfluss $\Psi = w\Phi$: Addition des umfassten Flusses durch Reihenschaltung von w Einzelschleifen

Haupteigenschaft der induzierten Feldstärke: Wirbelfeld
Merkmal des Induktionsgesetzes ist das *elektrische Wirbelfeld*:

> Jedes zeitveränderliche Magnetfeld ist von einem elektrischen Wirbelfeld $\boldsymbol{E}_\mathrm{i}$ umgeben, dessen Wirbel (= Wirbelstärke) die Änderungsgeschwindigkeit $\mathrm{d}\Phi/\mathrm{d}t$ ($\sim \mathrm{d}\boldsymbol{B}/\mathrm{d}t$) der magnetischen Induktion bildet.

Der Unterschied zum elektrostatischen Potenzialfeld zeigt sich u. a. darin, dass die $\boldsymbol{E}_\mathrm{i}$-Linien die zeitliche Magnetfeldänderung umwirbeln, während sich dort Feldstärkelinien zwischen unterschiedlichen Ladungen aufspannen (Abb. 3.3.7a, b). Im elektrischen Wirbelfeld:

− hängt deshalb die Spannung zwischen zwei Punkten *vom tatsächlichen Wegverlauf ab* (und ist nicht mehr eindeutig fixiert s. Abb. 3.3.7c);
− existiert wegen des nicht verschwindenden Umlaufintegrals über die Feldstärke *kein elektrostatisches Potenzial*;
− gilt der *Maschensatz nicht*, wenn die Masche von nennenswerter magnetischer Flussänderung durchsetzt ist. Vielmehr gilt die Netzwerkersatzschaltung Abb. 3.3.5. Bei langsamer Flussänderung bleibt der Einfluss des Wirbelfeldes vernachlässigbar.

Wir betrachten zwei Beispiele:

1. *Spannungsmessung* auf zwei verschiedenen Wegen (Abb. 3.3.7c). Die linke Anordnung umfasst einen Fluss und ergibt eine Anzeige, rechts wird kein Fluss umfasst und deswegen verschwindet die Spannung. Trotz unveränderter Lage der Leiterschleife bestimmt die Form des Gesamtweges die tatsächliche

Flussänderung! Analoges zeigte sich beim Durchflutungssatz Gl. (3.1.12). Dort galt $\oint \boldsymbol{H} \cdot \mathrm{d}\boldsymbol{s} = \sum wI$ oder $\oint \boldsymbol{H} \cdot \mathrm{d}\boldsymbol{s} = 0$ je nachdem, ob Strom umfasst wurde oder nicht. Grund: *Wirbelfeld* mit wegabhängigem Umlaufintegral.

2. *Energiebeziehung.* Ein Wirbelfeld wirkt auch energetisch anders auf eine bewegte (positive) Ladung ($+Q$). Im Potenzialfeld bleibt die Energie längs eines geschlossenen Weges konstant: $\Delta W = Q \oint \boldsymbol{E} \cdot \mathrm{d}\boldsymbol{s} = 0$. Im *Wirbelfeld* jedoch entzieht die Ladung dem magnetischen Feld Energie bei Bewegung auf einem geschlossenen Umlauf längs der induzierten Feldstärke $\boldsymbol{E}_\mathrm{i}$

$$\Delta W = Q e_\mathrm{i} = Q \oint \boldsymbol{E}_\mathrm{i} \cdot \mathrm{d}\boldsymbol{s} = -Q\frac{\mathrm{d}\Phi}{\mathrm{d}t}. \tag{3.3.6a}$$

Sie wird als elektrische Energie an den Stromkreis abgegeben. Umgekehrt führt eine Ladungsbewegung *entgegen* der Richtung $\boldsymbol{E}_\mathrm{i}$ (Antrieb durch eine äußere Spannung) dem magnetischen Feld Energie zu:

$$\Delta W = Q \oint (-\boldsymbol{E}_\mathrm{i}) \cdot \mathrm{d}\boldsymbol{s} = +Q\frac{\mathrm{d}\Phi}{\mathrm{d}t} = Qu. \tag{3.3.6b}$$

> Der Energieaustausch zwischen elektrischem und magnetischem Feld ist Grundlage vieler elektrotechnischer Bauteile (Motor, Transformator ...).

3. *Einfluss der Windungszahl.* Der Wert des Umlaufintegrals $\oint \boldsymbol{E}_\mathrm{i} \cdot \mathrm{d}\boldsymbol{s}$ erhöht sich bei w-fachem Durchlauf des Integrationsweges (Abb. 3.3.7d). Dazu werden w Leiterschleifen „in Reihe" geschaltet

$$u_\mathrm{qiges} = w \cdot u_\mathrm{qi} = w\frac{\mathrm{d}\Phi}{\mathrm{d}t} = \frac{\mathrm{d}\Psi}{\mathrm{d}t} \quad (\Psi = w\Phi).$$

Der *Spulen-* oder *Windungsfluss* Ψ ist eine praktische Größe bei Anwendung des Induktionsgesetzes. Viele Umläufe um den gleichen Fluss (bei gleichem Windungssinn) erhöhen die induzierte Spannung proportional.

Physikalische Ursache der induzierten Feldstärke $\boldsymbol{E}_\mathrm{i}$ Nach dem Induktionsgesetz vermutet man die induzierte Spannung als lokalisierbare Spannungsquelle. Sie ist aber das Ergebnis einer Ladungsträgerverschiebung in der Schleife durch *Kraftwirkung*. Diese Kraft wird auf einen eigenen physikalischen Raumzustand zurückgeführt, die *induzierte Feldstärke* $\boldsymbol{E}_\mathrm{i}$. Nur so versteht sich die Gleichwertigkeit $e_\mathrm{i} = \oint \boldsymbol{E}_\mathrm{i} \cdot \mathrm{d}\boldsymbol{s}$. Wir betrachten zum Verständnis der Feldstärke $\boldsymbol{E}_\mathrm{i}$ einen ruhenden, mit einem schmalen Spalt zwischen A, B versehenen Leiterkreis durchsetzt von einem homogenen Magnetfeld (s. Abb. 3.3.5a). Wie im bewegten Leiterstab (Abb. 3.3.4a) kommt es durch das Wechselspiel von induzierter Feldstärke, Ladungsverschiebung durch die Lorentz-Kraft und Ladungstrennung in der Leiterschleife zur elektrostatischen Feldstärke $\boldsymbol{E}_\mathrm{Q}$ bis zu einem Gleichgewicht mit positiver und negativer Überschussladung bei A und B und verschwindendem Gesamtfeld im Leiter: $\boldsymbol{E} = \boldsymbol{E}_\mathrm{Q} + \boldsymbol{E}_\mathrm{i} = 0$. Damit ist dem Wirbelfeld $\boldsymbol{E}_\mathrm{i}$ ein elektrostatisches Feld ($\boldsymbol{E}_\mathrm{Q}$) an jeder Stelle im Leiter und Zwischenraum überlagert. An den Klemmen A, B baut sich dabei die Leerlaufspannung u_BA auf ($R \to \infty$). Das Umlaufintegral lautet

$$\oint \boldsymbol{E} \cdot \mathrm{d}\boldsymbol{s} = \underbrace{\oint \boldsymbol{E}_\mathrm{Q} \cdot \mathrm{d}\boldsymbol{s}}_{0} + \underbrace{\oint \boldsymbol{E}_\mathrm{i} \cdot \mathrm{d}\boldsymbol{s}}_{e_\mathrm{i}} = \int\limits_{A,(C_1)}^{B} \underbrace{\boldsymbol{E}}_{0} \cdot \mathrm{d}\boldsymbol{s} + \int\limits_{B,(C_2)}^{A} \boldsymbol{E} \cdot \mathrm{d}\boldsymbol{s}$$

$$= 0 + u_\mathrm{BA} = -u_\mathrm{AB} = -\frac{\mathrm{d}\Phi}{\mathrm{d}t}. \tag{3.3.7a}$$

Vom Umlaufintegral verschwindet der Teil $\oint \boldsymbol{E}_\mathrm{Q} \cdot \mathrm{d}\boldsymbol{s} = 0$, weil ein elektrostatisches Feld vorliegt (Merkmal). So verbleibt das Umlaufintegral über $\boldsymbol{E}_\mathrm{i}$ ersetzt durch die induzierte Spannung e_i. Andererseits verschwindet die Gesamtfeldstärke im Leiter, also auf der Kontur C_1. Übrig ist nur das Integral zwischen B und A längs des Weges C_2, nach Definition gleich der (messbaren) Leerlaufspannung u_BA. Auf diese Weise folgt das Ergebnis e_i der Ruheinduktion Gl. (3.3.5a) bzw. nach Vorzeichenwechsel

$$-e_\mathrm{i} = -\oint \boldsymbol{E}_i \cdot \mathrm{d}\boldsymbol{s} = u_\mathrm{AB} = u_\mathrm{qi} = \frac{\mathrm{d}\Phi}{\mathrm{d}t}. \tag{3.3.7b}$$

Damit ist die Klemmenspannung u_AB die in Gl. (3.3.5a) eingeführte induzierte Quellenspannung u_qi. Dieses Ergebnis wurde in Abb. 3.3.5b durch die vorgegebene Stromrichtung (Lenzsche Regel) bestätigt. Die induzierte Quellenspannung u_qi ist, wie e_i, unabhängig von der Länge des Luftspaltes und bleibt deshalb auch *bei nicht vorhandenem Leiterring* (das Induktionsgesetz setzt keinen voraus!) gültig. Dann beschreibt die induzierte Feldstärke $\boldsymbol{E}_\mathrm{i}$ die Induktionswirkung besser.

3.3.2.2 Anwendungen der Ruheinduktion

Ruheinduktion wird vielfältig angewendet: sie bestimmt die Strom-Spannungs-Relation jeder Induktivität, wirkt in gekoppelten Spulen als *Transformatorprinzip* (Kap. 3.4.3), ist Grundlage der *Spannungserzeugung in Elektromaschinen* oder der *Ausbreitung elektromagnetischer Wellen*. Auch Wirbelströme verursacht sie. Wir betrachten einige Beispiele.

Flussmessung. Die Spannungsinduktion dient in einer Abtastspule (z. B. Ringkernspule um einen stromführenden Leiter) zur Flussmessung (Abb. 3.3.8a). Beim Einschalten des Flusses vom Wert 0 auf Φ während des Zeitraumes $0\ldots t$ ergibt sich

$$\int_0^\Phi \mathrm{d}\Phi = -\int_0^t e_\mathrm{i}\,\mathrm{d}t', \quad \text{d. h.} \quad \Phi = -\int_0^t e_\mathrm{i}\,\mathrm{d}t'. \tag{3.3.8}$$

Das *Spannungs-Zeit-Integral* beschreibt den Fluss als Integralfunktion des Spannungsverlaufs und heißt *Spannungsstoß*. Er hängt nur vom End- und Anfangswert ab:

> Jede Flussänderung $\Delta\Phi$ erzeugt in der den Fluss umfassenden Leiterschleife einem Spannungsstoß.

Zur Flussmessung wird der zu messende Fluss durch eine Messspule erfasst, die gemessene Spannung einem elektronischen Integrator zugeführt und das Ergebnis als Fluss abgelesen.

Ein anderes Verfahren nutzt der Flussdichtemesser oder das *Teslameter* basierend auf dem Hall-Effekt (s. Kap. 4.3.2).

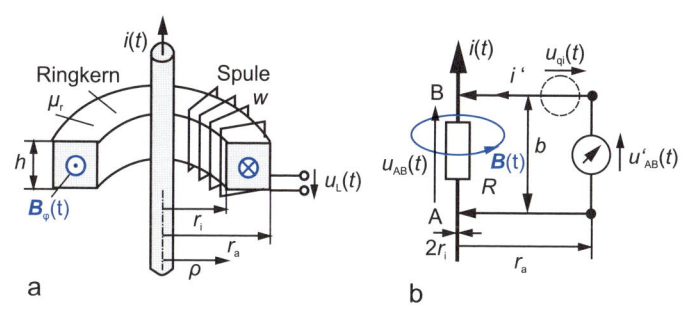

Abb. 3.3.8. Strommessung. (a) Stromtransformator: Ruheinduktion in einer Ringspule um einen stromdurchflossenen Leiter. (b) Messfehler durch Rahmenfunktion einer Messschleife bei der Widerstandsmessung

Beispiel 3.3.1 Strommessung durch Ruheinduktion Ein gerader stromdurchflossener Leiter führt durch eine Ringspule (Rechteckquerschnitt, w Windungen, magnetischer Kreis, Abb. 3.3.8a). Die in ihr induzierte Spannung ist der Stromänderung proportional.

Nach dem Durchflutungssatz (Beispiel 3.1.1) hat der stromführende Leiter ein magnetisches Wirbelfeld der Feldstärke H_φ auf einem Kreis vom Radius ϱ: $H_\varphi(\varrho, t) = i(t)/(2\pi\varrho)$. In der Ringspule herrscht der Gesamtfluss (Beispiel 3.2.13)

$$\Phi(t) = \int_A \boldsymbol{B}(\varrho, t) \cdot \mathrm{d}\boldsymbol{A} = \int_{r_\mathrm{i}}^{r_\mathrm{a}} h\mu_\mathrm{r}\mu_0 H_\varphi(\varrho, t) \mathrm{d}\varrho = \frac{h\mu_\mathrm{r}\mu_0 i(t)}{2\pi} \ln \frac{r_\mathrm{a}}{r_\mathrm{i}} = ki(t). \quad (3.3.9\mathrm{a})$$

Er induziert die Spannung

$$u_\mathrm{L}(t) = -w\frac{\mathrm{d}\Phi(t)}{\mathrm{d}t} = -wk\frac{\mathrm{d}i(t)}{\mathrm{d}t}. \quad (3.3.9\mathrm{b})$$

Für die Zahlenwerte Stromanstieg $\mathrm{d}i/\mathrm{d}t = 10\,\mathrm{A/ms}$, $w = 100$, $\mu_\mathrm{r} = 1000$, $h = 1\,\mathrm{cm}$, $r_\mathrm{a} = 10\,\mathrm{cm}$, $r_\mathrm{i} = r_1 = 5\,\mathrm{cm}$ ergibt sich $u_\mathrm{L} = -1{,}38\,\mathrm{V}$. Bei einer Luftspule wäre die Spannung 10^3 mal kleiner.

Praktisch dient dieses Prinzip als Stromtransformator oder *Stromzange*: man teilt den magnetischen Kreis in zwei Hälften (eine trägt die Wicklung) und montiert sie an eine Zange, die den Leiter umfasst.

Beispiel 3.3.2 Spannungsmessung am Widerstand Ein Widerstand R sei vom zeitveränderlichen Strom $i(t)$ durchflossen (Abb. 3.3.8b). Über eine Messleitung wird zwischen den Punkten A, B die Spannung u_AB gemessen in der Absicht, den Widerstand zu bestimmen. Die Messleitungen bilden mit R eine Leiterschleife, in der das Magnetfeld des Stromes $i(t)$ eine Spannung induziert und einen Messfehler verursacht.

Die Messschleife umfasst den Fluss $\Phi(t) = ki(t)$. Es gilt nach dem Induktionsgesetz

$$u_\mathrm{qi} = \frac{\mathrm{d}\Phi(t)}{\mathrm{d}t} \quad \text{mit} \quad \Phi(t) = \frac{\mu_0 i(t)b}{2\pi} \ln \frac{r_\mathrm{a}}{r_\mathrm{i}} = ki(t).$$

Zum Spannungsabfall iR in der Schleife erzeugt der Fluss $\Phi(t)$ zusätzlich den induzierten Strom i' (Lenzsche Regel, im Bild angedeutet). Er fließt dem Messstrom entgegen und wird von der induzierten Quellenspannung u_{qi} verursacht. Deshalb beträgt die gemessene Spannung

$$u'_{AB} = iR + u_{qi} = iR + k\frac{di}{dt}. \tag{3.3.10}$$

Wir schätzen den Fehler ab, beispielsweise für Wechselstrom (Kreisfrequenz $\omega = 5000\,\text{s}^{-1}$): bei einer Spulenlänge $b = 0{,}1\,\text{m}$ und einem Faktor $\ln r_a/r_i = 10$ liegt der „Ersatzwiderstand" ωk im Bereich von Milliohm: die Messschleife muss nur bei Messung sehr kleiner Widerstände beachtet werden.

Beispiel 3.3.3 Induktion Ein ICE (Fahrdrahtspannung $15\,\text{kV}$, Frequenz $16\ 2/3\,\text{Hz}$, Strom etwa $6000\,\text{A}$ (älterer vergleichbarer Werbehinweis der DB: „12000 PS und ein Fahrer") erzeugt $3\,\text{m}$ unter dem Fahrdraht (im Gepäcknetz) etwa eine Flussdichte $B = \mu_0 H = \mu_0 I/(2\pi r) = 1{,}256(\,\mu\text{H}/\,\text{m} \cdot 6000\,\text{A}/(2\pi 3\,\text{m}) = 0{,}4\,\text{mT}$. Ein dort (richtig) positionierter Aktenkoffer (Fläche $A = 1000\,\text{cm}^2$) versehen mit $w = 100$ Windungen würde nach dem Induktionsgesetz in der Wicklung die Spannung $U = w\omega BA = 100 \cdot (314/3)\,\text{s}^{-1} \cdot 0{,}4\,\text{mT} \cdot 1000\,\text{cm}^2 = 0{,}418\,\text{V}$ induzieren. Sie ist noch etwas höher, weil der Rückleiter (Schiene) mit gleichgerichteten Magnetfeld die Induktion unterstützt. Die Anordnung nutzt das Transformatorprinzip.

Beispiel 3.3.4 Ferritstab als Antenne In einer Sendeantenne (betrachtet als gerader stromdurchflossener Leiter) fließt ein sinusförmiger Antennenstrom $\hat{i} = 10\,\text{A}$ (Spitzenwert) der Frequenz $f = 10\,\text{MHz}$. In einer Entfernung von $100\,\text{km}$ wird ein Ferritstab mit Wickelspule (Windungszahl $w = 50$, Durchmesser $1\,\text{cm}$, rel. Permeabilität $\mu_r = 100$) auf den Sender ausgerichtet. Welche Spannung entsteht in der Spule?

Am Empfangsort herrscht nach dem Modell des geradlinigen Leiters (Beispiel 3.1.1) eine Flussdichte (Spitzenwert) $\hat{B} = \mu_r\mu_0\hat{H} = \frac{\mu_r\mu_0\hat{i}}{2\pi r} = 100 \cdot 1{,}257\frac{\mu\text{H}}{\text{m}}\frac{10\,\text{A}}{2\pi\cdot 10^5\,\text{m}} \approx 2\,\text{nT}$. Sie induziert in der Antennenspule bei der Kreisfrequenz $\omega = 2\pi f = 2\pi \cdot 10\,\text{MHz} = 62{,}8\cdot 10^6\,\text{s}^{-1}$ die Spannung $\hat{u} = w\omega\hat{B}A = 50\cdot 62{,}8\cdot 10^6\,\text{s}^{-1}\cdot 2\,\text{nT}\left(\frac{1\,\text{cm}^2\pi}{4}\right) = 0{,}49\,\text{mV}$. Dieser geringe Wert erfordert eine Nachverstärkung im Empfänger. Generell sind elektromagnetische Feldgrößen weitab vom Sender ($100\,\text{km}$!) klein.

Zum Vergleich: Ein Mobilfunksender hat etwa eine Sendeleistung von $10\,\text{W}$. Unter der Annahme, dass seine Antenne auf den freien Raum mit einem Ersatzwiderstand $Z = 377\,\Omega$ arbeitet, würde ein gerader Antennenleiter einen Strom von etwa $10\,\text{mA}$ führen. Im Abstand $r = 100\,\text{m}$ herrscht dann etwa die gleiche Flussdichte wie oben. Bei einer Arbeitsfrequenz $f = 1\,\text{GHz}$ würde unter sonst gleichen Bedingungen die 100 fache Spannung induziert. Senkt man den Durchmesser des Antennenstabes auf $1/10$, also $1\,\text{mm}$, so ergibt sich die Größenordnung der obigen Spannung. Ergebnis: selbst in Sendernähe bleiben die Feldwerte klein.

Variabler magnetischer Widerstand Ruheinduktion entsteht gemäß Abb. 3.3.2c auch durch Flussänderungen im magnetischen Kreis: nach seinem „Ohmschen Ge-

3.3 Induktionsgesetz: Verkopplung magnetischer und elektrischer Felder

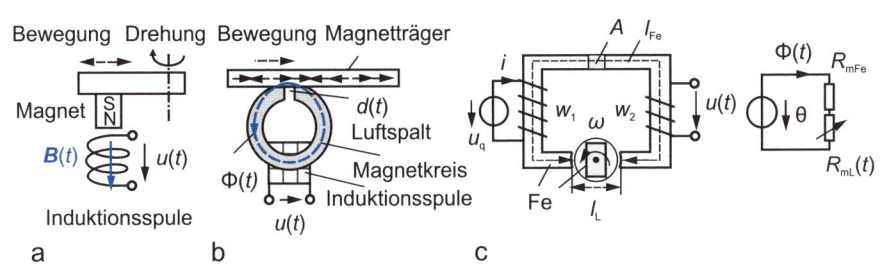

Abb. 3.3.9. Beispiele zur Ruheinduktion. (a) Induktiver Signalgeber. (b) Prinzip des Magnetkopfes. (c) Flussänderung durch zeitveränderlichen magnetischen Kreis

setz" ($\Phi = \Theta/R_\mathrm{m}$, Gl. 3.2.21)) wirkt jede magnetische Widerstandsänderung als Flussänderung. So bewegt sich beim *induktiven Schalter* (Drehzahlmesser, Abb. 3.3.9a) ein Permanentmagnet periodisch an einer Induktionsspule vorbei und induziert dort Spannungsstöße, die auswertbar sind.

Der *magnetische Wiedergabekopf* (Videorekorder, Tonbandgerät, Festplatten Abb. 3.3.9b) ist ein magnetischer Kreis mit kleinem Luftspalt, an dem ein Träger (Magnetband, Magnetplatte) mit dünner ferromagnetischer Schicht vorbeiläuft. Sie enthält die Information als lokal unterschiedlich magnetisierte Gebiete. Beim Vorbeigleiten am Luftspalt ändert sich der Widerstand des magnetischen Kreises. Die Flussschwankungen induzieren in der Spule eine Spannung, die dem ursprünglichen Signal proportional ist. Zur *Signalaufzeichnung* arbeitet die Anordnung umgekehrt. Ein Signalstrom durch die Spule erzeugt im vorbeilaufenden Magnetträger lokal verschiedene Magnetisierungen. Ein Magnetkopf arbeitet so als *umkehrbarer* magnetisch-elektrischer Wandler zum Wiedergeben, Aufnehmen und Löschen (durch eine HF-Spannung) von Informationen. Spannungsinduktion durch Änderung des magnetischen Widerstandes findet sich abgewandelt im magnetischen Tonabnehmersystem von Plattenspielern, als Tonabnehmer für elektrische Saiteninstrumente u. a. m. Stets muss ein magnetischer Grundfluss vorhanden sein, der verändert wird. Er stammt entweder von einer Erregerspule oder einem Dauermagnetkreis.

Die Änderung des magnetischen Widerstandes von Spulen in Schwingkreisen (Zusammenschaltung von Spule und Kondensator) verschiebt die Resonanzfrequenz. Nach diesem Prinzip arbeiten RFID-Systeme (Auslesen von Etiketten, Buchausleihe, Ski-Pass u. a.), auch Verkehrsleitsysteme: vor Ampeln werden Spulen (Spulenfläche einige m^2, Induktivität einige 100 µH) als Teil eines Resonanzkreises in die Straße eingelegt. Bei Überfahrt eines Autos ändert sich die Spulenindensität (nichtmagnetische Verkehrsteilnehmer, wie Fußgänger, bleiben unerkannt).

Das Auswertesignal eines Kreises mit zeitveränderlichem magnetischen Widerstand wird über den Fluss gewonnen (Abb. 3.3.9c): eine Gleicherregung $\Theta = Iw$ erzeugt den Fluss $\Phi(t) = \Phi_0 + \Delta\Phi(t)$ mit festem (Φ_0) und zeitvariablem Anteil durch den magnetischen Widerstand $R_\mathrm{m}(t) = R_\mathrm{m0} + \Delta R_\mathrm{m}(t)$

$$\Phi(t) = \frac{\Theta}{R_\mathrm{m0} + \Delta R_\mathrm{m}(t)} \approx \underbrace{\frac{\Theta}{R_\mathrm{m0}}}_{\Phi_0} \left(1 - \frac{\Delta R_\mathrm{m}(t)}{R_\mathrm{m0}}\right),$$

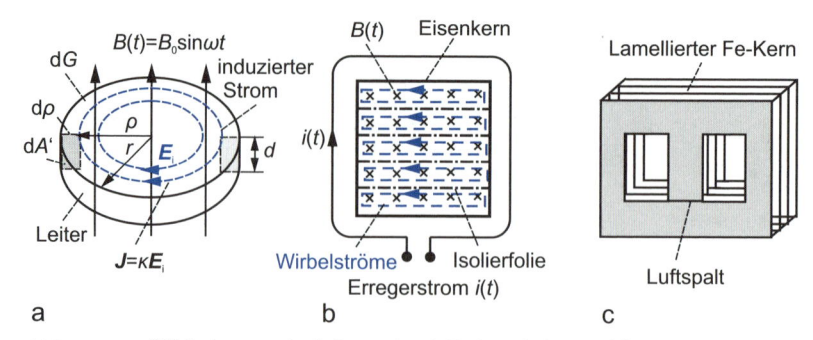

Abb. 3.3.10. Wirbelströme in Leitern durch Ruheinduktion. (a) Ersatz einer Leiterschleife durch eine Kreisscheibe, Wirbelstrombildung. (b) Wirbelströme in lamellierten Eisenblechen einer Spule. (c) Transformatorkern aus einseitig isolierten Blechen

$$\Delta\Phi(t) \approx -\Phi_0 \cdot \frac{\Delta R_\mathrm{m}(t)}{R_\mathrm{m0}} = -\Phi_0 \frac{\Delta l_\mathrm{m}(t)}{l_\mathrm{m0}}.$$

Er ist der zeitlichen relativen Längenänderung des magnetischen Kreises proportional. Der zeitveränderliche Fluss erzeugt in der Induktionsspule eine Spannung. Die Längenänderung wird z. B. durch eine schmale Unterbrechung des magnetischen Kreises erreicht, in die ein rotierender Eisenweg eingefügt ist. Dann schwankt die Kreislänge $l(t)$ zwischen $l_1 = l_\mathrm{Fe} + l_\mathrm{L}$ und $l_2 = l_\mathrm{Fe} + l_\mathrm{L}/\mu_\mathrm{r}$. Dieses Modell unterliegt auch den vorhergehenden Beispielen. In Abb. b bewirken unterschiedlich magnetisierte Bereiche des vorbeilaufenden Magnetträgers die Luftspaltveränderung.

Wirbelströme Wirkt ein zeitabhängiges Magnetfeld auf einen kompakten Leiter (oder bewegt sich ein leitender Körper relativ zum inhomogenen Magnetfeld), so entsteht in ihm eine induzierte Feldstärke. Sie verursacht die *Kreis- oder Wirbelströme* mit der Tendenz, die Feldänderung (nach dem Lenzschen Gesetz) zu verhindern.

Effektvoll zeigt sich der Wirbelstromeffekt an einer pendelnden Metallplatte zwischen den Polen eines Magneten. Mit Magnetfeld hört das Pendeln praktisch sofort auf, da die entstehenden Wirbelströme der Bewegung entgegenwirken.

> Wirbelströme sind räumliche Ströme, die in Leitern durch zeitveränderliche Magnetfelder nach dem Induktionsgesetz entstehen.

Gute Leitermaterialien haben große Wirbelstromdichte und damit Verlustleistung. Sie muss bei ruhenden Leitern von der Quelle aufgebracht werden, die das Magnetfeld erzeugt oder bei bewegten Leitern vom Antrieb. Genutzt werden bei Wirbelströmen die Wärmewirkung (Induktionsheizung, Hyperthermie) und ihr eigenes Magnetfeld als Wirbelstrombremse, zu Antriebszwecken oder zum Anheben (Levitation) von Lasten.

1. *Wirbelströme in ruhenden Leitern.* Ersetzt man eine ruhende Leiterschleife im zeitveränderlichen Magnetfeld durch eine (dünne) leitende Scheibe (Abb. 3.3.10a), so wirkt sie wie ineinander gelegte Leiterringe, in denen „Wirbelströme" induziert werden. Die Verlustleistung entsteht durch Integration

aller Teilleistungen, die die induzierte Spannung e_i in einem Leiterring (Leiterleitwert $\mathrm{d}G$, Breite $\mathrm{d}\varrho$ Querschnittsfläche $\mathrm{d}A' = d\,\mathrm{d}\varrho$, Leitfähigkeit κ, $B(t) = B_0 \sin\omega t$) erzeugt

$$\begin{aligned} P &= \int_G e_\mathrm{i}^2 \mathrm{d}G = \int_0^r (A(\varrho) B(t)\omega)^2 \frac{\kappa d \cdot \mathrm{d}\varrho}{2\pi\varrho} \\ &= \frac{\omega^2 \pi \kappa d |B(t)|^2}{2} \int_0^r \varrho^3 \mathrm{d}\varrho = \frac{\omega^2 \pi r^4 \kappa d |B_0|^2}{8} \cos^2(\omega t). \end{aligned} \quad (3.3.11)$$

Bei sinusförmigem Fluss $B(t) = B_0 \sin(\omega t)$ ergibt sich $\mathrm{d}\Phi/\mathrm{d}t = A \cdot \mathrm{d}B/\mathrm{d}t = \omega A B_0 \cos(\omega t)$. Mit der Plattenfläche $A(\varrho) = \pi \varrho^2$ und der induzierten Spannung $e_\mathrm{i} = -\mathrm{d}\Phi/\mathrm{d}t$ folgt für die Zahlenwerte $\kappa = 10^7\,\mathrm{S/m}$, $r = 10\,\mathrm{cm}$, $f = 50\,\mathrm{Hz}$, $d = 1\,\mathrm{mm}$ und $B_0 = 0{,}4\,\mathrm{T}$ eine Leistungsamplitude

$$P = \frac{1}{8}\left(2\pi \cdot 50\,\mathrm{s}^{-1}\right)^2 \pi\,(0{,}1\,\mathrm{m})^4\,(0{,}4\,\mathrm{T})^2 10^7\,\mathrm{S\,m}^{-1} 10^{-3}\,\mathrm{m} = 6201{,}2\,\mathrm{W}(!).$$

Sie ist beträchtlich: ihre Wirkung reicht von rascher Aufheizung bis hin zum Schmelzen.

Zur gleichen Wirbelstrombildung käme es auch im Eisenkern einer Spule aus vollem Material. Eine Senkung der Verlustleistung erfordert möglichst hohen Widerstand für die Wirbelstrombahnen. Maßnahmen sind:

— *Bahnunterbrechung* durch isolierte Zwischenschichten. Dazu wird der Kern aus 0,1...0,3 mm starken, einseitig isolierten (Lack, Papier) Eisenblechen aufgebaut. Diese *lamellierten Eisenbleche* werden quer zu den Strombahnen (Abb. 3.3.10b) angeordnet. Dann bilden sich (bedeutend kleinere) Wirbelströme nur noch in den einzelnen Blechen. Deshalb besteht der Eisenkreis eines Transformators (Abb. 3.3.10c) aus Eisenblechen.

— geringere Leitfähigkeit durch Legieren der Kernbleche mit Silizium (Zusatz etwa 2...4%, solche Materialien heißen Dynamoblech);

— Verwendung von Ferriten (in Kunstharz eingebettetes Eisen- oder Eisenoxidpulver) mit hohem spezifischem Widerstand.

2. *Wirbelströme treten auch in (relativ) bewegten Leitern* gegenüber homogenen und inhomogenen Magnetfeldern auf, etwa dem Anker von Gleichstrommaschinen. Hier gelten die gleichen Abhilfemaßnahmen.

3. *Wirbelströme* werden genutzt:
   — zur *Induktionserwärmung* (Wirbelstromheizung, Hochfrequenzhärtung, Medizin, Metallurgie). Im Induktionsofen bildet das Schmelzgut die (niederohmige) Sekundärwindung eines Transformators (Abb. 3.3.11a). Da $\mathrm{d}\Phi/\mathrm{d}t \sim i$, muss die Flussänderung für gute Erwärmung möglichst groß sein (Anwendung hoher Frequenzen). Auch die Hochfrequenzhärtung nutzt die oberflächennahe Erwärmung in Verbindung mit Stromverdrängung. Induktionsöfen erobern zunehmend Haushalte (Induktionsherd) wegen ihres höheren Wirkungsgrads.
   — als *Wirbelstrombremse*. Bei Bewegung einer leitenden Scheibe durch ein lokal begrenztes Magnetfeld entstehen Wirbelströme, deren Magnetfeld dem ursprünglichen Magnetfeld entgegenwirkt und die Scheibe bremst (ohne Magnetfeld keine Bremswirkung). In Abb. (3.3.11b) ist die Richtung der Wirbelströme angegeben. Die Wirbelstromdichte $\boldsymbol{J} \sim (\boldsymbol{v} \times \boldsymbol{B})$ erzeugt eine

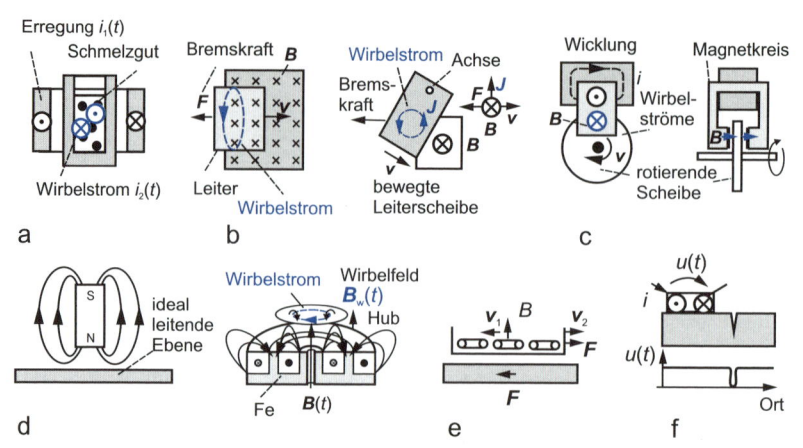

Abb. 3.3.11. Anwendung von Wirbelströmen. (a) Induktionserwärmung. (b) Bremswirkung bei Entfernung einer leitenden Platte aus dem Magnetfeld und Dämpfung einer Pendelbewegung durch Wirbelströme. (c) Wirbelstrombremse: rotierende Leiterscheibe in partiellem Magnetfeld. (d) Schwebemagnet, Hub einer leitenden Scheibe. (e) Linearmotor und reibungsloser Transport. (f) Oberflächenkontrolle und Schichtdickenmessung

Kraft $\boldsymbol{F} \sim (\boldsymbol{J} \times \boldsymbol{B}) \sim (\boldsymbol{v} \times \boldsymbol{B}) \times \boldsymbol{B}$, die der Geschwindigkeit $\boldsymbol{v}$ entgegen, also bremsend wirkt: Verzögerung der Platte beim Eintauchen. Die Wirbelströme erwärmen die Leiterplatte und die dafür erforderliche Energie wird ihrer Bewegungsenergie entzogen. Deshalb bremst eine im Magnetfeld pendelnde Metallscheibe bei Einschalten des Feldes sofort ab. Bei praktischen Wirbelstrombremsen rotiert eine Metallscheibe in einem partiellen Magnetfeld (Abb. 3.3.11c). Die Bremswirkung sinkt mit der Geschwindigkeit $\boldsymbol{v}$! Für kleine Bremsleistungen im kWh-Bereich reicht ein Dauermagnet zur Abbremsung, große Leistungen (Verkehrsfahrzeuge) erfordern Elektromagnete. Wirbelstrombremsen haben gegenüber mechanischen Bremsen viele Vorteile (verschleißfrei, Energierückgewinnung).

— als *Schwebemagnet, Levitation.* Auch ein Schwebemagnet (Abb. 3.3.11d) über einer ideal leitenden Platte nutzt Wirbelströme. Im idealen Leiter fließen einmal angeregte Wirbelströme, z. B. durch Bewegung eines Dauermagneten auf die Leiterplatte zu, beliebig lange. Sie erzeugen eine Kraft, die den Magnet über der Platte in der Schwebe hält. Das ist das Grundprinzip der Schwebebewegung eines Magneten über einer Metallplatte. Umgekehrt kann auch eine leitende Scheibe über einem Magneten schweben, auch über einer stromdurchflossenen Spule: durch das zeitveränderliche Spulenfeld entstehen in einer Scheibe Wirbelströme, deren Magnetfeld dem ursprünglichen entgegenwirkt und die Scheibe anhebt. Das Schwebeprinzip eignet sich für Transportaufgaben (z. B. Transport von Si-Scheiben in der Halbleiterfertigung), aber auch für Magnetschwebebahnen. Dazu enthält ein Transportschlitten mehrere Spulen (Abb. 3.3.11e), die nacheinander erregt werden. So entsteht ein magnetisches Wanderfeld. Es erzeugt in einer unter dem Schlitten liegenden Schiene Wirbelströme, die den Schlitten anheben und die Schiene durch das wandernde Feld nach links zu bewegen

3.3 Induktionsgesetz: Verkopplung magnetischer und elektrischer Felder

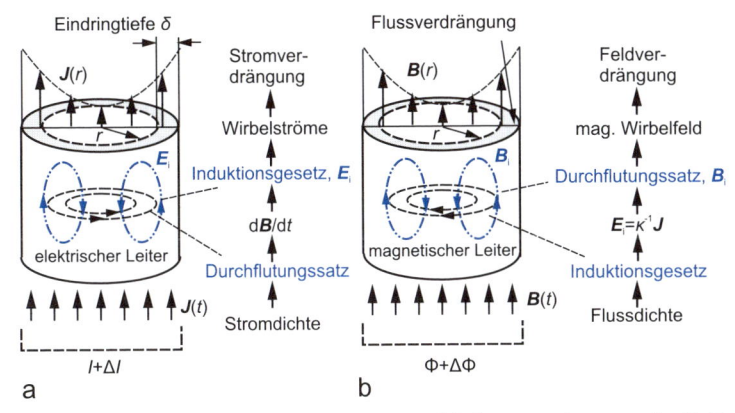

Abb. 3.3.12. Strom- und Feldverdrängung. (a) Stromverdrängung im Leiter durch Wirbelströme: Wechselstrom fließt praktisch nur bis zur Eindringtiefe. (b) Feldverdrängung im magnetischen Leiter durch das magnetische Wirbelfeld zur Oberfläche hin

versuchen. Bei fester Schiene verschiebt sich umgekehrt der Schlitten nach rechts. So entsteht reibungslose Linearbewegung.

– zur *Materialprüfung*. Bewegt man eine mit Konstantstrom versorgte Spule auf einer leitenden Materialfläche (Abb. 3.3.11f), so stellt sich durch Wirbelströme im Leiter eine bestimmte Spulenspannung ein. Sie bleibt unverändert, solange sich das Wirbelstromfeld nicht ändert. Ein Riss an der Oberfläche ändert das Wirbelfeld und damit die Spulenspannung. Dieses Prinzip dient zur Prüfung von Materialoberflächen.

4. *Stromverdrängung, Feldverdrängung.* Die Verkopplung von elektrischem und magnetischem Feld führt bei schnellen zeitlichen Änderungen zur *Strom-* und *Feldverdrängung*, dem *Skin-Effekt*. Abbildung 3.3.12a zeigt einen stromdurchflossenen Leiter mit zunächst homogener Ausgangsstromdichte J. Zeitliche Stromänderungen bewirken Flussdichteänderungen um den jeweiligen Strom. Das Induktionsgesetz verursacht über die induzierte Feldstärke E_i Wirbelströme, die dem ursprünglichen Strom (im Zentrum am stärksten) entgegenwirken. Im Außenraum unterstützen sie ihn und es *wächst die Stromdichte zur Leiteroberfläche* hin: *Stromverdrängung, Haut- oder Skin-Effekt*. Sie erhöht den *Leiterwiderstand, mit steigender Frequenz zunehmend*. Bei hohen Frequenzen führt nur noch die äußerste Leiterschicht Strom und deswegen reicht ein dünner, gut leitender Niederschlag (z. B. Silber) auf einem Isolator als Leiter. Deshalb werden Leiter in der UHF-Technik versilbert.

Typisch für den Skin-Effekt ist die *Eindringtiefe* δ, in der hauptsächlich die Stromleitung erfolgt. Sie beträgt etwa 5 μm bei 100 MHz, 2 μm bei 1 GHz und 0,5 μm bei 10 GHz.

Ein analoger Vorgang läuft im „magnetischen Leiter" ab (Abb. 3.3.12b). Der zeitveränderliche Fluss wird vom induzierten Feldstärkefeld E_i umwirbelt. Dadurch entsteht ein Stromwirbel J im massiven magnetischen Leiter (Eisen). Ein Magnetfeld schwächt das ursprüngliche Feld im achsennahen Bereich. Diese „magnetische Randverdrängung" äußert sich als zusätzliche *induktive Kom-*

ponente des Leiterwiderstandes. Bekannter ist dieser Effekt als *magnetische Abschirmung* von Wechselfeldern in einem Metallblech. Im magnetischen Wechselfeld entstehen dort Wirbelströme, die dem erzeugenden Feld entgegenwirken und das resultierende Feld sinkt innerhalb der Blechabschirmung. Die Schirmwirkung wächst mit der Leitfähigkeit, der Leiterstärke und Frequenz des Wechselfeldes. Sie ist für Netzfrequenz gering (Supraleiter schirmen dagegen auch hier ideal ab). Bei tiefen Frequenzen wirkt magnetische Abschirmung mit hochpermeablem Material über die Brechungsgesetze magnetischer Feldlinien besser (s. Kap. 3.1.3).

3.3.3 Bewegungsinduktion

Die Bewegungsinduktion ist die zweite Form der Einwirkung eines Magnetfeldes auf einen Leiterkreis. Sie nutzt die Kraftwirkung des Magnetfeldes auf bewegte Leiter, dabei übernimmt das Magnetfeld eine Mittlerrolle bei der Umformung elektrischer in mechanische Energie und umgekehrt.

3.3.3.1 Induktionsgesetz für Bewegungsinduktion

Grundbeziehung

> Unter Bewegungsinduktion versteht man jedes elektrische Feld, das durch Bewegung oder Veränderung eines vom magnetischen Feld durchsetzten Leitergebildes induziert wird.

Bewegung heißt dabei *Relativbewegung* zwischen Leiter und Magnetfeld[33]. Deshalb bleibt gleichgültig, ob sich Leiter, Feld oder beide mit unterschiedlichen Geschwindigkeiten bewegen. Grundlage ist der bewegungsabhängige Teil im Induktionsgesetz Gl. (3.3.3)

$$u_{qi} = -e_i = -\oint_s (\boldsymbol{v} \times \boldsymbol{B}) \cdot d\boldsymbol{s} \qquad \text{Bewegungsinduktion} \qquad (3.3.12)$$

als Folge der Lorentzkraft. Sie verschiebt Ladungen und bewirkt so den induzierten Strom im Leiterkreis. Formal wird die Lorentz-Kraft auf eine *induzierte elektrische Feldstärke* $\boldsymbol{E}_i = \boldsymbol{v} \times \boldsymbol{B}$ als Folge der Leiterschleifenänderung im Magnetfeld zurückgeführt.

Grundmodell, bewegter Leiter im Magnetfeld Bewegungsinduktion erfolgt, wenn sich eine geschlossene oder offene Leiterschleife oder Teile von ihr im Magnetfeld bewegen und Gl. (3.3.12) erfüllt ist. Im einfachsten Fall verschiebt

---

[33] Der Begriff Bewegung hängt vom Bezugssystem des Beobachters ab (s. u.).

3.3 Induktionsgesetz: Verkopplung magnetischer und elektrischer Felder

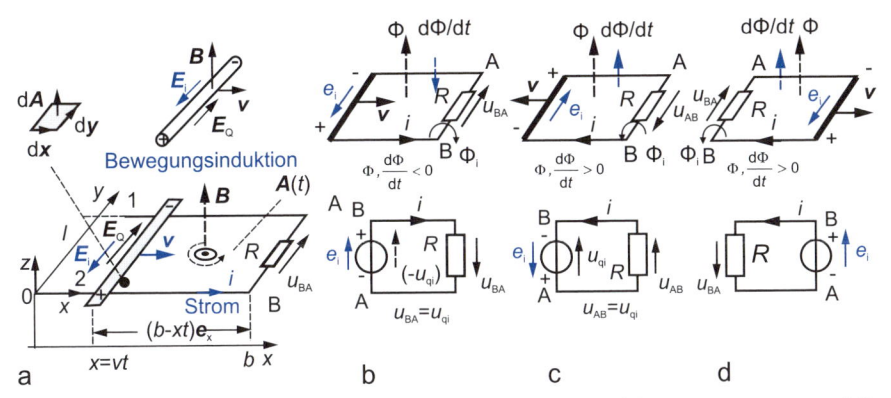

Abb. 3.3.13. Bewegungsinduktion im homogenen Magnetfeld. (a) Leiteranordnung, zeitliche Abnahme der induktionsdurchsetzten Fläche. (b) zugehörige Netzwerkersatzschaltung. (c) dto. bei umgekehrter Bewegungsrichtung. (d) Leiterbewegung des gegenüberliegenden Schleifenteils, zeitliche Zunahme der flussdurchsetzten Fläche

sich nur ein Leiterstab auf ruhenden Kontaktschienen (zur Abnahme der induzierten Spannung oder Bildung eines Leiterkreises) (Abb. 3.3.13a). Das Gesamtphänomen „induzierte Spannung" lässt sich dann gleichwertig erklären:

— durch *Bewegungsinduktion* des bewegten Leiters (s. Abb. 3.3.4a);
— durch *Ruheinduktion*, indem der bewegliche Leiter als Teil einer Leiterschleife betrachtet wird, deren vom Magnetfeld durchsetzte Fläche $A(t)$ sich durch Leiterbewegung zeitlich ändert und damit bei konstanter Induktion auch der von der Schleife umfasste Fluss. Dann gilt Gl. (3.3.4) für Ruheinduktion. Kenntnisse über Vorgänge im bewegten Leiter entfallen.
In beiden Fällen treten die Spannungen e_i bzw. u_{qi} auf.

Die Fläche der Leiterschleife aus beweglichem Leiterstab, Seitenleitern (Abstand l) und einem festen Querabschluss mit dem Widerstand R wird senkrecht von der homogenen Flussdichte $\boldsymbol{B} = B_z\boldsymbol{e}_z$ durchsetzt (Abb. 3.3.13a). Bewegt sich der Leiter mit konstanter Geschwindigkeit $\boldsymbol{v} = v_x\boldsymbol{e}_x$ nach rechts, so wirkt auf seine Ladungsträger (Ladung Q positiv) die *Lorentz-Kraft* $\boldsymbol{F}_m = Q(\boldsymbol{v} \times \boldsymbol{B}) = Q(v_x\boldsymbol{e}_x \times B_z\boldsymbol{e}_z) = -Qv_xB_z\boldsymbol{e}_y$ in negativer y-Richtung. Sie verschiebt positive Ladungen ans vordere Stabende (positive Überschussladung), am hinteren entsteht durch Ladungsdefizit eine negative Überschussladung. Die Ladungen verursachen im Stab und Außenraum ein *Ladungsfeld* $\boldsymbol{E}_Q = E_y\boldsymbol{e}_y$ in Richtung von positiven zu negativen Ladungen und damit eine Coulomb-Kraft $\boldsymbol{F}_Q = Q\boldsymbol{E}_Q$. Im stromlosen Zustand wirken netto keine Kräfte auf die Ladungen

$$\boldsymbol{F}_m + \boldsymbol{F}_Q = 0 \rightarrow \boldsymbol{F}_m = Q(\boldsymbol{v} \times \boldsymbol{B}) = -\boldsymbol{F}_Q = -Q\boldsymbol{E}_Q \rightarrow \boldsymbol{E}_Q = -(\boldsymbol{v} \times \boldsymbol{B}).$$

Die Lorentz-Kraft ist der Geschwindigkeit v proportional. Ein ruhender Beobachter sieht den bewegten Leiterstab und erklärt sie als Wirkung des Magnetfeldes. Für einen bewegten Beobachter (auf dem Stab) ruht der Leiter relativ zu ihm ($v = 0$). Deswegen schreibt er die Kraftwirkung nicht dem Magnetfeld zu (wegen $\boldsymbol{F}_\mathrm{m} \sim v = 0$), sondern erklärt sie als Folge des äußeren Feldes $\boldsymbol{E}_\mathrm{Q}$ bedingt durch eine *induzierte elektrische Feldstärke* $\boldsymbol{E}_\mathrm{i}$:

$$\boldsymbol{E}_\mathrm{i} = \boldsymbol{v} \times \boldsymbol{B}. \qquad \text{Induzierte elektrische Feldstärke} \qquad (3.3.13\mathrm{a})$$

Dann beträgt die Lorentz-Kraft gleichwertig

$$\boldsymbol{F}_\mathrm{m} = Q(\boldsymbol{v} \times \boldsymbol{B}) = Q\boldsymbol{E}_\mathrm{i}. \qquad \text{Lorentz-Kraft auf Ladung im Magnetfeld} \qquad (3.3.13\mathrm{b})$$

Auf eine mit der (Relativ-)Geschwindigkeit v zum Magnetfeld $\boldsymbol{B}$ bewegte Ladung (z. B. im Leiter) wirkt die Lorentz-Kraft $\boldsymbol{F}_\mathrm{m}$. Sie kann als Wirkung einer induzierten Feldstärke $\boldsymbol{E}_\mathrm{i}$ interpretiert werden. $\boldsymbol{v}$, $\boldsymbol{B}$ und $\boldsymbol{E}_\mathrm{i}$ bilden ein Rechtssystem. Im stromlosen Zustand ist der bewegte Leiter feldfrei ($\boldsymbol{E}_\mathrm{Q} + \boldsymbol{E}_\mathrm{i} = \boldsymbol{E}_\mathrm{ges} = 0$, gegenseitiges Aufheben der Felder $\boldsymbol{E}_\mathrm{Q}$ und $\boldsymbol{E}_\mathrm{i}$).

Weil die Feldstärke $\boldsymbol{E}_\mathrm{i}$ nur im bewegten Leiterteil wirkt, schrumpft das für die induzierte Spannung maßgebende Umlaufintegral Gl. (3.3.12) auf ein Linienintegral über den bewegten Leiter (Abb. 3.3.4a)

$$e_\mathrm{i} = \int_A^B \boldsymbol{E}_\mathrm{i} \cdot \mathrm{d}\boldsymbol{s} = \int_A^B (\boldsymbol{v} \times \boldsymbol{B}) \cdot \mathrm{d}\boldsymbol{s}. \qquad \text{Bewegungsinduktion eines Leiters} \qquad (3.3.14\mathrm{a})$$

Induktion $\boldsymbol{B}$ und Umlaufrichtung $\mathrm{d}\boldsymbol{s}$ bilden eine Rechtsschraube. Die induzierte Spannung e_i wirkt positiv in Integrationsrichtung von $\boldsymbol{E}_\mathrm{i}$ und ihr Bezugssinn weist folglich von der negativen zur positiven Überschussladung.

Bewegungsinduktion erfolgt nur in bewegten Teilen der Leiterschleife, sofern v und $\boldsymbol{B}$ eine induzierte Feldstärke erlauben.

In Abb. 3.3.13a ergibt sich die induzierte Spannung e_i durch Integration der Feldstärke $\boldsymbol{E}_\mathrm{i}$ von A nach B, also in Umlaufrichtung (rechtswendig, vorgegeben durch $\mathrm{d}\boldsymbol{A}$ und den umfassten Fluss). Sie beträgt (mit $\mathrm{d}\boldsymbol{s} = \mathrm{d}\boldsymbol{y}$)

$$\begin{aligned} e_\mathrm{i} &= \int_A^B \boldsymbol{E}_\mathrm{i} \cdot \mathrm{d}\boldsymbol{s} = \int_A^B (\boldsymbol{v} \times \boldsymbol{B}) \cdot \mathrm{d}\boldsymbol{s} = \int_l^0 (v_\mathrm{x}\boldsymbol{e}_\mathrm{x} \times B_\mathrm{z}\boldsymbol{e}_\mathrm{z}) \cdot \mathrm{d}\boldsymbol{y} \\ &= \int_l^0 v_\mathrm{x} B_\mathrm{z}(-\boldsymbol{e}_\mathrm{y}) \cdot (\boldsymbol{e}_\mathrm{y}\mathrm{d}y) = v_\mathrm{x} B_\mathrm{z} l. \end{aligned} \qquad (3.3.14\mathrm{b})$$

Die Spannung e_i hat den Richtungspfeil von $\boldsymbol{E}_\mathrm{i}$ und treibt den induzierten Strom i (bei geschlossener Schleife) in dargestellter Richtung (Abb. 3.3.13b) an. Er verursacht den Spannungsabfall u_BA am Widerstand R. Im Leerlauf ($i=0$, $R \to \infty$) gilt $u_\mathrm{BA}|_{i=0} = e_\mathrm{i}$ wegen

$$e_\mathrm{i} = \int_A^B \boldsymbol{E}_\mathrm{i} \cdot \mathrm{d}\boldsymbol{s} = -\int_A^B \boldsymbol{E}_\mathrm{Q} \cdot \mathrm{d}\boldsymbol{s} = -u_\mathrm{AB} = u_\mathrm{BA}.$$

Die direkte Berechnung der Spannung aus Gl. (3.3.13) führt mit $\boldsymbol{E}_\mathrm{Q} = E_\mathrm{Q}\boldsymbol{e}_\mathrm{y}$ zum gleichen Ergebnis:

$$\begin{aligned} u_\mathrm{BA} &= \int_B^A \boldsymbol{E}_\mathrm{Q} \cdot \mathrm{d}\boldsymbol{s} = -\int_0^l (\boldsymbol{v} \times \boldsymbol{B}) \cdot \mathrm{d}\boldsymbol{y} = -\int_0^l \underbrace{(v_\mathrm{x}\boldsymbol{e}_\mathrm{x} \times B_\mathrm{z}\boldsymbol{e}_\mathrm{z})}_{-v_\mathrm{x}B_\mathrm{z}\boldsymbol{e}_\mathrm{y}} \cdot \boldsymbol{e}_\mathrm{y} \mathrm{d}y \\ &= \int_0^l v_\mathrm{x}B_\mathrm{z}\mathrm{d}y = v_\mathrm{x}B_\mathrm{z}l \equiv e_\mathrm{i}. \end{aligned}$$

Die Spannungen e_i und u_BA sind positiv (u_BA in Stromrichtung), die Spannung $u_\mathrm{AB} = -u_\mathrm{BA}$ also negativ, weil dann B der Spannungsbezugspunkt ist (übereinstimmend mit den Überschussladungen an den Leiterenden bei Leerlauf).

Bewegungsinduktion wird damit durch zwei Spannungen beschrieben:

— die *induzierte Spannung* e_i nach Gl. (3.3.14b), resultierend aus der magnetischen Kraftwirkung und positiv in Integrationsrichtung von $\boldsymbol{E}_\mathrm{i}$ wirkend (Bezugssinn deshalb von minus nach plus);
— die *induzierte Quellenspannung* u_qi ($= -e_\mathrm{i}$, Gl. (3.3.12))

$$u_\mathrm{qi} = \int_A^B \boldsymbol{E}_\mathrm{Q} \cdot \mathrm{d}\boldsymbol{s} = u_\mathrm{AB} = -\int_A^B \boldsymbol{E}_\mathrm{i} \cdot \mathrm{d}\boldsymbol{s} = -e_\mathrm{i} = -u_\mathrm{BA},$$

herrührend aus dem Ladungsunterschied und gekennzeichnet durch die (elektrostatische) Feldstärke $\boldsymbol{E}_\mathrm{Q}$. Sie ergibt sich bei Integration in Richtung von $\boldsymbol{E}_\mathrm{Q}$. Im ersten Fall gilt der Maschensatz in der Form $\Sigma\,\mathrm{EMK} = \Sigma$ Spannungsabfälle, im zweiten in der Schreibweise $-\Sigma u_\mathrm{q} + \Sigma iR = 0$.

Zusammenfasst: Der bewegte Leiterstab

— ist so Ursache des induzierten Stromes im Leiterkreis;
— führt zwischen den Stabenden eine induzierte Spannung. Besonderheit: ein auf dem Stab mit bewegter Spannungsmesser zeigt keinen Ausschlag (weil in seinen Zuleitungen ebenfalls Ladungen verschoben werden und sich im Messkreis beide Effekte kompensieren). Gleichwertig ist die Aussage, dass wegen der verschwindenden Gesamtfeldstärke $\boldsymbol{E}$ das Umlaufintegral im Leiterstab verschwindet.

– hat zwischen seinen Enden ein Quellenfeld (E_Q), das auch zwischen den Leiterschienen auftritt und als Spannung u_{AB} am Widerstand R messbar ist;
– ist vom Induktionsvorgang her verschiedenartig zugängig: über die induzierte Spannung e_i im Stab, mit der induzierten Quellenspannung u_{qi} (Spannungsabfall an R) und schließlich nach der Ruheinduktion mit zeitveränderlichem Fluss (Gl. (3.3.4)).

Netzwerkersatzschaltung, induzierte Quellenspannung Die Leiterschleife wird mit ihrem bewegten Teil durch die Netzwerkersatzschaltung Abb. 3.3.13b modelliert. Dort entsteht die induzierte Spannung $e_i = u_{BA}$, messbar am (ruhenden) Lastwiderstand R als *Spannungsabfall* u_{BA} bzw. Leerlaufspannung.

Weil die Richtung von e_i stets mit der induzierten Feldstärke E_i übereinstimmt und diese durch das Rechtsdreibein v, B, E_i festliegt, ist die Richtung des induzierten Schleifenstromes eindeutig bestimmt.

Ändert der Leiterstab die Bewegungsrichtung (also nach links, Abb. 3.3.13c), so wechseln die Richtungen der induzierten Spannung e_i und des Stromes. Die Richtungsumkehr verwendet entweder die bisherige Ersatzschaltung mit Vorzeichenumkehr aller Ströme und Spannungen oder bedingt eine neue Ersatzschaltung mit neu eingeführten Größen.

Die Bewegungsinduktion der in Teilen bewegten Leiterschleife wirkt im Netzwerkmodell als Grundstromkreis mit idealer Spannungsquelle: entweder induzierte EMK e_i (Folge der magnetischen Kraftwirkung auf Ladungsträger) oder induzierte Quellenspannung u_{qi} (Folge des Ladungsfeldes E_Q).

Bei *Stromfluss* (über den Widerstand R) fließen fortwährend Ladungen aus dem bewegten Leiterstab ab und tragen nicht mehr zur Coulombschen Feldstärke E_Q bei: das Kräftegleichgewicht ist gestört und die induzierte Feldstärke verursacht erneut eine Ladungstrennung. So werden abfließende Ladungen nachgeliefert und das Kräftegleichgewicht im Leiterstab wiederhergestellt.

Das erfordert eine *Antriebskraft* zur Leiterbewegung nach rechts (s.u.). Auch hier gibt die Lenzsche Regel Orientierung: die Wirkung arbeitet der Ursache entgegen. Die Leiterbewegung nach rechts erfordert eine Antriebskraft F_{Antr}, der im Leiterkreis induzierte Strom erzeugt aber im Leiter der Länge l eine Kraft $F = I(l \times B)$ (Gl. (3.1.7)). Sie ist mit

$$l = \int_A^B d\mathbf{s} = \int_l^0 \mathbf{e}_y dy = -l\mathbf{e}_y$$

($l = x$), $B = B_z \mathbf{e}_z$ in negative x-Richtung orientiert, wirkt also der Antriebskraft entgegen. Steigender Leiterstrom erhöht diese „Bremskraft" und die zugeführte mechanische Energie steigt. Wir kommen darauf im Anschnitt 3.3.3.2 zurück.

Induktionswirkung durch zeitveränderlichen Fluss Bisher wurde die Induktionswirkung als Wechselspiel von Lorentz-Kraft und Ladungsfeld im bewegten Leiter untersucht. Es liegt nahe, auch den zeitveränderlichen Fluss durch die Leiterschleife zur Erklärung heranzuziehen. Er entsteht, wenn eine konstante Flussdichte $\boldsymbol{B}$ die Schleifenfläche $\boldsymbol{A}(t)$ bestimmt durch Länge $x = b - v_x t$ in x-Richtung und Breite l in y-Richtung durchsetzt. Sie nimmt durch die Leiterbewegung zeitlich ab. Mit dem Flächenelement $\mathrm{d}\boldsymbol{A} = \mathrm{d}\boldsymbol{x} \times \mathrm{d}\boldsymbol{y} = \mathrm{d}x\mathrm{d}y\,(\boldsymbol{e}_\mathrm{x} \times \boldsymbol{e}_\mathrm{y}) = \mathrm{d}x\mathrm{d}y\boldsymbol{e}_\mathrm{z}$ (orientiert in z-Richtung), einem Integrationsweg C (Umlaufrichtung), bestimmt durch die Orientierung des Flächenvektors und der Flussdichte $\boldsymbol{B}$ zeigt der Fluss aus der Ebene heraus positiv (Rechtsschraubenregel)

$$\Phi(t) = \int_A \boldsymbol{B} \cdot \mathrm{d}\boldsymbol{A} = \int_A B_z \boldsymbol{e}_\mathrm{z} \cdot \boldsymbol{e}_\mathrm{z} \mathrm{d}x\mathrm{d}y = \int_{y=0}^{l} \int_{x=vt}^{b} B_z \mathrm{d}x\mathrm{d}y = B_z l(b - v_x t).$$

Er fällt zeitlinear: $\mathrm{d}\Phi/\mathrm{d}t < 0$ und induziert in der Schleife den Strom i wie bei der Ruheinduktion. Die zugehörige Spannung beträgt

$$\begin{aligned} e_\mathrm{i} &= \oint \boldsymbol{E}_\mathrm{i} \cdot \mathrm{d}\boldsymbol{s} = -\frac{\mathrm{d}}{\mathrm{d}t} \int_A \boldsymbol{B} \cdot \mathrm{d}\boldsymbol{A} = -\frac{\mathrm{d}\Phi(t)}{\mathrm{d}t} \\ &= -\frac{\mathrm{d}}{\mathrm{d}t}\left(B_z l(b - v_x t)\right) = B_z l v_\mathrm{x}. \end{aligned} \qquad (3.3.15)$$

Umlaufrichtung im beweglichen Leiter und induzierte Feldstärke $\boldsymbol{E}_\mathrm{i}$ stimmen überein, damit fließt auch der induzierte Strom in Umlaufrichtung, also der Kontur C: rechtswendig zum abnehmenden Fluss oder gleichwertig von den am vorderen Leiterende angereicherten positiven Ladungen in Richtung über den Leiterkreis zum hinteren Ende. Auch hier bestätigt die Lenzsche Regel die Stromrichtung.

Der induzierte Strom erzeugt einen Fluss Φ_i^*, der der Flussänderung $\mathrm{d}\Phi/\mathrm{d}t$ entgegenwirkt (Abb. 3.3.13a,b).

> Die Induktion eines im Magnetfeld bewegten Leiters kann erklärt werden durch eine in ihm induzierte Spannung (Bewegungsinduktion) oder als Ruheinduktion mit zeitlicher Flussänderung durch Flächenänderung der Leiterschleife. Für beide Betrachtungsweisen stimmen die Ergebnisse in allen Einzelheiten überein. Zur praktischen Anwendung der Bewegungsinduktion empfiehlt sich deshalb ein Netzwerkmodell mit Ersatz des bewegten Leiterteils durch eine (ruhende) Spannungsquelle.

Vereinfachtes Induktionsgesetz Die totale zeitliche Flussänderung im Induktionsgesetz Gl. (3.3.3) enthält Ruhe- und Bewegungsinduktion als Spezialfälle. Treten sie gleichzeitig auf, wird die Analyse aufwendiger. Für den verbreiteten Praxisfall homogener, *nur zeitveränderlicher Magnetfelder* und *Bewegung* der Leiterschleife ganz oder teilweise *nur in einer Ebene* beträgt der gesamte magnetische Fluss $\Psi(t) = \boldsymbol{B}(t) \cdot \boldsymbol{A}(t)$. Dabei ist $\boldsymbol{A}(t)$ die von der Leiterschleife begrenzte Fläche. Dann *vereinfacht* sich Gl. (3.3.3) zu

$$\boxed{\begin{aligned} -e_\mathrm{i} &= \frac{\mathrm{d}\Psi(t)}{\mathrm{d}t} = \frac{\mathrm{d}\boldsymbol{A}(t)\cdot\boldsymbol{B}(t)}{\mathrm{d}t} = \boldsymbol{A}(t) \cdot \frac{\mathrm{d}\boldsymbol{B}(t)}{\mathrm{d}t} + \boldsymbol{B}(t) \cdot \frac{\mathrm{d}\boldsymbol{A}(t)}{\mathrm{d}t} \\ &= -e_\mathrm{i}|_\mathrm{r} + (-e_\mathrm{i}|_\mathrm{b}). \end{aligned}} \qquad (3.3.16)$$

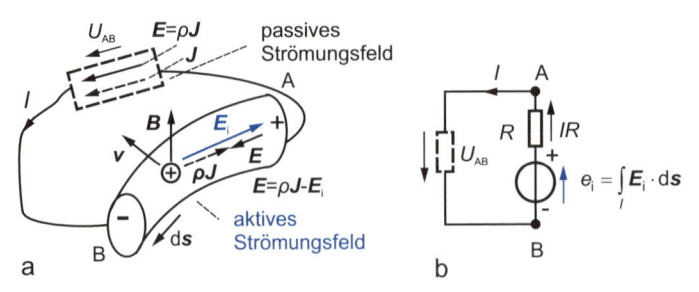

Abb. 3.3.14. Netzwerkersatzschaltung der Bewegungsinduktion. (a) Bewegter Leiter im Magnetfeld als Strömungsfeld. (b) Ersatzschaltung durch einen ruhenden aktiven Netzwerkzweig

Auch jetzt enthält die induzierte Spannung Ruhe- und Bewegungsinduktion (erster bzw. zweiter Teil), setzt aber räumlich konstante Induktion voraus.

Gerader Leiter Die Bewegungsinduktion Gl. (3.3.13) gilt auch für gekrümmte Leiter in inhomogenen Magnetfeldern (Abb. 3.1.5), es müssen dann nur die Vektorgrößen als Orts- und Zeitfunktionen angegeben werden. Für den bewegten *geraden Leiter* der Länge l vereinfacht sich die induzierte Spannung

$$e_\mathrm{i} = (\boldsymbol{v} \times \boldsymbol{B}) \cdot \boldsymbol{l}. \qquad \text{Induktionsgesetz (Form für bewegten geraden Leiter)} \qquad (3.3.17\mathrm{a})$$

Dabei ist die Leiterlänge $\boldsymbol{l}$ durch $\boldsymbol{l} = \int_A^B \mathrm{d}\boldsymbol{s}$ gegeben mit $\mathrm{d}\boldsymbol{s} = \mathrm{d}\boldsymbol{l}$. Die induzierte Spannung wird maximal, wenn alle drei Vektoren zueinander senkrecht stehen. Sie verschwindet, falls der Leiter in der von $\boldsymbol{B}$ und $\boldsymbol{v}$ aufgespannten Ebene liegt $((\boldsymbol{v} \times \boldsymbol{B}) \perp \boldsymbol{l})$ oder die Leiterbewegung durch $\boldsymbol{v} \| \boldsymbol{B}$ in Richtung des Magnetfeldes erfolgt.

Das Induktionsgesetz im bewegten geraden Leiter lässt sich für ein *bewegtes Strömungsfeld* zwischen zwei Potenzialflächen A, B verallgemeinern (Abb. 3.3.14a), in dem durch Stromfluss lokal die Stromdichte $\boldsymbol{J}$ und Feldstärke $\boldsymbol{E}$ herrschen. Dazu ist es über einen Stromkreis an eine äußere Spannungsquelle angeschlossen. Durch Bewegung des Strömungsgebildes im Magnetfeld entsteht in ihm zusätzlich die induzierte Feldstärke $\boldsymbol{E}_\mathrm{i} = \boldsymbol{v} \times \boldsymbol{B}$ und es gilt jetzt das (lokale) *Ohmsche Gesetz für bewegte Leiter*

$$\boldsymbol{J} = \kappa(\boldsymbol{E} + \boldsymbol{E}_\mathrm{i}) = \kappa(\boldsymbol{E} + \boldsymbol{v} \times \boldsymbol{B}). \qquad \text{Ohmsches Gesetz bewegter Leiter} \qquad (3.3.17\mathrm{b})$$

Das Strömungsfeld des bewegten Leitergebildes wird bestimmt von der Feldstärke, herrührend vom Potenzialfeld und der induzierten Feldstärke durch

3.3 Induktionsgesetz: Verkopplung magnetischer und elektrischer Felder   329

> **Bewegungsinduktion.** Auch ohne äußeren Stromfluss ($\boldsymbol{J} = 0$) herrscht im Leiterinnern ein elektrisches Feld, falls $\boldsymbol{v} \times \boldsymbol{B}$ von Null verschieden ist.

Damit ist der Anschluss an das aktive Strömungsfeld in Kap 1.3 gegeben und es kann durch das (ruhende) Netzwerkmodell Abb. 3.3.14b aus idealer Spannungsquelle und reihengeschaltetem Widerstand R ersetzt werden.

Weitere Sonderfälle Wir ergänzen weitere Sonderfälle. Rotierende Leiterschleife, das Transformatorprinzip und der Energieumsatz werden später betrachtet.

1. *Umkehr der Bewegungsrichtung* Bewegt sich der Leiter der Schleife in Abb. 3.3.13a, b nach links (Richtungsumkehr der Geschwindigkeit), so ändern sich die Vorzeichen der induzierten Größen. Vom Flussverhalten her wächst der umfasste Fluss (übereinstimmend mit der Richtungszuordnung Abb. 3.3.5b). Das gleiche gilt bei Vertauschung von Widerstand R und bewegtem Leiter (Abb. 3.3.13d), der sich dann nach rechts bewegen muss.

2. *Bewegter Leiterstab, Magnetfeld zeitabhängig* Bewegt sich der Leiterstab vom Anfangspunkt x (bei $t = 0$) aus mit konstanter Geschwindigkeit $\boldsymbol{v}$ in einem zeitveränderlichen Magnetfeld $\boldsymbol{B}(t) = \boldsymbol{e}_z B_0 \cos \omega t$ (Abb. 3.3.15a), so treten gleichzeitig Ruhe- und Bewegungsinduktion auf und es gilt Gl. (3.3.3b). Den Bewegungsanteil übernehmen wir von der bewegten Leiterschleife nach Gl. (3.3.14a)

$$e_{\mathrm{ib}} = \int_A^B \boldsymbol{E}_{\mathrm{i}} \cdot \mathrm{d}\boldsymbol{s} = \int_A^B (\boldsymbol{v} \times \boldsymbol{B}(t)) \cdot \mathrm{d}\boldsymbol{s} = \int_l^0 (v_\mathrm{x} \boldsymbol{e}_\mathrm{x} \times B_\mathrm{z}(t) \boldsymbol{e}_\mathrm{z}) \cdot \mathrm{d}\boldsymbol{y}$$

$$= \int_l^0 v_\mathrm{x} B_\mathrm{z}(t)(-\boldsymbol{e}_\mathrm{y}) \cdot \boldsymbol{e}_\mathrm{y} \mathrm{d}y = v_\mathrm{x} B_\mathrm{z}(t) l = v_\mathrm{x} l B_0 \cos \omega t = u_{\mathrm{BA}}$$

mit jetzt zeitveränderlicher Induktion. Für den Ruheanteil wird die Schleife als feststehend betrachtet ($\boldsymbol{v} = 0$), man erhält

$$e_{\mathrm{ir}} = -\int_A \frac{\partial \boldsymbol{B}}{\partial t} \cdot \mathrm{d}\boldsymbol{A} = -\int_{x=0}^{x} \int_{y=0}^{y=l} \frac{\partial B}{\partial t} \boldsymbol{e}_\mathrm{z} \cdot \boldsymbol{e}_\mathrm{z} \mathrm{d}x \mathrm{d}y = \omega x l B_0 \sin \omega t.$$

Die Gesamtspannung $e_\mathrm{i} = e_{\mathrm{ir}} + e_{\mathrm{ib}}$ überlagert sich aus beiden Teilen.

3. *Ruhende Leiterschleife im zeitveränderlichen, inhomogenen Magnetfeld* In einer ruhenden Leiterschleife abgeschlossen mit einem Widerstand R soll eine zeitveränderliche inhomogene Flussdichte $\boldsymbol{B}(t,x) = \boldsymbol{e}_z B_0 \sin \omega t \cdot \sin\left(\frac{\pi x}{b}\right)$ (Abb. 3.3.15b) herrschen. Im gewählten Koordinatensystem sind Flussänderung und Umlaufweg rechtswendig zugeordnet, es gilt deshalb für die induzierte Spannung nach Gl. (3.3.4)

$$e_\mathrm{i} = -\int_0^a \int_0^b \underbrace{\frac{\partial \boldsymbol{B}(x,t)}{\partial t} \cdot \boldsymbol{e}_\mathrm{z} \mathrm{d}x \mathrm{d}y}_{\mathrm{d}A} = -a \frac{\mathrm{d}(B_0 \sin \omega t)}{\mathrm{d}t} \int_0^b \sin \frac{\pi x}{b} \mathrm{d}x$$

$$= -\frac{2ab\omega}{\pi} B_0 \cos \omega t.$$

Die eingetragene Richtung wird durch die Lenzsche Regel bestätigt: bei Flusszunahme (z. B. im Zeitbereich $t = 0 \ldots \pi/2$) muss das Magnetfeld des induzier-

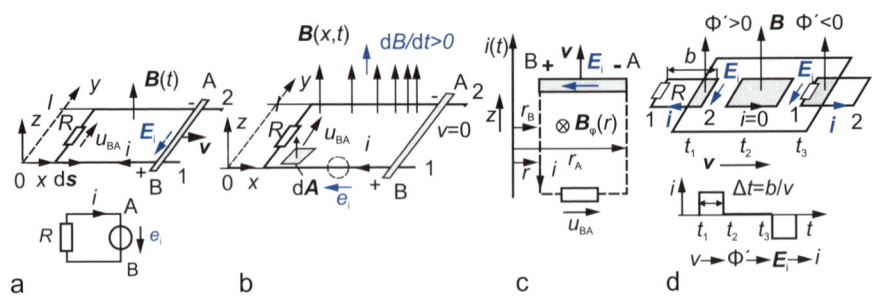

Abb. 3.3.15. Bewegungsinduktion, Anwendungen. (a) Verformte Leiterschleife im zeitabhängigen homogenen Magnetfeld. (b) Ruhende Leiterschleife im zeitveränderlichen, inhomogenen Magnetfeld. (c) Bewegter Leiter im inhomogenen Magnetfeld. (d) Bewegung eines Leiterrahmens durch ein lokal begrenztes homogenes Magnetfeld

ten Stromes der Zunahme entgegenwirken, damit ergibt sich die eingetragene Stromrichtung i_{ind} übereinstimmend mit $-\frac{d\Phi}{dt} = e_i$. Während die zeitliche Änderung die Induktion bestimmt, beeinflusst die lokale Inhomogenität nur ihre Größe.

4. *Bewegter Leiter im inhomogenen Magnetfeld* Ein senkrecht auf einen stromführenden Leiter gerichteter Leiterstab wird parallel zum Strom mit konstanter Geschwindigkeit $\boldsymbol{v} = v_0 \boldsymbol{e}_z$ verschoben; gesucht ist die Spannung zwischen seinen Enden (Abb. 3.3.15c).

   Der stromführende Leiter erzeugt ein inhomogenes Magnetfeld $\boldsymbol{B} = \boldsymbol{e}_\varphi \frac{\mu_0 I}{2\pi r}$, das radial nach außen abfällt. Im bewegten Leiter entsteht Bewegungsinduktion mit inhomogenem Magnetfeld längs des Leiters. Aus den Richtungen von $\boldsymbol{v}$ und $\boldsymbol{B}$ folgt zunächst die Richtung von $\boldsymbol{E}_i$: positiver Ladungsüberschuss bei B. Die induzierte Spannung e_i folgt aus

   $$e_i = \int_A^B \boldsymbol{E}_i \cdot d\boldsymbol{r} = \int_A^B (\boldsymbol{v}_z \times \boldsymbol{B}_\varphi) \cdot \boldsymbol{e}_r dr = \int_{r_A}^{r_B} \left(v_0 \boldsymbol{e}_z \times \boldsymbol{e}_\varphi \frac{\mu_0 I}{2\pi r}\right) \cdot \boldsymbol{e}_r dr$$

   $$= -\frac{v_0 \mu_0 I}{2\pi} \ln \frac{r_B}{r_A} = \frac{v_0 \mu_0 I}{2\pi} \ln \frac{r_A}{r_B}$$

   mit $\boldsymbol{e}_z \times \boldsymbol{e}_\varphi = -\boldsymbol{e}_r$ und der eingetragenen Feldstärke $\boldsymbol{E}_i$. Dies lässt sich bestätigen: denkt man sich den Leiterstab durch eine Leiterschleife ergänzt (in der Abb. angedeutet), so veranlasst die Stabbewegung eine Flusszunahme. Das Magnetfeld des induzierten Stromes wirkt nach der Lenzschen Regel der Flusszunahme entgegen, wodurch sich die Richtung von $\boldsymbol{E}_i$ bzw. der Spannung e_i bestätigt. Praktisch ist diese Spannung wegen der geringen Flussdichte klein: z. B. $I = 100$ A, $r_A = 10$ cm, $r_B = 40$ cm, $v_0 = 5$ m/s $\to e_i = 140$ µV.

5. *Bewegte Leiter im inhomogenen Magnetfeld* Bewegen sich zwei Leiterstäbe auf einer Schienenanordnung mit unterschiedlichen (gleich orientierten) Geschwindigkeiten $\boldsymbol{v}_1, \boldsymbol{v}_2$ in einem in Bewegungsrichtung inhomogenen Magnetfeld $B(x)$ (Anordnung sinngemäß zu Abb. 3.3.15a), so stellt sich im Leiterrahmen (an einem eingefügten Widerstand R) die Spannung

   $$e_i = e_{i1} - e_{i2} = l v_1 B(x_1) - l v_2 B(x_2)$$

ein, wenn sich die Leiterstäbe zum Beobachtungszeitpunkt an den Stellen x_1 und x_2 befinden. Grundlage für diesen Ansatz ist Gl. (3.3.14a). Der Strom durch den Widerstand R beträgt $i = e_i/R$. Das erlaubt einige Folgerungen:

– Im *homogenen Magnetfeld* ($B(x_1) = B(x_2)$) erfolgt Induktion lediglich bei unterschiedlichen Geschwindigkeiten beider Leiter. Nur dann ändert sich die von der Leiteranordnung umfasste Fläche zeitlich.
– Bei *inhomogenem Magnetfeld* entsteht auch für gleiche Geschwindigkeit beider Stäbe (d. h. fester Abstand zueinander) Induktion. Gleichwertig kann man die Leiteranordnung als bewegten Leiterrahmen betrachten. Orte besonderer Inhomogenität sind lokale Begrenzungen des Magnetfeldes, in die ein Leiterrahmen eintaucht (Abb. 3.3.15d). Taucht Leiter 2 des Rahmens ins Magnetfeld ein, so wird in ihm die Spannung e_i induziert (Flusszunahme) und es fließt ein Strom in angegebener Richtung. Er unterbleibt, wenn sich der Rahmen voll im Magnetfeld bewegt. Bei Austritt des Rahmens aus dem Magnetfeld erfährt nur Leiter 1 eine Spannungsinduktion (Flussabnahme) und es fließt der induzierte Strom in entgegengesetzter Richtung solange, bis der Rahmen im feldfreien Raum liegt.

⊳ 3.3.3.2 Anwendungen der Bewegungsinduktion

Auch die Bewegungsinduktion hat viele Anwendungen, denn Induktionsgesetz Gl. (3.3.17a) und Lorentz-Kraft sind die Grundlage der *mechanisch-elektrischen Energieumformung* mit dem Magnetfeld als Mittler:

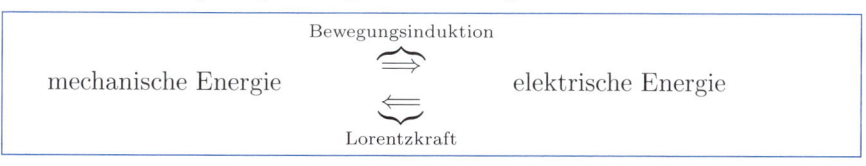

	Bewegungsinduktion	
mechanische Energie	⇌	elektrische Energie
	Lorentzkraft	

Je nachdem, ob die mechanische Energie einem Leiterkreis in Translations- oder Rotationsform zugeführt wird, verändert sich der umfasste Fluss durch fortschreitende oder drehende Bewegung und es kommt zur *Spannungsinduktion*. Bewegt sich umgekehrt ein stromdurchflossener Leiter im Magnetfeld, so erfährt er eine *elektrodynamische Kraftwirkung*. Generell bildet die Wandlung mechanischer in elektrische Energie das *Generatorprinzip* (Spannungsinduktion im bewegten Leiter), der Umkehrvorgang das *Motorprinzip* (Kraftwirkung auf einen stromdurchflossenen Leiter) (Abb. 3.3.16a).

Die Energieumformung veranschaulicht Abb. 3.3.16b am translatorisch bewegten Leiter auf leitenden Schienen. Die Anordnung ist mit einem beweglichen Leiter (und Widerstand bzw. Spannungsquelle) abgeschlossen. Die „Schleifenfläche" wird senkrecht vom konstanten Magnetfeld durchsetzt.

1. Leistungsumsatz mechanisch-elektrisch, Generatorwirkung Wirkt auf den beweglichen Leiter der Leiterschleife (abgeschlossen mit einem Widerstand

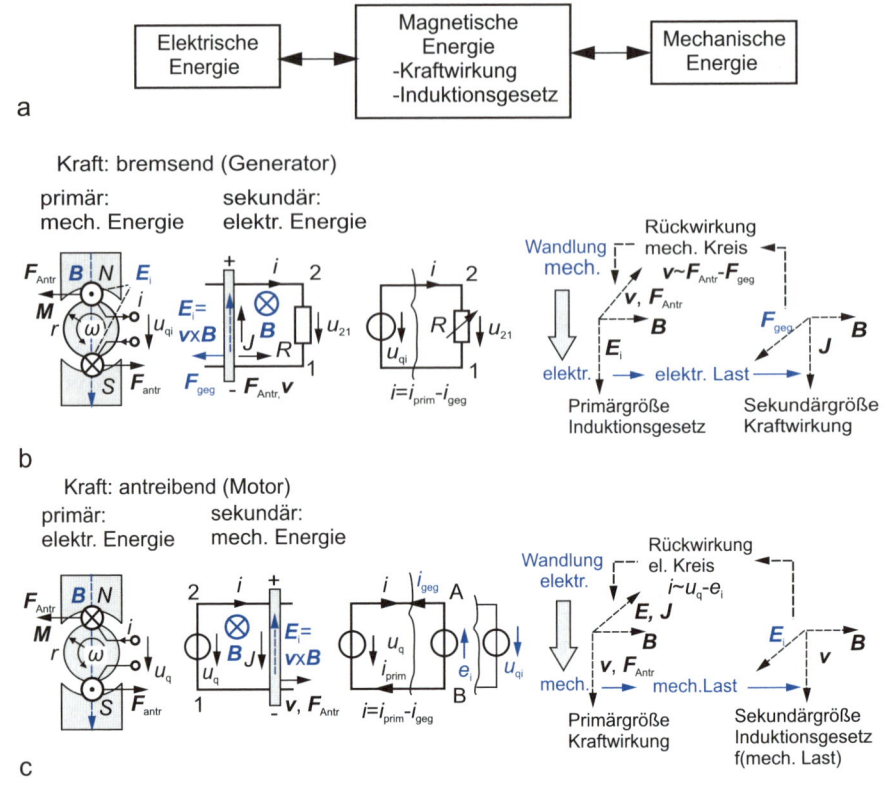

Abb. 3.3.16. Kraftwirkung und Induktionsgesetz am bewegten Leiter im homogenen Magnetfeld. (a) Wandlung elektrischer Energie über das Magnetfeld in mechanische Energie (und umgekehrt). (b) Generatorprinzip und Netzwerkersatzschaltung. (c) Motorprinzip und Netzwerkersatzschaltung

R an den Klemmen 21) eine antreibende Kraft F_{Antr} (Abb. 3.3.16b) und führt ihn mit der Geschwindigkeit v nach rechts, so entsteht im Leiterstab die Feldstärke $E_i = (v \times B)$: *Zufuhr mechanischer Energie, Abgabe elektrischer Energie (Generatorwirkung)*. Die aufzuwendende mechanische Leistung beträgt

$$P_{\text{mech}} = F_{\text{Antr}} \cdot v = iBlv = ie_i = P_{\text{el}} = iu_{21}. \qquad (3.3.18a)$$

Die induzierte Spannung e_i verursacht den Strom i durch den Verbraucherwiderstand R. Er erzeugt nach der Lenzschen Regel eine bremsende Kraft $F_{\text{geg}} = F_{\text{Br}} = i\,(l \times B)$ (Gl. (3.1.7)) (Motorwirkung), die der primär einwirkenden stets *entgegenwirkt: Gegenkraft (Bremskraft)*. Sie versucht, die Relativgeschwindigkeit zwischen Leiter- und Magnetfeld zu mindern und muss bei stationärer Bewegung von der Antriebskraft F_{Antr} überwunden werden

($F_{\text{Antr}} = -F_{\text{Br}}$). So überträgt sich die mechanische Antriebsleistung als gleich große elektrische Leistung ie_i in den Stromkreis und damit zum Verbraucher. Dabei ist der Stromfluss augenfällig: im Leerlauf ($i = 0$) erfolgt kein Leistungsumsatz, weil die Bremskraft F_{Br} fehlt, die eine antreibende Kraft überwinden muss.

Der mechano-elektrische Energieumsatz erfordert die rücktreibende Kraftwirkung auf stromdurchflossene Leiter im Magnetfeld!

Der in der Bremskraft auftretende Strom kann noch durch das Induktionsgesetz ausgedrückt werden, man erhält

$$F_{\text{geg}} = iBl = vB^2l^2/R. \tag{3.3.18b}$$

Sie ist proportional v und so eine ideale Bremskraft. Wegen der Proportionalität zu B^2 wächst sie mit steigendem Strom und abnehmendem Widerstand R. Sie lässt sich durch den Kreiswiderstand R einfach regeln.

Jeder im Magnetfeld bewegte geschlossene Leiterkreis wird (bei Flussänderung) so gebremst, als bewege er sich in einem zähen Medium (Ergebnis der Lenzschen Regel).

2. Leistungsumsatz elektrisch-mechanisch, Motorwirkung Wird dem Leiter ein Strom als Ursache eingeprägt (z. B. durch eine Spannungsquelle $u_q = u_{21}$, Abb. 3.3.16c), so entsteht die antreibende Kraft $\boldsymbol{F}_{\text{Antr}} = i\,(\boldsymbol{l} \times \boldsymbol{B})$. Sie bewegt ihn nach mechanischen Gesetzen mit der Geschwindigkeit $\boldsymbol{v}$ nach rechts: *Zufuhr elektrischer Energie, Abgabe mechanischer (Motorwirkung)*. Die Bewegung induziert im Leiter rückwirkend die Feldstärke $\boldsymbol{E}_i$ (Generatorwirkung) und die ihr zugeordnete Quellenspannung $e_i = u_{qi}$ wirkt der anliegenden Spannung entgegen.

Rückwirkung der mechanischen Eigenschaften des im Magnetfeld bewegten Leiters auf den elektrischen Stromkreis. Motor- und Generatorwirkung treten im bewegten Leiterteil stets gleichzeitig auf!

Für den Stromkreis folgt (mit $u_q = u_{21}$)

$$u_{21} = iR + \int (\boldsymbol{v} \times \boldsymbol{B}) \cdot d\boldsymbol{s} = iR + vBl = iR + u_{qi} \tag{3.3.18c}$$

(bei $\boldsymbol{v} \perp \boldsymbol{B}$, $B = \text{const}$, geradem Leiter und eingefügtem Verlustwiderstand R). Mit dem Kreisstrom $i = (u_{21} - u_{qi})/R$ wird die *elektrische Leistung*

$$P_{\text{el}} = u_{21}i = i^2R + ivBl = i^2R + P_{\text{mech}} \tag{3.3.18d}$$

zugeführt und, abgesehen von der Verlustleistung i^2R, als *mechanische Leistung*

$$P_{\text{mech}} = \boldsymbol{F}_{\text{Antr}} \cdot \boldsymbol{v} = iBlv = iu_{\text{qi}} = P_{\text{el}} \tag{3.3.18e}$$

abgegeben. Gleichwertig wirkt die Anordnung wie ein *„Stromkreis mit Gegenspannung u_{qi}"*. Deshalb kann der Gesamtstrom i auch verstanden werden als Summe des durch u_{21} (bei $v = 0$) eingeprägten Stromes und eines von u_{qi} verursachten Gegenstromes.

Zusammengefasst:

> Ein im zeitlich konstanten Magnetfeld bewegter stromdurchflossener Leiter wirkt als direkter Umformer mechanischer in elektrische Leistung (und umgekehrt), weil Kraft- und Induktionswirkung gleichzeitig auftreten. Dabei hat die Kraftwirkung die Tendenz, die Relativgeschwindigkeit zwischen Leiter und Magnetfeld zu senken. Das Magnetfeld vermittelt nur die Energiewandlung, sein Energiezustand bleibt im stationären Fall erhalten. Je nach Betriebsart arbeitet die gleiche Anordnung als Motor oder Generator.

Technisch erfolgt die Energiewandlung mittels rotierender oder linear bewegter Leiterschleifen im Magnetfeld. Wir betrachten zunächst die rotierende Leiterschleife als verbreitetes Prinzip der Spannungserzeugung und vertiefen anschließend die Generator-Motorwirkung der linear bewegten Leiterschleife. Die vielfältigen Anwendungen betrachten wir in Kap. 5.

Rotierende Leiterschleife im homogenen, zeitkonstanten Magnetfeld, Generatorprinzip Rotierende Leiterschleifen im zeitkonstanten Magnetfeld sind *die* Methode zur kontinuierlichen Spannungserzeugung. Wir untersuchen sie über Ruhe- und Bewegungsinduktion mit der zeitveränderlichen Schleifenfläche (Gl. (3.3.16)) oder dem bewegten Leiter im magnetischen Feld (Gl. (3.3.17a)). Eine Antriebskraft dreht die Leiterschleife im homogenen Magnetfeld (Drehachse senkrecht zum Magnetfeld) mit konstanter Drehgeschwindigkeit (Winkelgeschwindigkeit ω) (Abb. 3.3.17a). Dabei ändert sich der Winkel $\alpha(t) = \omega t$ zwischen Schleifennormaler $\boldsymbol{A}$ und Flussdichte $\boldsymbol{B}$ zeitproportional und der von der Schleife umfasste Fluss zeitlich $\Phi(t) = \boldsymbol{B} \cdot \boldsymbol{A}(t) = BA \cos \angle (\boldsymbol{B}, \boldsymbol{A}(t))$. Die Flussdichte $\boldsymbol{B} = B_y \boldsymbol{e}_y$ wirkt in y-Richtung. Dann erfasst die zeitveränderliche Spulenfläche $\boldsymbol{A}(t) = \boldsymbol{A}_x(t) + \boldsymbol{A}_y(t)$ mit

$$\boldsymbol{A}(t) = A\left[\boldsymbol{e}_x \cos(\alpha(t) + \pi/2) + \boldsymbol{e}_y \sin(\alpha(t) + \pi/2)\right] \rightarrow \boldsymbol{A}_y = A\boldsymbol{e}_y \cos a(t)$$

den Fluss

$$\begin{aligned}\Phi(t) &= \iint_A \boldsymbol{B} \cdot \mathrm{d}\boldsymbol{A} = \boldsymbol{B}_y \cdot \boldsymbol{A} = B_y A \cos \alpha(t) \\ &= B_y \underbrace{2Rl}_{A} \cos \alpha(t) = \hat{\Phi} \cos \omega t.\end{aligned} \tag{3.3.19}$$

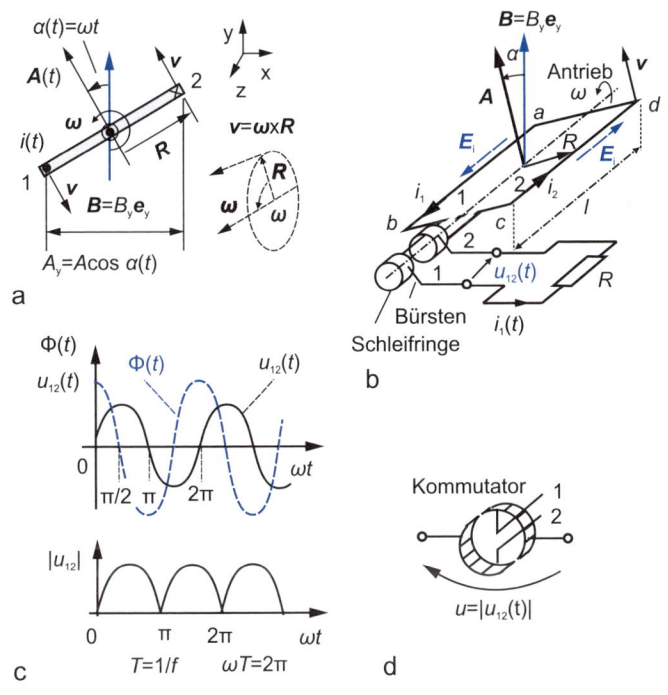

3.3 Induktionsgesetz: Verkopplung magnetischer und elektrischer Felder

Abb. 3.3.17. Rotierende Schleife im homogenen Magnetfeld. (a) Relativlage der Spulenebene und Flussdichte. (b) Erzeugung einer Wechselspannung durch Leiterschleife mit Schleifringen. (c) Zeitverläufe von induzierter Spannung und Fluss. (d) Erzeugung einer Gleichspannung durch einen Stromwender

Er induziert in der Leiterschleife die Spannung (Abb. 3.3.17b, c)

$$e_\mathrm{i}(t) = -u_\mathrm{qi}(t) = -\frac{\mathrm{d}\Phi(t)}{\mathrm{d}t} = \omega\hat{\Phi}\sin\omega t = \hat{u}\sin\omega t. \quad (3.3.20)$$

Die Maximalwerte $\hat{u}$, $\hat{\Phi}$ heißen *Scheitel-* oder *Spitzenwert*, verbreitet auch *Amplitude* (gekennzeichnet durch ein Dach), die Werte $\Phi(t)$, $e_\mathrm{i}(t)$ und überhaupt $u(t)$, $i(t)$ die *Momentanwerte*, weil sie die Größe zum momentanen Zeitpunkt angeben.

Für die Berechnung der induzierten Spannung über die Bewegungsinduktion Gl. (3.3.17a) werden die Größen $\boldsymbol{v}$, $\boldsymbol{B}$ und d$\boldsymbol{s}$ im gewählten Koordinatensystem ausgedrückt. Die Leiterstücke cd und ba in Abb. 3.3.17b erfüllen die Induktionsbedingung, die restlichen Leiterbereiche nicht, weil dort d$\boldsymbol{s}$ und $\boldsymbol{v}\times\boldsymbol{B}$ jeweils senkrecht zueinander stehen. Dagegen haben diese Vektoren im Leiterabschnitt cd gleiche und in ba entgegengesetzte Richtung und induzieren die Spannungen:

$$-u_\mathrm{qi} = e_\mathrm{i} = \int_c^d (\boldsymbol{v}\times\boldsymbol{B})\cdot\mathrm{d}\boldsymbol{s} + \int_a^b (\boldsymbol{v}\times\boldsymbol{B})\cdot\mathrm{d}\boldsymbol{s}.$$

Im Integral für die Leiterstrecke cd hat der Stab die Geschwindigkeit $\boldsymbol{v}$ mit den Komponenten $\boldsymbol{v} = \boldsymbol{v}_x + \boldsymbol{v}_y = R\omega\left(-\boldsymbol{e}_x \sin\alpha + \boldsymbol{e}_y \cos\alpha\right)$. Mit $\boldsymbol{B} = B_y\boldsymbol{e}_y$ und $\mathrm{d}\boldsymbol{s} = -\mathrm{d}z$ folgt

$$\frac{e_i}{2} = \int_c^d (\boldsymbol{v} \times \boldsymbol{B}) \cdot \mathrm{d}\boldsymbol{s} = R\omega \int_0^l \left(-\boldsymbol{e}_x \sin\alpha + \boldsymbol{e}_y \cos\alpha\right) \times \boldsymbol{e}_y B_y \cdot \mathrm{d}\boldsymbol{s}$$

$$= R\omega \int_0^{-l} \underbrace{\left(-\boldsymbol{e}_x \times \boldsymbol{e}_y\right)}_{-\boldsymbol{e}_z} \sin\alpha \cdot B_y \boldsymbol{e}_z \mathrm{d}z = R\omega B_y l \sin\alpha.$$

Der untere Leiter liefert wegen umgekehrter Integrationsrichtung $\mathrm{d}\boldsymbol{s}$ und umgekehrter Geschwindigkeit $\boldsymbol{v}$ den gleichen Beitrag und die gesamte induzierte Spannung verdoppelt sich mit $v = R\omega$ auf (s. Gl. (3.3.20))

$$-u_{qi}(t) = e_i(t) = 2Rl\omega B_y \sin\alpha = \omega A B_y \sin\alpha = \omega\hat{\Phi}\sin\omega t = 2Rlv\sin\omega t.$$

> Eine rotierende Leiterschleife liefert die gleiche Spannung wie die „Ruheinduktion" mit harmonisch zeitveränderlichem Fluss.

Der Winkel $\alpha(t)$ für die Flächennormale hängt mit der Zeit über die *Winkelgeschwindigkeit* ω (Kreisfrequenz) zusammen

$$\omega = \frac{\text{überstrichener Winkel } \mathrm{d}\alpha}{\text{Zeitspanne } \mathrm{d}t} = \frac{\mathrm{d}\alpha}{\mathrm{d}t} = \frac{v}{R} = \frac{2\pi}{T} = 2\pi f. \qquad (3.3.21)$$

Die *Frequenz* f ist der Quotient aus der Zahl der Umdrehungen und der Zeit für diese Anzahl, T nennt man die *Periodendauer* $(f = 1/T)$[34] [35].

> Die induzierte Spannung einer mit konstanter Geschwindigkeit rotierenden Drehschleife im homogenen Magnetfeld ändert sich sinusförmig mit der Zeit. Ihre Frequenz ist gleich der mechanischen Drehzahl, ihr Spitzenwert $\hat{u} = \omega\hat{\Phi}$ hängt vom Erregerfluss und der Drehzahl (Kreisfrequenz) ab.

Abbildung 3.3.17c zeigt die Zeitverläufe der Wechselspannung $e_i(t) = u_{12}(t)$ und des Flusses $\Phi(t)$.

> Der zeitlich cos-förmig schwankende Fluss durch die Leiterschleife induziert eine sinusförmige Spannung, die gegen seine Zeitfunktion um $\pi/2$ verschoben ist.

In der Schleifenstellung mit größtem umfasstem Fluss ($\alpha = 0$, $t = 0$) verschwindet e_i. Bei *größter Flussänderung* ($\alpha = \pi/2$) hat e_i jeweils ein Maximum. Deshalb spricht man von einer *Phasenverschiebung* φ zwischen induzierter Spannung und erregendem Fluss, mathematisch ausgedrückt durch

$$e_i(t) = \hat{e}_i \sin(\omega t), \quad \Phi(t) = \hat{\Phi}\cos(\omega t) = \hat{\Phi}\sin(\omega t + \varphi) \quad \text{mit } \varphi = \pi/2.$$

---

[34] Einheit 1 Hertz: $1\,\mathrm{Hz} = 1$ Schwingung/Sekunde $= 1\,\mathrm{s}^{-1}$

[35] Heinrich R. Hertz, deutscher Physiker 1857–1894. Er bestätigte 1886 die bereits 1865 von Maxwell vorhergesagten elektromagnetischen Wellen experimentell an der TH Karlsruhe.

Der Phasenwinkel $\varphi = \pi/2$ besagt, dass der Fluss der Spannung um $\pi/2$ vorauseilt: er erreicht seinen Maximalwert zuerst und die Spannung folgt um den Winkel $\pi/2$ später.

Die induzierte Spannung steigt durch Reihenschaltung von w gleichen Leiterschleifen (zur Spule mit w Windungen), dann tritt in Gl. (3.3.20) noch die Windungszahl w auf. Sie hängt ferner nur von der Leiterfläche A ab, nicht ihrer Form. Deshalb induziert eine lange, schmale Schleife bei gleicher Fläche die gleiche Spannung wie eine breite, kurze.

Beispiel 3.3.5 Induktion Eine Leiterschleife mit $w = 100$ Windungen dreht sich mit der Winkelgeschwindigkeit $\omega = 314\,\text{s}^{-1}$ im homogenen Magnetfeld der Flussdichte $B = 1\,\text{T}$. Die Spulenfläche sei $A = 100\,\text{cm}^2$. Dann beträgt die Spannung $\hat{e}_i = w\omega BA = 100 \cdot 314\,\text{s}^{-1}\,1\,\text{Vs}/\text{m}^2 \cdot (0{,}01)\,\text{m}^2 = 314\,\text{V}(!)$ (Spitzenwert).

Die rotierende Leiterschleife im homogenen Magnetfeld ist die einfachste Anordnung zur Erzeugung von Sinusspannung nicht zu hoher Frequenz (Drehzahl, mechanische Belastung der Spule). Sie bildet die Grundlage des Generators und begründet die Bedeutung der Sinusfunktion als Zeitfunktion von Strömen und Spannungen in der Elektrotechnik und damit der sog. Wechselstromtechnik.

Ein anderes Prinzip zur Erzeugung von Sinusspannungen (vornehmlich hoher Frequenzen) nutzt die Anregung von Schwingungen in einem Resonanzkreis (LCR-Kreis) durch einen rückgekoppelten Verstärker zur Entdämpfung (Oszillatorprinzip der Elektronik, s. Bd. 3).

Stromabnahme Die induzierte Spannung gelangt durch feststehende Gleitkontakte nach außen. Es gibt zwei Lösungen:

1. Kontakt ständig mit dem gleichen Spulenende durch einen rotierenden Schleifring und feststehende Bürste verbunden (Abb. 3.3.17b). Dann erzeugt die Drehbewegung eine Wechselspannung.

2. Kontakt jeweils nur mit dem unter dem gleichen Magnetfeld befindlichen Leiter verbunden (also periodische Schalterwirkung durch Drehbewegung, *Kommutator*, *Stromwender*, Abb. 3.3.17d). Die Spannungsumkehr entfällt und in der grafischen Darstellung wird eine Halbwelle der Sinusfunktion „nach oben geklappt" (Betragsbildung). So entsteht eine *gleichgerichtete Wechselspannung* oder pulsierende Gleichspannung.

Bei Abschluss des rotierenden Leiterkreises durch einen Widerstand fließt Strom, seine Richtung folgt aus der Lenzschen Regel: für den rechten, nach oben bewegten Leiter (Abb. 3.3.17a) nimmt der umfasste Fluss ab. Weil Flussabnahme und Stromrichtung eine Rechtsschraube bilden müssen, hat der Strom die eingetragene Richtung übereinstimmend mit der induzierten Feldstärke $\boldsymbol{E}_i = (\boldsymbol{v} \times \boldsymbol{B})$ im Leiter.

Aufbau eines Spannungsgenerators Die drehbare Leiterschleife im Magnetfeld arbeitet als *Spannungsgenerator* oder *Dynamo* in unterschiedlichen Formen:

— Magnetfeld durch *Permanentmagnet* erzeugt (kleine Leistungen, Tachometer, Fahrraddynamo);
— Magnetfeld erzeugt durch *elektromagnetische Erregung*: dabei wird der Elektromagnet entweder aus einer externen Quelle gespeist (*Fremderregung*) oder aus dem Generator selbst (Eigenerregung). Besonders wirkungsvoll ist die *Selbsterregung* durch das *dynamoelektrische Prinzip* (s. u.).

Die *Relativbewegung* Leiterschleife und Magnetfeld kennt zwei Ausführungen:

— *Fluss ruhend, Schleife rotierend: Außenpolmaschine* (Abb. 3.3.18a). Das Magnetfeld wird im zylindrischen, feststehenden Eisenkreis, dem *Stator* oder *Ständer* erzeugt und im Feld bewegt sich die Drehschleife auf einem rotierenden, zylinderförmigen Eisenkörper (*Anker, Rotor, Läufer*).
— *Schleife ruhend, Fluss rotierend: Innenpolmaschine* (Abb. 3.3.18b). Ein mit der Winkelgeschwindigkeit ω rotierender Permanentmagnet oder eine (oder mehrere) Erregerspule(n) ausgeführt als sog. *Polrad* erzeugen das Magnetfeld und feststehende Induktionsspulen des Außengehäuses die Wechselspannung. Es können mehrere Induktionsspulen angebracht sein. Bei drei räumlich um 120° versetzen Spulen lassen sich drei Wechselspannungen erzeugen, die zeitlich um 120° versetzt sind. Sie bilden die Grundlage des *Drehstromsystems* (s. Bd. 3).

Zur Flusserhöhung (hohe Spannungsinduktion) wird im magnetischen Kreis auch der nicht von der Drehschleifenwicklung benötigte Raum mit Eisen gefüllt. So entsteht im Luftspalt ein radiales, homogenes Magnetfeld und die Geschwindigkeit $\boldsymbol{v}$ wirkt immer senkrecht zu $\boldsymbol{B}$. Konstante Drehzahl ergibt konstante Spannung gemäß Gl. (3.3.20), solange sich die Schleife im Radialfeld bewegt (Spannung weicht allerdings von der Sinusform ab).

Die Frequenz der erzeugten Spannung hängt (bei gleicher Drehzahl) von der Polpaaranzahl ab. Eine Frequenz von 50 Hz (Netzfrequenz) erfordert bei einem Polpaar eine Umdrehungszahl $n = 50\,\text{s}^{-1}$, also 3000 Umdrehungen pro Minute. Niedriglaufende Generatoren (z. B. Windkraftgeneratoren) benötigen höhere Polzahl.

Grundeigenschaften Abbildung 3.3.18c zeigt die Ersatzanordnung eines *fremderregten Spannungsgenerators*. In ihm spielen zusammen:

— das *Induktionsgesetz*, es bestimmt die Generatorspannung als *1. Grundgleichung* elektrischer Maschinen (c_1 Maschinenkonstante) (Abb. 3.3.18d)

3.3 Induktionsgesetz: Verkopplung magnetischer und elektrischer Felder

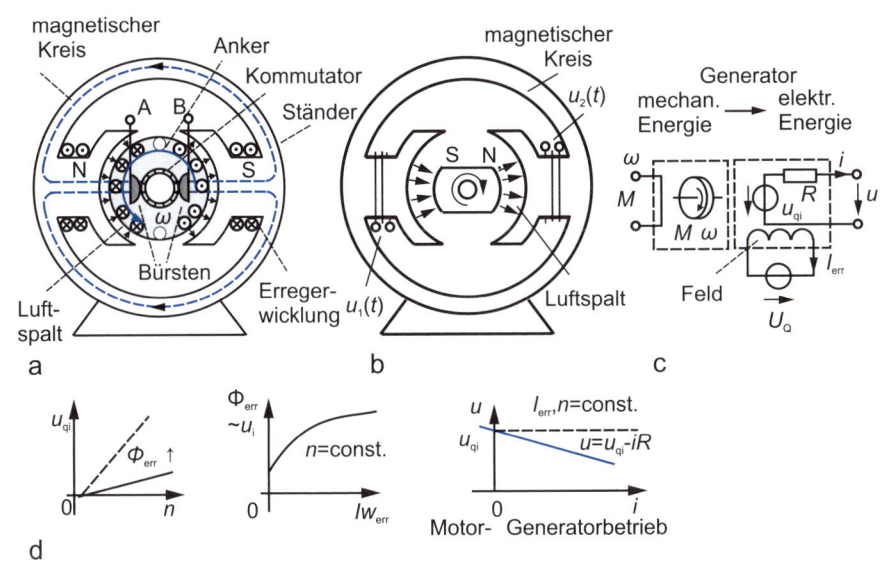

Abb. 3.3.18. Generator. (a) Prinzipaufbau eines Gleichstromgenerators mit Außenpolen. (b) dto. mit Innenpolaufbau (Permanentmagnet). (c) Wirkprinzip eines fremderregten Gleichstromgenerators. (d) Drehzahlkennlinie; Erregerkennlinie (ohne Last); Lastkennlinie (Kennlinie des aktiven Zweipols)

$$u_{qi} = c_1 n \Phi \sim \omega \cdot \Phi. \tag{3.3.22}$$

Bei Belastung sinkt die Spannung durch den *Drehschleifenwiderstand* R (nach dem Modell des Grundstromkreises) $u = u_{qi} - iR$.

— die *Magnetisierungskennlinie* $\Phi_{err} = f(I_{err})$ des Eisenkreises. Er bestimmt die *Maschinenkennlinie*

$$u_{qi} = \text{const} \cdot n|_{I_{err}=\text{const}} \quad \text{bzw.} \quad u_{qi} = f(I_{err})|_{n=\text{const}}. \tag{3.3.23}$$

Sie führt zu nichtlinearem Zusammenhang zwischen induzierter Spannung und Erregerstrom, streng gilt aber $u_{qi} \sim n$.

— der *Leistungsumsatz* (ohne Verluste)

$$P_{\text{mech}} = q\omega M = P_{el} = u \cdot i. \tag{3.3.24}$$

Im Idealfall geht die durch Drehmoment M und Winkelgeschwindigkeit ω aufgebrachte mechanische Leistung P_{mech} voll als elektrische Leistung P_{el} zum Verbraucher. Leerlauf ($i = 0$) erfordert (theoretisch) kein Drehmoment. Bei Stromfluss entsteht durch die Leiterbewegung im Magnetfeld eine Kraft, die der Antriebskraft entgegenwirkt. Sie muss durch die aufzuwendende mechanische Leistung überwunden werden. Dieser Vorgang lässt sich durch *ein elektrodynamisches Wandlermodell* erklären (Abb. 3.3.18c):

> Entsteht in einer im Magnetfeld rotierenden Leiterschleife eine induzierte Spannung, so wirkt sie als umkehrbarer rotorischer elektrodynamischer Wandler, dem mechanische Leistung (ausgedrückt durch Drehmoment **M** und Winkelgeschwindigkeit **ω**) zugeführt und als elektrische Leistung abgeführt wird (Prinzip umkehrbar).

Grundsätzlich kann der Generator auch als *Motor* arbeiten. Man legt dazu an die Leiterschleife eine Spannung (etwas größer als die bewegungsinduzierte). Sie treibt einen Strom in entgegengesetzter Richtung an und es entsteht eine Kraft *in Drehrichtung*. Das lässt sich anhand des in Abb. 3.3.16b, c mit aufgenommenen rotierenden Leiterschleifenmodells ebenso erklären wie für die lineare Leiterschleife.

Dynamoelektrisches Prinzip Gegenüber der Erzeugung des Magnetfelds durch *Fremderregung* mit dem Generatorverhalten als *aktive Zweipolkennlinie* (Abb. 3.3.18d) war die auf W. von Siemens (1866) zurückgehende Idee der *Selbsterregung* ein Meilenstein in der Generatorentwicklung[36].

Der Restmagnetismus im Eisen erzeugt bei Generatoranlauf (ohne äußere Erregung) eine (kleine) Quellenspannung u_{qi}. Sie treibt einen Erregerstrom i_{err} an, der bei richtiger Polung das Magnetfeld verstärkt und so erneut die induzierte Spannung erhöht usw.: $u_{qi} \rightarrow i_{err} \rightarrow \Phi_{err} \rightarrow u_{qi} \uparrow \rightarrow i_{err} \uparrow \rightarrow \ldots$ Diese *Aufschaukelung durch Rückkopplung* der Erregung durch die wachsende Größe von u_{qi} währt, bis sich durch die Nichtlinearität des Eisenkreises ein Gleichgewichtszustand zwischen Energieabgabe und -erzeugung einstellt.

> Generatoren nach diesem Prinzip heißen Rückkopplungsgeneratoren oder in der Energietechnik besser *eigen-* oder *selbsterregte Generatoren*.

Der Erregerstrom i_{err} kann durch zwei Rückkopplungsprinzipien erzeugt werden:

1. *Reihenschluss-, Hauptschlussgenerator:* Die Erreger- und Generatorwicklung sind in Reihe geschaltet, Erregerstrom gleich dem Klemmstrom: *Stromrückkopplung* (Abb. 3.3.19a).

---

[36] Werner von Siemens, deutscher Unternehmer, (1816–1892), 1847 Gründung einer Telegrafenbauanstalt, einflussreicher Förderer der Physikalisch-Technischen Reichsanstalt (heute Physikalisch-Technische Bundesanstalt), beeinflusste maßgebend das Deutsche Patentgesetz (1876).

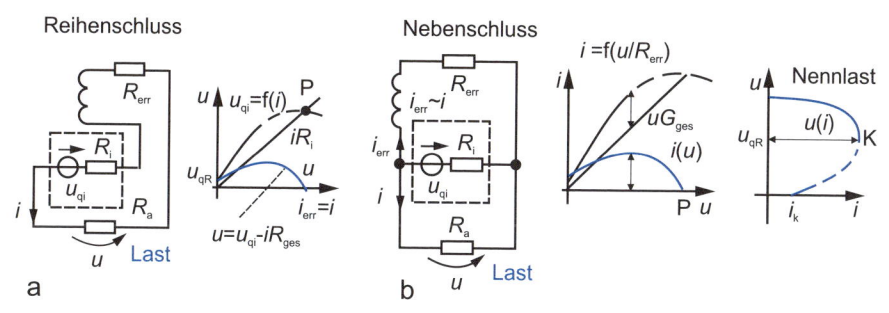

Abb. 3.3.19. Selbsterregter Generator. (a) Reihenschlussgenerator, Ersatzschaltbild und Lastkennlinie. (b) Nebenschlussgenerator, Ersatzschaltbild und Lastkennlinie

2. *Nebenschlussgenerator mit parallel geschalteter* Erreger- und Generatorwicklung. Jetzt ist der Erregerstrom proportional der Klemmenspannung: *Spannungsrückkopplung* (Abb. 3.3.19b).

Die Strom-Spannungs-Kennlinien rückgekoppelter Generatoren unterscheiden sich prinzipiell von üblichen aktiven Zweipol-Kennlinien.

Beim *Reihenschlussgenerator* entspricht die Quellenspannung u_{qi} über i_{err} der Magnetisierungskennlinie mit der Remanenzspannung u_{qR} bei $i_{err} = 0$ (vgl. Abb. 3.3.19a). Eingetragen ist weiter der Spannungsabfall durch den Erregerstrom. Solange er kleiner als die bei gleichem Strom erzeugte Quellenspannung u_{qi} ist, hat die Spannung die Tendenz zur weiteren Stromerhöhung. Dabei wächst sie relativ immer weniger und schließlich stimmen im Punkt P erzeugte Spannung u_{qi} und Spannungsabfall $i_{err}R_i$ überein: die *Nichtlinearität der $u_{qi} = f(i_{err})$-Kennlinie ist für einen stabilen Arbeitspunkt erforderlich!*

Weil die induzierte Spannung u_{qi} bei großem Erregerstrom nur noch schwach steigt, der Spannungsabfall $i_{err}R_i$ hingegen stromproportional wächst, hängt die Klemmenspannung $u = u_{qi} - i_{err}R_i = f(i_{err}) - i_{err}R_i$ stark von der Last ab, oft durch ein Maximum geprägt.

Beim *Nebenschlussgenerator* (Abb. 3.3.19b) gilt hingegen $i_{err} = u/R_{err}$ und

$$i = i_A - i_{err} = \frac{u_{qi} - u}{R_i} - \frac{u}{R_{err}} = \frac{f(u/R_{err})}{R_i} - uG_{ges}$$

also $i = i_K[f(u)] - u(G_i + G_{err})$. Das ist die Stromquellenkennlinie eines aktiven Zweipols.

Die Vertauschung der Strom- und Spannungsachsen (Abb. 3.3.19b) ergibt eine Kennlinie $u = f(i)$ mit folgender Besonderheit: Bei zu kleiner Klemmenspannung u (zu große Belastung) reicht der Erregerstrom nicht mehr, um die dazu notwendige Quellenspannung u_{qi} zu erzeugen. Die Spannung bricht auf u_{qR} zusammen. Der dazugehörige *Kipppunkt* K bedeutet *Aussetzen der Rückkopplung*. Er ist für rückgekoppelte Anordnungen typisch.

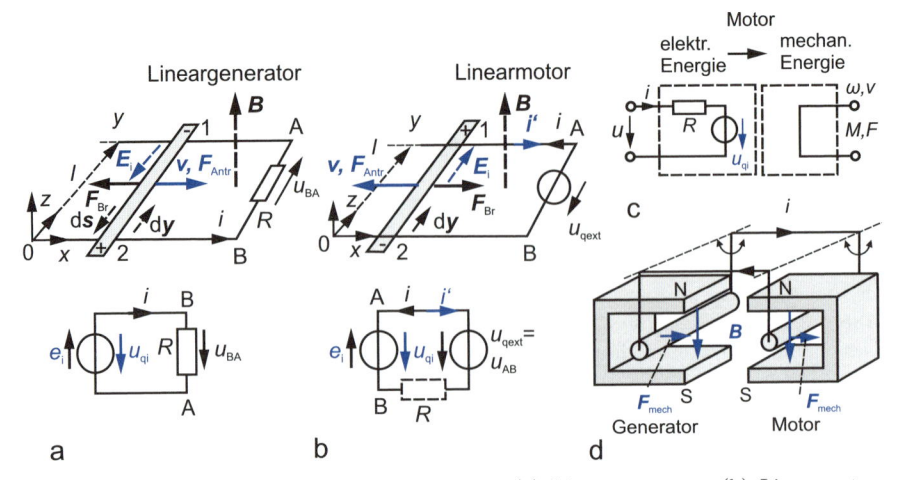

Abb. 3.3.20. Lineargenerator und -motorprinzip. (a) Lineargenerator. (b) Linearmotor. (c) Ersatzschaltbild des translatorischen elektrodynamischen Wandlers. (d) Zusammenspiel von Lineargenerator und -motor durch Bewegungsinduktion und Lorentz-Kraft

Lineargenerator, Linearmotor, Grundprinzip Die translatorisch bewegte Leiterschleife im Magnetfeld ist das Grundprinzip des *Lineargenerators*, seine Umkehrung, die Bewegung eines Leiters durch den eingeprägten Strom, das Prinzip des *Linearmotors*. Wir vertiefen dazu die zu Abb. 3.3.16b, c vorweggenommenen Überlegungen.

In Abb. 3.3.20a bewegt sich der Leiter mit der Geschwindigkeit v nach rechts in y-Richtung. Dabei induziert er die Spannung (Gl. (3.3.14a)) $u_{BA} = e_i = v_x B_z l$. Der Strom im Leiterkreis (Lastwiderstand R) verursacht eine *bremsende Lorentz-Kraft* $\boldsymbol{F}_m = \boldsymbol{F}_{Br}$

$$\boldsymbol{F}_{Br} = \boldsymbol{F}_m = i \int_A^B (d\boldsymbol{s} \times \boldsymbol{B}) = i \int_l^0 (d\boldsymbol{y} \times \boldsymbol{B})$$
$$= i \int_l^0 (dy \boldsymbol{e}_y \times B_z \boldsymbol{e}_z) = -i B_z l \boldsymbol{e}_y. \qquad (3.3.25)$$

Sie ist nach links, also der Antriebskraft $\boldsymbol{F}_{Antr}$ entgegen gerichtet. Bei Bewegung mit konstanter Geschwindigkeit stehen beide Kräfte im Gleichgewicht

$$F_m = F_{Antr} = iBl = vB^2l^2/R.$$

Der Antrieb erfordert damit die mechanische Leistung $P = Fv = (vBl)^2/R$, die voll im Widerstand R umgesetzt wird: $P_{el} = Ri^2 = (vBl)^2/R$.

Linearmotor Zum *Linearmotor* wird die Anordnung, wenn der Widerstand in der Leiterschleife durch eine Spannungsquelle u_q so ersetzt wird, dass der Strom seine Richtung beibehält (Abb. 3.3.20b). Nach der Kraftgleichung $\boldsymbol{F}_{\text{Antr}} = \boldsymbol{F}_{\text{m}}$ erfährt der bewegliche Leiter eine Kraft in negativer x-Richtung. Sie verleiht ihm die Geschwindigkeit $\boldsymbol{v}$ (Rechte-Hand-Regel). Der Leiter würde fortwährend beschleunigt, hätte er keine Bewegungsinduktion. Letztere induziert einen Strom i' entgegen dem eingeprägten Strom i (Lenzsche Regel). Dadurch stellt sich schließlich eine gleichförmige Bewegung ein.

Die Kraft beschleunigt den Leiterstab, der Strom durch die induzierte Spannung $u_{\text{qi}} = v_{\text{x}} B_z l$ bremst. Der Leiterstrom folgt aus der Maschengleichung $u_{\text{q}} - u_{\text{qi}} - iR = 0$ und führt schließlich zur tatsächlich einwirkenden Kraft

$$F_{\text{m}} = iB_z l = \frac{u_{\text{q}} - u_{\text{qi}}}{R} B_z l = \frac{u_{\text{q}} - v_{\text{x}} B_z l}{R} B_z l. \tag{3.3.26}$$

Sie ist beim Start ($v = 0$) am größten und sinkt mit steigender Geschwindigkeit. Im reibungsfreien Fall geht sie für konstante Geschwindigkeit schließlich gegen Null, dazu gehört mit $u_{\text{q}} - v_{\text{x}} B_z l = 0$ die Leerlaufgeschwindigkeit $v_0 = u_{\text{q}}/(B_z l)$. Wird der Leiter gebremst (wie im Motorbetrieb), so gilt $v < v_0$ und $u_{\text{qi}} < u$. Dann gibt er mechanische Leistung ab, die ihm elektrisch zugeführt werden muss.

Das dynamische Verhalten des Stabes folgt aus der Bewegungsgleichung, es muss gelten

$$ma = m\frac{\mathrm{d}v}{\mathrm{d}t} = F_{\text{m}} = \frac{u_{\text{q}} - vBl}{R} Bl. \tag{3.3.27}$$

Daraus lässt sich die Geschwindigkeit ermitteln.

In Abb. 3.3.20b kehrt sich bei *Beibehalt der Stromrichtung* im beweglichen Leiter die Bewegungsrichtung gegenüber dem Generatorantrieb um (Abb. 3.3.20a). Sollen dagegen Generator- und Motorbetrieb mit *gleicher Bewegungsrichtung* arbeiten (wie in Abb. 3.3.16b, c), müssen sich die Stromrichtungen beider Betriebsarten unterscheiden. Im praktischen Einsatz arbeiten Linearmotoren im Vorwärts-Rückwärts-Betrieb mit konstanter oder variabler Geschwindigkeit.

Hinweis: Das Magnetfeld verursacht auf alle stromführenden Schleifenabschnitte Kräfte, die von der mechanischen Befestigung aufzunehmen sind. Davon wird nur der bewegliche Leiterteil als Linearmotor genutzt.

Besonders eindrucksvoll veranschaulichen zwei in homogenen Magnetfeldern aufgehängte und elektrisch mit einander verbundene „Leiterschaukeln" das Lineargenerator und -motorprinzip (Abb. 3.3.20d): bewegt man die linke Schaukel nach rechts, so wird eine Spannung und damit ein Kreisstrom induziert (Generatorwirkung), der auf die rechte Leiterschleife eine Lorentz-Kraft $\boldsymbol{F}_{\text{m}}$ ausübt und sie ebenso nach rechts auslenkt (Motorwirkung).

Generator-Motorprinzip Wir fassen zusammen:

1. Die gleiche, im Magnetfeld befindliche translatorisch oder rotatorisch bewegliche Leiteranordnung (Stab oder Schleife) wirkt je nach *Betriebsmodus* als Generator oder Motor.

2. *Generatorprinzip* ist die Spannungsinduktion im bewegten Leiter, *Motorprinzip* die Kraftwirkung auf einen stromdurchflossenen Leiter (Grundlagen: Induktionsgesetz und elektrodynamische Kraftwirkung).
3. *Energiewandlung* erfolgt erst, wenn beim
   - *Generator* die Spannungsinduktion im Stromkreis wirkt, *Strom fließt* und so elektrische Leistung an einen Verbraucher abgegeben werden kann (die als *mechanisches Äquivalent* zuzuführen ist);
   - *Motor* eine *Leiterbewegung* durch die Kraftwirkung einsetzt, sodass mechanische Energie bzw. Leistung abgegeben wird (die als *elektrisches Äquivalent* zuzuführen ist).

4. Durch *Rückwirkung*:
   - der elektrischen Leistung *über den Strom* wirkt auf den Leiter im Generator eine *rücktreibende Kraft*, die die Relativgeschwindigkeit zwischen Leiter und Magnetfeld zu senken versucht (Rückwirkung des elektrischen Zustandes des bewegten Leiters auf sein mechanisches Verhalten). Dadurch entsteht ein Gleichgewicht zwischen zugeführter mechanischer und abgegebener elektrischer Leistung.
   - der mechanischen Leistung *über die Geschwindigkeit* bildet sich im Leiter des Motors eine *induzierte Gegenspannung*, die der anliegenden Spannung entgegenwirkt und den Gesamtstrom zu senken sucht (Rückwirkung des mechanischen Zustandes des bewegten Leiters auf sein elektrisches Verhalten). So entsteht ein Gleichgewicht zwischen elektrischer und abgegebener mechanischer Leistung.

5. Bei *gleicher Bewegungsrichtung* erfolgt der Übergang vom Generator- zum Motorbetrieb (vice versa) durch *Stromrichtungsumkehr*.
6. Ein Leiterstab, der im Magnetfeld translatorisch oder rotorisch bewegt wird, wirkt als *umkehrbarer elektrodynamischer Wandler*.

Barlowsches Rad, Unipolarmaschine Das Prinzip des im Magnetfeld translatorisch bewegten Leiterstabes ist auf einen rotierenden Leiter übertragbar (Abb. 3.3.21a). Ein Ende wird an einer Drehachse fixiert, zwischen ihr und dem Leiterende tritt eine induzierte Spannung bei Rotation um die Achse und senkrecht einwirkendem Magnetfeld auf. Die Richtung ergibt sich aus $\boldsymbol{E}_\mathrm{i} = \boldsymbol{v} \times \boldsymbol{B}$, hier radial nach außen gerichtet. Das Prinzip bleibt bei Ersatz des Leiterstabes durch eine Metallscheibe erhalten (Abb. 3.3.21b). Sie rotiert mit konstanter Winkelgeschwindigkeit ω im homogenen, konstanten Magnetfeld ($\boldsymbol{B}$ = const, $\boldsymbol{B} \perp \boldsymbol{v}$). Zwischen den Schleifkontakten auf Achse und Scheibenrand (Klemmen A, B) entsteht eine Spannung. Diese als *Unipolarmaschine* oder *Barlowsches Rad* bezeichnete Anordnung wird mit Bewegungs- und Ruheinduktion erklärt.

1. Die *Bewegungsinduktion* betrachtet sie „von außen" als bewegten Leiter (Abb. 3.3.21c). Auf die Ladungsträger wirkt überall die radial zum Rand gerich-

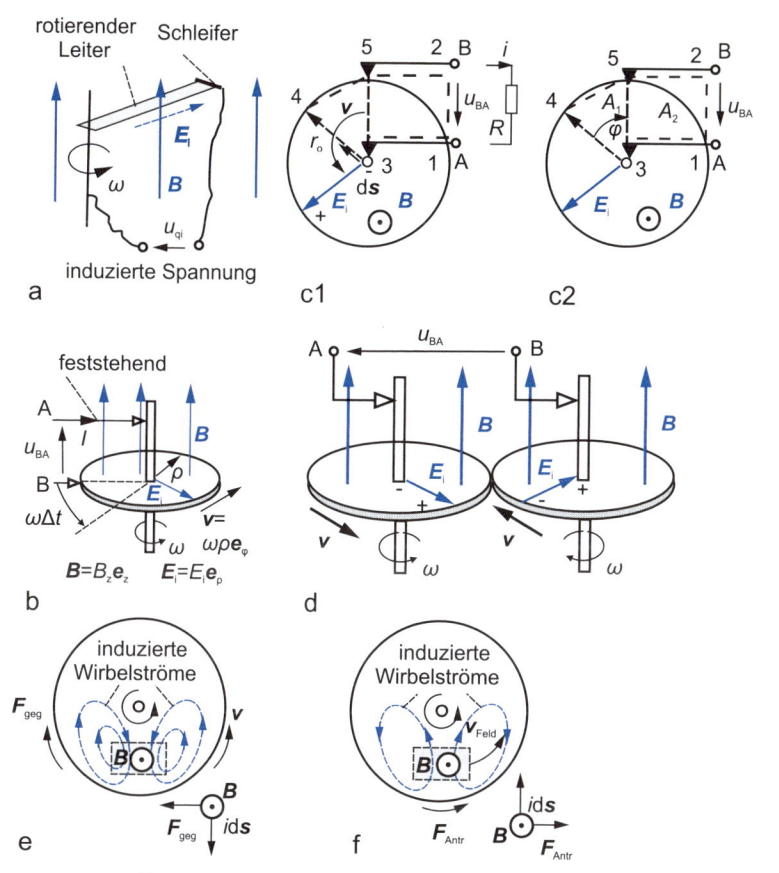

3.3 Induktionsgesetz: Verkopplung magnetischer und elektrischer Felder

Abb. 3.3.21. Faraday-Scheibe zur Veranschaulichung der Bewegungs- und Ruheinduktion. (a), (b) ruhender Beobachter: Bewegungsinduktion. (c) Bewegter Beobachter (auf Schleife): Ruheinduktion. (d) Induktion bei gegenläufig bewegten Leiterscheiben. (e) Wirbelströme in einer bewegten Scheibe mit räumlich begrenztem Magnetfeld (Bremsscheibe). (f) Bewegung des räumlich begrenzten Magnetfeldes verursacht Scheibenantrieb

tete Lorentz-Kraft $\boldsymbol{F} \sim \boldsymbol{E}_\mathrm{i}$. Sie verursacht zwischen Welle und Scheibenrand eine induzierte Spannung e_i. Wir wählen als Integrationsweg die gestrichelte Linie. Dabei bewegt sich nur die Wegstrecke 34 mit der Geschwindigkeit $\boldsymbol{v}(\varrho) = \omega r \boldsymbol{e}_\varphi$, alle restlichen Wegteile befinden sich in Ruhe. Zwischen den Punkten 4 und 5 verschwindet die induzierte Feldstärke $(\boldsymbol{v} \times \boldsymbol{B}) \cdot \mathrm{d}\boldsymbol{s} = 0$ und es verbleibt als induzierte Spannung

$$-u_\mathrm{BA} = e_\mathrm{i} = \oint \boldsymbol{E}_\mathrm{i} \cdot \mathrm{d}\boldsymbol{s} = \int_3^4 (\boldsymbol{v} \times \boldsymbol{B}) \cdot \mathrm{d}\boldsymbol{s}$$

$$= \int_0^{r_0} (\omega \varrho \boldsymbol{e}_\varphi \times B_\mathrm{z} \boldsymbol{e}_\mathrm{z}) \cdot \boldsymbol{e}_\varrho \mathrm{d}\varrho = \omega B_\mathrm{z} \int_0^{r_0} \varrho \mathrm{d}\varrho = \frac{\omega B_\mathrm{z} r_0^2}{2}.$$

Die Feldstärke $\boldsymbol{E}_i$ ist so gerichtet, dass der äußere Rand für die eingetragene Dreh- und Feldrichtung positiv geladen wird. Das bestimmt die Richtung der induzierten Spannung e_i (Pluspol am Scheibenrand, Minuspol an der Welle) und bei angeschlossenem Widerstand R die Richtung des induzierten Stromes (Abb. 3.3.21c). Die Bewegungsinduktion gibt so über die Lorentz-Kraft eine schlüssige physikalische Erklärung.

2. Bei der *Ruheinduktion* besteht die Schwierigkeit zunächst im Auffinden einer vom zeitveränderlichen Fluss durchsetzten Fläche. So könnte man annehmen, dass der Fluss immer zeitlich konstant ist und deshalb keinerlei Induktion erfolgt, offenbar ein Fehler. Man kann aber auch einen Standpunkt (etwa Punkt 4) auf dem Scheibenrand herausgreifen. Von ihm aus erscheint die Scheibe stillstehend, der Schleifer mit den Klemmenzuleitungen rotiert mit der Winkelgeschwindigkeit ω entgegen (deshalb gilt $\varphi = -\omega t$). Folglich muss ein Teil des Integrationsweges über die Scheibe mitbewegt werden Man beobachtet also die in Abb. 3.3.21c2 eingetragene Schleife aus den Flächen A_1 und A_2. Während der Fluss durch A_2 konstant ist, ändert er sich durch A_1 und in dieser Schleife wird die Spannung Gl. (3.3.3)

$$e_i = -\frac{d\Phi}{dt} = -\frac{d}{dt}\int \boldsymbol{B} \cdot d\boldsymbol{A} = -\boldsymbol{B} \cdot \frac{d}{dt}\int d\boldsymbol{A} = \frac{\omega B r_0^2}{2},$$

induziert, da $\frac{dA_1}{dt} = \frac{r_0^2 \pi}{2\pi}\frac{d\varphi}{dt} = -\frac{r_0^2 \omega}{2}$. Mit der zeitlichen Flächenänderung (positiv, A_1 wächst) ergibt sich schließlich das gleiche Ergebnis, trotz unterschiedlicher Betrachtungsweise, die vom Bezugssystem bestimmt sind.

Trotz des richtigen Ergebnisses befriedigt die Erklärung mit der zeitveränderlichen Fläche nicht wirklich, es liegt keine experimentell nachvollziehbare Ruheinduktion vor, wogegen die Bewegungsinduktion auf physikalisch ablaufenden Vorgängen basiert.

Zur Größenvorstellung: für $r_0 = 10$ cm, $B = 1$ T und $n = 3000$ min^{-1} stellt sich $e_i \approx$ 1,57 V ein. Wenn auch die Gleichspannung gering ist, so wird sie doch ohne Stromwender erzeugt. Drehrichtungsumkehr ändert ihr Vorzeichen. Deshalb erzeugen zwei zueinander entgegengesetzt rotierende Scheiben zwischen den Achsen die doppelte Spannung mit dem Vorteil, dass der Schleifer am Außenrand entfällt (Abb. 3.3.21d). Ein Merkmal dieses Unipolargenerators ist der geringe Innenwiderstand.

Die Anordnung arbeitet umgekehrt als *Motor* (sog. *Barlowsches Rad*), wenn an die Klemmen A, B eine Spannung gleicher Richtung angelegt wird und sich die Stromrichtung umkehrt.

Durchsetzt das Magnetfeld die Scheibe nur teilweise, so entsteht zwar auch eine Spannung zwischen Achse und Rand, die restlichen, nicht im Magnetfeld befindliche Bereiche wirken aber als Belastung und insgesamt entstehen Wirbelströme (Abb. 3.2.20e). Sie verursachen eine bremsende Gegenkraft $\boldsymbol{F}_{\text{geg}}$ nach Gl. (3.3.25). Bewegt sich umgekehrt der Magnetfeldbereich (Abb. 3.3.21f), so üben die entstehenden Wirbelströme eine Antriebskraft $\boldsymbol{F}_{\text{Antr}}$ auf die Scheibe aus, sie „läuft nach" und wirkt als *Triebscheibe*. Dieses Prinzip nutzt der *Asynchronmotor* (Kap. 5.2.3). Die Unipolarmaschine vermeidet Wirbelströme durch ein homogenes Magnetfeld über der gesamten Scheibe. Dann ist die induzierte Spannung an jedem Randpunkt gleich und tritt als ganzes nach Außen in Erscheinung.

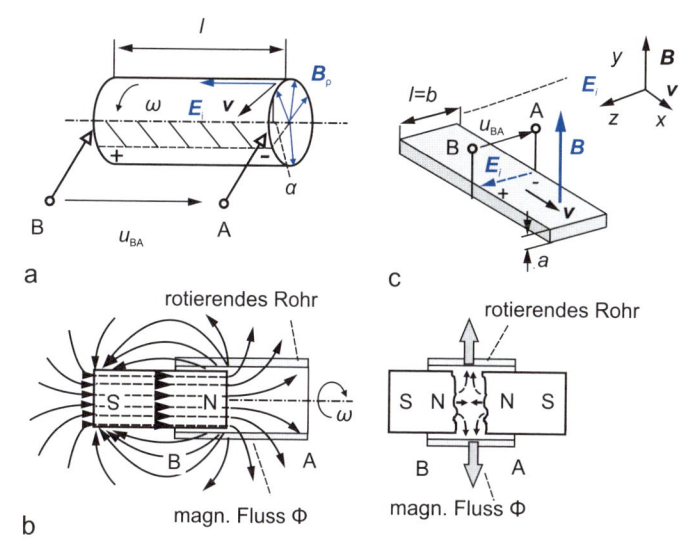

3.3 Induktionsgesetz: Verkopplung magnetischer und elektrischer Felder

Abb. 3.3.22. Beispiele zur Bewegungsinduktion. (a) Rotierendes Rohrstück mit radial gerichtetem Magnetfeld. (b) Radiales Magnetfeld erzeugt mit Dauermagneten. (c) Rohr mit strömender leitender Flüssigkeit (Prinzip der elektromagnetischen Pumpe) bzw. gleichförmig bewegtes leitendes Band im homogenen Magnetfeld

Die Unipolarmaschine vermittelt in einfachster Weise das Grundprinzip der Bewegungsinduktion. Weil das Induktionsgesetz im englischen Schrifttum als „Faraday-law" auftritt, wird sie dort als *Faraday-Scheibe* (Faraday-disc) bezeichnet.

Unipolarrohr Das Rechtsdreibein aus Geschwindigkeit, Flussdichte und induzierter Feldstärke lässt sich verschiedenartig ausnutzen, ein Beispiel ist das *Unipolarrohr* (Abb. 3.3.22a). Tritt durch ein mit der Winkelgeschwindigkeit ω rotierendes (dünnwandiges) leitendes Rohr ein radiales Magnetfeld $\boldsymbol{B}(\varrho)$, so entsteht zwischen den Rohrenden eine Feldstärke $\boldsymbol{E}_\mathrm{i}$ und damit Spannung zwischen den Schleifern B, A. Weil $\boldsymbol{v}$ und $\boldsymbol{B}(\varrho)$ senkrecht aufeinander stehen, gilt

$$u_\mathrm{BA} = vB(\varrho)l = \omega\varrho B(\varrho)l = 2\pi n r_0 B(r_0)l = \Phi_0 n$$

unter Annahme ruhender Rohrabgriffe. Der Fluss Φ_0 folgt aus der Flussdichte durch die Rohrmantelfläche ($2\pi r_0 l$). n ist die Umdrehungszahl pro Zeiteinheit.

Das Ergebnis kann ebenso über die Ruheinduktion (mit einer gedachten Schleife auf der Mantelfläche, im Bild angedeutet) gewonnen werden. Der Fluss durch eine Fläche mit dem Öffnungswinkel α beträgt $\Phi(\alpha) = B_\varrho l r_0 \alpha$ mit der Flussänderung $\frac{\mathrm{d}\Phi}{\mathrm{d}t} = B_\varrho l r_0 \frac{\mathrm{d}\alpha}{\mathrm{d}t} = B_\varrho l r_0 \omega = B_\varrho l r_0 2\pi n = \Phi_0 n$. Die induzierte Spannung folgt zu $u_\mathrm{BA} = \mathrm{d}\Phi/\mathrm{d}t$. Größenordnungsmäßig ergibt sich für $l = 10\,\mathrm{cm}$, $r_0 = 5\,\mathrm{cm}$, $B_\varrho = 1\,\mathrm{T}$ und $n = 50\,\mathrm{s}^{-1} = 3000\,\mathrm{min}^{-1}$ eine Spannung $u_\mathrm{BA} = 1{,}57\,\mathrm{V}$. In der praktischen Ausführung übernehmen die Lager des Rohrstückes die Schleiferaufgabe.

Probleme bereitet die Erzeugung der radialen Flussdichte: ein stromdurchflossener Draht als Längsachse scheidet aus, weil seine Feldlinien parallel zu den $\boldsymbol{v}$ Linien verlaufen und damit keine Induktion erfolgt. Naheliegend ist die Nutzung der

Feldaufwölbung am Pol eines Dauermagneten (Abb. 3.3.22b). Dann darf das Rohr nur diesen Polbereich überdecken, damit der Fluss des Dauermagneten weitgehend durch den Mantel tritt. Besser ist die antiparallele Anordnung zweier Magneten, die das Feld auf einen schmalen Bereich zusammendrängen (Stirnverluste treten kaum auf). Praktisch ist unbedeutend (nicht für die Berechnung!), dass in diesen Fällen die Flussdichte von der Lage längs der Achse abhängt.

Induktions-Durchflussmesser Eine leitende und mit der Geschwindigkeit v strömende Flüssigkeit tritt durch ein Rohr (isolierte Berandung, Abb. 3.3.22c), auf das ein Magnetfeld senkrecht trifft. Dann entsteht zwischen seitlich angebrachten Elektroden eine induzierte Spannung $u_{BA} = e_i = Bvl$ (l Elektrodenabstand). Sie erlaubt die Bestimmung der Fließgeschwindigkeit. So kann die Strömungsgeschwindigkeit eines Flusses unter Nutzung des Erdmagnetfeldes ermittelt werden (Richtwert: Flussbreite $l = 10$ m, Strömungsgeschwindigkeit $v = 1$ m/s, Erdmagnetfeld $B \approx 50\,\mu\text{T} \to e_i = 500\,\mu\text{V}$).

Die Anordnung eignet sich auch als *elektromagnetische Pumpe*. Dazu schickt man durch beide Elektroden einen Strom i (Rohr mit leitender Flüssigkeit). So wirkt auf die Flüssigkeitsscheibe zwischen den Elektroden die Kraft $\boldsymbol{F}$ und damit ein Druck $p = F/A = BIl/(al) = BI/l$. Er treibt die Flüssigkeit durch das Rohr. Zahlenmäßig ergibt sich für $i = 10$ A, $B = 1$ T, $a = 1$ cm ein Druck $p = 10^2$ Ws/m$^2 = 10^{-3}$ bar, da 1 Ws/m$^2 = 1$ N/m^2 und 1 N/cm$^2 = 0{,}1$ bar. Der Strom induziert die Spannung $e_i = Bvl$, im Beispiel für $v = 1$ m/s und $l = 10$ cm somit $e_i = 100$ mV, die durch die anliegende Spannung überwunden werden muss. Dann beträgt die zugeführte elektrische Leistung $p = e_i i = 1$ W $= 1$ Nm/s. Sie dient direkt als mechanische Leistung zum Transport der Flüssigkeit (s. Gl. (3.3.18a)).

Eine Anwendung des Durchflussmesserprinzips ist das *bewegte leitende Band*. Jetzt wird die Anordnung Abb. 3.3.22c als bewegtes Metallband verstanden mit Kontaktflächen A, B an den Stirnseiten und angeschlossenem Spannungsmesser. Senkrecht zur Bandfläche wirkt ein homogenes Magnetfeld $\boldsymbol{B}$. Bei Bandbewegung (Geschwindigkeit $\boldsymbol{v}$, Bandbreite $l = b$) entsteht die Spannung

$$u_{BA} = e_i = \oint \boldsymbol{E}_i \cdot d\boldsymbol{s} = \oint (\boldsymbol{v} \times \boldsymbol{B}) \cdot d\boldsymbol{s}$$
$$= \int_0^b (v_x \boldsymbol{e}_x \times B_y \boldsymbol{e}_y) \cdot \boldsymbol{e}_z dz = \int_0^b (v_x B_y \boldsymbol{e}_z) \cdot \boldsymbol{e}_z dz = v_x B_y b.$$

Der Effekt tritt auch bei ruhendem Band und bewegter Messschleife (mit Instrument) auf. Bei Kurzschluss der Klemmen B, A entsteht als Folge der induzierten Feldstärke $\boldsymbol{E}_i$ ein Strom und damit eine Kraftwirkung, die die Bandbewegung hemmt (im Bild angedeutet).

▶ 3.3.4 Vollständiges Induktionsgesetz, Zusammenfassung

Gesamterscheinung Im Induktionsgesetz wirken Magnetfeldänderungen und magnetische Kraftwirkungen auf Ladungsträger zusammen. Kommt es dabei zum Stromfluss (Induktion in einer Leiterschleife, Verschiebungsstrom), so erfolgt eine Rückwirkung über den Durchflutungssatz auf das magnetische Feld (erfasst als Lenzsche Regel). Das vollständige Induktionsgesetz (Integralform, 2. Maxwellsche Gleichung) lautet

$$\underbrace{e_i = -\frac{d\Psi(t)}{dt}}_{\text{Netzwerkform}} = \underbrace{\oint_{\substack{\text{beliebiger} \\ \text{Umlauf auf } s}} \boldsymbol{E}_i \cdot d\boldsymbol{s} = -\frac{d}{dt} \int_{\substack{\text{Fläche } A \text{ von} \\ s \text{ berandet}}} \boldsymbol{B} \cdot d\boldsymbol{A}}_{\text{Integralform}}$$

$$= -\underbrace{\int \frac{\partial \boldsymbol{B}}{\partial t} \cdot d\boldsymbol{A}}_{\substack{\text{verkettete} \\ \text{Windungsfläche} \\ \text{Ruheinduktion}}} + \underbrace{\oint_{\substack{s \text{ längs der} \\ \text{Windungen}}} (\boldsymbol{v} \times \boldsymbol{B}) \cdot d\boldsymbol{s}}_{\text{Bewegungsinduktion}} \qquad (3.3.1\text{a})$$

und hat gleichwertig eine Integral-, Netzwerk- und Differenzialform (nicht betrachtet). Spezielle Formulierungsaspekte sind *Induktionsart* (Ruhe-, Bewegungsinduktion), das zugehörige *Netzwerkmodell* (Charakter der induzierten Spannung) und das *Bezugssystem* (ruhend, bewegt), (Gl. (3.3.3), (3.3.5a)).

Ruheinduktion bedeutet Flussänderung in der Schleife in momentaner Form (also an festem Ort), Bewegungsinduktion von der mit $\boldsymbol{v}$ bewegten Schleife (einschließend Form- und Lageänderung). Deshalb verlangt die zeitliche Flussänderung den partiellen Differenzialquotienten, weil die Änderung am momentanen Ort erfolgt. Für ruhende Schleifen sind beide identisch (dann benutzt Ruheinduktion die gewöhnliche Ableitung).

Ruheinduktion

- Ruheinduktion erfolgt unabhängig von einer Leiterschleife.
- Zeitliche Magnetfeldänderung ausgedrückt durch induzierte Quellenspannung $u_{qi} = d\Psi/dt$ (als Ersatzgröße für $d\Psi/dt$ definiert) bzw. mit induzierter Spannung (EMK) e_i.
- Sie äußert sich als *Wirbelfeld*: in jedem Raumpunkt ist der Wirbel der (induzierten) elektrischen Feldstärke gleich der (negativen) zeitlichen Änderung der Flussdichte oder gleichwertig: ein zeitlich veränderliches Magnetfeld wird stets von einem elektrischen Feld umwirbelt.
- Als Wirbelfeld gehorcht die induzierte Feldstärke $\boldsymbol{E}_i$ mit $e_i = \oint \boldsymbol{E}_i \cdot d\boldsymbol{s} \neq 0$ nicht den Gesetzen des elektrostatischen Feldes.
- Die induzierte Spannung e_i ist eine Umlaufspannung. Merkmal: wirkt auch bei geschlossener Leiterschleife. Physikalischer Richtungssinn e_i: Antriebsrichtung positiver Ladungsträger in Richtung von $\boldsymbol{E}_i$.
- Die Entsprechung $-e_i = u_{qi}$ erübrigt die Verwendung der induzierten Spannung e_i im Induktionsgesetz, im Lehrbuch Angabe gleichwertig für beide Formen (Gewährleistung des historischen Bezugs, einfacher Zugang zu unterschiedlichen Lehrbuchdarstellungen).

Bewegungsinduktion

- Relativbewegung zwischen Magnetfeld und Leiterfläche bzw. Teilen von ihr führt zu induzierter Spannung im Leiterkreis, auch bei zeitlich konstantem Magnetfeld.
- Ursache: Lorentz-Kraft $\boldsymbol{F}_\mathrm{m} = Q\,(\boldsymbol{v} \times \boldsymbol{B}) = Q\boldsymbol{E}_\mathrm{i}$ auf die bewegte Ladung Q. Durch Ladungsverschiebung entsteht die induzierte Feldstärke $\boldsymbol{E}_\mathrm{i}$, dem Charakter nach eine „nichtelektrische Feldstärke".
- Bei geschlossener Leiterschleife Ursache des induzierten Stromes bzw. bei offener Schleife Ursache der an der Schnittstelle entstehenden (und im ruhenden System) messbaren induzierten Spannung.
- Bei Integration der induzierten Feldstärke $\boldsymbol{E}_\mathrm{i}$ längs der Leiterschleife tragen nur bewegte Schleifenteile (Weg s) bei.
- Gleichwertig ist die induzierte Spannung im bewegten System durch die zeitliche Änderung des Gesamtflusses bestimmbar (Schwierigkeit: problemgerechte Aufbereitung der zeitlichen Flussänderung).
- Ruhe- und Bewegungsinduktion *unterscheiden* sich bezüglich der Energieumsetzung: bei *Ruheinduktion* wird elektrische Energie aus magnetischer umgeformt, letztere ist im Magnetfeld der *Selbst-* oder *Gegeninduktivität* zwischengespeichert und wird aus einem primären elektrischen Kreis zugeführt. *Bewegungsinduktion formt mechanische Energie in elektrische um.* Dabei wirkt der bewegte Leiter als Umformer mechanischer in elektrische Energie (Generatorfunktion). Umgekehrt übt ein stromdurchflossener Leiter im Magnetfeld eine Kraftwirkung aus und wirkt als Umformstelle elektrischer in mechanische Energie (Motorfunktion). Stets dient das Magnetfeld nur als Mittler und ändert sich im stationären Fall nicht.

Lenzsche Regel

- Der in einem materiellen oder gedachten (Verschiebungsstrom!) Leiterkreis induzierte Strom wirkt mit seinem Magnetfeld der Änderung des verursachenden Magnetfeldes stets entgegen. (Rückwirkung auf die originäre Flussänderung im Induktionsgesetz über den Durchflutungssatz).
- Sie ist nicht Bestandteil des Induktionsgesetzes (es induziert eine Spannung und gilt auch bei offener Leiterschleife!), ihre Grundlage ist vielmehr der Energiesatz (vgl. Abb. 3.3.2a).
- Sie erlaubt eine einfache Richtungszuordnung zwischen induziertem Strom, induzierter Spannung und Netzwerkmodell. Die induzierte Spannung e_i bzw. Quellenspannung u_qi wird als ideale Spannungsquelle so in den Leiterkreis eingefügt, dass sie den induzierten Strom in der vorgegebenen Richtung bewirkt.

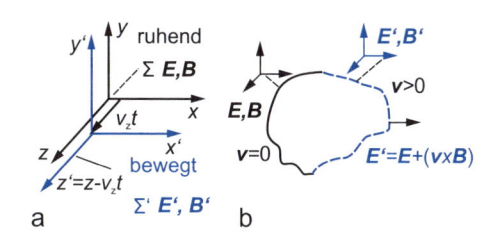

Abb. 3.3.23. Galilei-Transformation. (a) Ruhendes und bewegtes Bezugssystem. (b) Leiterschleife mit teilweise bewegtem Bezugssystem

Feldgrößen und Bezugssystem Bisher wurden Induktionsvorgänge überwiegend im ruhenden Bezugssystem diskutiert. Für manche Anwendungen ist aber die Darstellung im bewegten Bezugssystem zweckmäßiger (beschränkt auf den nichtrelativistischen Fall $v \ll c$). Bewegt sich ein Bezugssystem Σ' mit der Geschwindigkeit $\boldsymbol{v} = v_z \boldsymbol{e}_z$ in der z-Achse gegenüber einem ruhenden (Σ), so gelten die Koordinatenbeziehungen (Abb. 3.3.23)

$$\left.\begin{array}{l} x' = x, \; z' = z - v_z t \\ y' = y \quad t' = t \end{array}\right\} . \qquad \text{Galilei-Transformation}$$

Dadurch bilden sich die ruhenden Feldgrößen $\boldsymbol{E}$ und $\boldsymbol{B}$ in den Größen $\boldsymbol{E}'$ und $\boldsymbol{B}'$ des bewegten Systems ab

$$\boldsymbol{E}'_\| = \boldsymbol{E}_\|, \; \boldsymbol{B}' = \boldsymbol{B}, \; \boldsymbol{E}'_\perp = \boldsymbol{E}_\perp + \boldsymbol{v} \times \boldsymbol{B} \qquad \begin{array}{l}(\| \text{ parallel bzw. } \perp \text{ senkrecht} \\ \text{ zur } z\text{-Achse})\end{array}$$

oder verallgemeinert $\boldsymbol{E}' = \boldsymbol{E} + \boldsymbol{v} \times \boldsymbol{B}$.

> Wirken in einem ruhenden Bezugssystem an einem Ort die Feldgrößen $\boldsymbol{E}$ und $\boldsymbol{B}$, so bemerkt ein mit der Geschwindigkeit $\boldsymbol{v}$ bewegter Beobachter am gleichen Ort die Feldgrößen $\boldsymbol{E}'$ und $\boldsymbol{B}'$.

Das Induktionsgesetz Gl. (3.3.3) wird dann folgendermaßen interpretiert:

1. Ein Beobachter im ruhenden Bezugssystem ($\boldsymbol{E}$, $\boldsymbol{B}$) stellt eine Bewegung der Leiterschleife und ein zeitveränderliches Magnetfeld fest. Er registriert beide Anteile der Umlaufspannung nach Gl. (3.3.3):

$$e_\mathrm{i} = \underbrace{\oint \boldsymbol{E}_\mathrm{i} \cdot \mathrm{d}\boldsymbol{s}}_{\text{beliebiger Umlauf}} = -\underbrace{\int \frac{\partial \boldsymbol{B}}{\partial t} \cdot \mathrm{d}\boldsymbol{A}}_{\text{verkettete Windungsfläche}} + \underbrace{\oint (\boldsymbol{v} \times \boldsymbol{B}) \cdot \mathrm{d}\boldsymbol{s}}_{s \text{ längs der Windungen}}$$

$$= \oint (\boldsymbol{E} + \boldsymbol{v} \times \boldsymbol{B}) \cdot \mathrm{d}\boldsymbol{s}.$$

Dabei ist $\oint \boldsymbol{E} \cdot \mathrm{d}\boldsymbol{s} = -\int \frac{\partial \boldsymbol{B}}{\partial t} \cdot \mathrm{d}\boldsymbol{A}$ die Ruheinduktion. Wäre $\boldsymbol{B}$ zeitlich konstant, so würde er die Entstehung der induzierten Feldstärke als Folge der Lorentz-Kraft $Q(\boldsymbol{v} \times \boldsymbol{B})$ auf die Ladungsträger im Leiter erklären.

2. Einem Beobachter auf der Leiterschleife, also im bewegten Bezugssystem ($\boldsymbol{E}'$, $\boldsymbol{B}'$) erscheint die Schleife ruhend ($\boldsymbol{v} = 0$). Er führt die induzierte Spannung auf ein zeitveränderliches Magnetfeld zurück und bemerkt die Spannung

$$e_\mathrm{i} = \underbrace{\oint \boldsymbol{E}'_\mathrm{i} \cdot \mathrm{d}\boldsymbol{s}}_{\text{beliebiger Umlauf}} = \oint \boldsymbol{E} \cdot \mathrm{d}\boldsymbol{s} = -\frac{\mathrm{d}}{\mathrm{d}l} \underbrace{\int \boldsymbol{B} \cdot \mathrm{d}\boldsymbol{A}}_{\substack{\text{Fläche von} \\ s \text{ berandet}}}.$$

Für ihn ist der Induktionsvorgang die Folge einer elektrischen Feldkraft $Q\boldsymbol{E}'$ auf die Träger im elektrischen Wirbelfeld. Da die Transformation beide Ergebnisse ineinander überführt, ist die Deutung der Kraftwirkung nur eine Frage des Bezugssystems.

Bisher unbeantwortet bleibt der Einfluss des Bezugssystems auf die Materialgleichungen $\boldsymbol{D} = \varepsilon\boldsymbol{E}$ und $\boldsymbol{B} = \mu\boldsymbol{H}$ im Vakuum und Materie. Es lässt sich zeigen, dass unter Zugrundelegung der Galilei-Transformation (also für $v \ll c$) gilt

$$\begin{aligned}\boldsymbol{E}' &= \boldsymbol{E} + \boldsymbol{v} \times \boldsymbol{B}, & \boldsymbol{B}' &= \boldsymbol{B} - (\boldsymbol{v} \times \boldsymbol{E})/c^2 \approx \boldsymbol{B}, \\ \boldsymbol{D}' &= \boldsymbol{D} + (\boldsymbol{v} \times \boldsymbol{H})/c^2 = \boldsymbol{D} + \varepsilon\boldsymbol{v} \times \boldsymbol{B}, & \boldsymbol{H}' &= \boldsymbol{H} - \boldsymbol{v} \times \boldsymbol{D}\end{aligned} \quad (3.3.28)$$

> Wirken in einem ruhenden Bezugssystem an einem Ort die Feldgrößen $\boldsymbol{H}$ und $\boldsymbol{D}$, so bemerkt ein mit der Geschwindigkeit $\boldsymbol{v}$ bewegter Beobachter am gleichen Ort die Feldgrößen $\boldsymbol{H}'$ und $\boldsymbol{D}'$.

Die Folge dieser Beziehungen ist, dass beispielsweise im Magnetfeld geeignet bewegte Kondensatorplatten eine Ladungsverschiebung erfahren, die sich als Änderung der Kapazitätsbemessungsformel bemerkbar machen.

Praktisch liegt meist ein Leitergebilde mit teilweise ruhenden und bewegten Teilen vor (Abb. 3.3.23b), wie etwa bei der Leiterschleife nach Abb. 3.3.15. Dann gelten für den ruhenden Teil die Feldgrößen $\boldsymbol{E}$, $\boldsymbol{B}$, für den bewegten dagegen $\boldsymbol{E}'$ und $\boldsymbol{B}'$ nach Gl. (3.3.28).

3.4 Verkopplung elektrischer und magnetischer Größen

Wir lernten bisher:

1. Jeder Strom wird nach dem Durchflutungssatz Gl. (3.1.12) von einem Magnetfeld umwirbelt:

   $$I \rightarrow \Theta \rightarrow \Phi \qquad \text{Verkopplung elektrische} \rightarrow \text{magnetische Größe a)}$$

   Der Zusammenhang Strom → magnetischer Fluss führte zum Induktivitätsbegriff (Kap. 3.2.5).

2. Zeitliche Flussänderungen verursachen nach dem Induktionsgesetz ein elektrisches Wirbelfeld, ausgedrückt durch eine induzierte Spannung e_i bzw. Quellenspannung u_{qi} (Gl. (3.3.1a))

   $$\frac{\mathrm{d}\Psi(t)}{\mathrm{d}t} = u_{qi} = -e_i \qquad \begin{array}{l}\text{Verkopplung zeitveränderliche magnetische}\\ \rightarrow \text{elektrische Größe b).}\end{array}$$

Damit erzeugt ein zeitveränderlicher Strom nach a) mit seinem Magnetfeld induzierte Spannungen nach b) in materiellen oder gedachten Leiterschleifen,

3.4 Verkopplung elektrischer und magnetischer Größen

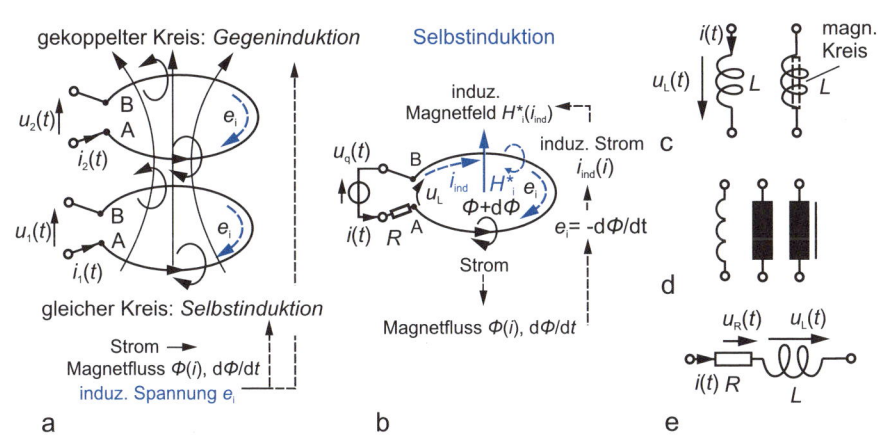

Abb. 3.4.1. Selbst- und Gegeninduktion. (a) Funktionelle Zusammenhänge. (b) Prinzip der Selbstinduktivität. (c) Selbstinduktivität als Bauelement: widerstandslose Zweipolleiteranordnung mit selbst erzeugtem Magnetfeld ohne oder mit magnetischem Kreis. (d) Schaltzeichen (Strich bedeutet magnetischer Kreis). (e) Reihenschaltung von Selbstinduktivität und Widerstand

wenn sie vom Magnetfeld durchsetzt werden. Diese wechselseitige Verkopplung beider Felder beschreiben wir jetzt im Netzwerkmodell. *Räumlich* sind diese Verkopplungen möglich als (Abb. 3.4.1a):

- *Selbstinduktion:* die Stromänderung di/dt induziert eine Spannung *im gleichen Leiterkreis;*
- *Gegeninduktion:* die Stromänderung induziert eine Spannung in *benachbarten Leiterkreisen.* Durch die magnetische Verkopplung der Leiterkreise kann Gegeninduktion nie durch ein Zweipol-, sondern mindestens nur durch ein *Zweitorelement* dargestellt werden.

3.4.1 Selbstinduktion

In Kap. 3.2.5.1 wurde als Zusammenhang zwischen dem magnetischen Fluss um eine Leiteranordnung und seinem erregenden Strom die Selbstinduktivität L definiert (Gl. (3.2.39)). Offen ist ihre Strom-Spannungs-Beziehung und damit das Verhalten als *Netzwerkelement*.

3.4.1.1 Lineare Induktivität und ihre Eigenschaften

Strom-Spannungs-Relation Bisher wurde bei der Induktionswirkung nicht nach der *Ursache der Magnetfeldänderung* gefragt. Ist es der ursächliche Strom im *gleichen* Kreis, so spricht man von *Selbstinduktion*.

> **Selbstinduktion** ist die Verkettung des Stromes eines Leiterkreises mit seinem Magnetfeld und dessen Rückwirkung auf ihn über das Induktionsgesetz.

1. So induziert eine Stromänderung $\mathrm{d}i/\mathrm{d}t$ über die begleitende Flussänderung $\mathrm{d}\Psi/\mathrm{d}t$ im gleichen Leiterkreis die Spannung e_i und es gilt mit der Fluss-Stromzuordnung über die Selbstinduktivität $\Psi(i) = Li$ (bei linearer Selbstinduktivität Gl. (3.2.39))

$$e_\mathrm{i} = -\frac{\mathrm{d}\Psi}{\mathrm{d}t} = -L\frac{\mathrm{d}i}{\mathrm{d}t}$$

als *induzierte Spannung*. Sie ist auch darstellbar (Abb. 3.4.1b) durch die induzierte Quellenspannung $u_\mathrm{qi} = u_\mathrm{L} = -e_\mathrm{i}$ als *induktiver Spannungsabfall* in Richtung zu i an den Klemmen A, B der Leiterschleife

$$u_\mathrm{L} = u_\mathrm{qi} = \frac{\mathrm{d}\Psi}{\mathrm{d}t} = \frac{\mathrm{d}(Li)}{\mathrm{d}t} = L\frac{\mathrm{d}i}{\mathrm{d}t}. \quad \text{Strom-Spannungs-Relation der linearen Induktivität } L \quad (3.4.1)$$

2. Zur Stromzunahme $\mathrm{d}i/\mathrm{d}t$ durch eine Induktivität muss ihre entgegenwirkende induzierte Spannung e_i überwunden werden. Das erfordert den Spannungsabfall u_L.

> Der Spannungsabfall an der Induktivität ist proportional zur zeitlichen Stromänderung (Strom und Spannung in Verbraucherrichtung).

Er verschwindet bei Gleichstrom: Spulen dürfen nie an Gleichspannung betrieben werden, Überlastungsgefahr!

Vertiefung Wie wirkt das Induktionsgesetz an der Strom-Spannungs-Beziehung (3.4.1) mit? Der Leiterkreis ist über einen Widerstand R an die Spannungsquelle u_q angeschlossen (Abb. 3.4.1b). Der Strom verursacht ein magnetisches Feld, Stromänderungen (durch $u_\mathrm{q}(t)$) induzieren dann im Leiterkreis eine Spannung e_i. Sie bedingt einen induzierten Strom i_ind entgegengerichtet zu i, also gegen die Ursache: bei Stromerhöhung wirkt sie dem Strom entgegen (Rolle einer Gegenspannung) und bei Stromerniedrigung unterstützt sie ihn (Rolle einer Quellenspannung, Energiequelle). Der „Gegenstrom" i_ind wirkt der originären Feldänderung $\mathrm{d}\Psi/\mathrm{d}t$ entgegen. Er erzeugt am Lastwiderstand (und damit an den Spulenklemmen) die Spannung u_L. Die Ablauffolge Stromänderung $\Delta i \to$ Flussänderung $\Delta \Psi \to$ induzierte Spannung $e_\mathrm{i} \to$ induzierter Strom $\Delta i_\mathrm{ind} \to$ Spannungsänderung Δu_L mit der Rückwirkung auf den Leiterkreis ist Inhalt der *Selbstinduktion*, weil Induktions- und Durchflutungsgesetz in der gleichen Spule zusammenwirken. Dann gilt:

$$e_\mathrm{i} = -\frac{\mathrm{d}\Psi(i)}{\mathrm{d}t} = i(t)R - u_\mathrm{q}(t),$$

oder

$$\begin{aligned} u_\mathrm{q}(t) &= i(t)R - e_\mathrm{i} = i(t)R + \frac{\mathrm{d}\Psi(i)}{\mathrm{d}t} \\ &= i(t)R + \frac{\mathrm{d}(Li)}{\mathrm{d}t} = i(t)R + L\frac{\mathrm{d}i}{\mathrm{d}t}\bigg|_{L=\mathrm{const}} = u_\mathrm{R} + u_\mathrm{L}. \end{aligned} \quad (3.4.2)$$

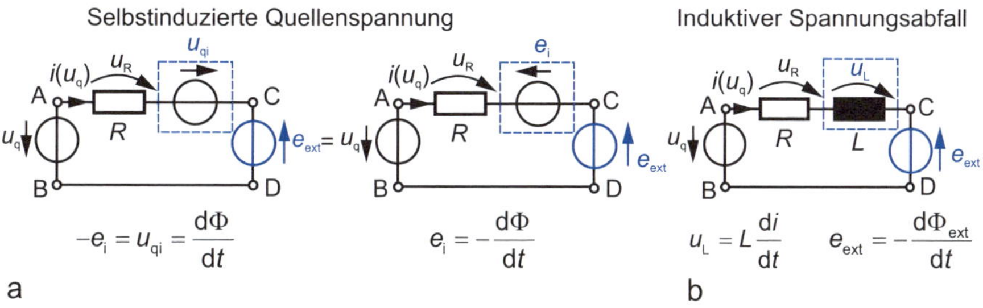

3.4 Verkopplung elektrischer und magnetischer Größen

Abb. 3.4.2. Netzwerkersatzschaltung der Selbstinduktivität. (a) Anordnung mit selbstinduzierter Quellenspannung oder (b) induktivem Spannungsabfall und Schaltelement L. Ein externes magnetisches Feld wird als induzierte Spannung e_{ext} zwischen den Hilfsklemmen C, D erfasst

Der magnetische Fluss $\Psi(i)$ entsteht durch den Leiterstrom i. Ist die Induktivität zeitlich konstant und stromunabhängig so gilt $\Psi(i) = L \cdot i$ (Gl. (3.2.39)). Dann verteilt sich die Quellenspannung u_q auf die Spannungsabfälle u_R über R und den induktiven Spannungsabfall u_L über L. Damit ist die Strom-Spannungs-Relation der linearen Induktivität bestätigt (nichtlineare Induktivität s. Kap. 3.4.1.3).

Die durch Stromänderung di induzierte Spannung e_i treibt einen induzierten Strom im Kreis an mit der Tendenz, die Stromänderung zu schwächen, also den Gesamtstrom zu erhalten. (Lenzsche Regel). Bei Stromerhöhung wirkt e_i dem Strom entgegen und es wird elektrische Energie zum Aufbau des Magnetfeldes „verbraucht". Bei Stromverringerung unterstützt e_i den Strom gleichsinnig: die Spule gibt elektrische Energie durch Abbau des Magnetfeldes „ab".

Abbildung 3.4.1c,d zeigt Schaltzeichen (nach DIN und IEC) sowie die Strom-Spannungs-Relation der linearen Selbstinduktivität, meist als *Induktivität* bezeichnet, mit und ohne Eisenkern. Im letzten Fall ist die Anordnung nichtlinear (s. u.). Als Netzwerkelement spricht man vom *induktiven Zweipol*.

Netzwerkersatzschaltung Abbildung 3.4.2 zeigt die Netzwerkersatzschaltungen der Induktivität. Der durchweg vorhandene Leiterwiderstand wird üblicherweise als separater Widerstand R modelliert. Die Form mit *selbstinduzierter* Spannung e_i drückt das Gegenwirken der Induktionsspannung auf den Strom aus und assoziiert unmittelbar das Induktionsgesetz. Sie veranschaulicht das Verhalten von Generatoren und Motoren; man spricht auch von *(induktiver) Gegenspannung*. Diese Netzwerkform wird verwendet, wenn Vorgänge außerhalb des Stromkreises über ihren magnetischen Fluss (sog. *Fremdfluss*, DIN 1323) einkoppeln.

Die Form mit *induktiver Spannung* (DIN 1323) oder besser *induktivem Spannungsabfall* (Abb. 3.4.2b) gilt für die Netzwerkanalyse. Das Induktionsgesetz tritt *nicht explizit* zutage, wirkt allerdings drastisch beim Abschalten des Stromes, s. u.). Die selbstinduzierte Quellenspannung kann sowohl als Spannungsquelle e_i oder $u_{qi} = -e_i$ berücksichtigt werden.

Gedächtniswirkung des Spulenstromes War der Kondensator *das* Speicherelement für *elektrische Feldenergie* mit Gedächtniswirkung der Kondensatorspannung, so ist die Induktivität das Speicherelement für *magnetische Feldenergie* mit Gedächtniswirkung des Spulenstromes (auf die Energiespeicherung wird im Abschnitt 4.1.4 eingegangen). Das drückt sich in der Strom-Spannungsbeziehung Gl. (3.4.1) der Induktivität aus

$$\begin{aligned} i(t) &= \frac{1}{L}\int_{-\infty}^{t} u_L(t')\mathrm{d}t' = \frac{1}{L}\int_{-\infty}^{-0} u_L(t')\mathrm{d}t' + \frac{1}{L}\int_{+0}^{t} u_L(t')\mathrm{d}t' \\ &= i_L(-0) + \frac{1}{L}\int_{+0}^{t} u_L(t')\mathrm{d}t' \end{aligned} \qquad (3.4.3)$$

Strom-Spannungs-Relation der linearen Induktivität

mit dem Anfangswert $i_L(-0) = \lim_{t \to -0} i_L(t)$ des Spulenstromes. Analog gilt für den Induktionsfluss $\Psi(i) = L(i)i$

$$\underbrace{\Psi(t)}_{\text{Wirkung zur Zeit } t} = \underbrace{\Psi(-0)}_{\text{Anfangswert}} + \underbrace{\int_{+0}^{t} u_L(t')\mathrm{d}t'}_{\text{Beitrag der Erregung } u_L(t)} \qquad (3.4.4)$$

Bei erregender Spannung $u_L(t)$ hängt der Strom $i(t)$ durch eine zeitunabhängige Induktivität L vom Zeitintegral der Spannung u_L ab, beginnend bei $t = -\infty$, also von der Vergangenheit (Zeitbereich $t = -\infty \ldots 0$) an. Sie ist im Anfangswert $i(-0)$ gespeichert. Physikalisch drückt er die zur Zeit $t = 0$ im Magnetfeld gespeicherte Energie aus. Das zukünftige Stromverhalten für $t > 0$ ergibt sich aus dem Anfangszustand $i(-0)$ und dem Spannungsverlauf $u_L(t)$ von diesem Zeitpunkt an. Im Anfangswert $i(-0)$ symbolisiert die *Gedächtniseigenschaft* der Induktivität (analog zum Kondensator, dort für die Kondensatorspannung, Kap. 2.7).

> Der Strom zum Zeitpunkt t durch eine zeitunabhängige Induktivität ist nur bei gegebenem Anfangswert $i(-0)$ und Spannungsverlauf $u_L(t)$ bestimmt.

Der Anfangsfluss $\Psi(-0)$ kann dabei von einem bereits fließenden Gleichstrom stammen oder im Eisenkreis durch Remanenz bedingt sein.

Stetigkeit des Anfangsstromes, Ersatzschaltung Der Induktionsfluss Ψ einer Induktivität springt aus energetischen Gründen nie (s. Gl. (3.4.4)), er verläuft immer stetig (kann aber Knicke aufweisen):

3.4 Verkopplung elektrischer und magnetischer Größen

> $\Psi(+0) = \Psi(-0).$ Stetigkeit des Induktionsflusses einer Selbstinduktivität   (3.4.5)

Daraus folgt bei zeitunabhängiger Induktivität mit $i(+0) = i(-0)$ die *Stetigkeit des Spulenstromes*.

> Der Strom durch eine zeitunabhängige Induktivität ist immer stetig. Er kann nie springen (wohl aber die Spannung!), sonst wäre eine unendlich hohe Spannungsinduktion die Folge.

Deshalb wirkt eine stromlose Spule im Einschaltmoment wie ein unendlich großer Widerstand oder als Leitungsunterbrechung. Analog verhielt sich die Kondensatorspannung, die ebenfalls nicht springen konnte: ein Kondensator wirkt im ersten Moment wie ein Kurzschluss. Könnte der Spulenstrom „springen", so hätte der damit verbundene „Flusssprung" nach dem Induktionsgesetz einen unendlich hohen Spannungsstoß während der Zeitspanne $\Delta t \to 0$ zur Folge (dieser Fall tritt bei Stromunterbrechung in einer Spule näherungsweise auf!).

Abbildung 3.4.3a zeigt Stromverläufe für gegebenen Spannungsverlauf $u_L(t)$ bei unterschiedlichem Anfangsstrom $i(-0)$. Das Integral ist stets gleich, nur die Ausgangspunkte unterscheiden sich. Mit zunehmender magnetischer Fluss- bzw. Stromänderung steigt die Spannung. Abhängig vom Vorzeichen der Änderung erfolgen Auf- und Abbau sowie die *Speicherung* magnetischer Feldenergie ($di/dt = 0$, Abb. 3.4.3b, c), im letzteren Fall muss *beständig Strom fließen* (die Permanentspeicherung durch Remanenz bzw. im Dauermagneten ausgenommen) ganz im Unterschied zum elektrostatischen Feld, das keine ständig anliegende Spannung erfordert. Dieses Verhalten wird besonders bei anliegender Sinusspannung deutlich: Feldaufbau, Speicherung und Feldabbau wiederholen sich in jeder Sinushalbwelle.

Analog zum Kondensator (s. Abb. 2.7.3) kann auch die Strom-Spannungs-Beziehung der Spule mit Anfangsenergie über den Knotensatz für die Stromkomponenten (Gl. (3.4.3)) als Parallelschaltung einer energiefreien Induktivität und einer Stromquelle $i(-0)$ modelliert werden (Abb. 3.4.3d).

Schließlich sind noch die Verhältnisse für einen angenommenen Stromsprung skizziert (Abb. 3.4.3e): dann müsste die Spannung in unendlich kurzer Zeit über alle Grenzen anwachsen, was physikalisch unmöglich ist.

3.4.1.2 Induktivität im Stromkreis

Es gibt Spulen in unterschiedlichsten Bauformen (s. Kap. 3.2.4), meist mit magnetischem Kreis (bzw. Eisen-, Ferritkern) für große Induktivitäten (s. Abb. 3.4.1).

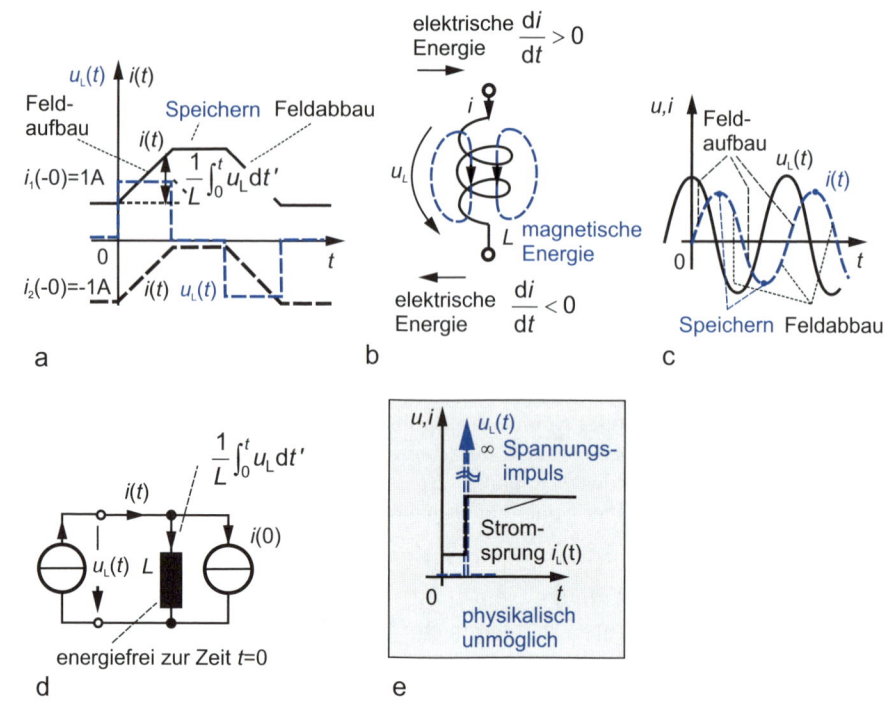

Abb. 3.4.3. Strom-Spannungsverhalten des Selbstinduktivität. (a) Stromverlauf und Stromanfangswert bei gegebenem Spannungsverlauf. (b) Energiewechselspiel der Induktivität. (c) dto. bei anliegender Sinusspannung. (d) Ersatzschaltung der Induktivität mit Anfangsstrom $i(0)$. (e) Stetigkeit des Stromes: ein Stromsprung ist physikalisch unmöglich

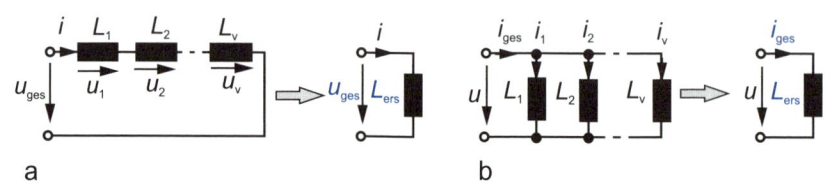

Abb. 3.4.4. Zusammenschaltung von Induktivitäten. (a) Reihen-, (b) Parallelschaltung. Voraussetzung: keine Ohmschen Widerstände, keine magnetischen Kopplungen

Die Induktivität ist die Haupteigenschaft des Bauelementes Spule. Neben dieser „gewollten" Induktivität hat jeder stromführende Leiter eine physikalisch bedingte „Leiterinduktivität" (so, wie zwischen zwei spannungsführenden Leitern eine „Leiterkapazität" herrscht). Sie ist oft Ursache von Störeffekten, z. B. auf Leiterplatinen.

Technische Spulen haben zusätzlich Wicklungsverluste. Sie werden vereinfacht als konzentrierter Widerstand R modelliert mit der Ersatzschaltung nach Abb. 3.4.1e.

3.4 Verkopplung elektrischer und magnetischer Größen

Zusammenschaltungen von Induktivitäten Wir stellen die Bildungsgesetze der Ersatzinduktivität bei Reihen- und Parallelschaltung von Einzelinduktivitäten zusammen (keine magnetische Kopplung[37], Ohmsche Widerstände).

1. *Reihenschaltung*. Alle Teilinduktivitäten L_ν werden vom gleichen Strom i durchflossen. Deshalb gilt nach dem Maschensatz (Abb. 3.4.4a)

$$u_{AB} = u_{\text{ges}} = \sum_{\nu=1}^{n} u_\nu = \sum_{\nu=1}^{n} L_\nu \frac{di}{dt} = L_{\text{ers}} \frac{di}{dt}, \rightarrow L_{\text{ers}} = \sum_{\nu=1}^{n} L_\nu. \quad (3.4.6)$$

> Bei der Reihenschaltung von n *magnetisch nicht verkoppelten* Induktivitäten ist die Gesamtinduktivität die Summe der Einzelinduktivitäten.

Physikalisch basiert das Ergebnis auf der Addition der vom gleichen Strom an den verschiedenen Orten (der Induktivitäten) erzeugten *Teilflüsse*

$$\Psi_{\text{ges}} = \sum_{\nu=1}^{n} \Psi_\nu = \sum_{\nu=1}^{n} L_\nu i = L_{\text{ers}} i.$$

2. *Parallelschaltung*. Hier liegt an allen Induktivitäten gleiche Spannung und es addieren sich die Teilströme (Knotensatz) (auch für die Zeitdifferenziale)

$$\frac{di_{\text{ges}}}{dt} = \frac{d}{dt} \sum_{\nu=1}^{n} i_\nu = \sum_{\nu=1}^{n} \frac{di_\nu}{dt} = \sum_{\nu=1}^{n} \frac{u}{L_\nu} = \frac{u}{L_{\text{ges}}} \rightarrow \frac{1}{L_{\text{ers}}} = \sum_{\nu=1}^{n} \frac{1}{L_\nu}. \quad (3.4.7)$$

Für gleiche Spannung u und der Strom-Spannungs-Relation (Gl. (3.4.1)) der Einzelinduktivitäten entsteht das rechte Ergebnis (Abb. 3.4.4b).

> Bei der Parallelschaltung von n *magnetisch nicht verkoppelten Induktivitäten* ist die reziproke Gesamtinduktivität gleich der Summe der reziproken Einzelinduktivitäten.

Dann dominiert die kleinste Induktivität die Gesamtinduktivität.

Hinweis: Gl. (3.4.7) ist *nicht anwendbar auf reale Spulen mit Leitungswiderständen*, denn die Widerstände der Einzelspulen können nicht zu einem gemeinsamen Widerstand zusammengefasst werden.

Induktivität im Grundstromkreis Das Verhalten der Induktivität zeigt sich im Grundstromkreis Abb. 3.4.5 am besten. Es können sowohl der $i(t)$- als

---

[37] Sie ist bei räumlich benachbarten Spulen nie auszuschließen, vgl. dann Kap. 3.2.5.

auch der $u(t)$-Verlauf vorgegeben sein. Für *gegebenen Stromverlauf $i(t)$* und zeitunabhängige lineare Induktivität gilt (s. Abb. 3.4.5a)

$$u(t) = u_R(t) + u_L(t) = i(t)R + L\frac{di(t)}{dt} \quad \rightarrow \quad \frac{u_q(t)}{R} = i(t) + \tau_L\frac{di(t)}{dt}. \quad (3.4.8)$$

Bei *dreieckförmiger* Stromfunktion verursacht die *stromdifferenzierende Wirkung* der Induktivität eine impulsförmig verlaufende Spulenspannung. Die Spannung am Widerstand verläuft stromproportional und die Gesamtspannung u entsteht durch Addition der Teilspannungen (Abb. 3.4.5b).

Bei *gegebenem Spannungsverlauf* $u_q(t)$ (Abb. 3.4.5c) ist der Strom $i(t)$ nicht unmittelbar zu ermitteln, denn er hängt auch von der Ableitung di/dt ab. Gleichungen dieses Typs heißen *Differenzialgleichung*. Sie ergab sich bereits für die Kondensatorspannung (Gl. (2.7.14 ff.)) und wurde dort diskutiert. Deshalb genügt hier ein anschauliches Bild.

Die Spannung $u_q(t) = u(t)$ soll sprunghaft ansteigen (*Einschalten einer Gleichspannung*, Abb. 3.4.5c). Da sich der *Strom nicht sprunghaft ändern* kann und $i(0) = 0$ gilt, folgt für $t = 0$: $u(0) = 0 + L(di/dt)$ und damit

$$\left.\frac{di}{dt}\right|_{t=0} = \frac{u(0)}{L} = \frac{U_q}{L}.$$

Im Einschaltmoment bestimmen Quellenspannung U_q und Induktivität L den Stromanstieg.

Mit steigendem Strom wächst $u_R = iR$ und zwangsläufig sinkt die Spulenspannung $u_L \sim di/dt$. Deshalb steigt der Strom zwar weiter, aber immer langsamer bis auf $i = U_q/R$ für $t \rightarrow \infty$: horizontaler Verlauf der Stromkurve. Die genaue Rechnung liefert als Lösung der Differenzialgleichung (Abb. 3.4.5d) (durch Einsetzen in Gl. (3.4.8) nachweisen)

$$i(t) = \frac{U_q}{R}\left(1 - \exp\frac{-t}{\tau_L}\right) \quad (3.4.9a)$$

mit

$$\tau_L = \frac{L}{R}. \qquad \text{Zeitkonstante des } RL\text{-Kreises} \quad (3.4.9b)$$

Charakteristisch für das Verhalten einer Induktivität im Grundstromkreis ist die Zeitkonstante τ_L. Sie bestimmt im Zeitbereich $t \ll \tau_L$ weitgehend das Gesamtverhalten.

Im Lösungsverlauf hat der Strom für $t = 0.7\tau_L$ wegen $\exp(-0{,}7) \approx 0{,}5$ etwa die Hälfte seines Endwertes U_q/R erreicht, nach weiteren $0{,}7\tau_L$ zusätzlich die Hälfte des Restes (also $(1/2 + 1/4)U_q/R = 3/4U_q/R$) usw. Deshalb heißt

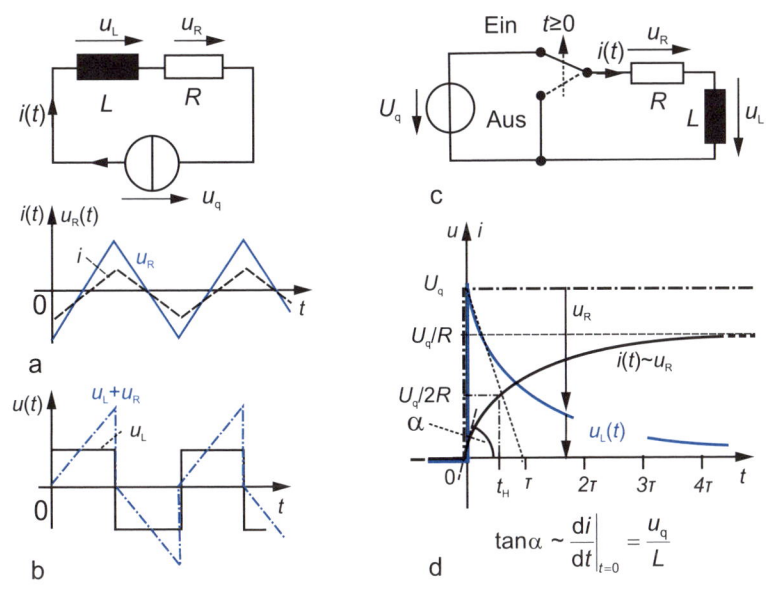

Abb. 3.4.5. Strom- und Spannungsverlauf der Reihenschaltung von Widerstand und Spule. (a) Einprägung eines dreieckförmigen Stromes, Zeitverlauf der Teilspannung u_R. (b) Dreieckförmige Gesamtspannung $u(t)$ mit sprungförmigen Änderungen. (c) Einschalten einer Gleichspannung mit Widerstand und Induktivität. (d) Zeitverlauf von Strom $i(t)$ und Spannung $u_L(t)$

$t_H \approx 0{,}7\tau_L$ auch *Halbwertszeit* des Vorganges. Nach $t \approx (3\ldots 5)\tau_L$ ist der Ausgleichsvorgang praktisch abgeklungen.

Der allmähliche Stromanstieg ist die Folge des u,i-Verhaltens der Spule, sie verleiht dem Strom „Trägheitscharakter".

Die Spannung u_L

$$u_L(t) = L\frac{di(t)}{dt} = U_q \exp\frac{-t}{\tau_L} \qquad (3.4.9c)$$

beginnt mit $u_L(+0) = U_q$ und sinkt mit wachsendem Spannungsabfall iR ab: $u_L(t) = U_q - i(t)R$.

Ausschaltvorgang Wird eine stromdurchflossene Spule durch Umlegen des Schalters (Abb. 3.4.5c) abgeschaltet und so der Stromkreis *abrupt geöffnet*, so sollte man im Abschaltmoment $di/dt \to \infty$ erwarten und damit $u_L \to \infty$. Das ist physikalisch unmöglich (Strom immer stetig, kann aus physikalischen Gründen nach Gl (3.4.5) nie springen!). Tatsächlich versucht der Strom weiterzufließen, er hat auch hier „Trägheitscharakter". *Die Spulenspannung u_L ($\sim$ induzierte Spannung e_i)* und damit auch die Spannung über dem offenen

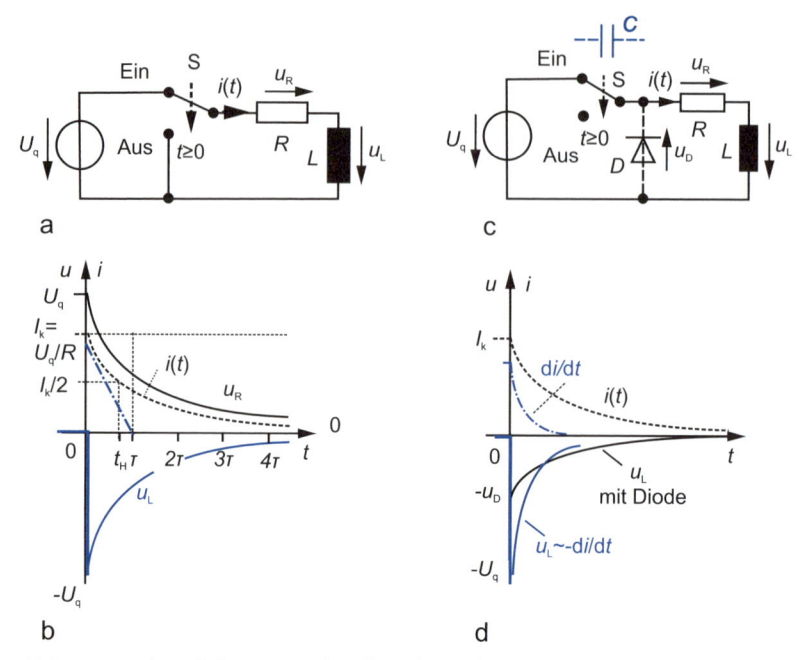

Abb. 3.4.6. Ausschaltvorgang im Grundstromkreis mit Widerstand und Induktivität. (a) Schaltung. (b) Zeitverläufe von Strom und Spannung. (c) Schaltung mit Freilaufdiode D. (d) Bei Stromunterbrechung entsteht eine hohe Spannungsspitze über dem Schalter; eine parallele Diode erlaubt Stromfluss

Schalter stellt sich vielmehr so ein, dass der Strom durch mögliche Nebenwege (Schalter, Spule, Kapazität) kontinuierlich weiterfließen und allmählich abnehmen kann. Beim Erzwingen einer hohen Stromänderung (z. B. Öffnen des Schalters) entsteht eine hohe induzierte Spannung zwischen den Schalterkontakten, die zum Durchschlag der Luftstrecke (Funken) führen kann und so einen weiteren, allmählich abnehmenden Stromfluss gewährleistet. Während die induzierte Spannung e_i beim Einschalten dem Strom entgegenwirkt (Abb. 3.4.2a), versucht sie seine Aufrechterhaltung beim Abschalten.

Im Standardfall währt dieser unterbrochene Stromkreiszustand beim Umlegen des Schalters von Stellung „Ein" nach „Aus" (Abb. 3.4.6a) nur kurzzeitig, vielmehr wird der Stromkreis in der Schalterstellung „Aus" wieder geschlossen. Dann ist die Reihenschaltung von R und L kurzgeschlossen und es gilt

$$0 = u_R(t) + u_L(t) = i(t)R + L\frac{di(t)}{dt} \tag{3.4.10}$$

mit der Lösung

$$i(t) = i(+0)\exp\frac{-t}{\tau_L}$$

und daraus
$$u_L(t) = L\frac{di(t)}{dt} = -\frac{i(+0)}{\tau_L}\exp\frac{-t}{\tau_L} = -U_q\exp\frac{-t}{\tau_L}. \qquad (3.4.11)$$
Dabei ist berücksichtigt, dass vor Beginn des Abschaltens der Gleichstrom $i(-0) = i(+0) = U_q/R$ durch die Spule geflossen ist. Abbildung 3.4.6b zeigt die zugehörigen Strom- und Spannungsverläufe: der Strom hat die Tendenz zur Aufrechterhaltung (Trägheit) und klingt dabei ab, die Spannung u_L springt auf den Wert $-U_q$ und sinkt dann betragsmäßig ab.

> Spannungsspitzen über dem Schalter beim Abschalten einer gleichstromdurchflossenen Spule sind ein Charakteristikum des induktiven Grundstromkreises.

Sie äußern sich durch:

– Schaltfunken (Durchschlag) an mechanischen Schaltern,
– hohe elektrische Belastung (Spannungsdurchschlag) von Transistorschaltern, weil die in der Spule gespeicherte magnetische Energie voll in elektrische Energie an der Schaltstrecke umgesetzt wird.

Abhilfe schaffen:

– die Parallelschaltung einer Diode D (3.4.6c) zur Spule. Beim Einschalten ist sie sperrgepolt und führt praktisch keinen Strom. Im Abschaltmoment belastet die induzierte Spulenspannung die Diode in Flussrichtung und die gesamte magnetische Energie wird über sie in Verlustenergie umgesetzt. Deswegen heißt sie *Lösch-* oder *Freilaufdiode*.
– die Parallelschaltung eines Kondensators zur Schaltstrecke, der die magnetische Energie der Spule übernimmt. Unter der Annahme, dass die in der Spule gespeicherte Energie voll auf den Kondensator übergeht, lässt sich die Kondensatoranfangsspannung ermitteln: $u_C(0) = i(0)\sqrt{L/C}$. Ein Widerstand in Reihe zu C begrenzt den Kondensatorstrom bei erneuter Kontaktschliessung und verhindert einen Schaltfunken.

Abschaltvorgänge treten häufig auf, weil viele Geräte Spulen enthalten: Relais, Elektromagneten, Motoren, Transformatoren, Schaltnetzteile. Erschwerend kommt hinzu, dass sich während eines Abschaltvorganges, wie beim Elektromagneten, der magnetische Kreis und damit die Induktivität ändern kann.

Aus den vielfältigen Anwendungen des Schaltvorganges mit induktivem Stromkreis greifen wir den sog. *Gleichspannungswandler* heraus, der eine gegebene Gleichspannung in eine andere unterschiedlicher Größe wandelt unter Nutzung der Induktivität

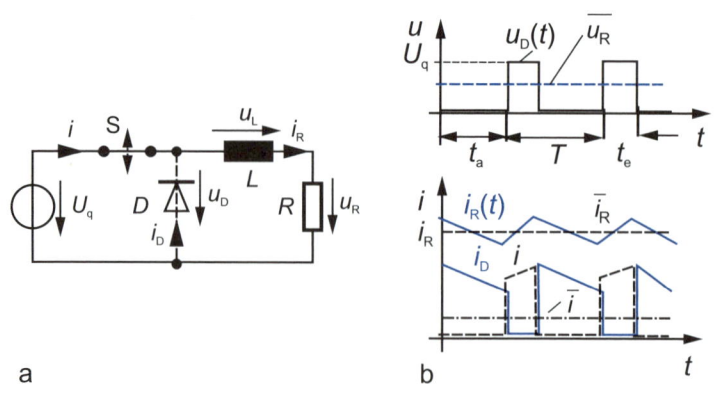

Abb. 3.4.7. Gleichstromsteller mit periodischem Schalter S. (a) Schaltung. (b) Zeitverläufe der Spannungen und Ströme im eingeschwungenen Zustand

als Energiespeicher (Abb. 3.4.7). Der Schalter S ist ein schaltbares Halbleiterbauelement, das über ein Steuersignal während der Zeiten t_e, t_a ein- und ausgeschaltet werden kann.

Im eingeschalteten Zustand t_e ist die Ausgangsspannung u_R gleich der Eingangsspannung U_q und der Strom i steigt linear an. An der Induktivität liegt die Differenzspannung $u_L = u_R - \bar{u}_R = L \mathrm{d}i_R/\mathrm{d}t$. Bei abgeschaltetem Schalter (t_a) fließt der Ausgangsstrom weiter und die (jetzt flussgepolte) Diode begrenzt ihn auf i_D, er fällt dabei annähernd zeitlinear ab. Dann beträgt der Mittelwert der Gleichspannung $\bar{u}_R = U_q t_e/(t_e + t_a)$ und kann durch Änderung der Schaltzeiten beeinflusst werden. Die im Bild dargestellten Zeitverläufe beziehen sich auf den Zeitbereich lange nach dem Anschalten des Gleichspannungswandlers, wenn Ausgleichsvorgänge abgeklungen sind. Nach diesem Prinzip (und anderen) arbeiten zahlreiche Gleichspannungswandler (mit besserem Wirkungsgrad als Ohmsche Spannungsteiler), vor allem auch zur Spannungserhöhung.

3.4.1.3 Allgemeine induktive Zweipole, Spule als Netzwerkelement

Ein induktiver Zweipol hat ein Fluss-Strom-, (Ψ, i)-Verhalten, bestimmt durch die Speicherung magnetischer Feldenergie. Er ist das Netzwerkmodell für die Verbindung von Stromkreis und Magnetfeld.

Es gibt zeitunabhängige und zeitabhängige, lineare und nichtlineare induktive Zweipole. Die Verhältnisse der Induktivität mit hysteresefreiem B,H-Zusammenhang entsprechen denen des kapazitiven Zweipols (Tab. 2.9) bei Vertauschung folgender Größen

Ladung Q	$\Leftrightarrow$ Fluss Ψ	Strom	$\Leftrightarrow$ Spannung
Kapazität C	$\Leftrightarrow$ Induktivität L	Spannung	$\Leftrightarrow$ Strom.

Damit lassen sich sinngemäß die gleichen Netzwerkelemente definieren wie bei der Kapazität. Aus technischer Sicht kommen vor:

- der *lineare, zeitunabhängige* Zweipol (Luftspule, mit Ferrit- und Eisenkern bei erheblichem Luftspalt und vernachlässigbarer Nichtlinearität);
- der *nichtlineare, zeitunabhängige* induktive Zweipol als Spule mit Eisenkern bei großer Aussteuerung;
- der *nichtlinear zeitabhängige* induktive Zweipol mit zeitveränderlichem Luftspalt (Elektromagnet, Relais);
- Realisierungen von Induktivitäten durch elektronische Schaltungen.

Zeitabhängiger linearer induktiver Zweipol Hängt die Induktivität von einer unabhängigen Steuergröße ab, so liegt eine unabhängig gesteuerte lineare Induktivität vor. Steuerparameter kann auch die Zeit t sein: $L(t)$. Zur Flussbeziehung $\Psi(t) = \Psi(i(t), t)$ gehört dann die Strom-Spannungs-Beziehung

$$\begin{aligned} u(t) &= \frac{\mathrm{d}\Psi(i,t)}{\mathrm{d}t} = \frac{\mathrm{d}(L \cdot i)}{\mathrm{d}t} \\ &= L(t)\frac{\mathrm{d}i}{\mathrm{d}t} + i(t)\frac{\mathrm{d}L(t)}{\mathrm{d}t}. \end{aligned} \quad \text{Linear, zeitabhängige Induktivität} \quad (3.4.12)$$

Umgekehrt folgt bei vorgegebener Spannung ($L(t)$ darf nicht unter dem Integral stehen)

$$i(t) = \frac{\Psi(t)}{L(t)} = \frac{1}{L(t)} \int u(t')\mathrm{d}t' + \text{const.} \quad (3.4.13)$$

Zeitveränderliche lineare Induktivitäten werden realisiert:

- durch zeitliche Änderung der Leiterschleifenform, mechanische Variation eines Luftspaltes im magnetischen Kreis als induktiver Wegeaufnehmer, oder induktive Geber verschiedenster Art;
- als dynamisches Mikrofon, bei dem eine Tauchspule durch auftreffende Schallwellen unterschiedlich tief ins Magnetfeld eintaucht u. a. m.

Zeitabhängiger nichtlinearer induktiver Zweipol Dieser Fall beruht auf der Flussabhängigkeit $\Psi(i(t), t)$ und führt zur Strom-Spannungs-Beziehung

$$u(t) = \frac{\mathrm{d}\Psi(i(t), t)}{\mathrm{d}t} = \frac{\partial \Psi(i(t), t)}{\partial i} \cdot \frac{\mathrm{d}i}{\mathrm{d}t} + \frac{\partial \Psi(i(t), t)}{\partial t}$$

oder mit $\Psi = Li$ und $L = L(i(t), t)$

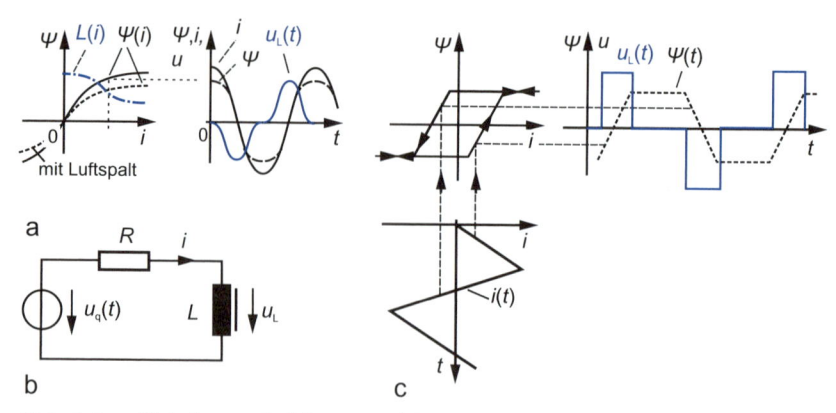

Abb. 3.4.8. Nichtlineare Induktivität. (a) Nichtlineare Flusskennlinie eines Eisenkreises ohne und mit Luftspalt. (b) Nichtlineare Induktivität im Grundstromkreis. (c) Hystereseschleife, Spule mit Eisenkern bei eingeprägtem Strom mit abgeleitetem Fluss- und Spannungsverlauf

$$u(t) = L(i(t), t)\frac{\mathrm{d}i(t)}{\mathrm{d}t} + i(t)\frac{\mathrm{d}L(i(t), t)}{\mathrm{d}t} = \left(L + i(t)\frac{\partial L}{\partial i}\right)\frac{\mathrm{d}i(t)}{\mathrm{d}t} + i(t)\frac{\partial L}{\partial t}$$

$$= \underbrace{l_d(i)\frac{\mathrm{d}i}{\mathrm{d}t}}_{\text{Kleinsignalanteil}} + \underbrace{i\frac{\partial L}{\partial t}}_{\text{Bewegungsanteil}}. \tag{3.4.14}$$

Dabei wurde

$$u = L\frac{\mathrm{d}i}{\mathrm{d}t} + i\frac{\mathrm{d}L}{\mathrm{d}t} \quad \text{mit} \quad \frac{\mathrm{d}L}{\mathrm{d}t} = \frac{\partial L}{\partial i}\cdot\frac{\mathrm{d}i}{\mathrm{d}t} + \frac{\partial L}{\partial t}$$

verwendet. In Gl. (3.4.14) stammt der erste Anteil von der *Kleinsignalinduktivität*, der zweite von der Formänderung der Induktivität etwa durch bewegte Leiterteile.

Induktivitäten mit ferromagnetischem Kreis (die sog. *Eisendrosseln*) arbeiten durch die nichtlineare $\Psi(i)$-Kennlinie in größerem Strombereich nichtlinear (Abb. 3.4.8a). Die differenzielle Induktivität ergibt sich als Steigung der $\Psi(i)$-Kennlinie. So ändert beispielsweise die Gleichstromvormagnetisierung des Eisenkerns die dynamische Induktivität beträchtlich. Ein Luftspalt linearisiert allerdings die $\Psi(i)$-Kennlinie. Bei Spulen ohne Vormagnetisierung (wie z. B. in Filtern) tritt nur die Kleinsignalinduktivität auf.

Nichtlineare Induktivitäten werden umfangreich eingesetzt: in Schaltnetzteilen, als Drosselspule zur Siebung von Gleichspannungen in Gleichrichterschaltungen, in Elektromagneten (dort ändert sich die Induktivität durch die stromabhängige Ankerstellung) und überhaupt in Elektromaschinen wegen der großen Stromdurchsteuerung bis in die Eisensättigung.

3.4 Verkopplung elektrischer und magnetischer Größen

Der Einbezug nichtlinearer Induktivitäten in die Netzwerkanalyse ist schwierig und läuft auf numerische bzw. rechnergestützte Verfahren (auch Simulationsmethoden) hinaus. Das Hauptproblem bildet die Modellierung der nichtlinearen $\Psi(i)$-Kennlinie entweder durch Wertepaare (mit Approximationsansätzen) oder eine analytische Darstellung. Typische Ansätze für die bilaterale, zeitinvariante und nichtlineare (hysteresefreie) Induktivität sind

$i(\Psi) = I_0 \sinh(\Psi/\Psi_0)$ (a) bzw. $\Psi(i) = \Psi_0 \tanh(i/I_0)$ (b).

Die Werte I_0, Ψ_0 gehören etwa zum Sättigungseintritt. Während die Funktion tanh (nachteilig) für große Argumente gegen 1 strebt, steigt die Funktion sinh noch weiter, wie es dem Verhalten der Eisenspule im Sättigungsbereich entspricht. Eine an der Spule liegende harmonische Spannung $u_q(t) = \hat{U}_q \cos(\omega t)$ verursacht dann sinusförmigen Flussverlauf. Für kleine Aussteuerung kann die Funktion sinh etwa durch eine Gerade ersetzt werden und der Strom verläuft ebenfalls sinusförmig. Bei großer Aussteuerung verzerrt die Nichtlinearität den Strom. Das gilt umgekehrt auch bei sinusförmig eingeprägtem Strom und der Flussnäherung nach Gl.(b) (Abb. 3.4.8b, a rechter Teil). Jetzt ist der Flussverlauf zwar sinusförmig, aber im Bereich der Sättigung „zusammengedrückt" mit der Folge eines verzerrten Spannungsverlaufs mit starker 3. Harmonischer.

Grundsätzlich kann statt der Flussnäherung (b) auch die Umkehrfunktion gebildet und eine Reihenentwicklung durchgeführt werden (das entspricht den Anfangsgliedern der Reihenentwicklung Gl.(a)). Als Ergebnis entsteht im Strom eine 3. Harmonische bei Sinusspannungssteuerung.

Ist die Flusskennlinie analytisch nicht darstellbar, so verschafft eine graphische Lösung Einblick. Als Beispiel dient die Eisenspule mit Hystereseverhalten und eingeprägtem Dreieckstrom (Abb. 3.4.8c). Durch Spiegelung der Stromwerte an der Hysteresekurve entsteht der Flussverlauf $\Psi(t)$. Daraus lässt sich der Spannungsverlauf $u_L(t)$ punktweise gewinnen: man greift einen Zeitpunkt t aus $\Psi(t)$ heraus, bildet die Ableitung und hat damit u_L. Die Aufgabe wird mit dem (stets vorhandenen) Spulenwiderstand (Abb. 3.4.8b) analytisch unlösbar. Dann kommen rechnergestützte Verfahren oder Simulationswerkzeuge wie etwa SPICE zum Einsatz.

Eine weitere Problemgruppe sind *zeitabhängige nichtlineare* Induktivitäten: Spulen mit zeitlich variablem Eisenkern (meist durch Luftspaltänderung). Dazu gehören neben Elektromagneten die rotierend oder translatorisch bewegten elektrischen Maschinen, aber auch viele Sensorprinzipien.

Die Verallgemeinerungen des Induktivitätsbegriffs gelten sinngemäß auch für die Gegeninduktivität: deshalb gibt es zeitabhängige und nichtlineare Gegeninduktivitäten. So ist beispielsweise die Gegeninduktivität zwischen einer rotierenden Spule im Magnetfeld einer größeren Luftspule (Beispiel 3.2.19) linear zeitabhängig ($M(t)$). Ganz entsprechend haben zwei durch einen magnetischen Kreis verkoppelte Spulen eine zeitabhängige Gegeninduktivität, wenn sein magnetischer Widerstand zeitlich etwa durch periodische Luftspaltänderung variiert. Eine nichtlineare Gegeninduktivität liegt durch die Magnetisierungskennlinie des koppelnden Eisenkreises vor. Abhängig vom Strom ändert sich dann die Kopplung (und damit M) bis hin zu einem deutlich kleineren Wert, wenn das Eisen in die Sättigung gerät.

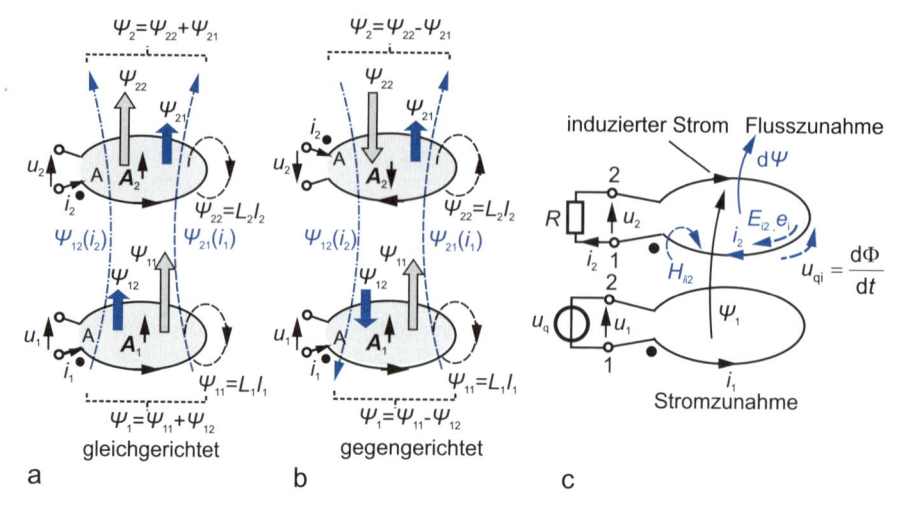

Abb. 3.4.9. Bezugsrichtungen für Strom und Spannung bei gleich- und gegensinnig gekoppelten Spulen. (a) Gleichsinnige Kopplung, Flussaddition. (b) dto. bei gegensinniger Kopplung, Flusssubtraktion. (c) Gleichsinnig gekoppelte Spulen im Transformatorbetrieb

3.4.2 Gegeninduktion

Strom-Spannungs-Beziehung Durch *Gegeninduktion* induziert der Strom eines Leiterkreises in benachbarten, *nicht galvanisch, aber magnetisch gekoppelten* Leiterkreisen Ströme und umgekehrt (s. Kap. 3.2.5.2). Für zwei magnetisch gekoppelte Leiterkreise (Spulen) hängt dann der Gesamtfluss durch die Leiterschleife 1 vom eigenen Strom und dem in der Nachbarschleife 2 ab $\Psi_1 = \Psi_1(i_1, i_2)$, analoges gilt für $\Psi_2(i_1, i_2)$ (Abb. 3.4.9, s. auch Abb. 3.2.19) mit der jeweiligen Flussunterteilung auf beide Spulen und Überlagerung nach Gl. (3.2.47).

Für die Strom-Spannungs-Beziehung greifen wir auf das Induktionsgesetz in Form des Spannungsabfalls Gl. (3.4.1) für jede Spule zurück: wir legen zwei Spannungsquellen $u_{q1} = u_1$, $u_{q2} = u_2$ so an, dass die dort bezüglich der Strom-Fluss-Richtungen eingetragenen Ströme erhalten bleiben (Abb. 3.4.9a) (ideale, widerstandslose Spulen vorausgesetzt). Dann gilt (bei gleichsinniger Stromrichtung, d. h. *Addition der Spulenflüsse* in jeder Spule) mit der *Flusskennlinie* Gl. (3.2.47) $\Psi_1 = \Psi_{11}(i_1) + \Psi_{12}(i_2)$ und analog für Ψ_2 [38] bei beiderseitiger Verbraucherzählpfeilrichtung

---

[38] Dabei ist vorausgesetzt, dass Flussänderungen nur durch Stromänderungen entstehen, nicht etwa durch Kopplungsvariation, Kernbewegung oder Luftspaltänderung.

3.4 Verkopplung elektrischer und magnetischer Größen

$$u_1(t) \equiv u_{qi1} = \frac{d\Psi_1(i_1,i_2)}{dt} = L_1\frac{di_1(t)}{dt} + M\frac{di_2(t)}{dt}$$
$$u_2(t) \equiv u_{qi2} = \frac{d\Psi_2(i_1,i_2)}{dt} = M\frac{di_1(t)}{dt} + L_2\frac{di_2(t)}{dt}. \qquad (3.4.15a)$$

Strom-Spannungs-Relation gekoppelter linearer Spulen

Die Gegeninduktivität M ist positiv.

Die in einer Spule 1 induzierte Spannung hängt ab von der Stromänderung di_1 des Stromes durch die gleiche Spule über ihre Selbstinduktivität und der Stromänderung di_2 in einer benachbarten, magnetisch verketteten Spule 2 über die Gegeninduktion (und umgekehrt).

Die beiden Spulen können über- oder nebeneinander liegen, wichtig ist der jeweilige Bezugssinn. Während bei Stromrichtungsvorgabe einer Schleife ihr zugehöriger Fluss festliegt (Ψ_{11} rechtswendig mit i_1 und Ψ_{22} rechtswendig mit i_2 verknüpft), ist der Fluss durch die andere bezüglich der Orientierung frei wählbar. Deshalb war *Flussaddition* oder *-subtraktion* möglich (Abb. 3.2.20). Umkehr des Bezugssinnes hat Vorzeichenumkehr der zugehörigen Größe zur Folge. Flusssubtraktion entsteht z. B. durch *Umkehr des Windungssinns* der zweiten (Spule, Drehung um die Längsachse Abb. 3.4.9b). Dann ergibt das Induktionsgesetz

$$u_1(t) = \frac{d(\Psi_{11} - \Psi_{12})}{dt} = L_1\frac{di_1(t)}{dt} - M\frac{di_2(t)}{dt}$$
$$u_2(t) = \frac{d(\Psi_{22} - \Psi_{21})}{dt} = L_2\frac{di_2(t)}{dt} - M\frac{di_1(t)}{dt} \qquad (3.4.15b)$$

veränderte Vorzeichen in den Koppelgliedern:

Umkehr des Windungssinns der Sekundärspule ändert die sekundärseitige Strom- und Spannungsrichtung. Die zugehörigen Strom-Spannungs-Beziehungen stimmen mit dem Ausgangssystem Gl. (3.4.15a) überein, wenn das Vorzeichen der Gegeninduktivität vertauscht wird.

Bei Addition der magnetischen Flüsse addieren sich die zugehörigen induzierten Spannungen der Selbstinduktivität und Gegeninduktivität, bei Subtraktion wirkt die Differenz zwischen Selbst- und Gegeninduktionsspannung. Bezüglich der sekundärseitigen Strom-Spannungs-Richtung gibt es noch den Fall, dass (bei gleichem Windungssinn) der *Lastwiderstand eine sekundärseitige Stromumkehr erzwingt* (Abb. 3.4.9c). Diesen sog. *Transformatorfall* betrachten wir später.

Abbildung 3.4.10 zeigt Netzwerkersatzschaltungen zur Modellierung der Gegeninduktivität M. Sie kann nach Gl (3.4.15a) realisiert werden als Netzwerk aus den Elementen L_1, L_2 und M, einem Schaltzeichen oder den Elementen

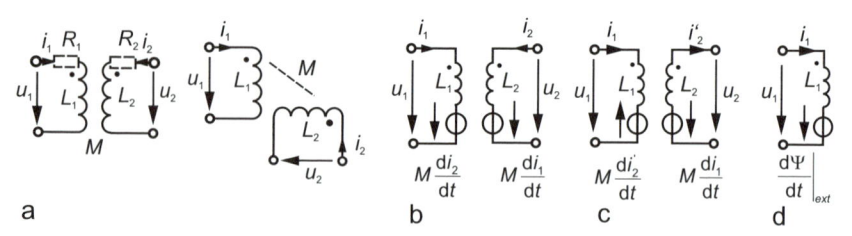

Abb. 3.4.10. Ersatzschaltungen magnetisch gekoppelter Spulen. (a) Netzwerkersatzschaltung, gleichsinnige Kopplung, rechts als freie graphische Darstellung. (b) Netzwerkersatzschaltung mit stromgesteuerten Spannungsquellen (VPS). (c) wie (b), jedoch mit ausgangsseitiger Erzeugerpfeilrichtung (EPS). (d) Primärseitige Form mit eingekoppelter Spannung durch externe Flussänderung

L_1, L_2 und *stromgesteuerten Spannungsquellen*: die gegeninduktiven Spannungen entstehen jeweils durch vom Strom im anderen Stromkreis gesteuerte Spannungsquellen (Quelle als Spannungsabfall). Zu Gl. (3.4.15b) gehört die Netzwerkersatzschaltung Abb. 3.4.10c mit umgekehrten Richtungen der gesteuerten Spannungen. Gleichwertig lässt sich die induzierte Spannung auch als Koppelfluss des zweiten Stromkreises modellieren, das ist bei Einkopplungsproblemen vorteilhaft (s. Abb. 3.4.10d).

Weil zwei magnetisch gekoppelte lineare Spulen stets ein umkehrbares Zweitor bilden, gibt es weitere Formen zur Darstellung ihres Strom-Spannungs-Verhaltens mit zugehörigen Ersatzschaltungen (s. Bd. 1, Kap 2.6.2).

Technische Spulen haben immer Wicklungswiderstände. Sie werden durch die konzentrierten Elemente R_1 und R_2 (in Abb. 3.4.10a angedeutet) berücksichtigt. Wir ergänzen sie in Verbindung mit Gl. (3.4.15a) durch die Spannungsabfälle $i_1 R_1$ und $i_2 R_2$: $u_1 = i_1 R_1 + u_{qi1}$, $u_2 = i_2 R_2 + u_{qi2}$.

Bemerkung Die allgemeine Strom-Spannungs-Relation muss auch die explizite Zeitabhängigkeit des Flusses beachten, z. B. durch geometrische Kopplungsänderungen: $\Psi_1 = \Psi_1(i_1(t), i_2(t), t)$ (zweiter Fluss analog). Dann beträgt die eingangsseitig induzierte Quellenspannung u_{qi1}

$$u_{qi1} = \frac{d\Psi_1}{dt} = \frac{\partial \Psi_1}{\partial i_1}\frac{di_1}{dt} + \frac{\partial \Psi_1}{\partial i_2}\frac{di_2}{dt} + \frac{\partial \Psi_1}{\partial t}. \qquad (3.4.16)$$

Der letzte Term betrifft Flussänderungen, die nicht von Strömen stammen: Geometrieänderung, Änderung des magnetischen Widerstandes u. a. Er ist für Sensoranwendungen wichtig, verschwindet aber bei festen Leiteranordnungen. Die übrigen Terme gehen bei linearem Fluss-Strom-Zusammenhang in die Koeffizienten L, M über.

Punktkonvention Eine perspektivische Darstellung beider Spulen lässt *gleichen subWindungssinn* erkennen (Abb. 3.4.11a): die Verbindung des oberen

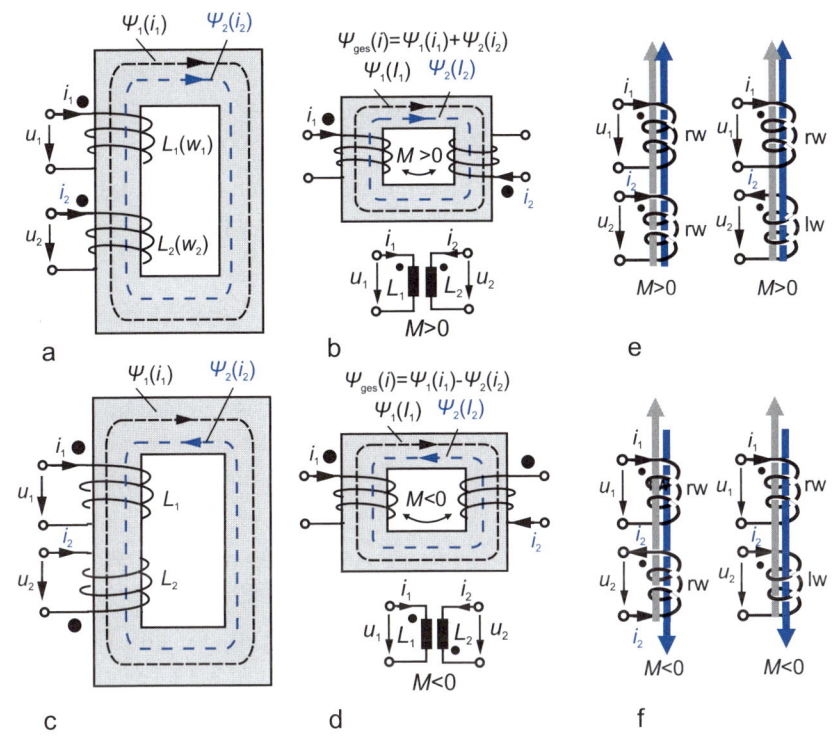

3.4 Verkopplung elektrischer und magnetischer Größen

Abb. 3.4.11. Formen gekoppelter Spulen. (a) Gleichsinnige Wicklungen mit magnetischem Kreis. (b) Zugehörige verbreitete Transformatorausführung und Ersatzschaltbild. (c) wie (a) mit gegensinnigen Wicklungen. (d) Zugehörige Transformatorausführung und Ersatzschaltbild. (e) Bezugspfeile an gekoppelten Spulen und Wicklungssinn (positive Gegeninduktivität) (f) dto. für negative Gegeninduktivität

Spulenendes mit dem Anfang der unteren Spule ergibt eine neue Spule mit gleichem Windungssinn, bei gegenläufigem Wicklungssinn der zweiten Spule sind die Verhältnisse komplizierter. Weil die Flussüberlagerung sowohl vom Windungssinn als auch der Stromrichtung abhängt, ist es für den praktischen Umgang mit gekoppelten Spulen einfacher, Windungsanfang (oder -ende) durch einen Punkt im Schaltbild zu markieren und das Strom-Spannungs- und Koppelverhalten bezüglich der Stromrichtung zum Punkt als *Punktkonvention* (Kap. 3.2.5.2, Abb. 3.2.20) festzulegen:

— Fließen beide Ströme zu den Punkten hin (oder weg), so haben die Flüsse durch beide Spulen bei gleichem Windungssinn gleiche Richtung (Flussaddition, $L, M > 0$) und die selbst- und gegeninduzierten Spannungen wirken additiv (gleiche Richtung).

– Fließen beide Ströme zu den Punkten gegenläufig (einer zu, der andere weg), so liegt (bei gleichem Windungssinn) Flusssubtraktion ($L > 0$, $M < 0$) vor und die Spannungen wirken subtraktiv.

Das ist Grundlage der Gl. (3.4.15): Spannungsabfall vom Markierungspunkt aus gesehen antragen, dann addieren bzw. subtrahieren sich die Gegeninduktionsterme zur Klemmenspannung.

Abbildung 3.4.11a, c zeigt gleich- bzw. gegensinnig gekoppelte Spulen mit gleichem und unterschiedlichem Wicklungssinn und ihre verbreitete Transformatoranordnung sowie die Schaltbilder (Abb. 3.4.11b, d). Abbildung 3.4.11e, f fasst den Einfluss der Richtung und des Wicklungssinns (rechts- und linkswendig) bezüglich des Vorzeichens von M zusammen, die zugehörigen Schaltzeichen enthält Abb. 3.4.11b, d. Die jeweiligen Strom-Spannungs-Beziehungen sind durch Gl. (3.4.15ab) gegeben. Dabei gilt zusätzlich:

Ändert man die Strom-Spannungsrichtungen nur einer Spule, so ändert sich das Vorzeichen des M-Termes (bei sonst gleichem Wicklungssinn).

Obwohl wir uns auf zwei gekoppelte Spule beschränken, ist das Punktsystem auch auf mehrere gekoppelte Spulen erweiterbar. Zur Kennzeichnung der Kopplung betroffener Spulen werden *Kopplungspfeile* zwischen ihnen eingeführt, bei zwei Spulen können sie entfallen (oder zur Hervorhebung der Kopplung dienen).

Probleme bereitet beim Umgang mit gekoppelten Spulen oft die *Punktfeststellung*:

Während der primärseitige Punkt unstrittig ist (z. B. Spulenanfang), wird sekundärseitig der Wicklungsanschluss mit einem Punkt markiert, zu dem der Strom i_2 positiv hinfließen müsste, damit Flussaddition eintritt (und Gl. (3.4.15a) gilt).

Eine weitere Möglichkeit bietet Gl. (3.4.15a) unmittelbar: erfährt Spule 1 (am Punkt) eine Stromerhöhung (Einschalten einer Gleichspannung u_1), so entsteht in Spule 2 ein Spannungsstoß: ein Spannungsmesser zeigt einen positiven Ausschlag u_2, wenn sein +-Pol am Punkt liegt.

Schließlich kann man beide Spulen in Reihe schalten und einen Wechselstrom einprägen. Die Gesamtinduktivität L_{ges} des Ersatzzweipols (Spannungsabfall zwischen seinen Klemmen) ist nach Gl. (3.4.19) am kleinsten bei gegensinniger Flusskopplung, m. a. W. sind beide Anschlusspunkte zugleich Wicklungsanfänge (bzw. -enden) und erhalten die Punkte.

Verbraucher-Erzeugerpfeilsystem Aus praktischen Gründen wählt man oft für Spule 1 das Verbraucher-, für Spule 2 das *Erzeugerpfeilsystem* (Abb. 3.4.9c) mit umgekehrter Stromrichtung i_2. Diese (natürliche) Stromrichtung wird durch einen Lastwiderstand R ($u_2 = Ri_2$) immer erzwungen. Als Folge vertauschen sich die Vorzeichen *aller* mit i_2 behafteter Terme in Gl. (3.4.15a) und für Abb. 3.4.9a gilt unter Hinzunahme der Ohmschen Leitungswiderstände R_1, R_2:

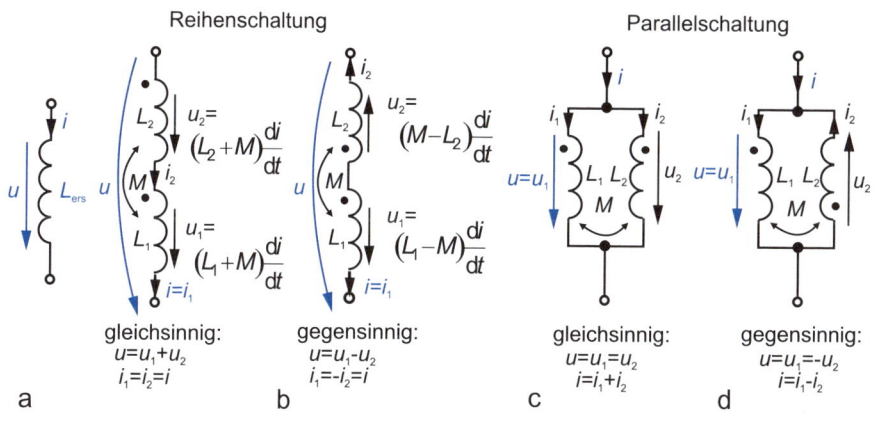

3.4 Verkopplung elektrischer und magnetischer Größen

Abb. 3.4.12. Ersatzinduktivität L_{ers} zusammengeschalteter gekoppelter Einzelinduktivitäten. (a) Reihenschaltung, gleichsinnige Kopplung. (b) Reihenschaltung, gegensinnige Kopplung. (c) Parallelschaltung, gleichsinnige Kopplung. (d) Parallelschaltung, gegensinnige Kopplung

$$u_1 = L_1 \frac{di_1}{dt} - M \frac{di_2}{dt} + i_1 R_1 \quad \text{Seite 1, Verbraucherseite}$$

$$u_2 = M \frac{di_1}{dt} - L_2 \frac{di_2}{dt} - i_2 R_2 \quad \text{Seite 2, Erzeugerseite.} \quad (3.4.17)$$

$$\text{Transformatorgleichung}$$

Das ist die Beschreibungsform des *Transformators* (Name!, Kap. 3.4.3).

Anwendungen und Beispiele Bei gekoppelten Spulen unterscheidet man die Gegeninduktivität:

- durch *ungewollte Verkopplung* benachbarter Spulen;
- mit *veränderbarer Kopplung* (Spulen relativ zueinander dreh- und/oder schwenkbar), oft als *Variometer* bezeichnet;
- mit *fester Kopplung*, meist über einen Eisenweg: den *Transformator*.

Die Gegeninduktivität beeinflusst auch die Reihen- und Parallelschaltung zweier Spulen L_1 und L_2, deshalb müssen die Beziehungen zur Zusammenschaltung Gln. (3.4.6, 3.4.7) erweitert werden.

Reihenschaltung Zwei (oder mehr) reihengeschaltete Induktivitäten sind stets über ihr Magnetfeld verkoppelt. Je nach Schaltung addieren oder subtrahieren sich die Teilflüsse in den Einzelinduktivitäten. Bei Zusammenschaltung mit *gleichem Wickelsinn* (Abb. 3.4.12a) gilt Flussaddition (gleiche Richtung der Teilflüsse, $\Psi = \Psi_1 + \Psi_2$), daran erkenntlich, dass der Strom auf den Punkt zufließt und der Spannungsabfall dort ansetzt. Der Gesamtfluss beträgt nach Gl. (3.2.47) $\Psi_{\text{ges}} = L_1 i_1 + 2M i_1 + L_2 i_1$ (wegen $i_1 = i_2 = i$), gleichwertig kann auch über Gl. (3.4.15a) die Gesamtspannung und daraus die Gesamtinduktivität ermittelt werden:

$$u = u_1 + u_2 = L_1 \frac{di}{dt} + M \frac{di}{dt} + L_2 \frac{di}{dt} + M \frac{di}{dt} = L_{\text{ges}} \frac{di}{dt} \qquad (3.4.18)$$

mit $L_{\text{ges}} = L_1 + 2M + L_2$. Bei *entgegengesetztem Wickelsinn* subtrahieren sich die Teilflüsse Ψ_1 und Ψ_2 wegen $i = i_1 = -i_2$ und $u = u_1 - u_2$ (Abb. 3.4.12b)

$$u = \frac{d\Psi_{\text{ges}}}{dt} = \frac{d\Psi_1}{dt} - \frac{d\Psi_2}{dt} = L_{\text{ges}} \frac{di}{dt} \qquad (3.4.19)$$

mit $L_{\text{ges}} = \frac{\Psi_{\text{ges}}}{i} = L_1 - 2M + L_2$. Mit den Spulenflüssen $\Psi_1 = L_1 i_1 + M i_2 = (L_1 - M)i$, $\Psi_2 = L_2 i_2 + M i_1 = (M - L_2)i$ folgt schließlich die Gesamtinduktivität. Abhängig vom Wicklungssinn (Vorzeichen von M) ist die Gesamtinduktivität größer oder kleiner als die Summe der Einzelinduktivitäten:

$$\boxed{\begin{array}{c} L_{\text{ges}} = L_1 + L_2 \pm 2M = L_1 + L_2 \pm 2k\sqrt{L_1 L_2}. \\ \text{Induktivität reihengeschalteter gekoppelter Spulen} \end{array}} \qquad (3.4.20)$$

Positives Vorzeichen gleicher, negatives entgegengesetzter Wicklungssinn. Gleiche Induktivitäten $L_1 = L_2 = L$ und $k = \pm 1$ ergeben eine Gesamtinduktivität zwischen $L_{\max} = 4L$ ($k = +1$) und $L_{\min} = 0$, bei fester Kopplung $|k| = 1$ beträgt sie $L_{\text{ges}} = \left(\sqrt{L_1} \pm \sqrt{L_2}\right)^2$. Mit den Einzelinduktivitäten $L_1 = w_1^2 A_{\text{L}}$, $L_2 = w_2^2 A_{\text{L}}$ und $M = \sqrt{L_1 L_2} = w_1 w_2 A_{\text{L}}$ hat die Gesamtinduktivität bei fortlaufender Wicklung $w = w_1 + w_2$ die Induktivität $L_{\text{ges}} = (w_1 + w_2)^2 A_{\text{L}} = w_{\text{ges}}^2 A_{\text{L}}$.

Reihengeschaltete Induktivitäten haben bei fester Kopplung eine Gesamtinduktivität, die sich als Summe der Teilwindungen der Einzelinduktivitäten nach der Bemessungsformel Gl. (3.2.41) ergibt.

Bei einer Kopplung $k = -1$ spricht man von *bifilarer Wicklung*. Das ist im Prinzip eine Doppelleitung mit Stromhin- und -rückfluss und verschwindendem äußeren Magnetfeld. Sie dient zur Herstellung induktionsarmer Widerstände.

Verallgemeinerung Die Erweiterung auf n reihengeschaltete Spulen ist einfach: hat Spule kl die Teilspannung

$$u_k = \sum_{l=1}^{n} L_{kl} \frac{di_l}{dt}, \quad k = 1 \ldots n \quad \text{mit } u = \sum_{k=1}^{n} u_k, \quad i_l = i, \quad l = 1 \ldots n,$$

so ergibt sich die Gesamtinduktivität (bei gleichsinniger Kopplung) zu

$$L = \sum_{k=1}^{n} \sum_{l=1}^{n} L_{kl}. \qquad (3.4.21a)$$

Zur besseren Übersicht schreiben wir die Ausgangsbeziehung in Matrixform

$$\begin{pmatrix} u_1 \\ u_2 \\ \vdots \\ u_n \end{pmatrix} = \begin{pmatrix} L_{11} & L_{12} & \cdots & L_{1n} \\ L_{21} & L_{22} & \cdots & L_{2n} \\ \vdots & \vdots & \ddots & \vdots \\ L_{n1} & L_{n2} & \cdots & L_{nn} \end{pmatrix} \cdot \frac{\mathrm{d}}{\mathrm{d}t} \begin{pmatrix} i_1 \\ i_2 \\ \vdots \\ i_n \end{pmatrix}. \tag{3.4.21b}$$

Die Induktivitätsmatrix enthält in der Hauptdiagonalen die Selbstinduktivitäten, die übrigen Elemente sind Gegeninduktivitäten (mit $L_{ik} = L_{ki}$ im linearen Fall). Sie verschwinden bei fehlender magnetischer Kopplung und erhalten negative Vorzeichen bei gegensinniger Kopplung. Für zwei gekoppelte Induktivitäten wird $L_{12} = L_{21} = M$.

Parallelschaltung Hier bestimmen gleiche Spannungen ($u = u_1 = u_2$) und der Knotensatz ($i = i_1 + i_2$) das Gesamtverhalten (Abb. 3.4.12c). Aus Gl. (3.4.15a) folgt aufgelöst nach den Ableitungen der Ströme für gleichsinnige Kopplung

$$\frac{\mathrm{d}i_1}{\mathrm{d}t} = \frac{Mu_2 - L_2 u_1}{M^2 - L_1 L_2}, \qquad \frac{\mathrm{d}i_2}{\mathrm{d}t} = \frac{Mu_1 - L_1 u_2}{M^2 - L_1 L_2}.$$

Die Ersatzinduktivität ergibt sich über die gesamte Stromänderung

$$\frac{\mathrm{d}i}{\mathrm{d}t} = \frac{\mathrm{d}i_1}{\mathrm{d}t} + \frac{\mathrm{d}i_2}{\mathrm{d}t} = \frac{(M - L_2) u_1 - (M - L_1) u_2}{M^2 - L_1 L_2} = \frac{u}{L_{\text{ers}}}$$

zu

$$\boxed{L_{\text{ers}} = \frac{L_1 L_2 - M^2}{L_1 + L_2 \mp 2M} = \frac{L_1 L_2 (1 - k^2)}{L_1 + L_2 \mp 2k\sqrt{L_1 L_2}}.} \tag{3.4.22a}$$

Induktivität parallel geschalteter Einzelinduktivitäten

Auch sie unterscheidet sich von kopplungsfrei parallel geschalteten Induktivitäten Gl. (3.4.7) mit den Grenzfällen:

— gleicher Wickelsinn $k > 0$, speziell bei gleicher Induktivität ($L_1 = L_2 = L$): $L_{\text{ers}} = (1 + k)L/2$. Die Induktivität schwankt zwischen $L/2$ ($k = 0$) und L ($k = 1$) (totale Kopplung).
— entgegengesetzter Wicklungssinn ($k < 0$). Gleiche Induktivitäten ergeben $L_{\text{ers}} = (1 - k)L/2$, also eine kleinere Induktivität bis zu $L_{\text{ers}} = 0$ (feste Kopplung, $k = -1$).
— Spulen mit veränderlicher Kopplung haben je nach Schaltung eine veränderbare Induktivität zwischen $L_{\min}$ und $L_{\max}$. Ihre große Verbreitung zur Anfangszeit des Rundfunks ist Vergangenheit, da sich veränderbare Induktivitäten heute durch beweglichen Kern oder elektronisch einfacher erzeugen lassen.

Die Parallelschaltung *gegensinnig gekoppelter* Induktivitäten (Abb. 3.4.12d) erfolgt nach gleichem Schema, im Ergebnis Gl. (3.4.22a) ändert sich nur das Vorzeichen im Nenner des M-Termes.

Die Ergebnisse setzen widerstandslose Spulen voraus, bei Einbezug der Verlustwiderstände sind keine allgemeinen Lösungen möglich.

Werden n ideale gekoppelte Spulen parallelgeschaltet, so berechnet man zunächst die einzelnen Stromänderungen

$$\frac{\mathrm{d}i_k}{\mathrm{d}t} = \sum_{l=1}^{n} A_{kl} u_l, \quad k = 1 \ldots n \quad \text{und} \quad \frac{\mathrm{d}i}{\mathrm{d}t} = \sum_{k=1}^{n} \frac{\mathrm{d}i_k}{\mathrm{d}t}, \quad u_l = u, \quad l = 1 \ldots n, \quad (3.4.22\mathrm{b})$$

addiert sie (vorzeichenabhängig je nach gleich- oder gegengerichteten Flüssen) und erhält so die Ersatzinduktivität der Parallelschaltung

$$\frac{1}{L} = \sum_{k=1}^{n} \sum_{l=1}^{n} A_{kl}. \tag{3.4.22c}$$

Die auftretenden Faktoren A_{kl} sind die zur inversen Matrix von L_{kl} gehörenden Elemente, denn in Gl. (3.4.22b) wird das lineare Gleichungssystem Gl. (3.4.21b) invertiert. Damit diese Inversion möglich ist, bleibt ideale Kopplung ausgeschlossen.

❯ 3.4.3 Transformator

Wirkprinzip Zwei (oder mehrere) magnetisch fest gekoppelte Spulen um einen magnetischen Kreis heißen als Bauelement *Transformator*. Seine Grundlage ist die Ruheinduktion, weshalb diese Induktionsart auch *transformatorische Induktion* genannt wird. Der Transformator hat breite Anwendungsgebiete:

— in der *Energietechnik* als Umspanner, Leistungs- oder Netztransformator zur Spannungsunter- oder -übersetzung kleiner bis größter Leistungen. *Ziel: guter Umsatzwirkungsgrad der Leistungsübersetzung*;
— in der *Informations-* und *Messtechnik* als *Übertrager* oder *Wandler* zur Widerstandstransformation bzw. Spannungs- oder Stromübersetzung. Ziel: gute Transformationseigenschaften über großen Frequenzbereich;
— im *Hochfrequenzbereich* finden *HF-Transformatoren* vielfältige Anwendungen;
— als *Impulsübertrager* in Schaltnetzteilen zur formgetreuen Transformation von Impulsspannungen. Ziel: gute Übertragung der Impulsform.

Wenn sich auch die Anforderungen stark unterscheiden, so nutzen alle Transformatoren das gleiche Wirkprinzip. *Sie verarbeiten nur zeitveränderliche Größen* (Zerstörung bei Gleichstrom durch thermische Überlastung) und sind deshalb ein *Bauelement* der *Wechselstromtechnik*. In Bd. 3 wird es mit seinen spezifischen Merkmalen genauer behandelt. Hier betrachten wir seine grundsätzlichen Eigenschaften.

Feste magnetische Kopplung entsteht durch räumlich enge Anordnung beider Spulen, die sog. *Primär-* und *Sekundärwicklungen* auf einem gemeinsamen

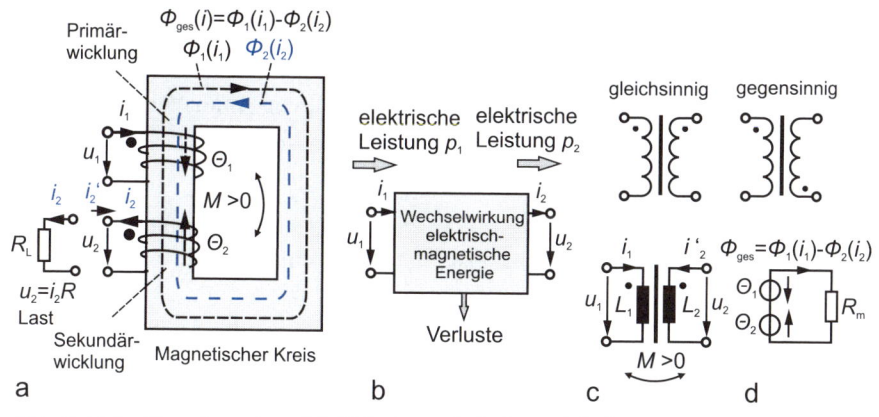

3.4 Verkopplung elektrischer und magnetischer Größen

Abb. 3.4.13. Transformator. (a) Prinzip und Aufbau. (b) Schema des Energieflusses. (c) Schaltzeichen nach EN 60617 (Wegfall der Punkte bei allgemeinem Transformator, Angabe der Transformatorgrößen bedarfsweise). (d) Ersatzschaltung des magnetischen Kreises

hochpermeablen magnetischen Kreis, dem Eisenkern, (Abb. 3.4.13a). Deshalb ist der Transformator als Netzwerkelement ein *Zweitor*, mit mehreren Sekundärwicklung oder Anzapfungen auch ein *Mehrtor*. Über Jahrzehnte war er das wichtigste Bauelement der Nachrichtentechnik.

Seine Ausführungsformen unterscheiden sich u. a. in der Kernform (Ziel: hochpermeabler Kern, hohe Sättigungsinduktion, geringe Kernverluste durch Wirbelströme und Hysterese) und dem magnetischen Material selbst. Statt einfacher Kerne Abb. 3.4.13a werden durchweg Ring-, Schnitt- und Schenkelkerne (EE-, EI-, M-Kerne mit Wicklung auf dem Mittelschenkel) verwendet (s. Abb. 3.2.22).

> Basierend auf den Eigenschaften magnetisch fest gekoppelter Spulen ist der Transformator ein Bauelement, das elektrische Energie aus einem Primärkreis über das Magnetfeld in elektrische Energie im Sekundärkreis überträgt und dabei die Höhe der Ströme/Spannungen wandelt („transformiert"). Seine Grundlagen sind das Zusammenwirken des Durchflutungssatzes (im magnetischen Kreis), des Induktionsgesetzes (Ruheinduktion) und des Energieerhaltungssatzes.

Vom Funktionsprinzip her tritt zur Strom-Spannungs-Beziehung gekoppelter Spulen (Gl. (3.4.15a)) bzw. der Transformatorgleichung (3.4.17) noch als *Zusatzbedingung* die *Verknüpfung von Strom i_2 und Spannung u_2 im Sekundärkreis über das Lastelement* hinzu, etwa ein Ohmscher Widerstand ($i_2 = u_2/R$). *Weil es die Stromrichtung i_2 und damit die Transformatorgleichungen erzwingt (Abb. 3.4.9c), gilt zwangsläufig primärseitig das Verbraucher- und sekundärseitig das Erzeugerbezugssystem.*

Das unterstreicht die *Grundfunktion* des Transformators: *primärseitig zugeführte elektrische Energie wird in magnetische überführt (Durchflutungs-*

satz) und diese sekundärseitig (Induktionsgesetz) als elektrische Energie an das Lastelement abgegeben (Abb. 3.4.13b). Ein magnetischer Kreis, der ferromagnetische Kern, koppelt beide Spulen möglichst eng. Zum Verständnis der Grundeigenschaften wählen wir folgende *Modellierungsstufen*:

- idealer Transformator,
- streuungsfreier oder streubehafteter, verlustloser Transformator. Verluste treten hauptsächlich im Wechselstrombetrieb auf (s. Bd. 3).

Idealer Transformator Abbildung 3.4.13a zeigt den Aufbau eines Transformators mit gleichsinnig gewickelten Spulen und magnetischem Kreis. Gemäß Punktkonvention wählen wir zunächst die symmetrische Stromrichtung (Sekundärstrom i'_2 auf Punkt orientiert 3.4.13c)[39]. Dann gilt Gl. (3.4.15a) mit $i_2 \rightarrow i'_2$. In der Transformatorgleichung (3.4.17) fließt dann der Sekundärstrom durch Ersatz $i_2 = -i'_2$ vom Punkt weg.

Setzt man für den idealen Transformator das *Energieerhaltungsprinzip* an (also weder elektrische noch magnetische Gesamtverluste), so folgt

$$p = p_1 + p'_2 = u_1 i_1 + u_2 i'_2 = 0 \rightarrow p_1 = u_1 i_1 = p_2 = u_2 i_2 \rightarrow \frac{u_1}{u_2} = \frac{i_2}{i_1} = \text{const}$$

und mit $p'_2 = -p_2$ das *konstante Übersetzungsverhältnis der Spannungen und Ströme* (s. u.) als *Merkmal*. Die Energieerhaltung begründet gleichzeitig die ausgangsseitige Erzeugerpfeilrichtung $i_2 = -i'_2$, und damit die bei der Induktion erwähnte *Lenzsche Regel: Eingangsstromzunahme bewirkt Flusszunahme, induzierter Strom i_2 so gerichtet, dass Flussabnahme entsteht (Abb. 3.4.9c)*.

Der *ideale Transformator* benötigt einen unverzweigten magnetischen Grundkreis (s. Abb. 3.4.13a). Für ihn leiten sich *drei Forderungen* ab:

- vernachlässigbare Wicklungswiderstände, keine anderen Verluste (Magnetisierungsverluste),
- vollständige magnetische Kopplung, keine Streuung. Dann tritt magnetischer Fluss nur im magnetischen Kreis auf und der von der Primärspule erzeugte Fluss durchsetzt voll die Sekundärspule,
- verschwindender magnetischer Widerstand ($R_m = 0$, d. h. unendlich hohe Permittivität des magnetischen Materials)[40].

Diese Forderungen sind physikalisch nicht realisierbare Grenzfälle, deshalb kann die Erklärung eines idealen Transformators nicht über die physikalischen

---

[39] Die Stromrichtung i'_2 dient in diesem Abschnitt zum besseren Verständnis.

[40] Damit sind die Eigeninduktivitäten L_1, L_2 unendlich groß, ebenso die Gegeninduktivität.

3.4 Verkopplung elektrischer und magnetischer Größen

Transformatorgesetze erfolgen. Die Herleitung seiner Eigenschaften wird anschaulicher, untersucht man zunächst das *quasiideale Verhalten* mit *endlichem Widerstand* des magnetischen Kreises. Dann sind Selbst- (L_1, L_2) und Gegeninduktivität (M) definiert und es gelten die Transformatorgleichungen (3.4.17). Der ideale Transformator folgt daraus durch Grenzbetrachtungen.

Versteht man den Transformator als abgeschlossenes System, so verschwindet seine Gesamtleistung:

$$\frac{\mathrm{d}W_\mathrm{m}(t)}{\mathrm{d}t} + p_1(t) + p'_2(t) = 0.$$

Deshalb muss neben der elektrischen Leistungsforderung auch die magnetische Energieänderung $\mathrm{d}W_\mathrm{m} = \Theta \mathrm{d}\Phi(\Theta)$ gegen Null gehen. Da das Induktionsgesetz eine Flussänderung $\Delta\Phi \neq 0$ *erfordert* (sonst kein Transformatorprinzip), muss *die (Gesamt)-Durchflutung* Θ verschwinden, praktisch also $\Theta \approx 0$ gelten. Der Aufbau eines Flusses $\Phi = \Theta/R_\mathrm{m}$ bei verschwindender magnetischer Durchflutung erfordert aber einen magnetisch gut leitenden Kreis ($R_\mathrm{m} \rightarrow 0$).

Werden die Ströme i_1 und i'_2 *symmetrisch* eingeprägt, so addieren sich im magnetischen Kreis die Teildurchflutungen $\Theta_1 = i_1 w_1$ und $\Theta_2 = i'_2 w_2$ zur Gesamtdurchflutung (Abb. 3.4.13d)

$$\Theta = i_1 w_1 + i'_2 w_2 = i_1 w_1 - i_2 w_2 = \Theta_1 - \Theta_2. \tag{3.4.23}$$

Die Durchflutungen Θ_1 und Θ_2 sind dabei Umsatzstellen elektrischer in magnetische Energie (und umgekehrt).

Der vom Primärstrom i_1 angetriebene magnetische Fluss induziert in der Sekundärwicklung die Spannung e_{i2}. Sie treibt den Strom i_2 durch die Last, der nach der Lenzschen Regel seiner Ursache entgegenwirkt (s. Abb. 3.4.9c). Er erzeugt deshalb „Gegenamperewindungen" $\Theta_2 = i_2 w_2$ und gibt so (über das Induktionsgesetz) magnetische Energie wieder als elektrische ab:

$$\underbrace{\overset{\text{Primärseite}}{u_1 i_1} \rightarrow \Theta_1 \frac{\mathrm{d}\Phi}{\mathrm{d}t} \rightarrow \Theta_2 \frac{\mathrm{d}\Phi}{\mathrm{d}t}}_{\text{magnetischer Kreis}} \rightarrow \overset{\text{Sekundärseite}}{u_2 i_2}.$$

Auf diese Weise erfolgt die Wandlung elektrische Primärenergie → magnetische Energie → elektrische Sekundärenergie und *der magnetische Kreis regelt das Zusammenspiel zwischen aufgenommener Primärenergie und sekundärseitig abgegebener elektrischer Energie*. Dieses Grundverhalten begründet *vier Haupteigenschaften* des Transformators:

1. Spannungsübersetzung Der magnetische Fluss ist in der Primär- und Sekundärwicklung mit den Flüssen $\Psi_1 = w_1 \Phi$ und $\Psi_2 = w_2 \Phi$ verkettet. Nach dem Induktionsgesetz entstehen in den Wicklungen die Klemmenspannungen

$$u_1 = \frac{\mathrm{d}\Psi_1}{\mathrm{d}t} = w_1 \frac{\mathrm{d}\Phi_\mathrm{m}}{\mathrm{d}t}, \quad u_2 = \frac{\mathrm{d}\Psi_2}{\mathrm{d}t} = w_2 \frac{\mathrm{d}\Phi_\mathrm{m}}{\mathrm{d}t}.$$

Daraus folgt die *Spannungsübersetzung*

$$\frac{u_1}{u_2} = \frac{w_1}{w_2} = \ddot{u}. \qquad \text{Spannungsübersetzung} \qquad (3.4.24\text{a})$$

Primär- und Sekundärspannung des idealen Transformators verhalten sich in jedem Zeitpunkt (lastunabhängig) wie die Windungszahlen. Ihr Verhältnis heißt (Spannungs-) *Übersetzungsverhältnis* $\ddot{u}$ des idealen Übertragers, seine charakteristische Kenngröße.

Mitunter wird dieses Übersetzungsverhältnis durch die Betriebsspannungen angegeben (z. B. $\ddot{u} = 230\,\text{V}/24\,\text{V}$) oder (bei Übertragern) als gekürztes Verhältnis, z. B. $\ddot{u} = 8:1$. Abweichungen vom Windungszahlverhältnis zeigen nichtideale Transformatoren, dann gibt man $\ddot{u}$ als Spannungsverhältnis an.

2. Stromübersetzung. Die Transformationswirkung beruht auf dem Grundverhalten des magnetischen Kreises Gl. (3.4.23); bei verschwindendem magnetischen Widerstand R_m ($\to 0$) würde bereits eine gegen null gehende magnetische Erregung Θ zur Stromübersetzung ausreichen:

$$\Theta = 0 = i_1 w_1 + i_2' w_2 \to i_1 w_1 = -i_2' w_2 = i_2 w_2$$

(gleichsinnig gewickelte Spulen). Da jeweils nur das *Produkt* von Strom und Windungszahl w festliegt, kann es beliebig auf beide Faktoren verteilt werden:

$$-\frac{i_1}{i_2'} = \frac{i_1}{i_2} = \frac{w_2}{w_1} = \frac{1}{\ddot{u}}. \qquad \text{Stromübersetzungsverhältnis} \qquad (3.4.24\text{b})$$

In jedem Zeitpunkt verhalten sich Primär- und Sekundärstrom umgekehrt wie das (konstruktiv festliegende) Windungszahlverhältnis.

Das Ergebnis gilt für Flussaddition (gleichsinnige Kopplung, Ausgangsstrom i_2'), bei gegensinniger Kopplung (Flusssubtraktion, Ausgangsstrom i_2) entfällt das Minuszeichen. Zur Transformatorgleichung gehört positive Stromübersetzung.

Der magnetische Spannungsabfall ΦR_m am *realen* Transformator verursacht eine unerwünschte *Flussschwächung*. Man erstrebt daher

$$\Phi R_\text{m} \ll \Theta = i_1 w_1 + i_2' w_2 = i_1 w_1 - i_2 w_2, \qquad (3.4.25)$$

also *kleinen magnetischen Widerstand* R_m (hochpermeables Eisen, geringer Luftspalt, großer Eisenquerschnitt) an.

3. Leistungen Die Produktbildung der Gln. (3.4.24a, b) führt auf

$$p_1 = u_1 i_1 = \frac{\ddot{u} \cdot u_2 (-i_2')}{\ddot{u}} = -u_2 i_2' = u_2 i_2 = p_2. \qquad (3.4.26)$$
$$\text{Leistungsübersetzung}$$

> Der ideale Transformator überträgt elektrische Leistung verlustlos aus einem Stromkreis in einen anderen ohne galvanische Kopplung.

Er arbeitet damit *nichtenergetisch*, denn er verbraucht weder Energie *noch kann er Energie speichern*. Deshalb nimmt er zu keinem Zeitpunkt Nettoenergie auf, sondern wirkt nur als *Energiedurchgangsstelle* (Abb. 3.4.13b). Alle Eigenschaften sind *frequenzunabhängig*.

Am realen Transformator treten Verluste auf: Kupferverluste (R_1, R_2), Verluste durch Ummagnetisierung des Eisenkernes, Wirbelstromverluste, Streuung. Deshalb beträgt der praktische Wirkungsgrad $\eta = p_2/p_1$ nur etwa $0{,}95\ldots 0{,}98$. Dabei wachsen die Transformatorabmessungen mit steigender Leistung. Verluste erwärmen den Transformator im Betrieb.

Nach der Transformatorgleichung (3.4.17) hat sekundärseitiger Leerlauf $i_2 = 0$ zwangsläufig $i_1 = 0$ zur Folge. Am realen Transformator mit nicht verschwindendem magnetischen Widerstand ($R_\mathrm{m} \neq 0$) fließt in diesem Fall noch ein Leerlaufstrom $i_\mathrm{ie} w_1 \approx \Phi R_\mathrm{m} = \Theta_\mathrm{ges}$, der hauptsächlich von der Hysterese des Eisenkerns stammt.

4. Widerstandstransformation Ist sekundärseitig ein Lastwiderstand R_L angeschlossen, so gilt für den Eingangswiderstand R_e auf der Primärseite

$$R_\mathrm{e} = \frac{u_1}{i_1} = \frac{\ddot{u} \cdot u_2 \cdot \ddot{u}}{(-i_2)} = \ddot{u}^2 \frac{u_2}{(-i_2)} = \ddot{u}^2 R_\mathrm{L}. \tag{3.4.27}$$

Widerstandstransformation

> Der ideale Transformator übersetzt Widerstände im Quadrat des Windungszahlverhältnisses.

Diese Eigenschaft dient zur Anpassung von Lastwiderständen an Quellen in der Informationstechnik. Sie gilt auch für sekundärseitige angeschlossene Induktivitäten oder Kapazitäten. Primärseitig wird dann wirksam: $u_1 = \ddot{u} u_2 = \ddot{u} L (\mathrm{d}i_2/\mathrm{d}t) = \ddot{u}^2 L (\mathrm{d}i_1/\mathrm{d}t)$, $L' = \ddot{u}^2 L$, für C sinngemäß $C' = C/\ddot{u}^2$.

Zusammengefasst hat der ideale Transformator folgende Eigenschaften: Verlust- und streufreier, magnetischer Kreis von unendlich hoher Permeabilität (verschwindender magnetischer Widerstand R_m). Damit sind die Eigeninduktivitäten L_1, L_2 der Primär- und Sekundärwicklungen sowie die Gegeninduktivität unendlich groß. Sein *einziger Kennwert* ist das Übersetzungsverhältnis $\ddot{u} = w_1/w_2$ der Windungszahlen, es bestimmt seine Hauptmerkmale

$$\boxed{\frac{u_1}{u_2} = \pm \ddot{u}, \quad \frac{i_1}{i_2'} = \frac{i_1}{-i_2} = \mp \frac{1}{\ddot{u}}, \quad \frac{R_\mathrm{e}}{R_\mathrm{L}} = \ddot{u}^2, \quad p_1 = p_2, \quad \ddot{u} = \frac{w_1}{w_2}.} \tag{3.4.28}$$

Dabei gilt das positive (negative) Vorzeichen für gleichsinnige (gegensinnige) Wicklungen.

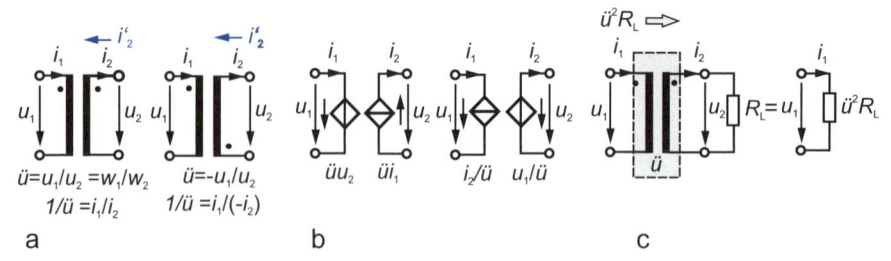

Abb. 3.4.14. Idealer Transformator. (a) Schaltsymbol für gleich- und gegensinnige Kopplung. (b) Gleichwertige Ersatzschaltungen durch gesteuerte Quellen. (c) Umrechnung der Sekundärlast auf die Primärseite

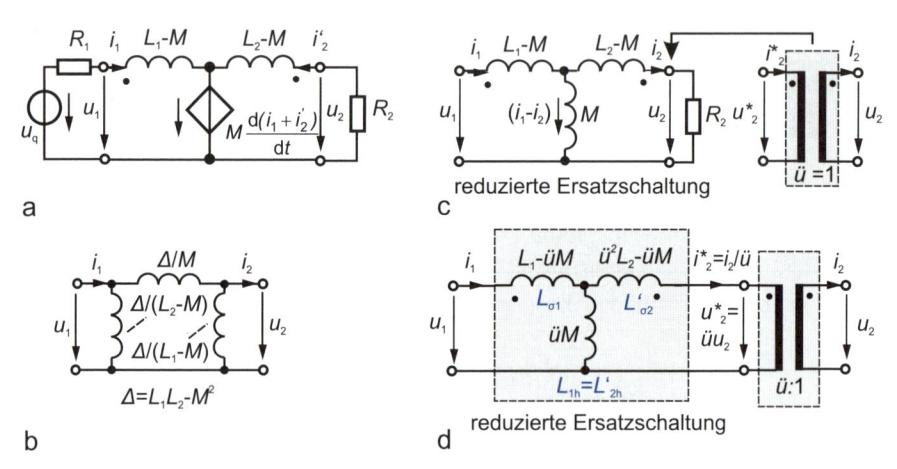

Abb. 3.4.15. Ersatzschaltungen des verlustlosen Transformators. (a) T-Ersatzschaltung mit stromgesteuerter Spannungsquelle. (b) Gleichwertige Π-Ersatzschaltung. (c) Galvanische Trennung beider Stromkreise durch zwischengeschalteten idealen Transformator (aus- oder eingangsseitig). (d) Ersatzschaltung wie (c) mit einbezogenem Übersetzungsverhältnis. In der reduzierten Ersatzschaltung ist der ideale Transformator eliminiert

> Der ideale Übertrager wird durch zwei algebraische Gleichungen mit einem Kennwert $ü$ gekennzeichnet.

(Ein Paar gekoppelter Spulen erfordert zwei Differenzialgleichungen mit den drei Parametern L_1, L_2 und M!). Der ideale Übertrager ist ein *resistives Schaltelement*, also *ohne Energiespeicherfunktion* und eignet sich auch für Gleichgrößen. Dieser Grenzfall wird durch die physikalischen Transformatorgesetze nicht erklärt und die Modellierung als Netzwerkelement erfolgt besser mit *gesteuerten Quellen* (Abb. 3.4.14b). Der wirkliche Transformator erfordert stets eine endliche magnetische Erregung, wenn Induktion und damit Spannungsübersetzung wirken soll. Dann *muss* in der Ersatzschaltung *wenigstens ein induktives Schaltelement* auftreten.

Schaltsymbol Der ideale Übertrager dient als Netzwerkelement für Anpassungs- und Entkopplungszwecke und hat deswegen ein *eigenes Schaltsymbol* aus *symbolisierten Spulen* (Striche im Unterschied zu Rechtecken für Spulen, Abb. 3.4.14a mit Punkten für den Wicklungssinn). Die Striche sollen die bloße Übersetzungsfunktion des idealen Transformators andeuten, denn er selbst hat keinen „Widerstand". Das Übersetzungsverhältnis $\ddot{u}$ steht unter dem Kernsymbol. Als *Netzwerkersatzschaltung* eignet sich die Form mit gesteuerten Quellen (Bild 3.4.14b), nämlich der spannungsgesteuerten Spannungs- und stromgesteuerten Stromquelle besser.

Abbildung 3.4.14c zeigt den idealen Transformator, hier im Grundstromkreis verwendet. Weil sich der sekundäre Lastwiderstand R_L nach Gl. (3.4.28) auf die Primärseite übersetzt, kann der ideale Übertrager aus dem Stromkreis entfernt (Verlust der galvanischen Kreistrennung) und statt seiner Eingangsseite der Widerstand $\ddot{u}^2 R_L$ eingefügt werden.

Reduzierter Transformator Der normale Transformator hat gegenüber dem idealen einen *endlichen magnetischen Widerstand* R_m und so endliche Induktivitäten L_1, L_2 und definierte Gegeninduktivität M. Damit gilt Gl. (3.4.15a) bzw. die Transformatorgleichung (3.4.17). Zunächst werden die Spannungs- und Stromübersetzungen überprüft. Die *Spannungsübersetzung* (gleichsinnige Wicklung) beträgt bei ausgangsseitigem Leerlauf ($i_2 = 0$)

$$\frac{u_2}{u_1} = \frac{M\left(\frac{di_1}{dt}\right)}{L_1\left(\frac{di_1}{dt}\right)} = \frac{M}{L_1} \rightarrow \left.\frac{\sqrt{L_1 L_2}}{L_1}\right|_{k=1} = \left.\frac{w_2}{w_1}\right|_{k=1}. \quad (3.4.29a)$$

Sie stimmt *nur bei fester Kopplung* ($k = 1$) mit der Übersetzung des idealen Transformators überein (die Induktivitäten stehen über Gl. (3.2.41) mit der Windungszahl in Beziehung).

Die *Stromübersetzung* ergibt sich bei ausgangsseitigem Kurzschluss ($u_2 = 0$) zu

$$\frac{\frac{di_1}{dt}}{\frac{di'_2}{dt}} = -\frac{L_2}{M} \rightarrow \frac{i_1}{i'_2} = -\frac{L_2}{M} = -\left.\sqrt{\frac{L_2}{L_1}}\right|_{k=1} = -\frac{w_2}{w_1}. \quad (3.4.29b)$$

Sie gilt umso besser, je näher der Transformator am Kurzschluss arbeitet.

Der Ausgangsgleichung (3.4.15a) zweier gekoppelter Spulen lässt sich (durch Erweiterung) ein *Ersatzschaltbild* zuordnen. Wird der Term $M di_1/dt$ in der ersten Zeile ergänzt und wieder abgezogen (zweite Zeile analog), so folgt die *klassische T-Ersatzschaltung* (Abb. 3.4.15a) zunächst für symmetrische Stromrichtungen

$$\boxed{\begin{aligned} u_1 &= L_1 \frac{di_1}{dt} + M \frac{di'_2}{dt} = (L_1 - M)\frac{di_1}{dt} + M\left(\frac{di_1}{dt} + \frac{di'_2}{dt}\right) \\ u_2 &= M \frac{di_1}{dt} + L_2 \frac{di'_2}{dt} = (L_2 - M)\frac{di'_2}{dt} + M\left(\frac{di_1}{dt} + \frac{di'_2}{dt}\right). \end{aligned}} \quad (3.4.30a)$$

Die erste Zeile beschreibt die Teilspannungen über den Elementen $L_1 - M$ und M, die zweite die entsprechenden Spannungsabfälle ausgangsseitig. Obwohl die T-Ersatzschaltung das Klemmenverhalten des Transformators gleichwertig wiedergibt (Äquivalenzbedingung), hat sie einen völlig anderen physikalischen Inhalt: die magnetische Kopplung ist dadurch verschwunden, dass die drei Spulen ($L_1 - M$, $L_2 - M$ und M) als Schaltelemente nicht mehr magnetisch verkoppelt sind: *zwei magnetisch gekoppelte Spulen lassen sich durch drei unverkoppelte Elemente ersetzen*. Die Darstellung gilt auch bei Ersatz des Stromes i'_2 durch $-i_2$ (Richtungsvertauschung, Übergang zur Transformatorgleichung (3.4.17)). Auf die gleiche Weise kann die invertierte Strom-Spannungs-Beziehung aus Gl. (3.4.17) durch eine Π-Ersatzschaltung (Abb. 3.4.15b) interpretiert werden, die aber kaum benutzt wird.

In der T-Ersatzschaltung Abb. 3.4.15a lässt sich die gesteuerte Spannungsquelle im Querzweig durch die Gegeninduktivität M ersetzen (Abb. 3.4.15c), sie verdeutlicht die magnetische Kopplung beider Stromkreise. Zwangsläufig wird eine der Ersatzinduktivitäten $L_1 - M$ oder $L_2 - M$ für $ü \neq 0$ negativ und damit physikalisch nicht unmittelbar realisierbar, auch fehlt die Stromdifferenz $i_1 - i_2$ in der Ausgangsschaltung. Wirklichkeitsfremd ist ferner die galvanische Verbindung beider Stromkreise, die ein Transformator gerade vermeidet. Diese Einschränkung kann durch Nach- oder Vorschalten (Kettenschaltung!) eines idealen Transformators beseitigt werden.

T- und Π-Ersatzschaltung erlauben durch vor- bzw. nachgeschaltete ideale Übertrager insgesamt vier Transformatorgrundersatzschaltungen, dabei dominiert die T-Form mit nachgeschaltetem Übertrager (Abb. 3.4.15d).

Am Eingang des idealen Übertragers treten die *reduzierten Sekundärgrößen* $u_2^* = ü u_2$ und $i_2^* = i_2/ü$ auf (Verwendung der Erzeugerpfeilrichtung). Die restliche T-Ersatzschaltung mit den Ausgangsgrößen u_2^* und i_2^* heißt *reduzierte T-Ersatzschaltung*. Ihre Elemente werden über die Transformatorgleichung (3.4.17) (bzw. (3.4.30a) mit $i'_2 = -i_2$) bestimmt: man ersetzt in Abb. 3.4.15a i_2, u_2 durch i_2^* und u_2^* sowie M und L_2 durch $M^* (= ü M)$ und $L_2^* (= ü^2 L_2)$. Das Ergebnis lautet

$$\begin{aligned}
u_1 &= (L_1 - ü M)\frac{di_1}{dt} + ü M \frac{d(i_1 - i_2/ü)}{dt} \\
&= L_{1\sigma}\frac{di_1}{dt} + L_{1h}\frac{d(i_1 - i_2^*)}{dt} \\
ü u_2 &= -(ü^2 L_2 - ü M)\frac{d(i_2/ü)}{dt} + ü M \frac{d(i_1 - i_2/ü)}{dt} \\
&= L_{2\sigma}\frac{di_2^*}{dt} + L_{1h}\frac{d(i_1 - i_2^*)}{dt}.
\end{aligned} \qquad (3.4.30\mathrm{b})$$

Diese Beziehung ergibt wieder die Ausgangsform, wenn sie ausmultipliziert, nach Strömen geordnet und die zweite Gleichung durch $ü$ dividiert wird. Dann bestätigen sich auch die Ergebnisse für M^* und L_2^*. In Gl. (3.4.30b) und Abb. 3.4.15d treten auf:

- die primäre und sekundäre *Streuinduktivität*

$$L_{1\sigma} = L_1 - üM, \qquad L_{2\sigma} = L_2 - M/ü, \tag{3.4.31}$$

  letztere wird auf die Primärseite umgerechnet: $L'_{2\sigma} = ü^2 L_{2\sigma} = ü^2 L_2 - üM$;
- die primäre Hauptinduktivität $L_{1h} = üM$. Die sekundäre Hauptinduktivität $L_{2h} = M/ü$ wird umgerechnet und steht in Gl. (3.4.30b) als Hauptinduktivität $L'_{2h} = ü^2 L_{2h} = üM$. Sie ist mit der primären Hauptinduktivität L_{1h} identisch, wird also in der Ersatzschaltung durch das gleiche Schaltelement repräsentiert. In der reduzierten Ersatzschaltung sind die Elemente eingetragen.

Die reduzierte Ersatzschaltung bietet Verständnisvorteile: sie drückt die Abweichungen des Transformators vom idealen Verhalten (durch Streuinduktivitäten und Querinduktivität (Hauptinduktivität)) aus, später werden noch Verlustwiderstände einbezogen. Ferner haben ihre Elemente etwa die gleiche Größenordnung.

In der Kettenschaltung von Induktivitätszweitor und idealem Übertrager besorgt letzterer die Transformation von Strom und Spannung und das Induktivitätszweitor modelliert die Abweichungen des realen Transformators vom idealen.

Obwohl die Ersatzschaltung Abb. 3.4.15d mit der Ausgangsform Abb. 3.4.15c übereinstimmt (was besonders für $ü = 1$ deutlich wird), stehen den drei Elementen L_1, L_2 und M dort jetzt die vier Größen $L_{\sigma 1}$, $L_{\sigma 2}$, L_h und $ü$ gegenüber: deshalb kann über eine zur weiteren Vereinfachung frei verfügt werden. Üblicherweise wählt man das Übersetzungsverhältnis und bestimmt es so, dass keine negative Induktivität auftritt. Dafür muss

$$L_1 - M^* \geq 0, \quad M^* \geq 0, \quad L_2^* - M^* \geq 0 \tag{3.4.32}$$

gelten und folglich darf $ü$ nur im Bereich $(M/L_2) \leq ü \leq (L_1/M)$ liegen. Sonderfälle ergeben sich, wenn $ü$:

- mit dem linken oder rechten Grenzwert übereinstimmt, dann *verschwindet ein Längsglied*;
- so gewählt wird, dass $L_1 - M^* = L_2^* - M^*$ gilt: dafür wird die T-Ersatzschaltung *symmetrisch*.

Streufaktor, Streufluss Aus praktischer Sicht ist der Einbezug des *Streufaktors* $\sigma = (1 - k^2)$ mit $0 \leq \sigma \leq 1$ (Gl. (3.2.51)) in die Ersatzschaltungen zweckmäßig. Dabei interessieren besonders die genannten Grenzfälle. Für $ü = \sqrt{L_1/L_2} = w_1/w_2$ gilt

$$L_1 - M^* = \frac{w_1^2}{R_\mathrm{m}} - \frac{w_1}{w_2 R_\mathrm{m}} kw_1 w_2 = L_1(1-k)$$

$$L_2^* - M^* = \left(\frac{w_1}{w_2}\right)^2 \frac{w_2^2}{R_\mathrm{m}} - \frac{w_1}{w_2 R_\mathrm{m}} kw_1 w_2 = L_1(1-k) = L_1 \frac{\sigma}{2}$$

(3.4.33a)

und beide Längsglieder stimmen überein (*symmetrische Schaltung*). Verwendet wurde der Streufaktor σ (in der Näherung für $k \leq 1$, Abb. 3.4.16a). Im Querzweig liegt das reduzierte Element $M^* = kL_1$. An der unteren Grenze $ü = M/L_2 = k\sqrt{L_1/L_2}$ verschwindet das rechte Längsglied mit der Ersatzschaltung Abb. 3.4.16c. Ganz entsprechend führt die obere Grenze $ü = L_1/M = (1/k)\sqrt{L_1/L_2}$ zur Ersatzschaltung Abb. 3.4.16b mit eingangsseitig verschwindendem Längsglied. Die einfacheren Ersatzschaltungen eignen sich besonders für Übertrager in Netzwerken.

Reale Transformatoren haben Streuung, Abb. 3.4.17a veranschaulicht sie: nicht alle Flusslinien, die von einer Wicklung ausgehen, erreichen die gekoppelte Spule. Das führte in Kap. 3.2.5.2 zur Unterscheidung zwischen Hauptfluss Φ_h und Streuflüssen $\Phi_{\sigma 1}$, $\Phi_{\sigma 2}$ der Einzelwicklungen. Mit dem Hauptfluss ist die Gegeninduktivität verknüpft, er vermittelt den Energiefluss von der Primär- zur Sekundärseite. Mit dem Streufluss ist die Streuinduktivität verkoppelt und mit dem Spulenfluss Φ_1, Φ_2 (als Summe aus Haupt- und Streufluss einer Spule, z. B. $\Phi_1 = \Phi_{\sigma 1} + \Phi_\mathrm{h}$) die Selbstinduktivität.

Die Kopplung zwischen Primär- und Sekundärwicklung erfolgt beim streubehafteten Transformator nur durch den Hauptfluss.

Das Transformatormodell berücksichtigt die Streuung entweder durch *Streufaktoren* σ (Gl. (3.2.50) je für Primär- und Sekundärwicklung) oder (gleichwertig) durch *Kopplungsfaktoren* $k_1, k_2 < 1$ (Gl. (3.2.49)). Zur globalen Bewertung reichen *Koppelfaktor*

$$k = \sqrt{\frac{\Phi_{12}\Phi_{21}}{\Phi_1\Phi_2}} = \sqrt{\frac{M^2}{L_1 L_2}} = \frac{M}{\sqrt{L_1 L_2}} = ü\frac{M}{L_1} = \frac{M}{üL_2}$$

(3.4.33b)

bzw. *Streufaktor* $\sigma = 1 - k^2$ aus. Für den *streufreien (oder gleichwertig fest verkoppelter) Transformator* ($k = 1$) verschwinden in den Ersatzschaltungen die Längselemente und es verbleibt nur noch die Querinduktivität (Abb. 3.4.17b). Dazu gehört das Übersetzungsverhältnis $ü = \sqrt{L_1/L_2} = w_1/w_2$.

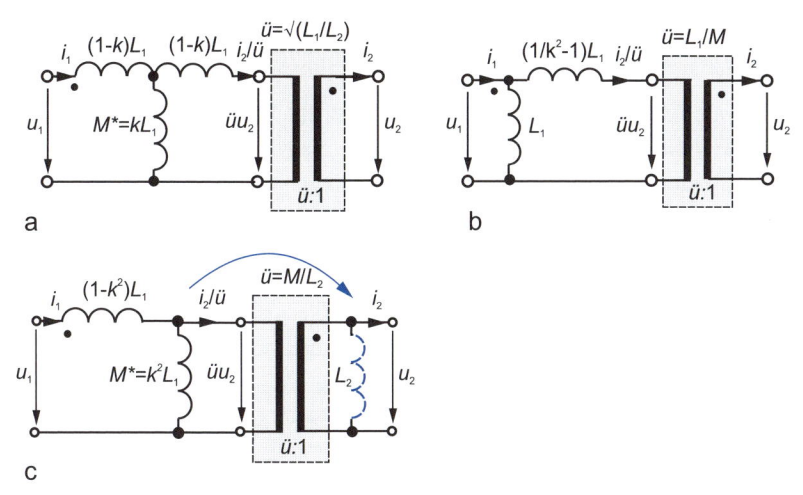

Abb. 3.4.16. Ersatzschaltungen des verlustlosen Transformators. (a) Form mit symmetrischer reduzierter Ersatzschaltung. (b), (c) Vereinfachte Formen mit zwei Elementen durch spezielle Wahl von $ü$

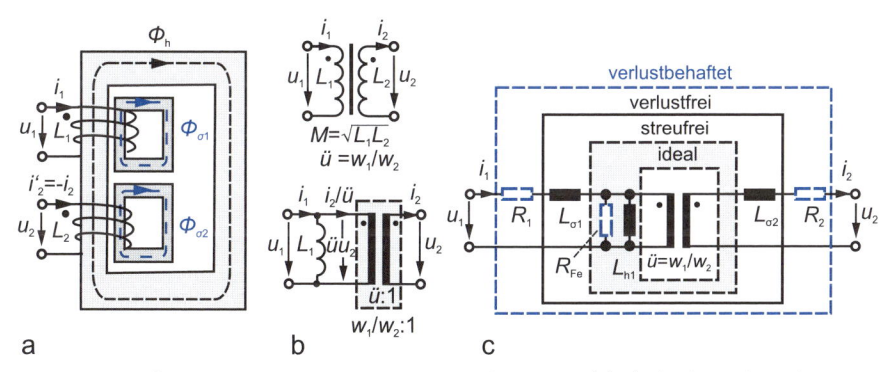

Abb. 3.4.17. Streuung und Kopplung im Transformator. (a) Aufteilung des Flusses in Haupt- und Streuflüsse. (b) Ersatzschaltung des verlust- und streufreien Transformators. (c) Zusammenhänge der Transformatorersatzschaltungen

> Der streufreie Transformator belastet die Quelle nur mit seiner Induktivität, der übrige Teil $i_2/ü$ des Eingangsstromes wird an den Ausgang transformiert.

Zum idealen Transformator (nach Abb. 3.4.14a) wird die Anordnung erst, wenn die Induktivität L_1 über alle Grenzen wächst (und damit kein Strom durch sie fließt) oder gleichwertig ihr magnetischer Widerstand R_m verschwindet (erforderlich $\mu_r \to \infty$).

Für $\sigma \approx 0$ spricht man von *fester Kopplung*, für $|k| \ll 1$ von *lose gekoppeltem* Übertrager.

Verlustbehafteter Transformator Die bisherigen Transformatormodelle vernachlässigen Verluste, die der reale Transformator hat (Abb. 3.4.17c): die *Ohmschen Widerstände* der Wicklungen in Reihe zu den Spulen L_1, L_2 sowie die *Kern- oder Eisenverluste* durch ständige Ummagnetisierung der Hysteresekurve. Sie werden durch einen Widerstand parallel zur Hauptinduktivität modelliert. Weil sich technische Transformatoren dem idealen Modell annähern sollen, bildet umgekehrt der ideale Transformator mit seiner Ersatzschaltung die Ausgangsform, in die nichtideale Effekte durch Ergänzungselemente einbezogen werden.

Praktische Auslegung Zur Transformatorbemessung interessieren u. a. die Windungszahlen für gegebene Spannungen und Kernabmessungen. Für einen Netztransformator mit $u_1 = 230\,\text{V}$ und $u_2 = 6\,\text{V}$ wird zunächst als Übersetzungsverhältnis $\ddot{u} = u_1/u_2 = w_1/w_2 = 230\,\text{V}/6\,\text{V} = 38{,}3$ bestimmt. Der Fluss Φ im Eisenkreis hängt wesentlich von der Primärspannung u_1 ab; er beträgt bei cos-förmiger Spannung $u_1(t)$

$$\frac{u_1(t)}{w_1} \to \Phi(t) = \int \frac{u_1(t)\mathrm{d}t}{w_1} = \frac{\hat{U}_1}{w_1\omega}\sin\omega t = \hat{\Phi}\sin\omega t.$$

Sein Spitzenwert $\hat{\Phi} = \hat{U}_1/(w_1\omega)$[41] wird durch Primärspannung und Frequenz bestimmt. Technische Transformatoren arbeiten mit Flussdichten um 1 T (Grenze Eisensättigung). Beim Eisenquerschnitt A und der Netzfrequenz $f = \omega/(2\pi) = 50\,\text{Hz}$ benötigt man je Windung eine Spannung $U'(w_1 = 1)$

$$U' = \frac{\hat{U}_1}{w_1} = \omega\Phi_\mathrm{m}\sqrt{2} = \omega B_\mathrm{m}A\sqrt{2} = 6{,}28A \cdot 50\frac{1\,\text{V}\cdot\text{s}}{\text{cm}^2}\sqrt{2}\frac{1}{\text{s}} = 0{,}044 \cdot A\frac{\text{V}}{\text{cm}^2}$$

also z. B. bei einem Kernquerschnitt $A = 10\,\text{cm}^2$ etwa $U' \approx 0{,}44\,\text{V}/w$. Dann muss die Primärseite $w_1 = U_1/U' = 230\,\text{V}/0{,}44\,\text{V}/w = 522\,\text{Wd}$ haben, die Sekundärseite $w_2 = U_2/U' = 6\,\text{V}/0{,}44\,\text{V}/w = 13{,}6\,\text{Wd} \approx 14\,\text{Wd}$ (Wd = Windungen). Ein kleinerer Kernquerschnitt senkt den Fluss und damit U', dementsprechend steigt die Windungszahl. Höhere Betriebsfrequenz erhöht die induzierte Spannung U' und der Kernquerschnitt kann abnehmen.

Zusammenfassung Verlustlose Transformatoren (mit linearem magnetischen Kreis) werden gekennzeichnet:

– allgemein (d. h. streubehaftet) durch drei Kennwerte L_1, L_2 und M;
– bei Streufreiheit (d. h. ideale oder feste Kopplung) durch zwei Kennwerte L_1, L_2 oder Gegeninduktivität $M = \sqrt{L_1L_2}$ (als Eingangsinduktivität) und Übersetzungsverhältnis $\ddot{u}$;
– im Sonderfall des idealen Übertragers nur durch das Übersetzungsverhältnis $\ddot{u}$.

---

[41] Für Φ_m ist der Spitzenwert $\hat{\Phi}_\mathrm{m} = \sqrt{2}\Phi_\mathrm{m}$ anzusetzen.

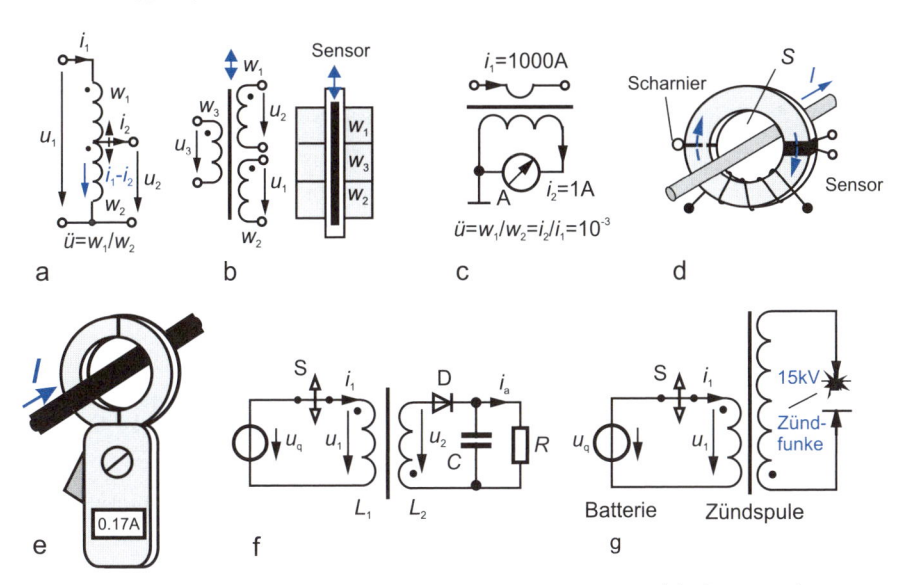

3.4 Verkopplung elektrischer und magnetischer Größen

Abb. 3.4.18. Anwendungsbeispiele des Transformatorprinzips. (a) Spartransformator. (b) Transformator mit zwei Sekundärwicklungen als Differenzialsensor mit beweglichem magnetischen Kern. (c) Stromwandler. (d) Praktische Ausführung mit Öffnung bei S (Stromzange) und eingefügtem Sensor (Hall- oder Feldplatte). (e) Digitaler Strommesser. (f) Sperrwandler zur Transformation einer Gleichspannungen. (g) Prinzip einer Zündspule

Die Stromrichtungen (eingangsseitig Verbraucher-, ausgangsseitig Erzeugerpfeilsystem) sind Folge der Energieerhaltung; sie finden Ausdruck in den Transformatorgleichungen und werden beim Induktionsvorgang als Lenzsche Regel interpretiert.

Anwendungen Eingesetzt werden Transformatoren:

- in der *Energietechnik*. Die Energieübertragung über große Entfernungen erfordert hohe Spannung (bis 750 kV) zur Senkung der Leitungsverluste. Andererseits muss die Spannung beim Verbraucher wieder herabgesetzt werden, z. B. auf 230 V. Spezielle Transformatoren für den Netzbetrieb sind:
  - *Trenntransformatoren* zur galvanischen Trennung der Primär- und Sekundärseite aus Schutzforderungen;
  - *Schutztransformatoren* zur Erzeugung von Kleinspannungen ($u = 6$, 12, 24, 42 V (Vorzugswerte));
  - *Regeltransformatoren* mit stufenlos einstellbarer Sekundärspannung;
  - *Spartransformatoren*, bei denen die Sekundärwicklung Teil der Primärwicklung ist (durchgehende Wicklung mit Anzapfung, Abb. 3.4.18a). Weicht die Sekundärspannung nur gering (50 bis 150%) von der Primärspannung ab, so kann ein Kern mit kleinerem Eisenquerschnitt und weniger Windungen für die Sekundärspule verwendet werden als bei getrennter Ausführung beider Wicklungen, weil im gemeinsamen Spulenteil nur die Stromdifferenz fließt.

– In der *Informationstechnik* arbeiten Übertrager über einen großen Frequenzbereich. Sie haben einen hochpermeablem Eisenkreis mit Luftspalt (→ Linearisierung der Φ,I-Kennlinie) oder Ferritkern und sind kapazitätsarm gewickelt.

Eine Sonderform ist der *Differenzialübertrager* mit einer Mittelanzapfung der Sekundärwicklung (Abb. 3.4.18b). Dadurch entstehen zwei gleiche Ausgangsspannungen mit einem Phasenunterschied von 180°. Sie werden z. B. für Messbrücken, aber auch zur Zweiweggleichrichtung in Netzteilen benötigt. Mit beweglichem Eisenkern arbeitet der Übertrager als *Differenzialsensor*. Er besteht aus einer röhrenförmigen Primärwicklung mit beweglichem Eisenkern und zwei darüber angebrachten Sekundärwicklungen. Die Höhe der Sekundärspannungen hängt von der Kernstellung ab. Es entsteht eine der Kernstellung proportionale Ausgangsspannung mit großem Variationsbereich. Die Anordnung ist als LVDT-Sensor (Linear Variable Differenzial Transformer) bekannt.

Messwandler (Abb. 3.4.18c) trennen ein Messinstrument galvanisch vom Messkreis und passen hohe Spannungen oder Ströme an die Bereiche üblicher Instrumente an. Beim *Stabstromwandler* wird die hochstromführende „Primärwicklung" von einer aufklappbaren Ringspule umfasst (sog. Stromzange) (Abb. 3.4.18d, e). Die Anzeige kann digital erfolgen. Zur *Transformation von Gleichspannungen* wird sie periodisch unterbrochen, diese Impulsspannung einem Transformator zugeführt und seine Sekundärspannung wieder gleichgerichtet (oder nicht). Zu dieser Anwendungsgruppe gehören die Zündanlage (Abb. 3.4.18f, g), der Funkeninduktor oder Schaltnetzteile. In Zündanlagen ist die Sekundärspannung so hoch, dass an der Zündkerze die Durchbruchsfeldstärke der Luft ($\approx 30\,\mathrm{kV/cm}$) erreicht wird und ein Überschlag erfolgt.

Transformatoren haben trotz vieler Vorteile auch Nachteile: Herstellungskosten, großes Volumen, nicht ideale Übertragungseigenschaften. Deshalb besteht in der Informationstechnik die Tendenz, die Transformatorfunktion durch elektronische Schaltungen zu ersetzen (oder mit kleineren Transformatoren auszukommen). Beispiele sind Transistorschaltungen zur Widerstandsformation, Phasenumkehrschaltungen als Ersatz des Differenzialtransformators, Optokoppler zur galvanischen Trennung zweier Stromkreise, Schaltnetzteile, betrieben bei hohen Frequenz u. a. m.

3.5 Rück- und Ausblick zum elektromagnetischen Feld

Die Gesetzmäßigkeiten des elektrostatischen, des Strömungs- und des magnetischen Feldes bilden (mit einigen Ergänzungen) das System der *Maxwellschen Gleichungen*. Es sind *Erfahrungssätze*, die durch Experimente immer wieder bestätigt werden. Dazu gehören (Tab. 3.6)

1. Das *Durchflutungsgesetz* beschreibt die Erzeugung magnetischer Felder durch Ströme: Das Umlaufintegral der magnetischen Feldstärke längs einer Berandung s ist gleich dem von diesem Umlauf umfassten Strom

Tab. 3.6. Maxwellsche Gleichungen

Bezeichnung	Integralform	Globalform	Differenzialform
Durchflutungssatz, I. Maxwellsche Gl.	$\oint_s \boldsymbol{H} \cdot \mathrm{d}\boldsymbol{s}$ $= \int_A \left(\boldsymbol{J} + \frac{\partial \boldsymbol{D}}{\partial t}\right) \cdot \mathrm{d}\boldsymbol{A}$	$\sum Iw = \Theta$	$\mathrm{rot}\,\boldsymbol{H} = \boldsymbol{J} + \frac{\partial \boldsymbol{D}}{\partial t}$
Induktionsgesetz, II. Maxwellsche Gl.	$\oint_s \boldsymbol{E} \cdot \mathrm{d}\boldsymbol{s}$ $= -\int_A \left(\frac{\partial \boldsymbol{B}}{\partial t}\right) \cdot \mathrm{d}\boldsymbol{A}$	$e_\mathrm{i} = -\frac{\mathrm{d}\Psi}{\mathrm{d}t}$	$\mathrm{rot}\,\boldsymbol{E} = -\frac{\partial \boldsymbol{B}}{\partial t}$
Nebenbedingung: Quellenfreiheit des mag. Feldes	$\oint_A \boldsymbol{B} \cdot \mathrm{d}\boldsymbol{A} = 0$	$\sum_\nu \Phi_\nu = 0$	$\mathrm{div}\,\boldsymbol{B} = 0$
Gaußsches Gesetz: Quellenfeld der Ladung	$\oint_A \boldsymbol{D} \cdot \mathrm{d}\boldsymbol{A}$ $= \oint_V \rho \mathrm{d}V = \sum Q$	$\sum Q = \sum \Psi$	$\mathrm{div}\,\boldsymbol{D} = \rho$
Kontinuitätsgln.: Ladungserhaltung	$\oint_A \boldsymbol{J} \cdot \mathrm{d}\boldsymbol{A}$ $= -\frac{\mathrm{d}}{\mathrm{d}t}\oint_V \rho \mathrm{d}V$	$-\frac{\mathrm{d}Q}{\mathrm{d}t} = \sum_\nu I_\nu$	$\mathrm{div}\,\boldsymbol{J} = -\frac{\mathrm{d}\rho}{\mathrm{d}t}$
Energieerhaltung	$\int_V \boldsymbol{E} \cdot \boldsymbol{J} \mathrm{d}V +$ $+ \oint_\mathrm{Strahl.} \boldsymbol{J}_\mathrm{W} \cdot \mathrm{d}\boldsymbol{A} +$ $+ \frac{\partial}{\partial t} \int_V w_\mathrm{em} \mathrm{d}V = 0$	$\sum P + \frac{\mathrm{d}W}{\mathrm{d}t} = 0$	

(Konvektions- und/oder Verschiebungsstrom). Gleichwertig: Ein Stromfaden (Konvektionsstrom $\boldsymbol{J} = \varrho \boldsymbol{v}$ und/oder Verschiebungsstrom $\boldsymbol{J}_\mathrm{V} = \frac{\mathrm{d}\boldsymbol{D}}{\mathrm{d}t}$ als Folge eines zeitveränderlichen elektrischen Feldes) wird stets von einem Magnetfeld umwirbelt (Abb. 3.5.1a).

2. Das *Induktionsgesetz* beschreibt die Erzeugung einer Umlaufspannung e_i längs einer Berandung s durch zeitliche Abnahme des magnetischen Flusses in der Berandung. Gleichwertig: jedes zeitveränderliche Magnetfeld wird von einem elektrischen Feld $\boldsymbol{E}_\mathrm{i}$ umwirbelt (Abb. 3.5.1b).

Beide Gesetze werden ergänzt durch *Feldeigenschaften*: Die Quelleneigenschaft des $\boldsymbol{D}$-Feldes (elektrische Ladung als Ursache von $\boldsymbol{D}$) und die Quellenfreiheit der magnetischen Flussdichte $\boldsymbol{B}$ (Tab. 3.6 und Abb. 3.5.1c, d). Beide Gleichungen sind *Nebenbedingungen* oder die III. und IV. Maxwellsche Gleichung.

Im Durchflutungssatz tritt die Gesamtstromdichte

$$\boldsymbol{J}_\mathrm{ges} = \boldsymbol{J} + \frac{\partial \boldsymbol{D}}{\partial t} = \int \boldsymbol{v} \mathrm{d}\varrho + \frac{\partial \boldsymbol{D}}{\partial t} \tag{3.5.1}$$

$$\oint \boldsymbol{H} \cdot \mathrm{d}\boldsymbol{s} = \int \boldsymbol{J} \cdot \mathrm{d}\boldsymbol{A} \qquad \oint \boldsymbol{E}_\mathrm{i} \cdot \mathrm{d}\boldsymbol{s} = -\int \frac{\partial \boldsymbol{B}}{\partial t} \cdot \mathrm{d}\boldsymbol{A} \qquad \int_A \boldsymbol{B} \cdot \mathrm{d}\boldsymbol{A} = 0 \qquad \int_A \boldsymbol{D} \cdot \mathrm{d}\boldsymbol{A} = \int_V \varrho \mathrm{d}V$$

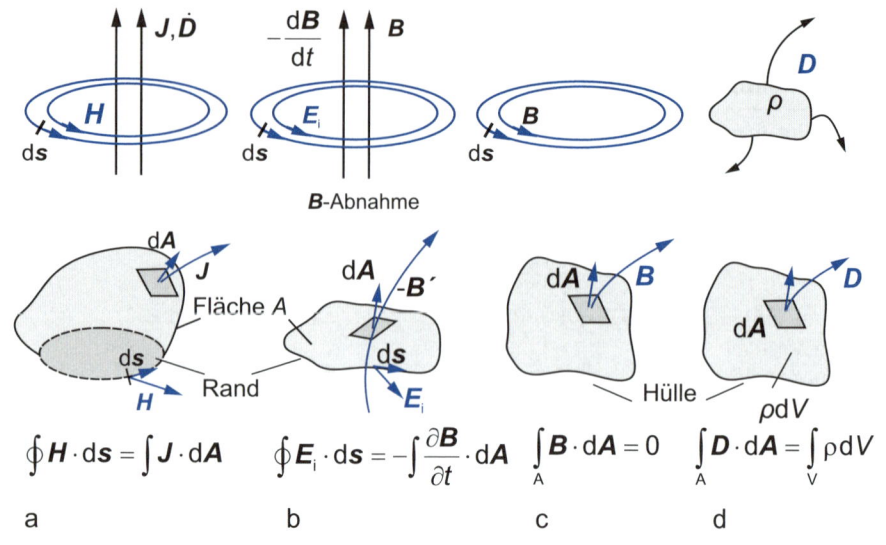

a b c d

Abb. 3.5.1. Maxwellsche Gleichungen in Integralform (Formulierung und Veranschaulichung). (a) Durchflutungssatz. (b) Induktionsgesetz. (c) Quellenfreiheit der Flussdichte. (d) Quellenfeld einer Ladungsverteilung

aus Konvektions- und Verschiebungsstromdichte auf (wobei auch die Verschiebungsstromdichte auf eine zeitliche Änderung der Raumladungsdichte zurückgeführt werden kann). Dies führt zur *Kontinuitätsgleichung* Gl. (2.7.12) (Tab. 3.6) als Bilanz

$$0 = \oint \boldsymbol{J}_\mathrm{ges} \cdot \mathrm{d}\boldsymbol{A} = \oint \boldsymbol{J} \cdot \mathrm{d}\boldsymbol{A} + \oint \frac{\partial \boldsymbol{D}}{\partial t} \cdot \mathrm{d}\boldsymbol{A} = \oint \boldsymbol{J} \cdot \mathrm{d}\boldsymbol{A} + \frac{\mathrm{d}}{\mathrm{d}t} \oint \varrho \mathrm{d}V \quad (3.5.2)$$

wegen $\int \boldsymbol{D} \cdot \mathrm{d}\boldsymbol{A} = \int \varrho \mathrm{d}V = Q$.

Zusätzlich verknüpfen die *Materialgleichungen* zugeordnete Größen des betreffenden Feldes:

$$\underset{\text{Strömungsfeld}}{\boldsymbol{J} = \kappa \boldsymbol{E}} \qquad \underset{\text{elektrostatisches Feld}}{\boldsymbol{D} = \varepsilon_\mathrm{r}\varepsilon_0 \boldsymbol{E}} \qquad \underset{\text{magnetisches Feld}}{\boldsymbol{B} = \mu_\mathrm{r}\mu_0 \boldsymbol{H}} \ . \qquad (3.5.3)$$

Damit gibt es ausreichend viele Gleichungen zur Bestimmung der Feldgrößen:

elektrische Feldstärke $\boldsymbol{E}$ magnetische Feldstärke $\boldsymbol{H}$
Stromdichte $\boldsymbol{J}$ magnetische Flussdichte $\boldsymbol{B}$
Verschiebungsstromdichte $\boldsymbol{D}$.

Die Maxwellschen Gleichungen beschreiben die *wechselseitige Verkopplung* der Feldgrößen. Sie verursacht bei schnellen zeitveränderlichen Vorgängen zahlreiche Phänomene wie Stromverdrängung im Leiter, Ausbildung elektromagnetischer Wellen, Laufzeiterscheinungen in Ladungsträgerströmungen u. a. m.

3.5 Rück- und Ausblick zum elektromagnetischen Feld

In den Maxwellschen Gleichungen treten Linien-, Flächen- und Volumenintegrale (z. B. über geschlossene Wege und Flächen) auf (Abb. 3.5.1). Von dieser Darstellung stammt der Zusatz *„Maxwellsche Gleichungen in Integralform"*. Für die Ergebnisse der Integration wurden *Global-* oder *Integralgrößen* eingeführt. Sie beschreiben das Verhalten einer Feldgröße längs eines Weges oder über eine Fläche (Tab. 3.6, Spalte 2).

Die Integralform ist anschaulich und eignet sich zum ersten Verständnis elektromagnetischer Felder. Typische Anwendungsfälle betreffen entweder eindimensionale Felder oder solche mit Symmetrieeigenschaften. Die allgemeinere Feldbeschreibung erfordert die Maxwellschen Gleichungen in *Differenzialform* (Tab. 3.6, Spalte 3). Man erhält sie mit den Integralsätzen von *Gauß* und *Stokes*. In einem solchen (allgemeinen) Vektorfeld $\boldsymbol{F}$ sind dann Vektoroperationen wie grad φ, div $\boldsymbol{F}$ und rot $\boldsymbol{F}$ in einem zu wählenden Koordinatensystem auszuführen (s. Anhang A.2, Bd. 1).

Feldarten: Quellen- und Wirbelfeld Elektrisches und magnetisches Feld zeigen in ihren mathematischen Beziehungen eine starke formale Analogie. Das vereinfacht die Berechnungsmethoden, doch darf der physikalische Unterschied nicht übersehen werden:

elektrisches Feld	**magnetisches Feld**	**elektromagnetisches Feld**
$\oint \boldsymbol{D} \cdot \mathrm{d}\boldsymbol{A} = Q$	$\oint \boldsymbol{B} \cdot \mathrm{d}\boldsymbol{A} = 0$	$\oint \boldsymbol{B} \cdot \mathrm{d}\boldsymbol{A} = 0$
Quellenfeld	Quellenfreiheit	Quellenfreiheit
$\oint \boldsymbol{E} \cdot \mathrm{d}\boldsymbol{s} = 0$	$\oint \boldsymbol{H} \cdot \mathrm{d}\boldsymbol{s} = \sum Iw$	$\oint \boldsymbol{E}_\mathrm{i} \cdot \mathrm{d}\boldsymbol{s} = -\frac{\partial}{\partial t} \int_A \boldsymbol{B}\mathrm{d}\boldsymbol{A}$
Wirbelfreiheit	Wirbelfeld	el. Wirbelfeld

Quellenfeld: Flächenintegral eines Vektors über eine geschlossene Oberfläche eines Volumens (Hüllintegral) verschwindet nicht. Bedingung der *Quellenfreiheit* (eines Vektorfeldes $\boldsymbol{F}$) ist deshalb:

$$\oint_A \boldsymbol{F} \cdot \mathrm{d}\boldsymbol{A} = 0. \tag{3.5.4}$$

Wirbelfeld: Linienintegral eines Vektors längs eines geschlossenen Weges (Umlaufintegral) verschwindet nicht. Bedingung der *Wirbelfreiheit* eines Vektorfeldes $\boldsymbol{F}$:

$$\oint_s \boldsymbol{F} \cdot \mathrm{d}\boldsymbol{s} = 0. \tag{3.5.5}$$

Danach ist das *elektrostatische Feld stets wirbelfrei* (deshalb konnte ein Potenzial definiert werden), das elektrische Feld hingegen kann im allgemeinen Fall *Wirbel* (Induktionsgesetz!) und *Quellen* ($\varepsilon \oint \boldsymbol{E} \cdot \mathrm{d}\boldsymbol{A} = Q$!) besitzen.

Das magnetische Feld ist stets quellenfrei, weil es keine magnetischen Ladungen gibt. Es ist aber ein *Wirbelfeld*: $\boldsymbol{H}$-Linien „umwirbeln" den Strom (Durchflutungssatz), ebenso umwirbeln im elektromagnetischen Feld nach dem Induktionsgesetz geschlossene $\boldsymbol{E}$-Linien den zeitveränderlichen Magnetfluss.

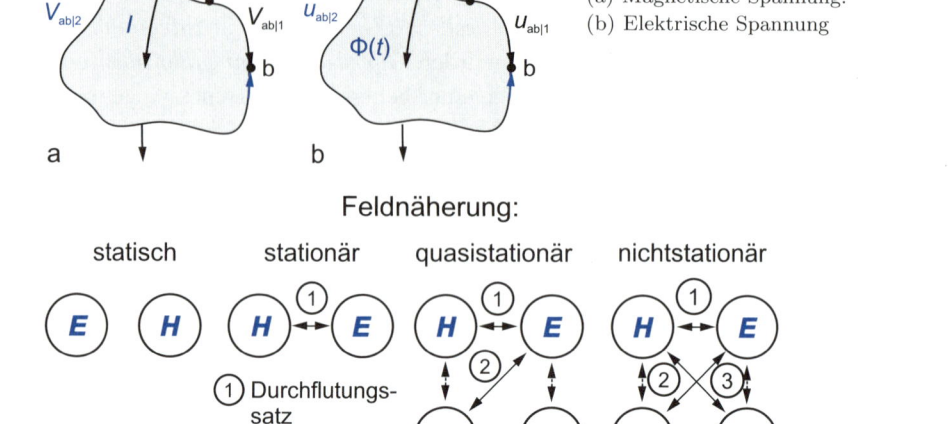

Abb. 3.5.2. Wegabhängigkeit des Spannungsbegriffs im Wirbelfeld.
(a) Magnetische Spannung.
(b) Elektrische Spannung

Feldnäherung:

statisch — stationär — quasistationär — nichtstationär

① Durchflutungssatz
② Induktionsgesetz
③ Verschiebungsstrom an Durchflutung beteiligt
④ Verkopplung Durchflutungs- und Induktionsgesetz,

Abb. 3.5.3. Wechselwirkung zwischen elektrischem und magnetischem Feld abhängig vom Zeitverhalten der Feldgrößen

Merkmal eines Wirbelfeldes ist u. a., dass Spannung und Potenzial *mehrdeutig* sein können (Abb. 3.5.2). So ist das Wegintegral der magnetischen resp. elektrischen Spannung V_{ab} bzw. u_{ab} zwischen zwei Punkten a, b rechts oder links um den Strom i bzw. den zeitveränderlichen Fluss $\Phi(t)$ unterschiedlich: $V_{ab|1} \neq V_{ab|2}$ und ebenso $u_{ab|1} \neq u_{ab|2}$. Die Mehrdeutigkeit tritt besonders bei vollen Umläufen zutage. Beispielsweise umschließt ein Umlauf, ausgehend vom Punkt a, im elektrischen Wirbelfeld (Induktionsgesetz) den Fluss Φ. Hat der Punkt a das Ausgangspotenzial 0, so beträgt das Potenzial des Punktes nach einem Umlauf $0 + u = -\mathrm{d}\Phi/\mathrm{d}t$. Es steigt nach jedem weiteren Umlauf um $-\mathrm{d}\Phi/\mathrm{d}t$. Damit hat ein Punkt im Wirbelfeld im allgemeinen kein eindeutiges Potenzial, wie dies für den wirbelfreien Fall typisch ist.

Während für Quellenfelder das Hüllenintegral (Satz von Gauß) die „Ergiebigkeit" ausdrückt, übernimmt diese Rolle für Wirbelfelder das Umlaufintegral. Überall dort, wo Feldlinien in sich geschlossene Kurven bilden, hat das Umlaufintegral einen von Null verschiedenen Wert. Beispiele sind die elektrische ($\oint \boldsymbol{E} \cdot \mathrm{d}\boldsymbol{s}$) und magnetische ($\oint \boldsymbol{H} \cdot \mathrm{d}\boldsymbol{s}$) Umlaufspannung im Induktions- bzw. Durchflutungsgesetz. Sie beschreiben die Wirbelstärke der felderregenden Ursache.

3.5 Rück- und Ausblick zum elektromagnetischen Feld

Feldeinteilung Das Zeitverhalten der Feldgrößen bestimmt, welche Teile der Maxwellschen Gleichungen ein Problem bestimmen. Man kennt vier Kategorien (Abb. 3.5.3):

1. Statische Felder (Elektro- und Magnetostatik). Kennzeichen: keine zeitliche Änderung ($\partial/\partial t = 0$), kein Stromfluss ($J = v = 0$), damit auch keine Änderungen der statisch vorhandenen Energien:

$$\oint \boldsymbol{E} \cdot \mathrm{d}\boldsymbol{s} = 0, \quad \oint \boldsymbol{D} \cdot \mathrm{d}\boldsymbol{A} = Q, \quad \boldsymbol{D} = \varepsilon \boldsymbol{E} \quad \text{Elektrostatisches Feld}$$
$$\oint \boldsymbol{H} \cdot \mathrm{d}\boldsymbol{s} = 0, \quad \oint \boldsymbol{B} \cdot \mathrm{d}\boldsymbol{A} = 0, \quad \boldsymbol{B} = \mu \boldsymbol{H} \quad \text{Magnetostatisches Feld.}$$
(3.5.6)

Ursache des Feldes sind ruhende Ladungen und ruhende Magnete:

– Beide Felder völlig entkoppelt (getrennt behandelbar). Beispiel: Feld einer ruhenden Ladung, Dauermagnetkreis.
– Es erfolgt kein Energietransport, und die Aufrechterhaltung statischer Felder erfordert keine Energie.

2. Stationäre Felder (stationäre Ströme (Gleichströme) und ruhende Magnete). Kennzeichen: keine zeitlichen Änderungen ($\frac{\partial}{\partial t} = 0$), jedoch $\frac{\mathrm{d}Q}{\mathrm{d}t} = \text{const} = I$ ($\varrho v \neq 0$). Durch Gleichstrom erfolgt Energieumsatz. Die Beziehungen Gl. (3.5.6) modifizieren sich durch

$$\oint \boldsymbol{H} \cdot \mathrm{d}\boldsymbol{s} = \int \boldsymbol{J} \cdot \mathrm{d}\boldsymbol{A}; \quad \boldsymbol{J} = \varrho \boldsymbol{v} \text{ resp. } \boldsymbol{J} = \kappa \boldsymbol{E}.$$
(3.5.7)

Elektrisches Strömungsfeld und magnetisches Feld (des Gleichstromes bzw. das ruhender Magneten) treten gleichzeitig auf, *aber kein Induktionsvorgang*. Beide Felder erfordern zur Aufrechterhaltung Energiezufuhr, die durch die Leiterwiderstände als Wärme abgeführt wird.

3. Zeitveränderliche Felder: alle Feldgrößen hängen von der Zeit ab: veränderliche magnetische Felder sind nach dem Induktionsgesetz Ursache elektrischer Wirbelfelder, veränderliche elektrische Felder erzeugen über den Verschiebungsstrom magnetische Wirbelfelder. Deshalb treten beide Felder *verkoppelt* auf und man spricht vom *elektromagnetischen Feld*. Der Grad der Verkopplung hängt u. a. von der Schnelligkeit der zeitlichen Änderung (Frequenz) ab. Bei *quasistationären* oder *langsam veränderlichen Feldern* erfolgen zeitliche Änderungen so langsam, dass das *Magnetfeld $\boldsymbol{H}$ der Verschiebungsstromdichte ($\partial \boldsymbol{D}/\partial t$) vernachlässigbar bleibt und damit auch sein Einfluss auf das Induktionsgesetz*. Dann gibt es *keine Wellenausbreitung* (über Zeit- und Ortsabhängigkeit der Feldgrößen entkoppelt). Es gilt

$$\begin{array}{ll} \oint \boldsymbol{E} \cdot \mathrm{d}\boldsymbol{s} = -\int \frac{\partial \boldsymbol{B}}{\partial t} \mathrm{d}\boldsymbol{A}, & \oint \boldsymbol{H} \cdot \mathrm{d}\boldsymbol{s} = \int \boldsymbol{J} \cdot \mathrm{d}\boldsymbol{A} \\ \oint \boldsymbol{B} \cdot \mathrm{d}\boldsymbol{A} = 0, & \oint \boldsymbol{D} \cdot \mathrm{d}\boldsymbol{A} = Q. \end{array}$$
(3.5.8)

Tab. 3.7. Vergleich der elektrostatischen, Strömungs- und magnetischen Felder

	Elektrostatisches Feld	Elektrisches Strömungsfeld	Stationäres magnetisches Feld
Ursachengröße (Quantitätsgröße)	ruhende Ladung $\boldsymbol{D}$, $[D] = \frac{\mathrm{As}}{\mathrm{m}^2}$ elektrische Flussdichte, Verschiebungsflussdichte	bewegte Ladung $\boldsymbol{J}$, $[J] = \frac{\mathrm{A}}{\mathrm{m}^2}$ elektrische Stromdichte	beschleunigte Ladung $\boldsymbol{H}$, $[H] = \frac{\mathrm{A}}{\mathrm{m}}$ magnetische Feldstärke, magnetische Erregung
Verknüpfung Feld-Globalgröße	$\sum Q = \oint_A \boldsymbol{D} \cdot \mathrm{d}\boldsymbol{A}$	$I = \int_A \boldsymbol{J} \cdot \mathrm{d}\boldsymbol{A}$	$\sum I_\nu = \oint_s \boldsymbol{H} \cdot \mathrm{d}\boldsymbol{s}$
Wirkungsgröße (Intensitätsgröße, Kraftwirkung)	$\boldsymbol{E}$, $[E] = \frac{\mathrm{V}}{\mathrm{m}}$ elektrische Feldstärke		$\boldsymbol{B}$, $[B] = \frac{\mathrm{Vs}}{\mathrm{m}^2}$ magnetische Flussdichte (Induktion)
Definitionsgleichung	$\boldsymbol{F} = Q\boldsymbol{E}$		$\boldsymbol{F} = Q(\boldsymbol{v} \times \boldsymbol{B})$
Verknüpfung Feld-Globalgröße	$U = \int_s \boldsymbol{E} \cdot \mathrm{d}\boldsymbol{s}$		$\Phi = \int_A \boldsymbol{B} \cdot \mathrm{d}\boldsymbol{A}$
Feldeigenschaften Ursachengröße	$\oint \boldsymbol{D} \cdot \mathrm{d}\boldsymbol{A} = \sum Q$ Gaußsches Gesetz	$\oint_A \boldsymbol{J} \cdot \mathrm{d}\boldsymbol{A} = 0$ bzw. $\sum_\nu I_\nu = 0$ 1. Kirchhoffscher Satz	$\oint_s \boldsymbol{H} \cdot \mathrm{d}\boldsymbol{s} = \sum_\nu I_\nu$ Durchflutungssatz
Wirkungsgröße	$\oint \boldsymbol{E} \cdot \mathrm{d}\boldsymbol{s}$, $\sum_\nu U_\nu$ 2. Kirchhoffscher Satz		$\oint \boldsymbol{B} \cdot \mathrm{d}\boldsymbol{A}$ magnetischer Knoten
Feldmerkmale	wirbelfreies Quellenfeld (ruhende Ladung als Ursache der $\boldsymbol{D}$-Linien)	wirbel- und quellenfrei ($\boldsymbol{E}$-Feld hat zusätzlich Quellen an Inhomogenitäten)	quellenfreies Wirbelfeld (geschlossene Feldlinien, $\boldsymbol{H}$ hat zusätzlich Quellen an Inhomogenitäten)

Elektrisches und magnetisches Feld sind durch das Induktions- und Durchflutungsgesetz verkettet. Ein typischer Anwendungsbereich ist die Wechselstromtechnik: hier wird der Gleichstrom I durch den (niederfrequenten) Wechselstrom $i(t)$ ersetzt.

4. Nichtstationäre oder *schnell veränderliche Felder* nutzen das volle System der Maxwellschen Gleichungen und damit die Verkopplung der Orts- und Zeitabhängigkeiten der Feldgrößen. Dann entstehen *elektromagnetische Wellen*, weil solche Felder grundsätzlich nicht ortsfest sind. Der Übergang von Fall 3 nach 4 hängt hauptsächlich von der Wellenlänge $\lambda = c/f = 2\pi c/\omega$ im

3.5 Rück- und Ausblick zum elektromagnetischen Feld

Tab. 3.8. Integralbeziehungen der elektrostatischen, Strömungs- und magnetischen Felder und zugehöriger Netzwerkelemente

	Elektrostatisches Feld	Elektrisches Strömungsfeld	Stationäres magnetisches Feld
1. Flussgröße Beziehung der Feldgröße Fluss durch eine Hülle	Verschiebungsfluss Ψ $\Psi = Q = \int_A \boldsymbol{D} \cdot \mathrm{d}\boldsymbol{A}$ $\oint \boldsymbol{D} \cdot \mathrm{d}\boldsymbol{A} = \sum Q$	Strom I $I = \int_A \boldsymbol{J} \cdot \mathrm{d}\boldsymbol{A}$ $\oint \boldsymbol{J} \cdot \mathrm{d}\boldsymbol{A} = 0$ bzw. $\sum_\nu I_\nu = 0$ 1. Kirchhoffscher Satz	Fluss Φ $\Phi = \int_A \boldsymbol{B} \cdot \mathrm{d}\boldsymbol{A}$ $\oint \boldsymbol{B} \cdot \mathrm{d}\boldsymbol{A} = 0$
2. Spannungsgröße Beziehung zur Feldgröße Spannungsgröße längs eines Umlaufs	Spannung U $U_{12} = \int_1^2 \boldsymbol{E} \cdot \mathrm{d}\boldsymbol{s}$ $\sum_\nu U_\nu = 0$	$\oint \boldsymbol{E} \cdot \mathrm{d}\boldsymbol{s} = 0$ 2. Kirchhoffscher Satz	magnetische Spannung V $V_{12} = \int_1^2 \boldsymbol{H} \cdot \mathrm{d}\boldsymbol{s}$ $\oint \boldsymbol{H} \cdot \mathrm{d}\boldsymbol{s} = \Theta = \sum_\nu I_\nu (= 0)$
3. Beziehung zwischen Fluss- und Spannungsgröße (Def. des Netzwerkelementes)	Kondensator $Q = CU$	Widerstand $U = RI$	Spule $\Psi = LI$
Bemessungsgleichung (homog. Feld)	$C = \frac{\varepsilon A}{l}$	$R = \frac{l}{\kappa A}$	$L = \frac{w^2}{R_\mathrm{m}}$, $R_\mathrm{m} = \frac{l}{\mu A}$
4. Strom-Spannungsbeziehung (NWE zeitunabhängig, linear)	$i(t) = \frac{\mathrm{d}u(t)}{\mathrm{d}t}$, $u(t) = \frac{1}{C}\int_0^t i(t')\mathrm{d}t' + u(0)$	$u(t) = Ri(t)$	$u(t) = L\frac{\mathrm{d}i(t)}{\mathrm{d}t}$, $i(t) = \frac{1}{L}\int_0^t u(t')\mathrm{d}t' + i(0)$ Gegeninduktivität $u_2 = M\frac{\mathrm{d}i_1}{\mathrm{d}t}$, $i_1(t) = \frac{1}{M}\int_0^t u_2\mathrm{d}t' + i_1(0)$

Vergleich zu den vorhandenen Bauelementeabmessungen d bzw. Geometrie der feldprägenden Anordnung im Stromkreis ab. Die quasistationäre Betrachtung (Fall 3) gilt für $d \ll \lambda$ (z. B. $f = 50\,\mathrm{Hz}$, $\lambda = 6 \cdot 10^3\,\mathrm{km}$, bei $f = 100\,\mathrm{MHz}$: $\lambda = 3\,\mathrm{m}$ (UKW-Bereich), $f = 10\,\mathrm{GHz}$: $\lambda = 3\,\mathrm{cm}$ (Satellitenbereich)).

Formaler Vergleich Die bisher kennengelernten Gesetzmäßigkeiten bieten den formalen Vergleich der Größen an (Tab. 3.7). Im elektrostatischen Feld und stationären Strömungsfeld treten z. T. gleiche Größen (E, u) auf. Dies führt beispielsweise zur einfachen R- und C-Bestimmung durch Analogie (s. Kap. 2.6.3). Problematischer ist das beim elektrischen und magnetischen Feld, weil einem wirbelfreien Quellenfeld das quellenfreie Wirbelfeld gegenübersteht.

Vergleicht man jedoch Ursache und Wirkung, stehen Linienintegrale den Flächenintegralen und umgekehrt gegenüber, auch setzen sich die Proportionalitätsfaktoren der Vektoren z. B. nicht mehr gleichartig zusammen. Diese *naturbegründeten* Abweichungen weisen deutlich auf die Unterschiede beider Felder hin. In dieser Darstellung wird die Stromdichte J als Ursache des Strömungsfeldes angesehen (hier mag ein gewisser Formalismus gelten), in den anderen beiden Feldtypen resultiert die Ursache aus dem physikalischen Wirkungsmechanismus. In Tab. 3.8 sind die Globalgrößen der entsprechenden Felder zusammengefasst einschließlich der darüber definierten Netzwerkelemente.

Selbstkontrolle: Kapitel 3

1. Wie ist die magnetische Induktion definiert?
2. Welche Induktion herrscht in und um einen stromdurchflossenen Draht?
3. Welche Merkmale unterscheiden das stationäre Magnetfeld vom elektrostatischen Feld?
4. Kann das statische Magnetfeld die kinetische Energie eines geladenen Teilchens ändern? (Erläuterung geben)
5. Wie wird die Richtung der magnetischen Feldstärke bestimmt, wenn die Stromflussrichtung in einem Leiter bekannt ist?
6. Welche Kraft übt ein Magnetfeld auf einen geraden, stromdurchflossenen Leiter aus?
7. Erläutern Sie die Kraftwirkung zwischen zwei geraden, stromdurchflossenen Leitern bei gleich- und gegengerichteten Strömen!
8. Was versteht man unter der Lorentz-Kraft?
9. Geben Sie den Zusammenhang zwischen der magnetischen Feldstärke und der Flussdichte im Vakuum und im ferromagnetischen Material an!
10. Nennen Sie die Feld- und Integralgrößen des magnetischen Feldes sowie ihre Einheiten!
11. Was besagt der Durchflutungssatz am Beispiel eines geraden, langen Leiters? Wie kann die Richtung der Feldlinien bestimmt werden?
12. Skizzieren Sie den Verlauf der Feldstärke zwischen zwei geraden Leitern bei gleich- oder entgegengesetzt fließenden Strömen!
13. Wie lässt sich die magnetische Feldstärke im Innern einer Zylinderspule bestimmen?

14. Wie lautet das Gesetz von Biot-Savart? Welche Feldarten können damit berechnet werden?
15. Was versteht man unter dem magnetischen Fluss? Welcher Fluss begleitet einen stromführenden Leiter (Länge l) durch eine begrenzte Fläche im Außenraum?
16. Was versteht man unter folgenden Begriffen: Ferromagnetismus, Magnetisierungskennlinie, Hysteresekurve, Remanenz und Koerzitivkraft?
17. Welche Bedingungen gelten für die Vektoren H und B an den Grenzflächen zweier verschiedener magnetischer Materialien?
18. Ein Dauermagnet zeigt „Magnetismus". Was besagen in diesem Zusammenhang die Begriffe Remanenz und Koerzitivkraft? In welchem Quadranten liegt der Arbeitspunkt auf der Hysteresekurve eines Dauermagnetkreises mit Luftspalt?
19. Warum sollte ein magnetischer Kreis mit Dauermagnet nie zerlegt werden?
20. Was versteht man unter einem magnetischen Kreis, und welche Analogie besteht zum elektrischen Stromkreis?
21. Wie wirkt ein Luftspalt im magnetischen Kreis, wenn a) die Erregung b) die Induktion im Eisen konstant bleiben soll? Wie kann die Flussdichte im Luftspalt berechnet werden?
22. Erläutern Sie die Ruheinduktion an einer feststehenden Leiterschleife. Welche Richtungszuordnung gilt zwischen der Flussänderung, der induzierten Spannung (welche Formen gibt es?) und dem induzierten Strom? Wie kann die Stromrichtung sicher bestimmt werden?
23. Zu welchem Feldtyp gehört das induzierte elektrische Feld? Was folgt daraus für einen Umlauf, und wie unterscheidet es sich vom elektrostatischen Feld?
24. Was versteht man unter der induzierten elektrischen Feldstärke?
25. Erläutern Sie die Lenzsche Regel und deren gesetzmäßigen Hintergrund!
26. Bestimmen Sie die Spannung eines geraden Leiters, der sich im homogenen Magnetfeld bewegt! (Wie muss er sich bewegen?)
27. Erläutern Sie die Selbst- und Gegeninduktion und die Definition von L und M!
28. Was versteht man unter innerer und äußerer Induktivität?
29. Warum werden Doppelleitungen verdrillt?
30. Wie können L und M berechnet werden? (Beispiele erläutern).
31. An eine ideale Spule werde plötzlich eine Gleichspannung gelegt. Wie verläuft der Strom? (Erläuterungen durch Beispiele).
32. Warum entsteht beim Abschalten eines Gleichstromkreises mit einer Induktivität ein Funke (Lichtbogen) über dem Schalter?

33. Geben Sie die Strom-Spannungs-Beziehung zweier gekoppelter Spulen und eine einfache Ersatzschaltung an!
34. Was besagen die Wicklungspunkte an gekoppelten Spulen?
35. Formulieren sie die Transformatorgleichung und erläutern Sie die Rolle des Lastwiderstandes!
36. Nennen Sie Modellierungsstufen des Transformators (kurze Erläuterung, typische beschreibende Gleichungen)!
37. Erläutern Sie den Begriff induktiver Zweipol! Was ist eine differenzielle Induktivität?
38. Wie entsteht der Wirbelstrom, und wie wirken dabei elektrische und magnetische Felder zusammen? Wie können Wirbelströme reduziert werden?
39. Was versteht man unter „Stromverdrängung"?
40. Wie lauten die Maxwellschen Gleichungen in integraler Form? Was beinhalten sie?

Kapitel 4

Energie und Leistung elektromagnetischer Erscheinungen

4

4 Energie und Leistung elektromagnetischer Erscheinungen ... 403

- 4.1 Energie und Leistung ... 404
- 4.1.1 Elektrische Energie, elektrische Leistung ... 408
- 4.1.2 Strömungsfeld ... 411
- 4.1.3 Elektrostatisches Feld ... 413
- 4.1.3.1 Energieverhältnisse am zeitunabhängigen Kondensator .. 415
- 4.1.3.2 Energieverhältnisse am zeitabhängigen Kondensator ... 421
- 4.1.3.3 Merkmale der dielektrischen Energie ... 427
- 4.1.4 Magnetisches Feld ... 431
- 4.1.4.1 Energie und Ko-Energie des magnetischen Feldes ... 432
- 4.1.4.2 Energieverhältnisse der zeitabhängigen Induktivität ... 436
- 4.1.4.3 Merkmale der magnetischen Energie ... 438
- 4.2 Energieübertragung, Energiewandlung ... 445
- 4.2.1 Energieströmung ... 445
- 4.2.2 Energietransport Quelle-Verbraucher ... 453
- 4.2.3 Energiewandlung ... 455
- 4.3 Umformung elektrischer in mechanische Energie ... 459
- 4.3.1 Kräfte im elektrischen Feld ... 460
- 4.3.1.1 Kraftwirkung auf Ladungsträger ... 460
- 4.3.1.2 Kraft auf Grenzflächen ... 463
- 4.3.1.3 Wandlung elektrische-mechanische Energie ... 473
- 4.3.1.4 Beispiele und Anwendungen ... 483
- 4.3.2 Kräfte im magnetischen Feld ... 485
- 4.3.2.1 Kraft auf bewegte Ladungen ... 486
- 4.3.2.2 Kraft auf stromdurchflossene Leiter im Magnetfeld ... 493
- 4.3.2.3 Kraft auf Grenzflächen ... 505
- 4.3.2.4 Kraft auf magnetische Dipole ... 522

4 Energie und Leistung elektromagnetischer Erscheinungen

Lernziel Nach der Durcharbeitung des Kapitels sollen beherrscht werden
- die Begriffe Energie und Energieumformung sowie Leistungs- und Energiedichte,
- der Leistungsumsatz im Strömungsfeld,
- die Speicherenergie und Energiedichte im elektrostatischen und magnetischen Feld,
- der Begriff Energieströmung als Folge des Energieerhaltungssatzes,
- die Energiestromdichte (Poyntingscher Vektor) und die anschauliche Erklärung,
- der Energietransport zwischen Quelle und Verbraucher mit dem elektromagnetischen Feld als Energieträger,
- die Kraftwirkung des elektrostatischen Feldes und ihre Anwendungen,
- die Kraftwirkung des magnetischen Feldes und ihre Anwendungen.

Einführung Elektrotechnische Vorgänge sind nach den allgemeinen Energiemerkmalen (s. Kap. 1.6, Bd. 1) auch energetische Prozesse, besonders sichtbar in der elektrischen Energietechnik. Ihre bequeme Transport- und Speicherfähigkeit, aber auch die Wandelbarkeit in nichtelektrische Energieformen ist die Basis vieler technischer Systeme:

1. Eine Primärenergie am Ort A wird *direkt* (z. B. Solarenergie, Windkraft) oder *indirekt* (feste Brennstoffe, Strahlungsenergie, Kernkraftwerk) über thermische und mechanische Energie (dampfbetriebener Kraftwerksgenerator) in elektrische Energie gewandelt.
2. „Verbrauch" elektrischer Energie am Ort B durch Ausnutzung der verschiedenen Stromwirkungen: Wärme- und Kraftwirkung, chemische Vorgänge u. a.
3. Eine Trennung der Orte A und B (Energieverbraucher verteilt über das Land) erfordert einen *Energietransport* von A nach B. Chemische Energie (z. B. Erdgas) erfolgt als Massentransport durch Rohrleitungen, Wärme durch Fernheizleitungen u. a. Elektrische Energie wird durch Stromfluss oder allgemeiner das *elektromagnetische Feld* transportiert. Das Energieverteilungsnetz scheint die Rolle des Stromes zu bestätigen, „da elektromagnetische Felder nur zur drahtlosen Übertragung von Wellen taugen". Später wird sich zeigen, dass aber das elektromagnetische Feld Träger des Energietransportes ist, eine verblüffende Feststellung.

4.1 Energie und Leistung

Energietransport Elektrische Energie bestimmt weltweit das tägliche Leben. Das zeigt die breite Diskussion dieses Themas. Die Elektrotechnik hat dann die Aufgabe

- elektrische Energie (aus anderen Formen) zu gewinnen, zu speichern, zu übertragen und an anderen Orten in nichtelektrische zurückzuwandeln. Beim Transportvorgang spricht man auch von *Energiefluss* oder *Energieströmung* vom Erzeuger zum Verbraucher. Auch andere Gebiete, z. B. Akustik, Optik, Wärmetechnik kennen diesen „Energiestrombegriff".
- elektrische Energie einer Form 1 in solche der Form 2 umzusetzen, etwa Netzenergie mittels eines Fernsehsenders als elektromagnetische Strahlung auszubreiten (zur Informationsübertragung).

Energie tritt in verschiedenen Erscheinungsformen auf, denn alle Naturvorgänge sind Umwandlungen einer Form in eine andere. Tabelle 4.1 zeigt Beispiele hierfür. In der Elektrotechnik dominieren die eingerahmten Felder. Ihre spezifische Energieform ist die *elektromagnetische Energie* mit den Vorzügen:

- übertragbar über große Entfernungen mit gutem Wirkungsgrad und Lichtgeschwindigkeit,
- verschiedenartige Umsetzbarkeit elektrisch-nichtelektrisch möglich,
- vielfältige Methoden zur Energiegewinnung,
- universell einsetzbar.

So vollzieht ein Kohlekraftwerk die Wandlung Kohle (chemische Energie) – Dampf (thermische Energie) – Turbinenantrieb (mechanische Energie) – Generator (elektrische Energie). Weil elektrische Energie in großen Mengen nicht direkt gespeichert werden kann (abgesehen von sehr kleinen Mengen in Kondensator und Spule oder indirekter Speicherung im Akkumulator und Pumpspeicherwerk), muss sie zwischen den Erzeugungs- und Verbraucherorten ständig bereitgestellt und transportiert werden - ein breites elektrotechnisches Aufgabenfeld.

Umfassen die Wandlungseffekte aus Tab. 4.1 hauptsächlich die elektrische Energieerzeugung, so ist die Anzahl bekannter Wandlungseffekte deutlich größer (Tab. 4.2). Viele werden in direkten oder „modulierenden" Sensoren genutzt (Abb. 4.1.1a,b): im ersten Fall entsteht das Sensorsignal durch direkte Energiewandlung (etwa als Spannung eines Thermokopplers aus dem thermodynamischen System), oder durch Signalmodulation einer Hilfsquelle (z. B. als Thermistor im Stromkreis).

4.1 Energie und Leistung

Tab. 4.1. Energieformen und ihre Wandlung in elektrische Energie

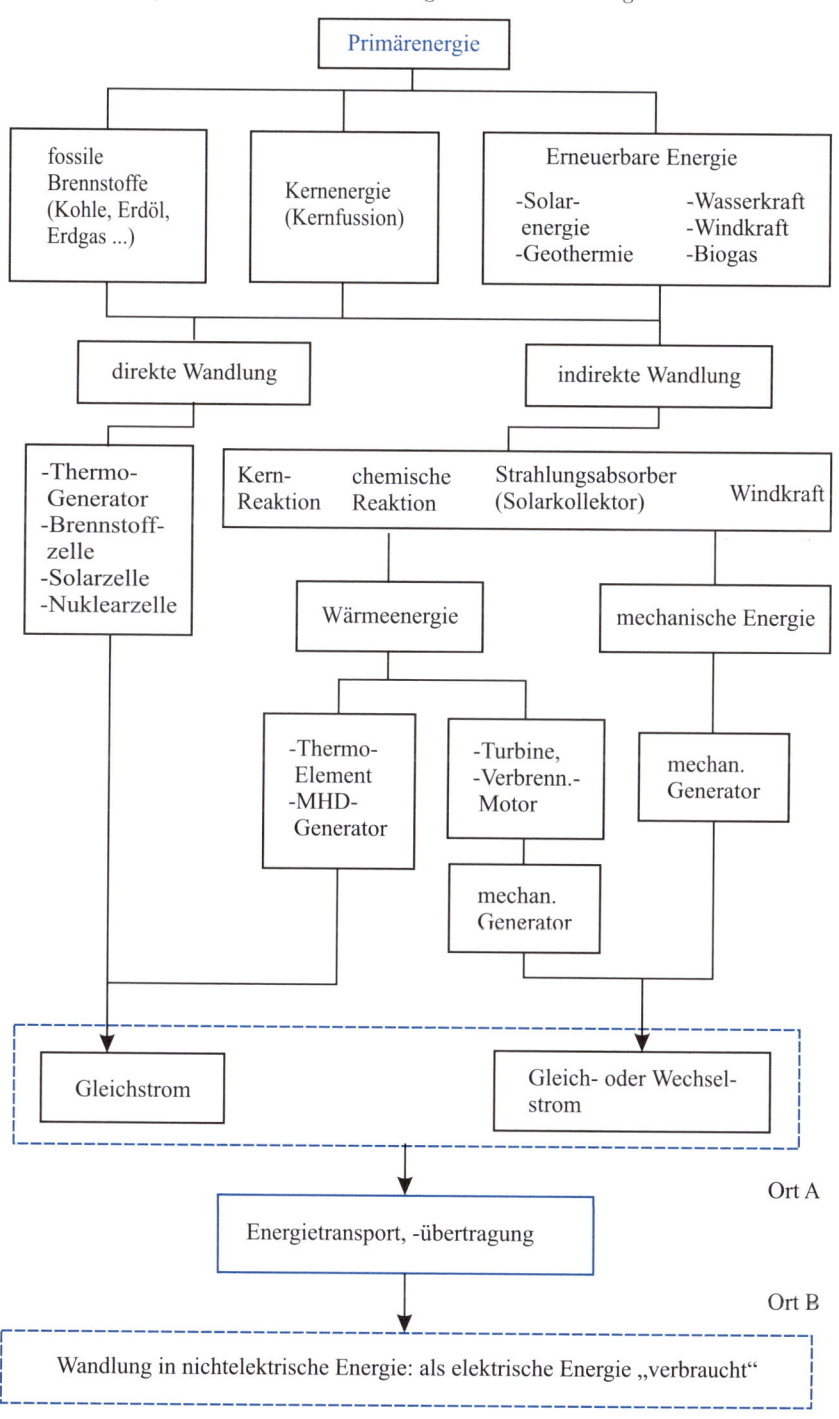

```
                            ┌─────────────────┐
                            │  Primärenergie  │
                            └─────────────────┘
        ┌──────────────────────┬──────────────────────┐
┌───────────────┐   ┌─────────────────┐   ┌──────────────────────────┐
│ fossile       │   │  Kernenergie    │   │  Erneuerbare Energie     │
│ Brennstoffe   │   │  (Kernfussion)  │   │  -Solar-     -Wasserkraft│
│ (Kohle, Erdöl,│   │                 │   │   energie    -Windkraft  │
│  Erdgas ...)  │   │                 │   │  -Geothermie -Biogas     │
└───────────────┘   └─────────────────┘   └──────────────────────────┘
```

- **direkte Wandlung**:
  - Thermo-Generator
  - Brennstoffzelle
  - Solarzelle
  - Nuklearzelle

- **indirekte Wandlung**:
  - Kern-Reaktion
  - chemische Reaktion
  - Strahlungsabsorber (Solarkollektor)
  - Windkraft

→ **Wärmeenergie**:
  - Thermo-Element
  - MHD-Generator
  - Turbine, Verbrenn.-Motor → mechan. Generator

→ **mechanische Energie**:
  - mechan. Generator

Gleichstrom ← (direkte Wandlung)

Gleich- oder Wechselstrom ← (indirekte Wandlung)

— Ort A —

Energietransport, -übertragung

— Ort B —

Wandlung in nichtelektrische Energie: als elektrische Energie „verbraucht"

Tab. 4.2. Ausgewählte Energieumformungen, elektrotechnisch wichtige hervorgehoben

Primär-energie	Erzeugte Energieformen					
	Elektrisch	Magnetisch	Mechanisch	Thermisch	Licht, Strahlung	Chemisch
Elektrisch	Gleichstrom Wechselstrom	Durch-flutungs-satz	elektrostatische Kraft Elektroosmose	Joulsche Wärme Widerstand Glühlampe (Peltier-, Thomson-Effekt)	Gasentladung Leuchtstoff-Spektrallampe Laser LED	Elektrolyse Akkumulator
Magnetisch	Induktionsgesetz		Lorentz-Kraft Reluktanzkraft Elektromagnet			
Mechanisch	elektrostatischer Generator Mikrophon piezoel. Effekt	mechano-magnetischer Effekt	Hebel Turbine Getriebe	Reibung Wärmepumpe Kältemaschine	Tribo-lumineszenz	
Thermisch	Thermoelement thermischer Wandler Radionuklid-batterie		Wärmekraft-maschine	Kältemaschine	Glühlampe Lichtbogen	endotherme chemische Reaktion
Licht, Strahlung	Fotoelement Fotozelle Solarzelle		Radiometer Strahlungsdruck	Lichtabsorption Strahlungs-absorption	Fluoreszenz Festkörperlaser	Fotosynthese Fotodissoziation
Chemisch	galvanische Elemente Akkumulator Brennstoffzelle		Osmose Muskel	exotherme chemische Reaktion (Verbrennung)	chemische Lumineszenz (Glühwürmchen)	Biosynthese chemische Reaktion

4.1 Energie und Leistung

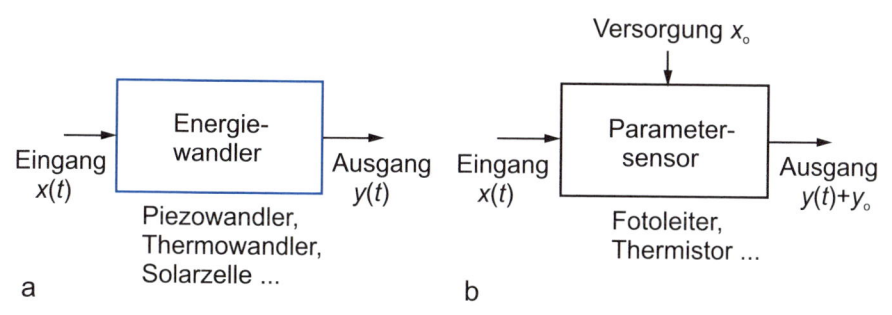

Abb. 4.1.1. Sensorprinzipien. (a) Sensor basierend auf Energiewandlung oder (b) Parameteränderung

Darüber hinaus werden Sensoren nicht nur nach der gewandelten Energie (elektromagnetisch, thermisch, mechanisch) unterteilt, sondern auch dem physikalischen Prinzip (z. B. Hall-Effekt, magnetoresistiv, optoelektronisch, piezoelektrisch ...), der gemessenen Größe (Temperatur, Druck, Geschwindigkeit, Farbe), der Kontaktart zum Messobjekt (direkt, kontaktlos), der Technologie (elektromechanisch, Halbleiterprinzip, faser-optisch ...) u. a.

Energiespeicherung Jedes physikalische System besitzt zu jedem Zeitpunkt einen *Energieinhalt*. Dann erfordert seine Änderung einen externen Energieaustausch (Zufuhr, Abfuhr) beschrieben durch einen *Energiestrom*. Der Satz von der *Erhaltung der Energie* (s. Kap. 1.6.1, Bd. 1) koppelt *jede Änderung des Energieinhaltes eines Systems an Energieströme und so eine Wechselwirkung durch Energieaustausch mit anderen Systemen*. Die Erhöhung der Systemenergie durch Energiezustrom ist eng verknüpft mit seiner Fähigkeit zur *Energiespeicherung*. So speichert ein Kondensator zugeführte elektrische Energie und gibt sie später wieder ab. Elektrische Energie kann aber ebenso einen Motor mit Schwungmasse antreiben, als kinetische Energie in der Schwungmasse gespeichert bleiben und schließlich durch Generatorwirkung des Motors wieder als elektrische Energie rückgewonnen werden. Die Speicherart hängt von der Energieform ab.

Für elektrische Systeme sind generell elektrische und magnetische Felder Träger elektromagnetischer Energie: *Energie als Zustandsgröße*, konzentriert in Kondensator und Spule als Netzwerkelementen. Enthält ein System beide, also *verschiedenartige* Energiespeicher, so kann fortwährend Energieaustausch mit Schwingungen als Folge eintreten (im Bd. 3 betrachtet).

Zunächst vertiefen wir die elektrische und magnetische Energie (Kap. 4.1) und den Energieaustausch in elektrischen Anordnungen (Kap. 4.2), um dann bei den Kraftwirkungen das technisch wichtige Feld der elektromechanischen Energieumformung (Kap. 4.3) zu diskutieren.

4.1.1 Elektrische Energie, elektrische Leistung

Elektrische Energie Energie und Leistung haben gegenüber Strom und Spannung allgemeine Bedeutung. Neben verschiedenen Energieformen, (z. B. elektrische und magnetische Energie der Elektrotechnik, potenzielle und kinetische Energie in der Mechanik u. a.) kann ein Energietransport sehr unterschiedlich erfolgen: als zu Tal rauschender Wasserstrom zum Antrieb eines Mühlenrades, als Transport fester Brennstoffe, durch Ölleitungen oder auf elektrischem Wege.

> Energie kennzeichnet das Vermögen zur Verrichtung von Arbeit und sie verhält sich wie eine mengenartige, universell austauschbare Größe mit einem Erhaltungssatz.

Deshalb werden, abhängig von der Energieform, gleichwertige, *einander äquivalente Energieeinheiten* benutzt: Wattsekunde (Ws) hauptsächlich für elektrische Arbeit, Joule (J) für Wärme und Newtonmeter (Nm) für mechanische Arbeit und es gilt

$$1 \text{ Ws} = 1 \text{ VAs} = 1 \text{ Nm} = 1 \text{ J} = 1 \, \frac{\text{kg} \cdot \text{m}^2}{\text{s}^2} \quad \text{Einheit der Energie.}$$

Energie (und Leistung) gewährleisten über ihre mechanischen und thermodynamischen SI-Einheiten die Verknüpfung zu den elektrischen Größen. Früher wurden noch Kalorie und Kilopondmeter verwendet (1 cal = 4,186 Ws, 1 kpm = 9,806 Ws). Eine gängige (SI-fremde) Einheit zur Angabe elektrischer Energie ist die Kilowattstunde: 1 kWh = 3,6 MWs.

Die elektrische Energie war zunächst (Kap. 1.6.2, Bd. 1) eingeführt worden als Energieform, gebunden an elektrische Größen (Strom, Spannung, Feldgrößen). Deshalb liegt nahe, Energie (und Leistung) für andere Energieformen durch andere, nichtelektrische Größen auszudrücken (s. Kap. 6.1).

So basierte die Spannung (Gl. (1.5.2), Bd. 1) auf der elektrischen Energie umgesetzt bei einer tatsächlichen oder gedachten Ladungsbewegung. Beim Durchlauf der Elementarladung q durch eine Spannung von 1 V wird die Arbeit von einem Elektronenvolt leistet: $1 \text{ eV} = 1{,}60210^{-19}$ J $= 1{,}60210^{-19}$ Ws. Das ist in der Elektrophysik verbreitet. Die umgesetzte Energie hängt nur von der durchlaufenen Spannung ab, nicht Feldstärke oder Weg.

Es liegt nahe, die Energie W zunächst für den Zweipol zu definieren: fließt durch ihn die Ladung $dQ(t)$ und fällt dabei die Spannung $u(t)$ ab, so wird die elektrische Energie $dW(t) = u(t)dQ(t) = u(t)i(t)dt$ in eine andere Energieform (Wärme, Feldenergie, mechanische Arbeit, ...) während der Zeitspanne Δt umgesetzt

4.1 Energie und Leistung

$$\Delta W(t) = \int_{t}^{t+\Delta t} dW(t') = \int_{t}^{t+\Delta t} u(t')i(t')dt' = \int_{t}^{t+\Delta t} p(t')dt'.$$

Elektrische Energieänderung am Zweipol, Definitionsgleichung   (4.1.1)

Wir diskutieren sie für die Netzwerkelemente R, C, L und die zugehörigen Felder. Sichtbar wird schon:

Tritt in der Energiebeziehung explizit die Zeit auf, wie beim Strömungsfeld, so speichert das betreffende Feld keine Energie (im Gegensatz zum elektrostatischen und magnetischen Feld).

Grundsätzlich ist die Energiebeziehung Gl. (4.1.1) auf mehrpolige Netzwerke erweiterbar (Beispiel gekoppelte Spulen, kapazitive Mehrleiteranordnungen, Zwei- und Mehrtore u. a.).

Energiedichte Die Energie im Feld erfordert zur Beschreibung eine Größe für den Raumpunkt, die *Energiedichte* w

$$W(t) = \int_{\text{Volumen } V} w(t)dV \quad \text{mit} \quad w = \lim_{\Delta V \to 0} \frac{\Delta W}{\Delta V} = \frac{dW}{dV}. \tag{4.1.2}$$

Energiedichte w

Die Energiedichte w kennzeichnet den im Volumenelement ΔV umgesetzten oder gespeicherten Energieteil ΔW.

Elektrische Leistung Das tägliche Leben versteht unter Leistung die pro Zeitspanne verrichtete Arbeit (Def. Gl. (1.6.5), Bd. 1). Deshalb ist die Leistung $p(t)$ die zeitliche Energieänderung in jedem Zeitpunkt, also das Verhältnis von geleisteter Arbeit ΔW_el und dazu erforderlicher Zeitspanne Δt

$$p(t) = \lim_{\Delta t \to 0} \frac{\Delta W_\text{el}}{\Delta t} = \frac{dW_\text{el}(t)}{dt}. \quad \text{Leistung (Definitionsgleichung)} \tag{4.1.3a}$$

Am allgemeinen Zweipol beträgt damit die Leistung $p(t)$:

$$p(t) = \frac{dW(t)}{dt} = \frac{d}{dt}\int_{t_0}^{t} u(t)i(t)dt = u(t)i(t). \quad \begin{array}{l}\text{Leistung am}\\ \text{Zweipol}\end{array} \tag{4.1.3b}$$

Bei zeitveränderlichen Größen interessiert oft die *mittlere Leistung*

$$p(t) = \frac{1}{T}\int_{T} p(t)dt \tag{4.1.4}$$

in einem bestimmten Zeitintervall T (wichtig z. B. Wechselgrößen).

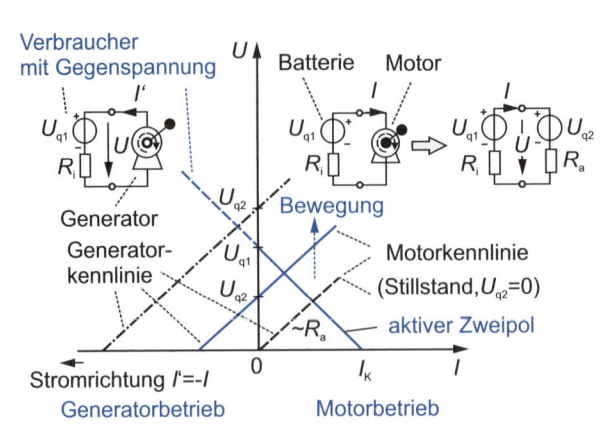

Abb. 4.1.2. Rollenwechsel des Zweipols: aktiv/passiv beim Verbraucher mit Gegenspannung

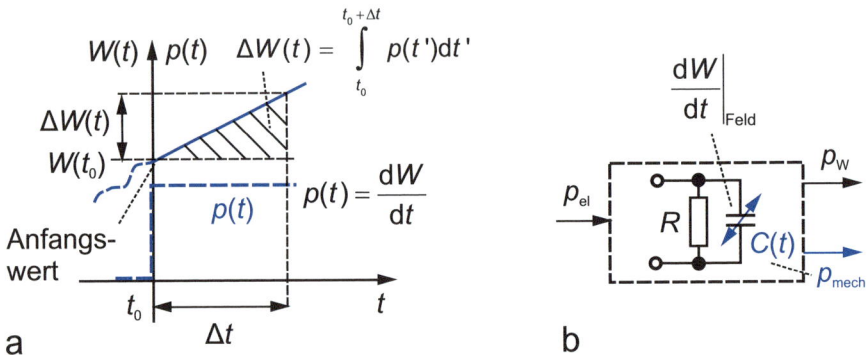

Abb. 4.1.3. Energie und Leistung am zeitveränderlichen Zweipol. (a) Zeitliche Zuordnung. (b) Leistung unterteilt nach typischen Anteilen

Weil $p(t)$ das Produkt der Strom- und Spannungswerte in einem Zeitpunkt ist, heißt sie auch *Momentanleistung*. Je nach Verbraucher- oder Erzeugerpfeilsystem ist ΔW dann die im Zweipol während der Zeitspanne Δt umgesetzte ($p > 0$) bzw. erzeugte ($p < 0$) elektrische Energie. Typische Größenordnungen wurden in Kap. 1.6.3, Bd. 1 diskutiert.

Deutlich wird die Energiewechselwirkung beim Zusammenspiel Batterie – Gleichstrommotor (versehen mit einer Handkurbel, Abb. 4.1.2). Ohne Kurbelantrieb dreht sich der Motor als Energieverbraucher, Kennlinie im rechten Bildteil. Die Spannungsquelle U_{q1} treibt den Strom I an. Im laufenden Motor entsteht eine induzierte Spannung, im Ersatzschaltbild durch U_{q2} ausgedrückt. Ohne Handantrieb ist $U_{q1} > U_{q2}$ ($\sim$ Drehzahl n) und es fließt der Kreisstrom $I = (U_{q1} - U_{q2})/R_{ges}$. Mit Handdrehung (in gleicher Drehrichtung) wächst U_{q2}, schließlich ist $U_{q2} = U_{q1}$ (kein Stromfluss, Kompensation) und bei noch schnellerer Drehung wird $U_{q2} > U_{q1}$: Umkehr der Stromrichtung (linker Bildteil). Jetzt wirkt der Motor als Generator (Energieumformung mechanisch → elektrisch), die bisherige Quelle als „Verbraucher mit Gegenspannung U_{q1}" und die Batterie (U_{q1}) wird geladen: Umsatz elektrischer Energie in chemische. Deshalb sind die Spannungsquellen Orte umkehrbarer

4.1 Energie und Leistung

Energieumformung. Die umgekehrte Stromrichtung I' unterstreicht diesen Rollentausch.

Energie und Leistung hängen zusammen, deswegen ist Energie das *Leistungsvermögen* während einer Zeitspanne (Abb. 4.1.3a):

$$W(t) = \int_{-\infty}^{t_0} p(t')\mathrm{d}t' + \int_{t_0}^{t_0+\Delta t} p(t')\mathrm{d}t' = \underbrace{W(t_0)}_{\text{Anfangswert}} + \underbrace{\Delta W(\Delta t)}_{\text{Energieänderung}} . \quad (4.1.5)$$

Die Energie zur Zeit t hängt vom Anfangswert zur Zeit t_0 (= Ergebnis der Vergangenheit) und der Energieänderung ΔW während der Zeitspanne $\Delta t = t - t_0$ ab.

Der Anfangswert äußert sich z. B. als Kondensatorspannung (Gl. (2.7.3)) bzw. Spulenstrom (Gl. (3.4.4)) oder allgemeiner Ladung resp. magnetischer Fluss in entsprechenden Netzwerkelementen.

Oft interessiert nur die Energieänderung $\Delta W(t)$ (Anfangswert Null). Sie beträgt bei *zeitlich konstanter* Leistung P: $\Delta W = P\Delta t$ und wächst proportional zur Zeit. Deshalb heißt es im täglichen Leben

$$\begin{aligned}&\text{Leistung} = \text{Arbeit je Zeitspanne,} \qquad P = \Delta W/\Delta t,\\ &\text{Energie} = \text{Leistung über eine bestimmte Zeit:} \ \Delta W = P\Delta t.\end{aligned} \quad (4.1.6)$$

Während die Energie bezüglich Beanspruchung und konstruktiver Abmessungen eines Gerätes relativ wenig aussagt, ist die Leistung dagegen für seine technische Auslegung wesentlich. Anschaulich dient die einem Zweipol zugeführte elektrische Leistung p_{el} (Abb. 4.1.3b) zur Erhöhung seiner Feldenergie ($\mathrm{d}W_\mathrm{F}/\mathrm{d}t$), wird als Wärmeleistung p_W an die Umgebung abgeführt oder in nichtelektrische Form (z. B. mechanische, p_{mech}) gewandelt, wie beim Elektromotor.

Wir untersuchen den Energie- und Leistungsbegriff zunächst für das Strömungsfeld, später auch die übrigen Felder.

4.1.2 Strömungsfeld

Leistungsdichte Im Strömungsfeld wird ständig Bewegungsenergie der Ladungsträger in Wärme umgesetzt. Die zugehörige Leistungsdichte p' (Gl. (1.3.33)) steht mit der Energiedichte $w(t)$ in Beziehung (Gl. (4.1.2))

$$p(t) = \int_{\text{Volumen } V} p'(t)\mathrm{d}V \ \text{ mit } p'(t) = \frac{\mathrm{d}w}{\mathrm{d}t}. \quad \begin{array}{l}\text{Leistungsdichte } p'\\ \text{(Definitionsgleichung)}\end{array} \quad (4.1.7)$$

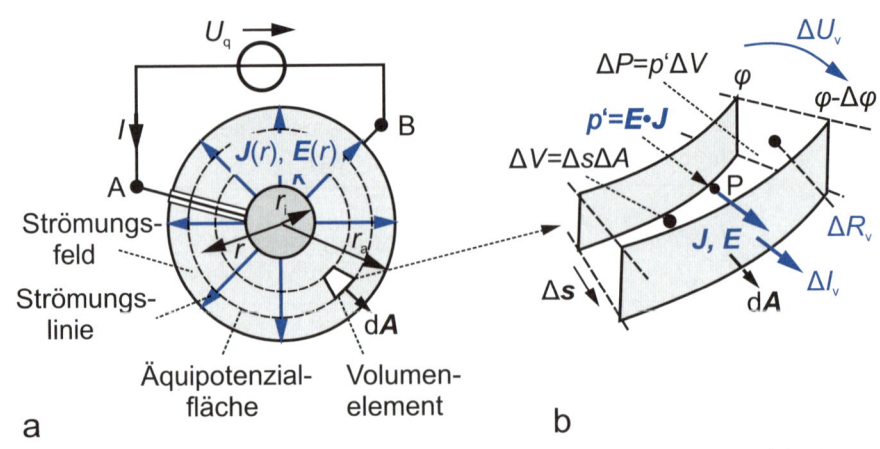

412 4. Energie und Leistung elektromagnetischer Erscheinungen

Abb. 4.1.4. Leistungsdichte p' und Leistung P im stationären Strömungsfeld. (a) Inhomogenes Strömungsfeld. (b) Leistungsverhältnisse im Volumenelement $\mathrm{d}V$

> Die Integration der Leistungsdichte über ein Volumen ergibt die im Volumen umgesetzte Leistung.

Im Gegensatz zur Leistung (als räumlicher Mittelwert) kennzeichnet die Leistungsdichte die im Raumpunkt umgesetzte Leistung, etwa in inhomogenen Feldern, wo hohe Leistungsdichten an Orten hoher Feldstärke oder Stromdichte auftreten. Wir greifen dazu aus dem Feld ein Volumenelement $\mathrm{d}V = \mathrm{d}\boldsymbol{s} \cdot \mathrm{d}\boldsymbol{A}$ heraus (Abb. 4.1.4) mit der umgesetzten Leistung $\Delta P = \Delta U \Delta I = \boldsymbol{E} \cdot \Delta \boldsymbol{s} \cdot \boldsymbol{J} \cdot \Delta \boldsymbol{A} = \boldsymbol{E} \cdot \boldsymbol{J} \Delta V$. Dann beträgt die *Leistungsdichte* p'

$$p' = \lim_{\Delta V \to 0} \frac{\Delta P}{\Delta V} = \frac{\mathrm{d}P}{\mathrm{d}V} = \boldsymbol{E} \cdot \boldsymbol{v} \frac{\mathrm{d}Q}{\mathrm{d}V}$$
$$= \boldsymbol{E} \cdot \boldsymbol{v} \varrho = \boldsymbol{E} \cdot \boldsymbol{J} = E^2 \kappa.$$

Leistungsdichte (4.1.8)

> Im Strömungsfeld ist die Leistungsdichte p' durch das Skalarprodukt von elektrischer Feldstärke $\boldsymbol{E}$ und Stromdichte $\boldsymbol{J}$ bestimmt.

Sind Stromdichte $\boldsymbol{J}$ und Feldstärke $\boldsymbol{E}$ einander proportional, so wird die Leistungsdichte von der Leitfähigkeit κ mitbestimmt. Die Gesamtleistung beträgt dann

$$P = \int_{\mathrm{Vol}} \boldsymbol{J} \cdot \boldsymbol{E} \mathrm{d}V = \kappa \int_{\mathrm{Vol}} E^2 \mathrm{d}V = \iint_{A\ s} (\boldsymbol{J} \cdot \mathrm{d}\boldsymbol{A})(\boldsymbol{E} \cdot \mathrm{d}\boldsymbol{s}) = U_{\mathrm{AB}} I$$

Gesamtleistung, Strömungsfeld (4.1.9)

und kann mit $I = \int \boldsymbol{J} \cdot \mathrm{d}\boldsymbol{A}$, $U = \int \boldsymbol{E} \cdot \mathrm{d}\boldsymbol{s}$ (weil $\boldsymbol{E}$ nicht von $\boldsymbol{A}$ und $\boldsymbol{J}$ nicht von $\boldsymbol{s}$ abhängen) gleich der umgesetzten Leistung im Widerstand R_{AB} des Strömungsfeldes angegeben werden.

> Das Strömungsfeld ist kein Energiespeicher, sondern wandelt ständig Energie in Wärme um.

Anschaulich dient die umgesetzte Leistung zur Überwindung der Reibungskraft bei der Ladungsträgerbewegung und wird irreversibel in „Reibungswärme" umgewandelt. Dagegen bleibt die in der Ladungsträgergeschwindigkeit gespeicherte kinetische Energie vernachlässigbar.

Hinweis Physik und Technik handhaben die Leistungsdichte unterschiedlich. Die volumenbezogene Angabe (wie hier, Dimension W/m^3) ist bei Energiewandlern (Netzteile, Batterie, Brennstoffzelle, Motor) verbreitet. Im Gegensatz dazu nutzen Transport- und Flussvorgänge die flächenbezogene Definition (Einheit W/m^2, Beispiele strahlungsgespeiste und erneuerbare Energiewandler; Richtwerte: Sonne 0,137 W/cm^2, Elektronenstrahl $5 \cdot 10^8$ W/cm^3, elektrische Bogenentladung $4 \cdot 10^3$ W/cm^2, Schweißbrenner $1 \cdot 10^3$ W/cm^2, Laser $5 \cdot 10^4$ W/cm$^2 \ldots 5 \cdot 10^{15}$ W/cm^2, Windkraft (Geschwindigkeit 9 m/s, frische Brise) 0,017 W/cm^2).

Beispiel 4.1.1 Verlustleistung Beim Blitzschlag (Zeitdauer 200 μs) fließt ein Strom von $I = 20 \cdot 10^3$ A durch einen Plasmakanal von 2 km Länge (Radius $r = 5$ mm) zur Erde (die Leitfähigkeit betrage 10^5 S/m, typisch für Plasmen). Im Blitz wird umgesetzt

$$P = I^2 R = \frac{l \cdot I^2}{\kappa \pi r^2} = \frac{(20 \cdot 10^3)^2 \, \text{A}^2 \cdot 2 \cdot 10^3 \, \text{m}}{10^5 \text{S/m} \cdot \pi \cdot (0,005)^2 \, \text{m}^2} = 1{,}02 \cdot 10^{11} \, \text{W},$$

$$p' = \frac{P}{\pi r^2 l} = \frac{1{,}02 \cdot 10^{11} \, \text{W}}{\pi (0,005)^2 \, \text{m}^2 \, 2 \cdot 10^3 \, \text{m}} = 6{,}5 \cdot 10^{11} \frac{\text{W}}{\text{m}^3}.$$

Seine Feldstärke

$$E = \frac{J}{\kappa} = \frac{I}{\kappa \pi r^2} = \frac{20 \cdot 10^3 \, \text{A}}{10^5 \text{S/m} \cdot \pi (0{,}005)^2 \text{m}^2} = 2{,}54 \frac{\text{kV}}{\text{m}}$$

liegt deutlich unter der Durchbruchfeldstärke in Luft (30 kV/cm), weil nach dem Durchschlag die Spannung im Blitzkanal stark zusammenbricht. Bei einem mittleren (täglichen) Leistungsverbrauch eines Industrielandes von etwa $10^{10} \ldots 10^{11}$ W (1 W = 1 J/s) würde die Blitzenergie nur für wenige Mikrosekunden zur Energieversorgung ausreichen.

4.1.3 Elektrostatisches Feld

Überblick Wichtigstes Merkmal elektromagnetischer Felder ist ihre *Fähigkeit* zur *Energiespeicherung*, ausgedrückt durch Feldgrößen oder globale Größen in Kondensator und Spule. Führt man einem solchen Element elektrische Energie zu, so wird ein Teil als Feldenergie gespeichert und ein anderer in eine *nichtelektrische* Form (z. B. Wärmeleistung, mechanische durch Änderung des

Feldvolumens) gewandelt. Es gilt die *allgemeine Energiebilanz*

$$\begin{pmatrix}\text{elektrisch}\\\text{zugeführte}\\\text{Energie}\end{pmatrix} = \begin{pmatrix}\text{Zunahme}\\\text{elektrischer,}\\\text{magnetischer}\\\text{Speicherenergie}\end{pmatrix} + \begin{pmatrix}\text{abgeführte}\\\text{mechanische}\\\text{Energie}\end{pmatrix} + \begin{pmatrix}\text{abgeführte}\\\text{Wärmeenergie}\end{pmatrix}.$$

(4.1.10a)

Weil sich die Wärmeenergie immer getrennt hinzufügen lässt, beschreibt Gl. (4.1.10) die generelle Energiewandlung (Energiebilanz) eines elektrischen Energiespeichers. Gleichwertig folgt über $dW_{el} = dW_{sp} + dW_{mech}$ mit der zugeführten *elektrischen* Energie $dW_{el} = ui\,dt$, der abgeführten *mechanischen* Energie $dW_{mech} = F\,dx$ und der *Speicherenergie* dW_{sp} die *Leistungsbeziehung*

$$p_{el} = ui = \frac{dW_{el}}{dt} = \frac{dW_{sp}(x(t),t)}{dt} = \underbrace{\frac{\partial W_{sp}(x(t),t)}{\partial x}\frac{dx}{dt}}_{\text{mech. Änderung}} + \left.\frac{\partial W_{sp}(x(t),t)}{\partial t}\right|_x$$

$$= p_{mech} + \underbrace{\frac{\partial W_{sp}(x(t),t)}{\partial t}}_{\text{Feldanteil}}.$$

(4.1.10b)

Dabei wurde für die Speicherenergie $W_{sp}(x(t),t)$ neben der direkten Zeitabhängigkeit auch die indirekte über das variable *Speichervolumen* (ausgedrückt durch eine Ortskoordinate x) berücksichtigt. Die Volumenänderung erfolgt durch Krafteinwirkung und verursacht den Leistungsanteil $p_{mech} = F\,dx$. So wandelt zugeführte elektrische Energie über die Volumenänderung des Speicherraumes in mechanische.

Zeitabhängige Energiespeicherelemente (Kondensator, Spule) wandeln zugeführte elektrische Energie direkt in mechanische (Vorgang umkehrbar). Dann ist die elektrische Energie (VPS) gleich der Summe der Energiespeicherrate und der Rate, mit der mechanische Arbeit gegen die Umgebung verrichtet wird. Dabei ändert sich die Charakteristik (Kennlinie) des Netzwerkelementes.

Der mechanische Beitrag ändert die *Form* des Speicherraumes (falls änderbar, z. B. durch bewegliche Kondensatorplatten). Bei fester Form verursacht er innere Zwangskräfte und tritt äußerlich nicht auf (Term entfällt). Grundsätzlich kann die elektrische Leistung auch über mehrere Tore zugeführt werden.

Neben der Zeitabhängigkeit sind zusätzlich *nichtlineare* Ladungs-Spannungs-Beziehungen $Q(u(t),t)$ bzw. Fluss-Strom-Beziehungen $\Psi(i(t),t)$ möglich. Dann müssen Energiebetrachtungen auch solche Netzwerkelemente (Kap. 2.7.4, 3.4.1.3) enthalten. Ihre praktische Bedeutung ist groß. So kann beispielsweise ein Elektromotor mit Feld- und Ankerspule als verkoppeltes Spulenpaar mit nichtlinearem, zeitveränderlichem magnetischen Kreis aufgefasst werden, weil die Kopplung durch Rotation ständig variiert. Elektrisch wirkt er als nichtlinearer zeitabhängiger Wandler (Spule), der mechanische Leistung abgibt (Motor) oder bei umgekehrter Drehrichtung (Antrieb, Generator) elektrische erzeugt.

In diesem Abschnitt betrachten wir die Energiebeziehungen solcher Elemente, erst später Energiewandlung (Kap. 4.2.3) und Kraftwirkung (Kap. 4.3) und als Ergebnis (Kap. 6) schließlich die Netzwerkmodellierung der Energiewandlung.

4.1.3.1 Energieverhältnisse am zeitunabhängigen Kondensator

Die im Kondensator gespeicherte dielektrische Energie W_d lässt sich gleichwertig angeben durch die Feldgrößen $\boldsymbol{D}$, $\boldsymbol{E}$ oder die integralen Größen *Ladung* Q, *Spannung* u und *Kapazität* C. Generell betrug die elektrische Energie $W_{el} = Qu \sim \boldsymbol{E} \cdot \boldsymbol{D}$ (s. Gl. (1.6.2), Bd. 1).

Kondensatorenergie *Das elektrostatische Feld ruhender Ladungen ist Träger der dielektrischen Energie und eine Zustandsgröße*[1] Das äußerte sich verschiedenartig: als Fähigkeit zur Ladungsspeicherung auf Leitern, im Anfangswert der Kondensatorspannung, in ihrer Stetigkeit oder beim Umladen eines Kondensators als Speicherenergie W_C (Gl. (2.7.3)).

Wird zum Zeitpunkt $t = 0$ eine Gleichspannung an einen Kondensator gelegt, so führt der Strom i Ladungen auf die Platten solange, bis Kondensatorspannung u und angelegte Spannung (nach Abtrennung) übereinstimmen. Die zugeführte elektrische Energie beträgt

$$W_{el}(t) = \int_{t_0}^{t} u(t')i(t')dt' = \int_{Q_0}^{Q} u(Q)dQ = C\int_{u(0)}^{u(t)} u(t')du \qquad (4.1.11a)$$
$$= \frac{C}{2}\left(u^2(t) - u^2(0)\right)$$

oder ohne Anfangsladung ($u(0) = 0$)

$$\boxed{W_C(t) = \frac{C}{2}u^2(t) = \frac{Q(t)u(t)}{2} = \frac{Q^2(t)}{2C}.} \quad \text{Speicherenergie des Kondensators} \qquad (4.1.11b)$$

Ein Kondensator speichert dielektrische Energie, sie wird bei Entladung rückgewonnen. Ihr Sitz ist das elektrische Feld im Dielektrikum. Die Energie ergibt sich durch Integration der Kondensatorspannung $u(Q)$ über die Kondensatorladung. Sie ist stets positiv und hängt nur vom momentanen

---

[1] Wir vermeiden den Ausdruck elektrische Energie, er wird dem Term $uidt$ vorbehalten. Neben der dielektrischen Energie gibt es noch magnetische Energie. Sie beschreibt das im Feld enthaltene Arbeitsvermögen.

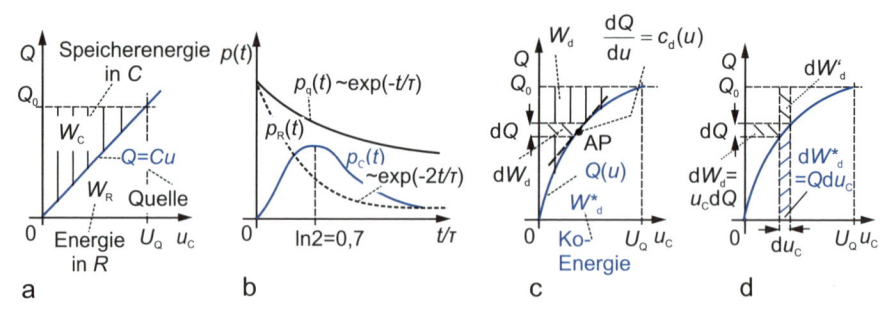

416 4. Energie und Leistung elektromagnetischer Erscheinungen

Abb. 4.1.5. Ladung, Speicherenergie und Leistungsumsatz beim Kondensator. (a) Ladungskennlinie und gespeicherte Energie des linearen Kondensators. (b) Zeitverläufe der Quellenleistung $p_\mathrm{q}(t)$, der im Widerstand und in Feldenergie umgesetzten Leistungen $p_\mathrm{R}(t)$ und $p_\mathrm{C}(t)$. (c) Energie und Ko-Energie beim nichtlinearen Kondensator, Kennlinie $Q(u)$. (d) Kondensatorenergie und Ko-Energie

Zustand (Spannungs- bzw. Ladungswert) ab, nicht aber dem Zeitverlauf des Stromes zur Erreichung dieses Zustandes.

Daraus folgt umgekehrt: Überall dort, wo im Dielektrikum eine Feldstärke $\boldsymbol{E}$ herrscht, ist dielektrische Energie gespeichert.

Abbildung 4.1.5a zeigt die Kondensatorenergie für $Q(u) = Cu$ als Merkmal des *linearen zeitunabhängigen Kondensators* (schraffierte Fläche). Das Diagramm kann verstanden werden als Kennlinie einer idealen Spannungsquelle $u = U_\mathrm{Q}$ (mit der Fähigkeit beliebiger Ladungslieferung) und des Kondensators, der davon nur die Ladung $Q_0 = Cu = CU_\mathrm{Q}$ übernimmt (speichert). *Deshalb muss die restliche Ladungs-Spannungsfläche nichtelektrischer* Natur sein. Dazu betrachten wir den Kondensator im Grundstromkreis (Widerstand R, Abb. 2.7.7) beim Einschalten der Spannungsquelle und die Zeitverläufe von Kondensatorspannung und -strom nach Gl. (2.7.15 ff.). Es gilt mit $i = C\mathrm{d}u_\mathrm{C}/\mathrm{d}t$ und $U_\mathrm{Q} = u_\mathrm{R} + u_\mathrm{C}$

$$\int_0^{t_0} p_\mathrm{q}(t)\mathrm{d}t = \int_0^{t_0} u_\mathrm{q}i(t)\mathrm{d}t = \int_0^{t_0} p_\mathrm{R}(t)\mathrm{d}t + \int_0^{t_0} p_\mathrm{C}(t)\mathrm{d}t$$
$$= \int_0^{t_0} Ri^2(t)\mathrm{d}t + \int_0^{Q_0} u_\mathrm{C}(t)\mathrm{d}Q. \tag{4.1.12}$$

Die von der Gleichspannungsquelle gelieferte elektrische Energie $W_\mathrm{el} = W_\mathrm{R} + W_\mathrm{C}$ wird in Verlustenergie W_R im Widerstand und Speicherenergie W_C im Kondensator umgesetzt.

Beim Aufladen (s. Gl. (2.7.18)) sinkt die zugeführte Gesamtleistung exponentiell mit der Zeit (Abb. 4.1.5b), die im Widerstand R umgesetzte (doppelte Abfallrate)

4.1 Energie und Leistung

deutlich schneller und die Kondensatorleistung hat ein Maximum bei der Zeit $t = \tau$. Nach langer Zeit ist er auf die Spannung U_Q geladen und der Strom (und damit die Leistung) verschwindet.

Wir berechnen die im Widerstand in *Wärme umgesetzte Energie* allgemeiner mit $i = (U_Q - u_C)/R$, $i = \mathrm{d}Q/\mathrm{d}t$:

$$W_R = \int_0^\infty i^2 R\,\mathrm{d}t = \int_0^\infty (U_Q - u_C)\frac{\mathrm{d}Q}{\mathrm{d}t}\mathrm{d}t = \int_0^{Q_0}(U_Q - u_C)\mathrm{d}Q$$

$$= \underbrace{U_Q Q_0}_{W_d + W_d^*} - \underbrace{\int_0^{Q_0} u_C \mathrm{d}Q}_{W_d} = W_d^* = \int_0^{U_Q} Q\,\mathrm{d}u_C = C\int_0^{U_Q} u_C\,\mathrm{d}u_C = \frac{CU_Q^2}{2} = W_d.$$

Sie stimmt beim linearen zeitunabhängigen Kondensator mit der gespeicherten (dielektrischen) Energie überein. Nach dem Aufladen verschwindet der Strom und damit auch die Leistung. Im gesamten Zeitraum wurde die Energie W_R umgesetzt (darstellbar auch durch die Zeitverläufe von Strom und Spannung beim Einschaltvorgang und Einzelberechnung der Energien). Die Energie $W_R = W_d^*$ wird als dielektrische *Ko-Energie* bezeichnet (s. u.) und *die Unterteilung der Ladungsflächen in Abb. 4.1.5a erhält so anschauliche Bedeutung.*

Grundsätzlich kann die im Kondensator gespeicherte Energie auch aus dem Entladevorgang über den Widerstand R ermittelt werden. Beide Energien müssen nach dem Energiesatz übereinstimmen. Genau das besagt Abb. 4.1.5a.

Nichtlinearer Kondensator Die nichtlineare (zeitunabhängige) Kapazität mit *nichtlinearer Ladungskennlinie* $Q(u)$ (beziehungsweise der Umkehrung $u(Q)$, Abb. 4.1.5c) übernimmt beim Aufladen aus der Spannungsquelle im Zeitraum $t_0\ldots t$ die Energie W_d (genauer die Energiedifferenz zum Bezugspunkt t_0)

$$W_d(t_0, t) = W_d(t) - W_d(t_0) = \int_{t_0}^t p(t')\mathrm{d}t' = \int_{t_0}^t u(t')i(t')\mathrm{d}t' = \int_{Q(t_0)}^{Q(t)} u(Q')\mathrm{d}Q' \tag{4.1.13a}$$

auf und speichert sie. Da $Q(u)$ resp. $u(Q)$ nicht explizit von der Zeit abhängt, bestimmen nur Anfangs- und Endladung $Q(t_0)$, $Q(t)$ die Speicherladung. Bei *ladungslosem Anfangszustand* ($Q(t_0) = 0$) stellt dann

$$W_d(Q(t)) = W_d(0, t) = \int_0^{Q(t)} u(Q')\mathrm{d}Q' = \int_0^{U_Q} u\left(\frac{\partial Q}{\partial u}\right)\mathrm{d}u = \int_0^{U_Q} u c_d(u)\mathrm{d}u \tag{4.1.13b}$$

die im *nichtlinearen Kondensator* gespeicherte Energie dar. Sie entspricht der schraffierten Fläche in Abb. 4.1.5c und unterscheidet sich durch die Nichtlinearität $Q(u)$ vom linearen Kondensator (Abb. 4.1.5a).

Die Speicherenergie W_d kann auf verschiedenen Wegen ermittelt werden. Falls zu $Q(u)$ die Umkehrbeziehung $u = u(Q)$ existiert und außerdem $Q = 0 \leftrightarrow u = 0$ gilt, bildet das Integral links direkt den Energieinhalt W_d des nichtlinearen Kondensators.

Eine *zweite* gleichwertige Schreibweise (Mitte in Gl. (4.1.13a,b)) verwendet die *differenzielle Kapazität* $c_\mathrm{d}(u)$ (Kap. 2.7.4) (Steigung der Ladungskennlinie im Arbeitspunkt AP). Mit der Kapazitätsfunktion $c_\mathrm{d}(u)$ ist das Integral lösbar.

Ein *dritter* Weg nutzt die *(die)elektrische Ko-Energie* W_d^*.

Ko-Energie Die *verfügbare elektrische Energie* $W_\mathrm{Q} = Q_0 U_\mathrm{Q}$ der Quelle (Rechteckfläche Abb. 4.1.5a) [2]

$$W_\mathrm{Q} = Q_0 U_\mathrm{Q} = W_\mathrm{d} + W_\mathrm{d}^* \text{ mit allgemein } W_\mathrm{d} \neq W_\mathrm{d}^* \quad (4.1.14\mathrm{a})$$

zerfällt in *Kondensatorenergie* $W_\mathrm{d} = W_\mathrm{C}$ Gl. (4.1.13a) und *Ko-Energie* W_d^*

$$W_\mathrm{d}^* = \int_0^{U_\mathrm{Q}} Q(u)\mathrm{d}u. \qquad \text{Dielektrische Ko-Energie} \quad (4.1.14\mathrm{b})$$

Die elektrische Ko-Energie ist definiert als Differenz zwischen der verfügbaren Generatorgesamtenergie $U_\mathrm{Q} Q_0$ (umschreibendes Rechteck) und der im (zeitunabhängigen) Kondensator gespeicherten Energie W_d, also als Fläche zwischen der u-Achse und der Ladungskurve $Q(u)$ oder gleichwertig: Speicher- und Ko-Energie ergänzen sich unabhängig von der Ladungskennlinie (!) stets zur verfügbaren Gesamtenergie $U_\mathrm{Q} Q_0$ der Spannungsquelle. Beide Teilenergien stimmen (nur!) bei linearer Kapazität überein (s. u.).

Die Ko-Energie erlaubt zunächst als *Rechengröße* die direkte Berechnung der Kondensatorenergie W_d über die Ladungskennlinie $Q(u)$ Gl. (4.1.14a)

$$W_\mathrm{d} = Q_0 U_\mathrm{Q} - W_\mathrm{d}^* = Q_0 \int_0^{U_\mathrm{Q}} \mathrm{d}u - \int_0^{U_\mathrm{Q}} Q(u)\mathrm{d}u = \int_0^{U_\mathrm{Q}} (Q_0 - Q(u))\mathrm{d}u. \quad (4.1.15)$$

---

[2] Aus dem Differential $\mathrm{d}(uQ) = u\mathrm{d}Q + Q\mathrm{d}u$ folgt durch Integration

$$\int_0^{U_\mathrm{Q} Q_0} \mathrm{d}(uQ) = U_\mathrm{Q} Q_0 = \int_0^{Q_0} u\mathrm{d}Q + \int_0^{U_\mathrm{Q}} Q\mathrm{d}u = W_\mathrm{d} + W_\mathrm{d}^*.$$

Abbildung 4.1.5d zeigt das Ergebnis. Statt die Kondensatorenergie W_d als Integral über das Element $\mathrm{d}W_\mathrm{d} = u\mathrm{d}Q$ zu berechnen, wird mit der Ko-Energie $\mathrm{d}W_\mathrm{d}^* = Q\mathrm{d}u$ der senkrecht zu $\mathrm{d}W_\mathrm{d}$ stehende Streifen $\mathrm{d}W_\mathrm{d}' = (Q_0 - Q(u))\mathrm{d}u$ als Supplement gebildet und die Integration zwischen 0 und U_Q durchgeführt. Das Ergebnis ist die Kondensatorenergie W_d.

Für die Kondensatorcharakteristik $Q(u)$ wird die Kondensatorenergie zweckmäßig über die zugehörige Ko-Energie berechnet.

Beim *linearen* Kondensator ($Q(u) = Cu$) stimmen beide Teilenergien überein (Dreieckflächen, Abb. 4.1.5a)

$$W_\mathrm{d} = \int_0^Q u(Q)\mathrm{d}Q = \frac{Q^2}{2C}, \qquad \text{Energie linearer Kondensator} \qquad (4.1.16\mathrm{a})$$

$$W_\mathrm{d}^* = \int_0^u Q(u)\mathrm{d}u = \frac{Cu^2}{2} \qquad \text{Ko-Energie linearer Kondensator} \qquad (4.1.16\mathrm{b})$$

mit gleicher Gesamtenergie W_Q wie im nichtlinearen Fall Gl. (4.1.14a)

$$W_\mathrm{Q} = W_\mathrm{d} + W_\mathrm{d}^* = \frac{Q^2}{2C} + \frac{Cu^2}{2} = uQ = Cu^2. \qquad (4.1.16\mathrm{c})$$

Weil von der verfügbaren Quellenenergie W_Q stets nur der Teil W_d als elektrische Energie im Kondensator reversibel gespeichert wird, muss die Ko-Energie zwangsläufig eine nichtelektrische Energieform (Wärme bei Umladen, mechanische Energie bei beweglichen Kondensatorplatten) ausdrücken.

Das entspricht dem Einschaltverhalten des Kondensators Abb. 4.1.5a. Dort wird ein Teil der zugeführten elektrischen Leistung als Wärmeleistung im Vorwiderstand umgesetzt. Die Ko-Energie spielt bei der elektrisch-mechanischen Wechselwirkung eines Kondensators mit beweglicher Platte eine tragende Rolle.

Zusammengefasst beträgt die im Kondensator gespeicherte Energie bei linearer Kapazität $W_\mathrm{d} = CU_\mathrm{Q}^2/2$, bei nichtlinearer Kapazität hängt sie von der Ladungskurve $Q(u_C)$ ab, aber nicht vom Vorwiderstand R (linear oder nichtlinear)!

Kennliniendarstellung Das Spannungs-Ladungsverhalten des Kondensators an idealer Spannungsquelle U_Q zeigt Abb. 4.1.6a. Die Quelle hat unendlich hohe Kapazität (kann also unbegrenzt viel Ladung bereitstellen) und deshalb eine Spannungs-Ladungs-Kennlinie $u(Q)$ ohne Steigung. Sie liefert die Energie $W_\mathrm{el} = U_\mathrm{Q}Q$ (Energieänderung $\mathrm{d}W_\mathrm{el} = U_\mathrm{Q}\mathrm{d}Q$ wegen $U_\mathrm{Q} = $ const) und wirkt

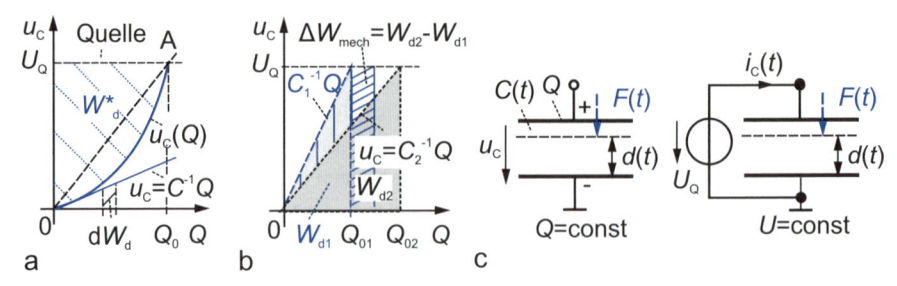

Abb. 4.1.6. Ladungs-Spannungs-Kennlinien. (a) Kennlinien $u(Q)$ der idealen Spannungsquelle und eines linearen / nichtlinearen Kondensators. (b) Energieänderung im linearen zeitveränderlichen Kondensator. (c) Plattenkondensator mit beweglicher Platte unter verschiedenen Betriebsbedingungen

als ideal *aktives* energiespeicherndes Element (aktiv wegen $U_Q > 0$). So bietet sie eine andere Beschreibung des bisher verwendeten Modells (angenähert durch eine innenwiderstandslose Batterie).

Der Kondensator ist dagegen ein ideal *passives* Element (Kennlinie durch Nullpunkt, Steigung $\mathrm{d}u/\mathrm{d}Q > 0$) und es gibt den Arbeitspunkt A beim Zusammenschalten mit der Spannungsquelle. Seine gespeicherte Energie beträgt $W_\mathrm{d} = \int_0^{Q_0} u(Q)\mathrm{d}Q$ mit $\mathrm{d}W_\mathrm{d} = u(Q)\mathrm{d}Q$ (freie Fläche unterhalb der Kennlinie $u_C = C^{-1}Q$ bzw. $u_C(Q)$ in Abb. 4.1.6a). Die Ergänzung zum Rechteck $U_Q Q_0$ bildet die Ko-Energie W_d^* (schraffiert im nichtlinearen Fall).

Ändert sich die Kapazität z. B. durch Plattenabstandsänderung über eine einwirkende Kraft (Abb. 4.1.6c), so gehören zu zwei Zeitpunkten t_1, t_2 verschiedene Ladungskennlinien $Q_1 = C_1(t_1)u_1$ bzw. $Q_2 = C_2(t_2)u_2$ resp. die inversen Verläufe und so gespeicherte Energien. Die Differenz $\Delta W_\mathrm{mech} = W_\mathrm{d}(t_2) - W_\mathrm{d}(t_1) = W_\mathrm{d2} - W_\mathrm{d1}$ beider Speicherenergien *muss folglich mechanische Energie* sein (schraffierte Fläche $W_\mathrm{d}(t_2) - W_\mathrm{d}(t_1) = 1/2 U_Q (Q_{02} - Q_{01})$ in Abb. 4.1.6b) oder allgemeiner

$$\Delta W_\mathrm{mech} = \int_{Q_1}^{Q_2} u(Q)\mathrm{d}Q. \qquad (4.1.17)$$

Die mit der zeitlichen Kapazitätsänderung verknüpfte Änderung der Speicherenergie muss als mechanische Energie zur Kapazitätsänderung aufgebracht werden.

Dabei mag die Nebenbedingung der Kapazitätsänderung (konstante Ladung oder Spannung), wie in Abb. 4.1.6c angedeutet, im Moment unerheblich sein.

4.1.3.2 Energieverhältnisse am zeitabhängigen Kondensator

Energieumsatz im zeitabhängig linearen Kondensator Technische Bedeutung haben *zeitabhängige* Kondensatoren (Kap. 2.7.4) beispielsweise als *Sensoren* oder in *parametrischen Verstärkern*. Ihr Verständnis erfordert Energiebetrachtungen, weil eine *Wechselwirkung zwischen dielektrischer und mechanischer Energie* (Krafteinwirkung als Ursache des Zeiteinflusses) auftritt.

Wird ein Plattenkondensator mit dünnem Dielektrikum (Isolierfolie, Dicke d) und beweglicher Elektrode durch eine Spannungsquelle geladen (und die Quelle anschließend entfernt, Abb. 4.1.6c), so führt er die Ladung Q. Die geladenen Platten verursachen wechselseitig anziehende Kräfte und beide werden an die Isolierfolie gepresst. Bei anschließendem Auseinanderziehen durch eine äußere Kraft (Leistung von Arbeit am System, Zufuhr mechanischer Energie) *ändern sich Kapazität und Spannung* trotz Ladungserhalt: $Q_2 = C_2 u_2 = Q_1 = C_1 u_1 = C(t)u(t) = Q$ und als Folge der Kapazitätsabnahme steigt die Spannung. Die gespeicherte Energie ändert sich

$$W_\mathrm{d}(t) = \left.\frac{Q^2}{2C(t)}\right|_{Q=\mathrm{const}} \quad \text{mit } C(t) = \frac{A}{\varepsilon d(t)}. \tag{4.1.18a}$$

Bleibt der Kondensator dagegen an der Spannungsquelle (konstante Spannung, Abb. 4.1.6c) und werden die Platten durch eine Kraft bewegt, so ändert sich die Kondensatorladung und es fließt der Kondensatorstrom $i(t)$ nach Gl. (2.7.25) verbunden mit *Energieaustausch zur Spannungsquelle*. Die gespeicherte Ladung beträgt jetzt

$$W_\mathrm{d}(t) = \left.\frac{C(t)u^2}{2}\right|_{u=\mathrm{const}} \quad \text{mit } C(t) = \frac{A}{\varepsilon d(t)}. \tag{4.1.18b}$$

Im ersten Fall verschwindet die an den Kondensatorklemmen auftretende elektrische Leistung $p_\mathrm{el} = ui$ nach Gl. (4.1.10b), im zweiten nicht.

Allgemein (z. B. bei Spannungsquelle mit Innenwiderstand) ändern sich durch Plattenbewegung Kondensatorstrom und -spannung. Liegt am Kondensator die Spannung $u(t)$, so beträgt seine momentan gespeicherte Energie $W_\mathrm{d}(t) = (C(t)u^2(t))/2$ mit der Änderungsrate

$$\frac{\mathrm{d}W_\mathrm{d}(t)}{\mathrm{d}t} = C(t)u(t)\frac{\mathrm{d}u}{\mathrm{d}t} + \frac{u^2(t)}{2}\frac{\mathrm{d}C(t)}{\mathrm{d}t}. \tag{4.1.19}$$

Dabei wird die elektrische Leistung p_el zugeführt ($i = \frac{\mathrm{d}}{\mathrm{d}t}(C(t)u(t))$)

$$\boxed{\begin{aligned}p_\mathrm{el} &= u(t)i(t) = C(t)u(t)\frac{\mathrm{d}u}{\mathrm{d}t} + u^2(t)\frac{\mathrm{d}C(t)}{\mathrm{d}t} = \frac{\mathrm{d}W_\mathrm{d}}{\mathrm{d}t} + \frac{u^2(t)}{2}\frac{\mathrm{d}C(t)}{\mathrm{d}t}\\ &= \frac{\mathrm{d}W_\mathrm{d}}{\mathrm{d}t} + p_\mathrm{mech}(t).\end{aligned}} \tag{4.1.20}$$

Die zugeführte elektrische Leistung erhöht die Speicherenergie und unterhält mechanische Arbeit zur Plattenbewegung.

Die lineare zeitveränderliche Kapazität kann auch durch die Geschwindigkeit $v = \mathrm{d}x/\mathrm{d}t$ ausgedrückt werden, mit der sich die Kondensatorplatte bewegt. Für den Plattenkondensator $C(t) = \varepsilon A/d(t)$ (Plattenabstand $d(t)$) gilt

$$\frac{\mathrm{d}C}{\mathrm{d}t} = \left.\frac{\partial C}{\partial d}\right|_t \frac{\mathrm{d}d(t)}{\mathrm{d}t} = -\left.\frac{C(d)}{d}\right|_t \frac{\mathrm{d}d(t)}{\mathrm{d}t}. \tag{4.1.21}$$

Der Kondensator mit veränderlicher Geometrie (und anliegender Spannungsquelle) wirkt als elektro-mechanischer Energiewandler.

Zur Beschreibung der Kraftwirkung eignet sich daher die Abhängigkeit der Kapazität von einer zeitveränderlichen *Geometriekoordinate* (hier Plattenabstand) besser (s. Kap. 4.3.1).

Energieumsatz im zeitabhängig nichtlinearen Kondensator Beim nichtlinear zeitabhängigen Kondensator (Ladungskennlinie $Q(u(t),t)$ bzw. der Umkehrung $u(Q(t),t)$, Abb. 4.1.6a) hängt die Ladung nichtlinear von der Spannung ab sowie implizit (über $u(t)$) und explizit von der Zeit. Dazu gehört die zeitliche Ableitung

$$\frac{\mathrm{d}Q(u(t),t)}{\mathrm{d}t} = \frac{\partial Q}{\partial u}\frac{\mathrm{d}u}{\mathrm{d}t} + \left.\frac{\partial Q}{\partial t}\right|_u.$$

Die Spannungsquelle liefert im Zeitraum $0\ldots t$ die Energie

$$\begin{aligned}
W_{\mathrm{el}}(0,t) &= \int_0^t u(t')i(t')\mathrm{d}t' = \int_0^t u(Q(t'),t')\frac{\mathrm{d}Q(t')}{\mathrm{d}t'}\mathrm{d}t' \\
&= \underbrace{W_{\mathrm{d}}(Q(t),t)}_{\text{Speicherenergie}} - \underbrace{\int_0^t \frac{\partial}{\partial t'}W_{\mathrm{d}}(Q(t')t')\mathrm{d}t'}_{\text{mechanische Energie}} = W_{\mathrm{d}} + W_{\mathrm{mech}}.
\end{aligned}$$

(4.1.22)

Die im Zeitraum $0\ldots t$ zufließende elektrische Energie erhöht die Feldenergie (Speicherenergie W_{d}) eines nichtlinearen zeitabhängigen Kondensators und ändert seine Netzwerkelementkennlinie durch aufgewendete mechanische Energie (Kraftwirkung) oder zugeführte elektrische Energie (aus einer Hilfsquelle, s. u.).

Dient als untere Grenze nicht der Zeitpunkt $t = 0$, sondern t_0, so stellt die linke Seite von Gl. (4.1.22) die elektrische Energiedifferenz gegen den Anfangszeitpunkt dar, rechts ist die Anfangsspeicherenergie $W_\text{d}(Q(t_0),t_0)$ abzuziehen und im Integral die untere Grenze t_0 zu wählen. Das Resultat enthält Tab. 4.3.

Das Ergebnis (4.1.22) kann auch als *Leistungsbilanz* (Gl. (4.1.20)) formuliert werden:
$$p_\text{el}(t) = \frac{\text{d}W_\text{el}}{\text{d}t} = \frac{\text{d}W_\text{d}}{\text{d}t} + \frac{\text{d}W_\text{mech}}{\text{d}t} = \frac{\text{d}W_\text{d}}{\text{d}t} + p_\text{mech}(t). \tag{4.1.23}$$
Mit den Zuordnungen
$$\frac{\text{d}W_\text{el}}{\text{d}t} = u(Q(t),t)\,i(t) = u(Q(t),t)\frac{\text{d}Q(t)}{\text{d}t},$$
$$\frac{\text{d}W_\text{d}(Q(t),t)}{\text{d}t} = \frac{\partial W_\text{d}}{\partial Q}\frac{\text{d}Q}{\text{d}t} + \frac{\partial W_\text{d}(Q(t),t)}{\partial t} = u(Q(t),t)\frac{\text{d}Q(t)}{\text{d}t} + \frac{\partial W_\text{d}(Q(t),t)}{\partial t}$$
und der Ableitung des letzten Integrals in Gl. (4.1.22) sind linke und rechte Gleichungsseite identisch und man erhält die prinzipielle Energiebeziehung der nichtlinearen, zeitabhängigen Kapazität. Sie vereinfacht sich für die *linear zeitabhängige Kapazität* mit $u(Q) = Q/C(t)$ und
$$W_\text{d}(Q(t),t) = \int_0^Q \frac{Q\,\text{d}Q}{C(t)} = \frac{Q^2(t)}{2C(t)}, \qquad \frac{\partial W_\text{d}(Q(t),t)}{\partial t} = -\frac{Q^2(t)}{2C^2(t)}\frac{\text{d}C(t)}{\text{d}t}$$
zu
$$\boxed{W_\text{el}(0,t) = \frac{Q^2(t)}{2C(t)} + \int_0^t \frac{Q^2(t')}{2C^2(t')}\frac{\text{d}C(t')}{\text{d}t}\,\text{d}t' = \frac{C(t)u^2(t)}{2} + \int_0^t \frac{u^2(t')}{2}\frac{\text{d}C(t')}{\text{d}t'}\,\text{d}t'.}$$
(4.1.24)

Es lässt sich zeigen, dass beide Anteile in diesem speziellen Fall übereinstimmen.

Parametrische Kapazität Oft schwankt eine zeitvariable Kapazität $C(t)$ *periodisch* (z. B. Rotation eines Drehkondensators oder periodische Hin- und Herbewegung einer beweglichen Kondensatorplatte) um einen Ruhewert. Liegt gleichzeitig eine Wechselspannung an, so erfolgt unter bestimmten Bedingungen ein Energietransfer zwischen Spannungsquelle (Abb. 4.1.7a) und der Steuerursache des Kondensators. Dazu möge der Plattenabstand $d(t)$ periodisch mit einer *Pumpfrequenz* f_p gleich der doppelten Wechselspannungsfrequenz f_s ($f_\text{p} = 2f_\text{s}$) schwanken. Für die Kondensatorspannung gilt $u_\text{C}(t) = Q/C(t) \sim Qd(t)$. Die Phasenlage zwischen Kondensatorspannung und Kondensatorschwingung wird so gewählt, dass bei Abstandszunahme zur Zeit t_1 die Spannung wächst (Abb. 4.1.7b, Ladungserhaltung, Q konstant!) und bei Spannungsnulldurchgang t_2 Abstandsverringerung eintritt (dort ist $u_\text{C}(t_2) = 0$ und die Spannung ändert sich nicht). Zum Zeitpunkt t_3 steigt der Plattenabstand wieder und die Spannung wächst erneut. Die Induktivität parallel zum Kondensator (Anordnung wirkt als *Parallelschwingkreis*, s. Bd. 3) verhindert eine sprunghafte Ladungsänderung und die Gesamtenergie bleibt im Zeitraum $t_1 \ldots t_3$ erhalten. Anschließend wächst sie erneut um einen Betrag

Tab. 4.3. Energiebeziehungen der Kapazität und Induktivität

	Linear		Nichtlinear	
	zeitunabhängig	zeitabhängig	zeitunabhängig	zeitabhängig
Kapazität	$q(t) = Cu(t)$	$q(t) = C(t)u(t)$	$q(t) = f(u(t))$	$q(t) = f(u(t), t)$
	$i(t) = C\frac{du}{dt}$	$i(t) = C(t)\frac{du}{dt} + u(t)\frac{dC}{dt}$	$i(t) = \left.\frac{df}{dt}\right|_u$	$i(t) = \frac{\partial f}{\partial t} + \left.\frac{\partial f}{\partial u}\right|_u \frac{du}{dt}$
Speicherenergie $W_d(Q(t), t)$	$W_d = \frac{Q^2}{2C} = \frac{C}{2}u^2(t)$	$W_d = \frac{Q^2(t)}{2C(t)} = \frac{C(t)}{2}u^2(t)$	$W_d = \int\limits_0^{Q(t)} u(Q')dQ'$	$W_d(Q(t), t) = \int\limits_0^{Q(t)} u(Q', t)dQ'$
Klemmenenergie W_{el} zw. $t_0 \ldots t$	$W_d(t) - W_d(t_0)$	$W_d(t) - W_d(t_0) +$ $+\frac{1}{2}\int\limits_{t_0}^{t} u^2(t')\frac{dC}{dt'}dt'$	$W_d(t) - W_d(t_0)$	$W_d(Q(t), t) - W_d(Q(t_0), t_0)$ $-\frac{1}{2}\int\limits_{t_0}^{t} \frac{\partial}{\partial t}W_d(Q(t'), t')dt'$
Induktivität	$\Phi(t) = Li(t)$	$\Phi(t) = L(t)i(t)$	$\Phi(t) = f(i(t))$	$\Phi(t) = f(i(t), t)$
	$u(t) = L\frac{di}{dt}$	$u(t) = L(t)\frac{di}{dt} + i(t)\frac{dL}{dt}$	$u(t) = \left.\frac{df}{dt}\right|_i$	$u(t) = \frac{\partial f}{\partial t} + \left.\frac{\partial f}{\partial i}\right|_i \frac{di}{dt}$
Speicherenergie $W_m(\Phi(t), t)$	$W_m = \frac{\Phi^2}{2L} = \frac{L}{2}i^2(t)$	$W_m = \frac{\Phi^2(t)}{2L(t)} = \frac{L(t)}{2}i^2(t)$	$W_m = \int\limits_0^{\Phi(t)} i(\Phi')d\Phi'$	$W_m(\Phi(t), t) = \int\limits_0^{\Phi(t)} i(\Phi', t)d\Phi'$
Klemmenenergie W_{el} zw. $t_0 \ldots t$	$W_m(t) - W_m(t_0)$	$W_m(t) - W_m(t_0) +$ $+\frac{1}{2}\int\limits_{t_0}^{t} i^2(t')\frac{dL}{dt'}dt'$	$W_m(t) - W_m(t_0)$	$W_m(\Phi(t), t) - W_m(\Phi(t_0), t_0)$ $-\frac{1}{2}\int\limits_{t_0}^{t} \frac{\partial}{\partial t}W_m(\Phi(t'), t')dt'$

4.1 Energie und Leistung

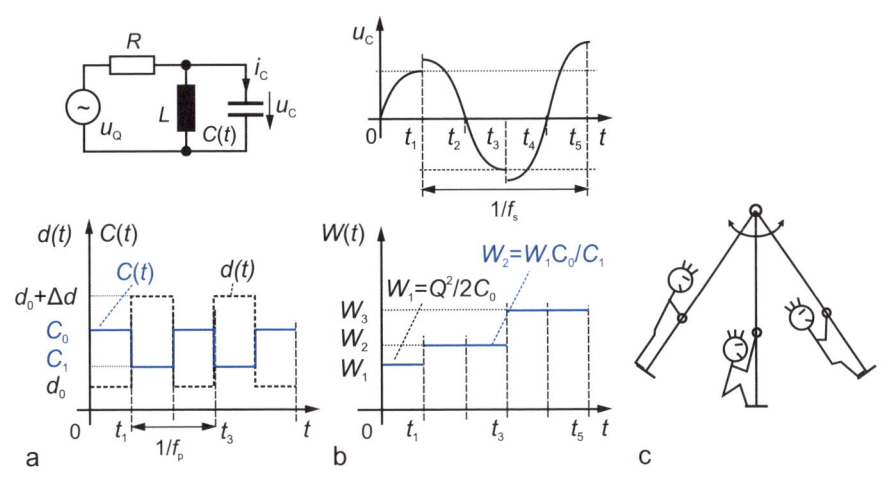

Abb. 4.1.7. Energietransfer durch periodisch zeitgesteuerte Kapazität im Schwingkreis. (a) Grundschaltung und Zeitverlauf des Plattenabstandes und der Kapazität. (b) Anwachsen der Kondensatorspannung und -energie zu den Zeitpunkten t_1, t_3, t_5 ... (c) Schaukel als mechanisches parametrisches System

an usw. Deshalb gilt an den Sprungstellen Ladungserhaltung mit $Q(t_{3-}) = C(t_{3-})u_C(t_{3-}) = C_0 u_C(t_{3-})$ und unmittelbar nach der Kapazitätsänderung: $Q(t_{3+}) = Q(t_{3-}) = C(t_{3+})u_C(t_{3+}) = C_1 u_C(t_{3+})$. Daraus folgt eine Spannungszunahme nach dem Schaltzeitpunkt t_3

$$\frac{u_C(t_{3+})}{u_C(t_{3-})} = \frac{C_0}{C_1} > 1. \tag{4.1.25}$$

Die Vorgänge wiederholen sich zu den Folgezeitpunkten t_5, t_7 usw. Die Anregungsenergie stammt von der Schwingung mit der Pumpfrequenz f_p, weil das Rückschalten des Kondensators im Spannungsnulldurchgang erfolgt. Die Zunahme der Spannung bei eingehaltener Frequenzbedingung heißt *parametrische Resonanz*.

> Wird eine periodisch zeitveränderliche Kapazität mit doppelter Frequenz so gegenüber einer anliegenden Wechselspannung (Frequenz f_s) gesteuert, dass Kapazitätsabnahme bei maximaler Spannung (und -zunahme im Nulldurchgang der Ladung) erfolgt, dann transportiert die Pumpgröße Energie in die Schaltung und die Kondensatorspannung steigt im Mittel an (parametrisches Verstärkungsprinzip durch Energiepumpen).

Die Frequenzbedingung $f_p = 2f_s$ erfordert eine spezielle Phasenbedingung zwischen Pump- und Steuersignal. Bei Verschiebung des Pumpsignals um 180^0 (Kapazitätszunahme bei maximaler Signalspannung) erfolgt Spannungsabnahme.

Die Bedienung eines *mechanisch parametrischen Systems* erlernen Kinder bereits auf der Schaukel (Abb. 4.1.7c): bei angestoßener Schaukel (betrachtet als Pendel) wächst die Schaukelschwingung durch periodische Veränderung der Pendellänge (Abstand zwischen Aufhängepunkt und Schwerpunkt des Kindes). Mit periodischem Neigen und Aufrichten des Körpers (oder Kniebeugen und -strecken) wird der Schwerpunkt im erdnächsten Punkt gehoben und in Umkehrlagen gesenkt (pro Schwingungsperiode zweimal). Das wirkt wie eine periodische Änderung der Pendellänge. Die Schwerpunktverlagerung „pumpt" so mechanische Energie in das Schaukelsystem und die Schwingungsamplitude wächst. Erfolgt das Neigen und Aufrichten des Körpers mit umgekehrter Phase, so dämpft die Schwingung rasch.

Zeitveränderliche Kapazitäten (und Induktivitäten) entstehen durch Geometrieänderung (Plattenabstand, Luftspaltänderung im magnetischen Kreis), sie lassen sich aber ebenso (z. B. für Hochfrequenzanwendungen) mit *nichtlinearen, zeitunabhängigen Elementen* $C(u)$, $L(i)$ durch Aussteuerung mit einer (großen) Pumpgröße der Frequenz f_p und überlagerter Kleinsignalsteuergröße (Frequenz f_s) realisieren.

Liegt z. B. an einer spannungsabhängigen Kapazität (Sperrschicht-, MOS-Kapazität (Kap. 2.5.2), Charakteristik $C(u)$, Ladungsbeziehung $Q(u(t)) = f(u)$) eine Summenspannung $u(t) = U_0 + u_p(t) + u_s(t)$ aus Gleichgröße U_0 und Spannungen verschiedener Frequenzen f_p, f_s und Amplituden mit $|U_p| \gg |U_s|$, so gilt für die Ladung bei Kleinsignalaussteuerung (s. Gl. (2.7.29))

$$Q(u(t)) \approx Q\left(U_0 + u_p(t)\right) + \left.\frac{df}{du}\right|_{U_0 + u_p(t)} u_s(t) \qquad (4.1.26)$$

mit $c(t) = \left.\frac{df}{du}\right|_{U_0 + u_p(t)}$ oder für den *Kleinsignalzusammenhang* gilt

$$\Delta Q_s(u(t)) = c(t) u_s(t) \rightarrow$$

$$\text{Ladungsänderung} = \left\{\begin{array}{c} \text{periodisch} \\ \text{zeitveränderliche} \\ \text{Kleinsignalkapazität} \end{array}\right\} \times \begin{array}{c} \text{Spannungs-} \\ \text{änderung} \end{array}.$$

Die Großsignalsteuerung (mit u_p) ändert die differenzielle Kapazität $c(t)$ ständig und deshalb wirkt sie für das Kleinsignal u_s als linear zeitabhängige Kapazität!

Im Kleinsignalbetrieb verhält sich eine nichtlineare (zeitunabhängige) spannungsgesteuerte Kapazität als linear zeitveränderliche Kapazität gesteuert durch die Pumpspannung.

Im parametrischen Betrieb (Frequenzbedingung $f_p = 2f_s$) übernimmt die Pumpquelle die sonst mechanische Energiezufuhr zur Kapazitätsänderung und statt der mechanischen wird die elektrische Pumpleistung ausgewiesen. Die Energiebilanz Gl. (4.1.10) bleibt im Prinzip erhalten, muss aber den elektrischen Verhältnissen angepasst werden.

Anwendungen Das Speichervermögen des Kondensators wird vielfältig genutzt, wegen der begrenzten Energiedichte hauptsächlich dort, wo hohe Leistung/ Strom nur kurzzeitig verfügbar sein muss: Blitzkondensator, Stützkondensator zur „Stützung von Gleichspannungen" (wechselnde Batteriebelastung, Frequenzumrichter, IC-Versorgung, Blindleistungskompensation).

Zeitveränderliche Kapazitäten hatten wegen der deutlich kleineren Energiedichte des elektrostatischen Feldes gegenüber dem Magnetfeld lange Zeit nur geringe Verbreitung. Elektrostatische Spannungsmesser, Nadelelektrometer und Kondensatormikrofon sowie elektrostatischer Lautsprecher (s. Kap. 6.3.1) zählten zu den wenigen brauchbaren Energiewandlern, von der Influenzmaschine als historischem Gerät abgesehen. Später brachten kapazitive *Sensorprinzipien* und vor allem der *parametrische Verstärker* einen Aufschwung. Die Situation ändert sich allerdings im *Mikrosensorbereich*. Dort führen sinkende Elementabmessungen (µm-Bereich) zum drastischen Anstieg der Energiedichte und die Kräfte reichen für elektrostatische Mikromotoren, Beschleunigungsmesser, Torsionsspiegel u. a. aus.

Beispiel 4.1.2 Größenordnung Ein Fotokondensator speichert nur vergleichsweise kleine Energien, z. B. $C = 100\,\mu\text{F}$ bei einer Ladespannung $U_C = 2\,\text{kV}$, $W_C = CU_C^2/2 = 200\,\text{Ws}$. Ein Akkumulator speichert deutlich mehr: Autobatterie $Q = 84\,\text{Ah}$, $U = 6\,\text{V} \to W = QU = 1{,}81 \cdot 10^6\,\text{Ws}$.

Hat der Kondensator Zylinderbauform (Höhe 20 cm, Durchmesser 5 cm, Volumen 196 cm³), so beträgt die mittlere Energie bezogen auf das Volumen $w_e = W/V = 1{,}02\,\text{Ws/cm}^3$. Der Akkumulator (Abmessung 20·25·20· cm³) besitzt demgegenüber die Energiedichte $w_e = W/V = 181\,\text{Ws/cm}^3$. Vergleichsweise hoch ist dagegen die Energiedichte von Kraftstoffen mit etwa $(40\ldots 50) \cdot 10^3\,\text{Ws/cm}^3$!

Beispiel 4.1.3 Speicherenergie Ein Plattenkondensator (Dielektrikum Luft) sei auf die Spannung u_C geladen. Nach Entfernen der Spannungsquelle werde zwischen die Platten Dielektrikum (ε_r) geschoben, das den Raum vollständig ausfüllt. Wie ändert sich die gespeicherte Energie?

Hat der Kondensator anfangs die Kapazität C, so beträgt sie (nach Veränderung des Dielektrikums) $\varepsilon_r C$. Die Ladung bleibt unverändert, aber es ändert sich die Spannung auf $u'_C = Q/C' = Q/\varepsilon_r C = u_C/\varepsilon_r$. Die gespeicherte Energie beträgt jetzt $W'_C = C'(u'_C)^2/2 = W_C/\varepsilon_r$. Die Differenz beider Energien $W_C - W'_C\ (>0)$ wird in mechanische Energie umgewandelt, da das Feld die Platte anzieht.

4.1.3.3 Merkmale der dielektrischen Energie

Energiedichte Die Energieverteilung räumlicher Felder erfordert die Überführung der Energiebeziehung Gl. (4.1.10) in eine *Feldform*. Wir greifen dazu aus dem inhomogenen Feld einen kleinen Plattenkondensator mit annähernd

428 4. Energie und Leistung elektromagnetischer Erscheinungen

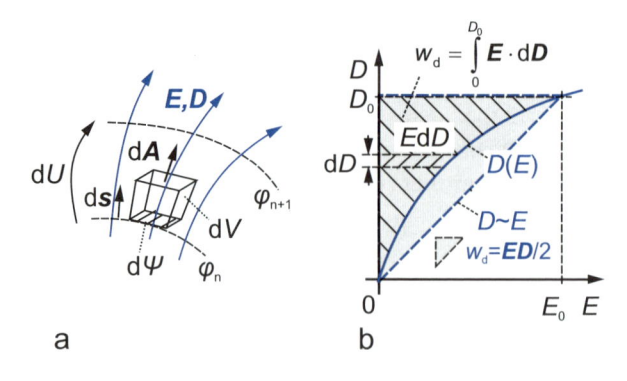

Abb. 4.1.8. Energiedichte w_d im elektrostatischen Feld. (a) Herleitung im inhomogenen Feld. (b) Energiedichte im nichtlinearen und linearen elektrostatischen Feld

homogenem Feld als Feldelement (Plattenabstand Δs, Plattenfläche ΔA mit $u = \boldsymbol{E} \cdot \Delta \boldsymbol{s}$, $\mathrm{d}Q = \Delta \boldsymbol{A} \cdot \mathrm{d}\boldsymbol{D}$ und $\Delta V = \Delta \boldsymbol{A} \cdot \Delta \boldsymbol{s}$, Abb. 4.1.8a) heraus und erhalten für die Teilenergie $\mathrm{d}W_\mathrm{d}$: $\mathrm{d}W_\mathrm{d} = u\mathrm{d}Q = \underbrace{\Delta \boldsymbol{A} \cdot \Delta \boldsymbol{s}}_{\Delta V}\boldsymbol{E}\cdot \mathrm{d}\boldsymbol{D}$. Die Gesamtenergie im Feldvolumen V beträgt mit Verwendung der *elektrostatischen Energiedichte* $w_\mathrm{d} = \int\limits_0^{D_0} \boldsymbol{E} \cdot \mathrm{d}\boldsymbol{D}$

$$W_\mathrm{d} = \int_V \int_0^{D_0} \boldsymbol{E}\cdot \mathrm{d}\boldsymbol{D}\mathrm{d}V = V\int_0^{D_0}\boldsymbol{E}\cdot\mathrm{d}\boldsymbol{D} = \int_V w_\mathrm{d}\mathrm{d}V. \tag{4.1.27}$$

Die Energiedichte ist in Abb. 4.1.8b für nichtlinearen $D(E)$ Verlauf dargestellt. Bei linearem D,E-Zusammenhang lässt sich das Integral leicht auswerten und ergibt

$$w_\mathrm{d} = \lim_{\Delta V \to 0}\frac{\Delta W_\mathrm{d}}{\Delta V} = \frac{\mathrm{d}W_\mathrm{d}}{\mathrm{d}V} = \frac{\boldsymbol{D}\cdot\boldsymbol{E}}{2} = \frac{\varepsilon E^2}{2} = \frac{D^2}{2\varepsilon}.$$

Energiedichte, elektrostatisches Feld (4.1.28)

Die Energiedichte w_d des elektrostatischen Feldes kennzeichnet seinen Energieinhalt im Raumpunkt gleichberechtigt getragen von Feldstärke und Verschiebungsflussdichte. Überall dort, wo eine Feldstärke im Dielektrikum herrscht, ist dielektrische Energie gespeichert.

Bei *nichtlinearem Medium* $\varepsilon(\boldsymbol{E})$ muss der Verlauf $\boldsymbol{D}(\boldsymbol{E})$ oder $\boldsymbol{E}(\boldsymbol{D})$ gegeben sein (auch als dielektrische Hysteresekurve), um das Integral auszuwerten (Abb. 4.1.8b).

Umformung elektrische – dielektrische Energie Der Kondensator wandelt zugeführte elektrische Energie in dielektrische um (und umgekehrt):

4.1 Energie und Leistung

Tab. 4.4. Energie- und Leistungsbeziehungen in Feldern

	Strömungsfeld	Elektrostatisches Feld	Magnetisches Feld
Energieinhalt des Feldes	–	$W=\int C u\,\mathrm{d}u$ $=\frac{Cu^2}{2}$	$W=\int L\,\mathrm{d}i$ $=\frac{Li^2}{2}$
Wärmeleistung	$P=UI=\frac{U^2}{I}R$ $=I^2 R$	–	–
Energiedichte	–	$\frac{\mathrm{d}W}{\mathrm{d}V}=\int \boldsymbol{E}\cdot\boldsymbol{D}\,\mathrm{d}V$ $=\frac{\boldsymbol{E}\cdot\boldsymbol{D}}{2}$	$\frac{\mathrm{d}W}{\mathrm{d}V}=\int \boldsymbol{H}\cdot\boldsymbol{B}\,\mathrm{d}V$ $=\frac{\boldsymbol{H}\cdot\boldsymbol{B}}{2}$
Leistungsdichte	$\frac{\mathrm{d}P}{\mathrm{d}V}=\boldsymbol{J}\cdot\boldsymbol{E}$ $=\kappa E^2=\frac{J^2}{\kappa}$	–	–
Kraftwirkung		$\boldsymbol{F}=Q\boldsymbol{E}$	$\boldsymbol{F}=Q(\boldsymbol{v}\times\boldsymbol{B})$ $=i(\boldsymbol{s}\times\boldsymbol{B})$
Kraftdichte		$\boldsymbol{f}=\frac{\boldsymbol{F}}{A}=\frac{\varepsilon_1-\varepsilon_2}{2}\boldsymbol{E}_1\cdot\boldsymbol{E}_2$	$\boldsymbol{f}=\frac{\boldsymbol{F}}{A}$ $=\frac{1}{2}\frac{\mu_2-\mu_1}{\mu_1\mu_2}\boldsymbol{B}_1\cdot\boldsymbol{B}_2$

– Zufuhr elektrischer Energie beim *Aufladen* (Strom- und Spannungsrichtung übereinstimmend, Speicherung als dielektrische Energie im Feld): Kondensator als *Verbraucher* elektrischer Energie,
– beim *Entladen* fließt die dielektrische Energie wieder als elektrische ab (Entladestrom fließt der Spannung entgegen, Erzeugerpfeilsystem).

Der Kondensator hat gegenüber dem Widerstand einen *grundverschiedenen Energieumsatz* (Tab. 4.4): der Widerstand setzt elektrische Energie irreversibel in Wärme um (einseitiger Energiedurchgang an die Umgebung). Die Energiespeicherung im Kondensator ist dagegen *reversibel*: gespeicherte Energie kann zurückgewonnen werden.

Im Kondensator ändert sich die Energie nur, wenn sich der Verschiebungsfluss, also die Ladung, *ändert*. Weil das elektrostatische Feld aber durch ruhende Ladungen gekennzeichnet ist, bleibt die Energie vom Ende der Aufladung an ($\mathrm{d}Q/\mathrm{d}t = 0$, $\rightarrow i \rightarrow 0$) als *dielektrische Energie im Feld* gespeichert. Das drückt die Kondensatorspannung u_C am Ende des Ladevorganges aus. Beim Entladen ($\mathrm{d}Q/\mathrm{d}t < 0$, $i < 0$) fließt die gespeicherte Energie voll in den elektrischen Kreis zurück. Ursache des Stromantriebes ist die Kondensatorladespannung u_C.

Haupteigenschaft der dielektrischen Energie: Stetigkeit Auf die Stetigkeit der Kondensatorspannung bzw. -ladung hatten wir bereits verwiesen. Sie beruht auf der Stetigkeit der dielektrischen Energie, die sich, wie jede Energie, *nie sprunghaft* ändert (s. Abb. 4.1.3a). Sonst wäre sie ohne Zeitverzug von einem zum anderen Ort transportierbar. Das ist physikalisch unmöglich: Energie verhält sich vielmehr wie eine „träge Masse".

Die Kondensatorenergie $W_C = W_d = Cu_C^2/2$ ist aus physikalischen Gründen (Trägheitscharakter der Energie) immer stetig.

Eine sprungförmige Energieänderung $p = dW/dt \to \infty$ ($du/dt \to \infty$) würde eine augenblicklich unendlich hohe Leistung p erfordern, also einen unendlich großen Strom $i_C \sim du/dt$. Dies ist physikalisch unmöglich. Zudem haben technische Schaltkreise stets endliche Widerstände. Dadurch entsteht das typische Leistungsverhalten Abb. 4.1.5b im Grundstromkreis beim Einschalten eines Kondensators.

Beispiel 4.1.4 Parallelschaltung geladener Kondensatoren Zwei Kondensatoren C_1, C_2 (Ladungen Q_1, Q_2) werden parallel geschaltet (ideale Verbindungsleitungen). Damit beträgt die Ausgangsenergie

$$W_1 = \frac{C_1 U_1^2}{2} + \frac{C_2 U_2^2}{2}.$$

Nach dem Zusammenschalten beträgt die Gesamtkapazität $C_{ges} = C_1 + C_2$. Weil die Ladung erhalten bleibt, hat die Ersatzanordnung C_{ers} die Gesamtladung $Q_{ges} = Q_1 + Q_2 = C_1 U_1 + C_2 U_2$ und man erhält als Gesamtenergie der neuen Anordnung $W_2 = \frac{(Q_1+Q_2)^2}{2(C_1+C_2)}$ und $\Delta W = \frac{-C_1 C_2 (U_1 - U_2)^2}{2(C_1+C_2)}$. Die Energiedifferenz $\Delta W = W_2 - W_1$ ist negativ (Energieabnahme). Der Energieverlust entsteht durch Abstrahlung eines elektromagnetischen Feldes. Beim Zusammenschalten gleicher Kondensatoren (einer geladen, der andere ungeladen), halbiert sich die Energie bei der Parallelschaltung.

Mit solchen oder ähnlichen Folgerungen zieht dieses Beispiel seit Jahren durch die Lehrbücher. In Wirklichkeit verletzt es aber ein Grundaxiom: *(Ideale) Kondensatoren mit unterschiedlicher Spannungen dürfen nicht parallel geschaltet werden* (es liegt im Grunde das Anschalten einer (idealen) Spannung an einen ungeladenen Kondensator und damit eine Verletzung der Stetigkeitsbedingung der Spannung vor). Überprüft man das Verhalten mit dem Energiesatz

$$\left(\frac{C_1 U_1^2}{2} + \frac{C_2 U_2^2}{2}\right)\bigg|_{vorh.} = \left(\frac{CU^2}{2}\right)\bigg|_{nachh.} \to U^2 = \frac{C_1 U_1^2 + C_2 U_2^2}{C}$$

und der Ladungserhaltung

$$(C_1 U_1 + C_2 U_2)|_{vorh.} = (CU)|_{nachh.} \to U = \frac{C_1 U_1 + C_2 U_2}{C},$$

so gibt es eine Lösung nur für $U_1 = U_2 = U$. Der Fall $U_1 \neq U_2$ erlaubt keine widerstandsfreie Verbindung beider Kondensatoren: die Aufgabe verstößt gegen ein Grundaxiom.

4.1.4 Magnetisches Feld

Übersicht

Das Magnetfeld von Dauermagneten, stromdurchflossenen Spulen oder stromführenden Leitern ist Sitz der magnetischen Energie. Sie beschreibt als Zustandsgröße das im magnetischen Feld gespeicherte Arbeitsvermögen.

Das äußert sich verschiedenartig: im Anfangswert des Spulenstromes (Gl. (3.4.3) ff.), in seiner Stetigkeitsforderung, beim Ein- und Ausschalten einer Spule im Grundstromkreis (Abb. 3.4.3), als Speicherenergie $W_L = W_m$ oder durch Kraftwirkungen auf ferromagnetische Körper.

Ein Feldaufbau erfordert Energie, die während des Abbaus wieder frei wird. So, wie die dielektrische Energie W_d im Kondensator durch die *Zustandsgrößen* Ladung Q und Spannung u ausgedrückt werden konnte und es, abhängig vom Zusammenhang zwischen beiden Größen, lineare, nichtlineare, zeitkonstante und zeitabhängige Kapazitäten gab, wird die in einer Spule gespeicherte magnetische Energie W_m durch die Zustandsgrößen *magnetischer Fluss* Ψ[3] und *Strom* i gebildet: $W_m = V\Psi = i\Psi \sim \boldsymbol{H} \cdot \boldsymbol{B}$. Dabei steht die magnetische Spannung V in Beziehung zur magnetischen Erregung $\Theta \sim i$. Die Folge sind *lineare, nichtlineare, zeitkonstante* und *zeitabhängige Induktivitäten* (Kap. 3.4.1.3). Die relevanten Energiebeziehungen (Tab. 4.4) können sinngemäß vom Kondensator übernommen werden.

Nichtlineare magnetische Kreise sind Grundlage von Elektromagneten, Motoren/Generatoren. Deshalb haben die Energieverhältnisse in nichtlinearen Spulen besondere Bedeutung. Nicht zuletzt ist der feste oder *zeitveränderliche Luftspalt* im *magnetischen Kreis das Transportvolumen*, über das *mechanische Energie in magnetische* und schließlich durch das Induktionsgesetz in elektrische umgesetzt wird (und umgekehrt). Dann führt man besser statt der Zeitabhängigkeit $L(t)$ wie beim Kondensator nach Gl. (4.1.21) eine *Geometrievariable x des Luftraumes* im magnetischen Kreis ein und benutzt den magnetischen Fluss $\Psi(i,x)$ statt der Abhängigkeit $\Psi(i,t)$. Die Ableitung $dx/dt = v$ ist die Änderungsgeschwindigkeit des Transportraumes in x-Richtung, z. B. beim bewegten Leiterstab im Magnetfeld (Abb. 3.3.13). Damit interessiert auch der explizite Geometrieeinfluss in der magnetischen Energie und Ko-Energie zur Analyse der Kraftwirkungen (Kap. 4.3.2).

Magnetische Energie tritt in *zwei Formen* auf

– in einer stromdurchflossenen *Luftspule* wird sie aufgebaut, bei konstantem Strom gespeichert und bei Stromabschaltung wieder rückgewonnen,

---

[3] genauer *Verkettungsfluss*

– in der Spule mit *ferromagnetischem Kreis* läuft der gleiche Vorgang ab, aber nach Abschaltung des Stromes bleibt Energie mehr oder weniger im *Ferromagnetikum gespeichert* (besonders in dauermagnetischem Material, Grenzfall Dauermagnet, B,H-Verhalten im 2. Quadranten der Hystereseschleife Abb. 3.2.15a). Wir legen für die Energieverhältnisse die zugehörige Ersatzschaltung (Abb. 3.2.11c bzw. 3.2.15a) zugrunde.

Auch die magnetische Energie wird gleichwertig durch *Globalgrößen* (Fluss Ψ, Strom i bzw. magnetische Erregung Θ und Induktivität L bzw. $\Psi(i)$) oder *Feldgrößen* B, H und *Magnetisierungskennlinie* $B(H)$ beschrieben.

4.1.4.1 Energie und Ko-Energie des magnetischen Feldes

Spulenenergie Jeder stromdurchflossene Leiter hat ein Magnetfeld und deshalb eine Induktivität L. Konzentrierte Magnetfelder treten in Spulen auf, etwa einer Ringspule (Abb. 4.1.9a) mit praktisch homogenem Feld im Kern und feldfreiem Außenraum. Die gespeicherte magnetische Energie W_m folgt aus ihrer Strom-Spannungs-Relation Gl. (3.4.1). Eine anliegende Spannungsquelle $U_Q = u(t)$ liefert im Zeitabschnitt t die elektrische Energie

$$W_{el}(t) = \int_0^t u(t')i(t')dt' = L\int_0^t i(t')\frac{di}{dt'}dt' = L\int_{i(0)}^{i(t)} i(t')di \qquad (4.1.29a)$$
$$= \frac{L}{2}\left(i^2(t) - i^2(0)\right) = W_m(t).$$

Sie strömt ins Magnetfeld, stellt also die gespeicherte magnetische Energie W_m dar. Ohne Anfangsstrom wird daraus (Tab. 4.3)

$$\boxed{W_m = \frac{L}{2}i^2(t) = \frac{\Psi(t)i(t)}{2} = \frac{\Psi^2(t)}{2L}. \quad \text{Magnetische Speicherenergie der Spule}} \qquad (4.1.29b)$$

Die in einer linearen Spule gespeicherte magnetische Energie hängt vom durchfließenden Strom i, ihrer Induktivität L und dem mit der Spule verketteten Fluss Ψ ab. Überall dort, wo eine magnetische Feldstärke H herrscht, ist magnetische Energie gespeichert.

Das Ergebnis Gl. (4.1.29) erlaubt umgekehrt die Berechnung der Induktivität einer Spule über die magnetische Feldenergie (neben der Definitionsbeziehung $\Psi = Li$).

Die Fluss-Strom-Darstellung $\Psi(i)$ (Abb. 4.1.9b) weist die magnetische Energie der linearen Spule als schraffierte Dreieckfläche aus.

4.1 Energie und Leistung

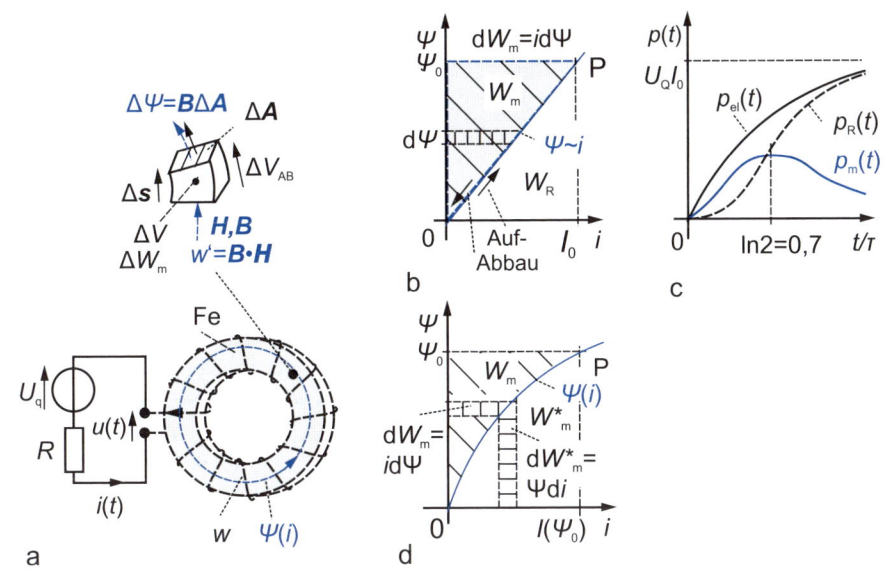

Abb. 4.1.9. Spule als Speicherort magnetischer Energie. (a) Ringspule mit linear angenommenem magnetischen Kern, Grundschaltung und magnetische Energiedichte w_m im Volumenelement. (b) Magnetischer Fluss Ψ, Spulenstrom i und magnetische Energie bei linearer Spule. (c) Leistung $p_m(t)$ zum Aufbau der magnetischen Feldenergie (s. auch Abb. 3.4.5) beim Einschalten der Spule. (d) Magnetische Energie W_m und Ko-Energie W_m^* im Fluss-Strom-Diagramm bei nichtlinearem Verlauf $\Psi(i)$

In der Grundschaltung Spannungsquelle, Widerstand und (ideale) Spule (Abb. 4.1.9a) wird die Quellenenergie W_{el} beim Einschalten in Verlustenergie W_R im Widerstand und magnetische Feldenergie W_m der Spule umgesetzt. Der Magnetfeldaufbau erfolgt nur bei zeitveränderlichem Erregerstrom i und der dabei entstehenden Spulenspannung u. Stationär hängt W_m nur vom Stromendzustand I_0 ab. Das zeigen die Einschaltverläufe von Strom und Spannung (Abb. 3.4.5 und 4.1.9c). Die zum Aufbau der Feldenergie nötige Leistung p_m durchläuft ein Maximum und klingt stationär gegen null ab (Magnetfeld aufgebaut) verbunden mit verschwindender Spulenspannung. Dann fällt die Quellenspannung voll am Widerstand R ab und die zugeführte elektrische Energie wird ausschließlich in Wärme gewandelt (Leistung p_R). In der Energiebilanz

$$W_{el} = \int_0^{t_0} U_Q i \, dt = \int_0^{t_0} i^2 R \, dt + \int_0^{\Psi_0} i \, d\Psi = W_R + W_m$$

hängt die Wärmeenergie W_R von der Stromflussdauer t_0 ab und geht mit $t_0 \to \infty$ gegen unendlich.

Magnetische Ko-Energie W_m^* Die im Arbeitspunkt Ψ_0, I_0 (Abb. 4.1.9b) gespeicherte magnetische Energie W_m Gl. (4.1.29) folgt auch aus der Fläche unter der Ψ,i-Kurve und wird *magnetische Ko-Energie* genannt (analog zum Kondensator, Abb. 4.1.5c):

$$W_m^* = \int_0^{I_0} \Psi(i)\mathrm{d}i. \qquad \text{Magnetische Ko-Energie} \qquad (4.1.30)$$

Die magnetische Ko-Energie ist die Differenz zwischen umschreibendem Rechteck $\Psi_0 I_0$ und magnetischer Energie W_m und ist zunächst eine Rechengröße.

Sie verzichtet mit der Magnetisierungskennlinie $\Psi(i)$ auf deren Inversion, wie sie die Berechnung der magnetischen Energie erfordert. *Deshalb eignet sich die Ko-Energie besonders für nichtlineare Spulen (Rechenvorteile!) und solche mit mehreren elektrischen Toren.* Dort ist die Umkehrfunktion $i(\Psi)$ nicht zu bilden. Das bringt Vorteile bei der Kraftberechnung (s. Kap. 4.3.2).

Definitionsgemäß hängen magnetische Energie und Ko-Energie zusammen (Abb. 4.1.9d)

$$I_0 \Psi_0 = W_m + W_m^* = \int_0^{\Psi_0} i(\Psi)\mathrm{d}\Psi + \int_0^{I_0} \Psi(i)\mathrm{d}i. \qquad (4.1.31)$$

Sie unterscheiden sich bei *nichtlinearer* Magnetisierungskennlinie $\Psi(i)$, dagegen *nicht* bei *linearer* Kennlinie $\Psi = Li$

$$W_m = W_m^* = \frac{\Psi_0^2}{2L} = \frac{LI_0^2}{2} = \frac{I_0 \Psi_0}{2}. \qquad (4.1.32)$$

Magnetische Energie und Ko-Energie stimmen bei linearer Magnetisierungskennlinie (zeitunabhängige Induktivität) überein.

Nichtlineare zeitunabhängige Induktivität Bei nichtlinearem Strom-Fluss-Zusammenhang $\Psi(i)$ ergibt sich die magnetische Energie mit $u = \mathrm{d}\Psi/\mathrm{d}t$ (Induktionsgesetz) aus der elektrischen Energie $\mathrm{d}W_{el} = ui\mathrm{d}t = i(\mathrm{d}\Psi/\mathrm{d}t)\mathrm{d}t = i(\Psi)\mathrm{d}\Psi$ zu

$$W_m = \int_0^{\Psi_0} i(\Psi)\mathrm{d}\Psi(i) = \int_0^{I_0} i\left(\frac{\partial \Psi}{\partial i}\right)\mathrm{d}i = \int_0^{I_0} i l_d \mathrm{d}i \qquad (4.1.33)$$

mit der differenziellen Induktivität l_d (Gl. (3.4.14)). Jetzt unterscheiden sich, analog zur nichtlinearen Kapazität, die Teilflächen W_m^* und W_m beim Stromwert $i = I_0$. Die Berechnung der magnetischen Energie erfolgt analog zur nichtlinearen Kapazität.

Kennliniendarstellung Grundlage der Spulenenergie mit ferromagnetischem Kern ist der magnetische Kreis (Abb. 4.1.10) aus magnetischer Spannungs-

4.1 Energie und Leistung

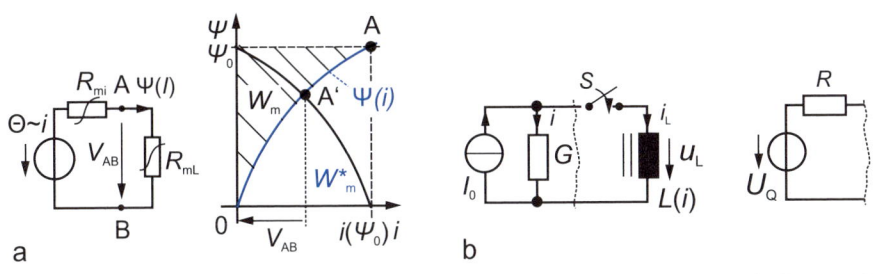

Abb. 4.1.10. Magnetischer Kreis einer Spule. (a) Ersatzschaltung, magnetische Last und Fluss-Erregungskennlinie. (b) Einschaltvorgang einer Spule mit Strom- und Spannungsquelle

quelle (Erregung $\Theta \sim i = I_0$), ggf. einem magnetischen Innenwiderstand und dem magnetischen Spulenwiderstand R_{mL}. Die ideale Quelle erzeugt einen beliebigen magnetischen Fluss. Bei Anschluss des magnetischen Spulenkreises (Kennlinie $\Psi(i)$) stellt sich der Fluss Ψ_0 im Arbeitspunkt A ein. Dann entspricht die schraffierte Fläche der magnetischen Energie W_m, die senkrecht schraffierte der *nichtmagnetischen* (mechanische, thermische) Ko-Energie W_m^*. Hätte die Spannungsquelle einen magnetischen nichtlinearen Innenwiderstand $R_{mi}(i)$, so würde sich der Arbeitspunkt nach A' verschieben: die magnetische Spulenenergie sinkt und ein Teil der von der Quelle bereitgestellten Energie wird im Innenwiderstand „verbraucht".

Wir schalten im nächsten Schritt die Spule in den Stromkreis mit Quelle und Innenwiderstand $R = 1/G$ und berechnen die in R umgesetzte Wärmeleistung und ihre Beziehung zur Ko-Energie für lineare Verhältnisse. Ausgang ist die Stromquellenersatzschaltung (Abb. 4.1.10b) mit angeschalteter idealer Spule. Im stationären Zustand fließt der Quellenstrom I_0 durch die Induktivität. Die im Widerstand R umgesetzte Leistung beträgt

$$W_R = \int_0^\infty u(t)i(t)\mathrm{d}t = L\int_0^\infty \frac{\mathrm{d}i_L}{\mathrm{d}t}i(t)\mathrm{d}t = L\int_0^\infty \frac{\mathrm{d}i_L}{\mathrm{d}t}(I_0 - i_L)\,\mathrm{d}t$$

$$= L\int_0^{I_0}(I_0 - i_L)\,\mathrm{d}i_L = LI_0 i_L\big|_0^{I_0} - L\int_0^{I_0} i_L \mathrm{d}i_L = \underbrace{LI_0^2}_{\Psi_0 I_0} - \underbrace{\frac{LI_0^2}{2}}_{W_m} = W_m^*.$$

Sie stimmt bei linearer Spule mit der magnetischen Ko-Energie überein, was bereits bei der entsprechenden Kondensatorschaltung (Abb. 4.1.5) festgestellt wurde. Auch für die nichtlineare Induktivität lässt sich mit gleicher Schaltung zeigen, dass die Ko-Energiefläche die im Widerstand umgesetzte Leistung darstellt. Sie ergibt zusammen mit der magnetischen Energie die magnetische Quellenenergie $\Psi_0 I_0$.

Die Energie W_R für die Spannungsquellenersatzschaltung Abb. 4.1.10b beträgt

$$W_\mathrm{R} = \int_0^\infty u_\mathrm{R} i \mathrm{d}t = \int_0^\infty (U_\mathrm{Q} - u_\mathrm{L}) i \mathrm{d}t = U_\mathrm{Q} \int_0^\infty i \mathrm{d}t - \int_0^\infty L \frac{\mathrm{d}i}{\mathrm{d}t} i \mathrm{d}t$$

$$= U_\mathrm{Q} \underbrace{\int_0^\infty i \mathrm{d}t}_{W_\mathrm{el}} - L \underbrace{\int_0^{I_0} i \mathrm{d}i}_{W_\mathrm{m}} = U_\mathrm{Q} \int_0^\infty i \mathrm{d}t - \frac{L I_0^2}{2}.$$

Jetzt trifft wohl die Energiebilanz zu, stationär wächst aber die im Widerstand umgesetzte und von der Quelle gelieferte Energie mit der Zeit an und eine Beziehung zur Ko-Energie macht Schwierigkeiten. Die Erhaltung des magnetischen Feldes erfordert ständigen Stromfluss, den die Spannungsquelle über den Widerstand unterhält. Deswegen erfolgt dort permanent Leistungsumsatz. Die Stromquellenersatzschaltung geht aber vom Quellenstrom aus, ohne seine Erzeugung energetisch zu berücksichtigen (Hinweis: obwohl Spannungs- und Stromquellenersatzschaltungen äquivalent sind, unterscheiden sich beide im internen Leistungsumsatz, s. Abb. 2.2.6, Bd. 1).

Bei der Kondensatorschaltung Abb. 4.1.5b verschwindet beim Aufladen schließlich der Strom und damit die im Widerstand umgesetzte Leistung. Deshalb stimmen (Ko-)Energie im Widerstand und dielektrische Energie überein. Analog verhält sich die Induktivität bei Einschalten der Stromquelle (Abb. 4.1.10b). Stationär fließt der Strom ausschließlich durch die Induktivität (Spannungsabfall Null) und deshalb muss die vorher im Widerstand umgesetzte Wärme (Ko-Energie) mit der gespeicherten Energie in der Spule übereinstimmen.

Im letzten Schritt kann die magnetische Erregung einer Spule auch durch einen Dauermagnet erfolgen (Remanenz B_R entspricht dem Fluss Ψ_0 und die Erregung I_0 der Koerzitivfeldstärke H_C, s. Abb. 3.2.15, Richtung der H-Achse vertauscht). Die magnetische Spannungsquelle hat im Idealfall eine Rechteckkennlinie, sonst eine nichtlineare vom Typ Abb. 4.1.10a. Die nichtlineare magnetische Last wird wie oben eingetragen (Arbeitspunkte A bzw. A'). Damit lassen sich die magnetische Energie und Ko-Energie angeben.

4.1.4.2 Energieverhältnisse der zeitabhängigen Induktivität

Eine zeitabhängige Induktivität entsteht z. B. durch Änderung der Luftspaltlänge im magnetischen Kreis wie im Modell Abb. 3.3.2. Periodische Luftwegänderungen sind typisch für Elektromaschinen, beispielsweise den Synchrongenerator mit rotierendem Erregermagneten (Läufer, Abb. 4.1.11a). Er durchsetzt die Ständerwicklung mit einem periodisch veränderlichen magnetischen Fluss. Die magnetische Ersatzschaltung (Abb. 4.1.11b) bildet die Anordnung durch eine zeitunabhängige magnetische Erregung und den zeitveränderlichen magnetischen Widerstand $R_\mathrm{m}(t)$ nach. Im Leerlauf entsteht an den Klemmen A, B eine induzierte Spannung, die sich bei Stromfluss auf den

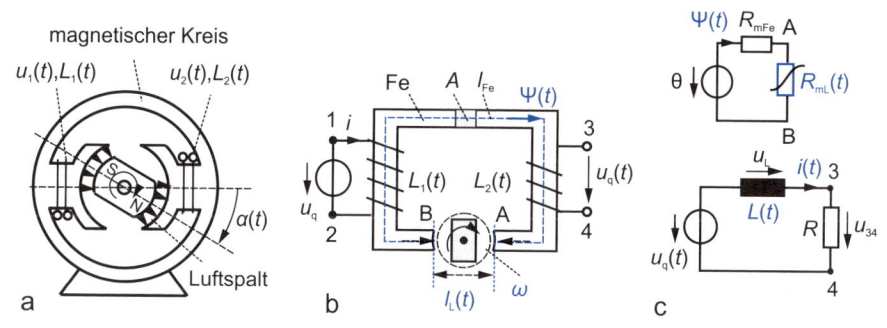

Abb. 4.1.11. Synchrongenerator mit rotierendem Erregermagneten. (a) Prinzipaufbau. (b) Zugehöriger zeitveränderlicher magnetischer Kreis. (c) Magnetische Ersatzschaltung und Grundstromkreis mit zeitabhängiger Induktivität

Spannungsabfall über Wicklungsinduktivität $L(t)$ und Lastelement verteilt. Die Induktivität soll fürs erste cos-förmig um einen Ruhewert L_0 schwanken $L(t) = L_0 + \Delta L \cos 2\alpha(t)$ mit $\alpha(t) = \omega t$. Die Änderung ΔL hängt von der konstruktiven Läuferauslegung ab. Im Leerlauf entsteht durch Läuferrotation bei kleiner Änderung $\Delta L \ll L_0$ eine sinusförmige Spannung. Dann gilt mit der Strom-Spannungsbeziehung Gl. (3.4.10) der *zeitveränderlichen* (linear angenommenen) *Induktivität*

$$u_q(t) = \left.\frac{d(\Psi(i,t))}{dt}\right|_{i=0} = \underbrace{L(t)\frac{di(t)}{dt} + i(t)\frac{dL(t)}{dt}}_{u_L} + \underbrace{i(t)R}_{u_R}$$

$$= \underbrace{L_0\frac{di(t)}{dt} + i(t)R}_{\text{Ruheteil}} + \underbrace{\Delta L(t)\frac{di(t)}{dt} + i(t)\frac{d\Delta L(t)}{dt}}_{\text{zeitvariabler Teil}}. \quad (4.1.34)$$

Die sinusförmige Quellenspannung verursacht einen nur *annähernd* sinusförmigen Strom im Stromkreis (Abb. 4.1.11c), weil im zeitveränderlichen Teil durch Strom und Induktivitätsänderung Schwankungsprodukte der Form $\cos\omega t \sin 2\omega t$ auftreten. Sie verursachen Komponenten der Frequenzen ω und 3ω: *Entstehung neuen Frequenzen als Merkmal nichtlinearen Verhaltens*! Die Lösung von Gl. (4.1.34) erfordert deshalb einen Stromansatz als Fourierreihe mit Frequenzvergleich der einzelnen Frequenzkomponenten. Im Ergebnis weicht auch die Klemmenspannung $iR = u_R$ von der Sinusform ab.

Zeitabhängige Induktivitäten lassen sich ganz unterschiedlich realisieren, eine Möglichkeit ist auch die Steuerung des magnetischen Kreises durch eine zweite stromdurchflossene Wicklung 3, 4 (Abb. 4.1.11b).

Der Einfluss des variablen magnetischen Kreises auf die Induktivität spielt eine dominante Rolle bei der Kraftwirkung (s. Kap. 4.3).

4.1.4.3 Merkmale der magnetischen Energie

Magnetische Energie und Feldgrößen, Energiedichte Die in der Ringspule (Abb. 4.1.9a) gespeicherte Energie lässt sich gleichwertig durch Feldgrößen darstellen. Dazu wird ein Volumenelement ΔV herausgegriffen, sein Energieinhalt durch die Feldgrößen $\boldsymbol{B}$, $\boldsymbol{H}$ ausgedrückt und das Gesamtverhalten durch Integration bestimmt. Im Teilvolumen $\Delta V = \Delta \boldsymbol{A} \cdot \Delta \boldsymbol{s}$ herrscht annähernd homogenes Feld: längs der Länge Δs fällt die magnetische Spannung $V_{AB} = \boldsymbol{H}(B) \cdot \Delta \boldsymbol{s}$ ab, der Querschnitt $\Delta \boldsymbol{A}$ wird vom (Teil-)fluss $\Delta \Psi = \Delta \boldsymbol{B} \cdot \Delta \boldsymbol{A}$ durchsetzt. Damit speichert das Volumen ΔV die Teilenergie $\Delta W_\mathrm{m} = V_{AB}\Delta \Psi = \boldsymbol{H}(B) \cdot \Delta \boldsymbol{B}\Delta \boldsymbol{A} \cdot \Delta \boldsymbol{s} = \boldsymbol{H}(B) \cdot \Delta \boldsymbol{B}\Delta V$ und das Gesamtvolumen V die Gesamtenergie

$$W_\mathrm{m} = \int \mathrm{d}W_\mathrm{m} = \int\limits_{\text{Volumen}} \int\limits_0^{B_\mathrm{max}} \boldsymbol{H}(B) \cdot \mathrm{d}\boldsymbol{B}\,\mathrm{d}V \qquad \text{Magnetische Energie} \qquad (4.1.35)$$

bei der maximalen Flussdichte B_max. Hängen Feldstärke und Flussdichte nicht vom Ort ab, so erfolgt die Integration über das Volumen ($\int_V \mathrm{d}V = V$) getrennt: $W_\mathrm{m} = V \int_0^{B_\mathrm{max}} \boldsymbol{H}(B) \cdot \mathrm{d}\boldsymbol{B}$ (Abb. 4.1.12a) und es gilt

$$w_\mathrm{m} = \frac{\mathrm{d}W_\mathrm{m}}{\mathrm{d}V} = \int\limits_0^{B_\mathrm{max}} \boldsymbol{H}(B) \cdot \mathrm{d}\boldsymbol{B} = \frac{W_\mathrm{m}}{V}. \qquad \text{Energiedichte, nichtlinearer } H, B\text{-Zusammenhang} \qquad (4.1.36\mathrm{a})$$

Die Energiedichte w_m kennzeichnet als Integral der Feldstärke $\boldsymbol{H}$ über die magnetische Flussdichte $\boldsymbol{B}$ das spezifische Speichervermögen des magnetischen Feldes.

Weil praktische ferromagnetische Kreise keinen (exakten) analytischen Zusammenhang für Feldstärke und Flussdichte haben, ist die Integration nur näherungsweise möglich (grafisch, numerisch, über Hilfsfunktionen).

Bei linearem H,B-Zusammenhang ($\boldsymbol{H} = \boldsymbol{B}/\mu$) vereinfacht sich die Energiedichte (Abb. 4.1.9b)

$$\begin{aligned} w_\mathrm{m} &= \frac{\mathrm{d}W_\mathrm{m}}{\mathrm{d}V} = \int\limits_0^{B_\mathrm{max}} \frac{\boldsymbol{B}}{\mu} \cdot \mathrm{d}\boldsymbol{B} = \frac{\boldsymbol{H} \cdot \boldsymbol{B}}{2} \\ &= \frac{\mu H^2}{2} = \frac{B^2}{2\mu}. \end{aligned} \qquad \text{Energiedichte, } (H \sim B) \qquad (4.1.36\mathrm{b})$$

Zahlenbeispiel. Im Luftspalt eines Elektromagneten (homogenes Feld) herrscht etwa die Flussdichte $B = 2\,\mathrm{Vs/m^2}$, also die Energiedichte $w_\mathrm{m} = B^2/2\mu_\mathrm{o} \approx 1{,}6\,\mathrm{Ws/cm^3}$. Ein Plattenkondensator hat bei der Feldstärke $E = 30\,\mathrm{kV/cm}$ (Durchschlags-

4.1 Energie und Leistung

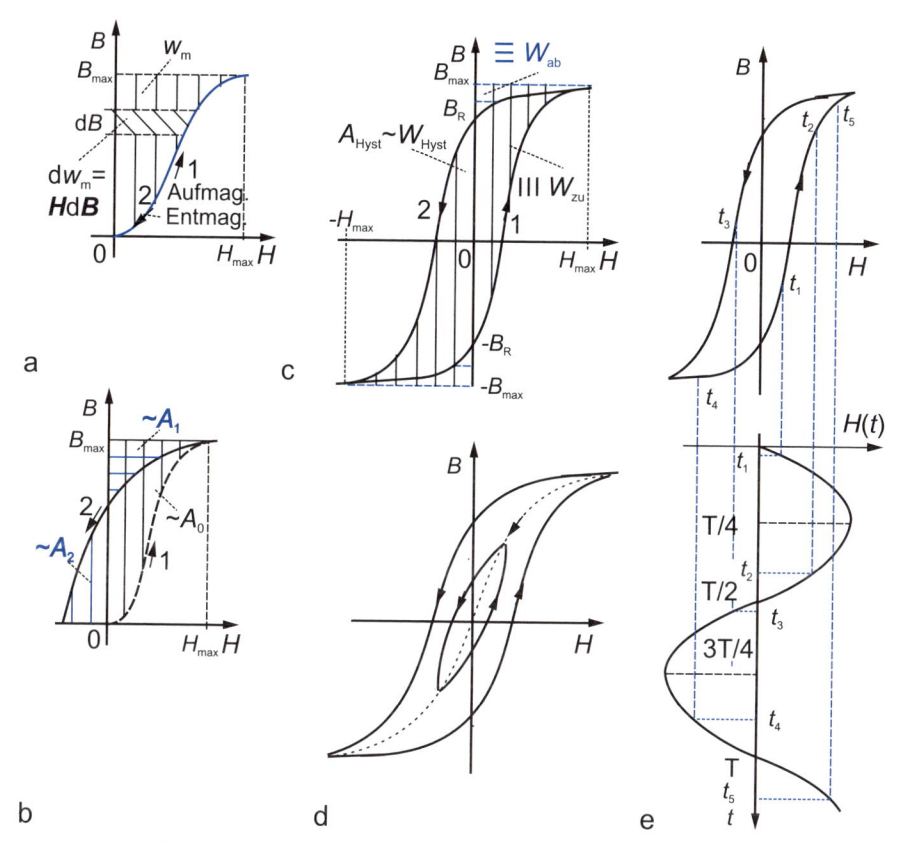

Abb. 4.1.12. Energie und Energiedichte im magnetischen Feld. (a) Ferromagnetikum, nichtlinearer hysteresefreier B,H-Verlauf. (b) Ferromagnetikum: nichtlinearer B,H-Verlauf und Hysterese: A_0 zugeführte, A_1 abgeführte Energie (gültig für ersten Quadranten). (c) Fläche der Hystereseschleife entspricht der Verlustenergie $W_{\text{Hyst}} = V A_{\text{Hyst}}$ bei einem Magnetisierungsumlauf. Senkrechte Schraffur: dem Zweipol zugeführte Energie; waagrechte: rückgeführte Energie. (d) Hysteresekurven bei sinkender Feldstärke $H(t)$. (e) Hysteresekurve und sinusförmige Feldstärke $H(t)$

feldstärke in Luft) die Energiedichte $w_e = \varepsilon_0 E^2/2 \approx 0{,}4 \cdot 10^{-4}$ Ws/cm^3. Sie liegt rd. 4 Größenordnungen unter der des magnetischen Feldes, was die technische Bedeutung dieser Felder erklärt. Eine (größere) Spule mit $L = 20$ H, $i = 100$ A speichert die magnetische Energie $W_m = Li^2/2 = 10^5$ Ws.

Ein Kondensator der Kapazität $C = 1$ F (!) speichert dagegen bei einer Ladespannung $u = 10$ V nur die dielektrische Energie $W_d = Cu^2/2 = 50$ Ws.

> Das Magnetfeld speichert wesentliche höhere Energien als das dielektrische Feld.

Diskussion. Die Energiedichte $dw_m = H(B)dB$ ist gleich der schraffierten Fläche zwischen Induktionsachse und Magnetisierungskurve in Abb. 4.1.7b, die Energiedichte w_m gleich dem Integral über $\mathrm{d}w_\mathrm{m}$ und damit gleich der schraffierten Fläche mit der oberen Grenze B_max. Bei linearer B,H-Kennlinie beträgt die Energiedichte beim *Aufmagnetisieren* $B_\mathrm{auf} = 0\ldots B_\mathrm{max}$

$$\frac{W_\mathrm{m}}{V} = \int_0^{B_\mathrm{max}} H\,\mathrm{d}B = \frac{H_\mathrm{max}B_\mathrm{max}}{2}.$$

Sie wird beim *Entmagnetisieren* $B_\mathrm{ab} = B_\mathrm{max}\ldots 0$ (vertauschte Integrationsgrenzen) rückgewonnen. Die Fläche, d.h. die bei der Auf- und Entmagnetisierung geleistete Arbeit kann je nach Richtung von $\boldsymbol{H}$ und $\mathrm{d}\boldsymbol{B}$ (gleich oder entgegengesetzt) positiv oder negativ sein. Entspricht ein positiver Wert aufgenommener Energie, so ein negativer der zurückgewonnenen.

Bei *nichtlinearer* B,H-Kurve (Abb. 4.1.12b) wird:

- beim *Aufmagnetisieren* längs der Neukurve (1) an das Ferromagnetikum die Energie $W_\mathrm{mauf} = VA_0$ geliefert. Dabei ist $A_0 \approx \int_0^{B_\mathrm{max}} H\,\mathrm{d}B$ die zur B,H-Kurve gehörige senkrecht schraffierte Fläche,
- beim *Entmagnetisieren* (Kurve (2)) die magnetische Energie VA_1 entnommen ($\mathrm{d}B < 0$, $H > 0$, waagerecht schraffiert) und die Energie VA_2 zugeführt ($\mathrm{d}B < 0$, $H < 0$, senkrecht schraffiert). Insgesamt liefert Entmagnetisierung die Energie $W_\mathrm{ment} = V(A_1 - A_2)$ zurück, also *weniger* als beim Aufmagnetisieren ($\sim A_0$) zugeführt wurde. Die Differenz ist die „Hysteresearbeit" bedingt durch das Umklappen der Weißschen Bezirke.

Beim vollen Durchlauf der Hysteresekurve (Abb. 4.1.12c, von Punkt A nach $+B_\mathrm{max}$, dann bis $-B_\mathrm{max}$ und zurück zu A (wie er in der Wechselstromtechnik auftritt)), ist die Differenz zwischen zugeführter und rückgewonnener Energie gleich der von der Hysteresekurve umschlossenen Fläche $W_\mathrm{Hyst} = W_\mathrm{auf} - W_\mathrm{ent} \sim (A_\mathrm{auf} - A_\mathrm{ent})$ oder mit $A_\mathrm{auf} = \int [H(B_\mathrm{auf})]\mathrm{d}B$, $A_\mathrm{ent} = \int [H(B_\mathrm{ent})]\mathrm{d}B$ zusammengefasst:

$$\boxed{W_\mathrm{Hyst} = V \int_\mathrm{Hyst} \boldsymbol{H}\cdot\mathrm{d}\boldsymbol{B} = VA_\mathrm{Hyst}.} \qquad \text{Hysteresearbeit, einmaliger Umlauf} \quad (4.1.37)$$

Während nichtferromagnetische Stoffe die beim Aufmagnetisieren zugeführte Energie beim Entmagnetisieren voll zurückführen, haben ferromagnetische Stoffe einen Hystereseverlust proportional zur Schleifenfläche.

Bei periodischem Umlauf mit der Frequenz f (f-maliges Ummagnetisieren je Zeitspanne) entsteht die *Hystereseverlustleistung* ($f = 1/T$)

$$\boxed{P_\mathrm{Hyst} = fW_\mathrm{Hyst} = \frac{W_\mathrm{Hyst}}{T}.} \qquad \text{Hystereseverlustleistung} \quad (4.1.38)$$

Ferromagnetische Materialien mit schlanker Hysteresekurve haben kleine Hystereseverluste.

4.1 Energie und Leistung

Der Hystereseverlust beschreibt die zum Umklappen der Weißschen Bezirke in ferromagnetischen Materialien zu leistende Arbeit (Abb. 3.1.17). Sie wird als Wärme frei, also während eines Umlaufs dem elektromagnetischen Feld entzogen. Wegen des irreversiblen Vorganges durchläuft man die Hystereseschleife immer gegen den Uhrzeigersinn, nie umgekehrt. Abbildung 4.1.12d,e zeigt diesen Durchlauf bei sinusförmiger Feldstärke $H(t)$ mit der jeweiligen Zuordnung $B(t)$ zu verschiedenen Zeitpunkten. Wird die Feldamplitude langsam zurückgenommen, so entmagnetisiert das Ferromagnetikum, weil die Umkehrpunkte der B,H Schleife stets auf der Magnetisierungskurve $B(H)$ liegen (technisches Entmagnetisierungsverfahren). So entsteht bei schrittweiser Senkung von $H(t)$ eine Familie von Hysteresekurven.

Größenvorstellung Für Dynamoblech beträgt die Koerzitivfeldstärke etwa $H_C \approx 4\ldots 50\,\text{A/m}$. Dann ergibt sich die volumenbezogene Hystereseverlustleistung für eine typische Flussdichte $B = 1\,\text{T}$ bei $f = 50\,\text{Hz}$ unter Annahme einer Rechteckhystereseflache $w_{\text{Hyst}} = 2H_C 2B$: $p_{\text{Hyst}} = P_{\text{Hyst}}/V = W_{\text{Hyst}} f/V = 4H_C B f = (800\ldots 10^3)\,\text{W/m}^3 = 800\ldots 10^3\,\mu\text{W/cm}^3$, wenn die Koerzitivfeldstärke im gegebenen Rahmen variiert.

Energieumformung elektrische – magnetische Energie Die Spule, genauer jeder stromdurchflossene Leiter, ist ein Umformorgan elektrischer in magnetische Energie und umgekehrt:

— beim *Feldaufbau* wird elektrische Energie $W_{\text{el}} = Li^2/2$ *zugeführt* und als magnetische Energie W_{m} im Magnetfeld gespeichert. Die Spule „verbraucht" dazu die Leistung.

$$p_{\text{el}}(t) = u(t)i(t) = \frac{\mathrm{d}W_{\text{el}}}{\mathrm{d}t} = Li\frac{\mathrm{d}i}{\mathrm{d}t} = \frac{L}{2}\frac{\mathrm{d}(i^2)}{\mathrm{d}t} \equiv \frac{\mathrm{d}W_{\text{m}}}{\mathrm{d}t}.$$

Deshalb lautet der Energieaufbau gleichwertig: die zur Überwindung der induzierten Spannung erforderliche Leistung ist gleich der Änderung der magnetischen Energie $\mathrm{d}W_{\text{m}}/\mathrm{d}t$. So wird deutlich, dass das Magnetfeld selbst keine Arbeit verrichtet, sondern nur bei zeitlicher Änderung eine Spannung induziert, die an Ladungen Arbeit leistet.

— beim *Feldabbau* wird die gespeicherte Energie zurückgewonnen: *Stromabnahme* ($\mathrm{d}i/\mathrm{d}t < 0$), Abgabe elektrischer Leistung: Spule als Erzeuger elektrischer Energie (Leistungsgenerator durch die induzierte Spannung). Zwischenzeitlich (zeitlich konstanter Strom, $\mathrm{d}i/\mathrm{d}t = 0$) nimmt die Spule keine Leistung auf und die elektrische Energie bleibt im Magnetfeld gespeichert.[4]

---

[4] Es überrascht, dass zum Aufbau des Magnetfeldes Energie aufgewendet werden muss, das Feld aber dann keine Arbeit leisten kann. Die Ursache liegt in der erforderlichen zeitlichen Feldänderung während des Aufbaues, denn dabei erzeugt das Induktionsgesetz ein elektrisches Feld, dass durch Verschieben von Ladungen Arbeit verrichtet.

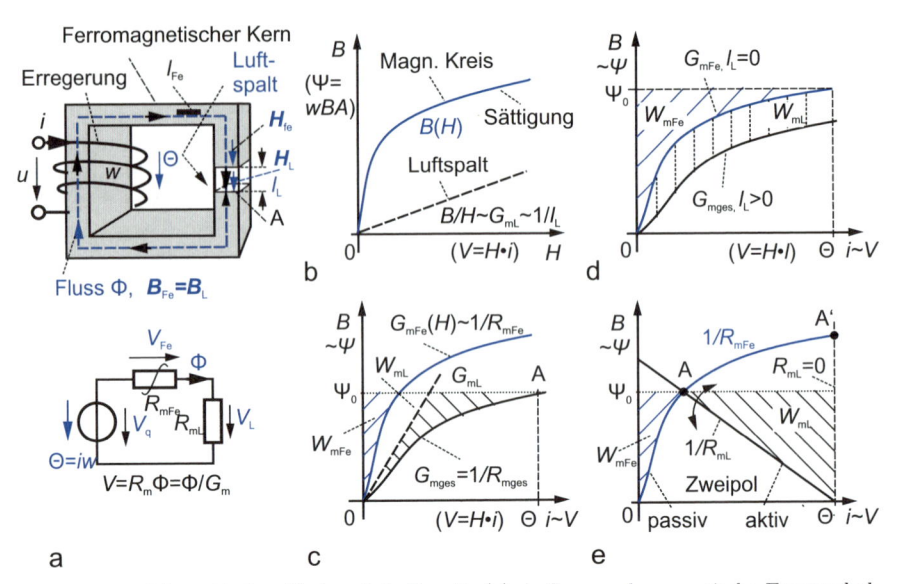

Abb. 4.1.13. Magnetischer Kreis mit Luftspalt. (a) Aufbau und magnetische Ersatzschaltung. (b) B,H-Kennlinie magnetischer Reluktanzen. (c) Ψ,i-Kennlinie des magnetischen Kreises bei konstantem Fluss im Luftspalt, gespeicherte Energie schraffiert. (d) Gleichwertige Ψ,i-Kennlinie mit konstanter Erregung Θ. (e) Magnetischer Kreis dargestellt durch magnetische aktive (lineare) und passive (nichtlineare) Zweipole

– Der Strom erzeugt Verluste im Spulenwiderstand, an der idealen Spule fällt keine Spannung ab.

Haupteigenschaft der magnetischen Energie: Stetigkeit Wie die dielektrische Energie ist auch die magnetische Energie W_m (Gl. (4.1.15)) immer stetig. Dies drückt sich als *Stetigkeit des Spulenstromes* i_L (bzw. allgemeiner des verketteten Flusses Ψ) aus, er kann nie springen.

Energie im magnetischen Kreis mit Luftspalt Magnetische Kreise haben meist einen Luftspalt l_{Fe} (Abb. 4.1.13). Dann speichert sich magnetische Energie im ferromagnetischen Kreis und Luftspalt. und es gilt

$$W_m = \frac{1}{2}\int_V \boldsymbol{B}\cdot\boldsymbol{H}\,dV = \frac{1}{2}\int_A \left[\oint_s \boldsymbol{H}\cdot d\boldsymbol{s}\right]\boldsymbol{B}\cdot d\boldsymbol{A}$$

$$= \frac{1}{2}\underbrace{\oint_s \boldsymbol{H}\cdot d\boldsymbol{s}}_{V_{Fe}+V_L}\cdot\underbrace{\int_A \boldsymbol{B}\cdot d\boldsymbol{A}}_{\Phi} = \frac{1}{2}\left(\underbrace{V_{Fe}}_{\Phi R_{mFe}} + \underbrace{V_L}_{\Phi R_{mL}}\right)\Phi. \qquad (4.1.39a)$$

4.1 Energie und Leistung

Bei gleichem Kreisquerschnitt, $B_{\text{Fe}} = B_{\text{L}}$ und den Volumina $V_{\text{Fe}} = Al_{\text{Fe}}$, $V_{\text{L}} = Al_{\text{L}}$ beträgt die magnetische Energie

$$\begin{aligned} W_{\text{m}} &= \frac{1}{2}Li^2 = W_{\text{mFe}} + W_{\text{mL}} \\ &= \frac{1}{2}\left(B_{\text{Fe}}H_{\text{Fe}}V_{\text{Fe}} + B_{\text{L}}H_{\text{L}}V_{\text{L}}\right) = \frac{B_{\text{Fe}}H_{\text{Fe}}A}{2}\left(l_{\text{Fe}} + \mu_{\text{r}}l_{\text{L}}\right). \end{aligned} \quad (4.1.39\text{b})$$

Die hohe Luftspaltfeldstärke ($H_{\text{L}} = \mu_{\text{r}}H_{\text{Fe}}$) als Folge der Grenzflächenbedingung ist Ursache der *deutlich größeren Energiedichte* gegenüber dem ferromagnetischen Teil.

Mit den Energiedichten $w_{\text{mFe}} = (B_{\text{Fe}}H_{\text{Fe}})/2$ und $w_{\text{mL}} = (B_{\text{Fe}}H_{\text{L}})/2$ für Ferromagnetikum und Luft gilt dann

$$W_{\text{m}} = w_{\text{mFe}}A(l_{\text{Fe}} + \mu_{\text{r}}l_{\text{L}}) = w_{\text{mL}}A(l_{\text{Fe}}/\mu_{\text{r}} + l_{\text{L}}). \quad (4.1.39\text{c})$$

Die magnetische Energie verteilt sich im magnetischen Kreis proportional zu den magnetischen Widerständen. Zur Konzentration im Luftspalt (für große Kraftwirkung) sollte die „reduzierte Eisenweglänge" $l_{\text{Fe}}^* = l_{\text{Fe}}/\mu$ klein gegen die Luftspaltlänge l_{L} sein (erfordert große Permeabilität des Ferromagnetikums).

Spulen mit dieser Eigenschaft heißen *Speicherdrosseln*, sie haben spezifische Einsatzbereiche.

Der magnetische Kreis und seine Ersatzschaltung (Abb. 4.1.13a) erfordert zunächst die Kennlinien $\Phi(V)$ der *magnetischen Reluktanzen* $G_{\text{m}} \sim 1/R_{\text{m}}$ (Abb. 4.1.13b) auf Grundlage der jeweiligen Feldgrößen $B(H)$. Im ferromagnetischen Teil ist Sättigung angedeutet. Die Kennlinie folgt durch Addition der magnetischen Spannungsabfälle V_{Fe}, V_{L} für einen gewählten Fluss (Abb. 4.1.13c). Ergebnis ist die Gesamtkennlinie mit dem Arbeitspunkt A bei der Erregung Θ. Die im Luftspalt gespeicherte Energie tritt als (schraffierte) Differenz zwischen den Magnetisierungskurven ohne und mit Luftspalt auf.

Einfacher fasst man den (linearen) Luftspaltwiderstand als Innenwiderstand der Erregerquelle auf (aktiver Zweipol) und den Eisenwiderstand als magnetische Last (Abb. 4.1.13e). Der Arbeitspunkt A ist der Schnitt beider Kennlinien und die magnetischen Energien sind proportional zu den schraffierten Flächen. Ohne Luftspalt gilt der Arbeitspunkt A' bei höherem Fluss. Weil in dieser Darstellung die magnetische Erregung Θ bei Luftspaltänderung unverändert bleibt, geht daraus leicht die Form Abb. 4.1.13d mit zwei (Gesamt-) Widerstandskennlinien ohne und mit Luftspalt hervor. Die Konsequenzen der Darstellungen mit konstantem Fluss Φ und konstanter Erregung Θ vertiefen wir in Kap. 4.3.

Magnetisch gekoppelte Spulen Liegen an zwei (verlustfreien) gekoppelten Spulen (Induktivitäten L_1, L_2, Gegeninduktivität M, lineares magnetisches Medium) mit der u,i-Beziehung Gl. (3.4.14) die Spannungen u_1, u_2, dann nehmen sie die Leistung (Verbraucherpfeilrichtung, s. Abb. 3.4.10)

$$p = i_1 u_1 + i_2 u_2 = L_1 i_1 \frac{di_1}{dt} + L_2 i_2 \frac{di_2}{dt} \pm M \left(i_1 \frac{di_2}{dt} + i_2 \frac{di_1}{dt} \right)$$

$$= \frac{d}{dt} \left(\frac{L_1}{2} i_1^2(t) + \frac{L_2}{2} i_2^2(t) \pm 2M i_1(t) i_2(t) \right) = \frac{dW_{el}(t)}{dt} \equiv \frac{dW_m(t)}{dt}$$

auf. Die zugeführte elektrische Energie baut die magnetische Energie W_m des Spulenpaares auf (mit $i_1(t) = I_1$ und $i_2(t) = I_2$ im Endzustand)

$$W_m = \frac{1}{2} \left(L_1 I_1^2 + L_2 I_2^2 \pm 2M I_1 I_2 \right) > 0. \quad \text{Magnetische Energie (gekoppeltes Spulenpaar)} \quad (4.1.40)$$

Die in zwei stromdurchflossenen gekoppelten Leiterkreisen (Ströme I_1, I_2) gespeicherte magnetische Feldenergie hängt von den Einzelinduktivitäten und der Kopplung beider Kreise ab.

Bei *fester Spulenkopplung* ($M^2 = L_1 L_2$) gilt $W_m = \frac{1}{2} \left(\sqrt{L_1} I_1 \pm \sqrt{L_2} I_2 \right)^2$ mit positivem (negativem) Vorzeichen für gleichsinnige (gegensinnige) Kopplung. Feste Kopplung entsteht beispielsweise bei kompakt übereinander liegenden dünnen Wicklungslagen beider Spulen.

Ändert sich die magnetische Gesamtenergie nicht (also $dW_m/dt = 0$), so verschwindet die zugeführte elektrische Gesamtleistung, d. h. die von einer Spule aufgenommene Leistung wird von der anderen abgegeben. Dieses Prinzip nutzt der (verlustlose) *Transformator* (Kap. 3.4.3).

Magnetische Energie eines Mehrleitersystems Die Energie des Zweileitersystems Gl. (4.1.40) ist Grundlage für die magnetische Energie eines *Mehrleitersystems*. Mit der Schreibweise $M = L_{12} = L_{21}$ lautet Gl. (4.1.40)

$$W_m = \frac{1}{2} \left(L_{11} I_1^2 + (L_{12} + L_{21}) I_1 I_2 + L_{22} I_2^2 \right) = \frac{1}{2} \sum_{i=1}^{2} \sum_{k=1}^{2} L_{ik} I_i I_k. \quad (4.1.41)$$

Der symmetrische Aufbau hinsichtlich der Indizes i und k erlaubt einen Übergang zum System mit n Leitern ($2 \to n$) für jede Art von Induktivität (Selbst- und Gegeninduktion). Die Koeffizienten L_{ik} ($i \neq k$) sind, kopplungsabhängig, positiv oder negativ.

Bemerkung Bisher wurden elektrisches und magnetisches Feld entkoppelt voneinander betrachtet (Ausnahme Induktionsgesetz im Zusammenwirken mit dem Durchflutungssatz). Der allgemeine Fall ist aber Feldverkopplung. So entsteht beispielsweise bei der Entladung eines (größeren) Kondensators über einen Kurzschlussdraht durch den hohen Entladestrom gleichzeitig ein zeitveränderliches magnetisches Feld um den Draht, das wieder eine induzierte Feldstärke erzeugt usw.: es breitet sich ein elektromagnetischer Wellenzug aus. Er wird mit einem in der Nähe aufgestellten Rundfunkempfänger als Knackgeräusch wahrgenommen, obwohl zwischen dem Kondensatorkreis und Empfänger keine galvanische Verbindung besteht!

Die Feldverkopplung und ihre Folgen sind Inhalt der theoretischen Elektrotechnik.

4.2 Energieübertragung, Energiewandlung

Der Grundstromkreis verfestigt den Eindruck, dass Energieübertragung zwischen Quelle und Verbraucher durch Strom erfolgt und das elektromagnetische Feld keine Rolle spielt. Wir zeigen jetzt den *Feldraum* als *eigentlichen Träger des Energietransportes*. Dann muss er durch eine Feldgröße, die *Energiestromdichte* oder den *Poynting-Vektor*[5], beschrieben werden. Ausgang ist der Energiesatz. Die Bedeutung des Poynting-Vektors wird allein schon dadurch unterstrichen, dass in den Maxwellschen Gleichungen weder *Energieterme* noch *Kräfte* auftreten. Erst die von Poynting eingeführte *Energiestromdichte* erlaubt den Ausdruck des *Energiesatzes* durch Feldgrößen.

4.2.1 Energieströmung

Energiesatz Die Erhaltung der Gesamtenergie W eines abgeschlossenen Systems ist ein physikalisches Grundgesetz (s. Kap. 1.6.1, Bd. 1):

$$W = \text{const} \rightarrow \frac{dW}{dt} = 0. \quad \text{Energieerhaltungssatz (abgeschlossenes System)} \quad (4.2.1)$$

Ist ein System dagegen nicht abgeschlossen, so folgt aus dem Energiesatz wegen $dW_{\text{ges}}/dt = \sum_\nu P_\nu = 0$ mit der Leistung P als Energieänderung pro Zeiteinheit eine *Bilanzgleichung* (Abb. 4.2.1a): Die Energieänderung ist gleich der Bilanz zwischen Energiezu- und -abfuhr oder geschrieben für die Energieabnahme

$$-\frac{dW}{dt} = \frac{dW}{dt}\bigg|_{\text{ab}} - \frac{dW}{dt}\bigg|_{\text{zu}} = P_{\text{ab}} - P_{\text{zu}} = I_{\text{Wab}} - I_{\text{Wzu}}. \quad (4.2.2)$$

---

[5] John Henry Poynting (1852–1914), sein Energiekonzept auf Grundlage der Feldgrößen wurde 1884 vorgeschlagen.

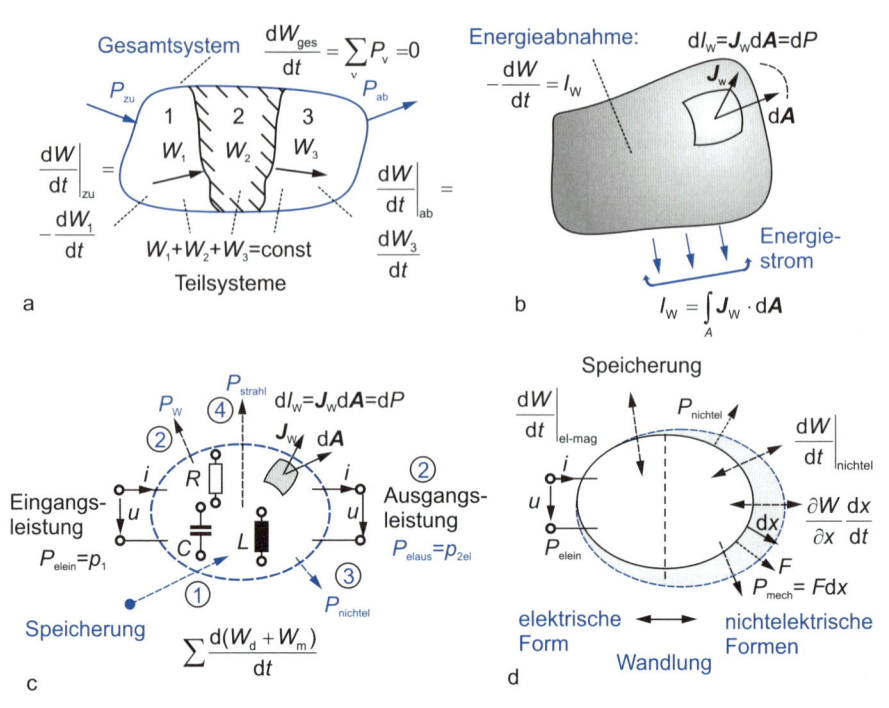

Abb. 4.2.1. Energieerhaltung und Energiestrom I_W. (a) Energieerhaltung im abgeschlossenen System (auch unterteilt in Teilsysteme) bzw. Änderung der Systemenergie durch Leistungszu- und abfuhr. (b) Veranschaulichung des Energiestromes I_W. (c) Leistungsbilanz am allgemeinen Zweipolnetzwerk. (d) Leistungsbilanz eines Hüllvolumens, das sich durch Krafteinwirkung ändert

Gibt es im abgeschlossenen System weitere Teilsysteme (z. B. drei in Abb. 4.2.1a), so folgt für die Energieänderung $dW/dt = dW_2/dt$ des mittleren Systems die Bilanz zwischen Energiezu- $(-dW_1/dt = dW/dt|_{zu})$ und -abfuhr $(dW_3/dt = dW/dt|_{ab})$. Die Größe I_W heißt *Energiestrom* (Dimension: Leistung). Wir untersuchen diese Bilanz für einen abgeschlossenen Feldraum mit der Gesamtenergie aus elektrischer und magnetischer Feldenergie, dem Energiezu- oder -abstrom bei zeitlicher Feldänderung und der an Ladungsträgern verrichteten Arbeit.

Energieerhaltung nach Gl. (4.2.1) erfordert, dass jede Änderung der elektromagnetischen Energie W (im Volumen V)
— ihren Zu- bzw. Abfluss in oder aus dem Volumen bedingt und/oder
— ihre Wandlung in eine andere, also nichtelektrische Form erfährt.

Das begründet die Einführung des Energiestromes oder -flusses.

1. Die *elektromagnetische Feldenergie* W ist durch die elektrische und magnetische Energiedichte w_d, w_m (Gln. (4.1.29), (4.1.36)) gegeben

$$W(t) = \int_V (w_d + w_m) dV = W_d + W_m.$$

2. *Zeitveränderliche Felder* ändern die Energiedichte im Raum, durch Umverteilung kommt es zum *Energietransport*. Er wird, ähnlich wie der Transport von Masse oder Ladung, durch eine *Strömungsgröße* beschrieben: die *Energiestromdichte* $\boldsymbol{J}_W$ (Maßeinheit W/cm^2). Zu ihr gehört, wie bei der Stromdichte $\boldsymbol{J}$, eine zugeordnete Flussgröße durch eine Fläche A, der *Energiestrom* I_W

$$I_W = \int_A \boldsymbol{J}_W \cdot d\boldsymbol{A}. \qquad I_W \text{ Energiestrom} \qquad (4.2.3)$$

Speichert ein Volumen V die Energie W, so kann sich diese nur als *Transportvorgang durch eine gedachte oder materielle Oberfläche ändern*: es muss ein Energiestrom I_W durch die Hüllfläche fließen (Abb. 4.2.1b).

Ein solcher Ansatz lag bereits dem Ladungs-Strom-Zusammenhang zugrunde (s. Kap. 1.4.1 ff., Bd. 1). Auch für die Ladung galt ein Erhaltungssatz und aus der zeitlichen Ladungsänderung wurde der Strom begründet.

Man definiert den Energiestrom üblicherweise positiv, wenn er aus dem Volumen heraus fließt[6]. Dann gibt das System Energie ab und es gilt

$$\underbrace{-\frac{dW}{dt}}_{\substack{\text{Energieabnahme je Zeit,} \\ \text{abgeschlossenes System}}} = \underbrace{I_W}_{\substack{\text{Nettoenergiestrom} \\ \text{nach außen}}}. \qquad (4.2.4)$$

Nur Energietransport durch eine gedachte oder vorhandene Hüllfläche ändert den Energieinhalt eines Volumens.

3. Ein Feld kann Energie auf Ladungsträger übertragen (z. B. Beschleunigung im elektrischen Feld). Dann leistet es an ihnen Arbeit und verrichtet die Leistung P_Teil, beispielsweise $P_\text{Teil} = \int \boldsymbol{E} \cdot \boldsymbol{J} dV$ (Gl. (4.1.9)) im Strömungsfeld.

Zusammengefasst lautet dann (Gl. (4.2.2)):

$$\frac{dW}{dt} + I_W + P_\text{Teil} = 0 \qquad \text{Energiebilanz}$$

---

[6] Diese Zuordnung wird nicht einheitlich gehandhabt.

oder ausgeschrieben

$$\underbrace{\frac{\mathrm{d}}{\mathrm{d}t}\int_V (w_\mathrm{d} + w_\mathrm{m})\mathrm{d}V}_{\substack{\text{Zunahme der}\\\text{elektromagnetischen}\\\text{Gesamtenergie}}} + \underbrace{\oint_A \boldsymbol{J}_\mathrm{W} \cdot \mathrm{d}\boldsymbol{A}}_{\substack{\text{Energiestrom durch}\\\text{Oberfläche}}} + \underbrace{P_\mathrm{Teil}}_{\substack{\text{Arbeit des Feldes}\\\text{an Ladungsträgern}}} = 0.$$

Poyntingscher Satz (4.2.5)

Diese *Energiebilanz* in *Integralform* für ein Volumen V, der *Poyntingsche Satz*, kann auch für den Raumpunkt angegeben werden (Gegenstand der Feldtheorie). Anschaulich besagt Gl. (4.2.5) nach Umstellung und Übergang von der Energiedichte zur Energie:

$$-\oint_A \boldsymbol{J}_\mathrm{W} \cdot \mathrm{d}\boldsymbol{A} = \frac{\partial}{\partial t}(W_\mathrm{m} + W_\mathrm{d}) + P_\mathrm{W}. \qquad (4.2.6)$$

Die durch eine Hüllfläche im elektromagnetischen Feld eindringende Energieströmung ist gleich der Zunahme der in der Hülle gespeicherten elektromagnetischen Energie und der Arbeit (Leistung), die das Feld an Teilchen verrichtet.

Links in Gl. (4.2.6) steht der Energiefluss durch die Hülle um das Volumen V. Er erhöht die Energie in der Hülle, führt aber auch die Leistung nach, die volumenbezogen durch Ströme (als verbreitetste Teilchenarbeit) aus dem Feld nach außen abgeführt wird, z. B. als Joulsche Wärme in Leitern (es können auch andere Energieformen auftreten (s. u.)). Umstellen von Gl. (4.2.6) nach der zeitlichen Energieabnahme ergibt sich die gleichwertige Aussage:

Jede Abnahme der in einer Hülle gespeicherten elektromagnetischen Energie verursacht einen Energiestrom (je Zeiteinheit) durch die Hülle nach außen abzüglich der in der Hülle in eine andere Energieform (meist Wärme) umgewandelten Energie (pro Zeiteinheit, Leistung).

Die Wärme wird nach außen abgestrahlt und muss als Feldenergie wieder nachgeliefert werden. Deshalb bildet jeder verlustbehaftete Leiter eine *Senke* für die *elektromagnetische Energieströmung*.

Wir betrachten die Energiebilanz Gl. (4.2.6) noch aus anderer Sicht. Energie kann im Raum verteilt sein. Hat sie zu verschiedenen Zeiten unterschiedliche Verteilung, so entsteht ein Energiefluss von einem Ort zum anderen. Die pro Zeit und Flächeneinheit durch ein Flächenelement hindurchströmende Energie ist die *Energieflussdichte* $\boldsymbol{J}_\mathrm{W}$. Wird von einer Energie W im Volumen (gegebener Form) ein Teil in eine andere Energieform gewandelt, so muss er (nach dem Energiesatz) noch vorhanden sein: ist g der pro Zeit- und Volumeneinheit umgewandelte Energieanteil,

4.2 Energieübertragung, Energiewandlung

dann erfordert die Energiebilanz

$$-\frac{\partial}{\partial t}\int_V w\,dV = \oint_A \boldsymbol{J}_W \cdot d\boldsymbol{A} + \int_V g\,dV.$$

Die im Volumen V „verlorengehende" Energie (linke Seite) findet sich in zwei Anteilen: einem durch die Hüllfläche abströmenden *gleicher Energieform* (erster Anteil) und einem, der in eine *andere Energieform* gewandelt wird (zweiter Teil, g heißt die Energieumwandlungsrate [Leistung pro Zeit]). Die zugehörige Energie (pro Zeit- und Volumeneinheit) ist die an Teilchen geleistete Arbeit und äußert sich z. B. als Stromwärme im Leiter u. a., in Gl. (4.2.6) als Teilchenarbeit P_W angesetzt. Die Energiedichte w enthält das elektrische und magnetische Feld.

Die bisherigen Betrachtungen lassen Fragen offen: was ist eine Energiestromdichte und wie wird die an Teilchen verrichtete Arbeit durch bisher bekannte Vorgänge ausgedrückt?

Energiestromdichte Die *Energiestromdichte* $\boldsymbol{J}_W$ Gl. (4.2.3) heißt *Poynting-Vektor*. Aus den Maxwellschen Gleichungen lässt sich dafür herleiten:[7]

$$\boxed{\boldsymbol{J}_W = \boldsymbol{E} \times \boldsymbol{H}. \qquad \text{Energiestromdichte (Poynting-Vektor)} \quad (4.2.7)}$$

Der Dimension nach

$$\dim(J_W) = \dim(EH) = \dim\left(\frac{\text{Spannung} \cdot \text{Strom}}{\text{Länge} \cdot \text{Länge}}\right) = \dim\left(\frac{\text{Energie}}{\text{Fläche} \cdot \text{Zeit}}\right)$$

wird J_W auch *Leistungsdichte*, *Flächendichte der Leistungsströmung*, *Intensität* oder *Strahlungsvektor*[8] genannt, die Einheit beträgt $[J_W] = [E][H] = 1\,\text{V}/\text{m} \cdot (1\,\text{A}/\text{m}) = 1\,\text{W}/\text{m}^2$.

Die Energiestromdichte $\boldsymbol{J}_W$ ist in jedem Raumpunkt eines elektromagnetischen Feldes gleich dem Vektorprodukt der dort herrschenden elektrischen ($\boldsymbol{E}$) und magnetischen ($\boldsymbol{H}$) Feldstärke.

Sie kennzeichnet den Transport elektromagnetischer Feldenergie nach Größe und Richtung durch die Oberfläche eines Volumens. $\boldsymbol{E}$, $\boldsymbol{H}$ und $\boldsymbol{J}_W$ bilden ein Rechtssystem.

---

[7] Stromdichte $\boldsymbol{J}$ und Poynting-Vektor $\boldsymbol{J}_W$ haben das gleiche Symbol, zur Unterscheidung fügen wir den Index W an.

[8] Die Bezeichnung Leistung bzw. Leistungsdichte trifft den Sachverhalt besser als Energieströmung, denn weder die Energie noch ihre volumenbezogenen Werte sind Vektoren. Das Vektorprodukt aus elektrischer und magnetischer Feldstärke ist dagegen ein Vektor $\boldsymbol{J}_W$, aus dessen Quellendichte (Divergenz) die unterschiedlichen elektromagnetischen Leistungsdichten und Umwandlungen (in Wärme) beschrieben werden können.

Der *Energiestrom* I_W ist die zu $\boldsymbol{J}_W$ gehörende *Integralgröße* (Gl. (4.2.3)). Er heißt wegen seiner Dimension üblicherweise *Leistung P*

$$P \equiv I_W = \int_A \boldsymbol{J}_W \cdot \mathrm{d}\boldsymbol{A} = \int_A (\boldsymbol{E} \times \boldsymbol{H}) \cdot \mathrm{d}\boldsymbol{A}. \qquad (4.2.8)$$

Die Leistung $P \equiv I_W$ ist der Fluss des Poynting-Vektors $\boldsymbol{J}_W$.

Wird in Gl. (4.2.6) statt der an Teilchen geleisteten Arbeit P_W eine zugeordnete *nichtelektrische* Energiedichte w_{nel} (für allgemeine Energiewandlung) angesetzt, so folgt der *Poyntingsche Satz in Kompaktform*

$$-\frac{\partial}{\partial t} \int_V (w_{d,m} + w_{nel}) \, \mathrm{d}V = \oint_A \boldsymbol{J}_W \cdot \mathrm{d}\boldsymbol{A}. \qquad (4.2.9)$$

Die zeitliche Abnahme der in einem Volumen enthaltenen Energie (elektromagnetische und nichtelektrische Form) ist gleich dem durch die Volumenoberfläche herausströmenden Energiestrom.

Der Poynting-Vektor veranschaulicht die in der Zeiteinheit durch eine Fläche A hindurchtretende Energie. Er erlaubt eine einfache Erklärung der Energieströmung im elektromagnetischen Feld. Folgerungen sind:

— Elektrische Energie wird nicht durch den im Leiter fließenden Strom übertragen, sondern vom *elektromagnetischen Feld um den Leiter* (also durch die umgebende Luft oder Leiterisolation)!
— Ein Teil der Energie fließt aus dem Feld in den Leiter, erwärmt ihn und stellt den *Energieverlust* dar (bisher als Ohmsche Verluste benannt).

Das wird besonders deutlich für ein stationäres System, in dem nur Gleichströme fließen. Dann verschwindet in Gl. (4.2.6) die Energieänderung und bei der an Teilchen geleisteten Arbeit kann es sich nur um *Stromwärmeverluste* handeln. So verbleibt mit der Verlustleistung $P_W = \int_V \boldsymbol{J} \cdot \boldsymbol{E} \mathrm{d}V$ des Strömungsfeldes

$$-\oint_A \boldsymbol{J}_W \cdot \mathrm{d}\boldsymbol{A} = \int_V \boldsymbol{J} \cdot \boldsymbol{E} \mathrm{d}V.$$

Damit ist der Nettoleistungsfluss durch eine Hülle um einen stromführenden Leiter ein Maß für Ohmsche Verluste im Leiter!

Das wird am Koaxialkabel erläutert (Kap. 4.2.2).

Erweiterung, nichtelektrische Energieformen Wir bringen jetzt die Arbeit an Teilchen in Gl. (4.2.6) in Beziehung zu bekannten Vorgängen und denken die Hüllfläche über zwei Anschlussklemmen zugänglich. So entsteht ein *allgemeiner Zweipol*, in dem Speicherung der elektromagnetischen Feldenergie, Teilchenarbeit und eine *Abstrahlung von Feldenergie* durch die Hülle erfolgen soll (Abb. 4.2.1c). Aus Gl. (4.2.6) ergibt sich als Leistungsbilanz

$$ui = \underbrace{\frac{\partial}{\partial t}(W_\mathrm{d} + W_\mathrm{m})}_{1} + \underbrace{\int_V (\boldsymbol{E} \cdot \boldsymbol{J} - \boldsymbol{E}_\mathrm{i} \cdot \boldsymbol{J})\,\mathrm{d}V}_{2,3} + \underbrace{\oint_A (\boldsymbol{E} \times \boldsymbol{H})\,\mathrm{d}\boldsymbol{A}}_{4}.$$

Leistungsbilanz   (4.2.10)

Die dem Zweipol zugeführte momentane Leistung $p = ui$ unterhält zunächst den *Energiezuwachs des elektromagnetischen Feldes* im Hüllvolumen V (1).

Bei der Arbeit P_W an Teilchen handelt es sich um die im *Strömungsfeld* ($\boldsymbol{E}$, $\boldsymbol{J}$) im Volumen V umgesetzte *Wärmeleistung* (Anteil 2 im zweiten Integral). Eingeschlossen ist auch elektrische Leistung, die das Netzwerk über ev. vorhandene Ausgangsklemmen (Zweitor!) abgibt.

Der Anteil 4 (mit dem Poynting-Vektor) kann als durch die Hülle austretende *Strahlung* verstanden werden (Antennenwirkung der Zweipolgeometrie bei hochfrequentem Feld, Strahlungsleistung einer Lichtquelle): *Leistung wird den Klemmen zugeführt und als elektromagnetische Welle abgestrahlt.*

Der Anteil 3 im zweiten Integral umfasst *Leistung nichtelektrischer* Natur durch die Feldstärke $\boldsymbol{E}_\mathrm{i}$ als *Ersatzgröße für nichtelektrische Kraftwirkungen auf Ladungsträger* (s. Kap. 1.3.5 und Gl. (1.3.33)). Die Ursachen können elektrochemischer, mechanischer (Batterie im Netzwerk, Bewegungsinduktion Gl. (3.3.13)) u. a. Natur sein. Haben $\boldsymbol{J}$ und $\boldsymbol{E}_\mathrm{i}$ gleiche Richtung, so bleibt das Integral negativ: die nichtelektrische Feldstärke verrichtet Arbeit und führt (je Zeiteinheit) Energie *in* die Hülle (Ausgleich von Wärmeverlust, Erhöhung der Feldenergie oder *Leistungsfluss nach außen* (Zweipol wirkt als Quelle!)). Haben $\boldsymbol{E}_\mathrm{i}$ und $\boldsymbol{J}$ entgegengesetzte Richtungen, so wird das Integral positiv und ein Teil der dem Zweipol zugeführten Leistung erzwingt Stromfluss *gegen* die nichtelektrische Feldstärke. Dadurch wandelt elektrische Energie an den Zweipolklemmen in nichtelektrische Formen (chemisch, mechanisch, z. B. Aufladen eines Akkumulators, Induktionsgesetz und Motorwirkung). Besonders anschaulich wird der Vorzeichenwechsel von $\boldsymbol{E}_\mathrm{i}$ bei der Bewegungsinduktion durch Umkehr der Bewegungsrichtung eines Leiters im Magnetfeld.

Einfache Netzwerke mit zeitunabhängigen Grundelementen R, L, C führen nur die Leistungsanteile 1 und 2.

Der Poyntingsche Satz in Form Gl. (4.2.10) erlaubt wichtige Aussagen zum Klemmenleistungsverhalten bei Betrieb des Zweipols mit Wechselgrößen für die sog. *Wirk-* und *Blindleistung* (s. Bd. 3).

Energiewandlung Zur Leistungsbilanz Gl. (4.2.10) eines allgemeinen Zweipols tragen zwei Energieformen bei: elektrische (links) sowie das zugehörige elektromagnetische Feld rechts (Anteil 1) und *nichtelektrische* Formen (Anteile 2–4 rechts): irreversible Wärmeleistung des Strömungsfeldes (Anteil 2), Leistungen, die über die Feldstärke E_i ins Strömungsfeld gelangen (z. B. chemische Energie einer Batterie) und die Strahlungsleistung (die wir nicht weiter verfolgen). In Abb. 4.2.1c wurde die *Energiewandlung* zusammengefasst.

Zur Leistungsbilanz Gl. (4.2.10) gehört eine *feste Hülle* und damit *fester Feldraum*. Wird er durch eine *äußere Kraft deformiert*, so entstehen *räumliche Feldenergieänderungen* nach dem Ansatz Gl. (4.1.10). Sie beschreiben die *direkte Wandlung elektrischer Feldenergie in mechanische* (und umgekehrt) und werden im Wandlungsmodell Abb. 4.2.1d als *Kraftwirkung* erfasst. Die zugehörige Netzwerkinterpretation führt dann auf *zeitveränderliche Energiespeicher*. Energie wird auch in *nichtelektrischer* Form gespeichert (Wärmekapazität, mechanisch durch Federwirkung, Trägheitsmoment ...), wie im Bilanzmodell Abb. 4.2.1d berücksichtigt.

Zusammengefasst ergibt sich:
- Der Poyntingsche Satz beschreibt die Wandlung elektrischer Energie (als Leistungsbilanz) und der zugehörigen Feldenergien in andere nichtelektrische Formen.
- Der Poyntingvektor ist Träger der elektromagnetischen Energie und maßgebend für den Leistungsfluss in jedem elektromagnetischen System. Er beschreibt Größe und Richtung des Energietransports im Feldpunkt.
- Der gerichtete Energietransport entsteht durch Verkopplung von elektrischer und magnetischer Energie.
- Elektromagnetische Energie wird nicht durch Leiter übertragen, sondern im Raum um die Leiter (die nur eine Führungsfunktion haben, s. u.!).

Vernachlässigt man in Gl. (4.2.10) den Strahlungsanteil (4), so verbleibt als Leistungsbilanz (Gl. (4.2.11))

$$ui = I_\mathrm{W} + \frac{dW}{dt} \quad \text{mit} \quad W = W_\mathrm{d} + W_\mathrm{m} + W_\mathrm{S} + W_\mathrm{nichtel.} \quad (4.2.11)$$

4.2 Energieübertragung, Energiewandlung

Die dem Zweipol zugeführte elektrische Leistung unterhält den Energiefluss I_W durch eine (gedachte) Hüllfläche und verursacht eine Änderung der Energie W in der Hülle (bestehend aus elektromagnetischer Feldenergie W_{el}, W_m, Wärmeenergie des Strömungsfeldes W_S und Wandlung in mechanische Energie $W_{nichtel.}$ → Auftreten von Kraftwirkungen).

Im *stationären Fall* ($dW/dt = 0$) speist dann die dem Zweipol zugeführte elektrische Leistung nur den Energiestrom I_W. Er kann, je nach Interpretation, beispielsweise beim Gleichstrommotor neben der Verlustleistung auch die mechanisch abgegebene Leistung bei konstanter Drehzahl umfassen.

◆ 4.2.2 Energietransport Quelle-Verbraucher

Leistung im Grundstromkreis Wir übertragen den Poyntingschen Satz Gl. (4.2.5) auf den Grundstromkreis, aber als Feldbetrachtung mit der Energiestromdichte J_W (Abb. 4.2.2a). Die Verbindung zum Verbraucher übernimmt eine widerstandslose Koaxialleitung und statt Spannung $U = \int_{r_i}^{r_a} \boldsymbol{E} \cdot d\boldsymbol{s}$ und Strom $I = \oint \boldsymbol{H} \cdot d\boldsymbol{s}$ werden die Feldgrößen $\boldsymbol{E}$, $\boldsymbol{H}$ der Leitung verwendet (Abb. 4.2.2a, b). Zwischen den Leitern wirkt die Feldstärke $\boldsymbol{E}$ und um jeden Leiter das Magnetfeld $\boldsymbol{H}$. Dann ist die Leistungsdichte $\boldsymbol{E} \times \boldsymbol{H}$ am oberen und unteren (!) Leiter zum Verbraucher hin orientiert.

In Zylinderkoordinaten lauten die Größen

$$E = \frac{Q}{\varepsilon 2\pi r l}, \quad U = \frac{Q}{\varepsilon 2\pi l} \ln \frac{r_a}{r_i} \rightarrow \boldsymbol{E}_r = \frac{U}{r \ln(r_a/r_i)} \boldsymbol{e}_r \quad \boldsymbol{H}_\varphi = \frac{I}{2\pi r} \boldsymbol{e}_\varphi.$$

$\boldsymbol{H}_\varphi$ und $\boldsymbol{E}_r$ stehen senkrecht aufeinander und ergeben den Poynting-Vektor

$$\boldsymbol{J}_W = \boldsymbol{E}_r \times \boldsymbol{H}_\varphi = \frac{U}{r \ln \frac{r_a}{r_i}} \cdot \frac{I}{2\pi r} (\boldsymbol{e}_r \times \boldsymbol{e}_\varphi) = \frac{UI}{2\pi r^2 \ln \frac{r_a}{r_i}} \boldsymbol{e}_z$$

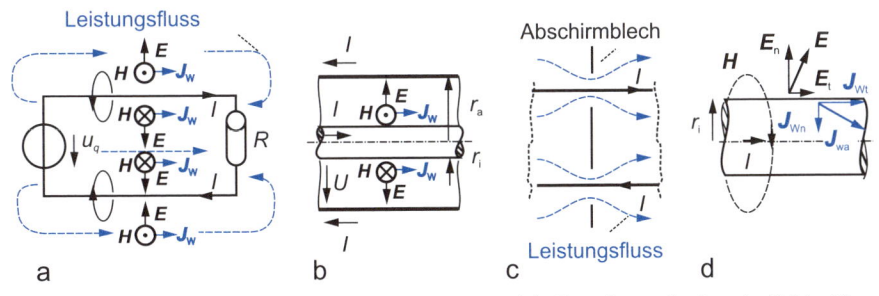

Abb. 4.2.2. Energiestromdichte, Poynting-Vektor. (a) Grundstromkreis mit Feldgrößen und Poynting-Vektor J_W. (b) Poynting-Vektor in einer Koaxialleitung. (c) Leistungsfluss in einer Doppelleitung bei eingefügter (ideal) leitender Ebene. (d) Energieströmung im zylindrischen Leiter endlicher Leitfähigkeit

in z-Richtung. Er führt durch das Flächenelement $\mathrm{d}\boldsymbol{A} = 2\pi r \mathrm{d}r \boldsymbol{e}_z$ (Kreisring $\mathrm{d}\boldsymbol{A}$, Breite $\mathrm{d}r$ und Umfang $2\pi r$) die Leistung

$$P = \int_A \boldsymbol{J}_\mathrm{W} \cdot \mathrm{d}\boldsymbol{A} = \frac{UI}{\ln \frac{r_\mathrm{a}}{r_\mathrm{i}}} \int_{r_\mathrm{i}}^{r_\mathrm{a}} \frac{2\pi r \mathrm{d}r}{2\pi r^2} \boldsymbol{e}_z \cdot \boldsymbol{e}_z = UI. \qquad (4.2.12)$$

> Der Energiestrom fließt von der Quelle zum Verbraucher im Feldraum des Koaxialkabels, also außerhalb der Leiter.

Aus Sicht der Energiestromdichte ist das Dielektrikum zwischen Innen- und Außenleiter sowohl Sitz gespeicherter Energie (ausgedrückt durch Kapazität und Induktivität des Kabels) als auch Transportraum des Energiestromes. Innen- und Außenleiter haben nur die Aufgabe, den Energiestrom zu führen, ihn also zu zwingen, dem Leiter räumlich zu folgen!

Das Ergebnis Gl. (4.2.12) auf beiden Seiten hat zwar gleiche Dimension, doch muss es physikalisch verschieden gedeutet werden. Der Term links beschreibt den Energietransport durch das Feld, der Term rechts die *materiegebundene* Energieströmung: Stromtransport durch Ladungsträger (Strom I!).

Bei *Umpolung der Spannungsquelle* ändert sich die Richtung des Poynting-Vektors und damit die *Energieflussrichtung nicht:* die Bewegungsrichtung der Ladungsträger bleibt ohne Einfluss auf den Energietransport. So erklärt sich, dass ein gleichgerichteter Energietransport auch durch Wechselstrom erfolgt.

Abbildung 4.2.2a zeigt den Poynting-Vektor in ausgewählten Punkten: um die Spannungsquelle ist er nach außen gerichtet, in der Verbindungsleitung zum Verbraucher hin und um das Lastelement nach innen.

Wird in Schaltungsmitte eine große, gut leitende Ebene mit Löchern für die Durchleitungen angebracht (Abb. 4.2.2c), so erfolgt wegen $\boldsymbol{E} = 0$ in der Platte kein Leistungsfluss. Nur in den Löchern ist die Feldstärke entsprechend groß und damit auch der Poynting-Vektor. Er „zwängt" sich durch die Löcher.

Bei einer Wellenausbreitung entfällt der Leiter und der Energietransport erfolgt frei durch den Raum beschrieben durch die Energiestromdichte.

Verlustbehaftete Koaxialleitung Hat der Innenleiter einen Widerstand (Leitfähigkeit κ), so entsteht ein Längsspannungsabfall und damit eine Tangentialfeldstärke $\boldsymbol{E}_\mathrm{t} = \boldsymbol{e}_z I/(\kappa A_\mathrm{L})$ (A_L Leiterquerschnitt) zusätzlich zur Normalfeldstärke (Abb. 4.2.2d). Mit der magnetischen Feldstärke $\boldsymbol{H}_\varphi = \boldsymbol{e}_\varphi I/(2\pi r_\mathrm{i})$ an der Stelle r_i beträgt der Poynting-Vektor (mit $A_\mathrm{L} = \pi r_\mathrm{i}^2$)

$$\boldsymbol{J}_\mathrm{W} = (\boldsymbol{E}_\mathrm{t} \times \boldsymbol{H}_\varphi) = \frac{I}{\kappa A_\mathrm{L}} \frac{I}{2\pi r_\mathrm{i}} (\boldsymbol{e}_z \times \boldsymbol{e}_\varphi) = -\frac{I^2}{\kappa 2\pi^2 r_\mathrm{i}^3} \boldsymbol{e}_\mathrm{r}.$$

Er zeigt auf der Leiteroberfläche *in den Leiter* und das Hüllintegral

$$-\oint \boldsymbol{J}_\mathrm{W} \cdot \mathrm{d}\boldsymbol{A} = -\int \frac{-I^2}{\kappa 2\pi^2 r_\mathrm{i}^3} \boldsymbol{e}_\mathrm{r} \cdot \boldsymbol{e}_\mathrm{r} 2\pi r_\mathrm{i} \mathrm{d}l = \frac{I^2 l}{\kappa \pi r_\mathrm{i}^2} = I^2 R$$

4.2 Energieübertragung, Energiewandlung

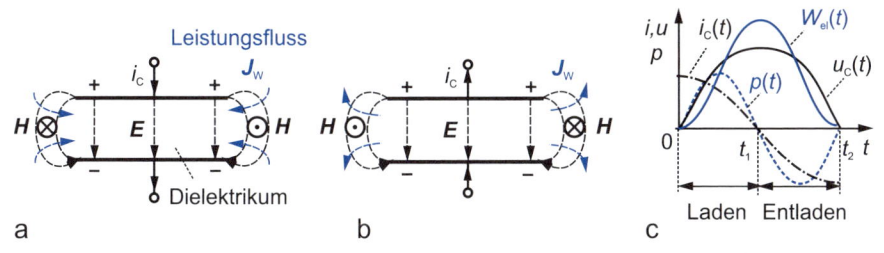

Abb. 4.2.3. Energieströmung im Kondensatorfeld während des Umladens. (a) Aufladung bis zur Zeit t_1. (b) Entladung im Zeitbereich $t_1\ldots t_2$. (c) Zeitverläufe von Kondensatorspannung, Strom, Energie W_{el} sowie zu- oder abgeführter Leistung $p = \mathrm{d}W_{\mathrm{el}}/\mathrm{d}t$

ergibt den Leistungsverlust in ihm. Die Tangentialkomponente $\boldsymbol{J}_{\mathrm{Wt}} = \boldsymbol{E}_{\mathrm{n}} \times \boldsymbol{H}$ beschreibt wie oben die Energieströmung zum Verbraucher. Mit wachsendem Abstand vom Leiter sinkt die transportierte Energiedichte, weil $\boldsymbol{E}$ und $\boldsymbol{H}$ abnehmen. Deshalb erfolgt der Energietransport in einem „Schlauch" um den Leiter. Er ist Sitz (= gespeicherte Feldenergie) und „Leiter" der Energie! Im Leiter selbst erfolgt kein Energietransport zum Verbraucher, weil der Poynting-Vektor nur eine radiale, in den Leiter zeigende Komponente hat ($\rightarrow$ Leistungsdichte, Erwärmung): Energie strömt aus dem elektromagnetischen Feld in den Leiter.

Abbildung 4.2.2d zeigt die Energieströmung im Koaxialkabel. Die senkrecht auf der Innenleiteroberfläche stehende elektrische Feldstärke verursacht die Tangentialkomponente des Leistungsdichtevektors verantwortlich für den Energietransport. Seine radiale Komponente entsteht durch die tangentiale Feldstärkekomponente (als Folge des Spannungsabfalls). Sie zeigt in den Leiter und erfasst die Leiterverluste.

Kondensatorladung Energieströmungen treten auch beim Laden und Entladen eines Kondensators durch eine sinusförmige Spannung auf (Abb. 4.2.3). Während der ersten Viertelperiode (Laden, Zeit $0\ldots t_1$) strömt elektromagnetische Energie zum Feldaufbau zwischen die Kondensatorplatten. Das zeigt die Zuordnung von $\boldsymbol{E}$, $\boldsymbol{H}$ und $\boldsymbol{J}_{\mathrm{W}}$. Während der Entladung (Zeit $t_1\ldots t_2$) fließt die im Kondensatorfeld gespeicherte Energie zur Quelle zurück (Richtungsumkehr des Stromes und Magnetfeldes). Mit Spannungsumkehr nach t_2 ändern sich die Richtungen von $\boldsymbol{E}$ und so $\boldsymbol{J}_{\mathrm{W}}$ und die Ladung beginnt von Neuem.

4.2.3 Energiewandlung

Die Wandlung elektrischer Energie in nichtelektrische Formen ist vielfältig und wir verfolgen diese Vorgänge deshalb systematischer. Grundlage aller Wandlungen ist der Energiesatz, entweder für ein geschlossenes System Gl. (4.2.1) oder das offene als *Bilanzgleichung* (4.2.2).

Die Leistungsbilanz eines offenen Systems besagt, dass *zugeführte Leistung* einer Form einerseits die Energie (derselben Form!) in einem Hüllvolumen erhöht und andererseits einen *Leistungsabfluss* aus dem Hüllvolumen un-

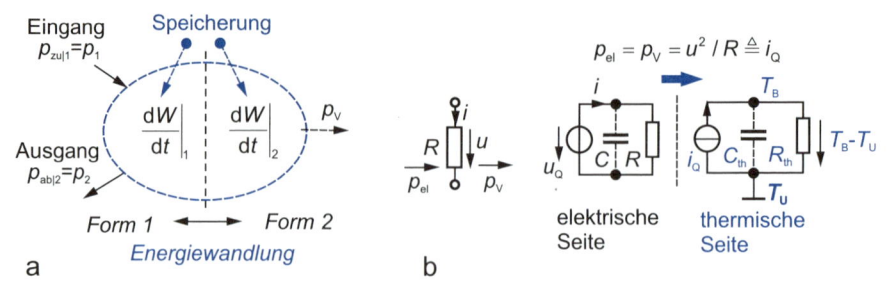

456   4. Energie und Leistung elektromagnetischer Erscheinungen

Abb. 4.2.4. Leistungsbilanz und Energiewandlung. (a) Bilanzgleichung der zugeführten, gespeicherten und abgeführten Energieströme (Leistungen) am Zweitor mit Energiewandlung. (b) Elektrisch-thermische Energiewandlung am Widerstand R mit elektrisch-thermischer Ersatzschaltung

terhält, der auch in anderer Energieform erfolgen kann: *damit ist Energiewandlung prinzipiell eingeschlossen*! Das zeigt etwa ein Netzwerk aus den Grundelementen R, L, C, angeordnet als Zweitor (Abb. 4.2.1c). Ihm wird die elektrische Leistung p_1 zugeführt und der Teil $p_2 = p_{2\text{el}}$ davon ausgangsseitig als elektrische Leistung abgeführt. Die Differenz speichern seine Energiespeicher als elektromagnetische Energie und ein anderer Teil wird in den Ohmschen Widerständen in Wärme (Wärmeleistung $p_W = p_V$ Verlustleistung) umgesetzt. Die Folge ist ein Wärmestrom durch die Hülle. Weitere nichtelektrische Leistungen p_3 und Strahlungsleistung p_4 werden nicht betrachtet.

Die Ausgangsleistung wandelt sich, je nach Anschlussart, beispielsweise in *Feldenergie* (C, L-Abschluss), *Wärmeleistung* (Ohmscher Abschluss) oder *mechanische Leistung* (Anschluss eines Motors), also in *nichtelektrische Formen*, denn die Feldenergie könnte (bei Erweiterung der Hülle) auch mit zur dortigen Feldenergie gerechnet werden. Dann lautet die Leistungsbilanz (4.2.2) bei Wandlung zwischen zwei Energieformen verallgemeinert

$$p|_{1\text{zu}} = \left.\frac{dW}{dt}\right|_{\text{Form 1}} \overset{\text{Energiewandlung}}{\Longleftrightarrow} + p|_{\text{Form 2 ab}} + \left.\frac{dW}{dt}\right|_{\text{Form 2}}. \quad (4.2.13)$$

Sie berücksichtigt Energiespeicherung auch für die gewandelte Form. Abbildung 4.2.4a interpretiert die Leistungsbilanz. Wird dabei ausgangsseitig elektrische Leistung wie beim Zweitor abgeführt, so steht in Gl. (4.2.13) links die Nettosumme zwischen zu- und abgeführter Leistung. Wir betrachten drei Beispiele.

Die einem *Widerstand* R zugeführte elektrische Leistung wird in Wärme umgesetzt (Wärmefluss p_V an die Umgebung modelliert als thermische Stromquelle i_Q, die auf den Wärmewiderstand R_{th} arbeitet, Abb. 4.2.4b). Es stellt sich seine Betriebstemperatur T_B (gegen die Umgebungstemperatur T_U) ein,

4.2 Energieübertragung, Energiewandlung

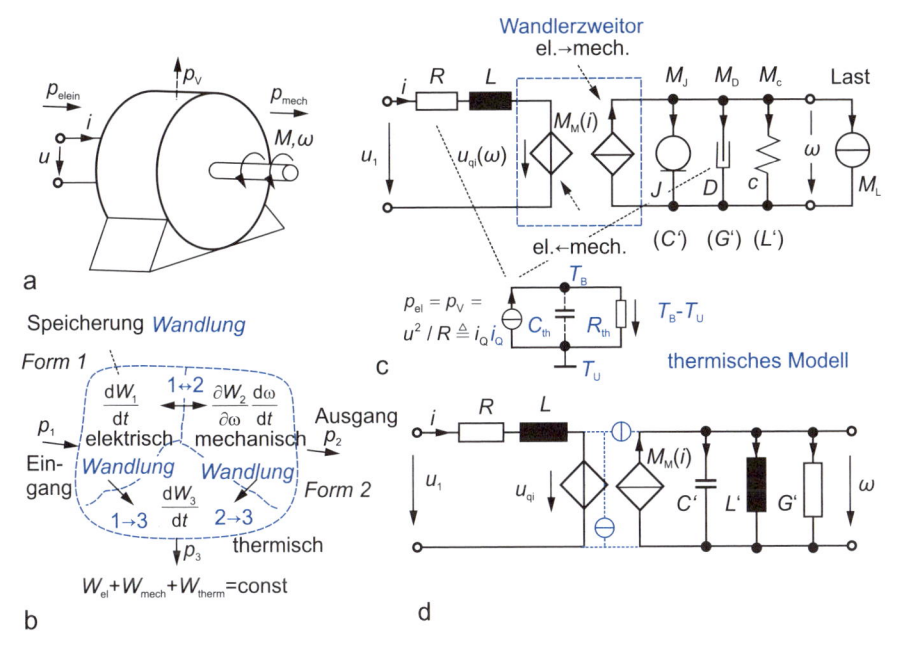

Abb. 4.2.5. Leistungsbilanz und Energiewandlung am Gleichstrommotor. (a) Modell mit typischen Leistungsflüssen. (b) Energieumsatz und -wandlung in den Teilbereichen. (c) Ersatzschaltungen der Teilbereiche. (d) Elektrisch-mechanische Ersatzschaltung, Überführung des mechanischen Teilnetzwerkes in ein elektrisches

gleichzeitig erhitzt er sich wegen seiner Wärmekapazität C_{th} zeitverzögert. Die *elektrisch-thermische Energiewandlung* wird als thermische Ersatzschaltung modelliert. Zur Erklärung nach Gl. (4.2.13) müsste dem Ohmschen Widerstand noch ein Kondensator C parallelgeschaltet werden, damit die elektrische Leistung zeitverzögert anwächst. Dieses Modell und die Temperaturabhängigkeit eines Widerstandes erklärt z. B. sein *nichtisothermes* Verhalten (s. Bd. 1, Kap. 2.3.4, Gl. (2.3.22)).

Energiewandlung tritt auch im *Poyntingschen Satz* (Gl. (4.2.10)) auf: die Leistungsanteile 2 und 3 beinhalten Wärmeabfuhr und weitere Energiewandlung über die Feldstärke $\boldsymbol{E}_{\text{i}}$ als *nichtelektrische* Ursache.

Die Energiewandlung kann mehrere Formen umfassen, wie etwa beim *Gleichstrommotor* (Abb. 4.2.5a). Ihm wird elektrische Leistung zugeführt und mechanische (durch Drehmoment und Winkelgeschwindigkeit) abgeführt. Gleichzeitig speichert seine Ankerinduktivität magnetische Energie und ebenso sitzt mechanische in seinem Trägheitsmoment (er läuft beim Einschalten allmählich an und nach Abschalten noch etwas weiter). Zusätzlich treten Wärmeverluste im Wicklungswiderstand und mechanische durch Reibung (Lager, Bürsten) auf. Schließlich hängt die mechanisch abgegebene Leistung von der Last ab und die Wärmeleistung wird durch Kühlmaßnahmen beeinflusst.

Der Wirkungsablauf Abb. 4.2.5b erfasst diese Verhältnisse nach Gl. (4.2.13). Klar sind die elektrischen und mechanischen Teilgebiete mit *reversibler Wandlung* (jeder Gleichstrommotor kann als Generator arbeiten!). Die Energiewandlung zum thermischen Teilbereich erfolgt *irreversibel* (elektrisch-thermisch, mechanisch-thermisch). Auch Wärmeträgheit (Wärmekapazität) tritt auf: der Motor erwärmt sich nicht sofort, sondern allmählich.

Eine praktische Fragestellung ist dann z. B. die nach der elektrischen Leistung bei gegebener Last und der Motorbetriebstemperatur. Das erfordert

— beschreibende Gleichungen für jeden Energiebereich, also *elektrische, mechanische* und *thermische Ersatzschaltungen* und *Verkopplungsbeziehungen* zwischen den Energieformen,
— die Lösung des Gesamtsystems nach den gesuchten Größen.

Hilfreich sind dabei Modelle für die Teilgebiete, angelehnt an elektrische Netzwerke, also die Schaffung *physikalischer Netzwerke* durch *Analogiebetrachtungen* (Kap. 6.1). Gelingt schließlich ihre „Umsetzung" in rein elektrische, so kann das *Gesamtsystem allein auf dieser Ebene gelöst* werden. Dafür stehen neben ausgereiften Methoden vor allem auch *Netzwerksimulatoren* bereit.

Zum Gleichstrommotor gehören entsprechende Ersatzschaltungen (Abb. 4.2.5c). Die elektrische Seite (Ankerkreis, Induktivität L) wird beschrieben durch

$$u = iR + L\frac{di}{dt} + u_{qi} \text{ mit } u_{qi} = wBA\omega = k\omega. \qquad (4.2.14a)$$

Die induzierte Spannung u_{qi} übernehmen wir von der rotierenden Leiterschleife (w Windungen, Schleifenfläche A). Mechanisch muss das antreibende Drehmoment M_M (elektrodynamische Kraft auf die Leiterschleife)

$$M_M = J\frac{d\omega}{dt} + D\omega + c\int \omega dt + M_L, \text{ mit } M_M = wAB \cdot i = k \cdot i \qquad (4.2.14b)$$

das *Trägheitsmoment* J, die (Dreh-) *Dämpfung* D (Reibung, Verluste), die elastische *Drehnachgiebigkeit* c (Antriebswellenverdrehung, meist vernachlässigt) und das *Lastmoment* M_L überwinden. Die rotatorische Bewegung vertauscht die Größen Kraft F und Geschwindigkeit v der translatorischen Bewegung gegen Drehmoment M und Winkelgeschwindigkeit ω. Grundsätzlich lassen sich die Gleichungen nach gesuchten Größen, z. B. Strom, Drehzahl und Eingangsleistung als Funktion der mechanischen Last lösen (lineares Gleichungssystem). Falls bei Hinzunahme der thermischen Seite keine Rückwirkung (über Temperaturkoeffizienten der Bauelemente) erfolgt, bleibt das System linear, bei Temperaturrückwirkung allerdings nicht.

Wird z. B. im Drehmoment die Winkelgeschwindigkeit durch die Spannung u_{qi} ersetzt ($\omega = u_{qi}/k$), so lautet die Drehmomentbeziehung gleichwertig nach Division durch die *Leiterschleifenkonstante* k

$$i = C'\frac{du_{qi}}{dt} + G'u_{qi} + \frac{1}{L'}\int u_{qi}dt, \text{ mit } C' = \frac{J}{k^2}, \ G' = \frac{D}{k^2}, \ L' = \left(\frac{c}{k^2}\right)^{-1}. \qquad (4.2.14c)$$

> Das ist ein elektrischer Netzwerkteil, gespeist vom Strom i mit dem Spannungsabfall u_{qi} (Abb. 4.2.5d). Durch die Ersatznetzwerkelemente C', G', L' (statt der mechanischen Größen J, D und c) geht das gemischt elektrisch-mechanische Netzwerk in ein rein elektrisches über und lässt sich mit gängigen Methoden nach den Unbekannten i und u_{qi} lösen!

Das Energiewandlungssystem „Gleichstrommotor" wird damit gleichwertig modelliert durch:

– *elektrische und mechanische Teilnetzwerke* verbunden über ein *Energiewandlerzweitor*, hier vom Typ spannungsgesteuerte Spannungsquelle (eingangsseitig) und stromgesteuerte Stromquelle (ausgangsseitig). Jede Quelle hat den *Wandlungstyp elektrisch-nichtelektrisch* (bzw. umgekehrt). Am Gesamtnetzwerk liegen elektrische Größen eingangsseitig, mechanische ausgangsseitig (dort auch die mechanische Last als Torbelastung). Das Wandlerzweitor wird nur durch die *Transformationsvariable* $k = wAB$ der Leiterschleife (bei elektrodynamischer Kraftursache) bestimmt.

– ein *rein elektrisches Netzwerk* mit mechanischen Netzwerkelementen äquivalent umgewandelt in elektrische. Das Wandlerzweitor entartet dann zum elektrischen Wandler und dient bei weiterer Umwandlung nur als *Leitungsverbindung* (idealer Wandler mit Spannungs- bzw. Stromübersetzungsverhältnis von 1). Die äquivalenten mechanischen Größen $u_{qi}(\to \omega)$ und i ($\to M_M$) treten am Ein- und Ausgang gemischt auf. Die Wandlungseigenschaften sitzen in den transformierten Netzwerkelementen und den zugeordneten elektrischen Variablen.

Das Wandlerzweitor aus gesteuerten Quellen ist hier vom *Hybridtyp* (Tab. 2.9, Kap. 2.6.4, Bd. 1), wir untersuchen es im Kap. 6.1 genauer.

4.3 Umformung elektrischer in mechanische Energie

Einführung Das elektromagnetische Feld wurde über die Kraftwirkungen zwischen ruhenden/bewegten Ladungen eingeführt, umgekehrt übt es Kräfte auf Ladungsträger aus (Ladungsverschiebung im elektrischen Feld, Richtungsänderung im magnetischen Feld). Die Kraftwirkung beruht auf der reversiblen Energieumformung elektrischer in mechanische Energie. Ihre Berechnung erfolgt über das Prinzip der *virtuellen Verschiebung*. Ferner können Bereiche mit gespeicherter Feldenergie Arbeit an Ladungsträgern leisten, die sich durch Kraftwirkungen bemerkbar macht. Auch hier wird elektrische Energie in mechanische gewandelt.

Kräfte *auf* Ladungen übertragen sich auf Körper *mit* Ladungen und versuchen, sie zu bewegen (oder deformieren). Typisch sind dafür

– Kräfte zwischen ruhenden oder bewegten Ladungen (Strömen), auch auf oder durch Leiter,

460 4. Energie und Leistung elektromagnetischer Erscheinungen

- Kräfte durch räumliche Änderung der Dielektrizitätskonstanten bzw. Permeabilität an Grenzflächen zweier Gebiete,
- Kräfte, die auftreten, wenn sich ε bzw. μ mit der Stoffdichte ändert sowie Kräfte auf elektrische oder magnetische Dipole. Wir übergehen sie wegen der geringen Bedeutung.

Die Umformung elektrischer oder magnetischer Energie in mechanische und umgekehrt ist ein wichtiges Teilgebiet der Elektrotechnik, das neben seinen Grundlagen (dieses Kapitel) vor allem technische Bedeutung für Motoren (Aktoren, Kap. 5) und der Wandlungsmodellierung durch Analogiebetrachtungen (Kap. 6) hat.

◉ 4.3.1 Kräfte im elektrischen Feld

Fundamental wirkt das elektrostatische Feld durch seine *Kräfte* auf *alle* felderregenden Ladungen, auch *Flächen-* und *Raumladungsdichten* (σ, ϱ). Die Folge sind Kräfte auf *geladene Leiter* (Kondensatorplatten) und *Grenzflächen zweier Dielektrika* (Ort von Flächenladungen, Abb. 2.4.1) ausgedrückt durch

$$\boldsymbol{F} = \int_V \boldsymbol{f}\,\mathrm{d}V, \quad \boldsymbol{f} = \varrho\boldsymbol{E} - \frac{E^2}{2}\operatorname{grad}\varepsilon \qquad \text{Elektrostatische Kraft und Kraftdichte} \qquad (4.3.1\mathrm{a})$$

mit der *elektrostatischen Kraftdichte* $\boldsymbol{f}$. Analog zur Energie stellt man sich auch die Kraft räumlich verteilt vor. Der erste Anteil beschreibt die *Coulomb-Kraft*, der zweite Kraftwirkungen, die bei *räumlicher Permittivitätsänderung* (einschließlich sprunghafter an Grenzflächen) entstehen. Die Gesamtkraft $\boldsymbol{F}$ auf ein Volumen V folgt durch Integration (Gl. (4.3.1a)). Weil die direkte Kraftberechnung nach Gl. (4.3.1a) oft Probleme bereitet (Feldverlauf erforderlich!), empfiehlt sich als Einführung eine *gleichwertige Berechnung mit dem Energiesatz* und dem Prinzip der *virtuellen Verrückung*.

◉ 4.3.1.1 Kraftwirkung auf Ladungsträger

Eine Ladung Q erfährt im elektrischen Feld $\boldsymbol{E}$ die Kraft $\boldsymbol{F}$ gemäß

$$\begin{aligned}\boldsymbol{F} &= Q\boldsymbol{E} = \int_Q \boldsymbol{E}\,\mathrm{d}Q = \int_V \boldsymbol{E}\varrho\,\mathrm{d}V = \int_V \boldsymbol{f}\,\mathrm{d}V, \\ \boldsymbol{F} &= \int_A \sigma\boldsymbol{E}\cdot\mathrm{d}\boldsymbol{A},\end{aligned} \qquad (4.3.1\mathrm{b})$$

die auch durch Ladungsverteilungen entstehen kann ($\boldsymbol{f} = \boldsymbol{E}\varrho$ elektrostatische Kraftdichte). Beispiele für Kraftwirkungen auf freie Ladungsträger sind das *Coulombsches Gesetz* (Gl. (1.3.5), Bd. 1), die *Umwandlung mechanischer in*

4.3 Umformung elektrischer in mechanischer Energie

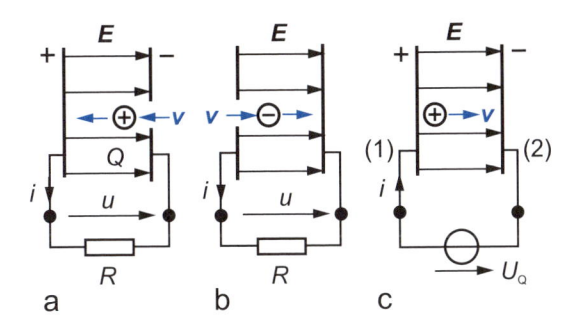

Abb. 4.3.1. Energieumwandlung elektrisch – mechanisch durch bewegte Ladungen. (a) Ladungsbewegung gegen das Kondensatorfeld, Umwandlung kinetischer Energie geladener Teilchen in elektrische. (b) Situation für negative Ladung. (c) Erhöhung der kinetischen Energie beweglicher Ladungen im elektrischen Feld

elektrische Energie und ihre Umkehrung, wie sie bei der Bewegung freier Ladungsträger im Vakuum auftritt.

Ladungsträgerbewegung, Bewegungsgleichung *Frei bewegliche Ladungsträger (Elektronen, Ionen) werden im elektrischen Feld beschleunigt*

$$\boldsymbol{F} = m\frac{\mathrm{d}\boldsymbol{v}}{\mathrm{d}t} = Q\boldsymbol{E}. \qquad \text{Bewegungsgleichung} \quad (4.3.2)$$

Freie Bewegung erfordert zur Vermeidung von Stößen mit Gasteilchen ein *Vakuum*. Der Bewegungsablauf unterliegt wegen der Teilchenmasse m stets mechanischen Gesetzen. Hilfreich ist dabei die Anwendung des *Energiesatzes* (s. u.). Wir betrachten zwei Beispiele.

Wird in ein Kondensatorfeld (Feldstärke $\boldsymbol{E}$) eine (positive) Ladung Q mit der Geschwindigkeit $\boldsymbol{v}$ *gegen* das Feld eingeschossen (Abb. 4.3.1), so leistet sie in der Zeit $\mathrm{d}t$ die Arbeit $\boldsymbol{F}\cdot\mathrm{d}\boldsymbol{s} = \boldsymbol{F}\cdot\boldsymbol{v}\mathrm{d}t = Q\boldsymbol{E}\cdot\boldsymbol{v}\mathrm{d}t$ gegen das Feld (negativ wegen gegensätzlicher Richtung von $\boldsymbol{E}$ und $\boldsymbol{v}$): die kinetische Energie des Teilchens sinkt. Die bewegte Ladung influenziert im äußeren Stromkreis den Strom i. Nach dem Energiesatz gilt $ui\,\mathrm{d}t = Q\boldsymbol{E}\cdot\boldsymbol{v}\mathrm{d}t$. Der auftretende negative Wert symbolisiert *Leistungsabgabe* des Kondensators: Gewinnung elektrischer Energie auf Kosten der kinetischen Teilchenenergie. Bei Verbindung der Kondensatorplatten mit einem Widerstand R (Abb. 4.3.1b) fließt im Kreis ein Leitungsstrom.

Die gleiche Situation liegt bei Einschuss einer negativen Ladung in entgegengesetzter Richtung vor, also in Feldrichtung (Abb. 4.3.1b). Die auf die negative Elektrode aufprallenden Elektronen fließen über den Widerstand ab. Der Strom fließt in die eingetragene Richtung.

Die Umwandlung mechanischer Energie in elektrische bei Bewegung einer Ladung *gegen* ein Feld dient in elektronischen Bauelementen zur Erzeugung hochfrequenter Schwingungen.

Bewegt sich umgekehrt eine (positive) Ladung Q im Kondensator (im Vakuum an der Spannung u) *in* Feldrichtung (Abb. 4.3.1c), so verrichtet die Spannungsquelle am Teilchen Arbeit, gibt also die Leistung ui ab. Jetzt wächst seine kinetische Energie $W_{\text{kin}} = mv^2/2$ je Zeitspanne um $ui = Q\boldsymbol{E}\cdot\boldsymbol{v} = \mathrm{d}\left(mv^2/2\right)/\mathrm{d}t$. Bei Bewegung von Punkt 1 nach 2 leistet das Feld die Arbeit

$$W_{12} = \int_1^2 \boldsymbol{F}\cdot\mathrm{d}\boldsymbol{s} = \int_1^2 Q\boldsymbol{E}\cdot\mathrm{d}\boldsymbol{s} = -Q\left(\varphi_2 - \varphi_1\right) = QU_{12}$$

$$= \int_1^2 m\frac{\mathrm{d}\boldsymbol{v}}{\mathrm{d}t}\cdot\mathrm{d}\boldsymbol{s} = \int_1^2 m\boldsymbol{v}\cdot\mathrm{d}\boldsymbol{v} = \frac{m}{2}\left(v_2^2 - v_1^2\right),$$

also

$$QU_{12} = \frac{m}{2}\left(v_2^2 - v_1^2\right) \quad \text{oder} \quad Q\varphi_1 + \frac{mv_1^2}{2} = Q\varphi_2 + \frac{mv_2^2}{2} = \text{const}.$$

Bewegt sich ein geladenes Teilchen vom Ort des Potenzials φ_1 nach einem Ort mit Potenzial φ_2, so hängt die Änderung seiner kinetischen Energie nur von der Potenzialdifferenz ab, nicht einem einwirkenden Magnetfeld.

Der so gewonnene Energiesatz (Konstanz der Summe von potenzieller und kinetischer Energie eines Teilchens) ergibt einen Zusammenhang zwischen durchlaufener Spannung und Geschwindigkeit. Er ist Ausgang zur Bestimmung der Strom-Spannungs-Beziehung der Hochvakuumröhre. Im Hochvakuum erfährt die Ladung durch das Feld konstante Beschleunigung, wogegen Ladungsträger in Leitern (durch Reibungsverluste mit dem Gitter) mit konstanter Geschwindigkeit wandern.

Beschleunigung (Bremsung) von Ladungsträgern im elektrischen Feld bedeutet Umsatz elektrischer Energie in mechanische und umgekehrt.

Im elektrischen Feld ist Energieaustausch zwischen Feld und Ladungsträgern möglich (und Grundlage vieler Anwendungen), im Magnetfeld nicht!

Dieses Prinzip nutzen z. B. Elektronen-, Kathodenstrahl- und Röntgenröhren, elektronische Linsen, Beschleuniger.

In der *Braunsche Röhre* (Abb. 4.3.2) tritt aus der Kathode ein Elektronenstrahl aus und erreicht in einem Loch in der Anode (Anodenspannung etwa 5...25 kV) die Geschwindigkeit $\boldsymbol{v}_{\text{x}}$. Anschließend gelangt er zwischen die Kondensatorablenkplatten mit einem Feld $\boldsymbol{E}_{\text{y}}$ ($v_{\text{x}} = $ const, da $\boldsymbol{E}_{\text{x}} = 0$) senkrecht zu $\boldsymbol{v}_{\text{x}}$. Die Feldkraft in y-Richtung lenkt die Ladungsträger ab, dabei erhalten sie die Geschwindigkeit $\boldsymbol{v}_{\text{y}} = \boldsymbol{a}_{\text{y}}t = qE_{\text{y}}t/m$ (konstante Beschleunigung $\boldsymbol{a}_{\text{y}} = \boldsymbol{F}_{\text{y}}/m = q\boldsymbol{E}_{\text{y}}/m$). Zur Zeit t beträgt die Ablenkung $y = \int v_y \mathrm{d}t = a_y t^2/2$. Durch Eliminieren der Zeit aus dem zurückgelegten Weg $x = v_{\text{x}}t$ folgt die Ablenkung $y = a_y x^2/2v_{\text{x}}^2 = qE_y x^2/2mv_{\text{x}}^2$. Sie ist proportional der Ablenkspannung $u_{\text{y}} \sim E_{\text{y}} \sim y$, die den Elektronenstrahl über den Leuchtschirm führt. Dort regen die auftreffenden Elektronen einen Leuchtstoff zum Leuchten an. Die Elektronenstrahlröhre bildete über Jahrzehnte das Grundelement des Oszilloskops. Ablenkung kann auch durch das Magnetfeld erfolgen (s. Kap. 4.3.2.1).

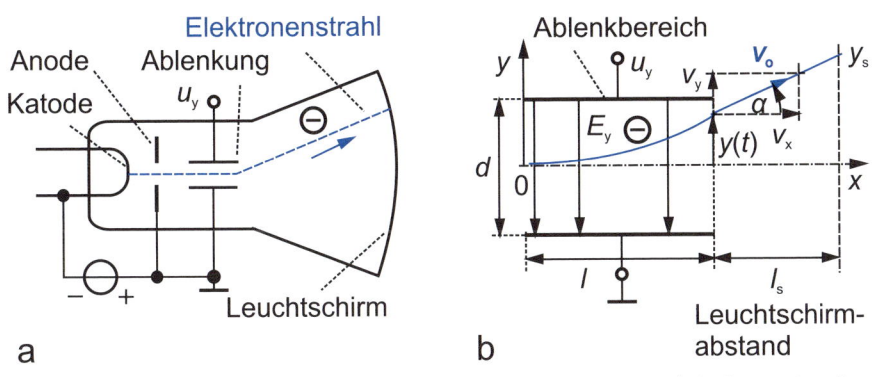

Abb. 4.3.2. Braunsche Röhre. (a) Prinzipaufbau, elektrostatische Ablenkung eines Ladungsträgers bei Durchlauf eines homogenen elektrischen Feldes. (b) Feld- und Geschwindigkeitsverhältnisse zwischen den Ablenkplatten (positive Ladung, bei negativer Ladung entgegengesetzte Ablenkung)

4.3.1.2 Kraft auf Grenzflächen

Kraftwirkungen entstehen auch an Grenzflächen zwischen Dielektrikum und Leitern oder unterschiedlicher Dielektrika. Ursache sind anziehende (abstoßende) Kraftwirkungen ungleichnamiger (gleichnamiger) Ladungen. Prinzipiell lässt sich hier die Kraft aus der Ladungsverteilung Gl. (4.3.1) ermitteln, oft führt aber die Energiebilanz zwischen mechanischer, elektrischer und Feldenergie nach dem *Prinzip der virtuellen (scheinbaren) Verrückung* schneller zum Ziel. Dabei wird das Feldvolumen $V = As$ um eine virtuelle Strecke ds verändert und die auftretende Energieänderung dW bestimmt. Grundlage ist der Energiesatz entweder in Form konstanter Energie für ein abgeschlossenes System oder für zwei gekoppelte Teilsysteme, wobei die Energiezunahme im ersten System gleich der Energieabnahme im zweiten sein muss.

1. Kraft auf räumlich ausgedehnte Leiter, Plattenkondensator

Liegt ein Plattenkondensator mit beweglicher Elektrode (Abb. 4.3.3a) an einer Spannungsquelle $u = u_q$, (Plattenladung $+Q$, $-Q$) so entsteht eine Feldkraft $\boldsymbol{F}$. Sie verschiebt die bewegliche Elektrode um dx nach unten und leistet die mechanische Arbeit d$W_\mathrm{mech} = F\mathrm{d}x$, $F = F_\mathrm{el}$. Als Reaktion spannt sich eine Feder an der beweglichen Elektrode und führt zum Plattenabstand $d-x$. Es ändert sich die Kapazität C und damit die Feldenergie um dW_d und folglich die aus der Spannungsquelle zufließende Energie um d$W_\mathrm{u} = ui\mathrm{d}t$.

Zu unterscheiden sind Kraft $\boldsymbol{F}$ auf die Kondensatorplatte herrührend vom elektrischen Feld und die (äußere) Reaktionskraft $\boldsymbol{F}_\mathrm{r} = -\boldsymbol{F}$ (beispielsweise der Feder), die mit der Kraft $\boldsymbol{F}$ das Gleichgewicht hält.

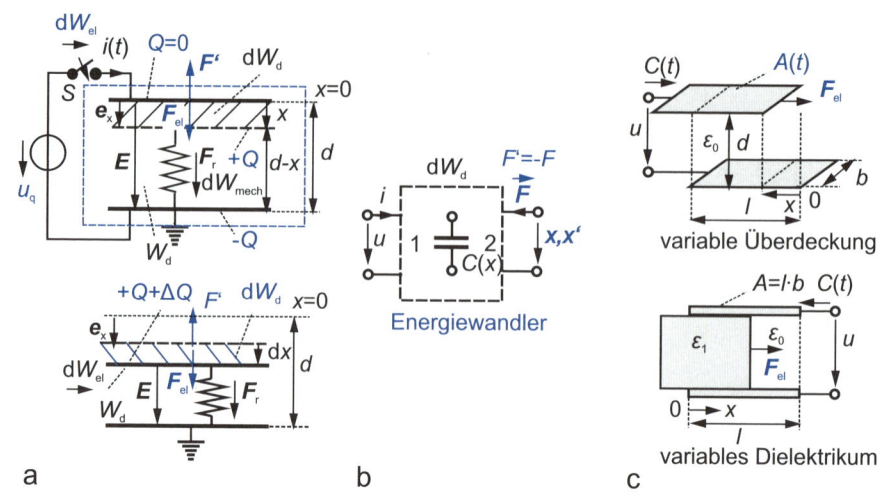

Abb. 4.3.3. Energieänderung und Kraftwirkung auf eine bewegliche Kondensatorelektrode. (a) Bedingung konstanter Ladung Q (Schalter S nach Aufladen geöffnet) bzw. konstanter Spannung U_q (Schalter geschlossen). (b) Zeitveränderlicher Kondensator aufgefasst als elektrisch-mechanischer Wandler. (c) Unterschiedlich veränderbare Kondensatoren

> Ein Plattenkondensator (Luft als Dielektrikum) mit beweglicher Elektrode formt elektrische Energie in mechanische um und umgekehrt (s. u.).

Dazu ist die Platte mit einer mechanischen Anordnung zur Weiterleitung der Kraft verbunden. Weil geladene Platten immer *anziehende Kräfte* aufeinander ausüben, muss die bewegliche Platte durch eine *elastische Bindung* (Feder, je nach Anordnung auf Zug oder Druck beansprucht) in einer Ruhelage gehalten werden.

Für die Anordnung (Quelle, Kondensator) als abgeschlossenes System gilt nach dem Energiesatz $\sum \mathrm{d}W = \mathrm{d}W_{\mathrm{mech}} + \mathrm{d}W_{\mathrm{d}} + \mathrm{d}W_{\mathrm{F}} = 0$. Für Spannungsquelle und Kondensator als gekoppelte Teilsysteme dagegen[9]

$$\underbrace{ui\mathrm{d}t}_{\substack{\text{zugeführte}\\\text{elektrische Energie}}} = \underbrace{\mathrm{d}W_{\mathrm{d}}}_{\substack{\text{Erhöhung der}\\\text{Feldenergie}}} + \underbrace{\boldsymbol{F}' \cdot \mathrm{d}\boldsymbol{s}}_{\substack{\text{mechanische Arbeit}\\\text{verrichtet im System}}} \quad . \qquad (4.3.3\mathrm{a})$$

---

[9]Die Zuordnung der Energie $F\mathrm{d}x$ und $F'\mathrm{d}x$ zum Energiesatz erfolgt leider nicht einheitlich (*Lenk* 2011, *Janscheck* 2010), was zu gelegentlichen Unstimmigkeiten führt. Die folgenden Ausführungen dienen zum anschaulichen Verständnis meist auf Grundlage der Reaktionskraft F', obwohl im physikalischen System die Coulombkraft F_{el} bzw. Lorentz-/Reluktanzkraft F_{m} auftreten.

Das System verrichtet die Arbeit $\boldsymbol{F} \cdot \mathrm{d}\boldsymbol{s} = F\mathrm{d}x\boldsymbol{e}_\mathrm{x} \cdot \boldsymbol{e}_\mathrm{x} = F\mathrm{d}x$ durch die Plattenbewegung.

Zur Erklärung der mechanische Arbeit rechts in Gl. (4.3.3a) zusammen mit dem Energiesatz Gl. (4.2.13) betrachten wir die Kraft $\boldsymbol{F} = \boldsymbol{F}_\mathrm{el}$ auf die Kondensatorplatte bei anliegender Spannung (Abb. 4.3.3a). Bei ihrer Verschiebung durch eine Kraft $\boldsymbol{F}$ um das Stück $\mathrm{d}\boldsymbol{x}$ wird dem System mechanische Arbeit $\boldsymbol{F} \cdot \mathrm{d}\boldsymbol{x}$ *zugeführt*. Umgekehrt stellt dann $-\boldsymbol{F} \cdot \mathrm{d}\boldsymbol{x}$ Arbeit dar, die das System *abgibt*. Deshalb lautet die rechte Seite von Gl. (4.3.3a) gleichwertig

$$\mathrm{d}W_\mathrm{d} + \boldsymbol{F} \cdot \mathrm{d}\boldsymbol{x} \rightarrow \mathrm{d}W_\mathrm{d} - \boldsymbol{F} \cdot \mathrm{d}\boldsymbol{x} = \mathrm{d}W_\mathrm{d} + \boldsymbol{F}' \cdot \mathrm{d}\boldsymbol{x}. \tag{4.3.3b}$$

Die anziehende Kraft $\boldsymbol{F} = \boldsymbol{F}_\mathrm{el} + \boldsymbol{F}_\mathrm{f}$ kann neben der elektrostatischen Plattenkraft $\boldsymbol{F}_\mathrm{el}$ auch eine eingefügte *Federkraft* einschließen (s. u.). Zur Beseitigung des negativen Vorzeichens in Gl. (4.3.3b) führen wir die *Reaktionskraft* $\boldsymbol{F}' = -\boldsymbol{F}$ (vereinfacht $\boldsymbol{F}' = -\boldsymbol{F}_\mathrm{el}$) ein; dann ist $\boldsymbol{F}' \cdot \mathrm{d}\boldsymbol{x}$ eine *aus dem System* herausfließende Energie, also *abgegebene mechanische Energie* (Abb. 4.3.3b).

Wir ermitteln die Kraft F unter den Bedingungen konstanter Ladung Q und konstanter Kondensatorspannung u zunächst aus dem *Energiesatz* Gl. (4.3.3) und ergänzen die Ergebnisse später über die *Ko-Energie* (Gl. (4.1.14)).

a) $Q = \mathrm{const}$. Diese Bedingung ist erfüllt, wenn der Kondensator nach Aufladen auf die Spannung u von der Quelle getrennt wird (Schalter S offen, Abb. 4.3.3a, b): *Kondensator als abgeschlossenes System mit konstanter Ladung.* Dann verschwindet in Gl. (4.3.3) die linke Seite (keine zugeführte elektrische Energie) und es folgt

$$\boldsymbol{F}'|_Q \cdot \mathrm{d}\boldsymbol{x} = F'\mathrm{d}x\boldsymbol{e}_\mathrm{x} \cdot \boldsymbol{e}_\mathrm{x} = -\mathrm{d}W_\mathrm{d} = -\left.\frac{\partial W_\mathrm{d}}{\partial x}\right|_Q \mathrm{d}x \tag{4.3.4a}$$

oder mit der Kondensatorenergie $W_\mathrm{d} = Q^2/(2C(x))$ umgeformt (die Form $W_\mathrm{d} = C(x)u(x)^2/2$ ist nicht verwendbar, weil die Spannung $u(x)$ bei Plattenverschiebung variiert!)

$$\boxed{\begin{aligned}\boldsymbol{F}'|_Q &= -\left.\frac{\mathrm{d}W_\mathrm{d}}{\mathrm{d}x}\right|_Q \boldsymbol{e}_\mathrm{x} = -\frac{\partial W_\mathrm{d}}{\partial C}\frac{\mathrm{d}C}{\mathrm{d}x}\boldsymbol{e}_\mathrm{x} \\ &= -\frac{\partial}{\partial C}\left(\frac{Q^2}{2C}\right)\frac{\mathrm{d}C}{\mathrm{d}x}\boldsymbol{e}_\mathrm{x} = +\frac{Q^2}{2C^2}\frac{\mathrm{d}C}{\mathrm{d}x}\boldsymbol{e}_\mathrm{x} = \frac{Q^2}{2\varepsilon A}\boldsymbol{e}_\mathrm{x}.\end{aligned}} \tag{4.3.4b}$$

Beim Plattenkondensator mit $C(x) = \varepsilon A/(d-x)$ gilt stets $\mathrm{d}C/\mathrm{d}x > 0$: die Kondensatorplatten ziehen sich durch die Kraft zusammen.

Die Kraft ist der Kapazitätszunahme proportional und immer so gerichtet, dass sie die Kapazität (durch Abstandsabnahme) zu vergrößern sucht. Sie wirkt stets senkrecht zur Plattenfläche und unabhängig von der Feldrichtung wegen des Faktors Q^2 immer anziehend.

Für eine Kapazität $C(x)$ folgt die Kraft unmittelbar aus Gl. (4.3.4b). Das rechte Ergebnis für den Plattenkondensator ist die vom Elektrodenabstand unabhängige *Coulomb-Kraft*.

Anschaulich geht der Gewinn an mechanischer Energie (Gl. (4.3.4a)) zu Lasten der Feldenergie (Abnahme des Feldraumes): *Feldenergie wird in mechanische Energie gewandelt und die gespeicherte Energie W_d sinkt im Falle $Q = $ const durch Kapazitätserhöhung.*

Die Kraft nach Gl. (4.3.4b) wirkt *unabhängig von einer möglichen* Plattenverschiebung (kein Einfluss von $\mathrm{d}x$ im Ergebnis), deshalb bezeichnet man den Kraftansatz mit der Verschiebung $\mathrm{d}x$ in der Energiebilanz Gl. (4.3.3) auch als *Prinzip der virtuellen Verschiebung*.

b) $U = $ const. Bei geschlossenem Schalter S (Abb. 4.3.3a) wirkt die Spannungsquelle über ihre elektrische Energie W_{el} am Energieaustausch mit: bei Plattenverschiebung (Kapazitätszunahme) liefert die Quelle Ladung und damit Energie $\mathrm{d}W_{el} = u\mathrm{d}Q = u^2\mathrm{d}C$ (wegen $\mathrm{d}Q = u\mathrm{d}C$) nach und es *fließt ein Klemmenstrom $i(t)$* (Gl. (2.7.25)). Dann lautet die Energiebilanz (4.3.3)

$$\mathrm{d}W_{el} = u^2\mathrm{d}C = u^2\frac{\partial C}{\partial x}\mathrm{d}x = \mathrm{d}W_d + \left.\mathbf{F}'\right|_u \cdot \mathrm{d}\mathbf{x} \qquad (4.3.5a)$$

oder umgestellt mit $W_d = u^2 C/2$

$$\left.\mathbf{F}'\right|_u \cdot \mathrm{d}\mathbf{x} = u^2\mathrm{d}C - \mathrm{d}W_d = u^2\frac{\partial C}{\partial x}\mathrm{d}x - \frac{\partial}{\partial x}\left(\frac{Cu^2}{2}\right)\mathrm{d}x = \frac{u^2}{2}\frac{\partial C}{\partial x}\mathrm{d}x \quad (4.3.5b)$$

bzw. mit Einbezug der Richtung

$$\boxed{\left.\mathbf{F}'\right|_u = \frac{u^2}{2}\frac{\partial C}{\partial x}\mathbf{e}_x = \left.\frac{\mathrm{d}W_d^*}{\mathrm{d}x}\right|_u \cdot \mathbf{e}_x \quad \rightarrow \quad \left.\mathbf{F}'\right|_u = -\frac{u^2}{2}\frac{\varepsilon A}{(d-x)^2}\mathbf{e}_x.} \quad (4.3.5c)$$

Dabei wurde die Ko-Energie $W_d^* = W_d$ verwendet, die im linearen Fall mit der Energie W_d übereinstimmt. Die anliegende Spannung u erzwingt während der Kondensatoränderung *Energieaustausch* mit der Quelle. Im Gegensatz zu oben *hängt die Kraft jetzt vom Plattenabstand ab* (s. u.). Weiter dient die von der Spannungsquelle $u = $ const aufgebrachte elektrische Energie $\mathrm{d}W_{el} = ui\mathrm{d}t = u\mathrm{d}Q = u^2\mathrm{d}C$

$$\mathrm{d}W_{el} = \mathrm{d}(uQ) = u^2\mathrm{d}C = \underbrace{\mathrm{d}W_d}_{\text{Speich.}} + \underbrace{\mathrm{d}W_d^*}_{\text{Mech.}}$$

$$= \frac{u^2}{2}\frac{\partial C}{\partial x}\mathrm{d}x + \left.F'\right|_u \mathrm{d}x = \frac{u^2}{2}\frac{\partial C}{\partial x}\mathrm{d}x + \frac{u^2}{2}\frac{\partial C}{\partial x}\mathrm{d}x \qquad (4.3.6)$$

je zur Hälfte zur Leistung mechanischer Arbeit und Erhöhung der dielektrischen Feldenergie.

Zieht man umgekehrt die Kondensatorplatten durch eine externe Kraft $F' = -F$ um $-\mathrm{d}x$ auseinander und führt damit mechanische Energie *zu*, so sinkt die Kapazität um $\mathrm{d}C$, die Ladung um $\mathrm{d}Q$ und die Feldenergie um $\mathrm{d}W_\mathrm{d}$. Jetzt wird die mechanische Energie $\mathrm{d}W_\mathrm{mech} = u\mathrm{d}Q/2$ zusammen mit dem Teil $\mathrm{d}W_\mathrm{d} = u\mathrm{d}Q/2$, um den die Feldenergie sinkt, *an die Quelle abgegeben*:

> Ein Kondensator mit beweglicher Elektrode oder allgemeiner ein zeitabhängiger, mit Ladung oder Spannung beaufschlagter Kondensator vollzieht die direkte Wandlung mechanischer Energie in elektrische und umgekehrt.

Wir vertiefen diesen Aspekt in Kap. 4.3.1.3, denn ein *ladungsfreier* bzw. *spannungsloser* Kondensator erfährt bei Plattenbewegung keinen Energieaustausch!

Die bisherigen Ergebnisse liefern als Gleichwertigkeiten:

$$\boxed{\begin{aligned}\boldsymbol{F}'|_Q &= -\left.\frac{\mathrm{d}W_\mathrm{d}}{\mathrm{d}x}\right|_Q \cdot \boldsymbol{e}_\mathrm{x} = -\left.\frac{\partial W_\mathrm{d}}{\partial C}\frac{\mathrm{d}C}{\mathrm{d}x}\right|_Q \cdot \boldsymbol{e}_\mathrm{x} = \frac{Q^2}{2C^2}\frac{\mathrm{d}C}{\mathrm{d}x}\cdot \boldsymbol{e}_\mathrm{x}\\ &= \frac{u^2}{2}\frac{\mathrm{d}C}{\mathrm{d}x}\cdot \boldsymbol{e}_\mathrm{x} = \left.\frac{\partial W_\mathrm{d}^*}{\partial C}\frac{\mathrm{d}C}{\mathrm{d}x}\right|_u \cdot \boldsymbol{e}_\mathrm{x} = \left.\frac{\mathrm{d}W_\mathrm{d}^*}{\mathrm{d}x}\right|_u \cdot \boldsymbol{e}_\mathrm{x} = \boldsymbol{F}'|_u.\end{aligned}} \quad (4.3.7)$$

> Die Kraftwirkung wird allgemein ausgedrückt durch die Kapazitätsänderung oder in Sonderfällen über die Änderung der Feldenergie unter definierter Nebenbedingung Q bzw. $U = \mathrm{const}$. Sie ist stets so orientiert, dass sie die Kapazität wegen der Tendenz zum Längszug und Querdruck der Feldlinien zu vergrößern sucht.

Gleiche Kraft unter beiden Bedingungen war zu erwarten, denn sie kann nicht davon abhängen, ob Ladung oder Spannung konstant gehalten wird. Auch gilt die Kapazitätsänderung generell, nicht nur für den Plattenkondensator. Deshalb kann die Längskoordinate gegen eine allgemeine Koordinate ausgetauscht werden (Drehwinkel α, dann geht die Kraft in ein Drehmoment $\mathrm{d}W_\mathrm{mech} = M\alpha \mathrm{d}\alpha$ über (Drehkondensator!)).

Die verschiedenen Nebenbedingungen in Gl. (4.3.7) beeinflussen das Gleichgewicht der Anordnung:

$$\boldsymbol{F}'|_Q = -\left.\frac{\mathrm{d}W_\mathrm{d}}{\mathrm{d}x}\right|_Q \boldsymbol{e}_\mathrm{x} = \frac{Q^2}{2\varepsilon A}\boldsymbol{e}_\mathrm{x}, \quad \boldsymbol{F}'|_u = +\left.\frac{\mathrm{d}W_\mathrm{d}}{\mathrm{d}x}\right|_u \boldsymbol{e}_\mathrm{x} = -\frac{u^2}{2}\frac{\varepsilon A}{(d-x)^2}\boldsymbol{e}_\mathrm{x}. \quad (4.3.8)$$

Bei konstanter Ladung hängt die Kraft nicht vom Plattenabstand x ab, bei konstanter Spannung ist sie umgekehrt proportional zu $(d-x)^2$. Dann ziehen sich die Platten unter bestimmten Bedingungen selbst zusammen.

> Die Kraftwirkung auf den elektrostatischen Feldraum wird zusammengefasst berechnet
> — allgemein aus der Ableitung der Kapazität nach der in Richtung der Kraft gewählten Längenkoordinate (Gl. (4.3.7), rechte Seite) unabhängig von Nebenbedingungen oder
> — aus den Sonderfällen konstanter Ladung oder Spannung als Ableitung der Feldenergie nach der in Richtung der Kraft gewählten Längenkoordinate.
>
> Die Kraft ist stets so gerichtet, dass sie
> — die Kapazität vergrößert (den Feldraum also verkleinert) oder
> — speziell bei konstanter Ladung (konstanter Spannung) die Feldenergie bei der virtuellen Verschiebung vergrößert (verkleinert).

Den gleichen Sachverhalt zeigt das *Feldlinienverhalten*: Bei Zunahme des Plattenabstandes werden Feldlinien „gedehnt" und die Feldenergie *wächst* durch Zufuhr mechanischer Energie. Nach dem Prinzip actio = reactio haben deshalb Feldlinien die Tendenz, sich zu verkürzen und dabei Kräfte zwischen den Trennflächen zu erzeugen. Sie besitzen auch einen Querdruck und stoßen sich gegenseitig ab (Aufbauchen des Feldes).

Zahlenbeispiel Zur Größenvorstellung ermitteln wir die Kraft auf geladene Platten in Luft bei der Durchbruchfeldstärke ($E = 30\,\text{kV}/\text{cm}$). Sie beträgt (mit $\varepsilon = \varepsilon_0$) nach Gl. (4.3.5c)

$$\frac{F}{A} = \frac{8{,}85 \cdot 10^{-12}}{2} \frac{\text{A} \cdot \text{s}}{\text{V} \cdot \text{m}} \cdot 9 \cdot 10^8 \frac{\text{V}^2}{\text{cm}^2} \approx \frac{4\,\text{mN}}{\text{cm}^2}.$$

Wegen des geringen Wertes eignen sich elektrostatische Kraftwirkungen nicht zur Erzeugung großer Kräfte. In der Mikrosystemtechnik treten deutlich größere Feldstärken auf und dort haben elektrostatische Kraftwirkungen größere Bedeutung.

Einen Aufschluss der Energieverhältnisse liefert die Q, u-Kennlinie, der die mechanische Arbeit $F\,\mathrm{d}x$ entnommen werden kann. Wegen der Analogie zum Fluss-Stromverlauf bei Spulen kommen wir dort auf diese Problematik zurück.

Veränderlicher linearer Kondensator Generell erfordert die Energiewandlung einen *Arbeitsraum* zwischen den Kondensatorelektroden. Er ändert sich mechanisch über die *Raumgeometrie* Γ (Plattenabstand, -oberfläche) oder/und seine *Beschaffenheit* (Dielektrikum des Mediums M): $C = C(\Gamma, M)$. Dann hängt die gespeicherte Feldenergie $W_\mathrm{d}(\Gamma, M)$ von diesen Parametern ab und die Energieänderung hat zwei Anteile

$$\mathrm{d}W_\mathrm{d} = \frac{\partial W_\mathrm{d}}{\partial \Gamma}\mathrm{d}\Gamma + \frac{\partial W_\mathrm{d}}{\partial M}\mathrm{d}M \tag{4.3.9}$$

bedingt durch Änderung der Raumgeometrie (bei festem Medium) und des Mediums (bei fester Geometrie). Ein Plattenkondensator $C(\varepsilon, d, A)$ erlaubt Kapazitätsänderung über alle drei Parameter (Abb. 4.3.3c)

$$\mathrm{d}C = \frac{\partial C}{\partial \varepsilon}\mathrm{d}\varepsilon + \frac{\partial C}{\partial A}\mathrm{d}A + \frac{\partial C}{\partial \delta}\mathrm{d}\delta, \quad \mathrm{d}C = \frac{\partial C}{\partial \delta}\mathrm{d}\delta = -\frac{\varepsilon A}{\delta}\frac{\mathrm{d}\delta}{\delta}, \qquad (4.3.10)$$

nämlich ε (wie bei kapazitiven Füllstandsanzeigern), Fläche A (Drehkondensator) oder Plattenabstand. Das negative Vorzeichen verdeutlicht die Kapazitätsabnahme bei Zunahme des Plattenabstandes δ (zur Unterscheidung gegen das Differential d gewählt). Bei linearer Q,u-Kennlinie beträgt die Energieänderung bei Kapazitätsvariation durch mechanischen Einfluss α generell

$$\mathrm{d}W_\mathrm{d}(\alpha) = \mathrm{d}\oint Q\mathrm{d}u = \frac{u^2}{2}\mathrm{d}C(\alpha) = F(\alpha)\mathrm{d}\alpha \;\rightarrow\; F(\alpha) = \frac{u^2}{2}\frac{\mathrm{d}C(\alpha)}{\mathrm{d}\alpha}.$$

Stets entsteht eine Kraftkomponente in Richtung der Parameteränderung.

Energiewandlung Die Energiewandlung durch Bewegung einer Kondensatorelektrode ist *umkehrbar*. Werden die Platten durch externe Kraft auseinandergezogen, so wandelt sich im Fall $Q =$ const zugeführte mechanische Energie direkt in elektrische um (Erhöhung der Feldenergie $W = Q^2/2C = (Q^2/2\varepsilon A)x$), bei konstanter Spannung wird die aufgewendete mechanische Energie der Spannungsquelle zugeführt (Aufladen).

Diese Wandlung lautet verkürzt: sinkt beim Kondensator mit konstanter Ladung Q die Ursprungskapazität C beim Auseinanderziehen der Platten auf $C' = C/n$ und betrug die vorher gespeicherte Energie $W_\mathrm{C} = (Cu^2)/2$, so steigt die Spannung bei der Plattenbewegung auf $u' = nu$ und die Energie auf $W'_\mathrm{C} = (C'u'^2)/2 = (C/n)(nu)^2/2 = nW_\mathrm{C}$. Die gespeicherte Energie hat sich n-fach vergrößert. Die Differenz zum Ausgangswert muss als mechanische Arbeit zugeführt werden!

Diese Wandlung zugeführter mechanischer Energie in elektrische findet Anwendung historisch in der *Influenzmaschine*, in moderner Form als *zeitabhängige Kapazität*.

2. Mechanische Spannungen an Grenzflächen

Kraftwirkungen entstehen auch durch Ladungen an Leiteroberflächen sowie an Grenzflächen unterschiedlicher Dielektrika. Das enthält die *Kraftdichte* $\boldsymbol{f}$ Gl. (4.3.1a)

– im ersten Anteil bei Ersatz der Raumladungsdichte ϱ durch eine *Flächenladungsdichte* σ. Dann entsteht eine *Kraft pro Fläche* (Beispiele Abb. 2.2.3, Verhalten der MOS-Kapazität Abb. 2.5.5 und des MOS-FET Abb. 2.5.6);
– im zweiten Anteil bei *sprunghaftem* Übergang der Permittivitäten (Abb. 4.3.4a). Man betrachtet dazu die Grenzfläche als dünne Schicht mit

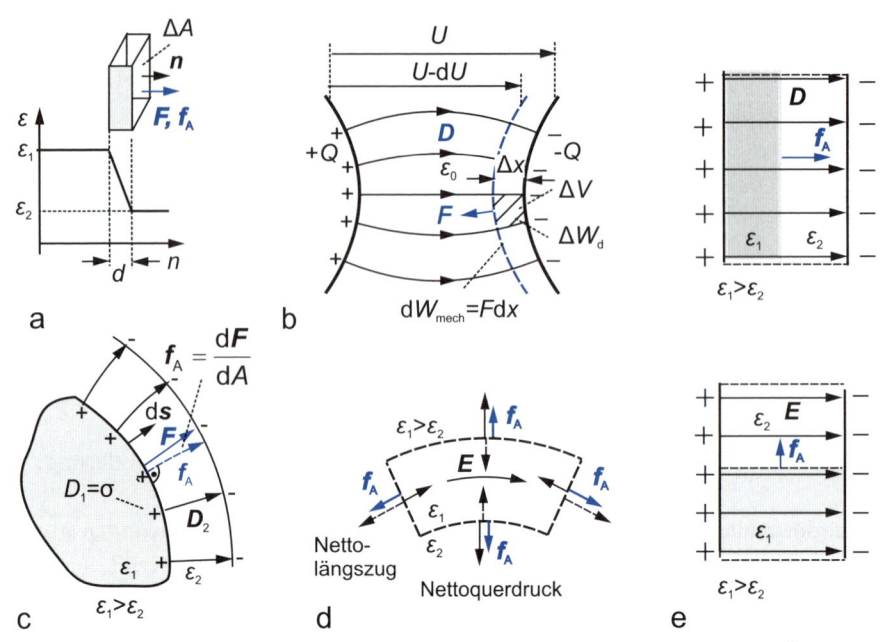

470 4. Energie und Leistung elektromagnetischer Erscheinungen

Abb. 4.3.4. Kraft auf die Trennfläche verschiedener Dielektrika. (a) Stetiger Übergang der Permittivität an einer Grenzfläche. (b) Ansatz für die am Volumenelement dV bei Elektrodenverschiebung geleistete mechanische Arbeit am Kondensator. (c) Definition der Kraftdichte f_A. (d) Längszug und Querdruck elektrischer Feldlinien (Wirkung Medium 1 ausgezogen, Medium 2 gestrichelt). (e) Kraftdichte bei quer- und längsgeschichtetem Dielektrikum

stetiger ε-Änderung und lässt anschließend die Schichtdicke gegen Null gehen. Weil die Kraft in Gl. (4.3.1a) immer in Richtung *abnehmender* Permittivität zeigt, dient sie als Normalenrichtung. An einer Leiteroberfläche hin zum Dielektrikum liegt dieser Fall vor. Es gilt

$$\Delta \boldsymbol{F} = -\frac{\Delta A}{2} \int_0^d E^2 \operatorname{grad} \varepsilon \, \mathrm{d}n = -\frac{\Delta \boldsymbol{A}}{2} \int_0^d E^2 \frac{\mathrm{d}\varepsilon}{\mathrm{d}n} \boldsymbol{n}_{12} \mathrm{d}n$$

$$= -\frac{\Delta \boldsymbol{A}}{2} \int_{\varepsilon_1}^{\varepsilon_2} E^2 \mathrm{d}\varepsilon = -\frac{\Delta \boldsymbol{A}}{2} \int_{\varepsilon_1}^{\varepsilon_2} \left(\frac{D_n^2}{\varepsilon^2} + E_t^2 \right) \mathrm{d}\varepsilon \qquad (4.3.11)$$

und stetige Komponenten $D_{\shortparallel}$ und E_{t} an der Grenzfläche (s. Abb. 2.4.1) ergeben schließlich das Ergebnis Gl. (4.3.14b) unten.

— Unabhängig davon lässt sich die *Kraft aus der Feldenergie* nach dem Prinzip der virtuellen Verschiebung ermitteln.

4.3 Umformung elektrischer in mechanische Energie

Wir berechnen jetzt die Kraft, herrührend von Flächenladungen für die *Leiter-Nichtleiter-Grenzfläche* durch virtuelle Verrückung aus den *Feldgrößen* $\boldsymbol{E}$, $\boldsymbol{D}$ (Abb. 4.3.4b) und greifen ein Volumenelement $\Delta V = \Delta A \Delta x$ an der beweglich gedachten Elektrode heraus. Auf seine Fläche ΔA wirkt die Teilkraft ΔF, sie verrückt das Element um Δx und ändert die Feldenergie um

$$-\Delta W_\mathrm{d} = -\frac{\boldsymbol{E} \cdot \boldsymbol{D}}{2} \Delta V = \frac{\boldsymbol{E} \cdot \boldsymbol{D}}{2} \Delta \boldsymbol{A} \cdot \Delta \boldsymbol{x} = \boldsymbol{F} \cdot \Delta \boldsymbol{x}.$$

Wegen $\mathrm{d}W_\mathrm{d} + \mathrm{d}W_\mathrm{m} = 0$ und der Teilkraft

$$\boxed{\mathrm{d}\boldsymbol{F} = \frac{\boldsymbol{E} \cdot \boldsymbol{D}}{2} \mathrm{d}\boldsymbol{A} = \frac{\varepsilon E^2}{2} \mathrm{d}\boldsymbol{A} = \frac{D^2}{2\varepsilon} \mathrm{d}\boldsymbol{A}} \qquad (4.3.12\mathrm{a})$$

lautet die *Gesamtkraft*

$$\boxed{\boldsymbol{F} = \int_A \boldsymbol{f}_\mathrm{A} \mathrm{d}A = \frac{1}{2} \int_A \varepsilon E^2 \mathrm{d}\boldsymbol{A} = \frac{1}{2} \int_A (\boldsymbol{E} \cdot \boldsymbol{D}) \boldsymbol{n} \mathrm{d}A = \int_A w_\mathrm{d} \mathrm{d}\boldsymbol{A}} \quad (4.3.12\mathrm{b})$$

mit

$$\boldsymbol{f}_\mathrm{A} = \frac{\mathrm{d}F}{\mathrm{d}A} = \frac{\boldsymbol{E} \cdot \boldsymbol{D}}{2} \boldsymbol{n}.$$

Der Normalenvektor $\boldsymbol{n}$ zeigt von der Leiterfläche weg ins Dielektrikum. Im inhomogenen Feld ergibt sich die Gesamtkraft durch Integration; bei homogenem Feld folgt daraus

$$\boxed{\boldsymbol{F} = \frac{D^2}{2\varepsilon} \boldsymbol{A} = \frac{\boldsymbol{E} \cdot \boldsymbol{D}}{2} \boldsymbol{A} = \frac{\varepsilon |\boldsymbol{E}|^2}{2} \boldsymbol{A}.} \text{ Kraft auf Fläche } A \text{ im homogenen Feld} \qquad (4.3.13)$$

Die Kraft wirkt stets senkrecht von der Plattenfläche weg ins Dielektrikum unabhängig von der Feldrichtung.

Die (flächenbezogene) *Kraftdichte* $\boldsymbol{f}_\mathrm{A}$ (Abb. 4.3.4c) wird oft als *Flächenspannungsvektor*, *Maxwellsche* oder *mechanische Spannung* bezeichnet. Sie ist gleich der Energiedichte $\boldsymbol{E} \cdot \boldsymbol{D}/2$.

Die erreichbare Spannung ist klein, sie beträgt bei einer Durchbruchsfeldstärke von $E = 30\,\mathrm{kV/cm}$ nur $\sigma = 4\,\mathrm{Nm/cm^2}$. Bei der Durchbruchsfeldstärke $E \approx 500\,\mathrm{kV/cm}$ eines Isolators und $\varepsilon_\mathrm{r} = 20$ steigt sie hingegen auf $\sigma = \varepsilon E^2/2 = 22\,\mathrm{N/cm^2}$ an.

Grenzfläche zweier Dielektrika Kraftwirkungen entstehen auch, wenn zwei unterschiedliche Dielektrika flächenhaft aneinandertreffen. Dann resultiert die mechanische Spannung immer aus der Differenz der beiden Kräfte, ist also proportional zur Differenz der beiden Energiedichten und die *Kraft* beträgt nach Gl. (4.1.13a)

$$\begin{aligned}\boldsymbol{F} &= \frac{1}{2}\int_A (\boldsymbol{E}_1\cdot\boldsymbol{D}_1 - \boldsymbol{E}_2\cdot\boldsymbol{D}_2)\mathrm{d}\boldsymbol{A} = \frac{(\varepsilon_1-\varepsilon_2)}{2}\int_A \boldsymbol{E}_1\cdot\boldsymbol{E}_2\mathrm{d}\boldsymbol{A}\\ &= \frac{(\varepsilon_1-\varepsilon_2)}{2}(E_\mathrm{t}^2 + E_\mathrm{n1}E_\mathrm{n2})\boldsymbol{A}.\end{aligned}$$ (4.3.14a)

Dabei herrscht im Medium 1 höhere Energiedichte $w_\mathrm{d1}(\varepsilon_1)$, im Medium 2 ($w_\mathrm{d2}$, $\varepsilon_2 < \varepsilon_1$) kleinere und es entsteht eine Nettokraft von 1 nach 2, also ins Gebiet mit kleinerer Dielektrizitätszahl. Die mittlere Form folgt aus der linken mit den Grenzflächenbedingungen (Normalkomponenten von $\boldsymbol{D}$ und Tangentialkomponenten von $\boldsymbol{E}$ stetig, Abb. 2.4.1). Die letzte Form berücksichtigt gleiche Tangentialkomponenten der Feldstärke und unterschiedliche Normalkomponenten.

> Unabhängig von der Feldrichtung entsteht an der Grenzfläche immer eine Kraft vom Medium mit höherem ε_1 (Zugbeanspruchung) zu dem mit kleinerem ε_2 (Druckbeanspruchung). Der Normalenvektor weist vom höherpermittiven Medium weg.

Gleichung (4.3.14a) ist Ergebnis folgender Umformung

$$\begin{aligned}\boldsymbol{f}_\mathrm{A} &= \frac{\mathrm{d}\boldsymbol{F}}{\mathrm{d}A} = \frac{1}{2}\left(\varepsilon_2 E_\mathrm{n2}^2 - \varepsilon_1 E_\mathrm{n1}^2 + \varepsilon_1 E_\mathrm{t}^2 - \varepsilon_2 E_\mathrm{t}^2\right)\boldsymbol{n}_{12}\\ &= \frac{(\varepsilon_1-\varepsilon_2)}{2}\left(E_\mathrm{t}^2 + \frac{D_\mathrm{n}^2}{\varepsilon_1\varepsilon_2}\right)\boldsymbol{n}_{12} = \frac{(\varepsilon_1-\varepsilon_2)}{2}\boldsymbol{E}_1\cdot\boldsymbol{E}_2\boldsymbol{n}_{12}.\end{aligned}$$ (4.3.14b)

Die erste Schreibweise als Differenz zweier Kraftdichten erlaubt einen Rückschluss für die (Feldstärke-) *Feldlinien*. Ist Medium ε_1 (ausgezogene Kräfte, Abb. 4.3.4d) von Medium ε_2 (gestrichelte Kräfte) umgeben, so überwiegt der Längszug aus Medium 2 (wegen $\varepsilon_1 > \varepsilon_2$) und der Querdruck aus Medium 1 oder

> Feldlinien haben unabhängig von der Feldrichtung eine Tendenz zum Längszug und Querdruck jeweils mit gleicher Kraftdichte $ED/2$.

Diese Eigenschaft (unabhängig von der Feldrichtung!) erlaubt rasche und anschauliche Erklärungen der Kraftwirkung auf Leiter und sprunghafte Materialinhomogenitäten, sie gilt später auch im magnetischen Feld.

Das Ergebnis Gl. (4.3.14a) vereinfacht sich für *längs-* und *quergeschichtete* Dielektrika.

a) Bei *quergeschichteten Dielektrika* stehen die Feldlinien senkrecht auf der Grenzfläche und es gibt nur Normalkomponenten D_n, E_n ($E_\mathrm{t} = 0$, $D_\mathrm{n1} = D_\mathrm{n2} = D_\mathrm{n}$, Abb. 4.3.4e). Dann beträgt die Längsspannung (für $\varepsilon_1 > \varepsilon_2$)

$$f_\mathrm{A} = \sigma = \frac{\mathrm{d}F}{\mathrm{d}A} = \frac{D_\mathrm{n}^2}{2}\left(\frac{1}{\varepsilon_1} - \frac{1}{\varepsilon_2}\right) = \frac{E_\mathrm{n1}E_\mathrm{n2}}{2}(\varepsilon_1 - \varepsilon_2).$$ (4.3.14c)

Das Ergebnis ergibt sich auch wie folgt: Die Verschiebung der Grenzfläche um $\mathrm{d}s$ ändert die Feldenergie um $\mathrm{d}W = w_1 \mathrm{d}V_1 + w_2 \mathrm{d}V_2$. Die *Energiedichten* $w_n = D_n^2/(2\varepsilon)$ (Gl. (4.1.13a)) werden wegen $Q =$ const ($D_n =$ const) nicht beeinflusst. Da die Volumenzunahme $\mathrm{d}V_1 = A \mathrm{d}s$ gleich der Abnahme $\mathrm{d}V_2 = -A\mathrm{d}s$ ist, gilt $\mathrm{d}W = w_1 A \mathrm{d}s - w_2 A \mathrm{d}s = (w_1 - w_2) A \mathrm{d}s$ und wegen $\boldsymbol{F} \| \mathrm{d}\boldsymbol{s}$ mit $F = -\mathrm{d}W/\mathrm{d}s$ das obige Ergebnis. Das Material mit kleinerem ε wird auf Druck, das mit größerem ε auf Zug beansprucht. Die Volumenabnahme im Bereich mit kleinerem ε entspricht einer Kapazitätserhöhung durch die Kraftwirkung (s. o.). Anschaulich wirken an der Grenzfläche zwei entgegenwirkende Kräfte $\boldsymbol{F}_1$ und $\boldsymbol{F}_2$. Im Material mit kleinerem ε ist die (Netto)-Kraft (wegen der höheren Feldstärke) größer.

b) Bei *längsgeschichteten Dielektrika* verlaufen die Feldlinien parallel zur Grenzfläche. Alle Normalkomponenten der Feldgrößen verschwinden (Abb. 4.3.4e)

$$f_A = \sigma = \frac{\mathrm{d}F}{\mathrm{d}A} = \frac{E_t^2}{2}(\varepsilon_1 - \varepsilon_2) = \frac{D_{t1} D_{t2}}{2}\left(\frac{1}{\varepsilon_2} - \frac{1}{\varepsilon_1}\right). \qquad (4.3.14\mathrm{d})$$

Auch hier zeigt die mechanische Spannung an der Grenzfläche in den Raum mit kleinerem ε. Deshalb werden z. B. im Isolieröl (flüssiges Dielektrikum) Luftblasen ($\varepsilon_0 < \varepsilon_{\mathrm{öl}}$) durch das Feld zusammengedrückt und im inhomogenen Feld aus ihm herausgeschleudert.

Grenzfläche Metall-Nichtleiter Im idealen Leiter (Medium 1) verschwindet die Feldstärke $\boldsymbol{E}$ (E_t, $E_n = 0$, er hat konstantes Potential) und an der Leiteroberfläche sammelt sich die Flächenladungsdichte $\sigma = D_n$. Das verlangt nach der Grenzflächenbedingung $E_n = D_n/\varepsilon_1 = \sigma/\varepsilon_1$ den Ansatz einer *unendlich großen Permittivität ε_1 für den Leiterbereich*: $\varepsilon_1 \to \infty$ in der bisherigen Grenzflächenkraft Gl. (4.3.14a) zwischen zwei Isolatoren. Im Ergebnis entsteht die Kraftdichte Gl. (4.3.12b) mit $\boldsymbol{D} \to D_n$.

4.3.1.3 Wandlung elektrische-mechanische Energie

Energie, Kraftwirkung Nach Kap. 4.1.3.2 bewirkt der zeitveränderliche Kondensator eine Wechselwirkung zwischen elektrischer und mechanischer Leistung Gl. (4.1.20), deren mechanischer Teil von der zeitlichen Kapazitätsänderung stammt

$$p_{\mathrm{mech}}(t) = \frac{u^2}{2}\frac{\mathrm{d}C}{\mathrm{d}t} = \frac{u^2}{2}\frac{\partial C}{\partial x}\frac{\mathrm{d}x}{\mathrm{d}t} = \left.\frac{\partial W_d}{\partial x}\right|_u \frac{\mathrm{d}x}{\mathrm{d}t}. \qquad (4.3.15)$$

Bei der zeitveränderlichen Kapazität ändert sich der Plattenabstand mit der Geschwindigkeit $v = \mathrm{d}x/\mathrm{d}t$ (s. Abb. 4.1.7). Ursache der Energiewandlung ist die Kraft auf die Begrenzung des Feldraumes und seine Änderung. Die zugehörige Kapazitätsänderung (Modell Abb. 4.3.3a) verursacht trotz kon-

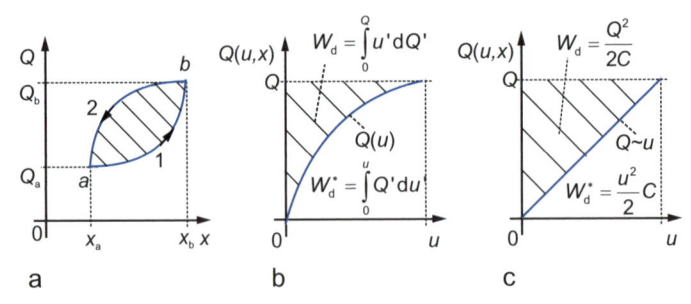

Abb. 4.3.5. Kondensator als elektromechanischer Energiewandler. (a) Verlustloser Energiewandler als Zweitor. (b) Übergang zwischen zwei Zuständen a und b und zurück in der Q,u-Ebene des Kondensators auf unterschiedlichen Wegen. (c) Dielektrische Energie W_d und Ko-Energie W_d^* als Flächen in der Q,u-Ebene des nichtlinearen und linearen Energiewandlers

stanter Spannung $u = U_\text{q}$ einen Stromaustausch mit der Spannungsquelle: drückt eine Kraft F die Kondensatorplatten zusammen, so bedingt die Kapazitätszunahme Ladungszufluss $\text{d}Q = u\text{d}C$ zur oberen Platte und einen Strom $\text{d}i$ zum Kondensator.

Zeitveränderliche Energiespeicher sind Wandlungsstellen elektrischer in mechanische Energie und umgekehrt. Dabei treten stets Kraftwirkungen auf.

Ziel dieses Abschnittes sind die funktionellen Zusammenhänge zwischen den elektrischen Variablen Spannung, Ladung und Strom sowie den mechanischen Größen Kraft, Auslenkung und Geschwindigkeit als Grundlage einer Wandlerersatzschaltung (Kap. 6). Basis kann dabei sein

— der *Energiesatz*, dann treten die „Energievariablen" Spannung, Ladung, Kraft und Auslenkung auf oder
— die *Leistungsbilanz* mit den „Leistungsvariablen" Spannung, Strom, Kraft und Geschwindigkeit.

In beiden Fällen wirkt die gespeicherte Energie bzw. ihre Ko-Energie als Mittler.

Ausgang ist die Energie im zeitvariablen Kondensator (Abb. 4.3.3a,b), gesucht ist die Relation zur einwirkenden Kraft mit dem Energiesatz Gl. (4.3.3): *Da dem Kondensator Energie auf unterschiedlichen Wegen und in zwei Formen (elektrisch, mechanisch) zugeführt werden kann, besteht die prinzipielle Möglichkeit der Energiezufuhr in einer und der Abfuhr in anderer Form.* Dabei wird *verlustfreie Wandlung* angenommen.

Eine Spannung $u = u_\text{Q}$ verringert den Plattenabstand $d - x$ durch die Feldkraft F_el, eine (zur Veranschaulichung) isoliert eingefügte Feder mit der Federkraft $F_\mathrm{f} = kx$, (Federkonstante k) drückt sich zusammen. Von außen stellt man die Kraft $F = F_\mathrm{el} + F_\mathrm{f}$ in Richtung x fest. Die Kondensatorenergie W_d hängt von *zwei Veränderlichen* ab: der Plattenverschiebung x und der Ladung Q oder Spannung u über die Q,u-Kennlinie (linearer Kondensator). Wir betrachten die Abhängigkeit $W_\mathrm{d}(Q, x)$ über den Energiesatz mit der Zuordnung $\mathrm{d}W_\mathrm{el} = u\mathrm{d}Q$

$$\begin{aligned}\mathrm{d}W_\mathrm{el} &= \mathrm{d}W_\mathrm{d} + \boldsymbol{F}' \cdot \mathrm{d}\boldsymbol{x} = \mathrm{d}W_\mathrm{d} + F'\mathrm{d}x \;\rightarrow \\ \mathrm{d}W_\mathrm{d} &= \mathrm{d}W_\mathrm{el} - F'(Q,x)\mathrm{d}x = u\mathrm{d}Q - F'(Q,x)\mathrm{d}x.\end{aligned} \qquad (4.3.16\mathrm{a})$$

Dazu gehört ein Energieübergang von Zustand a nach b (Abb. 4.3.5a)

$$W_\mathrm{db} - W_\mathrm{da} = \int_a^b \mathrm{d}W_\mathrm{d} = \int_{Q_\mathrm{a},x_\mathrm{a}}^{Q_\mathrm{b},x_\mathrm{b}} (u(Q,x)\mathrm{d}Q - F'\mathrm{d}x). \qquad (4.3.16\mathrm{b})$$

Beim *verlustlosen, umkehrbaren Wandler* muss nach Übergang vom Zustand a nach b (wobei sich die Ladung Q abhängig von x ändert) und auf anderem Weg zurück nach a die gleiche Energie W_da wie vorher gespeichert sein, also gelten

$$\oint \mathrm{d}W_\mathrm{d} = 0. \qquad (4.3.16\mathrm{c})$$

Diese Forderung bedeutet *Wegunabhängigkeit* des Integrals $\int \mathrm{d}W_\mathrm{d}$. Dafür muss Gl. (4.3.16a) ein *vollständiges Differential* sein und deshalb lassen sich Spannung u und Kraft F in den Formen $u = u(Q,x)$ und $F' = F'(Q,x)$ ausdrücken: *nur zwei der vier Variablen u, Q, F', x sind voneinander unabhängig*. Wir wählen entsprechend Gl. (4.3.16b) zunächst *Ladung* Q und *Ort* x als unabhängige Variable.

Die Wegunabhängigkeit der Energie Gl. (4.3.16c) bedeutet, dass sie eine *Zustandsgröße* ist, die nur von den *Zustandsvariablen* Q, x abhängt. Nur dann wird die Integration von Gl. (4.3.16a) wegunabhängig und es verbleibt als *dielektrische Energie* des Kondensators

$$W_\mathrm{d}(Q,x) = \int_0^Q u'(Q',x)\mathrm{d}Q'. \qquad (4.3.17)$$

Das Integral erfordert zur Auswertung den Zusammenhang $u = u(Q,x)$. Er ist für einfache Wandler meist problemlos anzugeben (s. u.).

Zur *Bestimmung der Kraft* nutzen wir die Eigenschaften von $\mathrm{d}W_\mathrm{d}(Q,x)$ als vollständiges Differenzial. Dafür muss gelten

$$\mathrm{d}W_\mathrm{d} = \left.\frac{\partial W_\mathrm{d}(Q,x)}{\partial Q}\right|_x \mathrm{d}Q + \left.\frac{\partial W_\mathrm{d}(Q,x)}{\partial x}\right|_Q \mathrm{d}x. \qquad (4.3.18)$$

Der Vergleich mit Gl. (4.3.16b) ergibt (Variable Q und x unabhängig voneinander)

$$u = \left.\frac{\partial W_\mathrm{d}(Q,x)}{\partial Q}\right|_x, \quad F'(Q,x) = -\left.\frac{\partial W_\mathrm{d}(Q,x)}{\partial x}\right|_Q = F'|_Q. \qquad (4.3.19)$$

Das Ergebnis stimmt mit Gl. (4.3.7) überein. Es setzt die Kenntnis von $W_\mathrm{d}(Q,x)$ und so der Beziehung $u(Q,x)$ zwischen Kondensatorspannung und Ladung durch die Wahl von *Ladung* Q und *Weg* x als unabhängige Systemvariable voraus. Dann liegt nahe, diese Einschränkung durch Wahl von *Spannung* u und *Weg* x als neue Systemvariable zu umgehen und damit zur *Ko-Energie* Gl. (4.1.14) überzuwechseln.

Ko-Energie Der Energiesatz Gl. (4.3.16a) gilt wegen des vollständigen Differentials $\mathrm{d}(Qu) = Q\mathrm{d}u + u\mathrm{d}Q$ auch in der Form

$$\mathrm{d}W_\mathrm{d}^* = \mathrm{d}(Qu - W_\mathrm{d}) = Q\mathrm{d}u + F'(u,x)\mathrm{d}x. \qquad (4.3.20)$$

Auch hier muss die rechte Seite ein vollständiges Differential sein. Dann wird der linke Term unabhängig vom Weg in der u,x-Ebene, stellt also eine *Zustandsgröße* dar, die *dielektrische Ko-Energie* (Gl. (4.1.14))

$$W_\mathrm{d}^* = Q \cdot u - W_\mathrm{d} \qquad (4.3.21)$$

mit der Abhängigkeit $W_\mathrm{d}^* = W_\mathrm{d}^*(u,x)$ und dem vollständigen Differential

$$\mathrm{d}W_\mathrm{d}^* = \left.\frac{\partial W_\mathrm{d}^*(u,x)}{\partial u}\right|_x \mathrm{d}u + \left.\frac{\partial W_\mathrm{d}^*(u,x)}{\partial x}\right|_u \mathrm{d}x. \qquad (4.3.22)$$

Der Vergleich mit dem Energiesatz (4.3.20) ergibt wegen der Unabhängigkeit der Variablen u und x voneinander

$$Q = \left.\frac{\partial W_\mathrm{d}^*(u,x)}{\partial u}\right|_x, \quad F'(u,x) = +\left.\frac{\partial W_\mathrm{d}^*(u,x)}{\partial x}\right|_u = F'|_{u, W_\mathrm{d}=W_\mathrm{d}^*}. \qquad (4.3.23)$$

Die Kraft stimmt mit Gl. (4.3.5) überein, berechnet bei konstanter Spannung über die Energie W_d, falls Energie W_d und Ko-Energie W_d^* gleich sind (für lineare Kapazitäten wie hier zutreffend). Jetzt erfordert die Kraftberechnung *Kenntnis der Ko-Energie* W_d^* als Funktion von u und x. Sie ergibt sich (wieder durch schrittweise Integration zunächst längs des Weges und dann für konstante Spannung u) aus (Gl. (4.1.14)) zu

$$W_\mathrm{d}^*(u,x) = \int_0^u Q(u',x)\mathrm{d}u'. \qquad (4.3.24)$$

4.3 Umformung elektrischer in mechanische Energie

> Die Kraft auf die Kondensatorplatten kann gleichwertig über die Energie oder die zugehörige Ko-Energie ermittelt werden, der letzte Weg ist wegen der verbreiteteren Ladungskurve $Q(u)$ einfacher.

Energie und Ko-Energie lassen sich als Flächen in der Q,u Darstellung deuten, darauf wurde bereits bei der Kondensatorumladung (Abb. 4.1.5a, d) verwiesen. Dort war die dielektrische Energie im Kondensator gespeichert, die Ko-Energie entsprach der in Wärme (im Widerstand R) umgesetzten Energie, also einer *nichtelektrischen* Form. Für den Energiewandler Abb. 4.3.3a entspricht die Ko-Energie der *umgewandelten mechanischen Energie* (Abb. 4.3.5b), sowohl für nichtlineare wie lineare $Q(u)$-Beziehung.

Beim linearen Kondensator (Abhängigkeit $Q(x) = C(x)u(x)$) stimmen Energie und Ko-Energie stets überein (s. Gl. (4.1.16)). Dann folgen mit Gl. (4.3.19) für die *Systemvariablen Kraft, Spannung und Ladung*

$$\begin{aligned} W_{\mathrm{d}}(Q,x) &= \int_0^Q u' \mathrm{d}Q' = \int_0^Q \frac{Q'}{C(x)} \mathrm{d}Q' = \frac{Q^2}{2C(x)}, \\ F'|_Q &= -\left.\frac{\partial W_{\mathrm{d}}}{\partial x}\right|_Q = \frac{Q^2}{2C^2} \frac{\mathrm{d}C}{\mathrm{d}x}, \\ u(Q,x) &= \left.\frac{\partial W_{\mathrm{d}}}{\partial Q}\right|_x = \frac{Q}{C(x)} \end{aligned} \qquad (4.3.25\mathrm{a})$$

und analog mit der Ko-Energie Gl. (4.3.23)

$$\begin{aligned} W_{\mathrm{d}}^*(u,x) &= \int_0^u Q' \mathrm{d}u' = \int_0^u C(x)u' \cdot \mathrm{d}u' = \frac{C(x)u^2}{2}, \\ F'|_u &= \left.\frac{\partial W_{\mathrm{d}}^*}{\partial x}\right|_u = \frac{u^2}{2} \frac{\mathrm{d}C}{\mathrm{d}x}, \\ Q(u,x) &= \left.\frac{\partial W_{\mathrm{d}}^*}{\partial u}\right|_x = C(x)u. \end{aligned} \qquad (4.3.25\mathrm{b})$$

Das Zeitdifferenzial der Ladung

$$\begin{aligned} i(u,x) = \frac{\partial Q(u,x)}{\partial t} &= \left.\frac{\partial Q}{\partial u}\right|_x \frac{\mathrm{d}u}{\mathrm{d}t} + \left.\frac{\partial Q}{\partial x}\right|_u \frac{\mathrm{d}x}{\mathrm{d}t} \\ &= C|_x \frac{\mathrm{d}u}{\mathrm{d}t} + u \left.\frac{\partial C}{\partial x}\right|_u \frac{\mathrm{d}x}{\mathrm{d}t} = C\frac{\mathrm{d}u}{\mathrm{d}t} + u\frac{\mathrm{d}C}{\mathrm{d}t} \end{aligned} \qquad (4.3.25\mathrm{c})$$

führt direkt zum u,i-Zusammenhang des zeitabhängigen Kondensators (s. Gl. (2.7.25)).

Die Kraftwirkung des elektrostatischen Wandlers für konstante Ladung oder Spannung (Gl. (4.3.25)) bestätigt die Beziehungen Gl. (4.3.7). Die Berechnung nutzt jedoch beim Betrieb mit konstanter Ladung die dielektrische Energie W_{d}, für den spannungsbetriebenen die Ko-Energie W_{d}^*.

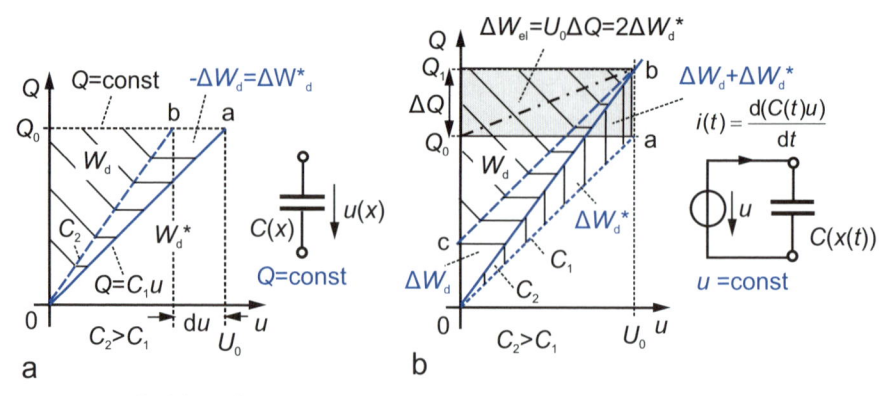

Abb. 4.3.6. Dielektrische Energie und Ko-Energie im elektrostatischen Energiewandler. (a) Abnahme der dielektrischen Energie bei Plattenabstandsänderung und konstanter Ladung: Leistung mechanischer Arbeit. (b) Verhältnisse bei konstanter Spannung. Die Kapazitätserhöhung erzwingt höhere Ladung: Stromzufuhr und Erhöhung der Feldenergie

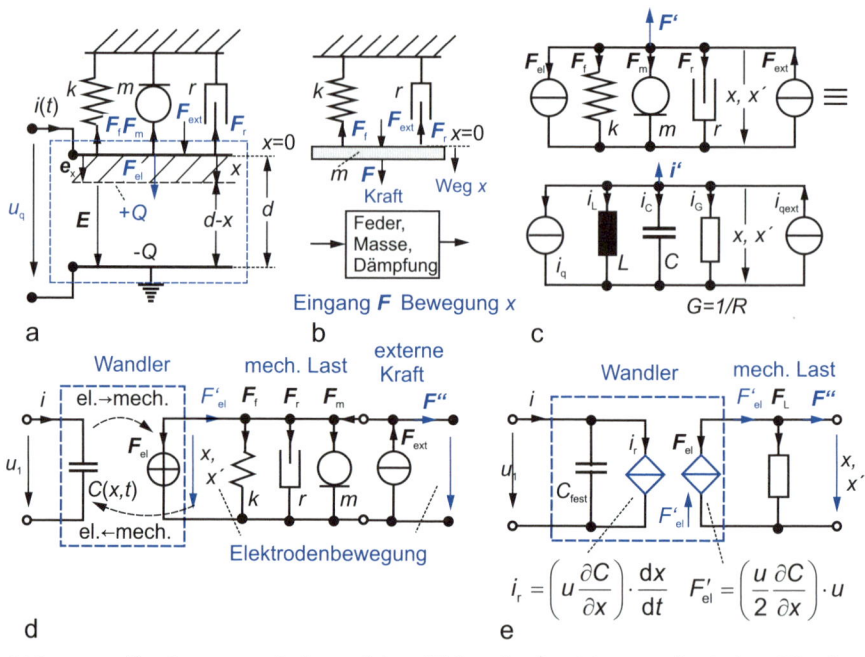

Abb. 4.3.7. Kondensator mit beweglicher Elektrode als elektro-mechanischer Wandler. (a) Grundstruktur. (b) Feder-Masse-Dämpfer-System der Kondensatorelektrode. (c) Mechanische Ersatzschaltung und analoges elektrisches Netzwerk. (d) Modell der elektrischmechanischen Wechselwirkung. (e) Elektrisch-mechanische Wandlerersatzschaltung

Bei *konstanter Ladung* (Abb. 4.3.6a) zieht die Kraft die Platten auf den Abstand $d - x$ (Abb. 4.3.3a) zusammen: Kapazitätszunahme ($C_2 > C_1$) → Abnahme der Feldenergie W_d um ΔW_d (Dreieckfläche 0ab) → Änderung der

Ko-Energie ΔW_d^* (mechanische Energie) um die quergestrichene Fläche: sie entspricht der geleisteten mechanischen Arbeit. Dabei sinkt die Kondensatorspannung um du.

Bei *konstanter Spannung* (Abb. 4.3.6b) zieht die Kraft die Platten ebenfalls zusammen, die Kapazitätserhöhung ($C_2 > C_1$) verursacht Ladungszunahme und Stromzufluss aus der Spannungsquelle. Diese liefert die Energie $\Delta W_\mathrm{el} = u \Delta Q$ entsprechend der grauen Rechteckfläche. Sie entspricht der Dreiecksfläche ΔW_d (b0c), herrührend von Erhöhung der Feldenergie und der gleichen Dreieckfläche ΔW_d^* (0ab) der Ko-Energie als mechanischer Arbeit. Im Grenzfall verschwindender Änderungen stimmen die Flächen bei konstanter Ladung oder Spannung überein: in beiden Fällen wird die gleiche mechanische Arbeit verrichtet, wirkt m. a. W. die gleiche Kraft.

Zusammengefasst:
— Im Kondensator mit beweglicher Elektrode beaufschlagt mit Ladung oder Spannung erfolgt elektro-mechanische Energiewandlung über den Energiesatz. Variable sind dabei Ladung, Spannung, Kraft und Plattenverschiebung. Die Kapazität wird als Definitionsgleichung verwendet.
— Die Energiewandlung lässt sich gleichwertig durch die Leistungsbilanz mit den Variablen Spannung, Strom, Kraft und Geschwindigkeit formulieren sowie der Strom-Spannungs-Beziehung des zeitabhängigen Kondensators.
— Von den vier Variablen Q, u, x, x' sind jeweils zwei unabhängig. Das erlaubt eine Zweitordarstellung des energiewandelnden Kondensators (s. Kap. 6.2).

Mechanisch-elektrische Ersatzschaltung Wir ergänzen den Kondensator (Abb. 4.3.7a) durch weitere mechanische Elemente: die *Masse* m der Elektrode, eine geschwindigkeitsproportionale *Reibung* $r = c$ sowie elastische Elektrodenbindung mit einer *Feder* (Federkonstante oder Steife $k = 1/n$, n Nachgiebigkeit). Letztere sei bei spannungslosem Kondensator (Plattenabstand d) entspannt. Auf die Platte kann neben der *elektrischen Kraft* F_el noch eine *externe Kraft* F_ext einwirken. Die Beziehung zwischen Kräften und Plattenverschiebung x (bzw. der Geschwindigkeit $x' = \mathrm{d}x/\mathrm{d}t$) wird durch die Gesamtkraft F auf die Masse bestimmt, bestehend aus Feldkraft F_el, externer Kraft F_ex und gegenwirkend die Feder- und Dämpfungskraft. Auf die Masse m wirkt die Nettokraft $F - kx - cv$ (mit $F_\mathrm{f} = kx$ und $F_\mathrm{r} = cx'$). Sie beschleunigt die Masse mit der Beschleunigung a:

Nettokraft auf Masse $= ma = mx''$.

Zusammengefasst beschreibt dann (Abb. 4.3.7b)

$$F - kx - c\frac{dx}{dt} = m\frac{d^2x}{dt^2} \rightarrow \sum F_{\text{mech}} + F_{\text{el}} - F_{\text{ext}} + F'' = 0,$$
$$F'' = -F_{\text{el}} + F_{\text{ext}} - \sum F_{\text{mech}}$$
(4.3.26)

als sog. *Feder-Masse-Dämpfungs-System* mit Anwendung des Knotensatzes für die Kräfte die Beziehung zwischen elektrischer und externer Kraft und Plattenauslenkung x bzw. ihrer Bewegungsgeschwindigkeit x' als Ausgangsgröße, also das *mechanische Kondensatormodell*. F' ist die bereits verwendete Reaktionskraft.

Hilfreich für das weitere Vorgehen ist eine *Analogie zwischen elektrischen* und *mechanischen Netzwerkelementen* (hier für translatorische Bewegung). Setzt man (willkürlich!) als *Analogon zum Strom i die Kraft F* (und zur Spannung u die Geschwindigkeit v), so lauten die Zuordnungen (Vorgriff auf Kap. 6.1)

> Masse —Kapazität $(m = C)$
> Feder —Induktivität $(n = 1/kL)$
> Reibung—Widerstand $(1/r = R)$.

Folgerichtig gelten die Kirchhoffschen Gesetze: Knotensatz für die Ströme/ Kräfte, Maschensatz für die Spannungen/Geschwindigkeiten. Mit dieser Vorstellung gibt es zum mechanischen Netzwerk (Abb. 4.3.7c) das *analoge elektrische*. Es entspricht (bei Richtungsumkehr der Kraftquelle F_{el}) genau der Ersatzschaltung des aktiven Zweipols in Stromquelledarstellung für die Reaktionskraft F'.

> Die elektrisch-mechanische Wechselwirkung am zeitveränderlichen Kondensator wird beschrieben durch (Abb. 4.3.7d)
> — die elektrisch erzeugte Kraft F_{el} auf die Kondensatorplatten (elektrisch-mechanische Wirkung) und
> — umgekehrt die Kondensatoränderung als Folge der mechanischen Krafteinwirkung F_{ext} (einschließlich mechanischer Lastelemente) als mechanisch-elektrische Rückwirkung.

Je nachdem, ob die Kraft bei konstanter Ladung oder Spannung wirkt, gelten für das elektrisch-mechanische Gesamtsystem folgende Beziehungen:

	Konstante Spannung	Konstante Ladung
elektrische Seite	$i(u,x) = C\frac{du}{dt} + u\frac{\partial C}{\partial x}\frac{dx}{dt}$	$u(Q,x) = \frac{Q(x)}{C(x)}$
Kopplung F_{el}	$F'\|_u = F'(u,x) = \left.\frac{\partial W_d^*}{\partial x}\right|_u$	$F'\|_Q = F'(Q,x) = -\left.\frac{\partial W_d}{\partial x}\right|_Q$
	$= \frac{u^2}{2}\frac{dC}{dx}$	$= \frac{Q^2}{2C(x)^2}\frac{dC}{dx}$
mechanische Seite	$\sum F_{\text{mech}} + F_{\text{el}} - F_{\text{ext}} + F'' = 0.$	(4.3.27)

Während bei konstanter Spannung die mechanische Rückwirkung explizit über die Kapazitätsänderung in den elektrischen Kreis eingreift, erfolgt das im zweiten über Ladung und Kapazität (Kondensator an idealer Stromquelle). Liegt der Kondensator über einen Widerstand an der Spannungsquelle, so muss dieser Kreis über den Maschensatz berücksichtigt werden.

Das Modell Abb. 4.3.7d interpretiert Gl. (4.3.27): eine Eingangsspannung lädt den Kondensator, ändert ihn ($\mathrm{d}C/\mathrm{d}x \neq 0$) und dabei entsteht die Kraft F_{el} auf die Platten. Sie arbeitet auf das mechanische Netzwerk und korrigierend stellt sich die Plattenabstandsänderung x bzw. die Geschwindigkeit $x' = \mathrm{d}x/\mathrm{d}t$ ein. Die damit verbundene Kapazitätsvariation ändert den Eingangsstrom. Deshalb kann der Eingangszweig auch verstanden werden als Festkondensator, dem eine gesteuerte Stromquelle parallel liegt (im Bild angedeutet). Das legt nahe, den zeitveränderlichen Kondensator darzustellen als Festkondensator am Eingang eines *Wandlerzweitors* mit *zwei gesteuerten Quellen* (elektrische Eingangsgrößen u, i, mechanische Ausgangsgrößen F, v bzw. x) und dem angeschlossenen mechanischen Netzwerk Abb. 4.3.7e. Wirkt ausgangsseitig keine zusätzliche externe Kraft, das ist der Regelfall ($F_{\mathrm{ext}} = 0$), dann gilt für die Ausgangsseite des Wandlers

$$F'' = -F_{\mathrm{el}} - \sum F_{\mathrm{mech}} = F'_{\mathrm{el}} - \sum F_{\mathrm{mech}},$$

wie im Bild eingetragen, übereinstimmend mit der Stromquellenersatzschaltung des aktiven Zweipols (mit Erzeugerpfeildarstellung, s. Bd. 1, Abb. 2.2.4). Die an den Zweitorklemmen auftretende Reaktionskraft F'' kann z. B. eine äußere Last bewegen. Im Leerlauf ($F'' = 0$) arbeitet dann die Feldkraft (als Reaktionskraft $F'_{\mathrm{el}} = F'_u$, F'_Q je nach Eingangsbeschaltung, Spannungs- oder Stromquelle) auf die mechanischen Elemente $F'_{\mathrm{el}} = \sum F_{\mathrm{mech}}$ und stellt den Arbeitspunkt (Auslenkung x) ein. Es ist Vereinbarung, ob die mechanische Last (besonders die Feder) mit zum Wandlerzweitor gezählt wird oder nicht, wir werden sie später als Last betrachten.

> Der Ersatz des zeitgesteuerten Kondensators durch einen Festkondensator, ein Wandlerzweitor mit zwei elektrisch/nichtelektrisch gesteuerten Quellen und ein angeschlossenes mechanisches Netzwerk (feste Elemente) ist Modellgrundlage der Wechselwirkung zwischen Energie und Kraft am Energiespeicher.

Dieses Modell nutzt die Leitwert-Zweitorersatzschaltung (Tab. 2.9, Bd. 1) mit zwei gesteuerten Stromquellen. Es ist nichtlinear ($F \sim u^2$!).

Zum Funktionsverständnis reicht aber eine *Modelllinearisierung* um einen gewählten Arbeitspunkt aus, also eine *Kleinsignalbetrachtung*. Wir beschränken uns hier auf den *Arbeitspunkt*, Kleinsignalanalyse und eine Vertiefung der Wandlereigenschaften sind Inhalt von Kap. 6.

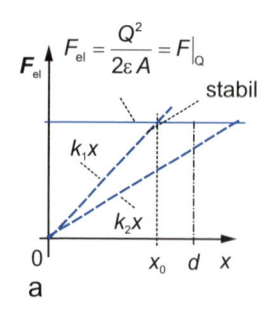

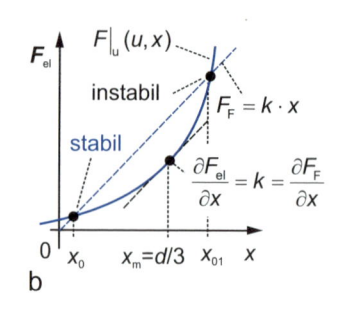

Abb. 4.3.8. Kraftverhalten des Kondensators. (a) Kräfte bei konstanter Elektrodenladung. (b) Schnapp-Effekt bei konstanter Elektrodenspannung

Arbeitspunktbestimmung, Schnappeffekt Die obere Kondensatorplatte liegt im Arbeitspunkt (bei beaufschlagter Ladung oder Spannung) in einer Ruhestellung x_0 und Gl. (4.3.26) vereinfacht sich (durch Wegfall aller zeitlichen Ableitungen und ohne äußere Zusatzkraft) mit $\sum F_{\text{mech}} = kx$ auf die

$$\text{Arbeitspunktbedingung } kx_0 = |F_{el}|_0. \qquad (4.3.28)$$

Bei *konstanter Ladung* ist die elektrische (Coulomb-)Kraft nach Gl. (4.3.25) *abstandsunabhängig* (sie wird nur über die Ladung aus der Stromquelle gesteuert) und es gibt einen stabilen Arbeitspunkt x_0 (Abb. 4.3.8a). Bei Elektrodenverschiebung aus der Gleichgewichtslage x_0 zu Werten nach rechts steigt die rückstellende Federkraft, während die Elektrodenkraft konstant bleibt: die Elektrode wird nach x_0 zurückgezogen. Zu kleine Rückstellkraft (kleine Federkonstante k_2) liefert im Bewegungsbereich $0 < x < d$ keinen Schnittpunkt. Dann bewegt sich die Elektrode bis zur Gegenelektrode und beim Berühren erfolgt Ladungsausgleich (mit verschwindender Elektrodenkraft). Anschließend drückt die Feder die bewegliche Elektrode in die Ausgangslage $x = 0$ zurück.

Bei anliegender Konstantspannung *wächst die Feldkraft mit sinkendem Plattenabstand* (Abb. 4.3.8b), die Federkraft hingegen nur linear. Der Lösungsansatz lautet jetzt nach Gl. (4.3.28)

$$k_1 x = F_{el} = \frac{u^2}{2} \frac{dC(x)}{dx} = \frac{u^2 \varepsilon A}{2(d-x)^2}.$$

Bemessungsabhängig gibt es bis zu drei Schnittpunkte: bei kleiner Spannung u einen außerhalb des Bewegungsbereiches $x < d$, einen *stabilen kleinen* Wert x_0 und einen instabilen Wert x_1. Im stabilen Punkt wächst die Feldkraft über dem Ort schwächer als die Federkraft: bei Auslenkung nach rechts überwiegt letztere und drückt die Platte in die Ruhestellung x_0 zurück, weil gilt

$$\left.\frac{\partial F_{el}}{\partial x}\right|_{x_0} < \left.\frac{\partial F_f}{\partial x}\right|_{x_0}. \qquad \text{Bedingung für stabilen Arbeitspunkt} \quad (4.3.29)$$

Im Punkt x_{01} hingegen gilt die umgekehrte Relation. Bei Zunahme von x (Plattenzusammenziehung) überwiegt die Feldkraftänderung: die Platte wird weiter gezogen und der Punkt ist instabil.

Mit steigender Spannung (bei gleichem k_1) wandern beide Arbeitspunkte aufeinander zu und münden schließlich im Tangenten-Punkt mit übereinstimmenden Kraftänderungen. Ausgeführt liefert diese Bedingung als Lösung den Wert $x_{0m} = d/3$ mit der zugehörigen *Schnappspannung* (Pull in-Spannung)

$$U_\mathrm{p} = \sqrt{\left(\frac{2d}{3}\right)^3 \frac{k_1}{\varepsilon A}}. \qquad (4.3.30)$$

Der Schnapp-Punkt ist bereits instabil, weil jede Störung Instabilität nach sich zieht.

> Der mit konstanter Spannung betriebene Kondensator arbeitet nur im Aussteuerbereich $x < d/3$ stabil.

Umgekehrt überwiegt bei Verletzung (zu kleine Federsteifigkeit k) die Änderung der Feldkraft und die bewegliche Platte wird ungebremst zur Gegenelektrode gezogen. Zur Vermeidung des Schnapp-Effektes muss folglich gelten

$$x_0 < d/3, \quad U < U_\mathrm{p}. \qquad \text{stabiler Arbeitsbereich}$$

Eine Zusatzkraft F_ext ändert sowohl den Arbeitspunkt als auch das Schnapp-Verhalten.

> Der Schnapp-Effekt ist ein prinzipielles Problem spannungsbeaufschlagter elektrostatischer Wandler (begründet in der Coulomb-Anziehung gegenpoliger Ladungen).

4.3.1.4 Beispiele und Anwendungen

Elektrostatische Kräfte bestimmen zahlreiche Phänomene:

1. Eine ungeladene Metallkugel erfährt im inhomogenen Feld (Abb. 4.3.9a) durch Influenz eine Ladungsverschiebung. Die unterschiedlichen Feldstärken auf beiden Kugelseiten verschieben sie zur Seite mit der größeren (Netto-) Feldstärke, sie wird *ins Feld gezogen*.
2. Die Kraft zwischen beweglichen Elektroden nutzen *elektrostatische Voltmeter* (Abb. 4.3.9b). Man überträgt die spannungsabhängige Plattenbewegung auf einen Zeiger, dessen Ausschlag dem Quadrat der Spannung proportional ist. Solche Spannungsmesser erfordern nur Ladung (im Gegensatz zu stromdurchflossenen Drehspulinstrumenten). Sie sind in der Hochspannungstechnik üblich.
3. Die Wechselwirkung zwischen Feld und bewegter Kondensatorplatte nutzen Kondensatorlautsprecher und -mikrophon (Abb. 4.3.9c). Im ersten Fall liegt am Kondensator eine Gleichspannung mit überlagertem Informationssignal und es entsteht eine Plattenauslenkung proportional dem Wechselsignal. Beim *Kondensatormikrofon* erzeugt der Schalldruck eine Plattenabstandsänderung. Eine

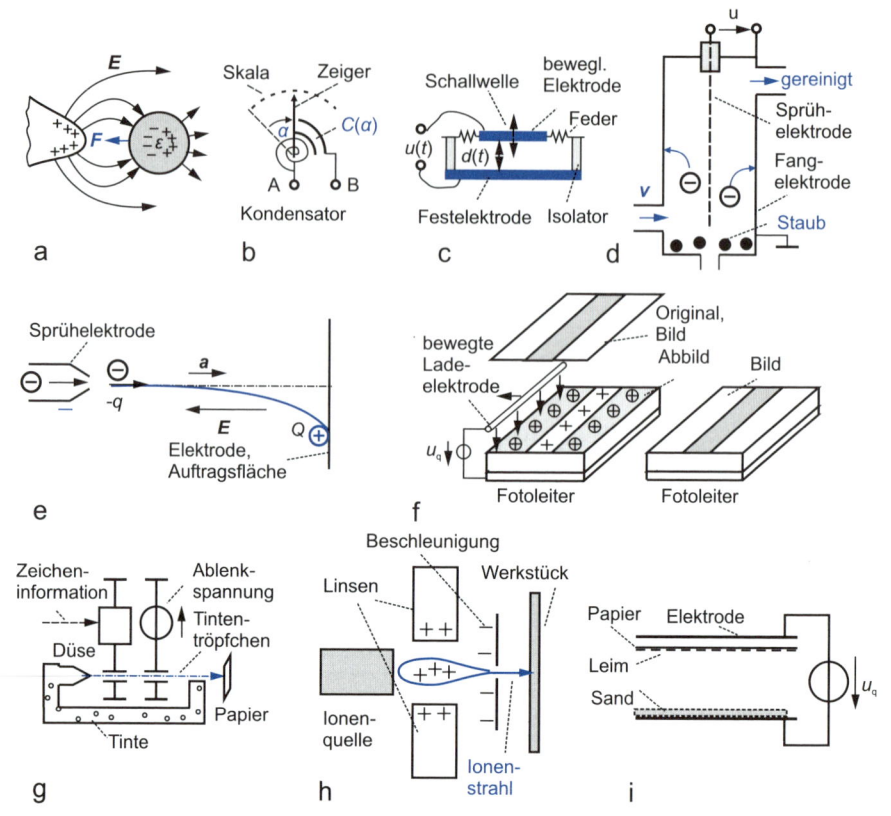

Abb. 4.3.9. Anwendung elektrostatischer Kräfte. (a) Anziehung einer ungeladenen Metallkugel ins Gebiet größerer Feldstärke ($F \sim E^2$). (b) Elektrostatisches Voltmeter. (c) Kondensatorlautsprecher, Kondensatormikrofon. (d) Staubfilter zur Entfernung von Schwebeteilchen aus Gasen mit negativ geladener Sprühelektrode. (e) Elektrostatisches Sprühverfahren. (f) Xerographieverfahren; positive Beladung einer fotoempfindlichen Schicht, nach Belichtung werden Ladungen belichteter Bereiche neutralisiert, negativ geladene Tonerteilchen haften auf den dunklen positiv geladenen Bereichen. (g) Prinzip des Tintenstrahldruckers. (h) Ionenstrahlsystem zur Materialbearbeitung. (i) Herstellung von Schmiergelpapier durch Anziehen und Niederschlag negativ geladener Sandteilchen zur positiv geladen (und geleimten) Papierschicht unter der oberen Elektrode

Gleichspannung U_q bewirkt einen Strom $i(t)$ im Kreis, dessen Spannungsabfall am Widerstand R (hochohmig) verstärkt wird. Vorteilhaft ist die geringe Masse der bewegten Elektrode, die die Verarbeitung hoher Frequenzen erlaubt.

4. Eine Kraft auf isolierende Teilchen (z. B. Staub) tritt beim „*Besprühen mit Ladungen*" auf. Dann wirkt auf sie eine Feldkraft. Das nutzen unterschiedlichste Einrichtungen:
   – Beim *Staubfilter* (Abb. 4.3.9d) gelangen Rauchgase in einen Feldraum mit einer Linienelektrode an hoher Gleichspannung, sodass zunächst eine Ionisierung erfolgt. Anschließend schlagen sich die Teilchen an der Gegenelektrode nieder und werden entfernt. Vereinfacht wirkt dieses Prinzip auf der

4.3 Umformung elektrischer in mechanische Energie

Oberfläche eines (Röhren-) Fernsehschirmes: Staubteilchen werden durch Influenz geladen und schlagen auf der Bildröhre nieder.

— *Elektrostatische Sprüheinrichtung* (Abb. 4.3.9e). Zwischen einer Sprühpistole für „flüssige Medien" (Lack, Kunststoffpulver) und der zu besprühenden Fläche liegt ein Feld (Sprühpistole negativ geladen). Dann übertragen austretende Teilchen Ladung, werden zur Fläche hin (z. B. Fahrradrahmen) beschleunigt und schlagen dort nieder. Vorteilhaft sind der geringe Materialverlust und gleichmäßiger Auftrag.

— Ladungsniederschlag ist das Prinzip *elektrostatischer Drucker* (Xerox-Verfahren, Xerographie: gr. „trocken schreiben") und von *Laser-Druckern*. Eine lichtempfindliche Trommel (Abb. 4.3.9f) wird mit Ladungen besprüht und lädt sich unbelichtet auf. Anschließend erfolgt die Belichtung des Fotoleiters nach einem optischen Abbild (Vorlage). Es entsteht ein latentes Bild als ladungsfreier Bereich (er wird leitend und neutralisiert die aufgesprühte Ladung). Anschließend führt man einen Toner heran, der an unbelichteten oder belichteten (verfahrensabhängig) Stellen elektrostatisch haften bleibt. Der Übertrag des Tonerbildes auf Papier erfolgt durch eine weitere Ladungsquelle. Anschließend wird er thermisch fixiert.

Der Laserdrucker arbeitet ähnlich, nur stammt die zu druckende Information aus dem Rechner. Er steuert einen Laserstrahl über Polygonspiegel zeilenweise zur Belichtung der Fototrommel.

— Auch der *Tintenstrahldrucker* (Abb. 4.3.9g) nutzen die Feldkraft. Ein Tintenstrahl verlässt unter hohem Druck mit einer Geschwindigkeit von 20 ... 25 m/s tröpfchenweise eine Düse (Tröpfchenbildung durch Piezoschwinger). Im Zerfallszeitpunkt werden die Tröpfchen signalabhängig durch eine Ladeelektrode beladen. Anschließend durchlaufen sie ein elektrostatisches Ablenksystem, gelangen auf Papier und schreiben eine Punktfolge.

— Elektrostatische Kräfte wirken auch auf Ionen, ausgenutzt zur Ionenstrahlbearbeitung von Materialien (Abb. 4.3.9h). Ein Ionenstrahl (reduziert durch ein Linsensystem auf einen Durchmesser unter 0,1 µm) wird durch eine negative Beschleunigungselektrode (hohe Spannung) beschleunigt und trifft auf ein Werkstück (Materialabtragung, Reinigung, Ionenimplantation). Das Linsensystem erlaubt durch Ablenkung eine selektive Bearbeitung.

— Die Kraft auf geladene Teilchen findet auch ungewöhnliche Anwendung, etwa zur Herstellung von Sandpapier (Abb. 4.3.9i). Unter der oberen Platte eines großflächigen Kondensators läuft beleimtes Papier und an der unteren Platte ein Trägerband mit Aluminiumoxidpulver (Teilchen negativ geladen). Die Feldkraft zieht die Teilchen zur Papieroberfläche. Dort bestimmen Bandgeschwindigkeit und Feldstärke die Auftragdicke der Pulverschicht.

❯ 4.3.2 Kräfte im magnetischen Feld

Ursächlich diente die auf bewegte Ladungen im Magnetfeld ausgeübte Kraft zur Definition der Flussdichte B (Lorentz-Kraft, Gl. (3.1.1)), auch die Kraftwirkung zwischen bewegten Ladungen (Gl. (3.1.7)) eignet sich dazu (was die Definition der Stromstärkeeinheit beweist).

Jetzt werden umgekehrt *Kraftwirkungen auf bewegte Ladungen* im magnetischen Feld ermittelt: *Lorentz-Kraft, elektrodynamische Kraft* auf stromdurchflossene Leiter, die *Grenzflächenkraft* zwischen unterschiedlichen Ferromagnetika und Luft (über die *virtuelle Verschiebung* des magnetischen Energieraumes) und schließlich die Kraftwirkung auf *magnetische Dipole*. Solche Kräfte sind gegenüber elektrostatischen wegen der höheren Energiedichte sehr intensiv und bilden deshalb die Grundlage der *elektromagnetischen Energiewandlung*, auf der Elektromagnete, Motoren und Generatoren basieren.

Auch im magnetischen Feld stellt man sich die Kraftwirkung *räumlich* verteilt vor und beschreibt sie durch die *(magnetische) Kraftdichte* $\boldsymbol{f}$

$$\boldsymbol{F} = \int_V \boldsymbol{f}\,\mathrm{d}V, \quad \boldsymbol{f} = \varrho\,(\boldsymbol{v}\times\boldsymbol{E}) - \frac{H^2}{2}\,\mathrm{grad}\,\mu \qquad \text{Magnetische Kraftdichte} \qquad (4.3.31)$$

mit der Kraft $\boldsymbol{F}$ als zugehörigem Raumintegral. Der erste Anteil erfasst Kräfte auf bewegte Ladungsträger und elektrische Strömungen, also *Lorentz-* und *elektrodynamische Kraft* und berücksichtigt so auch das Eigenmagnetfeld. Der zweite beschreibt Kraftwirkungen durch *räumliche Permeabilitätsänderung* (einschließlich der an Grenzflächen). Grenzflächen sind aber Merkmal magnetischer Kreise, deshalb heißt dieser Anteil häufig *Reluktanzkraft*. Wir kommen darauf in Kap. 4.3.2.3 zurück.

4.3.2.1 Kraft auf bewegte Ladungen

Grundlage Auf eine im Magnetfeld (Flussdichte $\boldsymbol{B}$) mit der Geschwindigkeit $\boldsymbol{v}$ bewegte Ladung q (positiv) wirkt die Lorentz-Kraft (s. Gl. (3.1.1) ff.)

$$\boldsymbol{F} = q(\boldsymbol{v}\times\boldsymbol{B}).$$

Das Rechtssystem $\boldsymbol{v}$, $\boldsymbol{B}$ und $\boldsymbol{F}$ bestimmt ihre wichtigste Eigenschaft: die Kraft $\boldsymbol{F}$ senkrecht zum Wegelement $\mathrm{d}\boldsymbol{s} = \boldsymbol{v}\mathrm{d}t$ leistet wegen $\int \boldsymbol{F}\cdot\mathrm{d}\boldsymbol{s} = 0$ an der Ladung keine Arbeit. Bewegte Ladungen erfahren im Magnetfeld stets nur eine Richtungs-, aber keine Geschwindigkeitsänderung. So durchläuft eine senkrecht zum (homogenen) Magnetfeld $\boldsymbol{B}$ eingeschossene Ladung ($\boldsymbol{v}\perp\boldsymbol{B}$) einen Kreisbogen als Bahnkurve in der Zeichenebene (Abb. 4.3.10a). Eine negative Ladung ändert die Ablenkrichtung.

Eine bewegte Ladung erfährt im Magnetfeld durch die Lorentz-Kraft stets nur eine Richtungsänderung der Geschwindigkeit, keine Betragsänderung und damit Energieaufnahme.

Dies ist der prinzipielle Unterschied zur Kraftwirkung im elektrischen Feld: sie wirkt in Richtung von $\boldsymbol{E}$ geschwindigkeitserhöhend und leistet an der Ladung Arbeit.

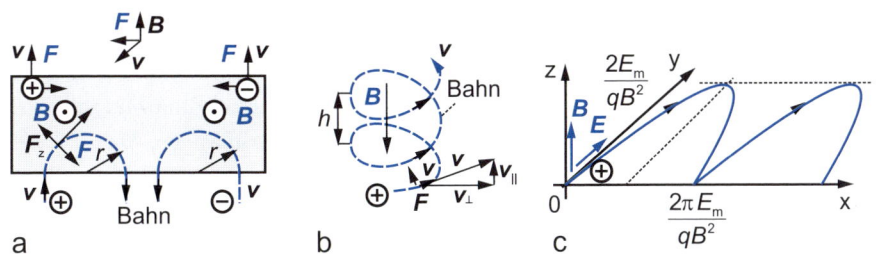

4.3 Umformung elektrischer in mechanische Energie

Abb. 4.3.10. Magnetische Kraftwirkung auf bewegte Ladungen. (a) Lorentz-Kraft, Kreisbahn einer positiven (negativen) Ladung im homogenen Feld bei senkrechtem Einschuss. (b) Schraubenförmige Bewegung bei nichtsenkrechtem Einschuss ins homogene Magnetfeld. (c) Zykloidenbahn eines positiven Ladungsträgers im konstanten elektrischen und magnetischen Feld

Bei *beliebigem Einschusswinkel* zwischen $\boldsymbol{v}$ und $\boldsymbol{B}$ entsteht als Bahnkurve eine Schraubenlinie (Abb. 4.3.10b). Für ihre Kreisbewegung ist ($\boldsymbol{v} \perp \boldsymbol{B}$), für die fortschreitende Bewegung ($\boldsymbol{v} \parallel \boldsymbol{B}$) senkrecht und parallel zur Magnetfeldrichtung maßgebend. Hat die Ladung q die Geschwindigkeit $\boldsymbol{v} = \boldsymbol{v}_\perp + \boldsymbol{v}_\parallel$ und $\boldsymbol{B}$ nur die Komponente $-B_z$, so wirkt die Lorentz-Kraft $\boldsymbol{F} = q(\boldsymbol{v} \times \boldsymbol{B}) = -qv_\perp B_z \boldsymbol{e}_r$ radial zur Mitte einer Kreisbahn durch die senkrechte Geschwindigkeitskomponente $\boldsymbol{v}_\perp$. Sie wird in jedem Punkt durch die Zentrifugalkraft $mv_\perp^2/R$ kompensiert (R Krümmungsradius des Kreises). Aus dem Kräftegleichgewicht folgen Bahnradius und Umlaufzeit:

$$qv_\perp B = \frac{mv_\perp^2}{R} \to R = \frac{mv_\perp}{q \cdot B}, \qquad T = \frac{l}{v} = \frac{2\pi R}{v_\perp} = \frac{2\pi m}{q \cdot B} = \frac{2\pi}{\omega_z}. \quad (4.3.32)$$

Die Geschwindigkeitskomponente $\boldsymbol{v}_\parallel$ parallel zum Magnetfeld formt die kreisförmige Teilchenbewegung zur Helix mit der Ganghöhe h während der Umlaufzeit T

$$h = |\boldsymbol{v}_\parallel| T = \frac{2\pi m}{q \cdot B} |\boldsymbol{v}_\parallel|.$$

Zahlenmäßig gilt z. B. für Elektronen (v-Richtung entgegengesetzt!) mit $|q| = 1.6 \cdot 10^{-19}$ As, $m_\mathrm{o} = 9{,}11 \cdot 10^{-35}$ W $\cdot$ s³/cm² (Ruhemasse) und $B = 1$ T $= 1$ Vs m^{-2} eine Kreisfrequenz $\omega_z = qB/m$ von $1{,}76 \cdot 10^{11}$ s^{-1}.

Bewegung im elektrischen und magnetischen Feld Bei einer Ladungsbewegung im elektrischen und magnetischen Feld wirken gleichzeitig Coulomb- und Lorentz-Kraft

$$\boldsymbol{F} = q\left(\boldsymbol{E} + (\boldsymbol{v} \times \boldsymbol{B})\right).$$

Im zeitveränderlichen Magnetfeld entstehen *beide* Felder, denn das elektrische Wirbelfeld des Induktionsgesetzes bewegt generell Ladungen. Deshalb *beschleunigt ein zeitveränderliches Magnetfeld ruhende Ladungen*. Wirbelströme sind dafür ein Beispiel.

Stehen zeitlich konstante elektrische und magnetische Feldstärken (Flussdichte) in y- und z-Richtung senkrecht aufeinander (Abb. 4.3.10c) und liegt eine ruhende positive Ladung q zur Zeit $t = 0$ im Koordinatenursprung, so entsteht durch die Feldkräfte eine Zykloide als Bahnkurve. Das ist die Überlagerung einer Kreisbewegung in der x,y-Ebene mit einer Linearbewegung in x-Richtung. Die Kreisbewegung erfolgt mit der Winkelgeschwindigkeit Gl. (4.3.32).

Magnetische Kraftwirkungen auf bewegte Ladungsträger finden breite Anwendung: Ablenkung von Elektronen in Kathodenstrahlröhren, in magnetischen Linsen, Führung von Ladungsträgern auf bestimmten Bahnen (Zyklotron, Betatron, Magnetron), Ladungstrennung durch den Hall-Effekt, magnetohydrodynamischer Generator u. a. m.

Anwendungsbeispiele

Magnetische Strahlablenkung Die kreisförmige Bewegung der Ladungsträger im homogenen magnetischen Feld (Länge l) dient zur magnetischen Ablenkung (Abb. 4.3.11a) eines Elektronenstrahls, der aus einem Kathoden-Anodensystem (beschleunigt durch die Spannung U_0) austritt und mit der Geschwindigkeit $\boldsymbol{v}_0$ in den magnetischen Ablenkbereich eintritt. Für kleine Ablenkungen gilt mit Gl. (4.3.17)

$$\text{magnetische Ablenkung} \quad \tan\alpha = \frac{|q|B}{mv} = \sqrt{\frac{|q|}{2mU_0}}Bl,$$
$$\text{elektrische Ablenkung} \quad \tan\alpha = \frac{U_\mathrm{p}Bl}{2dU_0}. \tag{4.3.33}$$

Im magnetischen Feld hängt die Ablenkung linear von B und so vom Strom i ab (außerdem von der spezifischen Ladung $|q|/m$), im elektrischen Feld linear von

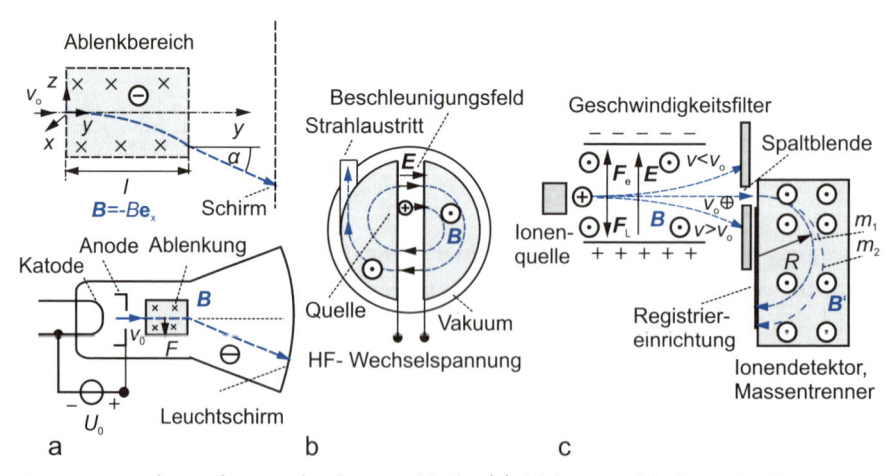

Abb. 4.3.11. Anwendungen der Lorentz-Kraft. (a) Elektronenablenkung im homogenen Magnetfeld. (b) Prinzip des Zyklotrons. (c) Prinzip eines Geschwindigkeitsfilters

der Ablenkspannung U_p (Plattenabstand d). Während die elektrische Ablenkung umgekehrt proportional zur Beschleunigungsspannung U_0 ist, hängt sie im magnetischen Feld von $1/\sqrt{U_0}$ ab. Wegen der größeren Ablenkung nutzen Fernsehbildröhren magnetische Ablenkung (kürzere Baulänge). Die x- und y-Ablenkung übernehmen zwei um 90° versetzte Elektromagnete. Heute ersetzen Flachbildschirme die Bildröhre.

Zyklotron Das Zyklotron beschleunigt geladene Teilchen auf hohe Energie (≈ 10 bis $100\,\mathrm{MeV}$) für Kernreaktionen. Das würde bei elektrischer Beschleunigung eine sehr hohe Spannung erfordern. Sie wird im Zyklotron dadurch erzeugt, dass das Teilchen eine kleine Spannung mehrfach durchläuft. Zwischen zwei Metallelektroden (Abb. 4.3.11b) liegt ein elektrisches Beschleunigungsfeld, senkrecht dazu ein konstantes Magnetfeld. Ein eintretendes Teilchen wird vom E-Feld zwischen den Metallelektroden beschleunigt (unter der Elektrode nicht) und vom Magnetfeld kreisförmig abgelenkt. Nach halber Umlaufzeit erreicht es den Spalt erneut und wird durch das (inzwischen umgepolte) E-Feld wieder beschleunigt. Erneut lenkt das Magnetfeld halbkreisförmig ab, nur mit größerem Radius. So entsteht eine Spirale als Bahnkurve. Insgesamt erfährt das Teilchen bei n Umläufen $2n$ Beschleunigungen. Beispielsweise ergibt eine Elektrodenspannung $U = 10^4$ V nach 50 Umläufen eine Beschleunigungsspannung von $2 \cdot 50 \cdot 10^4$ V $= 10^6$ V. An der Peripherie werden die hochbeschleunigten Teilchen elektrisch ausgekoppelt. Das *Synchrotron* modifiziert dieses Prinzip: man hält den Bahnradius R konstant und erhöht Arbeitsfrequenz ω (Gl. (4.3.31)) und Magnetfeld B gleichzeitig zeitlinear. Nach diesem Prinzip arbeitet der Teilchenbeschleuniger CERN (Durchmesser 175 m, Laufweg eines Teilchens etwa 80 km!).

Massen- und Geschwindigkeitstrenner Der Zusammenhang zwischen Radius und Masse Gl. (4.3.31) erlaubt eine Teilchentrennung mit verschiedener Masse oder Geschwindigkeit (Abb. 4.3.11c). Dazu treten Teilchen in einen Plattenkondensator (mit elektrischem Feld $\boldsymbol{E}$) und senkrechtem Magnetfeld $\boldsymbol{B}$ mit der Geschwindigkeit $\boldsymbol{v}$. Sie erfahren die Gesamtkraft Gl. (4.3.32). Ohne Kraft ($\boldsymbol{F} = \boldsymbol{0}$) fliegen sie geradlinig durch die Platten und treten am Ende durch eine Öffnung aus; das gilt für die Bedingung $\boldsymbol{E} = -\boldsymbol{v}_0 \times \boldsymbol{B}$ oder $v_0 = E/B$. Teilchen mit kleinerer Geschwindigkeit werden nach oben und solche mit größerer nach unten abgelenkt (und von Auffangelektroden abgeführt). So arbeitet die Anordnung als *Geschwindigkeitsfilter*. Zur *Massentrennung* laufen die austretenden Teilchen durch ein weiteres Magnetfeld $\boldsymbol{B}'$, das sie auf eine Kreisbahn mit dem Radius R zwingt. Die Teilchenmasse folgt aus $m = (qRBB')/E$. Teilchen verschiedener Masse haben unterschiedliche Bahnradien, die in einer Registriereinrichtung ausgemessen werden. Massenspektrometer haben große Verbreitung für unterschiedlichste Aufgaben bis hin zur Umweltmesstechnik.

Hall-Effekt, Lorentz-Kraft auf Ladungsträger in Leitern Das Ohmsche Gesetz vernachlässigt das Magnetfeld des Stromes, auch Fremdfelder. Nur dann haben Stromdichte $\boldsymbol{J}$ und Feldstärke $\boldsymbol{E}$ gleiche Richtung. Ein Magnetfeld senkrecht zur Stromrichtung ($\boldsymbol{J} \sim \boldsymbol{v}$) verursacht jedoch eine Lorentz-Kraft und lenkt die Ladungsträger ab (Abb. 4.3.12a und 3.1.2d): Stromdichte $\boldsymbol{J}$

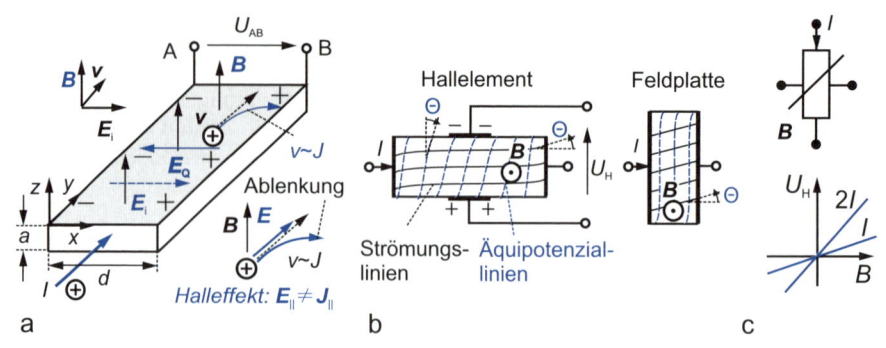

Abb. 4.3.12. Hall-Effekt. (a) Ablenkung bewegter positiver Ladungsträger im p-Halbleiter durch die Lorentz-Kraft. Zwischen den Leiterseiten entsteht eine Feldstärke. (b) Strömungsfeld im langen und kurzen p-Halbleiterplättchen (sog. Hall- und Feldplattengeometrie). (c) Schaltzeichen und Kennlinie eines Hallgenerators

und elektrische Feldstärke E verlaufen nicht mehr parallel zueinander und es treten auf:

— der *Hall-Effekt*[10] als Feldstärke resp. Spannung *quer* zur Stromrichtung;
— eine *Widerstandserhöhung*, besser bekannt als *Magnetowiderstand*.

Wir verfolgen beide Effekte im p-Halbleiter, durch den Ladungsträger mit der Stromdichte J bzw. Geschwindigkeit v strömen (Ersetzung $\kappa_p v = \mu_p J$)

$$J = \varrho v = \kappa_p F/q = \kappa_p \left[E + (v \times B) \right] = \kappa_p E + \mu_p (J \times B). \qquad (4.3.34)$$

Die Feldkraft berücksichtigt Coulomb- und Lorentz-Anteile. Magnetowiderstand und Hall-Effekt basieren auf zwei unterschiedlichen Lösungsansätzen dieses Zusammenhanges:

— *Magnetowiderstand:* man löst die Gleichung in der Form $E = f(J, B)$ und erhält $E = \varrho(B)J$. Dann hängt der spezifische Widerstand $\varrho(B)$ vom Magnetfeld ab, bekannter als *magnetische Widerstandsvergrößerung* oder *Magnetowiderstand*.
— *Hall-Effekt*: man zerlegt die Feldstärke $E = E_\parallel + E_\perp$ in Komponenten parallel und senkrecht zu J. Mit der Annahme, dass die Stromdichte $J = J_\parallel$ nur eine Längskomponente hat, folgen aus Gl. (4.3.34) die Beziehungen

$$\begin{aligned} J &= \kappa_p E_\parallel & &\text{Ohmsches Gesetz,} \\ 0 &= \kappa_p E_\perp + \mu_p (J \times B). & &\text{Hall-Effekt} \end{aligned} \qquad (4.3.35a)$$

---

[10]Edwin Herbert Hall, amerik. Physiker 1855-1938, Effekt entdeckt 1879.

Der Hall-Effekt erzeugt eine zu $\boldsymbol{J}$ und $\boldsymbol{B}$ senkrechte (Hall-) Feldstärke $\boldsymbol{E}_\perp$. Dadurch verlaufen $\boldsymbol{J}$ und $\boldsymbol{E}$ nicht mehr parallel zueinander. Die Größe $R_\mathrm{H} = \mu_\mathrm{p}/\kappa_\mathrm{p} = 1/(qp)$ heißt Hall-Konstante, hier für p-Halbleiter.

Die Feldstärke $\boldsymbol{E}_\perp$ ist eine Coulomb-Feldstärke, der Term $\boldsymbol{E}_\mathrm{i} = (\boldsymbol{v} \times \boldsymbol{B})$ entspricht der induzierten Feldstärke bei der Bewegungsinduktion. Dort wurde der Leiter mit der Geschwindigkeit $\boldsymbol{v}$ im Magnetfeld bewegt (und $\boldsymbol{E}_\mathrm{i}$ erzeugt), beim Hall-Effekt sorgt der Strom i für die Geschwindigkeit $\boldsymbol{v}$ (im festen Leiter) und es entsteht $\boldsymbol{E}_\mathrm{i}$.

Die *Hall-Feldstärke* $\boldsymbol{E}_\mathrm{H}$ bestimmen wir für einen linienhaften rechteckförmigen p-Leiter (Abb. 4.3.12a) (Dicke a, Breite d) mit der Stromdichte $\boldsymbol{J} = \boldsymbol{J}_\mathrm{y}$ in y-Richtung und dem Magnetfeld $\boldsymbol{B} = \boldsymbol{B}_\mathrm{z}$ in z-Richtung zu

$$\begin{aligned}\boldsymbol{E}_\mathrm{H} &= \boldsymbol{E}_\perp = -(\boldsymbol{v} \times \boldsymbol{B}) = -\frac{\mu_\mathrm{p}}{\kappa_\mathrm{p}}(\boldsymbol{J} \times \boldsymbol{B}) \\ &\equiv -R_\mathrm{H}(\boldsymbol{J}_\mathrm{y} \times \boldsymbol{B}_\mathrm{z}) = -R_\mathrm{H} J_\mathrm{y} B_\mathrm{z} \boldsymbol{e}_\mathrm{x}.\end{aligned} \quad (4.3.35\mathrm{b})$$

Sie weist in negative x-Richtung. Deshalb sitzen positive Ladungsträger am rechten Leiterrand im Überschuss, am linken entsteht ein Defizit, also ein Überschuss negativer Ladungen. Diese Ladungstrennung hält an, bis das entstehende Feld $\boldsymbol{E}_\perp$ die induzierte Feldstärke $\boldsymbol{E}_\mathrm{i} = \boldsymbol{v} \times \boldsymbol{B}$ (Lorentz-Kraft) kompensiert (s. Gl. (4.3.35a)). Die *Hall-Spannung* U_H ist anschaulich das Integral der Hall-Feldstärke $\boldsymbol{E}_\mathrm{H} = \boldsymbol{E}_\perp$ über die Leiterbreite

$$U_\mathrm{AB} = \int_A^B \boldsymbol{E}_\perp \cdot \boldsymbol{e}_\mathrm{x} \mathrm{d}x = -R_\mathrm{H} J_\mathrm{y} B_\mathrm{z} a = -\frac{IB_\mathrm{z}}{aqp} = -U_\mathrm{H} = -U_\mathrm{BA}, \rightarrow$$

$$\boxed{\begin{aligned}U_\mathrm{H} &= U_\mathrm{BA} = \int_B^A \boldsymbol{E}_\perp \cdot \boldsymbol{e}_\mathrm{x} \mathrm{d}x = \frac{IB_\mathrm{z}}{aqp} = R_\mathrm{H} \frac{IB}{a} \quad \text{Hall-Spannung} \\ R_\mathrm{H} &= \frac{1}{qp}. \quad \text{Hall-Konstante}\end{aligned}} \quad (4.3.36)$$

Dabei wurde Leerlauf zwischen den Elektroden A, B vorausgesetzt und die Stromdichte $J_\mathrm{y} = I/(ad)$ berücksichtigt.

Für negative Ladungsträger (n-Halbleiter, metallische Leiter) kehrt das Vorzeichen der Hallkonstante um ($R_\mathrm{H} = -\mu_\mathrm{n}/(|q|\,n\mu_\mathrm{n}) = -1/(|q|\,n)$). Damit erlaubt die Hall-Spannung Rückschluss auf die dominierende Ladungsträgerart (verwendet zur Leitungstypbestimmung bei Halbleitern).

Die relevanten Feldgrößen im n-Halbleiter wurden bereits in Abb. 3.1.2 eingetragen. Typisch für den Hall-Effekt sind die von der (Längs-)Feldstärkerichtung abweichenden Strömungslinien, wie das Strömungsfeld Abb. 4.3.12b eines p-Halbleiterplättchens zeigt.

Die Hall-Spannung U_H wächst mit sinkender Trägerkonzentration, steigendem Magnetfeld und sinkender Plättchendicke. Halbleiter (mit geringer Trägerkonzentration) haben gegenüber Metallen große Hall-Spannungen, z. B. $B = 1\,\text{Vs}/\text{m}^2$, $a = 1\,\text{mm}$, $p \approx 10^{16}\,\text{cm}^{-3}$, $I = 1\,\text{A}$, $U_\text{H} \approx 0{,}6\,\text{V}$. Die Hall-Spannungen üblicher Halbleitermaterialien (meist A_3B_5 Halbleiter wie InAs, InSb, InAsP) liegen in der Größenordnung von $100\ldots200\,\text{mV/T}$. Auch Silizium hat noch eine ausreichende Hall-Konstante von etwa $R_\text{H} \approx 2 \cdot 10^{-4}\,\text{m}^3/(\text{As})$, für Leiter nur $R_\text{H} \approx -0{,}5 \cdot 10^{-10}\,\text{m}^3/(\text{As})$ wegen der um rd. 6 Größenordnungen höheren Trägerdichte. Für die gegebenen Zahlenwerte würde sich eine Hall-Spannung von 0,6 µV einstellen! Deshalb spielt der Hall-Effekt in Leitern praktisch keine Rolle.[11]

Die Proportionalität der Hall-Spannung zu Strom und Flussdichte (Abb. 4.3.12c) gilt in gewissen Grenzen, sie drückt sich auch im Schaltzeichen aus.

Streng gilt die Hall-Spannung Gl. (4.3.36) nur für das unendlich lange Rechteckströmungsfeld. Dann neigen sich die Äquipotenziallinien unter Magnetfeldeinfluss besonders im mittleren Teil (Abb. 4.3.12b) und das Feldstärkeverhältnis E_y/E_x entspricht über den arctan dem *Hallwinkel* Θ (Metalle unter einem Grad, Halbleiter deutlich mehr). Die Strömungslinien verlaufen in diesem Bereich etwa parallel zu den Seitenkanten. Das ist die Geometrie des *Hall-Spannungsgebers*. Im kurzen Strömungsfeld hingegen können sich nur noch Strömungslinien ausbilden, die um den Hallwinkel gedreht sind und die Äquipotenziallinien verlaufen weitgehend parallel zu den Kontakten: die so verlängerte Strombahn eignet sich deshalb für *Feldplatten* (s. u.). Die Verlängerung des Stromweges und die Größe der Hall-Spannung sind reziprok zueinander. Bei langer Struktur homogenisiert sich der Potenzialverlauf in Kontaktnähe, deshalb neigen sich dort die Strömungslinien stärker.

Anordnungen nach Abb. 4.3.12a werden als *Hallelemente*, *Hallsonden* (bei vergossenem Halbleiterplättchen) oder *Hallgeneratoren* (Halbleiterplättchen mit Magnet) bezeichnet. Sie dienen zur Magnetfeldmessung, als magnetfeldgesteuerte Bauelemente (Signalabgabe $= f(B)$), zur Multiplikation ($U_\text{H} \sim I \cdot B(I)$), zum kontaktlosen Schalten (Vorbeiführung eines Dauermagneten am Hallelement in Tastaturen), als Endlagenschalter u. a. m. Verbreitet nutzt man Hallsonden wegen ihrer geringen Abmessungen zur Magnetfeldmessung in Luftspalten oder zur *unterbrechungsfreien Strommessung*. Der zu messende Strom wird mit einem magnetischen Kreis (aufklappbarer Ringkern) umgeben, in dessen Luftspalt sich ein Hallsensor befindet. Die Auswertung der Hall-Spannung erfolgt digital (s. Abb. 3.4.18).

Die zum Betrieb eines Hallsensors erforderlichen Hilfselemente (Vorverstärker für die Hall-Spannung, Stromquelle für den Strom, evtl. Schwellwertschalter) werden gewöhnlich kombiniert als „Hall-Schaltkreis" angeboten.

Magnetische Widerstandsänderung, Feldplatte Die Lorentz-Kraft lenkt Ladungsträger im Leiter ab und verlängert dadurch ihre Strombahn. Das äußert

---

[11]Interessanterweise wurde der Hall-Effekt aber an Goldplättchen entdeckt!

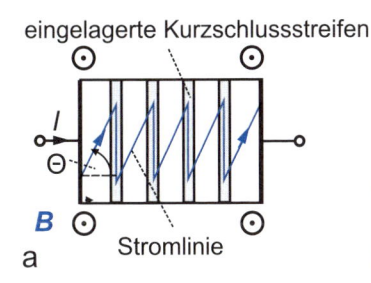

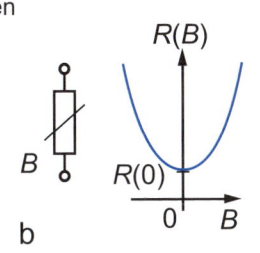

Abb. 4.3.13. Feldplatte. (a) Verlauf der Strombahnen bei Magnetfeldeinwirkung. (b) Widerstandsverlauf und Schaltzeichen

sich als *Widerstandszunahme*: *Magnetowiderstand*. Angenähert gilt für $R(B)$

$$R(B) = R(0)\left(1 + kB^2\right). \tag{4.3.37}$$

Diese Beziehung lässt sich (etwas anspruchsvoll) aus Gl. (4.3.35a) herleiten (Abb. 4.3.13a). Zu Gl. (4.3.37) gehört der Widerstandsverlauf Abb. 4.3.13b mit dem Schaltzeichen des magnetfeldabhängigen Widerstandes.

Die Magnetfeldabhängigkeit ist bei großer Strombahnverlängerung ausgeprägt. Dazu werden in den Halbleiter kleine, metallisch gut leitende Einschlüsse eingelagert (NiSb-Nadeln senkrecht zur Verbindungslinie der Kontaktbereiche). Ohne Magnetfeld sind die Strombahnen am kürzesten zwischen den Kontaktbereichen. Sie verlängern sich durch die magnetfeldabhängige Ablenkung.

Magnetfeldabhängige Widerstände (auch *Feldplatten* genannt) dienen zur Messung von Magnetfeldern, als stufenlos einstellbare kontaktfreie Widerstände und kontaktlose prellfreie Taster. Das Widerstandsverhältnis gängiger Elemente ändert sich bei einer Flussdichte $B = 1\,\text{T}$ um das 10-fache.

4.3.2.2 Kraft auf stromdurchflossene Leiter im Magnetfeld

Elektrodynamische Kraft Sehr ausgeprägt wirkt die Lorentz-Kraft auf stromdurchflossene Leiter im Magnetfeld oder als *elektrodynamische Kraft* verankert im *Ampèreschen Kraftgesetz* (s. Gl. (3.1.3) ff. und Abb. 3.1.5). Anschaulich überlagern sich das Feld des stromführenden Leiters mit einem bereits vorhandenen Feld B etwa eines Dauermagneten (Abb. 3.1.6): links vom Leiter in gleicher Richtung, rechts davon gegensinnig und damit feldschwächend. Da auch magnetische Feldlinien die Tendenz zum Querdruck (Linienverkürzung) haben, erfährt der stromdurchflossene Leiter eine Kraft F nach rechts oder:

> Im inhomogenen Magnetfeld weist die Kraft F wegen der Verkürzungstendenz der Feldlinien stets in Richtung des schwächeren Magnetfeldes.

So erklärt sich auch die Anzugswirkung beweglicher Teile beim Elektromagneten, das Auseinanderdrücken stromdurchflossener Drähte bei unterschiedlichen Stromrichtungen (Abb. 3.1.2b) u. a. m.

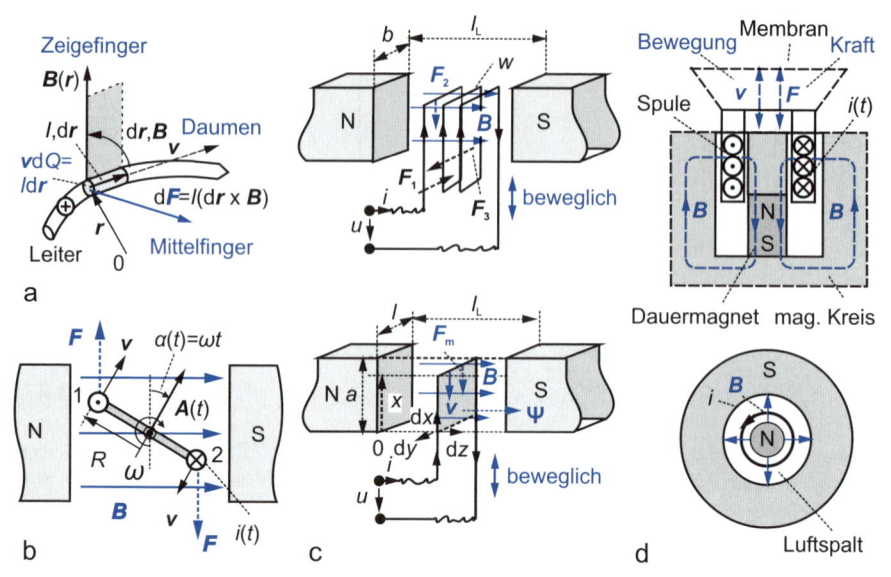

494   4. Energie und Leistung elektromagnetischer Erscheinungen

Abb. 4.3.14. Elektrodynamisches Kraftgesetz. (a) Kraft auf ein Stromelement $Id\boldsymbol{s} = v dQ$ (Lorentz-Kraft) und ein Leiterstück, Richtungszuordnung. (b) Krafterzeugung mit stromdurchflossener drehbarer Rechteckspule im homogenen Magnetfeld. (c) Elektrodynamische Krafterzeugung durch translatorisch bewegliche Rechteckspule im homogenen Magnetfeld. (d) Tauchspule im magnetischen Feld eines Luftspaltes als elektrodynamischer Wandler

Quantitativ beträgt die Kraft durch Anwendung der Lorentz-Kraft auf ein Stromelement (Kap. 3.1)

$$\boldsymbol{F} = \int_l I(\mathrm{d}\boldsymbol{r} \times \boldsymbol{B}). \qquad \text{Elektrodynamisches Kraftgesetz} \quad (4.3.38\text{a})$$

Dabei ist $\mathrm{d}\boldsymbol{r}$ in Richtung von $\boldsymbol{v}$ (bzw. Stromdichte $\boldsymbol{J}$), also des Zählpfeiles von i gerichtet angenommen worden (Abb. 4.3.14a). Die Richtung von $\boldsymbol{F}$ folgt aus der Rechte-Hand-Regel für $\mathrm{d}\boldsymbol{r}$, $\boldsymbol{B}$, $\boldsymbol{F}$.

Ein Magnetfeld übt auf einen stromdurchflossenen Leiter eine Kraft $\boldsymbol{F}$ senkrecht zur Ebene ($\mathrm{d}\boldsymbol{r}$, $\boldsymbol{B}$) aus. Dabei wird durch Verschiebung des Leiters mechanische Arbeit verrichtet.

Das elektrodynamische Kraftgesetz beschreibt Kraftwirkungen auf und zwischen beliebig geformten stromdurchflossenen Leitern. Es wurde bereits in Kap. 3.1.1 diskutiert, wir greifen hier den *geraden Leiter* im *homogenen Magnetfeld* ($\boldsymbol{B}$ = const) heraus. Dann geht das Integral $\int_l \mathrm{d}\boldsymbol{r} = \boldsymbol{l}$ in die Leiterlänge l über (s. Abb. 3.1.5f)

$$\boldsymbol{F} = i(\boldsymbol{l} \times \boldsymbol{B}) \qquad \text{Betrag}: \quad F = ilB\sin\angle(\boldsymbol{l}, \boldsymbol{B}). \qquad (4.3.38\text{b})$$

4.3 Umformung elektrischer in mechanischer Energie

Gleichermaßen gilt uvw-Merkregel (Kap. 3.1.1), nur muss dort $Q \cdot v$ durch $i \cdot l$ ersetzt werden.

> Die Kraft ist proportional der Stromstärke und Flussdichte. Sie wird maximal, wenn l und B senkrecht aufeinander stehen. Leiter parallel zu B erfahren keine Kraftwirkung.

Elektrodynamische Kraftdichte* Das elektrodynamische Kraftgesetz Gl. (4.3.33a) steht in direkter Beziehung zur Kraftdichte f Gl. (4.3.31). Man wählt den Strom $\Delta i \approx \mathrm{d}i$ einer Stromröhre und drückt ihn durch die Stromdichte J aus: $\mathrm{d}i = J \cdot \mathrm{d}A$ (J und $\mathrm{d}A$ gleiche Richtung): $\mathrm{d}F = \mathrm{d}i(v \times B) = J \cdot \mathrm{d}A(\mathrm{d}s \times B) = \mathrm{d}A \cdot \mathrm{d}s(J \times B) = (J \times B)\mathrm{d}V$. Die Gesamtkraft ergibt sich durch Integration über das Volumen V.

Die Kraftdichte erfasst z. B. das Eigenmagnetfeld eines stromführenden Leiters mit. Im kreisrunden Querschnitt wirkt sie immer nach innen. So entsteht eine Druckkraft senkrecht zur Leiterachse und der Strom ist bestrebt, einen möglichst kleinen Querschnitt einzunehmen: *Einschnürung* oder *Pinch-Effekt*. Die Kraft versucht stets, den Energieinhalt des Feldes zu erhöhen (L-Erhöhung $\rightarrow$ R_m-Verkleinerung). In Leitern beobachtet man den Einschnüreffekt wegen der Festigkeit nicht direkt, wohl aber im Strom freier Ladungsträger (z. B. Strom durch ein hoch erhitztes Gas (Plasma)). Dort können so große Kräfte entstehen, dass sich das Plasma auf viele Millionen Grad aufheizt (ein solcher Vorgang läuft im Blitz ab).

Magnetfeldgestaltung Bei gegebener Flussdichte B in Gl. (4.3.38) (Dauermagnetkreis, magnetischer Kreis mit Luftspalt und Erregerwicklung) erfährt der stromdurchflossene Leiter entweder eine *lineare* oder *drehende* Bewegung, ist aber immer Teil einer Leiterschleife (Abb. 4.3.14b, c). Der *Luftspalt* als *Bewegungsraum* hat feste Abmessungen. Stets wirkt die Kraft nur auf jene Teile der Leiterschleife, die die Kraftgleichung erfüllen. Wird bei linearer Bewegung nur die x-Richtung zugelassen, so tritt nur Kraft F_2 auf, denkbare Kräfte F_1, F_3 heben sich auf. Der Fluss durch die Leiterschleife setzt sich aus dem externen eintauchenden Flächenanteil und dem Teil zusammen, den der Schleifenstrom i selbst erzeugt (er wird durch ihre Induktivität beschrieben). In der Kraft dominiert der externe Teil. Dann folgt:

> Die Kraft wirkt unabhängig von der Leiterverschiebung x und ist proportional zum Strom, ihre Richtung liegt durch die Stromrichtung gemäß Rechtsdreibein fest.

Kraftwirkung entsteht bei linearer Bewegung nur, wenn sich entweder ein Teil der Schleife im homogenen Magnetfeld befindet oder die gesamte Schleife im inhomogenen Feld. Ist die Stromschleife im Bewegungsraum *drehbar* gelagert (Abb. 4.3.14b) und wirkt das Magnetfeld senkrecht zur Drehachse, so erfahren nur die Leiterstücke parallel zur Achse eine Kraft (Bildung eines Kräftepaares) und es entsteht ein Drehmoment (s. u.).

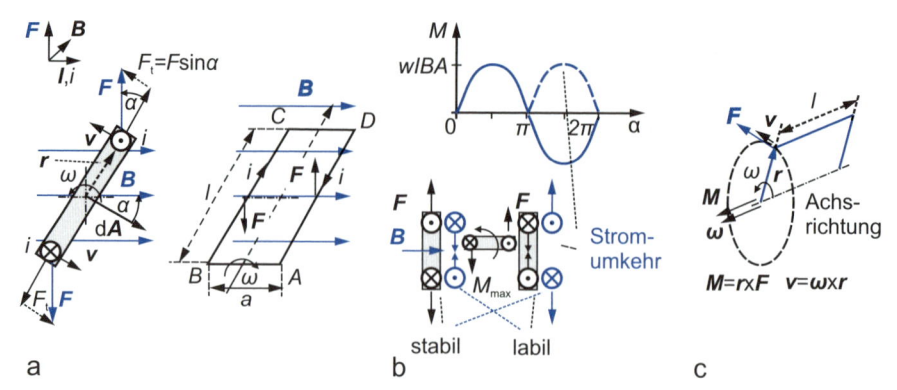

Abb. 4.3.15. Drehbare Stromschleife im homogenen Magnetfeld. (a) Stromschleife im Magnetfeld und Querschnitt. (b) Winkelabhängigkeit des Drehmoments ohne und mit Stromumkehr. (c) Zusammenhang zwischen Kraft, Drehmoment, Geschwindigkeit und Winkelgeschwindigkeit

Die gängige Ausführung des linear bewegten Leiters ist die *Tauchspulenanordnung* (Abb. 4.3.14d). Eine Spule mit w Windungen bewegt sich in Richtung ihrer Achse im ringförmigen Luftspalt eines Dauermagnetsystems. Die Kraft wirkt in Achsenrichtung abhängig von der Stromrichtung:

$$F_\mathrm{x} = B \cdot w 2\pi r \cdot i, \qquad (4.3.39\mathrm{a})$$

aber unabhängig von der Auslenkung. In der zugehörigen Strom-Spannungs-Beziehung

$$u = B \cdot w 2\pi r \frac{\mathrm{d}x}{\mathrm{d}t} + L \frac{\mathrm{d}i}{\mathrm{d}t} \qquad (4.3.39\mathrm{b})$$

stammt der erste Anteil von der *Bewegungsinduktion* (im Magnetfeld befindet sich die Leiterlänge $l = w 2\pi r$) und der Leiter bewegt sich mit der Geschwindigkeit $v = \mathrm{d}x/\mathrm{d}t$. Der letzte Anteil kommt von der Spuleninduktivität, angenommen fürs erste unabhängig von der Lage x.

Wirkt das Magnetfeld senkrecht zur Achse der Drehschleife, so erfahren nur die Leiterstücke parallel zur Achse eine Kraft $\boldsymbol{F}$ mit dem Hebelarm im Abstand $\boldsymbol{r}$ vom Drehpunkt. Dabei entsteht das Drehmoment (Abb. 4.3.15a) (pro Leiter)

$$\boldsymbol{M} = \boldsymbol{r} \times \boldsymbol{F} = i\,(\boldsymbol{r} \times (\boldsymbol{l} \times \boldsymbol{B})) = i\,((\boldsymbol{r} \times \boldsymbol{l}) \times \boldsymbol{B}) \qquad (4.3.40)$$

durch die Kraft $\boldsymbol{F} = i(\boldsymbol{l} \times \boldsymbol{B})$.

Das von der Schleife ausgeübte Drehmoment $\boldsymbol{M}$ ist das Vektorprodukt von Kraft $\boldsymbol{F}$ und Hebelarm $\boldsymbol{r}$.

Zufolge der Rechtszuordnung von l und B weist die Kraft am rechten Leiter nach oben, am linken nach unten und es entsteht das *Drehmoment*

$$M = i\,(2r \times (l \times B)) = i\,((2r \times l) \times B) = i\,(A \times B)$$
$$\text{Drehmoment der Stromschleife} \quad (4.3.41a)$$

entgegen dem Uhrzeigersinn. Der Flächenvektor A der Rahmenfläche $A = 2rl$ wird bei w-Spulenwindungen durch wA ersetzt

$$M = wi(A \times B), \quad \text{Betrag: } M = wi \cdot A \cdot B \sin \angle(A, B). \quad (4.3.41b)$$

Das Drehmoment sucht die Stromschleife stets so zu stellen, dass die Spulenebene senkrecht zur Richtung von B liegt.

Das Drehmoment $M = 2F_t r$ entsteht durch die Tangentialkomponente $F_t = F \sin \alpha$ ($\sin \alpha = \sin \angle(A, B)$) der Kraft F, die senkrecht auf l und B steht (Abb. 4.3.15a). Der Vektor M zeigt in Achsrichtung.

Diskussion Wegen $M \sim \sin \alpha$ ändert sich das Drehmoment stellungsabhängig (Abb. 4.3.15b) und die Schleife strebt für eine gegebene Stromrichtung eine stabile Ruhelage an, hier $\alpha = 0$. Zwangsweise Schleifendrehung auf $\alpha = \pi$ schafft labiles Gleichgewicht. Ein labiler Zustand entsteht auch bei *Stromumkehr* im stabilen Zustand $\alpha = 0$ durch Richtungsumkehr der Kräfte. Zwar gilt noch $M = 0$, aber jede kleine Lageänderung schafft $M \neq 0$ und die auftretende Tangentialkraft F_t vergrößert die Änderung. Deshalb dreht sich die Schleife aus einem labilen Gleichgewicht um 180^0 in einen neuen stabilen Zustand. Dabei durchläuft das Drehmoment für $\alpha = \pi/2$ bzw. $\alpha = 3\pi/2$ Maxima wegen $F = F_t$ (übereinstimmende Spulenebene und Magnetfeldrichtung).

Eine ständige Drehbewegung erfordert deshalb nach jeder halben Umdrehung eine Stromumkehr durch Umpolung. Das besorgt der *Kommutator* (Abb. 4.3.16a). Weil das Drehmoment über α im homogenen Magnetfeld sinusförmig verläuft, sorgt ein radiales (homogenes) Magnetfeld mit $\alpha = 90° = $ const stets für maximales Drehmoment. Deshalb wird die Schleife im Motor auf einen Eisenkern (den *Anker*) gewickelt.

Die Drehrichtung der Spule folgt entweder aus Gl. (4.3.41b) oder der Anschauung: ungleichnamige Pole von äußerem Magnetfeld und Stromschleife ziehen sich an, Stromrichtung und Nordpol liegen durch die Rechtsschraube fest.

Drehmoment und Leistung Dreht sich die Spule mit der Winkelgeschwindigkeit ω und hat sie das Drehmoment M, so erzeugt sie die *Leistung* $P = F \cdot v$ mit $v = \omega \times r$ (ω Vektor der Winkelgeschwindigkeit in Richtung der Drehachse Abb. 4.3.15c)

$$P = (\omega \times r) \cdot F = \omega(r \times F) = \omega \cdot M = 2\pi n M. \quad (4.3.42)$$

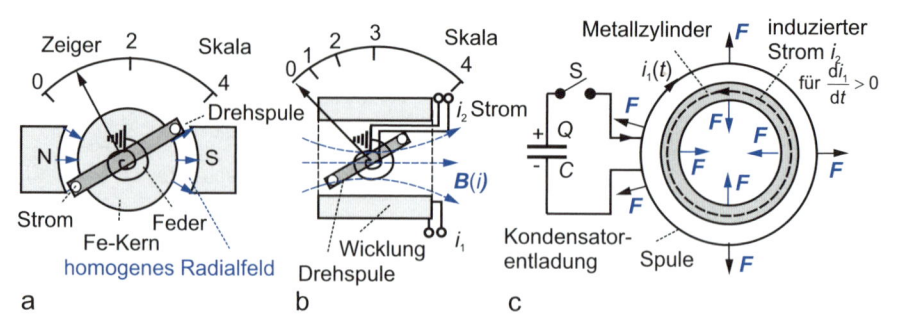

Abb. 4.3.16. Anwendungen magnetischer Kräfte. (a) Drehspulinstrument. (b) Dynamometer. (c) Magnetomechanische Verformung eines Metallrohres

Wirkt die Kraft $\boldsymbol{F}$ senkrecht zu Hebelarm und Drehachse (stehen also $\boldsymbol{r}$, $\boldsymbol{l}$ und $\boldsymbol{B}$ senkrecht zueinander), so vereinfacht sich die Leistung mit $\omega = 2\pi n$ (Umdrehungszahl n) zum rechten Ergebnis.

> Die drehbare Leiterschleife im homogenen Magnetfeld mit dem Leiterstab als Grundelement ist die Basis rotatorischer Energiewandler (Motor, Generator) und deshalb von grundsätzlicher Bedeutung.

Sie basiert auf der elektrodynamischen Kraft im Wechselspiel mit Bewegungsinduktion im Leiter. Erst dadurch entsteht der *elektrisch-mechanische Leistungsumsatz*, denn die Lorentz-Kraft auf die Ladung allein (Gl. (3.1.1)) ändert nur die Bewegungsrichtung, nicht die Teilchenenergie.

Zahlenbeispiel Eine Drehspule mit $w = 100$ Windungen, Fläche $A = 1\,\text{m}^2$ Flussdichte $B = 1\,\text{T}$ entwickelt bei einem Strom $i = 10\,\text{A}$ das Drehmoment $M = iAwB = 10\,\text{A} \cdot 1\,\text{m}^2 \cdot 100 \cdot 1\,\text{T} = 10^3\,\text{Ws} = 10^3\,\text{Nm}$. Zur Umdrehungszahl $n = 1000\,\text{min}^{-1}$ gehört die Leistung

$$P = \omega M = 2\pi \cdot 1000\,\text{min}^{-1} 10^3\,\text{Ws} = \frac{2\pi \cdot 1000}{60} \cdot 10^3\,\frac{\text{Ws}}{\text{s}} = 0{,}104\,\text{MW}.$$

Sie ist beträchtlich und hauptsächlich durch die Rahmenfläche verursacht. Für $i = 1\,\text{A}$ und die Spulenfläche $1\,\text{cm}^2$ sinkt die Leistung auf $1{,}04\,\text{W}$ (Daten eines Minimotors).

Leistungsumsatz elektrisch ↔ mechanisch Das Zusammenspiel von Kraftwirkung am stromdurchflossenen Leiter und Induktionsgesetz am bewegten Leiter verursacht beim „Leiter im Magnetfeld" *antreibende* und *bremsende* Kräfte: Motor- und Generatorprinzip.

Je nach Ausführung gibt es die *drehbare Leiterschleife* oder den *linear bewegten Leiterrahmen*. Beide nutzen zur elektrisch-mechanischen Energiewandlung das gleiche *Funktionsprinzip* (s. Kap. 3.3.3.2, Abb. 3.3.16). Ihm entnehmen wir:

4.3 Umformung elektrischer in mechanische Energie

a) *Elektrisch-mechanische Wandlung, antreibende Kraft, Motorwirkung*:
Fließt im beweglichen Leiter Strom (durch Spannungsquelle u_q bedingt), so entsteht eine antreibende elektrodynamische Kraft F_{Antr}. Sie bewegt den Leiter, die zugeführte elektrische Energie wird in mechanische gewandelt und an die mechanische Last abgegeben. Dabei stellt sich (lastabhängig) die Geschwindigkeit v bzw. Drehzahl ein: *Motorwirkung*. Die Leiterbewegung induziert umgekehrt eine Feldstärke und die ihr zugeordnete Quellenspannung u_{qi} wirkt der äußeren Spannung entgegen (Generatorwirkung, Rückwirkung des lastabhängig bewegten Leiters auf den Stromkreis):

$$\swarrow \qquad \text{Rückwirkung elektrischer Kreis} \qquad \nwarrow$$
$$u_q \underset{i=(u_q-u_{qi})/R}{\longrightarrow} i \underset{F_{Antr}=iBl}{\longrightarrow} F_{Antr} \underset{\text{mechan. Last}}{\longrightarrow} v \underset{u_{qi}=vBl}{\longrightarrow} u_{qi} \qquad (4.3.43a)$$

Stets sind Motor- und Generatorwirkung in der gleichen Stromschleife verknüpft.

b) *Mechanisch-elektrische Wandlung, bremsende Kraft, Generatorwirkung*:
Wirkt auf die Leiterschleife primär eine antreibende Kraft F_{Antr}, die sie mit der Geschwindigkeit v bewegt, so entsteht in ihr eine induzierte Feldstärke bzw. Spannung u_{qi}: Zufuhr mechanischer, Abgabe elektrischer Energie: *Generatorwirkung*. Im angeschlossenen Stromkreis fließt ein Strom abhängig von der elektrischen Last. Er verursacht eine elektrodynamische Kraft F_{geg} auf die Schleife (Motorwirkung), die der primär einwirkenden stets entgegenwirkt (Lenzsche Regel): Gegenkraft mit der Tendenz, die Relativgeschwindigkeit v zu senken

$$\swarrow \qquad \text{Rückwirkung mechanischer Kreis} \qquad \nwarrow$$
$$F_{Antr} \underset{F_{Antr}-F_{geg}\to v}{\longrightarrow} v \underset{u_{qi}=vBl}{\longrightarrow} u_{qi} \underset{i=u_{qi}R}{\longrightarrow} i \underset{F_{geg}=iBl}{\longrightarrow} F_{geg} \qquad (4.3.43b)$$

Jeder im inhomogenen Magnetfeld bewegte geschlossene Leiterkreis wird so gebremst, als bewege er sich in einem zähen Medium.

Mechanisch-elektrische Ersatzschaltung Ausgang der Modellierung ist das *Linearmotorprinzip* (Abb. 3.3.16 bzw. 3.3.20). Dort verursacht eine im konstanten Magnetfeld B_0 bewegte, stromdurchflossene Leiterschleife (Abb. 4.3.14c) eine Kraft (elektrodynamische Kraftgleichung (4.3.38)), gleichzeitig wird im bewegten Leiterteil (Geschwindigkeit v, Zusammenhang Kraft-Geschwindigkeit lastabhängig) eine geschwindigkeitsproportionale Spannung $e_i = \int_l \boldsymbol{E}_i \cdot d\boldsymbol{l}$, $\boldsymbol{E}_i = (\boldsymbol{v} \times \boldsymbol{B})$ induziert. Das Eigenmagnetfeld der Leiterschleife hängt nur vom Strom i ab (weitgehend unabhängig von der Spulenlage). Wir beachten es als *Spuleninduktivität* $L = w^2/R_m$ (ihr magnetischer Widerstand R_m umfasst hauptsächlich die feste Luftspaltlänge). Dann beträgt der Gesamtfluss durch den Leiterrahmen

$$\Psi(i,x) = (wB_0l)x + Li = k_m x + Li, \qquad k_m = wB_0l \to B_0l \qquad (4.3.44a)$$

bzw. umgestellt

$$i(\Psi, x) = -\frac{k_\mathrm{m}}{L}x + \frac{1}{L}\Psi. \tag{4.3.44b}$$

Die *Kraftkonstante* k_m wird bestimmt durch die Anzahl w der im Magnetfeld bewegten Leiterstäbe (Windungszahl der Schleife), ihre Länge l und das Magnetfeld. Seitliche Schleifenteile tragen nicht bei. Unter Weglassen der Anzahl w soll dann künftig l die Gesamtlänge des im Magnetfeld bewegten Leiters bedeuten. Denkt man sich die bewegte Leiterschleife vereinfacht als Leiterstab auf festen Schienen (s. z. B. Abb. 3.3.15b), so bewegt die elektrodynamische Kraft den Stab mit der Geschwindigkeit $\boldsymbol{v}$ in negativer x-Richtung $\boldsymbol{F} = i(\boldsymbol{l} \times \boldsymbol{B}) = i(-l\boldsymbol{e}_\mathrm{y} \times B\boldsymbol{e}_\mathrm{z}) = -\boldsymbol{e}_x i \cdot l \cdot B$ für das Koordinatensystem in Abb. 4.3.14c. Dann bestätigen sich $\boldsymbol{E}_\mathrm{i} = (\boldsymbol{v} \times \boldsymbol{B}) = (-\dot{x}\boldsymbol{e}_\mathrm{x} \times B\boldsymbol{e}_\mathrm{z}) = \dot{x}B\boldsymbol{e}_\mathrm{y}$ und die induzierte Spannung $e_\mathrm{i} = \int_l \boldsymbol{E}_\mathrm{i} \cdot \mathrm{d}\boldsymbol{l} = \int_0^{-l} \boldsymbol{E}_\mathrm{i} \cdot (-\boldsymbol{e}_\mathrm{y}) \mathrm{d}y = \dot{x}Bl$.

Die Kraft folgt gleichwertig auch aus der magnetischen Energie W_m bzw. Ko-Energie W_m^*. Sie ist gemäß Abb. 4.3.14c so gerichtet, dass die vom Fluss durchsetzte Fläche sinkt. Ko-Energie und Energie betragen (Gl. (4.1.30))

$$\boxed{\begin{aligned} W_\mathrm{m}^*(i, x) &= \int_0^i \Psi(i, x) \mathrm{d}i = k_\mathrm{m} x \cdot i + \frac{i^2 L}{2} \\ W_\mathrm{m}(\Psi, x) &= i \cdot \Psi - W_\mathrm{m}^*(i, x) = \frac{1}{2L}(\Psi - k_\mathrm{m} x)^2 \end{aligned}} \tag{4.3.44c}$$

dabei folgt W_m am einfachsten aus der Ergänzung zu W_m^* (Gl. (4.1.31)).

Damit lautet die *elektrodynamische Energiewandlung* der Leiterschleife insgesamt

$$\boxed{\begin{array}{l} \text{Ladungs-Strom-Darstellung}\text{Fluss-Spannungs-Darstellung} \\[4pt]
\text{elektrische Seite:}\quad \begin{aligned}u(i,x) &= \frac{\mathrm{d}}{\mathrm{d}t}\left\{\frac{\partial W_\mathrm{m}^*}{\partial i}\right\} \\ &= L\frac{\mathrm{d}i}{\mathrm{d}t} + k_\mathrm{m}\frac{\mathrm{d}x}{\mathrm{d}t}\end{aligned} \quad i(\Psi,x) = \frac{1}{L}\Psi - \frac{k_\mathrm{m}}{L}x \\[10pt]
\text{Kopplung } F_\mathrm{m}:\quad F'(i,x)|_\mathrm{Q} = \left.\frac{\partial W_\mathrm{m}^*}{\partial x}\right|_\mathrm{Q} = k_\mathrm{m}\cdot i \quad \begin{aligned}F'(\Psi,x)|_\Psi &= -\left.\frac{\partial W_\mathrm{m}}{\partial x}\right|_\Psi \\ &= \frac{k_\mathrm{m}}{L}\Psi - \frac{k_\mathrm{m}^2}{L}x\end{aligned} \\[10pt]
\text{mechanische Seite:}\quad \sum F_\mathrm{mech} + F_\mathrm{m} - F_\mathrm{ext} + F'' = 0. \end{array}} \tag{4.3.44d}$$

Die Stromform (links) beschreibt die wechselseitige elektrisch-mechanische Verkopplung: der Eingangsstrom erzeugt ausgangsseitig eine elektrodynamische Kraft (dargestellt als stromgesteuerte Stromquelle), die Leitergeschwindigkeit verursacht über das Induktionsgesetz eingangsseitig eine (gesteuerte) Spannung $k_\mathrm{m} \mathrm{d}x/\mathrm{d}t$ (mechanisch-elektrische Rückwirkung) in Reihe zum Spannungsabfall über der Spule L. Die mechanische Seite gehorcht mit ihren Elementen einer eigenen Beziehung. Aus Konsistenzgründen wurde speziell für die spätere Wandlerbeschreibung wie im elektrischen Fall die *Reaktionskraft* F' (mit $F' + F_\mathrm{m} = 0$) eingeführt. Dann wirken v und F' in Kettenpfeilrichtung zu u, i am Wandlerzweitor, dagegen v und die magnetische Kraft F_m in symmetrischer Richtung. Für die Wandlerausgangsseite gilt noch $F'' = -F_\mathrm{m} - \sum F_\mathrm{mech} = F'_\mathrm{m} - \sum F_\mathrm{mech}$. Damit kann die Ausgangsseite des magnetischen Wandlers sinngemäß vom elektrischen Wandler (Abb. 4.3.7e) übernommen werden.

4.3 Umformung elektrischer in mechanische Energie

Der Energieumsatz elektrisch ↔ mechanisch des linear (analog rotatorisch) bewegten Leiters im Magnetfeld wird damit durch zwei gesteuerte Quellen modelliert, die Grundlage des späteren *Wandlerzweitors* im *elektrisch-mechanischen Netzwerk* (Kap. 6), wie beim Gleichstrommotor (Abb. 4.2.5) gezeigt wurde.

Gängige Praxis der vielfältigen Anwendungen magnetischer Kräfte ist allerdings die Verwendung der *magnetischen Kraft* F_m, meist als Kraft $\boldsymbol{F} = \boldsymbol{F}_m$ benannt. Deswegen wurde die Reaktionskraft $F' = -F_m$ in Abb. 4.3.14 nicht eingetragen.

Kraftwirkung zwischen parallelen Strömen Quantitativ fließt der Strom i_2 im Magnetfeld des Stromes i_1. Er erzeugt im Abstand a die Flussdichte

$$\boldsymbol{B}_1 = \mu_0 \boldsymbol{H}_1 = -\frac{\mu_0 i_1}{2\pi a} \boldsymbol{e}_y$$

senkrecht zur z, x-Ebene, in der die Stromleiter i_1, i_2 liegen. Die Folge ist eine Kraft $\boldsymbol{F}_{21}$ auf Leiter 2. Sie beträgt für ein Stück der Länge l_2

$$\boldsymbol{F}_{21} = i_2 \left(\boldsymbol{l}_2 \times \boldsymbol{B}_1 \right) = i_2 \left(l\boldsymbol{e}_z \times \left[\frac{\mu_0 i_1}{2\pi a} \boldsymbol{e}_y \right] \right) = -\frac{\mu_0 i_1 i_2 l}{2\pi a} \boldsymbol{e}_x. \qquad (4.3.45a)$$

Die vektorielle Leiterlänge $\boldsymbol{l}_2 = l\boldsymbol{e}_z$ ist in Stromrichtung i_2 orientiert. Analog übt Leiter 2 auf die Länge $\boldsymbol{l}_1 = l\boldsymbol{e}_z$ des Leiters 1 die Kraft $\boldsymbol{F}_{12}$

$$\boldsymbol{F}_{12} = i_1 \left(\boldsymbol{l}_1 \times \boldsymbol{B}_2 \right) = i_1 \left(l\boldsymbol{e}_z \times \left[-\frac{\mu_0 i_2}{2\pi a} \boldsymbol{e}_y \right] \right) = \frac{\mu_0 i_1 i_2 l}{2\pi a} \boldsymbol{e}_x \qquad (4.3.45b)$$

mit entgegengesetzter Richtung aus: *beide Leiter ziehen sich gegenseitig an*. Bei ungleichen Stromrichtungen stoßen sich die Leiter ab, der Betrag der Kraft ist gleich (Darstellung Abb. 4.3.17a rechts).

Zwei parallele Ströme i_1, i_2 (Abstand a, Länge l) üben wechselseitig die Kraft (Betrag)

$$F = i_2 B_1 l = \mu_0 \frac{i_1 i_2 l}{2\pi a} \qquad \text{Kraftwirkung paralleler Ströme im Abstand } a \qquad (4.3.45c)$$

aus (Richtung Abb. 4.3.17a).

Größenvorstellung Für die Einheit Ampère der Stromstärke i wurde festgelegt: Zwei lange, dünne parallele Drähte (Abstand $r = 1\,\mathrm{m}$) üben bei gegensinnigen Strömen $i_1 = i_2 = i = 1\,\mathrm{A}$ die Kraft $F = 2 \cdot 10^{-7}\,\mathrm{N}$ pro Länge $l = 1\,\mathrm{m}$ aufeinander aus. Daraus folgt für μ_0

$$\mu_0 = \frac{2\pi r F}{l i_1 i_2} = \frac{2\pi \cdot 1\mathrm{m} \cdot 2 \cdot 10^{-7}\,\mathrm{N}}{1\mathrm{m} \cdot 1\mathrm{A} \cdot 1\mathrm{A}} = 4\pi 10^{-7}\,\frac{\mathrm{N}}{\mathrm{A}^2} = 4\pi 10^{-7}\,\frac{\mathrm{V} \cdot \mathrm{s}}{\mathrm{A} \cdot \mathrm{m}}. \qquad (4.3.45d)$$

Die Definition der Stromstärkeeinheit mit Bezug auf die Kraftwirkung fußt letztlich auf dem Zahlenwert der Feldkonstante μ_0 (Naturkonstante, Gl. (3.1.10)). Magnetische und elektrische Feldkonstante μ_0, ε_0 hängen über die Ausbreitungsgeschwindigkeit c elektromagnetischer Wellen im Vakuum (Lichtgeschwindigkeit) zusammen: $c^2 \mu_0 \varepsilon_0 = 1$. Über die Festlegung von μ_0 durch die Definition der Stromstärke und die Bestimmung / Messung von c ist damit ε_0 bestimmt.

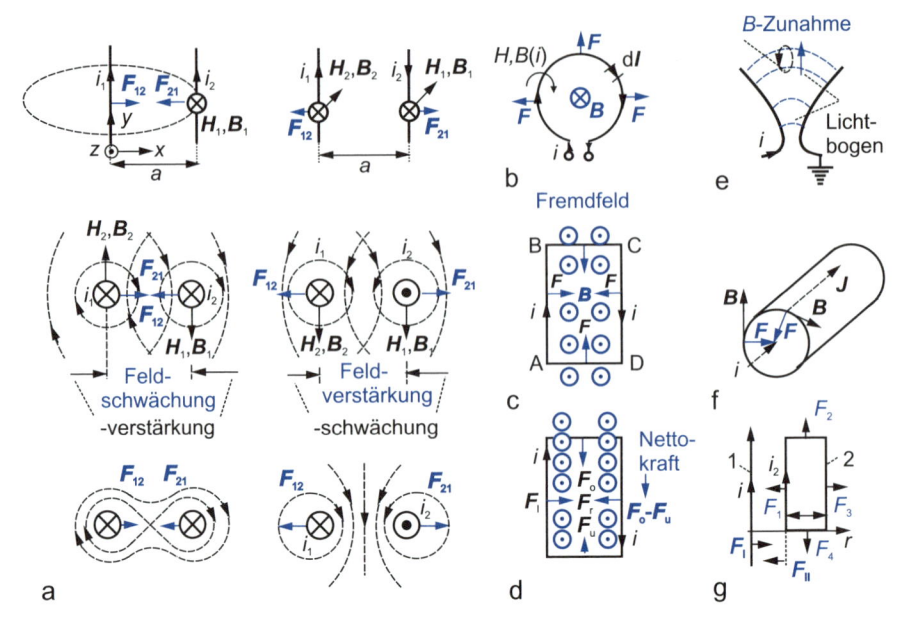

Abb. 4.3.17. Kraftwirkung zwischen Strömen. (a) Zwei gleichsinnig stromdurchflossene parallele Leiter ziehen sich an, Gegenströme stoßen ab. (b) Vergrößerung einer Stromschleife durch das Eigenmagnetfeld (Induktivitätszunahme). (c) Schleifendeformation durch Kraftwirkung eines homogenen Fremdfeldes. (d) Schleifendeformation und -bewegung durch Kraftwirkung im inhomogenen Fremdfeld. (e) Lichtbogenlöschung am Hörnerableiter. (f) Einschnüreffekt im Stromfaden. (g) Kraftwirkung zwischen zwei Leiterkreisen

Für $i = i_1 = i_2 = 100$ A, $r = 10$ cm (Luft) entsteht bei $l = 1$ m die Kraft $F = 0{,}02$ N (≈ 2p). Sie ist klein, kann aber wegen des quadratischen Einflusses von i bei größeren Strömen ($i > 10^4$ A, Kurzschlussströme in Elektrizitätswerken, Stromstärke im Blitz) außerordentlich anwachsen. Für $i = 10^4$ A ergibt sich im obigen Beispiel die 10^4-fache Kraft: $F = 200$ N.

Große Ströme (Kurzschlussströme, Entladestrom des Kondensators) können beträchtliche Kräfte erzeugen und erfordern Vorsichtsmaßnahmen.

Folgerungen:

1. *Aufweitung eines Stromkreises.* Das Eigenmagnetfeld eines Leiterkreises (Abb. 4.3.17b) zeigt für jedes Leiterelement dl in die Zeichenebene und es entsteht eine nach außen gerichtete Kraft: Tendenz zur Vergrößerung des stromdurchflossenen Kreises, *Kraftwirkung in Richtung einer Induktivitätserhöhung.*
2. *Löschbogenableiter.* Die Stromkreisausdehnung wird im Löschbogen- oder Hörnerableiter (Abb. 4.3.17e) genutzt. Ein durch Überschlag entstandener Lichtbogen zwischen gebogenen Elektroden erfährt eine Kraft nach oben, weil die Stromdichte und damit das Magnetfeld am unteren Rand größer als weiter oben ist. Dadurch überwiegt unten die ablenkende Kraft und treibt den Lichtbogenstrom in die Höhe, bis er abbricht. Solche Ableiter sind auf Elektroschienenfahrzeugen verbreitet.

4.3 Umformung elektrischer in mechanische Energie

3. Die Tendenz zum Zusammenziehen gleichgerichteter Ströme ist der eigentliche Grund dafür, dass ein Strom freier Ladungsträger (z. B. in Elektronenröhre) als Stromfaden im freien Raum erhalten bleibt und nicht zerfließt (Abb. 4.3.17f).
4. Die Kraftwirkung eines Fremdfeldes versucht die Schleife (richtungsabhängig) auszuweiten oder zusammenzudrücken (Abb. 4.3.17d), das Eigenfeld weitet sie stets aus, doch eine translatorische Nettobewegung unterbleibt. Im *inhomogenen Feld* entsteht dagegen eine *Nettokraft* und die Schleife wird bewegt. Bilden $i(\boldsymbol{J})$, $\boldsymbol{B}$ und $\boldsymbol{F}$ ein Rechtsdreibein, so verschiebt sich die *Schleife zum größeren Magnetfeld hin* (Abb. 4.3.17c).
5. Zusammenziehende Kräfte entstehen auch zwischen den einzelnen Windungen einer (locker gewickelten) Spule, sie *verkürzt* sich bei Stromfluss (s. Kap 4.3.2.3). Auf die Windungen wirkt insgesamt eine axiale Druckkraft, außerdem versucht die radiale Zugkraft sie zu dehnen. Solche (beträchtlichen!) Kräfte können bei Kurzschluss eines Transformators auftreten.

Beispiel 4.3.1 Kraftwirkung auf eine Stromschleife im inhomogenen Magnetfeld Eine rechteckige, vom Strom i_2 durchflossene Leiterschleife II befinde sich parallel zu einem unendlichen langen geraden stromführenden Leiter I (Strom i_1 Leiterkreis im Unendlichen geschlossen) und damit in seinem inhomogenen Magnetfeld (Abb. 4.3.17g). Gesucht ist die Gesamtkraft auf Schleife II

$$\boldsymbol{F}_{II} = \boldsymbol{F}_1 + \boldsymbol{F}_2 + \boldsymbol{F}_3 + \boldsymbol{F}_4 = i_2 \oint d\boldsymbol{l}_2 \times \boldsymbol{B}_1$$

bestehend aus den Teilkräften nach Abb. 4.3.17g. Die Kraft $\boldsymbol{F}_1$ auf Leiterstück 1 beträgt (mit der dort herrschenden Flussdichte $\boldsymbol{B}_1 = \frac{\mu_0 i_1}{2\pi \varrho_0} \boldsymbol{e}_\varphi$)

$$\boldsymbol{F}_1 = i_2 \int d\boldsymbol{l}_2 \times \boldsymbol{B}_1 = i_2 \int_0^b dz \boldsymbol{e}_z \times \frac{\mu_0 i_1}{2\pi \varrho_0} \boldsymbol{e}_\varphi = -\frac{\mu_0 i_1 i_2 b}{2\pi \varrho_0} \boldsymbol{e}_\varrho$$

und ist zum Leiter I gerichtet, wirkt also anziehend. Entsprechend berechnet sich die Kraft $\boldsymbol{F}_3$ der rechten Schleifenseite:

$$\boldsymbol{F}_3 = i_2 \int d\boldsymbol{l}_2 \times \boldsymbol{B}_1 = i_2 \int_b^0 dz \boldsymbol{e}_z \times \frac{\mu_0 i_1}{2\pi(\varrho_0 + a)} \boldsymbol{e}_\varphi = \frac{\mu_0 i_1 i_2 b}{2\pi(\varrho_0 + a)} \boldsymbol{e}_\varrho.$$

Nach rechts gerichtet wirkt sie abstoßend. Die Kräfte $\boldsymbol{F}_2$ und $\boldsymbol{F}_4$ sind parallel zum Strom i_1 gerichtet und heben sich gegenseitig auf. Damit verbleibt als Gesamtkraft auf die Schleife

$$\boldsymbol{F}_{II} = \boldsymbol{F}_1 + \boldsymbol{F}_3 = -\frac{\mu_0 i_1 i_2 b}{2\pi} \left(\frac{1}{\varrho_0} - \frac{1}{\varrho_0 + a} \right) \boldsymbol{e}_\varrho.$$

Sie wirkt insgesamt anziehend und würde die Schleife zum Leiter I hin bewegen, weil $F_1 > F_3$. Die Teilkräfte selbst versuchen, die Schleife auszuweiten (s. Abb. 4.3.17g). Wechselt die Richtung eines Stromes (i_1 oder i_2, so entsteht eine abstoßende Kraftwirkung auf die Schleife.

Schwieriger ist die Berechnung der von Leiterschleife II verursachten Kraft $\boldsymbol{F}_I$ auf Leiter I. Dazu muss die Flussdichte $\boldsymbol{B}_{II}$ (herrührend von Leiterkreis II mit i_2) an der Stelle $d\boldsymbol{l}_1$ für das dort befindliche Stromelement $i_1 d\boldsymbol{l}_1$ berechnet werden.

Der Leiterkreis II besteht aus geraden Leiterstücken, für die zugehörige Feldbeiträge nach Gl. (3.1.27) ermittelt werden. Anschließend sind die Kraftbeiträge aller Elemente dl_1 des Leiters I zur Gesamtkraft F_I zu addieren. Das Ergebnis lautet $F_I = F_{II}$ (Rechnung sehr aufwändig!). Die gleichwertige Kraftberechnung durch virtuelle Verschiebung erfolgt im Kap. 4.3.2.3.

Anwendungen der Kraftwirkung Antreibende Kräfte erzeugen *translatorische* und *rotatorische* Bewegungen, ebenso werden bremsende Kraftwirkungen vielfältig ausgenutzt. Die Anwendung in Motoren fassen wir in Kap. 5 zusammen.

Dynamischer Lautsprecher, dynamisches Mikrophon Im Luftspalt eines Topfmagneten wirkt ein radiales Magnetfeld (z. B. Innenzapfen N-Pol, äußerer Kreis S-Pol, Abb. 4.3.14d). Dort bewegt sich eine mit einer Membran starr verbundene Schwingspule. Bei Stromfluss (Strom mit akustischer Information) bewegt sich die Membran entsprechend $F \sim i$ im Rhythmus der Information. Diese Anordnung ist heute der Standardlautsprechertyp. Trifft umgekehrt eine Schallwelle auf die Membran, so induziert die Leiterschleife eine entsprechende Spannung: dynamisches Mikrophon. Die Anordnung wirkt (umkehrbar) als Lautsprecher oder Mikrophon.

Das gleiche Prinzip nutzt der *Schwingtisch* zur Prüfung von Geräten. Statt der Membran nimmt eine Schwingplatte das zu prüfende Gerät auf. Durch Betrieb der Schwingspule mit Strömen unterschiedlicher Intensität und Frequenz wird die Gerätefestigkeit untersucht.

Drehspulinstrument Im Luftspalt eines Permanentmagneten (homogenes Radialfeld) befindet sich eine drehbar gelagerte Spule (Abb. 4.3.16a). Der Strom erzeugt ein Drehmoment $M_{\text{antr}} = iBA_w$ (Spulenfläche $A_w = wA$). Eine Spiralfeder auf der Drehachse (rücktreibendes Moment $M_{\text{ges}} = c\alpha$, α Winkelausschlag) kompensiert es. Gleiche Momente ergeben mit

$$\alpha = \text{const} \cdot i \cdot B \qquad\qquad \text{Drehspulinstrument}$$

einen stromproportionalen Ausschlag (lineare Skalenteilung). Deshalb ist das Drehspulinstrument ein Gleichstrommesssystem. Es findet Anwendung zur Gleichstrom- und -spannungsmessung mit Vorwiderstand R_v. Mechanisch arbeitet es als gedämpftes Masse-Feder-System mit kleiner Eigenfrequenz (unter 1 Hz). Das *elektrodynamische Messwerk* ist ein Drehspulmesswerk, mit Ersatz des Permanentmagneten durch eine stromdurchflossene Spule (Abb. 4.3.16b). Mit den Strömen durch Erreger- (i_1) und Messwerkspule (i_2) beträgt der Ausschlag α

$$\alpha = \text{const}_1 \cdot i_2 B = \text{const}_2 \cdot i_2 \cdot i_1$$

abhängig vom Produkt der Ströme mit folgenden Schaltungsmöglichkeiten:

— Spulen reihengeschaltet $i_1 = i_2 = i$: $\alpha \sim i^2$, Gleich- und Wechselstromanzeige mit quadratischer Skala;
— Spulen unabhängig versorgt (i_1, $i_2 = u_2/R$): $\alpha = \text{const} \cdot iu = P$ Leistungsanzeige, Wattmeter.

4.3 Umformung elektrischer in mechanische Energie

Dynamometer und Drehspulmesswerke sind sehr verbreitet, werden aber zunehmend durch Digitalinstrumente verdrängt.

Anwendungen bremsender Kräfte Die *Wirbelstrombremsung* ist ein Beispiel für bremsende Kraftwirkungen (Abb. 3.3.21e). Dort stand der Magnet fest und eine Metallscheibe bewegte sich im Magnetfeld. Ruht umgekehrt die Scheibe und bewegt sich der Magnet, so ziehen Wirbelströme die Scheibe hinterher. Das nutzt der *Energiezähler* zur Messung der Wechselstrom(wirk)leistung über eine bestimmte Zeit. Er besteht aus einer Al-Scheibe, die durch zwei Flüsse ($\sim$ zu Strom und Spannung) angetrieben wird. Die Scheibe läuft zwischen den Polen eines Dauermagneten. Die dadurch erzeugten Wirbelströme bremsen sie. Dann ist die Drehzahl $n \sim u \cdot i \cos\varphi$. Die Zahl der Umläufe $\int_0^t n dt \sim \int_0^t p dt$ zeigt die durchgeflossene Energie an.

Umgekehrt arbeitet das *Wirbelstromtachometer*. Ein Dauermagnet dreht sich proportional zur Drehzahl. In einem umgebenden Aluminiumzylinder entsteht durch Induktion ein Drehmoment, kompensiert durch eine rückstellende Spiralfeder. Sein Ausschlag entspricht der Geschwindigkeit. Dieses Prinzip der Triebscheibe liegt auch dem *Asynchronmotor* zugrunde (s. Kap. 5.)

Zur *Motorbremsung* wird der Anker eines laufenden Gleichstrommotors (bei eingeschalteter Erregung) von der Spannung abgeschaltet und an einen Widerstand gelegt. Er wirkt durch seine Trägheit zunächst als Generator. Der Strom durch den Widerstand R bremst den Anker und Bewegungsenergie wird in Wärme umgewandelt. Ausgenutzt wird die „Motorbremsung" z. B. in Drehspulinstrumenten mit kleiner Rückstellkraft. Bei Kurzschluss ihrer Anschlussklemmen induzieren Zeigerbewegungen (z. B. durch Erschütterung) in der Drehspule eine Spannung und damit im Kreis einen hohen Strom, der eine bremsende Kraft bewirkt.

Materialverformung Kraftwirkungen auf induzierte Ströme ändern Metallhohlkörper durch *magnetomechanische* Verformung (Abb. 4.3.16c). Man bringt dazu den zu verformenden Metallzylinder ins Innere einer Spule. Ein steiler Stromimpuls (hohes di/dt) induziert im Metallkörper einen Strom entgegengesetzter Richtung. Er verursacht Kräfte von außen nach innen, die den Zylinder im Spulenbereich eindrucken (bzw. ausbeulen, wenn er sich außen befindet). Das Verfahren erlaubt bei hohen Stromsteilheiten Umformgeschwindigkeiten von mehreren 1000 m/s. Steil ansteigende Ströme entstehen z. B. durch eine Kondensatorentladung.

4.3.2.3 Kraft auf Grenzflächen

Die Kraftdichte Gl. (4.3.31) erfasst auch Kräfte auf magnetisierte Materialien, speziell als *Grenzflächenkräfte* zwischen Gebieten unterschiedlicher Permeabilität wie im *magnetischen Kreis* (Kap. 3.2.3). Lokale Permeabilitätsunterschiede lassen sich für eine Gebietsgrenze nach dem Modell *verschiedener Dielektrika* Gl. (4.3.12) erfassen (s. u.).

Ursächlich bedingen Ladungsbewegungen in der Mikrostruktur die Grenzflächenkraft, ein zu ihrer Bestimmung indiskutabler Weg. Deshalb nutzt die Kraftberechnung entweder *magnetische Feldgrößen,* bei gegebenem Ψ,i-Verlauf die *Induktivität* der Anordnung oder die im Feld gespeicherte *magnetische Energie* nach dem Prinzip der *virtuellen Verschiebung*.

Magnetische Kreise, wie sie vielfältig bei *rotierender* (Motor, Generator) oder *translatorischer* Bewegung (Elektromagnet, Linearmotor u.a.) vorkommen, haben zur Nutzung der Grenzflächenkraft grundsätzlich einen *Luftspalt als Arbeitsraum*. Er ändert sich durch die Kraftwirkung und damit auch der magnetische Widerstand. Deshalb spricht man von *Reluktanzkraft* oder einem *Reluktanzwandler*, wenn dieses Arbeitsprinzip die Energiewandlung bestimmt. Der typische Reluktanzwandler für translatorische Bewegung ist der *Elektromagnet* (Abb. 3.2.10).

Elektromagneten sind elektro-mechanische Energiewandler, die zugeführte elektrische Energie in magnetischer Energie als Zwischenform speichern und anschließend in mechanische Energie wandeln unter Ablauf einer (kleinen) Translationsbewegung.

Der Elektromagnet (Ausführungsformen Kap. 5.1) besteht aus einem Eisenkreis (mit Wicklung), beweglichem Anker und veränderbarem Luftspalt. Seine Funktion folgt aus den Eigenschaften der Feldlinien (Tendenz zum Längszug und Querdruck) oder der Energiebilanz.

Beispiele für den Längszug sind das Anziehen eines Eisenstückes *an* oder *in* eine stromdurchflossene Spule (Verkürzung des Feldlinienweges), das Zusammenziehen zweier stromdurchflossener Leiter (gleiche Richtung), das Abstoßen zweier im Magnetfeld befindlicher (gleicher) Eisenkörper (Konzentration der Feldlinien in beiden Körpern, Tendenz, sich zu entfernen (Querdruck)) und schließlich stoßen sich parallele Ströme unterschiedlicher Richtung ab.

Allen Fällen gemeinsam ist die Tendenz zur *Verkleinerung des magnetischen Widerstandes* bzw. einer *Induktivitätsvergrößerung*. Dabei ändert sich die gespeicherte magnetische Energie W_m im Eisenkreis und Luftspalt: Kraftwirkung und Energieänderung hängen zusammen. Erinnert sei an die Konzentration der magnetischen Energie praktisch nur im Luftspalt des magnetischen Kreises (s. Gl. (4.1.39b)).

1. Kraft auf räumlich ausgedehnte magnetische Leiter

Im gleichstromerregten Elektromagneten mit beweglichem Anker, also variablem Luftspalt (Abb. 4.3.18a) verringert sich durch die Kraftwirkung bei Einschalten der Erregung der Luftspalt: „der Anker zieht an". Eine Feder kompensiert die Kraftwirkung. Dabei wird mechanische Arbeit W_{mech} geleistet. Gleichzeitig wächst die Induktivität (weil der magnetische Gesamtwiderstand durch den kleineren Luftspalt sinkt). Die virtuelle Verschiebung des Ankers im Zeitintervall dt ändert den mit der Erregerspule verketteten Fluss um $d\Psi$ und die im magnetischen Feld gespeicherte Energie um dW_m, gleichzeitig die Quellenenergie um dW_{el}.

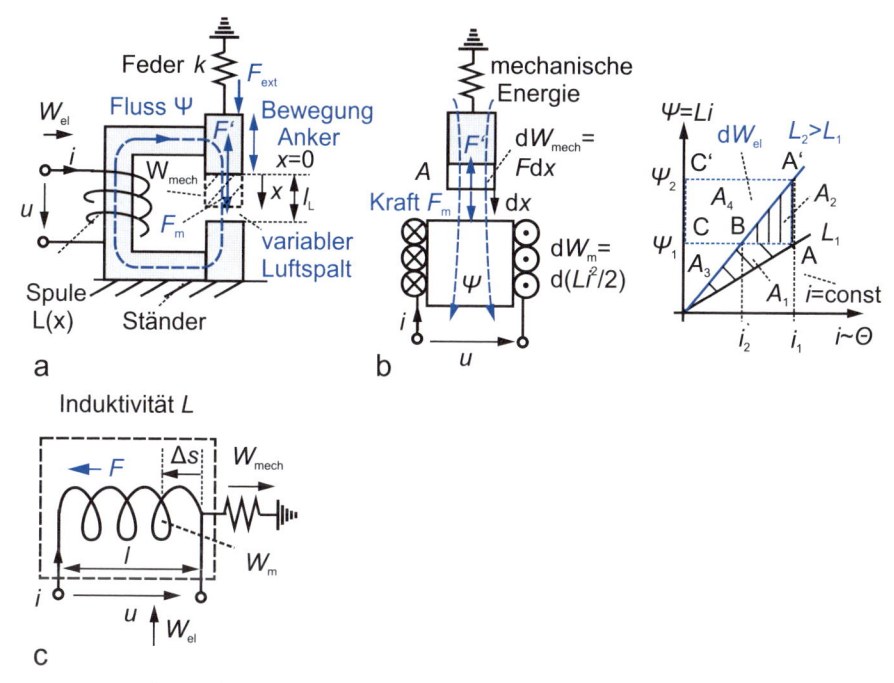

4.3 Umformung elektrischer in mechanische Energie

Abb. 4.3.18. Beispiele zur Kraftwirkung. Verkürzungstendenz der Feldlinien verursacht Kräfte. (a) Luftspaltverringerung im beweglichen magnetischen Kreis mit stromdurchflossener Spule. (b) Einzug eines ferromagnetischen Kerns in eine stromdurchflossene Luftspule (Induktivitätserhöhung), Kraftwirkung zurückgeführt auf Induktivitätserhöhung. Die mechanische Energie W_{mech} entspricht der schraffierten Fläche zwischen beiden Ψ,i-Kennlinien. (c) Zusammenziehung einer locker gewickelten Luftspule bei Stromfluss

Ausgang ist analog zum Kondensator die Energiebilanz

$$\underbrace{uidt}_{\substack{\text{zugeführte}\\\text{elektrische}\\\text{Energie}}} = \underbrace{dW_{\text{m}}}_{\substack{\text{Erhöhung der}\\\text{Feldenergie}}} + \underbrace{dW_{\text{mech}}}_{\substack{\text{mechanische}\\\text{Arbeit verrichtet}\\\text{vom System}}} = dW_{\text{m}} + \boldsymbol{F}' \cdot d\boldsymbol{s}. \quad (4.3.46\text{a})$$

Zur Systemarbeit $\boldsymbol{F}' \cdot d\boldsymbol{s} = F'dx\boldsymbol{e}_{\text{x}} \cdot \boldsymbol{e}_{\text{x}} = F'dx$ tragen die auf den Anker wirkende *magnetische* Kraft F_{m}, evtl. eine externe Kraft F_{ext} und mechanische Kräfte bei, die durch Ankerfeder und -masse entstehen, analog zum mechanischen Kondensatormodell (Abb. 4.3.7). Vorerst beschränken wir F' als *Reaktionskraft* (wie beim Kondensator, Gl. (4.3.3)) auf die magnetische Kraft: $F' + F_{\text{m}} = 0$. Mit $u = d\Psi/dt = d(Li)/dt$ und der Spulenenergie $dW_{\text{m}} = id\Psi/2$ wird daraus

$$id\Psi = dW_{\text{m}} + F'dx \equiv \frac{id\Psi}{2} + F'dx, \quad (4.3.46\text{b})$$

Im Vergleich zum Kondensator mit der Energie $W_\mathrm{d} = C(x)u^2/2$ und der Ladung $Q(u,x)$ treten jetzt der magnetische Fluss $\Psi(x,i)$ und die magnetische Energie der Spule ausgedrückt durch die Induktivität auf

$$W_\mathrm{m} = \frac{L(x)i^2}{2} = \frac{\Psi^2}{2L(x)}, \quad \Psi(i,x) = L(x) \cdot i,$$

$$L(x) = \frac{w^2}{R_\mathrm{m}} = \frac{\mu_0 A w^2}{(x + l_\mathrm{Fe}/\mu_\mathrm{r})} \approx \frac{\mu_0 A w^2}{x}. \tag{4.3.47}$$

In der Induktivität wurde der äquivalente Eisenweg vernachlässigt und lineare Permeabilität angenommen. Spulenenergie $W_\mathrm{m}(i,x)$ und magnetischer Fluss $\Psi(i,x)$ hängen von den unabhängigen Variablen Luftspalt x und Strom i ab; ihre Änderungen betragen deshalb

$$\mathrm{d}W_\mathrm{m} = \frac{\partial W_\mathrm{m}}{\partial x}\mathrm{d}x + \frac{\partial W_\mathrm{m}}{\partial i}\mathrm{d}i, \quad \mathrm{d}\Psi = \frac{\partial \Psi}{\partial x}\mathrm{d}x + \frac{\partial \Psi}{\partial i}\mathrm{d}i. \tag{4.3.48}$$

Rückeinsetzen in Gl. (4.3.46b) (und Nullsetzen des Termes $\mathrm{d}i/\mathrm{d}x$) führt auf die Kraft

$$F' = -\frac{\partial W_\mathrm{m}(i,x)}{\partial x} + i\frac{\partial \Psi(i,x)}{\partial x} + \underbrace{\left(i\frac{\partial \Psi(i,x)}{\partial x} - \frac{\partial W_\mathrm{m}(i,x)}{\partial i}\right)}_{0}\frac{\mathrm{d}i}{\mathrm{d}x}. \tag{4.3.49}$$

> Die auf den Anker wirkende Kraft entsteht durch virtuelle Verschiebung längs der Strecke $\mathrm{d}x$. Dazu tragen Änderungen der magnetischen Energie und der mit der Stromquelle ausgetauschten elektrischen Energie bei.

Wir werten das Ergebnis, analog zum Verhalten des Kondensators, für die Sonderfälle konstanter Fluss Ψ und konstanter Strom i aus. Anschließend ergänzen wir es durch die *magnetische Ko-Energie* W_m^* (Gl. (4.1.30)), was wegen der nichtlinearen $\Psi(i)$-Abhängigkeit im ferromagnetischen Kreis vorteilhaft ist.

Konstanter Fluss ($\mathrm{d}\Psi = 0$) erfordert ein Nachregeln der Stromquelle während der Zeit $\mathrm{d}t$ so, dass diese Bedingung (trotz Induktivitätsänderung) erfüllt ist. Dann folgt aus Gl. (4.3.46a) $\boldsymbol{F}' \cdot \mathrm{d}x\boldsymbol{e}_\mathrm{x} + \mathrm{d}W_\mathrm{m} = 0$ oder

$$\boldsymbol{F}'|_\Psi = -\left.\frac{\mathrm{d}W_\mathrm{m}}{\mathrm{d}x}\right|_\Psi \boldsymbol{e}_\mathrm{x} = -\left.\frac{\partial W_\mathrm{m}}{\partial L}\frac{\mathrm{d}L}{\mathrm{d}x}\right|_\Psi \boldsymbol{e}_\mathrm{x} = \frac{\Psi^2}{2L^2}\frac{\mathrm{d}L}{\mathrm{d}x}\boldsymbol{e}_\mathrm{x}. \tag{4.3.50}$$

Dabei wurden $\Psi = L \cdot i = \mathrm{const}$, die magnetischen Energie Gl. (4.3.47) und die Ableitung $\partial W_\mathrm{m}/\partial L = \partial/\partial L \left\{\Psi^2/2L\right\} = -\Psi^2/2L^2$ verwendet.

Die Kraft wirkt in x-Richtung ($\mathrm{d}L/\mathrm{d}t > 0$, Abb. 4.3.18b), der Anker wird vom Magneten angezogen und die Induktivität wächst von L_1 (mit Luftspalt) auf L_2 (ohne Luftspalt): mechanische Arbeit wird durch Abnahme magnetischer Energie gewonnen. Sie ist im Verlauf Ψ über i proportional der Differenz A_1 der Flächen A_{OAC} und A_{OBC} und entspricht der mechanisch gewonnenen Energie $\mathrm{d}W_{\text{mech}} = F'\mathrm{d}x = -\mathrm{d}W_{\text{m}}$.

> Durch Verkleinerung des Luftspaltes sinkt die gespeicherte magnetische Energie bei konstant gehaltenem magnetischen Fluss.

Bei *konstantem Strom* ($\mathrm{d}i = 0$, Anschluss einer *Stromquelle* $i = \text{const}$) ist das System nicht mehr abgeschlossen und es gilt Gl. (4.3.46a). Jetzt verursacht die Luftspaltänderung eine Induktivitäts- ($\mathrm{d}L$) und damit Flussänderung. Als Folge ändern sich über das Induktionsgesetz die Klemmenspannung u und die elektrische Energie: $\mathrm{d}W_{\text{el}} = ui\mathrm{d}t = i\mathrm{d}(Li) = i^2\mathrm{d}L$. Dabei wurde die Strom-Spannungsrelation der Induktivität benutzt. Aus dem Energiesatz $\mathrm{d}W_{\text{el}} = \mathrm{d}W_{\text{m}}|_i + \mathrm{d}W_{\text{mech}}$ folgt (analog zum Kondensator)

$$\begin{aligned}\mathrm{d}W_{\text{mech}} &= \boldsymbol{F}' \cdot \mathrm{d}\boldsymbol{s} = \mathrm{d}W_{\text{el}} - \mathrm{d}W_{\text{m}}|_i \\ &= i^2\mathrm{d}L - \frac{1}{2}i^2\mathrm{d}L = \frac{i^2}{2}\mathrm{d}L = +\mathrm{d}W_{\text{m}}|_i.\end{aligned} \quad (4.3.51)$$

> Die vom Generator gelieferte elektrische Energie wird je zur Hälfte in Feld- und mechanische Energie gewandelt.

Anschaulich ist die mechanisch gewonnene Energie $\mathrm{d}W_{\text{mech}}$ proportional der Differenz aus zugeführter elektrischer Energie $\mathrm{d}W_{\text{el}}$ (Rechteck AA'C'C $\sim A_2 + A_4$) und magnetischer Nettoenergie $\mathrm{d}W_{\text{m}}$ (Dreiecke 0A'C'-0AC $\sim (A_3 + A_4)-(A_3+A_1)$) (Abb. 4.3.18b). Daraus folgt als die Kraft $\boldsymbol{F}'|_i$ bei konstantem Strom i

$$\boxed{\begin{aligned}\boldsymbol{F}'|_i &= \left.\frac{\mathrm{d}W_{\text{m}}^*}{\mathrm{d}x}\right|_i \cdot \boldsymbol{e}_{\text{x}} = \frac{\partial W_{\text{m}}^*}{\partial L}\left.\frac{\mathrm{d}L}{\mathrm{d}x}\right|_i = \frac{i^2}{2}\frac{\mathrm{d}L}{\mathrm{d}x}\cdot \boldsymbol{e}_{\text{x}} = \frac{\Psi^2}{2L^2}\frac{\mathrm{d}L}{\mathrm{d}x}\cdot \boldsymbol{e}_{\text{x}} \\ &= -\frac{\partial W_{\text{m}}}{\partial L}\left.\frac{\mathrm{d}L}{\mathrm{d}x}\right|_\Psi \cdot \boldsymbol{e}_{\text{x}} = -\left.\frac{\mathrm{d}W_{\text{m}}}{\mathrm{d}x}\right|_\Psi \cdot \boldsymbol{e}_{\text{x}} = F'|_\Psi \, .\end{aligned}} \quad (4.3.52)$$

Streng genommen muss in den ersten Termen die Ko-Energie W_{m}^* stehen, bei linearer Induktivität (nur dann!) stimmen beide überein ($W_{\text{m}} = W_{\text{m}}^*$) aber auch die Kräfte. Rechts steht die Kraft bei konstantem Fluss. Es gilt:

- Die Reluktanzkraft im magnetischen Kreis wirkt wegen des quadratischen Einflusses von Strom i bzw. magnetischem Fluss Ψ stets anziehend (unidirektional).
- Sie ist proportional der Induktivitätszunahme (Abnahme des magnetischen Widerstandes)
- und deshalb stets so gerichtet, dass die Induktivität wächst.

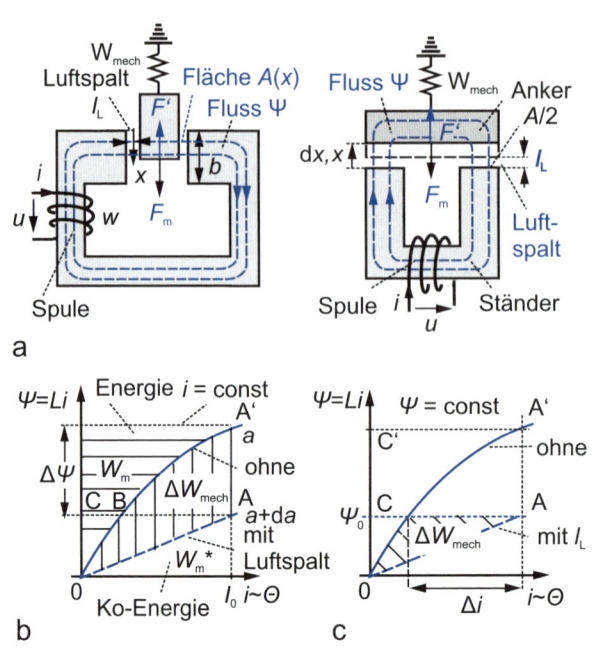

Abb. 4.3.19. Nichtlinearer magnetischer Kreis. (a) Elektromagnet und Geometrieeinfluss (Flächen-, Abstandsänderung des Luftspaltes da). (b) Auswirkung des Luftspaltes auf die Ψ,i-Kennlinie, Angabe der magnetischen Energie W_m und Ko-Energie W_m^*. Veranschaulichung der umgesetzten mechanischen Energie W_m bei konstantem Strom. (c) dto. bei konstantem Fluss

Die Kraftberechnung über die Energie wird einfach, weil sich die mechanisch umsetzbare Energie praktisch im Luftspalt konzentriert und direkt als Kennlinienänderung des magnetischen Kreises zutage tritt.

Die Kraftwirkung auf den magnetischen Feldraum kann berechnet werden
- allgemein aus der Ableitung der Induktivität nach der in Richtung der Kraft liegenden Längenkoordinate (Mitte in Gl. (4.3.52)) unabhängig von Nebenbedingungen,
- für die Sonderfälle konstanten Stromes oder Flusses aus der Ableitung der Feldenergie nach der in Kraftrichtung gewählten Längenkoordinate.

Die Induktivitätsänderung zufolge Kraftwirkung entsteht nach Gl. (4.3.52) durch Längen- bzw. Flächenänderung ihres magnetischen Widerstandes (Abb. 4.3.19a):
- Verkürzung der Spulenlänge (Zusammenziehen der Spule, Verkürzung des Windungsabstandes bei weit gewickelter Spule, $L \sim 1/l$) (Abb. 4.3.18c);
- abnehmender magnetischer Widerstand: Vergrößerung des vom Fluss durchsetzten Querschnitts, z. B. Ausweitung der Stromschleife im homogenen Magnetfeld;

– durch Einzug eines Eisenstückes in die Spule (Abnahme des magnetischen Widerstandes) (Abb. 4.3.18b).

Auch bei konstantem Strom lässt sich die von der Kraft geleistete mechanische Arbeit $F'\mathrm{d}x$ der Ψ,i-Kennlinie entnehmen (Abb. 4.3.18). Die Kraft vergrößert die Induktivität, dadurch steigt der Fluss Ψ bei gleichem Strom i.

Die magnetomechanische Energieumformung bedingt allgemein eine Kennlinienänderung $\Psi(\Theta) \sim \Psi(i)$ des magnetischen Kreises. Die Fläche zwischen beiden Kennlinien (mit/ohne Luftspalt) ist ein Maß für die geleistete mechanische Arbeit.

Vom Netzwerkelement her gesehen wird die Induktivität durch die Kraftwirkung zeitveränderlich $L(t)$ (linear oder nichtlinear, je nach Zusammenhang $\Psi(i)$). Entsprechendes galt beim Kondensator $C(t)$.

Kraft, Energie und Ko-Energie* Die Kraftbeziehungen Gl. (4.3.52) beruhen auf linearem Ψ,i-Verhalten. Dann stimmen magnetische Energie und Ko-Energie überein. Bei *nichtlinearem* Ψ,i-Verlauf (Abb. 4.3.19b) muss von Gl. (4.1.30), (4.1.31) ausgegangen werden. Bedeutet da eine allgemeine denkbare *Deformation* des magnetischen Kreises, so ändern sich seine magnetische Energie $W_\mathrm{m}(\Psi,a)$ und die Ko-Energie $W_\mathrm{m}^*(i,a)$. Beide folgen aus dem Ansatz $i\mathrm{d}\Psi = \mathrm{d}W_\mathrm{m} + \boldsymbol{F}'\cdot\mathrm{d}\boldsymbol{a} = \mathrm{d}(\Psi i) - \mathrm{d}W_\mathrm{m}^* + \boldsymbol{F}'\cdot\mathrm{d}\boldsymbol{a}$

$$\begin{aligned}\mathrm{d}W_\mathrm{m} &= i\mathrm{d}\Psi - \boldsymbol{F}'\cdot\mathrm{d}\boldsymbol{a}, & \mathrm{d}W_\mathrm{m}^* &= \Psi\mathrm{d}i + \boldsymbol{F}'\cdot\mathrm{d}\boldsymbol{a} \\ W_\mathrm{m} &= f(\Psi,a), & W_\mathrm{m}^* &= g(i,a).\end{aligned} \quad (4.3.53)$$

Die Kräfte finden sich aus den relevanten Energieänderungen

$$\mathrm{d}W_\mathrm{m} = \left.\frac{\partial W_\mathrm{m}}{\partial \Psi}\right|_a \mathrm{d}\Psi + \left.\frac{\partial W_\mathrm{m}}{\partial a}\right|_\Psi \mathrm{d}a, \quad \mathrm{d}W_\mathrm{m}^* = \left.\frac{\partial W_\mathrm{m}^*}{\partial i}\right|_a \mathrm{d}i + \left.\frac{\partial W_\mathrm{m}^*}{\partial a}\right|_i \mathrm{d}a$$

durch Vergleich

$$\boxed{\left.\boldsymbol{F}'\right|_\Psi = -\left.\frac{\partial W_\mathrm{m}(\Psi,a)}{\partial a}\right|_\Psi \boldsymbol{e}_\mathrm{a} = \left.\boldsymbol{F}'\right|_i = \left.\frac{\partial W_\mathrm{m}^*(i,a)}{\partial a}\right|_i \boldsymbol{e}_\mathrm{a} = \boldsymbol{F}'.} \quad (4.3.54)$$

In einer verformbaren magnetischen Anordnung hängt die Ψ,i-Kennlinie von der Verformung ab. Die magnetische Kraft kann aus der negativen Ableitung der magnetischen Energie bei konstantem Fluss oder der Ableitung der Ko-Energie bei konstantem Strom nach der virtuellen Bewegungsvariablen a berechnet werden.

Im magnetischen Kreis sinken verketteter Fluss und Ko-Energie bei Luftspaltzunahme (Abb. 4.3.19b). Bei konstantem Strom (Übergang A'A) sinkt der Verkettungsfluss (Abnahme der Ko-Energie) bzw. steigt der Strom und damit die magnetische Energie (bei konstantem Verkettungsfluss Abb. 4.3.19c, Übergang BA). Trotz nichtlinearer Kennlinie $\Psi(i)$ stimmen die inhaltlichen Aussagen mit dem linearen Fall Abb. 4.3.18b überein. Das gilt auch für die Kraft Gl. (4.3.54), nur fehlt gegenüber dem linearen Ergebnis Gl. (4.3.52) die Verbindung zur lokalen Induktivitätsänderung.

Reluktanzkraft und mechanisches System Reale Elektromagneten (Abb. 4.3.18) haben eine *Ankermasse* m, ggf. geschwindigkeitsproportionale *Ankerreibung* und eine elastische Ankerbindung durch eine *Feder* (Federkonstante $k = 1/n$, n Nachgiebigkeit). Letztere sei bei stromloser Spule (Luftspaltabstand d) entspannt. Auf den Anker kann außer der feldbedingten *magnetischen Kraft* F_m noch eine externe Kraft F_{ext} einwirken (analog zum Verhalten beim Kondensator Abb. 4.3.7a). Die Beziehung zwischen den Kräften und der Ankerverschiebung x (bzw. der zugehörigen Geschwindigkeit x') wird dann durch das *Feder-Masse-Dämpfungs-System*

$$F - kx - c\frac{dx}{dt} = m\frac{d^2x}{dt^2} \rightarrow \sum F_{mech} + F_m - F_{ext} + F'' = 0$$
$$F'' = -F_m + F_{ext} - \sum F_{mech} = F'_m + F_{ext} - \sum F_{mech}$$
(4.3.55)

erfasst. Auf das System wirken magnetische und externe Kraft sowie Ankerauslenkung x bzw. stellt sich die Bewegungsgeschwindigkeit x' ein (vgl. Abb. 4.3.7b). Gl. (4.3.55) beschreibt die *mechanische Seite des Elektromagneten*. Von der elektrischen Seite wirken (Gl. (4.3.53))

> Ladung-Strom-Darstellung Fluss-Spannungs-Darstellung
>
> elektrische Seite : $u(i,x) = \frac{\partial}{\partial t}(W_m^*)\big|_x$ $i(\Psi,x) = \frac{\partial W_m}{\partial \Psi}\big|_x = \frac{\Psi(x)}{L(x)}$
>
> $= L(x)\frac{di}{dt} + i\frac{\partial L}{\partial x}\frac{dx}{dt}$
>
> Kopplung F_m : $F'(i,x)\big|_i = \frac{\partial W_m^*}{\partial x}\big|_i = \frac{i^2}{2}\frac{\partial L}{\partial x}$ $F'(\Psi,x)\big|_\Psi = -\frac{\partial W_m}{\partial x}\big|_\Psi$
>
> $= \frac{\Psi^2}{2L(x)^2}\frac{\partial L}{\partial x}$
>
> mechanische Seite : $\sum F_{mech} + F_m - F_{ext} + F'' = 0$ bzw.
>
> $F'' = F'_m - \sum F_{mech} + F_{ext}$.
(4.3.56)

Je nachdem, ob die Kraftwirkung bei konstantem Strom oder magnetischem Fluss erfolgt, wird das elektrisch-mechanische Gesamtsystem durch die linken oder rechten Beziehungen beschrieben. Die Energierelationen gelten allgemein, (also auch für nichtlinearen $\Psi(i)$-Zusammenhang), rechts davon stehen die für lineare Beziehung zwischen magnetischem Fluss und Strom: $\Psi(x) = L(x)i$.

> Die elektrisch-mechanische Wechselwirkung der zeitveränderlichen Induktivität (mittels Reluktanzänderung) wird beschrieben durch (Abb. 4.3.19a)
> — die magnetische Kraft F_m auf den Anker (elektrisch-mechanische Wirkung),
> — umgekehrt durch die Luftspaltänderung als Folge der mechanischen Gesamtkraft (einschließlich mechanischer Lastelemente) als mechanisch-elektrische Rückwirkung. Sie verursacht an den Klemmen eine induzierte Spannung.

Während bei konstantem Strom die mechanische Last explizit über die Induktivitätsänderung auf den elektrischen Kreis rückwirkt, erfolgt das im zweiten über Fluss und Induktivität (an der Induktivität wirkt eine Spannungsquelle). Sinngemäß gelten die gleichen Verhältnisse, wie sie bereits bei der Kapazität auftraten (Gl. (4.3.27) und Abb. 4.3.7d, e, Ersatzschaltung). Die nach außen wirkende Reaktionskraft F'' besteht aus der magnetischen Reaktionskraft $F'_m = F'_i$, F'_Ψ (Gl. (4.3.56)) abzüglich innerer mechanischer Kräfte (Ankermasse, Rückstellfeder, Reibung, externe Kraft zu Null gesetzt). Das drückt die Ersatzschaltung Abb. 4.3.20a aus.

4.3 Umformung elektrischer in mechanische Energie

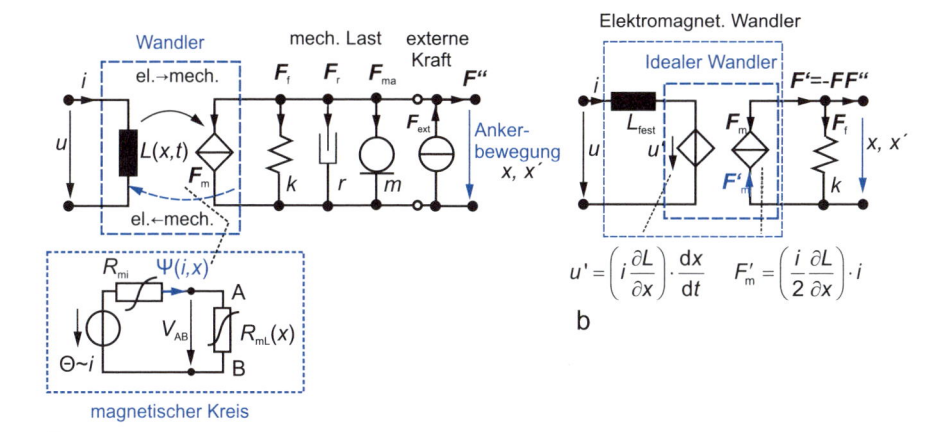

Abb. 4.3.20. Elektromagnet als elektro-mechanischer Wandler. (a) Wandlermodell mit nichtlinearem magnetischen Kreis, zusätzlicher mechanischer Last und externer Kraft. (b) Wandlerersatzschaltung mit linearem magnetischen Kreis

Liegt der Elektromagnet über einen Widerstand an einer Spannungsquelle und ist keine externe mechanische Last angeschlossen ($F'' = 0$), so muss der Widerstand über den Maschensatz berücksichtigt werden:

$$u_\text{Q} = iR + \underbrace{\frac{\partial \Psi(i,x)}{\partial i} \frac{\mathrm{d}i}{\mathrm{d}t}}_{l_\text{d}} + \underbrace{\frac{\partial \Psi(i,x)}{\partial x} \frac{\mathrm{d}x}{\mathrm{d}t}}_{\text{mech}-\text{el}}, \quad \underbrace{\frac{\partial}{\partial x}\int_0^i \Psi(i,x)\mathrm{d}i}_{\text{el}-\text{mech}} = \sum F_\text{mech}. \quad (4.3.57)$$

Verwendet wurde dabei die nichtlineare Beziehung $\Psi(i)$ des ferromagnetischen Kreises und die Energiebeziehung $\mathrm{d}W_\text{m}^*(i,x) = \Psi(i,x)\mathrm{d}i$, $W_\text{m}^* = \int \mathrm{d}W_\text{m}^*$. Der ferromagnetische Kreis ist Bestandteil der Ersatzschaltung, erst bei linearem Fluss-Strom entfällt er. Allgemein tritt statt der Induktivität die *Kleinsignalinduktivität* l_d auf. In der magnetischen Kraft rechts wird der Stromeinfluss deutlich. Für linearen Zusammenhang $\Psi \sim i$ gelten die Beziehungen Gl. (4.3.56). Die (komplizierte!) Lösung von Gl. (4.3.57) beschreibt das Einschaltverhalten des Elektromagneten (zeitlicher Stromverlauf, Kraft-Weg-Kennlinie, Flussaufbau).

Das Gesamtsystem Gl. (4.3.56) lässt sich mit dem Modell Abb. 4.3.20a erklären: eine Eingangsspannung baut das magnetische Spulenfeld auf, ändert sie ($\mathrm{d}L/\mathrm{d}x \neq 0$) und dabei entsteht die Kraft F_m auf den Anker und das mechanische Netzwerk wirkt korrigierend auf Luftspaltänderung x bzw. Geschwindigkeit $v = \mathrm{d}x/\mathrm{d}t = x'$. Die damit verbundene Induktivitätsänderung verändert die Eingangsspannung: der Eingangszweig kann daher auch verstanden werden als Festinduktivität, der eine mechanisch gesteuerte Spannungsquelle reihengeschaltet ist (Abb. 4.3.20b). Dann liegt es nahe, die zeitveränderliche Induktivität darzustellen als Festinduktivität am Eingang eines *Wandlerzweitors* mit *zwei gesteuerten Quellen* (elektrische Eingangsgrößen u, i, mechanische Ausgangsgrößen F, v bzw. x) abgeschlossen mit einem mechanischen Netzwerk.

> Der Ersatz der zeitgesteuerten Induktivität (bei Reluktanzänderung) durch eine Festinduktivität, ein Wandlerzweitor mit zwei elektrisch/ nichtelektrisch gesteuerten Quellen und ein angeschlossenes mechanisches Netzwerk (feste Elemente) ist Modellgrundlage der Wechselwirkung zwischen Energie und Kraft am Energiespeicher Induktivität.

Dieses Modell (nichtlinear, $F \sim i^2$, $\Psi(i)$ nichtlinear) nutzt strukturell die *Hybridersatzschaltung* eines Zweitors (Tab. 2.9, Bd. 1). Es muss bei Bedarf noch durch die Ersatzschaltung des magnetischen Kreises ergänzt werden.

Zu seinem prinzipiellen Verständnis reicht -wie beim Kondensator- eine Linearisierung um einen Arbeitspunkt. Wir vertiefen dies in Kap. 6.1 und 6.2.

Beispiel 4.3.2 Kraftwirkungen Aus der Induktivität einer Leiteranordnung kann die Kraft auch über die Energie durch virtuelle Verschiebung bestimmt werden.

Zwei parallele stromdurchflossene Leiter (Abb. 4.3.17a, Abstand $a = 2d$) haben die (äußere) Induktivität L' (pro Länge) (s. Beispiel 3.2.16) $L' = \frac{\mu_0}{\pi} \ln \frac{a}{r}$, $\rightarrow$ $F = \left.\frac{\partial W_m^*}{\partial x}\right|_i = \frac{i^2}{2} \frac{dL'}{dx} = \frac{\mu_0 i^2}{2\pi a}$. Als virtuelle Bewegung wurde eine Abstandszunahme der Leiter angesetzt. Das Ergebnis stimmt mit der elektrodynamischen Kraftberechnung (Gl. (4.3.39a)) überein.

Eine lange einlagige stromdurchflossene Zylinderspule (Beispiel 3.2.23, Durchmesser D, Länge l) erfährt eine Längs- und Radialkraft. Ihre Induktivität beträgt $L = w^2 \mu_0 \pi D^2 / 4l$. Die Radialkraft F_R auf die Gesamtspule folgt aus

$$F = \left.\frac{\partial W_m^*}{\partial x}\right|_i = \frac{i^2}{2} \frac{dL}{dx} \rightarrow F_R = \frac{w^2 i^2 \mu_0 \pi D}{4l}$$

mit $x = D$. Die Kraft F_l in Längsrichtung folgt mit $x = l$ zu

$$F_l = -\frac{w^2 i^2 \mu_0 \pi D^2}{8l^2}.$$

Das negative Vorzeichen bedeutet Zusammenziehen (Induktivitätszunahme): die Kraft wirkt einer Längsdehnung entgegen.

Die aus der Zylinderspule abgeschätzte radiale Kraft pro Windung ist allerdings ungenau, weil die lange Zylinderspule Näherungen unterliegt, die für die Einzelwindung nicht gelten. Die Induktivität einer kreisförmigen Windung (Leiterradius r) beträgt genauer

$$L = \frac{\mu_0 D}{2}\left(\ln\frac{4D}{r} - 2\right) \rightarrow F_R = \frac{\mu_0 i^2}{2}\left(\ln\frac{4D}{r} - 1\right) = \frac{\mu_0 i^2}{2} \ln\frac{4D}{re}.$$

Bei hohen Strömen (z. B. Windungskurzschluss am Transformator) sind erhebliche Kräfte möglich.

Kraft auf gekoppelte Stromkreise Kräfte treten auch zwischen stromdurchflossenen Leiterkreisen mit oder ohne verkoppelndem magnetischen Kreis auf. Parallele stromdurchflossene Leiter können verstanden werden als gekoppelte Spulen, die im Unendlichen schließen.

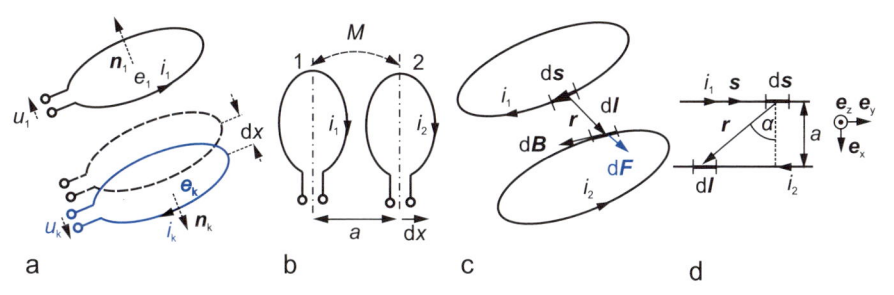

4.3 Umformung elektrischer in mechanische Energie

Abb. 4.3.21. Kräfte zwischen Strömen. (a) System von Leiterschleifen. (b) Zwei parallele Leiterschleifen. (c) Kraft zwischen zwei Elementen von Linienleitern. (d) Kraft zwischen parallelen Leiterelementen

Wir betrachten die Energie Gl. (4.3.46) stromdurchflossener Schleifen (Abb. 4.3.21a). Wird eine Schleife im Zeitraum $\mathrm{d}t$ virtuell um die Strecke $\mathrm{d}x$ in x-Richtung verschoben, so lautet die Energiebilanz des Schleifensystems

$$\sum_{k=1}^n u_k i_k \mathrm{d}t = \sum_{k=1}^n i_k \mathrm{d}\Psi_k = \mathrm{d}W_\mathrm{m} + F'_\mathrm{x} \mathrm{d}x.$$

Links steht die von den Quellen beim Verschieben aufzuwendende elektrische Energie. Jede ideale Spule erzeugt durch Bewegungsinduktion eine induzierte Spannung e_i gleich der anliegenden ($u_k \mathrm{d}t = \mathrm{d}\Psi_k$), damit ist die Flussrelation gegeben. Rechts tritt die Änderung der magnetischen Feldenergie auf sowie die beim Verschieben geleistete mechanische Arbeit. Da die Verschiebung außer in x-Richtung auch in andere Richtungen erfolgen kann, wird das Wegelement $\mathrm{d}\boldsymbol{s}$ angesetzt und es verbleibt für die mechanische Arbeit

$$\boldsymbol{F}' \cdot \mathrm{d}\boldsymbol{s} = \mathrm{d}W_\mathrm{el} - \mathrm{d}W_\mathrm{m} = \sum_{k=1}^n i_k \mathrm{d}\Psi_k - \mathrm{d}W_\mathrm{m}. \tag{4.3.58a}$$

Die Kraftberechnung unterscheidet (wie bisher) zwei Sonderfälle:

— bei *konstanter Flussverkettung* ($\Psi_k = \mathrm{const}, \mathrm{d}\Psi_k = 0$), d.h.

$$\boldsymbol{F}' \cdot \mathrm{d}\boldsymbol{s} = -\mathrm{d}W_\mathrm{m}, \ \rightarrow \ \boldsymbol{F}' = -\mathrm{grad}\, W_\mathrm{m}|_{\Psi_k} \tag{4.3.58b}$$

wird die Kraftwirkung aus der Magnetfeldenergie unterhalten und die vom Feld geleistete mechanische Arbeit ist gleich seiner Energieabnahme.
— Bleiben dagegen die Ströme in den Leiterschleifen konstant ($i_k = \mathrm{const}$), so müssen sich die Verkettungsflüsse ändern, die Spannungsquellen also Arbeit leisten. Dann beträgt die magnetische Energieänderung

$$\mathrm{d}W_\mathrm{m} = \mathrm{d}\left(\frac{1}{2}\sum_{k=1}^n i_k \Psi_k\right)\bigg|_{i_k} = \frac{1}{2}\sum_{k=1}^n i_k \mathrm{d}\Psi_k$$

und die Energiebilanz lautet

$$\boldsymbol{F}' \cdot \mathrm{d}\boldsymbol{s} = \sum_{k=1}^{n} i_k \mathrm{d}\Psi_k - \frac{1}{2} \sum_{k=1}^{n} i_k \mathrm{d}\Psi_k = \frac{1}{2} \sum_{k=1}^{n} i_k \mathrm{d}\Psi_k = +\mathrm{d}W_\mathrm{m}|_{i_k} \quad (4.3.59\mathrm{a})$$

oder

$$\boldsymbol{F}' \cdot \mathrm{d}\boldsymbol{s} = +\mathrm{d}W_\mathrm{m}, \quad \to \boldsymbol{F}' = +\mathrm{grad} W_\mathrm{m}|_{i_k}. \quad (4.3.59\mathrm{b})$$

Auch hier teilt sich die von den Spannungsquellen geleistete Arbeit je zur Hälfte auf mechanische Arbeit und Energie des Magnetfeldes oder: die vom Feld geleistete mechanische Arbeit ist gleich dem Zuwachs an magnetischer Feldenergie. Das entspricht dem Ergebnis Gl. (4.3.52) der Einzelanordnung verallgemeinert für ein Leitersystem.
Beispielsweise speichern zwei Leiterschleifen mit Induktivitäten L_1, L_2 und Gegeninduktivität M die magnetische Energie (Gl. (4.1.40))

$$W_\mathrm{m} = \frac{1}{2}\left(i_1^2 L_1 + 2 i_1 i_2 M + i_2^2 L_2\right).$$

Werden beide Leiterschleifen um das Wegstück $\mathrm{d}x$ gegeneinander verschoben (Abb. 4.3.21b), so hängt die entstehende Kraft (bei konstanten Strömen)

$$\boldsymbol{F}' = \frac{\mathrm{d}W_\mathrm{m}}{\mathrm{d}x}\boldsymbol{e}_\mathrm{x} = i_1 i_2 \frac{\mathrm{d}M}{\mathrm{d}x}\boldsymbol{e}_\mathrm{x} \quad (4.3.59\mathrm{c})$$

nur von der räumlichen Änderung der Gegeninduktivität ab, da die Eigeninduktivitäten der Schleifen abstandsunabhängig sind.

Die Kraft auf die Schleifen versucht die Gegeninduktivität bei gleichen Stromrichtungen stets zu vergrößern.

Beispiel 4.3.3 Kraft und Gegeninduktivität In Gl. (4.3.45) und Abb. 4.3.17g wurde die Kraft zwischen stromdurchflossenem Leiter und einem Leiterrahmen ermittelt. Wir kontrollieren das Ergebnis über die Kraftwirkung beim Verändern der Gegeninduktivität. Leiter 1 erzeugt in der Leiterschleife 2 einen Koppelfluss

$$\Psi_{21} = M i_1 = \int_A \boldsymbol{B} \cdot \mathrm{d}\boldsymbol{A} = \frac{\mu_0 i_1 b}{2\pi} \int_{\varrho_0}^{\varrho_0+a} \frac{\mathrm{d}\varrho}{\varrho} = \frac{\mu_0 i_1 b}{2\pi} \ln \frac{\varrho_0+a}{\varrho_0}, \quad M = \frac{\mu_0 b}{2\pi} \ln \frac{\varrho_0+a}{\varrho_0}.$$

Dazu gehört nach Gl. (4.3.59) die Kraft F

$$F' = i_1 i_2 \frac{\mathrm{d}M}{\mathrm{d}\varrho} = -\frac{i_1 i_2 \mu_0}{2\pi}\left(\frac{1}{\varrho_0} - \frac{1}{\varrho_0+a}\right).$$

Beispiel 4.3.4 Kraft zwischen Linienleitern Die Kraftberechnung zwischen zwei Leiterschleifen kann auch über das Biot-Savartsche Gesetz (Gl. (3.1.18)) erfolgen. Abb. 4.3.21c zeigt die Anordnung. Das Stromelement $i_1 \mathrm{d}s$ der ersten Schleife erzeugt an der Stelle $\mathrm{d}l$ der zweiten Schleife die Flussdichte

$$\mathrm{d}\boldsymbol{B} = \frac{i_1 \mu_0}{4\pi} \frac{\mathrm{d}\boldsymbol{s} \times \boldsymbol{r}}{r^3}.$$

Dann entsteht dort am Stromelement $i_2 \mathrm{d}l$ die Lorentz-Teilkraft

$$\mathrm{d}^2 \boldsymbol{F} = i_2 (\mathrm{d}\boldsymbol{l} \times \mathrm{d}\boldsymbol{B}) = \frac{\mu_0 i_1 i_2}{4\pi} \frac{\mathrm{d}\boldsymbol{l} \times (\mathrm{d}\boldsymbol{s} \times \boldsymbol{r})}{r^3}.$$

Insgesamt verursacht der Stromkreis i_1 am Element $\mathrm{d}l$ des zweiten Kreises den Kraftanteil $\mathrm{d}\boldsymbol{F}$

$$\mathrm{d}\boldsymbol{F} = \frac{\mu_0 i_1 i_2}{4\pi} \int_s \frac{\mathrm{d}\boldsymbol{l} \times (\mathrm{d}\boldsymbol{s} \times \boldsymbol{r})}{r^3} \quad \rightarrow \quad \boldsymbol{F} = \frac{\mu_0 i_1 i_2}{4\pi} \int_s \int_l \frac{\mathrm{d}\boldsymbol{l} \times (\mathrm{d}\boldsymbol{s} \times \boldsymbol{r})}{r^3}$$

und auf die gesamte Schleife die Kraft $\boldsymbol{F}$. Die Auswertung ist umständlich, wie die folgende Berechnung für zwei parallele Leiter mit unterschiedlichen Stromrichtungen zeigt. Mit einem Rechtskoordinatensystem und einem Abstandsvektor $\boldsymbol{r}$ zwischen beiden Wegelementen (Abb. 4.3.21d) ausgedrückt durch Winkel α und Leiterabstand a wird mit $\mathrm{d}\boldsymbol{s} \times \boldsymbol{r} = -\boldsymbol{e}_z \mathrm{d}s \cdot r \sin(\pi/2 + \alpha) = -\boldsymbol{e}_z \mathrm{d}s \cdot a$, $\mathrm{d}\boldsymbol{l} = -\mathrm{d}l \boldsymbol{e}_y$ zunächst

$$\mathrm{d}^2 \boldsymbol{F} = \boldsymbol{e}_x \frac{\mu_0 i_1 i_2}{4\pi} \frac{\mathrm{d}l \cdot \mathrm{d}s \cos^3 \alpha}{a^2} \quad \rightarrow$$

$$\mathrm{d}\boldsymbol{F} = \boldsymbol{e}_x \frac{\mu_0 i_1 i_2}{4\pi a^2} \int_{-\infty}^{\infty} \mathrm{d}l \cdot \mathrm{d}s \cos^3 \alpha = \boldsymbol{e}_x \frac{\mu_0 i_1 i_2 \mathrm{d}l}{4\pi a} \int_{-\pi/2}^{\pi/2} \cos \alpha \mathrm{d}\alpha.$$

Dabei wurden substituiert $s = r \sin \alpha = a \tan \alpha$, $\mathrm{d}s = a \mathrm{d}\alpha / (\cos 2\alpha)$. Die Integration ergibt als Kraft pro Länge

$$\boldsymbol{F}' = \frac{\mathrm{d}\boldsymbol{F}}{\mathrm{d}l} = \boldsymbol{e}_x \frac{\mu_0 i_1 i_2}{2\pi a}.$$

Die Kraftberechnung über die elektrodynamische Kraft auf parallele Linienleiter ist erheblich einfacher, allerdings erlaubt das vorliegende Ergebnis den Einbezug endlicher Leiterlänge.

2. Mechanische Spannungen an Grenzflächen

Oft konzentrieren sich Kräfte in ausgedehnten magnetischen Leitern auf solche an *Grenzflächen*. Sie werden, analog zu elektrostatischen Kräften, ermittelt entweder nach Gl. (4.3.26) aus der räumlichen Veränderung der Permeabilität oder den unterschiedlichen Energiedichten w_m beiderseits der Grenzfläche (Abb. 4.3.22b):

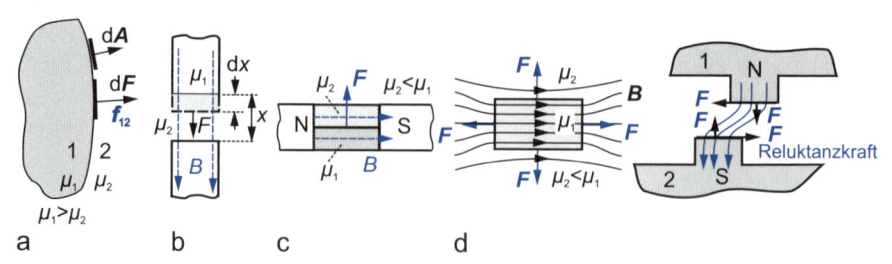

Abb. 4.3.22. Kraft an Grenzflächen. (a) Kraft (Mechanische Spannung, Kraft je Fläche) zwischen Medien unterschiedlicher Permeabilität; Kraftrichtung stets senkrecht zur Grenzfläche (für $\mu_1 > \mu_2$ von Gebiet 1 nach 2) orientiert. (b) Kraft an quergeschichteten magnetischen Medien (Trennfläche senkrecht zu Feldlinien). (c) dto. an längsgeschichteten Medien (Tendenz der Kraft zur Ausfüllung des gesamten Volumens mit einem Medium höherer Permeabilität). (d) Feldlinienverdichtung im magnetischen Material durch Kraftwirkung senkrecht zur Grenzfläche zum Medium mit kleinerem μ hin, Reluktanzkraft bei räumlich versetzten Eisenpolen

$$\boldsymbol{f}_A = \sigma_{12} = \frac{\Delta F}{\Delta A} = \left(\left.\frac{\boldsymbol{B}\cdot\boldsymbol{H}}{2}\right|_1 - \left.\frac{\boldsymbol{B}\cdot\boldsymbol{H}}{2}\right|_2 \right) \boldsymbol{n}_{12}$$
$$f_A = \frac{(\mu_1 - \mu_2)}{2} H_1 \cdot H_2 = \frac{1}{2}\left(\frac{1}{\mu_2} - \frac{1}{\mu_1}\right)(\boldsymbol{B}_1 \cdot \boldsymbol{B}_2).$$
(4.3.60a)

Der Index bedeutet Kraftrichtung vom Medium 1 nach 2.

Die Gesamtkraft ist das Integral über die Grenzfläche (s. Gl. (4.3.12)). Die Kraftdichte lässt sich mit den Stetigkeitsbedingungen Abb. 3.1.18 für die Normal- und Tangentialkomponenten von Flussdichte und magnetischer Feldstärke ($B_{n1} = B_{n2} = B_n$, $H_{t1} = H_{t2} = H_t$) weiter vereinfachen

$$\begin{aligned}f_{12} &= \frac{1}{2}\left(H_t(B_{t1} - B_{t2}) + B_n(H_{n2} - H_{n1})\right) \\ &= \frac{1}{2}(\mu_1 - \mu_2)\left(H_{n1}H_{n2} + H_t^2\right).\end{aligned}$$
(4.3.60b)

Die mechanische Spannung an der Grenzfläche verschiedener Permeabilitäten ist unabhängig vom Feldverlauf stets senkrecht zum Gebiet mit kleinerer Permeabilität gerichtet.

Das wurde in Abb. 4.3.22a angedeutet. Zwei Sonderfälle haben praktische Bedeutung

a) *Grenzfläche senkrecht zur Feldrichtung.* Hier (Abb. 4.3.22b) verschwinden die Tangentialkomponenten H_t und die Normalkomponenten der Flussdichte stimmen überein. Dadurch vereinfacht sich Gl. (4.3.60a) zu

$$f_{12} = \frac{\Delta F}{\Delta A} = \frac{1}{2}(\mu_1 - \mu_2)H_{n1}H_{n2} = \frac{B_n^2}{2}\left(\frac{1}{\mu_2} - \frac{1}{\mu_1}\right).$$
(4.3.60c)

> Die mechanische Spannung an der Grenzfläche quergeschichteter Medien ist eine Normalspannung und gleich der Differenz der Energiedichten beider Medien. Sie zeigt stets ins Gebiet mit kleinerem μ, also in den Luftraum.

Das ist der typische Fall für den Eisen-Luft-Übergang im magnetischen Kreis (Abb. 4.3.22b). Sein „Luftvolumen" wird auf Druck, der Eisenkreis auf Zug beansprucht.

b) *Grenzfläche parallel zur Feldrichtung.* Jetzt verschwinden die Normalkomponenten $H_{n1} = H_{n2} = 0$ (Bild 4.3.18c) und die Tangentialkomponenten H_t stimmen überein:

$$f_{12} = \frac{1}{2}(\mu_1 - \mu_2)H_t^2 = \frac{1}{2}(B_{t1} - B_{t2})H_t. \tag{4.3.60d}$$

> An der Grenzfläche zweier längsgeschichteter Medien entsteht eine Normalspannung. Sie weist in den Raum mit kleinerem μ, also von Eisen nach Luft.

Für Eisen-Luft gilt damit ($\mu_1 = \mu_r\mu_0$, $\mu_2 = \mu_0$, $B_n = B_L = B_{Fe}$)

$$f_{12} = \frac{(\mu_r - 1)}{2\mu_r\mu_0}\left(B_n^2 + \frac{B_{t1}^2}{\mu_r}\right) \approx \frac{B_n^2}{2\mu_0}. \tag{4.3.61}$$

Das Ergebnis bestätigt die Kraft, mit der die ferromagnetische Fläche zur nichtferromagnetischen gezogen wird

$$F = \frac{\boldsymbol{B} \cdot \boldsymbol{H}}{2}A = \frac{B_L H_L}{2}A = \frac{\Phi_L^2}{2\mu_0 A} = \frac{B_L^2}{2\mu_0}A. \quad \text{Kraft im magnetischen Feld} \tag{4.3.62}$$

Die Kraft hängt gleichberechtigt von Feldstärke H und Flussdichte B im Medium mit der kleineren Permeabilität ab. Sie wirkt wegen $F \sim B^2$ unabhängig von der Flussrichtung stets anziehend!

Deshalb werden Eisenkörper im stationären Magnetfeld *nie abgestoßen*. Diese als „Maxwellsche Zugkraft" bekannte Beziehung erlaubt die Kraftberechnung bei homogenem Magnetfeld über die Fläche A mit der *zugeschnittenen Größengleichung*

$$\frac{F}{N} \approx \left(\frac{B}{T}\right)^2 \frac{A}{cm^2}. \tag{4.3.63}$$

Eine Flussdichte $B = 1\,\text{T}$ erzeugt auf einer Fläche $A = 1\,\text{cm}^2$ die beträchtliche Kraft $F = 40\,\text{N}$, ein Hubmagnet der Querschnittsfläche $A = 1000\,\text{cm}^2$ (mit Durchmesser $D \approx 35\,\text{cm}$) die Hubkraft von $40\,\text{kN}$ entsprechend einer Last von $40\,\text{kN}/9{,}81\,(\text{m}/\text{s}^2) = 4{,}05$ Tonnen! Der Fluss wird entweder mit einem Dauer- oder Elektromagnet realisiert. Ist der magnetische Widerstand des zugehörigen magnetischen Kreises nur vom Luftspalt (Länge l_L) bestimmt, so erfordert eine Induktion $B = 1\,\mathrm{T}$ die Erregung $\Theta = l_\mathrm{L} B/\mu_0 \approx 800\,\mathrm{A}$ bei $l_\mathrm{L} = 1\,\mathrm{mm}$.

Auch im Magnetfeld gilt die schon beim elektrostatischen Feld erwähnte Feldlinieneigenschaft zum Längszug und Querdruck. Deshalb wirkt die Kraft immer senkrecht zur Trennfläche zum Medium kleinerer Permeabilität hin unabhängig vom Feldlinienverlauf (s. Abb. 4.3.22d)

Diese Verkürzungstendenz resultiert als *Reluktanzkraft* zwischen räumlich versetzten magnetischen Gebieten.

Beispiel 4.3.5 Tauchanker In einer stromdurchflossenen langen, dünnen Spule ($l \gg d$) wird ein federnd aufgehängter Eisenkern eingezogen, gesucht ist die Kraft auf seine untere Fläche (Abb. 4.3.19a).

Ohne Eisenkern herrscht in der Spule die magnetische Feldstärke $H = \Theta/l$, weil es außerhalb der Spule keinen Beitrag zur Umlaufspannung gibt. Wäre der Kern ganz eingezogen, so würde innerhalb der Spule fast keine magnetische Spannung abfallen, dagegen voll im Außenraum ($H_\mathrm{i} \approx 0$). Dann ist die Feldberechung schwierig. Nimmt dagegen der Tauchanker nur den überwiegenden Teil des Innenraumes ein, so könnte für die Feldstärke im verbleibenden Luftbereich etwa gelten $H = \Theta/x$. Dann beträgt die Flussdichte an der Stirnseite des Tauchankers $B = \mu_0 \Theta/x$ und es entsteht nach Gl. (4.3.38) die Zugspannung

$$\sigma = \frac{F}{A} = \frac{\mu_0 \Theta^2}{2x^2} = \frac{\mu_0 (i \cdot w)^2}{2x^2}.$$

Für $x \to 0$ wächst sie nicht über alle Grenzen, weil sich dann das Feld zunehmend auf den Außenbereich verlagert und die Feldstärke im Spuleninnern gegen Null geht. Die Zahlenwerte $i = 1\,\mathrm{A}$, $w = 100$, $l = 20\,\mathrm{cm}$, $d = 0{,}5l = 10\,\mathrm{cm}$ ergeben $\sigma = 0{,}625\,\mathrm{N/m^2}$.

Beispiel 4.3.6 Zugkraft eines Elektromagneten Bei einem Elektromagneten (erregt durch eine Spule i, w, Abb. 4.3.19a) mit Luftspalt x wird die Kraft auf den Anker über die Induktivitätsänderung bestimmt. Ausgang ist Gl. (4.3.52) und die Induktivität $L = w^2/R_\mathrm{m}(x)$

$$R_\mathrm{m}(x) = R_\mathrm{mFe} + R_\mathrm{mL} = \frac{l_\mathrm{Fe}}{\mu_0 \mu_\mathrm{r} A} + \frac{2x}{\mu_0 A} = \frac{1}{\mu_0 A}\left(\frac{l_\mathrm{Fe}}{\mu_\mathrm{r}} + 2x\right).$$

Mit der Ableitung

$$\frac{\mathrm{d}L}{\mathrm{d}x} = \frac{\mathrm{d}}{\mathrm{d}x}\left(\frac{w^2}{R_\mathrm{m}(x)}\right) = -2w^2 \mu_0 A \cdot \left(\frac{l_\mathrm{Fe}}{\mu_\mathrm{r}} + 2x\right)^{-2}$$

folgt als Kraft pro Fläche

$$\sigma = \frac{F}{A} = \frac{i^2}{2}\frac{\mathrm{d}L}{\mathrm{d}x} = -(iw)^2 \mu_0 \left(\frac{l_\mathrm{Fe}}{\mu_\mathrm{r}} + 2x\right)^{-2} \approx \left.\frac{-(iw)^2 \mu_0}{(2x)^2}\right|_{x \gg l_\mathrm{Fe}/\mu_\mathrm{r}}.$$

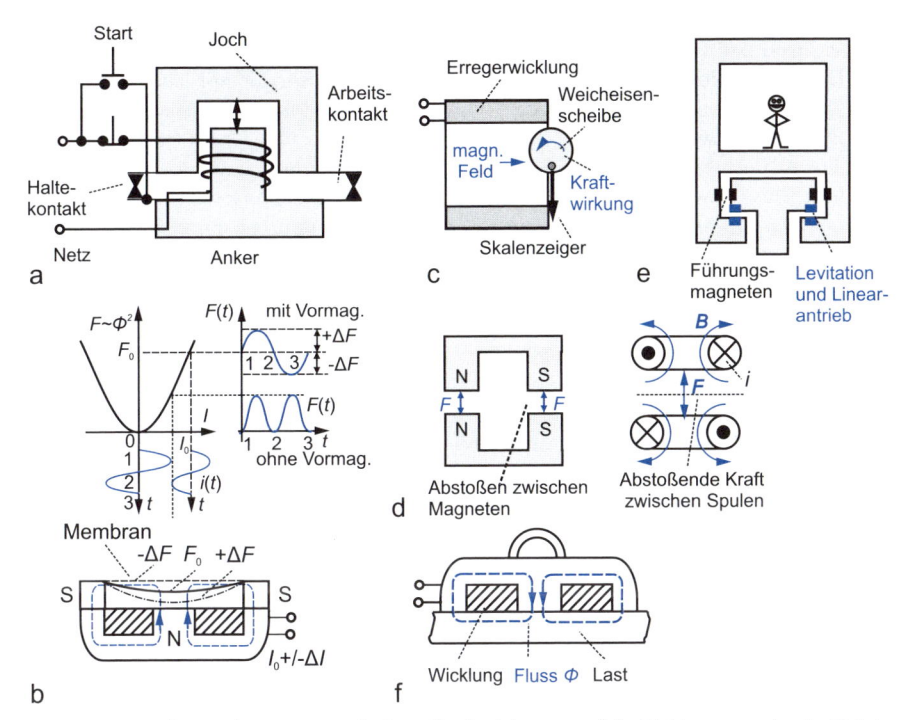

4.3 Umformung elektrischer in mechanische Energie

Abb. 4.3.23. Anwendung magnetischer Kraftwirkungen. (a) Elektromagnet als Relais mit betätigten Kontakten. (b) Gepolte Kraftwirkung durch Vormagnetisierung. Kraftverlauf und Prinzip des magnetischen Schallwandlers (Kopfhörer). (c) Dreheiseninstrument. (d) Abstoßende Kraftwirkung (Dauermagnet, stromdurchflossene Leiterschleife). (e) Prinzip der Magnetschwebebahn. (f) Hubmagnet

Die Kraft sinkt mit wachsendem Luftspalt, für magnetisch gut leitendes Eisen ($x \gg l_{Fe}/\mu_r$) geht daraus die Flächenspannung hervor. Umgekehrt bestimmt verschwindender Luftspalt einen Grenzwert, der nur vom Eisen abhängt.

Anwendungen Die Kraftwirkung des Magnetfeldes wird vielfältig genutzt, Anwendungen des elektrodynamischen Kraftgesetzes waren bereits genannt worden (s. Kap. 4.3.2.2). Hier ergänzen wir Beispiele zur Grenzflächenkraft:

1. In *Elektromagneten* und *Relais* betätigt ein Anker gleichzeitig Kontakte (Abb. 4.3.23a) wegen $F \sim i^2$ unabhängig von der Stromrichtung. Beim *polarisierten Relais* hingegen erfolgt die Ankerbewegung abhängig von der Stromrichtung. Dazu wird der Eisenkreis durch einen Dauermagnet vormagnetisiert: zum Fluss durch den Spulenstrom (Steuerfluss Φ_{St}) tritt noch der Fluss des Dauermagneten (Dauerfluss Φ_v). Je nach Stromrichtung addieren oder subtrahieren sich beide Flussanteile. Bei geeigneter Kreisauslegung schlägt der Anker nach der einen oder anderen Richtung aus.
Eine besondere Relaisschaltung ist der „Selbstunterbrecher": der Relaisstrom wird über einen Schaltkontakt geführt, der im abgeschalteten Zustand geschlos-

sen und beim Einschalten des Stromes durch die Ankerbewegung unterbricht. Dann fällt der Anker nach dem ersten Anziehen wieder zurück und es entsteht eine Pendelbewegung (sog. *Wagnerscher Hammer*, oft für konventionelle Klingeln verwendet).

2. *Vormagnetisierungsprinzip.* Der quadratische Zusammenhang zwischen Kraft und Fluss bzw. Strom stört, wenn linearer Zusammenhang erforderlich ist wie bei *Schallwandlern* (dynamisches Mikrophon, Lautsprecher). Bei sinusförmigem Strom durch die Schwingspule würde ein Ton der doppelten Frequenz entstehen (Abb. 4.3.23b): $F \sim \Phi^2(t) \sim (\sin \omega t)^2 \sim (1 - \cos 2\omega t)$. Eine Vormagnetisierung mit dem Fluss Φ_0 reduziert die Störung für $\Phi_0 \gg \hat{\Phi}$: $F \sim \left(\Phi_0 + \hat{\Phi} \sin \omega t\right)^2 \approx \Phi_0^2 + 2\Phi_0 \hat{\Phi} \sin \omega t$. Diese Arbeitspunkteinstellung durch eine „Gleichgröße" mit Überlagerung einer linearen Signalgröße entspricht einer „Kleinsignalaussteuerung".

3. *Dreheisenmesswerk.* Eine stromdurchflossene Spule enthält zwei Eisenplättchen: ein feststehendes und ein bewegliches mit Zeiger und Spiralfeder. Bei Stromfluss werden beide Plättchen gleichsinnig magnetisiert und voneinander abgestoßen. Die Kraftwirkung ist proportional i^2 und der Zeigerausschlag unabhängig von der Stromrichtung: Messung von Wechselstrom.

4. Die abstoßende Wirkung gegeneinander arbeitender Magnete im Dreheisenmesswerk gilt auch für Dauermagnete mit gegenüberstehenden gleichen Polen sowie stromdurchflossene Spulen bei gegensinnigen Stromrichtungen (Abb. 4.3.23d).

5. Abstoßende magnetische Kräfte nutzt man auch in der *Magnetschwebebahn* (Abb. 4.3.23e) sowohl für Hubmagneten als auch zur seitlichen Führung. Die Hubmagneten erzeugen gleichzeitig ein fortschreitendes Wanderfeld (Prinzip Linearmotor) zur reibungslosen Vorwärtsbewegung des Fahrzeuges.

6. Der *Hubmagnet* (Abb. 4.3.23f) ist ein halboffener magnetischer Kreis geschlossen durch die ferromagnetische Last (Eisenteile, Späne). Dieses Prinzip nutzen auch magnetische Spannplatten und Kupplungen.

4.3.2.4 Kraft auf magnetische Dipole

Es gibt keine magnetische (Einzel-)Ladungen, wohl aber existieren magnetische Dipole: jeder Magnet (Stabmagnet, auch die stromdurchflossene Spule) bildet einen *Dipol mit Nord- und Südpol* sowie einem Polabstand etwas kleiner als die Stablänge (s. Abb. 3.1.1, 3.1.2a). Sein Merkmal ist die *magnetische Polstärke* als derjenige Fluss Φ, der in die Pole ein- bzw. austritt. Herrscht vor dem Einbringen des Dipols am Ort die magnetische Feldstärke **H** (bzw. Flussdichte **B**), so übt das Magnetfeld die Kraft

$$\boldsymbol{F} = \Phi \boldsymbol{H} \tag{4.3.64}$$

aus. Die Kräfte auf beide Polbereiche des Dipols sind gegeneinander gerichtet (Abb. 4.3.24a).

Gleichnamige Pole stoßen einander ab, ungleichnamige ziehen an.

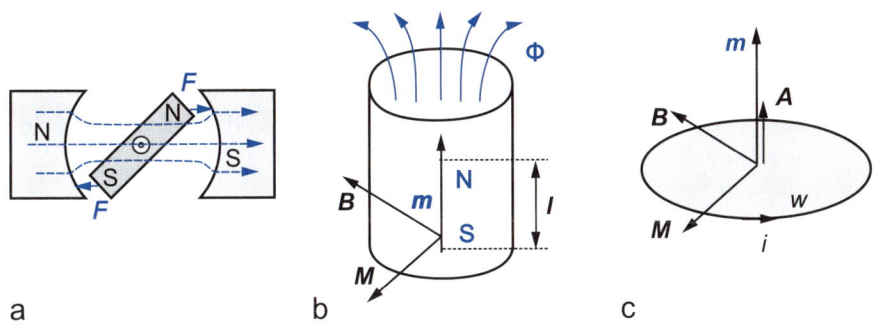

4.3 Umformung elektrischer in mechanische Energie

Abb. 4.3.24. Magnetischer Dipol. (a) Kraftwirkung auf einen magnetischen Dipol der Polarität $\pm\Phi$ im Magnetfeld B. (b) Definition des Dipolmoments am Dauermagnet. (c) Dipolmoment einer stromdurchflossenen Spule

Deshalb entsteht ein *Drehmoment* M,

$$M = m_\mathrm{m} \times H, \tag{4.3.65}$$

das auf ein *magnetisches Moment* m_m zurückgeführt werden kann. Es beträgt für den Stabmagnet der Länge l und Polstärke Φ (Abb. 4.3.24b)

$$\boxed{m_\mathrm{m} = l\Phi. \qquad \text{Magnetisches Moment} \quad (4.3.66)}$$

Das magnetische Moment ist ein vom Süd- zum Nordpol gerichteter Vektor.

Sein Betrag folgt aus dem einwirkenden Drehmoment und der magnetischen Feldstärke bzw. dem Polabstand und herrschenden magnetischen Fluss.

Eine stromdurchflossene lange Zylinderspule verhält sich (bezogen auf die Wirkung nach außen) ebenso wie ein Stabmagnet gleicher Polstärke und Länge. Deshalb besitzt jede Stromschleife ein magnetisches Moment. Nach Gl. (4.3.41) erfährt sie (Flächenvektor A) das Drehmoment $M = iwA \times B$ und hat damit das magnetische Moment (Abb. 4.3.24c)

$$\boxed{m_\mathrm{m} = \mu_0 iw A. \qquad \text{Magnetisches Moment, Stromschleife} \quad (4.3.67)}$$

Das magnetische Moment einer stromdurchflossenen Schleife ist ein Vektor parallel zu ihrem Flächenvektor. Flächennormale und Stromumlaufsinn bilden ein Rechtssystem.

Das magnetische Moment findet Anwendung hauptsächlich zur Feldberechnung sowie zur Erklärung magnetischer Materieeigenschaften. Beispielsweise wird das gesamte Magnetfeld einer Kreisschleife (Abb. 3.1.13a, nicht dargestellte magnetische Potenziallinien bilden Kreise senkrecht auf den H-Linien) durch elliptische Integrale dargestellt. Für Punkte mit großem Abstand r gegen den Schleifendurchmesser $2d$ kann es aber über das magnetische Moment relativ einfach berechnet werden.

Zusammenfassung: Kapitel 4

1. Das Strömungsfeld beschreibt die gleichförmige Ladungsbewegung in leitenden Medien und ihre Wirkungen. Feldgrößen sind Stromdichte, Feldstärke und die $\boldsymbol{J},\boldsymbol{E}$-Beziehungen bzw. die Globalgrößen Strom, Spannung und Widerstand eines abgegrenzten Feldvolumens. Das Strömungsfeld setzt elektrische Energie nach Maßgabe der Leistungsdichte $p = \boldsymbol{J} \cdot \boldsymbol{E}$ mit $P = \int \boldsymbol{J} \cdot \boldsymbol{E} \mathrm{d}V$ in Wärme um und verrichtet beständig die Arbeit (Energie) $W = \int_t P(t)\mathrm{d}t$ durch Überwindung der Reibungskräfte bei der Ladungsträgerbewegung.

2. Das elektrostatische Feld (Feld ruhender Ladungen) speichert als wichtigstes Merkmal dielektrische Energie, ausgedrückt durch die Energiedichte w_d (Energieinhalt im Raumpunkt)

$$W = \int_0^t u(t)\underbrace{i(t)\mathrm{d}t}_{\mathrm{d}Q} = \int_0^Q u(t)\underbrace{\mathrm{d}Q}_{C\mathrm{d}u} = \frac{Cu^2}{2} = \int_V w_\mathrm{d}\mathrm{d}V, \quad w_\mathrm{d} = \frac{\boldsymbol{D}\cdot\boldsymbol{E}}{2}.$$

Dazu tragen Feldstärke und Verschiebungsflussdichte gleichberechtigt bei bzw. die Zustandsgrößen Spannung, Verschiebungsfluss/ Ladung und Kapazität mit dem Netzwerkelement Kondensator für ein begrenztes Feldvolumen (mit unterschiedlichen dielektrischen Eigenschaften gegenüber der Umgebung).

3. Sitz der dielektrischen Energie ist der vom Feld erfüllte Raum. Er nimmt elektrische Energie auf, speichert sie im Dielektrikum und gibt sie beim Entladen als elektrische Energie wieder ab.

4. Liegt am Kondensator eine Spannungsquelle u_Q (Ladung Q), so liefert sie beim Aufladen stets *zwei verschiedene* Teilmengen, die gespeicherte Kondensatorenergie W_d und die Ko-Energie W_d^*

$$u_\mathrm{Q}Q_0 = W_\mathrm{d} + W_\mathrm{d}^* = \int_0^{Q_0} u(Q)\mathrm{d}Q + \int_0^{u_\mathrm{Q}} Q(u)\mathrm{d}u.$$

Beide ergänzen sich unabhängig von der Form der Ladungskennlinie zur verfügbaren Gesamtenergie $u_\mathrm{Q}Q$ der anliegenden Quelle. Sie stimmen (nur!) bei linearer Kennlinie $Q \sim u$ überein.

5. Ein nichtlinearer Kondensator mit der Kennlinie $u(Q)$ speichert die Energie W_d, ein linearer $W_\mathrm{d} = Cu^2/2$.

6. Die Ko-Energie W_d^* ist die Differenz zwischen der verfügbaren (Gesamtenergie $u_\mathrm{Q}Q$ des Generators und der Kondensatorspeicherenergie W_d. Sie erlaubt die einfache Berechnung der Kondensatorenergie

$$W_\mathrm{d} = Q_0 u_\mathrm{Q} - W_\mathrm{d}^* = Q_0 \int_0^{u_\mathrm{Q}} \mathrm{d}u - \int_0^{u_\mathrm{Q}} Q(u)\mathrm{d}u = \int_0^{u_\mathrm{Q}} (Q_0 - Q(u))\mathrm{d}u$$

bei (meist) gegebener Ladungskennlinie $Q(u)$.

7. Das elektrostatische Feld übt *Kraftwirkung* auf Ladungen aus (Coulomb-Kraft, Feldstärkedefinition). Weil jede im Raum befindliche Ladung zum Feld beiträgt, erzeugt es umgekehrt Kräfte auf alle felderregenden Ladungen (Einzelladungen, Flächen- und Raumladungsdichten). Dadurch entstehen Kräfte auf geladene Leiter (Kondensatorplatten) und Grenzflächen zweier Dielektrika (Maxwell-Kraft, dort sitzen Flächenladungen). Das elektrische Feld erlaubt Energieaustausch zwischen Ladungsträgern und dem Feld, das Magnetfeld nicht!

8. Unabhängig von der Feldrichtung wirkt die Kraft immer vom Medium mit höherem ε_1 (Zugbeanspruchung) zu dem mit kleinerem ε_2 (Druckbeanspruchung). Der Normalenvektor weist vom höherpermittiven Medium weg. So haben Feldlinien unabhängig von der Feldrichtung eine Tendenz zum Längszug und Querdruck (jeweils mit gleicher Kraftdichte $ED/2$ entsprechend der Energiedichte w_d). Das erlaubt rasche Erklärungen der Kraftwirkung auf Leiter und sprunghafte Materialinhomogenitäten; sie gilt auch im magnetischen Feld.

9. Die Kräfte werden berechnet
   - über die Ladungs-Feldbeziehung (Modell der Kraft auf Punktladung, Coulombsches Gesetz),
   - für Grenzflächen durch virtuelle Verschiebung (lokale Änderung dielektrischer Energie, Grundlage der Energiebilanz zwischen elektrischer, mechanischer und Feldenergie)

$$\boldsymbol{F}'|_Q = -\left.\frac{dW_\mathrm{d}}{dx}\right|_Q \cdot \boldsymbol{e}_\mathrm{x} = -\left.\frac{\partial W_\mathrm{d}}{\partial C}\frac{dC}{dx}\right|_Q \cdot \boldsymbol{e}_\mathrm{x} = \frac{Q^2}{2C^2}\frac{dC}{dx} \cdot \boldsymbol{e}_\mathrm{x}$$

$$= \frac{u^2}{2}\frac{dC}{dx} \cdot \boldsymbol{e}_\mathrm{x} = \left.\frac{\partial W_\mathrm{d}}{\partial C}\frac{dC}{dx}\right|_u = \left.\frac{dW_\mathrm{d}}{dx}\right|_u \cdot \boldsymbol{e}_\mathrm{x} = \boldsymbol{F}'|_u \,.$$

Die Kraft in Richtung der Koordinate x folgt
   - als Ableitung der Energie nach der Koordinate bei konstanter Ladung oder Spannung, oder allgemeiner,
   - aus der Kapazitätsänderung nach dieser Koordinate.

10. Die Kraft ist der Kapazitätsänderung proportional und immer so gerichtet, dass sie die Kapazität (durch Abstandsabnahme) zu vergrößern sucht. Sie wirkt stets senkrecht zur Plattenfläche und, unabhängig von der Feldrichtung, immer anziehend, also unidirektional.

11. Das Magnetfeld von Dauermagneten, stromdurchflossenen Spulen oder Leitern (also bewegten Ladungen) ist Sitz der magnetischen Energie. Sie beschreibt als Zustandsgröße das in diesem Feld gespeicherte Arbeitsvermögen.

12. Das magnetische Feld (Feld beschleunigter Ladungen) speichert als wichtigstes Merkmal magnetische Energie ausgedrückt durch die Energiedichte w_m (Energieinhalt im Raumpunkt)

$$W_\mathrm{m} = \int_0^t i(t)\underbrace{u(t)\mathrm{d}t}_{\mathrm{d}\Psi} = \int_0^\Psi i(t)\underbrace{\mathrm{d}\Psi}_{L\mathrm{d}i} = \frac{Li^2}{2} \equiv \int_V w_\mathrm{m}\mathrm{d}V, \quad w_\mathrm{m} = \frac{\boldsymbol{B}\cdot\boldsymbol{H}}{2}.$$

Dazu tragen magnetische Feldstärke $\boldsymbol{H}$ und Flussdichte $\boldsymbol{B}$ gleichberechtigt bei. Dies gilt auch für Strom, Verkettungsfluss Ψ und Induktivität mit dem Netzwerkelement Spule für ein begrenztes Feldvolumen (unterschiedliche magnetische Eigenschaften gegenüber der Umgebung).

13. Sitz der magnetischen Energie ist der vom magnetischen Feld erfüllte Raum, konzentriert im Netzwerkelement Spule (Induktivität). Sie nimmt elektrische Energie auf, speichert sie als magnetische Energie und gibt sie beim Entladen wieder als elektrische Energie ab.

14. Liegt an der Spule eine Stromquelle i_Q, (Fluss Ψ), so liefert sie beim Aufbau des Magnetfeldes stets *zwei verschiedene* Teilmengen, die gespeicherte Spulenenergie W_m und die Ko-Energie W_m^*

$$i_\mathrm{Q}\Psi_0 = W_\mathrm{m} + W_\mathrm{m}^* = \int_0^{\Psi_0} i(\Psi)\mathrm{d}\Psi + \int_0^{i_\mathrm{Q}} \Psi(i)\mathrm{d}i.$$

15. Eine nichtlineare Spule mit der Kennlinie $i(\Psi)$ speichert die Energie W_m. Sie unterscheidet sich durch die nichtlineare Strom-Fluss-Beziehung von der linearen Spule ($\Psi = Li$) mit $W_\mathrm{m} = Li^2/2$.

16. Die Ko-Energie erlaubt die einfache Berechnung der Spulenenergie

$$W_\mathrm{m} = \Psi_0 i_\mathrm{Q} - W_m^* = \Psi_0 \int_0^{i_\mathrm{Q}} \mathrm{d}i - \int_0^{i_\mathrm{Q}} \Psi(i)\mathrm{d}i = \int_0^{i_\mathrm{Q}} (\Psi_0 - \Psi(i))\mathrm{d}i$$

bei (meist) gegebener Flusskennlinie $\Psi(i)$.

17. Im magnetischen Kreis vergrößert sich (bei gleichem Induktionsfluss) die gespeicherte Energie durch einen Luftspalt erheblich; er speichert die meiste Energie.

18. Beim magnetischen Feld dient die Kraftwirkung zwischen bewegten Ladungen zur Definition der Flussdichte $\boldsymbol{B}$. Umgekehrt wirken bei gegebener Flussdichte $\boldsymbol{B}$, also im Magnetfeld, Kräfte auf bewegte Ladungen (*Lorentz-Kraft* und elektrodynamische Kraft auf stromdurchflossene Leiter) sowie die Grenzflächenkraft auf die Systeme Luft-Ferromagnetikum bzw. zwischen zwei unterschiedlichen Ferromagnetika. Kraftwirkung erfahren auch magnetische Dipole.

19. Kraftwirkung im Magnetfeld entsteht
    — als Lorentz-Kraft auf bewegte Ladungen $\boldsymbol{F} = Q \cdot (\boldsymbol{v} \times \boldsymbol{B})$,

4.3 Umformung elektrischer in mechanische Energie

— auf den stromdurchflossenen Leiter $\boldsymbol{F} = I \cdot (\boldsymbol{l} \times \boldsymbol{B})$ und zwischen parallelen Strömen (gleiche Richtung anziehend, entgegengesetzt abstoßend),
— als Grenzflächenkraft mit der Kraft f pro Fläche

$$f = \frac{\mu H^2}{2} \quad \text{Ferromagnetikum-Luft}$$

bzw.

$$f = \frac{(\mu_1 - \mu_2)\boldsymbol{H}_1 \cdot \boldsymbol{H}_2}{2} \quad \text{Grenzfläche.}$$

20. Die Kraft auf Ladungen, stromführende Leiter, wird entweder direkt oder mit dem Prinzip der virtuellen Verrückung berechnet über die Änderung des magnetischen Systems $F' = -\left.\frac{\partial W_\mathrm{m}(\Psi,x)}{\partial x}\right|_\Psi = \left.\frac{\partial W_\mathrm{m}^*(i,x)}{\partial x}\right|_i = \frac{i^2}{2}\frac{\mathrm{d}L(x)}{\mathrm{d}x}$. Würde sich ein Körper durch Kraftwirkung ein Stück $\mathrm{d}x$ virtuell verschieben, so müsste dazu von der Kraft mechanische Arbeit geleistet werden: $\mathrm{d}W_\mathrm{mech} = F'\mathrm{d}x$. In beiden Fällen entsteht die gleiche Kraft, für lineare Induktivität $\Psi = L(x)i$ gilt das rechte Ergebnis.
    Die Berechnung über die virtuelle Verschiebung eignet sich besonders für Grenzflächen, an denen die Kraft angreift. Grundlage ist die Energiebilanz zwischen elektrischer, mechanischer und magnetischer Feldenergie.
21. Treten elektrische und magnetische Felder in einem System gleichzeitig auf (fließen also Ströme und sind dadurch beide Felder verkoppelt), so entsteht ein Energietransport (Leistungsübertragung von einer Quelle zum Verbraucher) gekennzeichnet durch den Leistungstransport, oder Poyntingvektor $\boldsymbol{J}_\mathrm{W} = \boldsymbol{E} \times \boldsymbol{H}$. Er ist Träger elektromagnetischer Energie, kennzeichnet Größe und Richtung des Energietransports im Feldpunkt und bestimmt so den Leistungsfluss in jedem elektromagnetischen System. Der zugehörige Poyntingsche Satz folgt aus Induktions- und Durchflutungsgesetz (Global- oder Differenzialform). Er beschreibt die Wandlung (als Leistungsbilanz) elektrischer Energie und der zugehörigen Feldenergien in andere nichtelektrische Formen feldgemäß.
22. Die durch eine Hüllfläche im elektromagnetischen Feld eintretende Energieströmung ist gleich der Zunahme der in der Hülle gespeicherten elektromagnetischen Energie und der Arbeit (Leistung), die das Feld an Teilchen verrichtet. Wird statt der an Teilchen geleisteten Arbeit P_W eine zugeordnete nichtelektrische Energiedichte w_nel (als allgemeine Energiewandlung) angesetzt, so lautet der Poyntingsche Satz in Kompaktform

$$-\frac{\partial}{\partial t}\int_V (w_\mathrm{d,m} + w_\mathrm{nel})\,\mathrm{d}V - \oint_A \boldsymbol{J}_\mathrm{W} \cdot \mathrm{d}\boldsymbol{A}.$$

Anschaulich ist die Gesamtleistung, die aus einer Hülle heraustritt, gleich der Abnahme elektromagnetischer Feldenergie und dem Energieverlust durch Arbeit an Teilchen (Wärmeverlust).

23. Betrachtet man das Hüllvolumen als Tor eines Zweipols, so unterhält nach dem Poyntingschen Satz die zugeführte momentane Leistung $p = ui$ den Energiezuwachs des elektromagnetischen Feldes im Hüllvolumen V, die Arbeit an Teilchen im Strömungsfeld ($\boldsymbol{E}, \boldsymbol{J}$) im Volumen V (umgesetzte Wärmeleistung) und Leistung nichtelektrischer Natur durch die Feldstärke $\boldsymbol{E}_\mathrm{i}$ als Ersatzgröße für nichtelektrische Kraftwirkungen auf Ladungsträger. (Beispiel elektrochemische, mechanische Ursachen, Batterie, Bewegungsinduktion).

24. Eine einfache Form des Poyntingschen Satzes ist die Leistungsbilanz eines offenen Systems. Danach muss zugeführte Leistung einer Form die Energie (derselben Form!) in einem Hüllvolumen erhöhen und andererseits einen Leistungsabfluss aus der Hülle unterhalten, auch in einer anderen Energieform: das schließt Energiewandlung prinzipiell ein. Dann lautet die Leistungsbilanz bei Energiewandlung zwischen zwei Energieformen

$$p|_{1\,\mathrm{zu}} = \left.\frac{\mathrm{d}W}{\mathrm{d}t}\right|_{\mathrm{Form}\,1} \underset{\mathrm{Energieumwandlung}}{\rightleftarrows} + \, p|_{\mathrm{Form}\,2\,\mathrm{ab}} + \left.\frac{\mathrm{d}W}{\mathrm{d}t}\right|_{\mathrm{Form}\,2}.$$

Hier ist Energiespeicherung auch für die gewandelte Form berücksichtigt.

25. Können die im elektromagnetischen Feld auftretenden Kräfte den Feldraum ändern (z. B. bewegliche Kondensatorplatten, veränderbarer magnetischer Kreis durch Luftspalt u. a.), so werden die zugehörigen energiespeichernden Netzwerkelemente zeitabhängig: $C(t)$, $L(t)$. Sie sind durch ihre Kraftwirkung Wandlungsstellen von elektrischer in mechanische Energie und umgekehrt. (Bei festen Platten führt die Kraft im geladenen Kondensator zu Druck auf das Dielektrikum.)

26. Die Kraft auf die Begrenzung des Feldraumes kann sowohl über die Energie als auch die Ko-Energie ermittelt werden; der letzte Weg ist bei gegebenen Verläufen $Q(u), \Psi(i)$ einfacher.
Die zugeführte elektrische Energie ist gleich der Summe der Energiespeicherrate und der Rate, mit der mechanische Arbeit gegen die Umgebung verrichtet wird. Dabei ändert sich die Charakteristik (Kennlinie) des Netzwerkelementes.

27. Im Kondensator mit beweglicher Elektrode (allgemeiner veränderbarer Geometrie) erfolgt elektro-mechanische Energiewandlung über den *Energiesatz*. Variable sind dabei Ladung, Spannung, Kraft, Plattenverschiebung (Geometrievariable x) und die Kapazität als Definitionsgleichung.

28. Die Energiewandlung kann durch die *Leistungsbilanz* mit den Variablen Strom, Spannung, Kraft und Geschwindigkeit x' gleichwertig formuliert werden unter Zuhilfenahme der Strom-Spannungs-Beziehung des zeitabhängigen Kondensators.
29. Von den vier beschreibenden Variablen sind zwei unabhängig. Das erlaubt den Ersatz des zeitveränderlichen Kondensators durch ein Wandlerzweitor. Zweckmäßig werden elektrische und mechanische Größen je einem Tor zugeordnet.
30. Der sinngemäß gleiche Ablauf gilt für die zeitabhängige Spule mit den Variablen Fluss, Strom, Kraft und Geometrievariable x bzw. Spannung, Strom, Kraft und Geschwindigkeit x' sowie der Spannungs-Strom-Beziehung der zeitabhängigen Induktivität.

Selbstkontrolle: Kapitel 4

1. Wie sind Leistung und Energie am Verbraucherzweipol definiert?
2. Wie groß sind Energie und Energiedichte im geladenen Kondensator, einer stromdurchflossenen Spule und im Widerstand R? Welcher prinzipielle Unterschied besteht im letzten Fall?
3. Begründen Sie physikalisch, welche Größen in der Spule bzw. dem Kondensator stetig sein müssen!
4. Was drückt der Begriff Energiestrom anschaulich aus? Besteht ein Vergleich mit dem elektrischen Strom?
5. Veranschaulichen Sie den Begriff der Energiestromdichte (Poyntingscher Vektor) am Beispiel einer Spannungsquelle, die über eine Doppelleitung mit einem Verbraucherwiderstand verbunden ist!
6. Was verbirgt sich hinter dem Begriff der Ko-Energie?
7. Welche Kraftwirkungen treten im elektrischen Feld grundsätzlich auf? Nennen Sie Beispiele!
8. Mit welcher Kraft ziehen sich zwei parallele Platten (Spannung $U = 100\,\text{V}$, Dielektrikum Luft, Abstand $d = 1\,\text{cm}$, Fläche $A = 30\,\text{cm}^2$) an?
9. Warum wird eine dielektrische Platte in einen geladenen, im Luftraum befindlichen Plattenkondensator hineingezogen?
10. Welche Kraftwirkungen treten im magnetischen Feld grundsätzlich auf?
11. Was versteht man unter a) Lorentz-Kraft b) elektrodynamischem Kraftgesetz?
12. Überträgt das elektrische oder magnetische Feld Energie auf Ladungsträger? Begründen Sie Ihre Antwort!
13. Unter welcher Bedingung ist in einem Halbleiter (positive und negative Ladungsträger) keine Hall-Spannung zu erwarten?

14. Welche Kraftwirkung tritt zwischen zwei parallelen Drähten (Abstand a, Länge l) im Vakuum auf, wenn beide (gleich große) Ströme in einer Richtung bzw. entgegengesetzt führen?
15. Welche Kräfte treten an magnetischen Grenzflächen auf (Beispiele)?
16. Warum muss der Lautsprecher eine Vormagnetisierung haben?
17. Warum zeigt ein Drehspulinstrument keine Wechselspannung an?

Kapitel 5
Elektromechanische Aktoren

5

5	**Elektromechanische Aktoren**	533
5.1	Elektromagnet	534
5.2	Elektromotor	535
5.2.1	Gleichstrommotor	538
5.2.2	Elektronikmotor	544
5.2.3	Drehfeldmotor	546
5.2.4	Wechselstrom-, Universalmotor	554
5.2.5	Schrittmotor	557
5.2.6	Linearmotor	559

5 Elektromechanische Aktoren

Lernziel Nach der Durcharbeitung des Kapitels sollte der Leser in der Lage sein,

– die Wandlung elektromagnetischer Energie in mechanische Energieformen und umgekehrt zu erläutern,
– das Grundprinzip des Motors und Generators zu beschreiben,
– die wesentlichen Motorarten mit ihren Eigenschaften und Besonderheiten anzugeben.

Ein Aktor wandelt ein eingangsseitiges (elektrisches) Stellsignal geringer Leistung in eine nichtelektrische Ausgangsgröße (Druck, Drehmoment, Kraft, ...) höherer Leistung um. Er ist das Bindeglied zwischen der Informationsverarbeitung und dem Materie- oder Energiestrom eines Prozesses. Seine Bestandteile sind (Abb. 5.0.1):

– ein *Signalumformer*, der die Stellgröße in eine Steuergröße des Energiewandlers umformt. Er wirkt als „Energiesteller", meist mit Hilfsenergie betrieben. In elektrischen Aktoren besorgen diese Aufgabe Relais und Halbleiterschalter.
– der *Stellantrieb* (Hubmagnet, Elektromotor). Er setzt die gesteuerte Hilfsenergie in die gewünschte ausgangsseitige Rotations- oder Translations-

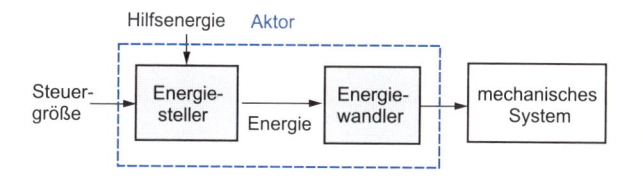

Abb. 5.0.1. Aufbau eines Aktors

Tab. 5.1. Einteilung wichtiger Aktoren

Elektromechanische Aktoren	Fluidische Aktoren	Sonderaktoren

– Elektromotor (rotierend, linear)
   – Gleichstrom-
   – Asynchron-
   – Schritt-
   – Synchron-
 – Elektromagnet
	– pneumatisch (Hydraulikzylinder)
	 – hydraulisch (Radial-, Axialkolbenmotor)
		– thermomechanisch (Thermo-Bimetall)
		 – Dehnstoff
		 – Memorymetall
		 – ferroelektrisch
		 – magnetostriktiv
		 – piezoelektrisch

St. Paul, R. Paul, *Grundlagen der Elektrotechnik und Elektronik 2*
DOI 10.1007/978-3-642-24157-4, © Springer-Verlag Berlin Heidelberg 2012

energie um. So bilden Aktoren wichtige Komponenten von Mediensystemen. Sie werden meist nach der Hilfsenergie unterteilt (Tab. 5.1).

Dieser Abschnitt behandelt technische Aspekte der Stellglieder mit magnetischen Kraftwirkungen. Weil aber die Energieumformung elektrisch – nichtelektrisch grundlegende Bedeutung für die Elektrotechnik hat, vertiefen wir sie zusammen mit Analogie- und Modellierungsaspekten im Kap. 6.

5.1 Elektromagnet

Elektromagnete erzeugen als einfache Antriebe (Schalter, Relais, Stellantriebe) Kräfte und kleine translatorische oder rotatorische Bewegungen. Je nach Gestaltung des magnetischen Kreises (U-, E-Form, Flachankermagnet, Topfmagnet (Tauchanker), Abb. 5.1.1) und der Bewegungsart des Ankers *linear* (Zug- und Hubmagnete) oder *drehend* (Drehmagnete) gibt es vielfältige Formen für Antriebs-, Steuer-, Arbeitsschaltungen oder Bremsvorgänge. Nach der Funktion werden *Stellmagnete* (Zug-, Hub- Schaltmagnete, „Kurzhubelement"), *Haltemagnete* (als Spannmagnete ohne Anker) und *krafterzeugende* Magnete für Kupplungen und Bremsen unterschieden. Ihr typisches Merkmal ist die *Kraft-Weg-* bzw. *Strom-Weg*-Kennlinie; angestrebt wird proportionaler Zusammenhang und hohe Kraft in den Endlagen.

Der Elektromagnet nutzt die Kraftwirkung an der Grenzfläche Eisen-Luft (Kap. 4.3.2.3). Beim Tauchanker (Abb. 5.1.1b) als Beispiel hängt die Magnetkraft hauptsächlich vom Luftspalt l_L ab

$$F = \frac{(iw)^2 \mu_0 A}{2} \left(\frac{l_{Fe}}{\mu_r} + l_L \right)^{-2} = \frac{(iw)^2 \mu_0 A}{2(l_{eff})^2} \quad (5.1.1)$$

mit $l_L = l$ (l Ruheluftspaltlänge, x Hub). Bei kleinem Luftspalt wirkt der äquivalente Luftspalt l_{Fe}/μ_r des Eisens (mit Hysterese). Deshalb reicht bei angezogenem Anker ein geringer Haltestrom. Die Kraft-Weg-Kennlinie hat daher prinzipbedingt (Abb. 5.1.1b) einen Anfangsbereich mit bestimmendem Luftspaltwiderstand ($F_m \sim i^2$), einen Linearbereich ($F_m \sim i$) und einen Sättigungsbereich (Magnetkreissättigung). Das begrenzt den Stellbereich auf $10\ldots 20$ mm. Insgesamt hängt die Kraft-Weg-Kennlinie (Abb. 5.1.1c) stark von der Form des Ankergegenpols ab. Ausgehend vom Flachanker mit fallender Kennlinie sorgt ein stärker eintauchendes Feld als Tauchanker in einem bestimmten Hubbereich für konstante Kraft.

Während die primär krafterzeugenden Elektromagnete als Hub-, Spann- und Stellmagnete in unterschiedlichsten Formen breit eingesetzt werden, sind

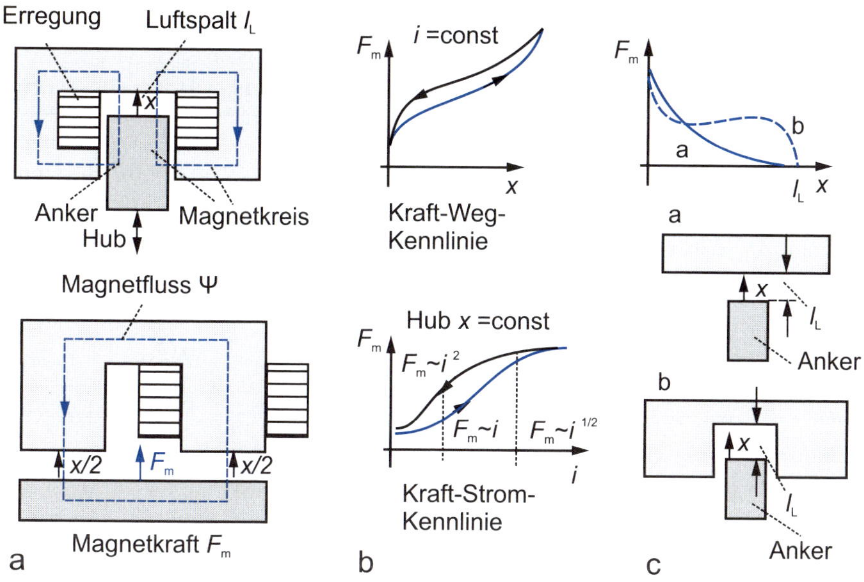

Abb. 5.1.1. Elektromagnet für translatorische Bewegung. (a) Bauformen: Topfmagnet mit Tauchanker, U- bzw. E-Magnet mit Flachanker. (b) Magnetkraft-Kennlinien über dem Weg bzw. Strom. (c) Einfluss der Anker-Gegenpolgestaltung und Kraft-Weg-Verlauf

Schaltmagnete mit dem Relais als bekanntester Form stark zurückgegangen: die Schalteraufgabe übernehmen Halbleiterbauelemente viel vorteilhafter.

5.2 Elektromotor

Die klassischen elektromechanischen Aktoren sind Elektromotoren[1]. Man unterteilt sie nach der:

— mechatronischen Funktion in Rotations- und Linearmotoren,
— Stromart in Gleich-, Wechsel- und Drehstrommotoren. Jede Gruppe hat weitere Einteilungsmerkmale (s. u.).

Elektromotoren bilden die Masse elektromagnetischer Antriebe. Sie verbrauchen mehr als die Hälfte der weltweit erzeugten Elektroenergie. Ihre Leistung reicht vom µW-Bereich des Uhrantriebs über Mikrostrukturmotoren bis in den Bereich von

---

[1] Die Erfindung des Elektromotors geht auf H. Jacob (deutscher Ing. 1801–1874) im Jahre 1834 zurück, oft wird auch J. Kraroge (1823–89) genannt, der 1869 ein „elektromotorisches Kraftrad" angab. Barlow hatte allerdings bereits 1822 das nach ihm benannte Rad (s. Kap. 3.3.3.2) vorgeführt.

Tab. 5.2. Einteilung der Elektromotoren

Motortyp	Wicklung	Wicklungsart, -ort		Betriebsstrom
DC	Ein- und Ausgang	Anker	Rotor	AC (Wicklung)
	magnetische	Feld	Stator	DC (an Bürsten)
	Erregung			
Synchron	Ein- und Ausgang	Anker	Stator	AC
	magnetische	Feld	Rotor	DC
	Erregung			
Asynchron	Eingang	Primär	Stator	AC
(Induktion)	Ausgang	Sekundär	Rotor	AC

mehreren 100 MW für Großmotoren. Gängige Zwischenstufen sind Kleinstmotoren bis 100 W und Kleinmotoren bis 1...2 kW. Heute verfügt jeder mitteleuropäische Haushalt im Durchschnitt über 10...20 Elektromotoren, jeder PKW dürfte 10 und mehr Elektromotoren enthalten. Stark gewachsen ist die Gruppe der Linearmotoren (s. Kap. 5.2.6) vor allem in der Informationstechnik. Festplatten, Drucker, Scanner, Fax-Geräte wären ohne sie unmöglich.

Grundsätzlich nutzen Elektromotoren oder allgemeiner *elektrische Maschinen* (mit Einschluss der Generatoren) die anziehend/ abstoßende Funktion zweier Magnetfelder: ein feststehendes und ein bewegliches (meist rotierend) oder *Stator* und *Rotor*. Nach der Art der Felderzeugung gibt es drei Hauptgruppen (Tab. 5.2) von Elektromaschinen:

- *Gleichstrommaschinen* mit Gleichströmen in Stator- und Rotorwicklung,
- *Synchronmaschinen* mit Gleichstrom in einer und Wechselstrom der anderen Wicklung,
- *Induktions-* oder verbreiteter *Asynchronmaschinen* mit Wechselströmen in beiden Wicklungen.

Alle nutzen das *gleiche Wirkprinzip*:
- magnetisch anziehende oder abstoßende Kräfte im Rotor-/Stator bewirken ein mechanisches Drehmoment (elektrodynamische Kraftgesetz),
- Bewegungsinduktion erzeugt in der bewegten Wicklung einen Strom, der zusammen mit der Lenzschen Regel und dem elektrodynamischen Kraftgesetz den Energieumsatz elektrisch-mechanisch vermittelt (s. Abb. 3.3.16).

Diese Zuordnung (Tab. 5.2) erlaubt eine noch feinere Unterteilung z. B. nach Aufbau und Schaltung (Tab. 5.3).

5.2 Elektromotor

Tab. 5.3. Übersicht der Elektrokleinmotoren

Motorart	Gleichstrom-Motor	Wechselstrom-Motor	Elektronik-Motor	Drehstrom-Asynchron-Motor	Drehstrom-Synchron-Motor
	Nebenschluss- Reihenschluss- fremderregter M. Permanent- magnet-	Kommutator - Universal- - Bahn-	Einphasen- Asynchron-M. - Kondensator- - Spalt-	Magnetläufer- Schritt-	Drehstrom- Käfigläufer Schleifringläufer (Einphasen)- Asynchron-M.	Drehstrom- -Magnetläufer- -Wechselstrom- -Magnet- -Reluktanz- Schritt-
Dreh- moment- Kennlinie	[M-ω curve]	[M-ω curve]	[M-ω curve]		[M-ω curve]	[M-ω curve]
Drehzahl- stellung	Ankerspannung Erregerstrom Ankerwiderstand	Ankerspannung Ankerwiderstand	Spannung		Spannung Frequenz Läuferwider- stand Polumschaltung	Frequenz- änderung d. Versorgungs- spannung

5.2.1 Gleichstrommotor

Der Gleichstrommotor nutzt das Drehmoment einer im konstanten Magnetfeld rotierenden Leiterschleife mit Stromwendeeinrichtung (Kommutator) zur Stromzufuhr, also das umgekehrte Prinzip des Gleichstromgenerators (Kap. 3.3.3.2) und insbesondere den gleichen Aufbau (Abb. 3.3.18).

Grundelemente des Motors sind ein ruhender Ständer mit der Ständerwicklung zur Erzeugung des Magnetfeldes, der rotierende Läufer (Anker) mit der Ankerwicklung (Leiterschleife) und der Stromwender.

Der Ständer bildet den Elektromagnet (gleichstromdurchflossene Erregerwicklung) mit weitgehend geschlossenem magnetischen Kreis. Für kleine Leistungen, etwa batteriebetriebene Kleinstmotoren (KFZ-Technik, Scheibenwischer, Gebläse, Stellmotoren, Feinwerktechnik, Servomotoren) wird er als Dauermagnetkreis (meist Ferrit) ausgelegt.

Der (zylindrische) Anker ist Teil des magnetischen Kreises und trägt Wicklung und Stromwender. Zur Erhöhung des wirksamen Momentes dienen mehrere, in kleinen Winkelschritten versetzte Leiterschleifen mit entsprechend unterteiltem Kommutator. Er wirkt als mechanischer Schalter, der den Ankerstrom so auf die Spulen verteilt, dass die Stromrichtung in einem Polbereich übereinstimmt und nur von Pol zu Pol wechselt.

Grundgleichungen Das Motorverhalten wird bestimmt durch:

1. *Drehmomenten-Gleichung* Auf die Leiterschleife (w-Windungen) wirkt die Kraft $F = w I_A B l$ durch den Ankerstrom $I_A = i$ und erzeugt das Moment (A Schleifenfläche, radiales Magnetfeld) Gl. (4.3.41)

$$M = w I_A B A = I_A \Phi_{\text{err}} c_1 \quad \text{Drehmomentgleichung, erste Grundgleichung} \quad (5.2.1)$$

(Abb. 5.2.1a). Die Konstante c_1 enthält Ausführungsgrößen des Motors (Polpaarzahl, Art und Ausführung der Wicklung).

Beim Gleichstrommotor wächst das Drehmoment streng proportional zu Ankerstrom und Fluss. Über ihn geht der Erregerstrom I_{err} ein.

2. *Drehzahlgleichung* Für die Ankerspannung gilt (mit der Gegenspannung U_{qi} und dem Ankerwiderstand R_A)

$$U_A = U_{\text{qi}} + I_A R_A = vBlw + I_A R_A, \quad U_{\text{qi}} = vBlw = c_2 \cdot n \cdot B. \quad (5.2.2a)$$

Sie stimmt mit der des angetriebenen Leiters beim Linearmotor überein (Abb. 5.2.2a). Der rotierende Motor hat statt der Bahnverschiebung die Drehzahl n. Dabei gilt

5.2 Elektromotor

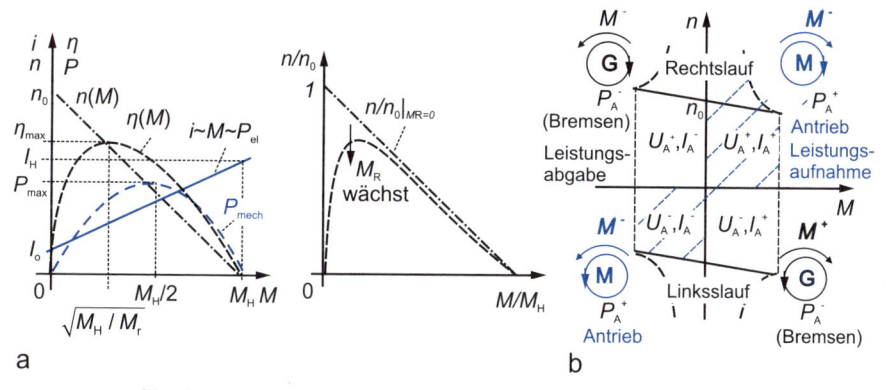

Abb. 5.2.1. Gleichstrommotor, Betriebsverhalten. (a) Drehzahl-Drehmoment-Kennlinie und weitere Betriebsverläufe. (b) Motor-Generatorbetrieb in Vierquadrantendarstellung bei Fremderregung

$$\text{Motorbetrieb:} \quad U_A > U_{qi} \quad (I_A > 0),$$
$$\text{Generatorbetrieb:} \quad U_A < U_{qi} \quad (I_A < 0). \tag{5.2.2b}$$

Während im Generatorbetrieb die Ankerspannung U_A stets unter der induzierten Spannung U_{qi} liegen muss, gilt im Motorbetrieb der umgekehrte Fall: die Ankerspannung muss die induzierte Spannung übertreffen. Aufgelöst nach der Drehzahl folgt aus Gl. (5.2.2a) die *Drehzahl-Drehmoment Kennlinie* des Gleichstrommotors

$$n = \frac{U_A - I_A R_A}{c_2 \Phi} = \underbrace{\frac{U_A}{c_2 \Phi}}_{n'_0} - \frac{(M + M_r) R_A}{c_1 c_2 \Phi^2} = n_0 - \frac{RM}{c_1 c_2 \Phi^2} = n_0 \left(1 - \frac{M}{M_H}\right).$$

Drehzahlgleichung, zweite Grundgleichung (5.2.3a)

Normalerweise wird der Ankerspannungsabfall $I_A R_A \ll U_A$ vernachlässigt. Ohne Last ($M = 0$) stellt sich die *ideale Leerlaufdrehzahl* $n'_0 \approx U_{qi}/B$ ein. *Reibungskräfte* (Bürsten, Lager) verursachen allerdings ein *Reibungsverlustmoment* M_r und es fließt ein *Leerlaufstrom* I_0: $M_r = c_1 \Phi I_0$. Weil er nicht zum Lastmoment Gl. (5.2.1) beiträgt, sinkt dieses auf $M = c_1 \Phi(I - I_0)$. Das Reibungsmoment M_r senkt die *Leerlaufdrehzahl* n_0 gegenüber dem Idealwert n'_0 (in Gl. (5.2.3a) Mitte berücksichtigt)

$$n_0 = n'_0 - \frac{RM_r}{c_1 c_2 \Phi^2}. \qquad \text{Leerlaufdrehzahl} \quad (5.2.3b)$$

Der Motor läuft so schnell, dass die induzierte Gegenspannung etwa mit der Ankerspannung (= anliegende Spannung) übereinstimmt, daher $n \sim U_A$ und

$n \sim 1/B$ (Abb. 5.2.1a). Die Drehzahl sinkt mit wachsender Belastung durch den stärker eingehenden Spannungsabfall $I_A R_A$. Da im Einschaltmoment ($n = 0$) noch keine Gegenspannung U_{qi} wirkt, fließt ein großer Anfangs- oder Haltestrom I_H. Dazu gehört das *Haltemoment* M_H (aus Gl. (5.2.3a)) mit dem *Haltestrom* I_H

$$M_H + M_r = \frac{n_0 c_1 c_2 \Phi^2}{R} - \frac{n_0^2 c_1 c_2 \Phi^2}{R n_0} - \frac{c_1 U^2}{c_2 n_0 R} - \frac{U^2}{2\pi n_0 R} = c_1 \Phi I_H. \quad (5.2.3c)$$

Es wurde in Abb. 5.2.1a für eine gewählte Drehzahlkennlinie angedeutet. Stets gilt $M_H \gg M_r$. Die Konstanten c_1, c_2 stehen im Verhältnis $c_1/c_2 = 1/2\pi$.

$$P_{el} = I_A U_A = I_A U_{qi} + I_A^2 R_A = P_{mech} + P_{Wärme}. \quad (5.2.4)$$

Hierbei ist $P_{mech} = I_A B v = F v = \omega M$ die erzeugte *mechanische Leistung*.

$$P_{mech} = \omega M = 2\pi n M = 2\pi n_0 M \left(1 - \frac{M}{M_H}\right)$$

$$P_{mech}|_{max} = \frac{2\pi n_0 M_H}{4} = \frac{U_A^2}{4R}. \quad (5.2.5)$$

Sie verschwindet im Stillstand ($n = 0$) und Leerlauf ($M = 0$) und erreicht ihr Maximum beim halben Haltemoment $M_{max} = M_H/2$, also halber Leerlaufdrehzahl n_0. Da der Motor im Stillstand die elektrische Leistung $P_{el} = U_A^2/R$ aufnimmt, wird *maximal ein Viertel dieser Leistung mechanisch an die Last abgegeben*. Durch den Leerlaufstrom I_0 sinkt dieser Teil auf

$$P_{mech}|_{max} = \frac{U_A^2}{4R}\left(1 - \frac{I_0}{I_H}\right)^2.$$

Abb. 5.2.1a zeigt den Verlauf. Die elektrische Leistung steigt über den Strom proportional zum Drehmoment.

Wegen $P_{mech} \leq P_{el}$ beträgt der Wirkungsgrad (dritte Grundgleichung)

$$\eta = \frac{P_{mech}}{P_{el}} = \frac{\text{mechanische Nutzleistung}}{\text{elektrische Gesamtleistung}} = \frac{U_{qi} I_A}{U_A I_A} = \frac{U_{qi}}{U_A} \leq 1.$$

Wirkungsgrad (5.2.6a)

Er lautet ausgedrückt mit *Betriebsgrößen*

$$\eta = \frac{P_{mech}}{P_{el}} = \frac{2\pi n M}{U I} = \frac{2\pi n_0 M (M_H - M)}{U I \cdot M_H} = \left(1 - \frac{I_0}{I}\right)\left(1 - \frac{I}{I_H}\right). \quad (5.2.6b)$$

Dabei wurden verwendet $n_0/M_H = R/c_1 c_2 \Phi^2$ nach Gl. (5.2.3a), die Drehmomente $M_H - M = c_1 \Phi (I_H - I)$, $M = c_1 \Phi (I - I_0)$ und die Haltestrombeziehung $U_A/R = I_H$. Der Wirkungsgrad durchläuft über dem Drehmoment ein Optimum $M_\text{opt} = \sqrt{M_\text{H} M_\text{r}}$ (bzw. der zugehörige Strom $I_\text{opt} = \sqrt{I_0 I_\text{H}}$) von

$$\eta|_\text{max} = \left(1 - \sqrt{\frac{M_\text{r}}{M_\text{H}}}\right)^2. \tag{5.2.6c}$$

Bei maximaler mechanischer Leistung $M = M_H/2$ fällt der Wirkungsgrad immer unter 50% und der größere Teil der aufgenommenen elektrischen Leistung erwärmt die Wicklung.

Deshalb betreibt man Gleichstrommotoren mit konstantem Erregerfeld bei maximalem Wirkungsgrad, also deutlich unterhalb des Maximums abgegebener mechanischer Leistung. In Abb. 5.2.1a ist gleichzeitig der explizite Einfluss des Reibungsmomentes dargestellt. Während der Wirkungsgrad ohne Reibung linear mit der Last fällt, schmiegt sich der Verlauf mit Reibung an diese Kurve an und zeigt ein ausgeprägtes Optimum. Man erreicht Werte über 90%, bei großen Motoren eher als bei kleineren.

Motor-, Generatorbetrieb Die Betriebsarten des fremderregten Gleichstrommotors lassen sich als Vierquadrantendarstellung der Drehzahl-Drehmomentkurve $n = f(M)$ mit dem *Motorbetrieb im ersten Quadranten* als Bezug (alle Größen positiv gezählt, Rechtslauf) übersichtlich darstellen (Abb. 5.2.1b). Die Vorzeichen von Ankerspannung, -strom und Magnetfeld liegen durch $n \sim U_\text{A}/\Phi$ und $M \sim I_\text{A}\Phi$ in den jeweiligen Quadranten fest. Wird der Motor bei gleicher Drehrichtung zusätzlich angetrieben (Vorzeichenumkehr des Momentes), so arbeitet er als *Generator*: Richtungsumkehr des Ankerstromes, er wirkt bremsend (Betriebsbereich im 2. Quadrant). Die *Drehrichtungsumkehr* im Motorbetrieb erfolgt durch Spannungsumkehr (verbunden mit Stromrichtungsumkehr) oder Umpolung des magnetischen Feldes. Dann liegt der Betriebsbereich im 3. Quadrant. Die Drehzahl-Drehmoment-Kennlinie entspricht der von Abb. 5.2.1a mit der Leerlaufdrehzahl n_0. Sie kann nach Gl. (5.2.3) über die Ankerspannung ($\rightarrow$ Ankerstellbereich) oder durch Feldschwächung eingestellt werden. In diesem „Feldstellbereich" erhöht abnehmender Fluss Φ die Drehzahl. Für $\Phi \rightarrow 0$ (Gl. (5.2.3a)) wird sie nur durch Reibung begrenzt: „Durchgehen des Motors". Die Drehzahlkennlinie fällt auch hier mit steigender Last ab, allerdings (wegen Φ^2 im Nenner von Gl. (5.2.3a)) stärker als im Ankerstellbereich.

Motorarten Das Betriebsverhalten des Gleichstrommotors wird entscheidend von der Anschlussart der Erregerwicklung in Beziehung zum Anker bestimmt:

— Beim *fremderregten* Gleichstrommotor entsteht das Feld durch eine Zusatzspannung (Abb. 5.2.2a). So entspricht er weitgehend dem Motor mit Permanentmagnet und zeigt Nebenschlussverhalten.
— Beim *Nebenschlussmotor* (Abb. 5.2.2b) liegen Anker- und Feldwicklung parallel, Ankerstrom und Lastmoment wachsen proportional (Gl. (5.2.1)) und die Drehzahl fällt mit wachsendem Moment nach Gl. (5.2.1) schwach

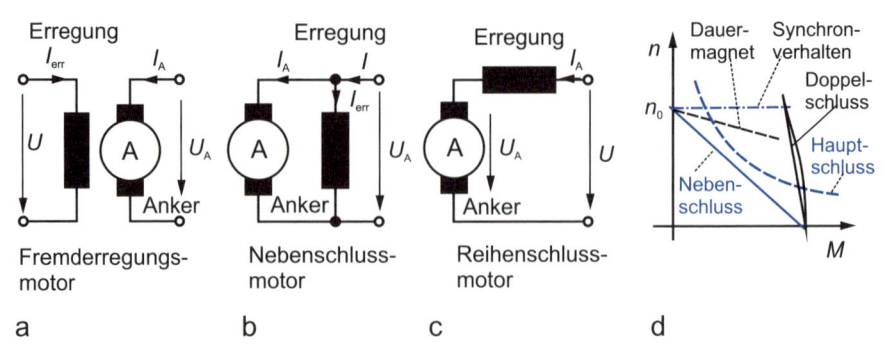

Abb. 5.2.2. Schaltungen des Gleichstrommotors. (a) Motor mit Fremderregung. (b) Nebenschlussmotor. (c) Reihenschlussmotor. (d) Drehmoment-Drehzahl-Kennlinien verschiedener Gleichstrommotoren: Nebenschlussverhalten (Gleichstrom-, Elektronik-, Asynchronmotor); Hauptstromverhalten (Gleichstromreihenschluss-, Universalmotor); Synchronverhalten (Synchron-, Hysterese-, Reluktanzmotor)

ab ($\rightarrow$ starres Drehzahlverhalten, unabhängig von der Last). Nachteilig bleibt das geringe Anzugsmoment. Die Anwendungsbereiche liegen dort, wo konstante Drehzahl erforderlich ist. Sie wird über die Betriebsspannung oder den Fluss verändert (wegen $n \sim U_A/\Phi$ steigt die Drehzahl mit sinkendem Fluss). Die Drehrichtung ändert sich bei Umkehr der Anker- oder Feldspannung.

– Beim *Haupt-* oder *Reihenschlussmotor* (Abb. 5.2.2c) liegen Anker- und Erregung in Reihe. Dadurch wächst der Strom weniger als linear mit dem Lastmoment wegen $M \sim \Phi I$ und $\Phi = \Phi(I)$. Dann folgt mit etwa $M \sim I^2$ bzw. $I \sim \sqrt{M}$ das Hauptmerkmal dieses Motors: der starke *Drehzahlabfall mit wachsender Last* (als *Reihenschlussverhalten* bezeichnet, Motor passt sich der Last an). Bei konstanter Spannung gilt nach Gl. (5.2.3a) etwa $n \approx U_A/cI \sim U/\sqrt{M}$ für $\Phi \sim I$. Der Reihenschlussmotor hat größtes Anzugsdrehmoment und größte Leerlaufdrehzahl. Bei geringer Last besteht die Gefahr des „Durchdrehens". Deshalb wird er eingesetzt, wenn Leerlauf unmöglich ist (KFZ-Anlasser, Kranmotor, Bahn- und Fahrzeugantrieb, Roboterantriebe u. a. m.).

Die Drehzahlregelung erfolgt über die Spannung. Die Drehrichtungsumkehr verlangt die Umkehr nur einer Feldrichtung (meist Erregerfeld). Eine *Spannungsumkehr ändert die Drehrichtung nicht*, weil sich gleichzeitig beide Feldrichtungen ändern. Deshalb dienen solche Motoren auch als *Einphasenwechselstrom-* oder *Universalmotoren*.

– Der *Doppelschlussmotor* (Abb. 5.2.2c) kombiniert die vorgenannten Typen: eine fremderregte Wicklung besorgt die Haupterregung, eine zusätzliche Reihenschlusswicklung erhöht die Erregung bei wachsender Last und arbeitet einer Drehzahlerhöhung durch die Ankerrückwirkung entgegen.

5.2 Elektromotor

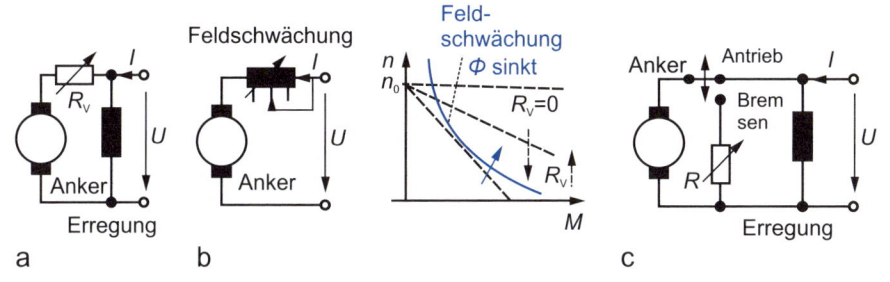

Abb. 5.2.3. Drehzahlregelung am Gleichstrommotor. (a) Regelung durch Ankervorwiderstand. (b) Feldschwächung durch Anzapfung der Erregerwicklung und zugehörige Drehzahl-Drehmoment-Kennlinie. (c) Prinzip der Widerstandsbremsung

Dadurch wirken Laständerungen schwächer auf die Drehzahl als beim Reihenschlussmotor. Ein „Durchgehen" wird durch die festliegende Leerlaufdrehzahl (Nebenschlussverhalten) verhindert.

Abbildung 5.2.2d stellt die Drehmoment-Drehzahlkennlinien der Motoren zusammen. Gemeinsam ist ihnen:

Beim Gleichstrommotor können Drehzahl und Drehmoment durch Steuerung leicht der Anforderung angepasst werden.

Die Drehzahl lässt sich nach Gl. (5.2.3a) über den Ankerkreiswiderstand R_A (Zusatzwiderstand), den Erregerfluss Φ (Erregerstrom) und die Ankerspannung U_A beeinflussen. Jeder Ankervorwiderstand (Abb. 5.2.3a) senkt sie. Er dient gleichzeitig als Anlasswiderstand zur Strombegrenzung.

Durch Feldschwächung (z. B. Variation der Windungszahl mit Anzapfung (Abb. 5.2.3b)) ist eine Drehzahlerhöhung möglich. Die Herabsetzung der Ankerspannung erlaubt eine stufenlose Absenkung der Drehzahl. Über entsprechende Schaltungen lassen sich Gleichstrommotoren bequem steuern.

Motorbremsung Wird der Anker eines laufenden Motors (bei eingeschalteter Erregung) von der Spannung getrennt und an einen Widerstand R gelegt, so wirkt er durch seine Trägheit als Generator (Abb. 5.2.3c) und der Strom bremst den Anker: Umwandlung von Bewegungsenergie in Wärme. Wirksamer als diese *Widerstandsbremsung* arbeitet die *Gegenstrombremsung*: Umkehr der Stromrichtung durch Umpolen des Ankers (Momentumkehr!). Dabei begrenzt ein Bremswiderstand den Strom. Diese intensive Bremsart wirkt bis zum Stillstand. Eine Schutzschaltung verhindert ein Anlaufen des umgepolten Motors.

5.2.2 Elektronikmotor

Beim Elektronikmotor[2], auch als *kollektorloser Gleichstrommotor*, elektronisch kommutierter oder bürstenloser Permanentmagnetmotor bezeichnet, werden die Ankerwicklungen in den Ständer verlagert (bis zu vier Wicklungen sind üblich) und der Läufer ist ein Dauermagnet (meist aufgeklebte Magnete hoher Remanenz). Abhängig von der Läuferstellung werden die Ankerspulen der Reihe nach so fortgeschaltet, dass ein rotierendes Drehmoment auf den Läufer wirkt. So bleibt das Wirkprinzip des Gleichstrommotors erhalten (Abb. 5.2.4a).

> Der Elektronikmotor ist ein Synchronmotor mit Permanentmagnet und elektronischer Kommutierung.

Im Gleichstrommotor sorgt die Kommutierung für räumlich feste Zuordnung von Ständer- und Ankerfeld. Maximales Drehmoment entsteht, wenn Erregerfeld und die Normale der Ankerspule einen Winkel von 90° bilden. Beim Elektronikmotor ändert sich hingegen durch die Permanenterregung des Läufers die Richtung des Läuferfeldes ständig mit der Drehzahl. Deshalb hat die elektronische Kommutierung sicherzustellen, dass unabhängig vom Läuferwinkel ein fester räumlicher Winkel von $\pi/2$ (bei einem Pol bzw. $\pi/(2p)$ bei p Polen) vorliegt. Dazu muss das Ständerfeld durch Fortschalten der Ständerspulen abhängig von der Läuferstellung mit der Drehzahl rotieren. Das erfordert:

– die Erfassung der Polradlage (Läufer) z. B. durch Hallelemente auf dem Ständer oder optische Positionserkennung;
– die Errechnung des resultierenden Ständerstromvektors aus Polradlage und Sollwert des Drehmoments;
– die Umsetzung dieses Ständerstromvektors in zeitvariable Erregerströme. Das besorgt eine Elektronik, oft auch die Drehzahlregelung.

Abbildung 5.2.4a zeigt einen Elektronikmotor mit Dauermagnetrotor und drei Ständerwicklungen (dreiphasiger Motor). Läuferlagesensoren auf dem Ständer signalisieren die Rotorlage und steuern die Umschalter A - C (Steuerschaltung als Schaltkreis ausgeführt). Für eine bestimmte Sensorstellung liegen die zugehörigen Schalter je einer in der oberen und der unteren Stellung (Abb. 5.2.4b). Dann fließt der Strom stets durch zwei Wicklungen (dritte stromlos). Die Wechselwirkung mit dem rotierenden Permanentmagneten erzeugt ein Drehmoment. Die Rotorlage wird durch drei, um 120° ver-

---

[2]Die Begriffsverwendung ist nicht einheitlich: Man versteht oft unter Elektronikmotoren sowohl den ständerkommutierten Gleichstrommotor (wie hier) als auch den Schrittmotor.

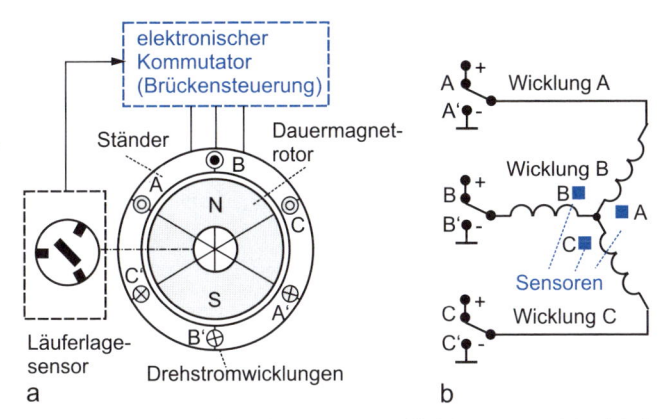

Abb. 5.2.4. Bürstenloser Dauermagnet-Gleichstromantrieb. (a) Aufbau und Wirkprinzip, vereinfachte Darstellung. (b) Schaltungsanordnung der Ständerspulen

setzte Hallelemente auf dem Ständer erfasst. In einer Ausgangslage des Rotors möge Sensor C ein Ausgangssignal senden und die Schalter A^+ und B^- schließen. Bei Rotordrehung um 60° geben die Sensoren B und C Signale und schließen die Schalter A^+ und C^-; so wird das vorher von den Spulen A und B erzeugte resultierende Magnetfeld um 60° weitergeschaltet. Insgesamt entsteht schließlich ein *rotierendes Magnetfeld* durch die Ständerspulen, das den Rotormagnet „mitnimmt". Je nach seiner Gestaltung erfolgt die Ständerspulenerregung rechteck- oder sinusförmig.

Funktionell arbeiten Elektronikmotoren nach dem Prinzip eines dreiphasig permanenterregten Synchronmotors (s. Kap. 5.2.3), sie unterscheiden sich aber durch die Wicklungsansteuerung: zeitlich nacheinander geschaltete Spulen erzeugen ein sog. *Drehfeld*, dem ein Permanentmagnet „nachläuft". Die elektronische Kommutierung erfolgt meist mit Hallelementen *sensorgesteuert* durch Lageerkennung der Rotorstellung. Üblich ist auch die *sensorlose* Kommutierung. Weil eine der drei Spulen im Schaltablauf stets stromlos bleibt, kann die in ihr induzierte Spannung (rotorstellungsabhängig) zur Auswertung dienen.

Elektronikmotoren haben trotz des Aufwandes viele Vorteile, weil sie die guten Drehzahl-Regeleigenschaften des Gleichstrommotors mit der konstruktiven Robustheit von Mehrphasenmotoren (Asynchronmotor, s. u.) kombinieren. Weitere Merkmale sind geringe Verlustleistung, Wartungsfreiheit, geringe Massenträgheit, ruhiger Lauf, höherer Wirkungsgrad und Wegfall der Funkenbildung (EMV-Störung, Explosionsgefahr). Ihr Betriebsverhalten entspricht weitgehend dem Nebenschlussmotor.

Der Elektronikaufwand hängt vom Einsatzzweck ab: er ist hoch für Werkzeugmaschinen und Roboterantriebe, sinkt aber bei Anwendungen in der Geräte-, Phono-, Video- und Datentechnik: Disketten-, Festplatten-, CD-ROM-, DVD-, CD-, Tonbandantriebe, Analysen- und Medizintechnik (Förder-, Pumpen-, Rührwerke), Mo-

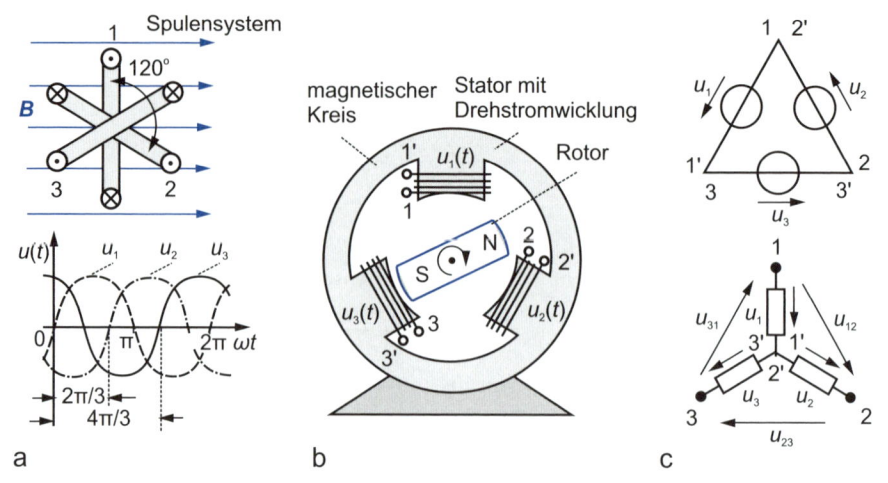

Abb. 5.2.5. Drehstromsystem. (a) Prinzip eines Drehstromgenerators und Zeitdiagramm der drei Sinusspannungen. (b) Erzeugung von drei um 120° phasenverschobenen Wechselspannungen. (c) Dreieck- bzw. Sternschaltung der Teilspannungen eines Drehstromsystems

toren für die Luft- und Klimatechnik und den Modellbau. Hier hat er den Gleichstrommotor verdrängt. Der Leistungsbereich reicht bis zu einigen 100 W, der Drehzahlbereich bis etwa 40.000 U/min bei Wirkungsgraden bis 90%.

5.2.3 Drehfeldmotor

Drehfeld, Drehstrom[3] Ein Drehfeld entsteht außer durch ein rotierendes Polrad auch *ohne mechanische Bewegung* als Magnetfeld in räumlich winkelversetzten Leiterspulen, die von betragsgleichen, zeitversetzten Strömen durchflossen werden. Verbreitet sind drei um 120° räumlich versetzte Spulen, durchflossen von je um 120° phasenverschobenen Strömen. Dadurch läuft in Spulenmitte ein resultierendes Magnetfeld konstanter Stärke mit der Frequenz des Stromes um.

Drei gleiche, um jeweils 120° *räumlich* versetzte rotierende Schleifen im homogenen Magnetfeld (Abb. 5.2.5a) erzeugen drei Spannungen $u_1(t) \ldots u_3(t)$, die wegen der Spulenversetzung um je 120° bzw. $2\pi/3$ *zeitlich* verschoben sind

$$u_1(t) = U_0 \sin(\omega t), \, u_2(t) = U_0 \sin\left(\omega t - \frac{2\pi}{3}\right), \, u_3(t) = U_0 \sin\left(\omega t - \frac{4\pi}{3}\right). \quad (5.2.7)$$

Bei ihrer Reihenschaltung verschwindet die Spannungssumme zu jedem Zeitpunkt: $u_1(t) + u_2(t) + u_3(t) = 0$. Eine solche Zusammenschaltung von Spannungen gleicher Frequenz und Amplitude, aber unterschiedlicher Phasenlage bildet ein *Dreiphasen-*

---

[3]Entwickelt 1888 von G. Ferrarris (1841–1897). Ital. Elektrotechniker, Gründer der ersten ital. Ingenieurschule.

5.2 Elektromotor

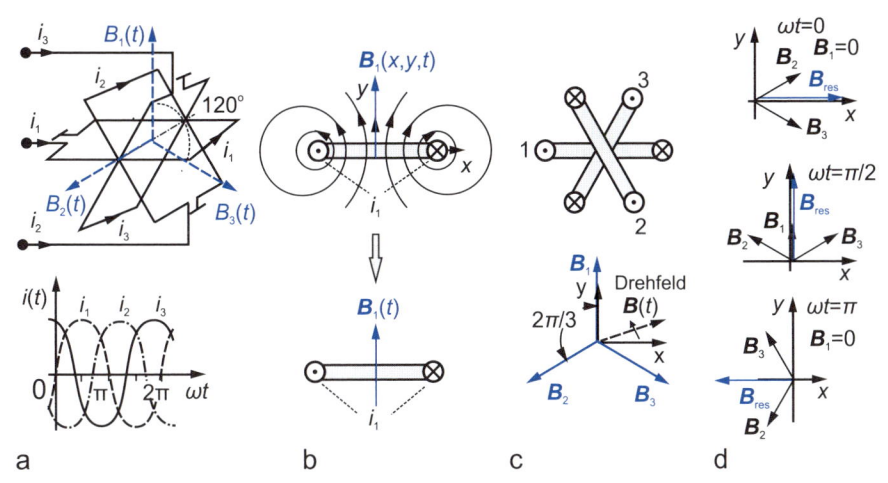

Abb. 5.2.6. Drehfeld. (a) Spulenanordnung und Zeitverläufe der Spulenströme zur Erzeugung des Drehfeldes. (b) Feldmodell der stromdurchflossenen Spule. (c) Vereinfachte Darstellung der räumlichen Feldkomponenten zu festem Zeitpunkt. (d) Resultierender Flussdichtevektor zu verschiedenen Zeitpunkten

oder *Drehstromsystem*. Solche Spannungen entstehen außer durch rotierende Leiterschleifen im homogenen Magnetfeld auch in feststehenden Spulen auf einem *Stator* oder *Ständer*, in dem ein Magnet (Polrad) rotiert (Abb. 5.2.5b), also ein *Magnetfeld räumlich umläuft*: *Drehfeld*. Die Anordnung bildet einen *Synchrongenerator*.

Beispielsweise können die Einzelspannungen auch *sternförmig* zusammengeschaltet werden (Abb. 5.2.5c), stets verschwindet ihre Umlaufsumme zu jedem Zeitpunkt. Deshalb genügen *drei Leitungen* 1...3 zur *Fortleitung des Stromes* zum Verbraucher und nicht sechs, die für Einzelspannungen erforderlich wären. Darin liegt die Bedeutung des Drehstromes.

Fließen umgekehrt durch drei gleiche feststehende, räumlich um je 120° versetzte Stromschleifen 1...3 (Abb. 5.2.6a) die Ströme $i_1(t)\ldots i_3(t)$ mit Zeitverläufen analog zu Gl. (5.2.7), die selbst *zeitlich* je um 120° zueinander phasenverschoben sind, so entsteht im Spuleninnern ein *Drehfeld*. Jeder Spulenstrom erzeugt eine entsprechende Flussdichte, also $i_1(t)$ die Flussdichte $\boldsymbol{B}_1(x,y,z,t)$ (Abb. 5.2.6b) usw. Stehen die Spulen senkrecht zur Zeichenebene (z-Richtung) und sind sie hinreichend lang, so hat das Feld nur x,y-Komponenten. Wir nehmen zur Vereinfachung homogenes Feld in jeder Spule an. Dann führt Spule 1 zu einem bestimmten Betrachtungszeitpunkt die Flussdichte $B_1(x,y,t) = \boldsymbol{e}_y B_1(t) = \boldsymbol{e}_y B_0 \sin \omega t$ nur mit y-Komponente. Spule 2 ist räumlich um 120° gedreht, außerdem durchfließt sie der zeitlich um 120° phasenverschobene Strom $i_2(t)$. Damit betragen die restlichen Flussdichten (Abb. 5.2.6c)

$$\begin{aligned}
B_2(x,y,t) &= \left(\boldsymbol{e}_x \cos 7\pi/6 + \boldsymbol{e}_y \sin 7\pi/6\right) B_2(t) \\
&= \left(-\boldsymbol{e}_x \sqrt{3}/2 - \boldsymbol{e}_y/2\right) B_0 \sin(\omega t - 2\pi/3) \\
B_3(x,y,t) &= \left(\boldsymbol{e}_x \cos 11\pi/6 + \boldsymbol{e}_y \sin 11\pi/6\right) B_3(t) \\
&= \left(\boldsymbol{e}_x \sqrt{3}/2 - \boldsymbol{e}_y/2\right) B_0 \sin(\omega t - 4\pi/3),
\end{aligned} \qquad (5.2.8)$$

denn zur Flussdichte $\boldsymbol{B}_3(t)$ in Spule 3 gehört der Strom i_3. Das Drehfeld $\boldsymbol{B}(x,y,t)$ besteht aus allen Teilkomponenten, das sind

$$\begin{aligned} B_x &= -\tfrac{\sqrt{3}}{2} B_0 \left[\sin(\omega t - 2\pi/3) - \sin(\omega t - 4\pi/3)\right] \\ &= \tfrac{\sqrt{3}}{2} B_0 \left[2 \cos \omega t \sin 2\pi/3\right] = \tfrac{3}{2} B_0 \cos \omega t \end{aligned}$$

und

$$\begin{aligned} B_y &= B_0 \sin \omega t - B_0/2 \sin(\omega t - 2\pi/3) - B_0/2 \sin(\omega t - 4\pi/3) \\ &= B_0 \left\{\sin \omega t - \tfrac{1}{2} \left[\sin(\omega t - 2\pi/3) + \sin(\omega t - 4\pi/3)\right]\right\} \\ &= B_0 \left\{\sin \omega t - \sin \omega t \cos(-2\pi/3)\right\} = \tfrac{3}{2} B_0 \sin \omega t \end{aligned}$$

oder zusammengefasst als *Drehfelddarstellung*

$$\boxed{\begin{aligned} \boldsymbol{B}(x,y,t) &= \boldsymbol{B}_1(x,y,t) + \boldsymbol{B}_2(x,y,t) + \boldsymbol{B}_3(x,y,t) \\ &= \tfrac{3B_0}{2} \left(\boldsymbol{e}_\mathrm{x} \cos \omega t + \boldsymbol{e}_\mathrm{y} \sin \omega t\right) = \boldsymbol{B}_\mathrm{x}(t) + \boldsymbol{B}_\mathrm{y}(t). \end{aligned}}$$

(5.2.9)

Die etwas mühevolle Auswertung (Additionstheorem) ergibt eine Gesamtflussdichte $B = \sqrt{B_\mathrm{x}^2 + B_\mathrm{y}^2} = 3B_0/2$ mit konstantem Betrag und zeitabhängigem Winkel zwischen der resultierenden Flussdichte und der x-Achse mit $\tan \alpha(t) = B_\mathrm{y}/B_\mathrm{x} = \sin \omega t / \cos \omega t = \tan \omega t$.

Die Flussdichte des Drehfeldes ist ein Vektor von konstantem Betrag, der mit konstanter Winkelgeschwindigkeit gegenläufig zum Uhrzeigersinn umläuft (die zeitlich fortschreitende Drehbewegung drückt sich im Klammerterm von Gl. (5.2.9) aus).

Die Drehrichtung bleibt bei Änderung aller Stromrichtungen erhalten.

Für ausgewählte Zeitpunkte zeigt Abb. 5.2.6d die räumliche Lage des Flussdichtevektors. Zur Zeit $t = 0$ verschwindet $\boldsymbol{B}_1$ und der resultierende Vektor zeigt in x-Richtung, zur Zeit $\omega t = \pi/2$ weist $\boldsymbol{B}_1$ in die y-Richtung und für $\omega t = \pi$ verschwindet $\boldsymbol{B}_1$ wieder, aber die Vorzeichen von $\boldsymbol{B}_2$ und $\boldsymbol{B}_3$ ändern sich. Auch die folgende Erklärung gilt: zum Zeitpunkt $\omega t_1 = \pi/2$ führt Spule 1 maximalen Strom und bestimmt den Flussdichtevektor, zur Zeit $\omega t_2 = \pi/2 + 2\pi/3$ führt Spule 2 maximalen Strom und der Flussdichtevektor hat sich nach $\boldsymbol{B}_2$ weitergedreht usw.

Ein (Drehstrom-) Drehfeld ist ein resultierendes, mit der Frequenz des Stromes umlaufendes Magnetfeld in der Mitte dreier räumlich um 120° gegeneinander versetzter Stromschleifen, die von drei, um 120° zeitverschobenen Strömen gleicher Amplitude und Frequenz durchflossen werden. Das Drehfeld ist die Grundlage robuster Elektromaschinen (Asynchronmotor, Synchronmotor ...).

Eine Magnetnadel im Zentrum eines Drehfeldes rotiert dann ebenfalls: Prinzip eines einfachen *Drehstrommotors*. Beim Generator entsteht das Drehfeld durch Rotation eines Magneten in einer Dreiphasenwicklung. So arbeitet das Drehfeldsystem mit feststehenden Spulen (Stator) und beweglichem Polrad (Rotor) je nach Betriebsrichtung als Generator oder Motor. Der Rotorausführung nach unterscheidet man *Synchronmotoren* (mit Permanentmagnet oder Erregerwicklung) von *Asynchronmotoren* mit einer „Leiterschleife".

Asynchronmotor Das von Ständerwicklungen verursachte Drehfeld induziert in ruhenden oder allgemeiner *nicht synchron mit ihm umlaufenden* Leiterschleifen Spannungen nach dem Transformatorprinzip. Deshalb entsteht in

5.2 Elektromotor

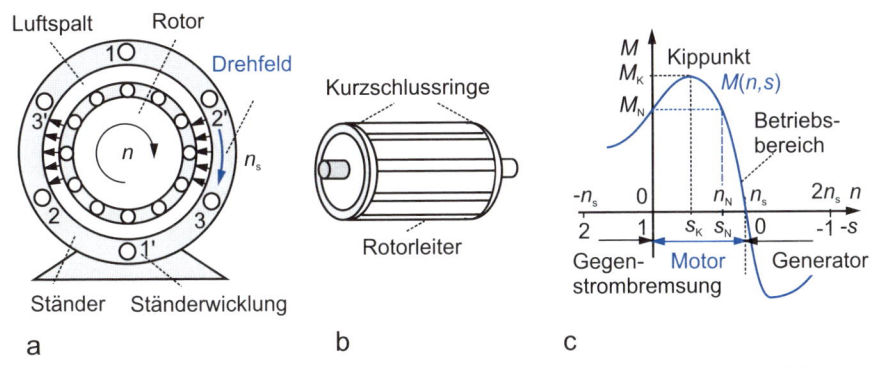

Abb. 5.2.7. Drehstrom-Asynchronmotor. (a) Aufbau aus Ständer und Rotor. (b) Rotor ausgeführt als Käfigläufer. (c) Drehmoment-Drehzahl-Verlauf

einer als Rotor ausgeführten (geschlossenen) Leiterschleife ein Strom. *Er zieht die Schleife als Folge der Lenzschen Regel dem Drehfeld nach.* Ein solcher „Induktionsmotor" ist daher einfach aufgebaut. Er wird als *Asynchronmotor* bezeichnet und besteht (Abb. 5.2.7a) aus einem Ständer mit drei Wicklungen (Drehstromwicklung) und dem Läufer ausgeführt als *symmetrische Drehstromwicklung* mit *Schleifringen* oder als Kurzschlusswicklung, dem sog. *Käfigläufer*. Das Drehfeld induziert in der Läuferwicklung Strom. Die Kraftwirkung des magnetischen Feldes auf stromdurchflossene Leiter erzeugt ein Drehmoment und damit eine Rotorbewegung in Richtung des Drehfeldes: *der Rotor läuft dem Drehfeld nach.*

Voraussetzung zur Induktion im Rotor ist, dass seine Winkelgeschwindigkeit *kleiner* als die des Drehfeldes bleibt: er läuft „asynchron" zum Drehfeld (mit seiner synchronen Drehzahl n_s). Die relative Drehzahldifferenz zwischen Drehfeld (Drehzahl n_s) und Läufer (lastabhängige Drehzahl n) ist der *Schlupf*

$$s = \left(1 - \frac{n}{n_s}\right) \quad \rightarrow \quad n = n_s(1-s). \tag{5.2.10}$$

Ein Drehmoment entsteht beim Asynchronmotor nur, wenn die Rotordrehzahl unterhalb der Statorfrequenz liegt, also bei Schlupf.

Die synchrone Drehzahl n_s ist beim Motor mit einem Polpaar gleich der Netzfrequenz: $50\,\text{Hz} \rightarrow 50/\text{s} = 3000\,\text{U/min}$ (Abb. 5.2.7b).

Die Anordnung entspricht einem mit der Drehstromfrequenz umlaufenden Stabmagnet mit Nord- und Südpol, also einem Polpaar ($p=1$). Drei Ständerwicklungen zusammengedrängt auf den halben Ständerumfang bedeuten eine Wiederholung des Drehfeldes nach 180^0 (gleichbedeutend mit Erhöhung der Polpaarzahl auf $p=2$, vierpoliger Motor) und eine Halbierung der Drehfeldwinkelgeschwindigkeit. Verallgemeinert beträgt die synchrone Drehzahl-

frequenz deshalb
$$n_\text{s} = \frac{60f}{p} = \frac{3000}{p} \left[\frac{1}{\min}\right].$$

Die synchrone Drehzahl des Asynchronmotors liegt durch Netzfrequenz und die konstruktiv bestimmte Polpaarzahl fest und ist kaum abhängig von der Last (s. u.).

Für Netzfrequenz sind typisch 3000 min^{-1}, 1500 min^{-1}, 1000 min^{-1} usw. Im *Drehzahlverhalten* gibt es folgende Situationen:

— *Rotorstillstand* (Anlaufen, $n = 0$, $s = 1$), es fließt maximaler Strom in der Läuferwicklung, der das Anlaufdrehmoment bestimmt;
— *Motorbetrieb* ($0 < n < n_\text{s}$ bzw. $0 < s < 1$): der Läufer bewegt sich in Drehfeldrichtung, der Motor nimmt elektrische Leistung auf und gibt mechanische ab. Reibungsverluste erfordern immer einen Schlupf und deswegen läuft der Motor *stets asynchron* ($n < n_\text{s}$, Name Asynchronmotor!).
— *Synchronbetrieb* ($n = n_\text{s}$, $s = 0$), Läuferantrieb und Drehfeld stimmen überein;
— *Generatorbetrieb* ($n > n_\text{s}$, $s < 0$) bei Antrieb des Läufers in Drehfeldrichtung mit einem Moment gegen die Drehfeldrichtung. Es wird mechanische Leistung aufgenommen und elektrische Leistung abgeführt;
— *Gegenbremsbetrieb* ($n < 0$, $s > 1$): Bewegung des Läufers in Gegenrichtung zum Drehfeld, dem Motor wird mechanische Leistung über den Läufer und elektrische Leistung vom Netz zugeführt. Beim Schlupf $s = 2$ dreht sich der Motor mit der Nenndrehzahl gegen das Drehfeld.

Aufbaumäßig hat der sog. *Kurzschlussläufer* eine „Wicklung" in Käfigform: Leiterstäbe, die an den Stirnseiten alle verbunden (wirken wie kurzgeschlossene Leiterschleifen) und in einen weichmagnetischen Körper eingebettet sind (Abb. 5.2.7b). Bürsten entfallen. Dieser einfache Aufbau macht den Asynchronmotor sehr zuverlässig, im Leistungsbereich oberhalb von 1 kW bestreitet er 80–85% der Anwendungen.

Als Synchronmotor mit Schleifringläufer trägt der Läufer eine Drehstromwicklung, deren Enden zu drei Schleifringen geführt ist. Über Bürsten wird der Läuferkreis durch äußere Widerstände geschlossen. So ist Drehzahlsteuerung und Steuerung des Anfahrens möglich. Nach Hochlauf werden die Schleifringe miteinander verbunden und er arbeitet wie ein Käfigläufer.

Drehmoment, Betriebskennlinie Das Betriebsverhalten des Asynchronmotors wird durch die Induktion als Folge der Relativbewegung von Drehfeld und Rotor, dem Rotorwiderstand und das Drehmoment abhängig von Rotorstrom und Drehfeldinduktion bestimmt. Die wichtigste Motorkennlinie ist der Verlauf des Drehmomentes über der Drehzahl. Ausgehend von der synchronen Drehzahl sinkt sie bei Belastung und das Drehmoment steigt (der Motor zeigt etwa Nebenschlussverhalten) bis zum *Kippmoment* M_K mit dem zugehörigen Kippschlupf s_K. Danach fällt das Drehmoment rasch. Ausgedrückt über den Schlupf s gibt es ein maximales Moment, das *Kippmoment* M_K, beim *Kippschlupf* s_K (Abb. 5.2.7c). Angenähert gilt

$$\frac{M}{M_K} = \frac{2}{s_K/s + s/s_K}. \tag{5.2.11}$$

Für $s = 1$ tritt Stillstand ein (verbunden mit dem Stillstandsmoment M_{st}). Da im Betrieb das *Nenndrehmoment* M_N interessiert, gilt für kleinere Asynchronmotoren (unter 1 kW Leistung) etwa $M_K/M_N \approx 2\ldots 3,6$ bei $s_K/s_N \approx 3\ldots 6$ und $M_{St}/M_N \approx 1,5\ldots 2,6$. Der Nennschlupf liegt zwischen $1,5\ldots 10\%$, letzter Wert für kleine Motoren. In das Betriebsdiagramm kann auch die mechanische Lastkennlinie eingetragen werden (Abb. 5.2.7c). Dabei erfordert stabiler Betrieb nur einen Schnittpunkt mit der Motorkennlinie (was bei großer Last fraglich sein kann).

> Das Drehmoment hat für Asynchronmotoren einen typischen Verlauf mit Kippmoment und Kippschlupf. Unterhalb des Nenndrehmomentes M_N sind M und n etwa proportional.

Anlassen, Drehzahlbeeinflussung Der Anlassstrom kann beträchtlich sein und bis zum 8-fachen Nennstrom betragen. *Anlaufwiderstände* senken beim Schleifringläufer im Läuferkreis die Stromspitze und sichern allmähliches Hochlaufen. Asynchronmotoren mit Kurzschlussläufer verwenden bei größeren Leistungen (> 5 kW) die *Stern-Dreieck-Umschaltung:* der Ständer arbeitet zunächst in Sternschaltung (dann liegt an einem Wicklungsstrang nur die $1/\sqrt{3}$-fache Netzspannung) und nach Anlauf wird auf Dreieck umgeschaltet. Praktische Bedeutung hat die *Drehzahlsteuerung*. Infrage kommen (neben Vergrößerung des Schlupfes durch Vorwiderstände bei Schleifringläufern oder Absenken der Ständerspannung):

- die *Polzahlumschaltung* am Ständer (durch Wicklungsumschaltung bzw. getrennte Ständerwicklungen verschiedener Polzahl), oft eingesetzt bei Haushaltanwendungen;
- die kontinuierliche *Frequenzregelung* der Ständerspannung ($n \sim f$). Dadurch ändert sich die Motordrehzahl. Das erfordert eine *Umrichterschaltung*, die die Netzfrequenz in eine Spannung mit einstellbarer Frequenz umsetzt, die heute übliche Drehzahlregelung. Sie hat den drehzahlgeregelten fremderregten Gleichstrommotor als klassischen drehzahlsteuerbaren Antrieb weitgehend abgelöst.

Asynchronmotoren können auch *einphasig*, d. h. als *Wechselstrommotoren* ausgeführt werden (s. Kap. 5.2.4).

Drehstromsynchronmaschine

> Synchronmaschinen kombinieren als Drehfeldanordnungen ein vom Dreh- bzw. Wechselstrom durchflossenes Leitersystem mit einem zeitkonstanten Magnetfeld (Permanent-, Erregerwicklung), die sich beide relativ zueinander synchron bewegen. Deshalb wird die Drehzahl durch die Frequenz der Wechselspannung und die Polpaarzahl bestimmt.

Der Aufbau einer *Drehstromsynchronmaschine* entspricht Abb. 5.2.5b, bestehend aus einer Dreiphasenwicklung und einem rotierenden Permanentmagneten (bei kleiner Leistung) oder einem gleichstromerregten rotierenden Polrad als Läufer (auch Ständer mit einer oder mehreren Wechsel- oder Drehstromwicklungen). Je nach Betrieb wirkt die Anordnung:

- als *Synchron-Generator*, wenn das Polrad rotiert und in der Ständerwicklung verkettete Spannungen induziert werden;
- als *Drehstrom-Synchronmotor*, wenn die anliegende Spannung ein Drehfeld erzeugt und der Rotor (im Leerlauf) dem Drehfeld im Stator positionsmäßig synchron folgt.

Der Ständer eines Drehstromgenerators entspricht dem des Asynchronmotors. Ferner gibt es die Innenpolmaschine mit festem Ständer und innenliegendem Polrad (für größere Leistungen) oder die Außenpolmaschine, wenn der Ständer das Magnetfeld erzeugt und die Drehstromwicklung auf dem Läufer sitzt.

Synchrongeneratoren arbeiten:

- in Kraftwerken bis zu größten Leistungen (bis 2000 MVA),
- im mittleren Leistungsbereich (Schiffsgenerator, dieselelektrische Antriebe),
- im Kleinleistungsbereich (Lichtmaschine, Schienenfahrzeuge, Fahrraddynamo).

Die induzierte Spannung ist dem Produkt $n\Phi$ von Drehzahl n und Erregerfluss streng proportional. Den einfachsten Synchrongenerator stellt die im zeitkonstanten Magnetfeld rotierende Leiterschleife zur Erzeugung einer Wechselspannung dar.

Drehstromsynchronmotor, Wirkungsweise Bei Anschalten einer Synchronmaschine an das Drehstromnetz kann das mit der Synchrondrehzahl umlaufende Drehfeld den massenbehafteten Läufer nicht sofort auf diese Drehzahl beschleunigen. Er muss durch *Anlaufhilfe* zunächst in Nähe dieser Drehzahl gebracht werden. Erst nach Einschalten des Polfeldes kommt er durch „Selbstsynchronisierung" exakt auf diese Drehzahl. Hilfsmaßnahmen sind:

- ein „Anwurfmotor" (bei größeren Einheiten), der nach erfolgter Synchronisierung mit dem Netz abgeschaltet wird;

5.2 Elektromotor

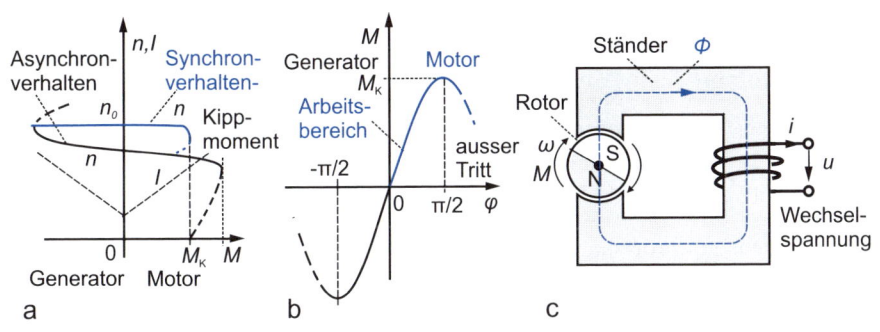

Abb. 5.2.8. Synchronmaschine. (a) Drehzahl-Drehmoment-Kennlinie. (b) Drehmoment-Kennlinien über dem Lastwinkel. (c) Einphasen-Synchronmaschine mit Permanentmagnet als Läufer

– für kleinere Synchronmotoren eine zusätzliche Anlasswicklung, mit der sie zunächst als Kurzschlussläufer anlaufen. Sie wird nach der Synchronisierung wirkungslos. Bei kleinen Motoren reicht oft ein „Handanwurf": der Motor wird entsprechend der Winkelgeschwindigkeit des Feldes in Drehung versetzt, die er anschließend fortsetzt.

Die Inbetriebnahme einer Synchronmaschine erfordert zunächst eine Synchronisierung beider Drehfelder, also Rotordrehzahl und Ständerdrehfeld, durch Hilfsmaßnahmen.

Abbildung 5.2.8a zeigt die Drehzahl-Drehmoment-Kennlinie nach Anlauf und Synchronisation des Motors. Bei Leerlauf stehen den Rotorpolen die gegennamigen des Ständerdrehfeldes gegenüber und der Rotor läuft mit der synchronen Drehzahl: das Ständerfeld „zieht ihn mit". Bei Belastung verschieben sich die Rotorpole gegenüber den Ständerpolen. So entsteht eine Tangentialkraft zwischen Ständer und Rotor und ein Drehmoment (Abb. 5.2.8b). Deshalb unterscheiden sich die Polachsen von Läufer und Drehfeld um einen *Last-* oder *Polradwinkel* φ, der mit wachsendem Lastmoment M wächst. Er verschwindet bei idealem Leerlauf (keine Verluste): Läufer- und Feldachsen fallen zusammen. Weil die Polachse maximal senkrecht zur Feldachse liegen kann, erreicht der Lastwinkel maximal 90°. Hier steht der Läufer allerdings in einer labilen Lage und „fällt außer Tritt": er bleibt stehen.

Im *Generatorbetrieb* hingegen bleibt das Ständerdrehfeld (die Wirkung) hinter dem rotierenden Läufer (der Ursache) zurück, deshalb wechselt das Vorzeichen des Lastwinkels.

Synchronmotoren haben eine last- und spannungsunabhängige Drehzahl. Die Last beeinflusst nur den Winkel zwischen Ständer- und Rotorfeldachsen.

> Oberhalb eines zu großen antreibenden oder bremsenden Drehmoments fällt die Synchronmaschine außer Tritt.

Die einfachste Synchronmaschine (Wechselstromsynchronmaschine) ist der magnetische Kreis mit einer Wicklung, unterbrochen durch einen rotierenden Permanentmagneten (Abb. 5.2.8c).

Dem Synchronmotor eng verwandt ist der bürstenlose Gleichstrommotor (s. Kap. 5.2.2). Er hat gleichen Aufbau, unterscheidet sich aber durch die Art der Wicklungsansteuerung.

Im *Motorbetrieb* arbeiten Synchronmaschinen:

— als Großmotoren dort, wo es auf konstante Drehzahl ankommt (Schiffsantriebe, Förderanlagen, Zementmühlen, Walzstraßen ...);
— im mittleren Bereich als Stellmotoren;
— vielfältig im Kleinleistungsbereich (Uhren, Stellantriebe, Zähler).

Der Einsatz von Synchronmotoren stieg erst durch die Drehstromerzeugung variabler Frequenz und Amplitude (Anlaufsteuerung) mit Frequenzumrichtern. Dann kommen ihre Vorteile (Wegfall des Kommutators, lastunabhängige Drehzahl, kompakterer Aufbau als Asynchronmotoren) voll zur Geltung.

❯ 5.2.4 Wechselstrom-, Universalmotor

Der Bedarf an Wechselstrommotoren in Haushalt, Gewerbe und Industrie ist groß, besonders im Leistungsbereich unter 1...2 kW mit netzfrequenzunabhängiger Drehzahl zwischen 1000 und 20.000 U/min. Für größere Leistungen, beispielsweise Lokomotivantriebe mit $16\frac{2}{3}$ oder 50 Hz Betriebsfrequenz, werden umrichtergespeiste Drehstrommotoren eingesetzt. Vom bisherigen Motorspektrum bieten sich für den Wechselstrombetrieb an:

— der *Universalmotor* übernommen vom Gleichstrommotor,
— der *Asynchronmotor* mit Hilfskondensator oder Universalmotor mit Hilfswicklung (Spaltpol-, Kondensatormotoren),
— der Einphasensynchronmotor.

Universalmotoren Sie sind dem Aufbau nach zweipolige Gleichstromreihen- oder -nebenschlussmotoren. Weil bei Vertauschung ihrer Anschlüsse die Drehrichtung erhalten bleibt, arbeiten sie grundsätzlich auch mit Wechselspannung. Praktisch durchgesetzt hat sich nur der Reihenschlussmotor, er wird als Universalmotor verstanden.

5.2 Elektromotor

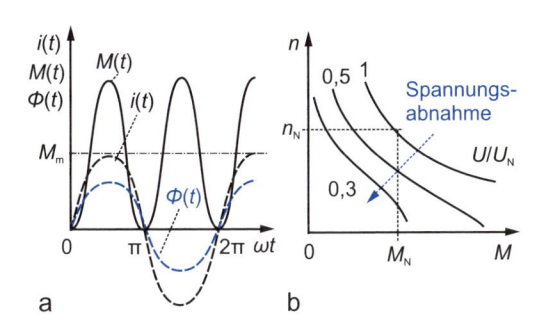

Abb. 5.2.9. Universalmotor. (a) Zeitverlauf von Strom und Drehmoment. (b) Einfluss der Versorgungsspannung auf die Drehzahl-Drehmoment-Kennlinie

Beim Nebenschlussmotor erzwingt die hohe Induktivität der Feldwicklung eine zu große Phasenverschiebung zwischen Feld- und Ankerstrom und das Drehmoment sinkt stark ab. Der Reihenschlussmotor hat diesen Phasenunterschied nicht.

Universalmotoren sind Gleichstrommotoren (meist vom Reihenschlusstyp), die mit Gleich- und Wechselstrom betrieben werden.

Sie werden immer 2-polig ausgeführt, berücksichtigen im Aufbau des magnetischen Kreises mögliche Wirbelströme (lamellierte Bleche) und reduzieren die starke Funkenbildung am Kommutator (ständige Stromunterbrechung) als Quelle hochfrequenter Störungen durch Entstörkondensatoren.

Betriebsweise Die Reihenschaltung von Anker und Feld führt phasengleichen Wechselstrom $i(t) = \hat{I}\sin\omega t$ (drehmomentbildend). Dabei entsteht in der Erregerwicklung ein stromproportionaler Wechselfluss $\Phi(t)$. Er induziert im Anker (Drehzahl n) die Spannung $u_{qi}(t) = c\hat{\Phi}2\pi n \cdot \sin\omega t$. Mit der Ankerleistung $p(t) = u_{qi}i(t)$ entsteht das Drehmoment (Abb. 5.2.9a)

$$M(t) = \frac{p(t)}{2\pi n} = c\hat{\Phi}\hat{I}\sin^2\omega t = \frac{c\hat{\Phi}\hat{I}}{2}(1 - \cos 2\omega t) = M_{\max}(1 - \cos 2\omega t).$$

Das Drehmoment $M(t)$ pendelt mit doppelter Netzfrequenz um den (nutzbaren) arithmetischen Mittelwert.

Das verursacht zusätzliche Geräusche und mechanische Schwingungen.

Die Drehzahl-Drehmoment-Kennlinie entspricht etwa der des Gleichstrommotors $n \sim 1/\sqrt{M}$. Auch hier besteht die Gefahr des „Durchgehens" bei Entlastung. Die Drehzahlsteuerung erfolgt auf gleiche Weise wie beim Gleichstrommotor (Abb. 5.2.9b), nämlich Feldschwächung (Anzapfen der Erregerwicklung) bzw. Spannungsabsenkung durch vorgeschaltete elektronische Regler. Im Wechselstrombetrieb ist das maximale Drehmoment bei gleicher Drehzahl (durch spezifische Wechselstromverluste) meist geringfügig kleiner als im Gleichstrombetrieb.

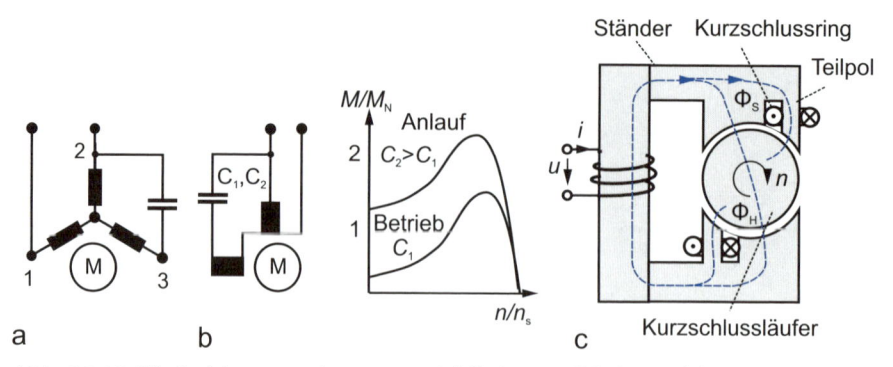

Abb. 5.2.10. Wechselstromasynchronmotor. (a) Steinmetz-Schaltung. (b) Kondensatormotor. (c) Spaltpolmotor für kleine Leistung

Universalmotoren haben wegen des großen Anlaufmomentes ein breites Anwendungsfeld (Haushaltgeräte, Elektrowerkzeuge, u. a.).

Ein weiteres Wechselstrommotorprinzip stammt vom Asynchronmotor. Er läuft bei Ausfall einer Phase (Übergang zu zwei- oder einphasigem Anschluss) mit reduzierter Leistung zwar weiter, kann aber nach Stillstand nicht eigenständig anlaufen. Dann verhält er sich wie ein sekundärseitig kurzgeschlossener Transformator. Erst durch Anwurf bewegt er sich weiter. Dabei entsteht durch die induzierten Läuferströme ein Drehfeld in Drehrichtung und der Motor arbeitet als Einphasenmotor. Ein eigenständiger Anlauf kann durch zusätzliche Schaltelemente oder konstruktive Änderungen (z. B. Hilfswicklung) erreicht werden. Die einfache Lösung nach Steinmetz (s. Bd. 3, Abb. 5.2.10a) führt die dritte Phase über eine große Kapazität an eine der beiden anderen Phasen. Dadurch hat der Spulenstrom nur eine Phasenverschiebung von etwa 90° (statt 120°) und der Motor zeigt brauchbares Anlauf- und Betriebsverhalten. Daran lehnt der *Kondensatormotor* an (Abb. 5.2.10b) mit nur zwei, um 90° räumlich versetzten Wicklungen (Haupt- und Hilfswicklung) auf dem Ständer. Durch letztere fließt ein zeitlich um etwa 90° verschobener Strom. Wir betrachten zwei verbreitete Lösungen: den Kondensator- und den Spaltpolmotor.

Beim *Kondensatormotor* werden zwei räumlich senkrechte Wechselfelder addiert, die zeitlich um 90° phasenverschoben sind. So entsteht bei Amplitudengleichheit ein Drehfeld. Nach Anlauf wird die Hilfswicklung abgeschaltet. Die Kondensatorgröße bestimmt das Anlaufmoment; man kann z. B. mit großem Kondensator anfahren und nach dem Hochlaufen auf einen kleineren umschalten. Solche Motoren sind im Leistungsbereich bis 2000 W in Haushaltgeräten weit verbreitet (Kühlschrank, Waschmaschine, Pumpen, Lüfter).

Eine andere Spezialform des Einphasen-Asynchronmotors ist der *Spaltpolmotor* (Abb. 5.2.10c). Seine Polschuhe sind in zwei Bereiche unterteilt: die Hauptwicklung und die (kleinere) Kurzschlusswindung. In ihr induziert das Wechselfeld einen Strom, der den Flussanteil durch die Hilfswicklung um 90° gegen den Fluss der Hauptwicklung Φ_H verschiebt. Diese räumlich-zeitlich versetzten Flüsse addieren sich zu einem Drehfeld in Drehrichtung Haupt- zu Spaltpol (konstruktiv bestimmte

Drehrichtung). Solche Motoren sind durch ihren einfachen Aufbau die wirtschaftlichsten Wechselstrommotoren im Leistungsbereich unter 300 W (Pumpen, Lüfter).

Neben dem Asynchronmotor mit Hilfsmaßnahmen wird auch der *Einphasen-* oder *Wechselstrom-Synchronmotor* mit Permanenterregung (Abb. 5.2.8c) im Kleinleistungsbereich eingesetzt. Er braucht zum „Tritt fassen" eine Anlaufhilfe, beispielsweise eine um 90° versetzte Hilfswicklung (Zweiphasen-Synchronmotor). Sie definiert die Drehrichtung im Gegensatz zum Einphasenmotor, der je nach Anwurf in beiden Richtungen anlaufen kann. Das entfällt beim Betrieb mit Frequenzumrichter, der die Frequenz kontinuierlich von Null auf Netzfrequenz steuert.

Die Einsatzgebiete des Wechselstromsynchronmotors liegen dort, wo konstante Drehzahl und einfache Bauweise gefordert sind: Uhren-, Stell-, Pumpen-, Ventilantriebe u. a.

◆ 5.2.5 Schrittmotor

Unterschiedlichste Positionierungsaufgaben erfordern schrittweise steuerbare Bewegungen, vorgegeben in digitalisierter Form. Die Lösung ist der Schrittmotor mit *schrittweiser* Bewegung der Motorwelle um definierte Winkelschritte durch ein impulsartig weitergeschaltetes Statormagnetfeld.

> Schrittmotoren sind elektromechanische Energiewandler mit digitaler Informationsaufbereitung, die eine schrittweise Rotations- oder Linearbewegung in bestimmten Winkelschritten nach einem Steuerprogramm durchführen.

Zum Motorantrieb (Abb. 5.2.11a) gehört ein *Steuergerät* (Logik zur Erzeugung der Impulsfolge, Leistungselektronik-Stellglied), das Steuerimpulse (als zyklische Folge oder Programm) erzeugt und der eigentliche *Schrittmotor* als elektrisch-mechanischer Schrittumsetzer. Die Steuerimpulse bewegen den Läufer definiert um dem Winkel $\varphi = n\alpha$ mit dem Motorschrittwinkel α.

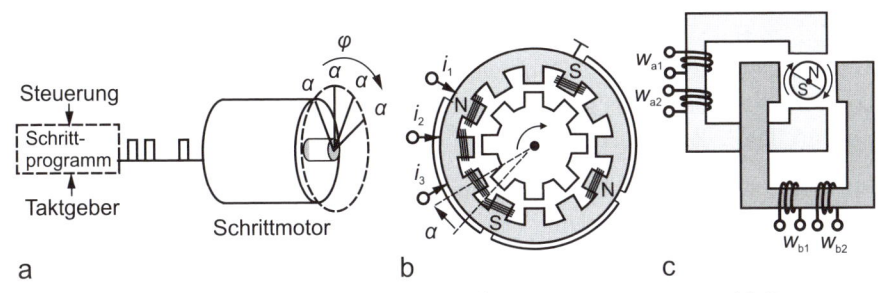

Abb. 5.2.11. Schrittmotor. (a) Steuerprinzip. (b) Reluktanzschrittmotor. (c) Permanentmagnetschrittmotor

Aufbau Schrittmotoren werden als Reluktanz-, Hybrid- oder Permanentmagnetmotor ausgeführt. *Reluktanzmotoren* haben als Merkmal ausgeprägte Pole oder Nuten im Läufer bzw. Ständer (Abb. 5.2.11b). Dadurch ändert sich bei Drehbewegung der magnetische Widerstand (Reluktanz). Die Feldkraft dreht den Anker stets auf minimalen magnetischen Widerstand. Praktisch rotiert ein Rotor mit ausgeprägten Polen aus weichmagnetischem Material in einem Ständer mit mehreren Magnetspulen. Die Drehbewegung entsteht durch Anziehen des nächsten Rotorpolzahnes bei Einschalten der Folgespule.

Der *Permanentmagnetschrittmotor* (Abb. 5.2.11c) hat einen spulentragenden Stator aus Weicheisen. Durch zyklisches Fortschalten der Statorspulen wird der Rotor schrittweise durch die magnetische Kraft nachgezogen.

Der *Hybridschrittmotor*, heute am meisten verwendet, kombiniert beide Bauformen: der Dauermagnet trägt zusätzlich noch einen gezahnten Weicheisenkranz. Die Läuferbauform bestimmt den Schrittmotortyp.

Der *Reluktanzschrittmotor* hat im einfachsten Fall zwei Steuerwicklungen auf einem vierpoligen Ständer und einen Läufer mit ausgeprägten Polen. Bei zyklischer Erregung der Steuerwicklung durch Steuerimpulse stellt sich der Polrotor jeweils auf minimalen magnetischen Kreiswiderstand ein. Durch Erregung der Folgewicklung dreht das Polrad einen Schritt weiter. So wird bei jedem Stromimpuls ein genau definierter Winkelschritt ausgeführt. Zwei- und mehrphasige Motoren mit $m = 2\ldots 5$ Wicklungssträngen und $2p$ Polen führen zum minimalen Schrittwinkel $\alpha = 360°/(2pm)$ von wenigen Grad. Erreicht werden bis zu 200 Schritte pro Umdrehung, im sog. *Mikroschrittbereich* auch deutlich mehr.

> Der Schrittmotor entspricht nach Aufbau und Funktion einem Synchronmotor, dessen Rotor durch ein rotierend-schrittweise gesteuertes Ständerfeld um einen Schrittwinkel weiterdreht und der Vorgang zyklisch fortläuft.

Schrittmotoren arbeiten im Voll- oder Halbschrittbetrieb. Im ersten Fall erhält nur eine Statorwicklungen den Stromimpuls und der Läufer stellt sich auf sie ein. Im Halbschrittbetrieb werden abwechselnd ein oder zwei benachbarte Wicklungen eingeschaltet. Dann wechselt der Läufer direkt auf den zugehörigen Ständerpol und anschließend auf eine Mittelstellung. So bewegt er sich nur um den halben Schrittwinkel.

Schrittmotoren haben keine Sensoren zur Erkennung der Rotorposition. Deshalb muss die Schrittsteuerung sehr genau ablaufen, außerdem kann der Rotor bei zu großer Last dem Drehfeld nicht mehr nachfolgen.

Die Anwendungen sind vielfältig: Positionierantriebe (Werkzeugmaschinen, Regelungstechnik, Sensoren, Programmgeber, Belegleser, Ventilverstellung), Einstellaufgaben (Spiegel, Scheinwerfer, Sitze). Man findet sie weiter in Robotern, Handhabungsgeräten, Positioniertischen, in der Leiterplattenbestückung, auch in der Informationstechnik: Drucker, Plotter, Schreibmaschinen, Diskettenlaufwerke, Scanner, Festplatten-, CD-ROM-Laufwerke. In der Fototechnik dienen sie zu Projektorantrieb und Kamerablendensteuerung. Auch analoge Quarzuhren verwenden Schrittmotoren (Leistungsbereich $< 10\,\mu\text{W}$). Sie werden auch als Linearantrieb ausgeführt.

❯ 5.2.6 Linearmotor

Neben rotatorischen Bewegungen gibt es zahlreiche Anforderungen mit *linearen* Bewegungen. Abgesehen von der Wandlung durch aufgabenspezifische Rotations-Translations-Umformer (Zahnräder, Spindeln, Hebel, Kurbeln) mit ihren Nachteilen (bewegte Massen, Positionierprobleme) bieten *Lineardirektantriebe*[4] eine Alternative. Ihre Grundlage ist die elektrodynamische Kraftwirkung (stromdurchflossener Leiter im Magnetfeld), oft unterstützt durch die Reluktanzkraft zufolge bewegungsbedingter Änderung des magnetischen Kreises.

Linearantriebe bieten mehrere Vorteile: großflächige, berührungslose Kraftübertragung auf das Transportmedium, Wegfall mechanischer Übertragungselemente. Nachteilig ist die problemspezifische Ausführung für den jeweiligen Fall, deshalb gibt es keine Motorbaureihen.

Beispiele von Linearantrieben sind die bewegte Leiterschleife im Magnetfeld (Abb. 3.3.13), der dynamische Lautsprecher (Abb. 4.3.14a, aus Motorsicht ein „Tauchspulmotor") und der Elektromagnet mit kleinem Bewegungsspielraum.

Prinzip Der Linearmotor entsteht aus dem Rotationsmotor mit Ständer und Läufer unbegrenzt wirksamer Länge durch „Abrollen in der Ebene" (Abb. 5.2.12a): die unbegrenzte Rotationsbewegung wird zur begrenzten Translationsbewegung. Zur Verlängerung der Fahrstrecke wird so entweder der Stator ($\rightarrow$ Langstator) oder der Läufer ($\rightarrow$ Kurzstator) verlängert. Dabei gelangt die Antriebsenergie auf den bewegten Teil (aufwendiger), beim Langstatormotor auf den feststehenden. Genutzt werden die Lorentz-Kraft (meist), aber auch die Grenzflächenkraft (s. Kap. 4.3.2.3). Weitere Unterscheidungsmerkmale des Linearmotors sind neben dem Funktionsprinzip die Art des bewegten Systems (Spule, Erreger- oder Dauermagnet), Magnetfeldgestaltung, die Luftspaltausführung (mechanisch fest eingestellt oder durch Magnetkraft fixiert) u. a. m. Abb. 5.2.12b zeigt eine Anordnung mit bewegter Spule und feststehendem Permanentmagneten, Abb. 5.2.12c eine mit beweglichem Magnet. Derartige Bauprinzipien sind variantenreich, vor allem

---

[4] Von C. Wheatstone 1858 erfunden.

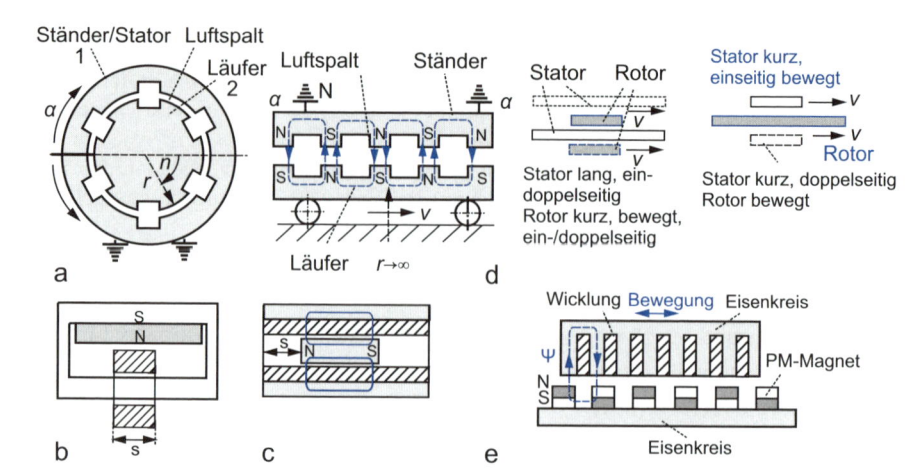

Abb. 5.2.12. Linearmotor. (a) Ableitung des Linearmotors aus dem Rotationsmotor. (b) Linearmotor mit bewegter Spule in Zylinder- oder Kastenform und feststehendem Permanentmagnet. (c) dto. mit bewegtem Magnet und fester Spule. (d) Prinzipformen mit unterschiedlichen Rotor-/Statorlängen. (e) Kammform

bezüglich der relativen Länge von Rotor und Stator (Abb. 5.2.12d). Neben der Spulenform Abb. 5.2.12b,c gibt es auch kammförmige Anordnungen (Abb. 5.2.12e).

Im Betriebsverhalten hat der Linearmotor folgerichtig statt der Drehmoment-Drehzahl-Kennlinie die *Kraft-Geschwindigkeits-* oder *Kraft-Weg-Kennlinie*. Weitere Besonderheiten sind:

– die Start-Stop und Umsteuer-Vorgänge bei jeder Bewegung,
– der begrenzte Hub und die stärkeren mechanischen (dynamischen) Gegenkräfte (Massenbewegung, Lastkraft ...).

> Wegen des direkten Bezugs zum Rotationsmotor gelten alle bekannten Motorprinzipien auch für den Linearmotor.

Verbreite Linearmotoren sind Asynchronmotoren mit Kurzschlussläufer, permanenterregte Synchronmotoren, Gleichstrom- und geschaltete Reluktanzmotoren (Gerätebau). Wir greifen einige Beispiele heraus.

Elektrodynamischer Linearmotor Dem Gleichstrommotor entspricht der *elektrodynamische Linearmotor*. Auch hier bewegt sich ein gleichstromdurchflossener Leiter im zeitkonstanten Magnetfeld allerdings nicht auf einer Kreisbahn, sondern linear. In seiner praktischen Ausführung (Tab. 5.4) gibt es große Vielfalt durch die bewegten Teile, ihre Abmessungen, die Spulengestaltung und den räumlichen Magnetfeldbereich. Je nach Erregerfeldgestaltung

5.2 Elektromotor

Tab. 5.4. Übersicht Linearmotoren

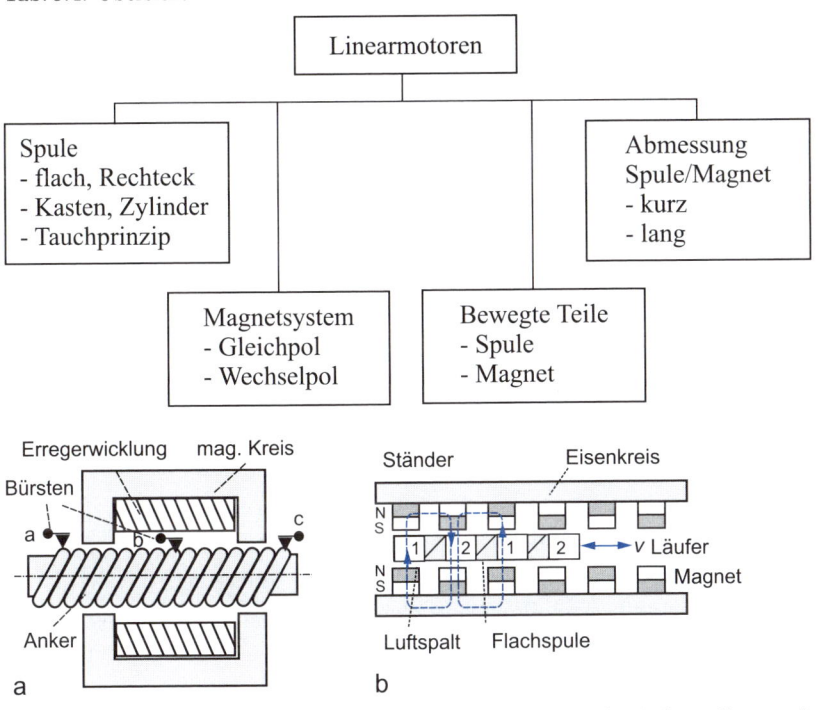

Abb. 5.2.13. Linearmotor. (a) Gleichpolmotor mit mechanischer Kommutierung. (b) Wechselpolmotor

existieren Gleich- und Wechselpolausführungen. Während sich beim Gleichstrommotor der gleiche Leiter abwechselnd durch das Magnetfeld eines Nord- und Südpols bewegt, macht beim Linearmotor auch eine Bewegung nur im gleichen Polfeld Sinn: *Gleichpolmotor*.

Der *Gleichpolmotor ohne Kommutierung* nutzt das dynamische Lautsprecherprinzip mit bewegter Zylinderspule (auch Kasten- oder Flachspule). Sie erlaubt einen *Schwenkantrieb*, etwa zur Kopfpositionierung in Festplattenlaufwerken oder beim CD-Player.

Ein *Gleichpolmotor mit Bürstenkommutierung* entsteht (Abb. 5.2.13a), wenn die im Erregerkreis bewegliche Ankerspule über Schleifkontakte a–c zugänglich ist. Dann kann der Ankerstrom so fließen, so dass sein Magnetfeld in Richtung oder entgegengesetzt zum Erregerfeld wirkt: Ankerbewegung nach links oder rechts. Je nach der Schaltung von Erregung und Anker (Neben-, Reihenschluss) stellt sich ein v, F-Verhalten analog zur Drehzahl-Drehmoment-Kennlinie des Gleichstrommotor ein.

Größere Bewegungslängen erfordern *Wechselpolfelder* mit alternierender Folge magnetischer Teilbereiche (Abb. 5.2.13b). So durchsetzt der Fluss jeweils nur den Nachbarabschnitt und zieht die Ankerspule nach. Durch Aneinanderreihung zweier Spulen und Stromkommutierung (meist elektronisch) bewegt sich dann die Ankerspule fortlaufend. Das Erregerfeld kann ebenso durch Spulen entstehen.

Ein weiterer Vorteil des Linearantriebs ist die Erweiterbarkeit auf mehrere Koordinaten (x, y- oder x, y, ϕ-Koordinaten) ohne mechanische Zwischenlösungen, wie sie Positionieraufgaben (Messtechnik u. a.) erfordern.

Asynchronlinearmotor Breite Anwendung finden *drehstrombetriebene Linearmotoren* in Synchron- und Asynchronausführung mit Kurz- und Langständer. Beide entstehen durch „Aufschneiden und Abwickeln" der entsprechenden rotierenden Maschinen.

Beim Aufrollen eines aufgeschnittenen Stators des Asynchronmotors (Primärteil mit Ständerwicklung, Abb. 5.2.14) entsteht ein kammförmiger *Erreger-* oder *Induktorkamm* mit der eingelegten 3-phasigen Wicklung (die sich längs des Bewegungsweges beständig wiederholen muss). In ihm mutiert das Drehfeld zum *transversal bewegten Feld*, einem *Wanderfeld* $B(x,t)$. Es breitet sich über den Induktor mit der Synchrongeschwindigkeit v_s (typ. 1...15 m/s) aus und durchläuft während einer Periode die Länge $2\tau_\mathrm{p}$ (doppelte Polteilung τ_p): $v_\mathrm{s} = 2\tau_\mathrm{p} f$. Die Rolle des Kurzschlussläufers beim Asynchronmotor übernimmt eine ebene, gut leitende Metallplatte, die *Reaktionsschiene* (Schiene, Läufer, Sekundärteil). In diesem „Läufer" entsteht ein Induktionsfeld mit Wirbelströmen. Ihre Wechselwirkung mit dem Magnetfeld erzeugt eine Kraft in Richtung des Wanderfeldes und es kommt zur Translation: das Wanderfeld zieht den Läufer mit. Die Kraft hängt wie beim Asynchronmotor vom Schlupf ab. Die Relativgeschwindigkeit v zwischen Sekundär- und Primärteil

$$v = v_\mathrm{s}(1 - s), \quad v_\mathrm{s} = 2f\tau_\mathrm{p}$$

wird durch Wanderfeldgeschwindigkeit v_s, Schlupf s und die Polteilung τ_p bestimmt. Die größte Kraftwirkung entsteht bei Stillstand ($v = 0$). Weil der Luftspalt konstruktiv größer als beim Drehfeldmotor sein muss, hat der Linearmotor einen größeren Schlupf.

Oft wird der magnetische Kreis durch einen magnetischen Rückschluss über dem Läufer oder einen gespiegelten oder Doppelinduktor verbessert.

Der Bauform nach gibt es den *Langständermotor* mit dem Induktor verteilt über die Bewegungslänge (Verkehrszwecke, Transrapid, Achterbahnen) und den *Kurzständermotor* entweder mit fester Läuferschiene und bewegtem Induktor oder umgekehrt.

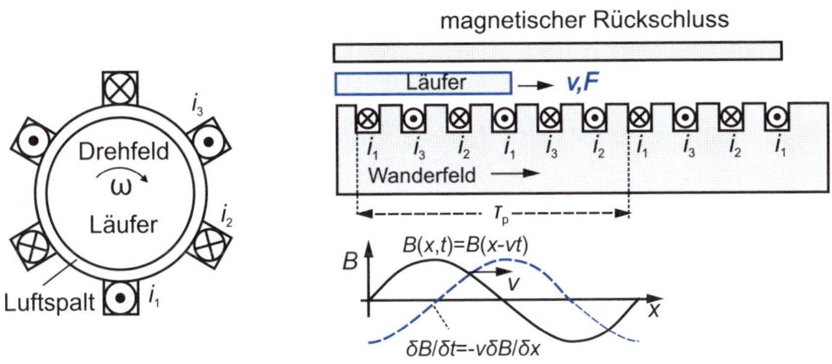

5.2 Elektromotor

Abb. 5.2.14. Asynchronlinearmotor. Aufbau und Funktionsprinzip

Beim Transrapid liegt die Drehstromwicklung längs der Trasse (in Abschnitte unterteilt) und die Fahrgastkabine sitzt auf dem Läufer. Seine Wicklung wird, wie bei der Synchronmaschine, mit Gleichstrom erregt. Man gewinnt ihn durch induktive Kopplung aus Oberwellen des Ständerfeldes. So entfallen Schleifer zur Gleichstromübertragung.

Voraussetzung für den Betrieb von Linearmotoren ist eine *frequenzregelbare Drehstromversorgung* zum Anfahren und Abbremsen.

Charakteristisch ist ein s,F-Verlauf mit dem typischen Kipppunkt des Asynchronmotors (Abb. 5.2.14), denn analoge Größen sind Schubkraft F und Drehmoment M, Geschwindigkeit v und Drehzahl n. Die Kraft-Geschwindigkeitskennlinie des Linearmotors beginnt mit hohem Einschaltwert und sinkt mit der Last (stärker als beim Asynchronmotor) ab.

Linearmotoren haben breite Einsatzgebiete:

- Werkzeugmaschinen, Hochgeschwindigkeits- und Maschinenschlitten,
- Automatisierungstechnik: Förder- und Verkettungsanlagen, Transport- und Bestückungssysteme, Drucktechnik, Prüfautomaten, Hebeeinrichtungen,
- Gerätetechnik: Positionierantriebe (Messsonden, Schreibstifte in Plottern), Textilmaschinen, Drucker, Textverarbeitungsmaschinen, Festplatten-, CD-ROM-Laufwerke, Scanner, Objektivsteuerung,
- Maschinenbau: Laserbearbeitung, Bondeinrichtung, Leiterplattenbearbeitung, Bearbeitungsmaschinen,
- Robotertechnik: sphärische Motoren für mehrdimensionale Bearbeitung,
- Verkehrstechnik: Hochgeschwindigkeitssysteme. Man verlegt entweder den Sekundärteil (Reaktionsschiene) im Boden und verlagert den Primärteil ins Fahrzeug oder versieht die ganze Transportstrecke mit einer Wicklung, wobei nur der Teil unter Spannung stehen muss, über dem sich das Fahrzeug (Läufer) gerade befindet (Transrapid-Prinzip).

Zusammenfassung: Kapitel 5

1. Typische elektromechanische Aktoren sind Elektromagnet und Elektromotor zur Erzeugung translatorischer oder rotatorischer Bewegung durch Wandlung elektrischer in mechanische Leistung mit einem zeitveränderlichen Magnetfeld als Mittler. Grundlage: Dreh-/ fortschreitende Bewegung durch Kräfte (anziehend, abstoßend) zwischen zwei Magnetfeldern (eines fest, eines beweglich oder beide zueinander in Relativbewegung). Wenigstens ein Feld wird durch Strom (Lorentz- oder Reluktanzkraft im magnetischen Kreis) erzeugt. Der feststehende Magnetfeldbereich ist der Stator, der bewegliche der Rotor/Anker.

2. In jedem Motor wirken gesetzmäßig zusammen: die strombedingte Kraftwirkung (Bewegungsursache), die bei der Leiterbewegung induzierte Gegenspannung (mit Gegenstrom nach der Lenzschen Regel im Versorgungskreis, der die Bewegung zu hemmen sucht) und die Überwindung der Gegenspannung durch die anliegende Spannung. So wird elektrische Leistung in mechanische ($p_{\text{mech}} = Fv$ bzw. $p_{\text{mech}} = M\omega$) umgesetzt.

3. Der Leistungsumsatz erfolgt über die Änderung der magnetischen Energie W_{m} (Folge: Induktionswirkung): $p_{\text{el}} = p_{\text{mech}} + \frac{\mathrm{d}W_{\text{m}}}{\mathrm{d}t}$. Die magnetische Energie variiert durch Veränderung des Luftspaltvolumens (Arbeitsraum des Energieumsatzes, Änderung erforderlich) als dominierender Speicherort der magnetischen Energie.

4. Nach Art der Magnetfelderzeugung gibt es drei Motorgruppen: Gleichstrom-, Synchron- und Induktions- oder Asynchronmotoren.

5. Der Gleichstrommotor besteht aus einem feststehenden konstanten Magnetfeld (Dauermagnet, Erregerspule, Stator) und mindestens einer beweglichen Leiterschleife (Anker) versehen mit dem Kommutator/Umschalter. Prinzip: bewegliche (meist drehbare) Leiterschleife im Magnetfeld. Je nach Schaltung von Erregerspule und Anker gibt es Haupt- und Nebenschlussmotor als wichtigste Formen.

6. Weil sich beim Hauptschlussmotor im Betrieb mit Wechselspannung die Polung von Erreger- und Ankerfeld gleichzeitig ändert, arbeitet er auch mit Wechselstrom (Universalmotor).

7. Grundlage des Synchronmotors ist ein Drehfeld. Es entsteht durch drei räumlich um 120° kreisförmig angeordnete Spulen, versehen mit drei zeitlich um 120° versetzten gleichen Strömen. Das Drehfeld zieht einen mittig drehbar angeordneten Magnet (Rotor) mit, er läuft ihm synchron nach. So stimmt seine Drehzahl mit der des Drehfeldes überein. Deshalb läuft ein solcher Motor bei fester Netzfrequenz nicht an (Anwurf erforderlich). Erst variable Frequenzsteuerung erlaubt Selbstanlauf.

8. Beim Induktions- oder Asynchronmotor bewegt sich ein Läufer (Rotor aus kurzgeschlossenen Leiterschleifen) im Drehfeld. Durch Induktion ent-

steht in ihm ein Kurzschlussstrom und so ein Magnetfeld, das dem Drehfeld entgegen gerichtet ist. Resultierend wirkt ein Drehmoment auf den Rotor, er läuft nach. Damit sich das resultierende Magnetfeld ändert (und damit Induktion fortbesteht), muss er sich geringfügig langsamer drehen. So entsteht ein Schlupf; er ist für die Energieübertragung unerlässlich.
9. Die Grundprinzipien rotierender Motoren sind voll auf Linearmotoren übertragbar.

Selbstkontrolle: Kapitel 5

1. Was ist das Grundprinzip eines Motors?
2. Welche Grundgleichungen bestimmen das Verhalten eines Motors?
3. Welche Typen von Elektromotoren gibt es?
4. Geben Sie die Grundgleichungen eines Gleichstrommotors an!
5. Wie funktioniert die Motorbremsung?
6. Erläutern Sie das Drehmoment, das eine stromdurchflossene Spule (w Windungen, Strom I, Spulenfläche A) im homogenen Magnetfeld (Flussdichte $\boldsymbol{B}$) erfährt! Wie kann daraus ein Motor hergestellt werden?
7. Erläutern Sie das Prinzip der Wirbelstrombremsung durch elektrotechnische Gesetze!
8. Was bedeutet der Begriff der Kommutierung?
9. Was ist ein Drehfeld?
10. Was ist der Schlupf?
11. Wie lautet der Zusammenhang zwischen Drehmoment und Drehzahlfrequenz beim Asynchronmotor?
12. Wie funktioniert ein Synchronmotor?
13. Wie hängt die Drehzahl des Synchronmotors von der Last ab?
14. Erläutern Sie den Aufbau eines Linearmotors!

Kapitel 6
Analogien zwischen elektrischen und nichtelektrischen Systemen

6	**Analogien zwischen elektrischen und nichtelektrischen Systemen**..	**569**
6.1	Physikalische Netzwerke...	569
6.1.1	Verallgemeinerte Netzwerke.....................................	570
6.1.2	Wandlerelemente..	578
6.1.3	Analyseverfahren	589
6.2	Mechanisch-elektrische Systeme	590
6.2.1	Modelle mechanischer Systeme	590
6.2.2	Elektrostatisch-mechanische Wandler.......................	593
6.2.3	Magnetisch-mechanische Wandler...........................	602
6.2.3.1	Elektromagnetische Wandler...................................	602
6.2.3.2	Elektrodynamischer Wandler	612
6.3	Thermisch-elektrische Systeme...............................	618
6.3.1	Elektrische Energie, Wärme....................................	618
6.3.2	Elektrisch-thermische Analogie...............................	626
6.3.3	Anwendungen des Wärmeumsatzes	631

6 Analogien zwischen elektrischen und nichtelektrischen Systemen

Lernziel Nach Durcharbeit des Kapitels sollte der Leser in der Lage sein

- den Netzwerkbegriff auf nichtelektrische Systeme zu erweitern
- verschiedene Zuordnungen von elektrischen zu nichtelektrischen Größen anzugeben,
- für ein nichtelektrisches System ein elektrisches Ersatzschaltbild herzuleiten,
- Verbraucher und Energiespeicher in verschiedenen physikalischen Systemen zu charakterisieren,
- das Prinzip des Wandlers zu erklären,
- die Beschreibung von Wandlern mit Bezug zur Zweitortheorie zu diskutieren,
- den Energietransport in Wandlern zu beschreiben,
- Kontinuitäts- und Kompatibilitätsgleichungen aufzustellen.

Energiewandlung wird in der Elektrotechnik breit genutzt: jeder Widerstand erwärmt sich, chemische Vorgänge sind die Grundlage der Batterien, eine Glühlampe erzeugt Strahlungsenergie, ein Generator formt mechanische in elektrische Energie um u. a. Dieses Kapitel beschreibt die Modellierung der Energiewandlung. Ziel ist dabei, ein System aus Komponenten unterschiedlicher physikalischer Teilgebiete durch *Analogiebetrachtung* als erweitertes Netzwerk nach einheitlichen Gesichtspunkten zu beschreiben.

6.1 Physikalische Netzwerke

Einführung Die Analyse elektrischer Netzwerke beruht auf physikalischen Grundgesetzen und ausgereiften mathematischen Methoden. Deshalb empfiehlt sich die Übertragung dieser Methodik auch auf andere Teilgebiete der Physik durch *Analogien*.

Physikalisch-mathematische Analogien modellieren das Systemverhalten physikalischer Teildisziplinen nach elektrotechnischen Systemgesichtspunkten, beschreiben also nichtelektrische Systeme und ihre Komponenten durch elektrische Systeme und Modellelemente.

Eine Analogie überträgt Kenntnisse eines Gebietes auf ein anderes (Beispiel: Anwendung des Stromkreismodells auf den magnetischen Kreis). Analogien wurden auch für thermische, mechanische und strömungstechnische (Pneumatik, Hydraulik, Akustik) Probleme entwickelt. Selbst zwischen elektrischen Stromkreisen und Feldern existieren Analogiemodelle. Ihre Grundlage sind ineinander überführbare mathematische Beschreibungen, ähnliche oder gleichartige physikalische Grundprinzipien (z. B. Bilanzgleichungen) sowie strukturelle Ähnlichkeiten im Systemaufbau und Verhalten. So liegt nahe, elektrische Netzwerke zu *physikalischen Netzwerken* zu erweitern.

Beispiel 6.1.1 Masse-Feder-Dämpfer-System In einem Masse-Feder-Dämpfer-System (z. B. Abb. 4.3.7b) wirken alle Kräfte auf die Masse (also einen Punkt) und addieren sich zu Null. Dann gilt

$$m\ddot{x} + b\dot{x} + kx = F.$$

Zum Auffinden einer analogen elektrischen Schaltung setzen wir zunächst *Kräfte mit Strömen* und *Geschwindigkeiten mit Spannungen* gleich. Dann addieren sich die Ströme in einem Knoten zu Null

$$C\dot{u}_Q + \frac{u_Q}{R} + \frac{1}{L}\int u_Q dt = i_Q \quad \to \quad C\ddot{\Psi} + \frac{\dot{\Psi}}{R} + \frac{\Psi}{L} = i_Q,$$

rechts gleichwertig mit Einführung des magnetischen Flusses ($\dot{\Psi} = u_Q$) statt der Spannung $u_Q = u$. Die Schaltungsstruktur Abb. 4.3.7c entspricht genau der mechanischen Form: verknüpft sind Kapazität und Masse, Dämpfung und inverser Widerstand sowie Federkonstante und inverse Induktivität. Der Quellenstrom entspricht der anregenden Kraft.

Alternativ können auch *Kraft und Spannung* sowie *Geschwindigkeit und Strom* zugeordnet werden; dann müssen sich Spannungen analog zu den Strömen zu Null addieren und folglich sind die Elemente in einer Masche anzuordnen. Dafür gilt

$$L\dot{i}_Q + Ri_Q + \frac{1}{C}\int i_Q dt = i_Q \quad \to \quad L\ddot{Q} + R\dot{Q} + \frac{Q}{C} = i_Q,$$

rechts wurde die Gleichung mit der Ladung $Q = \int i dt$ formuliert. Auch sie entspricht strukturell dem mechanischen Modell, allerdings korrespondieren Induktivität und Masse, Widerstand und Dämpfung sowie Federkonstante und inverse Kapazität und die Quellenspannung mit der anregenden Kraft.

Je nach Zuordnung der Größen und Grundelemente sind zwei Analogien möglich. Die Kraft-Strom-Analogie hat den Vorteil, dass die Struktur des mechanischen Systems elektrisch erhalten bleibt: Parallel- bleibt Parallelschaltung usw. und es gelten die Kirchhoffschen Regeln: Kräfte/Ströme in einem Knoten und Relativgeschwindigkeiten und Spannungen einer Masche heben sich auf. Dagegen treffen die Kirchhoffschen Regeln nicht zu, wenn Kraft und Spannung zugeordnet werden.

❥ 6.1.1 Verallgemeinerte Netzwerke

Technische Systeme transportieren bzw. wandeln Materie, Energie und/oder Information. Wir beschränken uns auf die Energie.

In energiewandelnden physikalischen Systemen mit konzentrierten Parametern, verstanden als *physikalisches Netzwerk*, haben *Energieströme* (Dimensi-

6.1 Physikalische Netzwerke

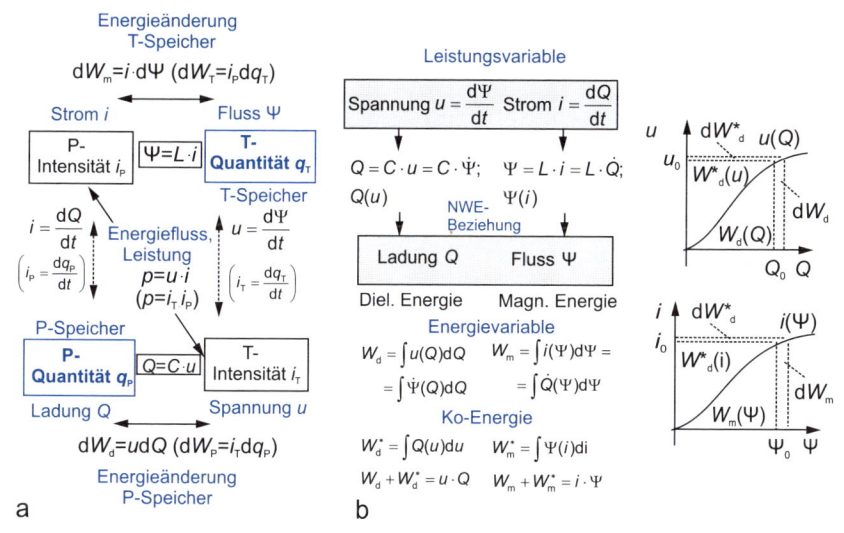

Abb. 6.1.1. Energievariable und ihre Darstellungen. (a) Verallgemeinerte Energiegrößen. (b) Zusammenhang zwischen Energie- und Leistungsvariablen in elektrischen Speicherelementen, Veranschaulichung der Energie und Ko-Energie

on Leistung pro Fläche, Gl. (4.2.3)) und zugehörige Leistungs- und Energiebilanzen grundlegende Bedeutung. Die Leistung wird stets durch die *Leistungsvariablen Strom und Spannung* bestimmt. Bei einer *Energiespeicherung* oder *-wandlung* z. B. über zeitveränderliche Energiespeicherelemente bestimmen dagegen *Energievariable* wie *Ladung Q* und *Spannung u* am Kondensator bzw. *Verkettungsfluss* Ψ und *Strom i* an der Induktivität das Verhalten. Da Energie und Leistung zusammenhängen (Gl. (4.1.1)), gehört zum Erhaltungssatz eine *Bilanzgleichung*. Energie ist aber ein allgemeiner Begriff und deswegen erfordert die Übertragung des Netzwerkkonzeptes auf andere physikalische Teilgebiete *verallgemeinerte Energie- und Leistungsvariablen*. Man führt dazu ein:

P-Variable: Zustandsgröße in einem Raumpunkt (P lat. per- durch);
T-Variable: Zustandsgröße zwischen zwei Raumpunkten (T lat. trans- über).

Für das Teilgebiet Elektrotechnik gilt beispielsweise:

– *P*-Variable: Ladung $Q = \int i \, dt$, auch *Stromstoß*, (verallgemeinert *Auslenkung x*, [*Netzwerkanalogie: Impuls p*]);
– *T*-Variable: Verkettungsfluss $\Psi = \int u \, dt$, auch *Spannungsstoß* (verallgemeinert *Impuls p* [*Netzwerkanalogie: Auslenkung x*]).

Die Zustandsgrößen Ladung Q und Fluss Ψ (Abb. 6.1.1a) kennzeichnen die Speichereigenschaften des elektrischen und magnetischen Feldes (Energie W_d,

Tab. 6.1. Netzwerkbasierte Energie- und Leistungsvariable verschiedener physikalischer Teilgebiete

Teilgebiet	Flussvariable P-Variable, Durchgröße		Potenzialvariable T-Variable, Quergröße		Leistung $p = ef$
	Leistungsvariable f – Flussgröße f – verallg. Kraft – Intensität	Energievariable q – integrierte Flussgröße – verallg. Impuls – Quantität q	Leistungsvariable e – Differenz-, Potenzialgröße e – verallg. Geschwindigkeit – Intensität	Energievariable p – integrierte Differenzgröße – verallg. Weg – Quantität p	Energie
Elektrotechnik	Strom i, [A] $i = Q'$	Ladung Q, [As] $Q = \int i\,dt$	Spannung u [V] $u = \Psi'$	Magn. Fluss Ψ [Vs] $\Psi = \int u\,dt$	$p_{\mathrm{el}} = ui$ $W = \int u\,dQ$ $ = \int i\,d\Phi$
Mechanik translatorisch	Kraft F [N] $F = kx$	Impuls p [Ns] $p = \int F\,dt$	Geschwindigkeit v [m/s] $v = x'$	Weg s [m] $x = \int v\,dt$	$p_{\mathrm{tr}} = Fv$ $W = \int F\,ds$ $ = \int v\,dp$
Mechanik rotatorisch	Drehmoment M [Nm] $p = Mx$	Drehimpuls, Drall L $L = J\omega$	Winkelgeschwindigkeit ω [s^{-1}], $\varphi' = \omega$	Winkel φ [rad]	$p_{\mathrm{rot}} = M\omega$ $W = \int M\,d\varphi$ $ = \int \omega\,dL$
Thermodynamik	Wärmefluss Φ_{th} [Nm/s] Entropiefluss S [Nm]=[W/K]	Wärmemenge Q_{th} Entropie S [Nm]=[W/K]	Temperaturdifferenz ΔT [grd]=[K] Temperatur T [grd]=[K]		$p_{\mathrm{th}} = ST$ $W = Q_{\mathrm{th}} + ST$ $p_{\mathrm{th}} = \Phi_{\mathrm{th}}$, $W = Q_{\mathrm{th}}$
Fluidik	Massen-, Volumenstrom V' [m^3]	Volumen V [m^3]	Druck p [N/m^2]	Druckimpuls p_{P} [Ns/m^3]	$p_{\mathrm{P}} = pV'$ $W = \int p\,dV$ $ = \int V\,dp_{\mathrm{P}}$

6.1 Physikalische Netzwerke

W_m). Jede Variable lässt sich als *Quantitäts-* (q) (Mengen-) bzw. *Intensitätsgröße i* ausdrücken:

$$i(t) = \frac{dq(t)}{dt} : i_T = \frac{dq_T}{dt} \rightarrow u(t) = \frac{d\Psi(t)}{dt} : i_P = \frac{dq_P}{dt} \rightarrow i(t) = \frac{dQ(t)}{dt}.$$

Die *Leistung* oder der *Energiefluss* ist das *Produkt beider Intensitätsgrößen als Folge des Übergangs zum Netzwerk* mit Knoten und Maschen:

$$p = i_T \cdot i_P \quad \rightarrow \quad p = i \cdot u = e \cdot f.$$

Physikalische Systeme haben stets zwei *Leistungsvariablen*:
— Potenzialdifferenz $e(t)$, engl. „effort" als Differenz zwischen zwei Punkten (verallgemeinert elektrische Spannung, Kraft [Netzwerkanalogie: Geschwindigkeit v]),
— Flussgröße, Strom $f(t)$ engl. „flow" als Fluss durch eine Klemme (verallgemeinert elektr. Strom, Geschwindigkeit [Netzwerkanalogie: Kraft].)

Tabelle 6.1 enthält diese Zuordnungen. Nach ihrer messtechnischen Erfassbarkeit und räumlichen Ausdehnung heißen sie auch *Quer-* und *Durchgrößen*: eine Quergröße misst man *zwischen* zwei Klemmen (deshalb 2-Punkt-Größe), *Durchgrößen* werden *an einer* Klemme gemessen. Ihre Zuordnung zu physikalischen Teilgebieten erfolgt nach *Zweckmäßigkeit*. Während manche Teilgebiete nur *eine Zuordnung* verwenden (Elektrotechnik: $e := u$ Spannung, $f := i$ Strom), verwenden *mechanische* Systeme *beide Zuordnungen*: $e := F$ Kraft, $f := v$ Geschwindigkeit oder auch $f := F$ Kraft, $e := v$ Geschwindigkeit und es gibt je nach Zuordnung von Kraft und Geschwindigkeit zu Strom und Spannung *zwei Analogien*. Soll dabei die *Netzwerkstruktur* erhalten bleiben (Parallelschaltung bleibt Parallelschaltung usw.) so erfüllt nur die schon erwähnte Zuordnung

Strom $i = f := F$ Kraft   und Spannung $u = e := v$ Geschwindigkeit

diese Bedingung (in Tab 6.1 berücksichtigt).

Bei Verwendung der Quer-Durch-Darstellung als Leistungsvariable e, f und der Zuordnung Strom $i = f := F$ Kraft und Spannung $u = e := v$ Geschwindigkeit enthalten die Knoten- und Umlaufgleichungen die gleichen Variablen und elektrische und mechanische Netzwerke unterliegen gleichen Gesetzen. Diese Festlegung heißt *Netzwerk-* oder *inverse Analogie (NWA)*.

P- und T-Variable hängen über die jeweiligen Quantitäts- und Intensitätsgrößen durch Differentiation bzw. Integration zusammen

$$Q = q_\text{P}(t) = \int_0^t f(\tau)\mathrm{d}\tau \;\to\; i = \tfrac{\mathrm{d}Q}{\mathrm{d}t} = f = \tfrac{\mathrm{d}q_\text{P}}{\mathrm{d}t}$$
$$\Psi = q_\text{T}(t) = \int_0^t e(\tau)\mathrm{d}\tau \;\to\; u = \tfrac{\mathrm{d}\Psi}{\mathrm{d}t} = e = \tfrac{\mathrm{d}q_\text{T}}{\mathrm{d}t}.$$

Q, Ψ bzw. q_P, q_T bilden *zwei konjugierte Energievariable*, links für das elektrische System, rechts als *verallgemeinerter Impuls* bzw. *verallgemeinerte Auslenkung* (zutreffend für die nicht netzwerkorientierte Analogie). Beide Analogien unterscheiden sich durch Vertauschung der konjugierten Leistungsvariablen ef (Leistung bleibt erhalten, es ändert sich nur die Zuordnung der Ko-Energie.

In physikalischen Netzwerken treten P- und T-Variable stets gemeinsam auf und die *verallgemeinerte Leistung* ist das Produkt ihrer Intensitätsgrößen

$$\begin{aligned} p(t) &= \tfrac{\mathrm{d}W}{\mathrm{d}t} = \text{Differenzgröße } e(t) \cdot \text{Flussgröße } f(t) \;\to\; \\ W(t) &= \int_0^t e(\tau)f(\tau)\mathrm{d}\tau \end{aligned} \tag{6.1.1}$$

mit der Energie als Zeitintegral der Leistung. Die *Energieänderung* eines Energiespeichers beträgt $\mathrm{d}W(t) = p(t)\mathrm{d}t = f(t)e(t)\mathrm{d}t$. Übertragen auf das elektrische und magnetische Feld (W_d, W_m) lauten dann die Änderungen der jeweiligen Speicherenergie $\mathrm{d}W_\text{d}$, $\mathrm{d}W_\text{m}$

$$\begin{aligned} \mathrm{d}W_\text{P} &= i_\text{T}\mathrm{d}q_\text{P}: \;\to\; \text{el. Feld } \mathrm{d}W_\text{d} = u\mathrm{d}Q \\ \mathrm{d}W_\text{T} &= i_\text{P}\mathrm{d}q_\text{T}: \;\to\; \text{mag. Feld } \mathrm{d}W_\text{m} = i\mathrm{d}\Psi. \end{aligned} \tag{6.1.2}$$

Stets bestimmt die Quantitätsgröße q die Speicherart: T- oder P-Speicher. Abb. 6.1.1b enthält die Energie- und Leistungsvariablen der elektrischen Energiespeicher einschließlich der Ko-Energie-Funktionen. Sie lauten verallgemeinert auch für physikalische Netzwerke

$$\begin{aligned} W_\text{pot}(q_\text{P}) &= \int_0^{q_\text{P}} e(q_\text{P})\mathrm{d}q_\text{P} \equiv W_\text{d}(Q) = \int_0^Q u(Q)\mathrm{d}Q \\ W_\text{pot}^*(e) &= \int_0^e q_\text{P}(e)\mathrm{d}e \equiv W_\text{d}^*(u) = \int_0^U Q(u)\mathrm{d}u, \\ W_\text{kin}(q_\text{T}) &= \int_0^{q_\text{T}} f(q_\text{T})\mathrm{d}q_\text{T} \equiv W_\text{m}(\Psi) = \int_0^\Psi i(\Psi)\mathrm{d}\Psi \\ W_\text{kin}^*(f) &= \int_0^f q_\text{T}(f)\mathrm{d}f \equiv W_\text{m}^*(i) = \int_0^I \Psi(i)\mathrm{d}i. \end{aligned} \tag{6.1.3}$$

Eine Sonderrolle spielen thermodynamische Systeme. Dort ist der Wärmestrom zugleich Energiestrom und es existiert nur einen Potenzialspeicher, kein Stromspeicher. Deshalb gibt es keine Leistung als Produkt von Fluss- und Potenzialgröße. Werden solche Systeme aber durch absolute Temperatur und den sog. *Entropiestrom* S' als zeitliche Ableitung der Entropie S beschrieben, so existiert auch eine Produktdarstellung für die Leistung.

Physikalische Netzwerke überführen physikalische Eingangsgrößen (etwa einer Quelle) in entsprechende Ausgangsgrößen ggf. mit Energiewandlung. Deshalb werden sie am einfachsten durch ein *Zweitormodell* beschrieben, angepasst an den jeweiligen Energiefluss. Statt der elektrischen Torgrößen Spannung (Potentialdifferenz) und Strom treten jetzt (unabhängig von der Energieart) *Differenzgrößen* $e(t)$ und *Flussgrößen* $f(t)$ auf (s. u.). Beim linearen System gelten dann die Zweitorbeziehungen für die Differenz- und Flussgrößen nach Kap. 2.6 (Bd. 1) ebenso wie Mehrtorerweiterungen (Kap. 3.6).

So, wie elektrische Systeme aus unterschiedlichen Netzwerkelementen bestehen, gilt dies auch für physikalische Netzwerke. Angelehnt an elektrische Netzwerke gibt es folgende elementare *Modellelemente:*

- *Quellen* mit einer Größenabgabe aus einem Vorrat (Spannungs-, Stromquellen, mechanische Energie aus einem Reservoire, Wasserbecken, thermische Energie/Sonnenenergie u. a.). Wie im elektrischen Fall ist im f, e-Diagramm einer idealen Quelle eine Größe stets unabhängig und als Kennlinie tritt eine vertikale oder horizontale Linie auf (Kap. 2.2.1, Bd. 1).
- *Speicher.* Weil sich die Größen f und e wechselseitig bedingen und wahlweise beide als Eingangsgröße wirken können, gibt es Differenz- und Flussspeicher. So hängt die gespeicherte Energie bei Potential (Quergrößen-) Speichern nur vom Potenzial ab, im zweiten Fall vom Fluss. Ihnen entsprechen Kondensator und Spule, im mechanischen die Feder (als Potenzialspeicher) und die bewegte Masse als Stromspeicher. Bei Wärmespeichern existieren nur Potenzialspeicher.
- *Übertrager* erlauben eine Eingangs-Ausgangskopplung (Getriebe, Transformator, Hebelübersetzung, Wärmeübertrager) und transformieren Eingangs-Ausgangsgrößen in einem bestimmten Verhältnis.
- *Wandler* überführen Größen einer physikalischen Disziplin in eine andere. Beispiele sind Generator, Elektromotor, Elektromagnet, die Solarzelle oder der von einem Widerstand ausgehende Wärmestrom.
- *Senken* modellieren den Verlauf der Eingangsgröße als irreversiblen Energiefluss nur in einer Richtung: elektrischer Widerstand, Dämpfung, Reibung und der Wärmewiderstand.

Tabelle 6.2 enthält Beispiele dieser Modellelemente. Die Beziehungen zwischen Fluss- und Differenzgrößen liegen, wie bei Netzwerkelementen, durch

Tab. 6.2. Beispiele unterschiedlicher Modellelemente

Energieform	Quelle	Speicher	Übertrager	Wandler	Senke
Elektrisch - elektrostat. - elektromag.	Batterie Sender	Kondensator Induktivität	Leitung Transformator	Piezoaktor Elektromotor Generator	Widerstand Wirbel- strom
Mechanisch - potenziell - kinetisch	Wasserstau Windenergie	Feder bewegte Masse	Hebel Gelenk Getriebe Fluidstrom	Zylinder- kolben Strömung Tragflügel	Reibung
Thermisch	Solarenergie Erdwärme Verbrennung	Wärme- speicher	Wärmeleitung Wärme- strahlung	Peltier- element Seebeck	Tempera- tursenke

die jeweilige Modellgleichung fest. Abbildung 6.1.2 stellt grundlegende Strukturelemente zusammen.

Die Modellelemente verallgemeinern das elektrische Netzwerk zum *physikalischen Netzwerk*. Jetzt treten statt der Ströme in den Verbindungspunkten *Flussgrößen* (z. B. die Kraft in der Mechanik, Volumenstrom in der Fluidik) auf und zwischen den Klemmen *Differenzgrößen* (z. B. Verschiebung oder Geschwindigkeiten in der Mechanik, Temperaturunterschiede in thermischen Systemen, Druckunterschiede in der Fluidik). Für physikalische Vorgänge mit zwei Netzwerkvariablen e und f lassen sich folgende zweipoligen Netzwerkelemente und Grundbeziehungen definieren

$$e_n = \gamma_n f_n \quad \text{(a)} \quad e_i = \alpha_i \frac{df_i}{dt} \quad \text{(b)} \quad f_m = \beta_m \frac{de_m}{dt} \quad \text{(c)}$$

$$\sum_{\text{Umlauf}} e_i = 0 \quad \text{(d)} \quad \sum_{\text{Knoten}} f_j = 0. \quad \text{(e)}$$

$$f, e \text{ Fluss-, Differenzvariable} \qquad (6.1.4)$$

Das sind Proportionalität ohne Energiespeicherung (entspr. dem Ohmschen Widerstand (a)), Energiespeicherung über die Flussgröße f ((b), Induktivität) und Energiespeicherung über die Differenzgröße e ((c), Kapazität).

Die Proportionalitätsfaktoren α, β, γ in Gl. (6.1.4) sind als Elementparameter entweder konstant (linear zeitunabhängige Netzwerkelemente, Regelfall), zeitabhängig und/oder nichtlinear. Dann gelten die Aufgabenstellungen elektrischer Netzwerke wie Arbeitspunkteinstellung, Kleinsignalsteuerung usw. sinngemäß.

Die Netzwerkelemente in Abb. 6.1.2 werden, gebietsabhängig, nicht einheitlich benannt, insbesondere beim Widerstands-(Impedanz-)Begriff:

$$\frac{\text{Differenzgröße } e}{\text{Flussgröße } f} = \frac{u}{i}, \quad \frac{\text{Flussgröße } f}{\text{Differenzgröße } e} = \frac{F}{v} \to \frac{M}{\omega}.$$

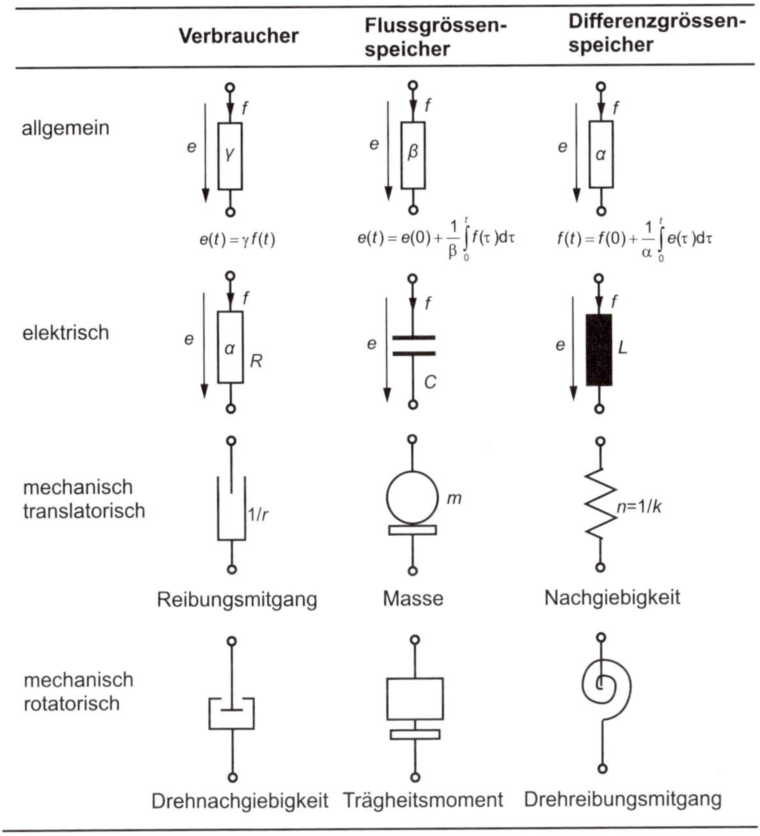

6.1 Physikalische Netzwerke

	Verbraucher	**Flussgrössen-speicher**	**Differenzgrössen-speicher**
allgemein	$e(t) = \gamma f(t)$	$e(t) = e(0) + \dfrac{1}{\beta}\int_0^t f(\tau)\,d\tau$	$f(t) = f(0) + \dfrac{1}{\alpha}\int_0^t e(\tau)\,d\tau$
elektrisch	R	C	L
mechanisch translatorisch	Reibungsmitgang ($1/r$)	Masse (m)	Nachgiebigkeit ($n = 1/k$)
mechanisch rotatorisch	Drehnachgiebigkeit	Trägheitsmoment	Drehreibungsmitgang

Abb. 6.1.2. Zweipolelemente verschiedener Disziplinen

Im ersten Fall trifft der Impedanz-/Widerstandsbegriff (Kehrwert Admittanz) elektrischer Netzwerke zu. In mechanischen Netzwerken hingegen heißt die umgekehrte Festlegung Impedanz/Widerstand und der Kehrwert Admittanz.

Mit angeführt sind in Gl. (6.1.4) die den Kirchhoffschen Gleichungen entsprechenden Knoten- und Umlaufbeziehungen im physikalischen Netzwerk.

Ein wichtiges Netzwerkelement ist der *Transformator* (Kap. 3.4.3) oder allgemeiner das *Koppelzweitor*. Es modelliert einen Leistungsfluss zwischen zwei gekoppelten Flusskreisen über seine Ein- und Ausgangstore. Abhängig von den Übertragungsmerkmalen kann die Anordnung auch als *Gyrator* wirken. Gehören die Torgrößen verschiedenen physikalischen Teilgebieten an, z. B. elektrisch auf Seite 1 mit den Variablen e_1, f_1 und nichtelektrisch auf Seite 2 mit e_2, f_2, so liegt ein *elektrisch-nichtelektrisches Zweitor oder Wandlerzweitor* vor.

6.1.2 Wandlerelemente

Wandler Wandler formen Energie (oder Signale) einer physikalischen Art in eine andere um, reversibel oder nichtreversibel. Hier interessieren nur solche, die nichtelektrische Energie in elektrische und umgekehrt wandeln und zwar ohne Hilfsenergie. Beispiele sind die Wandlung mechanischer, thermischer, chemischer, Strahlungsenergie u. a. in elektrische oder umgekehrt.

Als Netzwerkelement hat ein Wandler je zwei Ein- und Ausgangsgrößen, beispielsweise im elektrisch-mechanischen Fall die elektrischen Eingangsgrößen u, i und die mechanischen Ausgangsgrößen Kraft F und Geschwindigkeit v (Abb. 6.1.3a). Aus technischer Sicht werden Wandler auch *Aktoren* oder *Sensoren* genannt:

> Der Aktor ist ein Wandler elektrischer in nichtelektrische, vorzugsweise elektromechanische Energie, der Sensor hingegen ein Wandler, der aus einer allgemeinen physikalischen oder chemischen Größe ein elektrisches Signal erzeugt.

Eine Unterteilung der Sensoren erfolgt z. B. nach der zu messenden physikalischen oder chemischen Größe, dem Messprinzip, Fertigungsverfahren oder Umsetzverfahren (direkt oder indirekt). Das erklärt die Vielfalt der Sensorprinzipien.

Energie-, Leistungswandler Grundlage der Wandler ist der Energiesatz oder die darauf basierende Leistungsbilanz Gl. (4.2.12), die für Netzwerke geeignetere Form.

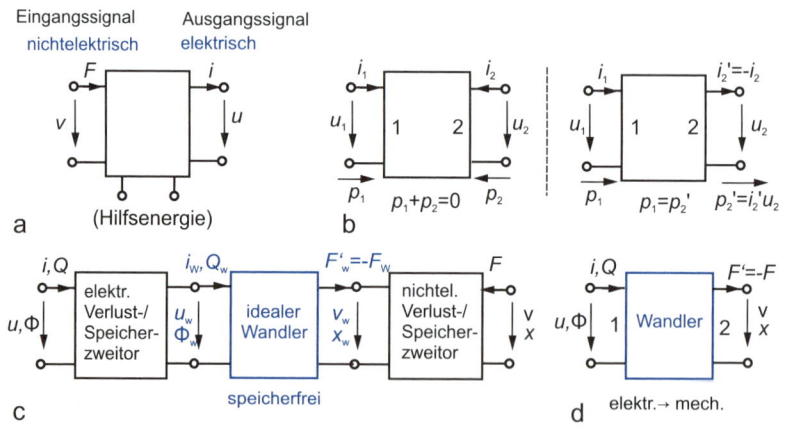

Abb. 6.1.3. Energie- und Leistungswandlung. (a) Allgemeiner elektrisch-mechanischer Wandler. (b) Idealer Leistungswandler. (c) Realer Energie- oder Leistungswandler. (d) Idealer elektrisch-mechanischer Energiewandler

6.1 Physikalische Netzwerke

> Beim Energiewandler wird die Eingangsleistung teilweise in gleicher Energieform zwischengespeichert und der Rest in anderer Form abgegeben.

Damit ist die gespeicherte Energie stets eine Zustandsfunktion der zu- und abgeführten Energie. Wir beschränken uns auf *elektrisch-mechanische* Wandler basierend auf Kraftwirkung im elektrostatischen und magnetischen Feld. Die Gruppe *piezoelektrischer* Wandler unterbleibt aus Platzgründen.

> Ein Leistungswandler liegt vor, wenn eine Eingangsleistung ohne Zwischenspeicherung ($dW/dt = 0$) in eine Ausgangsleistung anderer Form übergeht.

Beispiele sind der ideale Transformator, aber auch der *Tellegensche Satz* (Gl. (4.7.1), Bd. 1) für Gleichstromnetzwerke: die Summe der dem Netzwerk zugeführten nichtelektrischen Batterieleistung ist gleich der vom gesamten Netzwerk in Wärme überführten Leistung.

Ein idealer Wandler liegt vor, wenn die Summe der zugeführten augenblicklichen Leistung $p_1(t) = u_1(t)i_1(t)$ der Form 1 und die zuströmende $p_2(t) = u_2(t)i_2(t)$ der Form 2 auf der anderen Seite zu jedem Zeitpunkt verschwindet (Abb. 6.1.3b)

$$p_1(t) + p_2(t) = 0 \text{ symm. Richtung}, \quad p_1(t) = p'_2(t) \text{ Kettenrichtung} \quad (6.1.5)$$

m. a. W. bei Benutzung der *Kettenstromrichtung* die eingangs zufließende Augenblicksleistung voll ausgangsseitig abgegeben wird: $p'_2(t) = u_2(t)i'_2(t) = -p_2(t) = u_2(t)(-i_2(t))$ wegen $i'_2(t) = -i_2(t)$. Ein solcher Wandler ist *passiv*: er enthält keine Energiequelle und überträgt Energie in beiden Richtungen. Erscheint die am elektrischen Tor eingespeiste Leistung zusätzlich *unverändert* am anderen als mechanische Leistung, so erfolgt die Leistungsübertragung *verlustfrei*. Das gilt für die Grundzweitore idealer *Übertrager* (Transformator) und *Gyrator*.

Der allgemeine Wandler besitzt Verluste. Sie lassen sich durch eine entsprechende Anordnung aus Zweitoren modellieren (Abb. 6.1.3c). Auch ohne Verluste hat ein Wandler Speichereigenschaften und als Kernstück einen *idealen (speicherfreien) Energie- oder besser Leistungswandler*. Er umfasst beispielsweise beim mechanisch gesteuerten Kondensator diesen selbst (als Energiespeicher) und Elemente zur Modellierung der Leistungswandlung: gesteuerte Quellen oder einen Transformator bzw. Gyrator mit entsprechendem Übersetzungs- bzw. Gyrationsverhalten. Oft erhält der ideale Leistungswandler den Index W an den Differenz- und Flussgrößen zur Hervorhebung (Abb. 6.1.3c). Insgesamt wird der allgemeine elektrisch-mechanische Energie-

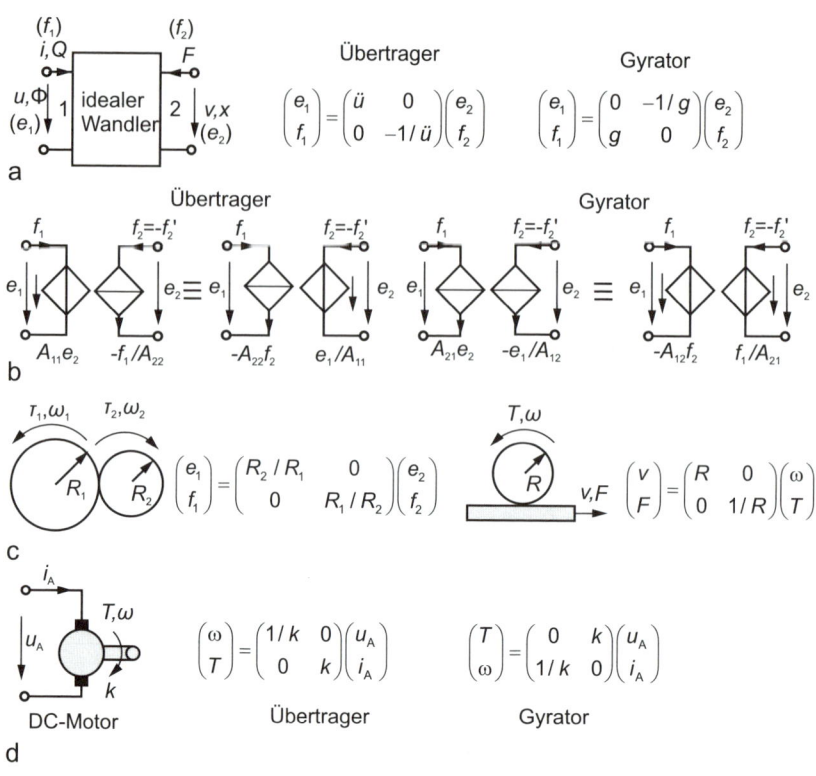

580   6. Analogien zwischen elektrischen und nichtelektrischen Systemen

Abb. 6.1.4. Wandlerzweitor. (a) Ideale Wandler vom Transformator- und Gyratortyp. (b) Idealer Transformator und Gyrator modelliert durch gesteuerte Quellen. (c) Wandlerbeispiele: mechanisches Getriebe, Zahnrad-Zahnstange. (d) Idealer Gleichstrommotor als Wandler; Transformatortyp mit Leistungsvariablen $e = M$, $f = \omega$ bzw. Gyratortyp bei Vertauschung der Leistungsvariablen $f = M$, $e = \omega$

wandler durch ein Zweitor nach Abb. 6.1.3d repräsentiert mit ausgangsseitig *symmetrischer* (F, v) oder *Kettenpfeilrichtung* (F', v).

Übertrager-Gyrator Wandler lassen sich durch ideale Übertrager oder Gyratoren und zusätzliche Netzwerkelemente nachbilden. Beide sind durch folgende Kettenmatrizen $(\boldsymbol{A}')$ (mit Kettenrichtung für den Ausgangsstrom, s. Tab. 2.5 und Abb. 2.6.4 Bd. 1) definiert (s. Abb. 6.1.4a)

$$\begin{pmatrix} e_1 \\ f_1 \end{pmatrix} = \boldsymbol{A}' \begin{pmatrix} e_2 \\ f_2' \end{pmatrix}$$

$$\boldsymbol{A}'_{\text{Tr}} = \begin{pmatrix} X^{-1} & 0 \\ 0 & X \end{pmatrix}, \; \boldsymbol{A}'_{\text{Gyr}} = \begin{pmatrix} 0 & Y \\ Y^{-1} & 0 \end{pmatrix} \qquad (6.1.6)$$

$$\left[\boldsymbol{A}_{\text{Tr}} = \begin{pmatrix} X^{-1} & 0 \\ 0 & -X \end{pmatrix}, \; \boldsymbol{A}_{\text{Gyr}} = \begin{pmatrix} 0 & -Y \\ Y^{-1} & 0 \end{pmatrix} \right].$$

6.1 Physikalische Netzwerke

Die Kettenmatrizen $\boldsymbol{A}$ in eckigen Klammern verlangen *symmetrische* Strom- bzw. Flussrichtungen f. Beide Torseiten gehören zu verschiedenen physikalischen Disziplinen (elektrisch und mechanisch). Merkmale der Kettenmatrix $\boldsymbol{A}$ sind:

— Wert der Determinante entweder $\det \boldsymbol{A} = -1$ oder $\det \boldsymbol{A} = 1$,
— entweder beide Diagonal- oder beide Nebendiagonalelemente ungleich Null.

Der erste Fall ist der *ideale Transformator* ($\det \boldsymbol{A} = -1$ bzw. $\det \boldsymbol{A}' = 1$ Kettenrichtung), der zweite der *ideale Gyrator*.

Der Transformator verknüpft je die Differenz- (e) oder Flussgrößen (f) beider Torseiten, der Gyrator die Flussgröße einer Seite mit der Differenzgröße der anderen (und umgekehrt).

Bekanntermaßen übersetzt der Transformator eine Eingangsspannung in eine Ausgangsspannung, der Gyrator die Eingangs*spannung* in einen Ausgangs*strom* und umgekehrt. Beim Transformator drückt der Wandlerkoeffizient A'_{11} das Übersetzungsverhältnis $ü$ gleichartiger Größen (e_1, e_2) bzw. (f_1, f_2) aus. Beim Gyrator enthält die Wandlerkonstante $Y = r$ (r *Gyrationswiderstand*) unterschiedliche Leistungsgrößen (e_1, f_2), (e_2, f_1) verschiedener Tore. Der ideale Übertrager wird durch gesteuerte Strom-Spannungsquellenpaare modelliert (Abb. 6.1.4b), der Gyrator nur durch gesteuerte Strom- oder Spannungsquellen. Die quellenbasierte Ersatzschaltung des idealen Transformators wurde bereits in Abb. 3.4.14 eingeführt nur mit umgekehrt vereinbarten Stromrichtungen i_2, i'_2 (damit in der Transformtorgleichung (3.4.17) nicht der Strom i'_2 auftritt). Wir halten für den Wandlerabschnitt die jetzige Vereinbarung (Kettenpfeilrichtung: Kettenparameter und Ausgangsstrom i'_2 bzw. f'_2 mit Strich) bei. Dann gelten die Zuordnungen

$$\frac{e_1}{e_2} = A'_{11} = ü = 1/X, \quad \frac{f_1}{f'_2} = A'_{22} = ü^{-1} = X.$$

Abb. 6.1.4c zeigt mechanische Beispiele mit Transformatoreigenschaften: das Getriebe und den Zahnrad-Zahnstangenantrieb.

Es wurde bereits auf die doppeldeutige e, f-Zuordnung bei mechanischen Netzwerken verwiesen. Dann darf nicht überraschen, wenn der gleiche physikalische Wandler wie etwa ein idealer Gleichstrommotor je nach Variablenzuordnung durch einen transformatorischen oder gyratorischen Wandler modelliert werden kann (Abb. 6.1.4d)!

Bei Einführung des Transformators/Gyrators in ein Ersatzwerk aus verschiedenartigen Systemteilen kann es vorkommen, dass Größen einer Seite in Integral- oder Differenzialgrößen der anderen übertragen werden. Üblich ist (bei Beschränkung auf ein lineares Netzwerk), die Zuordnung durch die *Laplace-Transformierte* des Ausgangsintegrals oder -differenzials darzustellen mit einer *„komplexen Wandlerkonstante"* als Ergebnis. Auch Kopplungszuordnungen am Übertrager (Vorzeichen!) sind nicht immer einfach zu überschauen. In solchen Fällen werden Transformator/Gyrator besser durch *gesteuerte Quellen* ersetzt, die im Bedarfsfall von integralen oder differenzialen Größen gesteuert werden (Abb. 6.1.4b). Sie sind entweder vom UU- bzw. II-Typ (Transformator) oder UI- bzw. IU-Typ (Gyrator). Die Grundlage bilden verlustfreie Zweitore in Hybrid-, inverser Hybrid-, Leitwert- und Wider-

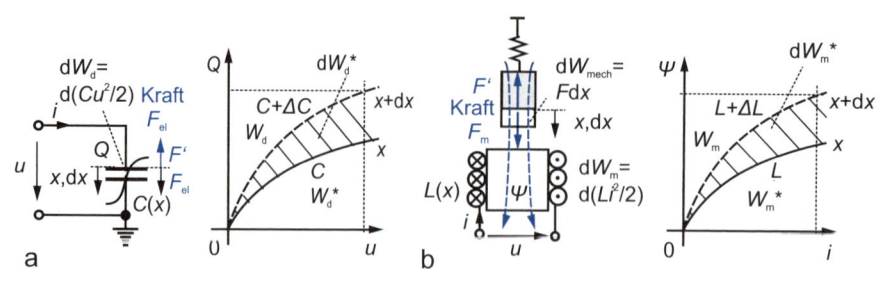

Abb. 6.1.5. Elektromechanische Energiewandlung. (a) Elektrische Energie und Ko-Energie im verformbaren Kondensator mit eingetragenen Änderungen der Ko-Energie. (b) Magnetische Energie und Ko-Energie in der verformbaren Induktivität

standsdarstellung (s. Tab. 2.9, Bd. 1). Quellen erlauben nicht nur eine einfachere Netzwerkanalyse, sondern auch einfachere Netzwerksimulation, zumal sie leicht nichtlinear modellierbar sind.

Wandlermodell Wandlermodelle basieren auf dem jeweiligen *beschreibenden Gleichungssystem* zusammengefasst für elektrostatische (Gl. (4.3.27)), elektrodynamische (Gl. (4.3.44d)) und elektromagnetische Wandler (Gl. (4.3.56)). Wichtige Sonderfälle sind die *Kleinsignalmodelle*, gewonnen entweder aus einem *Funktionsansatz* (Kap. 6.2), den *Großsignalersatzschaltungen* (Abb. 4.3.7, 4.3.20) oder allgemeiner den jeweiligen *Kraft-Energie*-Beziehungen.

Verallgemeinerte Kleinsignalmodelle* Wir systematisieren die Ergebnisse von Kap. 4 zur Gewinnung von Kleinsignalmodellen und ihrer Modellparameter. Das ist notwendig, weil die bisher betrachteten linearen dielektrischen und magnetischen Energiespeicher gleiche Energie- und Ko-Energiefunktionen haben und dadurch die Unterschiede weniger deutlich hervortreten. In Abb. 6.1.5 wurden die Energieverhältnisse, die auftretenden elektrischen und magnetischen Kräfte und die zugehörigen Reaktionskräfte für den elektrostatischen und magnetischen (Reluktanz-)Wandler zusammenfassend gegenübergestellt.

Ausgang der Kleinsignalbetrachtung ist der Energiesatz $dW_{\text{Feld}} = dW_{\text{el}} - dW_{\text{mech}} = dW_{\text{el}} + F dx = dW_{\text{el}} - F' dx$ (Abb. 6.1.6a). Im elektrischen Zweitor liegt der Ausgangstrom durch die Verbraucher- (i) oder Erzeugerpfeilrichtung (i') fest. Entsprechend verfahren wir für die ausgangsseitige Kraftrichtung (Netzwerkanalogie Kraft-Strom). Dann fließt die Leistung $F dx$ *in* das System hinein, also $F' dx$ *aus dem System heraus (Leistungsabgabe)*. Die Kettenpfeilzuordnung zwischen mechanischen und elektrischen Größen schließt unmittelbar an die bisherige Richtungszuordnung der Reaktionskraft F' (ent-

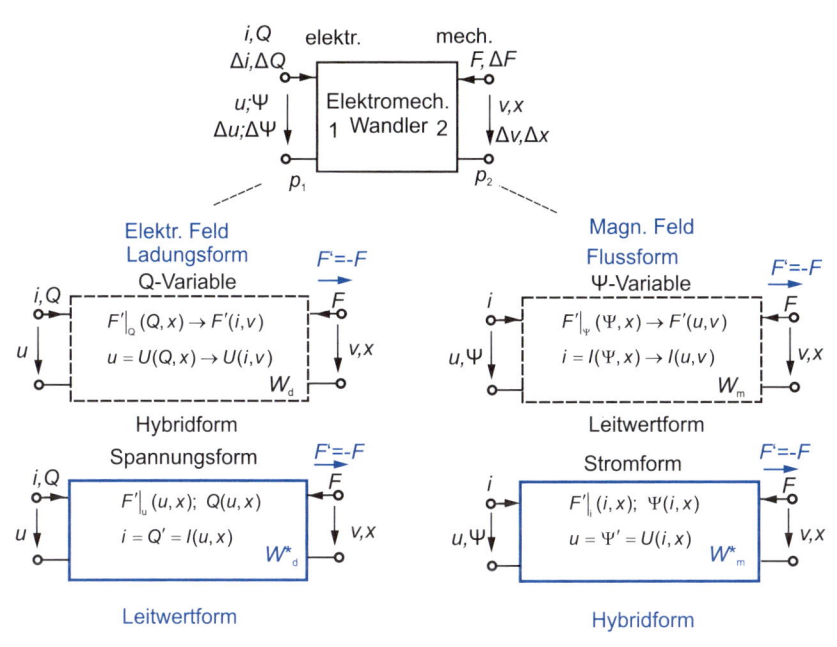

Abb. 6.1.6. Elektrische und magnetische elektromechanische Wandler mit Zuordnung der Energie-/Ko-Energie und zugehöriger Funktionsbeziehungen. Wichtige Wandler sind hervorgehoben

spricht Strom i'_2) an. Die sich ergebende Kleinsignalbeschreibung lässt sich leicht in die symmetrische Stromzuordnung (s. Abb. 2.6.4, Bd. 1) überführen.

Die Feldenergie bestimmt der Wandlertyp: dielektrische (W_d, W_d^*) bzw. magnetische (W_m, W_m^*) Energie bzw. Ko-Energie haben dann die Energieansätze (4.3.16a, 4.3.20, 4.3.53)

$$\mathrm{d}W_\mathrm{d} = u\mathrm{d}Q - F'\mathrm{d}x = f_1(Q, x), \quad \mathrm{d}W_\mathrm{m} = i\mathrm{d}\Psi - F'\mathrm{d}x = f_3(\Psi, x) \quad (a)$$

$$\mathrm{d}W_\mathrm{d}^* = Q\mathrm{d}u + F'\mathrm{d}x = f_2(u, x), \quad \mathrm{d}W_\mathrm{m}^* = \Psi\mathrm{d}i + F'\mathrm{d}x = f_4(i, x) \quad (b)$$

(6.1.7)

mit $F\mathrm{d}x = -F'\mathrm{d}x$. Die Energiefunktion am verformbaren Kondensator (Abb. 6.1.5a) ist entweder in *Ladungs-* (Q) oder *Spannungsform* ($u = \dot{\Psi}$ bzw. *PSI-Form*) darstellbar (erste und zweite Zeile linker Teil) und sinngemäß die magnetische Energie der verformbaren Induktivität (z. B. durch Änderung des magnetischen Kreises, Abb. 6.1.5b) in *Fluss-* (PSI- bzw. *Strom-* oder *Q-Form* ($i = \dot{Q}$) (rechter Teil in Gl. (6.1.7)). Die Zuordnungen wurden in Abb. 6.1.6 übersichtsartig dargestellt.

Jeder Wandler hat vom Strukturaufbau (Abb. 6.1.3) her einen elektrischen Eingang (veränderbarer Kondensator oder Induktivität), einen mechanischen Ausgang (ggf. mit erforderlicher elastischer Federbindung und anhängender mechanischer Last) und das eigentliche (ideale) Wandlerzweitor. Das wurde in Abb. 4.3.7, 4.3.20 für die beiden veränderlichen Energiespeicherelemente erläutert. Entsprechend der Energie bzw. Ko-Energie-Darstellung eines Wandlers gibt es dann zwei gleichwertige Beschreibungsmodelle, die *Leitwert*- und *Hybridform* mit dem idealen Wandlerkern aus zwei gesteuerten Quellen. Sie folgen unmittelbar aus der Zweitorbeschreibung (s. Tab. 2.9, Bd. 1).

Wir betrachten zunächst den elektrischen Wandler mit der Energiefunktion $W_d(Q,x)$ am Beispiel des Kondensators mit beweglicher Elektrode (s. Abb. 4.3.3, 4.3.7). Seine Energie ist stets als vollständiges Differenzial dW_d gemäß Gl. (6.1.7a, b) darstellbar. Deshalb gilt gleichwertig Gl. (4.3.45) und man erhält durch Vergleich mit dem Energiesatz für die Ladung Q und Kraft F_u' (s. Gl. (4.3.25)) und analog für den magnetischen Wandler Gl. (4.3.56)

$$u(Q,x) = \left.\frac{\partial W_d}{\partial Q}\right|_x \quad \vdots \quad i(\Psi,x) = \left.\frac{\partial W_m}{\partial \Psi}\right|_x$$
$$-F_Q' = \left.\frac{\partial W_d}{\partial x}\right|_Q, \quad \vdots \quad -F_\Psi' = \left.\frac{\partial W_m}{\partial x}\right|_\Psi \qquad (6.1.8a)$$

$$Q = \left.\frac{\partial W_d^*}{\partial u}\right|_x \quad \vdots \quad \Psi = \left.\frac{\partial W_m^*}{\partial i}\right|_x$$
$$F_u' = \left.\frac{\partial W_d^*}{\partial x}\right|_u \quad \vdots \quad F_i' = \left.\frac{\partial W_m^*}{\partial x}\right|_i . \qquad (6.1.8b)$$

Die Auswertung erfordert die Energieform $W_d(Q,x)$. Ladung und Kraft können auch aus der Ko-Energie $W_d^*(u,x)$ gewonnen werden (Gl. (6.1.8b)).

Bei Einführung der Energie und Ko-Energie wurde auf die Wegunabhängigkeit verwiesen. Notwendig und hinreichend dafür ist Übereinstimmung der gemischten 2. Ableitungen von W_d oder gleichwertig geschrieben als sog. *Integrabilitätsbedingung* (6.1.7)

$$\frac{\partial^2 W_d}{\partial x \partial Q} = \frac{\partial^2 W_d}{\partial Q \partial x} \rightarrow \frac{\partial u}{\partial x} = -\left.\frac{\partial F_Q'}{\partial Q}\right|_{Q,W_d}, \quad \frac{\partial Q}{\partial x} = \left.\frac{\partial F_u'}{\partial u}\right|_{\Psi,W_d^*}$$
$$\frac{\partial^2 W_m}{\partial x \partial \Psi} = \frac{\partial^2 W_m}{\partial \Psi \partial x} \rightarrow \frac{\partial i}{\partial x} = -\left.\frac{\partial F_\Psi'}{\partial \Psi}\right|_{\Psi,W_m}, \quad \frac{\partial \Psi}{\partial x} = \left.\frac{\partial F_i'}{\partial i}\right|_{Q,W_m^*}. \qquad (6.1.9)$$

Physikalisch bedeutet sie *Energieerhalt*, später in der Zweitorinterpretation *Umkehrbarkeit* des idealen Wandlers. Entsprechende Formen gelten für die Ko-Energie W_d^* bzw. W_m^* nach Gl. (6.1.5b), sie wurden jeweils an zweiter Stelle erwähnt (Vorzeichenumkehr!).

Damit lauten die *Grundgleichungen des elektrostatischen Wandlers* basierend auf den Energiebeziehungen Gl. (6.1.5)

6.1 Physikalische Netzwerke

$$F'|_\mathrm{u} = F'(u,x)_u = \left.\frac{\partial W_\mathrm{d}^*}{\partial x}\right|_u, \quad Q = \left.\frac{\partial W_\mathrm{d}^*}{\partial u}\right|_x, \quad i = \dot Q = \frac{\mathrm{d}}{\mathrm{d}t}\left\{\left.\frac{\partial W_\mathrm{d}^*}{\partial u}\right|_x\right\}$$
Spannungs- oder PSI-Form (6.1.10a)

$$F'|_Q = F'(Q,x)_Q = -\left.\frac{\partial W_\mathrm{d}}{\partial x}\right|_Q, \quad u = \left.\frac{\partial W_\mathrm{d}}{\partial Q}\right|_x.$$
Strom- oder Q-Form (6.1.10b)

Die erste Zeile enthält die Kraft, ausgedrückt durch die Änderung der dielektrischen Ko-Energie und die zufließende Ladung bzw. den Klemmenstrom als Funktion von Spannung u und Ort x. Die zweite Zeile drückt die Kraft über die Feldenergieänderung und die Eingangsspannung durch Ladung (bzw. Strom) und Ort x aus.

Die Energiefunktion des dielektrischen Feldes wird dargestellt durch die
- dielektrische Ko-Energie $W_\mathrm{d}^*(u,x)$ in verallgemeinerten Spannungs- oder PSI-Koordinaten ($u = \dot\Psi$) als Basis der Leitwertersatzschaltung;
- dielektrische Energie $W_\mathrm{d}(Q,x)$ in verallgemeinerten Strom-(Ladungs-) oder Q-Koordinaten als Grundlage der Hybridersatzschaltung.

Die Ergebnisse sind in Abb. 6.1.6 zusammengefasst. Wenn nämlich die Kraft $F'(u,x)$ (entsprechend dem Ausgangsstrom i_2') nur von Eingangsspannung $u = u_1$ und Ausgangsvariable x bzw. $v = x'$ (entsprechend der Spannung u_2) abhängt, so ist dies offensichtlich die ausgangsseitige Leitwertform der Zweitorersatzschaltung.

Analog lauten die *Grundgleichungen des magnetischen Wandlers* (Gl. (4.3.44), (4.3.56))

$$F'|_\Psi = F'(\Psi,x)_\Psi = -\left.\frac{\partial W_\mathrm{m}}{\partial x}\right|_\Psi, \quad i = \left.\frac{\partial W_\mathrm{m}}{\partial \Psi}\right|_x$$
Spannungs- oder PSI-Form

$$F'|_i = F'(i,x)_i = \left.\frac{\partial W_\mathrm{m}^*}{\partial x}\right|_i, \quad \Psi = \left.\frac{\partial W_\mathrm{m}^*}{\partial i}\right|_x, \quad u = \dot\Psi = \frac{\mathrm{d}}{\mathrm{d}t}\left\{\left.\frac{\partial W_\mathrm{m}^*}{\partial i}\right|_x\right\}. \quad (6.1.11)$$
Strom- oder Q-Form

Beim *linearen Wandler* vereinfachen sich die Energiebeziehungen zu

$$W_\mathrm{d}(Q,x) = \frac{Q^2}{2C(x)}, \quad W_\mathrm{d}^*(u,x) = \left.\frac{C(x)u^2}{2}\right|_{u=\dot\Psi}$$

$$W_\mathrm{m}(\Psi,x) = \frac{\Psi^2}{2L(x)}, \quad W_\mathrm{m}^*(i,x) = \left.\frac{L(x)i^2}{2}\right|_{i=\dot Q}.$$

Dazu gehören die *Grundgleichungen* des *linearen elektrostatischen Wandlers*

$$F'_u = \left.\frac{\partial W^*_d}{\partial x}\right|_u = \frac{u^2}{2}\frac{\partial C(x)}{\partial x}$$

$$i = \dot{Q} = C(x)\frac{\mathrm{d}u}{\mathrm{d}t} + u\frac{\partial C(x)}{\partial x}\frac{\mathrm{d}x}{\mathrm{d}t} = C(x)\frac{\mathrm{d}u}{\mathrm{d}t} + u\frac{\mathrm{d}C(x)}{\mathrm{d}t}$$

Spannungs- oder PSI-Form

$$F'|_Q = -\left.\frac{\partial W_d}{\partial x}\right|_Q = \frac{Q^2}{2[C(x)]^2}\frac{\partial C(x)}{\partial x}, \; u = \left.\frac{Q}{C(x)}\right|_x \; \text{Strom- oder Q-Form}$$

(6.1.12)

und ebenso die *Grundgleichungen* des *linearen magnetischen Wandlers*

$$F'|_\Psi = -\left.\frac{\partial W_m}{\partial x}\right|_\Psi = \frac{\Psi^2}{2[L(x)]^2}\frac{\partial L(x)}{\partial x}, \; i = \left.\frac{\Psi}{L(x)}\right|_x$$

Spannungs- oder PSI-Form

$$F'|_i = \left.\frac{\partial W^*_m}{\partial x}\right|_i = \frac{i^2}{2}\frac{\partial L(x)}{\partial x}$$

$$u = \dot{\Psi} = L(x)\frac{\mathrm{d}i}{\mathrm{d}t} + i\frac{\partial L(x)}{\partial x}\frac{\mathrm{d}x}{\mathrm{d}t} = L(x)\frac{\mathrm{d}i}{\mathrm{d}t} + i\frac{\mathrm{d}L(x)}{\mathrm{d}t}.$$

Strom- oder Q-Form

(6.1.13)

Obwohl lineare *Ladungs-Spannungs-* bzw. *Fluss-Strom*-Beziehungen für Kondensator und Induktivität zugrunde liegen, entstehen *nichtlineare Kraftbeziehungen* und Gl. (6.1.12), (6.1.13) bilden die Grundlage entsprechender *nichtlinearer Modelle*.

Für viele Anwendungen reicht die *Linearisierung* um einen *Arbeitspunkt* AP als Punkt ruhender Bewegung ($\mathrm{d}x/\mathrm{d}t = 0$) bzw. nur anliegender Gleichgrößen ($i = \text{const} \to Q'' = 0$, sinngemäß konstante Spannung $u = \text{const} \to \Psi'' = 0$) aus. Dafür bietet die Grundgleichung (6.1.12) des *kapazitiven Wandlers* zwei Darstellungen: die *Spannungsform*, in der Kraft und Strom nur von den Variablen Spannung u und Ort x abhängen (Gl. (6.1.10a)) und die *Stromform* (Gl. (6.1.10b)) mit der Abhängigkeit von Ladung Q und Ort x

$$\begin{aligned} F'_u &= F'_u(u,x); \; i = I(u,x) & \text{Spannungs-PSI-Variable} \\ F'_Q &= F'_Q(Q,x); \; u = U(Q,x). & \text{Strom-Q-Variable} \end{aligned}$$

(6.1.14)

Abbildung 6.1.6 enthält diese Zuordnungen für den kapazitiven Wandler und rechts für den magnetischen Wandler. Bei Kleinsignalentwicklung ergeben diese Abhängigkeiten beispielsweise beim kapazitiven Wandler die *gleichberechtigten Kleinsignal-Zweitorbeziehungen*:

6.1 Physikalische Netzwerke

Spannungs-PSI-Variable, Leitwertform
$$\Delta i = \left.\frac{\partial I}{\partial u}\right|_x \Delta u + \left.\frac{\partial I}{\partial x}\right|_u \Delta x \equiv \left.\frac{\partial I}{\partial u}\right|_x \Delta u + \frac{1}{s}\left.\frac{\partial I}{\partial x}\right|_u \Delta v$$
$$\Delta F'_u = \left.\frac{\partial F'_u}{\partial u}\right|_x \Delta u + \left.\frac{\partial F'_u}{\partial x}\right|_u \Delta x \equiv \left.\frac{\partial F'_u}{\partial u}\right|_x \Delta u + \frac{1}{s}\left.\frac{\partial F'_u}{\partial x}\right|_u \Delta v$$

Strom-Q-Variable, Hybridform (6.1.15)
$$\Delta u = \left.\frac{\partial U}{\partial Q}\right|_x \Delta Q + \left.\frac{\partial U}{\partial x}\right|_i \Delta x \equiv \frac{1}{s}\left.\frac{\partial U}{\partial Q}\right|_x \Delta i + \frac{1}{s}\left.\frac{\partial U}{\partial x}\right|_i \Delta v$$
$$\Delta F'_Q = \left.\frac{\partial F'_Q}{\partial Q}\right|_x \Delta Q + \left.\frac{\partial F'_Q}{\partial x}\right|_i \Delta x \equiv \frac{1}{s}\left.\frac{\partial F'_Q}{\partial Q}\right|_x \Delta i + \frac{1}{s}\left.\frac{\partial F'_Q}{\partial x}\right|_i \Delta v.$$

Die jeweils linke Form ergibt sich aus den bisherigen Ableitungen; die rechte erlaubt mit den Zuordnungen $x = \int v dt \to \Delta x = \Delta v/s$ und $i = \int Q dt \to \Delta i = \Delta Q/s$ die Übergänge von Weg- bzw. Ladungsvariablen auf Geschwindigkeits- und Stromvariable unter Nutzung der Laplace-Transformation (s. Bd. 3). Die Variable $1/s$ ist als Symbol einer Integrationsoperation qualitativ zu verstehen (Schreibweise nicht ganz korrekt).

Der Übergang vom bisherigen *physikalischen Systemmodell* zur Netzwerkdarstellung (6.1.15) erfordert eine *Zuordnung zwischen elektrischen und mechanischen Größen*: wir wählen wieder die *Netzwerkanalogie* und ordnen *Strom und Kraft* (also Flussgröße $f = i$ und Kraft F) einander zu, dann sind *Auslenkung x* bzw. *Geschwindigkeit $v = x'$ der Spannung bzw. Differenzgröße e proportional*. Weil als Zweitorausgang die mechanische Seite gewählt wurde (Abb. 6.1.6), entspricht $\Delta F'$ dem Ausgangsstrom $\Delta i'_2$ (Erzeuger-, Kettenpfeilrichtung) und Δi_1 dem Eingangsstrom. Dann stellt der obere Teil von Gl. (6.1.15) die *Leitwertform*, der untere die *Hybridform* (Kap. 2.6.1, Bd. 1) des Zweitors dar mit *symmetrischer* bzw. *Kettelpfeil-Betriebsrichtung*

$$\begin{pmatrix} \Delta i \\ \Delta F_u \end{pmatrix} = \boldsymbol{Y} \begin{pmatrix} \Delta u \\ \Delta v \end{pmatrix} \quad \text{Spannungs-PSI-Variable}$$
$$\begin{pmatrix} \Delta u \\ \Delta F_Q \end{pmatrix} = \boldsymbol{H} \begin{pmatrix} \Delta i \\ \Delta v \end{pmatrix} \quad \text{Strom-Q-Variable} \quad (6.1.16a)$$

$$\begin{pmatrix} \Delta i \\ \Delta F'_u \end{pmatrix} = \boldsymbol{Y}' \begin{pmatrix} \Delta u \\ \Delta v \end{pmatrix} \quad \text{Spannungs-PSI-Variable}$$
$$\begin{pmatrix} \Delta u \\ \Delta F'_Q \end{pmatrix} = \boldsymbol{H}' \begin{pmatrix} \Delta i \\ \Delta v \end{pmatrix} \quad \text{Strom-Q-Variable.} \quad (6.1.16b)$$

Beide Formen sind jeweils ineinander überführbar (Tab. 2.6, Bd. 1). Einige Zweitorkoeffizienten *unterscheiden sich in den Vorzeichen*: $y_{21} = -y'_{21}$,

$y_{22} = -y'_{22}$, $h_{21} = -h'_{21}$, $h_{22} = -h'_{22}$. Durch Termumordnung kann auch die mechanische Seite als Zweitoreingang gewählt werden.

Die Zweitorkoeffizienten Gl. (6.1.16) haben unabhängig von den Wandlergleichungen folgende *Merkmale*:

— Die Koeffizienten y_{21}, y_{12} bzw. h_{21}, h_{12} formulieren die *elektro-mechanischen Kopplungen*, also die *Wandlereigenschaften*: y_{21}, h_{21} beschreibt die Krafterzeugung als Folge elektrischer Größen.
— y_{12}, h_{12} drückt elektrische Größen aus, die durch mechanische Kraft entstehen. Für die Arbeitsrichtung elektrisch-mechanisch beschreibt y_{21} die gewünschte Wandlung, y_{12} hingegen eine (oft unerwünschte) *Rückwirkung* (s. u.).

Beim rückwirkungsfreien Wandler verschwindet y_{12} (ebenso h_{12}).

— Die Parameter y_{11} bzw. h_{11} sind die (elektrische) *Admittanz* bzw. *Impedanz* bei mechanischem Kurzschluss (festgebremst), also das *elektrische Zweipolelement* (hier Kapazität, sonst Induktivität) am *Wandlereingang*.
— Die Parameter y_{22}, h_{22} beschreiben den *mechanischen Zusammenhang* zwischen Kraft und Elektrodenbewegung am *Wandlerausgang*, generell ausgedrückt durch den Begriff *Steifigkeit, mechanische Impedanz/Admittanz* (Begriff nicht einheitlich verwendet).

Die Wandlereigenschaften des Zweitores werden allgemein durch gesteuerte Quellen und in Sonderfällen durch ideale Übertrager und Gyratoren modelliert (s. Abb. 4.3.7, 4.3.20).

Kleinsignalparameter magnetischer Wandler Die Kleinsignaldarstellung des elektrostatischen Wandlers Gl. (6.1.15) lässt sich leicht auf den magnetischen Wandler übertragen, wenn auf Grundlage der magnetischen Energie- bzw. Ko-Energiedarstellung (Abb. 6.1.6) zunächst die gegenseitigen Abhängigkeiten als Ordnungsschema zusammengestellt werden (in Klammern steht die jeweilige Energieform):

Spannungs-PSI-Variable		Strom-Q-Variable	
kapaz. (W_d^*)	indukt. (W_m)	kapaz. (W_d)	indukt. (W_m^*)
$I(u, x)$	$I(\Psi, x)$	$U(Q, x)$	$U(i, x)$
$F'_u(u, x)$	$F'_\Psi(\Psi, x)$	$F'_Q(Q, x)$	$F'_i(i, x)$
Leitwert-Matrix		Hybrid-Matrix	

Die Kleinsignaldarstellung wird nach Gl. (6.1.15) gewonnen, die Parameter sind für die jeweilige Struktur zu bestimmen. Auch die Umkehrbedingungen gelten sinngemäß. In Kap. 6.2 erläutern wir die Ergebnisse für typische Wandler.

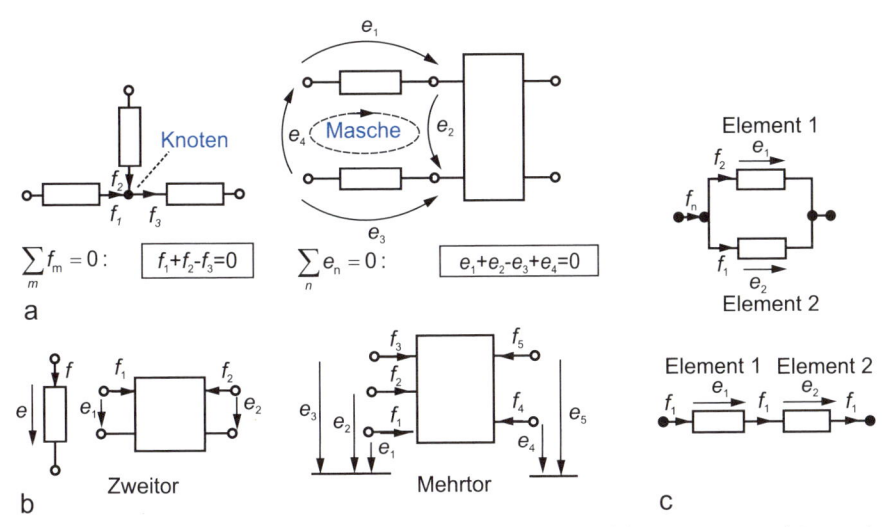

Abb. 6.1.7. Funktionselemente im physikalischen Netzwerk. (a) Kontinuitäts- (Knoten-) und Kompatibilitäts- (Umlauf-) Gleichung im physikalischen Netzwerk. (b) Zweipol- und Mehrtorelemente. (c) Reihen- und Parallelschaltung physikalischer Zweipole

Vorteile der Wandlernäherung Das Kleinsignalwandlermodell bietet Vorzüge:

- Einfluss der elektrischen Quelle (Strom-, Spannung) leicht überschaubar,
- mechanische Last bequem einzubeziehen,
- Wandlermodell transparent aufgebaut.

6.1.3 Analyseverfahren

Zusammenschaltungen Durch Zusammenschalten elementarer Strukturelemente entstehen komplexere Systeme. Verbindungsstellen (Abb. 6.1.7a) wirken als *Knoten* und die Verbindungen zwischen zwei Knoten bilden einen *Zweig*. Ausgehend von der Zusammenschaltung elektrischer Elemente basierend auf Knoten- und Umlauf- (Maschen-) Gleichung lassen sich verallgemeinerte Bilanzgleichungen für technische Systeme aufstellen, die *Kontinuitäts-* und *Kompatibilitätsgleichungen* (Abb. 6.1.7b).

Je nachdem, mit welcher elektrischen Größe f und e gleichgesetzt werden, (nach dem Dualitätsprinzip ist die Wahl frei), müssen die physikalischen Forderungen mit beiden Regeln überprüft werden. Die Knotengleichung ergibt sich beispielsweise für mechanische Systeme aus der Impulsbilanz bei verschwindender Masse (Prinzip von d'Alembert) und bei thermischen Systemen aus einer Wärmestrombilanz.

Die Umlaufgleichung resultiert aus der Bedingung, dass die Potenziale längs eines geschlossenen Umlaufs aus Gründen der Kompatibilität verschwinden. Kompatibilität erfordert bei mechanischen Systemen, dass die Geschwindigkeit (oder ihr Integral, der Weg) die Umlaufbedingung erfüllt.

Elektrische, magnetische und thermische Systeme erfüllen die üblichen Umlaufbedingungen.

Dann gelten zusammengefasst für das physikalische Netzwerk mit Fluss- und Differenzgrößen (f, e) als Variablen folgende Bedingungen

Erhaltungssatz für *Flussgrößen* (Schnittgesetz, Knotensatz)
$$\sum_{i=1}^{n} f_i = 0 \quad \rightarrow \quad \sum_{i=1}^{n} i_i = 0 \quad \sum_{i=1}^{n} F_i = 0 \qquad (6.1.17a)$$
Erhaltungssatz für *Differenzgrößen* (Umlaufgesetz, Maschensatz)
$$\sum_{i=1}^{m} e_i = 0 \quad \rightarrow \quad \sum_{i=1}^{m} u_i = 0 \quad \sum_{i=1}^{m} v_i = 0 \qquad (6.1.17b)$$
Netzwerkelementbeziehungen: $\quad f = f(e) \text{ bzw. } e = e(f).\qquad (6.1.17c)$

Diese *verallgemeinerten Kirchhoffschen Sätze* fundieren die Analyse mechanischer Netzwerke (Abb. 6.1.7a). Folgerichtig gelten auch die Gesetze der Zusammenschaltung von Toren (Abb. 6.1.7b) sowie der Reihen- und Parallelschaltung physikalischer Zweipolelemente (Abb. 6.1.7c). Bei Vertauschung der Zuordnung, also Wahl der Netzwerkanalogie $u = F$ und $i = v$ ergäben sich die dualen Relationen (dann entspricht die Masse einer Induktivität und die Feder einer Kapazität). Tabelle 6.3 fasst die Kontinuitäts- und Kompatibilitätsgleichungen für verschiedene physikalische Teilgebiete zusammen.

6.2 Mechanisch-elektrische Systeme

6.2.1 Modelle mechanischer Systeme

Mechanische Systeme sind räumlich ausgedehnt. Die Anwendung des Netzwerkbegriffs erfordert daher *Beschränkungen* wie die Reduktion des dreidimensionalen Raumes auf eine Dimension, d. h. Ersatz der Vektoren für Kraft $\boldsymbol{F}$, Weg $\boldsymbol{r}$, Geschwindigkeit $\boldsymbol{v}$ und Beschleunigung $\boldsymbol{a}$ durch Skalare F, r, v, a (F und v mit beiden Vorzeichen):

- Definition mechanischer Modellelemente,
- geschwindigkeitsproportionale Reibung r bei kleinen Geschwindigkeiten: $F = -rv$

6.2 Mechanisch-elektrische Systeme

Tab. 6.3. Knoten- und Umlaufgleichungen in verschiedenen physikalischen Teilgebieten

Teilgebiet	Kontinuitätsgleichung	Kompatibilitätsgleichung
Elektrik	$\sum I = 0$ Knotensatz	$\sum U = 0$ Maschensatz
Magnetik	$\sum \Phi = 0$ Flussbilanz	$\sum \Theta = 0$ Durchflutungskompatibilität
Mechanik translatorisch	$\sum F = 0$ Kräftebilanz	$\sum v = 0$ kinematische Gleichung
Mechanik rotatorisch	$\sum M = 0$ Momentensatz	$\sum \omega = 0$ kinematische Gleichung
Thermodynamik	$\sum Q' = 0$ Wärmestrombilanz	$\sum T = 0$ Temperaturkompatibilität
Fluidik	$\sum V' = 0$ Volumenstrombilanz	$\sum p = 0$ Druckkompatibilität

Tab. 6.4. Mechanische Netzwerkanalogie, Größenzuordnung

Induktivität	Feder (Nachgiebigkeit $n = 1/k$, Federsteifigkeit k, Drehnachgiebigkeit n_R),
Kapazität	Masse (Masse m, Trägheitsmoment $\Theta \equiv J$),
Widerstand R	(Reibungsadmittanz $1/r$, Drehreibungsadmittanz $1/r_R$)

— Massenbeschleunigung gemäß $F = m \mathrm{d}v/\mathrm{d}t$,
— Federwirkung im Bereich des Hookschen Gesetzes $F = k \cdot x$.

Grundlage der Modellierung ist die Analogie nach Tab. 6.4, die den Variablen Kraft und Geschwindigkeit (bzw. Drehmoment und Winkelgeschwindigkeit) die elektrischen Größen i und u zuordnet:

— *Durch-Variable* (Flussvariable)

$$f \stackrel{\wedge}{=} i \text{ (Strom)} \stackrel{\wedge}{=} F \text{ (Kraft)} \stackrel{\wedge}{=} M \text{ (Drehmoment)},$$

— *Quervariable* (als Differenz zweier skalarer Größen zwischen den Endpunkten eines Elementes, $e \stackrel{\wedge}{=} u$ (Spannung) $\stackrel{\wedge}{=} v$ (Geschwindigkeit) $\stackrel{\wedge}{=} \omega$ (Winkelgeschwindigkeit),

Diese Zuordnung bestimmt die mechanischen Grundelemente (Abb. 6.1.2):

Verfügbar sind Elemente mit Trägheits-, Speicher und Widerstandseigenschaften, letztere zur Modellierung von Verlusten. Abbildung 6.1.2 zeigt ihre typischen Schaltzeichen, im Bereich der Mechanik aber nicht einheitlich genutzt. Als Grundmodelle haben sie lineare mathematische Struktur und einheitlich einen proportionalen, integralen oder differenziellen Zusammenhang zwischen den verallgemeinerten Quer- (e) und Flussgrößen (f). Es gibt sie für translatorische wie rotatorische Systeme. Wie im elektrischen Fall kennt man auch nichtlineare und zeitabhängige Modelle.

Grundelemente mechanischer Systeme Mechanische Systeme bestehen aus *Masseelementen* (Punktmasse, starre Körper), *Verbindungselementen* (Feder, Dämpfer, Stäbe, Riemen) und *Maschinenelementen* (Getriebe, Hebel, Lager, Zylinder mit Kolben). Lager stellen sicher, dass sich Verbindungspunkte nur eindimensional bewegen. Der erste Schritte zur Anwendung mechanisch-elektrischer Analogien ist die Modellbildung der wichtigsten Elemente (Aufstellung von Ersatzschaltbildern und zugeordnete Grundgleichungen). Anschließend führen die Netzwerkgleichungen meist auf ein System von Differenzialgleichungen. Im letzten Schritt erfolgt ihre Lösung.

Konsistenz Der Vorteil der Analyse mechanischer Netzwerke durch Analogieanwendung ist nicht nur die Nutzung von Netzwerkanalyseverfahren, sondern auch die Anwendung von Schaltungssimulatoren und, bei elektrisch-mechanischen Wandlernetzwerken, die einheitliche Betrachtung auf *einer Ebene*, meist der elektrischen (Methoden dort am besten entwickelt). Zur quantitativen Lösungen und Konsistenz der Einheiten empfiehlt sich die Einführung von Proportionalitätsfaktoren in den Netzwerkvariabeln (und zwangsläufig den Komponenten). Setzt man $u = a_1 v$, $i = F/a_2$ und $u = a_3 \omega$, $i = M/a_4$ so ergeben sich als Modellelemente

$$C = \frac{m}{a_1 a_2}, \quad L = a_1 a_2 n, \quad R = a_1 a_2 / r \quad \text{und}$$
$$C = \frac{\Theta}{a_3 a_4}, \quad L = a_3 a_4 n_R, \quad R = a_3 a_4 / r_R. \tag{6.2.1}$$

Die ersten Werte gelten für translatorische, die letzten für rotatorische Systeme.

Die Faktoren a_1, a_2 und a_3, a_4 werden frei gewählt, für die Anwendung von Netzwerkanalyseprogrammen empfehlen sich Zehnerpotenzen. Beim Ansatz $a_1 = a_2$ bzw. $a_3 = a_4$ entsteht die (meist verwendete) leistungsgleiche Abbildung. Beispielsweise können gelten $a_1 = 10^3$ Vs/cm und entsprechend $a_2 = 10^3$ N/A.

Die Analyse mechanischer Netzwerke vereinfacht sich, wenn das mechanische Netzwerk über ein Wandlerzweitor mit einem elektrischen zusammenwirkt.

Abbildung 6.2.1 zeigt einen Gleichstrommotor (als Wandler), der aus einem elektrischen Netzwerk (Batterie) gespeist wird und auf der mechanischen Seite über ein Getriebe (wirkt als Übertrager) auf eine mechanische Last, beispielsweise eine Schleifscheibe mit Masse und Reibungskoeffizient, arbeitet. Ziel ist, alle mechanischen Elemente über den Wandler auf die elektrische Seite zu „transformieren" und

6.2 Mechanisch-elektrische Systeme

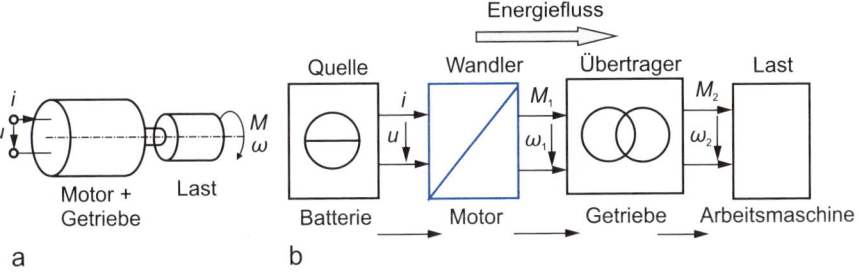

Abb. 6.2.1. Gleichstrommotor als elektrisch-mechanisches System. (a) Motoranordnung mit Last. (b) Elektromechanische Modellierung

mit (elektrischen) Ersatzgrößen der mechanischen Elemente die elektrische Analyse durchführen.

Der Gleichstrommotor wird durch das elektrodynamische Wandlermodell in Abb. 4.2.5c erfasst. Abgesehen vom Getriebe entsteht so das elektrische Ersatznetzwerk Abb. 4.2.5d.

Die wichtigsten Wandlertypen sind die *elektrostatisch-mechanischen* sowie die *elektrodynamisch-* und *elektromagnetisch-mechanischen* mit den Grundbeziehungen Gl. (4.3.27), (4.3.44d) und (4.3.56) und *Ersatzschaltungen* Abb. 4.3.7, 4.3.20.

Die natürlichen Ersatzanordnungen der elektrostatischen und elektromagnetischen Wandler sind die *Leitwert-* und *Hybridformen*, basierend auf der jeweiligen Ko-Energie (in Abb. 6.1.6 hervorgehoben). In der *Leitwertform* des elektrischen Wandlers (Abb. 6.2.2) muss dann das ideale Wandlerzweitor vom *Gyratortyp* sein (Tab. 2.9, Bd. 1) und in der Hybridform des *elektromagnetischen* Wandlers vom *Übertragertyp*. Beim elektrostatischen Wandler liegt die Kapazität eingangsseitig *parallel* zum Gyrator und ein mechanischer Leitwert (entspr. $-y'_{22} = y_{22}$) ausgangsseitig parallel; beim elektromagnetischen Wandler liegt die Induktivität eingangs *in Reihe* zum Übertrager und ausgangsseitig der mechanische Leitwert (entspr. $-h'_{22} = h_{22}$) parallel. Das Kleinsignalverhalten dieser Grundmodelle vertiefen wir durch weitere Überlegungen.

6.2.2 Elektrostatisch-mechanische Wandler

Der Grundtyp des elektrostatisch-mechanischen Wandlers ist der Plattenkondensator mit beweglicher Elektrode. Er wird betrieben mit Spannungs- oder Stromquelle (Abbn. 4.3.3, 4.3.7), also konstanter Spannung oder Ladung. Die dabei entstehende Feldkraft F_{el} zieht die Platten zusammen und drückt eine zur Veranschaulichung isoliert eingefügte Feder, die auch als mechanische

Last angesehen werden darf (aus Stabilitätsgründen kann sie sogar erforderlich sein, s. Gl. (4.3.28)). Abbildung 6.2.2a, b enthält das Wandlermodell Abb. 4.3.7d mit Beschränkung auf die Feder als mechanisches Zusatzelement. Die ausgangsseitige *Wandlerkraft* $F'_W = F'_{el} = -F_{el}$ ist die Reaktionskraft auf die Coulombkraft auf die Kondensatorplatten, sie wirkt als gesteuerte Stromquelle und hängt von der Eingangssteuerung (F'_Q, F'_u) ab.

Ein darauf aufbauendes *Kleinsignalmodell* kann entweder die Feder im Leiterwert y_{22} bzw. h_{22} additiv einschließen ($y_{22} = y_{22W} + 1/n$) oder vom *mechanisch unbeschalteten* Kondensator ausgehen (gleichbedeutend mit $n \to \infty$), ein Kleinsignalmodell ableiten und dem so gewonnenen (linearen) Wandlerzweitor die Feder als *mechanische Last* hinzufügen. Dieser Weg wird beschritten.

Kleinsignalmodell Ausgang sind die Wandlergleichungen (6.1.12) in *Spannungs-Form* (also für gegebene Spannung u)

$$i(u,x) = C(x)\frac{\mathrm{d}u}{\mathrm{d}t} + u\frac{\partial C(x)}{\partial x}v$$
$$F'_u(u,x) = \frac{u^2}{2}\frac{\partial C(x)}{\partial x} = \frac{u^2}{2}\frac{\partial}{\partial x}\left(\frac{\varepsilon A}{d-x}\right) = \frac{u^2}{2}\frac{C(x)^2}{\varepsilon A}. \quad (6.2.2)$$

Oben steht die i,u-Relation des *zeitgesteuerten Kondensators* (s. Gl. (2.7.25)), nur wurde $\mathrm{d}C/\mathrm{d}t$ durch $\frac{\mathrm{d}C}{\mathrm{d}t} = \frac{\partial C}{\partial x}\frac{\mathrm{d}x}{\mathrm{d}t} = \frac{\partial C}{\partial x}v$ ersetzt. Sie ist linear und wird für Kleinsignalgrößen übernommen

$$\Delta i = C(x)\frac{\mathrm{d}(\Delta u)}{\mathrm{d}t} + u\frac{\partial C(x)}{\partial x}\frac{\mathrm{d}(\Delta x)}{\mathrm{d}t} = \underbrace{sC(x)}_{y''_{11}}\Delta u + \underbrace{su\frac{\partial C(x)}{\partial x}}_{y''_{12}}\Delta x. \quad (6.2.3a)$$

Das ist die Eingangsstromänderung ausgedrückt durch Spannungs- und Plattenabstandsänderung.

Die Kraftänderung $\Delta(F'_u)$ als Folge der Änderungen Δu, Δx beträgt

$$\Delta F'_u = \left(\frac{\partial F'_u}{\partial u}\right)\bigg|_x \Delta u + \left(\frac{\partial F'_u}{\partial x}\right)\bigg|_u \Delta x = \underbrace{u\frac{\partial C(x)}{\partial x}}_{y''_{21}}\Delta u + \underbrace{\frac{u^2}{2}\frac{\partial C^2(x)}{\partial x^2}}_{y''_{22}}\Delta x.$$
$$(6.2.3b)$$

Typische Parameter sind (neben der „festgebremsten" Kapazität C, bei $\Delta x = 0$) der *Spannungssteuerfaktor* K_U und die *Spannungssteifigkeit* k_U oder *reziproke Kurzschlussnachgiebigkeit* $1/n_k = k_U$ im Arbeitspunkt

$$\boxed{K_U = \left(\frac{\partial F'_u}{\partial u}\right)\bigg|_x = u\frac{\partial C(x)}{\partial x}, \quad k_U = \left(\frac{\partial F'_u}{\partial x}\right)\bigg|_u = \frac{u^2}{2}\frac{\partial^2 C(x)}{\partial x^2}.} \quad (6.2.4)$$

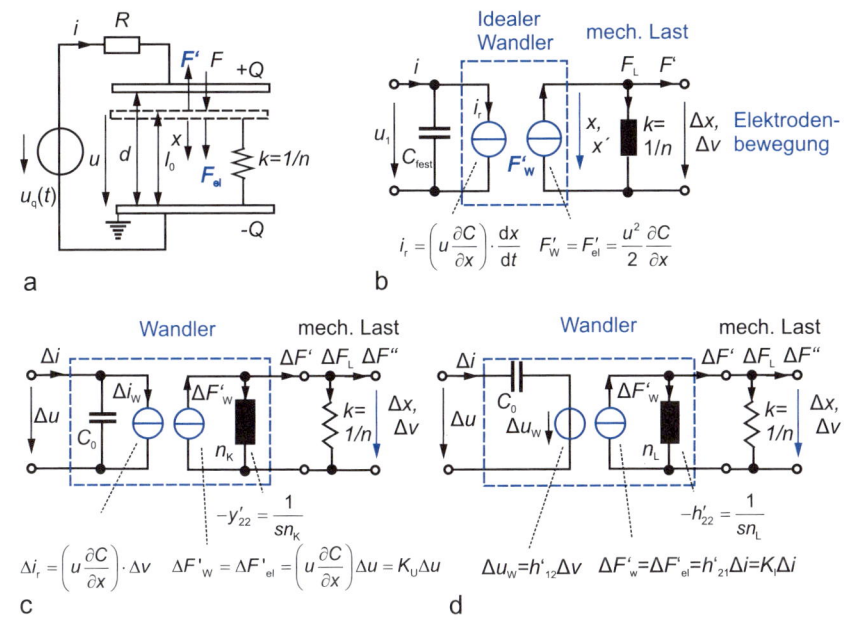

Abb. 6.2.2. Elektrostatischer Wandler. (a) Plattenkondensator mit variablem Plattenabstand als Wandler. (b) Großsignalersatzschaltung. (c) Kleinsignalersatzschaltung in Leitwertform mit gyratorischem Kopplungszweitor. (d) Kleinsignal-Ersatzschaltung in Hybridform (Übertrager hat imaginäres Übersetzungsverhältnis)

Die vollständige Netzwerkanalogie (Geschwindigkeit entspricht Spannung) erfordert den Übergang von der Abstandsänderung Δx zur Geschwindigkeitsänderung: $\Delta x = \int \Delta v dt \rightarrow \Delta x = \Delta v / s$, was symbolisch durch Verwendung der Laplace-Transformierten $s = \jmath \omega$ (s. Bd. 3, Schreibweise nicht korrekt) erfolgt. Dann ergibt sich das Kleinsignalmodell des zeitgesteuerten Kondensators für die Spannungs-Form als *Leitwertdarstellung* (gültig für Kettenstrom-/Kraftrichtung, Abb. 6.2.2c):

$$\begin{pmatrix} \Delta i \\ \Delta F' \end{pmatrix} = \begin{pmatrix} y''_{11} & y''_{12} \\ y''_{21} & y''_{22} \end{pmatrix} \begin{pmatrix} \Delta u \\ \Delta x \end{pmatrix} = \begin{pmatrix} y'_{11} & y'_{12} \\ y'_{21} & y'_{22} \end{pmatrix} \begin{pmatrix} \Delta u \\ \Delta v \end{pmatrix},$$

$$\boldsymbol{Y}' = \begin{pmatrix} sC & K_U \\ K_U & \frac{-k_U}{s} \end{pmatrix}.$$
(6.2.5)

Folgerichtig erwartet man für die Strom-Form des Gl. (6.1.5) mit der Darstellung von Kraft und Spannung als Funktion von Ladung Q und Plattenabstandsänderung x eine *Kleinsignal-Hybriddarstellung*. Ihre erste Zeile, die Spannung $u(Q,x)$, kann entweder durch Taylorentwicklung im Arbeitspunkt oder aus der Stromdarstellung (erste Zeile der Leitwertform mittels Umstellen) gewonnen werden. Ergebnis ist die erste Zeile der Hybridmatrix

$$\Delta u = h''_{11}\Delta i + h''_{12}\Delta x = \frac{1}{C}\int \Delta i dt - \frac{Q}{C^2(x)}\frac{\partial C(x)}{\partial x}\int \Delta v dt$$

$$= \underbrace{\frac{1}{sC}}_{h'_{11}}\Delta i - \underbrace{\frac{Q}{sC^2(x)}\frac{\partial C(x)}{\partial x}}_{h'_{12}}\Delta v. \qquad (6.2.6a)$$

Dabei wurden statt der Ladungs- und Abstandsänderungen ΔQ, Δx Strom und Geschwindigkeit v verwendet ($\Delta Q = \int \Delta i dt \to \Delta Q = \Delta i/s$).

In der zweiten Zeile steht die Kraftänderung (Stromänderung im elektrischen Fall) als Funktion der Ladungs- (Strom-) und Abstandsänderung:

$$\Delta F'_Q = \left(\frac{\partial F'_Q}{\partial Q}\right)\bigg|_x \Delta Q + \left(\frac{\partial F'_Q}{\partial x}\right)\bigg|_Q \Delta x$$

$$= \underbrace{\frac{u}{sC(x)}\frac{\partial C(x)}{\partial x}}_{h'_{21}}\Delta i + \underbrace{\frac{u^2}{2}\left[\frac{\partial^2 C(x)}{\partial x^2} - \frac{2}{C(x)}\left(\frac{\partial C(x)}{\partial x}\right)^2\right]}_{h'_{22}}\Delta v.$$

$$(6.2.6b)$$

Zusammengefasst lautet dann die *Hybridmatrixform*

$$\begin{pmatrix}\Delta u \\ \Delta F'\end{pmatrix} = \begin{pmatrix}h''_{11} & h''_{12} \\ h''_{21} & h''_{22}\end{pmatrix}\begin{pmatrix}\Delta Q \\ \Delta x\end{pmatrix} = \begin{pmatrix}h'_{11} & h'_{12} \\ h'_{21} & h'_{22}\end{pmatrix}\begin{pmatrix}\Delta i \\ \Delta v\end{pmatrix}$$

$$\boldsymbol{H'} = \begin{pmatrix}\frac{1}{sC} & -\frac{K_{\mathrm{I}}}{s} \\ \frac{K_{\mathrm{I}}}{s} & -\frac{k_{\mathrm{I}}}{s}\end{pmatrix}. \qquad (6.2.7)$$

Typische Kennwerte sind (neben der festgebremsten Kapazität C bei $\Delta x = 0$) der *Ladungssteuerfaktor* K_{I} (verbreitet auch als *Reziprozitätsparameter* T_0 bezeichnet, $K_{\mathrm{I}} = T_0$) und die *Stromsteifigkeit* k_{I} oder die *reziproke Leerlaufnachgiebigkeit* $1/n_{\mathrm{L}} = k_{\mathrm{I}}$

$$\begin{aligned}K_{\mathrm{I}} &= \left(\frac{\partial F'_Q}{\partial Q}\right)\bigg|_x = \frac{Q}{[C(x)]^2}\frac{\partial C(x)}{\partial x} \\ k_{\mathrm{I}} &= \left(\frac{\partial F'_Q}{\partial x}\right)\bigg|_Q = \frac{Q^2}{[C(x)]^2}\left(\frac{1}{2}\frac{\partial^2 C(x)}{\partial x^2} - \frac{1}{C(x)}\left(\frac{\partial C(x)}{\partial x}\right)^2\right).\end{aligned} \qquad (6.2.8a)$$

Die *Gleichwertigkeit* von Leitwert- und Hybridform (Parameterumrechnung Tab. 2.6, Bd. 1, $y_{22} = h_{22} - h_{21}h_{12}/h_{11}$ und $h_{21} = y_{21}/y_{11}$) führt zu den *Parameterbeziehungen*

$$\boxed{k_{\mathrm{U}} = k_{\mathrm{I}} - C \cdot K_{\mathrm{I}}^2, \quad K_{\mathrm{U}} = C \cdot K_{\mathrm{I}}, \quad k_{\mathrm{I}} = k_{\mathrm{U}} + K_{\mathrm{U}}^2/C.} \qquad (6.2.8b)$$

Die Ergebnisse offenbaren:

1. Die Parameter h_{11}, y_{11} sowie h_{22}, y_{22} sind durch die *Eingangskapazität* und *Steifigkeit* $k = 1/n$ (*Nachgiebigkeit* n, s. u.) gegeben. Die Frequenz $s \sim \omega$ im Nenner deutet auf Energiespeicher hin! Sie modellieren die *elektrische* bzw. *mechanische Speicherfähigkeit* des Wandlers. Die Unterschiede der Koeffizienten y_{22}, h_{22} als mechanische *Kurzschluss-* bzw. *Leerlaufleitwerte* stammen von der elektrischen Eingangsbelastung (Quelle arbeitet in Spannungs- oder Stromeinprägung).
2. Die Größe $K_\mathrm{U} = CK_\mathrm{I} \sim u\,\mathrm{d}C/\mathrm{d}x$ (in den Nebendiagonalparametern y_{21}, h_{12}) beschreibt die elektromechanische Wandlung. Sie ist *an räumliche Kapazitätsänderung und eine Gleichspannung (bzw. Plattenladung Q_0, Arbeitspunkt) gebunden*.
3. Der Wandler hat *Gyratoreigenschaften* ($h'_{12} = -h'_{21}$ bzw. $y'_{12} = y'_{21}$).
4. Ersatzschaltungsmäßig wird der ideale Wandler durch die Nebendiagonalparameter gekennzeichnet und mit gesteuerten Quellen modelliert (s. Abb. 6.2.2c, d, auch Tab. 2.9 Bd. 1). Die Leitwertersatzschaltung Abb. 6.2.2c) nutzt *spannungsgesteuerte Stromquellen* und das Wandlerzweitor ist damit vom *Gyratortyp* (Abb. 6.1.4a) mit reellem Gyrationswiderstand r, die Hybridersatzschaltung Abb. 6.2.2d hingegen hat *spannungsgesteuerte Spannungs-* und *stromgesteuerte Stromquellen*. Deswegen ist das Wandlerzweitor vom *Übertragertyp* (Abb. 6.1.4a). Sein Übersetzungsverhältnis $\ddot{u} = A_{11} = -y_{22}/y_{21} = -k_\mathrm{U}/(sK_\mathrm{U})$ (Abb. 6.1.4a und Gl. (6.2.5)) muss allerdings durch die Frequenz $s = \mathrm{j}\omega$ *imaginär* sein.

> Die Leitwertform mit idealem Wandlerzweitor vom Gyratortyp ist die natürliche Ersatzschaltung elektrischer Wandler bei Nutzung der elektromechanischen Netzwerkanalogie (Kraft entspricht Strom).

Für den *Plattenkondensator* $C(x) = \varepsilon A/(d-x)$ folgen mit den Ableitungen $\mathrm{d}C/\mathrm{d}x = C'(x) = \varepsilon A/(d-x)^2 = C^2(x)/\varepsilon A$, $C''(x) = 2\varepsilon A/(d-x)^3 = 2C^3(x)/(\varepsilon A)^2$ die Zweitorparameter

$$\begin{aligned}
y'_{12} = y'_{21} &= \frac{u\,[C(x)]^2}{\varepsilon A} = \frac{Q_0}{(d-x_0)}, \quad y'_{22} = \frac{u^2\,[C(x)]^3}{s(\varepsilon A)^2} \\
h'_{21} = -h'_{12} &= \frac{Q(x)}{s\varepsilon A}, \quad h'_{22} = 0.
\end{aligned} \quad (6.2.9)$$

Die Größe $Q_0/(d-x_0) \approx Q_0/d = C_0 U/d$ spielt als *Wandlerkonstante* eine zentrale Rolle, aus dem allgemeinen Ansatz geht hervor

$$\frac{1}{Y} = C \cdot T_0 = C \left(\frac{\partial F'}{\partial Q}\right)\bigg|_x = \left(\frac{\partial F'}{\partial u}\right)\bigg|_x = u\frac{\partial C}{\partial x} = \frac{Q_0}{d} = \frac{C \cdot u_0}{d} \quad (6.2.10)$$

und die Leitwertdarstellung Gl. (6.2.5) lautet gleichwertig

$$\Delta i = y'_{11}\Delta u + y'_{12}\Delta v = \underbrace{sC\Delta u}_{\Delta i_C} + \underbrace{\frac{\Delta v}{Y}}_{\Delta i_W}$$

$$\Delta F' = y'_{21}\Delta u + y'_{22}\Delta v = \underbrace{\frac{\Delta u}{Y}}_{\Delta F'_W} - \underbrace{\frac{\Delta v}{sn_K}}_{\Delta F_n} \quad (6.2.11)$$

$$\frac{1}{n_K} = \frac{1}{n_l} + \frac{1}{n_C}, \quad n_C = -Y^2 C$$

mit den Beziehungen

$$\boxed{\begin{aligned}\frac{1}{Y} &= K_I = \frac{K_U}{C} = CT_0, \quad k_U = \frac{1}{n_K}, \quad k_I = \frac{1}{n_L}, \\ \frac{1}{n_C} &= \frac{-1}{Y^2 C} = -CK_I^2, \quad -y'_{22} = \frac{1}{sn_K} = \frac{1}{s}\left(\frac{1}{n_L} + \frac{1}{n_C}\right)\end{aligned}}$$

und der Ersatzschaltung Abb. 6.2.2c. Auf beiden Seiten des idealen Wandlerzweitores mit übereinstimmenden Kopplungskoeffizienten liegen die elektrische bzw. mechanische Last.

Die zugeführte elektrische Energie wird teilweise im Kondensator gespeichert, der Rest wandelt in mechanische Arbeit als ausgangsseitige Kraft und Geschwindigkeit. So arbeitet der Wandler als (reziproker) *Aktor*: Änderungen der mechanischen Last führen zu eingangsseitigen Strom-Spannungs-Änderungen.

Die Abbildungseigenschaften des idealen elektrisch-nichtelektrischen Wandlerzweitors (Übertrager, Gyrator) zeigt Abb. 6.2.3. Danach wird ein (mechanischer) Abschlusswiderstand $Z_m = v/(-F)$ beim idealen Übertrager gemäß (symmetrische Richtungen i, F)

$$Z_e = \frac{u_1}{i_1} = \frac{\ddot{u}v}{(-1/\ddot{u})(+F)} = \ddot{u}^2 \frac{v}{(-F)} = \ddot{u}^2 Z_m \quad (6.2.12a)$$

$$Y_e = \frac{i_1}{u_1} = \frac{gv}{-1/g(+F)} = g^2 \frac{v}{(-F)} = g^2 Z_m \quad (6.2.12b)$$

als Widerstand $Z_e = \ddot{u}^2 Z_m$ an den Eingang transformiert, beim Gyrator (Fall b) mit dem Gyrationsleitwert g dagegen als übersetzter Leitwert $Y_e = g^2 Z_m$! Ein imaginäres Übersetzungsverhältnis ($\ddot{u} \sim s \sim \jmath\omega$, typisch für die Wechselstromtechnik) würde das Vorzeichen am Eingang drehen.

Abbildung 6.2.4a fasst die Leitwertersatzschaltung des elektrostatischen Wandlers mit den vereinbarten Kenngrößen in einer verbreiteten Form zusammen. Seine Energiespeicherfähigkeit drückt sich in der Kapazität und der mechanischen Nachgiebigkeit aus. Der eingeschlossene ideale Wandler überführt die elektrische Eingangsleistung voll in ausgangsseitig abgegebene mechanische. Aus seiner Kettenbeschreibung $u_1 = A'_{12} i_2$, $i_1 = A'_{21} u_2$ (und

6.2 Mechanisch-elektrische Systeme

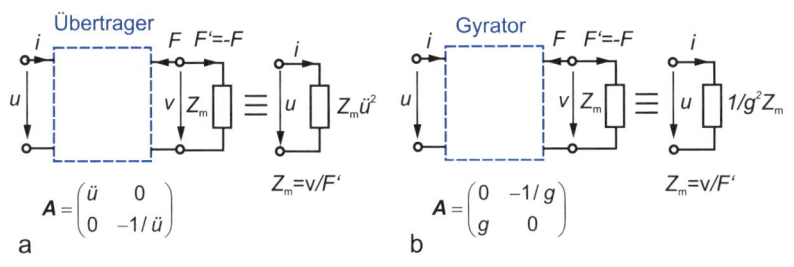

Abb. 6.2.3. Transformationseigenschaften eines elektrisch-nichtelektrischen Zweitores. (a) Idealer Übertrager. (b) Gyrator

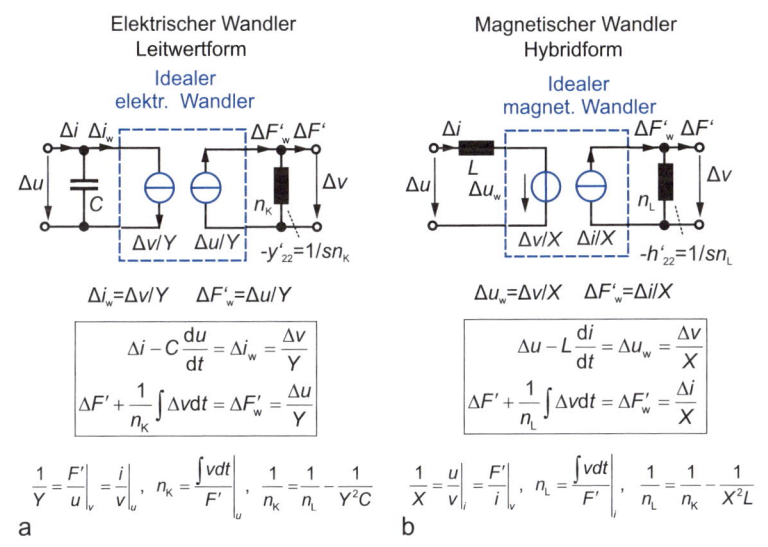

Abb. 6.2.4. Kleinsignal-Ersatzschaltungen elektrischer (a) und magnetischer (b) Wandler

$A'_{22} = A'_{11} = 0$) folgt sofort die Ausgangsleistung: $u_2 i_2 - u_1 i_1/(A'_{12} A'_{21}) = u_1 i_1$ mit $A'_{12} A'_{21} = 1$ als Gyratorbedingung.

Zusammengefasst:

> Die Ersatzschaltung des linearisierten elektrostatischen Wandlers enthält drei Teile: eingangsseitig den (festgebremsten) Kondensator, den eigentlichen Wandler (Übertragungszweitor vom Gyratortyp), der Potenzialgröße (u_w, v) in Flussgrößen (i_W, F) umsetzt und ausgangsseitig das mechanische Netzwerk.

Wandler im Netzwerk Im Betrieb liegt der Wandler eingangsseitig an einem aktiven elektrischen Netzwerk, ausgangsseitig ist ein mechanisches angeschlossen, das auch mechanische Erregerquellen haben kann. In der Leitwertdarstellung ersetzt man die äußeren Netzwerke durch aktive Zweipole in Stromquellendarstellung und ihre Ersatzinnenleitwerte Y_iers, Y_aers werden zu den Wandlerkoeffizienten y_{11}, y_{22} (bzw. y'_{11}, y'_{22}) addiert (Parallelschaltung der Zweitore, s. Kap. 2.6.6, Bd. 1). So lässt sich auch die *Bindungsfeder* mit der Kraftbeziehung $F = kx$ bzw. $F = kv/s$ (Laplace-Variable s) berücksichtigen: man addiert ihren Leitwert $y = k/s = 1/(ns)$ zum Wandleranteil y_{22} bzw. h_{22}. Der mechanische Parameter h_{22} verschwindet beim Plattenkondensatorwandler (s. Gl. (6.2.9)) und es verbleibt nur die Federkonstante als (induktiver) Leitwert.

Die *Kurzschlusskraft* $\sim y_{22} = h_{22} - (h_{12}h_{21})/h_{11}$ hat dagegen auch bei verschwindendem h_{22} noch einen Kraftanteil durch die Kapazität C. Folglich beträgt der zugeordnete Leitwert allgemein: $y_{22} = (1/n_\text{L}s) + [-(h_{12}h_{21})/h_{11}] = (1/n_\text{L}s) + 1/n_\text{C}s = 1/n_\text{K}s$ mit der Nachgiebigkeit n_L des eingangsseitig leerlaufenden Wandlers, n_C der *"elektronischen Nachgiebigkeit"* und der *Kurzschlussnachgiebigkeit* n_K. Damit hängt die ausgangsseitige Steifigkeit auch vom Eingangskreis ab (Strom-, Spannungssteuerung). Auf diese Weise lassen sich weitere mechanische Elemente einbeziehen, z. B. die Elektrodenmasse des Kondensators.

Je nach Signalquellenauslegung arbeitet der Wandler zwischen Spannungs- und Stromsteuerung mit unterschiedlichem Ausgangsverhalten. Im einfachen Modell (Kap. 4) wurde dafür die Kraftwirkung bei konstanter Spannung bzw. Ladung untersucht mit gleichem Ergebnis. Die Erklärung ist einfach: beim rückwirkungsfreien Wandler ($y_{12} = h_{12} = 0$ wie dort stillschweigend vorausgesetzt) stimmen beide Kräfte auch in der Ersatzschaltung Abb. 6.2.2 überein.

Netzwerktransformation Die gemischte Wandlerersatzschaltung kann durch Umrechnung der mechanischen oder elektrischen Komponenten in eine rein elektrische oder mechanische Form (seltener) überführt werden. Dabei transformiert der Gyrator den Widerstand einer Vierpolseite in einen Leitwert auf der anderen (so wird eine Reihenschaltung zur Parallelschaltung und umgekehrt) (Gl. (6.2.12), Abb. 6.2.3). Deshalb wirkt eine Feder auf der mechanischen Seite als Kapazität auf der Eingangsseite und eine Masse als Induktivität. Für den elektrischen Wandler gelten damit die Transformationsbeziehungen

$$\begin{aligned} &\text{mechanisch} \to \text{elektrisch} \\ &C_\text{nm} = n/Y^2, \; L_\text{m} = mY^2, \; R_\text{r} = rY^2, \\ &\text{elektrisch} \to \text{mechanisch} \\ &n_\text{C} = CY^2, \; m_\text{L} = L/Y^2, \; r_\text{R} = R/Y^2. \end{aligned} \qquad (6.2.13)$$

Der elektromechanische Wandler ist umkehrbar: arbeitet er bei gegebenen mechanischen Größen als Sensor, so ändert sich bei Zufuhr elektrischer Energie die Kraft und Geschwindigkeit und er wirkt als Aktor. Dabei wird ein Teil der eingebrachten Energie im Kondensator gespeichert und der Rest in mechanische Energie gewandelt und abgegeben. Abbildung 6.2.4 stellt die Wandlereigenschaften der elektrischen und magnetischen Wandler gegenüber. Die Beziehungen rechts für magnetische Wandler (Kap. 6.2.3) lassen eine gewisse Dualität erkennen.

Nichtlinearer Ansatz* Die Modellierung der elektrisch-mechanischen Kopplung erfolgte unter Kleinsignalbedingungen, das genauere Modell ist nichtlinear (Abb. 4.3.7). Ausgang sind die Kräfte auf die bewegliche Elektrode (Gl. (4.3.27)). Es herrscht Kräftegleichgewicht zwischen Feldkraft F_{el} (nichtlinear von Q bzw. u abhängig), der mechanischen Kraft F_{mech} und einer externen Kraft F_{ext}: $F_{mech} + F_{el} = F_{ext}$. Die mechanische Kraft F_{mech} umfasst die Massenträgheit $m(d^2s/dt^2)$, Reibungsverluste (rdx/dt) und den Federeinfluss $cs = s/n$. Dann gilt als erste Bilanzgleichung

$$F_{ext}(Q,x) = F_{el} + F_{mech} = \frac{Q^2}{2\varepsilon_0 A} + \left(m\frac{d^2x}{dt^2} + r\frac{dx}{dt} + \frac{x}{n}\right). \tag{6.2.14a}$$

Die zweite Gleichung folgt aus der elektrischen Seite: liegt zwischen Spannungsquelle und Kondensator noch ein Längswiderstand R, so gilt

$$R\frac{dQ}{dt} + \frac{Q}{C} = u_q \text{ mit } \frac{Q}{C} = u(Q,x) = \frac{Q(d-x)}{\varepsilon_0 A}. \tag{6.2.14b}$$

Beide Gleichungen zusammen beschreiben das verkoppelte mechanisch-elektrische Verhalten. Die Lösung erfordert rechnergestützte numerische Verfahren oder eine sog. *Blocksimulation* (z. B. mit MATLAB/Simulink), wenn zur Gleichung ein Blockschaltbild existiert. Die Linearisierung im Arbeitspunkt erlaubt schließlich eine Lösung mit den vorgestellten Modellen.

Das elektrostatische Wandlermodell wurde auf rein translatorische Bewegungen beschränkt (rotatorische sind selten). In dieser Form ist es die Grundlage für Kondensatormikrophon, elektrostatischen Lautsprecher, piezoelektrische Geber und Aufnehmer und zahlreiche Sensor- und Aktoranwendungen der *Mikrosystemtechnik*.

Weitere Wandlerausführungen Neben Wandlern mit *variablem* Elektrodenabstand und der typischen Kapazitätskurve $C(x) \sim 1/(d-x)$ gibt es auch Formen für longitudinale Elektrodenbewegung bei *festem* Abstand oder solche mit *verdrehter* Elektrode. Dabei wird die Elektrodenfläche oder die Überdeckungsfläche des Dielektrikums variiert bzw. der Plattenabstand ortsabhängig verändert. Im ersten Fall (Abb. 6.2.5a) führt die Kapazität

$$C(x) = \frac{\varepsilon A}{d}(b+x) \;\rightarrow\; \frac{dC(x)}{dx} = \frac{\varepsilon A}{d} \tag{6.2.15a}$$

durch die lineare Plattenverschiebung zu konstanter Kapazitätsänderung und damit *konstanter elektrostatischer Kraft* $F_{el} = u^2 \varepsilon A/(2d)$. Eine Folge ist z. B. der Wegfall des Schnapp-Effektes. Kapazitäten mit einseitig drehbar gelagerter Elektrode (Abb. 6.2.5b) modellieren etwa eine Biegeelektrode mit inhomogenem Feldverlauf.

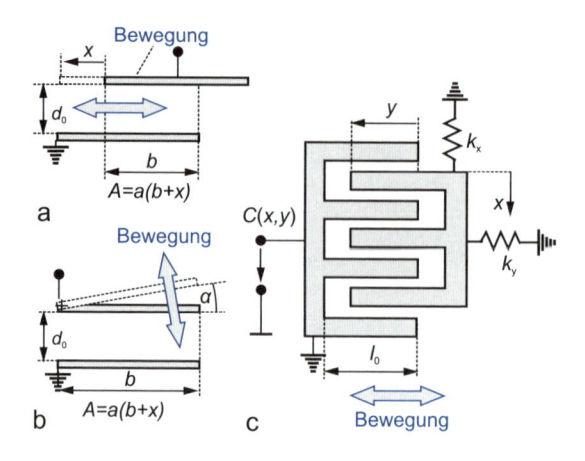

Abb. 6.2.5. Grundtypen elektrostatischer Wandler mit veränderbarem Kondensator.
(a) Variable Elektrodenfläche.
(b) Verdrehbare Elektrode.
(c) Fingerstruktur

Die Kapazität beträgt

$$C(\varphi) = \frac{\varepsilon a}{\tan \varphi} \ln\left(\frac{b \tan \varphi}{d} + 1\right) \approx \left.\frac{\varepsilon A}{d - b\varphi/2}\right|_{\varphi \ll 1}. \qquad (6.2.15b)$$

Sehr verbreitet sind *Kammstrukturen* (Abb. 6.2.5c) wegen der großen Kräfte als Folge der mechanischen Reihenschaltung der beweglichen Elektroden. Sie greifen fingerartig ineinander und können sich transversal und longitudinal bewegen. Das erlaubt vielfältige Anwendungen.

Während die Energiedichte elektrischer Felder bei makroskopischen Abmessungen wegen der Durchbruchsfeldstärke von ca. 10^4 V/mm bei etwa 400 Ws/m^3 und damit deutlich unter der magnetischer Felder liegt, steigt sie nach dem Paschen-Gesetz bei Wegstrecken im µm-Bereich bis auf 10^6 V/mm an. Dann ist der Energiegehalt mit Magnetfeldern vergleichbar und *elektrostatische Mikroaktoren* gewinnen an Bedeutung. Ergebnisse sind Mikroventile, Druckerköpfe, Mikromotoren und -getriebe, mikrooptische Strukturen u. a. m.

6.2.3 Magnetisch-mechanische Wandler

Die typischen magnetischen Wandler arbeiten elektromagnetisch (Elektromagnet) mit variabler Reluktanz oder elektrodynamisch (bewegter Leiterstab im Magnetfeld). Im ersten Fall wirkt die nichtlineare magnetische Kraft im Luftspalt des magnetischen Kreises, im zweiten die Lorentz-Kraft auf den im Magnetfeld bewegten Leiter.

6.2.3.1 Elektromagnetische Wandler

Abbildung 6.2.6a zeigt den *elektromagnetischen* Wandler mit beweglichem Anker, gehalten durch eine Feder. Ausgang ist die nichtlineare magnetische Kraft F_m (wie oben die nichtlineare elektrische Feldkraft) auf den beweglichen

6.2 Mechanisch-elektrische Systeme

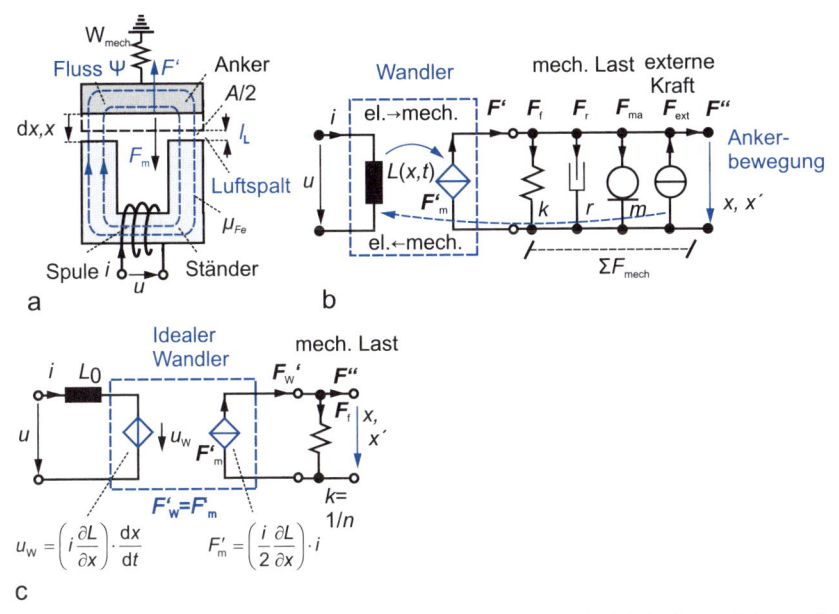

Abb. 6.2.6. Elektromagnetischer Wandler (Reluktanzprinzip). (a) Aufbau mit beweglichem Anker im Magnetkreis. (b) Wandler mit eingestelltem Arbeitspunkt (Gleichstrom, Dauermagnet) und Kleinsignalaussteuerung (c) wie (b), jedoch mit variabler Fläche (Tauchankerprinzip)

Anker. Er überträgt die Kraftwirkung und bewegt sich je nach Ausführung senkrecht zu den Polschuhflächen (*variabler* Luftspalt wie hier) oder bei geschlossenem magnetischen Kreis in einem *konstanten* Luftspalt bei veränderlicher Polfläche (sog. *Tauchankerprinzip* Abb. 6.2.7c). In beiden Fällen hängt die den magnetischen Fluss bestimmende Induktivität $+L(l)$ vom Luftspalt l ab.

Grundlage des Elektromagneten ist die unipolar wirkende *Reluktanzkraft* Gl. (4.3.52) mit ihrer quadratischen Strom- bzw. Flussabhängigkeit. Deswegen erfordert ein stabiler Arbeitspunkt (wie beim spannungsbeaufschlagten Plattenkondensator) eine *elastische Bindung* durch eine Feder (Federkonstante k). Der Spulenstrom i (w Windungen) erzeugt im magnetischen Kreis den Fluss Φ und es stellt sich ein Gleichgewicht zwischen anziehender magnetischer Kraft und Federkraft ein. Ohne Grundfluss hat der Luftspalt die Breite l, mit Grundfluss Φ_0 (bzw. dem zugehörigen Strom i_0) den etwas kleineren Grundabstand x_0, verbunden mit der magnetischen Feldkraft F_m

$$F_\mathrm{m} = \frac{B^2 A}{2\mu_0} = \frac{\Phi^2}{2\mu_0 A} - \frac{\mu_0 A}{2}\left(\frac{i \cdot w}{l}\right)^2 - \frac{1}{2\mu_0 A}\left(\frac{i \cdot L}{w}\right)^2 \qquad (6.2.16)$$

für $\Phi = \Phi_0$ und $x = x_0$. Sie ist gleich der mechanischen Kraft $F_{\text{mech}} = kx_0$. Der Grundfluss kann auch von einem Dauermagneten stammen, bei Wandlern meist der Regelfall.

Der elektromagnetische Wandler nutzt die Reluktanzkraft und Fluss-Strombeziehung $\Psi(i)$ als Zusammenhang zwischen Energie- und Leistungsvariablen Ψ, i. Sie wurden in Gl. (4.3.56) bzw. (6.1.13) angegeben. Wie beim kapazitiven Wandler gibt es zwei gleichwertige Beschreibungsformen, die *Fluss-Spannungs-Form*, in der Kraft und Strom nur vom Fluss- und Ort abhängen und die *Ladungs-Strom-Form* mit der Abhängigkeit der Kraft und Spannung von Strom und Ort

$$\begin{array}{ll} F'_{\text{u}} = F'_{\text{u}}(\Psi, x); \; i = \text{I}(\Psi, x) & \text{Fluss-Spannungs-Variable} \\ F'_{\text{Q}} = F'_{\text{Q}}(i, x); \; u = \text{U}(i, x) & \text{Ladungs-Strom-Variable.} \end{array}$$

Ausgeschrieben ergibt sich (Gl. (4.3.56))

$$\begin{array}{ccc} & \text{Ladung-Strom-Darstellung} & \text{Fluss-Spannungs-Darstellung} \\ \text{elektrische Seite} \quad u = \frac{\partial}{\partial t}(W_{\text{m}}^*)\big|_x & i(x) = \frac{\partial W_{\text{m}}}{\partial \Psi}\big|_x = \frac{\Psi(x)}{L(x)} \\ = L(x)\frac{\text{d}i}{\text{d}t} + i\frac{\partial L}{\partial x}\frac{\text{d}x}{\text{d}t} & \\ \text{Kopplung } F_{\text{m}} \quad F'(i,x)\big|_i = \frac{\partial W_{\text{m}}^*}{\partial x}\big|_i & F'(\Psi, x)\big|_\Psi = -\frac{\partial W_{\text{m}}}{\partial x}\big|_\Psi \\ = \frac{i^2}{2}\frac{\partial L}{\partial x} & = \frac{\Psi^2}{2L(x)^2}\frac{\partial L}{\partial x}. \end{array}$$

$$(6.2.17)$$

Je nachdem, ob die Kraftwirkung bei konstantem Strom oder magnetischem Fluss erfolgt, wird das Gesamtsystem durch die linke oder rechte Seite beschrieben. Die Energiebeziehungen gelten allgemein (auch für nichtlinearen $\Psi(i)$-Zusammenhang), unten stehen die Ergebnisse für *lineare* Fluss-Strom-Beziehung $\Psi(x) = L(x)i$.

Erwartungsgemäß tritt in der Stromdarstellung die *zeitvariable Induktivität* $L(x(t))$ auf (s. Gl. (3.4.10)) wie analog beim kapazitiven Wandler die zeitabhängige Kapazität. Überhaupt besteht zu diesem Wandler eine Dualität folgender Größen

$$\Psi \triangleq Q, \quad u = \frac{\text{d}\Psi}{\text{d}t} \triangleq i = \frac{\text{d}Q}{\text{d}t}, \quad L \triangleq C, \qquad (6.2.18)$$

was das Verständnis in manchen Punkten erleichtert. Ziel ist zunächst, wie dort, ein Kleinsignalmodell im Arbeitspunkt.

Das Grundmodell des Reluktanzwandlers nach Gl. (4.3.56) zeigt Abb. 6.2.6b. Dabei sind, analog zum Kondensatormodell (Abb. 4.3.7), in die mechanische

Last Ankermasse, Reibung und die Rückholfeder (evtl. auch eine externe Kraft) eingeschlossen. Zum Modell gehört nach dem linken Gleichungssystem eine *Hybridersatzschaltung*, weil die Eingangsspannung die Reihenschaltung von induktivem Spannungsabfall und einer Rückwirkungsspannung ist. Wirkt als mechanische Last nur eine Rückholfeder, so vereinfacht sich die Ersatzschaltung zu Abb. 6.2.6c. Die rechte Seite in Gl. (4.3.56) führt zur Ersatzschaltung in Leitwertform (s. u.).

Arbeitspunkt, Schnappeffekt Im Arbeitspunkt befindet sich der Anker (bei eingestelltem Strom oder Fluss) in Ruhe und die Reluktanzkraft steht mit der Federkraft im Gleichgewicht (es wirke keine äußere Zusatzkraft ein). Dann gilt die

$$\text{Arbeitspunktbedingung } kx_0 = (F_\mathrm{m})_0. \qquad (6.2.19)$$

Bei konstantem Fluss ist die Reluktanzkraft *abstandsunabhängig* und es gibt einen stabilen Arbeitspunkt x_0. Mit Ankerverschiebung aus der Gleichgewichtslage x_0 steigt die rückstellende Federkraft, während die Reluktanzkraft F_m konstant bleibt und der Anker nach x_0 zurückgezogen wird.

Bei *eingeprägtem Strom* wächst die Reluktanzkraft mit sinkendem Ankerabstand, die Federkraft hingegen nur linear. Dann lautet der Lösungsansatz Gl. (6.2.19)

$$k_1 x = F_\mathrm{m} = \frac{i^2}{2}\frac{\mathrm{d}L(x)}{\mathrm{d}x} = \frac{i^2 w^2 \mu A}{2(d-x)^2}.$$

Das stimmt sinngemäß mit dem Verhalten des spannungsbeaufschlagten Plattenkondensators überein (Gl. (4.3.28), Abb. 4.3.8). Dann gibt es einen Bereich $x_{0\mathrm{m}} = d/3$ mit dem zugehörigen *Schnappstrom* (Pull in-Strom)

$$I_\mathrm{p} = \sqrt{\left(\frac{2d}{3}\right)^3 \frac{k_1}{w^2 \mu A}}, \qquad (6.2.20)$$

in dem der konstantstrombetriebene Elektromagnet einen stabilen Arbeitspunkt hat.

Er arbeitet nur im Aussteuerbereich $x < d/3$ stabil.

Zur Vermeidung des Schnapp-Effektes muss folglich gelten

$x_0 < d/3, \quad I < I_\mathrm{p}.$ \hfill stabiler Arbeitsbereich

Eine Zusatzkraft F_ext ändert sowohl Arbeitspunkt wie Schnapp-Verhalten.

Kleinsignalmodell Grundlage des Kleinsignalmodells im Arbeitspunkt ist der sinngemäß auf den magnetischen Wandler übertragene Ansatz Gl. (6.1.15) mit der Leitwert- und Hybriddarstellung nach Gl. (6.1.16).

Die *Leitwertform* mit der Spannungs- und Orts- bzw. Geschwindigkeitsänderung als unabhängige Variable folgt analog zu Gl. (6.2.5) aus der Fluss-Spannungsdarstellung (6.1.16). Das Ergebnis lautet bei *Kettenpfeilstrom-Kraft-*

Richtung

$$\begin{pmatrix} \Delta i \\ \Delta F' \end{pmatrix} = \begin{pmatrix} y''_{11} & y''_{12} \\ y''_{21} & y''_{22} \end{pmatrix} \begin{pmatrix} \Delta u \\ \Delta x \end{pmatrix} = \begin{pmatrix} y'_{11} & y'_{12} \\ y'_{21} & y'_{22} \end{pmatrix} \begin{pmatrix} \Delta u \\ \Delta v \end{pmatrix}$$
$$\mathbf{Y'} = \begin{pmatrix} \frac{1}{sL} & -\frac{K_\Psi}{s} \\ \frac{K_\Psi}{s} & -\frac{k_\Psi}{s} \end{pmatrix}.$$
(6.2.21)

Typische Parameter sind (neben der festgebremsten Induktivität L ($\Delta x = 0$))

Flusssteuerfaktor $\quad K_\Psi = \dfrac{\Psi}{L^2(x)} \dfrac{\partial L(x)}{\partial x}$

Spannungssteifigkeit $\; k_\Psi = \dfrac{\Psi^2}{L^2(x)} \left(\dfrac{1}{2} \dfrac{\partial^2 L(x)}{\partial x^2} - \dfrac{1}{L(x)} \left(\dfrac{\partial L(x)}{\partial x} \right)^2 \right).$

(6.2.22)

Entsprechend folgt aus der *Ladungs-Strom-Darstellung* Gl. (4.3.56) die *Hybridmatrix* der *zeitgesteuerten Induktivität*

$$\begin{pmatrix} \Delta u \\ \Delta F' \end{pmatrix} = \begin{pmatrix} h''_{11} & h''_{12} \\ h''_{21} & h''_{22} \end{pmatrix} \begin{pmatrix} \Delta i \\ \Delta x \end{pmatrix} = \begin{pmatrix} h'_{11} & h'_{12} \\ h'_{21} & h'_{22} \end{pmatrix} \begin{pmatrix} \Delta i \\ \Delta v \end{pmatrix}$$
$$\mathbf{H'} = \begin{pmatrix} sL & K_I \\ K_I & -\frac{k_I}{s} \end{pmatrix}$$
(6.2.23)

mit Strom- und Ortsänderung als unabhängigen Variablen und den Ersetzungen

Stromsteuerfaktor $\quad K_I = i \dfrac{\partial L(x)}{\partial x}$

Stromsteifigkeit $\quad k_I = \dfrac{i^2}{2} \dfrac{\partial^2 L(x)}{\partial x^2}.$

(6.2.24)

Zur vollständigen Netzwerkanalogie (Geschwindigkeit entspricht Spannung) übernehmen wir Abstandsänderung Δx und Geschwindigkeitsänderung mit dem Frequenzeinfluss ($\Delta x = \int \Delta v dt \rightarrow \Delta x = \Delta v/s$) vom Kondensator.

Die *Gleichwertigkeit* von Leitwert- und Hybridform (Parameterumrechnung Tab. 2.6, Bd. 1) führt (mit $y_{22} = h_{22} - h_{21}h_{12}/h_{11}$ und $h_{21} = y_{21}/y_{11}$) auf die Parameterbeziehungen

$$k_I = k_\Psi - L \cdot K_\Psi^2, \quad K_I = L \cdot K_\Psi, \quad k_\Psi = k_I + K_I^2/L. \quad (6.2.25)$$

Analog zum elektrostatischen Wandler erkennt man:

— Die Parameter h_{11}, y_{11} sowie h_{22}, y_{22} sind durch *Wandlerinduktivität* und *Steifigkeit* $k = 1/n$ (*Nachgiebigkeit* n (s.u.)) bestimmt. Die Frequenz $s = \jmath\omega$ im

Nenner deutet auf Energiespeicher hin! Sie modellieren seine *elektrische* bzw. *mechanische Energiespeicherfähigkeit*.
- Die Unterschiede der Koeffizienten y_{22}, h_{22} als mechanische *Kurzschluss-* bzw. *Leerlaufleitwerte* stammen von der elektrischen Eingangsbeschaltung.
- Die Größen $K_\mathrm{I} = LK_\Psi \sim \mathrm{d}L/\mathrm{d}x$ drücken die eigentliche elektromechanische Wandlung aus.
- *Wegen $h_{12} = -h_{21}$ bzw. $y_{12} = y_{21}$ arbeitet der Wandler umkehrbar (was seine Definition voraussetzte).*
- *Energiewandlung ist an räumliche Induktivitätsänderung und Stromfluss (bzw. Verkettungsfluss Ψ_0, Arbeitspunkt) gebunden.*

Auch hier kann die Wandlereigenschaft durch gesteuerte Quellen nachgebildet werden.

Bei *linearer Induktivität*

$$\begin{aligned}
L(x) &= \frac{w^2}{R_\mathrm{m}} = \frac{w^2\mu A}{(l^*_{Fe} + d - x)} \\
\frac{\partial L(x)}{\partial x} &= \frac{w^2\mu A}{(l^*_{Fe} + d - x)^2} = \frac{L^2(x)}{w^2\mu A} \approx \frac{w^2\mu A}{(d-x)^2}
\end{aligned} \qquad (6.2.26)$$

folgen schließlich mit $L''(x) = 2w^2\mu A/(d-x)^3 = 2L(x)^3/(w^2\mu A^2)$ die Größen *Stromsteuerfaktor* K_I, *Stromsteifigkeit* k_I und *Flusssteuerfaktor* K_Ψ

$$\boxed{\begin{aligned}
K_\mathrm{I} &= \left. i\frac{w^2\mu A}{(d-x)^2}\right|_\mathrm{AP} = \left.\frac{i\cdot L(x)}{(d-x)}\right|_\mathrm{AP} = \left.\frac{\Psi(x)}{(d-x)}\right|_\mathrm{AP} = \left.\frac{\Psi(x_0)}{(d-x_0)}\right. \approx \frac{\Psi_0}{d} \\
k_\Psi &= 0, \quad k_\mathrm{I} = LK_\Psi^2.
\end{aligned}} \qquad (6.2.27)$$

Damit sind Leitwert- und Hybridparameter bestimmt.

Der Stromsteuerfaktor $K_\mathrm{I} \approx \Psi_0/(d-x_0) \approx \Psi_0/d = L_0 i/d$ spielt als *Wandlerkonstante* (s. u.) eine zentrale Rolle: *ohne Gleichstrom $i = I$ bzw. Grundfluss Ψ_0 (auch durch Dauermagnet!) erfolgt keine Wandlung!* Interessanterweise verschwindet hier der *mechanische Kurzschlussleitwert* y_{22} (ohne Federanteil) bzw. die Spannungssteifigkeit ($y_{22}, \sim k_\Psi$). Dagegen enthält der *mechanische Leerlaufleitwert* h_{22} die Federnachgiebigkeit (trägt als äußere Last additiv zu h_{22} bzw. y_{22} bei) und eine durch das Magnetfeld erzeugte Steifigkeit ($k_\mathrm{I} = LK_\Psi^2$).

Die Ersatzschaltung des verlustfreien elektromagnetischen Wandlers besteht aus der eingangsseitig reihengeschalteten (festen) Induktivität, einem nachgeschalteten transformatorischen Wandler und einer mechanischen Last.

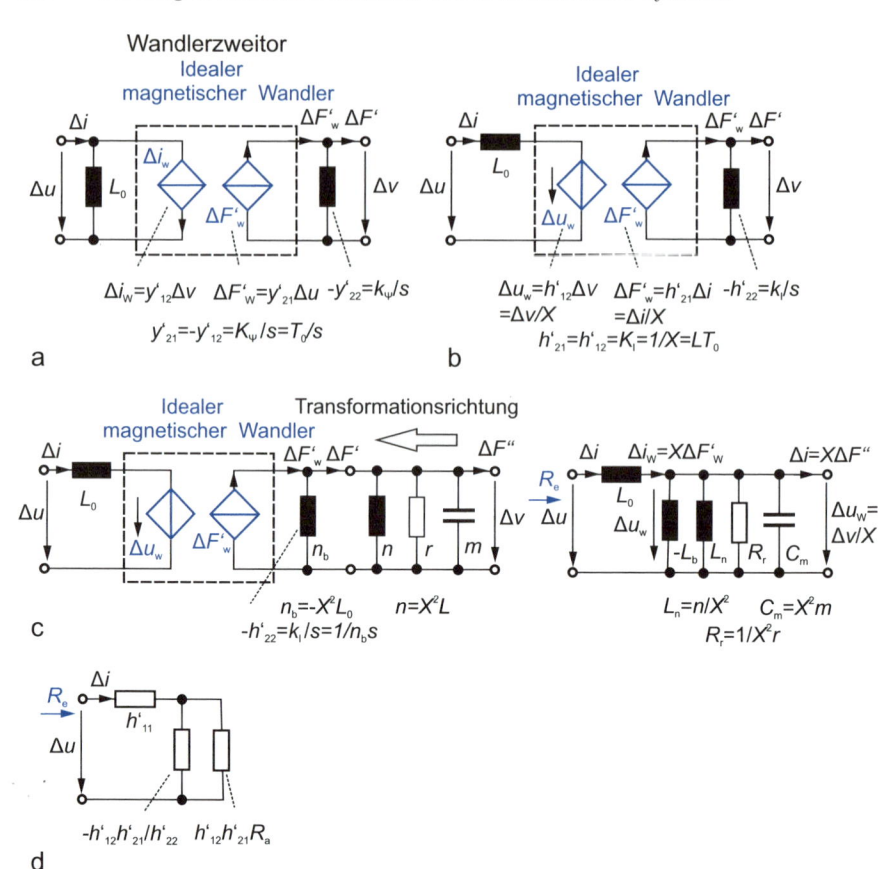

Abb. 6.2.7. Ersatzschaltungen des elektromagnetischen Wandlers. (a) Leitwertform. (b) Hybridform, angedeutet ist zusätzliche mechanische Last. (c) Elektromagnetischer Wandler mit weiteren mechanischen Elementen und elektrische Analogschaltung: alle mechanischen Elemente sind auf die elektrische Seite transformiert. (d) Ersatzanordnung des transformierten Netzwerkes

Ersatzschaltungen Abbildung 6.2.7 zeigt beide Kleinsignalersatzschaltungen. Zur Leitwertmatrix Gl. (6.2.21) gehört Abb. 6.2.7a mit gyratorischer Verknüpfung der elektrisch-mechanischen Größen. Die gyratorische Grundlage folgt aus den spannungsgesteuerten Stromquellen des Wandlerzweitores (s. Abb. 6.1.3b). Beide Steuerfaktoren sind frequenzabhängig (und imaginär) und so auch die *Wandlungskonstante* Y. Deshalb wird diese Ersatzschaltung für magnetische Wandler kaum benutzt.

Der Übergang zur *Hybridersatzschaltung* (Abb. 6.2.7b) verkoppelt dagegen elektrische und mechanische Größen *frequenzunabhängig* und erlaubt den Einsatz des idealen Übertragers (Abb. 6.1.3b) mit *Übersetzungsverhältnis* X

$$\boxed{\text{Stromsteuerfaktor } K_\mathrm{I} = i\frac{\partial L(x)}{\partial x} = \left.\frac{\Psi_0}{d}\right|_{\text{lin. Modell}} = \frac{1}{X}.}$$

reziproke Wandlerkonstante (6.2.28)

Ausgehend von Gl. (6.2.23) stellt sich der Eingangskreis als Reihenschaltung von (fester) Induktivität und *gesteuerter Spannungsquelle* dar, entsprechend der Ersatzschaltung einer linear zeitgesteuerten Induktivität. Ausgangsseitig liegen die Nachgiebigkeiten der Feder und des magnetisch erzeugten Anteils parallel, das sind Feder- $(-h'_{22} = 1/sn)$ und Wandleranteil $(-h''_{22} = k_\mathrm{I} = (k_\Psi - L \cdot K_\Psi^2)/s$. Der Teil LK_Ψ^2 ist die Folge der im Magnetfeld gespeicherten Energie, denn ein stromloser Eingang ($\Delta i = 0$) verhindert den Ausgleich der Feldenergie bei Ankerverschiebung. Der Übertrager transformiert eine Nachgiebigkeit (entspr. Induktivität!) in eine *eingangsseitige Induktivität* $L = n/X^2$.

Die natürliche Ersatzschaltung des elektromagnetischen Wandlers ist die Hybridform mit idealem Übertrager als Wandlerzweitor (bei Wahl der Netzwerkanalogie). Er bildet die mechanische Seite schaltungstreu in ein strukturgleiches elektrisches Netzwerk ab und umgekehrt.

Transformationsbeziehungen Das Übertragerverhalten Abb. 6.2.7b bestimmt die elektrisch-mechanischen Transformationseigenschaften: mechanische Größen transformieren in elektrische und umgekehrt (einschließlich der Kräfte und Geschwindigkeiten als Ströme und Spannungen), Abb. 6.2.7c zeigt den Vorgang. Es gelten folgende Regeln

$$\boxed{\begin{array}{ll} \text{mechanisch} \rightarrow \text{elektrisch} & \text{mechanisch} \leftarrow \text{elektrisch} \\ C_\mathrm{m} = \dfrac{m}{X^2},\ L_\mathrm{n} = \dfrac{n}{X^2},\ R_\mathrm{r} = \dfrac{1}{rX^2}, & m_\mathrm{C} = \dfrac{C}{X^2},\ n_\mathrm{I} = LX^2,\ r_\mathrm{R} = \dfrac{1}{RX^2}. \end{array}}$$
(6.2.29)

Gegenüber dem elektrischen Wandler hat der elektromagnetische *Transformatoreigenschaften*: ein Widerstand einer Seite wird in einen Widerstand auf der anderen (nach Maßgabe des Übersetzungsverhältnisses) abgebildet und eine Ausgangsreihenschaltung von Widerständen in eine Eingangsreihenschaltung von Widerständen usw.

Den dualen Eigenschaften des elektrostatischen Wandlers ist zuzuschreiben, dass der magnetische Wandler eine Masse in eine eingangsseitige Kapazität, der elektrostatische in eine Induktivität wandelt.

Wandler mit konstantem Luftspalt Bewegt sich der Anker eines elektromagnetischen Wandlers *parallel* zu den Polstirnflächen (Abb. 6.2.8a), so durchsetzt der magnetische Fluss hauptsächlich den bereits vom Anker ausgefüllten ferromagnetischen Bereich. Die durchsetzte Fläche ist proportional der Eintauchtiefe. Physikalisch wird der Anker dabei in den Luftspalt gezogen. Bei Annahme eines etwa homogen bleibenden Feldes ändert sich die Induktivität gemäß

$$L(x) = \frac{w^2 \mu A(x)}{l^*_{Fe} + 2\Delta l} = L_{max}\frac{x}{d}, \quad \rightarrow \frac{\partial L(x)}{\partial x} = \frac{L_{max}}{d} = L'. \qquad (6.2.30a)$$

Dazu gehört eine Wandlerreaktionskraft in Spannungs-Fluss- bzw. Strom-Ladungs-Darstellung:

$$F'_m(\Psi, x) = \frac{\Psi^2}{2L'x^2}, \quad F'_m(i, x) = \frac{L'i^2}{2}. \qquad (6.2.30b)$$

Ein gegebener Strom I_0 als Arbeitspunkt erlaubt jede stabile Ankerlage $x = x_0$, bei eingestelltem Fluss gibt es u. U. ein Stabilitätsproblem.

Der Kraft- und Induktivitätsansatz erlaubt sofort die Berechnung der Kleinsignalparameter. Für die *Hybridform* Gl. (6.2.23) lauten die zugehörigen Koeffizienten (Abb. 6.2.8b)

$$\begin{aligned}\text{Stromsteuerfaktor} \quad K_I &= i\frac{\partial L(x)}{\partial x} = i \cdot L' \\ \text{Stromsteifigkeit} \quad k_I &= \frac{i^2}{2}\frac{\partial^2 L(x)}{\partial x^2} = 0\end{aligned} \qquad (6.2.31a)$$

und entsprechend für die weniger wichtige Leitwertform nach Gl. (6.2.21)

$$\begin{aligned}\text{Flusssteuerfaktor} \quad K_\Psi &= \frac{\Psi}{L^2(x)}\frac{\partial L(x)}{\partial x} = \frac{\Psi}{L'x^2} \\ \text{Spannungssteifigkeit} \quad k_\Psi &= -\frac{\Psi^2}{2L'x^3}.\end{aligned} \qquad (6.2.31b)$$

Die Induktivität hat den festgebremsten Ruhewert. Überraschend ist die Spannungssteifigkeit hier negativ, wodurch die Gesamtsteifigkeit abnimmt. Das Ergebnis lässt sich mit dem Kleinsignalmodell Abb. 6.2.8c einfach erklären: bei elektrischem Kurzschluss am Eingang tritt auf der mechanischen Ausgangsseite der mechanische Leitwert $F/v = y_{22} = -y'_{22} = k_\Psi/s \sim (Bl)^2/L$ auf. Wirkt Kraft zur Leiterbewegung ein, entsteht über das Induktionsgesetz eine Bremskraft, die der eingeprägten Kraft entgegenwirkt. Der Effekt wurde bereits beim Leistungsumsatz im Generator diskutiert (Abb. 3.3.16). Läuft der Eingang hingegen leer (Ausgangsleitwert $-h'_{22} = 0$), so unterbleibt die Rückwirkung und es muss keine Kraft aufgewendet werden.

6.2 Mechanisch-elektrische Systeme

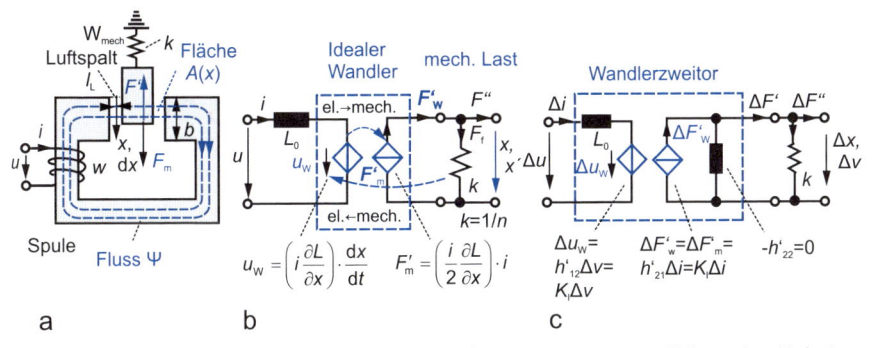

Abb. 6.2.8. Elektromagnetischer Wandler mit Ankerbewegung parallel zu den Polstirnflächen, konstanter Luftspalt. (a) Aufbau. (b) Großsignal-Ersatzschaltung, Hybridform. (c) Kleinsignal-Ersatzschaltung

Nichtlineares Model* Im realen Betrieb, etwa dem Ein- und Abschalten eines Elektromagneten, wirkt das volle nichtlineare Modell. Es besteht (Abb. 6.2.9) aus dem elektrischen und magnetischen Kreis und der Kraftwirkung auf das mechanische System. Bei linearem magnetischen Kreis (verketteter Fluss $\Psi(x,i)$) wird von folgenden Grundgleichungen ausgegangen (s. Gl. (4.3.57))

$$\Theta = \Phi(R_{\mathrm{mFe}} + R_{\mathrm{mL}}).$$

Die magnetische Kraftwirkung folgt aus $F'_{\mathrm{m}} = \frac{\mathrm{d}W_{\mathrm{m}}}{\mathrm{d}x} = \frac{\mathrm{d}}{\mathrm{d}x}\int_0^I \Psi(x,i)\mathrm{d}i$. Mit dem Ansatz $\Psi(x,i) = i \cdot L(x)$ für die luftspaltabhängige Induktivität $L(x)$ wird schließlich

$$u_{\mathrm{q}} = iR + L(x)\frac{\mathrm{d}i}{\mathrm{d}t} + \underline{i\frac{\partial L(x)}{\partial x}\frac{\mathrm{d}x}{\mathrm{d}t}}, \quad \underline{\frac{i^2}{2}\frac{\partial L(x)}{\partial x}} = m\frac{\mathrm{d}^2x}{\mathrm{d}t^2} + r\frac{\mathrm{d}x}{\mathrm{d}t} + \frac{x}{n}. \quad (6.2.32)$$

Die unterstrichenen Terme verkoppeln elektrische und mechanische Größen. Der unterstrichene Teil links ist die induzierte Spannung durch die Ankerbewegung im elektrischen Kreis. Das Modell lässt sich durch Einbau einer nichtlinearen Magnetisierungskennlinie verbessern.

Beim *Einschalten* (Anlegen einer Spannung U_{q}) ruht zunächst der Anker noch und es gilt für den Luftspalt $l = l_{\mathrm{L}}$, d. h. $x = 0$. Der Strom steigt mit der Zeitkonstanten $\tau_0 = L(l_{\mathrm{L}})/R$, bestimmt durch die Induktivität $L(l_{\mathrm{L}})$ mit vollem Luftspalt (Abb. 6.2.9b). Bei ausreichendem Strom (Zeitpunkt t_1) beginnt die Ankerbewegung (Zeitbereich $t_1 \ldots t_2$) und induziert eine Gegenspannung verbunden mit einem Stromabfall. Mit angezogenem Anker (ab t_2, $l_{\mathrm{L}} = 0$) steigt die Induktivität auf $L(0)$ und der weitere Stromanstieg erfolgt mit größerer Zeitkonstante $\tau_2 = L(0)/R$ bis zum Erreichen des stationären Wertes. Beim Abschalten sinkt der Strom sofort ab, der Anker ruht noch im Zeitbereich $t_3 \ldots t_4$ und erst danach fällt auch er ab.

Anwendungen Elektromagnetische Wandler werden seit Jahrzehnten vielfältig genutzt: als (historisches) Tonabnehmerprinzip für Plattenspieler, als Kopfhörer, Autohupe, Signalhörner, Geschwindigkeitsaufnehmer, elektromagnetische Schwingförderer, elektromagnetische Stellantriebe, Reluktanzprinzip in linearen und rotatorischen Elektromaschinen u. a. m.

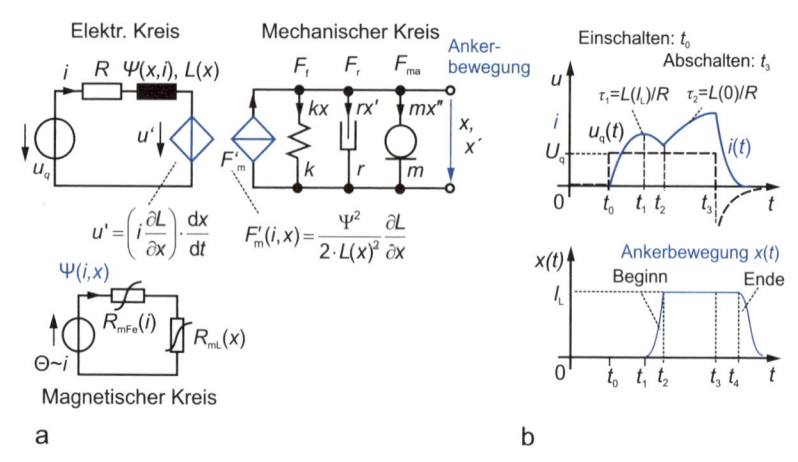

Abb. 6.2.9. Nichtlinearer Elektromagnet. (a) Modell. (b) Betriebsstrom und Ankerbewegung beim Einschalten

6.2.3.2 Elektrodynamischer Wandler

Die Grundlagen des elektrodynamischen Wandlers bilden die *Lorentz-Kraft* $F_\mathrm{m} = iBl$ auf den stromdurchflossenen Leiter im Magnetfeld nach Gl. (3.1.3) und die bei Bewegung in ihm induzierte elektrische Feldstärke bzw. Induktionsspannung $u_\mathrm{qi} = Blv$ (Gl. (3.3.11 ff.)).

> Der elektrodynamische Wandler verknüpft elektrische und mechanische Größen gesetzmäßig linear miteinander.

Das unterscheidet ihn prinzipiell vom elektromagnetischen Wandler: dort hängt die Reluktanzkraft nichtlinear vom Strom ab, hier linear und so bestimmt die Stromrichtung auch die Kraftrichtung gemäß Rechtsdreibein aus $i(l)$, B und F. Das erforderliche, meist homogen angenommene Magnetfeld stammt entweder einem Dauer- oder Erregermagneten. Das strombedingte (eigene) Magnetfeld des Leiters bzw. der Schleife wird als *Schleifeninduktivität* berücksichtigt.

Wandlergrundlage ist der bewegte Leiterstab im Magnetfeld als translatorisch bewegte Leiterschleife (Abb. 4.3.14b) beispielsweise als *Tauchspulenprinzip* (Abb. 6.2.10a) oder rotierende Schleife (*Drehwandler* Abb. 4.3.14c), *Motor-/Generatorprinzip*). Der zugehörige Leistungsumsatz elektrisch ↔ mechanisch basierte auf der Verknüpfung von Kraftwirkung, Leiterbewegung und induzierter Spannung (s. Kap. 3.3.3.2).

Das Wandlermodell kann von bereits bekannten Prinzipien übernommen werden: der Leiterschleife mit induzierter Spannung durch ein Fremdfeld

6.2 Mechanisch-elektrische Systeme

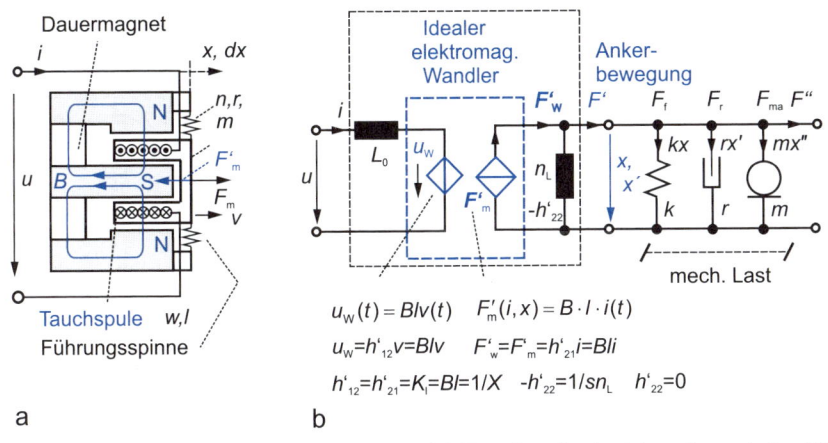

Abb. 6.2.10. Elektrodynamischer Wandler. (a) Tauschspule als elektrodynamischer Wandler, Aufbau. (b) Großsignal-Modell der elektrischen und mechanischen Wandlerseiten; Leiterschleife für translatorische Bewegung

(Abb. 3.4.2b), dem bewegten Leiterstab ergänzt durch die mechanische Seite (Abb. 3.3.16) oder dem Generator-Motorprinzip (Abb. 3.3.20). Wir gehen jedoch vom Energieansatz Gl. (4.3.44d) aus, streifen aber kurz den ersten Fall.

Ausgang ist ein elektrodynamisches Antriebssystem (Abb. 6.2.10a) aus einer Spule (Masse m, Drahtlänge l), die sich im Magnetfeld B_0 eines Topfmagneten bewegt. Eine Feder (n) hält sie in einer Ruhelage. Stromfluss durch die Spule erzeugt Kräfte in axialer Richtung. Maßgebend für die Wandlergleichungen sind das Kräftegleichgewicht auf der mechanischen Seite und die bei Leiterbewegung entstehende induzierte Spannung

$$F'' - F'_\mathrm{m} - F_\mathrm{mech} = B \cdot l \cdot i - \left(\frac{1}{n} \int v \mathrm{d}t + m \frac{\mathrm{d}v}{\mathrm{d}t} \right)$$
mechanische Seite (6.2.33a)

$$u_\mathrm{i} \equiv u = B \cdot l \cdot v, \qquad \text{elektrische Seite} \quad (6.2.33\mathrm{b})$$

also eine Beziehung der Form $F'' = f_1(v,i)$ und $u = f_2(v,i)$. Mit der Spuleninduktivität L (und Verlustwiderstand R) folgt

$$\boxed{\begin{aligned} F'' + \left(m\dot{v} + rv + \frac{1}{n}\int v \mathrm{d}t \right) &= F'_\mathrm{m} = B \cdot l \cdot i \\ u - \left(iR + L \frac{\mathrm{d}i}{\mathrm{d}t} \right) &= u_\mathrm{W} = B \cdot l \cdot v. \end{aligned}} \quad (6.2.34)$$

In dieser Form wird der elektrodynamische Wandler, wie der elektromagnetische, modelliert durch einen *verlustfreien transformatorischen Wandler*

$$u_W = v/X, \quad i = X \cdot F'_m, \quad X = 1/(B \cdot l). \tag{6.2.35}$$

Ihm liegen eingangsseitig die (festgebremste) Induktivität L in Reihe und ausgangsseitig die mechanischen Ersatzelemente Masse, Reibung und Nachgiebigkeit n_L (bestimmt bei eingangsseitigem Leerlauf) parallel. Das Ersatzschaltbild stimmt mit dem des elektromagnetischen Wandlers überein (Abb. 6.2.8b), es ändert sich nur die Transformationskonstante gegenüber Gl. (6.2.28). Jetzt hängt der Kopplungsfaktor $X = 1/(B \cdot l)$ von Magnetfeld und Leiterlänge ab. So gelten die Transformationsbeziehungen Gl. (6.2.29) auch für den elektrodynamischen Wandler.

Energieansatz Das Wandlermodell ergibt sich wegen der linearen Zusammenhänge auch aus der elektrodynamischen Energiewandlung Gl. (4.3.44d) in beiden Darstellungen als Leitwert- und Hybridformen.

Die *Leitwertform* mit unabhängigen Spannungs- und Orts- bzw. Geschwindigkeitsvariablen folgt aus der Fluss-Spannungs-Form mit dem Ergebnis für *Kettenstrom-Kraft-Richtung am Wandlerzweitor*

$$\begin{pmatrix} i \\ F' \end{pmatrix} = \begin{pmatrix} y'_{11} & y'_{12} \\ y'_{21} & y'_{22} \end{pmatrix} \begin{pmatrix} u \\ v \end{pmatrix}$$

$$\mathbf{Y'} = \begin{pmatrix} \frac{1}{sL} & -\frac{K_\Psi}{s} \\ \frac{K_\Psi}{s} & -\frac{k_\Psi}{s} \end{pmatrix} = \frac{1}{sL} \begin{pmatrix} 1 & -(Bl) \\ (Bl) & -(Bl)^2 \end{pmatrix}. \tag{6.2.36}$$

Typische Parameter sind (neben der „festgebremsten" Induktivität L bei konstantem x)

$$\boxed{\text{Flusssteuerfaktor } K_\Psi = \frac{Bl}{L}, \quad \text{Spannungssteifigkeit } k_\Psi = \frac{(Bl)^2}{L}.} \tag{6.2.37}$$

Ganz entsprechend folgt aus der *Ladungs-Strom-Darstellung* die Hybridmatrixform zunächst mit Strom und Ort als unabhängigen Variablen. Zur vollen Netzwerkanalogie (Geschwindigkeit entspricht Spannung) übernehmen wir für die Änderungen von Abstand und Geschwindigkeit den Frequenzeinfluss ($\Delta x = \int \Delta v \, dt \to \Delta x = \Delta v/s$, $s = j\omega$) und erhalten

$$\begin{pmatrix} u \\ F' \end{pmatrix} = \begin{pmatrix} h'_{11} & h'_{12} \\ h'_{21} & h'_{22} \end{pmatrix} \begin{pmatrix} i \\ v \end{pmatrix}$$

$$\mathbf{H'} = \begin{pmatrix} sL & K_I \\ K_I & -\frac{k_I}{s} \end{pmatrix} = \begin{pmatrix} sL & Bl \\ Bl & 0 \end{pmatrix} \tag{6.2.38}$$

mit der Ersatzschaltung Abb. 6.2.10b) und den Ersetzungen

$$\boxed{\text{Stromsteuerfaktor } K_I = Bl = \frac{1}{X}, \quad \text{Stromsteifigkeit } k_I = 0.} \tag{6.2.39}$$

Die *Gleichwertigkeit* beider Formen (Parameterumrechnung Tab. 2.6, Bd. 1) ergibt die Parameterbeziehungen (wegen $y_{22} = h_{22} - h_{21}h_{12}/h_{11}$ und $h_{21} = y_{21}/y_{11}$)

$$k_\mathrm{I} = k_\Psi - L \cdot K_\Psi^2, \qquad K_\mathrm{I} = L \cdot K_\Psi, \qquad k_\Psi = k_\mathrm{I} + K_\mathrm{I}^2/L. \tag{6.2.40}$$

Zum elektromagnetischen Wandler (Abb. 6.2.6) gibt es Entsprechungen und Unterschiede:

– Der mechanisch leerlaufend angenommene Wandler wird ausgangsseitig durch die *Steifigkeit* $k = 1/n$ (*Nachgiebigkeit* n (s. u.)) belastet (Zusatzbeitrag zu y_{22} bzw. h_{22}). Weil die Kraft $F \sim i$ nicht von der Auslenkung x abhängt, verschwindet h'_{22} ($k_\mathrm{I} = 0$).
– Die Unterschiede der Koeffizienten y_{22}, h_{22} als mechanische *Kurzschluss-* bzw. *Leerlaufleitwerte* stammen von der elektrischen Eingangsbeschaltung.
– Die Parameter h_{11}, y_{11} weisen auf die *Wandlerinduktivität* als Ort der Energiespeicherung hin. Das Magnetfeld B wird zwar zur Energiewandlung benötigt, ist aber an der Energiespeicherung nicht beteiligt.
– Die Größe $K_\mathrm{I} = Bl$ drückt als Leiterlänge l und Flussdichte B in der Lorentz-Kraft die eigentliche elektromechanische Wandlung aus.
– Wegen $h'_{12} = h'_{21}$ bzw. $y'_{12} = -y'_{21}$ arbeitet der Wandler umkehrbar (was seine Definition voraussetzte).
– *Energiewandlung ist an den bewegten stromdurchflossenen Leiter im Magnetfeld B gebunden.*

Rotierende Wandler Das Wandlersystem elektrisch-mechanisch/rotatorisch lässt sich durch ein translatorisches System mit nachgeschaltetem mechanischen Wandler translatorisch-rotatorisch modellieren oder einfacher durch „rotatorische Netzwerkelemente": *Drehfeder*, *Drehreibung* und *Drehmasse*. Statt Kraft und Geschwindigkeit treten dann Drehmoment M und Winkelgeschwindigkeit ω auf und es gibt eine Analogie zwischen elektrischem und rotatorischem Netzwerk. Die quantitative Zuordnung sichern Faktoren zwischen den elektrischen und mechanischen Variablen entsprechend Gl. (6.2.2).

Ausgang ist der *Gleichstrommotor*, betrachtet als *elektrodynamischer Drehwandler* (Abb. 6.2.11a). Die rotierende Leiterschleife (Fläche $A = 2rl$) erzeugt das Drehmoment $M = 2rF = 2rlBi = ABi$ und induziert die Spannung $u_\mathrm{i} = 2Blv = 2rlB\omega = AB\omega$. Dadurch wird die Leistung $u_\mathrm{i}i = ui - Ri^2 = ABi\omega = M\omega$ abgegeben und es gilt $M = i/X_\varphi$ mit $AB = 1/X_\varphi$ als reziproker Wandlerkonstante X_φ. Im mechanischen Moment des Rotors dominiert meist das Massenträgheitsmoment $M = J\dot\omega \equiv \Theta\dot\omega$. Dann folgt aus der Spannungsbilanz

$$\frac{\mathrm{d}\omega}{\mathrm{d}t} = \frac{1}{J \cdot X_\varphi} i, \qquad \frac{\mathrm{d}i}{\mathrm{d}t} = -\frac{R}{L}i - \frac{1}{L \cdot X_\varphi}\omega + \frac{1}{L}u. \tag{6.2.41}$$

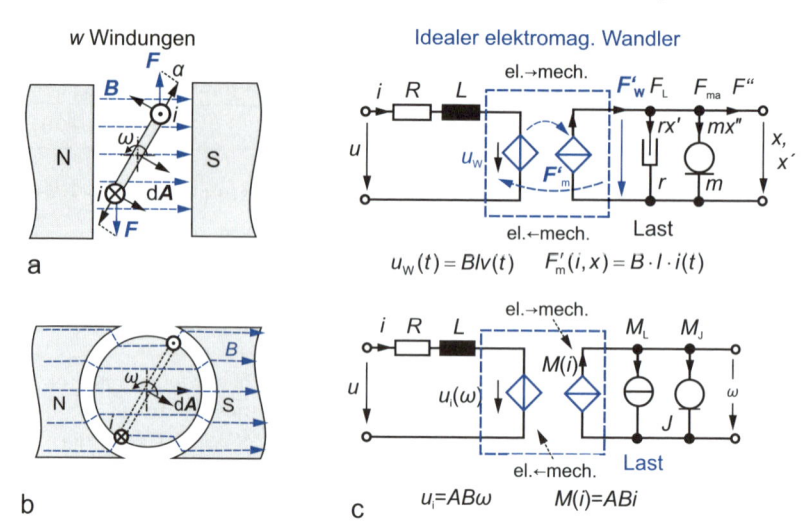

Abb. 6.2.11. Elektrodynamischer Drehwandler. (a) Drehspule im homogenen Magnetfeld. (b) Drehschleife auf Eisenanker im Radialfeld. (c) Großsignal-Ersatzschaltung, Hybridform

> Das mathematische Modell des rotierenden Motors entspricht dem translatorischen System, wenn die Größen (F, v, X, m) dort durch die Größen $(M, \omega, X_\varphi, J)$ ausgetauscht werden (Abb. 6.2.11c), also X $(\sim 1/(B \cdot l))$ gegen $X_\varphi = 1/(2r \cdot l \cdot B)$.

Der grundsätzliche Einfluss von B und l bleibt erhalten. Im Ersatzschaltbild lassen sich auf der mechanischen Seite weitere Elemente (Drehreibung, Drehnachgiebigkeit, externe Last als Lastmoment) hinzufügen.

Für den Gleichstrommotor (fremderregt) schreibt man Gl. (6.2.41) um

$$u = u_R + u_L + u_i = Ri + L\frac{di}{dt} + c_M\Phi\omega,$$
$$M = M_L + \theta\frac{d\omega}{dt} = c_M\Phi i, \qquad (6.2.42)$$

und ersetzt die Transformationskonstante $1/X_\varphi = AB_0 = c_M\Phi$ durch die Maschinenkonstante c_M und den Erregerfluss Φ. Die erste Gleichung enthält die induzierte Spannung (verkoppelt mit der mechanischen Seite), die zweite beschreibt das mechanische Teilsystem (Drehimpulssatz) verkoppelt mit der elektrischen Seite. Das Drehmoment M muss Ankerträgheit und die zusätzliche Last (M_L) überwinden. So stellt das Modell den Bezug zu den Motorgrundgleichungen her.

Neben der Beschreibung eines *elektrodynamischen Drehwandlers* durch Gl. (6.2.42) eignet sich dazu auch der energiebasierte Ansatz Gl. (6.2.36) ff.

Die im homogenen Magnetfeld drehbare Leiterschleife (Abb. 6.2.11a) wird gemäß Gl. (4.3.44d) durchsetzt vom Fluss ($\varphi = 90° - \alpha$)

$$\Psi(i,\varphi) = (wBA) \cdot \sin\varphi + L \cdot i = K_\mathrm{I} \cdot \sin\varphi + L \cdot i. \tag{6.2.43}$$

Dazu gehören die *Wandlergleichungen* (in Ladungs-Strom-Variablen)

$$u(i,\varphi) = (wBA) \cdot \cos\varphi \frac{\mathrm{d}\varphi}{\mathrm{d}t} + L\frac{\mathrm{d}i}{\mathrm{d}t}, \quad M(i,\varphi) = (wBA) \cdot \cos\varphi \cdot i. \tag{6.2.44a}$$

Sie führen zur *Hybriddarstellung* Gl. (6.2.38) mit den Kenngrößen

$$\begin{aligned} \text{Stromsteuerfaktor} \quad & K_\mathrm{I} = (wBA) \cdot \cos\varphi \\ \text{Stromsteifigkeit} \quad & k_\mathrm{I} = -(wBA) \cdot I \cdot \sin\varphi \end{aligned} \tag{6.2.44b}$$

bestimmt durch Gleichstrom I und dem Drehwinkel φ der Spulennormalen. Zum Winkel $\varphi = 0$ gehört maximales Drehmoment. Der Relativwinkel $\angle(\boldsymbol{A}, \boldsymbol{B}) = 90°$ des radialen Magnetfelds sichert diese Bedingung immer. Dann wird der für die Wandlung maßgebende *Stromsteuerfaktor* K_I maximal und die Stromsteifigkeit k_I ($\sim h'_{22}$) verschwindet(!). Zur Wandlerbeschreibung gehört die Ersatzschaltung Abb. 6.2.11c, angepasst an das rotatorische System. Das gilt auch für die mechanische Belastung (Drehfeder, Drehmasse, Drehreibung). Dann stimmt die Wandlerbeschreibung mit dem in Kap. 4.2 aus der Anschauung entwickelten Modell des Gleichstrommotors Abb. 4.2.5 überein.

Je nach Lastart kann das Lastmoment M_L drehzahlunabhängig (Aufzug, Kran), drehzahlproportional, überproportional (elektrische Bremsen, Lüfter, Werkzeugmaschinen, Pumpen) sein oder bei konstanter Leistung mit steigender Drehzahl abfallen.

Anwendungen Elektromagnetische Wandler finden wegen ihrer linearen Verknüpfung von elektrischen und mechanischen Größen seit langem breite (z. T. historische) Anwendung für translatorische und rotatorische Sensor- und Aktoraufgaben: dynamische Mikrofone, elektrodynamische Tonabnehmer, Geschwindigkeitssensoren u. a. Verbreitete Aktoren sind Schwingtische, elektrodynamische Lautsprecher und vor allem die Rotations- und Linearmotoren verschiedenartigster Ausführung.

6.3 Thermisch-elektrische Systeme

Übersicht Die Wechselwirkung elektrische – Wärmeenergie tritt unterschiedlich auf:

1. Die *Umwandlung elektrische → Wärmeenergie* (Stromwärme) erfolgt im stromdurchflossenen Leiter. Solche Wärme kann:

   - *unerwünscht* sein, weil die Temperatur eines Bauelementes oder einer elektrischen Einrichtung gegenüber der Umgebungstemperatur T_U steigt, u. U. bis zur thermischen Zerstörung. Wärmeabfuhr und Kühlung begrenzen die Betriebstemperatur;
   - *erwünscht* sein: Erzeugung von Nutzwärme aus elektrischer Energie in gewünschtem Umfang an gewolltem Ort: elektrische Heiz- und Kochgeräte, industrielle Verwertung (Schmelzöfen, elektrisches Schweißen ...).

2. Direkte *Umwandlung Wärme → elektrische Energie* z. B. durch den Peltier- und Thermoeffekt. Im Leiter bzw. Halbleiter entstehen bei Erwärmung eines Leiterendes Ladungsverschiebungen, die ein inneres elektrisches Feld und so eine *Thermospannung* verursachen. Anwendungen: Messtechnik, Stromversorgung von Geräten kleiner Leistung.

> Das Zusammenspiel zwischen elektrotechnischer Anordnung (Gerät, Bauelement usw.), zugeführter elektrischer Leistung, Wärmeumsatz und Wärmeabgabe an die Umgebung wird vorteilhaft über eine Analogie der elektrischen und thermischen Vorgänge beschrieben.

❯ 6.3.1 Elektrische Energie, Wärme

Die wichtigste Zustandsgröße im Zusammenspiel zwischen elektrischer Energie und Wärmeenergie ist die *Temperatur*[1], entweder als Absolutwert T (bei physikalischen) oder Celsiustemperatur ϑ (bei technischen Systemen)[2,3]

$$T/K = \vartheta/°C + 273{,}2,$$

weil der absolute Nullpunkt bei $0\,\mathrm{K} = -273{,}2\,°\mathrm{C}$ liegt. Sie ergibt sich stets aus der Bilanzgleichung der Wärmezu- und -abfuhr. Oft interessiert nicht die

---

[1] In technischen Systemen die Betriebstemperatur.

[2] A. Celsius, schwed. Physiker. Lord Kelvin (William Thomson), engl. Physiker 1824-1907.

[3] Temperaturdifferenzen werden stets in Kelvin angegeben.

6.3 Thermisch-elektrische Systeme

Tab. 6.5. Thermische Kennwerte typischer Materialien bei $T = 300\,\text{K}$

Material	Wärmeleitfähigkeit κ_W (W/mK)	spezifische Wärme c (Ws/kgK) 10^3
Gold	310	0,15
Aluminium	220	0,92
Kupfer	380	0,38
Eisen	25	0,48
Germanium	60	0,31
Silizium	150	0,70
Wasser	0,58	4,2
Isolieröl	0,15	1,9
Keramik	30	0,90
Luft	0,03	1,0

absolute Temperatur T, sondern nur die *Differenz zu einer Bezugstemperatur*, gewöhnlich der *Umgebungstemperatur* T_U: $\Delta T = T(t) - T_\text{U}$.

Wärmebilanz Wird einem Körper der Masse m und spezifischen Wärme c eine Wärmemenge zugeführt, so wächst seine Temperatur um ΔT gegenüber einem Bezugswert. Dabei fließt im Zeitintervall Δt der Wärmestrom (Energiestrom) oder die *Wärmeleistung* p_W [4]

$$p_\text{W} = \frac{\mathrm{d}W_\text{th}}{\mathrm{d}t} = mc\frac{\mathrm{d}T}{\mathrm{d}t}. \qquad \text{Wärmeleistung zur Erwärmung eines Körpers der Masse } m \qquad (6.3.1)$$

Die spezifische Wärme c hat für elektrotechnisch genutzte Materialien typische Werte (Tab. 6.5). Es ist die Wärmemenge zur Erwärmung von 1 g des Materials um 1 K. Statt des Produktes $m \cdot c = C_\text{th}$ wird meist die *Wärmekapazität* C_th des betreffenden Körpers verwendet (s. u.).
Beispielsweise erfordert die Erwärmung eines Liter Wassers von $T_1 = 20°\text{C}$ auf $T_2 = 100°\text{C}$ in der Zeit $\Delta t = 10\,\text{min}$ die Wärmeleistung

$$p_\text{W} \approx mc\frac{\Delta T}{\Delta t} = mc\frac{(T_2 - T_1)}{\Delta t} = 4{,}18\frac{\text{Ws} \cdot 10^3\text{g}(100 - 20)\text{K}}{\text{g} \cdot \text{K} \cdot 10 \cdot 60\,\text{s}} = 0{,}55\,\text{kW}.$$

Dabei darf keine Energie an die Umgebung abgegeben werden, sonst ist höhere Leistung erforderlich oder die Temperatur $T_2 = 100°\text{C}$ wird nicht erreicht (s. u.).

---

[4] In der Physik wird $W_\text{th} \equiv Q$ als Wärmemenge oder Wärme bezeichnet.

Wir betrachten einen Widerstand mit umgesetzter elektrischer Leistung. Eine Zunahme der im Massekörper gespeicherten Wärmemenge erfolgt nur, wenn die zugeführte Wärmeleistung (elektrische Leistung) gegen die abgeführte Wärmeleistung an die Umgebung überwiegt:

$$p_{el} = \left.\frac{dW_{th}}{dt}\right|_{Zufuhr} + \left.\frac{dW_{th}}{dt}\right|_{Abfuhr} = mc\frac{dT}{dt} + p_{W|Abfuhr}.$$

Bilanz elektrische-Wärmeleistung (6.3.2)

Links steht die elektrisch zugeführte Wärmeenergie W_{el} (pro Zeit), rechts die Erhöhung der Wärmemenge W_{th} und die Abgabe als Wärmestrom. Die elektrische Leistung folgt aus der Klemmenbeziehung des Widerstandes. Abbildung 6.3.1 veranschaulicht die Bilanz Gl. (6.3.2).

Die einem Schaltelement (gedacht als Körper innerhalb einer Hüllfläche) netto zugeführte elektrische Leistung p_{el} ist gleich der Summe der als Wärmestrom an die Umgebung abgegebenen Wärmeleistung p_{Wab} und der vom Element gespeicherten Wärmeleistung p_W. Dabei stellt sich die Betriebstemperatur $T = T_i$ ein.

Die Nettoleistung wird hervorgehoben, weil ein Bauelement/Gerät neben der aufgenommenen elektrischen Leistung auch Nutzleistung p_{Nutz} *abgegeben* kann (z. B. ein Motor). Dann steht links in Gl. (6.3.2) $p_{el} - p_{Nutz}$, die rechte Seite bleibt unverändert.

Gleichung (6.3.2) enthält die Erwärmung ($dT/dt > 0$) bei überwiegender zugeführter Leistung, die Abkühlung ($dT/dt < 0$) bei überwiegender Wärmeabfuhr und den stationären Fall ($dT/dt = 0$) mit zeitlich konstanter Temperatur $P_{el} = P_W|_{T=const}$.

Die Bilanzgleichung (6.3.2) ist analog aufgebaut zu anderen Bilanzgleichungen, z. B. für Ladung und Strom (s. Gl. (1.4.5), Bd. 1). Deshalb liegt eine *thermisch-elektrische Analogie* nahe:

Wärmestrom p_W und elektrischer Strom i sind zueinander analoge Strömungsgrößen.

Als Folge dieser Analogie gibt es dann einen *thermischen Knotensatz*

$$\sum_\mu p_\mu = 0.$$

Thermischer Knotensatz (6.3.3)

Die Leistungsanteile sind (wie Ströme) vorzeichenbehaftet anzusetzen.

Mit der Wärmekapazität C_{th} des betreffenden Körpers kann die Bilanzgleichung (6.3.2) nach Abb. 6.3.1b auch so verstanden werden, dass seine Temperaturänderung von der Nettodifferenz zwischen zu- und abströmendem Wär-

6.3 Thermisch-elektrische Systeme

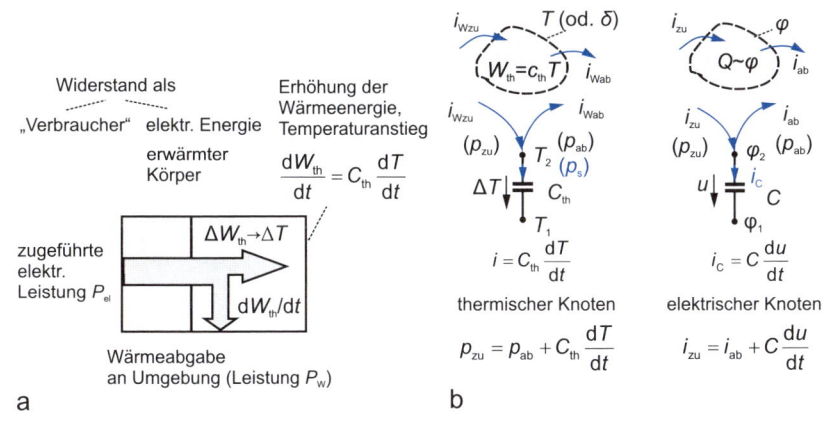

Abb. 6.3.1. Thermische Leistungsbilanz. (a) Wärmeumsatz im resistiven Bauelement. (b) Bilanzgleichungen für Wärmemenge W_{th} und elektrische Ladung Q in einer Hülle und ihre Darstellung als „Stromknoten"

mestrom gemäß seiner Wärmekapazität bestimmt wird. Ganz analog verhält sich im elektrischen Netzwerk ein Stromknoten[5]. Deshalb kann die Wärmebilanzgleichung (6.3.2) der Hülle auch als *Knoten* eines *thermischen Netzwerkes* verstanden werden, dem die Temperatur T bzw. ϑ zugeordnet ist. Zum Knoten gehört die Bilanzgleichung (6.3.3) (Abb. 6.3.1b). Im elektrischen Netzwerk führt die Differenz von Zu- und Abstrom zur Ladungsänderung oder, wegen $Q = Cu$, zu einer Spannungs- bzw. einer Potenzialänderung. Liegt ein Potenzialwert als Bezug fest, so kann dem Knoten das variable Potenzial φ zugeordnet werden. Zudem gilt

$$i = \frac{dQ}{dt} = C\frac{du}{dt} \quad \text{mit} \quad C = \frac{dQ}{dU}.$$

Da auch das Temperaturfeld, wie das Potenzialfeld, ein Skalarfeld ist, liegt es nahe, *Temperatur T und Potenzial φ* als weitere analoge Größen aufzufassen und damit auch Temperaturdifferenz $\Delta T = T_2 - T_1$ und Spannung u (Potenzialdifferenz $\varphi_2 - \varphi_1$). Deshalb trifft auch für ein Temperaturfeld zu:

Die algebraische Summe der Temperaturdifferenzen längs eines geschlossenen Weges im Raum verschwindet.

$$\sum_\mu \Delta T_\mu = 0. \qquad \text{Thermischer Maschensatz} \quad (6.3.4)$$

Für die Temperaturdifferenzen gelten die gleichen Zählrichtungen wie für Spannungen im Netzwerk und damit zusammengefasst:

---

[5] Aufgefasst als Inhalt einer Hüllfläche mit der Ladung Q.

6. Analogien zwischen elektrischen und nichtelektrischen Systemen

homogenes Strömungsfeld — **inhomogenes Strömungsfeld** — **inhomogenes Strahlungsfeld**

Leitungswiderstand:
$$R_{\text{thL}} = \frac{\Delta T}{p_{\text{WL}}} = \frac{l}{\kappa_W \cdot A}$$

Übergangswiderstand:
$$R_{\text{thK}} = \frac{\Delta T}{p_{\text{th}}} = \frac{1}{\alpha_K A}$$

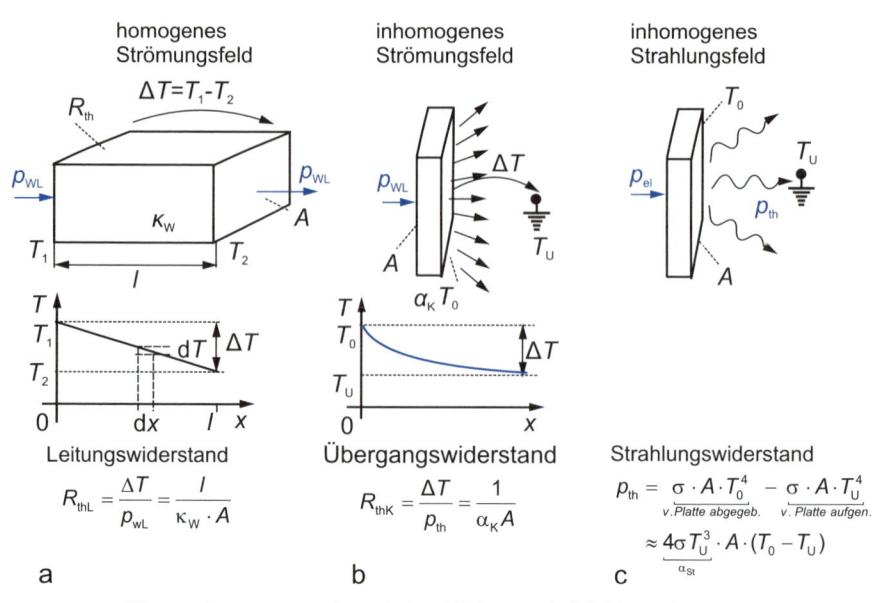

Strahlungswiderstand:
$$p_{\text{th}} = \underbrace{\sigma \cdot A \cdot T_0^4}_{v.\text{Platte abgegeb.}} - \underbrace{\sigma \cdot A \cdot T_U^4}_{v.\text{Platte aufgen.}}$$
$$\approx \underbrace{4\sigma T_U^3}_{\alpha_{\text{St}}} \cdot A \cdot (T_0 - T_U)$$

a b c

Abb. 6.3.2. Wärmeübertragung, thermischer Widerstand. (a) Wärmeleitung. Ein konstantes Temperaturgefälle $-dT/dx$ erzeugt eine proportionale Wärmeströmung p_{WL} beschrieben durch den Wärmewiderstand R_{thL} durch Leitung. (b) Wärmeübergang durch Konvektion und Temperaturverlauf. (c) Wärmeübergang durch Wärmestrahlung

Die *Differenzgrößen Temperaturdifferenz* ΔT und *Potentialdifferenz* $u = \varphi_2 - \varphi_1$ sowie die *Strömungsgrößen Wärmestrom* p und *elektrischer Strom* i verhalten sich wie zueinander *analoge Größen*.

Als Folge ist eine Anordnung, die einen Wärmestrom in ein thermisches Netzwerk einspeist, durch eine (ideale) *Stromquelle* zu modellieren. Die Erzeugung einer Temperaturdifferenz unabhängig vom abgegebenen Wärmestrom besorgt eine (ideale) *Spannungsquelle*. Damit sind auch thermische Netzwerke Bestandteil *verallgemeinerter physikalischer Netzwerke* und es gibt den Wärmestrom als *Fluss-* und die Temperatur als *Differenzgröße*.

Grundbeziehungen des Wärmetransports Der Wärmetransport in Festkörpern, Flüssigkeiten und Gasen erfolgt durch *Wärmeleitung*, *Konvektion* und *Wärmestrahlung* und erlaubt eine weitere Unterteilung des Wärmestromes p_{ab} (Abb. 6.3.2).

a) *Wärmeleitung* heißt der Wärmestrom im Körper, der durch Weitergabe der Wärmeenergie von Molekül zu Molekül in Richtung eines Temperaturgefälles erfolgt (Abb. 6.3.2a). Der *Wärmestrom* $i_W \equiv p_{\text{WL}}$ (Dimension Leistung, W_{th}

6.3 Thermisch-elektrische Systeme

transportierte Wärmemenge, Index L durch Leitung) ist proportional der von ihm durchsetzten Fläche und dem Temperaturgefälle, also der Temperaturabnahme ΔT je Länge Δx bei eindimensionaler Betrachtung

$$i_\mathrm{W} = p_\mathrm{WL} = \frac{\mathrm{d}W_\mathrm{th}}{\mathrm{d}t} = -\kappa_\mathrm{W} A \frac{\mathrm{d}T}{\mathrm{d}x}. \quad \begin{array}{l}\text{Wärmestrom,}\\ \text{linienhafte Wärmeleitung}\end{array} \quad (6.3.5)$$

Die *Wärmeleitfähigkeit* κ_W oder *Wärmeleitzahl* (s. u.) ist eine Materialgröße und Gl. (6.3.5) das *Fouriersches Gesetz der Wärmeleitung* (im Eindimensionalen). Antreibende Kraft des Wärmestromes ist ein Temperaturgefälle so, wie ein Potenzialgefälle den elektrischen Strom durch den Leiter verursacht. Ein konstantes Temperaturgefälle (bei homogener Wärmeströmung) längs der Strecke l ergibt nach Gl. (6.3.5) die Temperaturdifferenz

$$p_\mathrm{WL} l = \kappa_\mathrm{W} A (T_1 - T_2), \quad T_1 > T_2, \quad T_1 - T_2 = \Delta T.$$

Der Vergleich mit dem Strömungsfeld (Wärmestrom p_W Strömungsgröße, Temperaturdifferenz ΔT Potentialdifferenz, Spannungsgröße) legt die Einführung des *Wärme-* oder *thermischen Widerstandes* (durch Leitung) nahe

$$R_\mathrm{thL} = \frac{\Delta T}{p_\mathrm{WL}} \quad \left(R = \frac{U}{I}\right) \quad \begin{array}{l}\text{Wärmewiderstand}\\ \text{(Definitionsgleichung)}\end{array} \quad (6.3.6\mathrm{a})$$

mit der Einheit $[R_\mathrm{th}] = [\Delta T] / [p_\mathrm{W}] = 1\,\mathrm{K}/1\,\mathrm{W}$. Der linienhafte Wärmeleiter hat die Bemessungsgleichung

$$R_\mathrm{th} = \frac{l}{\kappa_\mathrm{W} A}. \quad \text{Wärmewiderstand lininenhafter Leiter} \quad (6.3.6\mathrm{b})$$

Der Wärmewiderstand verhält sich analog zum elektrischen Widerstand: er wächst mit der Länge des Wärmeleiters, sinkt mit wachsender Wärmeleitfähigkeit und steigendem Querschnitt. Zahlenwerte der Wärmeleitfähigkeit und spezifischen Wärme enthält Tab. 6.5.

Die Wärmeleitfähigkeit κ_W fester Stoffe wird z. T. vom Wärmetransport durch Leitungselektronen und Kopplung der Gitteratome getragen. Daher haben Metalle mit guter Leitfähigkeit κ auch gute Wärmeleitfähigkeit κ_W und es gilt das Wiedemann-Franz-Lorentzsche-Gesetz $\kappa_\mathrm{W} = \mathrm{const} \cdot \kappa$ in einem bestimmten Temperaturbereich. Schlechte Wärmeleiter sind Glas (Wärmedämmung), Gase, Luft (Wärmeisolation, Kleidung, Stoffe). Die Größe $R_\mathrm{thL} \cdot A = 1/\kappa_\mathrm{W}$ wird außerhalb der Elektrotechnik als *Wärmedämmung* bezeichnet. So hat eine Schicht Glaswolle der Dicke $d = 1\,\mathrm{cm}$ die gleiche Wärmedämmung wie ein kompaktes Aluminiumgebilde der Dicke $d = 35\,\mathrm{m}$! Dies unterstreicht, wie wichtig Wärmeleitung, aber auch Wärmeisolation sein kann. Die Wärmeleitfähigkeit von Flüssigkeiten und Gasen liegt um Größenordnungen unter der von Metallen und spielt nur selten eine Rolle.

b) *Konvektion* (Wärmeströmung) bindet den Wärmestrom an einen Massenstrom (strömende Flüssigkeiten, bewegtes Gas). Grenzt an die Oberfläche (Fläche A_K, Kontaktfläche, Abb. 6.3.2b) einer Wärmequelle ein bewegtes flüssiges oder gasförmiges Medium, so nehmen dessen Moleküle die Wärme von der Oberfläche auf und führen sie ab. Die Massenströmung kann:

— *selbständig* erfolgen (als Folge von Dichteunterschieden durch unterschiedliche Temperatur), dann spricht man von *Eigenkonvektion*;
— *erzwungen* werden (Wasserumlauf, Luftströmung): *Fremdkonvektion*, erzwungene Konvektion (Beispiele: Wärmetransport durch Heißdampf und Wasser in Rohrleitungen, der Wind, die Luftbewegung u. a. m.). Der abgeführte Wärmestrom p_{WK} bei Konvektion

$$P_{WK} = \alpha_K A_K (T_O - T_U) \quad \text{Abgeführte Wärmeleistung bei Konvektion} \quad (6.3.7a)$$

ist proportional der Kontaktfläche des festen Körpers und dem Unterschied zwischen Oberflächen- (T_O) und Umgebungstemperatur (T_U) (in genügendem Abstand von der Quelle). Die *Wärmeübergangszahl* α_K

$\alpha_K \approx (0{,}5 \ldots 3) \cdot 10^{-3} \, \text{W/cm}^2 \cdot \text{K}$ Eigenkonvektion
$\quad \approx 10^{-2} \, \text{W/cm}^2 \cdot \text{K}$ Luftstrom, $v = 10 \, \text{m/s}$
$\quad \approx 10^{-1} \, \text{W/cm}^2 \cdot \text{K}$ Wasserkühlung, $v \approx 0{,}01 \, \text{m/s}$

hängt von der Oberfläche, der Strömungsgeschwindigkeit und dem Medium ab. Analog zum thermischen Widerstand Gl. (6.3.6a) lässt sich ein *Wärmeübergangswiderstand* $R_{thü}$ für die Wirksamkeit von Kühlkörpern definieren

$$R_{thü} = \frac{l}{\alpha_K A_K}. \quad (6.3.7b)$$

Wärmeabfuhr durch Konvektion ist an einen Massentransport (Gas, Flüssigkeit) gebunden und wird durch die Wärmeübergangszahl α_K gekennzeichnet.

c) Bei der *Wärmestrahlung* folgt der Energieaustausch durch Emission und Absorption elektromagnetischer Wellen (die einzige Wärmeabgabe für Körper im Vakuum, z. B. Anodensysteme von Elektronenröhren). Nach dem Stefan-Boltzmannschen Gesetz sendet ein (schwarzer) Körper der Oberfläche A und absoluten Temperatur T die Strahlungsleistung

$$p_S = \sigma A T^4 \quad \text{abgestrahlte Leistung des schwarzen Körpers (T in K)} \quad (6.3.8)$$

aus (Abb. 6.3.2c). Die Strahlungskonstante σ beträgt beim schwarzen Körper $\sigma = 5{,}7 \cdot 10^{-12}\,\text{W}/\text{cm}^2 \cdot \text{K}^4$. Der bekannteste Wärmestrahlung ist die Sonne mit einer Energiestromdichte $J_W = dP_W/dA = 1{,}36\,\text{kW}/\text{m}^2$. Andere Beispiele sind: Infrarotstrahler (Sonnendach, Ofenschirm), in gewisser Weise auch die Glühlampe.

Die Sonne führt einer Fläche von $1\,\text{km}^2$ die Strahlungsleistung $p_W = 10^6 \cdot 1{,}36\,\text{kW} = 1{,}36\,\text{GW}(!)$ zu. Wird diese Leistung z. B. durch Anwendung von Solarzellen (Umformeinrichtung Licht - elektrische Energie auf Halbleiterbasis) mit einem Wirkungsgrad von 10% in elektrische Energie umgeformt, so ist eine bedeutende umweltfreundliche Energiereserve verfügbar.

Bei einer Strahlertemperatur nur wenig über der Bezugstemperatur gilt die Näherung $T_0^4 \approx T_U^4 + 4T_U^3(T_0 - T_U)$ (wegen $(1+x)^n \approx 1 + nx$, $x \ll 1$) und es wird die abgeführte Leistung durch Strahlung

$$p_S \approx 4\sigma A T_U^3 (T_0 - T_U) = \alpha_{St} A (T_0 - T_U). \tag{6.3.9}$$

Der Wärmeübergangskoeffizient α_{St} beträgt für Raumtemperatur ($T_U = 293\,\text{K}$) etwa $6\,\text{W}/\text{m}^2\,\text{K}$. Gute Wärmeabfuhr durch Strahlung haben schwarze, rauhe Oberflächen.

> Wärmeabfuhr durch Strahlung erfolgt erst bei hoher Strahlertemperatur. Praktisch werden alle Arten der Wärmeübertragung durch einen Wärmewiderstand erfasst, der bei Bedarf weiter spezifizierbar ist.

Wärmekapazität Die in Gl. (6.3.1) eingeführte Wärmekapazität

$$C_{th} = mc = V \cdot \varrho \cdot c = \frac{dW_{th}}{dT} \qquad \text{Wärmekapazität} \tag{6.3.10}$$

(Angabe in Ws/K) ist definiert als Quotient von gespeicherter Wärmeenergie ΔW_{th} und damit verbundener Temperaturänderung ΔT. Sie ist ein Maß für die Geschwindigkeit, mit der sich die Temperatur eines Körpers ändern kann, sichert die Stetigkeit der Temperatur eines Körpers und hängt von der spezifischen Wärmekapazität c des Materials und seiner Masse (volumenproportional!) ab (Tab. 6.5). Auffällig sind die hohen Werte schlecht leitender Materialien und die geringen Werte guter Wärmeleiter wie Metalle.

Wärmewiderstand R_{th} und Wärmekapazität C_{th} eines Volumens bilden zusammen die *thermische Zeitkonstante* $\tau_{th} = R_{th}C_{th}$. Sie ist stark abhängig vom aufgeheizten Volumen und der Wärmeleitfähigkeit (s. u.).

◉ 6.3.2 Elektrisch-thermische Analogie

Analogie Der Wärmestrom mit seinen Anteilen Leitung, Konvektion und Strahlung (bei geringen Temperaturunterschieden) ist der Temperaturdifferenz zwischen Betriebs- und Umgebungs- bzw. Oberflächentemperatur proportional. Analog war im Strömungsfeld der Strom proportional der Potenzialdifferenz. Deshalb gibt es weitgehende Analogien zum Strömungsfeld soweit sie die Bildungsgesetze zugeordneter Größen betreffen (Abb. 6.3.3). Dem elektrischen Widerstand entspricht der Wärmewiderstand, dem Strom i der Wärmestrom p_W (Dimension der Leistung!), der Kapazität C die Wärme- oder thermische Kapazität C_{th} usw. Nach dem Ersatzschaltbild Abb. 6.3.2 kann man sich den Wärmetransport und die sich einstellende Temperaturdifferenz zwischen zwei Punkten vorstellen als fließt der Wärmestrom p_W durch den Wärmewiderstand R_{th} und erzeugt an ihm den Temperaturunterschied ΔT. Der nichtlinear von der Temperatur abhängige Strahlungs-

Elektrischer Kreis		Einheit	Thermischer Kreis		Einheit
Strom	$i = \dfrac{dQ}{dt}$	A	Wärmestrom	$p = \dfrac{dQ}{dt}$	W
Ladung	$Q(t) = \int_0^t i\,dt' + Q(0)$	As	Wärmemenge	$Q(t) = \int_0^t p\,dt' + Q(0)$	Ws
Spannung	$u = \varphi_2 - \varphi_1$	V	Temperaturdifferenz	$\Delta T = T_2 - T_1$	K
Potenzial	φ	V	Temperatur T		K
Widerstand		Ω	Wärmewiderstand		K/W
Leitfähigkeit	κ	(Ωm)$^{-1}$	Wärmeleitfähigkeit	κ_{th}	W/(Km)
Kapazität		As/V	Wärmekapazität	T_U=const	Ws/K
Spannungsquelle			Temperaturquelle		
Stromquelle			Wärmestromquelle		
Knotengleichung	$\sum_\mu i_\mu = 0$		Knotensatz für Wärmeströme	$\sum_\mu p_\mu = 0$	
Maschengleichung	$\sum_\nu u_\nu = 0$		Maschensatz für Temperaturdifferenzen	$\sum_\nu \Delta T_\nu = 0$	

Abb. 6.3.3. Analogie zwischen thermischen und elektrischen Größen und Netzwerkelementen

6.3 Thermisch-elektrische Systeme

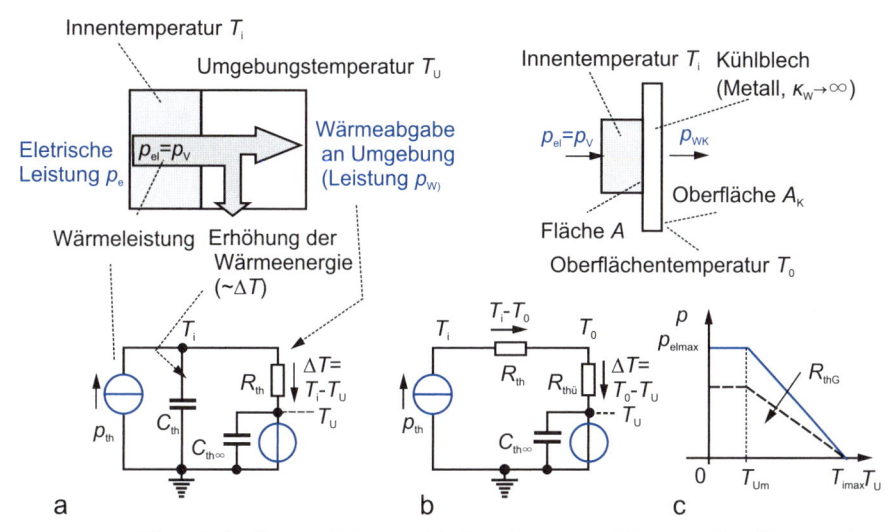

Abb. 6.3.4. Thermische Ersatzschaltung. (a) Anordnung mit Wärmequelle, Wärmewiderstand und Wärmekapazität nach Gl. (6.3.11). (b) Aufteilung des Wärmewiderstandes nach Wärmeleitung und Konvektion. (c) Lastminderungskurve, zulässige Leistung über der Umgebungstemperatur

anteil wird durch einen nichtlinearen Wärmewiderstand erfasst, wenn das linearisierte Modell nicht ausreicht. Abbildung 6.3.3 stellt thermische und elektrische Netzwerkelemente gegenüber. Thermische Induktivitäten gibt es nicht.

Wärmebilanzgleichung und Ersatzschaltung Die Analogie erlaubt die Interpretation der Wärmebilanzgleichung durch eine *thermische Ersatzschaltung* nach dem Modell einer RC-Schaltung. Die Temperaturdifferenz entspricht der Spannung. Charakteristische Temperaturen sind dabei:

- die *Betriebstemperatur* T_i eines Bauelementes / Gerätes (einschließlich eines Höchstwertes T_{imax}, der nicht überschritten werden darf);
- eventuell seine Oberflächentemperatur T_O und die Umgebungstemperatur T_U. Ihre Wahl als Bezugswert entspricht der Vorstellung, dass die Wärmekapazität der Umgebung unendlich groß ist und sich somit T_U nicht ändert.

So kann die Wärmebilanz Gl. (6.3.2) direkt als thermische Ersatzschaltung interpretiert werden (Abb. 6.3.4a):

$$p_{el} = p_{th} + p_W = C_{th}\frac{d(\Delta T)}{dt} + \underbrace{\frac{(T_i - T_O)}{R_{th}} + \frac{(T_O - T_U)}{R_{th}}}_{p_W} + p_{Strahl}. \quad (6.3.11)$$

Links steht die elektrische Leistung, rechts die Erhöhung der Wärmemenge des Körpers je Zeitspanne und der Energiestrom an die Umgebung. Diese (nichtlineare) Bilanzgleichung für die Betriebstemperatur T_i des Bauelementes wird bei vernachlässigbarer Wärmestrahlung linear, dann gilt die abgegebene thermische Ersatzschaltung Abb. 6.3.4a:

> Die elektrisch zugeführte und in Joulesche Wärme umgesetzte Energie erhöht die Wärmemenge des Körpers und die Temperatur ΔT, die ihrerseits einen Wärmestrom an die Umgebung verursacht.

Streng genommen sind die Temperaturen in Abb. 6.3.4a zunächst mit dem absoluten Nullpunkt $T = 0$ einzuführen (so ist die Wärmekapazität definiert, sie erfordert keinen zweiten Anschlusspunkt!). Aus Analogie zur elektrischen Kapazität wird ihr ein zweiter Anschluss (mit $T \neq 0$) zugeordnet. Praktische Gesichtspunkte sprechen für die *zeitkonstant* angenommene *Umgebungstemperatur* T_U als Bezug (entsprechend unendlicher Wärmekapazität der Umgebung). Sie kann ebenso als ideale Spannungsquelle modelliert werden, dann entfällt $C_{\text{th}\infty}$.

Die thermische Ersatzschaltung erlaubt eine einfache Beschreibung und Analyse der thermischen Verhältnisse. Beispielsweise hat ein Bauelement bei Konvektionskühlung (Kühlblech der Oberfläche A_K) die Ersatzschaltung Abb. 6.3.4b). Der thermische Widerstand ist die Reihenschaltung aus dem des Bauelementes und dem Konvektionswiderstand der Kühlfläche mit der Oberflächentemperatur T_O.

Maximal zulässige Verlustleistung Viele Bauelemente arbeiten nur bis zu einer maximalen Betriebstemperatur $T_{i\,\text{max}}$ zuverlässig. Dann interessiert umgekehrt, welche Leistung bei gegebener Umgebungstemperatur und Wärmewiderstand noch zulässig ist. Generell gilt (im stationären Zustand)

$$T_i = T_U + R_{\text{th}} p_{\text{el}} \quad \text{und} \quad R_{\text{th}} = \frac{T_{i\,\text{max}} - T_{UN}}{p_{\text{elN}}} = \frac{T_{i\,\text{max}} - T_{U\,\text{max}}}{p_{\text{el}\,\text{max}}}. \tag{6.3.12a}$$

Die Betriebstemperatur steigt mit der umgesetzten Leistung und/oder dem Wärmewiderstand sowie der Umgebungstemperatur. Zur Vermeidung von Überlastung muss die zugeführte Leistung mit steigender Umgebungstemperatur sinken. Das folgt aus der Darstellung Abb. 6.3.4c von Gl. (6.3.12a) als sog. *Lastminderungskurve*

$$p_{\text{el}} = p_{\text{el}\,\text{max}}(T_{i\,\text{max}} - T_U)/(T_{i\,\text{max}} - T_{U\,\text{max}}). \tag{6.3.12b}$$

> Bei gegebener maximaler Betriebstemperatur $T_{i\,\text{max}}$ senkt zunehmender Wärmewiderstand die maximal zulässige Verlustleistung $p_{\text{el}\,\text{max}}$.

6.3 Thermisch-elektrische Systeme

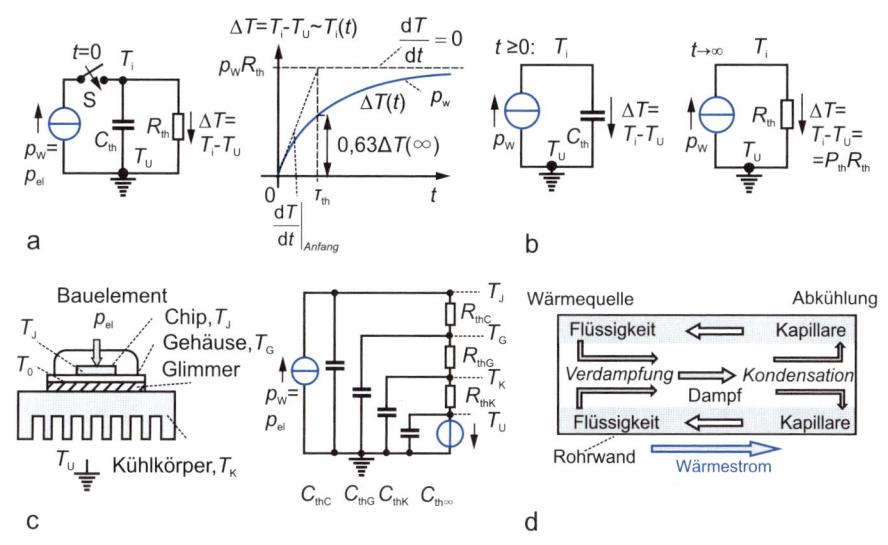

Abb. 6.3.5. Nichtstationäres thermisches Verhalten. (a) Einschalten einer Leistung p_el am Bauelement, thermische Ersatzschaltung. (b) Ersatzschaltung bei überwiegendem Wärmefluss in die Wärmekapazität bei Erwärmungsbeginn und dominierendem Wärmeabfluss nach außen bei Erwärmungsende. (c) Thermische Ersatzschaltung eines Halbleiterbauelementes mit unterschiedlichen thermischen Zeitkonstanten. (d) Wärmerohr

---

Beispiel 6.3.1 Zeitverlauf der Temperatur bei zeitbegrenzter elektrischer Energiezufuhr Wir betrachten ein elektrisches Bauelement, etwa einen Ohmschen Widerstand (mit dem thermischen Widerstand R_th und der Wärmekapazität C_th), an das zur Zeit $t = 0$ eine konstante elektrische Leistung $p_\text{el} = IU$ angelegt wird. Für $t < 0$ bestand Temperaturgleichgewicht mit der Umgebung ($\Delta T = 0$, d. h. $p_\text{W} = 0$). Dann gilt für die Ersatzschaltung Abb. 6.3.5a die Bilanzgleichung (6.3.11) (für $t > 0$)

$$P_\text{el} = C_\text{th}\frac{\mathrm{d}\Delta T}{\mathrm{d}t} + \frac{\Delta T}{R_\text{th}}. \tag{6.3.13}$$

$\Delta T = T_\text{i} - T_\text{U}$ heißt als Differenz der Betriebs- und der Umgebungstemperatur T_U auch *Übertemperatur*. Die Lösung der Bilanzgleichung mit dem Anfangswert $\Delta T = 0$ zur Zeit $t = 0$ (die Temperatur eines Körpers kann nie springen) lautet[6]

$$\Delta T(t) = p_\text{el} \cdot R_\text{th}\left[1 - \exp\frac{-t}{\tau_\text{th}}\right] \text{ bzw. } T_\text{i}(t) = T_\text{U} + p_\text{el}R_\text{th}\left[1 - \exp\frac{-t}{\tau_\text{th}}\right]. \tag{6.3.14a}$$

Zu Beginn der Erwärmung ($t = 0$, Abb. 6.3.5a,b) unterscheidet sich die Körpertemperatur noch nicht von der Umgebungstemperatur ($\Delta T = 0$). Dann verschwindet der Wärmestrom an die Umgebung ($p_\text{W} = \Delta T/R_\text{th} = 0$) und der Temperaturanstieg beträgt

$$p_\text{el} = C_\text{th}\frac{\mathrm{d}\Delta T}{\mathrm{d}t}\bigg|_0. \quad \text{Temperaturanstieg zu Beginn der Erwärmung} \quad (6.3.14\text{b})$$

---

[6]Man überzeuge sich durch Einsetzen der Lösung in die Differenzialgleichung von ihrer Richtigkeit.

630   6. Analogien zwischen elektrischen und nichtelektrischen Systemen

Die elektrische Leistung dient zunächst nur zur Erwärmung und die Temperatur wächst zeitproportional um so schneller, je größer die zugeführte Leistung und je kleiner die Wärmekapazität ist (gestrichelte Gerade im Bild). Durch den Temperaturanstieg setzt ein Wärmestrom an die Umgebung ein und in Gl. (6.3.13) wächst der zweite Summand rechts. So, wie die Wärmeabfuhr $\Delta T/R_{th}$ zunimmt, muss wegen p_{el} = const der erste Summand und damit $d\Delta T/dt$ sinken. Das verlangsamt den Temperaturanstieg. Das Erwärmungsende ist für $d\Delta T/dt|_{End} \approx 0$ erreicht: $p_{el} \approx p_W$. Alle zugeführte elektrische Leistung wird als Wärmestrom an die Umgebung abgeführt und es stellt sich die (stationäre) Übertemperatur ein

$$\Delta T_{\text{Ü}} = R_{th} p_{el} = \frac{p_{el}}{\alpha_K A_K}. \quad \text{Übertemperatur am Ende des Aufheizens} \quad (6.3.15)$$

Die Endtemperatur wächst mit zugeführter Leistung und dem Wärmewiderstand!

Sie wird um so eher erreicht, je

— größer die eingespeiste Wärmeleistung (= zugeführte elektrische Leistung);
— kleiner die *thermische Zeitkonstante* $\tau_{th} = R_{th} C_{th}$ (Wärmekapazität!) ist. Das stimmt mit der Erfahrung überein, die man beispielsweise mit Tauchsiedern verschiedener „Heizleistung" bei unterschiedlichem Wasservolumina macht.

Während die thermische Zeitkonstante bei elektrischen Geräten und Bauelementen im Bereich von Sekunden bis zu vielen Minuten (und Stunden, Motoren) liegt, haben Halbleiterbauelemente und Strukturen der Mikrosystemtechnik Zeitkonstanten im μs bis ms-Bereich. Dann beeinflussen thermische Übergangsvorgänge u. U. das Signalverhalten.

Thermische Ersatzschaltungen können kompliziert sein, das Beispiel eines Halbleiterbauelementes zeigt Abb. 6.3.5c. Die Teilwiderstände kennzeichnen (von innen nach außen) den Chipbereich, das Bauelementegehäuse, eine Isolierscheibe und den Kühlkörper als Wärmesenke. Durch die verschiedenen Abmessungen und Materialien unterscheiden sich die Wärmekapazitäten stark und so die Wärmezeitkonstanten: sie steigen von innen nach außen beträchtlich. Im Gefolge stellt sich dann anfangs ein sehr rascher Übergangsvorgang ein, der um so träger wird, je weiter der Wärmestrom zum Kühlkörper hin vordringt. Die Zeit, nach der die Endtemperatur erreicht ist, bestimmt die größte Zeitkonstante.

Thermische Netzwerke Die thermisch-elektrische Analogie erlaubt den Ersatz u. U. komplizierter Wärmeleitungsvorgänge durch ein Netzwerkmodell und seine Lösung mit den Verfahren der Netzwerkanalyse. Das thermische Netzwerk besteht aus Quellen, Wärmewiderständen und -kapazitäten. Seine Entwicklung beginnt mit Festlegung der Punkte (Netzwerkknoten), deren Temperatur bestimmt werden soll. Die gebietsweise erzeugten Wärmeleistungen werden in den zugehörigen Knoten als „thermische Quellen" angesetzt und die wärmeleitenden Gebiete zwischen den Knoten durch Wärmewiderstände und -kapazitäten erfasst. Aufzustellen sind:

- die *Leistungsbilanzgleichungen* (thermische Knotengleichungen). Danach muss die Summe der einem Knoten zugeführten Leistung (Wärmequelle), der abgeführten Leistung (Wärmesenke an die Umgebung) und gespeicherten Energie (im Knoten, Bauelement, Kühlkörper) verschwinden.
- die *Umlaufgleichungen* für die Temperaturen (thermischer Maschensatz). Längs eines geschlossenen Weges verschwindet die Summe der Temperaturdifferenzen.
- die Leistungs- und Temperaturgleichungen für die Wärmeströme, m. a. W. die Beziehungen für die *thermischen Netzwerkelemente*.

Im thermischen Netzwerk wird zwischen *Leistungsquellen* (Wärme-, Verlustleistung) und *Temperaturquellen* (Umgebungstemperatur) unterschieden. Als Wärmeleistungsquellen wirken stromdurchflossene Leiter, Bereiche mit Wirbelstrom- und Hystereseverlusten und Übergangswiderstände. Temperaturquellen werden im Netzwerk an die Knoten geschaltet, für die Temperaturen vorgegeben sind (etwa die Umgebungstemperatur).

Stationäres Verhalten (mit zeitkonstanten Temperaturen) entspricht dem Verhalten resistiver Netzwerke, bei zeitabhängigen Temperaturen kommen die Wärmekapazitäten ins Spiel.

Während sich makroskopische Anordnungen meist durch eine Wärmequelle mit einfachem thermischen Netzwerk modellieren lassen, treten thermische Netzwerke beispielsweise bei integrierten Schaltungen auf. Auf dem Chip ist jedes Bauelement eine Wärmequelle und die lokale Temperatur hängt von allen Quellen und dem zugehörigen RC-Netzwerk ab. In solchen Fälle beschreibt man Wärmeprobleme besser in Feldform.

6.3.3 Anwendungen des Wärmeumsatzes

Die Anwendungen elektrisch-thermischer Wechselwirkungen sind vielfältig, wir greifen einige Beispiele heraus.

Kühlung und Nutzwärme Bei der konstruktiven Gestaltung elektrischer Geräte und Bauelemente spielen Wärmeableitungsmaßnahmen (Gl. (6.3.15)) eine entscheidende Rolle. Ziel ist ein geringer thermischer Widerstand:

- große Gehäuseoberfläche A (zusätzliche Metallkühlfahnen und Kühlrippen);
- *Erhöhung der Konvektion* durch einen Luftstrom (Ventilator beim Motor, umlaufendes Wasser oder Öl), dazu zählen auch „Wärmeröhren" (heat pipes), in denen die Verdampfungswärme einer Kühlflüssigkeit dem zu kühlenden Bauteil Wärme entzieht. Der Dampf gelangt durch Konvektion zum kälteren Ende (Abb. 6.3.5d), kondensiert dort und gibt die Wärme wieder ab. Das Kondensat

diffundiert durch Kapillarwirkung zurück zum heißeren Ende, verdampft erneut usw. Obwohl dieser Wärmetransport nur geringe Temperaturunterschiede erfordert, ist er sehr effizient: Wärmerohre leiten die Wärme etwa tausendfach besser als Cu-Leiter gleicher Abmessung.
— Materialien mit hoher Wärmeleitfähigkeit (Metall, Magnesium, Berylliumoxid);
— Erhöhung der Abstrahlung: schwarze rauhe Oberfläche.

Nutzwärme Der Einsatz elektrischer Energie zur Wärmeerzeugung ist eine Wirtschaftlichkeitsfrage. So kostet 1 kWh elektrischer Energie durchweg rd. 20 ct. Die Wärmeerzeugung durch Kohleverbrennung ist günstiger: beispielsweise liefert 1 kg Braunkohle (etwa zwei Brikett) (Heizwert $H \approx 4000\,\text{kcal/kg} = 16{,}72 \cdot 10^3\,\text{kW} \cdot \text{s/kg}$) die Wärmemenge $W = mH = 1\,\text{kg} \cdot 4000\,\text{kcal/kg} = 16{,}72 \cdot 10^3\,\text{kW} \cdot \text{s} = 4{,}65\,\text{kWh}$. Bei einem Kohlepreis von 20 ct/kg kostet die kWh etwa 4,3 ct. Deshalb wird die elektrische Wärmeerzeugung beschränkt auf Fälle, wo ihre Vorteile (sofortige Betriebsbereitschaft, Regelbarkeit, Umweltfreundlichkeit) überwiegen.

Verbreitete Wärmeerzeuger sind: Tauchsieder, Kochplatte, Radiator, Grill, Bügeleisen, Lötkolben u. a. m. mit Anschlussleistungen von einigen 100 W (Lötkolben ab 5 W) bis 2 kW. Die Wärmequelle dieser Geräte ist meist ein stromdurchflossener Widerstandsdraht mit hohem spezifischem Widerstand (z. B. Chromnickel, Tantal $\rho_{20} \approx 1{,}22\,\Omega\,\text{mm}^2/\text{m}$ mit Betriebstemperatur bei 1200 °C) auf einen Isolierkörper in gutem Wärmekontakt zur erwärmenden Stelle, etwa dem Boden eines Bügeleisens. Verbreitet dienen auch *Wirbelströme* zur Erwärmung.

Eine weitere Anwendungsgruppe nutzt die Wärmeausdehnung von Körpern bei Stromfluss: der historische Hitzdrahtstrommesser (Übertrag der Längenänderung eines erwärmten Drahtes auf ein Anzeigewerk, Ausschlag $\alpha \sim P \sim I^2$); modern Bimetallstreifen, die sich durch unterschiedliche Ausdehnungskoeffizienten zweier Metalle bei Temperaturerhöhung „strecken" und einen Schalterkontakt öffnen, wie in Sicherungsautomaten.

Thermische Rückkopplung, thermische Stabilität Die Aufheizung eines Bauelementes durch die zugeführte elektrische Leistung beeinflusst rückwirkend diese Leistung, wenn das Bauelement temperaturabhängige Klemmeneigenschaften hat. Beispielsweise steigt der Widerstand bei positivem Temperaturkoeffizienten mit steigender Temperatur, also steigender elektrischer Leistung und es entsteht eine nichtlineare Kennlinie: die strombedingte Erwärmung wirkt über den Temperaturkoeffizient auf die Kennlinie zurück. Das ist das Prinzip der *thermischen Rückkopplung*.

Zur ihrer Modellierung dient eine thermische Ersatzschaltung nach Abb. 6.3.6a mit temperaturgesteuerter Strom- oder Spannungsquelle. Sie repräsentiert die im elektrischen Bauelement umgesetzte, von der Temperatur T_i abhängige Verlustleistung. Letztere hängt auch von der Schaltung um das Bauelement ab. Im Zusammenwirken zwischen Schaltung, der Leistung im Bauelement und der thermischen Seite (Wärmeabfuhr) stellt sich als Lösung eine Temperatur T_i ein, die gleichzeitig

6.3 Thermisch-elektrische Systeme

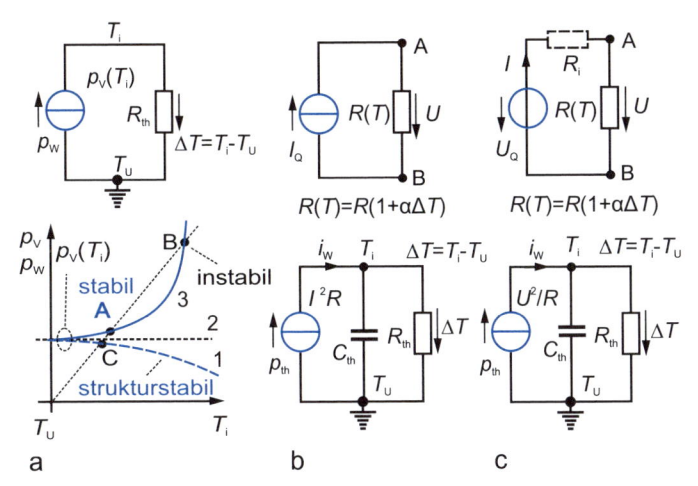

Abb. 6.3.6. Thermische Stabilität. (a) Graphische Darstellung des Stabilitätsverhaltens. (b) Selbstgeheizter Widerstand an einer Stromquelle, thermische Ersatzschaltung. (c) dto. mit Spannungsquelle

die thermische Beziehung Gl. (6.3.11) (Geradengl. in Abb. 6.3.6a) und die Kennlinie $p_\mathrm{V}(T_\mathrm{i})$ erfüllen muss. Einige Verläufe sind angedeutet:

– Verlauf 1 ebenso wie Verlauf 2 (keine thermische Rückkopplung, p_V nicht von T_i abhängig) hat bei sinkender Verlustleistung trotz steigender Temperatur T_i nur *einen* Schnittpunkt;
– Verlauf 3 hat *zwei* Schnittpunkte A und B

$$A: \left.\frac{\mathrm{d}p_\mathrm{W}}{\mathrm{d}T_\mathrm{i}}\right|_\mathrm{Abfuhr} > \left.\frac{\mathrm{d}p_\mathrm{V}}{\mathrm{d}T_\mathrm{i}}\right|_\mathrm{Zufuhr} \quad \text{stabil}$$
$$B: \left.\frac{\mathrm{d}p_\mathrm{W}}{\mathrm{d}T_\mathrm{i}}\right|_\mathrm{Abfuhr} < \left.\frac{\mathrm{d}p_\mathrm{V}}{\mathrm{d}T_\mathrm{i}}\right|_\mathrm{Zufuhr} \quad \textit{in}\text{stabil.} \quad (6.3.16a)$$

Im Arbeitspunkt B verursacht eine Temperaturerhöhung eine kleinere Wärmeabfuhr als die Zufuhr und das Bauelement heizt weiter auf.
– der Schnittpunkt C auf Kurve 1 bleibt wegen unterschiedlicher Vorzeichen der Ableitungen *thermisch stets stabil*. Deshalb ist (auch ohne Kenntnis des thermischen Widerstandes) anzustreben

$$\frac{\mathrm{d}p_\mathrm{V}}{\mathrm{d}T_\mathrm{i}} \leq 0. \qquad \text{Bedingung der thermischen Strukturstabilität} \quad (6.3.16b)$$

Eine Schaltung, in der die im Bauelement umgesetzte Verlustleistung mit steigender Temperatur T_i abnimmt, arbeitet thermisch stets stabil.

Liegt beispielsweise ein temperaturabhängiger Widerstand $R = R_0(1+\alpha(T_\mathrm{i}-T_\mathrm{U}))$ mit positivem TK (Metallschichtwiderstand, s. Kap. 2.3.4, Bd 1) an einer *Stromquelle*, so gilt die elektrisch-thermische Ersatzschaltung Abb. 6.3.6b mit der Gleichung ($T_\mathrm{i} - T_\mathrm{U} = \Delta T$)

$$C_\mathrm{th}\frac{\mathrm{d}\Delta T}{\mathrm{d}t} = -\frac{\Delta T}{R_\mathrm{th}} + I^2 R_0(1+\alpha\Delta T), \quad \tau_\mathrm{I} = \frac{R_\mathrm{th} C_\mathrm{th}}{1 - \alpha R_0 R_\mathrm{th} I^2}. \qquad (6.3.17a)$$

Analog gehört zur *spannungsgespeisten* Schaltung (Abb. 6.3.6c)

$$C_{th}\frac{d\Delta T}{dt} = -\frac{\Delta T}{R_{th}} + \frac{U^2}{R_0(1+\alpha\Delta T)}, \quad \tau_U = \frac{R_{th}C_{th}}{1+\alpha R_{th}U^2/R_0}. \qquad (6.3.17b)$$

Dabei wurde $1 \gg \alpha\Delta T$ genähert. Beide Fälle haben die stationären Werte

$$T_I(\infty) = \frac{R_0 R_{th} I^2}{1 - \alpha R_0 R_{th} I^2} \quad \text{bzw.} \quad T_U(\infty) = \frac{R_{th}U^2/R_0}{1+\alpha R_{th}U^2/R_0}. \qquad (6.3.17c)$$

Mit Stromspeisung ist die Schaltung thermisch instabil: die Temperatur wächst bei großem Strom über alle Grenzen und eine Zuleitung würde schmelzen. Die spannungsgespeiste Anordnung bleibt dagegen thermisch stets stabil.

Thermische Stabilität hängt vom Temperaturkoeffizienten und der Betriebsschaltung des Bauelementes ab. Zur thermischen Selbstzerstörung neigen besonders Bauelemente mit großem Temperaturkoeffizienten (Halbleiterbauelemente). Thermische Rückkopplung trägt auch zur nichtlinearen Kennlinie der Heiß- und Kaltleiterelemente bei (s. Kap. 2.3.6, Bd. 1).

Prinzip der halben Speisespannung Wir prüfen, ob im Grundstromkreis ein temperaturabhängiger Widerstand $R(T_i)$ (bei temperaturunabhängigem Innenwiderstand R_i) immer thermisch stabil arbeitet kann. Im Grundstromkreis (Abb. 6.3.6c) setzt der Lastwiderstand $R(T_i)$ die Verlustleistung

$$p_V = UI = \frac{U_Q^2 R(T_i)}{(R_i + R(T_i))^2}$$

um. Ihre temperaturbedingte Änderung beträgt

$$\frac{dp_V}{dT_i} \sim U_Q^2 \left(R(T_i) + R_i\right)\left(R_i - R(T_i)\right)\frac{dR(T_i)}{dT_i}. \qquad (6.3.18)$$

Es gilt $dp_V/dT_i < 0$ und damit thermische Strukturstabilität nur, wenn bei positivem (negativem) dR/dT_i zutrifft $R > R_i$ ($R < R_i$), also mehr (weniger) als die halbe Speisespannung U_Q am Außenwiderstand abfällt.

Das bestätigt die eben getroffene Aussage für den spannungsgespeisten Widerstand mit positivem TK. Ein analoges Ergebnis gilt für die Stromquellendarstellung. Das Prinzip der halben Speisespannung ist in der Schaltungstechnik verbreitet.

Seebeck-, Peltier-Effekt Zur Wärmewirkung gehören nicht nur Joulsche Wärme und die Temperaturabhängigkeit elektrischer Parameter, sondern auch die *direkte Energieumwandlung* durch *Seebeck-* und *Peltier-Effekt*. An einem erwärmten Leiterende haben Ladungsträger größere thermische Geschwindigkeit als am kalten. Deshalb fließen sie durch *Wärmediffusion* zum kalten Ende (Abb. 6.3.7a), häufen sich dort an und erzeugen durch einen Mangel am heißen Ende ein elektrisches Feld E_{th}. Es hält die Wärmediffusion im

6.3 Thermisch-elektrische Systeme

Gleichgewicht und ist Ursache der *Thermospannung* U_{th} (als Spannungsabfall angesetzt)

$$U_{\text{th}} = \varepsilon_{\text{th}}\Delta T = \frac{\mathrm{d}U_{\text{th}}}{\mathrm{d}T}\Delta T. \qquad \text{Thermospannung} \quad (6.3.19\text{a})$$

Sie ist dem Temperaturunterschied ΔT proportional nach Maßgabe der *differenziellen Thermospannung* ε_{th} (materialabhängig, angegeben in V/K).

Durch Erwärmung (Abkühlung) einer Verbindungsstelle zweier leitender Gebiete (in einer geschlossenen Schleife) entsteht eine Quellenspannung: Thermo- oder Seebeck-Effekt.

Im Kreis mit Leitern aus gleichem Material kompensieren sich beide Thermospannungen ($U_{\text{th}1} = U_{\text{th}2}$, Abb. 6.3.7b), bei unterschiedlichen Leitern verbleibt dagegen eine *relative* differenzielle Thermospannung $\varepsilon_{\text{th}12}$ oder der *Seebeck-Effekt*

$$\begin{aligned} U_{\text{th}} &= U_{\text{th}1} - U_{\text{th}2} = \int_{T_2}^{T_1} (\varepsilon_{\text{th}1} - \varepsilon_{\text{th}2})\mathrm{d}T = \int_{T_2}^{T_1} \varepsilon_{\text{th}12}\mathrm{d}T \\ &= \varepsilon_{\text{th}12}\Delta(T_1 - T_2). \end{aligned} \qquad (6.3.19\text{b})$$

Er liegt bei Metallpaarungen im Bereich 10^{-5}–10^{-4} V/K, bei Halbleitern um etwa zwei Größenordnungen darüber. Zusätzlich lässt sich die unterschiedliche Richtung der Thermospannung zwischen p- und n-Leiter als *Thermopaar* ausnutzen (Abb. 6.3.7c): im p-Halbleiter diffundieren positive Ladungen von der heißen Stelle weg, im n-Halbleiter wandern negative Ladungen ab. So addieren sich beide Thermospannungen, weil eine von ihnen stets negativ ist. Beide Thermoelemente liegen so elektrisch in Reihe und thermisch parallel.

Thermoelemente (Materialien Fe-Konstantan, Ni-CrNi, Pt-PtRh) dienen zur Temperaturbestimmung, solche aus Halbleitern (SbBi-SeTe, auch Standardhalbleiter) zusätzlich zur Erzeugung kleiner Spannungen (z. B. als Nanothermogeneratoren in elektronischen Armbanduhren zum Nachladen der Batterie aus der Körperwärme u. a. m.), aber auch zur transportablen Energieversorgung. Störend wirken die Joulesche Stromwärme und die Wärmeleitfähigkeit des Leiters. Deshalb sollte die Leitfähigkeit groß und die Wärmeleitfähigkeit klein sein, also die *Effektivität* $Z = \varepsilon_{\text{th}12}^2 \cdot \kappa_{\text{el}}/\kappa_{\text{W}}$ möglichst hoch. Sie hängt nur vom Material ab.

Im Thermoelement erwärmt sich bei Stromfluss (Abb. 6.3.7d) eine Kontaktstelle und die andere kühlt. Stromumkehr vertauscht die erwärmte bzw. gekühlte Kontaktstelle. Dieser von *Peltier* erkannte Effekt ist ein *Wärmetransport* von einer kalten zu einer warmen Kontaktfläche durch elektrischen

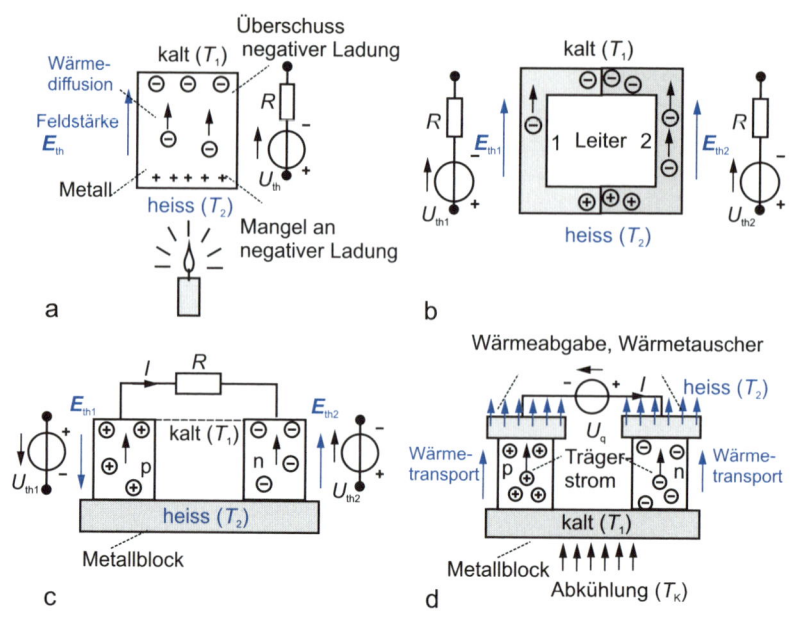

Abb. 6.3.7. Direkte Umwandlung Wärme - elektrische Energie. (a) Entstehung einer Gleichgewichtsfeldstärke E_{th} durch Wärmediffusion (Seebeck-Effekt). (b) Seebeck-Effekt im Stromkreis aus unterschiedlichen Metallen. (c) Seebeck-Effekt am pn-Übergang: Addition der Seebeck-Spannungen. (d) Peltier-Effekt. Bei Stromfluss entsteht an der Übergangsstelle zwischen zwei Materialien eine Wärmeströmung vom Übergang weg (Wärmeabgabe, Aufheizen der Umgebung) oder zu ihm hin (Wärmeaufnahme, Abkühlung der Umgebung)

Strom. Es gilt für die umgesetzte Leistung

$$p = \frac{dW_{th}}{dt} = \pm \Pi I + RI^2. \qquad (6.3.20)$$

Der *Peltierkoeffizient* Π liegt in der Größenordnung von $10^{-2} \ldots 10^{-4}$ V. Der Thermostrom fließt durch die entstehende Temperaturänderung dem durchfließenden Strom entgegen, deshalb senkt die im Widerstand R umgesetzte Wärmeleistung den Effekt. Peltier- und Seebeckkoeffizient hängen zusammen, in linearer Näherung gilt

$$\boxed{\frac{d\Pi}{dT} = \varepsilon_{th} + T\frac{d\varepsilon_{th}}{dT}.} \qquad (6.3.21)$$

Daraus folgt für konstanten Seebeck-Effekt ε_{th12}: $\Pi = \varepsilon_{th}\Delta T$.

Die an der kalten Seite des Peltierelementes abgeführte Kälteleistung P_{th} vermindert sich durch Stromverlustleistung in den Halbleitergebieten und die Wärmeableitung durch den thermischen Leitwert G_{th}:

$$p_{th} = \Pi I - I^2 R/2 - G_{th}(T_H - T_K). \qquad (6.3.22)$$

Steigende Temperaturdifferenz zwischen heißem und kaltem Ende senkt die Kälteleistung. Über dem Strom hat sie ein Maximum

$$p_{\text{thmax}} = \frac{\Pi^2}{2R} - G_{\text{th}}\Delta T, \quad I_{\max} = \frac{\Pi}{R}. \quad (6.3.23)$$

Zum Kühlbetrieb muss die Peltierleistung die Verluste durch Joulesche Wärme und Wärmeleitung übertreffen (rechte Seite der Gl. (6.3.22) positiv). Der Kühlbetrieb endet bei verschwindender Kälteleistung p_{th}, also für die Temperaturdifferenz

$$\Delta T_{\max} = R_{\text{th}}\left(\Pi \cdot I - RI^2\right) \rightarrow \Delta T_{\max} = \left.\frac{R_{th}\Pi^2}{2R}\right|_{I=\Pi/R}. \quad (6.3.24)$$

Mit Bi_2Te_3 als Standardmaterial für Peltierelemente bei Raumtemperatur erreicht man Kälteleistungen von einigen 10 W bei Temperaturdifferenzen von einigen 10 K. Nachteilig sind geringe Betriebsspannung (wenige Volt) und hohe Betriebsströme (1...100 A). Durch Kaskadierung (Reihen-Parallelschaltung) mehrerer Peltierelemente erreicht man Temperaturdifferenzen bis in den Bereich von 100 K und höhere Kühlleistungen.

Der Peltier-Effekt wird für kleinere Kühlaufgaben eingesetzt: kleinvolumige Kühlbatterie (wenige Liter aus Wirtschaftlichkeitsgründen) für Medizin und Biologie, Thermostate, Kühlfallen, Kühlung von Bauelementen zur Herabsetzung des Rauschens u. a. m. Im Temperaturbereich bis 600 K verwendet man PbTe- bzw. SiGe-Legierungen, letztere in der Raumfahrt zur Energieversorgung bis zu Temperaturen von 1200 K.

Zusammenfassung: Kapitel 6

1. Räumliche Felder lassen sich durch zugeordnete Netzwerkmodelle für Feldbereiche zwischen bestimmten Systempunkten, den Knoten, und Ersatz der Feldgrößen durch integrale Größen in elektrische Netzwerke überführen. Statt der Feldgleichungen werden Bauelementebeziehungen zwischen Knoten und Kirchhoffsche Sätze (als Bilanz- und Kontinuitätsgleichung) genutzt. Variable sind dabei Ströme durch Knoten und Spannungen zwischen Knoten.

2. Dieser Grundgedanke eignet sich auch für andere physikalische Teilgebiete (Mechanik, Thermodynamik, Akustik) und erweitert elektrische zu physikalischen Netzwerken. Die Variablen sind dann allgemeiner Fluss- und Differenz- oder Potenzialgrößen. Erhalten bleiben die Kontinuitätsbeziehungen (Knotensatz bzw. Sätze von der Erhaltung der Ladung und Masse), der Energiesatz (entsprechend dem Maschensatz) und gleichwertige Ansätze für Netzwerkelemente (es gibt Widerstände, Energiespeicher, Quellen, Übertrager und Wandler), die zeitunabhängig, zeitabhängig, linear oder nichtlinear sein können.

3. Die Zuordnung zwischen elektrischen und nichtelektrischen Differenz- und Flussgrößen bestimmt die gewählte Analogie. Verbreitet ist die Form

Kraft-Strom (und damit Geschwindigkeit und Spannung, in der Mechatronik auch die umgekehrte Form).

4. Herausragende Bedeutung haben elektrisch-mechanische Wandler wie elektrostatische, elektromagnetische und elektrodynamische Wandler.
5. Die Wandlung wird gleichwertig beschrieben durch den Energiesatz oder die Leistungsbilanz, im letzteren Fall mit zeitveränderlichen Energiespeicherelementen (C, L).
6. Beim elektrostatischen Wandler sind von den Systemvariablen Ladung, Spannung, Kraft und Verschiebung bzw. Spannung, Strom, Kraft und Geschwindigkeit jeweils zwei unabhängig, was eine Formulierung $F(u,x)$; $i(u,x)$ erlaubt und die Wandlerersatzschaltung in Leitwertform mit zeitvariabler Eingangskapazität und ausgangsseitig nichtlinearer Kraftquelle begründet. Der Eingang lässt sich durch eine Festkapazität mit paralleler ausgangsgesteuerter Stromquelle ersetzen. Im Kleinsignalfall wird daraus eine Zweitorleitwertform mit gesteuerten Quellen von Gyratortyp.
7. Zum magnetischen Reluktanzwandler (Grundlage veränderlicher magnetischer Kreis) mit den bestimmenden Beziehungen $F(i,x)$, $u(i,x)$ gehört eine Wandlerersatzschaltung vom Hybridtyp mit zeitabhängiger Induktivität am Eingang (ersetzt durch Reihenschaltung von Festinduktivität und gesteuerter Spannungsquelle) sowie nichtlinearer Ausgangsstromquelle. Sie geht im Kleinsignalfall in eine Hybridschaltung über, deren Wandlerkern sich durch einen idealen Übertrager nachbilden lässt. Dieser Wandlertyp bildet die Grundlage für Elektromagnet und Relais.
8. Den gleichen Grundtyp hat auch der elektrodynamische Wandler (bewegte Leiterschleife), nur ist dort die ausgangsseitige Kraftquelle linear (ebenso wie die rückwirkende Spannung im Eingangskreis), was seine Bedeutung unterstreicht. Er ist die Basis rotatorischer/translatorischer Energiewandler (Motor, Generator). Seine Grundlage ist die elektrodynamische Kraft im Wechselspiel mit der Bewegungsinduktion im Leiter.

Selbstkontrolle: Kapitel 6

1. Was ist ein verallgemeinertes Netzwerk?
2. Mit welchen Größen werden verallgemeinerte Netzwerke beschrieben?
3. Wie sind Energie, Ko-Energie und Leistung für verallgemeinerte Netzwerke definiert?
4. Welche Netzwerkelemente lassen sich mit Fluss- und Differenzgrößen definieren? Nennen Sie dazu Beispiele verschiedener mechanischer Systeme!
5. Was ist ein Wandler?
6. Geben Sie die Grundgleichungen eines elektrostatischen bzw. magnetischen Wandlers an!
7. Wie lauten die verallgemeinerten Maschen- und Knotensätze?

8. Welche Möglichkeiten der Verschaltung von Bauelementen physikalischer Netzwerke gibt es?
9. Geben Sie ein Beispiel eines elektrostatisch-mechanischen Wandlers an!
10. Geben Sie ein Beispiel eines magnetisch-mechanischen Wandlers an!
11. Beschreiben Sie den Schnappeffekt.
12. Welche Arten des Wärmetransports gibt es?
13. Wie ist der Wärmewiderstand definiert?
14. Geben Sie die Netzwerkelemente eines thermischen Ersatznetzwerkes an!
15. Beschreiben Sie den Seebeck-Effekt!

Anhang A
Anhang

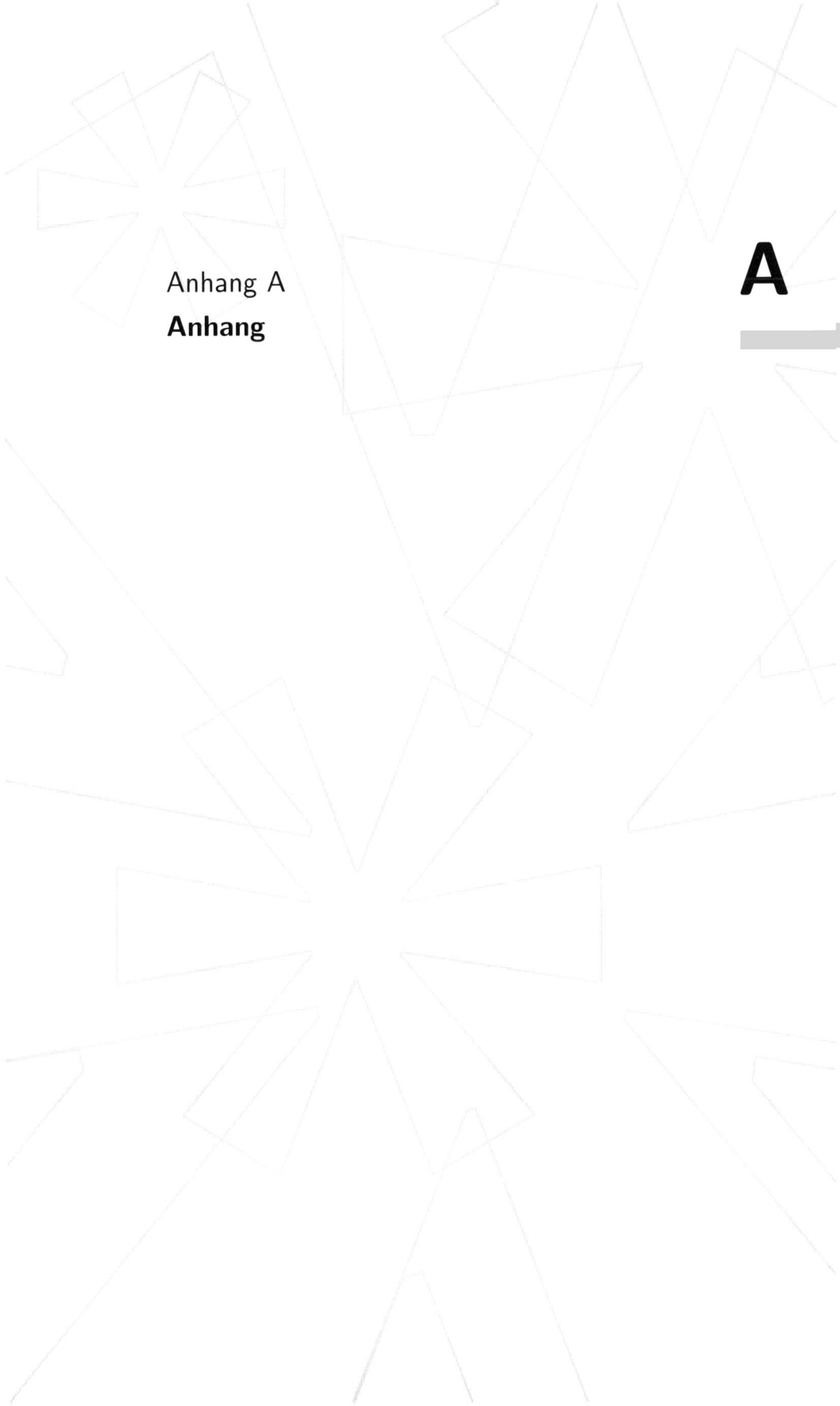

A	**Anhang**	643
A.1	Verzeichnis der wichtigsten Symbole	643

A Anhang

A.1 Verzeichnis der wichtigsten Symbole

Symbol	Bezeichnung
A	Fläche, Querschnitt
a	Beschleunigung
B	magnetische Flussdichte
B_R	Remanenzinduktion
C	Kapazität
C_{th}	Wärmekapazität
c	spezifische Wärme
D	Verschiebungsflussdichte
d	Durchmesser
E	elektrische Feldstärke
E_i	induzierte Feldstärke
E_q	elektromotorische Kraft, Urspannung
e	Elementarladung
F	Kraft
f	Frequenz
G	Leitwert
G_m	magnetischer Leitwert
g	differentieller Leitwert
H	magnetische Feldstärke
H_C	Koerzitivfeldstärke
h	Höhe
I	Stromstärke
I_q	Quellenstromstärke
i_v	Verschiebungsstrom
I_W	Energiestrom
i	zeitveränderlicher Strom, allgemein
J	1) Stromdichte
	2) magnetische Polarisation
J_K	Konvektionsstromdichte
J_V	Verschiebungsstromdichte
J_W	Energiestromdichte, Poynting-Vektor
L	Induktivität

Symbol	Bezeichnung
L_i	innere Induktivität
L_{ik}	Gegeninduktivität Leiter i, k
L_s	Streuinduktivität
l	Länge, Strecke
k	1) Boltzmann-Konstante
	2) Kopplungsfaktor
$\boldsymbol{M}$	Drehmoment
M	Gegeninduktivität
m	Masse
n	1) Zählindex
	2) Betrag des Normalenvektors
P	Leistung
P_V	Verlustleistung
P_W	Wärmestrom
p	Momentanleistung
p'	Leistungsdichte
p_V	Verlustleistungsdichte
Q	Ladung, Elektrizitätsmenge
q	Elementarladung, allgemein
R	Widerstand
R_a	Außenwiderstand
R_i	Innenwiderstand
R_m	magnetischer Widerstand
R_{th}	Wärmewiderstand
r	differentieller Widerstand
$\boldsymbol{r}$	Ortsvektor
S	Transferleitwert, Steilheit
T	1) Periodendauer
	2) Temperatur
t	Zeit
t_H	Halbwertzeit
U	Spannung
U_H	Hall-Spannung
u	Spannung, zeitabhängig
$ü$	Übersetzungsverhältnis
v	Spannungsübertragungsfaktor
W	Arbeit, Energie
W_d	dielektrische Energie
W_d^*	dielektrische Ko-Energie
W_{el}	elektrische Energie

A.1 Verzeichnis der wichtigsten Symbole

Symbol	Bezeichnung
W_hyst	Hysteresearbeit
W_m	magnetische Energie
W_m^*	magnetische Ko-Energie
w	1) Energiedichte
	2) Windungszahl
w_m	magnetische Energiedichte
X	Wandlerkonstante
Y	Wandlerkonstante
Z_m	Transferimpedanz
z	Wertigkeit eines Ions
α	1) linearer Temperaturkoeffizient
	2) Winkel
α_k	Wärmeübergangszahl
β	quadratischer Temperaturkoeffizient
Δ	Differenz
δ	Luftspaltlänge
ε	Permittivität
ε_r	relative Permittivität
ε_0	elektrische Feldkonstante
η	Wirkungsgrad
Θ	elektrische Durchflutung
ϑ	Celsius-Temperatur (in °C)
κ	elektrische Leitfähigkeit
κ_W	Wärmeleitfähigkeit
λ	magnetischer Leitwert
μ	1) Beweglichkeit
	2) Permeabilität
	3) Steuerfaktor
μ_r	relative Permeabilität
μ_0	magnetische Feldkonstante
ϱ	1) Länge, Radius
	2) spezifischer Widerstand
	3) Raumladungsdichte
σ	1) Flächenladungsdichte
	2) Strahlungskonstante
σ_mech	mechanische Spannung
τ	Zeitkonstante
Φ	magnetischer Fluss
φ	1) elektrisches Potenzial
	2) Nullphasenwinkel

Symbol	Bezeichnung
χ	Suszeptibilität
Ψ	1) elektrischer Fluss
	2) magnetischer verketteter Fluss
ω	1) Winkelgeschwindigkeit
	2) Kreisfrequenz

Literaturverzeichnis

[1] Albach, M.: Elektrotechnik. München: Pearson Studium, 2011.

[2] Bosse, G.: Grundlagen der Elektrotechnik. Bd. 1-4. Mannheim: Bibliogr. Instit. 1989.

[3] Frohne, H., Löcherer, K. H., Müller, H.: Grundlagen der Elektrotechnik. 20. Aufl. Stuttgart: Teubner 2005.

[4] Frohne, H.: Elektrische und magnetische Felder. Stuttgart: Teubner 1994.

[5] Führer, A., Heidemann, K., Nerreter, W.: Grundgebiete der Elektrotechnik 1. 8. Aufl. München: Hanser Verlag 2006.

[6] Führer, A., Heidemann, K., Nerreter, W.: Grundgebiete der Elektrotechnik 2. 8. Aufl. München: Hanser Verlag 2006.

[7] Haase, H., Garbe, H.: Elektrotechnik. Berlin: Springer Verlag 1998.

[8] Hofmann, H.: Das elektromagnetische Feld. 3. Aufl. Wien: Springer 1986.

[9] Janschek, K.: Systementwurf mechatronischer Systeme. Berlin: Springer Verlag 2010.

[10] Küpfmüller, K., Mathis, W., Reibiger, A.: Theoretische Elektrotechnik. 18. Aufl. Berlin: Springer 2008.

[11] Lenk, A., Ballas, R. G., Werthschützky, R., Pfeiffer, G.: Electromechanical Systems in Microtechnology and Mechatronics. 3. Aufl. Berlin: Springer 2010.

[12] Paul, R.: Elektrotechnik 1, 2. 3. Aufl. Berlin: Springer Verlag 1993.

[13] Paul, R.: Elektrotechnik für Informatiker mit MATLAB und Multisim. Stuttgart: B.G. Teubner, 2004.

[14] Paul, R., Paul, S.: Arbeitsbuch 1, 2. Berlin: Springer Verlag 1994

[15] Phillipow, E.: Grundlagen der Elektrotechnik. 10. Aufl. Berlin: Verlag Technik 2000.

[16] Pregla, R.: Grundlagen der Elektrotechnik. 7. Aufl. Heidelberg: Hüthig 2004.

[17] Seidel, H. U., Wagner, E.: Allgemeine Elektrotechnik, Bd. 1 und Bd. 2, 3. Aufl. München: Hanser Verlag 2006.

[18] Wolff, I.: Grundlagen der Elektrotechnik, Bd. 1 und 2. Aachen: Verlagsbuchhandlung Dr. Wolff GmbH, 2003.

[19] v. Weiß, A.: Die elektromagnetischen Felder. Braunschweig: Vieweg 1983.

Index

A

Aktor 533
Akzeptor 73
Anfangsladung 154
Anfangspermeabilität 229, 230
Anfangswert 165
Anker 497
Äquipotenzialfläche 5, 22, 25, 47
Äquipotenziallinie 22
Arbeit 16
Asynchronlinearmotor 562
Asynchronmaschine 536
Asynchronmotor 548

B

Bandabstand 72
Barlowsches Rad 344
Beweglichkeit 45
Bewegungsinduktion 302, 322, 350
   Anwendungen 331
Bleiakkumulator 85
Brechungsgesetz 59, 122, 234
Brennstoffzelle 88

D

Dauermagnet 190
Dauermagnetkreis 265
Diamagnetismus 227
Dielektrikum 116
   längsgeschichtetes 473
   quergeschichtetes 472
Dielektrizitätskonstante 116
Dielektrizitätszahl 106
Differenzgröße 590
Diffusionskapazität 175
Diffusionsstrom 74
Dipol
   Kraft 522
Divergenz 8
Donator 73
Doppelleitung 277

Doppelschichtkondensatoren 177
Drain 137
Drehfeld 545
Drehfeldmotor 546
Drehkondensator 178
Drehmoment 497
Drehspulinstrument 504
Drehstromsynchronmaschine 552
Driftgeschwindigkeit 45
Durchflutung 213
Durchflutungssatz 202
   Differenzialform 209
   Verallgemeinerung 208
Durchgröße 573
Durchvariable 591

E

Eigenleitungsdichte 72
Eindringtiefe 321
Eisenkreis 259
   nichtlinearer 261
Elektrolyse 83
Elektrolyt 78
Elektrolytkondensator 177
Elektromotor 535
   Einteilung 536
Elektronenemission 90
Elektronikmotor 544
Energie
   elektrische 408
   Kondensator 415
   magnetische 291, 431, 438
   nichtlinearer Kondensator 417
   Stetigkeit 429, 442
Energiebilanz 414
Energiedichte 409
   elektrostatische 427
Energieerhaltungssatz 445
Energiestrom 446
Energiestromdichte 447, 449
Energieumformung 406
Energiewandler 578

Energiewandlung 452, 455
  elektrodynamische 500
Ersatzschaltung
  elektrische 458
  mechanisch-elektrische 479
  mechanische 458
  thermische 458, 627

F

Faraday 293, 297
Feld
  elektrisches 12
  elektrostatisches 12
  Grenzflächen und elektrisches 120
  Grenzflächen und magnetisches 232
  Grenzflächen und Strömungs- 58
  homogenes 5, 21, 111
  inhomogenes 5
  kugelsymmetrisches 10
  magnetisches 12, 187
  quasistationäres 395
  schnell veränderliches 396
  stationäres 395
  statisches 395
  zeitveränderliches 395
Feldarten 8
Feldeffekt 137
Feldeffekttransistor 137
Feldemission 90
Feldenergie 4
Felder 14
Feldgröße 4
  globale 4
  integrale 4, 14
  lokale 14
  skalare 5
  vektorielle 6
Feldkonstante
  elektrische 106
Feldlinien 4, 6
  magnetische 192
Feldlinienbild 5
Feldmerkmale 5
Feldplatte 492

Feldstärke 23
  elektrische 115
  induzierte elektrische 324
  magnetische 200
  Umlaufintegral 17
Feldstärkefeld 101
Feldstrom 74
Feldstromdichte 74
Feldüberlagerung 27
Feldverdrängung 321
Feldwirkungen
  physikalische 3
Ferritkern 278
Ferritwerkstoff 231
Ferromagnetismus 227
Festkondensator 176
Flächenladung 10, 111
Flächenladungsdichte 107
Flächenspannungsvektor 471
Fluss
  magnetischer 236
  verketteter 271
  zeitveränderlicher 327
Flussdichte
  magnetische 188, 193
Flussgröße 590
Flussröhre 35
Flusssteuerfaktor 606, 610, 614
Flussverkettung 515
Fotoeffekt 90
Fremderregung 340

G

Galvanik 84
Gegeninduktion 368
Gegeninduktivität 278
  Doppelleitung 289
  Zylinderspule 287
Generator
  elektrostatischer 127
Generatorprinzip 331, 499
Gesamtstromdichte 159
Gesetz
  Biot-Savartsches 210

Faradaysches 79
Gaußsches 107, 133
Hopkinsches 254
Ohmsches 45
Glühkatode 90
Gleichstromkreis 66
Gleichstrommaschine 536
Gleichstrommotor 538
　Motorarten 541
Gleichung
　Poissonsche 133
Gradient 24
Grenzfläche
　Flächenladung an 122
　Kraft 463
　Metall-Isolator 135
Grenzflächenkraft 505
Grundstromkreis
　Leistung 453
Gyrator 577, 580

H

Halbleiter
　Leitungsvorgänge 71
Halbwertzeit 165
Hall-Effekt 191, 489
Hall-Feldstärke 191, 491
Hall-Konstante 491
Hall-Spannung 191, 491
Hauptschlussgenerator 340
Helmholtz-Spule 220
Henry 297
Hysteresearbeit 440
Hysteresekurve 229, 440
Hystereseverluste 232
Hystereseverlustleistung 440

I

Induktionsgesetz 292, 301
Induktivität
　Anfangsstrom 356
　Ausschaltvorgang 361
　Energiebeziehungen 424

　innere 291
　Koaxialkabel 292
　lineare 353
　Zusammenschaltung 359
Induktivitätsberechnung 274
Influenz 108, 123, 126
Influenzprinzip 124
Intensitätsgröße 573
Inversionskanal 137
Inversionsladung 137

K

Käfig
　Faradayscher 126
Kapazität 142
　differenzielle 173, 418
　elektronische 175
　Energiebeziehungen 424
　nichtlineare 172
　parametrische 423
Kapazitätskoffizient 150
Kathode 90
Kleinsignalkapazität 173
Knotensatz
　magnetischer 238
　thermischer 620
Ko-Energie 418, 476, 511
　magnetische 433
Koaxialkabel 215
Koaxialkondensator 145
Koaxialleitung
　verlustbehaftete 454
Koerzitivfeldstärke 230
Kommutator 497
Kondensator 13, 143, 146, 153
　Anfangswert 154
　aufladen 164
　Bemessungsgleichung 144
　nichtlinearer 172
　Parallelschaltung 146
　Reihenschaltung 147
　Stetigkeitsbedingung 165
Kondensatormikrofon 171
Kondensatormotor 556

Kontinuitätsbedingung 41
Kontinuitätsgleichung 35, 76, 162
Konvektion 624
Konvektionsstromdichte 36
Koppelfaktor 284, 386
Koppelfluss 281
Kopplung
  feste 387
Korrosion 84
Kraft
  elektrodynamische 493
  elektromotorische 67
  elektrostatische 460, 483
  induzierte elektromotorische 294
  magnetomotorische 245
Kraftdichte 460, 471
  elektrodynamische 495
  elektrostatische 460
  magnetische 486
Kraftgesetz
  Ampèresches 196, 493
Kraftwirkung
  magnetische 199, 487
Kreis
  idealer magnetischer 264
  magnetischer 253
  magnetischer, Energie 442
Kurzschlussläufer 550
Kurzschlussnachgiebigkeit 594

L

Ladungserhaltungssatz 43
Ladungsverteilung 10, 111
Lautsprecher
  dynamischer 504
Leistung
  elektrische 408, 409
  mittlere 409
Leistungsdichte 69, 411
Leistungsvariable 573
Leistungsvermögen 411
Leistungswandler 578
Leiter
  linienhafter 206

Leiterschleife
  rotierende 334
Leitfähigkeit 45
Linearmotor 342, 559
  elektrodynamischer 560
Linienintegral 16
Linienladung 10, 112
Linienquelle 52
Lorentz-Kraft 194
Luftspalt 259
  Energie 442
Luftweg
  äquivalenter 259

M

Magnetfeld
  inhomogenes 198
Magnetisierung 227
Magnetisierungskurve 229
Magnetowiderstand 490
Majoritätsträger 73
Maschensatz
  thermischer 621
Massenwirkungsgesetz 73
Mehrleitersystem 150
  magnetische Energie 444
Mikrophon
  dynamisches 504
Minoritätsträger 73
Momentanleistung 410
MOS-Feldeffekttransistor 137
Motor
  Grundgleichungen 538
Motorbremsung 543
Motorprinzip 331, 499

N

Nebenschlussgenerator 341
Nebenschlussmotor 541
Netzwerk
  physikalisches 569
  verallgemeinertes 570
Netzwerktransformation 600

Index

Neukurve 229
Neutralitätsbedingung 73

O

Oersted 192, 297

P

P-Variable 571
Paramagnetismus 227
Peltier-Effekt 634
Permeabilität 201, 229
   relative 201
Permittivität 116
Plattenkondensator 145
Polarisation
   elektrische 117
   magnetische 226
Potenzial 23
   elektrisches 15, 19
   magnetisches 241
Potenzialüberlagerung 27, 50, 248
Potenzialdifferenz 31
Potenzialfeld 6, 17, 101
Poynting-Vektor 449
Primärzelle 85
Prinzip
   dynamoelektrisches 340
Punktkonvention 283, 370
Punktladung 26, 112
Punktquelle 48

Q

Quantitätsgröße 573
Quelle 8
Quellenfeld 4, 5, 8
Quellenspannung 68
   induzierte 309, 325
Quellenstärke 8
Quergröße 573
Quervariable 591

R

Randspannung 245

Raumladung 10, 111
Raumladungsdichte 39
Raumladungszone 134
Reaktionskraft 463
Rechtsschraubenregel 192
Regel
   Lenzsche 297, 350
   rechte Hand 192
Reihenschlussgenerator 340
Reihenschlussmotor 542
Rekombinationsmodell 77
Relaxationszeitkonstante 149
Reluktanzkraft 512
Reluktanzmotor 558
Remanenzflussdichte 230
Resonanz
   parametrische 425
Restmagnetismus 229
Richtungsableitung 23
Ringkernspule 276
Ringspule 216, 241
Röhre
   Braunsche 462
Rotation 10, 12
Rückkopplung
   thermische 632
Ruheinduktion 302, 307, 349
   Anwendungen 314

S

Sättigungsflussdichte 230
Satz
   Kirchhoffscher 43, 162
   Poyntingscher 448
Schnappeffekt 482, 605
Schrittmotor 557
Schwellspannung 139
Seebeck-Effekt 634
Sekundärelektronemission 90
Sekundärzelle 85
Selbsterregung 340
Selbstinduktion 353
Selbstinduktivität 271
Senke 8

Skalarfeld 5
Source 137
Spaltpolmotor 556
Spannung 30
  elektrochemische 81
  induzierte 293, 325
  magnetische 241
  mechanische 469, 517
Spannungsübersetzung 380
Spannungsquelle
  elektrochemische 77, 84
Spannungsreihe
  elektrolytische 82
Spannungssteifigkeit 594, 606, 610, 614
Spannungssteuerfaktor 594
Spannungsteilerregel 148
Speicherenergie 414
Sperrschichtbreite 135
Sperrschichtkapazität 135, 174
Spiegelungsprinzip 54
Spiegelverfahren 130
Spule 272
  gekoppelte 290
  magnetisch gekoppelte 444
  Speicherenergie 432
  Zusammenschaltung 359
Spulenpaar
  gekoppeltes 281
Stabilität
  thermische 632
Stabmagnet 235
Streufaktor 285, 386
Streufluss 260, 285, 386
Strom 35
Stromdichte 33, 35, 41, 79
Stromfaden 217
Stromkontinuität 41
Stromleitung
  Vakuum, Gase 89
Stromröhre 35
Stromsteifigkeit 606, 610, 614
Stromsteuerfaktor 606, 610, 614
Strömung
  zylindersymmetrische 52
Strömungsfeld 13, 33, 35
Brechungsgesetz 59
Energieumsatz 67
Gesamtleistung 412
Grenzflächenbedingung 58
homogenes 38, 47
Integralgrößen 61
kugelsymmetrisches 48
Leitungsmechanismen 70
stationäres 43, 94
Strömungslinien 41
Stromverdrängung 321
Suszeptibilität
  elektrische 119
  magnetische 227
Synchronmaschine 536, 553
System
  thermisch-elektrisches 618

T

T-Variable 571
Tauchanker 520
Teilkapazität 150
Thermospannung 635
Trägertransport 74
Transferkennlinie 139
Transformator 286, 376, 577
  idealer 378
  Leistungen 380
  reduzierter 383
  Spannungsübersetzung 379
  Stromübersetzung 380
  verlustbehafteter 388
  Widerstandstransformation 381
Transistor
  MOS 137
Trimmer 178
Triodenbereich 139
  elektrolytischer 55

U

Übersetzungsverhältnis 380

Überrager
  Spannungsübersetzung 380
Übertrager 580
  idealer 382
Umlaufspannung
  elektrische 300
Unipolarmaschine 344
Urspannung 67
  induzierte 294

V

Vektorfeld 5, 6
Vektorpotenzial
  magnetisches 249
Verarmungsladung 135
Verlustleistung
  maximale 628
Verschiebung
  virtuelle 459
Verschiebungsfluss 105, 140
Verschiebungsflussdichte 103, 105, 115, 141
Verschiebungsstrom 157
Verschiebungsstromdichte 157, 212

W

Wandler 575, 578
  elektrodynamischer 612
  elektromagnetischer 602
  elektrostatischer 584, 586
  Hybridform 599
  Leitwertform 599
  magnetisch-mechanischer 602
  magnetischer 584–586
  rotierender 615
  verlustloser 475
Wandlerkonstante 609

Wandlermodell 582
Wandlerzweitor 481
Wärmebilanz 619
Wärmekapazität 625
Wärmeleistung 619
Wärmeleitung 622
Wärmestrahlung 624
Wärmestrom 623
Wärmetransport 622
Wärmewiderstand 623
Wechselstrommotor 554
Weißsche Bezirke 228
Werkstoff
  Ferrit- 231
  hartmagnetischer 230
  weichmagnetischer 230
Wickelkondensator 177
Widerstand 13, 61
  magnetischer 254
Widerstandsberechnung 62, 66
Wirbeldichte 10, 12
Wirbelfeld 4, 10, 192
Wirbelstärke 10, 192
Wirbelstrombremse 505
Wirbelströme 318

Z

Zelle
  elektrolytische 77
Zersetzungsspannung 83
Zweipol
  induktiver 365
  kapazitiver 170, 174
  nichtlinearer 174, 365
  zeitabhängiger 170, 365
Zyklotron 489
Zylinderspule 215, 223, 240, 277

Printing: Ten Brink, Meppel, The Netherlands
Binding: Stürtz, Würzburg, Germany